基礎物理定数

物理量	記号	値
光速（真空中）	c	*$2.997\,924\,58 \times 10^8$ m s^{-1}
電気素量	e	$1.602\,176\,6208 \times 10^{-19}$ C
プランク定数	h	$6.626\,070\,040 \times 10^{-34}$ J s
	$\hbar = h/2\pi$	$1.054\,571\,800 \times 10^{-34}$ J s
ボルツマン定数	k	$1.380\,648\,52 \times 10^{-23}$ J K^{-1}
		$0.695\,034\,57$ cm^{-1} K^{-1}
アボガドロ定数	N_A	$6.022\,140\,857 \times 10^{23}$ mol^{-1}
気体定数	$R = N_A k$	$8.314\,4598$ J K^{-1} mol^{-1}
		$0.083\,144\,598$ dm^3 bar K^{-1} mol^{-1}
		$0.082\,057\,3$ dm^3 atm K^{-1} mol^{-1}
ファラデー定数	$F = N_A e$	$9.648\,533\,289 \times 10^4$ C mol^{-1}
モル体積（理想気体）		
（1 bar, 0 °C）		$22.710\,947$ dm^3 mol^{-1}
（1 atm, 0 °C）		$22.413\,962$ dm^3 mol^{-1}
質 量		
電 子	m_e	$9.109\,383\,56 \times 10^{-31}$ kg
プロトン	m_p	$1.672\,621\,898 \times 10^{-27}$ kg
中性子	m_n	$1.674\,927\,471 \times 10^{-27}$ kg
ミューオン	m_μ	$1.883\,531\,594 \times 10^{-28}$ kg
原子質量定数	m_u	$1.660\,539\,040 \times 10^{-27}$ kg
真空の透磁率	μ_0	*$4\pi \times 10^{-7}$ J s^2 C^{-2} m^{-1}
真空の誘電率	$\varepsilon_0 = 1/\mu_0 c^2$	$8.854\,187\,817 \times 10^{-12}$ C^2 J^{-1} m^{-1}
	$4\pi\varepsilon_0$	$1.112\,650\,056 \times 10^{-10}$ C^2 J^{-1} m^{-1}
ボーア磁子	$\mu_B = e\hbar/2m_e$	$9.274\,009\,994 \times 10^{-24}$ J T^{-1}
核磁子	$\mu_N = e\hbar/2m_p$	$5.050\,783\,699 \times 10^{-27}$ J T^{-1}
プロトン磁気モーメント	μ_p	$1.410\,606\,7873 \times 10^{-26}$ J T^{-1}
自由電子の g 値	g_e	$2.002\,319\,304\,361\,82$
磁気回転比		
電 子	$\gamma_e = -g_e e/2m_e$	$-1.760\,859\,644 \times 10^{11}$ s^{-1} T^{-1}
プロトン	$\gamma_p = 2\mu_p/\hbar$	$2.675\,221\,900 \times 10^8$ s^{-1} T^{-1}
ボーア半径	$a_0 = 4\pi\varepsilon_0 \hbar^2/e^2 m_e$	$5.291\,772\,1067 \times 10^{-11}$ m
リュードベリ定数	$\widetilde{R}_\infty = m_e e^4/8h^3 c\varepsilon_0^2$	$10\,973\,731.568\,508$ m^{-1}
	$hc\widetilde{R}_\infty/e$	$13.605\,693\,009$ V
微細構造定数	$\alpha = \mu_0 e^2 c/2h$	$7.297\,352\,5664 \times 10^{-3}$
	α^{-1}	$1.370\,359\,991\,39 \times 10^2$
第二放射定数	$c_2 = hc/k$	$1.438\,777\,36 \times 10^{-2}$ m K
シュテファン-ボルツマン定数	$\sigma = 2\pi^5 k^4/15h^3 c^2$	$5.670\,367 \times 10^{-8}$ J m^{-2} K^{-4} s^{-1}
自然落下の加速度（標準値）	g	*$9.806\,65$ m s^{-2}
重力定数	G	$6.674\,08 \times 10^{-11}$ m^3 kg^{-1} s^{-2}

CODATA 2014 の推奨値
*厳密に定義された値

P. Atkins・J. de Paula・R. Friedman

アトキンス 基礎物理化学(上)
－分子論的アプローチ－
第2版

千原秀昭・稲葉 章 訳

東京化学同人

Physical Chemistry
Quanta, Matter, and Change
Second Edition

Peter Atkins
Fellow of Lincoln College, Oxford

Julio de Paula
Professor of Chemistry
Lewis & Clark College, Portland, Oregon

Ronald Friedman
Professor and Chair of Chemistry,
Indiana University-Purdue University Fort Wayne,
Fort Wayne, Indiana

© Peter Atkins, Julio de Paula, and Ronald Friedman 2014

Physical Chemistry: Quanta, Matter, and Change, Second Edition was originally published in
English in 2013. This translation is published by arrangement with Oxford University Press.
本書の原著 Physical Chemistry: Quanta, Matter, and Change, Second Edition は 2013 年に英語
版で出版された. 本訳書は Oxford University Press との契約に基づいて出版された.

本書について

　この新版では，初版で決めた大方針，つまり物理化学の説明を量子論から始めるという方式をそのまま踏襲しながら，全体としての体裁と教材の提示の仕方を大きく変更した．従来の教科書で採用されている"章"を廃して，代わりに，まとまった主題という色合いを強く意識した"テーマ"（Focus）を設け，その下に短い"トピック"を多数（合計 97）配置した．このように変更した意図は，読者や教師に最大限の自由度を提供することにあり，いろいろな用途や目的に応じて本書を自由自在に使いこなせるようにとの配慮である．われわれ著者の立場でいえば，当然のことながら，これが最善という教材の順序を思い浮かべながら本書を執筆したのであるが，一方で，たとえば教師にはこれと違った考えがあることはよく承知している．それに対処するために，本書では多数のトピックに細分化したのである．限られた時間内に効率よく講義できるよう一部を省略する必要もあるだろうから，それが非常に簡単に行えるという利点がある．一方，学生諸君にとっても，目的とするトピックを早く探し当てたり，復習したりするのがずっと容易になるはずである．本書を利用するに当たっては，従来の教科書のように，各章ごとに順を追って進めるという直線的なやり方にこだわる必要はまったくない．むしろ，学生諸君も教師も，その学習目的や教育方針に合ったトピックを選択しながら，それぞれが最適と思うやり方で進めればよいのである．実際，本書で現れる順序で読者は必ずしも読み進んでいないことを念頭におきながら，各トピックでは注意深く説明した．

　本書を執筆するにあたり，全体としての構成を重視しすぎないようにしながら，それぞれのトピックはテーマごとにまとまりのあるものを集めてあるから，その関連性や説明の流れには十分注意した．また，教師にはあてはまらないかもしれないが，特に学生には，物理化学で重要な論理的な一貫性を是非味わって欲しいし，各トピックの前後関係や説明の流れを理解して欲しいと考えた．そこで，各テーマのはじめには，そこで扱うトピックが互いにどう関係しながら共通のテーマに属しているのか，また，そのテーマが別のテーマとどういう関係にあるかを簡単に説明してある．このような流れや相互関係は，各テーマの冒頭にある"学習の内容と進め方"にまとめてある．それを見れば，各トピックが互いにどう関係しているかだけでなく，必要に応じて省略できるトピックの見当もつくだろう．また，そこでの説明が別のテーマに属するトピックの学習を前提としている状況や，逆に，別のトピックに影響を及ぼす状況も一目瞭然であろう．教材を提示する順序についての筆者の考えを押しつけるつもりは毛頭ない．この相関図から，物理化学の知識や概念にある論理的な構成そのものを読み取ってもらいたいと思う次第である．

　物理化学という重厚で，ややもすれば一筋縄でいかないと敬遠されがちな分野で，学生諸君が意欲をもって学習し，効率よく理解できるよう，本書ではいろいろな方策を立

ている．たとえば，各トピックの冒頭に，学生が抱きそうな疑問を三つあげ，それぞれに答えてある．まず，「学ぶべき重要性」には，"このトピックをなぜここで学んでおく必要があるのか"という疑問に具体的に答えた．続く「習得すべき事項」には，"このトピックで学ぶべき重要な事柄は何か"を端的に述べておいた．最後の「必要な予備知識」には，"このトピックを学ぶにあたって，前もって習得しておくべき事柄は何か"を示し，予め学習しておく方が理解しやすいと思われる別のトピック，あるいは少なくとも背景として復習しておくべきトピックなどをあげておいた．

この第2版では，「例題」と「簡単な例示」の数を増やした．前者には解法を付けて，問題を解くための考え方を読者が自分で見いだし，それを組立てることができるようにしてある．後者は，式の使い方などをわかりやすく示したものである．どちらにも「自習問題」を添えて，本文の内容を理解できたかどうかを読者が自分で確認できるようにした．一方，学生や本書の査読者の要望に応えて，「例題」に現れる式や解答の大半について，それを導く途中の説明を詳しくし，式の変形の仕方などについてはヒントも付け加えた．さらに，第2版では新たに「必須のツール」を設け，必要となる数学や物理学の概念について簡単に説明し，その場ですぐに応用できるようにした．もっと基本的な数学概念については「数学の基礎」で詳しく解説し，それを関連箇所に置いた．各テーマの最後には，トピックごとに「記述問題」，「演習」，「問題」を配したが，どのトピックも互いに無関係でないことを強調する意味で，トピックやテーマを横断する「総合問題」も加えた．本書全体にわたって新しい題材をいくつも加えたが，初版で「補遺」としていたものは，関連するトピックに取込むことにした．

教授法も学習法も技術の進歩とともに急速に変化しており，第2版では，ウエブサイトから入手できる資料[†1]で，学習意欲をかき立てるものを組込んである．いくつかのテーマでは，研究の最前線を「インパクト」[†2]として紹介してある．

われわれは，読者のいろいろな反応を予測し，楽しみながら本書を執筆した．読者も，楽しみを感じながら本書を最大限利用していただければと願う次第である．いつもながら，次回の改訂の参考になる積極的な提案や要望があれば寄せていただきたい．

P. W. Atkins

J. de Paula

R. S. Friedman

[†1] このウエブサイトは原著読者のために運営されており，日本語版読者の使用は保証されない．

[†2] インパクトの英語版は東京化学同人のウエブサイトで閲覧できる．

本書について（初版の序）

　これまで版を重ねてきた拙著「物理化学」では常に熱力学から始めて量子力学へ進み，その後統計熱力学によってこの二つの大河を合流させる方式を採ってきた．熱力学の説明にあたっては，いつも分子論的な解釈を添えて内容を豊かにし，利用する教師諸氏の教育上の好みに合わせて柔軟に使えるような配慮もしてきた．しかしながら，先ず量子論のしっかりした基礎を固め，そのうえで，ミクロからマクロへと進化させながら，熱力学の諸概念が次第に姿を現してくるような物理化学の組立て方のほうが適切だと考える教師も多い．本書ではそれを目指している．

　私どもは，「物理化学」の布地を解きほぐし，新しい織物を紡ぐことにした．それには量子論から始め，マクロの世界とのつなぎは統計熱力学を導入して確立し，そのあとで物質のバルクの性質を記述するのに熱力学がどのように使えるかを示すことにした．しかし，これは単に章節の順序を変えるだけではすまないことがすぐにわかる．計画に従って書き進めるにつれて，きわめてなじみ深い事がらでさえ，まったく新しい説明の仕方をしなければならないという問題に直面した．実際，知り尽くした話題でも新しい見地から眺めなおすという，いわば知的な解放が必要なことを痛感することになった．読者はこれまで「物理化学」で取上げてきた素材を本書でも随所に見ることになるが，その多くは新規な素材であったり，よく知られた話題でも新しい説明の仕方であったりするので，古い話題にも新鮮な見方を感じ取って下さることを期待している．

　本書は5部に分かれているが，その前に「基本事項」の節をおいた．これは，本書で学習しようとする程度の読者はすでに知っていることでも，忘れているかもしれない事項を復習するためのものである．第I部「量子論」では，量子力学をその仮説をもとに組立て，これらの原理をどう使えば一次元および多次元の運動を記述できるかを示す．ナノ科学が現在爆発的な関心をもたれていることに鑑み，ナノ系の面白さも紹介することにした．第II部「原子，分子，その集合体」では，化学で伝統的な部類に属するナノ系である原子や分子など，化学を構成している部品を順を追って導入し，最後に固体を取扱う．計算化学は化学全般にわたって実用上きわめて重要な意義をもっていることはいうまでもないので，特に注意を払った．計算するまでもなくほとんど自明で単純な系を例として，計算化学のおもな手法を本書に適した難易度で説明するというのは，避けて通れない難題であった．この重要な章で目標としたのは，計算化学という奥深い潜在的な可能性のある分野を身近に感じ取ってもらうようにしたいということで，計算化学の理解を深め，将来もっと専門的に関わりたい学生諸君に足がかりを提供することをねらった．第III部「分子分光学」では，第I部で導入した量子力学の諸原理を基礎として，主要な分光法をすべて取上げた．

　第IV部「分子熱力学」は，ミクロな系の量子論からマクロな物質の熱力学的性質への道筋をきちんとつけなければならないので，書く側にとっては難しさと同時に意欲をか

きたてられる部分であった．この橋渡しをするのはボルツマン分布というとりわけ優れた概念である．いったんその考えかたを理解してしまえば，それを使って，熱力学で中心に位置する性質である内部エネルギーとエントロピーを理解できるようになる．この道筋を踏み固めるために，熱力学はいろいろな性質の間の現象論的な関係を扱う独立した理論であるという趣旨は維持しつつ，同時に分子論的な見地からも照明を当てるように努力した．そこを読み取っていただければ幸いである．その過程で，私どもとしても，説明の仕方に新しい発見もあったので，この見方は面白いし，よくわかると共感して下さると思う．伝統的な熱力学の一部（特に相平衡）には，そのような新味のある説明に向かない部分があって，無理にそうしようとするとかえって複雑になってしまうことは認めなければならないので，分子論は棚上げして，もっと直截に古典的なやり方を踏襲する方がよいと判断したところもある．

第Ⅴ部「化学動力学」では物理化学のもう一つの主流である反応速度論を扱う．速度式の組立てなどの部分は，純粋に伝統的な表し方も可能であるが，化学反応の動力学を説明するにはこれまでの章の内容が大いに役立つところがある．

この序のあとにある"本書の使い方"には本書での教育上の仕組みを詳しく説明してある．そのうち一つだけ，非常に重要なので，ここで特に一言しておく．本書で採用した"量子論を最初に"という方針に対するおもな障害は，必要となる数学の水準である．実際の難しさはともかく，読者がどう"感じるか"が問題なので，式の導出を示す際には，一段階ごとに細心の検討を加えた．本書の内容を理解するのに必要な数学の水準はそれほど高いものではないが，数学を使っているというだけでひるんでしまうかもしれない．これは理解のためには障害となるので，それを克服するために，章と章の間にところどころで（全部で8カ所ある），"数学の基礎"を入れた．この数学の節は，その直前の章で使った数学についての背景説明であって，その後の章でも頼ることになる．化学者はだいたい抽象的なことよりも具体的な話の方が好きなことは承知しているので，具体例として，随所に多数の例題を配置してある．

私どもは執筆しながら，楽しみを味わい，また学ぶことも多かったが，読者諸兄姉も本書を使うことから楽しみを感じ，物理化学に新しい視点からの光を当てた教科書を作ろうという私どもの意図を是として下されば，これにまさる喜びはない．

P. W. Atkins

J. de Paula

R. S. Friedman

---

† 原出版社の都合により，eBook は日本語版読者はアクセスできない．「探究」のうち可変グラフを用いなくても解くことができる問題は，日本語版でもアイコンとともに残してある．群論の表と他のサイトへのリンクは日本からもアクセスできる（2011 年 2 月現在）．

訳　者　序

　熱力学の確立が，エントロピーの概念を含む第二法則から始まったことはあまり知られていない．しかも，熱の実体はフロジストン（熱素）であると信じていたカルノーが大きな貢献をしたのは驚きである．量子力学の黎明期にあれだけ貢献したアインシュタインが，測定問題に関わる基本原理に最後まで懐疑的であったのは有名な話である．このように，学問分野の成立過程には紆余曲折があり，それぞれ非常に興味深い歴史が存在するものである．それは自然科学が，当時のさまざまな実験結果を土台にする一方で，鋭い洞察力を駆使しながら試行錯誤を繰返し，必ずしも論理的でないやり方で突破口が開かれるからである．しかしながら，その学問分野がいったん完成してしまえば，全体を俯瞰し，それを整理し直して学習するのが効率的である．実際，いまではエネルギーの概念を含む第一法則から熱力学を学ぶのが普通であり，その方が少なくとも初学者にとってはずっと理解しやすい．一方，量子力学の扱いについては，いまでも教科書によっていろいろな方針が試みられている．

　本書は量子力学の土台となる諸原理の説明から始め，それに基づく原子や分子の構造，化学結合，種々の分光法を扱うミクロな物理化学をまず提示する．そのうえで，熱力学とそれに基づく相平衡や化学平衡を扱うマクロな物理化学へと進め，最後に化学の本舞台である反応を取上げている．従来の多くの教科書では歴史的な順序に従って，原子や分子の存在を仮定しなくても成立する熱力学から始めるが，本書はミクロな観点からの説明を優先させる．その理由の一つは，原子や分子は回折現象によるだけでなく，いまや走査トンネル顕微鏡などで“直接”見えるからである．たとえバルクを扱う熱力学から物理化学の説明を始めたとしても，その分子論的な解釈を並行して示した方が格段に理解しやすい．いっそのことミクロな物理化学を先に提示してしまえば，そのような二度手間を省くことができるというわけである．この考えには賛否両論があるだろう．しかし，そうする方が明らかに論理的な説明を展開することができるし，実際的な利点としても，同じ内容を表すのに費やす紙面はかなり節約できるのである．

　この第2版の原著タイトルは“Physical Chemistry”であり，副題にある“Quanta, Matter, and Change”の順で話が進められる．実は，2009年の初版は“Quanta, Matter, and Change”が主題で，副題に“A molecular approach to physical chemistry”とあった．その出版直後にたまたま，ある国際会議で著者のアトキンス博士と話す機会があり，そのタイトルについて尋ねたところ，書店では物理化学の教科書と認知されず，読み物と誤解されたとのことであった．そこで，共訳者の千原秀昭先生のお考えもあり，訳本では初版から主題を“基礎物理化学”とし，副題として“分子論的アプローチ”を添えてある．ただし，ここでの“基礎”には序論というニュアンスはなく，まず量子論のしっかりした土台を固めるという意味合いを込めてある．本書は，ミクロからマクロへと対象を移しながら，熱力学の諸概念が次第に姿を現してくるような物理化学の組立てを目

指している.

　物理化学の教科書で熱力学と量子論のどちらを先行させるかは，本書を用いる限り，実はさほど問題にならないだろう．むしろ，著者は特に強調していないが，学習の早い段階で“ボルツマン分布”を習得しておくことは，その後の理解にとって非常に効果的である．本書では冒頭の「基本概念」でボルツマン分布の概念に触れており，その導出など具体的な扱いは「統計熱力学」（下巻）にある．種々の分光法から化学平衡に至るまで，ボルツマン分布が念頭にあれば理解しやすいことは非常に多い．これ以外にも，アトキンス博士の教育的な配慮は，改訂によってますます磨きがかかっている．本文中に現れる式には注釈やラベルを付けた．また，「簡単な例示」や「例題」はかなり増えている．数学に関するサポートは，新しく設けた「必須のツール」と「数学の基礎」で一段と強化されている．最終目標は，読者自身が問題解決能力を身につけることである．一方，各テーマのはじめには“学習の内容と進め方”を示してあるから，読者の方針と理解度に応じて，学習の道筋を自分で決めることができる．そこには，読者に最大限の自由度を与えながら，最大の学習効果を引き出すという著者の狙いがある．

　翻訳に際しては，できる限り読みやすい日本語にし，原著者の意図が正しく確実に伝わるように心がけた．理解を助けるために訳注を付けて補ったところもある．一方，原著に見受けられる明らかな間違いは可能な限り修正した．いくつかの図やグラフについては作成し直してある．本書のように複数の著者が関与する教科書では往々にして，いろいろな局面で首尾一貫しない部分が残り，とりわけ改訂時にはそれが顕在化するものである．これについても整合性をとり，全体にわたって統一したつもりである．しかし，生硬な日本語や間違いはなお残っているものと思う．不備な点があれば是非ご指摘いただきたい．

　訳本の製作にあたって，東京化学同人 編集部の仁科由香利さんには，いつもながら細心の注意と配慮をもって助けていただいた．ここに厚く御礼申し上げる．

　　2018 年 3 月

　　　　　　　　　　　　　　　　　　　　　　　　稲　葉　　章

本書の使い方

本書 第2版 では，学生諸君から寄せられたさまざまな要望に応え，より一層使いやすい教科書にするよう工夫を凝らした．まず，根本的に変えたのは本書の構成である．学生諸君がもっと取組みやすく，理解しやすくなるだけでなく，自分の考えに基づいて自由な使い方ができるように内容を大幅に組替えた．第二に，初版ですでに採用していたさまざまな教育的配慮に加えて，数学に関する支援をもっと強化するために，新しく"必須のツール"の欄を設けて詳しく解説し，本文中に現れる式には注釈やラベルを付けて理解しやすくした．また，それぞれの「トピック」の末尾には"重要な式の一覧"を設けて復習できるようにした．

学習内容の構成

▶ 斬新な構成

学習すべき内容を従来のように「章」に分けて提示するのではなく，焦点を絞った20個の「テーマ」にまとめ直し，その下に合計97個の「トピック」を配置した．各テーマの冒頭には"学習の内容と進め方"を示してあるから，トピックの間の関連や別のテーマとの関係が一目瞭然となり，読者は系統的かつ戦略的な学習が可能であろう．各トピックのはじめには"学ぶべき重要性"と"習得すべき事項"，"必要な予備知識"が書いてある．

▶ ノート

科学では正確さや厳密さが要求される．"ノート"には，よくある誤解や間違いを避けるのに役立つ注釈を与えてある．国際純正・応用化学連合（IUPAC）で推奨されている用語や手順を用いることによって，国際的な共通言語としての科学に馴染んでもらいたい．

ノート　原子質量や分子質量（原子や分子1個の質量，単位は kg）とモル質量（原子や分子1 mol の質量，単位は kg mol^{-1}）を注意して区別しよう．原子や分子1個の質量 m と原子質量定数（表紙の見返しを見よ）m_u の比で表した相対原子質量や相対分子質量 $M_r = m/m_u$ は，重さを表す"原子量"や"分子量"という名で今なお広く使われている．しかし，M_r は次元をもたない量であり，重さ（物体に働く重力）ではない．

▶ 資料

巻末の「資料」には，よく使う積分公式や量子力学演算子，量子数，各種データ表に加え，単位の表し方や群の指標表をまとめてある．データ表の一部は，抜粋して本文中に示してあることが多い．それは，注目する物理量について代表的な値を示すことによって，その大きさの見当をつけてもらうためである．

▶ チェックリスト

各トピックの末尾にある"チェックリスト"では、新たに導入した概念について簡潔にまとめてある。その項目について完全に理解したと思ったら、チェック記号を入れればよいだろう。

数学に関する支援

▶ 根　拠

数学を用いて議論を展開することは物理化学に固有の本質的な部分であるから、問題となっている事柄を完全に理解するためには、ある式がどのようにして得られたのか、何らかの仮定をおいたのではないかなどを知っておく必要がある。"根拠"は、本文から切り離して詳しく説明してあるから、読者がいま必要としている程度に合わせて学習することができるし、あとで復習するのにも便利である。

▶ 必須のツール

第2版で新しく設けた"必須のツール"には、本文で説明してある式の導出法について、それを理解するには避けて通れない数学的な考え方や具体的な手法を簡潔に説明してある。

▶ 数学の基礎

「数学の基礎」には、物理化学を完全に理解するために必要となる主要な数学概念を詳しくまとめてある。最初に必要となるテーマの末尾に、全部で8箇所に置いてある。

▶ 式に付けた注釈とラベル

たいていの式には注釈を付けて，その式がどのように展開されたかを逐一追えるようにした．等号のところに書いてあるのは，代入した式や用いた近似，一定と仮定した項，用いた積分などさまざまである．各項のところにその意味が書いてある場合もある．また，式中の数値や記号に色を付けて強調し，次の展開でそれがどう変化したかをわかりやすく示したところもある．たいていの式にはラベルを付けて，その意味が一目でわかるようにしてある．

$$N = \frac{1}{\left(\int_{-\infty}^{\infty} \psi^* \psi \, \mathrm{d}x \right)^{1/2}} \qquad 定義 \quad \boxed{規格化定数} \quad (5\cdot2)$$

で与えられる．ほとんどすべての波動関数は遠く離れれば0になるから，(5·2)式の積分計算は難しくない．このように積分が存在する（つまり有限の値をもつという意味）ような波動関数は "2乗積分可能[2)]" であるという．

ここからは特に断らない限り，1に規格化された波動関数だけを使うことにする．つまり，ψ には（一次元の例では），

$$\int_{-\infty}^{\infty} \psi^* \psi \, \mathrm{d}x = 1 \qquad 一次元 \quad \boxed{規格化条件} \quad (5\cdot3\mathrm{a})$$

となることを保証する因子をすでに含んでいると仮定する．三次元では，

$$\int_{-\infty}^{\infty} \int_{-\infty}^{\infty} \int_{-\infty}^{\infty} \psi^* \psi \, \mathrm{d}x \, \mathrm{d}y \, \mathrm{d}z = 1$$
$$三次元 \quad \boxed{規格化条件} \quad (5\cdot3\mathrm{b})$$

であれば，その波動関数は規格化されている．一般の規格化条件は，

▶ 重要な式の一覧

本文に出てきた式を全部そこで覚える必要はない．各トピックの末尾にある "重要な式の一覧" に重要な式とそれが使える条件をまとめてあるから，それを見て復習するのがよい．

重要な式の一覧

性 質	式	備 考	式番号
速 度	$v = \mathrm{d}r/\mathrm{d}t$	定 義	2·1
直線運動量	$p = mv$	定 義	2·2
角運動量の大きさ	$J = I\omega, \ I = mr^2$	質 点	2·3〜2·4
力	$F = ma = \mathrm{d}p/\mathrm{d}t$	定 義	2·5
トルク	$T = \mathrm{d}J/\mathrm{d}t$	定 義	2·6
仕 事	$\mathrm{d}w = -F \cdot \mathrm{d}s$	定 義	2·7
運動エネルギー	$E_k = \frac{1}{2}mv^2$	定 義	2·8
ポテンシャルエネルギーと力	$F_x = -\mathrm{d}V/\mathrm{d}x$	一次元	2·10
クーロンポテンシャルエネルギー	$V(r) = Q_1Q_2/4\pi\varepsilon_0 r$	真空中	2·14
クーロンポテンシャル	$\phi = Q_2/4\pi\varepsilon_0 r$	真空中	2·16
電場の大きさ	$\mathcal{E} = -\mathrm{d}\phi/\mathrm{d}x$	一次元	2·18
電 力	$P = I\Delta\phi$	I は電流	2·19

理解度に合わせた問題と解法

▶ 簡単な例示

本文中で，すぐ前に導入した式や概念の使い方を示すために簡単な例を挙げて，データの使い方や単位の正しい扱い方について述べてある．そこで，注目する性質や量の大きさに関する感触をつかんでもらいたい．すぐ後に "自習問題" があるから，本当に理解できたかどうかを確かめるとよい．

簡単な例示 9·5 直線運動量の期待値

箱の中の粒子の量子数 n の直線運動量の測定をすれば，測定の半分では $+k\hbar$ が得られ（$k = n\pi/L$ である），残りの半分では $-k\hbar$ が得られる．したがって，この直線運動量の期待値は 0 である．もっと正式なやり方でつぎのように求めても同じ結果が得られる．

$$\langle p \rangle = \int_0^L \psi_n \hat{p} \psi_n \mathrm{d}x$$

$$= \frac{2}{L} \int_0^L \sin\frac{n\pi x}{L} \left(\frac{\hbar}{\mathrm{i}} \frac{\mathrm{d}}{\mathrm{d}x} \right) \sin\frac{n\pi x}{L} \, \mathrm{d}x = 0$$

▶ 例　題

"例題"では，もう少し具体的な応用例を取上げ，そこで学んだ概念や式を組合わせたり，展開したりして問題に対処できるようしてある．そのために，問題を解くための方針を示し，解答に至るまでの道案内をしてある．例題の後にも"自習問題"がある．

例題 24・1　分子とそのイオンの結合強度の比較

N_2^+ の結合解離エネルギーが N_2 より大きいかどうかを予測せよ．

解法　結合次数の大きい分子ほど解離エネルギーも大きいだろうから，両者の電子配置を比較して，その結合次数を調べればよい．

解答　図 24・12 から，電子配置と結合次数は，

$$N_2 \qquad 1\sigma_g{}^2 1\sigma_u{}^{*2} 1\pi_u{}^4 2\sigma_g{}^2 \qquad b = 3$$
$$N_2^+ \qquad 1\sigma_g{}^2 1\sigma_u{}^{*2} 1\pi_u{}^4 2\sigma_g{}^1 \qquad b = 2\tfrac{1}{2}$$

▶ 記述問題

テーマの末尾にはトピックごとに"記述問題"がある．この問題を解くことによって学んだ内容を振返り，必要な概念について復習しておくのがよい．

▶ 演習と問題

"演習"と"問題"もテーマの末尾にトピックごとに与えてある．この問題を解いて，各トピックの内容を本当に理解できているかどうかを自分で確かめるとよい．"演習"は比較的簡単な数値問題であるが，"問題"は読者の力試しである．いくつかのトピックにまたがる問題は"総合問題"として各テーマの末尾に置いてある．

▶ 総合問題

ここには，読者がそれまで習得した知識を駆使して，いろいろなやり方で独自に解けるような問題が用意してある．

▶ 解　答　集

本書にある各種問題の解答集が Oxford University Press から出版されている．Charles Trapp, Marshall Cady, Carmen Guinta の執筆による．

学生用解答集の"Student's Solutions Manual"（ISBN 9780198701286 英語版．日本語版は出版されていない）には，演習 (a) と奇数番号の問題について完全な解答が収容されている．

謝　辞

　本書の執筆と製作に際して，多くの同僚や仲間から大変な支援をいただいた．その有益で示唆に富む数々の助言に謝意を表したい．今回の改訂では，学生諸君から寄せられた意見によるところもある．自由に寄せられた意見もあるが，こちらから依頼したものもあり，いずれも改訂の方針を決めるうえで実に役に立った．また，Charles Trapp, Carmen Giunta, Marshall Cady には特に感謝したい．テーマの末尾にある記述問題や演習，問題，総合問題を批判的な目で読み，改善を勧めてくださった．

　本改訂版には多数の方々が関わってくださった．なかには本人が気づいていないかもしれないが，いずれも貴重な貢献であった．特に，つぎの方々のお名前はここに記して公にしたい．

Hashim M. Ali, Arkansas State University
Simon Banks, University College London
Michael Bearpark, Imperial College London
David Benoit, University of Hull
Julia Bingham Wiester, Saint Xavier University
Geoffrey M. Bowers, Alfred University
Fernando Bresme, Imperial College London
Thandi Buthelezi, Wheaton College
Mauricio Cafiero, Rhodes College
Henry J. Castejon, Wilkes University
David L. Cedeño, Illinois State University
Qiao Chen, University of Sussex
Allen Clabo, Francis Marion University
Zachary J. Donhauser, Vassar College
Pamela C. Douglass, Goucher College
Gordana Dukovic, University of Colorado
Mark Ellison, Ursinus College
Haiyan Fan-Hagenstein, Claflin University
Ron L. Fedie, Augsburg College
Neville Y. Forlemu, Georgia Gwinnett College
Robert J. Glinski, Tennessee Tech University
Jerry Goodisman, Syracuse University
Tandy Grubbs, Stetson University
Alex Grushow, Rider University
Joseph C. Hall, Norfolk State University
Grant Hill, University of Glasgow
Gary G. Hoffman, Elizabethtown College
Jason Hofstein, Siena College
Carey K. Johnson, University of Kansas

Miklos Kertesz, Georgetown University
Scott J. Kirkby, East Tennessee State University
Ranjit T. Koodali, University of South Dakota
Don Kouri, University of Houston
Roderick M. Macrae, Marian University
Tony Masiello, California State University - East Bay
Nicholas Materer, Oklahoma State University
Steven G. Mayer, University of Portland
Laura McCunn, Marshall University
Danny G. Miles, Jr., Mount St. Mary's University
Marcelo P. de Miranda, University of Leeds
Andrew M. Napper, Shawnee State University
Chifuru Noda, Bridgewater State University
Gunnar Nyman, University of Gothenburg
Jason J. Pagano, Saginaw Valley State University
Codrina V. Popescu, Ursinus College
Robert Quandt, Illinois State University
Scott W. Reeve, Arkansas State University
Keith B. Rider, Longwood College
Steve Robinson, Belmont University
Raymond Sadeghi, University of Texas at San Antonio
Stephan P. A. Sauer, University of Copenhagen
Joe Scanlon, Ripon College
Paul D. Schettler, Juniata College
Nicholas Schlotter, Hamline University
Cheryl Schnitzer, Stonehill College
Louis Scudiero, Washington State University
Steven Singleton, Coe College
John M. Stubbs, The University of New England
John Thoemke, Minnesota State University - Mankato
Chia-Kuang (Frank) Tsung, Boston College
Carlos Vázquez-Vázquez, University of Santiago de Compostela
Darren Walsh, University of Nottingham
Lichang Wang, Southern Illinois University
Lauren J. Webb, The University of Texas at Austin
William C. Wetzel, Thomas More College
Darren L. Williams, Sam Houston State University

　最後になったが，心のこもった惜しみない援助をして，本書を世に出してくれた担当編集者，Oxford University Press の Jonathan Crowe と W.H. Freeman & Co. の Jessica Fiorillo に謝意を表したい．この改訂版に対するわれわれの思いを実現できたのは，彼らとその同僚の見事なチームワークのお陰である．

要約目次

上　巻

テーマ 1	基本概念
テーマ 2	量子力学の諸原理
テーマ 3	運動の量子力学
テーマ 4	近似の方法
テーマ 5	原子構造と原子スペクトル
テーマ 6	分子の構造
テーマ 7	分子の対称性
テーマ 8	分子間の相互作用
テーマ 9	分子分光法
テーマ 10	磁気共鳴

下　巻

テーマ 11	統計熱力学
テーマ 12	熱力学第一法則
テーマ 13	熱力学第二法則と第三法則
テーマ 14	相平衡と溶液
テーマ 15	化学平衡
テーマ 16	分子の運動
テーマ 17	化学反応速度論
テーマ 18	反応の分子動力学
テーマ 19	均一系の諸過程
テーマ 20	固体表面の諸過程

目　　次

テーマ1　基本概念　　1

トピック1　も　の ……………………………………… **2**
1・1　原　子 ………………………………………………… 2
1・2　分　子 ………………………………………………… 3
1・3　バルクのもの ………………………………………… 5
チェックリスト …………………………………………… 9
重要な式の一覧 …………………………………………… 9

トピック2　エネルギー ………………………………… **10**
2・1　力 ……………………………………………………… 10
2・2　エネルギー：はじめに ……………………………… 12
2・3　分子の性質とバルクの性質の関係 ………………… 16
チェックリスト …………………………………………… 19
重要な式の一覧 …………………………………………… 20

トピック3　波 …………………………………………… **21**
3・1　調　和　波 …………………………………………… 21
3・2　電　磁　場 …………………………………………… 22
チェックリスト …………………………………………… 24
重要な式の一覧 …………………………………………… 24

テーマ1　演習と問題 ………………………………… **25**
記述問題 / 演習 / 総合問題

数学の基礎1　微分と積分 …………………………… **29**

テーマ2　量子力学の諸原理　　33

トピック4　量子力学の出現 …………………………… **35**
4・1　エネルギーの量子化 ………………………………… 35
4・2　波‒粒子二重性 ……………………………………… 39
4・3　ま　と　め …………………………………………… 42
チェックリスト …………………………………………… 43
重要な式の一覧 …………………………………………… 43

トピック5　波動関数 …………………………………… **44**
5・1　基本原理Ⅰ：波動関数 ……………………………… 44
5・2　基本原理Ⅱ：ボルンの解釈 ………………………… 45
チェックリスト …………………………………………… 48
重要な式の一覧 …………………………………………… 48

トピック6　波動関数からの情報抽出 ………………… **49**
6・1　基本原理Ⅲ：量子力学の演算子 …………………… 49

6・2　基本原理Ⅳ：固有値と固有関数 …………………… 51
チェックリスト …………………………………………… 54
重要な式の一覧 …………………………………………… 54

トピック7　実験結果の予測 …………………………… **55**
7・1　一次結合で表された波動関数 ……………………… 55
7・2　期　待　値 …………………………………………… 56
7・3　固有関数の直交性 …………………………………… 57
7・4　固有関数の一次結合の期待値 ……………………… 58
チェックリスト …………………………………………… 59
重要な式の一覧 …………………………………………… 59

トピック8　不確定性原理 ……………………………… **60**
8・1　相　補　性 …………………………………………… 60
8・2　ハイゼンベルクの不確定性原理 …………………… 61
8・3　可換性と相補性 ……………………………………… 63
チェックリスト …………………………………………… 65
重要な式の一覧 …………………………………………… 65

テーマ2　演習と問題 ………………………………… **66**
記述問題 / 演習 / 問題 / 総合問題

数学の基礎2　微分方程式 …………………………… **71**

テーマ3　運動の量子力学　　73

トピック9　一次元の並進運動 ………………………… **75**
9・1　自由な運動 …………………………………………… 75
9・2　制約された運動：箱の中の粒子 …………………… 76
チェックリスト …………………………………………… 81
重要な式の一覧 …………………………………………… 82

トピック10　トンネル現象 ……………………………… **83**
10・1　長方形ポテンシャルのエネルギー障壁 ………… 83
10・2　エッカートポテンシャル障壁 …………………… 86
10・3　二重井戸形ポテンシャル ………………………… 88
チェックリスト …………………………………………… 89
重要な式の一覧 …………………………………………… 89

トピック11　多次元の並進運動 ………………………… **90**
11・1　二次元の運動 ……………………………………… 90
11・2　三次元の運動 ……………………………………… 93
チェックリスト …………………………………………… 94
重要な式の一覧 …………………………………………… 94

トピック 12　振動運動 ···················· **95**
12・1　エネルギー準位 ···················· 96
12・2　波動関数 ···················· 97
12・3　振動子の性質 ···················· 100
12・4　調和振動子モデルの化学での応用 ···················· 103
チェックリスト ···················· 105
重要な式の一覧 ···················· 105

トピック 13　二次元の回転運動 ···················· **106**
13・1　環上の粒子 ···················· 106
13・2　角運動量の量子化 ···················· 111
チェックリスト ···················· 113
重要な式の一覧 ···················· 114

トピック 14　三次元の回転運動 ···················· **115**
14・1　球面上の粒子 ···················· 115
14・2　角運動量 ···················· 119
チェックリスト ···················· 122
重要な式の一覧 ···················· 123

テーマ3　演習と問題 ···················· **124**
　　記述問題 / 演習 / 問題 / 総合問題

数学の基礎3　複　素　数 ···················· **132**

テーマ4　近似の方法　134

トピック 15　時間に依存しない摂動論 ··············· **135**
15・1　摂動展開 ···················· 135
15・2　エネルギーに対する一次の補正 ···················· 137
15・3　波動関数に対する一次の補正 ···················· 138
15・4　エネルギーに対する二次の補正 ···················· 139
チェックリスト ···················· 140
重要な式の一覧 ···················· 141

トピック 16　遷　移 ···················· **142**
16・1　時間に依存する摂動論 ···················· 143
16・2　放射線の吸収と放出 ···················· 146
チェックリスト ···················· 148
重要な式の一覧 ···················· 149

テーマ4　演習と問題 ···················· **150**
　　記述問題 / 演習 / 問題

テーマ5　原子構造と原子スペクトル　152

トピック 17　水素型原子 ···················· **154**
17・1　水素型原子の構造 ···················· 154
17・2　原子オービタルとそのエネルギー ···················· 160
チェックリスト ···················· 163
重要な式の一覧 ···················· 163

トピック 18　水素型原子オービタル ·············· **164**
18・1　殻と副殻 ···················· 164

18・2　動径分布関数 ···················· 170
チェックリスト ···················· 172
重要な式の一覧 ···················· 172

トピック 19　多電子原子 ···················· **173**
19・1　オービタル近似 ···················· 173
19・2　電子構造に影響を与える諸因子 ···················· 174
19・3　つじつまの合う場の計算 ···················· 179
チェックリスト ···················· 180
重要な式の一覧 ···················· 180

トピック 20　元素の周期性 ···················· **181**
20・1　構成原理 ···················· 181
20・2　元素の電子配置 ···················· 182
20・3　原子の性質の周期性 ···················· 184
チェックリスト ···················· 186

トピック 21　原子分光法 ···················· **187**
21・1　水素原子のスペクトル ···················· 187
21・2　項の記号 ···················· 189
21・3　多電子原子の選択律 ···················· 194
チェックリスト ···················· 195
重要な式の一覧 ···················· 195

テーマ5　演習と問題 ···················· **196**
　　記述問題 / 演習 / 問題 / 総合問題

数学の基礎4　ベクトル ···················· **201**

テーマ6　分子の構造　204

トピック 22　原子価結合法 ···················· **206**
22・1　二原子分子 ···················· 207
22・2　多原子分子 ···················· 209
チェックリスト ···················· 213
重要な式の一覧 ···················· 213

トピック 23　分子軌道法の原理 ···················· **214**
23・1　原子オービタルの一次結合 ···················· 214
23・2　オービタルの名称 ···················· 219
チェックリスト ···················· 220
重要な式の一覧 ···················· 220

トピック 24　等核二原子分子 ···················· **221**
24・1　電子配置 ···················· 221
24・2　光電子分光法 ···················· 226
チェックリスト ···················· 228
重要な式の一覧 ···················· 228

トピック 25　異核二原子分子 ···················· **229**
25・1　極性結合 ···················· 229
25・2　変分原理 ···················· 231
チェックリスト ···················· 235
重要な式の一覧 ···················· 236

トピック 26　多原子分子 ···················· **237**

26・1 ヒュッケル近似 ・・・・・・・・・・・・・・ 238
26・2 ヒュッケル法の応用 ・・・・・・・・・・・・ 240
チェックリスト ・・・・・・・・・・・・・・・・・・・・・・・ 243
重要な式の一覧 ・・・・・・・・・・・・・・・・・・・・・ 243

トピック 27　つじつまの合う場 ・・・・・・・・・・ 244
27・1 解決すべき中心課題 ・・・・・・・・・・・・ 244
27・2 ハートリー–フォック法 ・・・・・・・・・・ 245
27・3 ローターン方程式 ・・・・・・・・・・・・・・ 248
27・4 基底セット ・・・・・・・・・・・・・・・・・・・・ 251
チェックリスト ・・・・・・・・・・・・・・・・・・・・・・・ 253
重要な式の一覧 ・・・・・・・・・・・・・・・・・・・・・ 254

トピック 28　半経験的方法 ・・・・・・・・・・ 255
28・1 再びヒュッケル法について ・・・・・・ 255
28・2 微分重なり ・・・・・・・・・・・・・・・・・・・・ 256
チェックリスト ・・・・・・・・・・・・・・・・・・・・・・・ 257
重要な式の一覧 ・・・・・・・・・・・・・・・・・・・・・ 257

トピック 29　アブイニシオ法 ・・・・・・・・・ 258
29・1 配置間相互作用 ・・・・・・・・・・・・・・・・ 258
29・2 多体摂動論 ・・・・・・・・・・・・・・・・・・・・ 260
チェックリスト ・・・・・・・・・・・・・・・・・・・・・・・ 262
重要な式の一覧 ・・・・・・・・・・・・・・・・・・・・・ 262

トピック 30　密度汎関数法 ・・・・・・・・・・ 263
30・1 コーン–シャム方程式 ・・・・・・・・・・ 263
30・2 交換–相関エネルギー ・・・・・・・・・・ 264
チェックリスト ・・・・・・・・・・・・・・・・・・・・・・・ 266
重要な式の一覧 ・・・・・・・・・・・・・・・・・・・・・ 266

テーマ 6　演習と問題 ・・・・・・・・・・・・・・・・・ 267
　　記述問題 / 演習 / 問題 / 総合問題

数学の基礎 5　行　列 ・・・・・・・・・・・・・・・・・ 277

テーマ 7　分子の対称性　　　　　　281

トピック 31　分子の形の解析 ・・・・・・・・・ 282
31・1 対称操作と対称要素 ・・・・・・・・・・・・ 283
31・2 分子の対称による分類 ・・・・・・・・・・ 285
31・3 対称性からすぐ導ける結果 ・・・・・・ 289
チェックリスト ・・・・・・・・・・・・・・・・・・・・・・・ 290

トピック 32　群　論 ・・・・・・・・・・ 291
32・1 群論における要素 ・・・・・・・・・・・・・・ 291
32・2 行列表現 ・・・・・・・・・・・・・・・・・・・・・・ 293
32・3 指　標　表 ・・・・・・・・・・・・・・・・・・・・・ 296
チェックリスト ・・・・・・・・・・・・・・・・・・・・・・・ 298
重要な式の一覧 ・・・・・・・・・・・・・・・・・・・・・ 298

トピック 33　対称性の応用 ・・・・・・・・・・・ 299
33・1 積分の消滅 ・・・・・・・・・・・・・・・・・・・・ 299
33・2 オービタルへの応用 ・・・・・・・・・・・・ 302
33・3 選　択　律 ・・・・・・・・・・・・・・・・・・・・・ 303

チェックリスト ・・・・・・・・・・・・・・・・・・・・・・・ 304
重要な式の一覧 ・・・・・・・・・・・・・・・・・・・・・ 304
テーマ 7　演習と問題 ・・・・・・・・・・・・・・・・・ 305
　　記述問題 / 演習 / 問題

テーマ 8　分子間の相互作用　　　　309

トピック 34　分子の電気的性質 ・・・・・・・・ 311
34・1 電気双極子モーメント ・・・・・・・・・・ 311
34・2 分　極　率 ・・・・・・・・・・・・・・・・・・・・・ 314
チェックリスト ・・・・・・・・・・・・・・・・・・・・・・・ 316
重要な式の一覧 ・・・・・・・・・・・・・・・・・・・・・ 316

トピック 35　分子間の相互作用 ・・・・・・・・ 317
35・1 部分電荷の間の相互作用 ・・・・・・・・ 317
35・2 双極子が関与する相互作用 ・・・・・・ 318
35・3 水素結合 ・・・・・・・・・・・・・・・・・・・・・・ 324
35・4 全相互作用 ・・・・・・・・・・・・・・・・・・・・ 325
チェックリスト ・・・・・・・・・・・・・・・・・・・・・・・ 327
重要な式の一覧 ・・・・・・・・・・・・・・・・・・・・・ 328

トピック 36　実在気体 ・・・・・・・・・・・・・・・ 329
36・1 気体における分子間相互作用 ・・・・ 330
36・2 ビリアル状態方程式 ・・・・・・・・・・・・ 330
36・3 ファンデルワールス状態方程式 ・・・・ 332
36・4 熱力学的な考察 ・・・・・・・・・・・・・・・・ 336
チェックリスト ・・・・・・・・・・・・・・・・・・・・・・・ 338
重要な式の一覧 ・・・・・・・・・・・・・・・・・・・・・ 339

トピック 37　結晶構造 ・・・・・・・・・・・・・・・ 340
37・1 周期結晶の格子 ・・・・・・・・・・・・・・・・ 340
37・2 格子面の同定 ・・・・・・・・・・・・・・・・・・ 343
37・3 X 線結晶学 ・・・・・・・・・・・・・・・・・・・・ 345
37・4 中性子回折と電子回折 ・・・・・・・・・・ 351
チェックリスト ・・・・・・・・・・・・・・・・・・・・・・・ 352
重要な式の一覧 ・・・・・・・・・・・・・・・・・・・・・ 352

トピック 38　固体における結合 ・・・・・・・・ 353
38・1 金属性固体 ・・・・・・・・・・・・・・・・・・・・ 353
38・2 イオン性固体 ・・・・・・・・・・・・・・・・・・ 357
38・3 分子性固体と共有結合ネットワーク ・・・・・・・ 361
チェックリスト ・・・・・・・・・・・・・・・・・・・・・・・ 363
重要な式の一覧 ・・・・・・・・・・・・・・・・・・・・・ 363

トピック 39　固体の電気的, 光学的, 磁気的性質 ・・・・ 364
39・1 電気的性質 ・・・・・・・・・・・・・・・・・・・・ 364
39・2 光学的性質 ・・・・・・・・・・・・・・・・・・・・ 367
39・3 磁気的性質 ・・・・・・・・・・・・・・・・・・・・ 368
39・4 超伝導性 ・・・・・・・・・・・・・・・・・・・・・・ 371
チェックリスト ・・・・・・・・・・・・・・・・・・・・・・・ 372
重要な式の一覧 ・・・・・・・・・・・・・・・・・・・・・ 372
テーマ 8　演習と問題 ・・・・・・・・・・・・・・・・・ 373
　　記述問題 / 演習 / 問題 / 総合問題

数学の基礎 6　フーリエ級数とフーリエ変換 ········ **383**

テーマ 9　分子分光法　386

トピック 40　分子分光法の原理 ····················· **388**
40・1　分　光　計 ································· 389
40・2　吸収分光法 ································· 392
40・3　発光分光法 ································· 394
40・4　ラマン分光法 ······························ 395
40・5　スペクトルの線幅 ··························· 396
チェックリスト ································· 398
重要な式の一覧 ································· 398
トピック 41　分子の回転 ·························· **399**
41・1　慣性モーメント ··························· 399
41・2　回転エネルギー準位 ······················· 401
チェックリスト ································· 405
重要な式の一覧 ································· 405
トピック 42　回転分光法 ·························· **406**
42・1　マイクロ波分光法 ························· 406
42・2　回転ラマン分光法 ························· 409
42・3　核統計と回転状態 ························· 411
チェックリスト ································· 413
重要な式の一覧 ································· 414
トピック 43　振動分光法：二原子分子 ············· **415**
43・1　二原子分子の振動運動 ····················· 415
43・2　赤外分光法 ······························· 417
43・3　非調和性 ································· 418
43・4　振動回転スペクトル ······················· 420
43・5　二原子分子の振動ラマンスペクトル ········· 422
チェックリスト ································· 423
重要な式の一覧 ································· 424
トピック 44　振動分光法：多原子分子 ············· **425**
44・1　基準振動モード ··························· 425
44・2　多原子分子の赤外吸収スペクトル ··········· 427
44・3　多原子分子の振動ラマンスペクトル ········· 429
44・4　対称性から見た分子振動 ··················· 430
チェックリスト ································· 431
重要な式の一覧 ································· 432
トピック 45　電子分光法 ·························· **433**
45・1　二原子分子の電子スペクトル ··············· 434
45・2　多原子分子の電子スペクトル ··············· 440
チェックリスト ································· 443
重要な式の一覧 ································· 443
トピック 46　励起状態の減衰過程 ················· **444**
46・1　蛍光とりん光 ····························· 444
46・2　解離と前期解離 ··························· 447
46・3　レーザー作用 ····························· 448

チェックリスト ····························· 453
重要な式の一覧 ····························· 453
テーマ 9　演習と問題 ····························· **454**
記述問題 / 演習 / 問題 / 総合問題

テーマ 10　磁　気　共　鳴　468

トピック 47　一般原理 ··························· **470**
47・1　核磁気共鳴 ······························· 470
47・2　電子常磁性共鳴 ··························· 474
チェックリスト ································· 476
重要な式の一覧 ································· 476
トピック 48　NMR スペクトルの特徴 ············· **477**
48・1　化学シフト ······························· 477
48・2　遮蔽定数の起源 ··························· 479
48・3　微細構造 ································· 482
48・4　コンホメーションの転換と交換過程 ········· 487
チェックリスト ································· 488
重要な式の一覧 ································· 488
トピック 49　パルス法 NMR ····················· **489**
49・1　磁化ベクトル ····························· 489
49・2　スピン緩和 ······························· 492
49・3　核オーバーハウザー効果 ··················· 494
49・4　二次元 NMR ····························· 496
49・5　固体 NMR ······························· 497
チェックリスト ································· 499
重要な式の一覧 ································· 499
トピック 50　電子常磁性共鳴 ····················· **500**
50・1　g　値 ··································· 500
50・2　超微細構造 ······························· 501
チェックリスト ································· 504
重要な式の一覧 ································· 504
テーマ 10　演習と問題 ····························· **505**
記述問題 / 演習 / 問題 / 総合問題

資　料 ································· **A1**
1　積分公式 ································· A2
2　量子数と演算子 ··························· A3
3　単　位 ································· A5
4　データ表 ································· A6
5　指標表 ································· A16

索　引 ································· A20

テーマ末問題の解答（東京化学同人ホームページ）
演習（a）の解答
問題（奇数番号）の解答

必須のツール

1・1	物理量と単位	……………………	6	
5・1	複素数	………………………………	45	
10・1	双曲線関数	………………………	87	
13・1	円柱座標	…………………………	110	

13・2	ベクトル積	………………………	112	
14・1	球面極座標系	……………………	116	
48・1	双極子場	…………………………	481	

テーマ1　基本概念

学習の内容と進め方

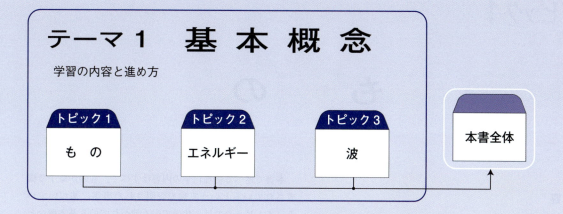

　化学は，ものとそれが起こす変化を研究する科学の一分野である．物理化学は化学の一部門であって，物理学の概念を基礎としながら，数学を言語のように使って化学の諸原理を組立て，それを広く展開する．物理化学は新しい分光法を考え出し，それを解釈するための基礎を提供するだけでなく，分子の構造とその詳細な電子分布を理解し，もののバルクの（巨視的な）性質とその構成原子との関係を調べるための基礎も提供する．物理化学はまた，化学反応の世界を探究するための手段を与え，反応がどのように起こるかの細かな点まで理解できるようにする．

　本書全体にわたって，原子の"有核モデル"や分子の"ルイス構造式"，"完全気体の状態方程式"など，初等化学ですでに学んだ多くの概念を利用することになる．そこで，「トピック1」では，これから頻繁に使う化学の諸概念について復習しておく．

　物理化学は物理学と化学をつなぐ位置にあるから，本書で必要となる初等物理学のいろいろな概念についても復習しておく必要がある．そこで，「トピック2」ではまず，粒子の運動とエネルギーを考察するうえで出発点となる"古典力学"を簡潔にまとめる．次に，化学に関係して日常すでに使っている"熱力学"の諸概念について復習する．最後に，もののバルクの性質と分子の性質を関連づけるときに必要となる"ボルツマン分布"と"均分定理"を導入しておく．

　「トピック3」では波について述べる．特に，電磁放射線を古典的に表すときの基礎となる"調和波"に注目する．「トピック2」と「トピック3」で取上げる運動とエネルギー，波に関する古典的な概念は，すぐあとで述べる「量子力学の諸原理」（テーマ2）を用いて拡張できることになり，これによって化学の本舞台で電子や原子，分子を扱うための準備が完成する．それ以降では量子力学を使って，化学構造と化学変化に関する諸原理やいろいろな研究手法の基礎について説明しよう．

トピック 1

も　　の

内　容

1・1　原子
(a) 有核モデル
(b) 周期表
(c) イオン

1・2　分子
(a) ルイス構造式
　　簡単な例示 1・1　八隅子の拡張
(b) VSEPR 理論
　　簡単な例示 1・2　分子の形
(c) 極性結合
　　簡単な例示 1・3　極性結合をもつ無極性分子

1・3　バルクのもの
(a) バルクのものの性質
　　簡単な例示 1・4　体積の単位
(b) 完全気体の状態方程式
　　例題 1・1　完全気体の状態方程式の使い方

チェックリスト
重要な式の一覧

▶ 学ぶべき重要性
化学は，ものとそれが起こす変化を研究する学問であるから，ものの性質は物理的にも化学的にも重要であり，それは本書全体の基礎になっている．

▶ 習得すべき事項
もののバルクの性質は，それに含まれる原子や分子の種類とその配列の仕方で決まる．

▶ 必要な予備知識
ここでは，初等化学ですでに学んだ事項を復習する．

本書で述べる物理化学の内容はすべて，ものが原子で構成されているという実験で証明された事実に基づいている．本トピックでは，化学で広く使われている基本概念と用語をまとめておく．まず，原子や分子の性質とバルクのものの性質を結びつけることから始めよう．たいていは後でもっと詳しく説明することになる．

1・1　原　子

ある元素の原子は，その原子核にあるプロトン[1]の数を表す原子番号[2] Z で指定される．核の中の中性子[3]の数は少し変動するが，核子数[4]（質量数[5]ともいう）A は核の中のプロトンと中性子の総数である．プロトンと中性子をあわせて核子[6]という．原子番号が同じでありながら核子数の異なる原子をその元素の同位体[7]という．

(a) 有核モデル

原子の有核モデル[8]によれば，原子番号 Z の原子は，$+Ze$ の電荷をもつ核が $-e$ の電荷（e は電気素量[9]．その値を含め基礎物理定数の値は表紙の見返しにある）をもつ電子 Z 個で囲まれている．これらの電子は原子オービタル[10]を占める．これは電子が最も見いだされやすい領域のことで，一つのオービタルには 2 個までの電子しか入れない．原子オービタルは原子核を囲む殻[11]に区分されており，それぞれの殻は主量子数[12] $n=1, 2, \cdots$ で指定される．一つの殻は n^2 個のオービタルからできており，これらのオービタルはグループ分けして，n 個の副殻[13]をつくる．これらの副殻とその中のオービタルを s, p, d, f の記号で指定する．水素以外のすべての中性原子では，同じ殻でも副殻のエネルギーは少しずつ異なる．

(b) 周　期　表

殻のオービタルに電子を次々と入れていくと，その原子の占有されたオービタルを表す電子配置[14]に周期的な類

---

1) proton　2) atomic number　3) neutron　4) nucleon number　5) mass number　6) nucleon　7) isotope　8) nuclear model
9) elementary charge. 素電荷ともいう．　10) atomic orbital　11) shell　12) principal quantum number
13) subshell. 亜殻ともいう. 14) electronic configuration

似性が現れる．つまり，原子を原子番号の順に並べたとき，いわゆる**周期表**[1])ができる（裏表紙の見返しにある）．周期表の縦の列を**族**[2])といい，（約束で，いまは）1から18までの番号を付ける．周期表の横の行を**周期**[3])といい，周期の番号は原子の最外殻（これを**原子価殻**[4])という）の主量子数に等しい．

族には通称があるものもある．1族は**アルカリ金属**[5])，2族（具体的にはカルシウム，ストロンチウム，バリウム）は**アルカリ土類金属**[6])，17族は**ハロゲン**[7])，18族は**貴ガス**[8])ともいう．おおまかにいえば，周期表で左の方へいくと**金属**[9])となり，右の方へいくと**非金属**[10])になる．この2種の物質は，ホウ素からポロニウムに至る対角線で分けられ，対角線上の元素は**半金属**[11])であって，金属と非金属の中間の性質を示す．

原子の電子配置をつくるとき最後に占有する副殻に従って，周期表を s, p, d, f の**ブロック**[12])に分ける．d ブロックを構成する元素（特に d ブロックの3族から11族まで）は**遷移金属**[13])として知られており，f ブロック（これは族に分かれていない）のものは**内部遷移金属**[14])ということがある．f ブロックの上の方の行（第6周期）は**ランタノイド**[15])（いまでも"ランタニド"ということがある）から構成され，下の行（第7周期）は**アクチノイド**[16])（いまでも"アクチニド"ということがある）から構成されている．

(c) イオン

単原子の**イオン**[17])は帯電した原子といえる．原子が1個以上の電子を獲得すると負に帯電した**アニオン**[18])になり，逆に1個以上の電子を失えば正に帯電した**カチオン**[19])になる．イオンの電荷数を，その元素のその状態における**酸化数**[20])という（たとえば，Mg^{2+}のマグネシウムの酸化数は+2で，O^{2-}の酸素の酸化数は-2である）．酸化数と**酸化状態**[21])は区別した方がよいが，いつも区別されているわけではない．酸化状態とは指定した酸化数をもった原子の物理的な状態である．すなわち，マグネシウムがMg^{2+}として存在するとき，その酸化数は+2で，Mg^{2+}という酸化状態にある．

元素は周期表での位置に特有のイオンを形成する．すなわち，金属元素はふつうその最外殻の電子を失ってカチオンになり，それより前の直近の貴ガス原子と同じ電子配置をとる．非金属元素はふつう電子を獲得してアニオンになり，それより後の直近の貴ガス原子と同じ電子配置をとる．

1・2 分　子

化学結合[22])は原子と原子を結ぶものである．金属元素を含む化合物は，いつもというわけではないが，ふつう**イオン性化合物**[23])をつくる．これはカチオンとアニオンが並んだ結晶である．イオン性化合物の"化学結合"は結晶中のすべてのイオン間に働くクーロン相互作用によるものであるから，ある隣接したイオン間に1本の結合があると考えるのは適切でない．イオン性化合物の最小単位を**化学式単位**[24])という．たとえば，$NaNO_3$はNa^+カチオンとNO_3^-アニオンからできていて，これが硝酸ナトリウムの化学式単位である．金属元素を含まない化合物はふつう，はっきり区別できる分子からできた**共有結合化合物**[25])をつくる．この場合には，分子内の原子と原子の間の結合は**共有結合**[26])である．これは電子の対を共有してできているという意味である．

> **ノート**　イオン性化合物か共有結合化合物かによらず，バルクの化合物と同じ組成の最小単位を表すのに"分子"という用語を使っているのを見かける．たとえば，"NaClの分子"という具合である．しかし本書では，共有結合で結ばれた実体で，ほかと分離できる単位（H_2Oなど）を"分子"といい，イオン性化合物の場合には"化学式単位"といって両者を区別することにする．

(a) ルイス構造式

隣接原子間の結合様式は**ルイス構造式**[27])を書いて表す．ルイス構造式では，結合を線で表し，結合に使われない原子価電子の対である**孤立電子対**[28])は2個の点で表す．ルイス構造式をつくるには，各原子が8個の電子で**八隅子（オクテット）**[29])を獲得するまで電子を共有させる（水素については2個の電子の二隅子）．1対の電子が共有されれ

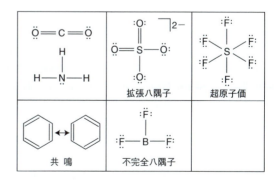

図 1・1　ルイス構造式の例

---

1) periodic table 2) group 3) period 4) valence shell 5) alkali metal 6) alkaline earth metal 7) halogen 8) noble gas 9) metal 10) non-metal 11) metalloid. 亜金属ともいう． 12) block 13) transition metal 14) inner transition metal 15) lanthanoid 16) actinoid 17) ion 18) anion 19) cation 20) oxidation number 21) oxidation state 22) chemical bond 23) ionic compound 24) formula unit 25) covalent compound 26) covalent bond 27) Lewis structure 28) lone pair. 非共有電子対，非結合電子対ともいう． 29) octet

ば**単結合**[1]，2対の電子が共有されれば**二重結合**[2]，3対ならば**三重結合**[3]である．第3周期以降の元素の原子は原子価殻に8個よりも多くの電子を収容できるので，"八隅子をふくらませて"**超原子価**[4]になる．すなわち八隅子則で許されるより多くの結合をつくる場合（たとえばSF_6）や，少数の原子との間に多くの結合をつくる場合（「簡単な例示1・1」を見よ）がある．ある一通りの原子の並び方に対して，2個以上のルイス構造式が書けるときは，**共鳴**[5]があると考える．これは2個以上の構造式をブレンドしたもので，多重結合性を分子内のあちこちに分散させる構造式である（たとえば，ベンゼンの2個の**ケクレ構造式**[6]）．ルイス構造式のこのような多様な側面の例を図1・1に示してある．

に原子が付けば（NH_3のように）その分子は三角錐形になる．よく見られるいろいろな分子の形の名称を図1・2に示す．この理論の改良版では，結合電子対と結合電子対の反発より孤立電子対と結合電子対の反発の方が強いとする．そうすれば，対称性だけでは分子の形が完全に決まらない場合でも，孤立電子対との反発が最も小さくなる形を選べることになる．

> **簡単な例示 1・1**　八隅子の拡張
>
> 八隅子を満たす必要のない化学種でも，これを拡張して表すことができる．そうすることによって，もっと低いエネルギーの構造をうまく表せるからである．たとえば，SO_4^{2-}イオンを表す（**1a**）と（**1b**）の構造では，後者の方が前者よりエネルギーが低い．このイオンの実際の構造は両方の（ただし，後者については二重結合の位置が異なる構造を全部含める）共鳴混成で表せるが，後者の構造の方が寄与はずっと大きい．
>
> **1a**　　**1b**
>
> **自習問題 1・1**　XeO_4のルイス構造式を書け．
>
> ［答：**2**　　　　　　］

(b) VSEPR 理論

ルイス構造式では，最も単純な場合以外は分子の三次元構造を表せない．分子の形を予測するには**原子価殻電子対反発理論**[7]（**VSEPR理論**）を使うのが一番簡単である．この理論では，結合（単結合でも多重結合でも）や孤立電子対で表される電子密度の高い領域が，中心原子のまわりで，相互の間隔が最大になる配向をとると考える．そうすれば，まわりについた原子（孤立電子対ではない）の位置を推定できるから，それに注目すれば分子の形を分類するのに使える．たとえば，電子密度の高い領域が4個あれば四面体の配置になる．そこに原子が（CH_4のように）付けば，その分子は四面体形である．もし，そのうち3個だけ

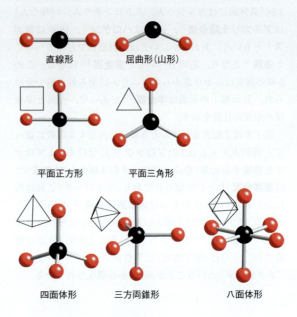

直線形　　屈曲形（山形）

平面正方形　　平面三角形

四面体形　　三方両錐形　　八面体形

図1・2　VSEPR理論で予測される分子の形

> **簡単な例示 1・2**　分子の形
>
> SF_4では孤立電子対が水平面内の位置（エクアトリアル位）をとり，上下（アキシアル位）の2本のS-F結合は孤立電子対から少し遠ざかるから，曲がったシーソー形の分子になる（図1・3）．
>
>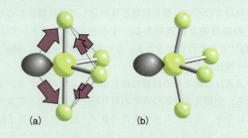
>
> (a)　　(b)
>
> **図1・3**　(a) SF_4では孤立電子対がエクアトリアル位をとる．(b) アキシアル位の2本のS-F結合は孤立電子対から少し遠ざかるから，曲がったシーソー形の分子になる．

---

1) single bond　2) double bond　3) triple bond　4) hypervalence　5) resonance　6) Kekulé structure
7) valence-shell electron pair repulsion theory

> **自習問題 1・2** SO_3^{2-} イオンの形を予測せよ.
> [答: 三角錐形]

(c) 極 性 結 合

共有結合は**極性結合**[1]になることがある.つまり,電子対の共有の仕方が同等でなく,一方の原子が部分正電荷($\delta+$ と書く)をもち,他方が部分負電荷($\delta-$)をもつ.ある原子が電子をひきつける強さは,その元素の**電気陰性度**[2] χ(カイ)で計る.大きさが等しく符号が反対の部分電荷を並べて置くと**電気双極子**[3]ができる.その電荷を $+Q$ と $-Q$ とし,その間の距離を d とすれば**電気双極子モーメント**[4]の大きさ μ は,つぎのように定義される.

$$\mu = Qd \qquad \text{定義} \qquad \boxed{\text{電気双極子モーメントの大きさ}} \tag{1・1}$$

> ### 簡単な例示 1・3 極性結合をもつ無極性分子
>
> 分子が全体として極性かどうかはその結合の配置で決まる.対称の高い分子では正味の双極子がなくなる場合がある.たとえば,直線形分子の CO_2 では(OCO の構造をしている)極性の CO 結合があるが,その効果は完全に打ち消し合うから分子全体としては無極性である.
>
> **自習問題 1・3** NH_3 分子は極性か. [答: 極性]

1・3 バルクのもの

バルクのもの[5]は多数の原子,分子,イオンから成り,その物理的状態は固体,液体または気体である.

固体[6]は,入れた容器の形とは無関係に,与えられた形を保持するものの形態である.

液体[7]は,容器内を占めている部分(重力のもとでは容器の下部)の形に従うものの形態であり,占めていない部分との間を明確に分ける表面が存在している.

気体[8]は,容器全体を直ちに満たしてしまうものの形態である.

液体と固体は,ものの**凝縮状態**[9]の現れである.液体と気体は**流体**[10]であって,外力(重力など)を加えると,それに応じて流動する形態である.

(a) バルクのものの性質

バルクのものの状態は,いろいろな性質の値を指定することにより規定できる.その例としてはつぎのものがある.

質量[11] m は,存在するものの量を表す尺度である(単位: 1 キログラム,1 kg).

体積[12] V は,その試料が占める空間の大きさを表す尺度である(単位: 1 立方メートル,$1\,m^3$).

物質量[13] n は,存在する実体(原子や分子,化学式単位など)を指定したうえで,その数を表す尺度である(単位: 1 モル,1 mol).

> ### 簡単な例示 1・4 体積の単位
>
> 体積の単位は,立方デシメートル($1\,dm^3 = 10^{-3}\,m^3$)や立方センチメートル($1\,cm^3 = 10^{-6}\,m^3$)など,$1\,m^3$ の分量を使って表すことがある.非 SI 単位[†1]のリットル($1\,L = 1\,dm^3$)やその分量であるミリリットル($1\,mL = 1\,cm^3$)もよく見かけるだろう.単位の変換を行うときは,単位(たとえば 1 cm)の分量を表す定義(この場合は $10^{-2}\,m$)を置き換えればよいだけである.たとえば,$100\,cm^3$ を dm^3(L)の単位で表すときは,$1\,cm = 10^{-1}\,dm$ の関係を使う.この場合は,$100\,cm^3 = 100\,(10^{-1}\,dm)^3$ とすれば,$0.100\,dm^3$ であることがわかる.
>
> **自習問題 1・4** 体積 $100\,mm^3$ を cm^3 の単位で表せ.
> [答: $0.100\,cm^3$]

示量性の性質[14]とは,その試料中にある物質量に依存する性質をいい,**示強性の性質**[15]とは,物質量によらない性質である.体積は示量性の性質である.一方,質量密度 ρ(ロー)は,

$$\rho = \frac{m}{V} \qquad \boxed{\text{質量密度}} \tag{1・2}$$

であるから示強性の性質である.

物質量 n(これを "モル数" ということもあるが適切でない)は,指定した単位実体が試料中に存在する数を表しており,"物質量" というのが正式名称である.ふつうは簡単に "化学量" とか,単に "量" ということもある.その単位である 1 mol は,現時点では,炭素 12 の試料 12 g(厳密に)に含まれる炭素原子の数と定義されている.(この定義は,2018 年 11 月の国際度量衡総会で変更される予定である[†2].)単位実体 1 mol 中の数を**アボガドロ定数**[16] N_A とい

---

†1 SI 単位の説明は「必須のツール 1・1」にある.
†2 予定されている国際単位系(SI)の定義改定については,本トピック末尾の「訳注コラム」を見よ.
1) polar bond 2) electronegativity 3) electric dipole 4) electric dipole moment 5) bulk matter 6) solid 7) liquid
8) gas 9) condensed state 10) fluid 11) mass 12) volume 13) amount of substance 14) extensive property
15) intensive property 16) Avogadro's constant

う．現在認められている値は $6.022\times10^{23}\,\mathrm{mol}^{-1}$ である（N_A は単位のある定数であり，ただの数ではない）．

ある物質の**モル質量**[1] M（正式な単位は $\mathrm{kg\,mol^{-1}}$ であるが，よく使うのは $\mathrm{g\,mol^{-1}}$ である）とは，それに含まれている原子や分子，化学式単位 1 mol 当たりの質量である．指定した単位実体が試料に含まれている物質量は，その試料の質量から次式により簡単に求められる．

$$n = \frac{m}{M} \qquad \text{物質量} \qquad (1\cdot3)$$

ノート　原子質量や分子質量（原子や分子 1 個の質量．単位は kg）とモル質量（原子や分子 1 mol の質量．単位は $\mathrm{kg\,mol^{-1}}$）を注意して区別しよう．原子や分子 1 個の質量 m と原子質量定数（表紙の見返しを見よ）m_u の比で表した相対原子質量や相対分子質量 $M_r=m/m_u$ は，重さを表す"原子量"や"分子量"という名で今なお広く使われている．しかし，M_r は次元をもたない量であり，重さ（物体に働く重力）ではない．

物体は**圧力**[2] p（単位: パスカル，Pa；$1\,\mathrm{Pa}=1\,\mathrm{kg\,m^{-1}\,s^{-2}}$）を受けることがある．圧力は，ある面に作用する力 F を，その面積 A で割ったものと定義される．気体では分子が絶え間なく乱雑な運動をしていて，壁と衝突するときに力を及ぼすので容器の壁に圧力を及ぼす．その衝突の頻度はきわめて多いから，及ぼす力も，圧力も一定であるように感じられる．

1 パスカルは圧力の SI 単位（必須のツール 1・1）であるが，圧力をバール（$1\,\mathrm{bar}=10^5\,\mathrm{Pa}$）や気圧（定義により厳密に $1\,\mathrm{atm}=101\,325\,\mathrm{Pa}$）の単位で表すこともよくある．両方とも通常の大気圧に相当している．同じ試料でも，その物理的性質の多くは作用する圧力によって変化するから，ある特定の圧力を選んで物性値を掲載するのがよい．そのときの**標準圧力**[3] は，いまでは厳密に $p^{\ominus}=1\,\mathrm{bar}$ と定義されている．

試料の状態を完全に指定するためには，その**温度**[4] T も与える必要がある．温度は，形式的にいえば，二つの試料を伝熱性の壁で仕切って接触させたとき，エネルギーが熱としてどちら向きに流れるかを決める性質を指す．エネルギーは温度の高い試料から低い試料へ流れる．**熱力学温度**[5] を表すには T という記号を使う．これは最低の点を $T=0$ とする絶対目盛である．$T=0$ より高い温度には**ケルビン目盛**[6] を使うのが最も普通で，温度目盛の刻みを 1 ケルビン（1 K）という単位にして，その何倍かで温度を表す．ケルビン目盛の定義は現在のところ，水の三重点（氷，液

体の水，水蒸気が互いに平衡にある温度）を厳密に 273.16 K とおくことによっている（他の単位と同様，温度の定義も変更することが決議されている．「訳注 コラム」参照）．1 atm での水の凝固点（氷の融点と同じ）は，実験によれば三重点より 0.01 K だけ低いところにある．したがって，水の凝固点は 273.15 K である．日常，温度を測るのにはケルビン目盛は不便なので，**セルシウス目盛**[7] を使うのが普通で，これはケルビン目盛とは，

$$\theta/{}^{\circ}\mathrm{C} = T/\mathrm{K} - 273.15 \qquad \text{定義} \quad \text{セルシウス目盛} \quad (1\cdot4)$$

の関係がある．たとえば，水の凝固点は 0 ℃で，沸点は（1 atm で）100 ℃（正確には 99.974 ℃）であることが実験でわかっている．本書では T はいつも熱力学（絶対）温度を示し，セルシウス目盛の温度は θ（シータ）で表すことにする．

ノート　$T=0$ と書いて，$T=0$ K としないことに注意しよう．科学における普遍的な概念は，特定の単位によらず表されなければならない．しかも，T は（θ と違って）絶対温度であるから，温度を表すのに使う目盛（ケルビン目盛など）によらず，最低の温度点は 0 なのである．同じ考え方で，$m=0$ と書いて，$m=0$ kg とは書かない．また，$l=0$ であって，$l=0$ m ではない．

必須のツール 1・1　物理量と単位

測定の結果得られるのは**物理量**[8] であって，それはある単位に数値を掛けたつぎの形で表される．

$$\text{物理量} = \text{数値} \times \text{単位}$$

したがって，単位は代数で現れる量と同じように扱うことができ，掛算や割算，消去などができる．そこで（物理量/単位）で表せば，それは指定した単位で測ったときの物理量の数値部分（つまり無次元の量）である．たとえば，ある物体の質量を $m=2.5$ kg と表しても，$m/\mathrm{kg}=2.5$ と表してもよい．よく使う単位を巻末の「資料」の表 1・1 に示してある．SI 単位[†] だけで物理量を表すのが推奨されているが，慣習に根ざして定着した単位については非 SI 単位もいくつか使用が認められている．国際的な約束によって，物理量は斜字体，単位は立体で表す．

単位の前に 10 の累乗を表す接頭文字をつけて，その単位の大きさを変えてもよい．よく用いる接頭文字を巻末の「資料」の表 1・2 に示してある．接頭文字は

---

†　訳注: 国際単位系（フランス語の Système International d'Unités に由来）
1) molar mass　2) pressure　3) standard pressure　4) temperature　5) thermodynamic temperature
6) Kelvin scale. 目盛の単位は kelvin，その記号は K である．7) Celsius scale　8) physical quantity

つぎのように使う.

$$1\,nm=10^{-9}\,m \qquad 1\,ps=10^{-12}\,s \qquad 1\,\mu mol=10^{-6}\,mol$$

単位の累乗で表したときには，もとの単位だけでなく接頭文字にも べき がかかっている．たとえば，$1\,cm^3$ $=1\,(cm)^3$ であり，$(10^{-2}\,m)^3=10^{-6}\,m^3$ である．ここで，$1\,cm^3$ は $1\,c\,(m^3)$ でないことに注意しよう．数値計算を行うときは，有効数字を表示した数値に 10 の累乗を掛けた形（たとえば $n.nnn\times10^n$）の科学的な表記法を用いるのが安全である．

SI の基本単位は 7 個あり，それを巻末の「資料」の表 1・3 に示してある（「訳注コラム」も見よ）．それ以外の物理量は，基本単位の組合わせで表せる（「資料」の表 1・4 を見よ）．たとえば，モル濃度（正式には "物質量濃度" とすべきだが，あまりそうはいわない）は，物質量をそれが占める体積で割った量であり，物質量と長さという基本単位を組合わせた組立単位（誘導単位ともいう）$mol\,dm^{-3}$ で表す．これらの組立単位には特別な名称と記号が与えられているものが多く，それぞれ現れたときに注目することにしよう．

(b) 完全気体の状態方程式

系の状態を指定する性質はいくつもあるが，一般にそれらは互いに独立でない．その間の関係として最も重要なのは，**完全気体**[1]という（"**理想気体**[2]" ともいう）理想化した流体について与えられている．それは，

$$pV = nRT \qquad \text{完全気体の状態方程式} \qquad (1\cdot5)$$

である．R は普遍定数（気体の種類によらないという意味で）の**気体定数**[3]であり，その値は $8.3145\,J\,K^{-1}\,mol^{-1}$ である．本書では，完全気体（および理想化した系）についてのみ成り立つ式については，その式番号を青色で表すことにする．

ノート　"理想気体" という用語が "完全気体" の代わりに広く使われているが，完全気体という方が好ましい理由がある．それは，理想的な系というときには，混合物中の分子間相互作用がすべて同じという場合もありうるからである．完全気体では，分子間相互作用がすべて同じだけでなく，相互作用そのものが 0 なのである．ちょっとしたことだが両者の区別は重要である．

(1・5) 式の**完全気体の状態方程式**[4]は，三つの経験的な結論をまとめたものである．それは，ボイルの法則（温度と物質量が一定のとき $p\propto1/V$），シャルルの法則（体積と

物質量が一定のとき $p\propto T$），アボガドロの原理（温度と圧力が一定のとき $V\propto n$）である．

例題 1・1　完全気体の状態方程式の使い方

容積 $250\,cm^3$ のフラスコに入っている $1.25\,g$ の気体窒素について，$20\,°C$ での圧力をキロパスカル単位で求めよ．

解法　(1・5) 式を使うには，この試料に含まれる分子の物質量（単位モル）がわかっていなければならない．それは，与えられた質量とこの分子のモル質量から (1・3 式を使えば) 得られる．あとは，温度をケルビン目盛に (1・4 式を使って) 変換しておけばよい．

解答　フラスコに存在する N_2 分子（モル質量 28.02 $g\,mol^{-1}$）の物質量は，

$$n(N_2) = \frac{m}{M(N_2)} = \frac{1.25\,g}{28.02\,g\,mol^{-1}} = \frac{1.25}{28.02}\,mol$$

である．試料の温度は，

$$T/K = 20 + 273.15 \quad \text{つまり} \quad T = (20+273.15)\,K$$

である．したがって，(1・5) 式を $p=nRT/V$ と変形しておいてから，それぞれの値を代入すれば，つぎのように計算できる．

$$p = \frac{\overset{n}{\overbrace{(1.25/28.02)\,mol}} \times \overset{R}{\overbrace{(8.3145\,J\,K^{-1}\,mol^{-1})}} \times \overset{T}{\overbrace{(20+273.15)\,K}}}{\underset{V}{\underbrace{2.50\times10^{-4}\,m^3}}}$$

$$= \frac{(1.25/28.02)\times(8.3145)\times(20+273.15)}{2.50\times10^{-4}}\,\frac{J}{m^3}$$

$1\,J\,m^{-3}=1\,Pa$

$$= 4.35\times10^5\,Pa = 435\,kPa$$

ノート　数値計算は最後まで残しておき，一度に済ませてしまうのがよい．そうすれば計算による丸め誤差の発生が避けられる．有効数字の桁数を気にせず計算途中の結果を示したいときは，$n.nnn\cdots$ などと書いて，余分な桁の数値を残しておくのがよい．

自習問題 1・5　容積 $500\,dm^3$（$5.00\times10^2\,dm^3$）のフラスコに閉じ込めた $1.22\,g$ の二酸化炭素について，$37\,°C$ での圧力を計算せよ．　　　　［答: $143\,Pa$］

すべての気体は，圧力が 0 に近づくにつれ次第に完全気体の状態方程式によく従うようになる．(1・5) 式は，圧力

---

1) perfect gas　2) ideal gas　3) gas constant　4) perfect gas equation

が減少して 0 に近づくいまの場合のように，ある極限に向かうとだんだん正しくなるような法則，つまり**極限則**[1] の一例である．実際には，海面付近のふつうの大気圧（約 1 atm）は，たいていの気体を完全気体として扱えるほどの低圧に相当するから，特に断わらない限り，本書で出てくる気体は完全気体であり，(1·5) 式に従うと仮定する．

完全気体の混合物は，全体として一つの完全気体のように振舞う．**ドルトンの法則**[2] によれば，このような混合物の全圧力は，各成分気体だけで容器を占めたときに各気体が示すはずの圧力の和で表せる．すなわち，

$$p = p_A + p_B + \cdots \qquad \text{ドルトンの法則} \qquad (1·6)$$

となる．各気体の圧力 p_J は，完全気体の状態方程式を $p_J = n_J RT/V$ の形に書けば計算できる．

訳注コラム: 国際単位系 (SI) の定義改定とその考え方

国際単位系〔巻末の「資料 3 単位」および「必須のツール 1·1」を見よ〕の基本単位の定義が大幅に改定される予定である．ここでは，新しい定義とその考え方を紹介しよう．

ものを測るには基準（単位と数値）が必要であり，その基準には普遍的で，できる限り正確に測定できる物理量が選ばれる．メートル原器（すでに廃止された）やキログラム原器（廃止される予定）などの現物から原子標準へと移行するのは，その普遍性によるものである．一方，科学・技術の進歩により正確に測定できる物理量は時代とともに変遷し，その測定精度は飛躍的に向上してきた．いまでは時間（したがって振動数や周期）は，最も精密に測定できる物理量の一つである．現在では，^{133}Cs の基底状態の超微細構造の準位間の遷移振動数（$\Delta\nu$）を厳密に 9 192 631 770 s^{-1} と決めて（もはや測定値ではないから，この値に不確定さはない），1 s を定義している（表 1）．また，長さ（1 m）の定義には，真空中での光速 c（表紙の見返しを見よ）が定義値として使われている．つまり，組立単位で表される光速を介して，長

さ標準は時間標準に依存している．

基本単位の新しい定義は，光速を定義したように，基礎物理定数を測定値から厳密な定義値に "昇格" させることによる．たとえば，質量の新しい定義にはプランク定数 h を定義する．そうすれば $\varepsilon = h\nu$ によって（振動数はすでに定義されているから）エネルギーが定義され，特殊相対性理論（$\varepsilon = mc^2$）によって質量の定義につながる．また，ボルツマン定数 k を定義すれば，$\varepsilon = kT$ によって熱力学的温度を定義できる．現在のケルビンは水の三重点温度の 1/273.16 で定義されており，標準のなかで最も貧弱なものの一つであるが，これが解消される．1 mol の定義は，アボガドロ定数 N_A を定義することで明確になる．ただし，その波及効果として，気体定数 $R = kN_A$ は自動的に厳密な値となる．また，電流の定義には電気素量 e を定義するから，ファラデー定数 $F = N_A e$ も厳密な値となるのである．

基礎物理定数はいろいろな関係でつながっているから，将来の測定精度向上により定義の一貫性に疑義が生じれば，それは次の改定につながることになる．

表 1 SI 基本単位の新しい定義と定義値となる基礎物理定数

物理量	定　義	定義値となる基礎物理定数
時　間 [a]	1 s = 9 192 631 770/$\Delta\nu$	
長　さ [a]	1 m = c/299 792 458 s	光速（真空中）[a]
質　量	1 kg = h/(6.626 070 15×10^{-34}) m^{-2} s	プランク定数
物質量	1 mol = 6.022 140 76×10^{23}/N_A	アボガドロ定数
電　流	1 A = e/(1.602 176 634×10^{-19}) s^{-1}	電気素量
温　度	1 K = (1.380 649×10^{-23})/k kg m^2 s^{-2}	ボルツマン定数
光　度	1 cd = K_{cd}/683 kg m^2 s^{-3} sr^{-1}	（分光視感効率）

a) すでに定義として採用されている物理量と基礎物理定数.

---

1) limiting law　2) Dalton's law

チェックリスト

- [ ] 1. 原子の**有核モデル**では，負に帯電した電子が，正に帯電した原子核のまわりにある殻に用意された原子オービタルを占める．
- [ ] 2. **周期表**を見れば，いろいろな原子の電子配置の類似性がよくわかり，物理的性質や化学的性質の類似性についてもよく理解できる．
- [ ] 3. **共有結合化合物**は，原子と原子が共有結合で結ばれてできた個々の分子から成る．
- [ ] 4. **イオン性化合物**では，カチオンとアニオンが結晶性の配列をしている．
- [ ] 5. **ルイス構造式**は，分子内の結合様式を表すモデルとして役に立つ．
- [ ] 6. **原子価殻電子対反発理論**（VSEPR 理論）を使えば，分子のルイス構造式からその三次元的な形を予測できる．
- [ ] 7. **極性をもつ共有結合**では，電子は結合している核間で等しく共有されていない．
- [ ] 8. バルクのものの物理的状態には固体，液体，気体がある．
- [ ] 9. バルクのものの状態を定義するには，質量や体積，物質量，圧力，温度などの性質を指定すればよい．
- [ ] 10. **完全気体の状態方程式**は，ある理想化された気体について，その圧力と体積，物質量，温度の関係を示したものである．
- [ ] 11. **極限則**は，ある特定の極限に近づくにつれ正確に成り立つ法則である．

重要な式の一覧

性　質	式	備　考	式番号
電気双極子モーメント	$\mu = Qd$	μ は電気双極子モーメントの大きさ	1·1
質量密度	$\rho = m/V$	示強性の性質	1·2
物質量	$n = m/M$	示量性の性質	1·3
セルシウス目盛	$\theta/°\mathrm{C} = T/\mathrm{K} - 273.15$	温度は示強性の性質．273.15 は厳密な値	1·4
完全気体の状態方程式	$pV = nRT$		1·5
ドルトンの法則	$p = p_A + p_B + \cdots$		1·6

トピック **2**

エ ネ ル ギ ー

内 容

2・1 力
(a) 運動量
簡単な例示 2・1 慣性モーメント
(b) ニュートンの運動の第二法則
簡単な例示 2・2 ニュートンの
運動の第二法則

2・2 エネルギー: はじめに
(a) 仕 事
簡単な例示 2.3 結合を伸ばすのに
必要な仕事
(b) エネルギーの定義
簡単な例示 2.4 粒子の軌跡
(c) クーロンポテンシャルエネルギー
簡単な例示 2.5 クーロンポテンシャル
エネルギー
(d) 熱力学
簡単な例示 2.6 U と H の関係

2・3 分子の性質とバルクの性質の関係
(a) ボルツマン分布
簡単な例示 2.7 相対占有数
(b) エネルギーの均分
簡単な例示 2.8 平均分子エネルギー

チェックリスト
重要な式の一覧

▶ 学ぶべき重要性
エネルギーは, 物理化学の中心にあって全体を統一している概念であるから, 電子や原子, 分子がエネルギーをどのように獲得したり, 蓄積したり, 失うのかについて, よく理解しておく必要がある.

▶ 習得すべき事項
エネルギーは仕事をする能力のことであり, 電子や原子, 分子では, ある決まった値のエネルギーしかとれない.

▶ 必要な予備知識
初等物理学で学んだ運動の法則と静電気学の原理, 初等化学で学んだ熱力学の概念を復習しておく必要がある.

化学ではたいていエネルギーの移動と変換が関与しているから, エネルギーという身近な物理量を最初から正確に定義しておくのがよいだろう. ここでは, 17 世紀にニュートン[1]によって構築された**古典力学**[2]を復習することから始めよう. そうすれば, 粒子の運動とエネルギーを表すのに使う用語を確かなものにしておけるだろう. これら古典的な諸概念をよく理解しておけば, 電子や原子, 分子などきわめて小さな粒子を研究するために 20 世紀に構築されたもっと基本的な理論, **量子力学**[3]を理解するための準備が整うのである. 以降では量子力学の諸概念について説明することになるが, ここではまず, 原子構造や分子構造を理解するための基礎として, なぜ量子力学が必要かを述べておこう.

2・1 力
分子は原子からできており, 原子はそれより小さな粒子からできている. その構造を理解するには, これらの物体が外力を受けたときどんな運動をするかを知っておく必要がある.

(a) 運 動 量
"並進"とは粒子が空間で移動する運動である. 粒子の**速度**[4] v とは, その位置 r が時間変化する割合である.

---

1) Isaac Newton 2) classical mechanics 3) quantum mechanics 4) velocity

$$v = \frac{dr}{dt} \qquad \text{定義} \quad \boxed{\text{速度}} \qquad (2 \cdot 1)$$

一次元に制約された運動では $v_x = dx/dt$ と書ける．速度と位置は，方向と大きさの両方をもつベクトル量である（ベクトルとその扱いについては「数学の基礎 4」で詳しく説明する）．速度の大きさは**速さ**[1] v である．質量 m の粒子の**直線運動量**[2] p は速度 v と，

$$p = mv \qquad \text{定義} \quad \boxed{\text{直線運動量}} \qquad (2 \cdot 2)$$

の関係がある．速度ベクトルと同様に，直線運動量ベクトルもその粒子が動く方向を向いていて，その大きさは p である（図 2·1）．

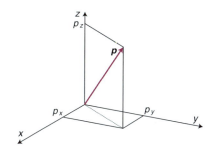

図 2·1 直線運動量 p は，その大きさが p で，運動方向と同じ向きのベクトルで表す．

回転の記述の仕方は並進の場合と非常によく似ている．ある点を中心として粒子が回転する運動は，その**角運動量**[3] J によって表される．角運動量はベクトルで，その大きさは粒子が円運動する速度を与え，その方向は回転軸を示す（図 2·2）．角運動量の大きさ J は次式で与えられる．

$$J = I\omega \qquad \boxed{\text{角運動量の大きさ}} \qquad (2 \cdot 3)$$

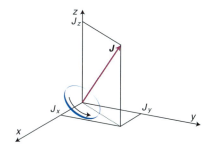

図 2·2 粒子の角運動量 J は，その回転軸の方向を向き，回転面に垂直なベクトルで表す．ベクトルの長さは角運動量の大きさ J を示す．回転運動の向きは，ベクトルと同じ向きを見ている人にとって，時計回りである．

ω は物体の**角速度**[4]，すなわち角度で表された位置の変化速度（単位は ラジアン/秒）であり，I は**慣性モーメント**[5]であって，回転を加速するとき抵抗として働く量の尺度である．質量 m の質点が半径 r の円上を動いていると，回転軸のまわりの慣性モーメントは，

$$I = mr^2 \qquad \text{質点} \quad \boxed{\text{慣性モーメント}} \qquad (2 \cdot 4)$$

である．

> **簡単な例示 2·1** 慣性モーメント
>
> $C^{16}O_2$ 分子には回転軸が二つある．どちらも C 原子を貫き，分子軸に垂直であり，両者は互いに垂直である．O 原子は，どちらも回転軸からの距離 R にある．R は CO の結合長 116 pm である．^{16}O 原子 1 個の質量は $16.00 m_u$ である．ここで，$m_u = 1.66054 \times 10^{-27}$ kg は原子質量定数である．C 原子は静止している（回転軸上にある）から，慣性モーメントには寄与しない．したがって，この分子の回転軸まわりの慣性モーメントは，
>
> $$I = 2m(^{16}O)R^2$$
>
> $$= 2 \times \left(\underbrace{16.00 \times \underbrace{1.66054 \times 10^{-27} \text{ kg}}_{m_u}}_{m(^{16}O)} \right) \times \left(\underbrace{1.16 \times 10^{-10} \text{ m}}_{R} \right)^2$$
>
> $$= 7.15 \times 10^{-46} \text{ kg m}^2$$
>
> である．慣性モーメントの単位は kg m^2 である．
>
> **自習問題 2·1** 水素分子 $^1H_2$ について，その結合に垂直な軸のまわりの回転の慣性モーメントは 4.61×10^{-48} kg m^2 である．H_2 の結合長はいくらか．
>
> [答: 74.2 pm]

(b) ニュートンの運動の第二法則

ニュートンの運動の第二法則[6]によれば，運動量の変化速度は，その粒子に働く力に等しい．すなわち，

$$\frac{dp}{dt} = F \qquad \boxed{\begin{array}{c}\text{ニュートンの運動の}\\\text{第二法則}\end{array}} \qquad (2 \cdot 5\text{a})$$

である．一次元の運動では $dp_x/dt = F_x$ と書ける．(2·5a) 式は力の定義と考えてもよい．力の SI 単位はニュートン (N) で，

$$1 \text{ N} = 1 \text{ kg m s}^{-2}$$

---

1) speed 2) linear momentum 3) angular momentum 4) angular velocity 5) moment of inertia
6) Newton's second law of motion

である．$p = m(dr/dt)$ であるから，(2·5a) 式をつぎのように書くと，場合によってはもっと便利である．

$$ma = F \qquad a = \frac{d^2r}{dt^2} \qquad \text{べつの形} \qquad \boxed{\text{ニュートンの運動の第二法則}} \qquad (2·5b)$$

a は粒子の**加速度**[1]，つまりその速度が変化する速度である．このことから，あらゆる場所であらゆる時間に働く力がわかれば，(2·5) 式を解くことによって，各瞬間の粒子の位置と運動量，すなわち**軌跡**[2]を求められる．

簡単な例示 2·2　ニュートンの運動の第二法則

調和振動子[3]は，"フックの法則[4]"に従う復元力を受ける粒子から成り，その力は平衡位置からの変位に比例している．その例は，バネに付いた質量 m の粒子，あるいは化学結合で他の原子と結ばれた原子である．一次元の系では $F_x = -k_f x$ であるが，この比例定数 k_f を**力の定数**[5]という．(2·5b) 式は，いまの場合，

$$m\frac{d^2x}{dt^2} = -k_f x$$

となる．(微分法については「数学の基礎 1」にまとめてある．) $t = 0$ で $x = 0$ ならば，この式の一つの解は，

$$x(t) = A\sin(2\pi\nu t) \qquad \nu = \frac{1}{2\pi}\left(\frac{k_f}{m}\right)^{1/2}$$

である．(実際に代入してみれば確かめられる．) この解から，粒子の位置が振動数 ν で調和的に (つまり sin 関数のように) 変化することがわかる．また，粒子が軽く (m が小さい)，硬いバネ (k_f が大きい) に付いているほど振動数が高いことがわかる．

自習問題 2·2　この振動子の運動量は時間とともにどう変化するか．　　　[答: $p = 2\pi\nu Am\cos(2\pi\nu t)$]

回転を加速するには，**トルク**[6] T，つまりねじれ力を加える必要がある．そうすれば，ニュートンの方程式は次式となる．

$$\frac{dJ}{dt} = T \qquad \text{定義} \quad \boxed{\text{トルク}} \qquad (2·6)$$

並進運動と回転運動の m と I，v と ω，p と J は，それぞれ互いに似た役割をすることを覚えておこう．それは，方程式を組立てたり覚えたりするとき，この類似性が役に立つからである．この関係を表 2·1 にまとめてある．

表 2·1　並進運動と回転運動の相互対応

並　進		回　転	
性　質	意　味	性　質	意　味
質量 m	力の影響に対する抵抗	慣性モーメント I	トルクの影響に対する抵抗
速さ v	位置の変化の速さ	角速度 ω	角度の変化の速さ
直線運動量の大きさ p	$p = mv$	角運動量の大きさ J	$J = I\omega$
並進の運動エネルギー E_k	$E_k = \frac{1}{2}mv^2$ $= p^2/2m$	回転の運動エネルギー E_k	$E_k = \frac{1}{2}I\omega^2$ $= J^2/2I$
運動方程式	$dp/dt = F$	運動方程式	$dJ/dt = T$

2·2　エネルギー：はじめに

"エネルギー"という用語を定義する前に，もう一つの身近な概念である"仕事"をもっと厳密に規定しておく必要がある．それから，これらの概念の化学での使い方について説明することにしよう．

(a) 仕　事

仕事[7] w は，対抗する力に逆らって運動するのに行われる．無限小の変位 ds (ベクトル) だけ動いたときに行われた仕事は，

$$dw = -F \cdot ds \qquad \text{定義} \quad \boxed{\text{仕事}} \quad (2·7a)$$

である．$F \cdot ds$ は，2 個のベクトル F と ds の"スカラー積"を表す (「数学の基礎 4」を見よ)．

$$F \cdot ds = F_x\,dx + F_y\,dy + F_z\,dz$$

$$\text{定義} \quad \boxed{\text{スカラー積}} \quad (2·7b)$$

一次元の運動については，$dw = -F_x\,dx$ と書ける．ある経路に沿って行われた仕事の全量はこの式を積分したものであるが，経路の各点で F の方向と大きさが変化する可能性を考慮に入れなければならない．力をニュートン単位で，距離をメートル単位で表すと，仕事の単位はジュール (J) になる．

$$1\,J = 1\,N\,m = 1\,kg\,m^2\,s^{-2}$$

簡単な例示 2·3　結合を伸ばすのに必要な仕事

化学結合をバネとみなし，それを無限小の距離 dx だけ伸ばすのに必要な仕事は，

---

1) acceleration　2) trajectory　3) harmonic oscillator　4) Hooke's law　5) force constant　6) torque　7) work

トピック2 エネルギー

$$dw = -F_x\,dx = -(-k_f x)\,dx = k_f x\,dx$$

である。結合をその平衡長 R_e（ここでは変位 $x=0$）から R の長さまで，変位として $x=R-R_e$ だけ伸ばすのに必要な仕事の全量は，

積分 A·1

$$w = \int_0^{R-R_e} k_f x\,dx = k_f \int_0^{R-R_e} x\,dx = \tfrac{1}{2}k_f(R-R_e)^2$$

である。ここで，最右辺への積分計算には巻末の「資料」にある積分公式 A·1 を用いた（積分法については「数学の基礎 1」にまとめてある）。これから，変位の 2 乗に比例して仕事が増加することがわかる。つまり，結合長を 20 pm 伸ばすには，同じ結合を 10 pm 伸ばす場合の 4 倍の仕事が必要である。

自習問題 2·3 H−H 結合の力の定数は約 575 N m^{-1} である。この結合を 10.0 pm 伸ばすにはどれだけの仕事が必要か。　　　　　　　　　　　　[答: 2.88×10^{-20} J]

(b) エネルギーの定義

エネルギー[1] とは仕事をする能力である。エネルギーの SI 単位は仕事と同じでジュール（J）である。エネルギー供給の時間率を**仕事率**[2]（P）という。その単位はワット（W）である。

$$1\,W = 1\,J\,s^{-1}$$

化学の文献では，カロリー（cal）やキロカロリー（kcal）もまだ見かけることだろう。現在は，カロリーはジュールを使って定義されており，1 cal = 4.184 J（厳密に）である。注意しなければならないのは，カロリーには数種類あることである。"熱化学的カロリー" cal$_{15}$ は，15 °C の水 1 g の温度を 1 °C 上げるのに必要なエネルギーであり，"食品のカロリー" は 1 kcal である。

粒子は，運動エネルギーとポテンシャルエネルギーの 2 種のエネルギーをもつ。ある物体の**運動エネルギー**[3] E_k とは，その物体が運動をする結果としてもつエネルギーである。質量 m，速さ v で動いている物体の運動エネルギーは，

$$E_k = \tfrac{1}{2}mv^2 \qquad 定義 \quad \boxed{運動エネルギー} \quad (2\cdot8)$$

である。ニュートンの第二法則によれば，はじめ静止していた質量 m の粒子が時間 τ のあいだ一定の力 F を受けると，その速さは 0 から $F\tau/m$ に増加し，その結果，運動エネルギーは 0 から，

$$E_k = \frac{F^2\tau^2}{2m} \qquad (2\cdot9)$$

まで増加する。その粒子のエネルギーは，力が働かなくなったあともこの値にとどまる。外力 F とそれが働く時間 τ は自由に変えられるから，(2·9) 式は，粒子のエネルギーをどんな値にでも増加できることを示している。

ある物体の**ポテンシャルエネルギー**[4] E_p（または V）とは，その位置にいる結果としてもっているエネルギーである。ある場所に静止している粒子ができる仕事は，その場所までもってくるために行わなければならない仕事に等しいから（その間に損失がないとして），(2·7) 式を一次元で使って $dV = -F_x\,dx$ と書けば次式が得られる。

$$F_x = -\frac{dV}{dx} \qquad 定義 \quad \boxed{\begin{array}{c}ポテンシャル\\エネルギー\end{array}} \quad (2\cdot10)$$

物体のポテンシャルエネルギーは受ける力のタイプに依存するから，そのポテンシャルエネルギーを表す普遍的な式を書くことはできない。たとえば，地表近くの高度 h にある質量 m の物体に働く重力のポテンシャルエネルギーは，

$$V(h) = V(0) + mgh \qquad \boxed{\begin{array}{c}重力のポテンシャル\\エネルギー\end{array}} \quad (2\cdot11)$$

である。g は**自然落下の加速度**[5] である（g は場所によるが，その "標準値" は約 9.81 m s^{-2} である）。ポテンシャルエネルギー 0 の点は任意に選べる。地表付近の粒子では $V(0)=0$ とするのが普通である。

粒子の**全エネルギー**[6] は，その運動エネルギーとポテンシャルエネルギーの和である。

$$E = E_k + E_p \quad または \quad E = E_k + V$$
$$定義 \quad \boxed{全エネルギー} \quad (2\cdot12)$$

われわれは，エネルギーは保存される，つまり，エネルギーは創造することも消滅させることもできないという明らかに普遍的な自然法則を利用する。エネルギーはある場所から別の場所に移すことができるし，別のかたちに変換することもできるが，全エネルギーは一定である。直線運動量を使って表せば，粒子の全エネルギーは，

$$E = \frac{p^2}{2m} + V \qquad (2\cdot13)$$

である。この式は，粒子の軌跡を計算するとき，ニュートンの第二法則の代わりに使うことができる。

---

1) energy　2) power　3) kinetic energy　4) potential energy　5) acceleration of free fall　6) total energy

簡単な例示 2·4　粒子の軌跡

アルゴン原子1個が，$V=0$ の（ポテンシャルエネルギーが位置によらない）領域を一次元で（x軸に沿って）自由に動けるとしよう．$v=dx/dt$ であるから，(2·1) 式と (2·8) 式から $dx/dt=(2E_k/m)^{1/2}$ となる．この微分方程式の解は，

$$x(t) = x(0) + \left(\frac{2E_k}{m}\right)^{1/2} t$$

である．これが解であることは実際に代入すれば確かめられる．一方，直線運動量は，

$$p(t) = mv(t) = m\frac{dx}{dt} = (2mE_k)^{1/2}$$

であり，これは一定である．したがって，はじめの位置と運動量がわかれば，その後のすべての位置と運動量を厳密に予測することができる．

自習問題 2·4　x方向に運動する質量 m の原子1個を考えよう．はじめの位置 x_1 での速さは v_1 である．この原子が，位置によって変わるポテンシャルエネルギー $V(x)$ の領域を時間 Δt だけ動いて減速したとき，位置 x_2 における速さ v_2 はどれだけか．

［答: $v_2 = v_1 - |dV(x)/dx|_{x_1} \Delta t/m$］

(c)　クーロンポテンシャルエネルギー

化学で最も重要なタイプのポテンシャルエネルギーの一つは，2個の電荷の間の**クーロンポテンシャルエネルギー**[1]である．そのクーロンポテンシャルエネルギーは，2個の電荷が互いに無限遠にあるのを基準として，一方の電荷を他方の電荷との距離 r まで近づけるためにしなければならない仕事に等しい．真空中で，ある点電荷 Q_1 が別の点電荷 Q_2 から距離 r だけ離れていれば，そのポテンシャルエネルギーは，

$$V(r) = \frac{Q_1 Q_2}{4\pi\varepsilon_0 r} \quad \text{定義} \quad \text{クーロンポテンシャルエネルギー} \quad (2·14)$$

である．電荷の単位はクーロン（C）であるが，電気素量 e の倍数として表すこともある．たとえば，電子1個の電荷は $-e$，プロトンの電荷は $+e$ であり，イオンの電荷は ze である．z は**電荷数**[2]（カチオンなら正，アニオンなら負）である．定数 ε_0（イプシロン ゼロ）は**真空の誘電率**[3]で，$8.854\times10^{-12}\,C^2\,J^{-1}\,m^{-1}$ という値の基礎物理定数である．約束によって（(2·14) 式のように）無限遠の2個の電荷間の

ポテンシャルエネルギーを0とおく．そうすれば，有限の距離にある2個の反対電荷は負のポテンシャルエネルギーをもつが，同種電荷は正のポテンシャルエネルギーをもつ．

簡単な例示 2·5　クーロンポテンシャルエネルギー

正電荷をもつ1個のカチオン Na^+ と負電荷をもつ1個のアニオン Cl^- が，塩化ナトリウムの結晶格子でのイオン間距離 0.280 nm にあるとき，この両者に働く静電相互作用によるクーロンポテンシャルエネルギーは，

$$V = \frac{\overbrace{(-1.602\times10^{-19}\,C)}^{Q(Cl^-)} \times \overbrace{(1.602\times10^{-19}\,C)}^{Q(Na^+)}}{4\pi\times\underbrace{(8.854\times10^{-12}\,C^2\,J^{-1}\,m^{-1})}_{\varepsilon_0}\times\underbrace{(0.280\times10^{-9}\,m)}_{r}}$$

$$= -8.24\times10^{-19}\,J$$

である．この値をモル当たりのエネルギーで表せば，つぎのようになる．

$$V\times N_A = (-8.24\times10^{-19}\,J)\times(6.022\times10^{23}\,mol^{-1})$$

$$= -496\,kJ\,mol^{-1}$$

ノート　計算が終わってから必要な単位を添えるのではなく，計算途中のどの段階でも単位を書いておくことである．また，数値を表すときには，SI単位の接頭語を使うより，10 の べき の形で表しておく方がわかりやすい．

自習問題 2·5　酸化マグネシウム結晶における最隣接のカチオンとアニオンの中心間距離は 0.21 nm である．この距離にある Mg^{2+} と O^{2-} の間に働く静電相互作用によって生じるクーロンポテンシャルエネルギーをモル当たりのエネルギーで答えよ．

［答: $-2600\,kJ\,mol^{-1}$］

真空以外の媒質の場合は，真空の誘電率を媒質の**誘電率**[4] ε で置き換えるから，2個の電荷間の相互作用のポテンシャルエネルギーは小さくなる．媒質の誘電率は真空の誘電率の倍数の形でつぎのように表す．

$$\varepsilon = \varepsilon_r\varepsilon_0 \quad \text{定義} \quad \text{誘電率} \quad (2·15)$$

ε_r は無次元の**相対誘電率**[5]（以前はこれを誘電率といった）である．ここで，媒質中でポテンシャルエネルギーが大きく減少することがある．たとえば，水の 25 ℃ での相対誘電率は 80 であるから，ある電荷の対が与えられたと

---

1) Coulomb potential energy　2) charge number　3) vacuum permittivity　4) permittivity
5) relative permittivity.　比誘電率ともいう．

トピック2 エネルギー

き，両者が同じだけ離れていても（その間に十分な空間があり，水分子が流体として振舞えば）真空中に比べてポテンシャルエネルギーは2桁近くも小さくなるのである．

ポテンシャルエネルギーとポテンシャルは違うので区別して用いる必要がある．電荷 Q_1 とは別に電荷 Q_2 が存在するとき，Q_2 による**クーロンポテンシャル**[†] ϕ（ファイ）を使って電荷 Q_1 のポテンシャルエネルギーをつぎのように表せる．

$$V(r) = Q_1\phi \qquad \phi = \frac{Q_2}{4\pi\varepsilon_0 r}$$

定義　クーロンポテンシャル　（2·16）

ポテンシャルの単位は $\mathrm{J\,C^{-1}}$ であるから，ϕ にクーロン単位で表した電荷を掛けるとジュールになる．ジュール/クーロン という組合わせは静電気学でよく現れるもので，ボルト（V）という．

$$1\,\mathrm{V} = 1\,\mathrm{J\,C^{-1}}$$

もし，系に複数個の電荷 $Q_2, Q_3, \cdots$ があれば，電荷 Q_1 が受ける全ポテンシャルは，それぞれの電荷によって生じるポテンシャルの和になる．

$$\phi = \phi_2 + \phi_3 + \cdots \qquad (2·17)$$

電荷 Q_1 のポテンシャルエネルギーを $V = Q_1\phi$ と書けるのと全く同様に，Q_1 に働く力の大きさは $F = Q_1\mathcal{E}$ と書ける．$\mathcal{E}$ は Q_2 またはもっと一般的な電荷分布から生じる**電場**[1]の大きさ（単位は $\mathrm{V\,m^{-1}}$）である．電場（力と同様に実はベクトル量である）は，電位（電気ポテンシャル）の勾配に負号をつけたものである．一次元では電場の大きさをつぎのように表せる．

$$\mathcal{E} = -\frac{\mathrm{d}\phi}{\mathrm{d}x} \qquad 電場の大きさ \quad (2·18)$$

以上の説明から，もう一つの重要なエネルギーの単位として**電子ボルト**[2]（eV）が考えられる．1 eV は，1 V の電位差のもとで，静止状態から加速された電子が獲得する運動エネルギーと定義される．電子ボルトとジュールの間の関係は，

$$1\,\mathrm{eV} = 1.602 \times 10^{-19}\,\mathrm{J}$$

である．化学で扱う過程では数電子ボルトのエネルギーが関係するものが多い．たとえば，ナトリウム原子から電子を1個奪うには約5 eV が必要である．

化学で特に重要なエネルギー供給法は（日常でも経験するように），抵抗線に電流を流す方法である．**電流**[3]（I）

は単位時間に供給される電荷 $I = \mathrm{d}Q/\mathrm{d}t$ で定義され，その単位は**アンペア**（A）である．

$$1\,\mathrm{A} = 1\,\mathrm{C\,s^{-1}}$$

ある電荷 Q を，ポテンシャル ϕ_i の場所（ここでのポテンシャルエネルギーは $Q\phi_i$）から ϕ_f の場所（ポテンシャルエネルギーは $Q\phi_f$）へ移動させたとしよう．このときのポテンシャルの差（電位差）は $\Delta\phi = \phi_f - \phi_i$ であり，ポテンシャルエネルギーの変化は $Q\Delta\phi$ である．また，エネルギー変化の時間率は $(\mathrm{d}Q/\mathrm{d}t)\,\Delta\phi$，すなわち $I\Delta\phi$ である．したがって，その仕事率である電力は，

$$P = I\Delta\phi \qquad 電力 \quad (2·19)$$

である．電流をアンペア，電位差をボルトで表せば，電力の単位はワットである．Δt の時間内に供給された全エネルギー E は，電力（エネルギー供給の時間率）に時間を掛けたもので，

$$E = P\Delta t = I\,\Delta\phi\,\Delta t \qquad (2·20)$$

である．電流をアンペア，電位差をボルト，時間を秒の単位で表せば，エネルギーはジュール単位で得られる．

(d) 熱　力　学

バルクのものを念頭においたエネルギーの移動と変換を扱う分野を**熱力学**[4]という．この精緻なテーマについては後で詳しく説明するが，初等化学の講義でも二つの中心概念，**内部エネルギー**[5] U（単位は J）と**エントロピー**[6] S（単位は $\mathrm{J\,K^{-1}}$）があることは学んだであろう．

内部エネルギーは系の全エネルギーである．**熱力学第一法則**[7]によれば，外部の影響から切り離された孤立系では内部エネルギーは一定である．ものの内部エネルギーは温度が上がると増加するから，

$$\Delta U = C\,\Delta T \qquad 内部エネルギーの変化 \quad (2·21)$$

と書く．ΔU は試料の温度を ΔT だけ上げたときの内部エネルギーの変化である．定数 C はその試料の**熱容量**[8]（単位は $\mathrm{J\,K^{-1}}$）である．熱容量が大きいと，わずかな温度上昇でも内部エネルギーの大きな増加が生じる．この言い方はつぎのように逆にすると物理的な意味がもっとはっきりする．"熱容量が大きいと，系に大量のエネルギーが流入しても温度上昇はわずかである．"熱容量は示量性の性質で，それぞれの物質の値は**モル熱容量**[9] $C_m = C/n$（単位は $\mathrm{J\,K^{-1}\,mol^{-1}}$）として記載するのが普通である．また，**比熱容量**[10] $C_s = C/m$（単位は $\mathrm{J\,K^{-1}\,g^{-1}}$）で表すことも

[†] Coulomb potential. 静電ポテンシャル（electrostatic potential），電気ポテンシャル（electric potential）ともいう．電気化学の分野では電位という．

1) electric field　2) electron volt　3) electric current　4) thermodynamics　5) internal energy　6) entropy
7) First Law of thermodynamics　8) heat capacity　9) molar heat capacity　10) specific heat capacity

ある．どちらも示強性の性質である．

熱力学的な性質は無限小の変化を使って論じるのが最適であることが多い．その場合は(2·21)式を $dU = C dT$ と書く．この式を，

$$C = \frac{dU}{dT} \qquad 定義 \quad \boxed{熱容量} \quad (2·22)$$

と書けば，熱容量を，試料の内部エネルギーを温度に対してプロットしたときの勾配と解釈することができる．

やはり初等化学で学んだことで，本書でも後で詳しく説明するが，圧力が一定に保たれた系では，内部エネルギーに pV という量を加えた**エンタルピー**[1] H（単位は J）を導入しておくといっそう便利になる．

$$H = U + pV \qquad 定義 \quad \boxed{エンタルピー} \quad (2·23)$$

示量性の性質であるエンタルピーを使うことによって，化学反応を論じるのが非常に単純になる．その一つの理由は，圧力一定のとき（実験室ではふつう圧力一定である），エンタルピー変化は系から熱として移動したエネルギーにほかならないからである．

簡単な例示2·6　　*UとHの関係*

完全気体では $pV = nRT$ が成り立つから，その内部エネルギーとエンタルピーには，

$$H = U + nRT$$

の関係がある．両辺を n で割って変形すれば，

$$H_m - U_m = RT$$

となる．H_m と U_m は，それぞれモルエンタルピーとモル内部エネルギーである．H_m と U_m の差は温度上昇とともに大きくなる．

自習問題2·6　気体酸素の298 K でのモルエンタルピーは，そのモル内部エネルギーとどれだけ違うか．

[答: $2.48\,\mathrm{kJ\,mol^{-1}}$]

エントロピー S は，系のエネルギーの質[2]を表す尺度である．もし，エネルギーが多くの運動モード，たとえば系を構成する粒子の回転や振動，並進の運動などに広く分布しているとエントロピーは大きい．もし，エネルギーが少数の運動モードにしか分布していなければ，エントロピーは小さい．**熱力学第二法則**[3]によれば，孤立系で**自発変化**[4]（つまり自然な向きの変化）が起これば常に系のエントロピーが増加する．この傾向はつぎのように表現され

ることが多い．すなわち，自然な変化が起これば，それまで局在化していたエネルギーが広く分散したり，整然と組織化されていた状態が乱れたりする．

系と外界のエントロピーは，それによって化学反応が自然に起こる方向を調べたり，反応が**平衡**[5]になったときの組成を求めることができたりするから，化学にとっては非常に重要なものである．すべての化学平衡は動的な性格をもち，反応の正方向と逆方向は同じ速度で起こっており，どちらの方向へも正味の変化を示す傾向がない．ところが，エントロピーを使ってこのような状態を確認するためには，系と外界の両方を考慮する必要がある．もし，その反応が一定の温度と圧力で起こっている場合には簡単であって，系の**ギブズエネルギー**[6] G（単位は J）が最小に達した状態を平衡状態とすることができる．ギブズエネルギーは，

$$G = H - TS \qquad 定義 \quad \boxed{ギブズエネルギー} \quad (2·24)$$

と定義され，化学熱力学で最も重要な熱力学量である．ギブズエネルギーは俗に"自由エネルギー"ともいうが，役に立つ仕事に自由に使えるエネルギーがどれだけ系に蓄えられているかの尺度を与えている．それは，たとえば電気回路に電子を押し流したり，自然に起こらない（自発的でない）反応をひき起こしたりする仕事である．

2·3　分子の性質とバルクの性質の関係

空間のある領域に閉じ込められた分子や原子，原子内の粒子などのエネルギーは**量子化**[7]されている．つまり，ある離散的な（とびとびの）値だけをとるように制限されている．その許されたエネルギーを**エネルギー準位**[8]という．許されるエネルギーの値はその粒子の特性（たとえば質量）によるが，閉じ込められた領域の大きさにもよる．エネルギー量子化は，質量の小さな粒子が狭い領域に閉じ込められたとき，その許されるエネルギーの間隔が広いという点で非常に重要である．このように，量子化が非常に重要になるのは原子や分子の中の電子の場合であって，マクロな物体では重要でない．それは，マクロな寸法の容器に入った粒子の並進のエネルギー準位の間隔は非常に小さいので，実際には量子化されていないのと同じで，ほとんど連続的に変化できる．

量子化されない並進運動を除けば，分子のエネルギーは三つの運動モードによって生じる．それは，分子全体の回転運動，各原子が振動することにより分子がゆがむ運動，原子核のまわりの電子の運動である．回転運動から振動運動，さらに電子の運動へと移行するにつれ量子化はますます重要になる．回転エネルギー準位の間隔（小さな分子で

---

1) enthalpy　2) quality　3) Second Law of thermodynamics　4) spontaneous change　5) equilibrium
6) Gibbs energy　7) quantization　8) energy level

は，約 10^{-21} J すなわち 1 zJ，約 0.6 kJ mol^{-1} に相当）は振動エネルギー準位の間隔（$10\sim 100$ zJ すなわち $6\sim 60$ kJ mol^{-1}）よりも狭く，これはまた電子エネルギー準位の間隔〔約 10^{-18} J すなわち 1 aJ，a は SI 接頭文字で見慣れないかもしれないが，アト（10^{-18}）を表す．約 600 kJ mol^{-1} に相当〕よりも狭い．図 2·3 にこれらの典型的なエネルギー準位の間隔を示してある．

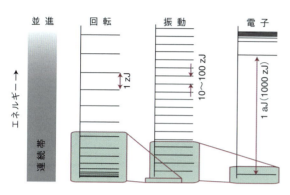

図 2·3 系にある四つのタイプのエネルギー準位とその典型的なエネルギー間隔（1 zJ = 10^{-21} J，1 zJ をモル単位で表せば約 0.6 kJ mol^{-1} に相当する）．

(a) ボルツマン分布

$T>0$ の試料中では分子は絶えず熱的な刺激を受けているから，与えられたエネルギー準位を分布して占めることができる．ある 1 個の分子に注目すれば，ある瞬間には低いエネルギー準位の状態にいるかもしれないが，次の瞬間に高いエネルギーの状態に励起しているかもしれない．1 個の分子の状態をずっと追跡することはできないが，各状態にいる<u>平均の分子数</u>はわかる．個々の分子は衝突の結果として状態を変えるとしても，各状態にいる平均の数は一定である（ただし，温度はずっと同じとする）．

ある状態にある平均の分子数をその状態の**占有数**[1]という．$T=0$ では最低のエネルギー状態だけが占められる．温度を上げると，一部の分子がもっと高いエネルギー状態へ励起され，さらに温度を上げていくと，もっと多数の状態が占有できるようになる（図 2·4）．いろいろなエネルギー状態の相対的な占有数を計算するための式を**ボルツマン分布**[2]という．19 世紀終わりにオーストリアの科学者ボルツマン[3]によって導かれた式である．この式は，エネルギーが ε_i と ε_j の状態にある分子数の比を，

$$\frac{N_i}{N_j} = e^{-(\varepsilon_i - \varepsilon_j)/kT} \qquad \text{ボルツマン分布} \quad (2\cdot 25\text{a})$$

で与えている．k は基礎物理定数の一つ，**ボルツマン定数**[4]

であり，$k = 1.381 \times 10^{-23}$ J K^{-1} である．化学では，個々の分子のエネルギー ε_i を用いることはあまりなく，モル当たりのエネルギー E_i で表すことが多い．$E_i = N_A \varepsilon_i$ であり，N_A はアボガドロ定数である．そこで，(2·25a) 式の右辺の指数部にある分子と分母に N_A を掛ければ，

$$\frac{N_i}{N_j} = e^{-(E_i - E_j)/RT} \qquad \text{べつの形} \quad \boxed{\text{ボルツマン分布}} \quad (2\cdot 25\text{b})$$

となる．$R = N_A k$ である．このように，"モル当たり"で表された気体定数の隠れたかたちとして k が現れることがよくある．ボルツマン分布は，もののマクロな性質をミクロな挙動で表すときに不可欠な連結器の役目をしている．

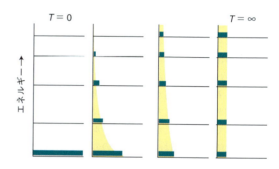

図 2·4 エネルギー準位が 5 個しかない系で，温度を 0 から無限大まで上げたときの占有数のボルツマン分布の変化．

簡単な例示 2·7　相対占有数

メチルシクロヘキサン分子は，メチル基がエクアトリアル位にあるかアキシアル位にあるかで二つのコンホメーションがとれる．エクアトリアル配座の方がアキシアル配座よりエネルギーは低く，その差は 6.0 kJ mol^{-1} である．このエネルギー差では，300 K の温度でのアキシアル状態とエクアトリアル状態の占有数の比は，

$$\frac{N_a}{N_e} = e^{-(E_a - E_e)/RT}$$
$$= e^{-(6.0 \times 10^3 \text{ J mol}^{-1})/(8.3145 \text{ J K}^{-1} \text{ mol}^{-1} \times 300 \text{ K})}$$
$$= 0.090$$

である．E_a と E_e はそれぞれのモルエネルギーである．したがって，アキシアル配座の分子数はエクアトリアル配座の 9 パーセントしかない．

自習問題 2·7　メチルシクロヘキサンの試料で，アキシアル配座の分子がエクアトリアル配座の分子の 0.30 の割合，つまり 30 パーセントになる温度を求めよ．

〔答：600 K〕

---

1) population　2) Boltzmann distribution　3) Ludwig Boltzmann　4) Boltzmann's constant

ボルツマン分布の特徴として覚えておくべき重要な事項をまとめておこう．

物理的な解釈

- 占有数の分布がエネルギーと温度の指数関数で表されている．
- 高温では低温より多数のエネルギー準位が占有される．
- kT に比べてエネルギー準位の間隔が狭く密集しているときは（回転状態や並進状態の場合），その間隔が大きく離れているとき（振動状態や電子状態の場合）よりも多数の準位がかなり占有された状況にある．

図 2・5 には代表的なエネルギー準位と室温でのボルツマン分布の形をまとめてある．回転準位の占有数が変わった形をとるのは，(2・25) 式が個々の状態に適用されるからである．すなわち，量子論からわかることだが，分子回転についてはエネルギーが高くなるほど，同じエネルギー準位に属する回転状態の数（大まかにいえば回転面の数）が増加するからである．したがって，エネルギーの高い準位ほど一つの状態の占有数は減少するものの，複数の状態が属する準位としての占有数は極大を示すのである．

ミクロとマクロの性質の関係を示す一番簡単な例として，完全気体のモデルである**気体分子運動論**[1]がある．このモデルでは分子を大きさのない粒子と考え，それが絶えず乱雑な運動をしていて，衝突するとき以外は互いに相互作用しないと仮定する．運動の速さが違う分子はエネルギーが異なるから，ボルツマンの式を使えば，ある温度で，ある速さの分子の割合を予測できる．ある速さの分子の割合を与える式を**マクスウェル-ボルツマン分布**[2]といい，それには図 2・6 にまとめた特徴がある．マクスウェル-ボルツマン分布を使えば，分子の平均速さ v_{mean} が温度とモル質量につぎのように依存することを示せる．

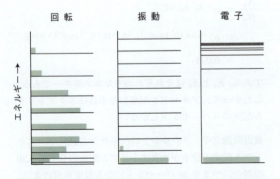

図 2・5 回転，振動，電子のエネルギー準位とその占有数の室温でのボルツマン分布．

$$v_{\text{mean}} = \left(\frac{8RT}{\pi M}\right)^{1/2} \quad \text{完全気体} \quad \text{分子の平均速さ} \quad (2\cdot26)$$

この式によれば，高温で軽い分子ほど平均速さは大きくなる．分布そのものについても，もっといろいろな情報が得られる．たとえば，速さの大きな側の分布の すそ は高温ほど長く続くから，高温ほど平均よりずっと速い分子の数が多いといえる．

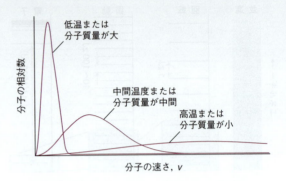

図 2・6 気体分子の速さを表すマクスウェル-ボルツマン分布．温度と分子の質量による影響を示してある．温度が上昇しても，分子の質量が減少しても最確の速さ（分布の頂上に対応する）は増加し，それと同時に分布の幅が広くなる．

(b) エネルギーの均分

ボルツマン分布を使えば，ある温度の試料中にある原子や分子の各運動モードによる平均エネルギーを計算できる．しかし，もっと簡単な方法でも平均エネルギーを求めることができる．すなわち，温度が十分高くて多くのエネルギー準位が占有されている場合は，つぎの**均分定理**[3]が使える．

試料が熱平衡にあるとき，エネルギーに対する寄与として2乗形で表されるものについては，その平均値は $\frac{1}{2}kT$ である．

ここで "2乗形寄与[4]" というのは，運動量の2乗に比例する項（たとえば運動エネルギー $E_k = p^2/2m$），あるいは平衡位置からの変位の2乗に比例する項（たとえば調和振動子のポテンシャルエネルギー $E_p = \frac{1}{2}k_f x^2$）のことである．この定理は，高温であるか，それともエネルギー準位の間隔が小さくて多くの状態が占有されている場合でしか厳密には成り立たない．均分定理は，並進や回転の運動モードに使える．しかし，振動状態や電子状態のエネルギー間隔は回転や並進よりふつうは大きいから，これらの運動モードには均分定理を使えない．

---

1) kinetic molecular theory 2) Maxwell–Boltzmann distribution 3) equipartition theorem
4) quadratic contribution

トピック2 エネルギー

簡単な例示 2·8 平均分子エネルギー

原子や分子は三次元空間を運動できるから，その並進運動エネルギーはつぎの三つの2乗形の寄与の和で表される．

$$E_{trans} = \frac{1}{2}mv_x^2 + \frac{1}{2}mv_y^2 + \frac{1}{2}mv_z^2$$

均分定理によれば，それぞれの2乗形の寄与の平均エネルギーは $\frac{1}{2}kT$ である．したがって，その平均運動エネルギーは $E_{trans} = 3 \times \frac{1}{2}kT = \frac{3}{2}kT$ である．そこで，モル並進エネルギーは $E_{trans,m} = \frac{3}{2}kT \times N_A =$ $\frac{3}{2}RT$ である．300 K ではつぎの値になる．

$$E_{trans,m} = \frac{3}{2} \times (8.3145\,\text{J K}^{-1}\,\text{mol}^{-1}) \times (300\,\text{K})$$

$$= 3700\,\text{J mol}^{-1} = 3.7\,\text{kJ mol}^{-1}$$

自習問題 2·8 直線形分子は，三次元空間では二つの軸のまわりに回転できる．どちらも2乗形の寄与と数えてよい．直線形分子の集団があるとき，500 K でのモルエネルギーに対する回転の寄与を計算せよ．

[答: $4.2\,\text{kJ mol}^{-1}$]

チェックリスト

☐ 1. **ニュートンの運動の第二法則**によれば，粒子の運動量の変化速度は作用した力に等しい．

☐ 2. **仕事**は，対抗する力に逆らって運動を起こすとき行われる．

☐ 3. **エネルギー**とは，仕事をする能力である．

☐ 4. 粒子の**運動エネルギー**は，それが運動することでもっているエネルギーである．

☐ 5. 粒子の**ポテンシャルエネルギー**は，その位置にいることでもっているエネルギーである．

☐ 6. 粒子の全エネルギーは，その運動エネルギーとポテンシャルエネルギーの和である．

☐ 7. 距離 r を隔てた2個の電荷の間の**クーロンポテンシャルエネルギー**は，$1/r$ に比例して変化する．

☐ 8. **熱力学第一法則**によれば，外部の影響から孤立した系の内部エネルギーは一定である．

☐ 9. **熱力学第二法則**によれば，孤立系で起こる自発変化はすべて，系のエントロピー増加を伴う．

☐ 10. **平衡**とは，系の**ギブズエネルギー**が最小に到達した状態である．

☐ 11. 閉じ込められた粒子のエネルギー準位は量子化されている．

☐ 12. **ボルツマン分布**は，いろいろなエネルギーをもつ状態の相対占有数を求める計算式を与えている．

☐ 13. **均分定理**によれば，試料が熱平衡にあれば，エネルギーに対して2乗形の寄与を示す項それぞれの平均値は $\frac{1}{2}kT$ である．

重要な式の一覧

性　質	式	備　考	式番号
速　度	$v = \mathrm{d}r/\mathrm{d}t$	定　義	2・1
直線運動量	$p = mv$	定　義	2・2
角運動量の大きさ	$J = I\omega,\ \ I = mr^2$	質　点	2・3, 2・4
力	$F = ma = \mathrm{d}p/\mathrm{d}t$	定　義	2・5
トルク	$T = \mathrm{d}J/\mathrm{d}t$	定　義	2・6
仕　事	$\mathrm{d}w = -F \cdot \mathrm{d}s$	定　義	2・7
運動エネルギー	$E_\mathrm{k} = \frac{1}{2}mv^2$	定　義	2・8
ポテンシャルエネルギーと力	$F_x = -\mathrm{d}V/\mathrm{d}x$	一次元	2・10
クーロンポテンシャルエネルギー	$V(r) = Q_1 Q_2 / 4\pi\varepsilon_0 r$	真空中	2・14
クーロンポテンシャル	$\phi = Q_2 / 4\pi\varepsilon_0 r$	真空中	2・16
電場の大きさ	$\mathcal{E} = -\mathrm{d}\phi/\mathrm{d}x$	一次元	2・18
電　力	$P = I\Delta\phi$	I は電流	2・19
熱容量	$C = \mathrm{d}U/\mathrm{d}T$	U は内部エネルギー	2・22
エンタルピー	$H = U + pV$	定　義	2・23
ギブズエネルギー	$G = H - TS$	定　義	2・24
ボルツマン分布	$N_i/N_j = \mathrm{e}^{-(\varepsilon_i - \varepsilon_j)/kT}$		2・25a
分子の平均速さ	$v_\mathrm{mean} = (8RT/\pi M)^{1/2}$	完全気体	2・26

トピック3

波

内容

3·1 調和波
　　　簡単な例示 3·1　合成波
3·2 電磁場
　　　簡単な例示 3·2　波数
チェックリスト
重要な式の一覧

▶ 学ぶべき重要性

物理化学の研究に使う重要な方法に各種分光法やX線回折などがあるが，これらは波の性質をもち電磁的な撹乱といえる電磁放射線を利用している．すぐ後でわかるように，原子や分子にある電子を量子力学で記述しようとするときにも，波のいろいろな性質は中心的な役割を果たす．その説明の準備として，波が数学的にどう表せるかを理解しておく必要がある．

▶ 習得すべき事項

波は，ある種の撹乱であり，それは調和関数で表せる変位を伴いながら空間を伝搬する．

▶ 必要な予備知識

調和関数（sin関数やcos関数）の性質を熟知している必要がある．

波[1]は，空間を振動しながら進む撹乱である．そのような撹乱の例としては，海洋の波における水分子の集団運動や，音波における気体粒子の集団運動がある．**調和波**[2]は，その変位を sin 関数や cos 関数で表せる波である．

3·1 調和波

調和波は，**波長**[3] λ（ラムダ），すなわち波の隣り合う山の間の距離と，**振動数**[4] ν（ニュー），つまりある固定点での変位がもとの値に戻る毎秒当たりの回数で表せる（図3·1）．振動数はヘルツ単位で計る．1 Hz＝1 s^{-1} である．波長と振動数の間には，

$$\lambda\nu = v \qquad \text{波長と振動数の関係} \quad (3\cdot 1)$$

の関係がある．v は波が伝搬する速さである．

はじめに，ある調和波の $t=0$ でのスナップショットを考えよう．その変位 $\psi(x,t)$ は位置 x によって変化し，

$$\psi(x,0) = A\cos\{(2\pi/\lambda)x + \phi\}$$
$$\text{$t=0$ での調和波} \quad (3\cdot 2\text{a})$$

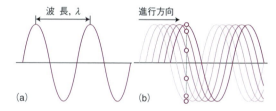

図3·1　(a) 波の波長 λ とは山と山の間の距離をいう．(b) 波が速さ v で右へ進む様子．ある1点で見ていると，波がその点を通過するにつれて，瞬間的な振幅が周期的な変化をする（図の6点で半サイクルに相当）．振動数 ν は，ある1点で1秒間に起こるサイクル数である．波長と振動数には $\lambda\nu = v$ の関係がある．

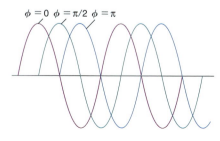

図3·2　波の位相 ϕ は山の相対位置を示す．

---

1) wave　2) harmonic wave　3) wavelength　4) frequency

で表される．A は波の**振幅**[1]，つまり波の最大の高さであり，ϕ は波の**位相**[2]，つまり波の山の位置の $x=0$ からのずれであり，位相は $-\pi$ と π の間の値をとる（図3・2）．時間が経つにつれ山は x 軸（波の伝搬方向）に沿って移動し，$t>0$ での変位は，

$$\psi(x,t) = A\cos\{(2\pi/\lambda)x - 2\pi\nu t + \phi\}$$
$t>0$ での調和波　　　　(3・2b)

で表せる．これと同じ調和波は sin 関数で表すこともでき，cos 関数の引き数にある位相 ϕ を $\phi + \frac{1}{2}\pi$ に置き換えるだけでよい．

　もし，同じ波長の2個の波が位相を違えて同じ空間領域に存在していれば，両者の和である合成波では振幅を強め合ったり，弱め合ったりする．その位相差が $\pm\pi$ であれば（一方の波の山が他方の波の谷と合う），両者を合成した波では振幅が減少する．この効果を**弱め合いの干渉**[3]という．2個の波の位相が同じであると（山と山が合う），合成した波では振幅が増大する．この効果を**強め合いの干渉**[4]という．

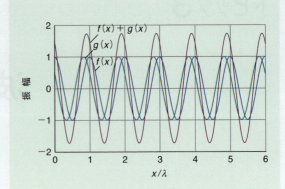

図3・3　簡単な例示3・1で考察する波の干渉

自習問題3・1　上と同じ波長の2個の波で $\phi = 3\pi/4$ の場合を考えよう．合成波の振幅は減少するか，それとも増大するか．　　　　［答：減少する］

> **簡単な例示3・1　合成波**
>
> 位相差が $\pm\pi$ でない場合どうなるかを調べるために，2個の波 $f(x) = \cos(2\pi x/\lambda)$ と $g(x) = \cos\{(2\pi x/\lambda) + \phi\}$ の合成を考えよう．図3・3は，$\phi = \pi/3$ として，x/λ に対して $f(x)$ と $g(x)$, $f(x)+g(x)$ をプロットしたものである．合成波の振幅は $f(x)$ と $g(x)$ のどちらよりも大きく，ピークの位置は $f(x)$ と $g(x)$ の間にあるのがわかる．

3・2　電磁場

光は電磁放射線の一種である．古典物理学では，**電磁場**[5]を使って電磁放射線を説明する．電磁場は，振動する電気的および磁気的な撹乱であり，それは調和波として空間を広がる．**電場**[6]は，荷電粒子（静止していても動いていてもよい）に作用するが，**磁場**[7]は動いている荷電粒子にだけ作用する．

真空中を伝搬する電磁波の波長と振動数の間には，

$$\lambda\nu = c \qquad \text{真空中の電磁波} \quad \text{波長と振動数の関係} \quad (3\cdot 3)$$

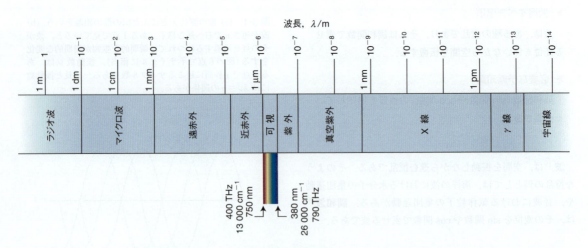

図3・4　電磁スペクトルとスペクトル領域の分類（境界は厳密なものでない）．

---

1) amplitude　2) phase　3) destructive interference　4) constructive interference　5) electromagnetic field　6) electric field
7) magnetic field

の関係がある．$c = 2.99792458 \times 10^8$ m s^{-1}（ふつうは 2.998×10^8 m s^{-1} の値を使えばよいだろう）は真空中を伝搬する光の速さである．電磁波が媒質中（空気も媒質である）を通過するときは，その速さが c' に遅くなるものの，振動数は変化しないから波長が短くなる．光の速さが媒質中で遅くなることは媒質の**屈折率**[1] n_r で表される．

$$n_r = \frac{c}{c'} \qquad \text{定義} \quad \boxed{屈折率} \quad (3 \cdot 4)$$

屈折率は光の振動数に依存し，可視光ではふつう振動数とともに大きくなる．また，同じ媒質でもその物理状態によって屈折率は変わる．25 °C の水中の黄色光については $n_r = 1.3$ であるから，波長は 30 パーセントだけ短くなっている．

電磁場を真空中での波長で分類したものを図 3·4 にまとめてある．電磁波の特性を表すのに**波数**[2] $\tilde{\nu}$（ニューティルデ）を使った方がわかりやすいこともある．ここで，

$$\tilde{\nu} = \frac{\nu}{c} = \frac{1}{\lambda} \qquad \boxed{電磁放射線 \quad 波数} \quad (3 \cdot 5)$$

である．波数は，ある長さ（ただし真空中）の中に入る完全な波の数である．波数にはふつう cm^{-1} の単位を使うから，波数 5 cm^{-1} というのは 1 cm の中に 1 波長分の波が 5 個入るという意味である．

> **簡単な例示 3·2** 波数
>
> 波長 660 nm の電磁放射線の波数は，
>
> $$\tilde{\nu} = \frac{1}{\lambda} = \frac{1}{660 \times 10^{-9} \text{ m}} = 1.5 \times 10^6 \text{ m}^{-1}$$
>
> $$= 15\,000 \text{ cm}^{-1}$$
>
> である．波数は，ある距離の中に入る波長の数を表すと覚えておけば，m^{-1} と cm^{-1} の単位の変換で間違うことはないだろう．たとえば，1 cm 当たりの波の数で波数を表せば（単位は cm^{-1}），1 m 当たりの波の数（単位は m^{-1}）の百分の一である．
>
> **自習問題 3·2** 波長 710 nm の赤色の光の波数と振動数を計算せよ．
> ［答：$\tilde{\nu} = 1.41 \times 10^6$ m$^{-1} = 1.41 \times 10^4$ cm^{-1}, $\nu = 422$ THz (1 THz $= 10^{12}$ s^{-1})］

波長 λ，振動数 ν で x 方向に進行する振動電場 $\mathcal{E}(x,t)$ と振動磁場 $\mathcal{B}(x,t)$ を表す関数は，

$$\mathcal{E}(x,t) = \mathcal{E}_0 \cos\{(2\pi/\lambda)x - 2\pi\nu t + \phi\}$$
$$\boxed{電磁放射線 \quad 電場} \quad (3 \cdot 6\text{a})$$

$$\mathcal{B}(x,t) = \mathcal{B}_0 \cos\{(2\pi/\lambda)x - 2\pi\nu t + \phi\}$$
$$\boxed{電磁放射線 \quad 磁場} \quad (3 \cdot 6\text{b})$$

である．$\mathcal{E}_0$ と $\mathcal{B}_0$ はそれぞれ電場と磁場の振幅であり，ϕ は波の位相である．ただし，ここでの振幅はベクトル量である．それは，電場や磁場は大きさだけでなく方向をもつからである．磁場は電場に垂直であり，どちらも進行方向に垂直である（図 3·5）．古典電磁理論によれば，電磁放射線の**強度**[3] は電磁波に付随するエネルギーの尺度を与え，それは振幅の 2 乗に比例している．

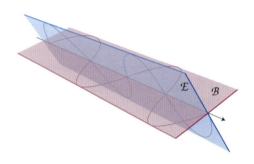

図 3·5 平面偏光波では，電場と磁場が互いに直交する面内でそれぞれ振動し，どちらも進行方向に垂直である．

(3·6) 式は**平面偏光**[4] した電磁放射線を表している．平面偏光では，電場と磁場のそれぞれが一つの平面内で振動している．その偏光面は進行方向のまわりのどの方向を向いてもよい．もう一つの偏光の仕方は**円偏光**[5] である．この場合の電場と磁場は進行方向に対して時計回り，あるいは反時計回りに回転しているが，両者とも進行方向にも相互にも垂直のままである（図 3·6）．

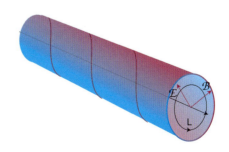

図 3·6 円偏光波では，電場と磁場は互いに垂直なまま，進行方向のまわりを回転する．円偏光には右回り (R) と左回り (L) があり，図には "左円偏光" を示してある．

---

1) refractive index　2) wavenumber　3) intensity　4) plane polarization　5) circular polarization

チェックリスト

- [ ] 1. **波**は，空間を振動しながら進む撹乱である．
- [ ] 2. **調和波**は，その変位を sin 関数または cos 関数で表せる波である．
- [ ] 3. 調和波の特性は，その**波長**と**振動数**，**位相**，**振幅**で表せる．
- [ ] 4. 波長が同じで位相の異なる 2 個の波が**弱め合いの干渉**を起こせば，その合成波の振幅は減少する．
- [ ] 5. 波長も位相も同じ 2 個の波は**強め合いの干渉**を起こして，その合成波の振幅は増大する．
- [ ] 6. **電磁場**は，振動する電気的および磁気的な撹乱で

あり，それは調和波として空間を広がる．

- [ ] 7. **電場**は，荷電粒子（静止していても動いていてもよい）に作用する．
- [ ] 8. **磁場**は，動いている荷電粒子にだけ作用する．
- [ ] 9. **平面偏光**の電磁放射線では，電場と磁場のそれぞれが一つの平面内で振動し，両者は互いに垂直である．
- [ ] 10. **円偏光**では，電場と磁場は進行方向に対して時計回り，あるいは反時計回りに回転しているが，両者とも進行方向にも相互にも垂直のままである．

重要な式の一覧

性　質	式	備　考	式番号
波長と振動数の関係	$\lambda\nu = v$	真空中の電磁放射線では $v = c$	3・1
屈折率	$n_r = c/c'$	定義；$n_r \geq 1$	3・4
波　数	$\tilde{\nu} = \nu/c = 1/\lambda$	電磁放射線	3・5

テーマ1 基本概念 演習と問題

トピック1 もの

記述問題

1·1 原子の有核モデルの特徴を要約せよ. 原子番号, 核子数, 質量数の定義を述べよ.

1·2 周期表で, 金属, 非金属, 遷移金属, ランタノイド, アクチノイドはそれぞれどこにあるか.

1·3 単結合とは何か. 多重結合とは何か.

1·4 分子の形に関するVSEPR理論のおもな考え方を要約せよ.

1·5 (a) ものの状態としての固体と液体, 気体, (b) 凝縮状態と気体状態について, それぞれを比較し, 相違点を指摘せよ.

演習

1·1(a) つぎの元素について, その原子のふつうの基底状態の電子配置を書け. (a) 2族, (b) 7族, (c) 15族.

1·1(b) つぎの元素について, その原子のふつうの基底状態の電子配置を書け. (a) 3族, (b) 5族, (c) 13族.

1·2(a) (a) $MgCl_2$, (b) FeO, (c) Hg_2Cl_2 の各元素の酸化数はいくらか.

1·2(b) (a) CaH_2, (b) CaC_2, (c) LiN_3 の各元素の酸化数はいくらか.

1·3(a) 炭素原子と窒素原子の間で (a) 単結合, (b) 二重結合, (c) 三重結合をつくっている分子を挙げよ.

1·3(b) 中心原子に孤立電子対が (a) 1個, (b) 2個, (c) 3個ある分子を挙げよ.

1·4(a) (a) $SO_3{}^{2-}$, (b) XeF_4, (c) P_4 のルイス構造式 (電子ドット式) を描け.

1·4(b) (a) O_3, (b) $ClF_3{}^+$, (c) $N_3{}^-$ のルイス構造式 (電子ドット式) を描け.

1·5(a) 不完全八隅子をもつ化合物を3個挙げよ.

1·5(b) 超原子価化合物を4個挙げよ.

1·6(a) VSEPR理論を使って, つぎの化学種の構造を予測せよ. (a) PCl_3, (b) PCl_5, (c) XeF_2, (d) XeF_4

1·6(b) VSEPR理論を使って, つぎの化学種の構造を予測せよ. (a) H_2O_2, (b) $FSO_3{}^-$, (c) KrF_2, (d) $PCl_4{}^+$

1·7(a) つぎの結合の極性について, 部分電荷 $\delta+$ と $\delta-$ を付して表せ. (a) $Cl-Cl$, (b) $P-H$, (c) $N-O$

1·7(b) つぎの結合の極性について, 部分電荷 $\delta+$ と $\delta-$ を付して表せ. (a) $C-H$, (b) $P-S$, (c) $N-Cl$

1·8(a) つぎの分子は極性か無極性か. その理由も述べよ. (a) CO_2, (b) SO_2, (c) N_2O, (d) SF_4

1·8(b) つぎの分子は極性か無極性か. その理由も述べよ. (a) O_3, (b) XeF_2, (c) NO_2, (d) C_6H_{14}

1·9(a) 演習1·8(a)の分子を双極子モーメントが大きくなる順に並べよ.

1·9(b) 演習1·8(b)の分子を双極子モーメントが大きくなる順に並べよ.

1·10(a) つぎの性質を示量性と示強性に分類せよ. (a) 質量, (b) 質量密度, (c) 温度, (d) 数密度.

1·10(b) つぎの性質を示量性と示強性に分類せよ. (a) 圧力, (b) 比熱容量, (c) 重量, (d) 質量モル濃度.

1·11(a) エタノール 25.0 g の中にある (a) C_2H_5OH の物質量 (モル単位), (b) 分子数を計算せよ.

1·11(b) グルコース 5.0 g の中にある (a) $C_6H_{12}O_6$ の物質量 (モル単位), (b) 分子数を計算せよ.

1·12(a) 10.0 mol の H_2O (l) の (a) 質量, (b) 地球表面 ($g = 9.81\ \mathrm{m\ s^{-2}}$) での重量を計算せよ.

1·12(b) 10.0 mol の C_6H_6 (l) の (a) 質量, (b) 火星表面 ($g = 3.72\ \mathrm{m\ s^{-2}}$) での重量を計算せよ.

1·13(a) 質量 65 kg の人が靴をはいて (地球表面に) 立っているとき, この人が及ぼす圧力を計算せよ. ただし, 靴底の面積は 150 cm^2 であるとする.

1·13(b) 質量 60 kg の人がハイヒールの靴をはいて (地球表面に) 立っているとき, この人が及ぼす圧力を計算せよ. ただし, ヒールの面積は 2 cm^2 で, 体重はすべてヒールにかかっていると仮定する.

1·14(a) 演習1·13(a)で計算した圧力を気圧 (atm) の単位で表せ.

1·14(b) 演習1·13(b)で計算した圧力を気圧 (atm) の単位で表せ.

1·15(a) 1.45 atm の圧力を (a) パスカル, (b) バールの単位で表せ.

1·15(b) 222 atm の圧力を (a) パスカル, (b) バールの単位で表せ.

1·16(a) 37.0 ℃ の体温をケルビン目盛に変換せよ.

1·16(b) 酸素の沸点 90.18 K をセルシウス目盛に変換せよ.

1·17(a) (1·4) 式はケルビン目盛とセルシウス目盛の関係を表している. ファーレンハイト目盛とセルシウス目盛の関係を示す式を導き, それを使ってエタノールの沸点 (78.5 ℃) をファーレンハイト度で表せ.

1·17(b) ランキン目盛は熱力学温度目盛の一種であるが, 1度 (°R) の大きさはファーレンハイト度と同じである. ランキン目盛とケルビン目盛の関係を示す式を導き, それを使って水の凝固点をランキン度で表せ.

1·18(a) ある気体水素の試料の温度が 20.0 ℃ のとき, 圧力は 110 kPa であった. 温度が 7.0 ℃ のとき, 圧力はいく

26 テーマ 1 基本概念

らと予測されるか.

1·18(b) 325 mg のネオンが 20.0 °C で 2.00 dm³ の体積を占めた. 完全気体の法則を使ってこの気体の圧力を計算せよ.

1·19(a) 500 °C, 93.2 kPa での硫黄蒸気の質量密度は 3.710 kg m⁻³ である. この条件下での硫黄の分子式を書け.

1·19(b) 100 °C, 16.0 kPa でのリン蒸気の質量密度は 0.6388 kg m⁻³ である. この条件下でのリンの分子式を書け.

1·20(a) 22 g のエタンが 25.0 °C で 1000 cm³ の容器に閉じ込められている. 完全気体であるとして, その圧力を計算せよ.

1.20(b) 7.05 g の酸素が 100.0 °C で 100 cm³ の容器に閉じ込められている. 完全気体であるとして, その圧力を計算せよ.

1·21(a) 10.0 dm³ の容器に 5.0 °C で 2.0 mol の H₂ と 1.0 mol の N₂ が入っている. 各成分の分圧と全圧を計算せよ.

1·21(b) 100 cm³ の容器に 10.0 °C で 0.25 mol の O₂ と 0.034 mol の CO₂ が入っている. 各成分の分圧と全圧を計算せよ.

トピック 2　エネルギー

記述問題

2·1 エネルギーとは何か.

2·2 運動エネルギーとポテンシャルエネルギーの違いは何か.

2·3 熱力学第二法則について述べよ. 外界から孤立していない系のエントロピーは自発過程で減少することがあるか.

2·4 エネルギーの量子化とは何か. ミクロな系で量子化の効果が最も重要になるはどんな状況か.

2·5 気体分子運動論での仮定は何か.

2·6 気体分子の速さを表すマクスウェル–ボルツマン分布のおもな特徴は何か.

演習

2·1(a) 質量 1.0 g の粒子 1 個を地球表面の近くで手から離した. 自然落下の加速度は $g = 9.81 \, \mathrm{m \, s^{-2}}$ である. (a) 1.0 s 後, (b) 3.0 s 後のこの粒子の速さと運動エネルギーはいくらか. ただし, 空気の抵抗は無視する.

2·1(b) 演習 2·1(a) と同じ粒子を火星表面の近くで手から離した. 自然落下の加速度は $g = 3.72 \, \mathrm{m \, s^{-2}}$ である. (a) 1.0 s 後, (b) 3.0 s 後のこの粒子の速さと運動エネルギーはいくらか. ただし, 空気の抵抗は無視する.

2·2(a) 水中にある電荷 ze のイオンに強度 $\mathcal{E}$ の電場がかかり, その結果 $ze\mathcal{E}$ の力が働いてイオンが動いている. このとき, イオンは同時に速さ s に比例する摩擦抵抗を受けており, その大きさは $6\pi\eta Rs$ である. R はイオン半径, η (イータ) は媒質の粘性率である. このイオンの最終の速さはいくらになるか.

2·2(b) ある粘性媒質中を下降する粒子は, その速さ s に比例する摩擦抵抗を受け, その大きさは $6\pi\eta Rs$ である. R は粒子の半径, η (イータ) は媒質の粘性率である. 自然落下の加速度を g とすると, 半径 R で質量密度 ρ (ロー) の球形粒子の最終の速さはいくらになるか.

2·3(a) 調和振動子の運動方程式, $(m \, \mathrm{d}^2x/\mathrm{d}t^2 = -k_f x)$ の

一般解が $x(t) = A \sin \omega t + B \cos \omega t$ であることを示せ. ただし, $\omega = (k_f/m)^{1/2}$ である.

2·3(b) 演習 2·3(a) の調和振動子で, $B = 0$ の場合を考えよう. ある瞬間の全エネルギーと最大変位振幅の関係を求めよ.

2·4(a) 水素原子に関する初期の"半古典的な"見方では, 電子 1 個が半径 53 pm の円周上を $2188 \, \mathrm{km \, s^{-1}}$ で回っている. 電子が 1/4 回転する間の平均加速度の大きさはいくらか.

2·4(b) 演習 2·4(a) で求めた加速度を使えば, この電子が軌道上で受ける平均の力の大きさはいくらか.

2·5(a) 演習 2·4(a) の情報を使って, 半古典的な見方をしたときの水素原子の電子の角運動量の大きさを計算せよ. その結果を $h/2\pi$ の倍数として表せ. h はプランク定数である (表紙の見返しを見よ).

2·5(b) 半古典的な見方 (演習 2·5a) の続きで, この電子が半径 $4a_0$ の軌道に励起され, 同じ $2188 \, \mathrm{km \, s^{-1}}$ の速さで回っているとしよう. この電子の角運動量の大きさを計算し, それを $h/2\pi$ の倍数として表せ. h はプランク定数である (表紙の見返しを見よ).

2·6(a) C−H 結合の力の定数は約 $450 \, \mathrm{N \, m^{-1}}$ である. この結合を (a) 10 pm, (b) 20 pm だけ伸ばすには, どれだけの仕事が必要か.

2·6(b) H−H 結合の力の定数は約 $510 \, \mathrm{N \, m^{-1}}$ である. この結合を 20 pm だけ伸ばすには, どれだけの仕事が必要か.

2·7(a) 電子顕微鏡で 1 個の電子が静止状態から電位差 $\Delta\phi = 100 \, \mathrm{kV}$ で加速され, $e\Delta\phi$ のエネルギーを獲得したとする. その最終の速さはいくらか. そのエネルギーは電子ボルト単位 (eV) でいくらか.

2·7(b) 質量分析計で 1 個の $C_6H_4^{2+}$ イオンが静止状態から電位差 $\Delta\phi = 20 \, \mathrm{kV}$ で加速され, $e\Delta\phi$ のエネルギーを獲得したとする. その最終の速さはいくらか. そのエネルギーは電子ボルト単位 (eV) でいくらか.

2·8(a) Cl⁻ イオンから距離 200 pm にある Na⁺ イオンを

(真空中で) 無限遠まで引き離すのにすべき仕事を計算せよ. もし水中であれば, どれだけの仕事が必要か.

2·8(b) O^{2-} イオンから距離 250 pm にある Mg^{2+} イオンを (真空中で) 無限遠まで引き離すのにすべき仕事を計算せよ. もし水中であれば, どれだけの仕事が必要か.

2·9(a) LiH 分子内の Li 核から 200 pm, H 核から 150 pm の点における, これらの核による静電ポテンシャルを計算せよ.

2·9(b) Na^+Cl^- のイオン対 (核間距離 283 pm) で, 両原子核から等距離にある線上を無限遠から核間の中点に至るまで接近したとき, その間の両原子核による静電ポテンシャルをプロットせよ.

2·10(a) 水 200 g を入れたフラスコ中に電気ヒーターを浸し, 15.0 V の電源から 2.23 A の電流を 12.0 分流した. このとき水に供給されたエネルギーはいくらか. また, その温度上昇を求めよ (ただし, 水では $C_m = 75.3\ J\,K^{-1}\,mol^{-1}$ である).

2·10(b) エタノール 150 g を入れたフラスコ中に電気ヒーターを浸し, 12.5 V の電源から 1.12 A の電流を 172 s 流した. このときエタノールに供給されたエネルギーはいくらか. また, その温度上昇を求めよ (ただし, エタノールでは $C_m = 111.5\ J\,K^{-1}\,mol^{-1}$ である).

2·11(a) ある鉄の試料の熱容量は $3.67\ J\,K^{-1}$ であった. これに 100 J のエネルギーを熱として加えたら, 温度はどれだけ上昇するか.

2·11(b) ある水の試料の熱容量は $5.77\ J\,K^{-1}$ であった. これに 50.0 kJ のエネルギーを熱として加えたら, 温度はどれだけ上昇するか.

2·12(a) 鉛のモル熱容量は $26.44\ J\,K^{-1}\,mol^{-1}$ である. 100 g の鉛の温度を加熱によって 10.0 °C だけ上げるには, どれだけのエネルギーを加えなければならないか.

2·12(b) 水のモル熱容量は $75.2\ J\,K^{-1}\,mol^{-1}$ である. 10.0 g の水の温度を加熱によって 10.0 °C だけ上げるには, どれだけのエネルギーを加えなければならないか.

2·13(a) エタノールのモル熱容量は $111.46\ J\,K^{-1}\,mol^{-1}$ である. 比熱容量はいくらか.

2·13(b) ナトリウムのモル熱容量は $28.24\ J\,K^{-1}\,mol^{-1}$ である. 比熱容量はいくらか.

2·14(a) 水の比熱容量は $4.18\ J\,K^{-1}\,g^{-1}$ である. モル熱容量はいくらか.

2·14(b) 銅の比熱容量は $0.384\ J\,K^{-1}\,g^{-1}$ である. モル熱容量はいくらか.

2·15(a) 気体水素の 1000 °C でのモルエンタルピーはモル内部エネルギーとどれだけ違うか. 水素は完全気体とする.

2·15(b) 水の質量密度は $0.997\ g\,cm^{-3}$ である. 水の 298 K でのモルエンタルピーはモル内部エネルギーとどれだけ違うか.

2·16(a) 298 K, 1 bar では, 液体の水と水蒸気のどちらのエントロピーが大きいか.

2·16(b) 0 °C, 1 atm では, 液体の水と氷のどちらのエン

トロピーが大きいか.

2·17(a) 100 g の鉄のエントロピーは, 300 K と 3000 K ではどちらが大きいか.

2·17(b) 100 g の水のエントロピーは, 0 °C と 100 °C ではどちらが大きいか.

2·18(a) 動的平衡にある系の例を三つ挙げよ. この平衡が撹乱を受けたとき何が起こるか.

2·18(b) 静的平衡にある系の例を三つ挙げよ. この平衡が撹乱を受けたとき何が起こるか.

2·19(a) エネルギー差が 1.0 eV (電子ボルト, 表紙の見返しを見よ) の二つの状態について, (a) 300 K, (b) 3000 K での占有数の比はいくらか.

2·19(b) エネルギー差が 2.0 eV (電子ボルト, 表紙の見返しを見よ) の二つの状態について, (a) 200 K, (b) 2000 K での占有数の比はいくらか.

2·20(a) エネルギー差が 1.0 eV の二つの状態があるとき, $T=0$ での占有数について何がいえるか.

2·20(b) エネルギー差が 1.0 eV の二つの状態があるとき, 温度無限大での占有数について何がいえるか.

2·21(a) 分子の振動励起エネルギーの代表的な大きさは, 波数にして $2500\ cm^{-1}$ (hc を掛ければエネルギー間隔に変換できる.「トピック 3」を見よ) である. 室温 (20 °C) で振動励起状態の分子を見いだせるか.

2·21(b) 分子の回転励起エネルギーの代表的な大きさは, 振動数にして 10 GHz (h を掛ければエネルギー間隔に変換できる.「トピック 3」を見よ) である. 室温 (20 °C) で回転励起状態にある気体分子を見いだせるか.

2·22(a) 室温であれば, たいていの分子は長期間そのままで存在できる. その理由は何か.

2·22(b) 化学反応の速度はふつう温度を上げると増加する. その理由は何か.

2·23(a) 空気中の N_2 分子について, 0 °C と 40 °C での平均速さの比を計算せよ.

2·23(b) 空気中の CO_2 分子について, 20 °C と 30 °C での平均速さの比を計算せよ.

2·24(a) 空気中の N_2 分子と CO_2 分子の平均速さの比を計算せよ.

2·24(b) ある混合気体中の Hg_2 分子と H_2 分子の平均速さの比を計算せよ.

2·25(a) 均分定理を使って, 25 °C のアルゴン 5.0 g の内部エネルギーに対する並進運動の寄与を計算せよ.

2·25(b) 均分定理を使って, 30 °C のヘリウム 10.0 g の内部エネルギーに対する並進運動の寄与を計算せよ.

2·26(a) 均分定理を使って, 20 °C の (a) 二酸化炭素, (b) メタン, それぞれ 10.0 g の全内部エネルギーに対する並進と回転の寄与を計算せよ. 振動の寄与は考えなくてよい.

2·26(b) 均分定理を使って, 20 °C の鉛 10.0 g の全内部エネルギーに対する原子の振動の寄与を計算せよ.

2·27(a) 均分定理を使って, アルゴンのモル熱容量を計算せよ.

28 テーマ1 基本概念

2·27(b) 均分定理を使って，ヘリウムのモル熱容量を計算せよ．

2·28(a) 均分定理を使って，(a) 二酸化炭素，(b) メタン

の熱容量を求めよ．

2·28(b) 均分定理を使って，(a) 水蒸気，(b) 鉛の熱容量を求めよ．

トピック3 波

記述問題

3·1 波にはどんなタイプの運動があるか．

3·2 突然"バン"という音がしたとき，その波としての性質はどんなものか．

演習

3·1(a) 水の屈折率を1.33として，水中での光速を求め

よ．

3·1(b) ベンゼンの屈折率を1.52として，ベンゼン中での光速を求めよ．

3·2(a) 炭化水素の振動遷移の代表的な波数は $2500\ \mathrm{cm}^{-1}$ である．対応する波長と振動数を計算せよ．

3·2(b) O−H結合の振動遷移の代表的な波数は $3600\ \mathrm{cm}^{-1}$ である．対応する波長と振動数を計算せよ．

テーマ1の総合問題

F1·1 「トピック78」で説明するが，完全気体で速さ v から $v+\mathrm{d}v$ の範囲にある分子の割合は $f(v)\,\mathrm{d}v$ で表される．ここで，

$$f(v) = 4\pi\left(\frac{M}{2\pi RT}\right)^{3/2} v^2\, \mathrm{e}^{-Mv^2/2RT}$$

である（78·4式を見よ）．T は温度，M はモル質量であり，これをマクスウェル–ボルツマン分布という．この式と数学ソフトウエアや表計算ソフトウエアを使って，つぎの問

いに答えよ．

(a) 図2·6のグラフを参考にして，分子のモル質量を $100\ \mathrm{g}$ mol^{-1} に固定したうえで，気体の温度を $200\ \mathrm{K}$ から $2000\ \mathrm{K}$ までいくつか変化させたときの分布をプロットせよ．

(b) モル質量 $100\ \mathrm{g\ mol}^{-1}$ の分子からなる気体を考える．その分子の速さが $100\ \mathrm{m\ s}^{-1}$ と $200\ \mathrm{m\ s}^{-1}$ の間にある分子の割合を $300\ \mathrm{K}$ と $1000\ \mathrm{K}$ について計算せよ．

F1·2 総合問題F1·1で得た結果に基づいて，温度について分子論的な解釈を与えよ．

数学の基礎1　微分と積分

微分と積分は，物理科学で最も重要な数学手法である．いろいろなところで現れるから，その扱い方に習熟しておく必要がある．

MB1・1　微分：定義

微分は，ある変数の時間変化を求めるときなど，関数の勾配に関するものである．ある関数$f(x)$の**導関数**[1] df/dxの正式な定義は，

$$\frac{df}{dx} = \lim_{\delta x \to 0} \frac{f(x + \delta x) - f(x)}{\delta x} \quad \text{定義} \quad \boxed{\text{一階導関数}} \quad (\text{MB1·1})$$

である．図 MB1·1 に示すように，$f(x)$の導関数は$f(x)$のグラフの接線の勾配とみることができる．一階導関数が正であれば，（xが増加するとき）その関数は上向きの勾配を示し，負であれば下向きの勾配を示す．一階導関数を$f'(x)$と書いておくと便利である．ある関数の**二階導関数**[2] d^2f/dx^2は，一階導関数（f'）の導関数である．すなわち，

$$\frac{d^2f}{dx^2} = \lim_{\delta x \to 0} \frac{f'(x + \delta x) - f'(x)}{\delta x} \quad \text{定義} \quad \boxed{\text{二階導関数}} \quad (\text{MB1·2})$$

である．二階導関数をf''と書いておくと便利である．図 MB1·1 に示すように，関数の二階導関数はその関数の曲率[†]の鋭さを示すものと解釈できる．二階導関数が正であれば，その関数は ∪ の形をしており，負であれば ∩ の形である．

よく使う関数の導関数はつぎのとおりである．

$$\frac{d}{dx} x^n = n x^{n-1} \quad (\text{MB1·3a})$$

$$\frac{d}{dx} e^{ax} = a e^{ax} \quad (\text{MB1·3b})$$

$$\frac{d}{dx} \sin ax = a \cos ax \quad \frac{d}{dx} \cos ax = -a \sin ax$$
$$(\text{MB1·3c})$$

$$\frac{d}{dx} \ln ax = \frac{1}{x} \quad (\text{MB1·3d})$$

ある関数が複数の変数に依存するときは，**偏導関数**[3] $\partial f/\partial x$の概念が必要になる．記号が d から ∂ に変わっていることに注意しよう．偏導関数については「数学の基礎8」でもっと詳しく説明する．いまのところ知っておくべきことは，偏導関数を計算するときは，ある指定した変数以外のすべての変数を定数とみなすことである．

> **簡単な例示 MB1·1　偏導関数**
>
> 変数2個の関数fがあり，$f = 4x^2 y^3$であるとしよう．fのxに関する偏導関数を求めると，yを（ここでの4と一緒に）定数とみなして，
>
> $$\frac{\partial f}{\partial x} = \frac{\partial}{\partial x}(4x^2 y^3) = 4y^3 \frac{\partial}{\partial x} x^2 = 8xy^3$$
>
> を得る．同様にして，fのyに関する偏導関数を求めるには，xを（ここでも4と一緒に）定数とみなして，つぎのように計算すればよい．
>
> $$\frac{\partial f}{\partial y} = \frac{\partial}{\partial y}(4x^2 y^3) = 4x^2 \frac{\partial}{\partial y} y^3 = 12x^2 y^2$$

MB1・2　微分：演算法

導関数の定義により，関数を組合わせたものはつぎの規則を使って微分演算ができる．

$$\frac{d}{dx}(u + v) = \frac{du}{dx} + \frac{dv}{dx} \quad (\text{MB1·4a})$$

$$\frac{d}{dx} uv = u\frac{dv}{dx} + v\frac{du}{dx} \quad (\text{MB1·4b})$$

$$\frac{d}{dx} \frac{u}{v} = \frac{1}{v} \frac{du}{dx} - \frac{u}{v^2} \frac{dv}{dx} \quad (\text{MB1·4c})$$

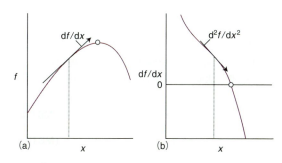

図 MB1·1　(a) 関数の一階導関数は，その関数のグラフにその点で引いた接線の勾配に等しい．小さい丸はこの関数の極値（この場合は極大値）を示す．この点での勾配は0である．(b) 同じ関数の二階導関数は，その関数の一階導関数のグラフに引いた接線の勾配である．二階導関数は，その点における関数の曲率の鋭さを示すと解釈できる．

---

† ここでの"曲率"という用語の使い方は正式でない．厳密な定義によれば，関数fの曲率とは$(d^2f/dx^2)/\{1+(df/dx)^2\}^{3/2}$のことである．

1) derivative　2) second derivative　3) partial derivative

簡単な例示 MB 1·2　導関数

関数 $f = \sin^2 ax / x^2$ を微分するには，(MB1·4) 式を使って，

$$\frac{d}{dx}\frac{\sin^2 ax}{x^2} = \frac{d}{dx}\left(\frac{\sin ax}{x}\right)\left(\frac{\sin ax}{x}\right)$$

$$= 2\left(\frac{\sin ax}{x}\right)\frac{d}{dx}\left(\frac{\sin ax}{x}\right)$$

$$= 2\left(\frac{\sin ax}{x}\right)\left\{\frac{1}{x}\frac{d}{dx}\sin ax + \sin ax\frac{d}{dx}\frac{1}{x}\right\}$$

$$= 2\left\{\frac{a}{x^2}\sin ax \cos ax - \frac{\sin^2 ax}{x^3}\right\}$$

と書ける．$a = 1$ の場合のこの関数とその一階導関数を図 MB1·2 にプロットしてある．

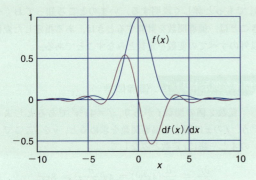

図 MB1·2　簡単な例示 MB1·2 で考えた関数とその一階導関数．

MB 1·3　級数展開

微分の応用として，関数のべき級数展開がある．関数 $f(x)$ の $x = a$ 近傍での**テイラー級数**[1]は，

$$f(x) = f(a) + \left(\frac{df}{dx}\right)_a (x-a) + \frac{1}{2!}\left(\frac{d^2 f}{dx^2}\right)_a (x-a)^2 + \cdots$$

$$= \sum_{n=0}^{\infty}\frac{1}{n!}\left(\frac{d^n f}{dx^n}\right)_a (x-a)^n$$

　　　　　　　　　　テイラー級数　　(MB1·5)

である．$(\cdots)_a$ という記号は，導関数を $x = a$ で計算することを表している．$n!$ は**階乗**[2]を表し，

$$n! = n(n-1)(n-2)\cdots 1, \quad 0! = 1 \quad \text{階乗} \quad (\text{MB1·6})$$

で与えられる．ある関数の**マクローリン級数**[3]とは，$a = 0$ という特別な場合のテイラー級数である．

簡単な例示 MB 1·3　級数展開

$\cos x$ を $x = 0$ の近傍で展開するには，

$$\left(\frac{d}{dx}\cos x\right)_0 = (-\sin x)_0 = 0$$

$$\left(\frac{d^2}{dx^2}\cos x\right)_0 = (-\cos x)_0 = -1$$

であることに注目すればよい．一般には，

$$\left(\frac{d^n}{dx^n}\cos x\right)_0 = \begin{cases} 0 & n \text{ が奇数} \\ (-1)^{n/2} & n \text{ が偶数} \end{cases}$$

であることに留意すれば次式が得られる．

$$\cos x = \sum_{n \text{ 偶数}}^{\infty}\frac{(-1)^{n/2}}{n!}x^n = 1 - \frac{1}{2}x^2 + \frac{1}{24}x^4 - \cdots$$

つぎのテイラー級数（実はマクローリン級数）は，本書のいろいろなところで使う．

$$(1+x)^{-1} = 1 - x + x^2 - \cdots = \sum_{n=0}^{\infty}(-1)^n x^n \quad (\text{MB1·7a})$$

$$e^x = 1 + x + \frac{1}{2}x^2 + \cdots = \sum_{n=0}^{\infty}\frac{x^n}{n!} \quad (\text{MB1·7b})$$

$$\ln(1+x) = x - \frac{1}{2}x^2 + \frac{1}{3}x^3 - \cdots = \sum_{n=1}^{\infty}(-1)^{n+1}\frac{x^n}{n}$$
$$(\text{MB1·7c})$$

テイラー級数を使えば計算が簡単になる．たとえば，$x \ll 1$ のときは，テイラー級数を 1 項か 2 項で打ち切ってもよい近似で表せる．具体的には，$x \ll 1$ のとき，

$$(1+x)^{-1} \approx 1 - x \quad (\text{MB1·8a})$$

$$e^x \approx 1 + x \quad (\text{MB1·8b})$$

$$\ln(1+x) \approx x \quad (\text{MB1·8c})$$

と書くことができる．

n が無限大に近づくにつれ級数の和がある有限の値に近づくとき，その級数は**収束**[4]するという．もし，その和がある有限値に近づかなければ，その級数は**発散**[5]するという．たとえば，(MB1·7a) 式の級数は $x < 1$ ならば収束す

---

1) Taylor series　2) factorial　3) Maclaurin series　4) converge　5) diverge

るが，$x \geq 1$ では発散する．収束するかどうかの判定法がいろいろあり，それは数学の教科書にある．

MB 1・4　積分：定義

　積分[1]（形式上は微分の逆）は，曲線の下の面積を求めることに相当する．ある関数 $f(x)$ の積分を $\int f\,dx$ と書く（Sを引き伸ばした形の記号 $\int$ は和を表す）．$x=a$ と $x=b$ の二つの値の間の積分値は，x 軸を幅 δx の小区間に分割して考え，

$$\int_a^b f(x)\,dx = \lim_{\delta x \to 0} \sum_i f(x_i)\,\delta x \quad \text{定義} \quad \boxed{積分} \quad (\text{MB}1\cdot 9)$$

の和を求めることで定義される．図 MB1・3 を見ればわかるように，この積分は区間 a から b に挟まれた曲線の下の面積である．積分される関数を**被積分関数**[2]という．関数 f を微分して，それでできた関数を積分すれば（このとき生じる付加定数を除けば）もとの関数 f が得られるという意味で，積分は微分の逆であるというのは数学の驚くべき関係である．区間を指定した (MB1・9) 式を**定積分**[3]という．区間の指定がなければ**不定積分**[4]である．不定積分を行った結果が $g(x)+C$ （C は定数）とすれば，つぎのように計算することによって対応する定積分が得られる．

$$\begin{aligned}
I &= \int_a^b f(x)\,dx = \{g(x)+C\}\Big|_a^b \\
&= \{g(b)+C\} - \{g(a)+C\} \\
&= g(b) - g(a) \qquad \boxed{定積分} \quad (\text{MB}1\cdot 10)
\end{aligned}$$

ここで，**積分定数**[5]が消えていることに注意しよう．本書で使うことになる定積分と不定積分は巻末の「資料」にある．

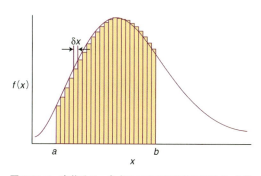

図 MB1・3　定積分は，各点における関数値に増分 δx を掛け，区間 a と b の間のすべての x について $f(x)\,\delta x$ の和をとって求める．ここで，$\delta x \to 0$ とすれば結局のところ，求める積分値はこの上限と下限の間の曲線の下の面積になる．

MB 1・5　積分：演算法

　求めたい不定積分の形が巻末の「資料」になくても，以下のようなやり方で変換できる場合がある．

　置換積分法　独立変数 x と関係のあるべつの変数 u を導入する（たとえば，$u=x^2-1$ のような代数式や $u=\sin x$ のような三角関数で表す）．次に，微分 dx を du で表す（たとえば，この置換によってそれぞれ $du=2x\,dx$，$du=\cos x\,dx$ となる）．それから，x で表されたもとの積分式を u で表した積分式に変換すれば，巻末の「資料」にある積分公式のどれかが使える場合がある．

> **簡単な例示 MB1・4**　**置換積分法**
>
> 　不定積分 $\int \cos^2 x \sin x\,dx$ を計算するには，$u=\cos x$ の置換を行う．$du/dx = -\sin x$ だから $\sin x\,dx = -du$ である．したがって，この積分は，
>
> $$\int \cos^2 x \sin x\,dx = -\int u^2\,du = -\frac{1}{3}u^3 + C$$
> $$= -\frac{1}{3}\cos^3 x + C$$
>
> となる．これに対応する定積分を求めるには，x の区間を u の区間に変換しなければならない．たとえば，もとの区間が $x=0$ と $x=\pi$ であれば，新しい区間は $u=\cos 0 = 1$ と $u=\cos \pi = -1$ である．そこで，つぎのように計算できる．
>
> $$\int_0^\pi \cos^2 x \sin x\,dx = -\int_1^{-1} u^2\,du = \left\{-\frac{1}{3}u^3 + C\right\}\Big|_1^{-1} = \frac{2}{3}$$

　部分積分法　二つの関数 $f(x)$ と $g(x)$ があるとき，

$$\int f\,\frac{dg}{dx}\,dx = fg - \int g\,\frac{df}{dx}\,dx$$
$$\boxed{部分積分法} \quad (\text{MB}1\cdot 11\text{a})$$

であるから，これを使う．略して書けば，

$$\int f\,dg = fg - \int g\,df \qquad (\text{MB}1\cdot 11\text{b})$$

である．

> **簡単な例示 MB1・5**　**部分積分法**
>
> 　$x\,e^{-ax}$ の形をした式の積分は，原子構造や原子スペクトルの議論でよく現れる．この積分値を求めるには部分積分法をつぎのように使えばよい．

---

1) integral．積分操作を integration という．　2) integrand　3) definite integral　4) indefinite integral　5) integration constant

$$\int_0^\infty \underset{x}{\overset{f}{}} \underset{\mathrm{e}^{-ax}}{\overset{\mathrm{d}g/\mathrm{d}x}{}}\,\mathrm{d}x = \overset{f}{x}\,\overset{g}{\frac{\mathrm{e}^{-ax}}{-a}}\Big|_0^\infty - \int_0^\infty \overset{g}{\frac{\mathrm{e}^{-ax}}{-a}}\,\overset{\mathrm{d}f/\mathrm{d}x}{1}\,\mathrm{d}x$$

$$= -\frac{x\mathrm{e}^{-ax}}{a}\Big|_0^\infty + \frac{1}{a}\int_0^\infty \mathrm{e}^{-ax}\,\mathrm{d}x$$

$$= 0 - \frac{\mathrm{e}^{-ax}}{a^2}\Big|_0^\infty = \frac{1}{a^2}$$

MB1·6 多 重 積 分

関数が2個以上の変数に依存することがある．その場合はつぎのように，それぞれの変数について積分する必要がある．

$$I = \int_a^b \int_c^d f(x, y)\,\mathrm{d}x\,\mathrm{d}y \qquad (\text{MB}1\cdot12)$$

色を付けて見やすくしてあるように，本書では（いろいろな書き方があるが）a と b は変数 x の区間，c と d は変数 y の区間とする約束を採用する[†]．もし，被積分関数が各変数の関数の積として，$f(x, y) = X(x)\,Y(y)$ の形で表せるなら計算は簡単である．この場合の二重積分は，それぞれの積分の積にすぎない．

$$I = \int_a^b \int_c^d X(x)\,Y(y)\,\mathrm{d}x\,\mathrm{d}y = \int_a^b X(x)\,\mathrm{d}x \int_c^d Y(y)\,\mathrm{d}y$$

$$(\text{MB}1\cdot13)$$

簡単な例示 MB1·6　二重積分

つぎの形の二重積分は，粒子の二次元並進運動を論じるときに現われる．

$$I = \int_0^{L_1}\int_0^{L_2} \sin^2(\pi x/L_1)\sin^2(\pi y/L_2)\,\mathrm{d}x\,\mathrm{d}y$$

L_1 と L_2 はそれぞれ x 軸と y 軸に沿った粒子の運動領域の最大値である．(MB1·13) 式と巻末の「資料」にある積分公式 T·2 を使えば I を計算できて，つぎのように書ける．

$$I = \int_0^{L_1} \sin^2(\pi x/L_1)\,\mathrm{d}x \int_0^{L_2} \sin^2(\pi y/L_2)\,\mathrm{d}y$$

$$= \left\{\frac{1}{2}x - \frac{\sin(2\pi x/L_1)}{4\pi/L_1} + C\right\}\Big|_0^{L_1}$$

$$\times \left\{\frac{1}{2}y - \frac{\sin(2\pi y/L_2)}{4\pi/L_2} + C\right\}\Big|_0^{L_2}$$

$$= \frac{1}{4}\,L_1 L_2$$

[†]　訳注：日本では内側から外側に向かう約束を採用することが多い．上の例では c と d は変数 x の区間，a と b は変数 y の区間という具合である．

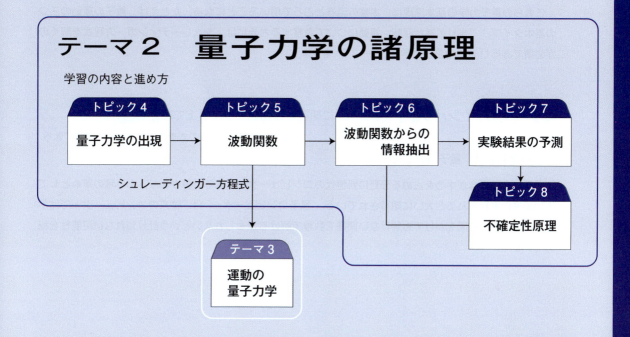

　古典物理学では，粒子と波は明確に区別され，物体のエネルギーは連続的に変化できるという二つの考えが堅守される．しかしながら，光や電子，原子，分子について19世紀末から20世紀初頭にかけて行われた数々の実験の結果を解釈するには，波と粒子が区別できるという考えを捨てるだけでなく，物体がとりうるエネルギーは不連続な(離散的な)値に限られると仮定せざるを得なくなった(トピック4)．古典物理学に内在するこれらの欠陥を克服するには，原子や分子の諸性質を理解するために不可欠な基盤を提供する何らかの新しい理論が必要とされたのである．それが"量子力学"である．この理論の構築が進むにつれ，量子力学の全容を表すには，それが前提とするごく少数の規則"基本原理"があればよいことがわかってきた．それを「トピック7」の「チェックリスト」にまとめてある．

　まず知っておくべきことは，系に関して知ることのできる情報はすべて，その波動関数にある(トピック5)ということである．そこで，その情報の取出し方を知っておく必要がある．たとえば，"ボルンの解釈"(トピック5)は，波動関数を使って，ある空間領域に粒子を見いだす確率の計算の仕方を示している．これ以外の力学情報を取出すのはさほど単純でなく，ある種の数学的な道具"演算子"をつくれるかどうかによっている．その演算子が見つかれば，これを波動関数に作用させることによって観測可能な性質(オブザーバブル)の値が得られる．その演算子のつくり方と使い方は「トピック6」にある．もちろん，波動関数の求め方をまず知っておく必要がある．そのためには，"ハミルトン演算子(ハミルトニアン)"という非常に特殊な数学演算子をつくって，得られたシュレーディンガー方程式(この方程式も「トピック6」で導入する)を解かなければならない．

　物体が動いた軌跡を正確に計算できる古典力学の場合と違って，量子力学ではオブザーバブルの平均値しか計算できないことが多い(トピック7)．両者の違いがもっと顕著になる場合がある．量子力学では，あるオブザーバブルを正確に知ってしまえば，別のオブザーバブルが全く不確定になる場合があるからである．これは有名な"不確定性原理"(トピック8)が支配する局面であり，量子力学が古典力学から最もかけ離れていることの一つである．不確定性原理は化学のあらゆる場面で影響を及ぼしている．

これらの量子力学の基本原理は，本書の至るところで用いることになる．たとえば，粒子の運動の三つの基本タイプ，つまり並進と回転，振動について考察するときには，シュレーディンガー方程式を解くのが必須である〔「運動の量子力学」（テーマ3）を見よ〕.

本テーマの「インパクト」〔本テーマに関連した話題をウエブ上で紹介（英語）〕

東京化学同人の本書ウエブサイトで閲覧できる.

インパクト2・1　量子コンピューター

量子論の諸概念が中心を占める分野に新世代のコンピューターによる計算があり，ある種の革命として近い将来に実現されると大いに期待されている．"量子コンピューター"は，従来のコンピューターでは宇宙の寿命ほどの時間をかけても解けない問題を数秒で解けるかもしれないという計り知れない可能性を秘めている.

トピック **4**

量子力学の出現

内 容

4・1 エネルギーの量子化
　(a) 黒体放射
　　　簡単な例示 4・1　ウィーンの変位則
　　　例題 4・1　プランク分布の使い方
　(b) 分光法
　　　簡単な例示 4・2　ボーアの振動数条件

4・2 波–粒子二重性
　(a) 光電効果
　　　例題 4・2　光電子放出が可能な光の
　　　　　　　　　　　　最大波長の計算
　　　例題 4・3　フォトンの数の計算
　(b) 回折現象
　　　例題 4・4　ドブローイ波長の求め方

4・3 まとめ
チェックリスト
重要な式の一覧

➤ 学ぶべき重要性
　量子論の発展が当時の実験結果によって，いかに刺激されたかを学んでおく必要がある．それは，量子論はいまや，原子や分子の構造をあらゆる面から論じる基礎になっており，分光法全般に限らず化学一般にも広く浸透しているからである．

➤ 習得すべき事項
　19 世紀末から 20 世紀初頭にかけて蓄積された実験的な証拠によって，ものがとりうるエネルギーは連続的に変化できず，"粒子"と"波"という古典的な概念は，光や原子，分子に適用するときは一つに融合するという結論に到達した．

➤ 必要な予備知識
　古典力学の基本原理を理解している必要があり，その概説は基本概念（テーマ 1）の「トピック 2」にある．

　科学は 19 世紀後半になって急速に発展したが，原子の内部構造や当時発見された電子は**古典力学**[1] で表せると考えられた．古典力学は，物体の質量と力，速さ，加速度が関与する運動法則に基づいており，17 世紀にニュートン[2] によって導入されたものである．一方，19 世紀末から 20 世紀初頭にかけて，電子のような非常に小さな粒子に古典力学を適用してもうまくいかないことを示す実験的な証拠が次々と蓄積されたのである．本トピックでは，エネルギーの移動量が非常に小さな場合や，質量が非常に小さな物体に古典力学を適用してもうまくいかないことを示す決定的な実験について説明しよう．その実験事実によって，全く新しい，いまでは大成功を収めている量子力学という理論が構築されたのである．**量子力学**[3] の説明は「トピック 5～30」に及んでいる．

4・1 エネルギーの量子化
　古典力学によれば，物体のエネルギーは連続的に変化できる．たとえば，振り子は，どの角度まで振り上げて運動を始めても，それに応じた任意のエネルギーをもてる．これと同じで，熱い物体からの電磁放射線の放出や吸収に関与する振動子も，任意のエネルギーをもてると考えられた．しかし，そうでないことが実験で明らかになったのである．すなわち，実際に得られる放射線の特性は，そのエネルギーが離散的な値に限られるとしなければ説明できないことがわかった．やがて，このエネルギーの"量子化"は普遍的な現象の一つであることが立証されたのである．

(a) 黒 体 放 射
　金属棒を加熱すると赤味を帯びるのを見たことがあるだろう．高温では，放射線のかなりの部分が電磁スペクトル

---

1) classical mechanics　2) Isaac Newton　3) quantum mechanics

の可視領域に現れ，温度が上昇するにつれ，波長のもっと短い青色光が生じるようになる．さらに加熱すれば，赤熱していた鉄の棒はやがて"白熱"することになる．

この種の観察を厳密に行う実験研究では，小穴を設けた空洞容器を利用し，そこから漏れ出る放射線を分析する（図4・1）．この容器を加熱すれば，放射線は壁で反射されるから空洞内部で吸収や放射を何回も繰返すことになり，やがて壁との間で熱平衡が成立して，その放射線が小穴から漏れ出ることになる．このような系は**黒体**[1]とみなせる．黒体とは，あらゆる波長の放射線を一様に放射したり，吸収したりできる物体である．

温度上昇とともにρの極大が短波長側に移動するという実験結果は，つぎの**ウィーンの変位則**[3]にまとめられる．

$$\lambda_{max} T = \text{定数} \quad \text{ウィーンの変位則} \quad (4 \cdot 1)$$

この定数の実験値は 2.9 mm K である．

> **簡単な例示 4・1 ウィーンの変位則**
>
> 太陽からの放射線のエネルギーの極大は，波長が約 480 nm にある．太陽を黒体の放射体とみなし，(4・1)式を使えば，つぎのように太陽の表面温度を求めることができる．
>
> $$T = \frac{\text{定数}}{\lambda_{max}} = \frac{2.9 \times 10^{-3}\,\text{m K}}{480 \times 10^{-9}\,\text{m}} = 6000\,\text{K}$$
>
> **自習問題 4・1** ある金属物体を 500℃ まで加熱した．放射の極大を示す波長はいくらか．　　　［答：3.8 μm］

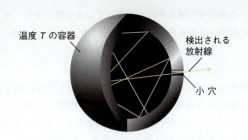

図4・1 黒体放射の実験では小穴を開けた密閉容器を用いる．放射線は容器内部で何度も反射して，壁と熱平衡に達している．小穴から漏れ出た放射線は，容器内部の放射線の特性を示す．

図4・2には，いろいろな温度で黒体放射のエネルギー出力が波長によってどう変化するかを示してある．ここでのエネルギー出力は，**スペクトルの状態密度**[2] $\rho(\lambda, T)$ で表してある．これは，温度Tで放射される波長がλと$\lambda + d\lambda$の範囲にある電磁放射線のエネルギー密度である．ここで，エネルギー密度とは，あるエネルギー幅に存在するエネルギーを黒体で囲まれた体積で割ったものである．

19世紀末の科学者にとって難題の一つは，観測された図4・2の振舞いを説明することであった．レイリー卿[4]は，彼がこだわった古典物理学の立場からρを表す式を導いた．すなわち，とりうるすべての振動数の振動子の集団として電磁場をとらえ，古典的な均分定理（トピック2）を使って各振動子の平均エネルギーを表した．彼は，振動数ν（波長$\lambda = c/\nu$）の放射線が存在することは，同じ振動数の電磁振動子が励起された結果であると考えたのである（図4・3）．こうして，ジーンズ[5]の協力を少し得て，彼は**レイリー–ジーンズの法則**[6]にたどり着いたのであった．

$$\rho(\lambda, T) = \frac{8\pi kT}{\lambda^4} \quad \text{レイリー–ジーンズの法則} \quad (4 \cdot 2)$$

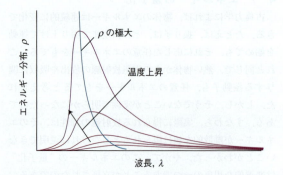

図4・2 いろいろな温度での黒体空洞内のエネルギー分布．温度が上昇するにつれ，短波長領域でスペクトルの状態密度がどう増加し，分布のピークが短波長側にどうシフトするかに注目しよう．

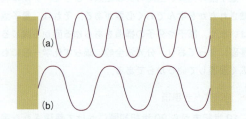

図4・3 電磁真空では，電磁場の振動を持続させることができる．(a) 振動数が高く波長の短い振動子が励起されたときは，その振動数の放射線が存在している．(b) 振動数が低く波長の長い放射線が存在しているということは，その振動数の振動子が励起されたことの現れである．

---

1) black body　2) spectral density of states　3) Wien's displacement law　4) Lord Rayleigh　5) James Jeans　6) Rayleigh–Jeans law

k はボルツマン定数（$k = 1.381 \times 10^{-23} \, \text{J K}^{-1}$）である．

レイリー–ジーンズの法則は，長波長側（低振動数側）では非常にうまくいくが，短波長側（高振動数側）では λ が小さくなるにつれ ρ が限りなく増加すると予測され，実験結果と全く合わない（図4・4）．したがって，非常に短い波長の（紫外光やX線，さらには γ 線に相当する）振動子は室温でも強く励起されていることになる．このような不合理な結果を"**紫外部の破綻**[1]"というが，その通りだとすれば，冷たい物体でも可視領域や紫外領域の光を放射していることになる．

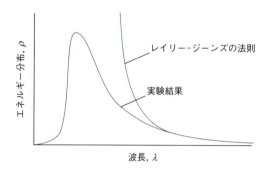

図4・4 レイリー–ジーンズの法則（4・2式）は，スペクトルの状態密度が短波長で無限大になると予測する．この無限大に近づくことを<u>紫外部の破綻</u>という．

1900年にドイツの物理学者プランク[2]は，それぞれの電磁振動子のエネルギーは離散的な値に限られると提案することによって，ρ を表す式の形を説明した．この提案は，可能なあらゆるエネルギーが許される古典物理学の見地と全く相容れないものである．エネルギーを離散的な値に限定することを**エネルギーの量子化**[3]という．具体的には，振動数 ν の電磁振動子に許されるエネルギーが $h\nu$ の整数倍であるとすれば，実測のエネルギー分布を説明できることをプランクは見いだした．

$$E = nh\nu \qquad n = 0, 1, 2, \cdots$$

h は基礎物理定数の一つで，いまでは**プランク定数**[4]として知られる．プランクは，この仮定に基づいて**プランク分布**[5]を導くことに成功した．

$$\rho(\lambda, T) = \frac{8\pi hc}{\lambda^5 (e^{hc/\lambda kT} - 1)} \qquad \text{プランク分布} \qquad (4 \cdot 3)$$

この理論では h は調節パラメーターであるが，その値を 6.626×10^{-34} J s とすれば，この式は全波長で実測曲線に非常によく合う（図4・5）．プランクの方法によって紫外部の破綻がなぜ回避できたかは簡単に理解できるだろう．彼

の仮説によれば，振動子は少なくとも $h\nu$ のエネルギーを獲得しない限り励起することはできない．このエネルギーは非常に大きなものであり，非常に高い振動数をもつ振動子の場合には，黒体の壁がこれにエネルギーを供給することはできないから，その振動子は励起されないままなのである．

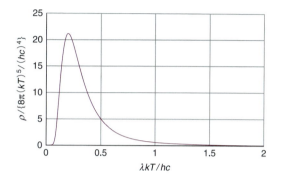

図4・5 プランク分布（4・3）式は，実験で求められた黒体放射の分布を非常にうまく説明できる．プランクの量子仮説は，高振動数，短波長の振動子の寄与をほとんど消してしまう．この分布は，長波長領域ではレイリー–ジーンズの分布に一致する．

プランク分布は，長波長の極限ではレイリー–ジーンズの法則に帰着する．この領域では，古典論で表した式が黒体放射体で実測されたエネルギー分布をうまく説明できるのである（図4・4）．長波長では $hc/\lambda kT \ll 1$ であるから，（4・3）式の分母は，

$$\lambda^5 (e^{hc/\lambda kT} - 1) = \lambda^5 \left\{ \left(1 + \frac{hc}{\lambda kT} + \cdots \right) - 1 \right\} \approx \frac{\lambda^4 hc}{kT}$$

と置き換えてよい．ここで，$e^x = 1 + x + \cdots$ という展開公式を使った．したがって，プランク分布は，

$$\rho(\lambda, T) \approx \frac{8\pi hc}{(\lambda^4 hc/kT)} = \frac{8\pi kT}{\lambda^4}$$

となる．これはレイリー–ジーンズの法則（4・2式）そのものである．しかしながら，短波長の極限のプランク分布では，$\lambda^5 \to 0$ よりも速く $e^{hc/\lambda kT} \to \infty$ となるから，$\lambda \to 0$ で $\rho \to 0$ となって，古典物理学の紫外部の破綻が回避できるのである．しかも，プランク分布を使えばウィーンの変位則を導けて，（4・1）式の定数が $hc/5k$ に等しいことを示せるのである（「問題4・2」を見よ）．

例題 4・1　プランク分布の使い方

黒体放射体（白熱電球など）の二つの異なる波長での

---

1) ultraviolet catastrophe　2) Max Planck　3) quantization of energy　4) Planck's constant　5) Planck distribution

エネルギー出力の比を求め，298 K での波長 450 nm（青色光）と 700 nm（赤色光）のエネルギー出力の比を計算せよ．

解法 (4・3) 式を使う．温度 T における波長 λ_1 と波長 λ_2 でのスペクトルの状態密度の比は，

$$\frac{\rho(\lambda_1, T)}{\rho(\lambda_2, T)} = \left(\frac{\lambda_2}{\lambda_1}\right)^5 \times \frac{(e^{hc/\lambda_2 kT} - 1)}{(e^{hc/\lambda_1 kT} - 1)}$$

で表せる．与えられた数値を代入すればこの比が求められる．

解答 $\lambda_1 = 450$ nm, $\lambda_2 = 700$ nm とすれば，

$$\frac{hc}{\lambda_1 kT}$$
$$= \frac{(6.626 \times 10^{-34} \text{ J s}) \times (2.998 \times 10^8 \text{ m s}^{-1})}{(450 \times 10^{-9} \text{ m}) \times (1.381 \times 10^{-23} \text{ J K}^{-1}) \times (298 \text{ K})}$$
$$= 107.2\cdots$$

$$\frac{hc}{\lambda_2 kT}$$
$$= \frac{(6.626 \times 10^{-34} \text{ J s}) \times (2.998 \times 10^8 \text{ m s}^{-1})}{(700 \times 10^{-9} \text{ m}) \times (1.381 \times 10^{-23} \text{ J K}^{-1}) \times (298 \text{ K})}$$
$$= 68.9\cdots$$

であるから，

$$\frac{\rho(450 \text{ nm}, 298 \text{ K})}{\rho(700 \text{ nm}, 298 \text{ K})} = \left(\frac{700 \times 10^{-9} \text{ m}}{450 \times 10^{-9} \text{ m}}\right)^5$$
$$\times \frac{(e^{68.9\cdots} - 1)}{(e^{107.2\cdots} - 1)}$$
$$= 9.11 \times (2.30 \times 10^{-17})$$
$$= 2.10 \times 10^{-16}$$

と計算できる．室温では，短波長のエネルギー出力は無視できるほど小さい．

自習問題 4・2 上の例題で，温度を 13.6 MK としたときの値を計算せよ．これは太陽の中心温度に近い温度である． ［答：5.85］

(b) 分　光　法

エネルギーが量子化されていることのもう一つの強力な証拠は，物質によって吸収されたり，放出されたり，散乱されたりした電磁放射線を検出し，それを分析する**分光法**[1]によって得られる．代表的な二つのスペクトル，原子発光スペクトルと分子吸光スペクトルを図 4・6 と図 4・7 にそれぞれ示す．両者に共通する明らかな特徴は，一連の離散的な波長（あるいは振動数）で放射線が放出されたり吸収されたりしていることである．

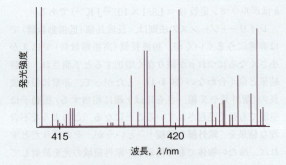

図 4・6　励起した鉄原子から放出された放射線のスペクトルは，一連の離散的な波長（または振動数）からなる．

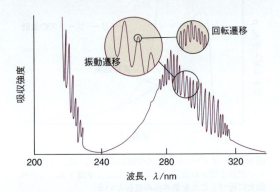

図 4・7　分子がその状態を変えるときは，ある決まった振動数の放射線を吸収する．このスペクトルには，二酸化硫黄（SO_2）分子の電子励起，振動励起，回転励起が反映されている．この観測結果から，分子は任意のエネルギーではなく，離散的なエネルギーしかもてないことがわかる．

黒体からの発光特性が連続的であったのと違って，このように離散的なスペクトル線が観測されたということは，その放射線の放出や吸収を担う振動子のなかには，孤立した原子や分子には存在しない何かがあることを示唆している．これは，電磁放射線を粒子と考えた**フォトン**[2]の存在と矛盾しないものである．すぐあとで説明するように，振動数 ν の放射線のフォトンは $h\nu$ のエネルギーをもつ．したがって，ある原子から放出された放射線に振動数 ν のフォトンが観測されたということは，その原子が $h\nu$ のエネルギーを失ったことを示している．これは，つぎの**ボーアの振動数条件**[3]によって表される．

$$\Delta E = h\nu \quad \text{ボーアの振動数条件} \quad (4\cdot 4)$$

ΔE はその原子のエネルギー変化である．そこで，ν という決まった値が得られるという実験結果は，原子のエネルギー変化がある決まったステップでしか起こらないことを意味している（図 4・8）．すなわち，原子は離散的なエネ

---

1) spectroscopy　2) photon. 光子ともいう．　3) Bohr frequency condition

ギーしかもてない．いい換えれば，原子のエネルギーは量子化されていて，ある決まった**エネルギー準位**[1]でしか存在できないのである．同様のことは放射線の吸収にもいえるし，分子にも適用できる．

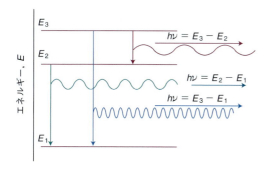

図 4・8 ここに示すようなスペクトル遷移は，分子が離散的なエネルギー準位の間を移るときに電磁放射線を放出すると仮定すれば説明できる．そのエネルギー変化が大きければ高振動数の放射線が放出される．

簡単な例示 4・2 ボーアの振動数条件

ナトリウム原子が発する黄色光(街路灯に使われている)は，波長 590 nm の放射線の放出によるものである．この発光を担うスペクトル遷移には二つの電子エネルギー準位が関与しており，その間隔は (4・4) 式で与えられる．

$$\Delta E = h\nu = \frac{hc}{\lambda}$$
$$= \frac{(6.626 \times 10^{-34}\,\mathrm{J\,s}) \times (2.998 \times 10^8\,\mathrm{m\,s^{-1}})}{590 \times 10^{-9}\,\mathrm{m}}$$
$$= 3.37 \times 10^{-19}\,\mathrm{J}$$

このエネルギー差を表すには，いろいろなやり方がある．たとえば，これにアボガドロ定数をかければ原子1モル当たりのエネルギー間隔として $203\,\mathrm{kJ\,mol^{-1}}$ と表すことができ，その大きさは弱い化学結合のエネルギーに匹敵する．よく使う便利な単位に電子ボルト (eV) があり，1 V の電位差で電子1個を加速したとき獲得する運動エネルギーが 1 eV に相当する．$1\,\mathrm{eV} = 1.602 \times 10^{-19}\,\mathrm{J}$ である．したがって，上の ΔE の計算値は 2.10 eV である．原子のイオン化エネルギーはふつう数 eV である．

自習問題 4・3 ネオンランプは，波長 703 nm の赤色の光を出す．この発光に関与するエネルギー準位の間隔を J, kJ mol⁻¹, eV の単位で表せ．

[答: $2.83 \times 10^{-19}\,\mathrm{J}$, $170\,\mathrm{kJ\,mol^{-1}}$, $1.76\,\mathrm{eV}$]

スペクトル線の原因となる量子化されたエネルギー準位には，回転運動や振動運動，電子の運動などがある．それぞれについて「トピック 41〜45」で詳しく考えよう．一般的にいえば，電子エネルギー準位の間隔が最も広く，次が振動エネルギー準位，最も狭いのが回転エネルギー準位の間隔である．したがって，ボーアの振動数条件からわかるように，電子遷移は最も高い振動数(波長が最も短く，紫外光から可視光の領域)で観測され，振動遷移はそれより低い振動数(波長の長い赤外光の領域)，回転遷移はもっと低い振動数(ずっと波長の長いマイクロ波の領域)で観測される．

4・2 波-粒子二重性

上で述べたように，粒子が任意のエネルギーをもてるという古典力学で仮定されていた考えは捨てなければならなかった．しかし，さらなる革命がやってきたのである．古典力学では"粒子"と"波"は明確に区別できる．たとえば，電磁放射線は波として扱われるし，電子に限らず質量をもつ物体はすべて粒子として扱われるのである．しかしながら，20 世紀初頭になって，電磁放射線と電子の振舞いに関する実験情報がもっと蓄積された結果，粒子と波という概念が根本的に区別できるという考えは捨てざるを得なくなった．

(a) 光 電 効 果

光電効果[2]とは，金属に可視または紫外の放射線を当てたとき，その金属から電子が射出される現象である．光電効果に見られる実験的な特徴はつぎのようなものである．

1. 放射線の振動数がその金属に特有のしきい値を越えない限り，放射線の強度にかかわらず電子は射出されない．
2. 射出された電子の運動エネルギーは，入射放射線の振動数に対して直線的に増加するが，その強度には無関係である．
3. 弱い光であっても，その振動数がしきい値以上ならば直ちに電子が射出される．

図 4・9 には 1 番目と 2 番目の特徴を示してある．

1905 年にアインシュタイン[3]は，金属中の電子を射出させるだけの十分なエネルギーをもつ粒子様の投射物との衝突が起これば，その電子が射出されると考えて光電効果を説明した．アインシュタインは，この投射物がエネルギー $h\nu$ をもつフォトンと考えた．ν はその放射線の振動数である．そうすれば，エネルギー保存則から，このとき射出される電子の運動エネルギー E_k は，

---

1) energy level 2) photoelectric effect 3) Albert Einstein

テーマ 2 量子力学の諸原理

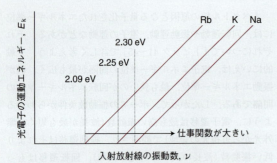

図 4・9 光電効果では，入射放射線の振動数がその金属固有のある値より低ければ電子は放出されない．一方，その値より高いときに放出される光電子の運動エネルギーは，入射放射線の振動数に対して直線的に変化する．

$$E_k = h\nu - \Phi \qquad \text{光電効果} \qquad (4\cdot5)$$

で与えられるはずである．この式で，Φ（大文字のファイ）はその金属に固有のもので，これを**仕事関数**[1)]という．これは，その金属から電子を 1 個取去るのに必要な最小のエネルギーである（図 4・10）．仕事関数は，個々の原子や分子のイオン化エネルギーに似たものである．上で述べた三つの観測事実は，(4・5)式を使ってつぎのような物理的解釈ができる．

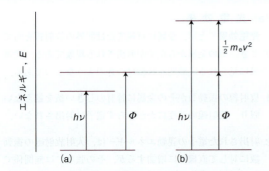

図 4・10 光電効果は，入射放射線がその振動数に比例するエネルギーをもつフォトンから成ると考えれば説明できる．(a) フォトンのエネルギーが金属から電子を追い出すのに不十分な場合．(b) フォトンのエネルギーが電子を追い出すのに必要な量より大きい場合は，余分なエネルギーは放出される光電子の運動エネルギーとして運び去られる．

物理的な解釈

- $h\nu < \Phi$ ならば，フォトンが運んでくるエネルギーは十分でないから，光電子放出は起こらない．これで観測事実 (1) の説明がつく．

- 射出された電子の運動エネルギーは，振動数に対して

直線的に増加する．しかし，放射線の強度にはよらない．これは観測事実 (2) と合う．

- フォトン 1 個が電子 1 個に衝突すれば，その全エネルギーを譲り渡すことになるから，そのフォトンが十分なエネルギーをもつ限り，衝突が始まれば直ちに電子が出現するはずである．これは観測事実 (3) と合う．

このような光電効果の説明に刺激された革新的な考えは，電磁放射線のビームというのはフォトンという粒子の集団であり，その 1 個 1 個が $h\nu$ のエネルギーをもつという見方である．

光電効果の実用的な応用は光電子増倍管である．これは，紫外光や可視光を非常に敏感に検出できる真空管である．入射光によって射出された電子は，真空管内の電極の一つに衝突し，そこでもっと多くの電子を射出させる．こうして順次つくられる電子の流れを利用すれば 10^8 倍もの増幅が可能であり，光電子増倍管は分光法や医用イメージング，素粒子物理学などいろいろな分野で応用されて，フォトンを検出するための敏感で効率のよい方法を提供している．

例題 4・2　光電子放出が可能な光の最大波長の計算

ある金属に波長 305 nm の放射線のフォトンを当てたところ，1.77 eV の運動エネルギーをもつ電子が射出された．この金属から電子が射出されるための放射線の最大波長を計算せよ．

解法 与えられたデータを使ってこの金属の仕事関数を計算するには，(4・5)式を $\Phi = h\nu - E_k$ と変形しておき，これに $\nu = c/\lambda$ を代入する．光電子が放出されるしきい値，つまり，金属から電子を取去りながら，その電子に余分のエネルギーを与えないフォトンの振動数は，振動数 $\nu_{\min} = \Phi/h$ の放射線に相当している．この振動数の値を使えば，光電子放出が可能な最大波長を計算できる．

解答 仕事関数の式 $\Phi = h\nu - E_k$ から，光電子が放出されるフォトンの最小の振動数は，

$$\nu_{\min} = \frac{\Phi}{h} = \frac{h\nu - E_k}{h} \stackrel{\nu=c/\lambda}{=} \frac{c}{\lambda} - \frac{E_k}{h}$$

である．したがって，最大波長は，

$$\lambda_{\max} = \frac{c}{\nu_{\min}} = \frac{c}{c/\lambda - E_k/h} = \frac{1}{1/\lambda - E_k/hc}$$

である．これに与えられたデータを代入する．この電

---

1) work function

子の運動エネルギーは,

$$E_k = 1.77\,\text{eV} \times (1.602 \times 10^{-19}\,\text{J eV}^{-1})$$
$$= 2.83\cdots \times 10^{-19}\,\text{J}$$

$$\frac{E_k}{hc} = \frac{2.83\cdots \times 10^{-19}\,\text{J}}{(6.626 \times 10^{-34}\,\text{J s}) \times (2.998 \times 10^8\,\text{m s}^{-1})}$$
$$= 1.42\cdots \times 10^6\,\text{m}^{-1}$$

である.一方,

$$1/\lambda = 1/305\,\text{nm} = 3.27\cdots \times 10^6\,\text{m}^{-1}$$

であるから,

$$\lambda_{\max} = \frac{1}{(3.27\cdots \times 10^6\,\text{m}^{-1}) - (1.42\cdots \times 10^6\,\text{m}^{-1})}$$
$$= 5.40 \times 10^{-7}\,\text{m}$$

となる.つまり 540 nm である.

ノート 丸め誤差や計算間違いを避けるには,まず代数計算を行ってから最後の式に数値を代入するのが最善である.また,解析結果を使って他のデータを求めるようにすれば,全部の計算を繰返す必要はなくなる.

自習問題 4·4 ある金属表面に波長 165 nm の紫外光を当てたところ,電子が 1.24 Mm s⁻¹ の速度で射出された.波長 265 nm の放射線を当てたとき射出される電子の速度を計算せよ. [答: 735 km s⁻¹]

例題 4·3 フォトンの数の計算

単色(振動数が1種だけ)の 100 W のナトリウムランプから 1.0 s の間に放出されるフォトンの数を計算せよ.波長を 589 nm とし,効率は 100 パーセントと仮定する.

解法 各フォトンのエネルギーは $E = h\nu = hc/\lambda$ であるから,ナトリウムランプから放出されるフォトンの全エネルギーは $E_{tot} = Nhc/\lambda$ である.N はフォトンの数である.全エネルギーは,ランプの出力(P,単位は W)とランプを点灯している時間の積で表されるから,$E_{tot} = P\Delta t$ である.すなわち,$E_{tot} = Nhc/\lambda = P\Delta t$ である.したがって,次式でフォトン数が計算できる.

$$N = \frac{\lambda P \Delta t}{hc}$$

解答 N を表す上の式にデータを代入すれば,

$$N = \frac{(589 \times 10^{-9}\,\text{m}) \times (100\,\text{W}) \times (1.0\,\text{s})}{(6.626 \times 10^{-34}\,\text{J s}) \times (2.998 \times 10^8\,\text{m s}^{-1})}$$
$$= 3.0 \times 10^{20}$$

となる.この数はフォトン 0.50 mmol に相当する.したがって,1 mol のフォトンをつくるには 2000 倍の時間が必要であり,それは 2.0×10^3 s(33 min に相当)である.

自習問題 4·5 出力 1 mW で波長 1000 nm の単色赤外線源は,0.1 s の間にフォトンを何個放出するか.

[答: 5×10^{14} 個]

(4·5)式を使えば実験室でプランク定数を求めることもできる.図 4·9 の直線の勾配がすべて h に等しいことを利用すればよい(「問題 4·4」を見よ).

(b) 回 折 現 象

古典的には波とみなせるものが,実は粒子の流れでもあることを見てきた.逆も真であろうか.つまり,古典的には粒子とみなせるものが,実は波ということがあるだろうか.実際,1925 年に行われた実験によって,電子だけでなく一般に もの が波の性質をもつという可能性を考えざるを得なくなったのである.その決定的な実験はアメリカの物理学者デビソン[1]とガーマー[2]によって行われたもので,彼らはある結晶からの電子の回折現象を観測したのであった(図 4·11).回折は,波の通り道にある物体によってひき起される干渉である(トピック 3).これとほとんど同時期に,スコットランドで研究していたトムソン[3]は,電子ビームが薄い金箔を通り抜けるときに回折されることを示した.

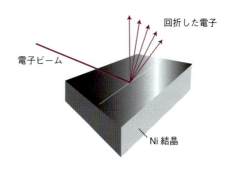

図 4·11 デビソン-ガーマーの実験.電子ビームのニッケル結晶からの散乱は,回折実験に特有な強度の変化を示す.つまり,散乱波は干渉して,方向によって強め合ったり弱め合ったりする.

ものに波としての性質を取込む試みは,すでにフランス

---

1) Clinton Davisson 2) Lester Germer 3) George Thomson

の物理学者ドブローイ[1]によってある程度行われていた．それは1924年のことで，彼はフォトンに限らずどんな粒子でも（ある意味で）波長をもつはずと考え，直線運動量pで動く粒子の波長は，つぎの**ドブローイの式**[2]で与えられると提案した．

$$\lambda = \frac{h}{p} \qquad \text{ドブローイの式} \quad (4\cdot 6)$$

つまり，大きな直線運動量をもつ粒子は短い波長をもつ（図4・12）．ものがもつ粒子と波が融合した特性はドブローイの式で表されるが，このことを（放射線の波と粒子が融合した特性についても）**波–粒子二重性**[3]という．この二重性は，粒子と波を全く異なる実在として扱う古典物理学の心臓部を突き破るものである．

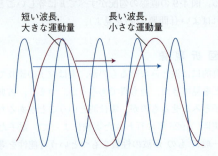

図4・12 運動量と波長の間に成り立つドブローイの式を表す図．この波にはある粒子が伴っている．運動量の大きな粒子は，波長の短い波に相当している．その逆も正しい．

例題4・4 ドブローイ波長の求め方

静止状態の電子が40 kVの電位差で加速された場合の電子の波長を求めよ．

解法 ドブローイの式を使うには，この電子の直線運動量pを知る必要がある．直線運動量を計算するには，eを電子の電荷の大きさとして，電位差$\Delta\phi$で加速された電子が獲得するエネルギーは$e\Delta\phi$であることを使う．加速が終了した時点で電子が獲得したエネルギーは全部運動エネルギー$E_k = \frac{1}{2}m_e v^2 = p^2/2m_e$になっているから，$p^2/2m_e$が$e\Delta\phi$に等しいとおけば$p$を求められる．

解答 $p^2/2m_e = e\Delta\phi$の式を解けば，$p = (2m_e e\Delta\phi)^{1/2}$である．したがって，ドブローイの式$\lambda = h/p$から，

$$\lambda = \frac{h}{(2m_e e\Delta\phi)^{1/2}}$$

である．データと（表紙の見返しにある）基礎物理定数を代入すると，

$$\lambda = \frac{6.626 \times 10^{-34}\,\text{J s}}{\left\{\begin{array}{c}2 \times (9.109 \times 10^{-31}\,\text{kg}) \times (1.602 \times 10^{-19}\,\text{C}) \\ \times (4.0 \times 10^4\,\text{V})\end{array}\right\}^{1/2}}$$

$$= 6.1 \times 10^{-12}\,\text{m}$$

を得る．つまり6.1 pmである．1 V C = 1 Jと1 J = 1 kg m^2 s^{-2}を使った．6.1 pmという波長は，分子の代表的な結合長（約100 pm）よりも短い．このやり方で加速された電子は，分子構造を求めるための電子回折の実験で使われる（トピック37）．

自習問題4・6 (a) 300 KでkTに等しい並進運動エネルギーをもつ中性子の波長，(b) 80 km h^{-1}で動いている質量57 gのテニスボールの波長を計算せよ．

［答：(a) 178 pm, (b) 5.2×10^{-34} m］

電子や中性子などの微視的な粒子のドブローイ波長は，回折実験に使うのに理想的な長さである．たとえば，中性子回折は凝縮相の構造やダイナミクスを研究するための手法としてすでに確立しており（トピック37），電子回折は顕微鏡で使用するための特殊な手法の基礎になっている．一方，巨視的な物体は（質量が非常に大きいから）たとえゆっくり運動していても運動量は非常に大きい．そこで，そのドブローイ波長は検出できないほど短く，波としての性質は事実上観測されない（「自習問題4・6(b)」を見よ）．

4・3 まとめ

波–粒子二重性とエネルギー量子化の概念は，こうして近代物理学の中心に据えられることになった．原子スケールで もの を研究するときは，粒子と波という古典的な概念は融合し，粒子は波の性質を帯び，波は粒子の性質を帯びる．また，電磁放射線やもののエネルギーは，古典物理学で仮定されるように連続的に変化することはなく，微視的なものを対象とするときはエネルギーが離散的であることは非常に重要となる．

このように古典物理学が全く使えないということは，その基本概念が間違っていたということである．そこで，これに代わる新しい力学の構築が要請された．「トピック5」では，いまでは"量子力学"という名で知られ，すでに科学全体に深く浸透しているこの新しい力学の説明からはじめよう．

---

1) Louis de Broglie 2) de Broglie relation 3) wave–particle duality

チェックリスト

- [ ] 1. **黒体**は，あらゆる波長の放射線を一様に放出したり，吸収したりできる物体である．
- [ ] 2. 黒体放射体のエネルギー出力のスペクトル分布は，その電磁放射線を出している振動子のエネルギーは量子化されていると仮定すれば説明できる．
- [ ] 3. **分光法**は，物質によって吸収されたり，放出されたり，散乱されたりした電磁放射線を検出し，それを分析する研究手法であるが，これを使えば粒子のエネルギーが量子化されている証拠が得られる．
- [ ] 4. **光電効果**は，金属に紫外光を当てるとその金属から電子が射出される現象である．
- [ ] 5. 電磁放射線のビームは，進行波の集まりとして扱うことも，**フォトン**という粒子の集団として扱うこともできる．このときの各フォトンのエネルギーは $h\nu$ である．
- [ ] 6. 回折実験を行えば，電子に限らず一般に，ものが波の性質をもつことがわかる．
- [ ] 7. **波–粒子二重性**は，粒子と波が融合した性質であり，ものと放射線の両方に備えられている．

重要な式の一覧

性 質	式	備 考	式番号
ウィーンの変位則	$\lambda_{\max} T = 定数$	定数 $= hc/5k$	4·1
プランク分布	$\rho(\lambda, T) = 8\pi hc /\{\lambda^5(\mathrm{e}^{hc/\lambda kT}-1)\}$		4·3
ボーアの振動数条件	$\Delta E = h\nu$		4·4
光電効果	$E_{\mathrm{k}} = \frac{1}{2} m_{\mathrm{e}} v^2 = h\nu - \varPhi$	$\varPhi$ は仕事関数	4·5
ドブローイの式	$\lambda = h/p$		4·6

トピック**5**

波 動 関 数

内 容

5・1 基本原理 I: 波動関数
　　　　　簡単な例示 5・1　波動関数
5・2 基本原理 II: ボルンの解釈
　　(a) 確率と確率密度
　　　　　例題 5・1　波動関数の解釈
　　(b) 規格化
　　　　　例題 5・2　波動関数の規格化
　　(c) 波動関数に関する制約
　　　　　簡単な例示 5・2　確率の計算
チェックリスト
重要な式の一覧

➤ **学ぶべき重要性**

　量子論は，原子や分子にある電子の諸性質を理解するための必須の基礎を与えている．そこで本書では，ものの物理的性質と化学的性質を量子論に従って説明する．

➤ **習得すべき事項**

　系の力学的な性質はすべて，その系の波動関数に含まれている．

➤ **必要な予備知識**

　量子論の発展を促すことになった古典物理学のいろいろな欠陥（トピック4）について知っている必要がある．

クに至る彼らの歴史的な研究によって，この理論の全容が次第に明らかになった過程を詳しく追うやり方である．それは，量子力学がいろいろな実験と直感が相まって構築された理論だからである．もう一つは，いまではこの理論がすでに完成されているという立場に立って，それが立脚している全体構造を俯瞰する仕方である．本書では後者のやり方を採用し，量子力学が少数の前提，つまり基本原理に基づいてどのように表され，これによってどう展開できるかを見ることにする．しかし，忘れてならないのは，これらの基本原理は「トピック4」で述べたような実験的な証拠に基づいてつくられたものであるということである．基本原理はいずれも巧妙な表現で表されており，それを読み解けば実験結果をうまく説明できるようになっている．

　本トピックでは，波動関数の選び方と解釈の仕方に関係する原理について説明しよう．波動関数に含まれる情報をどうやって取出すかについては「トピック6」で説明する．

5・1　基本原理 I: 波動関数

　量子力学は，もの には波-粒子二重性があることを前提として受け入れ（トピック4），粒子はある決まった道筋を移動するのではなく，空間に広がった波のように分布していると考える．この波を数学的に表したのが**波動関数**[1] ψ（プサイ）である．量子力学の骨子となる考えは，実験で求められる系の性質に関する情報はすべて，波動関数のなかに含まれているというものである．

　これは，量子力学の最初の基本原理としてつぎのようにまとめられる．

> **基本原理 I**　系の状態は，波動関数 $\psi(r_1, r_2, \cdots, t)$ によって可能な限り完全に記述される．ここで，$r_1, r_2, \cdots$ は粒子の位置を表し，t は時間である．

波動関数 $\psi(r_1, r_2, \cdots, t)$ のことを"時間に依存する波動関数"という．一方，時間に依存しないときは $\psi(r_1, r_2, \cdots)$ と書いて，それを"時間に依存しない波動関数"という．当面は粒子1個から成る系に注目し，しかも時間に

　量子力学を導入し，きちんと説明するには2通りのやり方があるだろう．一つは，プランクに始まり，アインシュタイン，ハイゼンベルク，シュレーディンガー，ディラッ

---

1) wavefunction

依存しない場合を扱うから，その波動関数を $\psi(r)$ と書く．r は粒子の位置である．最も単純な例は系が一次元の場合であり，その波動関数は単に x の関数として表されるから，それを $\psi(x)$ と書く．しかし，波動関数を表すのに単に ψ と書くことも多い．

簡単な例示 5・1　波動関数

水素原子にある 1 個の電子を表す時間に依存しない波動関数は，その電子の原子核からの相対位置 r に依存するから $\psi(r)$ と書ける．エネルギーの最も低い状態の波動関数は，核からの距離 r のみに依存し（r の向きには依存しない），e^{-r/a_0} に比例している．$a_0 = 53$ pm である．

自習問題 5・1　ヘリウム原子にある 2 個の電子の状態を表す時間に依存する波動関数を考えよう．この電子波動関数が依存する変数を挙げよ．

［答：t, r_1, r_2（r_1 と r_2 は，それぞれ電子 1 と 2 の核との相対位置）］

ここで，非常に複雑な波動関数を扱わねばならないと恐れる必要はない．ふつうは，$\sin x$ や e^{-x} などの単純な関数で表されるからである．ただし，波動関数によっては $i = (-1)^{1/2}$ が含まれる複素関数（「必須のツール 5・1」を見よ）で表されることがある．その場合でも，e^{ikx} というような単純な関数で表されることが多い．

必須のツール 5・1　複素数

複素数は一般に $z = x + iy$ の形をしている．$i = (-1)^{1/2}$ である．実数の x と y はそれぞれ z の実部と虚部であって，$\text{Re}(z)$ と $\text{Im}(z)$ で表す．$y = 0$ のとき z は実数 x であり，$x = 0$ のとき z は虚数 iy である．z の**複素共役**[1]を z^* で表すが，これは i を $-i$ に置き換えたものである．すなわち，$z^* = x - iy$ である．

z と z^* の積を $|z|^2$ と書き，これを z の**絶対値**[2]の 2 乗あるいは**モジュラス**[3]の 2 乗という．$|z|^2$ は常に実数である．すなわち，

$$|z|^2 = (x + iy)(x - iy)$$
$$= x^2 - ixy + ixy + y^2 = x^2 + y^2$$

である．$i^2 = -1$ である．z の絶対値すなわちモジュラスそのものは $|z|$ と書き，

$$|z| = (z^* z)^{1/2} = (x^2 + y^2)^{1/2}$$

で与えられる．複素数を扱うとき，つぎの**オイラーの式**[4]が役に立つ．

$$e^{ix} = \cos x + i \sin x$$

もっと詳しい複素数の説明は「数学の基礎 3」にある．

5・2　基本原理 II：ボルンの解釈

波動関数の解釈は，1926 年にボルン[5]が提唱したものに基づいている．彼は，光の波動理論からの類推で，ある領域での電磁波の振幅の 2 乗をその強度と解釈した．したがって（量子論の用語でいえば），その領域にフォトンを見いだす確率の尺度と解釈したのであった．

(a) 確率と確率密度

波動関数についての**ボルンの解釈**[6]では，波動関数 ψ が実のときはその 2 乗，ψ が複素のときは絶対値の 2 乗 $|\psi|^2 = \psi^* \psi$ に注目する．ここで，ψ^* は波動関数の複素共役である．

基本原理 II'　波動関数 $\psi(r)$ で表される系では，位置 r での体積素片 $d\tau$ の中に粒子を見いだす確率は $|\psi(r)|^2 d\tau$ に比例する．

このように，存在確率を求めるには $|\psi|^2$ に体積を掛けなければならないから（物体の質量を求めるには質量密度に体積を掛けなければならないのとちょうど同じ），$|\psi|^2$ を**確率密度**[7]という（図 5・1）．これに合わせて波動関数 ψ そのものを**確率振幅**[8]という．この基本原理の番号につけたプライム（′）は，この節の最後で 2 個以上の粒子に一般化するときに取れる．

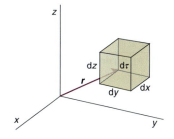

図 5・1　三次元空間での波動関数のボルンの解釈によれば，ある位置 r における体積素片 $d\tau = dx \, dy \, dz$ に粒子を見いだす確率は，その位置における $d\tau$ と $|\psi|^2$ の値の積に比例する．

---

1) complex conjugate　2) absolute value　3) modulus　4) Euler's formula　5) Max Born　6) Born interpretation
7) probability density　8) probability amplitude

波動関数は領域によっては負になるだけでなく，複素のこともある．しかしながら，ボルンの解釈によるかぎり，そのときの値が意味あるものかと心配することはない．それは，$|\psi|^2$ は実であって，決して負にならないからである．波動関数の負の（または複素の）値については，それ自体に意味はなく，正の量である絶対値の2乗だけが物理的な意味に直結しているのである．そこで，波動関数の正の領域も負の領域も，その領域に粒子を見いだす確率は同じように大きい（図5·2）．しかし後で示すように，波動関数に正負の領域があることは，きわめて大きな間接的な意義がある．それは，一般の波でも見られるように，波動関数が異なればその間で強め合いの干渉や弱め合いの干渉が起こる可能性が生じるからである．

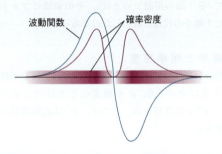

図5·2 波動関数の符号そのものに物理的な意味はない．波動関数の正と負の領域は，どちらも同じ確率分布（ψ の絶対値の2乗で与えられ，図では影の濃さで表してある）に相当している．

実際に原子や分子を扱うときは，2電子系のヘリウム原子や16電子系の O_2 分子などのように，2個以上の粒子からなる系の波動関数の解釈について知っておく必要がある．この場合に $\psi(r_1, r_2, \cdots)$ を使えば，各粒子がそれぞれ指定された体積素片の中にいる全体としての確率が計算できる．そこで，基本原理II'をつぎのように一般化しておこう．

基本原理II 波動関数 $\psi(r_1, r_2, \cdots)$ で表される系では，粒子1を位置 r_1 での体積素片 $d\tau_1$ に見いだし，同時に粒子2を位置 r_2 での体積素片 $d\tau_2$ に見いだす等…の確率は $|\psi|^2 d\tau_1 d\tau_2 \cdots$ に比例する．

例題5·1 波動関数の解釈

水素原子の最低のエネルギー状態にある電子の波動関数は e^{-r/a_0} に比例している．ここで a_0 は定数で，r は電子の核からの距離である．この電子を (a) 核の位置と，(b) 核から距離 a_0 の位置にある体積 $1.0\,\text{pm}^3$ の領域（これは原子のスケールで見ても小さな体積である）に電子を見いだす確率の比を計算せよ．

解法 注目する領域は原子のスケールでも非常に小さいから，その内部での ψ の変動は無視してよい．確率 P は，注目している点で求めた確率密度（ψ^2；ψ は実であるから $|\psi|^2 = \psi^2$ である）にその領域の体積 δV を掛けたものに比例している．すなわち，$P \propto \psi^2 \delta V$ である．ただし，$\psi^2 \propto e^{-2r/a_0}$ である．

解答 どちらの場合も $\delta V = 1.0\,\text{pm}^3$ である．(a) 核の位置では $r = 0$ だから，

$$P \propto e^0 \times (1.0\,\text{pm}^3) = (1.00) \times (1.0\,\text{pm}^3)$$

(b) $r = a_0$ の位置では方向に関わらず，

$$P \propto e^{-2} \times (1.0\,\text{pm}^3) = (0.135) \times (1.0\,\text{pm}^3)$$

である．したがって，確率の比は $1.00/0.135 = 7.4$ となる．つまり，核から距離 a_0 にある体積素片の中に電子を見いだすよりも，核の位置で同じ大きさの体積素片に電子を見いだすほうが（約7倍）確率は高い．負電荷をもつ電子は正電荷の核に引き付けられるから，核の近傍に見いだされやすいのである．

自習問題5·2 He^+ イオンの最低のエネルギー状態にある電子の波動関数は e^{-2r/a_0} に比例する．このイオンについて上と同じ計算をせよ．何か注釈を加えることがあるか．

［答：55；水素原子に比べて波動関数は緻密である］

(b) 規格化

基本原理II'は，確率と $|\psi|^2 d\tau$ の比例関係について述べたものである．実際の確率の値を求めるには，$\psi' = N\psi$ と書き，$|\psi'|^2 d\tau$ が体積素片 $d\tau$ の中に粒子がいる確率に等しくなるように定数 N（実数である）を選べばよい．この定数を求めるには，粒子が空間のどこかにいる確率は1である（粒子は必ずどこかにいる）ことを使う．系が一次元であれば，粒子を見いだす全確率はすべての無限小の寄与 $|\psi'|^2 d\tau$ の和（つまり積分）であるから，

$$\int_{-\infty}^{\infty} (\psi')^* \psi' \, dx = 1 \tag{5·1}$$

と書くことができる．(5·1) 式の条件を満たす波動関数は **規格化**[1] されている（厳密には1に規格化されている）という．もとの波動関数を使うと，この式は，

$$N^2 \int_{-\infty}^{\infty} \psi^* \psi \, dx = 1$$

---

1) normalization

となるから，**規格化定数**[1] N は，

$$N = \frac{1}{\left(\int_{-\infty}^{\infty} \psi^* \psi \, dx\right)^{1/2}} \quad \text{定義} \quad \boxed{\text{規格化定数}} \quad (5 \cdot 2)$$

で与えられる．ほとんどすべての波動関数は遠く離れれば0になるから，$(5 \cdot 2)$ 式の積分計算は難しくない．このように積分が存在する（つまり有限の値をもつという意味）ような波動関数は "2乗積分可能[2]" であるという．

ここからは特に断らない限り，1に規格化された波動関数だけを使うことにする．つまり，ψ には（一次元の例では），

$$\int_{-\infty}^{\infty} \psi^* \psi \, dx = 1 \quad \text{一次元} \quad \boxed{\text{規格化条件}} \quad (5 \cdot 3a)$$

となることを保証する因子をすでに含んでいると仮定する．三次元では，

$$\int_{-\infty}^{\infty}\int_{-\infty}^{\infty}\int_{-\infty}^{\infty} \psi^* \psi \, dx\,dy\,dz = 1$$
$$\text{三次元} \quad \boxed{\text{規格化条件}} \quad (5 \cdot 3b)$$

であれば，その波動関数は規格化されている．一般の規格化条件は，

$$\int \psi^* \psi \, d\tau = 1 \quad \text{一般の場合} \quad \boxed{\text{規格化条件}} \quad (5 \cdot 4)$$

と書ける．この式で $d\tau$ は次元数に合う体積素片を表し，積分範囲は書いてないが，一般にこの種の積分ではその粒子が利用できる空間すべてにわたって積分を行う．

例題 5・2　波動関数の規格化

カーボンナノチューブは炭素原子からできた中空の細い円筒で，良好な電気伝導体なのでナノデバイスで導線として使われる（ナノワイヤーについてはオンラインの「インパクト 8・5」に説明がある）．このチューブは直径 1 nm ないし 2 nm，長さ数マイクロメーターである．長いカーボンナノチューブは一次元の構造体とみなすことができ，「トピック 9」で導入する単純なモデルによれば，ナノチューブの最低エネルギーの電子は波動関数 $\sin(\pi x/L)$ で表せる．L はナノチューブの長さである．その規格化された波動関数を求めよ．

解法　$(5 \cdot 3a)$ 式に相当する積分を 0 から L の区間で行う必要がある．この波動関数は実であるから $\psi^* = \psi$ である．巻末の「資料」にある積分公式 T・2 を使えばよい．

解答　波動関数を $\psi = N \sin(\pi x/L)$ と書く．N は規格化因子である．したがって，

$$\int \psi^* \psi \, d\tau = N^2 \overset{L/2}{\overbrace{\int_0^L \sin^2\frac{\pi x}{L} \, dx}} = \frac{1}{2}N^2 L = 1$$

となり，

$$N = \left(\frac{2}{L}\right)^{1/2}$$

が得られる．そこで，規格化された波動関数は，

$$\psi = \left(\frac{2}{L}\right)^{1/2} \sin\frac{\pi x}{L}$$

である．L は長さであるから，ψ の次元は $1/(長さ)^{1/2}$ で，ψ^2 の次元は $1/(長さ)$ となって，これが確率密度であることと合う．

自習問題 5・3　同じナノチューブについて，次に低いエネルギー準位の波動関数は $\sin(2\pi x/L)$ で表せる．この波動関数を規格化せよ．　　[答: $N = (2/L)^{1/2}$]

(c) 波動関数に関する制約

ボルンの解釈を採用すると，波動関数が許容されるかどうかについて，つぎのような厳しい条件が課せられることになる．

- ψ は有限の領域で無限大になってはいけない．
- ψ は 1 価でなければならない．
- ψ は連続でなければならない．
- ψ の勾配（つまり $d\psi/dx$）は連続でなければならない．

これらの制約を図 5・3 にまとめて示してある．もし，ψ が有限の領域で無限大になってしまえば，2 乗積分可能でなくなるからボルンの解釈ができない．ここで，有限の領域というのが重要であり，その幅が 0 なら無限に大きな鋭い山があってもよいことに注意しよう．

波動関数は 1 価でなければならない（つまり，空間のどの点でも値は一つしかない）という制約もボルンの解釈にとって重要である．それは，同じ点にある粒子が二つ以上の異なる確率をもつのは不合理だからである．

残りの二つの制約として，波動関数とその一階導関数の連続性によって，すぐ後で導入する二階の微分方程式，シュレーディンガー方程式から波動関数を計算できることが保証される．シュレーディンガー方程式は ψ の二階導関数（つまり $d^2\psi/dx^2$）を使っており，それは ψ も $d\psi/dx$ も連続でなければ存在しないからである．

---

1) normalization constant　2) square-integrable

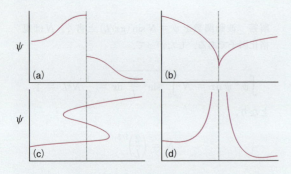

図 5・3 波動関数が許容されるためには厳しい条件を満たさねばならない．(a) 連続でないから許されない．(b) 勾配が不連続だから許されない．(c) 1価関数でないから許されない．(d) ある有限の領域で無限大であるから許されない．

規格化された波動関数が得られれば，空間のある有限領域に系を見いだす確率を求めることができ，注目する空間領域にわたって確率密度の和をとれば（つまり積分すれば）よい．たとえば，一次元の実の波動関数の場合，ある粒子を x_1 と x_2 の間に見いだす確率は，

$$P = \int_{x_1}^{x_2} \psi(x)^2 \, dx \qquad \text{一次元の有限領域} \qquad \text{確率} \qquad (5\cdot5)$$

で与えられる．

> **簡単な例示 5・2　確率の計算**
>
> 「例題 5・2」で考えた単純なモデルによれば，カーボンナノチューブの最低のエネルギー状態にある電子は，規格化された波動関数 $(2/L)^{1/2} \sin(\pi x/L)$ で表せる．L はカーボンナノチューブの長さである．この電子を $x = L/4$ と $x = L/2$ の間に見いだす確率は (5・5) 式で与えられるから，
>
> $$P = \int_{L/4}^{L/2} \left(\frac{2}{L}\right) \sin^2(\pi x/L) \, dx$$
>
> である．ここで，巻末の「資料」にある積分公式 T・2 を使えば，つぎの値が得られる．
>
> $$P = \left(\frac{2}{L}\right)\left(\frac{x}{2} - \frac{\sin(2\pi x/L)}{4\pi/L}\right)\Bigg|_{L/4}^{L/2}$$
>
> $$= \left(\frac{2}{L}\right)\left(\frac{L}{4} - \frac{L}{8} - 0 + \frac{L}{4\pi}\right) = 0.409$$
>
> **自習問題 5・4**　同じナノチューブについて次に低いエネルギー準位の規格化波動関数は $(2/L)^{1/2} \sin(2\pi x/L)$ である．この電子を $x = L/4$ と $x = L/2$ の間に見いだす確率はいくらか．　　　　[答：0.25]

チェックリスト

☐ 1. **波動関数**には，実験で求められる系のすべての性質に関する情報が含まれている．

☐ 2. **ボルンの解釈**によれば，ある空間領域に粒子を見いだす確率が得られる．

☐ 3. 波動関数は1価関数で，連続であり，空間の有限領域で無限であってはならず，その勾配も連続でなければならない．

重要な式の一覧

性　質	式	備　考	式番号
規格化定数	$N = \dfrac{1}{\left(\int_{-\infty}^{\infty} \psi^* \psi \, dx\right)^{1/2}}$	一次元	5・2
規格化条件	$\int \psi^* \psi \, d\tau = 1$	一般の場合	5・4
有限領域に存在する確率	$P = \int_{x_1}^{x_2} \psi(x)^2 \, dx$	一次元，実の波動関数	5・5

トピック**6**

波動関数からの情報抽出

内 容

6・1 基本原理 Ⅲ: 量子力学の演算子

    簡単な例示 6・1　二次元の
                運動エネルギー演算子

6・2 基本原理 Ⅳ: 固有値と固有関数

    例題 6・1　固有関数であることの確かめ方
    簡単な例示 6・2　固有関数となる波動関数

チェックリスト
重要な式の一覧

▶ 学ぶべき重要性

  波動関数は，量子力学の中心にあって重要な役割を演じている．そこで，波動関数から力学的な情報を取出す方法を知っておく必要がある．ここで説明する手続きに従えば，オブザーバブル（観測可能な性質）の測定結果を予測することができる．

▶ 習得すべき事項

  波動関数はシュレーディンガー方程式を解くことによって得られ，波動関数に含まれる力学的な情報を取出すには，エルミート演算子の固有値を求めればよい．

▶ 必要な予備知識

  系の状態は波動関数によって完全に記述されていること（トピック5）を知っている必要がある．また，複素関数と部分積分法の初歩的な扱いに慣れている必要がある．

「トピック5」では，量子力学における波動関数の概念を導入し，これにボルンの解釈を適用して粒子の位置に関する情報を求める方法について説明した．本トピックでは，波動関数の形をどのようにして導くかを調べ，そこから力

学情報をどう取出すかについて説明しよう．その過程で，基本原理をあと二つ導入する．

6・1　基本原理Ⅲ: 量子力学の演算子

  1926 年，オーストリアの物理学者シュレーディンガー[1]は，任意の系の波動関数を見いだすための特殊な二階の微分方程式を提案した（簡単な微分方程式の説明は「数学の基礎 2」にある）．エネルギー E をもち，一次元で運動する質量 m の粒子についての**時間に依存しないシュレーディンガー方程式**[2]は，

$$-\frac{\hbar^2}{2m}\frac{\mathrm{d}^2\psi}{\mathrm{d}x^2} + V\psi = E\psi$$

一次元，
時間に依存しない　シュレーディンガー方程式　(6・1)

である．V はその粒子のポテンシャルエネルギーであり，$\hbar = h/2\pi$（エイチクロスまたはエイチバーと読む）はプランク定数を表す別の便利な表現である．シュレーディンガー方程式の二次元以上の形と，時間に依存する形を表6・1に示してある．(6・1)式そのものを一つの基本原理とみなすこともできるが，あとでわかるように，この式に特別な解釈を与えることによって，もっと深くて，もっと一般的な基本原理の一つの結果であるとみなす方が，はるかに得るところが多い．

  (6・1)式や表6・1にある多次元系の式を全部まとめて表すときには，つぎのように簡略化して表す．

$$\hat{H}\psi = E\psi \qquad (6・2a)$$

一次元のハミルトン演算子はつぎのように書ける．

$$\hat{H} = -\frac{\hbar^2}{2m}\frac{\mathrm{d}^2}{\mathrm{d}x^2} + V(x)\times$$

一次元　ハミルトン演算子　(6・2b)

理由はすぐあとでわかるが，粒子のポテンシャルエネル

---

1) Erwin Shrödinger　2) time-independent Shrödinger equation

表6·1 シュレーディンガー方程式

式の名称	式	備考
時間に依存しないシュレーディンガー方程式		
	$\hat{H}\psi = E\psi$	一般の場合
	$-\dfrac{\hbar^2}{2m}\dfrac{d^2\psi}{dx^2} + V(x)\psi(x) = E\psi(x)$	一次元
	$-\dfrac{\hbar^2}{2m}\left(\dfrac{\partial^2\psi}{\partial x^2} + \dfrac{\partial^2\psi}{\partial y^2}\right) + V(x,y)\psi(x,y) = E\psi(x,y)$	二次元
	$-\dfrac{\hbar^2}{2m}\nabla^2\psi + V\psi = E\psi$	三次元
ラプラス演算子		
	$\nabla^2 = \dfrac{\partial^2}{\partial x^2} + \dfrac{\partial^2}{\partial y^2} + \dfrac{\partial^2}{\partial z^2}$	直交座標系
	$\nabla^2 = \dfrac{1}{r}\dfrac{\partial^2}{\partial r^2}r + \dfrac{1}{r^2}\Lambda^2$	球面極座標系
	$\quad = \dfrac{\partial^2}{\partial r^2} + \dfrac{2}{r}\dfrac{\partial}{\partial r} + \dfrac{1}{r^2}\Lambda^2$	
	$\quad = \dfrac{1}{r^2}\dfrac{\partial}{\partial r}r^2\dfrac{\partial}{\partial r} + \dfrac{1}{r^2}\Lambda^2$	
ルジャンドル演算子		
	$\Lambda^2 = \dfrac{1}{\sin^2\theta}\dfrac{\partial^2}{\partial\phi^2} + \dfrac{1}{\sin\theta}\dfrac{\partial}{\partial\theta}\sin\theta\dfrac{\partial}{\partial\theta}$	
時間に依存するシュレーディンガー方程式		
	$\hat{H}\Psi = i\hbar\dfrac{\partial\Psi}{\partial t}$	

ギーはその位置 x に依存するとして，わかりやすいように式の最後に記号（×）を付けておいた．$\hat{H}$ は**演算子**[1]である．演算子というのは関数 ψ に何らかの数学演算を行うものをいう．いまの場合は，演算は ψ の二階導関数を（$-\hbar^2/2m$ を掛けた後），位置 x における V の値を ψ に掛けた結果に加えることである．$\hat{H}$ という演算子に限らず量子力学で現れる演算子はすべて，つぎの関係が成り立つという意味で**線形**[2]である．

- $\hat{H}(\psi_1 + \psi_2) = \hat{H}\psi_1 + \hat{H}\psi_2$
- $\hat{H}c\psi_1 = c\hat{H}\psi_1$

ψ_1 と ψ_2 は任意の関数，c は定数である．
$\hat{H}$ という演算子は量子力学で特別な役割をもち，これをハミルトン演算子[3]という．この名称は19世紀の数学者ハミルトン[4]に因むもので，彼は古典力学をある形に整えた人で，その形がのちに量子力学を数学的に表現するの

に適していることがわかったのである．(6·2a) 式の形からわかるように，ハミルトン演算子は系の運動エネルギーとポテンシャルエネルギーの和である全エネルギーに対応している．(6·2b) 式の第1項（二階導関数に比例する部分）が運動エネルギーの演算子である．

(6·2a) 式を見れば，もっと一般的な式のたて方が考えられる．まず，ほかの演算子で表現できるような，系のほかの**オブザーバブル**[5]（観測可能な性質）があってもよく，

$$[\text{エネルギーの演算子（ハミルトン演算子）}]\psi$$
$$= [\text{エネルギーの値}]\psi$$

という構造の式はもっと一般的な，

$$[\text{オブザーバブル }\Omega\text{ の演算子}]\psi$$
$$= [\text{オブザーバブル }\Omega\text{ の値}]\times\psi$$

の特別の場合と考えてよい．以下では，オブザーバブル Ω（大文字のオメガ）に対応する演算子を $\hat{\Omega}$ で表し，オブザーバブル Ω の値を ω（小文字のオメガ）で表すことにして，上の式をつぎのように書くことにする．

$$\hat{\Omega}\psi = \omega\psi \tag{6·3}$$

当面の問題は，注目するオブザーバブルに対応する演算子を式でどう表すかということである．ここでも (6·2) 式が手がかりになる．古典力学では，一次元で運動する粒子の全エネルギーは直線運動量 p を使って，

$$E = \dfrac{p^2}{2m} + V(x)$$

と書ける．この式と (6·2b) 式とを比べると，位置の演算子 x は単に位置を掛ける（$x\times$）とすればよいと考えられる．そうすれば，ポテンシャルエネルギー $V(x)$ は掛け算の演算子 $V(x)\times$ で表されるからである．同じ (6·2b) 式との比較から，運動エネルギー $p^2/2m$ の演算子は $-(\hbar^2/2m)d^2/dx^2$ とすればよいことがわかる．

以上の点をまとめれば，つぎの基本原理で表すことができる．

基本原理III 系のオブザーバブル（観測可能な性質）Ω については，これに対応する演算子 $\hat{\Omega}$ が必ず存在し，それは位置演算子と直線運動量演算子からつくられる．

$$\hat{x} = x\times \qquad\qquad \text{定義} \quad \text{位置演算子} \tag{6·4a}$$

$$\hat{p}_x = \dfrac{\hbar}{i}\dfrac{d}{dx} \qquad\qquad \text{定義} \quad \text{直線運動量演算子} \tag{6·4b}$$

---

1) operator　2) linear　3) Hamiltonian operator. ハミルトニアンともいう.　4) William Hamilton　5) observable

掛け算の演算子を表す記号は書かないのが普通なので，今後は省略する．しかし，x はいつもその右にある関数に掛けるという演算であることを忘れてはならない．一次元の系では p に付ける下付き記号 x を省略するが，三次元の場合はベクトル p の方向を示す成分を表す下付きの x, y, z をつける．対応する演算子も同様に定義する．

基本原理Ⅲができ上がったので，一次元の粒子の運動エネルギー E_k の演算子は簡単に書けるだろう．まず，

$$E_k = \frac{p^2}{2m}$$

であるから，

$$\hat{E}_k = \frac{\hat{p}^2}{2m}$$

である．したがって，

$$\frac{\hat{p}^2}{2m} = \frac{1}{2m}\left(\frac{\hbar}{i}\frac{d}{dx}\right)\left(\frac{\hbar}{i}\frac{d}{dx}\right)$$
$$= \frac{1}{2m}\left(\frac{\hbar}{i}\right)^2\left(\frac{d}{dx}\right)\left(\frac{d}{dx}\right) = -\frac{\hbar^2}{2m}\frac{d^2}{dx^2}$$

となって，運動エネルギー演算子は次式で表せることがわかる．

$$\hat{E}_k = -\frac{\hbar^2}{2m}\frac{d^2}{dx^2} \qquad \text{運動エネルギー演算子} \qquad (6\cdot5)$$

簡単な例示 6·1　二次元の運動エネルギー演算子

ある面内を動く粒子など，二次元で運動する粒子の運動エネルギーは，$E_k = p_x^2/2m + p_y^2/2m$ である．したがって，その運動エネルギー演算子は $\hat{E}_k = \hat{p}_x^2/2m + \hat{p}_y^2/2m$ であることから，つぎのように表される．

$$\hat{E}_k = -\frac{\hbar^2}{2m}\left(\frac{\partial^2}{\partial x^2} + \frac{\partial^2}{\partial y^2}\right)$$

自習問題 6·1　(a) 三次元で運動する粒子（原子内の電子など）の運動エネルギー演算子，(b) 調和振動子のポテンシャルエネルギー $V = \frac{1}{2}k_f x^2$ の演算子をつくれ．

［答：(a) $\hat{E}_k = -(\hbar^2/2m)(\partial^2/\partial x^2 + \partial^2/\partial y^2 + \partial^2/\partial z^2)$，(b) $\frac{1}{2}k_f x^2 \times$］

数学では，関数の二階導関数はその関数の曲率の尺度である（数学の基礎1）．二階導関数が大きいとその関数はそこで鋭く曲がっている（図6·1）．したがって，鋭く曲がる波動関数には大きな運動エネルギーが伴い，ゆるく曲がる波動関数では運動エネルギーが小さい．この解釈はドブロイの式〔4·6式，$\lambda = h/p$〕にも合うもので，直線運動量（したがって運動エネルギー）が大きいときは波長が短い（波動関数が鋭く曲がる）．しかし，この解釈は空間に広がっていく波でなく図6·1のような波動関数にも使える．一般に，波動関数の曲率は場所によって異なるから，鋭く曲がっているところでは全運動エネルギーへの寄与が大きいことになる（図6·2）．波動関数の曲がりがゆるいところでは，全運動エネルギーへの寄与が小さい．

量子力学で比較的よく出てくる演算子を巻末の「資料」にまとめてある．

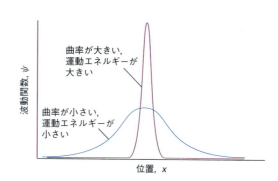

図6·1　波動関数が周期的な波の形をもたなくても，その平均曲率に注目すれば，粒子の平均運動エネルギーを推定できる．この図は二つの波動関数を示している．鋭く曲がった関数は，鋭さの弱い関数より運動エネルギーは大きい．

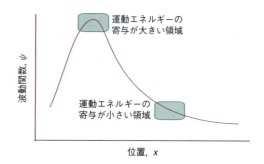

図6·2　注目する粒子の実測の運動エネルギーは，その波動関数によって覆われた全空間からの寄与の平均である．鋭く曲がった領域があれば，この平均値への運動エネルギーの寄与は大きい．一方，曲がり方の弱い領域では運動エネルギーの寄与が小さい．

6·2　基本原理Ⅳ：固有値と固有関数

量子力学の基本原理の説明から，上でわかったことをまとめておこう．

- オブザーバブルに対応する演算子のつくり方．
- 波動関数はシュレーディンガー方程式の解であること．
- 注目するオブザーバブル Ω の値は，対応する演算子を $\hat{\Omega}$ としたときの式 $\hat{\Omega}\psi = \omega\psi$ に現れる ω である．

この最後の点については，もう少し詳しく説明しておく必

要があるだろう.

まず, (6・3) 式の $\hat{\Omega}\psi = \omega\psi$ の形が,

$$\underset{\substack{\text{固有関数}}}{(\text{演算子})}\underset{\substack{\text{固有関数}}}{(\text{関数})} = \underset{\substack{\text{固有値}}}{(\text{数値因子})} \times \underset{\substack{\text{固有関数}}}{(\text{同じ関数})}$$

定義 　固有値方程式 　（6・6）

であることに注目しよう. この形の方程式を**固有値方程式**[1]といい, この数値因子を演算子の**固有値**[2], 方程式の両辺に現れる関数をその演算子の**固有関数**[3]という. それぞれの固有関数は, 特定の固有値に対応している. これらの用語を使って (6・2a) 式 ($\hat{H}\psi = E\psi$) を見直せば, "シュレーディンガー方程式を解く" というのは, "系のハミルトン演算子の固有値と対応する固有関数を見つける" ことであるのがわかる. 波動関数はハミルトン演算子の固有関数であり, これに対応する固有値は許されるエネルギー値である. 固有関数と固有値は量子力学ではきわめて重要な役割を担っているから, 本書の随所で出会うことになる.

例題 6・1　固有関数であることの確かめ方

e^{ikx} が直線運動量演算子の固有関数であることを示し, 対応する固有値を求めよ. 次に, ベル形の "ガウス関数[4]" e^{-ax^2} はこの演算子の固有関数でないことを示せ.

解法　関数に演算子を作用させて, その結果がもとの関数にある定数因子を掛けたものになっているかどうかを調べればよい. どちらの場合も, 直線運動量演算子は $\hat{p} = (\hbar/\mathrm{i})\mathrm{d}/\mathrm{d}x$ である.

解答　$\psi = e^{ikx}$ については,

$$\hat{p}\psi = \frac{\hbar}{\mathrm{i}}\frac{\mathrm{d}}{\mathrm{d}x}e^{ikx} = \frac{\hbar}{\mathrm{i}}\mathrm{i}ke^{ikx} = k\hbar\psi$$

であるから, 実際, e^{ikx} は $\hat{p}$ の固有関数であり, その固有値は $k\hbar$ である. $\psi = e^{-ax^2}$ については,

$$\hat{p}\psi = \frac{\hbar}{\mathrm{i}}\frac{\mathrm{d}}{\mathrm{d}x}e^{-ax^2} = \frac{\hbar}{\mathrm{i}}(-2ax)e^{-ax^2} = 2\mathrm{i}a\hbar x \times \psi$$

となる. ここで, $-2/\mathrm{i} = 2\mathrm{i}$ の関係を使った. この式は, 同じ関数 ψ が右辺に現れてはいるが, それにかかる因子が数値でなく, x の関数 ($2\mathrm{i}a\hbar x$) になっているから固有値方程式ではない. あるいは, 右辺を $2\mathrm{i}a\hbar (xe^{-ax^2})$ と書けば, これは定数 ($2\mathrm{i}a\hbar$) を別の関数に掛けた形になっているから固有値方程式でないとしてもよい.

自習問題 6・2　関数 $\cos ax$ は (a) 直線運動量演算子の

固有関数か, (b) 運動エネルギー演算子の固有関数か. 固有関数なら, その固有値を示せ.

　　　　　　[答: (a) 固有関数でない.
　　　　　　　　(b) 固有関数である, ($\hbar^2 a^2/2m$)]

(6・3) 式 (およびシュレーディンガー方程式, 6・2 式) が固有値方程式であることがわかれば, 非常に深い意味の結果がもたらされる. まず, オブザーバブル Ω の許される値 (エネルギー E など) は固有値方程式の固有値であることである. したがって, ある演算子の許される固有値をすべて見いだしてしまえば, そのオブザーバブルに許される値を知ることになる. 固有値はそれぞれが特定の固有関数に対応する (つまり, 各波動関数は特定のエネルギーに対応している) が, その波動関数が許されるものであるためには厳しい制約があることをすでに説明した. したがって, ある一組の波動関数だけが許容されるので, ある一組の固有値だけが許されると考えられる. いい換えれば, 一般にオブザーバブルは量子化されているのである. そこで, この節で導入した用語を使って, 以上の説明をまとめるとつぎの基本原理になる.

基本原理Ⅳ　系がある波動関数 ψ で表され, その ψ が $\hat{\Omega}\psi = \omega\psi$ の関係によって $\hat{\Omega}$ の固有関数である場合は, Ω の測定によってその固有値 ω が得られる.

簡単な例示 6・2　固有関数となる波動関数

「例題 6・1」でわかったように, e^{ikx} は直線運動量演算子の固有関数であり, その固有値は $+k\hbar$ である. したがって,

(a) もし, 直線加速器を使って, あるエネルギーまで加速された電子の波動関数が e^{ikx} で表され, その直線運動量を測定できたとすれば $p = +k\hbar$ という値を得るはずだということが基本原理Ⅳからわかる.

(b) もし, その波動関数が e^{-ikx} で表されれば, その固有値は $-k\hbar$ (符号が変わる) であるから, 直線運動量を測定すれば $p = -k\hbar$ という値が得られるはずである.

この電子の直線運動量の絶対値はどちらも同じ ($k\hbar$) であるが, (a) の電子は右へ (x が正の向きに) 進むが, (b) では直線加速器の向きと反対で, 電子は左へ (x が負の向きに) 進む.

---

1) eigenvalue equation　2) eigenvalue　3) eigenfunction　4) Gaussian function

トピック6 波動関数からの情報抽出

自習問題6・3 直線加速器で加速された結果，プロトンの波動関数が $\cos kx$ になった．このプロトンの運動エネルギーはいくらか． 　［答：$E_k = k^2\hbar^2/2m_p$］

オブザーバブルの値は実であるから（実とは数学的な用語で，虚数 i を含んでいないという意味である），基本原理Ⅳによれば，あるオブザーバブルに対応する任意の演算子の固有値は実でなければならない．ここで，もし演算子が"エルミート性[1]"という特別な性質をもっていれば，固有値が実であることが保証される（エルミートという名称は，19世紀のフランスの数学者エルミート[2]に由来する）．**エルミート演算子**[3]とは，

$$\int f^*\hat{\Omega}g\,\mathrm{d}x = \left\{\int g^*\hat{\Omega}f\,\mathrm{d}x\right\}^* \quad \text{定義} \quad \boxed{\text{エルミート性}} \quad (6\cdot7)$$

の等式が成り立つものをいう．f と g は任意の2個の波動関数である．位置の演算子（$x\times$）については，被積分関数の中の因子の順序を入れ替えてもよいから，エルミートであることが容易に確かめられる．すなわち，

$$\int_{-\infty}^{\infty} f^*xg\,\mathrm{d}x \overset{\text{順序入れ替え}}{=} \int_{-\infty}^{\infty} gxf^*\,\mathrm{d}x \overset{g^{**}=g,\ x^*=x}{=} \int_{-\infty}^{\infty} g^{**}x^*f^*\,\mathrm{d}x$$

$$= \left\{\int_{-\infty}^{\infty} g^* xf\,\mathrm{d}x\right\}^*$$

となる．直線運動量演算子がエルミートであるのを示すにはもう少し手間がかかる．それは，微分する関数の順序を入れ替えできないからである．しかし，つぎの「根拠」で示すように，直線運動量演算子は確かにエルミートである．

根拠6・1 直線運動量演算子のエルミート性

（6・4b）式で与えられた $\hat{p}$ について，果たして次式が成り立つかが問題である．

$$\int_{-\infty}^{\infty} f^*\hat{p}g\,\mathrm{d}x = \left\{\int_{-\infty}^{\infty} g^*\hat{p}f\,\mathrm{d}x\right\}^*$$

そこで，$u=f^*$，$v=g$ とおいて"部分積分"の公式，

$$\int u\frac{\mathrm{d}v}{\mathrm{d}x}\,\mathrm{d}x = uv - \int v\frac{\mathrm{d}u}{\mathrm{d}x}\,\mathrm{d}x$$

を使う．いまの場合は，

$$\int_{-\infty}^{\infty} f^*\hat{p}g\,\mathrm{d}x = \frac{\hbar}{\mathrm{i}}\int_{-\infty}^{\infty} f^*\frac{\mathrm{d}g}{\mathrm{d}x}\,\mathrm{d}x$$

$$= \frac{\hbar}{\mathrm{i}}f^*g\Big|_{-\infty}^{\infty} - \frac{\hbar}{\mathrm{i}}\int_{-\infty}^{\infty} g\frac{\mathrm{d}f^*}{\mathrm{d}x}\,\mathrm{d}x$$

と書ける．最右辺1項は0である．それは，波動関数はすべて無限遠では，どちら向きでも0になるからである（あるいは特別な場合には，$+\infty$ と $-\infty$ で関数 f や g が0にならないが，両者は等しい値をとる）．そこで，つぎのようにして証明できる．

$$\int_{-\infty}^{\infty} f^*\hat{p}g\,\mathrm{d}x = -\frac{\hbar}{\mathrm{i}}\int_{-\infty}^{\infty} g\frac{\mathrm{d}f^*}{\mathrm{d}x}\,\mathrm{d}x \overset{\mathrm{i}^*=-\mathrm{i}}{=} \left\{\frac{\hbar}{\mathrm{i}}\int_{-\infty}^{\infty} g^*\frac{\mathrm{d}f}{\mathrm{d}x}\,\mathrm{d}x\right\}^*$$

$$= \left\{\int_{-\infty}^{\infty} g^*\hat{p}f\,\mathrm{d}x\right\}^*$$

演算子の一般的な性質として，あるエルミート演算子とそれ自身の積をつくれば，その演算子もエルミート演算子であるというのがある（「問題6・4」を見よ）．したがって，$\hat{p}^2 = \hat{p}\times\hat{p}$ はエルミート演算子である．そこで，運動エネルギー演算子（$\hat{E}_k = \hat{p}^2/2m$）もエルミート演算子である．

（6・7）式が，エルミート演算子の固有値が実であることと等価であるとはとても思えないかもしれない．しかし，つぎの「根拠」で示すように，実際，その証明は簡単なものである．

根拠6・2 エルミート演算子の固有値は実である

ある波動関数 ψ が1に規格化されていて，あるエルミート演算子の固有関数であり，その固有値が ω であるとき，

$$\int \psi^*\hat{\Omega}\psi\,\mathrm{d}\tau \overset{\hat{\Omega}\psi=\omega\psi}{=} \int \psi^*\omega\psi\,\mathrm{d}\tau = \omega\overset{1}{\overbrace{\int \psi^*\psi\,\mathrm{d}\tau}} = \omega$$

と書ける．この複素共役をとれば，

$$\omega^* = \left\{\int \psi^*\hat{\Omega}\psi\,\mathrm{d}\tau\right\}^* \overset{(6\cdot7)\text{式で}f=g=\psi}{=} \int \psi^*\hat{\Omega}\psi\,\mathrm{d}\tau = \omega$$

である．$\omega^* = \omega$ であるから，ω は実であることが確かめられた．

---

1) hermiticity　2) Charles Hermite　3) Hermitian operator

もし，波動関数が注目するオブザーバブルに対応する演算子の固有関数であれば，基本原理Ⅳから，測定で得られるのはその固有値でしかないことがわかる．しかし，波動関数がその演算子の固有関数でなければ，どうすればよいのだろうか．それに答えるにはもう一つの基本原理が必要である．それを「トピック7」で説明しよう．

チェックリスト

☐ 1. 波動関数は，シュレーディンガー方程式の一つの解である．

☐ 2. 系のオブザーバブル Ω については，これに対応する演算子 $\hat{\Omega}$ が必ず存在し，それは位置演算子と直線運動量演算子からつくられる．

☐ 3. 系がある波動関数 ψ で表され，その ψ が $\hat{\Omega}\psi = \omega\psi$ の関係によって $\hat{\Omega}$ の固有関数である場合は，Ω の測定によってその**固有値** ω が得られる．

☐ 4. **エルミート演算子**の固有値は実である．

重要な式の一覧

性　質	式	備　考	式番号
シュレーディンガー方程式	$-\dfrac{\hbar^2}{2m}\dfrac{\mathrm{d}^2\psi}{\mathrm{d}x^2} + V\psi = E\psi$	一次元，時間に依存しない	6·1
ハミルトン演算子	$\hat{H} = -\dfrac{\hbar^2}{2m}\dfrac{\mathrm{d}^2}{\mathrm{d}x^2} + V(x)\times$	一次元	6·2b
位置演算子	$\hat{x} = x\times$	一次元	6·4a
直線運動量演算子	$\hat{p}_x = \dfrac{\hbar}{\mathrm{i}}\dfrac{\mathrm{d}}{\mathrm{d}x}$	一次元	6·4b
固有値方程式	$\hat{\Omega}\psi = \omega\psi$		6·6
エルミート性	$\displaystyle\int f^*\hat{\Omega}g\,\mathrm{d}x = \left\{\int g^*\hat{\Omega}f\,\mathrm{d}x\right\}^*$		6·7

トピック **7**

実 験 結 果 の 予 測

内 容

7・1　一次結合で表された波動関数
　　　簡単な例示 7・1　オブザーバブルの測定

7・2　期待値
　　　例題 7・1　期待値の計算

7・3　固有関数の直交性
　　　例題 7・2　直交性の確かめ方

7・4　固有関数の一次結合の期待値
　　　簡単な例示 7・2　重ね合わせ状態の期待値

チェックリスト
重要な式の一覧

➤ 学ぶべき重要性

　波動関数から系の力学情報を取出す方法について知っておく必要がある. それは, 波動関数が注目するオブザーバブルの演算子の固有関数でない場合でも重要である.

➤ 習得すべき事項

　ここで説明する手続きに従えば, 測定結果の平均値を予測できる. ただし, そのためには, 目的とするオブザーバブルに対応する演算子と系の状態を記述している波動関数が必要である.

➤ 必要な予備知識

　オブザーバブルに対応する演算子のつくり方(トピック 6)と, 与えられた波動関数がある演算子の固有関数であるかどうかを判別する方法を習得している必要がある.

　「トピック 6」で述べた基本原理 Ⅳ によれば, 波動関数が, あるオブザーバブルに対応する演算子の固有関数であ

れば, そのオブザーバブルの値を求めるのは簡単である. これに対応する固有値を拾い出せばよいだけである. しかし, 波動関数が, いま注目している性質に対応する演算子の固有関数でなかったらどうすればよいだろうか. たとえば, 波動関数が $\cos kx$ であったとしよう. この波動関数は運動エネルギー演算子の固有関数である(固有値は $k^2 \hbar^2 / 2m$). したがって, 運動エネルギーを測定すれば, 確かにその値が得られるだろう. しかし, $\cos kx$ は直線運動量演算子の固有関数ではない($\mathrm{d} \cos kx / \mathrm{d}x = -k \sin kx$ であるから). そのため, この場合に直線運動量の測定をしたらどうなるかを予測するのに, 基本原理 Ⅳ を使うわけにいかない. 本トピックでは, 粒子の波動関数がオブザーバブルに対応する演算子の固有関数でない場合でも, 量子論を使って測定結果を予測する方法について説明しよう.

7・1　一次結合で表された波動関数

　波動関数が $\cos kx$ の場合, 話を次の段階に進めるために必要な手がかりとして, **オイラーの式**[1](「必須のツール 5・1」を見よ)を使えることに注目し, つぎのように書く.

$$\cos kx = \frac{1}{2}\, \mathrm{e}^{\mathrm{i}kx} + \frac{1}{2}\, \mathrm{e}^{-\mathrm{i}kx}$$

この指数関数それぞれは直線運動量演算子の固有値であり(「簡単な例示 6・2」を見よ), その固有値はそれぞれ $k\hbar$ と $-k\hbar$ である. この状況を言い表すのに, 実際の波動関数は二つの波動関数の寄与, この場合は $\mathrm{e}^{\mathrm{i}kx}$ と $\mathrm{e}^{-\mathrm{i}kx}$ の**一次結合**[2]であるという. 一般に, 二つの関数 f と g の一次結合というのは $c_1 f + c_2 g$ のことであり, c_1 と c_2 は数の係数であるから, 一次結合は "和" よりも一般的な用語である. 単なる和なら $c_1 = c_2 = 1$ である. ある波動関数が別の波動関数の一次結合で表される状況を別の表現でいい表せば, もとの状態は個々の状態の**重ね合わせ**[3]で表されるという.

　ここで, 上の波動関数 $\cos kx$ をつぎのように書けば, 物理的な解釈として納得できるだろう.

---

1) Euler's formula　2) linear combination. 線形結合ともいう.　　3) superposition

$$\psi = \underbrace{\psi_\rightarrow}_{\substack{\text{直線運動量}+k\hbar \\ \text{の粒子}}} + \underbrace{\psi_\leftarrow}_{\substack{\text{直線運動量}-k\hbar \\ \text{の粒子}}}$$

この複合波動関数を解釈すればつぎのようになる。もし粒子の運動量を何回も繰返して測定したら，その絶対値はどの測定でも $k\hbar$ であることがわかる（これが各固有関数に対する値である）。しかし，この二つの固有関数は波動関数の中に同等に入っているから（一次結合の中の係数が等しい），測定のうち半数では粒子が右に動いており（$p = +k\hbar$），残りの半数では左に動いている（$p = -k\hbar$）ことがわかる。量子力学によれば，この粒子が実際どちら向きに移動しているかは予測できない。言えることは，この波動関数で記述される粒子について多数回の観測をすれば，粒子が右へ移動するのと左へ移動するのとは確率が等しいことだけである。さらに，測定のうち半分では $p = +k\hbar$ が得られ，半分では $p = -k\hbar$ が得られるから，多数回の測定の平均値は 0 であると予測できる。

以上の考察から，話を一般化することができるだろう。それは，注目するオブザーバブルに対応する演算子について，その多数の異なる固有関数の一次結合によって系の波動関数が表せることがわかっていて，つぎのように書ける場合である。

$$\psi = c_1\psi_1 + c_2\psi_2 + \cdots = \sum_k c_k\psi_k \qquad (7\cdot1)$$

c_k は数の係数（複素数の場合もある）であり，ψ_k は同じ演算子のいろいろな固有関数に対応している。つまり，$\hat{\Omega}\psi_k = \omega_k\psi_k$ である。このとき，つぎのように一般化できる。

基本原理 V オブザーバブル Ω に対応する演算子 $\hat{\Omega}$ の固有関数の一次結合（係数を c_k とする）で系が表される場合，Ω を測定すれば，測定のたびに $\hat{\Omega}$ の固有値 ω_k の一つが $|c_k|^2$ に比例する確率で得られる。

もし，系が規格化された波動関数で表されているならば，固有値 ω_k を得る確率はそのまま $|c_k|^2$ に等しい。

簡単な例示 7·1　オブザーバブルの測定

直線加速器では，すべての粒子を厳密に指定したある特定の直線運動量まで加速するわけではない。このときの粒子の波動関数は，そのビーム中に存在するある範囲の運動量に対応する関数の一次結合で表される。いま，電子ビームの中に 3 種の運動量（k の値が 3 個）が存在するとしよう。その中心は k_1 であり，規格化された波動関数は次式で与えられるとする。

$$\psi = (1/20)^{1/2}\mathrm{e}^{\mathrm{i}(k_1-\Delta k)x} + (9/10)^{1/2}\mathrm{e}^{\mathrm{i}k_1 x} + (1/20)^{1/2}\mathrm{e}^{\mathrm{i}(k_1+\Delta k)x}$$

ここでの Δk は小さい。$\mathrm{e}^{\mathrm{i}kx}$ は直線運動量演算子の固有関数であり，その固有値は $+k\hbar$ であるから，この "ぼやけた" 電子ビームの波動関数は三つの固有関数の一次結合である。基本原理 V によれば，1 回の測定で得られる直線運動量は $+(k_1-\Delta k)\hbar$，$+k_1\hbar$，$+(k_1+\Delta k)\hbar$ のどれかであり，その確率はそれぞれ 1/20，9/10，1/20 である。

自習問題 7·1 上の「簡単な例示」で示した電子について，その運動エネルギーを測定したときの結果はどうなるか。

[答: 1 回の測定では $(k_1-\Delta k)^2\hbar^2/2m_\mathrm{e}$，$k_1^2\hbar^2/2m_\mathrm{e}$，$(k_1+\Delta k)^2\hbar^2/2m_\mathrm{e}$ のどれかが得られる；それぞれの確率は 1/20，9/10，1/20]

7·2 期待値

一般には，ある性質について一連の測定を行えば多数の異なる結果が得られるから，その平均値を知ることが重要な場合が多い。オブザーバブル Ω の測定で得られる平均値は，演算子 $\hat{\Omega}$ の**期待値**[1]に等しく，それを $\langle\Omega\rangle$ と書いて，

$$\langle\Omega\rangle = \frac{\displaystyle\int \psi^*\hat{\Omega}\psi\,\mathrm{d}\tau}{\displaystyle\int \psi^*\psi\,\mathrm{d}\tau} \qquad \text{定義}\quad \text{期待値} \quad (7\cdot2\mathrm{a})$$

と定義する。この定義は ψ を固有関数の一次結合で書いてあるかどうかに関係なく成立する。波動関数が規格化されていれば（7·2a）式の分母は 1 であるから，この式は簡単になって，

$$\langle\Omega\rangle = \int \psi^*\hat{\Omega}\psi\,\mathrm{d}\tau \qquad (7\cdot2\mathrm{b})$$

となる。ψ がたまたま $\hat{\Omega}$ の固有関数であれば，基本原理 IV によって，このオブザーバブルの測定をするたびに同じ固有値 ω が得られるから，その平均値も ω である。このとき，$\hat{\Omega}$ の期待値は簡単に次式で表される。

$$\langle\Omega\rangle = \int \psi^*\hat{\Omega}\psi\,\mathrm{d}\tau \overset{\hat{\Omega}\psi = \omega\psi}{=} \int \psi^*\omega\psi\,\mathrm{d}\tau = \omega\overbrace{\int \psi^*\psi\,\mathrm{d}\tau}^{1} = \omega$$

---

[1] expectation value

もし，ψ が注目するオブザーバブルの固有関数でなければ，その性質を測定するたびに異なる結果が得られる．その測定結果と期待値の関係を調べるためには，固有関数のもう一つの側面について説明しておく必要がある．

例題7・1　期待値の計算

「例題5・2」で取上げたカーボンナノチューブの電子の位置の平均値を計算せよ．

解法　位置の平均値は，位置に対応する演算子（x を掛ける）の期待値である．$\langle x \rangle$ を求めるには，規格化された波動関数（「例題5・2」にある）を知る必要があり，それから (7・2b) 式の積分を計算すればよい．巻末の「資料」にある積分公式 T・11 を使う．

解答　平均値はつぎの期待値で与えられる．

$$\langle x \rangle = \int \psi^* \hat{x} \psi \, dx$$

ここで　$\psi = \left(\dfrac{2}{L}\right)^{1/2} \sin \dfrac{\pi x}{L}$　　$\hat{x} = x \times$

これを計算すれば，

$$\langle x \rangle = \frac{2}{L} \overbrace{\int_0^L x \sin^2 \frac{\pi x}{L} \, dx}^{L^2/4} = \frac{1}{2} L$$

となる．この結果から，電子の位置の測定を非常に多数回行えば，その平均値はナノチューブのちょうど中央になることがわかる．しかし，この波動関数は x に対応する演算子の固有関数ではないから，毎回の測定で得られる結果は異なり，その予測はできない．

自習問題7・2　この電子の根平均二乗位置 $\langle x^2 \rangle^{1/2}$ を，巻末の「資料」にある積分公式 T・12 を使って求めよ．
[答：$L\{1/3 - 1/(2\pi^2)\}^{1/2}$]

7・3　固有関数の直交性

エルミート演算子の非常に特別な性質は，つぎの「根拠」で示すように，同じエルミート演算子の異なる固有値に対応する固有関数は直交することである．二つの異なる関数 ψ_i と ψ_j が**直交する**[1] というのは，その積の（全空間にわたる）積分が 0 であるということである．すなわち，

$$\int \psi_i^* \psi_j \, d\tau = 0 \qquad \text{定義} \quad \boxed{直交性} \quad (7・3a)$$

である．たとえば，ハミルトン演算子はエルミート演算子である（これはオブザーバブルであるエネルギーに対応す

る）．したがって，ψ_i があるエネルギーに対応し，ψ_j が別のエネルギーに対応すれば，この二つの関数は直交しており，両者の積の積分が 0 であることがすぐにわかる．このようにして積分を 0 におければ，これからの「トピック」で行う計算が非常に簡単になるだけでなく，基本原理 V が正しいことの根拠も得られる．それについては以下に述べる．

互いに直交していて規格化されている関数は，**規格直交系**[2] であるという．

$$\int \psi_i^* \psi_j \, d\tau = \delta_{ij} \qquad \text{定義} \quad \boxed{規格直交性} \quad (7・3b)$$

δ_{ij} を**クロネッカーのデルタ**[3] といい，$i = j$ のとき 1 で，$i \neq j$ のとき 0 であることを表す．

根拠7・1　固有関数の直交性

あるエルミート演算子 $\hat{\Omega}$ について，固有値の等しくない二つの固有関数があるとしよう．すなわち，

$$\hat{\Omega}\psi_i = \omega_i \psi_i \quad \text{および} \quad \hat{\Omega}\psi_j = \omega_j \psi_j$$

とする．ω_i と ω_j は等しくない．この最初の固有値方程式の両辺に左から ψ_j^* を掛け，2 番目の固有値方程式の両辺に左から ψ_i^* を掛け，どちらも全空間で積分すれば，

$$\int \psi_j^* \hat{\Omega} \psi_i \, d\tau = \omega_i \int \psi_j^* \psi_i \, d\tau$$

$$\int \psi_i^* \hat{\Omega} \psi_j \, d\tau = \omega_j \int \psi_i^* \psi_j \, d\tau$$

となる．このうち最初の式の複素共役をとれば（$\hat{\Omega}$ がエルミートであるから固有値は実であることを考慮して），

$$\left\{\int \psi_j^* \hat{\Omega} \psi_i \, d\tau\right\}^* = \omega_i \int \psi_j \psi_i^* \, d\tau = \omega_i \int \psi_i^* \psi_j \, d\tau$$

となる．一方，エルミート性により最左辺の項は，

$$\left\{\int \psi_j^* \hat{\Omega} \psi_i \, d\tau\right\}^* = \int \psi_i^* \hat{\Omega} \psi_j \, d\tau = \omega_j \int \psi_i^* \psi_j \, d\tau$$

となる．これをすぐ上の式から引けば，

$$0 = (\omega_i - \omega_j) \int \psi_i^* \psi_j \, d\tau$$

が得られる．ここで，二つの固有値は等しくないとしたから，この積分が 0 でなければならない．これで直交性が証明された．

---

1) orthogonal　2) orthonormal　3) Kronecker delta

例題 7・2 直交性の確かめ方

一次元の量子ドット(数ナノメートル程度の大きさの原子集団であり,ナノ技術分野で注目されている)に閉じ込められた電子の波動関数として,$\sin x$ と $\sin 2x$ の二つのかたちが考えられる.この二つの波動関数は,エルミート演算子である運動エネルギー演算子の固有関数であり,それぞれ固有値 $\hbar^2/2m_e$,$2\hbar^2/m_e$ に対応している.この二つの波動関数が互いに直交していることを確かめよ.

解法 二つの関数の直交性を確かめるために,その積 $\sin 2x \sin x$ を全空間で積分する.どちらの関数も $x=0$ と $x=2\pi$ の範囲外では繰返しになるから,x としてこの範囲をとればよく,この積のこの範囲での積分が 0 になることを証明すれば,全空間での積分も 0 である(図 7・1).巻末の「資料」にある積分公式 T・5 を使う.

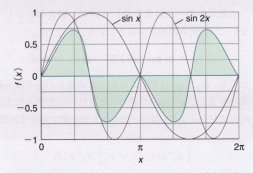

図 7・1 関数 $f(x) = \sin 2x \sin x$ の積分は,青色の曲線と $f=0$ の線で囲まれる面積(緑色をつけてある)に相当し,これは対称性から推定できるように 0 である.この関数とその積分の値は,0 と 2π の間の部分の複製の繰返しになるから,$-\infty$ から ∞ までの積分は 0 である.

解答 積分公式 T・5 で $a=2$,$b=1$ の場合は,$\sin 0 = 0$,$\sin 2\pi = 0$,$\sin 6\pi = 0$ を使えば,

$$\int_0^{2\pi} \sin 2x \sin x \, dx = \overbrace{\frac{\sin x}{2}\bigg|_0^{2\pi}}^{0} - \overbrace{\frac{\sin 3x}{6}\bigg|_0^{2\pi}}^{0} = 0$$

である.したがって,この二つの関数は互いに直交している.

自習問題 7・3 この電子がもっと高いエネルギーに励起されたら,その波動関数は $\sin 3x$ になる.波動関数 $\sin x$ と $\sin 3x$ が互いに直交することを確かめよ.

[答: $\int_0^{2\pi} \sin 3x \sin x \, dx = 0$]

7・4 固有関数の一次結合の期待値

さて,波動関数が固有関数の一次結合で表されている場合を考えよう.簡単にするために,(規格化された)波動関数が二つの固有関数の和であるとする(一般の場合にもすぐ拡張できる).すると (7・2b) 式から,

$$\begin{aligned}
\langle \Omega \rangle &= \int (c_1\psi_1 + c_2\psi_2)^* \hat{\Omega} (c_1\psi_1 + c_2\psi_2) d\tau \\
&= \int (c_1\psi_1 + c_2\psi_2)^* (c_1\hat{\Omega}\psi_1 + c_2\hat{\Omega}\psi_2) d\tau \\
&= \int (c_1\psi_1 + c_2\psi_2)^* (c_1\omega_1\psi_1 + c_2\omega_2\psi_2) d\tau \\
&= c_1^*c_1\omega_1 \overbrace{\int \psi_1^*\psi_1 d\tau}^{1} + c_2^*c_2\omega_2 \overbrace{\int \psi_2^*\psi_2 d\tau}^{1} \\
&\quad + c_1^*c_2\omega_2 \underbrace{\int \psi_1^*\psi_2 d\tau}_{0} + c_2^*c_1\omega_1 \underbrace{\int \psi_2^*\psi_1 d\tau}_{0}
\end{aligned}$$

となる.固有関数はそれぞれ個別に規格化されているから,最右辺のはじめの2個の積分は1に等しい.ψ_1 と ψ_2 は,エルミート演算子の異なる固有値に対応するから両者は直交している.そこで,最右辺の第3,第4の積分は 0 である.したがって,つぎのように結論できる.

$$\langle \Omega \rangle = |c_1|^2 \omega_1 + |c_2|^2 \omega_2$$

一般の場合は,

$$\psi = \sum_k c_k \psi_k$$

で表される.ψ_k は $\hat{\Omega}$ の固有関数であり,その固有値は ω_k である.そこで,その期待値は,

$$\langle \Omega \rangle = \sum_k |c_k|^2 \omega_k \qquad \text{一次結合 \quad 期待値} \quad (7\cdot4)$$

で与えられる.(7・4) 式からわかるように,この期待値は $\hat{\Omega}$ の固有値の加重平均で,その重みは展開係数 c_k の絶対値の2乗に等しい.これが基本原理Vのいうところであり,性質 Ω を測定すると一連の値 ω_k が得られ,その出現頻度は $|c_k|^2$ の値で決まるのである.

簡単な例示 7・2 重ね合わせ状態の期待値

「簡単な例示 7・1」で取上げた系では,(7・4) 式を使えば,その直線運動量の平均値は次式で表される.

$$\begin{aligned}
\langle p \rangle &= \frac{1}{20}(k_1 - \Delta k)\hbar + \frac{9}{10} k_1 \hbar \\
&\quad + \frac{1}{20}(k_1 + \Delta k)\hbar = k_1 \hbar
\end{aligned}$$

自習問題 7・4 この「簡単な例示」の系の運動エネルギーの平均値はいくらか.

[答: $\langle E_k \rangle = (\hbar^2/2m_e)\{k_1^2 + (\Delta k)^2/10\}$]

チェックリスト

- [ ] 1. 個々の状態の**重ね合わせ**でできた状態は，個々の対応する波動関数の一次結合の形の波動関数で表される．
- [ ] 2. ある系が$\hat{\Omega}$の固有関数の一次結合で表され，（規格化された）各係数がc_kのとき，オブザーバブルΩの値を測定するごとに得られるのは$\hat{\Omega}$の固有値ω_kの一つであり，その出現確率は$|c_k|^2$に等しい．
- [ ] 3. 演算子$\hat{\Omega}$の**期待値**を$\langle\Omega\rangle$で表すが，それは一連の測定で得られる平均値に等しい．
- [ ] 4. 同じエルミート演算子の異なる固有値に対応する固有関数は互いに直交する．
- [ ] 5. 5個ある**量子力学の基本原理**をつぎに整理しておく．

  I. （トピック5）系の状態は，波動関数 $\Psi(r_1, r_2, \cdots, t)$ によって可能な限り完全に記述される．

  II. （トピック5）規格化された波動関数ψで表される系では，粒子1を位置r_1での体積素片$d\tau_1$に見いだし，同時に粒子2を位置r_2での体積素片$d\tau_2$に見いだす等…の確率は$|\psi|^2 d\tau_1 d\tau_2\cdots$に等しい．

  III. （トピック6）系のオブザーバブルΩについては，これに対応するエルミート演算子$\hat{\Omega}$が必ず存在し，それは$\hat{x} = x\times$と$\hat{p}_x = (\hbar/\mathrm{i})\, d/dx$からつくられる．

  IV. （トピック6）系がある波動関数ψで表され，それが$\hat{\Omega}$の固有関数であり，その固有値がωであれば，この系のオブザーバブルΩの測定結果はωである．

  V. （トピック7）系が規格化された波動関数ψで表され，それが$\hat{\Omega}$の固有関数の一次結合の形をしている場合，そのオブザーバブルΩを測定すれば，$\hat{\Omega}$の固有値ω_kの一つが確率$|c_k|^2$で得られる．その測定の平均値は期待値$\langle\Omega\rangle$に等しい．

重要な式の一覧

性　質	式	備　考	式番号
一次結合	$\psi = \displaystyle\sum_k c_k \psi_k$	状態の重ね合わせ	7·1
期待値	$\langle\Omega\rangle = \displaystyle\int \psi^* \hat{\Omega} \psi\, d\tau$	規格化された波動関数	7·2b
直交性	$\displaystyle\int \psi_i^* \psi_j\, d\tau = 0$		7·3a
規格直交性	$\displaystyle\int \psi_i^* \psi_j\, d\tau = \delta_{ij} \qquad \delta_{ij} = \begin{cases} 1, & i = j \\ 0, & i \neq j \end{cases}$		7·3b
重ね合わせ状態の期待値	$\langle\Omega\rangle = \displaystyle\sum_k |c_k|^2 \omega_k$	規格化された波動関数	7·4

トピック 8

不確定性原理

内容

8・1 相補性
　　簡単な例示 8・1　位置と運動量の不確かさ
　　　　　　　　　　　　　　　　　　　　その 1

8・2 ハイゼンベルクの不確定性原理
　　例題 8・1　直線運動量の不確かさの計算
　　簡単な例示 8・2　位置と運動量の不確かさ
　　　　　　　　　　　　　　　　　　　　その 2

8・3 可換性と相補性
　　例題 8・2　非可換性と交換子の求め方
　　例題 8・3　二つのオブザーバブルの
　　　　　　　　　　　　　　相補性の判定

チェックリスト
重要な式の一覧

▶ 学ぶべき重要性

電子のような小さな粒子の位置や運動量を定量的に扱うには，その波としての性質がどのような影響を与えるかについて知っておく必要がある．それが理解できれば，原子や分子，ものの電子構造を考察するための準備が整う．

▶ 習得すべき事項

不確定性原理によれば，二つのオブザーバブルの演算子が可換でなければ，両者の値を同時に任意の高精度で指定することはできない．

▶ 必要な予備知識

注目するオブザーバブルに対応する演算子のつくり方（トピック 6）と，演算子の性質を使って波動関数から情報を取出す方法（トピック 6 と 7）について知っている必要がある．

本トピックでは，二つのオブザーバブルの値を同時に，しかも高精度で指定できるかどうかに関して，量子力学が課している種々の制約について調べよう．

8・1 相補性

一次元で x の正の方向に直線運動量 $+k\hbar$ で進行している 1 個の粒子について考えれば，量子力学と古典力学の違いが鮮明になることだろう．古典力学によれば，この粒子の軌跡や位置，運動量については，どの時刻でも指定することができる．一方，量子力学によれば，同じ粒子の状態は波動関数 Ne^{ikx} で表される（トピック 5）．ここで，N は（実数の）規格化因子である．このような波動関数は，はっきり決まった直線運動量（固有値 $k\hbar$）に相当している．それでは，この粒子はどこにいるのだろうか．

この問いに答えるには，基本原理 II（トピック 5）を使って確率密度を計算すればよい．すなわち，

$$|\psi|^2 = (Ne^{ikx})^*(Ne^{ikx}) = N^2(e^{-ikx})(e^{ikx}) = N^2 \quad (8\cdot 1)$$

である．この確率密度は x に依存しないから，この粒子を見いだす確率は x 軸上のどこでも等しい（図 8・1）．つまり，粒子の波動関数が Ne^{ikx} で与えられるときは，粒子がどこにいるかをまったく予測できないことになる．直線運動量が正確にわかれば，位置に関しては何もいえないということで，これは普通には考えられない結論である．この

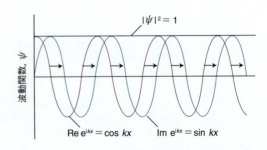

図 8・1　ある決まった直線運動量の状態では，波動関数の絶対値の 2 乗は定数で表せるから，粒子を見いだす確率はどこでも一様である（図中の Re は複素量の実部，Im は虚部を表す）．

ように，ある一対のオブザーバブル（いまは直線運動量と位置）が互いに**相補的**[1]であることが，量子力学全体にわたって重要な役割を果たしている．

> **簡単な例示 8・1　位置と運動量の不確かさ その 1**
>
> 粒子の波動関数が $N\cos kx$ で表されるとき，その確率密度 $N^2 \cos^2 kx$ はある場所（kx が $\pi/2$ の奇数倍になる x の値）で 0 になる．すなわち，この粒子がどこにいるかを正確には指定できないが，存在しない位置を知ることはできる．また，このときの直線運動量をある時間測定したとすれば，半分は $+k\hbar$，残りの半分は $-k\hbar$ であることがわかる（トピック 7）．したがって，波動関数 Ne^{ikx} の場合と比較すれば，直線運動量を確実に知るのを放棄したことによって（一つの値でなく，この場合は二つの値がとれる），ある確かさで粒子の位置を知ることができるのである．
>
> **自習問題 8・1**　波動関数が $N\cos 2kx$ の場合について，上と同じ分析をせよ．
> ［答: 運動量については，時間の半分は $+2k\hbar$，残りの半分は $-2k\hbar$ である．この粒子が存在しない領域の大きさは 2 倍になるが，空間領域そのものは無限に広がっているから，位置の不確定性は同じままである．］

オブザーバブルが互いに相補的かどうかはどうすればわかるだろうか．また，その結果どうなるだろうか．たとえば，分子のエネルギーは双極子モーメントと同時に指定できるだろうか．それともこの二つのオブザーバブルは相補的だろうか．これは本トピックで取組む問題の一つである．

8・2　ハイゼンベルクの不確定性原理

ある粒子の直線運動量を正確に知れば，その位置については何もいえないことを見た．しかし，逆の問題として，粒子の位置を正確に知れば，その直線運動量について何かわかるだろうか．つぎの考察から，実は何もわからないということがわかる．

もし，粒子が決まった位置にいることがわかっていれば，その波動関数はその場所で大きく，ほかのところでは 0 でなければならない（図 8・2）．このような波動関数は多数の調和関数（sin と cos）の重ね合わせ，あるいはそれと同等だが，多数の e^{ikx} 関数の重ね合わせでつくることができる．換言すれば，多数の異なる直線運動量の値に対応する波動関数の一次結合をとることによって，鋭く局在した波動関数をつくり出すことができるのである．これを**波束**[2]

という．数個だけの調和関数の重ね合わせでは，ある範囲に広がった波動関数ができる（図 8・3）だけだが，重ね合わせる波動関数の数が増加するにつれて，個々の波の山と谷が次第に完全に干渉するようになるために，波束はどんどん鋭くなる．無限個の成分を使えば，波束は無限に幅の狭い山になり，それは粒子が完全にそこに局在することに相当する．しかし一方で，運動量に関する情報はすべて失われてしまう．それは，運動量を測定すると重ね合わせた無限個の波動関数のどれか一つに対応する結果が得られ，どの一つかは予測できないからである（基本原理Ⅴ）．そのため，粒子の位置を厳密に知っていると（つまり，その波動関数が無限個の運動量固有関数の重ね合わせであると），その運動量は全く予測できないことになる．

粒子の直線運動量と位置を同時に知ることはできないという結論は，1927 年にハイゼンベルク[3]が提唱したつぎの**ハイゼンベルクの不確定性原理**[4]にまとめられている．

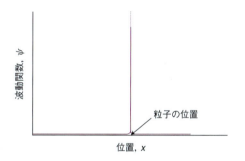

図 8・2　ある決まった位置にある粒子の波動関数は，そこで鋭く尖った関数で表され，それ以外のあらゆる場所での振幅は 0 である．

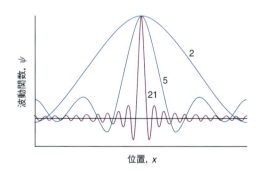

図 8・3　位置がはっきり決まらない粒子の波動関数は，波長が明確な波動関数をいくつか重ね合わせたものとみなせる．これらの関数は互いに干渉して，ある場所では強め合い，それ以外のところでは弱め合う．（曲線につけた数で示すように）多数の波を重ね合わせていくと，位置はずっと正確になっていくが，粒子の運動量の確かさを犠牲にすることになる．波の重ね合わせによって完全に局在した粒子の波動関数をつくるには，無限個の波が必要である．

---

1) complementary　2) wavepacket　3) Werner Heisenberg　4) Heisenberg uncertainty principle

粒子の運動量と位置を同時に任意の正確さで指定することは不可能である．

ハイゼンベルクは，定性的な述べ方にとどまることなく，つぎの定量的な形でこの原理を精密に表すことができたのである．

$$\Delta p \, \Delta q \geq \frac{1}{2}\hbar \quad \text{ハイゼンベルクの不確定性原理} \quad (8\cdot 2)$$

この式で Δp は q 軸に平行な直線運動量の"不確かさ"で，Δq は同じ軸上の位置の不確かさである．それぞれの"不確かさ"は，

$$\Delta X = \{\langle X^2\rangle - \langle X\rangle^2\}^{1/2} \quad \text{定義} \quad X\text{の不確定性} \quad (8\cdot 3)$$

によって厳密に定義され，平均値からの根平均二乗偏差である．もし，粒子の位置が完全にわかっていれば ($\Delta q=0$)，$(8\cdot 2)$ 式を満足するのは $\Delta p=\infty$ のときだけであって，これは運動量については全くわからないことを表す．逆に，ある軸に平行な運動量が完全にわかっていれば ($\Delta p=0$)，その軸上の位置は完全に不明 ($\Delta q=\infty$) でなければならない．

$(8\cdot 2)$ 式に現われる p と q は空間の同じ方向を向いたものである．したがって，x 軸上の位置と x 軸に平行な運動量を同時に指定することは，不確定性の関係で制約されるが，x 軸上の位置と y 軸または z 軸に平行な運動とを同時に指定することは制約されない．表 8・1 に不確定性原理から受ける制約を示してある．

表 8・1 不確定性原理の制約[a]

a) 青い四角で印をつけてあるのは，同時に任意の高精度で決定できないオブザーバブルの対である．ほかの対には制約がない．

例題 8・1　直線運動量の不確かさの計算

長さ L の範囲で規格化された波動関数 $(2/L)^{1/2} \times \sin(\pi x/L)$ で表される電子について，その直線運動量の不確かさを計算せよ．

解法　その不確かさ Δp は $(8\cdot 3)$ 式で与えられる．そこで，期待値 $\langle p^2\rangle$ と $\langle p\rangle$ を計算する必要がある．巻末の「資料」にある積分公式 T・2 および T・7 を使えばよい．

解答　直線運動量演算子 $\hat{p}=(\hbar/i)d/dx$ の期待値は，

$$\langle p\rangle = \int \psi^* \hat{p}\,\psi\, dx = \frac{2}{L}\int_0^L \sin(\pi x/L)\frac{\hbar}{i}\frac{d}{dx}\sin(\pi x/L)\, dx$$

$$= \frac{2\hbar\pi}{iL^2}\int_0^L \sin(\pi x/L)\cos(\pi x/L)\, dx$$

$$= \frac{2\hbar\pi}{iL^2}\times\frac{1}{(2\pi/L)}\sin^2(\pi x/L)\Big|_0^L = 0$$

である．一方，直線運動量二乗演算子 $\hat{p}^2=-\hbar^2(d^2/dx^2)$ の期待値は，

$$\langle p^2\rangle = \int \psi^* \hat{p}^2 \psi\, dx = -\frac{2\hbar^2}{L}\int_0^L \sin(\pi x/L)\frac{d^2}{dx^2}\sin(\pi x/L)\, dx$$

$$= \frac{2\hbar^2}{L}\left(\frac{\pi}{L}\right)^2\int_0^L \sin(\pi x/L)\sin(\pi x/L)\, dx$$

$$= \frac{h^2}{2L^3}\left\{\frac{x}{2}-\frac{\sin 2\pi x/L}{4\pi/L}\right\}\Big|_0^L = \frac{h^2}{4L^2}$$

である．ここで，$\hbar=h/2\pi$ を使った．したがって，直線運動量の不確かさはつぎのように計算できる．

$$\Delta p = \left\{\langle p^2\rangle-\langle p\rangle^2\right\}^{1/2} = \left\{\frac{h^2}{4L^2}-0^2\right\}^{1/2}$$

$$= \frac{h}{2L}\ (\text{すなわち}\ \frac{\pi\hbar}{L})$$

自習問題 8・2　同じ系の電子について，その位置の不確かさを計算し，ハイゼンベルクの不確定性原理が満足されることを確かめよ．

［答：$\Delta x=0.181L$, $\Delta p\,\Delta x = 1.14\times\hbar/2 > \hbar/2$］

簡単な例示 8・2　位置と運動量の不確かさ その 2

質量 1.0 g の弾丸の速さが誤差 1 μm s^{-1} 以内の精度でわかるものとしよう．運動量の不確かさ Δp は $m\Delta v$ から計算できる．Δv は速さの不確かさであり，これを 1 μm s^{-1} とすればよい．一方，位置の不確かさの下限は $(8\cdot 2)$ 式を使って求められる．すなわち，

$$\Delta q = \frac{\hbar}{2m\Delta v}$$

$$= \frac{1.055\times 10^{-34}\,\text{J s}}{2\times(1.0\times 10^{-3}\,\text{kg})\times(1.0\times 10^{-6}\,\text{m s}^{-1})}$$

$$= 5\times 10^{-26}\,\text{m}$$

である．ここで，$1\,\text{J}=1\,\text{kg m}^2\text{s}^{-2}$ を使った．この不確かさは，巨視的な物体であれば実用上，完全に無視してよいものである．しかし，質量が電子の質量とな

れば，速さの不確かさが上と同じであるとすると，位置の不確かさは原子の直径よりはるかに大きくなる（同様な計算から，$\Delta q = 60$ m が得られる）から，精密な位置と運動量を同時に把握するという軌跡の概念は守れなくなる．

自習問題8・3 長さ $2a_0$ の一次元領域にある電子について，その速さの不確かさの下限を求めよ．$a_0 = 53$ pm（ボーア半径）とする． ［答: 500 km s^{-1}］

8・3 可換性と相補性

ハイゼンベルクの不確定性原理は，ロバートソン[1]が 1929 年につくった非常に一般的な不確定性原理の特殊な場合である．一般形では，**相補的なオブザーバブル**[2]であればすべてに当てはまるものであり，それは二つのオブザーバブルの演算子の性質に基づいている．具体的にいえば，二つのオブザーバブル Ω_1, Ω_2 について，

$$\hat{\Omega}_1\hat{\Omega}_2\psi \neq \hat{\Omega}_2\hat{\Omega}_1\psi \qquad \text{定義} \quad \boxed{\text{相補的なオブザーバブル}} \qquad (8\cdot4)$$

であれば，Ω_1 と Ω_2 は相補的である．この式のように，二つの演算子の効果がその演算順序によって異なるとき，両者は**可換**[3]でないという．そこで，二つの演算子を異なる順序で作用させたときの効果を表すために，演算子 $\hat{\Omega}_1$ と $\hat{\Omega}_2$ の**交換子**[4]を導入し，つぎのように定義する．

$$[\hat{\Omega}_1, \hat{\Omega}_2] = \hat{\Omega}_1\hat{\Omega}_2 - \hat{\Omega}_2\hat{\Omega}_1 \qquad \text{定義} \quad \boxed{\text{交換子}} \qquad (8\cdot5)$$

もし，二つの演算子が可換であれば，その交換子は 0 である．

例題8・2 非可換性と交換子の求め方

位置と運動量の演算子は可換でないこと，つまり，この二つのオブザーバブルは相補的であることを示せ．また，その交換子を求めよ．

解法 まず，波動関数 ψ に対する $\hat{x}\hat{p}$ の効果（すなわち，まず $\hat{p}$ の効果，ついでその結果に対して x を掛ける効果）を考える．次に，同じ関数に対する $\hat{p}\hat{x}$ の効果（すなわち，x を掛ける効果，ついでその結果に対する $\hat{p}$ の効果）を考える．最後にこの二つの差をとればよい．

解答 ψ に対する $\hat{x}\hat{p}$ の効果は，

$$\hat{x}\hat{p}\psi = x \times \frac{\hbar}{i}\frac{d\psi}{dx}$$

である．同じ関数に対する $\hat{p}\hat{x}$ の効果は，

$$\hat{p}\hat{x}\psi = \frac{\hbar}{i}\frac{d}{dx}x\psi = \frac{\hbar}{i}\left(\psi + x\frac{d\psi}{dx}\right)$$

である．（この段階で，関数の積の微分の公式を使った．）2 番目の式は明らかに最初のものと違うから，この二つの演算子は可換でない．2 番目の式を最初の式から引けば交換子が得られる．すなわち，

$$(\hat{x}\hat{p} - \hat{p}\hat{x})\psi = \frac{\hbar}{i}\left(x\frac{d\psi}{dx}\right) - \frac{\hbar}{i}\left(\psi + x\frac{d\psi}{dx}\right) = \overset{-1/i=i}{i\hbar\psi}$$

である．この式は任意の ψ について成り立つから $[\hat{x}, \hat{p}] = i\hbar$ と書ける．ただし，これは x 軸方向の直線運動量（$\hat{p}$ は実は $\hat{p}_x$）についてのものである．同様な計算をすれば，$[\hat{x}, \hat{p}_y] = 0$, $[\hat{x}, \hat{p}_z] = 0$ も導ける．

自習問題8・4 ポテンシャルエネルギー演算子と運動エネルギー演算子は一般に可換か．可換でなければその交換子を求めよ．
［答: 可換でない．$[\hat{V}, \hat{E}_k] = \dfrac{\hbar^2}{2m}\left(\dfrac{d^2V}{dx^2} + 2\dfrac{dV}{dx}\dfrac{d}{dx}\right)$］

「例題8・2」の計算からわかるように，位置演算子と同じ軸に平行な直線運動量の演算子との交換子は，

$$[\hat{x}, \hat{p}_x] = i\hbar \qquad \boxed{\begin{array}{l}\text{位置演算子と直線運}\\\text{動量演算子の交換子}\end{array}} \qquad (8\cdot6)$$

である．ほかの軸についても同様な式ができる．この交換子はきわめて重要な意味をもつもので，これが古典力学と量子力学の基本的な相違点といわれるほどである．実際，「トピック 6」では位置と運動量の演算子の具体的な形を書いて基本原理Ⅲを表したが，その代わりにつぎのように表現することもできたのである．

系のオブザーバブル（観測可能な性質）Ω については，(8·6) 式の交換関係を満たす位置演算子と直線運動量演算子からつくられるエルミート演算子 $\hat{\Omega}$ が必ず存在する．

交換子の概念がこのようにはっきりすれば，不確定性原理を最も一般的な形に書くことができる．すなわち，任意の一対のオブザーバブル Ω_1, Ω_2 について，同時に測定したときの不確かさ（厳密にいえば平均値からの根平均二乗偏差）の間には，

$$\Delta\Omega_1\Delta\Omega_2 \geq \tfrac{1}{2}|\langle[\hat{\Omega}_1, \hat{\Omega}_2]\rangle| \qquad \text{一般形} \quad \boxed{\text{不確定性原理}} \qquad (8\cdot7)$$

---

1) H.P. Robertson 2) complementary observable 3) commute 4) commutator

の関係がある．ここで，絶対値の記号 $|\cdots|$ は縦線で囲んだ項の大きさをとるという意味である（「必須のツール 5·1」を見よ）．絶対値をとっているから，不確かさの積は実で，しかも負でない値になることがわかる．

(8·7) 式の二つのオブザーバブルを x と p_x とし，その交換子として (8·6) 式を使えば，位置と運動量についての不確定性原理という特別な場合として (8·2) 式が得られるのである．

例題 8·3　二つのオブザーバブルの相補性の判定

分子の電気双極子モーメントとエネルギーは同時に指定できるか．電気双極子モーメント演算子の x 成分を $\mu = -ex \times$ とおいて考えよ．

解法　まず，電気双極子モーメントとエネルギーのオブザーバブルについて，(8·5) 式の交換子を計算して，両者が相補的かどうかを調べる．次に，(8·7) 式の不確定性原理の一般式を使って，この二つのオブザーバブルが同時に指定できるかどうかを判定する．つまり，その不確かさの積が 0 かどうかを調べればよい．

解答　計算すべき量は，

$$[\hat{x}, \hat{H}] = [\hat{x}, \hat{E}_k + \hat{V}] = [\hat{x}, \hat{E}_k] + [\hat{x}, \hat{V}]$$

である．ポテンシャルエネルギー演算子と x は掛け算ができ，$xV(x) = V(x)x$ であるから互いに可換である．一方，運動エネルギー演算子と x が可換かどうかをみるには，つぎの式を計算する必要がある．

$$[\hat{x}, \hat{E}_k]\psi = -\frac{\hbar^2}{2m_e}\left(x\frac{d^2}{dx^2} - \frac{d^2}{dx^2}x\right)\psi$$

$$= -\frac{\hbar^2}{2m_e}\left(x\frac{d^2\psi}{dx^2} - \frac{d^2}{dx^2}x\psi\right)$$

ここで，つぎの関係に注目する．

$$\frac{d^2}{dx^2}x\psi = \frac{d}{dx}\left(\frac{d}{dx}x\psi\right) = \frac{d}{dx}\left(\psi + x\frac{d\psi}{dx}\right)$$

$$= \frac{d\psi}{dx} + \left(\frac{d\psi}{dx} + x\frac{d^2\psi}{dx^2}\right) = 2\frac{d\psi}{dx} + x\frac{d^2\psi}{dx^2}$$

そこで，

$$[\hat{x}, \hat{E}_k]\psi = -\frac{\hbar^2}{2m_e}\times\left(-2\frac{d\psi}{dx}\right) = \frac{\hbar^2}{m_e}\frac{d\psi}{dx} \underset{(\hbar/i)d/dx = \hat{p}_x}{=} \frac{i\hbar}{m_e}\hat{p}_x\psi$$

とできる．したがって，すべての波動関数について，

$$[\hat{x}, \hat{E}_k] = \frac{i\hbar}{m_e}\hat{p}_x$$

が成り立つ．そこで，

$$[\hat{x}, \hat{H}] = \frac{i\hbar}{m_e}\hat{p}_x$$

となる．このように，電気双極子モーメント演算子とハミルトン演算子は可換でないから，一般的にいえば，電気双極子モーメントとエネルギーは相補的なオブザーバブルである．ところで，(8·7) 式によれば，両者を同時に求めるときは，

$$\Delta\mu\,\Delta E = -e\Delta x\,\Delta E \geq -\frac{1}{2}e|\langle[\hat{x}, \hat{H}]\rangle|$$

$$= -\frac{1}{2}e\left|\left\langle\frac{i\hbar}{m_e}\hat{p}_x\right\rangle\right| = -\frac{\hbar e}{2m_e}\langle\hat{p}_x\rangle$$

の制約があることになる．しかしながら，注目する電子に正味の直線運動量がなければ（つまり $\langle\hat{p}_x\rangle = 0$ であれば），電気双極子モーメントとエネルギーの対応する演算子が相補的であっても，これらを同時に求めることに制約はなくなるのである．

自習問題 8·5　電子が一次元 (x) で x^2 に比例するポテンシャルエネルギーのもとで振動運動をしているとき，そのポテンシャルエネルギーと運動エネルギーは同時に指定できるか．

［答：指定できない．　$[\hat{x}^2, \hat{E}_k] = \dfrac{\hbar}{m_e}(\hbar + 2ix\hat{p}_x)$］

ある種のオブザーバブルが相補的であることを認識するところから，原子や分子の性質の計算に関してかなりの進展がもたらされるが，それは同時に，古典力学で最も大事にしてきた概念を捨て去ることでもある．

チェックリスト

☐ 1. **ハイゼンベルクの不確定性原理**によれば，粒子の運動量と位置を同時に任意の正確さで指定することは不可能である．

☐ 2. 二つのオブザーバブルは，両者に対応する演算子が可換でなければ**相補的**である．

☐ 3. 任意の二つのオブザーバブルを高精度で同時に指定できるかどうかの定量的な尺度は，不確定性原理の一般的な形で与えられる．

重要な式の一覧

性　質	式	備　考	式番号
ハイゼンベルクの不確定性原理	$\Delta p\,\Delta q \geq \frac{1}{2}\hbar$	p と q は平行	8·2
不確かさ	$\Delta X = \{\langle X^2\rangle - \langle X\rangle^2\}^{1/2}$	根平均二乗偏差	8·3
交換子	$[\hat{\Omega}_1, \hat{\Omega}_2] = \hat{\Omega}_1\hat{\Omega}_2 - \hat{\Omega}_2\hat{\Omega}_1$	定義	8·5
	$[\hat{x}, \hat{p}_x] = i\hbar$	p と x は平行	8·6
不確定性原理	$\Delta\Omega_1\Delta\Omega_2 \geq \frac{1}{2}\lvert\langle[\hat{\Omega}_1, \hat{\Omega}_2]\rangle\rvert$	一般形	8·7

テーマ2　量子力学の諸原理　演習と問題

トピック4　量子力学の出現

記述問題

4・1　量子力学の導入をもたらした証拠を要約せよ.

4・2　波-粒子二重性の意味とそれがひき起こす結果を説明せよ.

演習

4・1(a)　(i) 周期 20 fs の分子振動, (ii) 周期 2.0 s の振り子が励起したときの量子の大きさはいくらか. 結果を J 単位と kJ mol^{-1} 単位で表せ.

4・1(b)　(a) 周期 3.2 fs の分子振動, (b) 周期 1.0 ms の時計のテン輪(はずみ車)が励起したときの量子の大きさはいくらか. 結果を J 単位と kJ mol^{-1} 単位で表せ.

4・2(a)　金属セシウムの仕事関数は 2.14 eV である. 波長 (a) 580 nm, (b) 250 nm の光によって放出される電子の運動エネルギーと速さを計算せよ.

4・2(b)　金属ルビジウムの仕事関数は 2.09 eV である. 波長 (a) 520 nm, (b) 355 nm の光によって放出される電子の運動エネルギーと速さを計算せよ.

4・3(a)　光電効果を研究する実験で, 波長 465 nm の放射線のフォトンによってある金属から放出された電子の運動エネルギーが 2.11 eV であった. この金属から電子を射出させることができる放射線の最大波長はいくらか.

4・3(b)　ある金属表面に波長 195 nm の光を当てたとき, 電子が 1.23×10^6 m s^{-1} の速さで射出された. 波長 255 nm の光を当てたとき, この金属表面から射出される電子の速さを計算せよ.

4・4(a)　X 線光電子実験で, 波長 150 pm のフォトンによって, ある原子の内殻から電子が射出され, 2.14×10^7 m s^{-1} の速さで出てきた. この電子の結合エネルギーを計算せよ.

4・4(b)　X 線光電子実験で, 波長 121 pm のフォトンによって, ある原子の内殻から電子が射出され, 5.69×10^7 m s^{-1} の速さで出てきた. この電子の結合エネルギーを計算せよ.

4・5(a)　波長が (i) 620 nm(赤), (ii) 570 nm(黄), (iii) 380 nm(紫) の放射線について, フォトン1個当たりおよびフォトン1モル当たりのエネルギーを計算せよ.

4・5(b)　波長が (i) 188 nm(紫外), (ii) 125 pm(X 線), (iii) 1.00 cm(マイクロ波) の放射線について, フォトン1個当たりおよびフォトン1モル当たりのエネルギーを計算せよ.

4・6(a)　ナトリウムランプは黄色い光 (590 nm) を出す. その仕事率が (i) 10 W, (ii) 250 W であれば, 1秒間に何個のフォトンを放出するか.

4・6(b)　CD を読むのに使われるレーザーは波長 700 nm の赤い光を出す. その仕事率が (i) 0.25 W, (ii) 1.5 mW であれば, 1秒間に何個のフォトンを放出するか.

4・7(a)　(i) 1 cm s^{-1} で動いている質量 2 g の物体, (ii) 250 km s^{-1} で動いている同じ物体, (iii) 1000 m s^{-1} で動いている He 原子(室温での代表的な速さ)のドブローイ波長を計算せよ.

4・7(b)　静止状態にあった電子を (a) 100 V, (b) 15 kV, (c) 250 kV の電位差で加速したときの電子のドブローイ波長を計算せよ.

4・8(a)　電子回折では結合長と同程度の波長の電子を利用する. 波長を 100 pm にするには電子をどのくらいの速さまで加速しなければならないか. その加速に必要な電位差はどれだけか.

4・8(b)　プロトン回折は分子構造の研究手段として興味ある方法だろうか. 波長を 100 pm にするにはプロトンをどのくらいの速さまで加速しなければならないか. その加速に必要な電位差はどれだけか.

4・9(a)　フォトンが物体に衝突するとそれを動かす力を及ぼすことができるが, フォトン1個だけの効果は, 衝突相手が原子かそれ以下の大きさの物体でない限り認められるほどではない. 静止状態の電子が 150 nm の放射線のフォトンを吸収したとき, その電子はどれだけの速さまで加速されるかを計算せよ.

4・9(b)　同様に, 静止状態の H 原子が 100 nm の放射線のフォトンを吸収したとき, どれだけの速さまで加速されるかを計算せよ.

問題

4・1　プランク分布は (4・3) 式で与えられる. (a) ρ を波長の関数で表すプランク分布をプロットせよ ($T = 298$ K とする). (b) $\lambda \rightarrow 0$ につれて $\rho \rightarrow 0$ となることを数学的に示し, これによって"紫外部の破綻"が避けられることを示せ. (c) 長波長 ($hc/\lambda kT \ll 1$) でのプランク分布は, (4・2) 式で表される古典的なレイリー-ジーンズの法則に帰着することを示せ.

4・2　(a) ウィーンの変位則 (4・1 式) を導き, その定数を表す式を第二放射定数 $c_2 = hc/k$ の倍数として求めよ. (b) 電気的に加熱した容器にあけた小さな針穴から放射される λ_{max} をいろいろな温度で測定し, つぎの結果を得た. c_2 と k の値を使ってプランク定数の値を導け.

テーマ2 量子力学の諸原理

$\theta/°C$	1000	1500	2000	2500	3000	3500
λ_{max}/nm	2181	1600	1240	1035	878	763

4·3[‡] 太陽の表面温度は約 5800 K である. 人間の眼が太陽の放射エネルギーの分布の極大にあたる光の波長のところで最も敏感になるように進化したと仮定して, 眼が最も敏感な光の色は何か.

4·4 波長 λ の放射線を照射したところ, 運動エネルギー E_k の光電子が射出されるのを観測した. つぎのデータを使ってプランク定数の値を計算せよ.

λ/nm	320	330	345	360	385
E_k/eV	1.17	1.05	0.885	0.735	0.511

トピック5　波動関数

記述問題

5·1 確率振幅と確率密度の関係について説明せよ.

5·2 波動関数が許容されるためにボルンの解釈が課した制約について述べよ.

5·3 規格化された波動関数を使う利点は何か.

演習

5·1(a) 三次元で運動する粒子の時間に依存しない波動関数について, その変数は何か.

5·1(b) 二次元で運動する粒子の時間に依存する波動関数について, その変数は何か.

5·2(a) 水素原子の時間に依存する波動関数について, その変数は何か. 球面極座標を用いよ.

5·2(b) ヘリウム原子の時間に依存する波動関数について, その変数は何か. 球面極座標を用いよ.

5·3(a) 軽い原子が重い原子に結合していて, そのまわりを回転しているとき, 規格化していない波動関数は $\psi(\phi) = e^{i\phi} \ (0 \leq \phi \leq 2\pi)$ である. この波動関数を規格化 (1に) せよ.

5·3(b) 長さ L のカーボンナノチューブの電子の規格化していない波動関数は $\sin(2\pi x/L)$ である. この波動関数を規格化 (1に) せよ.

5·4(a) 演習 5·3(a) の系で, $\phi = \pi$ での体積素片 $d\phi$ に軽い原子を見いだす確率はいくらか.

5·4(b) 演習 5·3(b) の系で, $x = L/2$ での dx に電子を見いだす確率はいくらか.

5·5(a) 演習 5·3(a) の系で, $\phi = \pi/2$ と $\phi = 3\pi/2$ の間に軽い原子を見いだす確率はいくらか.

5·5(b) 演習 5·3(b) の系で, $x = L/4$ と $x = 3L/4$ の間に電子を見いだす確率はいくらか.

問題

5·1 長さ $L = 10.0$ nm のカーボンナノチューブの電子は, 規格化された波動関数 $\psi = (2/L)^{1/2} \sin(\pi x/L)$ で表されるとする. この電子が (a) $x = 4.95$ nm と 5.05 nm の

間, (b) $x = 7.95$ nm と 9.05 nm の間, (c) $x = 9.90$ nm と 10.00 nm の間, (d) ナノチューブの左半分, (e) 3 等分したナノチューブの中心の三分の一にある確率を計算せよ.

5·2 水素原子の規格化された波動関数は $\psi = (1/\pi a_0^3)^{1/2} \times e^{-r/a_0}$ で, $a_0 = 53$ pm (ボーア半径) である. (a) この電子が原子核を中心とする半径 1.0 pm の小球の中のどこかに見いだされる確率を計算せよ. (b) 同じ球を $r = a_0$ の位置に移したとする. 電子がこの中にある確率はいくらか.

5·3 ある金属表面に付いた水素原子が振動運動をしている. その原子の状態は金属表面からの変位の 2 乗に比例する波動関数で表される. この H 原子の運動は一次元で $x = 0$ と $x = \pi$ の間に束縛されていて, その状態が規格化されていない波動関数 $\psi(x) = x^2$ で表されるとしよう. この原子を $x = 0$ と $x = a$ の間に見いだす確率が 1/2 であるとき, a の値はいくらか.

5·4 一次元 $x \ (0 \leq x < \infty)$ で自由に運動する粒子の規格化されていない波動関数は $\psi(x) = e^{-ax}$ で表される. ただし $a = 2 \ m^{-1}$ である. この粒子を $x \geq 1$ m の距離に見いだす確率はいくらか.

5·5 重原子に結合した軽原子がその重原子のまわりで行う回転は量子力学で記述できる. 重原子を中心とする円周上の運動に束縛された軽原子の規格化されていない波動関数は $\psi(\phi) = e^{-im\phi}$ である. ただし, $m = 0, \pm 1, \pm 2, \pm 3, \cdots$ で $0 \leq \phi \leq 2\pi$ である. $\langle \phi \rangle$ を求めよ.

5·6 化学結合した原子は互いに平衡結合長を中心として振動する. 振動する原子は波動関数 $\psi(x) = Ne^{-x^2/2a^2}$ で表される. ここで, a は定数で, $-\infty < x < \infty$ である. (a) この関数を規格化せよ. (b) この粒子を $-a \leq x \leq a$ の範囲に見いだす確率を計算せよ. 〔ヒント: (b) で出てくる積分は誤差関数である. その定義は巻末の「資料」の積分 G·6 にある. たいていの数学ソフトウエアにその数値が与えられている.〕

5·7 問題 5·6 の振動する原子の状態が波動関数 $\psi(x) = Nx e^{-x^2/2a^2}$ で表されるとしよう. この粒子は, どこにいる確率が最も高いか.

5·8 つぎの波動関数を規格化せよ. (a) $\sin(n\pi x/L)$, 変数の範囲を $0 \leq x \leq L$ とし, $n = 1, 2, 3, \cdots$ である. (この波動

---

‡ この問題は Charles Trap, Carmen Giunta の提供による.

関数を使えば直鎖ポリエンの非局在化した電子を記述できる.）；(b) $-L \leq x \leq L$ の範囲である定数の場合；(c) 三次元空間における $e^{-r/a}$. （この波動関数を使えば He^+ イオンの電子を記述できる.）；(d) 三次元空間における $x\,e^{-r/2a}$. 〔ヒント：三次元での体積素片は $d\tau = r^2\,dr\sin\theta\,d\theta\,d\phi$ で，$0 \leq r < \infty,\ 0 \leq \theta \leq \pi,\ 0 \leq \phi \leq 2\pi$ である.〕

トピック6　波動関数からの情報抽出

記述問題

6·1　シュレーディンガー方程式を解かずに，波動関数のおよその形を予測するにはどうすればよいか.

6·2　量子力学における演算子とオブザーバブルの関係について説明せよ.

演習

6·1(a)　調和振動子のポテンシャル（トピック2）を受けている粒子のポテンシャルエネルギー演算子をつくれ.

6·1(b)　クーロンポテンシャルを受けている粒子のポテンシャルエネルギー演算子をつくれ.

6·2(a)　直線加速器の中の粒子を表す波動関数として e^{ikx} の形の複素関数が使える. 複素関数 e^{2ix} と e^{-2ix} の任意の一次結合が演算子 d^2/dx^2 の固有関数であることを示し，その固有値を求めよ.

6·2(b)　カーボンナノチューブの電子を表す波動関数として $\sin nx$ の形の関数が使える. $\sin 3x$ と $\cos 3x$ の任意の一次結合が演算子 d^2/dx^2 の固有関数であることを示し，その固有値を求めよ.

6·3(a)　運動量演算子は d/dx に比例する. つぎの関数のうちどれが d/dx の固有関数か. (i) e^{ikx}, (ii) e^{ax^2}, (iii) x, (iv) x^2, (v) $ax+b$, (vi) $\sin(x+3a)$. 固有関数であるものについては対応する固有値を求めよ.

6·3(b)　運動エネルギー演算子は d^2/dx^2 に比例する. つぎの関数のうちどれが d^2/dx^2 の固有関数か. (i) e^{ax}, (ii) e^{-ax^2}, (iii) k, (iv) kx^2, (v) $ax+b$, (vi) $\cos(kx+5)$. 固有関数であるものについては対応する固有値を求めよ.

6·4(a)　運動エネルギー演算子 $-(\hbar^2/2m)\,d^2/dx^2$ がエルミート演算子であることを確かめよ.

6·4(b)　回転運動について考えれば，粒子の角運動量に対応する演算子は $(\hbar/i)\,d/d\phi$ で与えられるのがわかる. ϕ は角度である. この演算子はエルミート演算子か.

6·5(a)　$\hat{x}+ia\hat{p}_x$ の形の演算子に出会うことがある. a は実数の定数である. これは何らかのオブザーバブルに対応しているか.

6·5(b)　同様に，$\hat{x}^2-ia\hat{E}_k$ は何らかのオブザーバブルに対応しているか. a は実数の定数である.

問　題

6·1　つぎの系について時間に依存しないシュレーディンガー方程式を書け. (a) 静止したプロトンからのクーロンポテンシャルを受けながら一次元で運動する電子，(b) 自由な粒子，(c) 一定の一様な力を受けている粒子.

6·2　つぎのオブザーバブルに対する量子力学演算子をつくれ. (a) 一次元と三次元の運動エネルギー，(b) 間隔の逆数 $1/x$, (c) 一次元の電気双極子モーメント，(d) 一次元での粒子の位置と運動量の平均値からの平均二乗偏差.

6·3　つぎの関数のどれが反転の演算子 $\hat{i}$（これは $x \to -x$ の置き換えを実行する）の固有関数であるかを判定せよ. (a) x^3-kx, (b) $\cos kx$, (c) x^2+3x-1. 固有関数であれば，$\hat{i}$ の固有値を示せ.

6·4　エルミート演算子は，それ自身との積もエルミート演算子であることを示せ.

トピック7　実験結果の予測

記述問題

7·1　波動関数が系の力学的性質をどのように決めており，その性質がどのように予測できるかを述べよ.

演習

7·1(a)　長さ L のカーボンナノチューブの電子を表す波動関数には，$\sin(n\pi x/L)$ の形の関数が使える. $0 \leq x \leq L$ の領域に閉じ込められた粒子について，波動関数 $\sin(n\pi x/L)$ と $\sin(m\pi x/L)$ は直交することを示せ. ただし，$n \neq m$ である.

7·1(b)　金属中の電子を表す波動関数には，$\cos(n\pi x/L)$ の形の関数が使える. $0 \leq x \leq L$ の領域に閉じ込められた粒子について，波動関数 $\cos(n\pi x/L)$ と $\cos(m\pi x/L)$ は直交することを示せ. ただし，$n \neq m$ である.

7·2(a)　軽原子が重原子に結合していて，そのまわりを回転しているとき，$\psi(\phi) = e^{im\phi}$ の形の波動関数で表される. ただし $0 \leq \phi \leq 2\pi$ で，m は整数である. $m=+1$ と $m=+2$ の波動関数は直交していることを示せ.

テーマ2 量子力学の諸原理　　69

7·2(b) $m = +1$ と $m = -1$ の場合について，演習7·2(a)と同じ問題を解け．

7·3(a) 長さ L のカーボンナノチューブの電子は波動関数 $\psi(x) = \sin(2\pi x/L)$ で表される．この電子の位置の期待値を計算せよ．

7·3(b) 長さ L のカーボンナノチューブの電子は波動関数 $\psi(x) = (2/L)^{1/2}\sin(\pi x/L)$ で表される．この電子の運動エネルギーの期待値を計算せよ．

7·4(a) 長さ L の一次元金属の電子は波動関数 $\psi(x) = \sin(\pi x/L)$ で表される．この電子の運動量の期待値を計算せよ．

7·4(b) 軽原子が重原子に結合していて，そのまわりを回転しているとき，$\psi(\phi) = e^{i\phi}$ の形の波動関数で表される．ただし $0 \leq \phi \leq 2\pi$ である．角運動量に対応する演算子が $(\hbar/i)\,d/d\phi$ で与えられるとき，軽原子の角運動量の期待値を計算せよ．

問　題

7·1 一次元の x 軸上（$0 \leq x < \infty$）で自由に運動する粒子は，波動関数 $\psi(x) = a^{1/2}e^{-ax/2}$ で表される状態にある．ただし，a は定数である．位置演算子の期待値を求めよ．

7·2 直線加速器の中の電子の波動関数は $\psi = (\cos\chi)e^{ikx} + (\sin\chi)e^{-ikx}$ で表される．ただし，χ（カイ）はパラメーターである．この電子の直線運動量が (a) $+k\hbar$, (b) $-k\hbar$ である確率はいくらか．(c) 仮に，この電子が直線運動量 $+k\hbar$ をもつことが90パーセント確実であるとしたら，波動関数はどんな形をとることになるか．

7·3 問題7·2の波動関数で表される電子の運動エネルギーを計算せよ．

7·4 つぎの波動関数で表される粒子の平均の直線運動量を計算せよ．(a) e^{ikx}, (b) $\cos kx$, (c) e^{-ax^2}. x の範囲もどの場合も $-\infty$ から ∞ までである．

7·5 H 原子の励起状態の（規格化されていない）波動関数のうち二つは，(i) $\psi = (2 - r/a_0)e^{-r/a_0}$, (ii) $\psi = r\sin\theta \times \cos\phi\, e^{-r/2a_0}$ である．(a) 両方の関数を1に規格化せよ．(b) この二つの関数が互いに直交していることを確かめよ．

7·6 問題7·5で与えた波動関数で表される水素原子について，r と r^2 の期待値を計算せよ．

7·7 問題5·2で与えた波動関数で表される状態にある水素原子の電子について，(a) 平均ポテンシャルエネルギー，(b) 平均運動エネルギーを計算せよ．

7·8 カーボンナノチューブの電子の波動関数が $\cos nx$ 関数の一次結合であると考えよう．数学ソフトウエアを使って $\cos$ 関数の重ね合わせをつくり，ある与えられた運動量が観測される確率を求めよ．重ね合わせをコンピューターの画面上でつくるとき，中央部を $x = 0$ におき，そこを中心として重ね合わせをつくれ．できた波束の根平均二乗位置 $\langle x^2 \rangle^{1/2}$ を求めよ．

トピック8　不確定性原理

記述問題

8·1 波動関数の形の点から，位置と直線運動量の間の不確定性関係を説明せよ．

8·2 ハイゼンベルクの不確定性原理を使って，波束の性質を述べよ．

演　習

8·1(a) 速さ $6.1 \times 10^6\,\mathrm{m\,s^{-1}}$ のプロトンがある．その運動量の不確かさを 0.0100 パーセントに抑えようとすれば，位置の不確かさはどこまで我慢しなければならないか．

8·1(b) 速さ $1000\,\mathrm{km\,s^{-1}}$ の電子がある．その運動量の不確かさを 0.0010 パーセントに抑えようとすれば，位置の不確かさはどこまで我慢しなければならないか．

8·2(a) 質量 500 g のボールが，バットの上のある決まった点から 1.0 μm 以内にあることがわかっている．このボールの速さの不確かさの下限を計算せよ．質量 5.0 g の弾丸の速さが $350.000\,00\,\mathrm{m\,s^{-1}}$ と $350.000\,01\,\mathrm{m\,s^{-1}}$ の間のどこかにあることがわかっている．その位置の不確かさの下限はいくらか．

8·2(b) あるナノ粒子中の電子が長さ 0.10 nm の領域に閉じ込められている．その (i) 速さ，(ii) 運動エネルギーの不確かさの下限はいくらか．

8·3(a) つぎの交換子を求めよ．(i) $[\hat{x}, \hat{y}]$, (ii) $[\hat{p}_x, \hat{p}_y]$, (iii) $[\hat{x}, \hat{p}_x]$, (iv) $[\hat{x}^2, \hat{p}_x]$, (v) $[\hat{x}^n, \hat{p}_x]$.

8·3(b) つぎの交換子を求めよ．(i) $[(1/\hat{x}), \hat{p}_x]$, (ii) $[(1/\hat{x}), \hat{p}_x^2]$, (iii) $[\hat{x}\hat{p}_y - \hat{y}\hat{p}_x, \ \hat{y}\hat{p}_z - \hat{z}\hat{p}_y]$, (iv) $[\hat{x}^2(\partial^2/\partial y^2), \ \hat{y}(\partial/\partial x)]$.

問　題

8·1 振動運動する原子が波動関数 $\psi(x) = (2a/\pi)^{1/4} \times e^{-ax^2}$ で表されている．ここで，a は定数であり，$-\infty < x < \infty$ である．このときの積 $\Delta p\,\Delta x$ の値が不確定性原理の予測と合うことを確かめよ．

8·2 交換子のつぎの性質を確かめよ．
(a) $[\hat{A}, \hat{B}] = -[\hat{B}, \hat{A}]$, (b) $[\hat{A}, \hat{B}+\hat{C}] = [\hat{A}, \hat{B}] + [\hat{A}, \hat{C}]$, (c) $[\hat{A}^2, \hat{B}] = \hat{A}[\hat{A}, \hat{B}] + [\hat{A}, \hat{B}]\hat{A}$

8·3 つぎの交換子を求めよ．(a) $[\hat{H}, \hat{p}_x]$, (b) $[\hat{H}, \hat{x}]$. ただし，$\hat{H} = \hat{p}_x^2/2m + \hat{V}(x)$ とし，$V(x)$ としては (i) $V(x) = V$（定数）と (ii) $V(x) = \frac{1}{2}k_f x^2$ の場合を調べよ．

8·4 つぎのオブザーバブルをそれぞれ同時に指定するときの制約を述べよ．(a) 一次元での粒子の位置と運動量，(b) 粒子の直線運動量の3成分，(c) 一次元での粒子の運動エネルギーとポテンシャルエネルギー，(d) 一次元系での電気双極子モーメントと全エネルギー，(e) 一次元での粒子の運動エネルギーと位置．

テーマ2 の総合問題

F2·1 つぎの波動関数についてオブザーバブルの測定結果を比較せよ．(a) 波動関数が対応する演算子の固有関数である場合，(b) その演算子の固有関数の重ね合わせである場合．

F2·2 エルミート演算子の2乗の形に書ける演算子の期待値は正であることを示せ．

F2·3 (a) オブザーバブルを表すのに使うどんな演算子も，(8·6)式の交換関係を満たさなければならない．もし，x 軸に平行な直線運動量を表すのに，直線運動量を掛けるという演算子を選択してしまったら，位置の演算子はどんなものになるか．このように異なる選択をしたとしても，すべて量子力学としては正当な表現である．(b) この表現のように $\hat{x}$ を指定したとすれば，$1/x$ に対する演算子はどんなものになるか．〔ヒント: $1/x$ を x^{-1} と考えればよい．〕

F2·4 数学ソフトウエアや表計算ソフトウエアを使って，つぎのような cos 関数の重ね合わせをつくれ．

$$\psi(x) = \frac{1}{N} \sum_{k=1}^{N} \cos(k\pi x)$$

定数 $1/N$ は，重ね合わせで得られる結果をすべて同じ大きさで表すためのものである．N の値によって確率密度 $\psi^2(x)$ がどう変化するかを調べよ．

数学の基礎 2　微 分 方 程 式

微分方程式[1]は，ある関数とその導関数の関係を示す方程式である．たとえば，

$$a\frac{d^2 f}{dx^2} + b\frac{df}{dx} + cf = 0 \quad (\text{MB}2\cdot1)$$

である．f は変数 x の関数で，因子 a, b, c は定数でも x の関数でもよい．この例のように，未知の関数が 1 個だけの変数に依存する場合の微分方程式を**常微分方程式**[2]という．もし，

$$a\frac{\partial^2 f}{\partial x^2} + b\frac{\partial^2 f}{\partial y^2} + cf = 0 \quad (\text{MB}2\cdot2)$$

のように，2 個以上の変数に依存する場合は，**偏微分方程式**[3]という．この式で，f は x と y の関数で，因子 a, b, c は定数でも両変数の関数でもよい．偏導関数であることを示すために，記号 d を ∂ に変えてあることに注意しよう（「数学の基礎 1」を見よ）．

MB2·1　微分方程式の構造

微分方程式の**階数**[4]は，その中に現れる導関数の最高の階数である．上の二つの例はどちらも二階微分方程式である．科学では，階数が 2 を超える微分方程式に出会うことはめったにない．

線形微分方程式[5]とは，その解を f としたとき，(定数) $\times f$ も解である微分方程式である．上の 2 例はどちらも線形微分方程式である．もし，右辺の 0 をほかの数または f 以外の関数で置換すれば線形でなくなる．

微分方程式を解くのは代数方程式を解くのとはかなり違う．代数方程式の場合は，解とは変数 x の値である（たとえば，二次方程式 $x^2 - 4 = 0$ の解は $x = \pm 2$ である）．一方，微分方程式の解は，その方程式を満足する関数全体をいう．たとえば，

$$\frac{d^2 f}{dx^2} + f = 0 \quad \text{の解は} \quad f(x) = A\sin x + B\cos x$$
$$(\text{MB}2\cdot3)$$

である．A と B は定数である．微分方程式を解くことを，その方程式を**積分する**[6]という．(MB2·3) 式の解はこの微分方程式の**一般解**[7]の例である．一般解とは，その方程式の最も一般的な解のことであって，定数（この例では A と B）をいくつも使って表される．ある特定の**初期条件**[8]（変数の一つに時間があれば最初の時刻），または (その解がある空間的な制約を満たすための) **境界条件**[9]に合うようにこれらの定数を選べば，この方程式の**特殊解**[10]が得られる．一階微分方程式で特殊解を得るためには，このような条件が 1 個必要であり，二階微分方程式では 2 個の条件が必要である．

> **簡単な例示 MB2·1**　特殊解
>
> もし $f(0) = 0$ という条件があれば，(MB2·3) 式から $f(0) = B$ であるから $B = 0$ となる．それでも A は未定のままであるが，$x = 0$ で $df/dx = 2$ (つまり $f'(0) = 2$，このプライムは一階導関数を表す) も条件であれば，一般解 (ただし $B = 0$) から $f'(x) = A\cos x$ であるから，$f'(0) = A$ であることがわかる．したがって $A = 2$ であるから，この特殊解は $f(x) = 2\sin x$ である．図 MB2·1 にいろいろな境界条件下での特殊解を示してある．

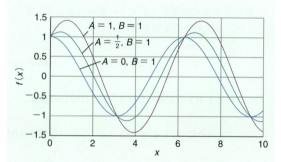

MB2·1　(MB2·3) 式の微分方程式を三つの異なる境界条件下で解いて得られた解 (得られた定数 A と B の値を示してある)．

MB2·2　常微分方程式の解

一階線形微分方程式，

$$\frac{df}{dx} + af = 0 \quad (\text{MB}2\cdot4\text{a})$$

は，a が x の関数または定数であれば，直接積分することによって解ける．先へ進めるために，df と dx（差分という）は量と同様に扱うことができるから，上の式を書き換えれば，

$$\frac{df}{f} = -a\,dx \quad (\text{MB}2\cdot4\text{b})$$

となる．そこで，この両辺を積分する．左辺についてはよ

---

1) differential equation　2) ordinary differential equation　3) partial differential equation　4) order
5) linear differential equation　6) integrating　7) general solution　8) initial condition　9) boundary condition
10) particular solution

く使う公式 $\int dy/y = \ln y +$ 定数 を使う．定数をすべて一つの定数 C にまとめれば次式が得られる．

$$\ln f(x) = -\int a\,dx + C \qquad \text{(MB2·4c)}$$

簡単な例示 MB2·2　一階微分方程式の解

（MB2·4a）式で，因子 a が $a = 2x$ であれば，一般解（MB2·4c）式は，

$$\ln f(x) = -2\int x\,dx + C = -x^2 + C$$

となる（積分定数は定数 C にまとめた）．これから，

$$f(x) = N e^{-x^2}, \qquad N = e^C$$

を得る．$f(0) = 1$ という条件があれば，$N = 1$ となるから，$f(x) = e^{-x^2}$ である．

一階微分方程式の解でさえすぐに複雑になってしまう．たとえば，非線形一階微分方程式で，

$$\frac{df}{dx} + af = b \qquad \text{(MB2·5a)}$$

の形で，a と b が x の関数（または定数）の場合の解は，

$$f(x)e^{\int a\,dx} = \int e^{\int a\,dx} b\,dx + C \qquad \text{(MB2·5b)}$$

という形である．これを微分してみれば確かめられる．数学ソフトウエアにはこのような積分ができるものも多い．

一般に，二階微分方程式を解くのは一階微分方程式を解くよりはるかに難しい．二階微分方程式をどうしても解きたいときに，ふつう使うやり方は，解をべき級数，

$$f(x) = \sum_{n=0}^{\infty} c_n x^n \qquad \text{(MB2·6)}$$

で表しておき，その微分方程式を使って係数の間の関係を求める方法である．たとえば，調和振動子のシュレーディンガー方程式の解の一部としてエルミート多項式を得るのにこの方法を使う（トピック12）．本書で出会う二階微分方程式の多くのものについては，解を一覧表にしてある

が，それ以外の場合は数学ソフトウエアで解ける．解の形をつきとめるのに特殊な方法を使う必要がある場合は，数学の教科書を参照するのがよい．

MB2·3　偏微分方程式の解

本書で解かなければならない二階偏微分方程式は，**変数分離**[1] という技法を使って2個以上の常微分方程式に分離できるものだけである．（MB2·2）式の微分方程式がこの方法で解けるかどうかを見きわめるために，全体の解が x だけ，または y だけに依存する関数の積に分けて $f(x, y) = X(x)\,Y(y)$ と書けるものとしてみる．この段階では解がこの形に書けるという保証はない．この試行解を方程式に代入して，

$$\frac{\partial^2 XY}{\partial x^2} = Y\frac{d^2 X}{dx^2} \qquad \frac{\partial^2 XY}{\partial y^2} = X\frac{d^2 Y}{dy^2}$$

を使うと，

$$aY\frac{d^2 X}{dx^2} + bX\frac{d^2 Y}{dy^2} + cXY = 0$$

を得る．X と Y はそれぞれ x と y という一つの変数だけに依存するから，ここでは微分を表すのに ∂ でなく d を使っている．全体を XY で割ると，この方程式は，

$$\frac{a}{X}\frac{d^2 X}{dx^2} + \frac{b}{Y}\frac{d^2 Y}{dy^2} + c = 0$$

となる．ここで，a は x だけの関数，b は y だけの関数とし，c は定数と考える．（ほかにもいろいろな可能性を考えて同様な検討をすることができる．）その場合，第1項は x だけに依存し，第2項は y だけに依存する．x を変化させると第1項だけが変化できるが，他の2項は変化しないし，この3項の和は定数（0）であるから，第1項も定数でなければならない．したがって，各項がある定数に等しいので，

$$\frac{a}{X}\frac{d^2 X}{dx^2} = c_1 \qquad \frac{b}{Y}\frac{d^2 Y}{dy^2} = c_2 \qquad c_1 + c_2 = -c$$

と書くことができる．このようにして，MB2·2節で説明した技法によって2個の常微分方程式を解くことになる．この方法を用いる例については，「トピック11」で二次元領域内の粒子について説明する．

---

1) separation of variables

テーマ3　運動の量子力学

学習の内容と進め方

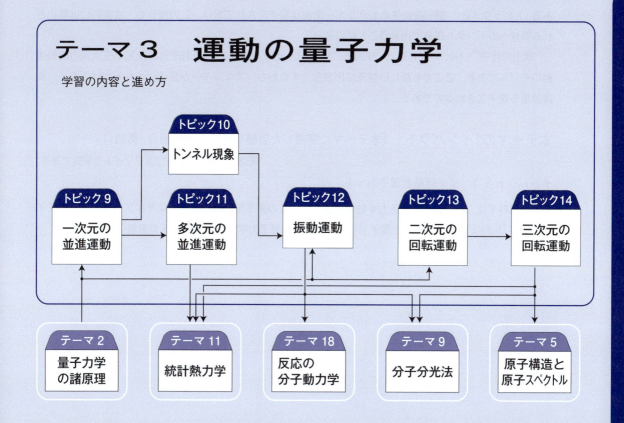

　物理化学のおもな役割の一つは，原子や分子の振舞いを表すモデルを構築することによって，実験で観測された諸現象を説明することである．その一例として最も重要な取組みを，ここに挙げる一連のトピックで説明しよう．ここでは，粒子の並進運動や振動運動，回転運動をそれぞれ単純な量子力学モデルで表し，そのシュレーディンガー方程式を解く．最も重要な結論は，ある特定の波動関数とエネルギーだけが許されるということであり，それに対して"量子数"というラベルを付ける．ここで説明するモデルをうまく応用することで得られるいろいろな知見によって，構造に関する理解が一段と深まる〔たとえば，「原子構造と原子スペクトル」（テーマ5）や「分子分光法」（テーマ9）を見よ〕．それは，「統計熱力学」（テーマ11）で説明するように，熱力学を議論するうえでの出発点にもなる．

　並進運動のモデルは"箱の中の粒子"である．このモデルでは，粒子1個が二つの不可入性の壁の間を一次元で自由に運動している（トピック9）．その波動関数がある特定の条件を満たす必要があることから，エネルギーの量子化がもたらされる．量子力学はさらに，非古典的なもう一つの現象を明らかにする．すなわち，この箱の両端の壁でのポテンシャルエネルギーが有限の大きさである場合は，古典的に考えればこの障壁を越えるだけのエネルギーをもたないが，にもかかわらず粒子は壁の中に入り込んだり，これを通り抜けたりできるのである．この振舞いは"トンネル現象"というものであり（トピック10），これによってプロトン移動や電子移動など，広い範囲にわたる化学過程や物理過程が説明される．このモデルは自然なかたちで粒子の三次元での並進運動に拡張できる（トピック11）．

　分子の振動運動に広く適用されているモデルは，粒子が平衡位置のまわりを振動する"調和振動子"で

ある（トピック 12）. 調和振動子のエネルギー準位は量子化されており，この場合も，古典的には禁止される領域へのトンネル現象に出会うことになる.

"環上の粒子"（トピック 13）と "球面上の粒子"（トピック 14）は，それぞれ二次元と三次元の回転運動のモデルである. ここでも新しい現象に出会う. すなわち，エネルギーが量子化されるだけでなく，角運動量も量子化されるのである.

本テーマの「インパクト」〔本テーマに関連した話題をウエブ上で紹介（英語）〕

東京化学同人の本書ウエブサイトで閲覧できる.

インパクト 3·1　ナノ結晶と量子ドット

ナノ材料では，いろいろな量子力学効果によって，この原子集合体の諸性質にサイズ効果が現れる.「インパクト 3·1」では，ナノ結晶と量子ドットに見られる量子力学効果の起源とその意義に注目しよう.

トピック9

一次元の並進運動

内 容

9·1 自由な運動
簡単な例示 9·1　自由に運動する粒子の波動関数

9·2 制約された運動: 箱の中の粒子
(a) 許容される解
簡単な例示 9·2　箱の中の粒子のエネルギー
(b) 波動関数の性質
簡単な例示 9·3　箱の中の粒子の波動関数の節
簡単な例示 9·4　箱の中の粒子の最確位置
例題 9·1　有限領域に粒子を見いだす確率の求め方
(c) オブザーバブルの性質
簡単な例示 9·5　直線運動量の期待値
例題 9·2　吸収波長の求め方

チェックリスト
重要な式の一覧

▶ 学ぶべき重要性
粒子の基本的な運動様式の一つである並進運動に量子論を応用すれば，非古典的ないろいろな特徴が浮き彫りになる．その特徴は，電気伝導やナノ材料の諸性質はもちろんのこと，ミクロで起こるいろいろな現象を理解するうえで重要である．また，化学全体に影響を及ぼしている量子化の起源を明らかにしてくれる．

▶ 習得すべき事項
空間のある有限領域に制約された粒子の並進エネルギー準位は量子化されている．

▶ 必要な予備知識
波動関数はシュレーディンガー方程式の解であること（トピック6）を知っていて，注目するオブザーバブルの演算子を使って波動関数から力学的な性質を取出す方法（トピック6と7）に習熟している必要がある．

本トピックでは，粒子の基本的な運動のタイプの一つ，並進運動を表すシュレーディンガー方程式の解について，その基本的な特徴を説明しよう．ある特定の波動関数とそれに対応するエネルギーだけが許されること，したがって，シュレーディンガー方程式とそれに課せられた諸条件による当然の帰結として量子化が現れることがわかるだろう．

9·1 自由な運動

一次元で運動する質量 m の粒子のシュレーディンガー方程式は，

$$-\frac{\hbar^2}{2m}\frac{d^2\psi(x)}{dx^2}+V(x)\,\psi(x)=E\psi(x)$$

一次元，時間に依存しない　シュレーディンガー方程式　(9·1)

である．粒子が外力をまったく受けずに運動している場合は，そのポテンシャルエネルギーは一定であるから，それを 0 としてよい．したがって，この方程式は，

$$-\frac{\hbar^2}{2m}\frac{d^2\psi(x)}{dx^2}=E\psi(x)$$

一次元　自由な運動を表すシュレーディンガー方程式　(9·2)

となる．この方程式の一般解は，

$$\psi_k=Ae^{ikx}+Be^{-ikx}$$

$$E_k=\frac{k^2\hbar^2}{2m} \tag{9·3}$$

である．A と B は定数である．実際に代入してみれば解であることが確かめられる．ここで，波動関数とエネルギー（つまり $\hat{H}$ の固有関数と固有値）両方に k というラベルを付けてあることに注意しよう．(9·3) 式の波動関数は連続で，どこでも連続な勾配をもち，1価で，無限大にならない．それ以外には情報がないので，これは k のすべての値について許される．粒子のエネルギーは k^2 に比例するから，すべてのエネルギー値が許される．すなわち，自由に運動する粒子の並進エネルギーは量子化されていない．

定数 A と B の値は，粒子の運動状態をどう設定するかで変わる．

- もし，粒子を x の正の方向に打ち出すと，その直線運動量は $+k\hbar$ であり（「トピック 6」を見よ），その波動関数は $\mathrm{e}^{\mathrm{i}kx}$ に比例する．この場合は $B=0$ で，A は規格化定数である．
- もし，粒子を反対の方向，x の負の方向に打ち出したら，その直線運動量は $-k\hbar$ で，波動関数は $\mathrm{e}^{-\mathrm{i}kx}$ に比例する．この場合は $A=0$ で，B が規格化定数となる．

自由な粒子の波動関数 $\mathrm{e}^{\pm \mathrm{i}kx}$ は，長さが無限の領域では 2 乗積分可能でないという問題があるが（$\psi\psi^{*}$ はある定数となるから，これを全空間にわたって積分すれば無限大になる），当面，粒子は長さ L の有限領域にいると仮定して波動関数を規格化し，その後の波動関数を使う計算では最後に L が無限大になってもよいとすれば，この問題を避けることができる（「問題 9・5」を見よ）．

簡単な例示 9・1　自由に運動する粒子の波動関数

加速器を使って，はじめ静止していた電子を電位差 1.0 V で加速し，x 軸の正方向に打ち出せば，その電子は 1.0 eV すなわち 1.6×10^{-19} J の運動エネルギーを獲得する．(9・3) 式を変形して k の値をつぎのように求め，$B=0$ とおけば，この電子の波動関数が得られる．

$$\begin{aligned}
k &= \left(\frac{2m_{\mathrm{e}}E_{k}}{\hbar^{2}}\right)^{1/2} \\
&= \left\{\frac{2\times(9.109\times 10^{-31}\,\mathrm{kg})\times(1.6\times 10^{-19}\,\mathrm{J})}{(1.055\times 10^{-34}\,\mathrm{J\,s})^{2}}\right\}^{1/2} \\
&= 5.1\times 10^{9}\,\mathrm{m}^{-1}
\end{aligned}$$

つまり，$5.1\,\mathrm{nm}^{-1}$ である（$1\,\mathrm{nm}=10^{-9}\,\mathrm{m}$）．したがって，波動関数は $\psi(x)=A\mathrm{e}^{5.1\mathrm{i}x/\mathrm{nm}}$ である．

自習問題 9・1　電位差 10 kV で加速された後に，左向き（x の負の方向）に進行する電子の波動関数を書け．
[答：$\psi(x)=B\mathrm{e}^{-510\mathrm{i}x/\mathrm{nm}}$]

粒子に運動量しかなく，$\mathrm{e}^{\mathrm{i}kx}$ か $\mathrm{e}^{-\mathrm{i}kx}$ のどちらかの状態にあるとき，その確率密度 $|\psi|^{2}$ は一様である．ボルンの解釈（トピック 5）によれば，粒子の位置に関してはこれ以上のことはいえない．この結論は不確定性原理と合っている．もし，運動量がはっきりしていれば，位置は指定できないからである（x と p の演算子は可換でないから，互いに相補的なオブザーバブルである．トピック 8）．

これに関連して付け加えておくと，波動関数 $\mathrm{e}^{\mathrm{i}kx}$ と $\mathrm{e}^{-\mathrm{i}kx}$ は量子力学の一般的な特徴をうまく表している．すなわち，粒子が正味に運動していれば，それは何らかの複素波動関数で表されるはずである〔ここでは，$\mathrm{i}=(-1)^{1/2}$ に依存するという意味で複素であり，実部だけでなく虚部が必ずある〕．波動関数が実部しかなければ，粒子の正味の運動はない．たとえば，$\psi(x)=\cos kx$ であれば，直線運動量の期待値は 0 である（$\langle p \rangle =0$，トピック 7）．

9・2　制約された運動：箱の中の粒子

この節では**箱の中の粒子**[1]の問題，すなわち二つの不可入性の壁に挟まれた限られた空間に閉じ込められた質量 m の粒子について考えよう．ポテンシャルエネルギーは箱の中で 0 であるが，壁にぶつかる $x=0$ と $x=L$ で急に無限大まで上がる（図 9・1）．この粒子のポテンシャルエネルギーは，

$$\begin{aligned}
x<0\ \text{または}\ x>L\ \text{で} &\quad V=\infty \\
0\leq x\leq L\ \text{で} &\quad V=0
\end{aligned}$$

である．粒子が壁と壁の間にあるときのシュレーディンガー方程式は，自由粒子のものと同じである（9・2 式）．そこで，(9・3) 式の一般解も同じである．ここで，$\mathrm{e}^{\pm \mathrm{i}kx}=\cos kx\pm \mathrm{i}\sin kx$ の公式を使っておくと，あとで便利なことがわかる．すなわち，

$$\begin{aligned}
\psi_{k}(x) &= A\mathrm{e}^{\mathrm{i}kx}+B\mathrm{e}^{-\mathrm{i}kx} \\
&= A(\cos kx+\mathrm{i}\sin kx)+B(\cos kx-\mathrm{i}\sin kx) \\
&= (A+B)\cos kx+(A-B)\mathrm{i}\sin kx
\end{aligned}$$

と書いておく．$C=(A-B)\mathrm{i}$ と $D=A+B$ とおけば，この一般解はつぎの形で表せる．

$$\psi_{k}(x)=C\sin kx+D\cos kx \quad \text{0≤x≤L での一般解} \quad (9\cdot 4)$$

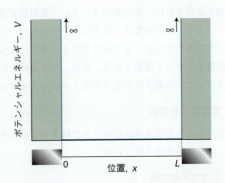

図 9・1　一次元領域にある粒子が二つの不可入性の壁に挟まれている．$x=0$ と $x=L$ の間のポテンシャルエネルギーは 0 で，粒子が壁に触れるところで急に無限大まで上がる．

---

[1] particle in a box

ポテンシャルエネルギーが無限大の領域では粒子が見つからないから，壁と箱の外側での波動関数は 0 でなければならない．すなわち，

$$x < 0 \text{ または } x > L \text{ のとき } \quad \psi_k(x) = 0 \quad (9\cdot5)$$

ここまでは k の値に制約はなかったから，あらゆる解が許されるようにみえる．

(a) 許容される解

波動関数に関する連続性の要請（トピック5）によれば，(9・4)式の $\psi_k(x)$ は壁の位置で 0 でなければならない．それは，壁の内部の波動関数(9・5式)と出会うところで波動関数が繋がらなければならないからである．すなわち，波動関数はつぎの二つの**境界条件**[1]，つまりある位置でその関数に課せられた制約を満たさなければならない．

$$\psi_k(0) = 0 \quad \text{および} \quad \psi_k(L) = 0 \quad \text{境界条件} \quad (9\cdot6)$$

つぎの「根拠」で示すように，波動関数がこの境界条件を満たさなければならないことから，ある決まった波動関数だけが許されることになる．したがって，この粒子に許される波動関数とエネルギーは，

$$\psi_n(x) = C \sin\left(\frac{n\pi x}{L}\right) \quad n = 1, 2, \cdots \quad (9\cdot7\text{a})$$

$$E_n = \frac{n^2 h^2}{8mL^2} \quad n = 1, 2, \cdots \quad (9\cdot7\text{b})$$

に限られる．C は定数であるが，いまは決められない．ここで，波動関数とエネルギーに付けるラベルを k でなく，無次元の整数 n にしてあることに注意しよう．

根拠9・1 一次元の箱の中の粒子のエネルギー準位と波動関数

量子化を簡単に説明するときには，波動関数はドブロイ波であって，これは容器の内部にぴたりと合って，そこに半波長の長さの整数倍の山が1個，2個と入って箱の長さに等しくなる（図9・2）と考える．すなわち，

$$n \times \frac{1}{2}\lambda = L \quad n = 1, 2, \cdots$$

であるから，

$$\lambda = \frac{2L}{n} \quad n = 1, 2, \cdots$$

となる．ドブロイの式によれば，この波長に対応する運動量は，

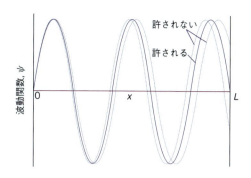

図9・2 許される波動関数は，その波が箱にちょうど合うドブロイ波長をもっていなければならない．

$$p = \frac{h}{\lambda} = \frac{nh}{2L}$$

である．箱の内部では($V=0$ である)，粒子は運動エネルギーしかもたないから，許されるエネルギーは，

$$E = \frac{p^2}{2m} = \frac{n^2 h^2}{8mL^2} \quad n = 1, 2, \cdots$$

となり，(9・7b)式が得られる．

もっと正式で，しかも広く使われている説明は，つぎの通りである．境界条件により $\psi_k(0) = 0$ である．また，(9・4)式と(9・5)式から $\psi_k(0) = D$ である（$\sin 0 = 0$，$\cos 0 = 1$ である）から，$D = 0$ でなければならない．そこで，波動関数は，

$$\psi_k(x) = C \sin kx$$

の形になる．もう一つの境界条件 $\psi_k(L) = 0$ から，$\psi_k(L) = C \sin kL = 0$ であることがわかる．ここで，$C = 0$ とおくこともできるが，そうすればすべての x について $\psi_k(x) = 0$ となってしまい，これはボルンの解釈に反することになる（粒子はどこかになければならない）．もう一つの方法は $\sin kL = 0$ となるように kL を選ぶことで，この条件は，

$$kL = n\pi \quad n = 1, 2, \cdots$$

のとき満たされる．$n = 0$ とすると，いたるところで $k = 0$，したがって（$\sin 0 = 0$ であるから）$\psi_k(x) = 0$ となってしまうから，これも許されない．n が負の値のときは単に $\sin kL$ の符号が変わるだけである〔$\sin(-x) = -\sin x$ であるから〕．したがって，これは新しい解にはならない．そこで波動関数は，

---

[1] boundary condition

$$\psi_n(x) = C\sin(n\pi x/L) \qquad n = 1, 2, \cdots$$

となる．この段階で，解のラベルとしてkでなくnを使うことにした．kとE_kの間には(9・3)式の関係があり，kとnの間には$kL=n\pi$の関係があるから，この粒子のエネルギーは，$E_n = n^2h^2/8mL^2$という値に限られることになって，これは最初の手順で得られた(9・7)式の値と同じである．

一次元の箱の中の粒子のエネルギーは量子化されており，その量子化はψが満たさなければならない境界条件に起因すると結論できる．これは一般的な結論であり，境界条件を満たさなければならないことから，ある決まった波動関数だけが許され，したがってオブザーバブルが離散的な値に制限されるのである．ここまでは，エネルギーだけが量子化されていたのであるが，すぐ後で，他の物理的なオブザーバブルも量子化される可能性のあることがわかる．

(9・7)式の定数Cを求める必要がある．そのために，巻末の「資料」にあり「例題5・2」でも用いた積分公式T・2を使って，波動関数を1に規格化する．波動関数は$0 \leq x \leq L$の領域の外では0であるから，すべてのnについて，

$$\int_0^L \psi^2\,dx = C^2\int_0^L \sin^2\frac{n\pi x}{L}\,dx = C^2 \times \underbrace{\frac{L}{2}}_{L/2} = 1$$

そこで $C = \left(\dfrac{2}{L}\right)^{1/2}$

である．したがって，この箱の中の粒子の問題の完全な解は，つぎのように表せる．

$$\psi_n(x) = \left(\frac{2}{L}\right)^{1/2}\sin\left(\frac{n\pi x}{L}\right) \qquad 0 \leq x \leq L \text{のとき}$$

$$\psi_n(x) = 0 \qquad x < 0 \text{ または } x > L \text{のとき}$$

一次元の箱　波動関数　(9・8a)

$$E_n = \frac{n^2 h^2}{8mL^2} \qquad n = 1, 2, \cdots$$

一次元の箱　エネルギー準位　(9・8b)

簡単な例示9・2　箱の中の粒子のエネルギー

長いカーボンナノチューブを一次元構造と考えれば，その電子の波動関数を表すのに一次元の箱の中の粒子のモデルが使える．長さ100 nmのカーボンナノチューブでは，電子がとりうる最低のエネルギーは，(9・8b)式で$n=1$とおけば得られる．すなわち，

$$E_1 = \frac{(1)^2 \times (6.626 \times 10^{-34}\,\text{J s})^2}{8 \times (9.109 \times 10^{-31}\,\text{kg}) \times (100 \times 10^{-9}\,\text{m})^2}$$

$$= 6.02 \times 10^{-24}\,\text{J}$$

である．その波動関数は次式で表される．

$$\psi_1(x) = \left(\frac{2}{L}\right)^{1/2}\sin\left(\frac{\pi x}{L}\right)$$

自習問題9・2　この「簡単な例示」の系の電子について，次に低いエネルギーとその波動関数を求めよ．

[答：$E_2 = 2.41 \times 10^{-23}\,\text{J}$,
$\psi_2(x) = (2/L)^{1/2}\sin(2\pi x/L)$]

すでに述べたように，エネルギーと波動関数には量子数nでラベルを付ける．**量子数**[1]は，系の状態を指定する整数である（「トピック19」で述べるが，半整数になる場合もある）．一次元の箱の中の粒子については許される解が無限個あり，量子数nはそのうちの一つを指定する（図9・3）．量子数はラベルの役をするだけでなく，〔いまの例では(9・8)式を使って〕その状態に相当するエネルギーの計算をしたり，波動関数を具体的に書いたりするときに使える．量子力学でよく使う量子数の一覧を巻末の「資料」にまとめてある．

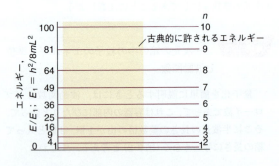

図9・3　箱の中の粒子の許されるエネルギー準位．エネルギー準位はn^2に比例して増加するから，準位の間隔は量子数の増加とともに大きくなる．

(b) 波動関数の性質

図9・4には一次元の箱の中の粒子の波動関数の例を示してある．これらはどれも振幅が同じで，波長の異なるsin関数である．波長を短くすれば波動関数の平均の曲率が鋭

---

1) quantum number

くなり，したがって粒子の運動エネルギー（箱の中では $V=0$ なので，運動エネルギーしかない）が増加する．n が増加すると**節**[1]（波動関数が0をよぎる点）の数も増加すること，波動関数 ψ_n は $n-1$ 個の節をもつことに注意しよう．二つの壁の間隔が同じであれば，節の数が増加するほど波動関数の平均の曲率は増大し，したがって粒子の運動エネルギーが増加する．

で与えられる．この粒子の最確位置は $\sin^2(2\pi x/L)=1$ にあるから，$x=L/4$ と $3L/4$ である．

自習問題 9・4 一次元の箱の中の粒子で $n=3$ の場合の最確位置を求めよ．　　[答: $x=L/6$, $L/2$, $5L/6$]

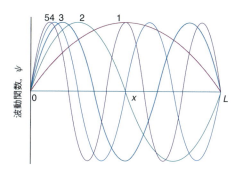

図 9・4 箱の中の粒子について，最初の（エネルギーの低い）5個の規格化された波動関数．各波動関数は定在波であり，n が1増加するごとに半波長分ずつ増え，それに対応する波長は短くなる．

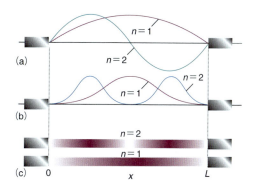

図 9・5 （a）最初の二つの波動関数，（b）対応する確率密度，（c）確率密度を影の濃さで表したもの.

簡単な例示 9・3　箱の中の粒子の波動関数の節

一次元の箱の中の粒子を表す波動関数で $n=2$ の場合は $\sin(2\pi x/L)=0$ のところ，つまり $x=L/2$ に節が1個ある．この節の位置は図 9・4 でもわかる．波動関数 $\psi_2(x)$ は箱の中央で0をよぎるのである．

自習問題 9・3 一次元の箱の中の粒子で $n=3$ の場合，波動関数の節はどこにあるか．　　[答: $x=L/3$, $2L/3$]

一次元の箱の中の粒子の確率密度は，

$$\psi_n^2(x) = \frac{2}{L}\sin^2\left(\frac{n\pi x}{L}\right) \quad (9\cdot 9)$$

であり，位置によって変化する．n が小さいあいだは確率密度の不均一さは目立つ（図 9・5）．粒子の最確位置は，確率密度が最大のところに相当している．

簡単な例示 9・4　箱の中の粒子の最確位置

一次元の箱の中の粒子で $n=2$ の場合の確率密度は，

$$\psi_2^2(x) = \frac{2}{L}\sin^2\left(\frac{2\pi x}{L}\right)$$

n が増加するにつれ，確率密度 $\psi^2(x)$ は激しく上下振動して細かな構造を示すが，この細部を無視すれば，$\psi^2(x)$ はほぼ均一になることに注目しよう（図 9・6）．大きな量子数でのこの確率密度の様子は，粒子が両端の壁で跳ね返りながら平均してすべての点で等しい時間すごすという古典的な結果を反映している．大きな量子数のところでの量子論の結果が古典的な予測と一致するということは，量子数が大きくなれば量子力学から次第に古典力学が見えてくるという**対応原理**[2] の一つの例である．

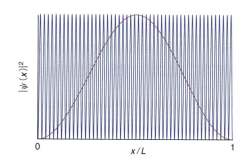

図 9・6 量子数が大きいときの確率密度 $\psi^2(x)$（この図には $n=50$ の確率密度を紫色で表してあり，比較のために $n=1$ の場合を赤色で表してある）．n が大きくなれば，激しく上下振動する細かな構造を無視すれば，確率密度はほぼ均一になることに注目しよう．

---

1) node　2) correspondence principle

例題 9·1　有限領域に粒子を見いだす確率の求め方

共役ポリエン中の電子の波動関数は, 箱の中の粒子の波動関数で近似できる. 長さ 1.0 nm の共役分子の中で, $x=0$（分子の左端）と $x=0.2$ nm の間に最低エネルギー状態の電子を見いだす確率 P を求めよ.

解法　ボルンの解釈によれば, $\psi^2(x)\,dx$ が, x の無限小領域 dx に粒子を見いだす確率である. したがって, 指定した領域に電子を見いだす全確率は, (5·5) 式で与えられるように $\psi^2(x)\,dx$ をその領域で積分したものである. そこで, 箱の中の粒子のモデルを使って, 共役ポリエンの電子を表せばよい. この電子の波動関数は, (9·8) 式で $n=1$ とおいたものである. 巻末の「資料」にある積分公式 T·2 を使えばよい.

解答　$x=0$ と $x=l$ の間の領域に粒子を見いだす確率は,

$$P = \int_0^l \psi_n^2\,dx = \frac{2}{L}\int_0^l \sin^2\left(\frac{n\pi x}{L}\right)dx$$

$$= \frac{l}{L} - \frac{1}{2n\pi}\sin\left(\frac{2n\pi l}{L}\right)$$

である. そこで, $n=1$, $L=1.0$ nm, $l=0.2$ nm とおけば, $P=0.05$ が得られる. この結果は, この領域に電子を見いだす見込みが 20 分の 1 であることに相当する. n が無限大になると, sin 項に $1/n$ がかかっているから, これは P に寄与しなくなって, 粒子が均一に分布したときの $P=l/L$ という古典的な結果が得られる.

自習問題 9·5　$n=1$ の状態にある電子が, 長さ L の共役分子中で $x=0.25L$ と $x=0.75L$ の間に見いだされる確率を計算せよ（分子の左端を $x=0$ とおく）.

[答: $P=0.82$]

(c)　オブザーバブルの性質

箱の中の粒子の直線運動量はきちんと定義できない. これは波動関数 $\sin kx$ が直線運動量演算子の固有関数でないからである. しかし, それぞれの波動関数は直線運動量の固有関数 e^{ikx} と e^{-ikx} の一次結合で表される. そこで, $\sin x = (e^{ix}-e^{-ix})/2i$ であるから,

$$\psi_n(x) = \left(\frac{2}{L}\right)^{1/2}\sin\left(\frac{n\pi x}{L}\right) = \frac{1}{2i}\left(\frac{2}{L}\right)^{1/2}(e^{ikx}-e^{-ikx})$$

$$k = \frac{n\pi}{L} \tag{9·10}$$

と書ける. したがって, 直線運動量を測定すれば, 測定回数の半分については $+k\hbar$ という値が得られ, あとの半分では $-k\hbar$ が得られることになる（トピック 7）. この, 正

逆の方向に等しい確率で動くのが検出されるということは, 古典的には一次元の箱の中の粒子が壁から壁へと跳ね返りながら, ある与えられた期間の半分の時間を左向きに動きながら過ごし, あとの半分の時間を右向きに動きながら過ごすという見方の量子力学版である.

簡単な例示 9·5　直線運動量の期待値

箱の中の粒子の量子数 n の直線運動量の測定をすれば, 測定の半分では $+k\hbar$ が得られ（$k=n\pi/L$ である）, 残りの半分では $-k\hbar$ が得られる. したがって, この直線運動量の期待値は 0 である. もっと正式なやり方でつぎのように求めても同じ結果が得られる.

$$\langle p \rangle = \int_0^L \psi_n \hat{p} \psi_n\,dx$$

$$= \frac{2}{L}\int_0^L \sin\frac{n\pi x}{L}\left(\frac{\hbar}{i}\frac{d}{dx}\right)\sin\frac{n\pi x}{L}\,dx = 0$$

ここで, 巻末の「資料」にある積分公式 T·7 を使った.

自習問題 9·6　一次元の箱の中の粒子について, 量子数 n の p^2 の期待値を求めよ.

[答: $\langle p^2 \rangle = n^2 h^2/4L^2$]

n は 0 になれないから, 粒子がとれる最低エネルギーは 0 ではなく（古典力学では 0 が許されて, 静止した粒子に相当する）,

$$E_1 = \frac{h^2}{8mL^2} \qquad \text{箱の中の粒子} \quad \boxed{零点エネルギー} \tag{9·11}$$

である. この取除けない最低のエネルギーを**零点エネルギー**[1] という. 零点エネルギーの起源は 2 通りのやり方で説明できる.

- ハイゼンベルクの不確定性原理の要請によって, もし粒子がある有限の領域に閉じ込められていれば, 運動エネルギーをもたなければならない. つまり, 粒子の位置が全く不確定というわけではないから（$\Delta x \neq \infty$）, その運動量の不確かさは完全には 0 になれない（$\Delta p \neq 0$）. この場合は $\Delta p = (\langle p^2 \rangle - \langle p \rangle^2)^{1/2} = \langle p^2 \rangle^{1/2}$ であるから, $\Delta p \neq 0$ ということは $\langle p^2 \rangle \neq 0$ なので, この粒子の運動エネルギーは 0 になれないのである.

- もし, 波動関数が壁のところで 0 で, それ以外では滑らかで, 連続であり, しかもあらゆる場所で 0 ではないためには, その波動関数は曲がっていなければならない. 波動関数に曲率があるということは, 運動エネルギーをもつということである.

---

1) zero-point energy

量子数 n と $n+1$ という隣接するエネルギー準位間の間隔は,

$$E_{n+1} - E_n = \frac{(n+1)^2 h^2}{8mL^2} - \frac{n^2 h^2}{8mL^2} = (2n+1)\frac{h^2}{8mL^2}$$

$$(9\cdot12)$$

である. この間隔は容器の長さが増加するにつれて減少し, 容器がマクロな寸法をもつときは非常に小さくなる. 壁と壁が無限に離れたときには, 隣接する準位の間隔は 0 になる. したがって, 実験室でふつう使う大きさの入れ物の中を自由に運動する原子や分子は, その並進エネルギーが量子化されていないかのように扱ってもかまわない.

例題 9·2 吸収波長の求め方

β-カロテン (**1**) は直線形のポリエンで, 22 個の炭素原子鎖に沿って 10 個の単結合と 11 個の二重結合が交互に存在する. もし, 各 C−C 結合の結合長を約 140 pm とすれば, β-カロテンの分子の箱の長さ L は $L=$ 2.94 nm となる. この分子が基底状態からすぐ上の励起状態へ遷移するときに吸収する光の波長を求めよ.

1 β-カロテン

解法 初等化学で学んだと思うが, 各 C 原子はπオービタルに p 電子 1 個を与え, 各エネルギー準位には電子が 2 個まで入ることができる. 箱の中の粒子のモデルを使ってこのポリエンの電子状態を表し, その最高被占準位と最低空準位の間のエネルギー間隔を計算す

ればよい. (9·12) 式を使って得られたエネルギーを, ボーアの振動数条件の式 (4·4 式) を使って波長に換算する.

解答 この共役鎖には 22 個の C 原子があり, それぞれから p 電子 1 個を準位に提供する. したがって, $n=11$ までの各準位が 2 個の電子で占められている. 基底状態と電子 1 個が $n=11$ から $n=12$ に昇位した状態との間のエネルギー間隔は,

$$
\begin{aligned}
\Delta E &= E_{12} - E_{11} \\
&= (2\times 11 + 1) \\
&\quad \times \frac{(6.626 \times 10^{-34}\,\mathrm{J\,s})^2}{8\times(9.109\times10^{-31}\,\mathrm{kg})\times(2.94\times10^{-9}\,\mathrm{m})^2} \\
&= 1.60\times 10^{-19}\,\mathrm{J}
\end{aligned}
$$

である. ボーアの振動数条件 ($\Delta E = h\nu$) から, この遷移を起こすのに必要な放射線の振動数は,

$$\nu = \frac{\Delta E}{h} = \frac{1.60\times10^{-19}\,\mathrm{J}}{6.626\times10^{-34}\,\mathrm{J\,s}} = 2.41\times10^{14}\,\mathrm{s^{-1}}$$

すなわち, 241 THz ($1\,\mathrm{THz}=10^{12}\,\mathrm{Hz}$) である. これは波長 $\lambda=1240\,\mathrm{nm}$ に相当する. 実験値は 603 THz ($\lambda=497\,\mathrm{nm}$) であり, 電磁スペクトルの可視領域の放射線に相当する. 使ったモデルの粗さを考えれば, 計算と実測の振動数は 2.5 倍の範囲で一致していて, よい結果といえる.

自習問題 9·7 原子核の直径 (約 1×10^{-15} m すなわち 1 fm) と等しい長さの一次元の箱に閉じ込められたプロトンの第一励起エネルギーを計算し, 代表的な原子核励起エネルギーを eV 単位で求めよ ($1\,\mathrm{eV}=1.602\times$ 10^{-19} J, $1\,\mathrm{GeV}=10^9\,\mathrm{eV}$). [答: 0.6 GeV]

チェックリスト

- [ ] 1. 自由な運動をしている粒子の並進エネルギーは量子化されていない.
- [ ] 2. 正味に運動している粒子は, 複素の波動関数で表される. 実の波動関数は, 正味の運動がないことに相当する.
- [ ] 3. 境界条件を満たす必要があるということは, ある特定の波動関数だけが許されるということであるか

ら, そのオブザーバブルは離散的な値に限られる.
- [ ] 4. **量子数**は, 系の状態を指定する整数である (半整数のこともある).
- [ ] 5. **節**は, 波動関数が 0 をよぎる点である.
- [ ] 6. 箱の中の粒子は, **零点エネルギー**をもつ.
- [ ] 7. **対応原理**によれば, 量子数が大きくなれば量子力学から古典力学が見えてくる.

重要な式の一覧

性　質	式	備　考	式番号
自由粒子の波動関数	$\psi_k = A\,\mathrm{e}^{ikx} + B\,\mathrm{e}^{-ikx}$	k はすべて許容	9·3
自由粒子のエネルギー	$E_k = k^2\hbar^2/2m$	k はすべて許容	9·3
箱の中の粒子の波動関数	$\psi_n(x) = (2/L)^{1/2}\sin(n\pi x/L),\quad 0 \leq x \leq L$	$n = 1, 2, \cdots$	9·8a
	$\psi_n(x) = 0,\quad x < 0 \ \text{と}\ x > L$		
箱の中の粒子のエネルギー準位	$E_n = n^2h^2/8mL^2$	$n = 1, 2, \cdots$	9·8b
箱の中の粒子の零点エネルギー	$E_1 = h^2/8mL^2$		9·11

トピック 10

トンネル現象

内容

10・1 長方形ポテンシャルのエネルギー障壁
　　　簡単な例示 10・1　長方形障壁の透過確率

10・2 エッカートポテンシャル障壁
　　　簡単な例示 10・2　エッカート障壁の
　　　　　　　　　　　　　　　　透過確率

10・3 二重井戸形ポテンシャル
　　　簡単な例示 10・3　アンモニア分子の
　　　　　　　　　　　　　　　反転振動数

チェックリスト
重要な式の一覧

▶ 学ぶべき重要性

トンネル現象という量子力学現象は，電子移動反応やプロトン移動反応，分子内のコンホメーション変化など幅広い化学過程や物理過程を説明するのに必要である．

▶ 習得すべき事項

トンネル現象は，粒子が古典的に禁止された領域に入り込んだり，これを通り抜けたりできる現象であり，ポテンシャルエネルギー障壁が急に無限大に上昇しない限り起こる．

▶ 必要な予備知識

量子力学の基本原理（トピック 5～7）と箱の中の粒子のシュレーディンガー方程式の解（トピック 9）についてよく理解している必要がある．

「トピック 9」では，二つのポテンシャルエネルギー障壁の間に閉じ込められた粒子について，そのシュレーディンガー方程式の解を示した．その壁はポテンシャルが一気に無限大に上昇するもので，粒子が壁の外側で見いだされることはなかった．しかしながら，実際の系ではポテンシャル障壁が無限大になることはなく，図 10・1 に示すようなポテンシャルでは，粒子は古典物理学で禁止される領域へと進入し，この壁を通り抜けることができる．この現象は，いろいろな物質の電子物性をはじめ，電子移動反応の速度（トピック 94）や酸塩基の性質，表面研究に近年使われている種々の手法にとっては非常に重要な意味をもつ．

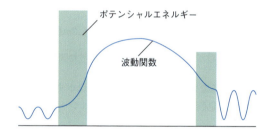

図 10・1　実際の系では，ポテンシャルエネルギー障壁が一気に無限大に上昇することはない．ここでは，ポテンシャル障壁に挟まれた井戸の中に置かれた粒子が，井戸の両側にある障壁の中に進入し，これを通り抜ける状況を示している．

10・1 長方形ポテンシャルのエネルギー障壁

ある**長方形ポテンシャルのエネルギー障壁**[1]，つまり高さ一定で有限の幅をもつ一次元障壁があるとき，その左側から入射する粒子について考えよう（図 10・2）．粒子のエネルギー E がポテンシャル障壁の高さ V より小さい場合，古典力学によれば，この粒子はこの障壁で跳ね返されるだけである．しかし，量子力学によれば，この粒子が障壁の領域に入り込んだところで波動関数は一気に 0 になるのでなく，滑らかに変化する．その後，障壁から離れたところで波動関数は再び振動を始める．その正味の結果として，古典的には禁止される領域であっても，これを通り抜ける

---

[1] rectangular potential energy barrier

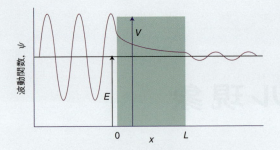

図10・2 長方形ポテンシャルのエネルギー障壁. その高さは一定, 幅は有限である. この障壁に左から入射する粒子の波動関数は振動している. しかし, 障壁内部 (ここでは $E<V$) の波動関数は振動しない. もし, 障壁がさほど厚くなければ, 反対側の面 ($x=L$) でも波動関数は0にならないから, そこから再び振動を始める. (図には波動関数の実成分だけを示してある).

現象が見られる. これを**トンネル現象**[1]という.

$x=0$ から $x=L$ におよぶ長方形ポテンシャルのエネルギー障壁の左側から入射する質量 m の粒子について, シュレーディンガー方程式を使えばトンネル現象を起こす確率が計算できる. この障壁の左側 ($x<0$) では, $V=0$ での粒子の波動関数であるから, (9・3) 式から,

$$\psi = Ae^{ikx} + Be^{-ikx} \qquad k\hbar = (2mE)^{1/2}$$

長方形の障壁がある粒子　障壁の左側の波動関数　(10・1)

と書ける. 障壁を表す領域 ($0 \leq x \leq L$) ではポテンシャルエネルギーは定数 V であるから, そのシュレーディンガー方程式は,

$$-\frac{\hbar^2}{2m}\frac{d^2\psi(x)}{dx^2} + V\psi(x) = E\psi(x) \qquad (10\cdot2)$$

である. $E<V$, つまり $V-E>0$ の場合の粒子を考えよう (古典物理学によれば, この粒子は十分なエネルギーをもたないから障壁を通過できない). この方程式の一般解は,

$$\psi = Ce^{\kappa x} + De^{-\kappa x} \qquad \kappa\hbar = \{2m(V-E)\}^{1/2}$$

長方形の障壁がある粒子　障壁内部の波動関数　(10・3)

である. 実際に, この ψ を x で2回微分してみれば, 解であることが確かめられる. 注目すべき重要な特徴は, $V=0$ の領域では複素の振動関数であったのに, (10・3) 式の二つの指数関数がここでは実関数になっていることである. 障壁の右側 ($x>L$) では, 再び $V=0$ であるから, 波動関数は,

$$\psi = A'e^{ikx} \qquad k\hbar = (2mE)^{1/2}$$

長方形の障壁がある粒子　障壁の右側の波動関数　(10・4)

である. 障壁の右側では, 粒子は右に向かって動けるだけであるから, (10・4) 式の波動関数に e^{-ikx} の形の項は現れないことに注意しよう.

この障壁の左側から入射する粒子について, これを完全に表す波動関数はつぎの成分でできている (図10・3).

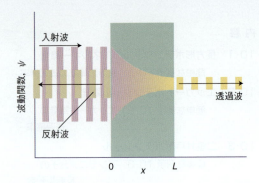

図10・3 粒子が障壁の左側から入射するとき, その波動関数は右向きの直線運動量を表す波と, 左向きの運動量を表す反射成分と, 障壁内部で変化するが振動はしない成分と, 障壁の右端から右向きの運動を表す (弱い) 波とからできている.

物理的な解釈

- 入射波 (Ae^{ikx} は正の運動量に対応する)
- 障壁で跳ね返された反射波 (Be^{-ikx} は負の運動量に対応し, 左向きの運動を表す)
- 障壁内部での振幅は指数関数的に減少する (10・3式)
- 振動する波 (10・4式) は, トンネル現象でうまく障壁を通過した後, 右に向かって進行する粒子を表す.

粒子が障壁の左側 ($x<0$) にあって, x の正方向に (右側へ) 進む確率は $|A|^2$ に比例し, 障壁の右側 ($x>L$) にあって, 右側へ進む確率は $|A'|^2$ に比例している. この両者の確率の比 $|A'|^2/|A|^2$ は, 粒子がトンネル現象で障壁を通り抜ける確率を反映しているから, これを**透過確率**[2] T という.

$|A'|^2$ と $|A|^2$ の関係を求めるには, これらの式に現れる係数 A, B, C, D, A' の関係を調べる必要がある. 許される波動関数は, 障壁の両端 ($x=0$ と $x=L$) で連続でなければならない (また, $e^0 = 1$ である) から,

$$A + B = C + D \qquad Ce^{\kappa L} + De^{-\kappa L} = A'e^{ikL}$$

(10・5a)

---

1) tunnelling　2) transmission probability

である．波動関数の勾配(一階導関数)もその位置で連続でなければならないから(図10・4)，

$$ikA - ikB = \kappa C - \kappa D \qquad \kappa C e^{\kappa L} - \kappa D e^{-\kappa L} = ikA'e^{ikL}$$
(10・5b)

となる．この一組の(10・5)式について，単純ではあるが少し長い代数計算を行えば(「問題10・1」を見よ)次式が得られる．

$$T = \left\{1 + \frac{(e^{\kappa L} - e^{-\kappa L})^2}{16\varepsilon(1-\varepsilon)}\right\}^{-1}$$

長方形ポテンシャル障壁　透過確率　(10・6)

$\varepsilon = E/V$である．この関数を図10・5にプロットしてある．$E > V$のときの透過確率(「問題10・2」で計算することになる)も示してある．このときの透過確率の性質をつぎにまとめる．

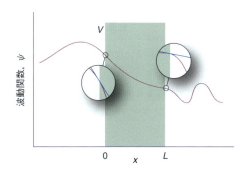

図10・4 波動関数とその勾配は，障壁の両端で連続でなければならない．この連続性の条件によって三つの領域の波動関数を接続することができ，したがって，シュレーディンガー方程式の解に現れる係数の間の関係を求めることができる．

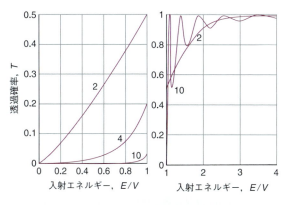

図10・5 長方形ポテンシャル障壁を通り抜ける透過確率．横軸は入射粒子のエネルギーであるが，障壁の高さとの比で表してある．各曲線には$L(2mV)^{1/2}/\hbar$の値を添え書きしてある．左のグラフは$E < V$の場合で，右は$E > V$の場合である．$E < V$では，古典的には$T = 0$になるはずであるが，$T > 0$であることに注意しよう．一方，$E > V$では，古典的には$T = 1$になるはずであるが，$T < 1$となっている．

物理的な解釈

- $E \ll V$では$T \approx 0$.

- EがVに近づくにつれTは増加する．つまり，トンネル現象の確率が増加する．

- $E > V$ではTが1に近づくが，1よりは小さい．すなわち，古典的には障壁を越えられる場合でも，粒子が障壁で反射される確率が残っている．

- $E \gg V$では$T \approx 1$．これは古典的な予測と合っている．

障壁が高くて幅が広い($\kappa L \gg 1$という意味で)場合は，(10・6)式は簡単になって，

$$T \approx 16\varepsilon(1-\varepsilon)e^{-2\kappa L} \qquad (10\cdot 7)$$

で表せる．透過確率は，障壁の厚さと$m^{1/2}$について指数関数的に減少する．そこで，質量が小さい粒子は，重い粒子よりも障壁を通り抜けてトンネルしやすい(図10・6)．トンネル現象は電子やミューオン($m_\mu \approx 207 m_e$)にとって非常に重要で，プロトン($m_p \approx 1840 m_e$)にとってもある程度重要である．しかし，もっと重い粒子に関してはさほど重要ではない．

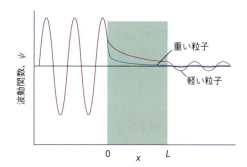

図10・6 障壁内部では，重い粒子の波動関数は軽い粒子の波動関数より速く減衰する．したがって，トンネル現象で障壁を透過する確率は軽い粒子の方が大きい．

化学におけるいろいろな効果(たとえば，反応速度の同位体依存性)は，プロトンの方が重水素よりずっと容易にトンネルできるということによって起こる．プロトン移動反応が非常に速く平衡に達することもまた，プロトンが障壁をすり抜けてトンネルし，酸から塩基へとすばやく移動できることの現れである．酸と塩基の間のプロトンのトンネル現象も，ある種の酵素触媒反応の機構の重要な特徴である．

> **簡単な例示 10・1　長方形障壁の透過確率**
>
> ある酸性水素原子のプロトンが，高さ2.000eV，厚さ100pmのポテンシャル障壁で表せる酸分子に閉じ込められているとしよう．1.995eVのエネルギー（3.195×10^{-19}J に相当）をもつプロトンがこの酸分子から抜け出す確率は，$\varepsilon = E/V = 1.995\,\mathrm{eV}/2.000\,\mathrm{eV} = 0.9975$，$V - E = 0.005\,\mathrm{eV}$（$8.0 \times 10^{-22}$J に相当）として(10・6)式を使えば計算できる．
>
> $$\kappa = \frac{\{2 \times (1.67 \times 10^{-27}\,\mathrm{kg}) \times (8.0 \times 10^{-22}\,\mathrm{J})\}^{1/2}}{1.055 \times 10^{-34}\,\mathrm{J\,s}}$$
>
> $$= 1.55\cdots \times 10^{10}\,\mathrm{m^{-1}}$$
>
> ここで，$1\,\mathrm{J} = 1\,\mathrm{kg\,m^2\,s^{-2}}$ を使った．したがって，
>
> $$\kappa L = (1.55\cdots \times 10^{10}\,\mathrm{m^{-1}}) \times (100 \times 10^{-12}\,\mathrm{m})$$
>
> $$= 1.55\cdots$$
>
> であるから，(10・6)式から，
>
> $$T = \left\{1 + \frac{(e^{1.55\cdots} - e^{-1.55\cdots})^2}{16 \times 0.9975 \times (1 - 0.9975)}\right\}^{-1}$$
>
> $$= 1.97 \times 10^{-3}$$
>
> となる．この T の値は透過確率0.2パーセントに相当している．もっているエネルギーが障壁の高さに近いが，まだわずかに小さい場合には，図10・5からわかるように，$L(2mV)^{1/2}/\hbar$ の値（いまは31）が大きくなるほど，T の値は小さくなる．
>
> **自習問題 10・1**　2個の半導体の接合部が高さ2.00eV，厚さ100pmの障壁で表せるとする．1.95eVのエネルギーをもつ電子がこの障壁をトンネルできる確率を計算せよ． ［答: $T = 0.881$］

表したときの形に似ていることから，化学反応性を表すモデルによく使われる．反応座標では，障壁のずっと左側（$x \to -\infty$）は反応物，右側（$x \to +\infty$）は生成物に相当している．電子やプロトンがごくわずか移動することで起こる化学反応など，ポテンシャルエネルギー障壁をトンネルすることによって進行する反応では，エッカート障壁の透過確率から反応特性に関する知見が得られるのである．

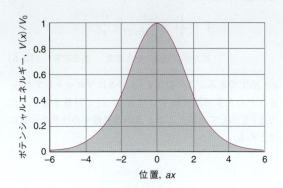

図10・7　エッカートポテンシャル障壁．本文に説明がある．

エッカートポテンシャル関数の透過確率を表す解析的な式は，シュレーディンガー方程式を解くことで得られる．いまの場合は，

$$-\frac{\hbar^2}{2m}\frac{d^2\psi}{dx^2} + \frac{4V_0 e^{ax}}{(1+e^{ax})^2}\psi = E\psi \quad (10 \cdot 9)$$

である．m は障壁に向かう粒子の質量である．化学反応性を調べるときは，反応物の換算質量を m とすることが多い．たとえば，ある原子Aと二原子分子BCの反応の場合は $1/m = 1/m_A + 1/(m_B + m_C)$ とする．

(10・9)式の解から得られる透過確率は[†]，

$$T = \frac{\cosh x_1 - 1}{\cosh x_1 + \cosh x_2}$$

エッカート障壁　透過確率　(10・10a)

で与えられる．ここで，

$$x_1 = 4\pi(2mE)^{1/2}/\hbar a \quad (10 \cdot 10b)$$

$$x_2 = 2\pi \left|8mV_0 - (\hbar a/2)^2\right|^{1/2}/\hbar a \quad (10 \cdot 10c)$$

である．$\cosh x$ は双曲線余弦関数である（「必須のツール10・1」を見よ）．

10・2　エッカートポテンシャル障壁

長方形ポテンシャルのエネルギー障壁では，その両端（$x = 0$ と L）でポテンシャルエネルギーは急激に変化する．もっと滑らかに変化する現実的なポテンシャルエネルギー関数として**エッカートポテンシャル障壁**[1)]がある．

$$V(x) = \frac{4V_0 e^{ax}}{(1+e^{ax})^2} \quad \text{エッカートポテンシャル障壁} \quad (10 \cdot 8)$$

V_0 と a は定数で，それぞれエネルギーの次元と長さの逆数の次元をもつ（図10・7）．このポテンシャル関数は，反応のポテンシャルエネルギーを反応座標（トピック89）の関数で

[†] C. Eckert, *Phys. Rev.*, **35**, 1303 (1930) を見よ．この場合のシュレーディンガー方程式の解はいわゆる超幾何関数である．
1) Eckart potential barrier

図10·8には粒子のエネルギーによる透過確率の変化を示してある．その振舞いは，図10·5で示し，10·1節で説明した長方形ポテンシャル障壁の透過確率と似ている．おもな違いは，エッカート障壁ではエネルギーの高いところで透過確率に振動が見られないが，長方形障壁では振動することがある点である（L, m, V の値に依存し，障壁でのポテンシャルエネルギーの不連続の具合によって振動する）．

必須のツール 10·1　双曲線関数

双曲線余弦（cosh）関数と双曲線正弦（sinh）関数の定義は，

$$\cosh x = (e^x + e^{-x})/2 \qquad \sinh x = (e^x - e^{-x})/2$$

である．これらの関数は概略図 10·1 に示してあり，たいていの数学ソフトウエアで使える．両者の関係は，

$$\cosh^2 x - \sinh^2 x = 1$$

である．$x = 0$ では $\cosh x = 1$，$\sinh x = 0$ である．cosh 関数は偶関数 $\cosh(-x) = \cosh x$ であり，sinh 関数は奇関数 $\sinh(-x) = -\sinh x$ である．$x \to \pm\infty$ の極限ではつぎのようになる．

- $x \to \infty$ で　$\cosh x \to \frac{1}{2}e^x$，$\sinh x \to \frac{1}{2}e^x$

- $x \to -\infty$ で　$\cosh x \to \frac{1}{2}e^{-x}$，$\sinh x \to -\frac{1}{2}e^{-x}$

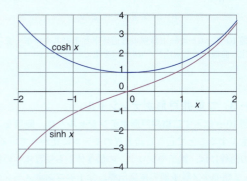

概略図 10·1　双曲線関数 $\cosh x$ および $\sinh x$

簡単な例示 10·2　エッカート障壁の透過確率

2個の半導体の接合部がエッカート障壁で表され，$V_0 = 2.00$ eV（3.20×10^{-19} J に相当），$a = (100\text{ pm})^{-1}$ としよう．1.95 eV のエネルギー（3.12×10^{-19} J に相当）をもつ電子がこの障壁をトンネルできる確率は(10·10)式を使って計算できる．

$$x_1 = \frac{4\pi(2mE)^{1/2}}{\hbar a} = \frac{4\pi\{2 \times (9.109 \times 10^{-31}\text{ kg}) \times (3.12\cdots \times 10^{-19}\text{ J})\}^{1/2}}{(1.055 \times 10^{-34}\text{ J s}) \times (1.00 \times 10^{-10}\text{ m})^{-1}} = 8.98\cdots$$

$$x_2 = \frac{2\pi\left|8mV_0 - (\hbar a/2)^2\right|^{1/2}}{\hbar a}$$

$$= \frac{2\pi\left|8 \times (9.109 \times 10^{-31}\text{ kg}) \times (3.20\cdots \times 10^{-19}\text{ J}) - [(1.055 \times 10^{-34}\text{ J s}) \times (1.00 \times 10^{-10}\text{ m})^{-1}/2]^2\right|^{1/2}}{(1.055 \times 10^{-34}\text{ J s}) \times (1.00 \times 10^{-10}\text{ m})^{-1}}$$

$$= 8.54\cdots$$

$$T = \frac{\cosh x_1 - 1}{\cosh x_1 + \cosh x_2} = \frac{\cosh(8.98\cdots) - 1}{\cosh(8.98\cdots) + \cosh(8.54\cdots)} = 0.609$$

この T の値は「自習問題 10·1」で求めた値より小さい．それは，エッカートポテンシャルは長方形ポテンシャル障壁より実効的に広範囲に及ぶからである．

自習問題 10·2　水分子の酸素原子と水素結合しているプロトンを取除くには，エッカート関数で表せるポテンシャル障壁をトンネルする必要がある．ここで，$V_0 = 0.100$ eV，$a = (200\text{ pm})^{-1}$ である．プロトンが 0.095 eV のエネルギーをもつとき，水分子から離脱できる確率を計算せよ．

［答：$T = 0.012$］

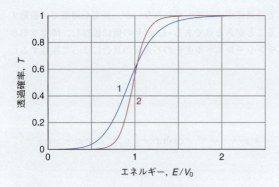

図10·8 エッカート障壁の透過確率とそのエネルギー変化. 曲線には $(2mV_0)^{1/2}/a\hbar$ の値を添えてある.

10·3 二重井戸形ポテンシャル

図10·9に示す**二重井戸形ポテンシャル**[1]は，障壁をトンネルすることで起こる諸過程のモデルに使われている．その過程には，電子やプロトンの供与体から受容体への移動，2個のナノ粒子間の電気伝導，分子のコンホメーション変化などがある．ここではコンホメーション変化が起こる過程に注目し，三角錐形のAB_3分子(NH_3など) におけるコンホメーション変化を考えよう．コンホメーションがAB_3のポテンシャルエネルギーを左側の井戸で表し，反転した(B_3A)分子のポテンシャルエネルギーを右側の井戸で表す．この三角錐形の分子が平面になったときのポテンシャルエネルギーは，二つの井戸の間にある障壁で表される．この障壁が高ければ分子の反転は(高級な傘のように)困難であるが，障壁が低ければトンネル現象による反転が容易に起こる．

ポテンシャル障壁が無限に高いとき(実際には非常に高いとき)，二つのコンホメーションAB_3とB_3Aは相互転換ができない．AB_3の基底状態の波動関数をψ_Lで表し，B_3Aの基底状態の波動関数をψ_Rで表せば，この二つの波動関数のエネルギーは等しい．ここで，障壁が低ければト

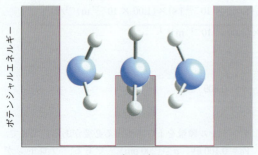

図10·9 二重井戸形ポテンシャル．反転を起こす分子のポテンシャルエネルギー曲線を表すモデル．

ンネル現象が起こるから(図10·2を思いだそう)，波動関数ψ_Lは障壁を通り抜けて浸みだし，ψ_R(こちら側からも障壁を通って浸みだしている)が0でない障壁の向こう側でも振幅は0でない(図10·10a)．このとき，コンホメーションAB_3とB_3Aは相互転換ができるから，これによってできる新しい波動関数を求めれば，この複合系を表すことができる．その波動関数は，この二重井戸形ポテンシャルで表された井戸の両方にわたって非局在化しているはずである．このような一つの(規格化されていない)波動関数は，一次結合$\psi_L+\psi_R$である．この一次結合のψ_Lとψ_Rの係数は等しい．それは，この分子をAB_3とB_3Aのコンホメーションで見いだす確率が等しいからである(「トピック7」の基本原理Vを思いだそう)．

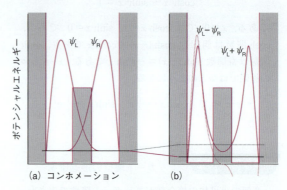

図10·10 (a) 第一近似としては，2個のポテンシャル井戸の一方で箱の中の粒子のように分子が振動している．ここに示す波動関数は，トンネル現象で障壁内に粒子が進入するのを許して求めた箱の中の粒子の基底状態に相当している．(b) 反転を許したときの分子の波動関数は，図に示す一次結合のモデルで表される．ここで，水平線の高さはエネルギーを示しており，一次結合の仕方によって両者に差が現れる．

同じ関数ψ_Lとψ_Rを使って，この複合系を表せるもう一つの一次結合をつくることができる．それは，(規格化されていない)波動関数$\psi_L-\psi_R$である．これについても，二つのポテンシャル井戸に分子を見いだす確率は等しい．波動関数$\psi_L+\psi_R$と$\psi_L-\psi_R$を図10·10bに示してある．両者で確率振幅は異なる．とくに，ポテンシャル障壁の近傍ではかなり異なり($\psi_L-\psi_R$には障壁の中央に節がある)，その結果として，この二つの一次結合のエネルギーは異なる．一次結合$\psi_L+\psi_R$で表される状態の方がエネルギーは低いが，その実際の値は障壁の高さに依存している．有限のポテンシャルエネルギー障壁を通り抜けるトンネル現象が起これば，両方のポテンシャルエネルギー井戸にわたって非局在化した二つの状態が生じる．その状態のエネルギーは異なる．この現象を**反転二重分裂**[2]という．

---

1) double-well potential 2) inversion doubling

簡単な例示 10・3　アンモニア分子の反転振動数

アンモニアでは，波動関数 $\psi_L + \psi_R$ と $\psi_L - \psi_R$ で表される二つの状態のエネルギー差は 1.6×10^{-23} J である．この状態間のスペクトル遷移は電磁スペクトルのマイクロ波領域の $0.79\ \mathrm{cm}^{-1}$ で起こる．これは波長 13 mm に相当し，その振動数は 24 GHz である．ボーアの振動数条件（「トピック 4」の 4・4 式）から得られるこの振動数を"反転振動数"という．NH_3 のこの遷移は，ほかのどの分子のマイクロ波遷移より強いもので，"メーザー作用"の基礎である．**メーザー**[†1] の開発は**レーザー**[†2] の発明に先行したのであった．

自習問題 10・3　NH_3 で観測された反転二重分裂の現象は，重水素置換体 ND_3 では観測されそうにない．なぜかを説明せよ．

[答: D は H より重く，トンネル現象が
起こりそうにないから]

チェックリスト

☐ 1. 古典的に禁じられた領域に進入したり，通り抜けたりする現象を**トンネル現象**という．

☐ 2. トンネル現象が起こる確率は，ポテンシャル障壁の高さや幅が大きくなるほど減少する．

☐ 3. 軽い粒子は，重い粒子より障壁を通り抜けてトンネルしやすい．

☐ 4. **エッカートポテンシャル**は，化学反応のポテンシャル障壁を表すのに便利なモデルである．

☐ 5. 二つのポテンシャル井戸を隔てている有限の障壁を通り抜けるトンネル現象が起これば，両方の井戸にわたって非局在化した二つの異なるエネルギー状態が生じる．この現象を**反転二重分裂**という．

重要な式の一覧

性　質	式	備　考	式番号
透過確率	$T = \{1 + (e^{\kappa L} - e^{-\kappa L})^2 / 16\varepsilon(1-\varepsilon)\}^{-1}$	長方形ポテンシャル障壁	10・6
	$T = 16\varepsilon(1-\varepsilon)e^{-2\kappa L}$	高くて幅の広い長方形障壁	10・7
エッカートポテンシャル障壁	$V(x) = 4V_0\, e^{ax}/(1 + e^{ax})^2$		10・8

---

†1　maser. Microwave Amplification by Stimulated Emission of Radiation（放射の誘導放出によるマイクロ波増幅）の頭文字をとったもの．

†2　laser. Light Amplification by Stimulated Emission of Radiation（放射の誘導放出による光増幅）の頭文字をとったもの．発明当初は optical maser（光学メーザー）といわれたこともある．

トピック 11

多次元の並進運動

内容

11・1 二次元の運動
 (a) 変数の分離
  簡単な例示 11・1 二次元の箱の中の粒子の零点エネルギー
  簡単な例示 11・2 二次元の箱の中の粒子の分布
 (b) 縮退
  簡単な例示 11・3 二次元の箱で見られる縮退

11・2 三次元の運動
  例題 11・1 立方体の箱で起こる遷移の解析

チェックリスト
重要な式の一覧

▶ 学ぶべき重要性
原子や分子,ナノ構造体の中で電子は三次元空間を運動しているから,量子力学の諸概念を使って粒子の多次元での並進運動を扱う方法を知っておく必要がある.

▶ 習得すべき事項
二次元と三次元の並進運動に関するシュレーディンガー方程式の解は,一次元の解を多次元へと一般化したものである.

▶ 必要な予備知識
一次元の箱の中の粒子のシュレーディンガー方程式の解(トピック9)の扱いに慣れている必要がある.

「トピック9」では一次元の並進運動について述べた.本トピックでは,多次元で自由に運動する粒子のエネルギーと波動関数について説明する.一次元から三次元への拡張は2段階で進める.まず二次元系を考え,それから三次元系に一般化するのである.ここで示す手法そのものは,原子などほかの三次元系にも使うことができ,水素原子については「トピック17」で説明する.本トピックでは"縮退"という現象にも出会うことになる.縮退が起これば,波動関数は違ってもエネルギーは同じである.縮退は,原子や分子の構造を説明するうえで重要な役目をするもう一つの性質である.

11・1 二次元の運動

壁に囲まれた長方形の二次元領域を考えよう.x方向の長さL_1,y方向の長さL_2の表面である.壁以外ではどこでもポテンシャルエネルギーは0で,壁では無限大になる(図11・1).そのため,粒子が壁のところで見いだされることはなく,壁とこの二次元領域の外側ではどこでも波動関数は0である.一方,壁の内側では,粒子の運動によって生じる運動エネルギーの寄与がx方向とy方向にあるから,シュレーディンガー方程式にはそれぞれの軸に一つずつ,合計二つの運動エネルギー項がある.そこで,質量mの粒子のシュレーディンガー方程式は,

$$-\frac{\hbar^2}{2m}\left(\frac{\partial^2 \psi}{\partial x^2}+\frac{\partial^2 \psi}{\partial y^2}\right) = E\psi \quad (11・1)$$

となる.これは変数が2個以上の微分方程式,つまり<u>偏微分方程式</u>(「数学の基礎2」を見よ)であり,得られる波動

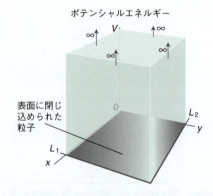

図11・1 二次元の長方形の井戸.粒子は,不可入性の壁で仕切られた面内に閉じ込められている.壁に触れるやいなや,そのポテンシャルエネルギーは無限大に上がる.

トピック11 多次元の並進運動

関数は x と y 両方の関数であるから $\psi(x, y)$ と書く. その意味は, 波動関数とこれに対応する確率密度が粒子の平面内での位置に依存しており, その位置は座標 x と y で指定されるということである.

(a) 変数の分離

(11·1) 式で表される偏微分方程式は**変数分離法**[1] で簡単にできる. この方法ではもとの方程式を2個以上の常微分方程式に分割するが, それぞれは変数を1個しかもたない. 変数が2個の場合について, つぎの「根拠」で変数分離法の使い方を説明するが, もとの波動関数を x のみに依存する関数と y のみに依存する関数の積で書くことができる. すなわち,

$$\psi(x, y) = X(x)Y(y) \tag{11·2a}$$

とする. このときの全エネルギーは,

$$E = E_X + E_Y \tag{11·2b}$$

で与えられる. E_X は粒子の x 軸に平行な運動に伴うエネルギーであり, 同じく, E_Y は y 軸に平行な運動に伴うエネルギーである.

根拠11·1　変数の分離

シュレーディンガー方程式が分割して表せ, 波動関数が二つの関数 X, Y の積で表せることを示すための第一段階として, つぎのように書けることに注目する. こう書けるのは, X が y に依存せず, Y が x に依存しないからである.

$$\frac{\partial^2 \psi}{\partial x^2} = \frac{\partial^2 XY}{\partial x^2} = Y\frac{d^2X}{dx^2} \qquad \frac{\partial^2 \psi}{\partial y^2} = \frac{\partial^2 XY}{\partial y^2} = X\frac{d^2Y}{dy^2}$$

ここで, 偏微分を常微分に置き換えたことに注意しよう. そうすれば, (11·1) 式は,

$$-\frac{\hbar^2}{2m}\left(Y\frac{d^2X}{dx^2} + X\frac{d^2Y}{dy^2}\right) = EXY$$

となる. この両辺を XY で割り, 得られた式を整理すれば,

$$\frac{1}{X}\frac{d^2X}{dx^2} + \frac{1}{Y}\frac{d^2Y}{dy^2} = -\frac{2mE}{\hbar^2}$$

が得られる. 左辺の第1項は y に依存しないから, y が変化するときは第2項だけが変化するはずである. ところが, 左辺の二つの項の和は, 右辺では定数になってい

る. つまり, 第2項が変化してしまうと右辺は一定でなくなる. したがって, 仮に y が変わっても第2項は変化できない. すなわち, 第2項は定数である. そこで, これを $-2mE_Y/\hbar^2$ と書く. 同様の論法で, x が変っても第1項は定数であるから, これを $-2mE_X/\hbar^2$ と書く. そして, $E = E_X + E_Y$ である. したがって,

$$\frac{1}{X}\frac{d^2X}{dx^2} = -\frac{2mE_X}{\hbar^2} \qquad \frac{1}{Y}\frac{d^2Y}{dy^2} = -\frac{2mE_Y}{\hbar^2}$$

と書ける. これらを整理すれば, つぎの二つの常微分方程式 (変数が1個の微分方程式) になる.

$$-\frac{\hbar^2}{2m}\frac{d^2X}{dx^2} = E_X X \tag{11·3a}$$

$$-\frac{\hbar^2}{2m}\frac{d^2Y}{dy^2} = E_Y Y \tag{11·3b}$$

(11·3) 式の二つの常微分方程式は, それぞれが一次元の箱の中のシュレーディンガー方程式 (トピック9) と同じである. 境界条件も同じで, いまの場合は $x = 0$ と L_1 で $X(x) = 0$, $y = 0$ と L_2 で $Y(y) = 0$ である. したがって, 余分な計算をせずに, 「トピック9」で得られた結果を援用することができる (9·8式を見よ). すなわち,

$$X_{n_1}(x) = \left(\frac{2}{L_1}\right)^{1/2}\sin\left(\frac{n_1\pi x}{L_1}\right) \quad 0 \le x \le L_1 \quad \text{のとき}$$

$$Y_{n_2}(y) = \left(\frac{2}{L_2}\right)^{1/2}\sin\left(\frac{n_2\pi y}{L_2}\right) \quad 0 \le y \le L_2 \quad \text{のとき}$$

である. そうすると, $\psi = XY$ であるから,

$$\psi_{n_1, n_2}(x, y) = \frac{2}{(L_1 L_2)^{1/2}} \times \sin\left(\frac{n_1\pi x}{L_1}\right)\sin\left(\frac{n_2\pi y}{L_2}\right)$$

$$0 \le x \le L_1 \text{ および } 0 \le y \le L_2$$

二次元の箱　波動関数　(11·4a)

$$\psi_{n_1, n_2}(x, y) = 0 \quad \text{箱の外}$$

である. 同様に $E = E_X + E_Y$ であるから, 粒子のエネルギーはつぎの値に制限される,

$$E_{n_1, n_2} = \left(\frac{n_1^2}{L_1^2} + \frac{n_2^2}{L_2^2}\right)\frac{h^2}{8m}$$

二次元の箱　エネルギー準位　(11·4b)

ここで, 二つの量子数は互いに独立に, $n_1 = 1, 2, \cdots$ および $n_2 = 1, 2, \cdots$ の値をとる. エネルギーが最も低い状態は $(n_1 = 1, n_2 = 1)$ であり, $E_{1,1}$ が零点エネルギーである.

---

1) separation of variables technique

簡単な例示 11·1　二次元の箱の中の粒子の零点エネルギー

長方形の空洞，$L_1 = 1.0$ nm，$L_2 = 2.0$ nm に捕捉された1個の電子は，箱の中の粒子の波動関数で表せる．この電子の零点エネルギーは (11·4b) 式で与えられ，$n_1 = 1$，$n_2 = 1$ とおけばよい．

$$E_{1,1} = \left\{ \frac{1^2}{(1.0 \times 10^{-9}\,\text{m})^2} + \frac{1^2}{(2.0 \times 10^{-9}\,\text{m})^2} \right\}$$
$$\times \frac{(6.626 \times 10^{-34}\,\text{J s})^2}{8 \times (9.109 \times 10^{-31}\,\text{kg})}$$
$$= 7.5 \times 10^{-20}\,\text{J}$$

自習問題 11·1　一辺の長さ 1.0 nm の正方形の空洞に捕捉された1個の電子について，その二つのエネルギー準位，$n_1 = n_2 = 2$ と $n_1 = n_2 = 1$ のエネルギー間隔を計算せよ．　　　　　［答：3.6×10^{-19} J］

簡単な例示 11·2　二次元の箱の中の粒子の分布

一辺の長さ L の正方形の空洞に捕捉された1個の電子が，量子数 $n_1 = 1$ と $n_2 = 2$ で表される状態にあるとしよう．その確率密度は次式で表されるから，

$$\psi_{1,2}^2(x,y) = \frac{4}{L^2} \sin^2\left(\frac{\pi x}{L}\right) \sin^2\left(\frac{2\pi y}{L}\right)$$

この電子の最確の位置は $\sin^2(\pi x/L) = 1$ と $\sin^2(2\pi y/L) = 1$，つまり $(x, y) = (L/2, L/4)$ と $(L/2, 3L/4)$ に相当している．存在確率の最も低い位置（波動関数が0をよぎる節）は箱の中にあって確率密度が0のところである．それは $y = L/2$ の線上に現れる．

自習問題 11·2　一辺の長さ L の正方形の空洞にある1個の電子が量子数 $n_1 = 2$，$n_2 = 3$ の状態にあるとき，この電子の最確の位置を求めよ．
　　［答：$x = L/4$, $3L/4$ と $y = L/6$, $L/2$, $5L/6$ の各交点］

これらの波動関数の等高線図の例を図 11·2 にプロットしてある．これは図 9·4 に示した波動関数の二次元版である．一次元では波動関数は両端を固定した弦の振動に似ているが，二次元では辺を固定した長方形の板の振動に対応する．

(b) 縮　退

二次元の箱が長方形でなく正方形で $L_1 = L_2 = L$ の場合には，上の解に特別な事情が発生する．このときの波動関数とエネルギーは，

$$\psi_{n_1, n_2}(x, y) = \frac{2}{L} \sin\left(\frac{n_1 \pi x}{L}\right) \sin\left(\frac{n_2 \pi y}{L}\right)$$

$$0 \le x \le L \text{ および } 0 \le y \le L$$

　　　　　　　　　　正方形の箱　波動関数　（11·5a）

$$\psi_{n_1, n_2}(x, y) = 0 \quad 箱の外$$

$$E_{n_1, n_2} = (n_1^2 + n_2^2) \frac{h^2}{8mL^2}$$

　　　　　　　　　　正方形の箱　エネルギー準位　（11·5b）

である．$n_1 = 1$，$n_2 = 2$ の場合と $n_1 = 2$，$n_2 = 1$ の場合を考えればつぎのようになる．

$$\psi_{1,2} = \frac{2}{L} \sin\left(\frac{\pi x}{L}\right) \sin\left(\frac{2\pi y}{L}\right) \quad E_{1,2} = \frac{5h^2}{8mL^2}$$

$$\psi_{2,1} = \frac{2}{L} \sin\left(\frac{2\pi x}{L}\right) \sin\left(\frac{\pi y}{L}\right) \quad E_{2,1} = \frac{5h^2}{8mL^2}$$

両者の波動関数は異なるが，そのエネルギーは同じである．このように，エネルギーが同じでありながら波動関数が異なる状況を表すのに**縮退**[1]という用語を使う．いまの場合は，エネルギーが $5h^2/8mL^2$ の状態は"二重縮退[2]"

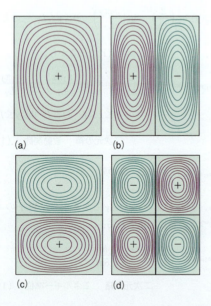

図 11·2　長方形の面内に閉じ込められた粒子の波動関数を，振幅が等しい点を結んだ等高線図で描いたもの．(a) $n_1 = 1$, $n_2 = 1$, 最低エネルギーの状態，(b) $n_1 = 1$, $n_2 = 2$，(c) $n_1 = 2$, $n_2 = 1$，(d) $n_1 = 2$, $n_2 = 2$．

---

1) degeneracy　2) doubly degenerate

しているという.

縮退が現われることは系の対称性と関係がある．図 11・3 に縮退した二つの波動関数 $\psi_{1,2}$ と $\psi_{2,1}$ の等高線図を示してある．この箱は正方形であるから，平面を 90°回転すれば一方の波動関数を他方に変換できる．箱が正方形でなければ 90°回転しても相互変換はできないから，$\psi_{1,2}$ と $\psi_{2,1}$ は縮退しない．量子力学系では縮退の例がいろいろ現われるが（たとえば，水素原子の場合は「トピック 17」にある），いずれの場合も，その起源を系の対称性に求めることができる．

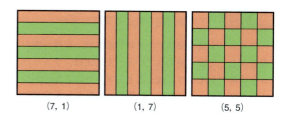

図 11・4 偶然の縮退は，隠れた対称性に起因している．ここに示す三つの状態は互いに縮退しているが，明確な対称性で関係づけられるのは左の二つの状態 (7, 1) と (1, 7) だけである．右の状態 (5, 5) については，この正方形にどんな対称操作をしても，ほかの二つの状態との関係が見当たらない．それぞれの状態について，節の位置だけを示してある．

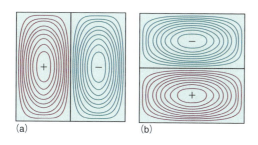

図 11・3 正方形の井戸に閉じ込められた粒子の波動関数．一方の波動関数を 90°回転させると他方に変換されることに注意しよう．この二つの関数は同じエネルギーに対応する．真の縮退は，このように対称性に起因している．

11・2 三次元の運動

さて，最後の段階として三次元へ進もう．この系では，質量 m の粒子が x 方向の長さ L_1，y 方向の長さ L_2，z 方向の長さ L_3 の箱に閉じ込められている．箱の中ではポテンシャルエネルギーが 0 で，壁とその内部では無限大である．この系は，巨視的なサイズの容器に入れた気体を量子力学系として扱う場合や，固体中の小さな空洞に閉じ込められた電子を扱う場合のモデルとして使える．

三次元への拡張は簡単で，波動関数にもう一つの因子が追加されて，

$$\psi_{n_1, n_2, n_3}(x, y, z)$$

$$= \left(\frac{8}{L_1 L_2 L_3}\right)^{1/2} \sin\left(\frac{n_1 \pi x}{L_1}\right) \sin\left(\frac{n_2 \pi y}{L_2}\right) \sin\left(\frac{n_3 \pi z}{L_3}\right)$$

$$0 \leq x \leq L_1,\ 0 \leq y \leq L_2,\ 0 \leq z \leq L_3$$

三次元の箱　波動関数　(11・6a)

となる（変数分離法で証明できる）．箱の外ではポテンシャルが無限大であるから，その波動関数は 0 である．同様にエネルギーについても z 方向の運動からの第 3 の寄与がある．そこで，

$$E_{n_1, n_2, n_3} = \left(\frac{n_1^2}{L_1^2} + \frac{n_2^2}{L_2^2} + \frac{n_3^2}{L_3^2}\right)\frac{h^2}{8m}$$

三次元の箱　エネルギー準位　(11・6b)

となる．量子数 n_1, n_2, n_3 はすべて正の整数 1, 2, … であり，互いに独立に変化できる．系には零点エネルギーがあり（立方体の箱なら $E_{1,1,1} = 3h^2/8mL^2$），二次元系の場合と同じで真の縮退も偶然の縮退もありうる．

簡単な例示 11・3　二次元の箱で見られる縮退

一辺の長さ L の正方形の箱の中にある 1 個の粒子について，$n_1 = 1$，$n_2 = 7$ の状態のエネルギーは，

$$E_{1,7} = (1^2 + 7^2)\frac{h^2}{8mL^2} = \frac{50h^2}{8mL^2}$$

である．この状態は，$n_1 = 7$，$n_2 = 1$ の状態と縮退している．したがって，エネルギー準位 $50h^2/8mL^2$ が二重縮退していることはすぐわかる．しかし，系によっては，対称性によって明らかに関係づけられる縮退でなく，"偶然の" 縮退を示す状態もある．いまの例では，$n_1 = 5$，$n_2 = 5$ の状態のエネルギーも $50h^2/8mL^2$ なのである（図 11・4）．すぐにはわからないが，偶然の縮退も何らかの対称性に起因している場合が多い．水素原子にも偶然の縮退が見られる（トピック 17）．

自習問題 11・3　辺の長さが $L_1 = L$ と $L_2 = 2L$ の長方形の箱の中の粒子について，その状態 (4, 4) と偶然縮退の関係にある状態 (n_1, n_2) を求めよ． ［答：(2, 8)］

例題 11·1　立方体の箱で起こる遷移の解析

アルカリ金属の液体アンモニア溶液は，有機合成の還元剤として広く使われている．たとえば，ナトリウムを液体アンモニアに加えると，アンモニア分子がつくる直径 0.30 nm の空洞に効果的に捕捉された溶媒和電子ができる．この溶媒和電子は，立方体の箱の中で自由に動ける粒子としてモデル化できるとしよう．その箱の一辺を 0.30 nm とすれば，この電子が最低エネルギーの状態からその次のエネルギーの状態へ遷移を起こすためにはどれだけのエネルギーが必要か．

解法　量子化されたエネルギーは (11·6b) 式で与えられる．最低エネルギー状態の量子数は $n_1 = 1, n_2 = 1, n_3 = 1$ である．この電子は，次にエネルギーの低い量子数 $n_1 = 2, n_2 = 1, n_3 = 1$ の状態へと遷移する．$\Delta E = E_{2,1,1} - E_{1,1,1}$ を計算すればよい．〔$(1, 2, 1)$ や $(1, 1, 2)$ の状態への遷移としても同じ答が得られる．〕

解答　(11·6b) 式に $L_1 = L_2 = L_3 = L = 0.30 \times 10^{-9}$ m を代入すれば，

$$\Delta E = E_{2,1,1} - E_{1,1,1}$$

$$= (2^2 + 1^2 + 1^2)\frac{h^2}{8mL^2} - (1^2 + 1^2 + 1^2)\frac{h^2}{8mL^2}$$

$$= \frac{3h^2}{8mL^2} = \frac{3 \times (6.626 \times 10^{-34}\,\text{J s})^2}{8 \times (9.109 \times 10^{-31}\,\text{kg}) \times (0.30 \times 10^{-9}\,\text{m})^2}$$

$$= 2.0 \times 10^{-18}\,\text{J}$$

を得る．これは 2.0 aJ である．もし，この遷移が放射線の吸収によってひき起こされれば，ボーアの振動数条件（「トピック 4」の 4·4 式）によってその遷移振動数は $\nu = \Delta E/h = 3.0 \times 10^{15}$ Hz となる．これは波長 100 nm に相当している．

自習問題 11·4　ナトリウムの希薄アンモニア溶液では，溶媒和電子による波長 1.5 μm を中心とする幅広い吸収があり，この溶液の青色の原因である．この溶媒和電子を三次元の箱の中の粒子のモデルで表せば，箱の一辺 L をいくらにすればこの波長の吸収が説明できるか．　　　　　　　　［答: $L = 1.2$ nm］

チェックリスト

□ 1. 二次元や三次元の箱の中の粒子の波動関数は，一次元の場合の波動関数の積で表される．

□ 2. 二次元や三次元の箱の中の粒子のエネルギーは，それぞれ二次元や三次元の箱の粒子のエネルギーの和で表される．

□ 3. 二次元の箱の中の粒子の零点エネルギーは，量子数 $(n_1 = 1, n_2 = 1)$ の状態に相当している．三次元の場合は量子数 $(n_1 = 1, n_2 = 1, n_3 = 1)$ の状態である．

□ 4. **縮退**が起こるのは，異なる波動関数が同じエネルギーに相当する場合である．

□ 5. 縮退が起こるのは，系の対称性に起因する．

重要な式の一覧

性　質	式	備　考	式番号
二次元の箱の中の粒子の波動関数	$\psi_{n_1, n_2}(x, y) = (2/(L_1 L_2)^{1/2}) \sin(n_1 \pi x/L_1) \sin(n_2 \pi y/L_2)$ $0 \leq x \leq L_1, \ 0 \leq y \leq L_2$ $\psi_{n_1, n_2}(x, y) = 0$　箱の外	$n_1, n_2 = 1, 2, \cdots$	11·4a
二次元の箱の中の粒子のエネルギー	$E_{n_1, n_2} = (n_1^2/L_1^2 + n_2^2/L_2^2)\,h^2/8m$	$n_1, n_2 = 1, 2, \cdots$	11·4b
三次元の箱の中の粒子の波動関数	$\psi_{n_1, n_2, n_3}(x, y, z) = \left\{8/(L_1 L_2 L_3)\right\}^{1/2} \sin(n_1 \pi x/L_1) \sin(n_2 \pi y/L_2) \sin(n_3 \pi z/L_3)$ $0 \leq x \leq L_1, \ 0 \leq y \leq L_2, \ 0 \leq z \leq L_3$ $\psi_{n_1, n_2, n_3}(x, y, z) = 0$　箱の外	$n_1, n_2, n_3 = 1, 2, \cdots$	11·6a
三次元の箱の中の粒子のエネルギー	$E_{n_1, n_2, n_3} = (n_1^2/L_1^2 + n_2^2/L_2^2 + n_3^2/L_3^2)\,h^2/8m$	$n_1, n_2, n_3 = 1, 2, \cdots$	11·6b

トピック **12**

振 動 運 動

内 容

12·1 エネルギー準位
　　　　簡単な例示 12·1　二原子分子の
　　　　　　　　　　　　振動エネルギーの間隔

12·2 波動関数
　　　　例題 12·1　波動関数がシュレーディンガー
　　　　　　　　　　方程式の解であることの確認
　　　　例題 12·2　調和振動子の波動関数の規格化
　　　　例題 12·3　調和振動子の節の位置の求め方

12·3 振動子の性質
　　(a) 平均値
　　　　例題 12·4　調和振動子の性質の計算
　　(b) トンネル現象
　　　　例題 12·5　調和振動子の
　　　　　　　　　　トンネル確率の計算

12·4 調和振動子モデルの化学での応用
　　(a) 分子動力学
　　　　簡単な例示 12·2　結合角の変化に要する
　　　　　　　　　　　　　　　　　　エネルギー
　　(b) 速度論的同位体効果
　　　　簡単な例示 12·3　一次速度論的同位体効果

チェックリスト
重要な式の一覧

➤ 学ぶべき重要性

　赤外分光法 (トピック 43) で基礎になるのは，分子振動の検出とその振動数の解釈である．熱容量 (トピック 58) などの熱力学的性質を説明するのにも分子振動について理解しておく必要がある．分子振動は化学反応の速度を決める重要な役目をしているから，化学反応速度論 (トピック 89) を量子力学的な側面か

ら考察するための準備としても，ここで学習する事項は重要である．

➤ 習得すべき事項

　調和振動子のエネルギー準位は，等間隔のはしご状になっていて，その最下段は零点エネルギーに相当する．その波動関数は多項式とガウス関数 (ベル形) の積で表される．

➤ 必要な予備知識

　ポテンシャルエネルギー関数が与えられたときのシュレーディンガー方程式のつくり方 (トピック 6) を知っている必要がある．また，トンネル現象の概念 (トピック 10) やオブザーバブルの期待値 (トピック 7) についても理解していなければならない．最後の節については，速度定数と活性化エネルギーの考え (トピック 85) について知っている必要がある．

　分子内や固体中でいろいろな結合が伸びたり縮んだり，曲がったりしても，原子はその平均位置のまわりを振動している．本トピックでは，ある特別なタイプの振動運動として一次元の "調和運動" を考えよう．**調和運動**[1] というのは，粒子がその変位に比例する復元力，

$$F = -k_f x \qquad \text{調和運動} \quad \boxed{\text{復元力}} \quad (12·1)$$

を受けているときの運動である．k_f は**力の定数**[2]で，"バネ" が硬いほど k_f の値は大きい．力はポテンシャルエネルギーと $F = -dV/dx$ の関係があるから (「トピック 2」を見よ)，(12·1) 式の力は粒子のポテンシャルエネルギー，

$$V(x) = \frac{1}{2} k_f x^2 \qquad \boxed{\begin{array}{l}\text{放物線形}\\\text{ポテンシャルエネルギー}\end{array}} \quad (12·2)$$

に相当する．x は粒子が平衡位置から変位した距離である．この式は，放物線 (図 12·1) を表す式であり，調和振動子に特有のポテンシャルエネルギーを "放物線形ポテンシャ

---

1) harmonic motion　2) force constant

ルエネルギー"というのはこれに由来する．したがって，質量 m の粒子についてのシュレーディンガー方程式は，

$$-\frac{\hbar^2}{2m}\frac{d^2\psi(x)}{dx^2}+\frac{1}{2}k_f x^2\psi(x)=E\psi(x)$$

調和振動子　シュレーディンガー方程式　(12・3)

となる．波動関数は境界条件を満たさなければならないから (箱の中の粒子については「トピック9」で述べた)，この振動子のエネルギーは量子化していると予想できる．すなわち，非常に大きく伸びたところではポテンシャルエネルギーが無限大まで上がるから，そこには粒子が見つからないのである．そこで，$x=\pm\infty$ で $\psi=0$ になるという境界条件を課すと，波動関数とそれに対応するエネルギーとして許されるものが限定される．

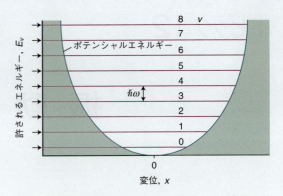

図12・2　調和振動子のエネルギー準位は一定の間隔 $\hbar\omega$ で並んでいる．ここで，$\omega=(k_f/m)^{1/2}$ である．最低エネルギー状態でも振動子は0より大きなエネルギーをもつ．

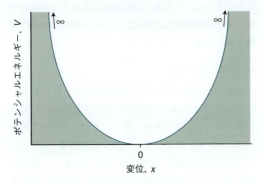

図12・1　調和振動子の放物線形ポテンシャルエネルギー $V=\frac{1}{2}k_f x^2$．x は平衡位置からの変位である．曲線の開き具合は力の定数 k_f に依存し，k_f の値が大きいほど井戸は狭い．

12・1　エネルギー準位

(12・3) 式は微分方程式としては標準的なもので，その解は数学者にはよく知られている[†]．許されるエネルギー準位は，

$$E_v=(v+\tfrac{1}{2})\hbar\omega \qquad \omega=\left(\frac{k_f}{m}\right)^{1/2}$$

$$v=0,1,2,\cdots$$

調和振動子　エネルギー準位　(12・4)

である．v は**振動量子数**[1]である．力の定数が大きく質量が小さいとき，ω (オメガ) は大きいことに注目しよう．これから，隣り合う準位間の間隔は，

$$E_{v+1}-E_v=\hbar\omega \qquad (12\cdot 5)$$

となり，これはすべての v について同じである．したがっ

て，このエネルギー準位は段の間隔が $\hbar\omega$ で一様なはしごを形成している (図12・2)．巨視的な (質量の大きな) 物体にとっては，このエネルギー間隔 $\hbar\omega$ はきわめて小さいから，その振動運動を表すには古典力学で十分である．しかしながら，原子の質量の程度の物体では，このエネルギー間隔は非常に重要である．

v の許される最小値は0であるから，(12・4) 式によれば，調和振動子には零点エネルギー，

$$E_0=\tfrac{1}{2}\hbar\omega \qquad 調和振動子　零点エネルギー　(12\cdot 6)$$

がある．零点エネルギーがあることの数学的な理由は，v が負の値をとれないということであって，もし負の値をとれば波動関数が境界条件に従わないからである．物理的な理由は，箱の中の粒子の場合と同じである (トピック9)．すなわち，粒子は閉じ込められているから，その位置は完全に不確定にならないのである．したがって，その運動量や運動エネルギーは，厳密には0になれない．この零点状態は，粒子がその平衡位置のまわりに絶え間なくゆらいでいる状態であると想像できる．一方，古典力学では粒子は完全に静止してもかまわない．

分子内の原子は，結合がバネの働きをしているから互いに相対的に振動している．そこで起こる疑問は，どんな質量の値を使えばその振動数を予測できるかということである．一般には，その質量として使えるのは動いている原子すべての質量の複雑な組合わせとなり，それぞれの寄与は各原子の運動の振幅を重みとして掛けたもので表される．その振幅は運動モードに依存しており，たとえば，その振動が変角運動によるものか伸縮運動によるものかで違う．そこで，各振動モードには固有の"実効質量"がある．しかしながら，二原子分子 AB では振動モードは1個しかな

[†] 詳細については，"Molecular quantum mechanics"，Oxford University Press, Oxford (2011) を見よ．
[1] vibrational quantum number

く，その結合の伸縮運動に相当しているから，**実効質量**[1] μ は非常に単純なつぎの形で表せる．

$$\mu = \frac{m_A m_B}{m_A + m_B} \qquad \text{二原子分子} \quad \boxed{\text{実効質量}} \quad (12\cdot7)$$

原子 A が原子 B よりずっと重ければ，この式の分母にある m_B は無視できるから，実効質量は $\mu \approx m_B$ である．これが妥当な結果と思えるのは，レンガ壁のように重い原子を相手にすれば，軽い原子だけが動いて，それが振動数をほぼ決めるからである．

簡単な例示 12·1　二原子分子の振動エネルギーの間隔

$^1H^{35}Cl$ の実効質量は，

$$\mu = \frac{m_H m_{Cl}}{m_H + m_{Cl}} = \frac{(1.0078 m_u) \times (34.9689 m_u)}{(1.0078 m_u) + (34.9689 m_u)}$$
$$= 0.9796 m_u$$

であり，プロトンの質量に近い．この結合の力の定数は $k_f = 516.3\,\mathrm{N\,m^{-1}}$ である．そこで，(12·4) 式の m を μ に置き換えれば，

$$\omega = \left(\frac{k_f}{\mu}\right)^{1/2} = \left\{\frac{516.3\,\mathrm{N\,m^{-1}}}{0.9796 \times (1.660\,54 \times 10^{-27}\,\mathrm{kg})}\right\}^{1/2}$$
$$= 5.634 \times 10^{14}\,\mathrm{s^{-1}}$$

となる（$1\,\mathrm{N} = 1\,\mathrm{kg\,m\,s^{-2}}$ を使った）．したがって，隣の準位との間隔は (12·5 式から)，

$$E_{v+1} - E_v = (1.054\,57 \times 10^{-34}\,\mathrm{J\,s}) \times (5.634 \times 10^{14}\,\mathrm{s^{-1}})$$
$$= 5.941 \times 10^{-20}\,\mathrm{J}$$

となる．これは 59.41 zJ であり，約 0.37 eV である．また，このエネルギー間隔は $36\,\mathrm{kJ\,mol^{-1}}$ に相当し，化学的にはかなり大きな値である．この分子の振動子の零点エネルギー (12·6 式) は 29.71 zJ であり，0.19 eV すなわち $18\,\mathrm{kJ\,mol^{-1}}$ に相当する．

自習問題 12·1　水素原子 1 個が金のナノ粒子の表面に吸着してできた結合の力の定数が $855\,\mathrm{N\,m^{-1}}$ であったとしよう．その零点振動エネルギーを計算せよ．　　[答：37.7 zJ，$22.7\,\mathrm{kJ\,mol^{-1}}$，0.24 eV]

「簡単な例示 12·1」の結果によれば，この振動子を励起するには振動数 $\nu = \Delta E/h = 90\,\mathrm{THz}$ の放射線が必要である．その波長は $\lambda = c/\nu = 3.3\,\mu\mathrm{m}$ である．そこで，分子の隣接する振動エネルギー準位間の遷移は，赤外線を照射して励起したり，赤外線を放出したりすることによって起こるのである（トピック 43）．

12·2　波　動　関　数

箱の中の粒子（トピック 9）と同じで，調和振動で運動している粒子は，変位が十分大きくなるとポテンシャルエネルギーの値が大きくなる（最終的には無限大になる）という対称的な形の井戸に捕捉されている（図 9·1 と図 12·1 を比較せよ）．しかし，両者にはつぎのような重要な違いが二つある．

- 振動子のポテンシャルエネルギーは突然に無限大になるのではなく，x^2 に従って上昇するから，変位の大きなところでの波動関数は箱の中の粒子の場合よりもずっとゆっくりと 0 に近づく．
- 振動子の運動エネルギーは（ポテンシャルエネルギーが変位によって変化するから）もっと複雑な形で変位に依存し，波動関数の曲率もずっと複雑な変わり方をする．

以上のことは，(12·3) 式の解の具体的な形を見ればわかるが，調和振動子の波動関数は，

$$\psi(x) = N \times (x\,の多項式) \times (ベル形のガウス関数)$$

という形をしている．N は規格化定数である．ガウス関数は，e^{-x^2} の形のベル形の関数である（図 12·3）．この波動関数の厳密な形は，

$$\psi_v(x) = N_v H_v(y) e^{-y^2/2} \qquad y = \frac{x}{\alpha} \qquad \alpha = \left(\frac{\hbar^2}{m k_f}\right)^{1/4}$$

$$\text{調和振動子} \quad \boxed{\text{波動関数}} \quad (12\cdot8)$$

である．$H_v(y)$ は**エルミート多項式**[2]で，その形とおもな性質を表 12·1 に掲げてある．エルミート多項式は，"直交多項式[3]" といわれる関数に属するが，非常に多くの重要な性質があって，それによっていろいろな量子力学の計算が比較的容易になっている．たとえば，$H_0(y) = 1$ や $H_1(y) = 2y$ など，最初のいくつかのエルミート多項式は非常に

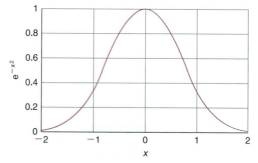

図 12·3　ガウス関数 $f(x) = e^{-x^2}$ のグラフ

---

1) effective mass　2) Hermite polynomial　3) orthogonal polynomial

表 12・1　エルミート多項式 $H_v(y)$

v	$H_v(y)$
0	1
1	$2y$
2	$4y^2 - 2$
3	$8y^3 - 12y$
4	$16y^4 - 48y^2 + 12$
5	$32y^5 - 160y^3 + 120y$
6	$64y^6 - 480y^4 + 720y^2 - 120$

エルミート多項式は，つぎの微分方程式の解である．
$$H_v'' - 2yH_v' + 2vH_v = 0$$
式中のプライムは微分を表している．この多項式は，つぎの漸化式を満たしている．
$$H_{v+1} - 2yH_v + 2vH_{v-1} = 0 \qquad \frac{dH_v}{dy} = 2vyH_{v-1}$$
関連する重要な積分として，
$$\int_{-\infty}^{\infty} H_{v'}H_v e^{-y^2} dy = \begin{cases} 0 & v' \neq v \\ \pi^{1/2} 2^v v! & v' = v \end{cases}$$
がある．

単純な多項式で表されることに注目しよう．
$H_0(y) = 1$ であるから，調和振動子の基底状態 ($v=0$ の最低エネルギー状態) の波動関数は，
$$\psi_0(x) = N_0 e^{-y^2/2} = N_0 e^{-x^2/2\alpha^2}$$

調和振動子　基底状態の波動関数　(12・9a)

であり，これに対応する確率密度は，
$$\psi_0^2(x) = N_0^2 e^{-y^2} = N_0^2 e^{-x^2/\alpha^2}$$

調和振動子　基底状態の確率密度　(12・9b)

である．この波動関数と確率密度を図 12・4 に示してある．どちらの曲線も，変位 0 のところ ($x=0$) で最大値をとる．

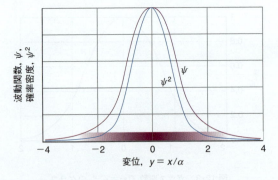

図 12・4　調和振動子の最低エネルギー状態の規格化された波動関数と確率密度 (色の濃淡でも示してある)．二つの曲線は $x=0$ の最大値で合わせてある．

が，これは，零点エネルギーというのは平衡位置の近傍での粒子の絶え間ないゆらぎに起因するという古典的な見方に対応している．

例題 12・1　波動関数がシュレーディンガー方程式の解であることの確認

基底状態の波動関数 (12・9a 式) がシュレーディンガー方程式 (12・3 式) の解であることを確かめよ．

解法　(12・9a) 式の波動関数を (12・3) 式に代入する．(12・8) 式にある α の定義を使って (12・3) 式の右辺のエネルギーを求め，それが (12・6) 式で与えられる零点エネルギーと合っていることを確かめればよい．

解答　基底状態の波動関数の二階導関数を求める必要がある．それは，
$$\frac{d}{dx} N_0 e^{-x^2/2\alpha^2} = -N_0 \left(\frac{x}{\alpha^2}\right) e^{-x^2/2\alpha^2}$$
$$\frac{d^2}{dx^2} N_0 e^{-x^2/2\alpha^2} = \frac{d}{dx}\left\{-N_0\left(\frac{x}{\alpha^2}\right)e^{-x^2/2\alpha^2}\right\}$$
$$= -\frac{N_0}{\alpha^2} e^{-x^2/2\alpha^2} + N_0\left(\frac{x}{\alpha^2}\right)^2 e^{-x^2/2\alpha^2}$$
$$= -(1/\alpha^2)\psi_0 + (x^2/\alpha^4)\psi_0$$

となる．ψ_0 を (12・3) 式に代入し，α の定義 (12・8 式) を使えば次式が得られる．
$$\frac{\hbar^2}{2m}\left(\frac{mk_f}{\hbar^2}\right)^{1/2}\psi_0 - \frac{\hbar^2}{2m}\left(\frac{mk_f}{\hbar^2}\right)x^2\psi_0 + \frac{1}{2}k_f x^2 \psi_0$$
$$= E\psi_0$$

左辺の第 2 項と第 3 項は相殺するから $E = \frac{1}{2}\hbar(k_f/m)^{1/2}$ が得られる．これは零点エネルギーを表す (12・6) 式と合っている．

自習問題 12・2　(12・10) 式の波動関数が (12・3) 式の解であることを確かめ，そのエネルギーを求めよ．

[答: $E = \frac{3}{2}\hbar\omega$]

調和振動子の第一励起状態，つまり $v=1$ の状態の波動関数は，
$$\psi_1(x) = N_1(2y)e^{-y^2/2} = N_1\left(\frac{2}{\alpha}\right)x e^{-x^2/2\alpha^2}$$

調和振動子　第一励起状態の波動関数　(12・10)

である．この関数は，変位 0 のところ ($x=0$) に節をもち，確率密度は $x = \pm\alpha$ で最大になる (図 12・5)．

はじめの数個の波動関数の形を図 12・6 に示し，対応す

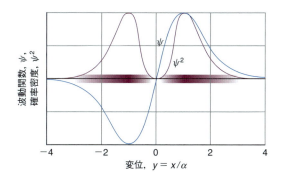

図 12・5 調和振動子の第一励起状態の規格化された波動関数と確率密度(色の濃淡でも示してある). 二つの曲線は $x = \alpha$ の極大値で合わせてある.

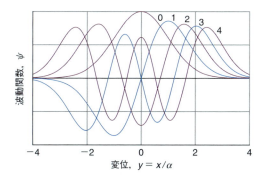

図 12・6 調和振動子の最初の五つの状態の規格化された波動関数. 節の数は v の値に等しく,波動関数は $y = 0$ (変位 0)に関して交互に対称,反対称となっている.

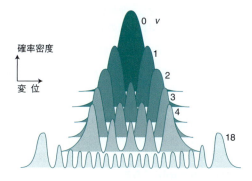

図 12・7 調和振動子の最初の五つの状態と, $v = 18$ の状態の確率密度. v が増えるにつれて,最大確率密度の領域が古典的な運動の転回点に向かって動く様子がわかる.

る確率密度の形を図 12・7 に示す.量子数が大きくなると,調和振動子の波動関数は古典的な運動の転回点($V = E$ となる点であるから,運動エネルギーは 0 である)付近で最大の振幅をもつ.古典的な粒子を最も見つけやすいところは転回点(最もゆっくり動くところ)であり,一番見つけにくいのは変位 0 の位置(最高速度で通過するところ)であるから,量子数の大きい対応原理の極限で古典的な性質が現れることがわかる(トピック 9).

調和振動の波動関数に見られる特徴をまとめておこう.

物理的な解釈

- ガウス関数は変位が大きくなるにつれて(どちら向きにも)非常に急速に 0 に近づくから,すべての波動関数は変位の大きいところで 0 に近づく.
- 指数 y^2 は $x^2 \times (mk_f)^{1/2}$ に比例するから,質量が大きく,バネが硬いほど波動関数は急激に減衰する.
- v が大きくなるにつれて,エルミート多項式は変位の大きなところで(x^v に従って)どんどん大きくなる.そのため,ガウス関数が 0 に減衰してしまう直前の波動関数は大きく成長する.その結果,v が大きくなると,波動関数の広がりの範囲がいっそう拡大することになる(図 12・7).

例題 12・2　調和振動子の波動関数の規格化

調和振動子の波動関数の規格化定数を求めよ.

解法 規格化するには,全空間にわたって $|\psi|^2$ の積分の計算を行い,そのあとで (5・2) 式から規格化因子を求める.規格化された波動関数は $N\psi$ に等しいことになる.この一次元の問題では,体積素片は dx で,$-\infty$ から $+\infty$ までの間で積分する.波動関数は無次元の変数 $y = x/\alpha$ で表される.したがって,$dx = \alpha\, dy$ を使って積分を y で表すことから始めればよい.必要な積分は表 12・1 に与えられている.

解答 規格化されていない波動関数は,
$$\psi_v(x) = H_v(y) e^{-y^2/2}$$
である.表 12・1 にある積分から,
$$\int_{-\infty}^{\infty} \psi_v^* \psi_v\, dx = \alpha \int_{-\infty}^{\infty} \psi_v^* \psi_v\, dy$$
$$= \alpha \int_{-\infty}^{\infty} H_v^2(y) e^{-y^2} dy = \alpha \pi^{1/2} 2^v v!$$
となる.$v! = v(v-1)(v-2)\cdots 1$ である.したがって,
$$N_v = \left(\frac{1}{\alpha \pi^{1/2} 2^v v!}\right)^{1/2}$$
である.箱の中の粒子の場合の規格化定数と違って,調和振動子では N_v は v の値ごとに異なることに注意しよう.

自習問題 12・3 積分をきちんと計算して,ψ_0 と ψ_1 が直交することを確かめよ.

[答: 表 12・1 の情報を使って,積分 $\int_{-\infty}^{\infty} \psi_0^* \psi_1\, dx$ を計算すれば確かめられる.]

例題 12・3　調和振動子の節の位置の求め方

「簡単な例示 12・1」にある H–Cl 結合を考えよう．この分子が $v=2$ で調和振動をしているとして，その結合長の分子を見いだす確率密度が 0 となるような H–Cl 結合の長さを求めよ．ただし，平衡結合長は 120 pm である．

解法　$v=2$ の調和振動子で，ある結合長の分子を見いだす確率密度が 0 の点というのは，この波動関数の節である．ガウス関数は 0 をよぎらないから，節の位置はエルミート多項式が 0 をよぎるところの x の値である．x は平衡位置からの変位を表している．

解答　$H_2(y)=4y^2-2$ であるから，$4y^2-2=0$ を解けばよい．この解は $y=\pm(1/2)^{1/2}$ である．したがって，節の位置は $x=\pm\alpha/(2^{1/2})$ にある．(12・8) 式の m を μ に置き換えれば x が得られる．

$$x = \pm\frac{\alpha}{2^{1/2}} = \pm\left(\frac{\hbar^2}{4\mu k_f}\right)^{1/4}$$

$$= \pm\left\{\frac{(1.055\times10^{-34}\,\mathrm{J\,s})^2}{4\times0.9796\times(1.661\times10^{-27}\,\mathrm{kg})\times(516.3\,\mathrm{Nm^{-1}})}\right\}^{1/4}$$

$$= \pm7.59\,\mathrm{pm}$$

x は平衡位置からの変位であるから，この変位は H–Cl 結合距離としては 112 pm と 128 pm に相当する．v がもっと大きい場合には，0 の点を探すのに数値解法（たとえば，数学ソフトウエアの根抽出法）を使うのが最善で，その必要がしばしばある．

自習問題 12・4　この分子が $v=3$ に振動励起されているとしよう．その結合長の分子が見いだされないような結合距離を求めよ．

　　［答：$x=0,\ \pm\alpha(3/2)^{1/2}$；120 pm，107 pm，133 pm］

12・3　振動子の性質

ある性質の平均値は対応する演算子の期待値（7・2a 式）を計算すれば得られる．調和振動子の波動関数が得られたから，その性質を詳しく調べる段階になった．それには，つぎの積分を計算すればよい．

$$\langle\Omega\rangle = \int_{-\infty}^{\infty}\psi_v^*\hat{\Omega}\psi_v\,\mathrm{d}x \tag{12・11}$$

（以下では，波動関数はすべて 1 に規格化されているものとする．）この積分に波動関数をそのまま代入すると，かなり複雑そうに見えるが，エルミート多項式は単純化できる特徴を備えている．

(a) 平　均　値

つぎの例題で示すように，振動子が量子数 v の状態にあ

るときの平均変位 $\langle x\rangle$ および平均二乗変位 $\langle x^2\rangle$ は次式で与えられる．

$$\langle x\rangle = 0 \qquad 調和振動子 \quad \boxed{平均変位} \tag{12・12a}$$

$$\langle x^2\rangle = \left(v+\frac{1}{2}\right)\frac{\hbar}{(mk_f)^{1/2}}$$

$$調和振動子 \quad \boxed{平均二乗変位} \tag{12・12b}$$

$\langle x\rangle$ の結果を見ると，（古典的な振動子と同じで）$x=0$ のどちらの側にも同程度に振動子を見いだせることがわかる．$\langle x^2\rangle$ の結果からは，平均二乗振幅が v とともに増加することがわかる．このように増加することは，図 12・7 の確率密度から明らかであり，これは振動子の励起が高まるにつれて古典的な振動の振幅が大きくなることに対応している．

例題 12・4　調和振動子の性質の計算

「簡単な例示 12・1」で取上げた H–Cl 分子の調和振動子としての運動を考えよう．この振動子が量子数 v の量子状態にあるときの平均変位を計算せよ．

解法　期待値を計算するには，規格化された波動関数を使わなければならない．x 方向の位置の演算子は，x の値を掛けることである（トピック 6）．その積分はつぎのどちらかで計算できる．

- 関数を見た目で検討し，単純化する．（この被積分関数は，偶関数と奇関数の積の形をしている．）
- 表 12・1 にある公式を使って実際に計算する．

前者は，偶関数の定義 $f(-x)=f(x)$ と奇関数の定義 $f(-x)=-f(x)$ を利用するやり方である．すなわち，奇関数と偶関数の積は奇関数であり，$x=0$ を中心とする対称な領域にわたって奇関数を積分すれば 0 である．ここでは，後者のやり方で積分計算を実行し，期待値の計算の練習をしよう．$x=\alpha y$ という関係が必要になる．$\mathrm{d}x=\alpha\,\mathrm{d}y$ である．

解答　必要な積分は，

$$\langle x\rangle = \int_{-\infty}^{\infty}\psi_v^*\,x\,\psi_v\,\mathrm{d}x$$

$$= N_v^2\int_{-\infty}^{\infty}(H_v\,\mathrm{e}^{-y^2/2})\,x\,(H_v\,\mathrm{e}^{-y^2/2})\,\mathrm{d}x$$

$$= \alpha^2 N_v^2\int_{-\infty}^{\infty}(H_v\,\mathrm{e}^{-y^2/2})\,y\,(H_v\,\mathrm{e}^{-y^2/2})\,\mathrm{d}y$$

$$= \alpha^2 N_v^2\int_{-\infty}^{\infty}H_v\,y\,H_v\,\mathrm{e}^{-y^2}\,\mathrm{d}y$$

トピック12 振動運動 101

である．ここで漸化式（表12·1）を書き換えて，

$$yH_v = vH_{v-1} + \frac{1}{2}H_{v+1}$$

とし，これを使えば上の積分は，

$$\int_{-\infty}^{\infty} H_v y H_v \, e^{-y^2} \, dy$$

$$= v\int_{-\infty}^{\infty} H_v H_{v-1} e^{-y^2} dy + \frac{1}{2}\int_{-\infty}^{\infty} H_v H_{v+1} e^{-y^2} dy$$

となる．右辺の積分項はどちらも0であるから（表12·1を見よ），$\langle x \rangle = 0$である．平衡位置のどちら側への変位も同じ確率で起こるから，その平均変位は0なのである．

自習問題12·5 表12·1にある漸化式を2回使って，H−Cl結合距離の平衡位置からの平均二乗変位 $\langle x^2 \rangle$ を計算せよ．

［答：$(v+\frac{1}{2}) \times 115 \, pm^2$；（12·12b）式の$m$を$\mu$に代えて用いる］

振動子の平均ポテンシャルエネルギー，すなわち $V = \frac{1}{2}k_f x^2$ の期待値は非常に簡単に計算できて，

$$\langle V \rangle = \frac{1}{2}\langle k_f x^2 \rangle = \frac{1}{2}k_f\langle x^2 \rangle = \frac{1}{2}(v+\frac{1}{2})\hbar\left(\frac{k_f}{m}\right)^{1/2}$$

すなわち，

$$\langle V \rangle = \frac{1}{2}(v+\frac{1}{2})\hbar\omega$$

調和振動子 平均ポテンシャルエネルギー （12·13a）

となる．量子数vの状態の全エネルギーは$(v+\frac{1}{2})\hbar\omega$であるから，

$$\langle V \rangle = \frac{1}{2}E_v$$

調和振動子 平均ポテンシャルエネルギー （12·13b）

である．全エネルギーはポテンシャルエネルギーと運動エネルギーの和であるから，振動子の平均運動エネルギーは（運動エネルギー演算子を使って示すこともできるが），

$$\langle E_k \rangle = \frac{1}{2}E_v$$

調和振動子 平均運動エネルギー （12·13c）

である．

調和振動子の平均ポテンシャルエネルギーと平均運動エネルギーが等しい（したがって，どちらも全エネルギーの半分である）という結果は，つぎの**ビリアル定理**[1] の特別な場合にあたる．

粒子のポテンシャルエネルギーが $V = ax^b$ の形をもつならば，この粒子の平均ポテンシャルエネルギーと平均運動エネルギーにはつぎの関係がある．

$$2\langle E_k \rangle = b\langle V \rangle$$

ビリアル定理 （12·14）

調和振動子では$b=2$であるから，上でわかったように$\langle E_k \rangle = \langle V \rangle$となる．ビリアル定理は数多くの有用な結果を導くための近道であり，あとでまた使うことになる．

(b) トンネル現象

$V > E$のところは負の運動エネルギーにあたるから古典物理学では禁止されているが，この領域に振動子が見いだされてもよい．これはトンネル現象（トピック10）の一例である．「例題12·5」で示すように，調和振動子の最低エネルギーの状態については，古典的な限界より遠いところに振動子を見いだす見込みが約8パーセントあり，古典的に許されないところまで縮んだ距離に見いだす見込みも約8パーセントあるといえる．これらのトンネル現象を起こす確率は，力の定数にも振動子の質量にも無関係である．

例題12·5 調和振動子のトンネル確率の計算

基底状態にある調和振動子が，古典的には禁止されている領域に見いだされる確率を計算せよ．

解法 調和振動子の古典的な転回点，つまり運動エネルギーが0となる位置x_{tp}を表す式を見つけることである．それには，調和振動子のポテンシャルエネルギーが全エネルギーEに等しいとおけばよい．次に（5·5）式を使って，この振動子が古典的な転回点を越えて伸びている確率を計算する（トピック5）．すなわち，

$$P = \int_{x_{tp}}^{\infty} \psi_v^2 \, dx$$

である．ここでの積分変数は $y = x/\alpha$ で表すとよい．そうすれば，この積分は誤差関数 $erf\,z$（巻末の「資料」にある積分G·6を見よ）の特別な場合となり，次式で定義される．

$$erf\,z = 1 - \frac{2}{\pi^{1/2}}\int_{z}^{\infty} e^{-y^2} dy$$

いくつかのzについての関数の値が表12·2にある

---

1) virial theorem

(この関数は，数学ソフトウエアのパッケージで利用できる). 対称性の要請によって，古典的には禁じられた領域に伸びたところに見いだされる確率は，同じく古典的には禁じられた領域に縮められたところに見いだされる確率に等しい.

解答 古典力学によれば，振動子の転回点 x_{tp} は運動エネルギーが0になる点であり，そこではポテンシャルエネルギー $\frac{1}{2}k_f x^2$ が全エネルギー E に等しい. そうなるのは,

$$x_{tp}^2 = \frac{2E}{k_f} \quad \text{つまり} \quad x_{tp} = \pm\left(\frac{2E}{k_f}\right)^{1/2}$$

のときである. ここで, E は (12・4) 式で与えられる. x_{tp} という変位を越えて伸ばされたところに振動子が見いだされる確率 P は, x_{tp} から無限遠の区間にある間隔 dx の中のどこかに振動子を見いだす確率 $\psi^2 dx$ を加え合わせたもの, すなわち,

$$P = \int_{x_{tp}}^{\infty} \psi_v^2 \, dx$$

である. 積分変数は $\alpha = (\hbar^2/mk_f)^{1/4}$ を使って, $y = x/\alpha$ で表すとよい. そうすれば右側（正の側）の転回点は,

$$y_{tp} = \frac{x_{tp}}{\alpha} = \left\{\frac{2(v+\frac{1}{2})\hbar\omega}{\alpha^2 k_f}\right\}^{1/2} \stackrel{\omega = (k_f/m)^{1/2}}{=} (2v+1)^{1/2}$$

にある. 最低エネルギー状態 ($v=0$) では $y_{tp} = 1$ であるから, 求める確率は,

$$P = \int_{x_{tp}}^{\infty} \psi_0^2 \, dx = \alpha N_0^2 \int_1^{\infty} e^{-y^2} dy$$

である. この積分は上で与えた誤差関数 erf z の特別な場合である. いまの場合は (N_0 については「例題 12・1」を見よ. また 0! = 1 を使う),

$$P = \tfrac{1}{2}(1 - \text{erf }1) = \tfrac{1}{2}(1 - 0.843) = 0.079$$

となる. これから, 多数回観測を行えば, その 7.9 パーセントについては, $v=0$ の状態にある振動子が古典的には禁じられているところまで伸びているのが見いだされることになる. 古典的に許される範囲を越えて縮んでいる振動子を見いだす確率もこれと同じである. こうして, 古典的に禁止されている領域にトンネルした（伸びた, あるいは縮んだ）振動子を見いだす確率は約 16 パーセントである.

自習問題 12・6 $v=1$ の状態にある調和振動子について, 古典的には禁じられている領域に伸びて見いだされる確率を計算せよ. (「例題 12・5」のやり方に従う. また, 誤差関数で表せる積分を得るには「数学の基礎1」にある部分積分法を使う.) ［答: $P = 0.056$］

表 12・2 誤差関数

z	erf z
0	0
0.01	0.0113
0.05	0.0564
0.10	0.1125
0.50	0.5205
1.00	0.8427
1.50	0.9661
2.00	0.9953

調和振動子に見られるトンネル現象は,「トピック 10」で述べたいろいろなタイプの過程に影響を与えている. たとえば, AB_3 分子のコンホメーションの変化を説明するためのポテンシャルエネルギーには, 二重井戸形ポテンシャル（トピック 10）の代わりに, もっと実際に近いモデルとして, ある障壁で隔てられた 2 個の調和振動子の（放物線形の）井戸（図 12・8）を用いる. このポテンシャル障壁を通り抜ける $v=0$ の波動関数のトンネル現象が, 反転二重分裂の原因になっている.

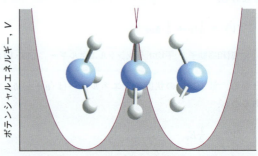

図 12・8 AB_3 形分子のコンホメーション変化を説明するためのポテンシャルエネルギーのモデル. ある障壁を隔てて 2 個の調和振動子の（放物線形の）井戸がある. （図 10・9 と比較せよ.）

古典的には禁じられた領域に振動子が見いだされる確率は, v が大きくなれば急速に減少し, 対応原理から予測されるように v が無限大では 0 になる. 巨視的な振動子（振り子など）は量子数が非常に大きな状態にあるから, そのトンネル確率はまったく無視できる. しかしながら, ふつうの分子は振動の基底状態にあるから, その確率は非常に大きいのである.

12・4 調和振動子モデルの化学での応用

調和振動子は，いろいろな現象を理解するうえで大きな助けとなる強力なモデルである．二原子分子で見たように(12・1節)，一般にすべての分子についても，その化学結合を調和振動子と考えれば分子の振動運動が量子化していることの説明ができる．このことは，分子の赤外スペクトルの解釈にも利用できる．振動分光法については「トピック43」と「トピック44」で詳しく説明する．ここでは例を二つ挙げて，調和振動子モデルがいかに強力であるかを示そう．それは，分子の動力学と化学反応の機構に関する重要な知見を与えてくれる．

(a) 分子動力学

分子は，それを構成している原子が互いに運動しているという点で常に運動している．その一例として結合の伸縮運動がある．そのほかにも，結合角が大きくなったり小さくなったりする変角運動，結合のねじれ運動，内部回転による結合と結合のひねり運動などがある．この三つの運動モードは調和運動とみなすことができる．たとえば，平衡結合角が θ_e であれば，そのポテンシャルエネルギーは，

$$V_{\text{bend}} = \frac{1}{2} k_{\text{f,bend}} (\theta - \theta_e)^2 \qquad (12 \cdot 15)$$

で表せる．$k_{\text{f,bend}}$ は変角の力の定数であり，結合角を変化させるのがどれほど困難かの尺度になる．この式の形は，結合の伸縮を表すのに使った(12・2)式とよく似ている．

> **簡単な例示 12・2　結合角の変化に要するエネルギー**
>
> 理論研究によれば，ルミフラビンのイソアロアジン環構造(**1**)は折れ曲がり角が $15°$ のところにエネルギー極小があるが，それを $30°$ に増加するには 1.41×10^{-20} J，つまり 8.50 kJ mol^{-1} のエネルギーしか要しないと見積もられている．これから，ルミフラビンの変角の力の定数は，
>
> $$k_{\text{f,bend}} = \frac{2V_{\text{bend}}}{(\theta - \theta_e)^2} = \frac{2 \times (1.41 \times 10^{-20}\text{ J})}{(30° - 15°)^2}$$
>
> $$= 1.3 \times 10^{-22} \text{ J deg}^{-2}$$
>
> と計算できる．これは 75 J deg^{-2} mol^{-1} に相当する．
>
> **1** ルミフラビン

> **自習問題 12・7** C—C—C 結合をその平衡結合角から $2.0°$ 曲げるには 0.90 aJ が必要である．この変角運動の力の定数はいくらか．
>
> [答: 4.5×10^{-19} J deg^{-2}, 2.7×10^5 J deg^{-2} mol^{-1}]

結合のねじれ運動を調べるために，エタンの C—C 結合のまわりの回転について考えよう．この運動は，(**2**)に示す角度 ϕ を変数として表せる．ここで，ϕ が少ししか変化しなければ，この C—C 結合のまわりのねじれ運動は調和振動子の運動とみなしてよいから，この振動子の隣のエネルギー準位との間隔は $\Delta E = \hbar \omega$ で与えられる．ω は，このねじれ運動の角振動数である．

2

(b) 速度論的同位体効果

ある反応機構を提案するには，生成物が生成する過程でいろいろな原子がどう離合集散するかを知る必要があり，そのために行われた多くの実験の結果を注意深く分析する必要がある．**速度論的同位体効果**[1]は，反応物中のある原子を重い同位体に置換したときに化学反応速度が減少する効果であるが，これを観測することによって注目する結合の解離がその反応の律速段階であるかどうかがわかる．**一次速度論的同位体効果**[2]は，その同位体を含む結合の切断が律速段階であるときに観測される．**二次速度論的同位体効果**[3]は，その同位体を含む結合が切れずに生成物が生成する場合でも，その反応速度が減少する効果である．どちらの場合もその効果は，ある原子を重い同位体に置換したことによって零点振動エネルギーが変化するために活性化エネルギー(トピック85)の変化をひき起こすことによる．ここでは，一次速度論的同位体効果について詳しく説明しよう．

C—H 結合が開裂する反応を考えよう．この結合開裂が律速段階(トピック86)であるときには，C—H 結合の伸びを反応座標としてポテンシャルエネルギーの断面を表せば図12・9のようになるだろう．重水素置換したときの主な変化は，この結合の零点エネルギーの減少に見られる(重水素の方が重いから)．しかしながら，反応断面図が全体として下がるわけではない．それは，活性錯体の振動の力の定数は小さいからである．したがって，活性錯体

---

[1] kinetic isotope effect [2] primary kinetic isotope effect [3] secondary kinetic isotope effect

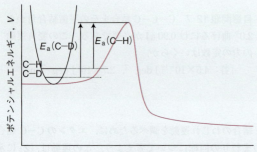

図 12・9 C−H 結合の開裂の反応断面図の重水素化による変化．この図では C−H 結合と C−D 結合は調和振動子としている．おもな変化は反応物の零点エネルギーで，C−D の方が C−H よりも小さい．その結果，C−D 結合の開裂の活性化エネルギーの方が C−H 結合の開裂よりも大きい．

がどんな形をしていても，反応座標に影響を及ぼす零点エネルギーはほとんどない．一方，つぎの「根拠」で示すように，重水素化で結合の零点エネルギーが減少することによる活性化エネルギーの変化は，

$$E_a(\text{C−D}) - E_a(\text{C−H}) = \frac{1}{2} N_A \hbar \omega(\text{C−H}) \left\{ 1 - \left(\frac{\mu_{\text{CH}}}{\mu_{\text{CD}}} \right)^{1/2} \right\}$$
(12・16)

で表せる．ω はこの結合の角振動数（単位は毎秒ラジアン）であり，μ はその実効質量である．また，速度定数の比は，

$$\frac{k_r(\text{C−D})}{k_r(\text{C−H})} = e^{-\zeta}$$

ここで　$\zeta = \dfrac{\hbar \omega(\text{C−H})}{2kT} \left\{ 1 - \left(\dfrac{\mu_{\text{CH}}}{\mu_{\text{CD}}} \right)^{1/2} \right\}$　(12・17)

で表される．$\mu_{\text{CD}} > \mu_{\text{CH}}$ であるから $\zeta > 0$（ζ はゼータ）であり，$k_r(\text{C−D})/k_r(\text{C−H}) < 1$ となる．すなわち，図 12・9 で予測されるように重水素化によって速度定数は減少するのである．$k_r(\text{C−D})/k_r(\text{C−H})$ の値は，温度が低下することでも減少するのがわかる．

根拠 12・1　一次速度論的同位体効果

活性化エネルギーの変化が，伸縮振動の零点エネルギーの変化だけによると仮定してもよい近似であるとしよう．そこで，図 12・9 からわかるように，

$$E_a(\text{C−D}) - E_a(\text{C−H}) = N_A \left\{ \frac{1}{2} \hbar \omega(\text{C−H}) - \frac{1}{2} \hbar \omega(\text{C−D}) \right\}$$
$$= \frac{1}{2} N_A \hbar \{ \omega(\text{C−H}) - \omega(\text{C−D}) \}$$

である．ω はその角振動数である．(12・4) 式から，$\omega(\text{C−D}) = (\mu_{\text{CH}}/\mu_{\text{CD}})^{1/2} \omega(\text{C−H})$ であることがわかる．μ はこの振動に関与する実効質量である．これを上

の式に代入すれば (12・16) 式が得られる．

さらに，頻度因子（前指数因子ともいう）が重水素化によって変化しないと仮定すれば，双方の速度定数の比は，

$$\frac{k_r(\text{C−D})}{k_r(\text{C−H})} = e^{-\{E_a(\text{C−D}) - E_a(\text{C−H})\}/RT}$$
$$= e^{-\{E_a(\text{C−D}) - E_a(\text{C−H})\}/N_A kT}$$

で表せる．ここで，$R = N_A k$ を使った．この式の右辺にある $E_a(\text{C−D}) - E_a(\text{C−H})$ に (12・16) 式を代入すれば (12・17) 式が得られる．

簡単な例示 12・3　一次速度論的同位体効果

赤外スペクトルによれば，C−H 結合の伸縮振動の基本振動の波数 $\tilde{\nu}$ は約 3000 cm^{-1} である．この波数を角振動数 $\omega = 2\pi\nu$ に変換するのに $\omega = 2\pi c\tilde{\nu}$ を使う．そうすれば，

$$\omega = 2\pi \times (2.998 \times 10^{10} \text{ cm s}^{-1}) \times (3000 \text{ cm}^{-1})$$
$$= 5.65 \times 10^{14} \text{ s}^{-1}$$

となる．実効質量の比は，

$$\frac{\mu_{\text{CH}}}{\mu_{\text{CD}}} = \left(\frac{m_C m_H}{m_C + m_H} \right) \times \left(\frac{m_C + m_D}{m_C m_D} \right)$$
$$= \left(\frac{12.01 \times 1.0078}{12.01 + 1.0078} \right) \times \left(\frac{12.01 + 2.0141}{12.01 \times 2.0141} \right)$$
$$= 0.539\cdots$$

である．ここで，(12・17) 式を使って ζ を計算すれば，

$$\zeta = \frac{(1.055 \times 10^{-34} \text{ J s}) \times (5.65\cdots \times 10^{14} \text{ s}^{-1})}{2 \times (1.381 \times 10^{-23} \text{ J K}^{-1}) \times (298 \text{ K})}$$
$$\times (1 - 0.539\cdots^{1/2})$$
$$= 1.92\cdots$$

したがって，

$$\frac{k_r(\text{C−D})}{k_r(\text{C−H})} = e^{-1.92\cdots} = 0.146$$

となる．これから，ほかの条件がすべて同じとすれば，室温での C−H 結合の開裂は C−D 結合より約 7 倍速いといえる．しかしながら，$k_r(\text{C−D})/k_r(\text{C−H})$ の実測値は (12・17) 式で予測される値とかなり異なり，このモデルで設定した仮定が粗いものであることがわかる．

自習問題 12・8　重水素化した炭化水素の 298 K での臭素化反応は，重水素化しない場合に比べて 6.4 倍も遅い．この違いを説明するには，開裂する結合の力の定数の値がいくらであればよいか．

[答：$k_f = 450 \text{ N m}^{-1}$，これは $k_f(\text{C−H})$ の値として妥当なものである]

チェックリスト

- ☐ 1. **調和運動**をしている粒子は，その変位に比例した復元力を受けている．そのポテンシャルエネルギーは放物線形をしている．
- ☐ 2. 調和振動子のエネルギー準位は，等間隔に開いたはしごの形をしている．
- ☐ 3. 調和振動子の波動関数は，エルミート多項式とガウス関数（ベル形）の積で表される．
- ☐ 4. 振動運動に零点エネルギーがあることは不確定性原理と合っており，これで説明できる．
- ☐ 5. 古典的には禁じられた領域に調和振動子を見いだす確率は，基底状態（振動量子数 $v = 0$）ではかなりあるが，v が大きくなるにつれ急速に減少する．
- ☐ 6. **速度論的同位体効果**は，反応物中の原子を重い同位体に置換したとき，その化学反応の速度定数が減少する効果である．

重要な式の一覧

性 質	式	備 考	式番号
調和振動子のエネルギー準位	$E_v = (v + \frac{1}{2})\hbar\omega,\ \omega = (k_{\mathrm{f}}/m)^{1/2}$	$v = 0, 1, 2, \cdots$	12·4
調和振動子の零点エネルギー	$E_0 = \frac{1}{2}\hbar\omega$		12·6
調和振動子の波動関数	$\psi_v(x) = N_v H_v(y)\, e^{-y^2/2}$	$v = 0, 1, 2, \cdots$	12·8
	$y = x/\alpha,\ \alpha = (\hbar^2/m k_{\mathrm{f}})^{1/4}$		
	$N_v = (1/\alpha\pi^{1/2} 2^v v!)^{1/2}$		
調和振動子の平均変位	$\langle x \rangle = 0$		12·12a
調和振動子の平均二乗変位	$\langle x^2 \rangle = (v + \frac{1}{2})\hbar/(m k_{\mathrm{f}})^{1/2}$		12·12b
ビリアル定理	$2\langle E_{\mathrm{k}} \rangle = b\langle V \rangle$	$V = ax^b$ の形のとき	12·14
一次速度論的同位体効果	$k_{\mathrm{r}}(\mathrm{C-D})/k_{\mathrm{r}}(\mathrm{C-H}) = e^{-\zeta},$	C−H 結合開裂が	12·17
	$\zeta = \{\hbar\omega(\mathrm{C-H})/2kT\} \times \{1 - (\mu_{\mathrm{CH}}/\mu_{\mathrm{CD}})^{1/2}\}$	律速段階のとき	

トピック 13

二次元の回転運動

内容

13・1 環上の粒子
- 簡単な例示 13・1 慣性モーメント
- (a) 回転の量子化の定性的な起源
  - 簡単な例示 13・2 回転エネルギー
- (b) シュレーディンガー方程式の解
  - 例題 13・1 環上の粒子のモデルの使い方

13・2 角運動量の量子化
- 簡単な例示 13・3 波動関数の節の数
- 簡単な例示 13・4 角運動量のベクトル表現

チェックリスト
重要な式の一覧

▶ 学ぶべき重要性
回転運動は，分子の内部運動モードの一つである．回転運動を調べるには角運動量の概念を導入する必要がある．角運動量は，量子力学を用いて原子や分子の電子構造を表すうえで，また，分子スペクトルの測定結果を詳細に解釈するうえでも中心となる概念である．

▶ 習得すべき事項
二次元で回転する粒子では，そのエネルギーと角運動量が量子化されている．

▶ 必要な予備知識
量子力学の基本原理（トピック 5～7）を習得していて，古典物理学の角運動量の概念（「基本概念」（テーマ 1）の「トピック 2」）に慣れている必要がある．

回転運動は運動の重要な一側面であり，原子や分子の電子構造（トピック 17 と 23），分子分光法（とりわけマイクロ波分光法，トピック 42），固体中の空洞に捕捉された電子のいろいろな側面などを考察するときに出会う．本トピックでは，二次元の回転，つまりある平面内での回転に注目し，その基本的な取扱い方について述べる．二次元回転を実際の（三次元の）系のモデルとして適用するには制限があるが，二次元系で得られる特徴の大半は三次元でのもっと一般的な回転（トピック 14）でも共通している．

13・1 環上の粒子

直線運動を考察するには直線運動量が中心概念である（トピック 9）．これと同じで，回転運動では角運動量が重要になる．xy 平面内で半径 r の円周上を動いていて，ある瞬間の直線運動量が p である粒子については，この面に垂直な z 軸のまわりの角運動量は，

$$J_z = \pm pr$$

環上の粒子，古典的な式 角運動量 (13・1)

で表される．時計回り（下から見て）の運動のときは＋，反時計回りの運動では－の符号をとる（図 13・1）．質量 m で直線運動量 p の粒子の運動エネルギーは $E_k = p^2/2m$ である．したがって，粒子が半径 r の円周上を角運動量 J_z で運動しているときの運動エネルギーは $E_k = (J_z/r)^2/2m = J_z^2/2mr^2$ である．このときのポテンシャルエネルギーは一様であるから 0 としてよい．そこで，全エネルギーは，

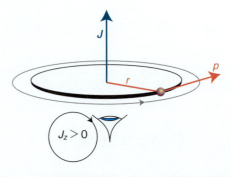

図 13・1 xy 平面内で半径 r の円周上を運動する粒子があり，ある瞬間の直線運動量の大きさが p のとき，その z 軸まわりの角運動量は古典的には $J_z = \pm pr$ で表される．ここで，正（負）の符号は下から見たときの時計回り（反時計回り）の回転に相当している．

$$E = \frac{J_z^2}{2mr^2} \quad \text{環上の粒子,} \atop \text{古典的な式} \quad \boxed{\text{エネルギー}} \quad (13\cdot 2\text{a})$$

である．この粒子がもつ回転中心のまわりの慣性モーメント I は mr^2 であるから，このエネルギーは次式で表せる．

$$E = \frac{J_z^2}{2I} \quad \text{環上の粒子,} \atop \text{古典的な式} \quad \boxed{\text{エネルギー}} \quad (13\cdot 2\text{b})$$

この式は円周上の質点に限らず，ある面内を回転する慣性モーメント I の物体にも使える．たとえば，質量 m で半径 R の円盤にも使え，この場合は $I=\frac{1}{2}mR^2$ である．この式は二原子分子にも使える．すなわち，つぎの「根拠」で示すように，結合長 R，構成原子の質量が m_A と m_B であれば慣性モーメントとして次式を使えばよい．

$$I = \mu R^2 \quad \text{ここで} \quad \mu = \frac{m_A m_B}{m_A + m_B}$$
$$\text{二原子分子} \quad \boxed{\text{慣性モーメント}} \quad (13\cdot 3)$$

根拠 13・1　二原子分子の慣性モーメント

ある軸のまわりの慣性モーメントは，

$$I = \sum_i m_i x_i^2$$

で定義される．x_i は，その軸から質量 m_i の原子 i までの垂直距離である（図 13・2）．二原子分子では，その質量中心を通る軸のまわりで回転が起こる（図 13・3 を見よ）．その結合長が $R=x_B-x_A$（$x_B > x_A$ としてある．原点は分子の質量中心にある），原子の質量がそれぞれ m_A

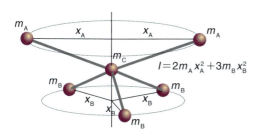

図 13・2　ある軸を選んだとき，そのまわりの慣性モーメントが定義できる．慣性モーメントは，それぞれの粒子の質量とその軸からの垂直距離で表される．

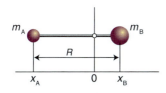

図 13・3　二原子分子 AB の慣性モーメント．x_A と x_B は，それぞれの原子から分子の質量中心（これを原点とする）を通る軸までの垂直距離である．$R=x_B-x_A$ である．

と m_B のときに満たすべき条件は，

$$m_B x_B = -m_A x_A \quad \text{あるいは}$$
$$(x_A = x_B - R \text{ から}) \quad m_B x_B = m_A (R - x_B)$$

である．$m_B x_B = m_A R - m_A x_B$ であるから，

$$x_B = \frac{m_A R}{m_A + m_B} \quad x_A = x_B - R = -\frac{m_B R}{m_A + m_B}$$

となる．したがって，慣性モーメントは，

$$I = m_B x_B^2 + m_A x_A^2$$
$$= m_B \left(\frac{m_A R}{m_A + m_B}\right)^2 + m_A \left(-\frac{m_B R}{m_A + m_B}\right)^2$$
$$= \frac{m_B m_A^2 + m_A m_B^2}{(m_A + m_B)^2} R^2 = \frac{m_A m_B (m_A + m_B)}{(m_A + m_B)^2} R^2$$
$$= \frac{m_A m_B}{m_A + m_B} R^2 = \mu R^2$$

となって，(13・3) 式が得られる．

簡単な例示 13・1　慣性モーメント

二原子分子 $^1\text{H}^{35}\text{Cl}$ の結合長は 127.45 pm であるから，その換算質量は，

$$\mu = \frac{m_H m_{Cl}}{m_H + m_{Cl}}$$
$$= \frac{(1.0078 m_u) \times (34.9689 m_u)}{(1.0078 m_u) + (34.9689 m_u)} = 0.97956 \cdots m_u$$

であり，慣性モーメントはつぎのように計算できる．

$$I = (0.97956 \cdots \times 1.66054 \times 10^{-27} \text{ kg})$$
$$\times (127.45 \times 10^{-12} \text{ m})^2$$
$$= 2.6422 \times 10^{-47} \text{ kg m}^2$$

ノート　分子の慣性モーメントを計算するには，各原子の実際の質量を使わなければならない．そこで，その分子を構成する各原子がどの同位体であるかを指定する必要がある．

自習問題 13・1　$^2\text{H}^{35}\text{Cl}$ 分子について「簡単な例示 13・1」と同じ計算を行え．結合長は同じとしてよい．

［答：$\mu = 1.9044 m_u$, $I = 5.1368 \times 10^{-47}$ kg m^2］

(a) 回転の量子化の定性的な起源

(13・1) 式にある直線運動量は，ドブローイの式 $p = h/\lambda$（トピック 4）を使えば，軌道を回っている粒子の波長で表すことができるから，z 軸まわりの角運動量は，

$$J_z = \pm \frac{hr}{\lambda}$$

で表せる．同様にして (13・2b) 式のエネルギーは，

$$E = \frac{h^2 r^2}{2I\lambda^2}$$

となる．いまのところ，λ は任意の値をとれるとしよう．その場合，図 13・4a に示すように，波動関数は方位角 ϕ に依存して変化する．ϕ が 2π を超えて増加しても，波動関数はそのまま変化し続けるのである．しかし，波長が任意であれば周回ごとの各点で前とは異なる振幅をとることになり，これは許されない．それは，波動関数は 1 価関数でなければならないからである．図 13・4b に示すように，もし波動関数が周回を繰返したとき前の 1 周と同じになれば，そのときに限って許される解が得られる．ある波動関数だけがこの性質をもつから，ある特定の角運動量だけが許され，したがってある特定の回転エネルギーだけが許されるのである．すなわち，この粒子のエネルギーは量子化されている．具体的にいえば，整数個の波長が環の円周 ($2\pi r$) にぴったり合っていなければならない．

$$n\lambda = 2\pi r \qquad n = 0, 1, 2, \cdots \tag{13・4}$$

$n = 0$ という値は $\lambda = \infty$ にあたる．無限大の波長をもつ "波" は，ϕ のあらゆる値に対してその高さが一定である．こうして，角運動量はつぎの値に制限されることがわかる．

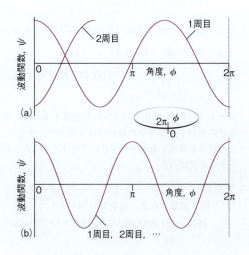

図 13・4　環上の粒子のシュレーディンガー方程式の二つの解．図は環を切り開いて直線に引き伸ばしてあり，$\phi = 0$ と $\phi = 2\pi$ は同じ点である．(a) の解は 1 価でないから許されない．しかも，続けて回転すれば自分自身と干渉して弱め合うから生き残れない．(b) の解は受け入れられる．これは 1 価で，回転を続けると 1 周前と同じになる．

$$J_z = \pm \frac{hr}{\lambda} = \pm \frac{nhr}{2\pi r} = \pm \frac{nh}{2\pi} \qquad n = 0, 1, 2, \cdots$$

ここで，J_z に付いている符号（回転の向きを表している）を量子数に取込んで，この式の n の代わりに $m_l = 0, \pm 1, \pm 2, \cdots$ という具合におくことができる（この量子数にはふつうこの記号を使う）．こうしておけば，許される m_l は正と負の整数で表される．さらに，$\hbar = h/2\pi$ を使えば，

$$J_z = m_l \hbar \qquad m_l = 0, \pm 1, \pm 2, \cdots$$

環上の粒子　角運動量　(13・5)

となる．m_l が正の値をとれば，z 軸のまわりを（図 13・5 に z 軸の向きが描いてある）時計回りに回転しているのであり，m_l が負の値をとれば z 軸のまわりを反時計回りに回転しているのである．したがって，(13・2b) 式と (13・5) 式から，エネルギーはつぎの値に限られることになる．

$$E_{m_l} = \frac{m_l^2 \hbar^2}{2I} \qquad m_l = 0, \pm 1, \pm 2, \cdots$$

環上の粒子　エネルギー準位　(13・6)

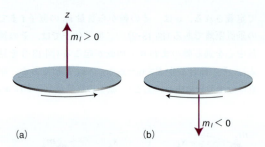

図 13・5　ある平面に閉じ込められた粒子の角運動量は，z 軸に沿う長さ $|m_l|$ のベクトルで表され，その向きはこの粒子の運動の方向を示している．この向きは，右ネジの規則で与えられる．そこで，(a) は $m_l > 0$ の場合で，下から見たときの時計回りに相当している．(b) は $m_l < 0$ で，下から見たとき反時計回りに相当する．

以上の結果をつぎにまとめておく．以下では，もっと詳しく調べることにしよう．

物理的な解釈

- エネルギーには m_l というラベルが付いていて，m_l は整数でなければならないから，エネルギーは量子化されている．
- 回転のエネルギーには m_l が 2 乗の形で入っているから，エネルギーは回転の向き（m_l の符号で表される）によらない．これは物理的な予測と合っている．すなわち，$|m_l|$ が 0 でない状態は二重に縮退している．

- $m_l = 0$ で表される状態は縮退していない。m_l が 0 のときの粒子の波長は無限大であるから、これは "止まっている" という解釈と合う。このときの回転の向きは問題にならないのである。
- この系に零点エネルギーは存在しない。つまり、とりうる最低のエネルギーは $E_0 = 0$ である。

> **簡単な例示 13・2** 回転エネルギー

回転に関わるエネルギーの大きさを実感するために、$^1H^{35}Cl$ 分子と同じ慣性モーメント (「簡単な例示 13・1」を見よ) をもつ物体を考えよう。ただし、ある面内でしか回転できないという制約があるものとする。このとき、$m_l = \pm 1$ の二重縮退状態のエネルギーは、

$$E_{\pm 1} = \frac{(\pm 1)^2 \hbar^2}{2I}$$
$$= \frac{(1.055 \times 10^{-34}\,\mathrm{J\,s})^2}{2 \times (2.642 \times 10^{-47}\,\mathrm{kg\,m^2})} = 2.106 \times 10^{-22}\,\mathrm{J}$$

である。最低の回転状態 ($m_l = 0$) のエネルギーは 0 であるから、この値はこの物体が回転し始めるのに必要な最小のエネルギーである。アボガドロ定数を掛ければ、これに相当するエネルギーとして $0.1268\,\mathrm{kJ\,mol^{-1}}$ という値が得られる。

> **自習問題 13・2** $^2H^{35}Cl$ 分子と同じ慣性モーメントをもつ物体について、この「簡単な例示」と同じ計算を行え。
> [答: $E_{\pm 1} = 1.083 \times 10^{-22}\,\mathrm{J}$, すなわち $65.25\,\mathrm{J\,mol^{-1}}$]

(b) シュレーディンガー方程式の解

古典力学からのいくつかの結果とドブロイの式をつなぎ合わせることによって、回転運動についていろいろな結論に到達することができた。このような手順は、量子力学系を対象とした一般式をつくり上げる (また、いまの場合のように正確なエネルギーや角運動量の値を求める) には非常に役に立つ。しかしながら、環上の粒子の波動関数を求めたり、実際に正しいエネルギーが得られたかどうかを確かめたり、さらには、問題がもっと複雑なためにこのような正式でないやり方ではうまくいかない問題を解く練習をするには、そのシュレーディンガー方程式を具体的に解く必要がある。つぎの「根拠」で示すように、規格化された波動関数とそれに対応するエネルギーは次式で与えられる。

$$\psi_{m_l}(\phi) = \frac{e^{im_l \phi}}{(2\pi)^{1/2}} \qquad m_l = 0, \pm 1, \pm 2, \cdots$$

環上の粒子　波動関数　(13・7a)

$$E_{m_l} = \frac{m_l^2 \hbar^2}{2I}$$

環上の粒子　エネルギー準位　(13・7b)

$m_l = 0$ の波動関数は $\psi_0(\phi) = 1/(2\pi)^{1/2}$ であるから、環全体にわたって振幅は一様である。すなわち、この粒子の運動エネルギーは 0 である。この系には運動エネルギーしかないから、$E_0 = 0$ となり、零点エネルギーは存在しない。この結論は、不確定性原理と矛盾しない。それは、粒子がどの角度の場所にいるか全くわからないから、角運動量は (したがってエネルギーも) 厳密に指定できるのである。

> **根拠 13・2** 環上の粒子のシュレーディンガー方程式とその解

xy 平面内の円周上 (ここでは $V = 0$) を運動する質量 m の粒子のハミルトン演算子は、平面上を自由に運動する粒子のハミルトン演算子 (「トピック 11」の 11・1 式) と同じである。

$$\hat{H} = -\frac{\hbar^2}{2m}\left(\frac{\partial^2}{\partial x^2} + \frac{\partial^2}{\partial y^2}\right)$$

ハミルトン演算子　(13・8)

ただし、この場合の運動は一定の半径 r の円周上に制約されている。一般に、系のすべての対称性が反映される座標系を使うとわかりやすいから、ここでも座標 r と ϕ を導入しよう (図 13・6)。ここで、$x = r\cos\phi$, $y = r\sin\phi$ である。そうすれば「必須のツール 13・1」で示すように、

$$\frac{\partial^2}{\partial x^2} + \frac{\partial^2}{\partial y^2} = \frac{\partial^2}{\partial r^2} + \frac{1}{r}\frac{\partial}{\partial r} + \frac{1}{r^2}\frac{\partial^2}{\partial \phi^2} \quad (13 \cdot 9)$$

と書ける。しかし、この円周の半径は固定されているから、r に関する微分はなくなる。そこで、(13・9) 式の最後の項だけが残るから、ハミルトン演算子は簡単になって、

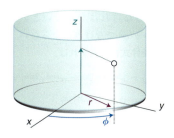

図 13・6　軸対称 (円柱対称) の系を表すのに使う円柱座標 z, r, ϕ. xy 面内に閉じ込められた粒子では、r と ϕ だけが変化できる。

$$\hat{H} = -\frac{\hbar^2}{2mr^2}\frac{d^2}{d\phi^2}$$

環上の粒子　ハミルトン演算子　（13・10a）

となる．ここで，変数は ϕ だけであるから，偏微分は常微分に換えてある．この式には慣性モーメント $I = mr^2$ が現れているから，これを使って $\hat{H}$ を表せば，

$$\hat{H} = -\frac{\hbar^2}{2I}\frac{d^2}{d\phi^2}$$

環上の粒子　ハミルトン演算子　（13・10b）

となり，シュレーディンガー方程式は，

$$-\frac{\hbar^2}{2I}\frac{d^2\psi}{d\phi^2} = E\psi$$

環上の粒子　シュレーディンガー方程式　（13・11a）

と書ける．これを書き直せば，

$$\frac{d^2\psi}{d\phi^2} = -\frac{2IE}{\hbar^2}\psi$$

となる．あるエネルギーが与えられると $2IE/\hbar^2$ は定数である．これを便宜上（先取りして）m_l^2 と書くことにする．いまの段階では m_l は無次元の数であり，どんな値もとれる．そうすれば，この式は，

$$\frac{d^2\psi}{d\phi^2} = -m_l^2\psi \quad (13\cdot11\text{b})$$

となる．この方程式の（規格化されていない）一般解は，

$$\psi_{m_l}(\phi) = e^{im_l\phi} \quad (13\cdot12)$$

で表せる．実際に代入してみれば確かめられる．

次に，波動関数が1価でなければならないという条件を課して，これらの一般解の中から許される解を選ぶ．すなわち，波動関数 ψ は**周期的境界条件**[1] を満たさなければならない．これは，ちょうど1周分だけ離れた点で同じにならなければならないということだから，$\psi(\phi + 2\pi) = \psi(\phi)$ でなければならない．波動関数の一般解をこの条件式に代入すれば，

$$\psi_{m_l}(\phi + 2\pi) = e^{im_l(\phi + 2\pi)} = e^{im_l\phi}e^{2\pi i m_l} = \psi_{m_l}(\phi)e^{2\pi i m_l}$$
$$= \psi_{m_l}(\phi)(e^{\pi i})^{2m_l}$$

となる．$e^{i\pi} = -1$（オイラーの式，「数学の基礎3」）であるから，この式は，

$$\psi_{m_l}(\phi + 2\pi) = (-1)^{2m_l}\psi_{m_l}(\phi)$$

と書いても同じである．周期的境界条件によって $(-1)^{2m_l} = 1$ であるから，$2m_l$ は正または負の偶数（0を含む）でなければならず，したがって m_l は整数でなければならない．すなわち，$m_l = 0, \pm1, \pm2, \cdots$ である．

ここで，（5・2）式で与えられる規格化定数 N を求めて（ただし，dx を $d\phi$ に置き換えて），この波動関数を規格化すれば，

$$N = \frac{1}{\left(\int_0^{2\pi}\psi^*\psi\,d\phi\right)^{1/2}} = \frac{1}{\left(\underbrace{\int_0^{2\pi}e^{-im_l\phi}e^{im_l\phi}\,d\phi}_{\int_0^{2\pi}d\phi}\right)^{1/2}}$$
$$= \frac{1}{(2\pi)^{1/2}} \quad (13\cdot13)$$

となり，環上の粒子の規格化波動関数として（13・7a）式が得られる．各状態のエネルギーを表す式（13・7b式）は，$m_l^2 = 2IE/\hbar^2$ を $E = m_l^2\hbar^2/2I$ に変形するだけで得られる．

必須のツール 13・1　円柱座標

円柱対称をもつ系を表すのにふつう用いる座標系は**円柱座標系**[2] である．その変数は半径 r と方位角 ϕ，主軸に沿う位置を表す z である（概略図 13・1）．円柱座標と直交座標の関係は，

$$x = r\cos\phi \quad y = r\sin\phi \quad z$$

である．ある平面内に閉じ込められた系では z を 0 とおける．円柱座標系の体積素片は（「概略図13・1」を見よ），

$$d\tau = r\,dr\,d\phi\,dz$$

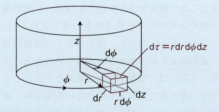

概略図 13・1　円柱対称をもつ系を考察するのに用いる円柱座標系．体積素片を示してある．

---

1) cyclic boundary condition. "巡回境界条件" とすべきかもしれないが，周期的境界条件 (periodic boundary condition) の意味に含めた．　2) cylindrical coordinates

である．二次元系ではzを無視できるから，その"体積"素片は単に$r\,dr\,d\phi$となり，残りの二つの変数についての一階導関数と二階導関数は，つぎのように表される．

$$x\frac{\partial}{\partial y} - y\frac{\partial}{\partial x} = \frac{\partial}{\partial \phi}$$

$$\frac{\partial^2}{\partial x^2} + \frac{\partial^2}{\partial y^2} = \frac{\partial^2}{\partial r^2} + \frac{1}{r}\frac{\partial}{\partial r} + \frac{1}{r^2}\frac{\partial^2}{\partial \phi^2}$$

例題 13・1 環上の粒子のモデルの使い方

環上の粒子のモデルは非常に粗いものであるが，環状の共役分子系を表すには都合がよい．ベンゼンのπ電子を炭素原子がつくる円環上を自由に動ける粒子として扱い，π電子1個を励起するのに必要な最小のエネルギーを計算せよ．ベンゼンの炭素–炭素の結合長は 140 pm である．

解法 初等化学で学んだと思うが，各炭素原子はπオービタルに p 電子を1個ずつ提供しており，各エネルギー準位には電子が2個入れる．したがって，この共役系にある6個の電子はベンゼン環の円周上を運動している．また，各状態は電子2個で占有されるから，$m_l = 0, +1, -1$ の状態だけが占有されている（後者二つの状態は縮退している）．これを励起するのに必要な最小のエネルギーは，$m_l = +1$（または-1）の状態から $m_l = +2$（または-2）の状態への電子1個の遷移に相当している．(13・7b) 式と電子の質量を使って，各状態のエネルギーを計算すればよい．ただし，この環の半径を炭素–炭素の結合長とする．

解答 (13・7b) 式から，$m_l = +1$ の状態と $m_l = +2$ の状態のエネルギー間隔は，

$$\Delta E = E_{+2} - E_{+1} = (4-1)$$
$$\times \frac{(1.055 \times 10^{-34}\,\text{J s})^2}{2 \times (9.109 \times 10^{-31}\,\text{kg}) \times (1.40 \times 10^{-10}\,\text{m})^2}$$
$$= 9.35 \times 10^{-19}\,\text{J}$$

である．したがって，電子1個を励起するのに必要な最小のエネルギーは 9.35×10^{-19} J であり，これは 563 kJ mol^{-1} に相当する．このエネルギー間隔は吸収振動数 1.41 PHz（1 PHz=10^{15} Hz），吸収波長 213 nm に相当する．この種の遷移の実測値は 260 nm である．このような素朴なモデルで比較的よい一致が得られるから，これは使える見込みがあるといえる．それだけでなく，モデルが単純でありながら，環状共役系の量子化したπ電子のエネルギー準位（トピック 26）の起源について的確な説明を与えているのである．

ノート m_l の値を示すときは，たとえm_lが正であっても符号を付けておくのがよい．たとえば，$m_l = +1$ と書き，$m_l = 1$ としない．

自習問題 13・3 環上の粒子のモデルを使って，コロネン C$_{24}$H$_{12}$ (**1**) のπ電子1個を励起するのに必要な最小のエネルギーを計算せよ．この環の半径はベンゼンの炭素–炭素の結合長の3倍とし，これらのπ電子は分子の外周に閉じ込められているとする．中央の"ベンゼン"環は無視するから，π電子は18個ある．

1 コロネン（モデルの環を赤色で示す）

［答：$m_l = +4$ から $m_l = +5$ への遷移では，$\Delta E = 3.12 \times 10^{-19}$ J すなわち 188 kJ mol^{-1}］

13・2 角運動量の量子化

z 軸まわりの角運動量は量子化されていて，(13・5) 式で与えられる値（$J_z = m_l \hbar$）に限られることがわかった．環上の粒子の波動関数は (13・7a) で与えられる．すなわち，

$$\psi_{m_l}(\phi) = \frac{e^{im_l\phi}}{(2\pi)^{1/2}} = \frac{1}{(2\pi)^{1/2}}(\cos m_l\phi + i\sin m_l\phi)$$

である．したがって，$|m_l|$ が増えたときの角運動量の増加には，つぎの変化が伴うことがわかる．

物理的な解釈
- 波動関数の実部（$\cos m_l\phi$）と虚部（$\sin m_l\phi$）の節の数は増加する（複素関数そのものに節はないが，その実部や虚部には節がある）．
- 波動関数の波長が減少するから，ドブローイの式によって，粒子が環上を運動するときの直線運動量は増加する（図 13・7）．

簡単な例示 13・3 波動関数の節の数

$m_l = 0$ の基底状態の波動関数に節はないが，$m_l = +1$ の波動関数，

$$\psi_{+1}(\phi) = \frac{e^{i\phi}}{(2\pi)^{1/2}} = \frac{1}{(2\pi)^{1/2}}(\cos\phi + i\sin\phi)$$

の実部には $\phi=\pi/2$ と $3\pi/2$ に節があり，虚部には $\phi=0$ と π に節がある．節の数が増えれば，波動関数の（実部と虚部の）曲率が大きくなり，運動エネルギーが増加することと合っている．いまの場合は全エネルギーも増加する．

自習問題 13・4 一般の m_l の状態について，その波動関数の実部と虚部の節の数を求めよ．

[答：実部，虚部ともに $2m_l$ 個の節がある．]

である．k は z 軸の正の方向に向かう単位ベクトルである．xy 平面内で回転している粒子の角運動量ベクトルは z 軸上にあり，その大きさは $|xp_y - yp_x|$ である（図13・8）．

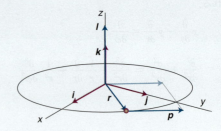

図 13・8 古典力学では，位置 r で直線運動量 p をもつ粒子の角運動量 l はベクトル積 $l = r \times p$ で与えられる．この図に示すように xy 面内に制約された運動の場合，x 軸，y 軸，z 軸の正の方向を向いた単位ベクトル i, j, k を使って，

$$r = xi + yj, \quad p = p_x i + p_y j, \quad l = (xp_y - yp_x)k$$

と表される．

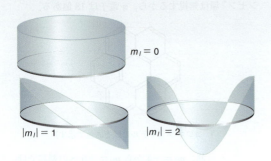

図 13・7 環上の粒子の波動関数の実部．波長が短くなるにつれて，z 軸まわりの角運動量の大きさは $\hbar$ ずつ大きくなる．

角運動量の z 成分の量子化について，もっと正式に上と同じ結論に到達するには，「トピック 6」の基本原理Ⅳで述べた固有値とオブザーバブルの値の関係を使えばよい．

古典力学では，z 軸まわりの角運動量 l_z は，つぎの「根拠」で示すように次式で与えられる．

$$l_z = xp_y - yp_x \quad \text{角運動量の } z \text{ 成分} \quad (13 \cdot 14)$$

p_x は x 軸に平行な直線運動量の成分で，p_y は y 軸に平行な成分である．

根拠 13・3 古典力学で表した角運動量

古典力学では，位置 r で直線運動量 p をもつ粒子の角運動量 l は，ベクトル積 $l = r \times p$ で与えられる（ベクトル積の簡単な説明は「必須のツール 13・2」にある）．運動が二次元に制約される場合は，x 軸と y 軸の正の方向に向かう単位ベクトル（長さ 1 のベクトル）i と j を使って，r と p はつぎのように表される．

$$r = xi + yj \qquad p = p_x i + p_y j$$

p_x は x 軸に平行な直線運動量の成分で，p_y は y 軸に平行な成分である．したがって，

$$l = r \times p = (xi + yj) \times (p_x i + p_y j) = (xp_y - yp_x)k$$

必須のツール 13・2 ベクトル積

ベクトル a と b がつぎのように与えられたとする．

$$a = a_x i + a_y j + a_z k \qquad b = b_x i + b_y j + b_z k$$

i, j, k はそれぞれ x 軸，y 軸，z 軸の正方向に沿う単位ベクトルであり，(a_x, a_y, a_z) および (b_x, b_y, b_z) は a および b の各軸に沿う成分である．この二つのベクトルのベクトル積は，

$$a \times b = (a_y b_z - a_z b_y) i + (a_z b_x - a_x b_z) j + (a_x b_y - a_y b_x) k$$

で与えられる．これもベクトル量であり，その大きさは $ab \sin\theta$ である．ここで，θ はベクトル a と b がなす角度であり，a と b はそれぞれのベクトルの大きさである．また，ベクトル積 $a \times b$ は，ベクトル a にもベクトル b にも垂直である．

直線運動量の成分 p_x と p_y の演算子は「トピック 6」に与えてあるから，z 軸まわりの角運動量演算子は，

$$\hat{l}_z = \frac{\hbar}{i} \left(x \frac{\partial}{\partial y} - y \frac{\partial}{\partial x} \right) \quad \text{角運動量演算子の } z \text{ 成分} \quad (13 \cdot 15a)$$

である．この式を円柱座標 r, ϕ（必須のツール 13・1）を使って表せば，

$$\hat{l}_z = \frac{\hbar}{i} \frac{\partial}{\partial \phi} \quad (13 \cdot 15b)$$

となる．この角運動量演算子を使って，(13·7a) 式の波動関数が固有関数かどうかを試してみることができる．波動関数は座標 ϕ だけに依存するから，(13·15b) 式の偏微分を常微分で置き換えることができる．そこで，

$$\hat{l}_z \psi_{m_l} = \frac{\hbar}{i} \frac{d}{d\phi} \psi_{m_l} = \frac{\hbar}{i} \frac{d}{d\phi} \frac{e^{im_l\phi}}{(2\pi)^{1/2}}$$

$$= im_l \frac{\hbar}{i} \frac{e^{im_l\phi}}{(2\pi)^{1/2}} = m_l \hbar \psi_{m_l} \quad (13·16)$$

が得られる．つまり，ψ_{m_l} は $\hat{l}_z$ の固有関数であり，その固有値 $m_l\hbar$ が角運動量である．これは (13·5) 式と合っている．m_l が正なら角運動量は正（下から見て時計回り）であり，負なら角運動量は負（下から見て反時計回り）である．

これらの特徴は角運動量の**ベクトル表現**[1]のもとになっている．ベクトル表現は，大きさをベクトルの長さで表し，運動の方向をその向きで表す（図 13·9）．角運動量のベクトル表現は古典力学でも便利であるが，量子力学では一つだけ決定的な違いがある．すなわち，量子力学ではベクトルの長さが離散的な値（m_l の許される値）に限られ

ているのに対して，古典力学では長さが連続的に変化できるのである．

> **簡単な例示 13·4** 角運動量のベクトル表現
>
> 環上の粒子が $m_l = +3$ の状態にあるとしよう．この角運動量の大きさは $3\hbar$ (3.165×10^{-34} J s) であるから，角運動量ベクトルは z 軸の正方向に向いた長さ 3（$\hbar$ を単位として）のベクトルで表せる．ところで，速さ 20 km h^{-1} で前進する自転車の車輪（質量 2 kg，半径 0.3 m）の角運動量は約 3 J s であり，これは $|m_l| = 3 \times 10^{34}$ に相当している．車輪の中心を通り右側から左側へ抜ける向きを z 軸とすれば，$m_l = +3 \times 10^{34}$ と書ける．
>
> **自習問題 13·5** $m_l = -2$ の状態にある粒子について，その角運動量ベクトルを表せ．
>
> ［答：z 軸の負方向に向いた長さ 2（$\hbar$ を単位として）のベクトル］

環上の粒子の角運動量が厳密に $m_l\hbar$ の状態にあれば，その確率密度は一様であるから，粒子が環のどこにあるかその位置は全くわからない．すなわち，

$$\psi_{m_l}{}^* \psi_{m_l} = \left\{\frac{e^{im_l\phi}}{(2\pi)^{1/2}}\right\}^* \left\{\frac{e^{im_l\phi}}{(2\pi)^{1/2}}\right\} = \left\{\frac{e^{-im_l\phi}}{(2\pi)^{1/2}}\right\} \left\{\frac{e^{im_l\phi}}{(2\pi)^{1/2}}\right\}$$

$$= \frac{1}{2\pi}$$

図 13·9 角運動量のベクトル表現の基本的な考え方．このベクトルの長さで角運動量の大きさを表し，ベクトルの向きは空間内での運動の向きを表している（角運動量ベクトルの向きは，右ネジの規則を使って求める）．

である．角運動量と角度の位置は，相補的なオブザーバブルの組（「トピック 8」で定義した．「問題 13·9」を見よ）をつくっており，任意の精度で両者を同時に指定することはできない．これは不確定性原理のもう一つの例である．

チェックリスト

- [ ] 1. 二次元で回転する粒子の**エネルギー**と**角運動量**は量子化されている．この量子化の起源は，波動関数が周期的境界条件を満たすという要請にある．
- [ ] 2. 二次元で回転する粒子のエネルギー準位は，最低エネルギー準位（$m_l = 0$）を除いてすべて二重に縮退している．
- [ ] 3. ある面内で回転している粒子に零点エネルギーは存在しない．
- [ ] 4. 角運動量の**ベクトル表現**では，ベクトルの長さでその大きさを表し，ベクトルの向きで運動の方向を表す．そのベクトルの長さは離散的な（許される m_l の値に対応する）値に限られる．
- [ ] 5. 二次元で回転する粒子の角運動量と位置を同時に任意の精度で指定することはできない．
- [ ] 6. 角運動量と角度の位置は相補的なオブザーバブルの組をつくっている．

---

1) vector representation

重要な式の一覧

性　質	式	備　考	式番号
環上の粒子の角運動量の z 成分	$l_z = m_l \hbar$	$m_l = 0, \pm 1, \pm 2, \cdots$	13·5
環上の粒子の波動関数	$\psi_{m_l}(\phi) = \mathrm{e}^{\mathrm{i}m_l\phi}/(2\pi)^{1/2}$	$m_l = 0, \pm 1, \pm 2, \cdots$	13·7a
環上の粒子のエネルギー準位	$E_{m_l} = m_l^2 \hbar^2/2I$	$m_l = 0, \pm 1, \pm 2, \cdots$	13·7b
角運動量演算子	$\hat{l}_z = (\hbar/\mathrm{i})\partial/\partial\phi$	z 成分	13·15b

トピック 14

三次元の回転運動

内容

14・1 球面上の粒子
 (a) 波動関数
  簡単な例示 14・1 球面調和関数の方位節
 (b) エネルギー
  例題 14・1 回転エネルギー準位を
       用いた計算

14・2 角運動量
 (a) 角運動量演算子
 (b) 空間量子化
  簡単な例示 14・2 角運動量の大きさ
  例題 14・2 角運動量ベクトルの
       配向角の計算
 (c) ベクトルモデル
  簡単な例示 14・3 角運動量の
       ベクトルモデル

チェックリスト
重要な式の一覧

▶ 学ぶべき重要性

三次元での回転を考察するには,オービタル角運動量を導入しておく必要がある.それは,原子の電子構造を表すための重要な概念であり,分子の回転や分子分光法を説明する基礎になっている.

▶ 習得すべき事項

三次元で回転する粒子のエネルギーと角運動量は量子化されている.

▶ 必要な予備知識

量子力学の基本原理(トピック5～7)をよく理解している必要がある.本トピックでは,二次元の回転運動(トピック13)の表し方を拡張する.

三次元で回転できる物体の性質については,対応する二次元での問題(トピック13)と同じように考えてよい.ただし,その物体は第三の軸のまわりにも回れると考えるのである.二次元から三次元へ拡張するときのもう一つの考え方は,「トピック13」では面内の環上での運動に制約されていた粒子が,球面内にわたって自由に広がれると考えるものである.この"粒子"は,ある球面内に閉じ込められた電子であっても,分子のような実体がその回転中心のまわりを全体回転していてもよい.したがって,二次元での解が慣性モーメント $I=mr^2$ を使って表されている場合は,その慣性モーメントをもつ物体であればどんなものでも,その値を使って三次元の回転を表すことができる.それが,中身の詰まったボール(質量 M,半径 R であれば $I=\frac{2}{5}MR^2$)であっても,CH_4 などの分子(C-H 結合長が R なら $I=\frac{8}{3}m_H R^2$)であってもかまわない.

14・1 球面上の粒子

質量 m の粒子が,半径 r の球表面のどこでも自由に動きまわれる場合を考えよう.この球は,いろいろな半径の環が三次元に積み重なったものと考えられる.ただし,粒子はある環から別の環へと自由に移動できる.それぞれの環上に粒子があるための周期的境界条件から,個々の環上の運動による量子数 m_l が生じる.また,波動関数は中心点を囲む球の赤道まわりだけでなく,両極にまたがる経路とも符合しなければならないという要請から,第二の周期

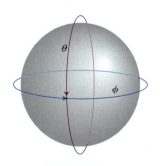

図 14・1 球面上の粒子の波動関数は,二つの周期的境界条件を満たさなければならない.この要請から,粒子の角運動量の状態を表す二つの量子数が生じる.

的境界条件が導入され，したがって第二の量子数が必要になる（図14・1）．

(a) 波動関数

三次元の運動の場合のハミルトン演算子（表6・1）は，

$$\hat{H} = -\frac{\hbar^2}{2m}\nabla^2 + V$$

三次元 ハミルトン演算子 (14・1a)

$$\nabla^2 = \frac{\partial^2}{\partial x^2} + \frac{\partial^2}{\partial y^2} + \frac{\partial^2}{\partial z^2}$$

三次元 ラプラス演算子 (14・1b)

である．**ラプラス演算子**[1] ∇^2（"デル2乗"と読む）は，三つの二階導関数の和を表す便利な省略記号である．球面上に束縛された粒子では，自由に動けるところではどこでも $V=0$ で，半径 r は定数である．この問題の対称性に注目し，球面上の粒子では r が一定であることを活用すれば**球面極座標系**†（必須のツール14・1）が使える．したがって，その波動関数は余緯度 θ と方位角 ϕ の関数であり，これを $\psi(\theta,\phi)$ と書く．そこで，シュレーディンガー方程式は次式で表せる．

$$-\frac{\hbar^2}{2m}\nabla^2\psi = E\psi$$

球面上の粒子 シュレーディンガー方程式 (14・2)

このシュレーディンガー方程式が変数分離法（「数学の基礎2」を見よ）を使って解けるということは，つぎの「根拠」で示すように，波動関数がつぎのような積で書けることを表している．

$$\psi(\theta,\phi) = \Theta(\theta)\Phi(\phi) \quad (14\cdot3)$$

Θ は θ のみの関数であり，Φ は ϕ のみの関数である．つぎの「根拠」でわかるように，Φ はある環上の粒子に対する解（トピック13）であり，全体としての解は**オービタル角運動量量子数**[2] l と**磁気量子数**[3] m_l で指定される．これらの量子数はつぎの値に限られる．

$$l = 0, 1, 2, \cdots \qquad m_l = l, \ l-1, \ \cdots, \ -l$$

量子数 l は負でない整数であり，ある l の値に対して m_l には $2l+1$ 個の値が許される．

必須のツール 14・1　球面極座標系

球対称の系を扱うのに便利な座標系が球面極座標系であり，その変数は**半径**[4] r，**余緯度**[5] θ，**方位角**[6] ϕ である（概略図14・1）．概略図14・1を見ればわかるように，球面極座標と直交座標の関係は，

$$x = r\sin\theta\cos\phi \quad y = r\sin\theta\sin\phi \quad z = r\cos\theta$$

で表される．球面極座標系での体積素片は（概略図14・2），

$$d\tau = r^2\sin\theta\,dr\,d\phi\,d\theta$$

である．同様にして，球面極座標系でのラプラス演算子は（表6・1），

$$\nabla^2 = \frac{\partial^2}{\partial r^2} + \frac{2}{r}\frac{\partial}{\partial r} + \frac{1}{r^2}\Lambda^2$$

であり，**ルジャンドル演算子**[7] Λ^2 はつぎのように表される．

$$\Lambda^2 = \frac{1}{\sin^2\theta}\frac{\partial^2}{\partial\phi^2} + \frac{1}{\sin\theta}\frac{\partial}{\partial\theta}\sin\theta\frac{\partial}{\partial\theta}$$

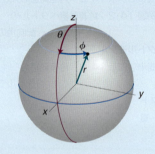

概略図 14・1　球対称の系を考察するのに使う球面極座標系．

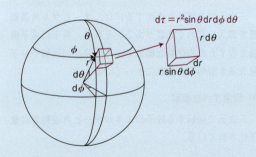

概略図 14・2　球面極座標系での体積素片

---

† spherical polar coordinates. 単に極座標系ということもあるが，ここでは三次元であることを強調するために球面極座標系としている．

1) laplacian　2) orbital angular momentum quantum number　3) magnetic quantum number　4) radius　5) colatitude
6) azimuth　7) legendrian

トピック14 三次元の回転運動

根拠 14·1 球面上の粒子のシュレーディンガー方程式の解

r は一定であるから，r についての微分を含む部分はラプラス演算子から消去でき，したがってシュレーディンガー方程式はつぎのように書ける．

$$-\frac{\hbar^2}{2mr^2}\,\Lambda^2\psi \;=\; E\psi$$

この式に慣性モーメント $I=mr^2$ が現われている．そこで，これを書き換えて，

$$\Lambda^2\psi \;=\; -\varepsilon\psi \qquad \varepsilon=\frac{2IE}{\hbar^2}$$

とする．この式が変数分離できるのを確かめるために，$\psi=\Theta\Phi$ とおき，「必須のツール 14·1」のルジャンドル演算子の形を使えば，

$$\Lambda^2\Theta\Phi \;=\; \frac{1}{\sin^2\theta}\frac{\partial^2(\Theta\Phi)}{\partial\phi^2}+\frac{1}{\sin\theta}\frac{\partial}{\partial\theta}\sin\theta\frac{\partial(\Theta\Phi)}{\partial\theta}$$
$$=\;-\varepsilon\Theta\Phi$$

となる．Θ と Φ はどちらも変数 1 個の関数であるから，偏微分は常微分になって，

$$\frac{\Theta}{\sin^2\theta}\frac{\mathrm{d}^2\Phi}{\mathrm{d}\phi^2}+\frac{\Phi}{\sin\theta}\frac{\mathrm{d}}{\mathrm{d}\theta}\sin\theta\frac{\mathrm{d}\Theta}{\mathrm{d}\theta} \;=\; -\varepsilon\Theta\Phi$$

と書ける．この式を $\Theta\Phi$ で割り，$\sin^2\theta$ を掛けると，

$$\frac{1}{\Phi}\frac{\mathrm{d}^2\Phi}{\mathrm{d}\phi^2}+\frac{\sin\theta}{\Theta}\frac{\mathrm{d}}{\mathrm{d}\theta}\sin\theta\frac{\mathrm{d}\Theta}{\mathrm{d}\theta} \;=\; -\varepsilon\sin^2\theta$$

となり，これを変形すれば次式が得られる．

$$\frac{1}{\Phi}\frac{\mathrm{d}^2\Phi}{\mathrm{d}\phi^2}+\frac{\sin\theta}{\Theta}\frac{\mathrm{d}}{\mathrm{d}\theta}\sin\theta\frac{\mathrm{d}\Theta}{\mathrm{d}\theta}+\varepsilon\sin^2\theta \;=\; 0$$

この式の左辺第 1 項は ϕ だけに依存し，残りの 2 項は θ だけに依存している．「数学の基礎 2」で述べたのと同じ論法で，それぞれを定数に等しいとおく．そこで，第 1 項を定数 $-m_l^2$ に等しいとおけば（この記号は，この後の展開を見込んで先取りして選んである），この方程式は分離できて，

$$\frac{1}{\Phi}\frac{\mathrm{d}^2\Phi}{\mathrm{d}\phi^2}=-m_l^2$$

$$\frac{\sin\theta}{\Theta}\frac{\mathrm{d}}{\mathrm{d}\theta}\sin\theta\frac{\mathrm{d}\Theta}{\mathrm{d}\theta}+\varepsilon\sin^2\theta = m_l^2$$

となる．この二つの方程式の最初のものは，環上の粒子（トピック 13）で見たのと同じであるから同じ解が得られる．すなわち，

$$\Phi=\frac{1}{(2\pi)^{1/2}}\,\mathrm{e}^{\mathrm{i}m_l\phi} \qquad m_l=0,\,\pm1,\,\pm2,\cdots$$

である．（二次元系の場合と違って，三次元系の m_l は制約を受けることがすぐ後でわかる．）第二の方程式は新顔であるが，その解は数学者にはよく知られた "随伴ルジャンドル関数" である．$\phi=0$ と $\phi=2\pi$ で波動関数が合わなければならないという周期的境界条件によって，環上の粒子の場合と同様に m_l は正負の整数（0 を含む）に限られる．もう一つ追加条件があって，両極を通る経路でも波動関数が合わなければならない（図 14·1 を見よ）から，2 番目の量子数 l が導入される．これは負でない整数をとる．しかしながら，第二の方程式にも量子数 m_l があることから，この 2 種の量子数の範囲には関係があると考えられ，実際あとでわかるように，ある l の値に対して m_l は $-l$ から $+l$ までの整数に限られる．これは本文に書いたとおりである．

ある l と m_l に対する規格化された波動関数 $\psi(\theta,\phi)$ は，ふつう $Y_{lm_l}(\theta,\phi)$ と表し，これを**球面調和関数**[1]という

表 14·1 球面調和関数

l	m_l	$Y_{lm_l}(\theta,\phi)$
0	0	$\left(\dfrac{1}{4\pi}\right)^{1/2}$
1	0	$\left(\dfrac{3}{4\pi}\right)^{1/2}\cos\theta$
	±1	$\mp\left(\dfrac{3}{8\pi}\right)^{1/2}\sin\theta\,\mathrm{e}^{\pm\mathrm{i}\phi}$
2	0	$\left(\dfrac{5}{16\pi}\right)^{1/2}(3\cos^2\theta-1)$
	±1	$\mp\left(\dfrac{15}{8\pi}\right)^{1/2}\sin\theta\cos\theta\,\mathrm{e}^{\pm\mathrm{i}\phi}$
	±2	$\left(\dfrac{15}{32\pi}\right)^{1/2}\sin^2\theta\,\mathrm{e}^{\pm2\mathrm{i}\phi}$
3	0	$\left(\dfrac{7}{16\pi}\right)^{1/2}(5\cos^3\theta-3\cos\theta)$
	±1	$\mp\left(\dfrac{21}{64\pi}\right)^{1/2}(5\cos^2\theta-1)\sin\theta\,\mathrm{e}^{\pm\mathrm{i}\phi}$
	±2	$\left(\dfrac{105}{32\pi}\right)^{1/2}\sin^2\theta\cos\theta\,\mathrm{e}^{\pm2\mathrm{i}\phi}$
	±3	$\mp\left(\dfrac{35}{64\pi}\right)^{1/2}\sin^3\theta\,\mathrm{e}^{\pm3\mathrm{i}\phi}$

---

1) spherical harmonics

(表 14・1 および図 14・2). 直線や平面の上の波を表すのに調和関数（sin や cos）が重要であるのと同じで，球面上の波を表すには球面調和関数が重要である．この関数は次式を満たしている†．

$$\Lambda^2 Y_{lm_l}(\theta, \phi) = -l(l+1) Y_{lm_l}(\theta, \phi) \quad (14・4)$$

図 14・3 に，$l = 0 \sim 4$, $m_l = 0$ の場合の球面調和関数を示してある．図中で影の色を変えてあるのは，これによって波動関数の符号の違いを表し，方位節の位置（波動関数が 0 をよぎるところ）をわかりやすくするためである．つぎの点に注目しよう．

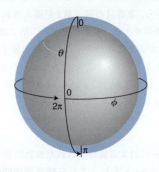

図 14・2 球面をくまなく走査するには，まず θ を 0 から π まで走らせる．次に，それでできた弧を使って，ϕ を 0 から 2π まで変化させて 1 周させる．

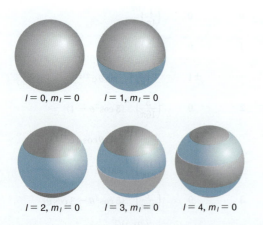

図 14・3 球面上の粒子の波動関数の表現法の一つ．方位節の位置を強調してある．灰色と青色は，波動関数の符号が異なることに相当する．l の値が増加すれば節の数が増える．ここに示す波動関数はすべて $m_l = 0$ に対応するものであるから，垂直な z 軸のまわりの経路は節によって切断されない．

物理的な解釈

- $m_l = 0$ の関数には，z 軸のまわりに方位節がない．$l = 0$, $m_l = 0$ の球面調和関数には節がまったくない．それは，球面上のどこでも高さが一定の "波" である．
- $l = 1$, $m_l = 0$ の球面調和関数は $\theta = \pi/2$ に 1 個だけ方位節があるから，赤道面が方位節である．
- $l = 2$, $m_l = 0$ の球面調和関数には方位節が 2 個ある．

簡単な例示 14・1 球面調和関数の方位節

球面調和関数で $l = 2$, $m_l = 0$ の場合の方位節は（表 14・1 を見よ），$3\cos^2\theta - 1 = 0$，つまり $\cos\theta = \pm(1/3)^{1/2}$ の角度のところにある．したがって，この方位節は 54.7° と 125.3° にある（地球でいえば，ロサンジェルスとブエノスアイレスの緯度に近い）．

自習問題 14・1 $l = 3$, $m_l = 0$ の球面調和関数の方位節はどこにあるか．　　　［答：$\theta = 39.2°$, $90°$, $140.8°$］

(b) エネルギー

一般に，方位節の数は l に等しい．節の数が増えるにつれ，波動関数の波打ちは増え，曲率も大きくなるから，粒子の運動エネルギーも増加する（ポテンシャルエネルギーは 0 であるから，全エネルギーが増加する）と予想される．

「根拠 14・1」にあるように，変数が角度座標だけで表される粒子のシュレーディンガー方程式は，

$$-\frac{\hbar^2}{2mr^2} \Lambda^2 \psi = E\psi$$

と書ける．$mr^2 = I$ である．しかしながら，この波動関数 ψ は球面調和関数 Y であるから，(14・4) 式を満たしている．したがって，この式は，

$$-\frac{\hbar^2}{2mr^2} \underbrace{\Lambda^2 Y_{lm_l}}_{-l(l+1)Y_{lm_l}} = E\psi \quad \text{すなわち}$$

（$I = mr^2$）

$$l(l+1) \frac{\hbar^2}{2I} Y_{lm_l} = E_{lm_l} Y_{lm_l}$$

となる．この式では，エネルギーは二つの量子数に依存するとしている．しかし，実際に粒子に許されるエネルギーは，

$$E_l = l(l+1) \frac{\hbar^2}{2I}$$

球面上の粒子　**エネルギー準位**　(14・5)

と結論できる．この式からつぎのことがわかる．

---

† この解の詳しい説明については，"Molecular quantum mechanics", Oxford University Press, Oxford (2011) を見よ．

トピック14 三次元の回転運動

物理的な解釈

- $l = 0, 1, 2, \cdots$ であるから，エネルギーは量子化されている．

- l が同じなら，エネルギーは m_l の値に無関係である．そこで，エネルギーを単に E_l と書く．

- 同じエネルギーに対応する異なる波動関数は $(2l+1)$ 個ある（それぞれの m_l の値について1個ずつ）から，量子数 l の準位は $(2l+1)$ 重に縮退している．

- 零点エネルギーはないから，$E_0 = 0$ である．

例題 14·1　回転エネルギー準位を用いた計算

三次元で自由に回転している ^{1}H^{35}Cl 分子について，エネルギーが最低の4準位のエネルギーと縮退度を求めよ．回転の最低エネルギーの2準位間の遷移の振動数はいくらか．^{1}H^{35}Cl 分子の慣性モーメントは $2.6422 \times 10^{-47}\,\text{kg m}^2$ である．

解法　回転エネルギーは $(14\cdot5)$ 式で与えられる．ただし，「トピック41」で説明する理由によって，自由回転している分子の角運動量量子数には l の代わりに J を使う．そこでこの記号を使って表せば，量子数 J の準位の縮退度は $2J+1$ であるという．回転の2準位間の遷移は，ボーアの振動数条件（トピック4, $h\nu = \Delta E$）で与えられる振動数のフォトンの放出または吸収によってひき起こすことができる．

解答　まず，つぎの計算をしておく．

$$\frac{\hbar^2}{2I} = \frac{(1.055 \times 10^{-34}\,\text{J s})^2}{2 \times (2.6422 \times 10^{-47}\,\text{kg m}^2)} = 2.106 \cdots \times 10^{-22}\,\text{J}$$

つまり $0.2106\cdots$ zJ である．ここで，つぎの表をつくっておくとわかりやすい．モル当たりのエネルギーは，それぞれのエネルギーにアボガドロ定数を掛ければ得られる．

J	E/zJ	$E/(\text{J mol}^{-1})$	縮退度
0	0	0	1
1	0.4212	253.6	3
2	1.264	760.9	5
3	2.527	1522	7

回転の最低エネルギーの2準位（$J=0$ と 1）のエネルギー間隔は $4.212 \times 10^{-22}\,\text{J}$ である．これをフォトンの振動数に直せば，

$$\nu = \frac{\Delta E}{h} = \frac{4.212 \times 10^{-22}\,\text{J}}{6.626 \times 10^{-34}\,\text{J s}} = 6.357 \times 10^{11}\,\text{s}^{-1}$$

$$= 635.7\,\text{GHz}$$

となる．この振動数の放射線は電磁スペクトルのマイ

クロ波領域に属するから，マイクロ波分光法を使えば，分子の回転について調べることができる（トピック42）．その遷移エネルギーは慣性モーメントに依存するから，マイクロ波分光法は結合長を測定する手法として非常に精度の高いものである．

自習問題 14·2　^{2}H^{35}Cl 分子の回転準位について，最低エネルギーの2準位間の遷移の振動数はいくらか．（この分子の慣性モーメントは $5.1368 \times 10^{-47}\,\text{kg m}^2$ である．）　［答：327.0 GHz］

14·2　角 運 動 量

粒子のエネルギーの量子化と同じくらい重要なこととして角運動量の量子化がある．古典力学では（トピック13の「根拠13·3」），角運動量はベクトル $\boldsymbol{l} = \boldsymbol{r} \times \boldsymbol{p}$（$\boldsymbol{r}$ と $\boldsymbol{p}$ は，それぞれ位置ベクトルと直線運動量ベクトルである）で表される．その x 軸，y 軸，z 軸に沿う成分はそれぞれ l_x, l_y, l_z である．量子力学では，角運動量は対応する角運動量演算子を使って議論する．

(a) 角 運 動 量 演 算 子

角運動量の z 成分の演算子は，「トピック13」で述べたように $\hat{l}_z = (\hbar/\mathrm{i})(x\partial/\partial y - y\partial/\partial x)$ であり，それと等価な $\hat{l}_z = (\hbar/\mathrm{i})(\partial/\partial\phi)$ で表してもよい．x 成分と y 成分についても同様の式が書ける．すなわち，

$$\hat{l}_x = \frac{\hbar}{\mathrm{i}}\left(y\frac{\partial}{\partial z} - z\frac{\partial}{\partial y}\right)$$

$$\hat{l}_y = \frac{\hbar}{\mathrm{i}}\left(z\frac{\partial}{\partial x} - x\frac{\partial}{\partial z}\right) \qquad \text{角運動量演算子} \qquad (14\cdot6)$$

$$\hat{l}_z = \frac{\hbar}{\mathrm{i}}\left(x\frac{\partial}{\partial y} - y\frac{\partial}{\partial x}\right) = \frac{\hbar}{\mathrm{i}}\frac{\partial}{\partial\phi}$$

である．この三つの演算子の交換関係は「問題14·9」で導くことになるが，それは，

$$[\hat{l}_x, \hat{l}_y] = \mathrm{i}\hbar\hat{l}_z \qquad [\hat{l}_y, \hat{l}_z] = \mathrm{i}\hbar\hat{l}_x \qquad [\hat{l}_z, \hat{l}_x] = \mathrm{i}\hbar\hat{l}_y$$

角運動量演算子の交換子　$(14\cdot7)$

である．これらの演算子は互いに可換でないから，そのオブザーバブルは相補的であり（トピック8），二つ以上の成分を同時に指定することはできない．

角運動量の大きさに対応する演算子は，つぎの関係を使えば得られる．

$$\hat{l}^2 = \hat{l}_x^2 + \hat{l}_y^2 + \hat{l}_z^2$$

角運動量の大きさの2乗の演算子　$(14\cdot8)$

この演算子は三つの成分の全部と可換である（「問題14·11」を見よ）．すなわち，

$$[\hat{l}^2, \hat{l}_q] = 0 \qquad q = x, y, z$$
角運動量演算子の交換子 (14・9)

である．これらの演算子は可換であるから，相補的なオブザーバブルではない．言い換えれば，角運動量の大きさの2乗がわかっていれば，つまり，角運動量の大きさそのものがわかっていれば，その成分のどれか一つを指定することはできる（しかし，14・7式によって2個以上の成分を指定することはできない）．

(b) 空間量子化

角運動量の大きさは，(14・8)式の演算子の性質から求めることができる．しかしながら，古典力学では粒子のエネルギー E が角運動量 l と $E = l^2/2I$ の関係があること（トピック13）に注目すれば，角運動量の大きさを求めるのはずっと簡単である．したがって，この式と(14・5)式を比較すれば，角運動量の大きさの2乗は $l(l+1)\hbar^2$ であり，つまり，その大きさはつぎの値に限られることがわかる．

$$\text{角運動量の大きさ} = \{l(l+1)\}^{1/2}\hbar \qquad l = 0, 1, 2, \cdots$$
(14・10)

さらに，つぎの「根拠」で演算子 $\hat{l}_z$ を使って示すように，z 軸まわりの角運動量も量子化され，l の値が与えられれば角運動量の z 成分はつぎの値をとる．

$$\text{角運動量の} z \text{成分} = m_l \hbar \qquad m_l = l, l-1, \cdots, -l$$
(14・11)

ノート m_l の値を示すときは，m_l が正であっても符号を付けることである．たとえば，$m_l = +2$ と書いて，$m_l = 2$ とはしない．

根拠 14・2 球面上の粒子の角運動量の z 成分

極座標で表した角運動量の z 成分の演算子は(14・6)式で与えられる．

$$\hat{l}_z = \frac{\hbar}{i} \frac{\partial}{\partial \phi}$$

この演算子が使えれば，(14・3)式の波動関数が固有関数かどうかを判定できる．すなわち，

$$\hat{l}_z \psi = \hat{l}_z \Theta \Phi = \frac{\hbar}{i} \frac{\partial}{\partial \phi} \Theta \Phi = \Theta \frac{\hbar}{i} \frac{d}{d\phi} \overset{im_l \Phi}{\Phi}$$
$$= \Theta \times m_l \hbar \Phi = m_l \hbar \psi$$

である．ここで，Θ は ϕ に無関係であるから偏微分を常微分に置き換えてある．また，「根拠14・1」で与えた結果 $\Phi \propto e^{im_l \phi}$ を使った．したがって，この波動関数は $\hat{l}_z$ の固有関数であり，$m_l \hbar$ の z 軸まわりの角運動量に対応している．それが(14・11)式である．

簡単な例示 14・2　角運動量の大きさ

「例題14・1」で考えた ^{1}H^{35}Cl 分子の回転の最低エネルギーの4準位は，$J = 0, 1, 2, 3$ に相当している．(14・10)式と(14・11)式を使えばつぎの表をつくれる．

J	角運動量の 大きさ/$\hbar$	縮退 度	角運動量の z 成分/$\hbar$
0	0	1	0
1	$2^{1/2}$	3	$+1, 0, -1$
2	$6^{1/2}$	5	$+2, +1, 0, -1, -2$
3	$12^{1/2}$	7	$+3, +2, +1, 0, -1, -2, -3$

自習問題 14・3 $J = 5$ の状態について，縮退度と角運動量の大きさはいくらか．　　［答：11，$30^{1/2}\hbar$］

ある l の値に対し m_l が $l, l-1, \cdots, -l$ という値に限定されるから，z 軸のまわりの角運動量の成分（全角運動量に対するこの軸のまわりの回転からの寄与）が $2l+1$ 通りの値しかとれないことになる．もし，角運動量をその大きさ（つまり $\{l(l+1)\}^{1/2}$ を単位とする長さ）に比例する長さのベクトルで表すとすると，角運動量の成分の値を正しく表すためには，このベクトルの向きを変えて，その z 軸への射影が m_l の長さになるようにし，古典論での回転

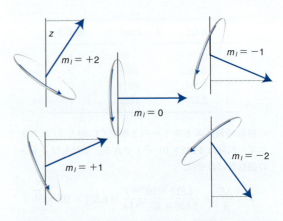

図 14・4 $l = 2$ のときの角運動量の許される配向．ベクトルの方位角（つまり z 軸まわりの角度）は確定できないはずであるから，この図は特定しすぎていることがすぐ後でわかる．

体が連続的に向きを変えられるのと違って、ベクトルが $2l+1$ 通りの向きだけとりうるとしなければならない（図14·4）。つまり、回転体の向きが量子化されているという注目すべき事実を示している。

例題 14·2　角運動量ベクトルの配向角の計算

三次元で自由に回転している $^1H^{35}Cl$ 分子の最低エネルギーの 2 準位について考えよう。それぞれの角運動量ベクトルが z 軸となす角度はいくらか。

解法　まず、最低エネルギーの 2 準位について、角運動量量子数 J と角運動量の z 成分 M_J の値を求める。次に、(14·10) 式と (14·11) 式（ただし、l と m_l をそれぞれ J と M_J に置き換える）、および三角法を使って、それぞれの角運動量ベクトルが z 軸となす角度 θ を計算する。

解答　角運動量ベクトルが z 軸となす角度は、

$$\cos\theta = \frac{M_J\hbar}{\{J(J+1)\}^{1/2}\hbar} = \frac{M_J}{\{J(J+1)\}^{1/2}}$$

で与えられる。そこで、つぎの表がつくれる。

J	M_J	$\cos\theta$	θ
0	0	0	$90°$
1	$+1$	$\left(\dfrac{1}{2}\right)^{1/2}$	$45°$
1	0	0	$90°$
1	-1	$-\left(\dfrac{1}{2}\right)^{1/2}$	$135°$

自習問題 14·4　波動関数 $Y_{2,-1}$ で表される粒子について、角運動量ベクトルが z 軸となす角度はいくらか。　　　　　　　　　　　　[答：$\theta = 114.1°$]

ある回転体が、何らかの指定された軸（たとえば、外部電場や外部磁場の向きで決まる軸）に関して任意の配向をとれないという量子力学の結果を、**空間量子化**[1]という。これは、シュテルン[2]とゲルラッハ[3]が 1921 年に初めて行った実験で確かめられた。彼らは銀原子のビームを不均一な磁場の中へ入射させた（図 14·5）。この実験の裏にある考えは、銀原子は磁石のように振舞い、外部磁場と相互作用するということである（この実験の具体的な狙いは「トピック 19」で説明する "スピン" にある）。古典力学によれば、角運動量はどの向きでもとれるから、それに付随する磁石も任意の向きをとれる。不均一な磁場によって磁

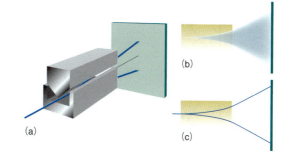

図 14·5　(a) シュテルン–ゲルラッハの実験装置．外部磁石によって不均一な磁場をつくる．(b) 古典論から予測される結果．(c) 銀原子を使って観測された結果．

石が押し出される方向はその磁石の向きによるから、磁場が作用している領域から出てくる原子は幅広い帯状に広がると予測される。しかし、量子力学によれば、角運動量の向きは量子化されているから、それに付随する磁石は数個の離散的な配向をとっており、したがって原子の鋭い帯が数個できると予測される。

シュテルンとゲルラッハの最初の実験では、古典論の予測が確認されたと思われた。しかし、ビーム中の原子が互いに衝突し合うために帯がぼやけるから、この実験は難しいものである。シュテルンとゲルラッハは（衝突が頻繁に起こらないようにするため）強度が非常に弱い原子ビームを使って実験を繰返したときに離散的な帯を観測し、ついに量子論の予測を確かめたのであった。

(c) ベクトルモデル

これまでは、角運動量とその z 成分の大きさの説明をしてきた。古典物理学では x 軸まわりと y 軸まわりの成分も指定できるから、それによって、はっきりした向きをもつベクトルで角運動量を表すことができた。量子力学によれば、回転体の角運動量については可能な限りのことをすでに全部表現しているのであって、そのベクトルの向きについてはこれ以上何もいえないのである。

この制約がある理由は、上で説明したように、角運動量の成分が互いに相補的であり、その一つ（ふつうは z 成分）を指定すれば他の二つの成分は指定できないからである。（その唯一の例外は $l=0$ の場合である。このときは当然 3 成分すべてが 0 である。）一方、角運動量の大きさの 2 乗の演算子は、三つの成分の全部と可換である (14·9 式)。したがって、角運動量の大きさと角運動量の 3 成分のどれか 1 成分を指定できる。図 14·4 に描いた図を図 14·6a にまとめてあるが、どちらの図も x 成分と y 成分がはっきりした値をとるかのように描いてあるから、系の状態について間違った印象を与えることになる。もっとよい図は、も

---

1) space quantization　2) Otto Stern　3) Walther Gerlach

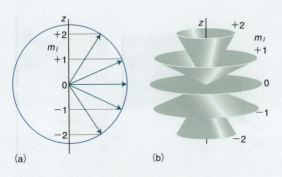

図 14・6 (a) 図 14・4 をまとめた図. ただし, z 軸のまわりのベクトルの方位角は確定できないから, もっとよい表現は (b) に描いたようなものであって, 各ベクトルはそれぞれの円錐上にあって方位角は特定できない.

し l_z が既知なら, l_x と l_y を指定できないことを表していなければならない.

角運動量の**ベクトルモデル**[1)] では, 図 14・6b に示す図を使う. この円錐の辺は $\{l(l+1)\}^{1/2}$ として描き, 角運動量の大きさを表している (単位は $\hbar$). 各円錐は z 軸の上に (m_l を単位とした) はっきり決まった射影をもち, 系の l_z の厳密な値を表す. しかし, l_x と l_y の値は不定である. 角運動量の状態を表すベクトルの先端は, 円錐の底面の円周上のどこかにあると考えてよい. ただし, この円錐上を回っていると考えてはいけない. ベクトルモデルにこの見方をつけ加えるのはもっとあとで, この図からもっと多くの情報をひき出せるようになってからである.

> **簡単な例示 14・3**　**角運動量のベクトルモデル**
>
> ある回転している分子の波動関数が球面調和関数 $Y_{3,+2}$ で表されるなら, その角運動量は 1 個の円錐で表すことができる.
>
> - その辺の長さは $12^{1/2}$ (角運動量の大きさは $12^{1/2}\hbar$) である.
> - その辺の z 軸への射影は $+2$ (角運動量の z 成分は $+2\hbar$) である.
>
> また,「例題 14・2」で示した式を使えば, この円錐の辺と z 軸のなす角度が 54.7° であることがわかる.
>
> **自習問題 14・5**　波動関数が球面調和関数 $Y_{3,-1}$ で与えられるとき, 角運動量のベクトルモデルで解析し, その長さと z 軸への射影, 配向角を求めよ.
>
> 　　　　　　［答: 長さ $12^{1/2}$, 射影 -1, 角度 106.8°］

チェックリスト

- [ ] 1. 三次元で回転する粒子では, 周期的境界条件によって, その角運動量の大きさと z 成分は量子化される.
- [ ] 2. 回転している物体のエネルギーは角運動量の大きさと関係があるから, 回転エネルギーは量子化されている.
- [ ] 3. 角運動量の各成分は互いに可換でないから, 角運動量の大きさと 3 成分のうち一つだけが同時に, しかも厳密に指定できる.
- [ ] 4. 三次元で回転している物体の波動関数は (ある球面上を運動する粒子と同じで), 球面調和関数で表される.
- [ ] 5. **空間量子化**とは, 回転している物体は特定の軸に関して任意の配向をとれないという量子力学的な帰結をいう.
- [ ] 6. 角運動量の**ベクトルモデル**では, 角運動量は辺の長さ $\{l(l+1)\}^{1/2}$, その z 軸への射影 m_l の円錐で表される. そのベクトルの先端は, 円錐の開口部の縁のどこかにあると考えてよい.

---

1) vector model

トピック14 三次元の回転運動

重要な式の一覧

性　質	式	備　考	式番号
球面上の粒子のエネルギー準位	$E_l = l(l+1)\hbar^2/2I$	$l = 0, 1, 2, \cdots$	14·5
角運動量演算子の交換子	$[\hat{l}_x, \hat{l}_y] = \mathrm{i}\hbar\hat{l}_z$	x, y, z は循環している	14·7
	$[\hat{l}_y, \hat{l}_z] = \mathrm{i}\hbar\hat{l}_x$		
	$[\hat{l}_z, \hat{l}_x] = \mathrm{i}\hbar\hat{l}_y$		
	$[\hat{l}^2, \hat{l}_q] = 0, \quad q = x, y, z$		14·9
角運動量の大きさ	$\{l(l+1)\}^{1/2}\hbar$	$l = 0, 1, 2, \cdots$	14·10
角運動量の z 成分	$m_l\hbar$	$m_l = l, \ l-1, \ \cdots, \ -l$	14·11

テーマ3　運動の量子力学　演習と問題

トピック9　一次元の並進運動

記 述 問 題

9·1　一次元の箱の中に運動が制限された粒子について，そのエネルギー量子化の物理的な起源を論ぜよ.

演 習

9·1(a)　自由に運動する電子の波動関数が e^{ikx} で表され $k = 3\,\text{m}^{-1}$ のとき，その直線運動量と運動エネルギーを求めよ.

9·1(b)　自由に運動するプロトンの波動関数が e^{-ikx} で表され $k = 5\,\text{m}^{-1}$ のとき，その直線運動量と運動エネルギーを求めよ.

9·2(a)　運動エネルギー 20 J で左向きに飛行している質量 2.0 g の粒子の波動関数を書け.

9·2(b)　右向きに $10\,\text{m s}^{-1}$ で飛行している質量 1.0 g の粒子の波動関数を書け.

9·3(a)　あるナノ粒子を長さ 1.0 nm の一次元の箱とみなして，その中の電子の二つの準位 (a) $n = 2$ と $n = 1$，(b) $n = 6$ と $n = 5$ のエネルギー間隔を計算し，その答を J，kJ mol^{-1}，eV，cm^{-1} の単位で表せ.

9·3(b)　あるナノ粒子を長さ 1.5 nm の一次元の箱とみなして，その中の電子の二つの準位 (a) $n = 3$ と $n = 1$，(b) $n = 7$ と $n = 6$ のエネルギー間隔を計算し，その答を J，kJ mol^{-1}，eV，cm^{-1} の単位で表せ.

9·4(a)　共役ポリエンの電子は，一次元の箱の中の粒子のモデルで表せる. 一辺の長さ L の箱の中の 0.49L から 0.51L の間に (a) $n = 1$，(b) $n = 2$ の電子を見いだす確率を計算せよ. 波動関数はこの狭い範囲で一定とする.

9·4(b)　共役ポリエンの電子は，一次元の箱の中の粒子のモデルで表せる. 一辺の長さ L の箱の中の 0.65L から 0.67L の間に (a) $n = 1$，(b) $n = 2$ の電子を見いだす確率を計算せよ. 波動関数はこの狭い範囲で一定とする.

9·5(a)　ナノ粒子のモデルに使われる一次元の四角い井戸形ポテンシャルの中で，$n = 1$ の状態の粒子の $\hat{p}$ と $\hat{p}^2$ の期待値を計算せよ.

9·5(b)　ナノ粒子のモデルに使われる一次元の四角い井戸形ポテンシャルの中で，$n = 2$ の状態の粒子の $\hat{p}$ と $\hat{p}^2$ の期待値を計算せよ.

9·6(a)　電子 1 個がその両側にある壁で閉じ込められており，一方の壁は内向きに動かすことができる. 壁と壁の間隔がどれだけになれば，この電子の零点エネルギーとその静止質量エネルギー $m_e c^2$ が等しくなるか. 答は電子の "コ

ンプトン波長 [1]" というパラメーター $\lambda_C = h / m_e c$ で表せ.

9·6(b)　演習 9·6(a) の電子をプロトンで置き換えよ. 壁と壁の間隔がどれだけになれば，このプロトンの零点エネルギーとその静止質量エネルギー $m_p c^2$ が等しくなるか.

9·7(a)　一辺の長さ L の箱の中で $n = 5$ の状態の粒子が最もよく見いだされる位置はどこか.

9·7(b)　一辺の長さ L の箱の中で $n = 4$ の状態の粒子が最もよく見いだされる位置はどこか.

問 題

9·1　長さ 5.0 cm の一次元の容器中の O_2 分子について，最低の並進エネルギー準位 2 個の間の間隔を計算せよ. この分子のエネルギーが 300 K で $\frac{1}{2} kT$ に達するのは n がいくらのときか. また，その準位とすぐ下の準位との間隔はいくらか.

9·2　ある半導体の長さ 1.0 nm の一次元空洞内にある電子の状態が，規格化された波動関数 $\psi(x) = \frac{1}{2} \psi_1(x) + (\frac{1}{2}\,\text{i})\,\psi_2(x) - (\frac{1}{2})^{1/2} \psi_4(x)$ で表されるとしよう. $\psi_n(x)$ は (9·8a) 式で与えられる. この電子のエネルギーを測定すれば，どんな結果が得られるか. そのエネルギーの期待値はいくらか.

9·3　ある金属ナノ粒子に閉じ込められた電子を長さ L の一次元の箱の中の粒子として扱う. この電子が $n = 1$ の状態にあるとき，つぎの領域に見いだす確率を計算せよ. (a) $0 \leq x \leq \frac{1}{2} L$, (b) $0 \leq x \leq \frac{1}{4} L$, (c) $\frac{1}{2} L - \delta x \leq x \leq \frac{1}{2} L + \delta x$.

9·4　問題 9·3 を一般の n の値について解け.

9·5　自由に運動する粒子の波動関数 e^{ikx} は 2 乗積分可能でないから，無限の長さの箱の中では規格化できない. この問題を回避するには，粒子が有限の長さ L の範囲にあるとして規格化し，その波動関数を使った計算の最後で L を無限大にする. 自由な粒子が長さ L の範囲にあるとして波動関数 e^{ikx} の規格化定数を求めよ.

9·6　2 個の異なる粒子が一次元 x で運動しており，その一つ（粒子 1）は（規格化されていない）波動関数が $\psi_1(x) = e^{\text{i}(x/m)}$，もう一つ（粒子 2）は（規格化されていない）波動関数 $\psi_2(x) = \frac{1}{2}\{e^{2\text{i}(x/m)} + e^{3\text{i}(x/m)} + e^{-2\text{i}(x/m)} + e^{-3\text{i}(x/m)}\}$ で表されるとする. これらの粒子の位置を測定したとしたら，どちらの局在性の方が強いか（つまり，どちらの位置を正確に知ることができるか）. 答を図に描いて説明せよ.

9·7　箱の中の粒子モデルで，$n \to \infty$ につれて Δx が古典値に近づくことを示せ. 〔ヒント：古典的な場合には，粒子

---

1) Compton wavelength

テーマ3　運動の量子力学　　125

の分布は箱全体で一様であるから，$\psi(x) = 1/L^{1/2}$ である．〕

9·8 β−カロテンが生体内で酸化されると，2分子のレチナール（ビタミン A）ができるが，これは視覚をひき起こす網膜中の色素の前駆体である．レチナールの共役系は，C 原子 11 個と O 原子 1 個からなる．レチナールの基底状態では，$n=6$ までの各準位は 2 個の電子で占められている．平均の核間距離を 140 pm と仮定し，つぎの計算をせよ．(a) 1 個の電子が $n=7$ の準位を占める第一励起状態と基底状態のエネルギー差，(b) この二つの状態間の遷移を起こすのに必要な放射線の振動数と波長，(c) 上の結果を使って，直鎖ポリエンの吸収スペクトルに見られる振動数シフトを予測する規則をつくった．つぎの（　　）内の語句を選択せよ．

直鎖ポリエンの吸収スペクトルは，共役原子の数が（増加/減少）するにつれて，振動数が（高い方へ/低い方へ）シフトする．

トピック 10　トンネル現象

記述問題

10·1 量子力学的トンネル現象の物理的な起源を論ぜよ．トンネル現象が重要な役割を果たしていると思われる化学系を挙げよ．

10·2 ナノメートル程度以下の大きさで生じる性質で，マクロな物体では見られない特徴について述べよ．

演習

10·1(a) 2個の半導体の接合部が高さ 2.0 eV，厚さ 100 pm の障壁で表されるとしよう．1.5 eV のエネルギーをもつ電子がこの障壁に向かうとき，その透過確率を計算せよ．

10·1(b) ある酸に含まれる水素原子のプロトンが，高さ 2.0 eV で厚さ 100 pm の障壁によって酸に束縛されているとしよう．1.5 eV のエネルギーをもつプロトンが，この酸の束縛から逃れる確率を計算せよ．

問題

10·1 透過確率を表す (10·6) 式を導き，$\kappa L \gg 1$ のときは (10·7) 式になることを示せ．

10·2 本トピックで説明した解析によって，$E > V$ の場合の透過確率 T と反射確率 R を求めよ．反射確率というのは，障壁に左から向かってくる粒子が障壁で反射して，左の方へ遠ざかって行く確率である．T が図 10·5 に示す変化をする物理的な理由を述べよ．

10·3 一次元ナノ粒子の中の電子は，閉じ込められていた障壁を抜け出すとポテンシャルエネルギーが変わる．一次元で運動している粒子のポテンシャルエネルギーは，$-\infty < x \le 0$ で $V=0$，$0 < x \le L$ で $V = V_2$，$L \le x < \infty$ で $V = V_3$ である．粒子は左から来るとする．この粒子のエネルギーは，$V_2 > E > V_3$ の範囲のどこかにある．(a) 透過係数 T を計算せよ．(b) $V_3 = 0$ のとき，T の一般式が (10·6) 式に帰着することを示せ．

10·4 高さ V の幅広い障壁の内部での波動関数は，$\psi = Ne^{-\kappa x}$ で表される．(a) この粒子が障壁の内部にある確率，(b) この障壁内へ粒子が浸透する平均の深さを計算せよ．

10·5 生物学的なエネルギー変換を伴う電子移動反応のような，多くの生物学的電子移動反応は，シトクロム，キノン，フラビン，クロロフィルのような，タンパク質で固定された補因子の間の電子のトンネル現象から生じるものとみることができる．電子供与体と電子受容体がタンパク質の断片によって隔てられている場合，このトンネル現象は，しばしば 1.0 nm 以上の距離で起こる．供与体と受容体のある特定の組合わせに対して，電子のトンネル現象の頻度は透過確率に比例し，$\kappa \approx 7\,\text{nm}^{-1}$ である (10·7 式)．二つの補因子間の距離が 2.0 nm から 1.0 nm に変化すれば，その間の電子トンネル現象の頻度は何倍になるか．

10·6 ポテンシャル障壁をトンネルしやすいというプロトンの性質によって，溶液中でのプロトン移動反応は迅速に進行するから，そのトンネル現象は酸や塩基の性質にも重要な働きをしている．0.90 eV のエネルギーをもつプロトンとデューテロン（$m_D = 3.344 \times 10^{-27}\,\text{kg}$）が，高さ 1.0 eV（$1.6 \times 10^{-19}\,\text{J}$），厚さ 100 pm の同じ障壁をトンネルするとき，両者のトンネル確率の比を求めよ．結果について解説せよ．

トピック 11　多次元の並進運動

記述問題

11·1 一次元の箱の中の粒子の解の特徴が，二次元や三次元の箱の中の粒子の解にも見られるものは何か．後者にあるが，一次元の箱にない概念は何か．

11·2 長方形の一辺が他の一辺の 3 倍の長さである二次元の箱の場合，その縮退の現れ方を説明せよ．隠れた対称性について考えよ．

演習

11·1(a) ナノ構造体のなかには二次元領域に閉じ込められた1個の電子のモデルで説明できるものがある. 一辺1.0 nmの正方形の箱に入れた1個の電子の二つの準位, (a) $n_1=n_2=2$ と $n_1=n_2=1$, (b) $n_1=n_2=6$ と $n_1=n_2=5$ の間のエネルギー間隔を計算し, その答を J, kJ mol^{-1}, eV の単位で表せ. 同じエネルギー間隔を波数でも表せ.

11·1(b) ナノ構造体のなかには三次元領域に閉じ込められた1個の電子のモデルで説明できるものがある. 一辺1.0 nmの立方体の箱に入れた1個の電子の二つの準位, (a) $n_1=n_2=n_3=2$ と $n_1=n_2=n_3=1$, (b) $n_1=n_2=n_3=6$ と $n_1=n_2=n_3=5$ の間のエネルギー間隔を計算し, その答をJ, kJ mol^{-1}, eV の単位で表せ. 同じエネルギー間隔を波数でも表せ.

11·2(a) ナノ構造体はバルクの物質とは物性が異なるのが普通である. 演習11·1 (a) の準位の間の遷移を起こすのに必要な放射線の波長と振動数を計算せよ.

11·2(b) ナノ構造体はバルクの物質とは物性が異なるのが普通である. 演習11·1 (b) の準位の間の遷移を起こすのに必要な放射線の波長と振動数を計算せよ.

11·3(a) あるナノ構造体が, 辺の長さ $L_1=1.0$ nm, $L_2=2.0$ nm の長方形の領域に閉じ込められた1個の電子のモデルで説明できるとし, その電子が kT に等しいエネルギーで熱運動をしているとする (k はボルツマン定数). その熱エネルギーが (a) 零点エネルギー, (b) この電子の第一励起エネルギーとほぼ同じになるには, 温度をどこまで下げなければならないか.

11·3(b) あるナノ構造体が, 辺の長さ $L_1=1.0$ nm, $L_2=2.0$ nm, $L_3=1.5$ nm の直方体の領域に閉じ込められた1個の電子のモデルで説明できるとし, その電子が $\frac{3}{2}kT$ に等しいエネルギーで熱運動をしているとする (k はボルツマン定数). その熱エネルギーが (a) 零点エネルギー, (b) この電子の第一励起エネルギーとほぼ同じになるには, 温度をどこまで下げなければならないか.

11·4(a) 量子力学的な理由から, ナノ構造体に閉じ込められた粒子はその中で均一に分布するわけではない. 辺の長さ L の正方形の領域の中で $0.49L \leq x \leq 0.51L$, $0.49L \leq y \leq 0.51L$ の間に (a) $n_1=n_2=1$, (b) $n_1=n_2=2$ の状態の粒子を見いだす確率を計算せよ. ただし, 波動関数はこの狭い範囲で一定とする.

11·4(b) 量子力学的な理由から, ナノ構造体に閉じ込められた粒子はその中で均一に分布するわけではない. 辺の長さ L の立方体の領域の中で $0.49L \leq x \leq 0.51L$, $0.49L \leq y \leq 0.51L$, $0.49L \leq z \leq 0.51L$ の間に (a) $n_1=n_2=n_3=1$, (b) $n_1=n_2=n_3=2$ の状態の水素原子を見いだす確率を計算せよ. ただし, 波動関数はこの狭い範囲で一定とする.

11·5(a) ナノ構造体を辺の長さ L の正方形の箱のモデルで表したとき, その中の $n_1=4, n_2=5$ の状態の電子の存在確率が最も高い位置はどこか.

11·5(b) ナノ構造体を辺の長さ L の立方体の箱のモデルで表したとき, その中の $n_1=1, n_2=4, n_3=5$ の状態の電子の存在確率が最も高い位置はどこか.

11·6(a) ナノ構造体を辺の長さ L の正方形の箱のモデルで表したとき, その中の $n_1=2, n_2=3$ の状態にある電子の波動関数の節はどこにあるか.

11·6(b) ナノ構造体を辺の長さ L の立方体の箱のモデルで表したとき, その中の $n_1=3, n_2=4, n_3=5$ の状態にある電子の波動関数の節はどこにあるか.

11·7(a) 量子力学的な理由から, ナノ構造体に閉じ込められた粒子は $T=0$ でも完全には静止できない. ナノ構造体を一辺 L の正方形の箱と考えて, 基底状態にある電子の $\hat{p}$ と $\hat{p}^2$ の期待値を計算せよ.

11·7(b) 量子力学的な理由から, ナノ構造体に閉じ込められた粒子は $T=0$ でも完全には静止できない. ナノ構造体を一辺 L の立方体の箱と考えて, 基底状態にある電子の $\hat{p}$ と $\hat{p}^2$ の期待値を計算せよ.

11·8(a) 演習9·6 (a) では, 一次元での圧縮によって, 電子の零点エネルギーをその静止質量エネルギー $m_e c^2$ に等しくなるまで大きくできるかを調べた. 二次元系について同じ計算をし, その答を電子の"コンプトン波長" $\lambda_C = h/m_e c$ で表せ.

11·8(b) 演習11·8 (a) の問題を, 立方体に入れた電子について解け.

11·9(a) 辺の長さ $L_1=L$, $L_2=2L$ の長方形の箱の中の粒子について, $n_1=n_2=2$ の状態と縮退している状態を求めよ. 縮退はふつう対称性と関係があるが, この二つの状態はなぜ縮退しているのか.

11·9(b) 辺の長さ $L_1=L$, $L_2=2L$ の長方形の箱の中の粒子について, $n_1=2$, $n_2=8$ の状態と縮退している状態を求めよ. 縮退はふつう対称性と関係があるが, この二つの状態はなぜ縮退しているのか.

11·10(a) 立方体の箱の中の粒子を考えよう. 最低エネルギー準位の3倍のエネルギーをもつ準位の縮退度はいくらか.

11·10(b) 立方体の箱の中の粒子を考えよう. 最低エネルギー準位の $\frac{14}{3}$ 倍のエネルギーをもつ準位の縮退度はいくらか.

11·11(a) 立方体の箱の中の粒子について, 各辺の長さが10パーセント減少したとき, そのエネルギー準位は何パーセント変化するかを計算せよ.

11·11(b) 正方形の箱の中の粒子について, 各辺の長さが10パーセント減少したとき, そのエネルギー準位は何パーセント変化するかを計算せよ.

11·12(a) 気体は量子力学で扱うべきだろうか. O_2分子1個が体積 2.00 m^3 の立方体の箱に閉じ込められている. この分子の $T=300$ K でのエネルギーが $\frac{3}{2}kT$ であるとき, $n=(n_1^2+n_2^2+n_3^2)^{1/2}$ の値はいくらか. 準位 n と $n+1$ の間のエネルギー間隔はいくらか. このときのドブロイ波長はいくらか. この粒子を古典的であるとみなすのは適切か.

11·12(b) 気体は量子力学で扱うべきだろうか. N_2分子1個が体積 1.00 m^3 の立方体の箱に閉じ込められている. この分子の $T=300$ K でのエネルギーが $\frac{3}{2}kT$ であるとき, $n=(n_1^2+n_2^2+n_3^2)^{1/2}$ の値はいくらか. 準位 n と $n+1$ の間

のエネルギー間隔はいくらか．このときのドブローイ波長はいくらか．この粒子を古典的であるとみなすのは適切か．

問　題

11·1 一辺の長さ 5.0 cm の立方体の箱の中の O_2 分子 1 個について，最低エネルギーの 2 準位の間隔を計算せよ．この分子の 300 K でのエネルギーが $\frac{3}{2}kT$ に達するのは，$n=n_1=n_2=n_3$ がどんな値のときか．また，この準位とすぐ下の縮退準位との間隔はいくらか．

11·2 インドール環 (**1**) は，トリプトファンというアミノ酸の側鎖に付く共役環状化合物であるが，その電子の運動を表すのに二次元の箱の中の粒子のモデルが使える．第一近似として，インドールが辺の長さ 280 pm と 450 pm の長方形の中に 10 個の電子が入っているものと考える (N 原子の孤立電子対から 2 個の電子が提供される)．この分子の基底状態では，最低の利用できるエネルギー準位すべてに電子が 2 個ずつ入ると仮定しよう．(a) 最高被占準位にある電子のエネルギーを計算せよ．(b) 最高被占準位から最低空準位への遷移を起こせる放射線の波長を計算せよ．

11·3 バックミンスターフラーレン (C_{60}) 分子の粗いモデルとして，分子の平均直径 (0.7 nm) を一辺とする立方体に電子が入っていると考えよう．これには炭素原子の π 電子だけが関与すると仮定して，C_{60} の第一励起の波長を予測せよ (実際の値は 730 nm である)．

11·4 バックミンスターフラーレン分子を半径 $a=0.35$ nm の球として扱い，完全には占有されていないエネルギー準位への遷移から生じる C_{60} の最低エネルギーの遷移の波長を予測せよ．そのためには，

$$E_{n,l} = \frac{F_{n,l}^2 h^2}{8ma^2}$$

のエネルギーが必要になるが，因子 F と縮退度 g はつぎの通りである．

n,l	1,0	1,1	1,2	2,0	1,3	2,1	1,4	2,2
$F_{n,l}$	1	1.430	1.835	2	2.224	2.459	2.605	2.895
$g_{n,l}$	1	3	5	1	7	3	9	5

11·5 アルカリ金属が液体アンモニアに溶けると，それぞれの原子は電子を 1 個失い，溶媒中の空洞にその不対電子が捕らえられて深い青色の溶液になる．この "金属のアンモニア溶液" は 1500 nm に吸収極大がある．この吸収は，球形の井戸にある電子の基底状態から第一励起状態への励起によるとして (前問の情報を使え)，この空洞の半径はいくらか．

11·6 ナノ構造体の内部での粒子の詳しい分布には興味がある．表面の正方形に束縛された $n_1=4$ と $n_2=6$ (べつの値を選んでもよい) の状態の粒子の波動関数と確率密度の等高線図を描け (数学ソフトウエアを用いよ)．この問題は問題 11·10 で具体的に扱うが，ここではもっと挑戦的な問題として，立方体の量子ドット〔「インパクト 3·1」(東京化学同人 ウエブサイト) を見よ〕のいろいろな状態の波動関数と確率密度を図示する方法を考えよ．

11·7 ナノ粒子の正方形の領域に閉じ込められた電子のエネルギー準位は $n^2=n_1^2+n_2^2$ に比例している．この式は，(n_1, n_2) 空間での半径 n の円の式を表している (ただし，一象限だけの値が意味をもつ)．(a) この式を用いて，n の大きな準位の縮退度を予測せよ．(b) これと同じ論法を三次元に拡張せよ．

11·8 変数分離法を使って (11·6a) 式の波動関数を導け．

11·9 二次元の箱の中の粒子のエネルギーが (11·4b) 式で表されるとき，(11·4a) 式の波動関数がシュレーディンガー方程式 (11·1 式) の解であることを，実際に微分計算を行うことによって確かめよ．

11·10 問題 11·6 では，平面内に束縛された粒子のいろいろな状態の波動関数の振幅と確率密度を表す等高線図をつくった．ここでは，ポルフィン環 (**2**) を正方形として扱い，同じように図示しよう．分子の構造図に重ねて，最高被占波動関数とそれに対応する確率密度の等高線を描け．その図には現実味があると思うか．

2

11·11 三次元の箱のモデルとなる金属ナノ結晶の電子的な性質を記述するには，量子力学的効果を引き合いに出す必要があるという考えを，ここではもっと詳しく調べよう．(a) 3 辺が L_1, L_2, L_3 の三次元直方体の箱の中の質量 m の粒子に対するシュレーディンガー方程式を示せ．このシュレーディンガー方程式は変数分離できることを示せ．(b) 波動関数とエネルギーは三つの量子数で定義されることを示せ．(c) 上の (b) の結果を一辺 $L=5$ nm の立方体の箱の中を運動している電子にあてはめ，最初の 15 個のエネルギー準位を示す図を描け．各エネルギー準位は，エネルギー状態が縮退しているかもしれないことに注意せよ．(d) 上の (c) のエネルギー準位図を辺の長さ $L=5$ nm の一次元の箱の中の電子のエネルギー準位図と比較せよ．エネルギー準位の分布は，立方体の箱の方が，一次元の箱よりまばらになっているか．

11·12 ナノ構造体の中で二次元の運動に制約されている電子について，その位置と運動量を同時に厳密に決められるか．辺の長さ L の正方形の箱の中の粒子における $\Delta x = (\langle x^2 \rangle - \langle x \rangle^2)^{1/2}$ と $\Delta p_x = (\langle p_x^2 \rangle - \langle p_x \rangle^2)^{1/2}$ を求めよ．また，$\Delta p_y = (\langle p_y^2 \rangle - \langle p_y \rangle^2)^{1/2}$ を計算せよ．これらの量について，不確定性原理との関係を考えて論ぜよ．

トピック12 振 動 運 動

記述問題

12·1 調和振動子の質量と力の定数によって，振動エネルギー準位の間隔がどう変化するかを説明せよ.

12·2 零点振動エネルギーが存在する物理的な理由は何か.

12·3 調和振動子モデルの化学での応用について述べよ.

演 習

12·1(a) 力の定数 $155\,\mathrm{N\,m^{-1}}$ の結合で金属表面についているプロトンから成る調和振動子の零点エネルギーを計算せよ.

12·1(b) 力の定数 $285\,\mathrm{N\,m^{-1}}$ の結合で金属表面に吸着している剛体の CO 分子から成る調和振動子の零点エネルギーを計算せよ.

12·2(a) 実効質量 $1.33\times10^{-25}\,\mathrm{kg}$ の調和振動子の隣接するエネルギー準位の差が $4.82\,\mathrm{zJ}$ である. この振動子の力の定数を計算せよ.

12·2(b) 実効質量 $2.88\times10^{-25}\,\mathrm{kg}$ の調和振動子の隣接するエネルギー準位の差が $3.17\,\mathrm{zJ}$ である. この振動子の力の定数を計算せよ.

12·3(a) 金のナノ粒子の表面に水素原子が力の定数 $855\,\mathrm{N\,m^{-1}}$ の結合で吸着している. 隣接する振動エネルギー準位間の遷移を励起するのに必要なフォトンの波長を計算せよ.

12·3(b) ニッケルのナノ粒子の表面に酸素原子（$m=15.9949\,m_\mathrm{u}$）が力の定数 $544\,\mathrm{N\,m^{-1}}$ の結合で吸着している. 隣接する振動エネルギー準位間の遷移を励起するのに必要なフォトンの波長を計算せよ.

12·4(a) 演習 12·3(a)で，水素を重水素で置き換えたときの波長を計算せよ.

12·4(b) 演習 12·3(b)で，酸素原子を剛体の酸素分子で置き換えたときの波長を計算せよ.

12·5(a) 調和振動子の $v=4$ の波動関数の節の位置を求めよ.

12·5(b) 調和振動子の $v=5$ の波動関数の節の位置を求めよ.

12·6(a) $v=2$ の振動子の規格化定数を計算し，その波動関数が $v=4$ の状態の波動関数と直交していることを確かめよ.

12·6(b) $v=3$ の振動子の規格化定数を計算し，その波動関数が $v=1$ の状態の波動関数と直交していることを確かめよ.

12·7(a) $^{35}\mathrm{Cl_2}$ 分子の振動が，力の定数 $k_\mathrm{f}=329\,\mathrm{N\,m^{-1}}$ の調和振動子の振動と等価であるとすれば，この分子の振動を励起するのに必要な放射線の波数はいくらか. $^{35}\mathrm{Cl}$ 原子の質量は $34.9689\,m_\mathrm{u}$ であるが，二原子分子の振動数を求める式で使うべき質量は "実効質量" $\mu=m_\mathrm{A}m_\mathrm{B}/(m_\mathrm{A}+m_\mathrm{B})$ である. ただし，m_A と m_B はそれぞれの原子の質量

である.

12·7(b) $^{14}\mathrm{N_2}$ 分子の振動が，力の定数 $k_\mathrm{f}=2293.8\,\mathrm{N\,m^{-1}}$ の調和振動子の振動と等価であるとすれば，この分子の振動を励起するのに必要な放射線の波数はいくらか. $^{14}\mathrm{N}$ 原子の質量は $14.0031\,m_\mathrm{u}$ である. 演習 12·7(a)を参考に考えよ.

12·8(a) O—H 結合を調和振動子として扱い，$v=1$ のとき，古典的には禁止されている領域で見いだされる確率を計算せよ.

12·8(b) O—H 結合を調和振動子として扱い，$v=2$ のとき，古典的には禁止されている領域で見いだされる確率を計算せよ.

12·9(a) ある粒子のポテンシャルエネルギーが x^3 に比例するとき，平均運動エネルギーと平均ポテンシャルエネルギーの間にはどんな関係があるか.

12·9(b) 水素原子内の電子の平均運動エネルギーと平均ポテンシャルエネルギーの間にはどんな関係があるか. 〔ヒント: このときのポテンシャルはクーロンポテンシャルである.〕

問 題

12·1 調和振動子の最低エネルギーの4準位について，その波動関数の対称性（関数の偶奇性）を示せ. この対称性は量子数 v でどう表されるか.

12·2 二原子分子の振動数を表す式に使う質量は実効質量，$\mu=m_\mathrm{A}m_\mathrm{B}/(m_\mathrm{A}+m_\mathrm{B})$ である. m_A と m_B はそれぞれの原子の質量である. つぎに示す分子の赤外吸収の波数（$\tilde{\nu}=1/\lambda=\nu/c$）のデータは，"Spectra of diatomic molecules"，G. Herzberg, van Nostrand (1950)からとったものである.

	$\mathrm{H^{35}Cl}$	$\mathrm{H^{81}Br}$	HI	CO	NO
$\tilde{\nu}/\mathrm{cm^{-1}}$	2990	2650	2310	2170	1904

それぞれの結合の力の定数を計算し，結合の硬さが増す順に並べよ.

12·3 $\mathrm{e}^{-\kappa x^2}$ の形の関数が，調和振動子の基底状態のシュレーディンガー方程式の一つの解であることを確かめ，振動子の質量と力の定数を使って κ を表す式を求めよ.

12·4 表 12·1 にある式を使って，調和振動子の平均運動エネルギーを計算せよ.

12·5 表 12·1 にある式を使って，調和振動子の $\langle x^3\rangle$ と $\langle x^4\rangle$ の値を計算せよ.

12·6 「トピック16」で説明するが，分子の振動状態の間のスペクトル遷移の強度は，全空間にわたる積分，$\int \psi_{v'}\,x\,\psi_v\,\mathrm{d}x$ の2乗に比例する. 表 12·1 にあるエルミート多項式の間の関係を使って，許される遷移は $v'=v\pm1$ のものだけであることを示し，これらの場合について積分

を計算せよ.

12・7 エタンにある1個のCH₃基がもう一方のCH₃基に相対的に回転するポテンシャルエネルギーは，$V(\phi) = V_0 \cos 3\phi$で表せる．ϕは**3**に示す角度である．(a) このメチル基の運動は，変位が小さければ調和振動で表せることを示し，$v=0$から$v=1$への励起(モル)エネルギーを計算せよ．(b) 振幅の小さなこの振動の力の定数はどれだけか．(c) まわりにある分子との衝突のエネルギーはふつうkT(kはボルツマン定数)である．この衝突で振動は励起されるか．(d) 励起が大きくなると，エネルギー準位と波動関数はどうなると予想されるか．

12・8 一酸化炭素は，ミオグロビンというタンパク質のヘム基のFe²⁺イオンに強く結合する．問題12・2のデータを使って，ミオグロビンに結合したCOの振動数を求めよ．ただし，ヘム基に結合した原子は動けないとし，このタンパク質はC原子やO原子に比べて無限に重く，C原子はFe²⁺イオンに結合しており，COがタンパク質に結合することによってC≡O結合の力の定数は変化しないと仮定する．

12・9 問題12・8で立てた仮定のうち，最後の二つは疑わしい．最初の二つの仮定はいまのところ合理的であり，ミオグロビンの試料が入手でき，このタンパク質を懸濁させる適当な緩衝液，¹²C¹⁶O，¹³C¹⁶O，¹²C¹⁸O，¹³C¹⁸Oおよび赤外分光計が自由に使えるものとしよう．C≡O結合の力の定数は同位体置換の影響を受けないと仮定して，つぎの一組の実験について詳しく説明せよ．(a) CとOのどちらの原子がミオグロビンのヘム基に結合しているかを確かめる実験．(b) ミオグロビンに結合した一酸化炭素のC≡O結合の力の定数を求める実験．

12・10 合成高分子やタンパク質，核酸などの高分子の研究でよく見られるコンホメーションの一つに"ランダムコイル"がある．N個の単位から成る一次元ランダムコイルについて，温度Tでの小さな変位に対する復元力は，

$$F = -\frac{kT}{2l}\ln\left(\frac{N+n}{N-n}\right)$$

で表される．ここで，lは一つの単量体単位の長さであり，nlは鎖の両端の距離である．伸びが小さければ($n \ll N$)復元力はnに比例し，したがってコイルは力の定数kT/Nl^2の調和振動を行う．この振動する鎖に対して用いる質量は，その全質量Nmであるとしよう．ここで，mは単量体単位1個の質量である．この鎖の振動の基底状態について，量子ゆらぎによる鎖の末端間の根平均二乗距離を求めよ．

12・11 調和振動子の波動関数の"最も古典的な"一次結合は，つぎの重ね合わせで表されるいわゆるコヒーレントな(干渉性の)状態である．

$$\psi_\alpha(x) = N \sum_{v=0}^\infty \frac{\alpha^v}{(v!)^{1/2}} \psi_v(x)$$

αはパラメーターである．これらの状態は，レーザーでつくられた放射線を表すのに使える．(a) 規格化定数が$N = e^{-|\alpha|^2/2}$であることを示せ．(b) 二つのコヒーレント状態の波動関数ψ_αとψ_βは一般に直交しないことを示せ．(c) コヒーレント状態は，それが表す粒子の位置と運動量の不確定性関係が最小値(つまり$\Delta x \Delta p = 1/2\hbar$)であるという意味で，"最も古典的"であることを示せ．〔ヒント：表12・1の漸化式を用いよ．〕

トピック13　二次元の回転運動

記述問題

13・1 環上での運動に制限された粒子について，そのエネルギー量子化の物理的な起源について説明せよ．

演習

13・1(a) 環上の粒子の波動関数で量子数m_lの値が異なるものは，互いに直交することを確かめよ．

13・1(b) 環上の粒子の波動関数(13・7a式)は規格化されていることを確かめよ．

問題

13・1 シンクロトロン加速器を使ってプロトンを半径rの円周に沿って加速する．そのプロトンの状態は規格化されていない波動関数$\psi(\phi) = \psi_{-1}(\phi) + 3^{1/2}i\,\psi_{+1}(\phi)$で表わされるとしよう．(a) この波動関数を規格化せよ．もし，プロトンの(b) 全角運動量，(c) 全エネルギーを求める測定をしたとすれば，その結果はどうか．(d) これらの量の期待値はいくらか．

13・2 芳香族分子の電子構造を表すのに，環上の電子で扱えるだろうか．このモデルを使って，ベンゼンの半径を133 pmとし，各状態に2個ずつ電子が入っているとして，π電子構造を予測せよ．このモデルから予測できる第一吸収帯の波長はいくらか(実測値は185 nmである)．

13・3 ¹H¹²⁷I分子の回転は，静止しているI原子から160 pmの距離にあるH原子の軌道運動とみなすことができる．(この見方はかなり正しい．正確には，両方の原子が共通の質量中心のまわりに回転しているが，その質量中心はIの原子核の位置に非常に近い．)分子がある平面内だけで回転していると考え(この制約は問題14・1で取除く)，(a) 分子の回転を励起するのに必要な電磁波の波長を計算せよ．(b) 分子の0でない最低の角運動量はいくらか．

13·4 $\mu = 2.000 \times 10^{-26}$ kg, 結合長 250.0 pm の二原子分子が xy 面内でその質量中心のまわりに回転している. この分子の状態は規格化された波動関数 $\psi(\phi)$ で表される. いろいろな分子の全角運動量を測定すると, 25 パーセントの時間は $3\hbar$, 75 パーセントの時間は $-3\hbar$ という値が得られる. 一方, 分子の回転エネルギーを測定すると, 一つの値だけが得られる. (a) 角運動量の期待値はいくらか. (b) 規格化された波動関数 $\psi(\phi)$ の式を書け. (c) エネルギーの測定結果はどうか.

13·5 シンクロトロンで, ある決まった角運動量まで加速されたプロトンの平均の存在方向（角度）はどこか. (13·7a) 式の波動関数で表される環上の粒子について, ϕ の平均値 $\langle\phi\rangle$ を計算すればよい. 得られた答に説明を加えよ.

13·6 半径 r のシンクロトロン中のプロトンの状態が, つぎの（規格化されていない）波動関数で表されるとき, その角運動量の z 成分と運動エネルギーを計算せよ. (a) $e^{i\phi}$, (b) $e^{-2i\phi}$, (c) $\cos\phi$, (d) $(\cos\chi)\,e^{i\phi} + (\sin\chi)\,e^{-i\phi}$. ここで, χ は任意の実数パラメーターである.

13·7 プロトンが円形の環でなく, 長軸と短軸の長さがそれぞれ $2a$ と $2b$ の楕円形の環の上で加速されたとき, その粒子のシュレーディンガー方程式を解くにはどう進めれ ばよいか. そもそも, このときのシュレーディンガー方程式は分離可能か.〔ヒント: r は角度 ϕ とともに変化するが, この二つの変数の間には $r^2 = a^2\sin^2\phi + b^2\cos^2\phi$ の関係がある.〕

13·8 環上の粒子というモデルは, ヘム基とクロロフィルの構造の基本骨格をつくっている共役大環状体のポルフィン環 (**2**) のまわりの電子の運動を表すのに便利である. ポルフィン環は, 環の外周に沿って動く共役系に 22 個の電子をもつ半径 440 pm の円形の環として扱うことができる. この分子の基底状態では, 各準位は 2 個の電子で占められていると仮定する. (a) 最高被占準位にある電子のエネルギーと角運動量を計算せよ. (b) 最高被占準位と最低空準位の間の遷移を誘起できる放射線の振動数を計算せよ.

13·9 環状の系では不確定性原理は違う形で表され, $\Delta l_z\,\Delta\sin\phi \geq \frac{1}{2}\hbar|\langle\cos\phi\rangle|$ となる. ここで, $\Delta X = \{\langle X^2\rangle - \langle X\rangle^2\}^{1/2}$ である. (a) 角運動量が $+\hbar$ の粒子, (b) $\cos\phi$ に比例した波動関数で表される粒子について, 上の式にある量をそれぞれ計算せよ. どちらの場合も不確定性原理は満たされているか. この二つの場合で何か違いがあるか. もしあれば, それはなぜか.

トピック 14　三次元の回転運動

記述問題

14·1 環上の粒子の解の特徴で, 球面上の粒子の解にも見られるものは何か. 後者にあるが前者にない概念は何か.

14·2 量子力学における角運動量のベクトルモデルを説明せよ. どんな特徴があるか. モデルとして優れている点は何か.

演習

14·1(a) 分子の回転は, 球面上を回る質点の運動として表される. $l=1$ の角運動量の大きさと任意の軸上への射影成分の許される値を計算せよ. 答を $\hbar$ の倍数で表せ.

14·1(b) ある分子の回転が角運動量量子数 $l=2$ で球面上を回る質点で表される. その角運動量の大きさと任意の軸上への射影成分の許される値を計算せよ. 答を $\hbar$ の倍数で表せ.

14·2(a) つぎの状態を表すベクトル図を描け. ただし, 大きさを揃えよ. (a) $l=1$, $m_l=+1$, (b) $l=2$, $m_l=0$. それぞれのベクトルが z 軸となす角度はいくらか.

14·2(b) $l=6$ の粒子の, 許される回転状態すべてを表すベクトル図を描け. ただし, 大きさを揃えよ. それぞれのベクトルが z 軸となす角度はいくらか.

14·3(a) あるエネルギーが与えられたときの状態の数は, 原子構造や熱力学的性質に重要な役割を果たす. $l=3$ で回転している物体の縮退度を求めよ.

14·3(b) あるエネルギーが与えられたときの状態の数は, 原子構造や熱力学的性質に重要な役割を果たす. $l=4$ で回転している物体の縮退度を求めよ.

問題

14·1 問題 13·3 を変更して, 慣性モーメント $I = \mu R^2$ の分子が三次元で自由に回転するとしよう. $\mu = m_H m_I / (m_H + m_I)$ であり, $R = 160$ pm とする. 最低エネルギーの 4 個の回転準位のエネルギーと縮退度を計算し, $l = 1 \rightarrow 0$ の遷移で放出される電磁放射線の波長を予測せよ. この波長は電磁スペクトルのどの領域にあるか.

14·2 ベンゼン分子の平均の慣性モーメントは 1.5×10^{-45} kg m^2 である. この分子をその（三次元の）回転の基底状態から次の励起状態へ励起するのに必要なエネルギーはどれだけか. この励起を起こせる電磁放射線の波長はいくらか. その放射線は電磁スペクトルのどの領域にあるか.

14·3 バックミンスターフラーレン分子の表面に付いたヘリウム原子が, この分子内部へ拡散せずに表面上を動く状況を表すには, 半径 0.35 nm の球面上を自由に運動する粒子というモデルが使える. この原子の状態は, $\psi(\theta, \phi) = 2^{1/2}Y_{2,+1}(\theta, \phi) + 3iY_{2,+2}(\theta, \phi) + Y_{1,+1}(\theta, \phi)$ という組成の波束で表されるとしよう. (a) この波動関数を規格化せよ. もし, (b) 全角運動量, (c) 角運動量の z 成分, (d) この原子の全エネルギーを測定したとすれば, それぞ

れどんな結果が得られるか. (e) これらのオブザーバブルの期待値はいくらか.

14·4 球面調和関数の性質を用いて,回転している直線形分子が $l=1,2,3$ の状態のときの任意の軸となす角度の最確値を求めよ.

14·5 数学ソフトウエアを使って,つぎの形の波束をつくれ.

$$\Psi(\phi,t) = \sum_{m_l=0}^{m_{l,\,\mathrm{max}}} c_{m_l}\, \mathrm{e}^{\mathrm{i}(m_l\phi - E_{m_l}t/\hbar)} \qquad E_{m_l} = m_l{}^2\hbar^2/2I$$

係数 c は好きなように選べばよい(たとえば,全部を等しくするなど). この波束が環上をどのように移動し,時間とともにどう広がるかを調べよ.

14·6 つぎの球面調和関数が,三次元で自由に回転している粒子のシュレーディンガー方程式を満足していることを確かめ,それぞれの場合についてそのエネルギーと角運動量を求めよ. (a) $Y_{0,0}$,(b) $Y_{2,-1}$,(c) $Y_{3,+3}$

14·7 $Y_{1,+1}$ と $Y_{2,0}$ が互いに直交していることを積分計算によって確かめよ.(球面全体にわたる積分が必要である.)

14·8 $Y_{3,+3}$ が 1 に規格化されていることを確かめよ.(球面全体にわたる積分が必要である.)

14·9 角運動量の古典的な定義 $l=r\times p$ から出発して,角運動量の三つの成分の(直交座標系での)量子力学演算子を導け. どの二つの成分も交換関係にないことを示し,その交換子を求めよ.

14·10 演算子 $\hat{l}_z = \hat{x}\hat{p}_y - \hat{y}\hat{p}_x$ から出発して,球面極座標系では $\hat{l}_z = -\mathrm{i}\hbar\,\partial/\partial\phi$ となることを証明せよ.

14·11 交換子が $[\hat{l}^2, \hat{l}_z]=0$ であることを示し,それ以上の計算をせずに,$q=x,y,z$ のすべてについて $[\hat{l}^2, \hat{l}_q]=0$ であることを示せ.

14·12 球形の空洞に閉じ込められた粒子は,球状の金属ナノ粒子の電子物性を議論するための妥当な出発点になる(インパクト 3·1). ここでは,半径 R の球形の空洞の中の電子について順を追って考察し,その $l=0$ のエネルギー準位が量子化されており,そのエネルギーが次式で表されることを示そう.

$$E_n = \frac{n^2h^2}{8m_{\mathrm{e}}R^2}$$

(a) 半径 a の球の内部で自由に運動する粒子のハミルトン演算子は,

$$\hat{H} = -\frac{\hbar^2}{2m}\nabla^2$$

である. このシュレーディンガー方程式が動径成分と方位成分に分離できることを示せ. つまり,$\psi(r,\theta,\phi)=R(r)\times Y(\theta,\phi)$ と書くことから始めよ. ただし,$R(r)$ は球の中心から粒子までの距離のみに依存し,$Y(\theta,\phi)$ は球面調和関数である. 次に,このシュレーディンガー方程式が,動径方程式 $R(r)$ と方位方程式 $Y(\theta,\phi)$ の二つに分離できることを示せ.

(b) $l=0$ の場合を考えよう. 微分することによって,動径方程式の解がつぎの形で表せることを示せ.

$$R(r) = (2\pi a)^{-1/2}\frac{\sin(n\pi r/a)}{r}$$

(c) さらに,(適当な境界条件を考えて)許されるエネルギーが $E_n = n^2h^2/8ma^2$ で与えられることを示せ. m を m_{e} で置換し,a を R で置換すれば,これはエネルギーを表す上の式になる.

テーマ 3 の総合問題

F3·1 対応原理について説明し,その例を二つ挙げよ.

F3·2 零点エネルギーを定義し,これについて説明したうえで,その例を挙げよ.

F3·3 箱の中の粒子や調和振動子が,量子力学的な系を表すモデルとしてなぜ有用なのかを説明せよ. このモデルが化学的に重要などんな系で使えるかを示せ.

F3·4 二次元と三次元の並進運動と回転運動には,零点エネルギーがあるものとないものがある. なぜかを説明せよ.

F3·5 (a) 長さ L の箱の中の粒子,(b) 調和振動子について,その基底状態の $\Delta x = \{\langle x^2\rangle - \langle x\rangle^2\}^{1/2}$ および $\Delta p = \{\langle p^2\rangle - \langle p\rangle^2\}^{1/2}$ の値を求めよ. 不確定性原理と関連づけて,これらの値を考察せよ.

F3·6 (a) 長さ L の箱の中の粒子,(b) 調和振動子について,一般の量子状態(それぞれ n と v)にあるとして,総合問題 F3·5 をもう一度解け.

F3·7 数学ソフトウエアや表計算ソフトウエアを使って,

つぎの問いに答えよ.

(a) 一次元の箱の中の粒子について,$n=1,2,\cdots,5$ および $n=50$ の場合の確率密度をプロットせよ. そのプロットに対応原理はどう現れているか.

(b) 高さ V のポテンシャル障壁を (i) 水素分子,(ii) プロトン,(iii) 電子が通り抜ける透過確率 T を E/V に対してプロットせよ.

(c) 調和振動子の波動関数の節の起源を調べるために,$v=0$ から $v=5$ までのエルミート多項式 $H_v(y)$ をプロットせよ.

(d) 数学ソフトウエアを使って,ある長方形表面に拘束された粒子について,つぎの量子状態にある波動関数の三次元プロットをつくれ. (i) $n_1=1$,$n_2=1$ の最低エネルギー状態,(ii) $n_1=1$,$n_2=2$,(iii) $n_1=2$,$n_2=1$,(iv) $n_1=2$,$n_2=2$. n_1 と n_2 の関数として波動関数の節の数を表す規則を見いだせ.

数学の基礎 3　複 素 数

ここでは，複素数と複素関数の一般的な性質を説明する．これらは量子力学で頻繁に出てくる基本的な数学である．

MB 3・1　定　　義
複素数はつぎの形をしている．

$$z = x + \mathrm{i}y \qquad \text{複素数の一般形} \quad (\mathrm{MB}\,3\cdot 1)$$

$\mathrm{i}=(-1)^{1/2}$ である．実数 x と y はそれぞれ z の実部と虚部であり，それを $\mathrm{Re}(z)$ と $\mathrm{Im}(z)$ で表す．$y=0$ のとき $z=x$ は実数であり，$x=0$ のとき $z=\mathrm{i}y$ は純虚数である．二つの複素数 $z_1=x_1+\mathrm{i}y_1$ と $z_2=x_2+\mathrm{i}y_2$ は，$x_1=x_2$ および $y_1=y_2$ の場合に限って等しい．複素数の虚部の一般形は $\mathrm{i}y$ と書くが，数値として書くときは順序を逆にして $3\mathrm{i}$ のように書く．

z の**複素共役**[1]を z^* で表すが，これは i を $-\mathrm{i}$ で置き換えたものである．

$$z^* = x - \mathrm{i}y \qquad \text{複素共役} \quad (\mathrm{MB}\,3\cdot 2)$$

z^* と z の積を $|z|^2$ と書き，これを z の**絶対値**[2]の 2 乗，または**モジュラス**[3]の 2 乗という．(MB 3・1) と (MB 3・2) から，$\mathrm{i}^2=-1$ であるから，

$$|z|^2 = (x+\mathrm{i}y)(x-\mathrm{i}y) = x^2 + y^2$$

$$\text{絶対値の 2 乗} \quad (\mathrm{MB}\,3\cdot 3)$$

である．絶対値の 2 乗は実数である．絶対値すなわちモジュラスそのものは $|z|$ と書き，

$$|z| = (z^*z)^{1/2} = (x^2+y^2)^{1/2}$$

$$\text{絶対値またはモジュラス} \quad (\mathrm{MB}\,3\cdot 4)$$

で与えられる．$zz^*=|z|^2$ であるから，$z\times(z^*/|z|^2)=1$ となる．したがって，z の**逆数**[4]（これは 0 でないすべての複素数について存在する）は，

$$z^{-1} = \frac{z^*}{|z|^2} \qquad \text{複素数の逆数} \quad (\mathrm{MB}\,3\cdot 5)$$

である．

> **簡単な例示 MB 3・1**　逆数
>
> 複素数 $z=8-3\mathrm{i}$ を考えよう．この絶対値の 2 乗は，
>
> $$|z|^2 = z^*z = (8-3\mathrm{i})^*(8-3\mathrm{i}) = (8+3\mathrm{i})(8-3\mathrm{i})$$
> $$= 64+9 = 73$$
>
> であるから，$|z|=73^{1/2}$ となる．(MB 3・5) 式から z の逆数は，
>
> $$z^{-1} = \frac{8+3\mathrm{i}}{73} = \frac{8}{73} + \frac{3}{73}\mathrm{i}$$
>
> である．

MB 3・2　極座標による表示

複素数 $z=x+\mathrm{i}y$ は，**複素平面**[5]という平面上の 1 点として表すことができ，x 軸に $\mathrm{Re}(z)$ をとり，y 軸に $\mathrm{Im}(z)$ をとる（図 MB 3・1）．図に示すように，r と ϕ でその点の極座標を表すとすれば，$x=r\cos\phi$，$y=r\sin\phi$ であるから，**極形式**[6]で複素数を表せば，

$$z = r(\cos\phi + \mathrm{i}\sin\phi) \qquad \text{複素数の極形式} \quad (\mathrm{MB}\,3\cdot 6)$$

と書ける．角度 ϕ は z が x 軸となす角度であり，z の**偏角**[7]という．$y/x=\tan\phi$ であるから，極形式はつぎのようにしてつくれる．

$$r = (x^2+y^2)^{1/2} = |z| \qquad \phi = \tan^{-1}\frac{y}{x} \quad (\mathrm{MB}\,3\cdot 7\mathrm{a})$$

極形式から直交座標に変換するには，

$$x = r\cos\phi, \quad y = r\sin\phi \text{ を使って } z = x+\mathrm{i}y$$

$$(\mathrm{MB}\,3\cdot 7\mathrm{b})$$

とする．

複素数を扱う際に最も役に立つ式の一つがつぎの**オイラーの式**[8]である．

$$\mathrm{e}^{\mathrm{i}\phi} = \cos\phi + \mathrm{i}\sin\phi \qquad \text{オイラーの式} \quad (\mathrm{MB}\,3\cdot 8\mathrm{a})$$

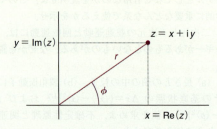

図 MB 3・1　複素数 z を複素平面上の点で表したときの直交座標系 (x,y) と極座標系 (r,ϕ) の関係．

---

1) complex conjugate　2) absolute value　3) modulus　4) inverse　5) complex plane　6) polar form　7) argument
8) Euler's formula

この式の最も簡単な証明には，指数関数をべき級数に展開して実部と虚部を集めればよい．上式から，

$$\cos\phi = \frac{1}{2}(e^{i\phi} + e^{-i\phi}) \qquad \sin\phi = -\frac{1}{2}i(e^{i\phi} - e^{-i\phi})$$
(MB3·8b)

が得られる．これから (MB3·6) 式の極形式は，

$$z = r e^{i\phi} \qquad (MB3·9)$$

となる．

> **簡単な例示 MB3·2　極形式での表し方**
>
> 複素数 $z = 8 - 3i$ を考えよう．「簡単な例示 MB3·1」から $r = |z| = 73^{1/2}$ であるから，z の偏角は，
>
> $$\theta = \tan^{-1}\left(\frac{-3}{8}\right) = -0.359 \text{ rad, すなわち } -20.6°$$
>
> である．したがって，この複素数の極形式は，
>
> $$z = 73^{1/2} e^{-0.359 i}$$
>
> となる．

MB3·3　演　算

複素数 $z_1 = x_1 + iy_1$ と $z_2 = x_2 + iy_2$ を用いた算術演算にはつぎの規則がある．

1. 加算　$z_1 + z_2 = (x_1 + x_2) + i(y_1 + y_2)$ 　(MB3·10a)
2. 減算　$z_1 - z_2 = (x_1 - x_2) + i(y_1 - y_2)$ 　(MB3·10b)
3. 掛け算
$$z_1 z_2 = (x_1 + iy_1)(x_2 + iy_2)$$
$$= (x_1 x_2 - y_1 y_2) + i(x_1 y_2 + y_1 x_2) \quad (MB3·10c)$$
4. 割り算　z_1/z_2 を $z_1 z_2^{-1}$ と解釈して，(MB3·5) 式で逆数をとる．

$$\frac{z_1}{z_2} = z_1 z_2^{-1} = \frac{z_1 z_2^*}{|z_2|^2} \qquad (MB3·10d)$$

> **簡単な例示 MB3·3　複素数の演算**
>
> 複素数 $z_1 = 6 + 2i$ と $z_2 = -4 - 3i$ を考えると，
>
> $z_1 + z_2 = (6 - 4) + (2 - 3)i = 2 - i$
>
> $z_1 - z_2 = 10 + 5i$
>
> $z_1 z_2 = \{6(-4) - 2(-3)\} + \{6(-3) + 2(-4)\}i$
> 　　　$= -18 - 26i$
>
> $\dfrac{z_1}{z_2} = (6 + 2i)\left(\dfrac{-4 + 3i}{25}\right) = -\dfrac{6}{5} + \dfrac{2}{5}i$
>
> となる．

複素数の算術演算には極形式を使うのが普通である．た

とえば，二つの複素数の極形式での積は，

$$z_1 z_2 = (r_1 e^{i\phi_1})(r_2 e^{i\phi_2}) = r_1 r_2 e^{i(\phi_1 + \phi_2)} \quad (MB3·11)$$

となる．図 MB3·2 で示すように，この掛け算は複素平面上で表せる．また，複素数の n 乗と n 乗根は，

$$z^n = (r e^{i\phi})^n = r^n e^{in\phi} \qquad z^{1/n} = (r e^{i\phi})^{1/n} = r^{1/n} e^{i\phi/n}$$
(MB3·12)

である．その複素平面での表示を図 MB3·3 に示す．

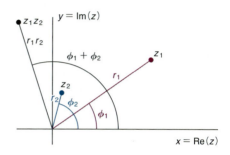

図 MB3·2　二つの複素数の掛け算を複素平面で表した図

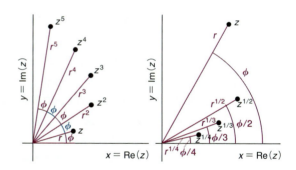

図 MB3·3　複素数の n 乗 ($n = 1, 2, 3, 4, 5$) と n 乗根 ($n = 1, 2, 3, 4$) を複素平面で表した図．

> **簡単な例示 MB3·4　n 乗根の計算**
>
> $z = 8 - 3i$ の 5 乗根を求めるには「簡単な例示 MB3·2」から，その極形式が，
>
> $$z = 73^{1/2} e^{-0.359 i} = 8.544 e^{-0.359 i}$$
>
> であることを使う．そうすると 5 乗根は，
>
> $$z^{1/5} = (8.544 e^{-0.359 i})^{1/5} = 8.544^{1/5} e^{-0.359 i/5}$$
> $$= 1.536 e^{-0.0718 i}$$
>
> となる．したがって，$x = 1.536 \cos(-0.0718) = 1.532$，$y = 1.536 \times \sin(-0.0718) = -0.110$ であるから（角度は rad 単位で表されていることに注意），
>
> $$(8 - 3i)^{1/5} = 1.532 - 0.110 i$$
>
> となる．

テーマ4　近似の方法

学習の内容と進め方

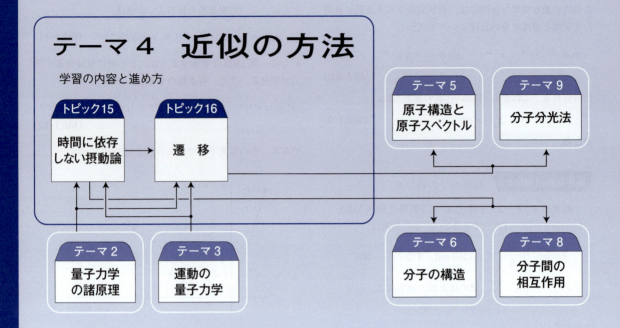

　シュレーディンガー方程式の厳密解が得られるのは,「運動の量子力学」(テーマ3)で述べた特殊なモデル系での問題など限られた場合でしかない. 化学で興味ある問題のほとんどすべては厳密解が得られないものである. この問題を打開するにはいろいろな近似法を展開する必要があり,それは多電子をもつ原子や分子などを扱ううえで不可欠である.

　近似解を見つける方法にはおもに三つある. 第一は,波動関数の具体的な形と数学的な形式を予測しようとするものである."変分理論"は,このやり方がうまくいったかどうかの基準を提供するもので,分子軌道法でよく使われるから「分子の構造」(テーマ6)で説明することにする. 第二の方法は,"つじつまの合う場(自己無撞着場)の手法"というある種の反復法であり,しばしば変分法と並行して用いられ,多電子系のシュレーディンガー方程式の数値解を見つけるのに便利である〔「原子構造と原子スペクトル」(テーマ5)および「分子の構造」(テーマ6)を見よ〕. 第三の方法では,厳密には解けない問題のハミルトン演算子を,シュレーディンガー方程式が厳密に解ける単純なモデル系のハミルトン演算子の部分と,"摂動"という,真のハミルトン演算子とモデル系のハミルトン演算子の差の部分に分ける. 複雑な問題をこのやり方で解くための数学的な手段を提供する"摂動理論"のねらいは,モデルハミルトン演算子についてわかっている情報と摂動の存在を考慮に入れた系統的な手順によって,摂動系の波動関数とエネルギーを生み出すことである.

　時間に依存しない摂動論(トピック15)では,注目する系に似たモデル系を見つけることからはじめ,その波動関数が時間に依存しない摂動の存在によってどう変形し,実際の系のエネルギーに近いものがどう得られるかを示そう. この解析的な手法は,「分子の構造」(テーマ6)で説明する多体摂動論の基礎になるもので,物質の電気的性質と磁気的性質を説明するうえでも役に立つものである〔「分子間の相互作用」(テーマ8)を見よ〕.

　時間に依存する摂動論(トピック16)は,系が時間変化する摂動を受けたときに起こる状態間の遷移を説明する基礎である. このような系の非常に重要な例として振動する電磁場を受けた原子や分子があり,「原子構造と原子スペクトル」(テーマ5)と「分子分光法」(テーマ9)で扱ういろいろな遷移を説明するための基礎になっている.

トピック**15**

時間に依存しない摂動論

内 容

15・1 摂動展開
> 簡単な例示 15・1 エネルギーと波動関数の補正

15・2 エネルギーに対する一次の補正
> 例題 15・1 エネルギーの一次補正項の計算

15・3 波動関数に対する一次の補正
> 例題 15・2 波動関数の一次補正項の計算

15・4 エネルギーに対する二次の補正
> 例題 15・3 エネルギーの二次補正項の計算

チェックリスト
重要な式の一覧

▶ 学ぶべき重要性

摂動論は，シュレーディンガー方程式の厳密解が得られない化学のいろいろな分野で使われる．たとえば，ものの電気的性質や磁気的性質（トピック34および39），ものと電磁放射線の相互作用（トピック16）などに関する複雑な問題について，その近似解を見つけるのに使われる．

▶ 習得すべき事項

注目する系のハミルトン演算子を，単純なモデルハミルトン演算子と摂動ハミルトン演算子の和で表す．そこで，後者を使って系のエネルギーと波動関数についての近似を深めるのである．

▶ 必要な予備知識

「トピック5〜7」で導入した諸概念を習得している必要がある．具体的には，シュレーディンガー方程式，期待値，エルミート性，規格化，直交性などである．

本トピックでの計算には，一次元の箱の中の粒子の説明（トピック9）を十分理解している必要がある．

摂動理論には2種あり，用いる摂動が時間変化するかどうかで扱いが異なる．本トピックでは**時間に依存しない摂動論**[1]のみを考える．それは，分子の電気的および磁気的な性質を説明するときに必要である．一方，「トピック16」では**時間に依存する摂動論**[2]について説明する．これを使えば，時間に依存する電磁場に対する原子や分子の応答について考察することができ，分光法について議論するうえで重要である．

15・1 摂 動 展 開

いま解こうとしている問題に対するハミルトン演算子 $\hat{H}$ が，単純なモデルのハミルトン演算子 $\hat{H}^{(0)}$ とある寄与 $\hat{H}^{(1)}$ の和で表せると考える．ここで，前者の固有値 $E^{(0)}$ と固有関数 $\psi^{(0)}$ は既知である．後者は，真のハミルトン演算子が"モデル"ハミルトン演算子からどの程度異なるかを表している．すなわち，

$$\hat{H} = \hat{H}^{(0)} + \hat{H}^{(1)}$$

摂動論 ハミルトン演算子の分割 （15・1）

と表す．ここでの目的は，$\hat{H}$ のエネルギーと固有関数を求めることである．そこで，この系の真のエネルギー E が，モデル系のエネルギー $E^{(0)}$ と異なり，

$$E = E^{(0)} + E^{(1)} + E^{(2)} + \cdots$$

摂動論 エネルギーの展開 （15・2）

と書けるとする．$E^{(1)}$ はエネルギーに対する"一次の"補正で，$\hat{H}^{(1)}$ に比例する寄与であり，$E^{(2)}$ はエネルギーへの"二次の"補正で，$\hat{H}^{(1)}$ の2乗に比例する寄与である．真の波動関数 ψ もモデル系の"単純な"波動関数 $\psi^{(0)}$ とは異なっているから，つぎのように書く．

---

1) time-independent perturbation theory　2) time-dependent perturbation theory

$$\psi = \psi^{(0)} + \psi^{(1)} + \psi^{(2)} + \cdots$$

摂動論　波動関数の展開　(15・3)

$\psi^{(1)}$ は波動関数の"一次の"補正であるなどという。実際には、時間に依存しない摂動論で摂動系のエネルギーを正確に求めるには、エネルギーに対する一次と二次の補正があれば（弱い摂動である限り）十分である。同じように、波動関数に対しては、一次の補正を超える補正が必要になることはほとんどない。

簡単な例示 15・1　エネルギーと波動関数の補正

長さ L の一次元の金属ナノ粒子内に拘束された電子を考えよう。これに使える単純なモデル系は一次元の箱の中の粒子である。そこで、このときのモデルハミルトン演算子 $\hat{H}^{(0)}$ は、一次元の箱の中の粒子のハミルトン演算子（トピック9）である。このナノ粒子内部での電子のポテンシャルエネルギーが変化することによる効果を見るために、$V(x) = -\varepsilon \sin(\pi x/L)$ の形のポテンシャルエネルギーを考えよう（図 15・1）。したがって、このときの摂動は $\hat{H}^{(1)} = -\varepsilon \sin(\pi x/L)$ である。ここで、一次の補正項 $E^{(1)}$ と $\psi^{(1)}$ は ε に比例し、二次の補正項 $E^{(2)}$ は ε^2 に比例している。

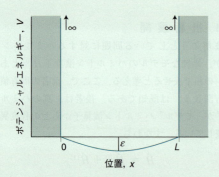

図 15・1　単純な系に摂動論を適用する例を示すモデル。このポテンシャルエネルギーは箱の両壁のところで無限に大きく、箱の床の部分では位置によって V が変化している。

自習問題 15・1
ある二原子分子の振動運動について、そのポテンシャルエネルギーが $V = \frac{1}{2} k_f x^2 + ax^3$ の形で表せることがわかっている。ここで、k_f は力の定数、x は核間距離の平衡結合長からの変位、a は定数である。このときのモデルハミルトン演算子とその摂動を示し、補正項 $E^{(1)}$, $E^{(2)}$, $\psi^{(1)}$ の定数 a による依存性を予測せよ。

［答：$\hat{H}^{(0)}$ は調和振動子のハミルトン演算子
$\hat{H}^{(1)} = ax^3$
$E^{(1)}$ と $\psi^{(1)}$ は a に比例し、$E^{(2)}$ は a^2 に比例する］

本トピックでは補正項を表す式を導出しておこう。もし、以下の詳しい説明は必要なく、重要な結果だけを知りたいということであれば、系の基底状態についてはつぎの通りである。

- エネルギーに対する一次の補正は、

$$E_0^{(1)} = \int \psi_0^{(0)*} \hat{H}^{(1)} \psi_0^{(0)} d\tau$$

一次のエネルギー補正　(15・4)

で与えられる。$\psi_0^{(0)}$ は、ハミルトン演算子 $\hat{H}^{(0)}$ で表される "モデル" 系の基底状態の波動関数である。

この式の使い方の例は「例題15・1」にある。この積分は期待値（トピック7）であり、いまの場合は、摂動のない基底状態の波動関数を使って計算した摂動の期待値である。したがって、$E_0^{(1)}$ は摂動の効果の平均値と解釈できる。この類推として、バイオリンの弦に小さなおもりを吊した場合の振動エネルギーのシフトを考えればよい。弦の節に近いところにおもりを吊しても、弦の振動エネルギーにはほとんど影響がない。一方、最大振幅のところに吊せば、顕著な効果が得られる（図 15・2a）。全体としての効果は、すべてのおもりの平均である。

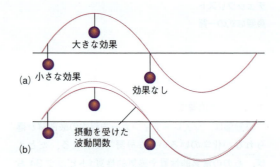

図 15・2　(a) エネルギーに対する一次の補正は、摂動（吊り下げたおもりで表してある）を非摂動波動関数に沿って平均したものである。(b) 二次の補正も同様な平均であるが、摂動によって誘起された変形について平均をとる。

- 一次の補正を加えた波動関数は、

$$\psi_0 = \psi_0^{(0)} + \sum_{n \neq 0} c_n \psi_n^{(0)}$$

$$c_n = \frac{\int \psi_n^{(0)*} \hat{H}^{(1)} \psi_0^{(0)} d\tau}{E_0^{(0)} - E_n^{(0)}}$$

波動関数に対する一次の補正　(15・5)

で与えられる。$\psi_n^{(0)}$ と $E_n^{(0)}$ は、それぞれモデル系の固有関数と固有値である。

この式の使い方の例は「例題15・2」にある。いまの場合の波動関数は、摂動によって歪んでいる。バイオリンの弦で

いうと，吊したおもりによって振動する弦の形が変形したのである．

● エネルギーに対する二次の補正は次式で与えられる．

$$E_0^{(2)} = \sum_{n \neq 0} \frac{\left| \int \psi_n^{(0)} {}^* \hat{H}^{(1)} \psi_0^{(0)} \mathrm{d}\tau \right|^2}{E_0^{(0)} - E_n^{(0)}}$$

二次のエネルギー補正　(15・6)

この式の使い方の例は「例題15・3」にある．この補正も摂動の平均を表しており，一次のエネルギー補正の場合と同じであるが，いまの場合は摂動波動関数にわたる平均である．バイオリンの弦でいうと，この場合の平均は，振動する弦がつくる変形した波にわたる平均なのである．したがって，このときの振幅の最小や最大の場所は，少しシフトしたところにある（図15・2b）．

15・2　エネルギーに対する一次の補正

摂動論で用いる式は，摂動系のどの状態にも適用できるものであるが，ここでは"モデル"系の波動関数 $\psi_0^{(0)}$ で表される基底状態に注目しよう．つぎの「根拠」で示すように，基底状態のエネルギーに対する一次の補正は (15・4) 式で与えられる．

根拠 15・1　エネルギーに対する一次の補正

時間に依存しない摂動を受けている系について，その基底状態の波動関数とエネルギーの補正の式を求めるために，つぎのように書く．

$$\psi_0 = \psi_0^{(0)} + \lambda \psi_0^{(1)} + \lambda^2 \psi_0^{(2)} + \cdots$$

λ は補正の次数を示すためのダミー変数であって，計算の最後ではこれを消してしまう．同様に，

$$\hat{H} = \hat{H}^{(0)} + \lambda \hat{H}^{(1)}$$

および

$$E_0 = E_0^{(0)} + \lambda E_0^{(1)} + \lambda^2 E_0^{(2)} + \cdots$$

と書く．これらの式をシュレーディンガー方程式 $\hat{H}\psi = E\psi$ に代入すれば，

$$(\hat{H}^{(0)} + \lambda \hat{H}^{(1)})(\psi_0^{(0)} + \lambda \psi_0^{(1)} + \lambda^2 \psi_0^{(2)} + \cdots) =$$
$$(E_0^{(0)} + \lambda E_0^{(1)} + \lambda^2 E_0^{(2)} + \cdots)(\psi_0^{(0)} + \lambda \psi_0^{(1)} + \lambda^2 \psi_0^{(2)} + \cdots)$$

が得られる．これを λ のべきについて整理すれば，つぎのように書き直せる．

$$\hat{H}^{(0)} \psi_0^{(0)} + \lambda(\hat{H}^{(1)} \psi_0^{(0)} + \hat{H}^{(0)} \psi_0^{(1)})$$
$$+ \lambda^2 (\hat{H}^{(0)} \psi_0^{(2)} + \hat{H}^{(1)} \psi_0^{(1)}) + \cdots$$
$$= E_0^{(0)} \psi_0^{(0)} + \lambda(E_0^{(0)} \psi_0^{(1)} + E_0^{(1)} \psi_0^{(0)})$$
$$+ \lambda^2 (E_0^{(2)} \psi_0^{(0)} + E_0^{(1)} \psi_0^{(1)} + E_0^{(0)} \psi_0^{(2)}) + \cdots$$

λ の同じべきの項を比較すると，

$$\lambda^0 \text{の項：} \hat{H}^{(0)} \psi_0^{(0)} = E_0^{(0)} \psi_0^{(0)}$$

$$\lambda^1 \text{の項：} \hat{H}^{(1)} \psi_0^{(0)} + \hat{H}^{(0)} \psi_0^{(1)}$$
$$= E_0^{(0)} \psi_0^{(1)} + E_0^{(1)} \psi_0^{(0)}$$

$$\lambda^2 \text{の項：} \hat{H}^{(0)} \psi_0^{(2)} + \hat{H}^{(1)} \psi_0^{(1)}$$
$$= E_0^{(2)} \psi_0^{(0)} + E_0^{(1)} \psi_0^{(1)} + E_0^{(0)} \psi_0^{(2)}$$

などとなる．ここで λ の役目は終わるので，これを消してしまってよい．

上で導いた最初の方程式は，非摂動系の基底状態についてのシュレーディンガー方程式であり，これについては解けると仮定する．二番目の方程式（λ^1 の項から導いた式）を解くために，波動関数への一次の補正が非摂動系の波動関数の一次結合で表されるとして，つぎのように書く．

$$\psi_0^{(1)} = \sum_n c_n \psi_n^{(0)}$$

c_n はあとで求めるべき係数である．そこで，どの $\psi_n^{(0)}$ も，

$$\int \psi_0^{(0)} {}^* \psi_n^{(0)} \mathrm{d}\tau = \overbrace{\delta_{0n}}^{n=0 \text{なら} 1, \ n \neq 0 \text{なら} 0}$$

を満たすという意味で完全規格直交系（「トピック7」の7・3b 式）をつくっていることを利用すると，$E_0^{(1)}$ の項を分離することができる．ここで，δ_{ij} はクロネッカーのデルタ（トピック7）であり，$i=j$ のとき1で，$i \neq j$ のとき0である．したがって，λ^1 の項の式全体に左から $\psi_0^{(0)} {}^*$ を掛けて，全空間にわたって積分すれば，

$$\int \psi_0^{(0)} {}^* \hat{H}^{(1)} \psi_0^{(0)} \mathrm{d}\tau + \sum_n c_n \overbrace{\int \psi_0^{(0)} {}^* \hat{H}^{(0)} \psi_n^{(0)} \mathrm{d}\tau}^{n=0 \text{なら} E_0^{(0)}, \ n \neq 0 \text{なら} 0}$$

$$= \sum_n c_n E_0^{(0)} \overbrace{\int \psi_0^{(0)} {}^* \psi_n^{(0)} \mathrm{d}\tau}^{\delta_{0n}} + E_0^{(1)} \overbrace{\int \psi_0^{(0)} {}^* \psi_0^{(0)} \mathrm{d}\tau}^{1}$$

が得られる．ここで，左辺の第2項と右辺の第1項は等しいから，

$$\int \psi_0^{(0)} {}^* \hat{H}^{(1)} \psi_0^{(0)} \mathrm{d}\tau = E_0^{(1)}$$

となり，これは (15・4) 式である．

例題 15・1　エネルギーの一次補正項の計算

「簡単な例示15・1」にある一次元ナノ粒子中の電子のポテンシャルエネルギーを使って，その基底状態のエネルギーに対する一次の補正を求めよ．

解法 一次の摂動ハミルトン演算子を書いて, (15·4) 式から $E_0^{(1)}$ を求める. 一次元の箱の中の粒子の基底状態の波動関数は「トピック9」に与えられている (ここでは $n=1$ である). 巻末の「資料」にある積分公式 T·3 を使えばよい.

解答 摂動ハミルトン演算子は $\hat{H}^{(1)} = -\varepsilon \sin(\pi x/L)$ であり, 一次元の箱の中の粒子の基底状態 ($n=1$) の非摂動波動関数は $\psi^{(0)} = (2/L)^{1/2} \sin(\pi x/L)$ である. したがって, この波動関数に対する一次の補正は,

$$E_0^{(1)} = \int_0^L \psi^{(0)} \hat{H}^{(1)} \psi^{(0)} \mathrm{d}x$$

$$\overset{\overbrace{\qquad 4L/3\pi \qquad}}{= -\frac{2\varepsilon}{L} \int_0^L \sin^3 \frac{\pi x}{L} \mathrm{d}x} = -\frac{8\varepsilon}{3\pi}$$

である. この摂動によってエネルギーは低下していることがわかる. これは, 図15·1に示した形状から予想される結果と合っている.

自習問題 15·2 上と同じモデルで, ただし $V(x) = -\varepsilon \sin^2(\pi x/L)$ のとき, 基底状態のエネルギーに対する一次の補正を求めよ. 巻末の「資料」にある積分公式 T·4 を用いよ. 　　　　[答: $E_0^{(1)} = -\frac{3}{4}\varepsilon$]

15·3　波動関数に対する一次の補正

つぎの「根拠」で示すように, 一次の摂動で補正された波動関数は (15·5) 式で与えられる. 波動関数に対する一次の補正は, その系の非摂動波動関数の一次結合で表される. (15·5) 式によれば, ある特定の状態 $\psi_n^{(0)}$ についてつぎのことがいえる.

物理的な解釈

- $\int \psi_n^{(0)} {}^* \hat{H}^{(1)} \psi_0^{(0)} \mathrm{d}\tau = 0$ であれば, $\psi_n^{(0)}$ はその一次結合に寄与しない.
- エネルギー差 $|E_0^{(0)} - E_n^{(0)}|$ が小さいほど ($E_n^{(0)}$ は基底状態のエネルギー $E_0^{(0)}$ より大きいから, 絶対値の記号を付けてある), $\psi_n^{(0)}$ の寄与は大きくなる.

根拠 15·2　**波動関数に対する一次の補正**

波動関数に対する一次の補正を求めるために「根拠 15·1」の計算を続け, 次式で表される波動関数の一次の補正の係数 c_n を求めよう.

$$\psi_0^{(1)} = \sum_n c_n \psi_n^{(0)}$$

上で求めた λ^1 の項の式を再び書けば,

$$\hat{H}^{(1)} \psi_0^{(0)} + \hat{H}^{(0)} \psi_0^{(1)} = E_0^{(0)} \psi_0^{(1)} + E_0^{(1)} \psi_0^{(0)}$$

である. この式全体に左側から $\psi_k^{(0)}{}^*$ を掛けて, 全空間にわたって積分すれば, いまは $k \neq 0$ であるから,

$$\int \psi_k^{(0)}{}^* \hat{H}^{(1)} \psi_0^{(0)} \mathrm{d}\tau + \sum_n c_n \overset{\overbrace{\substack{c_k E_k^{(0)} \\ n=k \text{ なら } E_k^{(0)}, \ n \neq k \text{ なら } 0}}}{\int \psi_k^{(0)}{}^* \hat{H}^{(0)} \psi_n^{(0)} \mathrm{d}\tau}$$

$$= \sum_n c_n E_0^{(0)} \overset{\overbrace{\delta_{kn}}}{\int \psi_k^{(0)}{}^* \psi_n^{(0)} \mathrm{d}\tau} + E_0^{(1)} \overset{\overbrace{0}}{\int \psi_k^{(0)}{}^* \psi_0^{(0)} \mathrm{d}\tau}$$

となる. すなわち,

$$\int \psi_k^{(0)}{}^* \hat{H}^{(1)} \psi_0^{(0)} \mathrm{d}\tau + c_k E_k^{(0)} = c_k E_0^{(0)}$$

である. これを変形すれば,

$$c_k = \frac{\int \psi_k^{(0)}{}^* \hat{H}^{(1)} \psi_0^{(0)} \mathrm{d}\tau}{E_0^{(0)} - E_k^{(0)}}$$

が得られる. これは係数 c_k の式であるが, すべての係数に適用できる. 係数 c_n を求めるには, k を n に置き換えればよいだけである. それが (15·5) 式である.

例題 15·2　**波動関数の一次補正項の計算**

「簡単な例示15·1」のモデルを再び使って, ここでは, 基底状態の波動関数に対する一次の補正への $n=3$ の状態からの寄与を求めよ.

解法 波動関数に対する一次の補正は, (15·5) 式の和で与えられる. 箱の中の粒子の基底状態 (この式では $\psi^{(0)}$ に相当する) は ψ_1 であるから, ψ_3 からの寄与を考えればよい. 箱の中の粒子の波動関数とエネルギーは「トピック9」に与えられている. ここでの波動関数はすべて実であるから, 式中の記号 * は無視してよい. 巻末の「資料」にある積分公式 T·6 を使えばよい.

解答 波動関数に対する一次の補正への $n=3$ の状態からの寄与は, つぎの係数で与えられる.

$$c_3 = \frac{\int \psi_3 \hat{H}^{(1)} \psi_1 \mathrm{d}\tau}{E_1 - E_3}$$

箱の中の粒子 (電子) のエネルギーは $E_n = n^2 h^2/8 m_{\mathrm{e}} L^2$ であるから, この式の分母は $E_1 - E_3 = -h^2/m_{\mathrm{e}} L^2$ である. 一方, この式の分子は,

$$\int \psi_3 \hat{H}^{(1)} \psi_1 d\tau = \int_0^L \overbrace{\left(\frac{2}{L}\right)^{1/2} \sin\left(\frac{3\pi x}{L}\right)}^{\psi_3}$$
$$\times \overbrace{\left\{-\varepsilon \sin\left(\frac{\pi x}{L}\right)\right\}}^{\hat{H}^{(1)}} \overbrace{\left(\frac{2}{L}\right)^{1/2} \sin\left(\frac{\pi x}{L}\right)}^{\psi_1} dx$$
$$= -\frac{2\varepsilon}{L} \int_0^L \sin\left(\frac{3\pi x}{L}\right) \sin^2\left(\frac{\pi x}{L}\right) dx$$

積分 T·6
$$\stackrel{\cdot}{=} \left(-\frac{2\varepsilon}{L}\right) \times \left(-\frac{L}{2\pi}\right) \left\{\frac{1}{3} - \frac{1}{2(3+2)} - \frac{1}{2(3-2)}\right\}$$
$$\times \{(-1)^3 - 1\} = \frac{8\varepsilon}{15\pi}$$

となる. したがって, $n=3$ の状態からの寄与は,

$$c_3 = \frac{8\varepsilon/15\pi}{-h^2/m_e L^2} = -\frac{8\varepsilon m_e L^2}{15\pi h^2}$$

である. そこで, この基底状態の補正後の波動関数は,

$$\psi_1 = \left(\frac{2}{L}\right)^{1/2} \sin\left(\frac{\pi x}{L}\right) - \frac{8\varepsilon m_e L^2}{15\pi h^2} \left(\frac{2}{L}\right)^{1/2} \sin\left(\frac{3\pi x}{L}\right)$$

となって, 図15·3で示すように, 摂動項が大きくなるにつれポテンシャルの井戸の中央での振幅が大きくなることに相当している. ここで, n が偶数の状態からの寄与がないことに注意しよう. それは, 上で計算した積分 $\int \psi_n \hat{H}^{(1)} \psi_1 d\tau$ は, n が奇数でない限り消えて0となるからである.

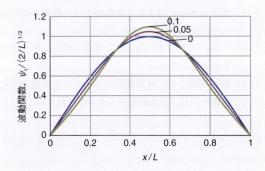

図 15·3 例題15·2で計算した波動関数で, 一次の補正を行った基底状態の波動関数. 図中に $8\varepsilon m_e L^2/15\pi h^2$ の値を添えてある. 摂動項が大きくなるにつれ, ポテンシャルの井戸の中央の振幅が大きくなっていることに注目しよう.

自習問題 15·3 同じモデルを使って, この基底状態の波動関数に対する一次の補正に与える $n=5$ の状態の寄与を計算せよ. 〔答: $c_5 = -8\varepsilon m_e L^2/315\pi h^2$〕

15·4 エネルギーに対する二次の補正

つぎの「根拠」で導くエネルギーに対する二次の補正 (15·6式) はかなり複雑であるが, つぎの三つの重要な性質に注目しておくとよい.

物理的な解釈

- $E_n^{(0)} > E_0^{(0)}$ であるから, すべての項の分母は負である. 一方, 分子はすべて正であるから $E_0^{(2)}$ は負となる. すなわち, 一次の補正はエネルギーを下げるとは限らないが, 二次のエネルギー補正は基底状態のエネルギーを必ず低下させる.
- 摂動は式中の分子に (2乗の形で) 現れているから, 摂動が強いほど基底状態のエネルギーは大きく低下する.
- 系のエネルギー準位の間隔が広く開いていれば, 式中の分母はすべて大きくなるから, これらの項の和は小さくなる. その場合は, 系のエネルギーに対する二次の補正への影響がほとんどない. すなわち, この系は "硬く", 摂動に鈍感である. エネルギー準位が密集しているときは, この逆が成り立つ.

根拠 15·3 エネルギーに対する二次の補正

ここでは, 前の二つの「根拠」の続きを行おう. まず, 二次の補正 $E_0^{(2)}$ の項を分離するために, λ^2 の項から得たつぎの式に注目する.

$$\hat{H}^{(0)} \psi_0^{(2)} + \hat{H}^{(1)} \psi_0^{(1)}$$
$$= E_0^{(2)} \psi_0^{(0)} + E_0^{(1)} \psi_0^{(1)} + E_0^{(0)} \psi_0^{(2)}$$

この式の両辺に左から $\psi_0^{(0)*}$ を掛け, それを全空間にわたって積分すれば,

$$\overbrace{\int \psi_0^{(0)*} \hat{H}^{(0)} \psi_0^{(2)} d\tau}^{E_0^{(0)} \int \psi_0^{(0)*} \psi_0^{(2)} d\tau} + \int \psi_0^{(0)*} \hat{H}^{(1)} \psi_0^{(1)} d\tau$$
$$= E_0^{(2)} \overbrace{\int \psi_0^{(0)*} \psi_0^{(0)} d\tau}^{1} + E_0^{(1)} \int \psi_0^{(0)*} \psi_0^{(1)} d\tau$$
$$+ E_0^{(0)} \int \psi_0^{(0)*} \psi_0^{(2)} d\tau$$

が得られる. 左辺第1項の計算には $\hat{H}^{(0)}$ のエルミート性 (トピック6) を使った. 左辺第1項と右辺の最後の項は打ち消し合うから, 残るのは,

$$E_0^{(2)} = \int \psi_0^{(0)*} \hat{H}^{(1)} \psi_0^{(1)} d\tau - E_0^{(1)} \int \psi_0^{(0)*} \psi_0^{(1)} d\tau$$

である. すでにエネルギーと波動関数の一次の補正は得られているから (15·4式と15·5式), 上の式は二次のエネルギー補正を明確に書いた式とみなせる. しかし, $\psi_0^{(1)} = \sum_n c_n \psi_n^{(0)}$ を代入することによって, もう一段

階先に進めることができる．すなわち，

$$E_0^{(2)} = \sum_n c_n \int \psi_0^{(0)*} \hat{H}^{(1)} \psi_n^{(0)} \mathrm{d}\tau$$

$$- \sum_n c_n \underbrace{E_0^{(1)} \overbrace{\int \psi_0^{(0)*} \psi_n^{(0)} \mathrm{d}\tau}^{\delta_{0n}}}_{c_0 E_0^{(1)}}$$

となる．最後の項は，第1項の和の中にある $n=0$ の項と消し合うから，残るのは，

$$E_0^{(2)} = \sum_{n \neq 0} c_n \int \psi_0^{(0)*} \hat{H}^{(1)} \psi_n^{(0)} \mathrm{d}\tau$$

となる．c_n の式（「根拠 15·2」を見よ）を代入すれば，最終結果である (15·6) 式が得られる．

例題 15·3　エネルギーの二次補正項の計算

「例題 15·2」と同じモデルを使って，基底状態のエネルギーに対する二次の補正への $n=3$ の状態からの寄与を求めよ．

解法　エネルギーに対する二次の補正は (15·6) 式で与えられる．箱の中の粒子の基底状態（この式では $\psi_0^{(0)}$ に相当）は ψ_1 であるから，ψ_3 からの寄与を考えればよい．必要な積分はすべて「例題 15·2」で求めたものである．

解答　「例題 15·2」の結果を使えば，

$$\frac{\left| \int \psi_3 \hat{H}^{(1)} \psi_1 \mathrm{d}\tau \right|^2}{E_1 - E_3} = \frac{(8\varepsilon/15\pi)^2}{-h^2/m_e L^2} = -\frac{64\varepsilon^2 m_e L^2}{225\pi^2 h^2}$$

が得られる．これは，摂動によってエネルギーが低下することを表している．ここで，エネルギーに対する一次と二次の補正を合わせれば，摂動を考慮した基底状態のエネルギーとして次式が得られる．

$$E_0 = \frac{h^2}{8 m_e L^2} - \frac{8\varepsilon}{3\pi} - \frac{64\varepsilon^2 m_e L^2}{225\pi^2 h^2}$$

自習問題 15·4　上と同じモデルで，基底状態のエネルギーに対する二次の補正への $n=5$ の状態の寄与を求めよ．
　　　　　　　　　　[答: $-64\varepsilon^2 m_e L^2/33075\pi^2 h^2$]

チェックリスト

- [ ] 1. **摂動論**では，問題としているハミルトン演算子を，シュレーディンガー方程式が厳密に解ける単純なモデル系のハミルトン演算子と，真のハミルトン演算子とモデル系のハミルトン演算子の差である "摂動" とに分離する．

- [ ] 2. **時間に依存しない摂動論**で考える摂動は，時間によって変化しない．

- [ ] 3. **エネルギーに対する一次の補正**は，その摂動の効果の平均値と解釈できる．

- [ ] 4. 基底状態の波動関数に対する非摂動状態の寄与が，その一次の補正項に比べて大きいほど，摂動のない基底状態のエネルギーとの差は小さい．

- [ ] 5. **エネルギーに対する二次の補正**は，摂動のある波動関数についての摂動の平均である．

- [ ] 6. 二次のエネルギー補正は，基底状態のエネルギーを必ず低下させる．

- [ ] 7. 摂動が強くて，非摂動系のエネルギー準位の間隔が狭いほど，基底状態のエネルギー低下は大きい．

重要な式の一覧

性 質	式	備 考	式番号
ハミルトン演算子の分割	$\hat{H} = \hat{H}^{(0)} + \hat{H}^{(1)}$	$\hat{H}^{(1)}$ は摂動	15·1
エネルギーの展開	$E = E^{(0)} + E^{(1)} + E^{(2)} + \cdots$	$E^{(N)}$ は N 次のエネルギー補正	15·2
波動関数の展開	$\psi = \psi^{(0)} + \psi^{(1)} + \psi^{(2)} + \cdots$	$\psi^{(N)}$ は波動関数に対する N 次の補正	15·3
一次のエネルギー補正	$E_0^{(1)} = \displaystyle\int \psi_0^{(0)}{}^* \hat{H}^{(1)} \psi_0^{(0)} \mathrm{d}\tau$	基底状態のエネルギー	15·4
一次の補正を加えた 波動関数	$\psi_0 = \psi_0^{(0)} + \displaystyle\sum_{n \neq 0} c_n \psi_n^{(0)}$ $c_n = \left(\displaystyle\int \psi_n^{(0)}{}^* \hat{H}^{(1)} \psi_0^{(0)} \mathrm{d}\tau \right) / (E_0^{(0)} - E_n^{(0)})$	基底状態の波動関数	15·5
二次のエネルギー補正	$E_0^{(2)} = \displaystyle\sum_{n \neq 0} \left| \int \psi_n^{(0)}{}^* \hat{H}^{(1)} \psi_0^{(0)} \mathrm{d}\tau \right|^2 / (E_0^{(0)} - E_n^{(0)})$	基底状態のエネルギー	15·6

トピック 16

遷 移

内容

16・1　時間に依存する摂動論

(a) 一般的な手順

例題 16・1　摂動が徐々にかかる場合の時間に依存する摂動論の使い方

(b) 振動する摂動とスペクトル遷移

例題 16・2　調和振動子のスペクトル遷移の解析

(c) 時間変化する状態のエネルギー

簡単な例示 16・1　エネルギー－時間の不確定性

16・2　放射線の吸収と放出

簡単な例示 16・2　アインシュタイン係数

チェックリスト

重要な式の一覧

➤ 学ぶべき重要性

ものの構造を調べるうえで最も重要な方法に分光法があり，分子によって吸収されたり，放出されたり，散乱されたりした放射線を分析する．これらの現象に関与する諸過程を理解するには，振動する電磁場や衝突による衝撃など多種多様な摂動に分子が曝されたとき，その波動関数がどう変化するかを知っておく必要がある．

➤ 習得すべき事項

遷移の頻度（遷移速度）を表す式を解析すれば選択律が得られる．遷移速度は摂動の強さの2乗に比例している．

➤ 必要な予備知識

量子力学の基本原理（トピック5～7）とシュレー

ディンガー方程式に加え，摂動論の基本的な考え方（トピック15）についてもよく理解している必要がある．調和振動子（トピック12）を用いた例題もあるから復習しておくこと．

ハミルトン演算子に現れるポテンシャルエネルギーが時間変化しない場合の波動関数は，時間に依存しないシュレーディンガー方程式の解で表される（トピック6）．しかしながら，波動関数そのものが時間変化しないわけではない．実際，ある波動関数 $\psi(r)$ に対応するエネルギーが E であるときでも，時間に依存する波動関数は，

$$\Psi(r, t) = \psi(r)\, \mathrm{e}^{-\mathrm{i}Et/\hbar} \qquad \text{定常状態の波動関数} \qquad (16\cdot1)$$

で表される．$\mathrm{e}^{-\mathrm{i}Et/\hbar} = \mathrm{e}^{-\mathrm{i}(E/\hbar)t} = \cos(Et/\hbar) - \mathrm{i}\sin(Et/\hbar)$ であるから（オイラーの式，「数学の基礎3」），この時間に依存する波動関数は，角振動数 $E/\hbar$ で時間とともに振動していることがわかる．このように波動関数そのものは振動しているものの，これから取出される物理的に観測可能なオブザーバブルの確率密度は，つぎのように時間に依存しないのである．

$$\Psi(r, t)^* \Psi(r, t) = \{\psi(r)^* \mathrm{e}^{\mathrm{i}Et/\hbar}\}\{\psi(r)\mathrm{e}^{-\mathrm{i}Et/\hbar}\}$$
$$= \psi(r)^* \psi(r)$$

このことから，$\Psi(r, t)$ は**定常状態**[1]を表しているという．定常状態は，確率密度が時間変化せず，そのまま継続している状態である．

一方，ポテンシャルエネルギーが時間変化する場合は，それが外部からの何らかの作用による摂動なのか，それとも，原子や分子が電磁場に曝されている場合のように，摂動は常に存在していて，それが時間変化する場合なのかによって，話は大きく違ってくる．いずれにしても，それは

---

1) stationary state

もはや定常状態ではなく，ある状態の分子がべつの状態に移行させられるのである．すなわち，時間に依存する摂動の存在下での状態変化，つまり**遷移**[1]が起こるのである．

時間に依存する摂動論は，状態間の遷移についての解析手法を提供してくれるから，これによって遷移が起こる条件を見いだすことができ，その遷移の頻度を表す式が得られる．そこで，時間に依存する摂動論の説明からはじめるが，その最も重要な応用の一つである電磁放射線の吸収と放出についてもあとで触れる．ここでの説明は，原子スペクトルと分子スペクトルを詳細に検討するときの基礎となる．

16・1 時間に依存する摂動論

時間に依存する摂動を受けたときの結果を予測するには，つぎの**時間に依存するシュレーディンガー方程式**[2]を解く必要がある．

$$\hat{H}(t)\,\Psi(\boldsymbol{r},\,t) = \mathrm{i}\hbar\frac{\partial\Psi(\boldsymbol{r},\,t)}{\partial t}$$

時間に依存するシュレーディンガー方程式 （16・2）

(a) 一般的な手順

「トピック15」で述べた摂動を扱う手順に従って，まず近似解を見つけることである．そこで，問題のハミルトン演算子が，単純で解が得られる部分と，ここでは時間に依存する摂動の部分とに分割できるとする．すなわち，

$$\hat{H} = \hat{H}^{(0)} + \hat{H}^{(1)}(t) \qquad (16\cdot3\mathrm{a})$$

とする．たとえば，ある分子が，角振動数ω，強さEのz軸に平行な電磁場に曝されたときの摂動は，

$$\hat{H}^{(1)}(t) = -\hat{\mu}_z\,E\cos\omega t$$

振動電場　時間に依存する摂動 （16・3b）

で表される．ここで，$\hat{\mu}_z$は**双極子モーメント演算子**[3] $\hat{\mu}$のz成分であり，zに比例している．古典物理学によれば，電磁場と相互作用して特定の振動数のフォトンを吸収したり，生成したりできる原子や分子は，一時的であるにせよ，これと同じ振動数で振動できる双極子をもっていなければならない．

時間に依存しない摂動論の場合と同じで，(16・2)式の解

は非摂動ハミルトン演算子の固有関数の一次結合で表せる．唯一の違いは，得られる係数が時間変化するという点である．たとえば，水素型原子の電子は，はじめ1sオービタルにあるが，時間が経てば2pオービタルで見いだされる確率が上昇するから，1sオービタルの係数が時間とともに減少する一方で，2pオービタルの係数は増加するのである．一般には，

$$\Psi(\boldsymbol{r},\,t) = \sum_n c_n(t)\,\Psi_n^{(0)}(\boldsymbol{r},\,t)$$

$$= \sum_n c_n(t)\,\psi_n^{(0)}(\boldsymbol{r})\,\mathrm{e}^{-\mathrm{i}E_n^{(0)}t/\hbar}$$

と書ける．これまでと同じで，$\psi_n^{(0)}(\boldsymbol{r})$は$\hat{H}^{(0)}$の固有関数であり，$E_n^{(0)}$はそれに対応するエネルギーである．

ここからの課題は，係数を求める明確な式を見いだすことである．ここでは詳しく説明しないが[†]，摂動の一次の効果についていえば，すべての波動関数の係数は次式で与えられる．ただし，はじめに占有されていた状態の波動関数（たとえば，前の例では1sオービタル）$\psi_0^{(0)}(\boldsymbol{r})$の係数は除く．

$$c_n(t) = \frac{1}{\mathrm{i}\hbar}\int_0^t H_{n0}^{(1)}(t)\,\mathrm{e}^{\mathrm{i}\omega_{n0}t}\,\mathrm{d}t$$

時間に依存する　はじめに占有されて
一次の摂動論　　いない状態nの係数 （16・4a）

ここで，

$$H_{n0}^{(1)}(t) = \int \psi_n^{(0)*}\hat{H}^{(1)}(t)\,\psi_0^{(0)}\,\mathrm{d}\tau \qquad (16\cdot4\mathrm{b})$$

である．ここでの摂動は$t=0$でかかり，$\omega_{n0}=(E_n^{(0)}-E_0^{(0)})/\hbar$で書けるとした．したがって，ここからすべきことは，摂動の具体的な形を導入し，空間にわたって積分 (16・4b式) した後（その結果を16・4a式に代入してから）時間にわたって積分することである．

摂動が突然かかれば，それはある種の衝撃のようなものであるから，系はいろいろな状態にたたき込まれると予想される．一方，摂動がゆっくりかかり徐々に最終値に向かう場合は，それほどの衝撃はないから，十分時間が経てば，摂動がずっと存在している場合に時間に依存しない摂動論から得られるのと同じ結果が得られる．実際には，振動する摂動であっても，ゆっくりかかる摂動として扱う場合が多い．それは，急激に摂動がかかれば，数学的に扱いにくい過渡的な応答が生じるからである．

[†] この解の詳しい説明については，"Molecular quantum mechanics"，Oxford University Press, Oxford (2011) を見よ．
1) transition　2) time-dependent Schrödinger equation　3) dipole moment operator

例題 16・1　摂動が徐々にかかる場合の時間に依存する摂動論の使い方

摂動がゆっくりかかった場合の状況を調べるために，$\hat{H}^{(1)}(t) = \hat{H}^{(1)}(1-e^{-t/\tau_0})$ と書く．ここでの時定数 τ_0 は非常に長いとする（図 16・1）．時間 $t \gg \tau_0$（摂動がすでに一定値 $\hat{H}^{(1)}$ に達している）で得られる係数 $c_n(t)$ の絶対値の 2 乗は，時間に依存しない摂動論（トピック 15）で得られた結果と同じことを示せ．

解法　(16・4) 式を使って $c_n(t)$ を求め，その絶対値の 2 乗と時間に依存しない摂動論で得た (15・5) 式の絶対値の 2 乗を比較すればよい．なお，体積素片 $d\tau$ で使う τ と混同するのを避けるために，ここでは時定数を表すのに τ_0 を使っていることに注意しよう．

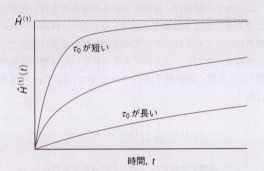

図 16・1　徐々にかかる摂動の時間依存性．τ_0 の値が大きいほど，かかり方はゆっくりである．

解答　(16・4b) 式に $\hat{H}^{(1)}(t) = \hat{H}^{(1)}(1-e^{-t/\tau_0})$ を代入すれば，

$$H_{n0}^{(1)}(t) = \int \psi_n^{(0)*} \hat{H}^{(1)}(1-e^{-t/\tau_0}) \psi_0^{(0)} d\tau$$

$$= (1-e^{-t/\tau_0}) \overbrace{\int \psi_n^{(0)*} \hat{H}^{(1)} \psi_0^{(0)} d\tau}^{H_{n0}^{(1)}}$$

$$= (1-e^{-t/\tau_0}) H_{n0}^{(1)}$$

が得られる．この式を (16・4a) 式に代入する．ただし，$H_{n0}^{(1)}$ は時間に依存しないから，

$$c_n(t) = \frac{H_{n0}^{(1)}}{i\hbar} \int_0^t (1-e^{-t/\tau_0}) e^{i\omega_{n0}t} dt$$

$$= \frac{H_{n0}^{(1)}}{i\hbar} \int_0^t (e^{i\omega_{n0}t} - e^{-(1/\tau_0 - i\omega_{n0})t}) dt$$

となる．ここで，つぎの結果を使う．

$$\int_0^t e^{i\omega_{n0}t} dt = \frac{e^{i\omega_{n0}t}-1}{i\omega_{n0}} \quad \text{および}$$

$$\int_0^t e^{-(1/\tau_0 - i\omega_{n0})t} dt = -\frac{e^{-(1/\tau_0 - i\omega_{n0})t}-1}{1/\tau_0 - i\omega_{n0}}$$

この段階で，摂動がゆっくりかかる，つまり $\tau_0 \gg 1/\omega_{n0}$ とすれば，二番目の式の分母にある $1/\tau_0$（青色で示してある）は無視できる．ここで，$\tau_0 \gg 1/\omega_{n0}$ と仮定したことで，摂動が "ゆっくりかかる" ことの定量的な基準が与えられたことに注目しよう．また，摂動が最終値に落ち着いて十分時間が経った後，つまり $t \gg \tau_0$ での係数も知りたいとしよう．このとき，二番目の式の分子の指数項（青色で示してある）も 0 に近いから無視できる．これらの条件のもとでは，

$$c_n(t) = -\frac{e^{i\omega_{n0}t}}{\hbar \omega_{n0}} H_{n0}^{(1)}$$

である．ここで，$\hbar \omega_{n0} = E_n^{(0)} - E_0^{(0)}$ であることを使えば，

$$c_n(t) = -\frac{e^{i\omega_{n0}t} H_{n0}^{(1)}}{E_n^{(0)} - E_0^{(0)}}$$

が得られる．c_n の絶対値の 2 乗をつくれば，$e^{i\omega_{n0}t}$ の因子は消える（絶対値の 2 乗は 1）から，(15・5) 式の係数の絶対値の 2 乗と同じ結果が得られる．

自習問題 16・1　系が振動する摂動
$\hat{H}^{(1)}(t) = 2\hat{H}^{(1)}\cos\omega t = \hat{H}^{(1)}(e^{i\omega t} + e^{-i\omega t})$ に曝されたときの $c_n(t)$ の形を示せ．

$$\begin{bmatrix} 答: (1/i\hbar) H_{n0}^{(1)} \{(e^{i(\omega_{n0}+\omega)t}-1)/[i(\omega_{n0}+\omega)] \\ + (e^{i(\omega_{n0}-\omega)t}-1)/[i(\omega_{n0}-\omega)]\} \end{bmatrix}$$

時間 t で，摂動によって初期状態 $\psi_0^{(0)}$ から状態 $\psi_n^{(0)}$ への遷移がすでに誘起されている確率は，

$$P_n(t) = |c_n(t)|^2 \qquad \text{遷移確率} \quad (16\cdot5)$$

である．**遷移速度**[1] w とは，初期状態 $\psi_0^{(0)}$ から遷移することにより終状態 $\psi_n^{(0)}$ にある確率の変化速度である．すなわち，

$$w_n(t) = \frac{dP_n}{dt} \qquad \text{遷移速度} \quad (16\cdot6)$$

である．これで，遷移速度と摂動の強さの間に成り立つ重

---

1) transition rate

要な関係について説明ができる．つぎの形で時間に依存する摂動を考えよう．

$$\hat{H}^{(1)}(t) = \hat{H}^{(1)} f(t)$$

ここで，時間依存性はすべて$f(t)$に含まれている．その特別な場合の例を「例題16・1」で示した．また，(16・3b)式の摂動でも，$\hat{H}^{(1)} = -\hat{\mu}_z \mathcal{E}$，$f(t) = \cos\omega t$とすれば同じように考えられる．この確率$P_n$は，注目する状態の係数$c_n$の絶対値の2乗に比例し(16・5式)，その係数は摂動の大きさに比例しているから(16・4式)，確率の時間微分である遷移速度は，摂動の強さの絶対値の2乗に比例することになる．すなわち次式が成り立つ．

$$w_n(t) \propto |H_{n0}^{(1)}|^2 = \left| \int \psi_n^{(0)*} \hat{H}^{(1)} \psi_0^{(0)} d\tau \right|^2$$

振動電場　遷移速度　(16・7)

(b) 振動する摂動とスペクトル遷移

(16・3b)式の形で摂動が与えられたとき，その遷移速度の形は，

$$w_n(t) \propto \mathcal{E}^2 \left| \int \psi_n^{(0)*} \hat{\mu}_z \psi_0^{(0)} d\tau \right|^2$$

遷移速度　(16・8a)

で表される．この中にはつぎの形の因子も含まれている．

$$\mu_{z,n0} = \int \psi_n^{(0)*} \hat{\mu}_z \psi_0^{(0)} dz$$

遷移双極子モーメント(z成分)　(16・8b)

この積分を**遷移双極子モーメント**[1]という．これは，電荷が始状態から終状態まで移動したときに生じる電気双極子モーメントの尺度である．遷移双極子の大きさは，遷移に伴う電荷の再分布の尺度とみなすことができる．つまり，遷移による電荷の再分布が双極性である場合(図16・2)に限って，その遷移は活性である(フォトンを生成したり，吸収したりできる)．このような双極子モーメントがない場合は$w_n = 0$であるから，その遷移は起こらないことがわかる．遷移双極子モーメントが0でない場合は$w_n \neq 0$であるから，このときはnへの遷移が起こったという．遷移双極子モーメントが0なら，その遷移は**禁制**[2]であり，遷移双極子モーメントの成分(一般には，$\mu_{x,n0}$や$\mu_{y,n0}$の成分もある)のどれか一つでも0でなければ，その遷移は**許容**[3]される．

ここまでの議論をまとめれば，(16・8)式はつぎのように解釈できる．ある遷移における放射線の吸収または放出の強度は，その遷移速度に比例するが，その遷移双極子モーメントの絶対値の2乗に比例する．遷移双極子モーメントの詳しい研究から，許容遷移かどうかを量子数の変化で判別する**個別選択律**[4]が得られる．これに対して**選択概律**[5]は，ある決まった種類のスペクトルを示すために分子がもたなければならない性質を規定する．これら選択律の具体例については関連する箇所で詳しく説明する(たとえば「トピック42～44」を見よ)．

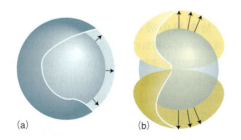

図16・2 (a) 1s電子が2s電子になるとき，電荷は球として移動する．この電荷移動に伴って発生する双極子はないから，この遷移は電気双極子禁制である．(b) 対照的に，1s電子が2p電子になるときは，電荷の移動に伴う双極子がある．それでこの遷移は許容される．

例題 16・2 調和振動子のスペクトル遷移の解析

ある金ナノ粒子の表面に吸着した水素原子が，その表面に垂直に調和振動しているとしよう．この振動子の基底振動状態から第一励起振動状態への遷移は，電磁放射線の吸収によって起こりうるか．

解法　調和振動子の波動関数は「トピック12」に与えてある．それは，振動子の平衡位置からの変位zに依存している．ここで，この表面に垂直な軸(つまりz軸)に沿う電磁放射線の成分を考えよう．遷移双極子モーメント$\int \psi_1^{(0)*} \hat{\mu}_z \psi_0^{(0)} dz$が0でないかどうかを求めればよい．ここで，$\hat{\mu}_z \propto z$である．巻末の「資料」にある積分公式G・3が使える．

解答　調和振動子の波動関数は，基底状態も第一励起状態もつぎの実関数でそれぞれ表される．

$$\psi_0^{(0)} = N_0 e^{-z^2/\alpha^2} \qquad \psi_1^{(0)} = N_1 \left(\frac{2}{\alpha}\right) z e^{-z^2/2\alpha^2}$$

N_0とN_1は規格化定数であり，$\alpha = (\hbar^2/\mu k_f)^{1/4}$である．$\mu$と$k_f$は，この振動子の実効質量と力の定数である．したがって，遷移双極子モーメントは，

---

1) transition dipole moment　2) forbidden　3) allowed　4) specific selection rule　5) gross selection rule

$$\mu_{z,10} \propto \int_{-\infty}^{\infty} \psi_1^{(0)} z \psi_0^{(0)} dz = \frac{2N_0 N_1}{\alpha} \int_{-\infty}^{\infty} z^2 e^{-z^2/\alpha^2} dz$$

$$= \frac{4N_0 N_1}{\alpha} \int_0^{\infty} z^2 e^{-z^2/\alpha^2} dz$$

$$\stackrel{積分G \cdot 3}{=} N_0 N_1 \alpha^2 \pi^{1/2}$$

となる．この積分は0でないから，このスペクトル遷移は許容である．

自習問題 16・2 この振動子の基底振動状態から第二励起振動状態への遷移は，電磁放射線の吸収によって起こりうるか．〔ヒント：遷移双極子モーメントの被積分関数の対称性を考えよ．〕

〔答：起こらない．被積分関数 $\psi_2^{(0)} z \psi_0^{(0)}$ は z に関して奇関数であるから〕

(c) 時間変化する状態のエネルギー

時間変化する状態（定常状態ではない）のエネルギーを厳密に指定することはできない．なぜそうなるのかを調べるために，波動関数がつぎの形をしているとしよう．

$$\Psi(\boldsymbol{r}, t) = \psi(\boldsymbol{r}) e^{-iEt/\hbar} \times e^{-t/2\tau}$$

この波動関数は振動しながら減衰し，その確率密度は時定数 τ で指数関数的に減衰する．指数関数は sin 関数と cos 関数の重ね合わせで表せるから，広い範囲の ε の値を使って，$e^{-i\varepsilon t/\hbar}$ の形の関数の重ね合わせで表すこともできる．したがって，この減衰する関数をつぎの形で表すこともできる．

$$\Psi(\boldsymbol{r}, t) = \psi(\boldsymbol{r}) \sum_{\varepsilon} c_{\varepsilon} e^{-i(E+\varepsilon)t/\hbar}$$

エネルギーが $E+\varepsilon$ と測定される確率は $|c_{\varepsilon}|^2$ に比例しており，もはや減衰しつつある状態のエネルギーが E であると確信をもっていうことができない．実際，図 16・3 に示すように，時定数 τ，つまりその状態の**寿命**[1] が短くなるほど，この和に含めるエネルギー範囲が広くなるのである．この図には，減衰速度の異なる2種の指数関数が cos 関数の重ね合わせでどう表せるかを示してある．寿命とエネルギー幅 ΔE の関係はつぎの式でまとめられる．

$$\Delta E \approx \frac{\hbar}{\tau} \quad \text{エネルギー－時間の不確定性} \quad (16 \cdot 9)$$

この式は，ハイゼンベルクの不確定性原理（トピック8）を思い起こさせるから，"エネルギー－時間の不確定性原理"ということが多い．しかしながら，その導出過程はまったく異なるから，単に**エネルギー－時間の不確定性**[2] という方がよい．「トピック40」では，これがスペクトル線の幅を支配する重要な役目をしていることを示す．

> **簡単な例示 16・1** エネルギー－時間の不確定性
>
> 寿命 25 ns の励起電子状態を考えよう．この状態はエネルギー幅にすると，
>
> $$\Delta E \approx \frac{\hbar}{\tau} = \frac{1.055 \times 10^{-34} \text{Js}}{25 \times 10^{-9} \text{s}} = 4.2 \times 10^{-27} \text{J}$$
>
> に相当している．これを hc で割れば，対応する波数として $2.1 \times 10^{-4} \text{cm}^{-1}$ が得られる．
>
> **自習問題 16・3** 波数幅 $1.0 \times 10^{-2} \text{cm}^{-1}$ に相当する短寿命の励起状態があるとき，その寿命を求めよ．
>
> 〔答：530 ps〕

16・2 放射線の吸収と放出

ある電磁場（別の種類の摂動であってもよい）によって誘起される状態間の遷移速度は，(16・4) ～ (16・6) 式を使って，それに対応する摂動を代入すれば計算できる．ところが，アインシュタインは，ある解析を行うことによって，これとは別の驚くべき結論を導くことができた．すなわち，明確な摂動がなくても遷移が起こるのである．

彼の論法はつぎの通りである．まず，ある低いエネルギー状態から高いエネルギー状態への遷移は，その遷移振動数で振動する電磁場によって駆動される．これを**誘導吸収**[3] という．このときの遷移速度は $\mathcal{E}^2$，つまり入射放射

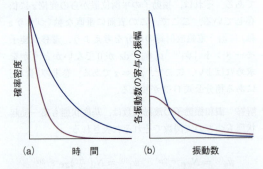

図 16・3 (a) 減衰速度の異なる二つの波動関数による確率密度の変化．赤色の曲線の方が紫色の曲線より減衰が速く，寿命は短い．(b) 重ね合わせによって減衰波動関数を再現するために必要な振動数の広がり（したがってエネルギーの広がり）．寿命の短い状態には，振動数の広がった寄与がある（赤色）．

---

1) life time 2) energy-time uncertainty 3) stimulated absorption

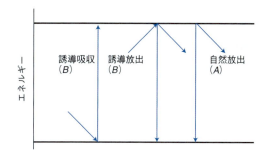

図 16・4 アインシュタインが誘導過程と自然過程に関する理論で解析した遷移の状況.

線の強度に比例している（16・8a 式）．したがって，入射放射線が強いほど，同じ試料による吸収も強くなる（図 16・4）．アインシュタインは，この遷移速度を，

$$w_{f \leftarrow i} = B_{fi}\rho \qquad 誘導吸収 \quad 遷移速度 \quad (16\cdot10)$$

と書いた．定数 B_{fi} は**誘導吸収のアインシュタイン係数**[1]であり，$\rho\,d\nu$ は，その遷移の振動数を ν としたときの，ν から $\nu + d\nu$ までの振動数範囲にある放射線のエネルギー密度である．たとえば，原子や分子が温度 T の熱源からの黒体放射に曝されているときの ρ は，つぎのプランク分布（トピック 4）で与えられる．

$$\rho = \frac{8\pi h\nu^3/c^3}{e^{h\nu/kT}-1} \qquad プランク分布 \quad (16\cdot11)$$

B_{fi} は当面，その遷移の性質を表す経験的なパラメーターとして扱えばよい．すなわち，B_{fi} が大きければ，入射放射線の強度が同じでも遷移を強く誘起するから，試料は強い吸収を起こす．**全吸収速度**[2] $W_{f \leftarrow i}$ は，分子 1 個の遷移速度に低い状態にある分子数 N_i を掛けたものである．

$$W_{f \leftarrow i} = N_i w_{f \leftarrow i} = N_i B_{fi}\rho \qquad 全吸収速度 \quad (16\cdot12)$$

アインシュタインは，高い状態の分子もまた放射線によって低い状態への遷移を誘発され，振動数 ν のフォトンを発生すると考えた．そこで，この**誘導放出**[3] の速度を，

$$w_{f \rightarrow i} = B_{if}\rho \qquad 誘導放出 \quad 遷移速度 \quad (16\cdot13)$$

と書いた．B_{if} は**誘導放出のアインシュタイン係数**[4] である．この係数は，あとでわかるように，実際のところ誘導吸収の係数に等しい．また，その遷移と同じ振動数の放射線だけが，励起状態を刺激して低い状態に落とすことができるという点に注意しよう．

ここで，全放出速度を求めるのに，個々の遷移速度にエネルギーの高い状態の分子数 N_f を単に掛ければよい，つまり $W_{f \rightarrow i} = N_f B_{if}\rho$ と書けると考えがちである．しかし，こうしてしまうと問題が生じる．すなわち，平衡状態では（黒体の容器内を考えればよい）放出速度は吸収速度に等しいからである．つまり $N_i B_{fi}\rho = N_f B_{if}\rho$ であれば，$B_{if} = B_{fi}$ によって $N_i = N_f$ となってしまうからである．この二つの占有数が平衡で等しくなければならないということは，もう一つの非常に重要な結論と矛盾することになる．それは，占有数の比がボルツマン分布（トピック 2 および 51）によって与えられるからである．

アインシュタインは，ボルツマン分布に従いながら遷移速度の解析をするには，エネルギーの高い状態が低い状態へと落ちる別の道筋がなければならないことに気づいた．そこで，

$$w_{f \rightarrow i} = A + B_{if}\rho \qquad 放出速度 \quad (16\cdot14)$$

と書いたのである．定数 A は，**自然放出のアインシュタイン係数**[5] である．したがって，**全放出速度**[6] $W_{f \rightarrow i}$ は，

$$W_{f \rightarrow i} = N_f w_{f \rightarrow i} = N_f(A + B_{if}\rho) \qquad 全放出速度 \quad (16\cdot15)$$

となる．熱平衡では，N_i と N_f は時間変化をしない．そこで，この条件が成り立つのは放出と吸収の全速度が等しいときであるから，

$$N_i B_{fi}\rho = N_f(A + B_{if}\rho) \qquad 熱平衡 \quad (16\cdot16)$$

となる．この式は，

$$\rho = \frac{N_f A}{N_i B_{fi} - N_f B_{if}} \overset{N_f B_{fi}で割る}{=} \frac{A/B_{fi}}{N_i/N_f - B_{if}/B_{fi}}$$

$$= \frac{A/B_{fi}}{e^{h\nu/kT} - B_{if}/B_{fi}} \qquad (16\cdot17)$$

と書き直すことができる．最後の段階で，上の状態（エネルギー E_f）の占有数と下の状態（エネルギー E_i）の占有数の比を，つぎのボルツマンの式（トピック 2）を使って表した．

$$\frac{N_f}{N_i} = e^{-\overbrace{(E_f - E_i)}^{h\nu}/kT}$$

上の結果は，熱平衡での放射線の密度を表すプランク分布

---

1) Einstein coefficient of stimulated absorption   2) total absorption rate   3) stimulated emission
4) Einstein coefficient of stimulated emission   5) Einstein coefficient of spontaneous emission   6) total rate of emission

（16・11式）と同じ形をしている．実際，(16・11) 式と (16・17) 式を比較すれば，$B_{if}=B_{fi}$ となること，A と B の間につぎの関係があることが結論できる．

$$A = \left(\frac{8\pi h\nu^3}{c^3}\right)B \qquad (16・18)$$

（16・18）式が示す重要な点は，自然放出が比較的重要になるのは遷移振動数の高いところで，定数 A が遷移振動数の 3 乗で増加することである．したがって，振動数の非常に高いところでは自然放出がきわめて重要になる．逆にいえば，遷移振動数が低ければ自然放出は無視できるから，その場合の遷移強度は誘導放出と誘導吸収でほぼ説明できる．

簡単な例示 16・2 アインシュタイン係数

電磁スペクトルの X 線領域での遷移（分子にある内殻電子の励起に相当する）の代表的な波長は 100 pm であり，これは振動数 $3.00\times10^{18}\,s^{-1}$ に相当する．このときの自然放出と誘導放出のアインシュタイン係数の比は，

$$\frac{A}{B} = \frac{8\pi\times(6.626\times10^{-34}\,Js)\times(3.00\times10^{18}\,s^{-1})^3}{(2.998\times10^8\,ms^{-1})^3}$$

$$= 1.67\times10^{-2}\,kg\,m^{-1}\,s$$

である．

自習問題 16・4 電磁スペクトルのマイクロ波領域にある波長 1.0 cm の遷移について，自然放出と誘導放出のアインシュタイン係数の比を計算せよ．

［答：$A/B=1.7\times10^{-26}\,kg\,m^{-1}\,s$］

これまでの議論と違って，摂動がなくても遷移が起こる，いわゆる自然放出が存在するのはパラドックスのように思えるかもしれない．しかし，実際には，目に見えないが作用している摂動が確かに存在しているのである．電磁場は調和振動子の集合体というモデルで表すことができ，各振動子は無限に広い振動数領域のどれかの振動数を備えているから，それを励起することができるのである．これは，プランクの状態密度の式を最初に導いたときの重要な点であった．そこで，放射線が存在すれば，それに合う振動数の振動子は励起されるということであり，放射線にその振動数が欠落していれば，その振動子は基底状態にあることになる．ところが，振動子には零点エネルギー（トピック 12）があるから完全に静止することはない．したがって，観測できる放射線が存在しなくても，電磁場は振動しているのである．摂動として作用し，放射線のいわゆる "自然" 放出を駆動しているのは，電磁場のこの "見えない" 零点振動なのである．

チェックリスト

□ 1. **定常状態**は，時間変化しない確率密度をもつ波動関数に相当している．

□ 2. **遷移**は系の状態変化である．時間に依存する摂動が存在するときに起こることが多い．

□ 3. 古典的な描像によれば，原子や分子が電磁場と相互作用することができ，ある特定の振動数のフォトンを吸収したり生成したりするときは，一時的であるにせよ，その振動数で振動する双極子をもたなければならない．

□ 4. **遷移双極子モーメント**は，始状態から終状態への電荷の移動に伴う電気双極子モーメントの尺度である．

□ 5. 遷移双極子モーメントが 0 であれば，その遷移は**禁制**である．遷移双極子モーメントの成分のどれか一つでも 0 でないとき，その遷移は**許容**される．

□ 6. **遷移速度**は，摂動の強さの絶対値の 2 乗に比例する．

□ 7. 遷移における放射線の吸収または放出の**強度**は，その遷移双極子モーメントの絶対値の 2 乗に比例する．

□ 8. **個別選択律**では，許容遷移を量子数の変化によって表す．

□ 9. **選択概律**では，ある種類のスペクトルを示すために分子がもたなければならない一般的な性質を規定する．

□ 10. 状態の**寿命**が短いほど，その状態に対応するエネルギーの広がりは広い．

□ 11. ある低エネルギー状態からより高いエネルギー状態への遷移で，振動電場によって駆動されるものを**誘導吸収**という．

□ 12. 高エネルギー状態から低エネルギー状態への遷移で，振動電場によって駆動されるものを**誘導放出**という．

□ 13. 自然放出の強度は遷移振動数の 3 乗で増加するから，振動数が高いほど重要になる．

重要な式の一覧

性　質	式	備　考	式番号
時間に依存する 　　シュレーディンガー方程式	$\hat{H}(t)\,\Psi(\boldsymbol{r},t)=\mathrm{i}\hbar\,\partial\Psi(\boldsymbol{r},t)/\partial t$		16·2
振動電場による摂動	$\hat{H}^{(1)}(t)=-\hat{\mu}_z\,\mathcal{E}\cos\omega t$	$\hat{\mu}_z$ は双極子モーメント演算子の 　　　　　　　　　　　　　z 成分	16·3b
はじめに占有されていない状態 n 　　　　　　　　　の係数	$c_n(t)=(1/\mathrm{i}\hbar)\displaystyle\int_0^t H_{n0}^{(1)}(t)\,\mathrm{e}^{\mathrm{i}\omega_{n0}t}\,\mathrm{d}t$	時間に依存する一次の摂動論	16·4
	$H_{n0}^{(1)}(t)=\displaystyle\int \psi_n^{(0)*}\hat{H}^{(1)}(t)\,\psi_0^{(0)}\,\mathrm{d}\tau$		
遷移確率	$P_n(t)=\lvert c_n(t)\rvert^2$		16·5
遷移速度	$w_n(t)=\mathrm{d}P_n/\mathrm{d}t$		16·6
遷移双極子モーメント	$\mu_{z,n0}=\displaystyle\int \psi_n^{(0)*}\hat{\mu}_z\,\psi_0^{(0)}\,\mathrm{d}z$	z 成分	16·8b
エネルギー–時間の不確定性	$\Delta E\approx\hbar/\tau$	τ は注目する状態の寿命	16·9
プランク分布	$\rho=(8\pi h\nu^3/c^3)/(\mathrm{e}^{h\nu/kT}-1)$		16·11
自然放出と誘導放出の 　　アインシュタイン係数の比	$A/B=8\pi h\nu^3/c^3$	誘導放出と誘導吸収の 　　アインシュタイン係数は等しい	16·18

テーマ4　近似の方法　演習と問題

トピック15　時間に依存しない摂動論

記述問題

15・1 二つのタイプの摂動論の違いを述べ，それらがなぜ役に立つかを説明せよ．

15・2 摂動論における"一次の"補正と"二次の"補正の内容を説明せよ．

15・3 波動関数の一次の補正の式について，物理的な解釈を与えよ．

15・4 エネルギーの二次の補正の式について，物理的な解釈を与えよ．

演　習

15・1(a) 一次元のナノ粒子内の電子1個を箱の中の粒子として扱い，摂動が $V(x) = -\varepsilon \sin(2\pi x/L)$ のときの $n=1$ のエネルギーに対する一次の補正を計算せよ．

15・1(b) 一次元のナノ粒子内の電子1個を箱の中の粒子として扱い，摂動が $V(x) = -\varepsilon \sin(3\pi x/L)$ のときの $n=1$ のエネルギーに対する一次の補正を計算せよ．

15・2(a) 箱の中の粒子について，摂動が $V(x) = -\varepsilon \cos(2\pi x/L)$ のときの $n=1$ のエネルギーの一次の補正を計算せよ．

15・2(b) 箱の中の粒子について，摂動が $V(x) = -\varepsilon \cos(3\pi x/L)$ のときの $n=1$ のエネルギーの一次の補正を計算せよ．

15・3(a) 一次元の箱の"床"が $x=0$ から $x=L$ に向かって傾斜しており，$x=L$ で ε になっている．$n=1$ の状態のエネルギーの一次の補正を計算せよ．

15・3(b) 一次元の箱の"床"が $x=0$ から $x=L$ に向かって傾斜しており，$x=L$ で ε になっている．$n=2$ の状態のエネルギーの一次の補正を計算せよ．

15・4(a) O–H 結合の振動数は，その結合が地面に平行か垂直かによって違うか．質量 m の調和振動子が地面に垂直になっていて，摂動 $V(x) = mgx$ を受けているとしよう．g は自然落下の加速度である．基底状態のエネルギーの一次の補正を計算せよ．

15・4(b) 前問と同じ状況で，摂動があるときの $v=1$ から $v=2$ への励起エネルギーの変化を求めよ．

15・5(a) 演習 15・4(a) と同じ状況で，その摂動に対する調和振動子のエネルギーの二次の補正を求めよ．〔ヒント：(15・6) 式の和に寄与するのは 1 項だけであることに注意せよ．〕

15・5(b) 演習 15・2(a) で与えた摂動に対する一次元の四角い箱の中の粒子のエネルギーの二次の補正を計算せよ．〔ヒント：(15・6) 式の和に寄与するのは $n=3$ の項だけである．〕

問　題

15・1 一次元のナノ粒子について，床に図 F4・1 に示すポテンシャルエネルギーの小さな突起の不完全性があるとしよう．(a) 基底状態のエネルギーの一次の補正 $E_0^{(1)}$ を表す一般式を書け．(b) $n=1$ で $a=L/10$（すなわち，ポテンシャルの突起が井戸の中央部 10 パーセントを占めるとき）のエネルギー補正を計算せよ．

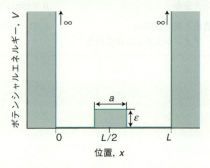

図 F4・1　問題 15・1 で扱うポテンシャルエネルギー

15・2 一次元の井戸は，ふつうは水平であると考える．これが垂直であるとすれば，重力場が存在するから，粒子のポテンシャルエネルギーは x に依存する．地球表面にある箱の中の電子について，零点エネルギーへの一次の補正を計算せよ．この結果に説明を加えよ．〔ヒント：この粒子のエネルギーは高さに依存し，mgh で表される．ただし，$g = 9.81\,\mathrm{m\,s^{-2}}$ である．g は非常に小さいから，このエネルギー補正は小さいが，もし箱が非常に重い星の近くにあったとすれば，この補正はかなり大きくなる．〕

15・3 問題 15・2 の系のエネルギーへの二次の補正を計算し，その基底状態の波動関数を求めよ．この摂動によってひき起こされる変形の形を説明せよ．〔ヒント：必要な積分は巻末の「資料」にある．〕

15・4 結合のポテンシャルエネルギーは厳密には放物線形でないから，分子振動が調和振動であるというのは近似にすぎない．$ax^3 + bx^4$ の形の非調和ポテンシャルによって，調和振動子の基底状態エネルギーに生じる一次の補正を計算せよ．a と b は小さな（非調和性）定数である．ただし，この非調和性の摂動が存在するのが，(a) 結合が伸びるとき ($x \geq 0$) と縮むとき ($x \leq 0$) の両方，(b) 伸びるときだけ，(c) 縮むときだけの三つの場合に分けて考えよ．

テーマ4 近似の方法

トピック16 遷 移

記述問題

16·1 摂動が急にかかるか，ゆっくりかかるかで結果にどんな違いが生じるか.

16·2 選択律の物理的な解釈について説明せよ.

16·3 分子の性質を説明するうえでよく見かける摂動を挙げよ.

演 習

16·1(a) つぎの特性をもつ遷移について，自然放出と誘導放出のアインシュタイン係数 A, B の比を計算せよ. (a) 70.8 pm の X 線, (b) 500 nm の可視光線, (c) 3000 cm^{-1} の赤外放射線.

16·1(b) つぎの特性をもつ遷移について，自然放出と誘導放出のアインシュタイン係数 A, B の比を計算せよ. (a) 500 MHz のラジオ波放射線, (b) 3.0 cm のマイクロ波放射線.

問 題

16·1 振り子の運動は，両端の転回点の間を周期的に移動する波束の位置を表すと考えることができる. 調和振動子の状態のどのような重ね合わせを使って波束をつくり上げたとしても，$0, T, 2T, \cdots$ という時刻には同じ位置に局在することを示せ. ただし，T はこの振り子の古典的な周期である.

テーマ5　原子構造と原子スペクトル

学習の内容と進め方

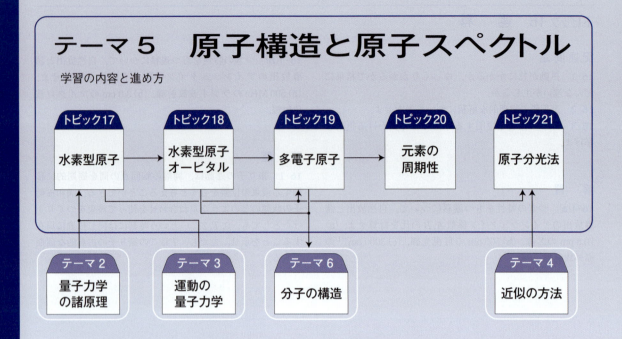

　原子は，化学で日常使う通貨のようなものである．原子はまた，建築用のブロックのようなもので，化学者が注目するすべての形態のものの構成単位であるから，原子の内部構造を理解しておくことは非常に重要である．そのために，「運動の量子力学」（テーマ3）で学んだ事柄，とりわけ三次元の回転運動に関する知識を利用しながら，次第に複雑な原子へと拡張して量子力学を適用しよう．

　すべての原子の中で最も単純なのは電子を1個しかもたない水素原子であるが，これを原子番号の大きな原子へと一般化して，ただし，電子は1個しかない"水素型原子"（トピック17）を扱う．水素型原子のシュレーディンガー方程式を解けば，"原子オービタル"（トピック18）という波動関数が得られる．「分子の構造」（テーマ6）で説明するように，原子オービタルは化学結合を記述するうえで中心的な役割を演じるだけでなく，"パウリの排他原理"と組合わせることで，多電子原子（トピック19）の構造を記述する基礎にもなっている．これらの原子の構造が理解できれば，周期表の構造や元素の性質に見られる"周期性"（トピック20）についても無理なく理解できるだろう．

　原子の構造に関する実験研究の大半は"原子分光法"（トピック21）によるものである．スペクトル線を生じる遷移の起源は，「近似の方法」（テーマ4）で述べた時間に依存する摂動論によって説明できる．その遷移を調べれば，電子間の相互作用に関する詳しい情報だけでなく，原子に存在する起源の異なる角運動量の間のカップリングに関する情報も得られる．

本テーマの「インパクト」〔本テーマに関連した話題をウエブ上で紹介（英語）〕

東京化学同人の本書ウエブサイトで閲覧できる.

インパクト5・1　星のスペクトル

　原子分光法は天文学者によって広く利用されており，いろいろな星の化学組成が求められている（インパクト5・1）. 星を構成する物質は，水素やヘリウム，炭素，鉄などの中性原子またはそのイオンでできている. 星から放たれた光が宇宙空間を運ばれたときには，それぞれの元素だけでなく，同じ元素でも同位体それぞれに特有なスペクトルの特徴が現れるのである.

トピック **17**

水 素 型 原 子

内 容

17・1　水素型原子の構造
- **(a) 変数の分離**
  - 簡単な例示 17・1　水素型波動関数の
    角度部分
- **(b) 動径部分の解**
  - 簡単な例示 17・2　波動関数の動径節

17・2　原子オービタルとそのエネルギー
- **(a) 原子オービタル**
  - 簡単な例示 17・3　電子の確率密度
- **(b) エネルギー準位**
  - 例題 17・1　原子オービタルを占める電子の
    エネルギーの求め方
  - 例題 17・2　Hの発光スペクトル線の
    波数の計算
- **(c) イオン化エネルギー**
  - 例題 17・3　イオン化エネルギーの
    分光学的な求め方

チェックリスト
重要な式の一覧

▶ 学ぶべき重要性

原子や分子の構造について学ぶ準備として，水素原子のシュレーディンガー方程式をどう解くかを知っておく必要がある．しかも，水素原子について得られた解は，多電子原子や元素の周期性，化学結合形成に関する議論すべての基礎になっている．

▶ 習得すべき事項

妥当な境界条件のもとで解いた水素原子のシュレーディンガー方程式の解から，原子オービタルという一電子波動関数が得られる．その原子オービタルは三つ

の量子数 n, l, m_l で指定されるが，エネルギーは n だけで決まる．

▶ 必要な予備知識

シュレーディンガー方程式の形（トピック6）だけでなく，変数分離法（数学の基礎2）による解の求め方，三次元の回転の量子力学的な表し方（トピック14）に慣れている必要がある．

本トピックでは，原子の**電子構造**[1]，すなわち原子核のまわりの電子の配置を説明することから始めよう．ここで，二つのタイプの原子を区別しておく必要がある．**水素型原子**[2]は原子番号 Z の一電子原子または一電子イオンであり，H, He^+, Li^{2+}, O^{7+}, U^{91+} などがそうである．**多電子原子**[3]は2個以上の電子をもつ原子やイオンで，H以外のすべての中性原子がこれに含まれる．本トピックでは水素型原子に話を限るが，ここで説明する一連の概念を使えば，多電子原子の構造（トピック19）についても説明できる．

17・1　水素型原子の構造

量子論を使って水素型原子を記述するには，そのシュレーディンガー方程式を書いて，それを解く必要がある．このシュレーディンガー方程式のポテンシャルエネルギー項は，電子と電荷 Ze の原子核とのクーロン相互作用（「基本概念」の「トピック2」を見よ）によって生じるものである．すなわち，

$$V(r) = -\frac{Ze^2}{4\pi\varepsilon_0 r} \quad \text{水素型原子} \qquad \boxed{\text{ポテンシャル エネルギー}} \quad (17\cdot1)$$

である．r は原子核から電子までの距離，ε_0 は真空の誘電率である．この式はある1点（いまの場合は核）からの距離だけに依存するから，これは**中心ポテンシャル**[4]の例である．電子1個と質量 m_N の原子核に対するハミルトン演算子は，

---

1) electronic structure　2) hydrogenic atom　3) many-electron atom　4) central potential

トピック17　水素型原子

$$\hat{H} = -\frac{\hbar^2}{2m_e}\nabla_e^2 - \frac{\hbar^2}{2m_N}\nabla_N^2 - \frac{Ze^2}{4\pi\varepsilon_0 r}$$

電子の運動エネルギー　核の運動エネルギー　ポテンシャルエネルギー

水素型原子　ハミルトン演算子　(17·2)

となる．∇^2 につけた添字は，電子または原子核の座標に関して微分することを表す（図17·1）．

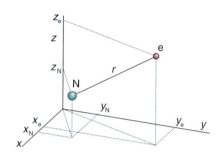

図17·1　水素型原子の電子と原子核の位置を表すための座標系．

(a) 変数の分離

つぎの「根拠」で示すように，水素原子のシュレーディンガー方程式は二つの方程式に分割できる．一つは原子全体として空間を動く運動に対する方程式で，もう一つは原子核に相対的な電子の運動に関するものである．電子の原子核に相対的な内部運動のシュレーディンガー方程式は，

$$-\frac{\hbar^2}{2\mu}\nabla^2\psi - \frac{Ze^2}{4\pi\varepsilon_0 r}\psi = E\psi$$

電子の内部運動　シュレーディンガー方程式　(17·3a)

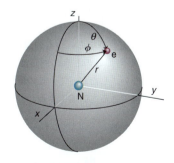

図17·2　原子核を中心に，電子の相対的な位置を表す座標系．核は原点にある．その核に相対的な電子の位置を表すために球面極座標系を用いる．

$$\mu = \frac{m_e m_N}{m_e + m_N} \quad \text{水素型原子}\quad\text{換算質量}\quad(17\cdot3\text{b})$$

である．ここでの微分は，原子核に相対的な電子の座標についてとる（図17·2）．この場合の**換算質量**[1] μ の値は，原子核の質量 m_N が電子の質量 m_e よりずっと大きいから，電子の質量に非常に近い．すなわち，$\mu \approx m_e$ である．最も精密さを必要とする場合を除いて，この換算質量を m_e で置き換えてよい．

根拠17·1　内部運動と外部運動の分離

ポテンシャルエネルギーが2個の粒子の間隔にだけ依存する一次元の系を考えよう．あとでそれを三次元に一般化する．全エネルギーを古典的に表せば，

$$E_{\text{total}} = \frac{p_1^2}{2m_1} + \frac{p_2^2}{2m_2} + V$$

である．ここで，$p_1 = m_1\dot{x}_1$，$p_2 = m_2\dot{x}_2$（点は時間についての微分を表す）は2個の粒子の直線運動量である．このときの質量中心（図17·3）の位置は，

$$X = \frac{m_1}{m}x_1 + \frac{m_2}{m}x_2$$

である．ここで，$m = m_1 + m_2$ である．粒子間の距離は，$x = x_1 - x_2$ であるから，

$$X = \frac{m_1}{m}x_1 + \frac{m_2}{m}(x_1 - x)$$

となり，x_1 と x_2 について表せば，

$$x_1 = X + \frac{m_2}{m}x \qquad x_2 = x_1 - x = X - \frac{m_1}{m}x$$

である．この2個の粒子の直線運動量を x と X の変化速度を使って表せば，

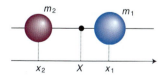

図17·3　2個の粒子の相対的な運動に注目するには，その質量中心の運動から分離する必要がある．図には粒子の質量（m_1 と m_2）とその座標（x_1 と x_2），質量中心の座標（X）の関係を表してある．

---

[1] reduced mass

$$p_1 = m_1 \dot{x}_1 = m_1 \dot{X} + \frac{m_1 m_2}{m} \dot{x}$$

$$p_2 = m_2 \dot{x}_2 = m_2 \dot{X} - \frac{m_1 m_2}{m} \dot{x}$$

である. これから,

$$\frac{p_1{}^2}{2m_1} + \frac{p_2{}^2}{2m_2} = \frac{1}{2m_1}\Big(m_1 \dot{X} + \frac{m_1 m_2}{m} \dot{x}\Big)^2$$
$$+ \frac{1}{2m_2}\Big(m_2 \dot{X} - \frac{m_1 m_2}{m} \dot{x}\Big)^2$$
$$= \frac{1}{2} m \dot{X}^2 + \frac{1}{2}\Big(\frac{m_1 m_2}{m}\Big)\dot{x}^2$$

が得られる. ここで, 系全体としての直線運動量を $P = m\dot{X}$ と書き, 相対運動については $p = \mu\dot{x}$ と定義する. 換算質量は $\mu = m_1 m_2/m$ である. そうすれば,

$$E_{\text{total}} = \frac{P^2}{2m} + \frac{p^2}{2\mu} + V$$

と表せる. したがって, これに対応するハミルトン演算子は,

$$\hat{H} = \frac{\hat{p}^2}{2m} + \frac{\hat{p}^2}{2\mu} + V$$

であり, これを三次元に一般化すれば,

$$\hat{H} = -\frac{\hbar^2}{2m} \nabla_{\text{cm}}^2 - \frac{\hbar^2}{2\mu} \nabla^2 + V$$

となる. この第1項は質量中心の座標に関する微分, 第2項は相対座標に関する微分である.

　ここで, 全波動関数を積の形で $\psi_{\text{total}} = \psi_{\text{cm}}\,\psi$ と書く. ψ_{cm} は質量中心の座標だけの関数で, ψ は相対座標だけの関数である. そうすれば, 全体としてのシュレーディンガー方程式 $\hat{H}\psi_{\text{total}} = E_{\text{total}}\psi_{\text{total}}$ は, 「数学の基礎 2」で使った論法によって分離できて, $E_{\text{total}} = E_{\text{cm}} + E$ となる.

中心対称のクーロンポテンシャルエネルギーは, 同じ距離だけ離れた場所の値が角度によらず等しいという点で球対称をもつ. したがって, このときのシュレーディンガー方程式は,「トピック14」で扱った球面上の粒子の式に似た角度部分と, この系で新しく出てきた動径因子を表す式に分離できると思われる. すなわち, 電子は原子核を中心とするある球面上を自由に運動すると同時に, 半径の異なる同心球面にも移れる自由度があると考えられる. つぎの「根拠」では, この波動関数が実際につぎの二つの関数の

積で書けることを確かめる.

$$\psi(r,\theta,\phi) = R(r)Y(\theta,\phi)$$

水素型原子　電子波動関数　（17·4）

ここで, Y は球面上の粒子を表すときに現れた球面調和関数であり, 粒子の角運動量を指定する量子数 l と m_l のラベルを付ける. 一方の因子 R は動径波動関数[1]であり, それはつぎの動径波動方程式[2]の解である.

$$-\frac{\hbar^2}{2\mu R}\Big(r^2 \frac{d^2 R}{dr^2} + 2r \frac{dR}{dr}\Big) + Vr^2 - Er^2 = -\frac{l(l+1)\hbar^2}{2\mu}$$

水素型原子　動径波動方程式　（17·5）

根拠 17·2　水素型原子の　　　　　　　　シュレーディンガー方程式の解

波動関数 $\psi = RY$ を (17·3a) 式に代入すれば,

球面極座標での ∇^2

$$-\frac{\hbar^2}{2\mu}\Big(\frac{\partial^2}{\partial r^2} + \frac{2}{r}\frac{\partial}{\partial r} + \frac{1}{r^2}\varLambda^2\Big)RY + VRY = ERY$$

である. R は r のみに依存し, Y は角度座標のみに依存するから, この方程式は,

$$-\frac{\hbar^2}{2\mu}\Big(Y \frac{d^2 R}{dr^2} + \frac{2Y}{r}\frac{dR}{dr} + \frac{R}{r^2}\varLambda^2 Y\Big) + VRY = ERY$$

となる. この式全体に r^2/RY を掛ければ,

$$-\frac{\hbar^2}{2\mu R}\Big(r^2 \frac{d^2 R}{dr^2} + 2r \frac{dR}{dr}\Big) + Vr^2 - \frac{\hbar^2}{2\mu Y}\varLambda^2 Y = Er^2$$

であるから, これを整理すれば,

r のみに依存　　　　　　　θ,ϕ のみに依存

$$-\frac{\hbar^2}{2\mu R}\Big(r^2 \frac{d^2 R}{dr^2} + 2r \frac{dR}{dr}\Big) + (V-E)r^2 = \frac{\hbar^2}{2\mu Y}\varLambda^2 Y$$

となる. ここで, 変数分離のいつもの論法（数学の基礎 2）を使う. すなわち, このときの両辺はどちらも定数でなければならない. したがって, この微分方程式は二つの方程式に分離できると結論できる.

$$-\frac{\hbar^2}{2\mu Y}\varLambda^2 Y = 定数$$

$$-\frac{\hbar^2}{2\mu R}\Big(r^2 \frac{d^2 R}{dr^2} + 2r \frac{dR}{dr}\Big) + (V-E)r^2 = -定数$$

この最初の方程式は「トピック14」で出会ったものであ

---

1) radial wavefunction　2) radial wave equation

るから，つぎのように表せる．

$$\Lambda^2 Y = -l(l+1)Y$$

また，この解は（周期的境界条件による）球面調和関数で表されることに注目しよう．

簡単な例示 17・1　水素型波動関数の角度部分

波動関数の角度部分が球面調和関数 $Y_{2,-1}(\theta, \phi)$ で与えられる水素原子の電子を考えよう．$l = 2$，$m_l = -1$ であるから，角運動量の大きさは $6^{1/2}\hbar$ であり，その z 成分は $-\hbar$ である．この負号は，古典的な表し方でいえば，下から見たとき電子が反時計回りに回転していることを示している．また，$Y_{2,-1}(\theta, \phi) \propto \sin\theta \cos\theta$ であるから（表 14・1）$\theta = 0, \pi/2, \pi$ のところに方位節がある．したがって，z 軸上と xy 面内に電子が見いだされる確率はどこも 0 である．

自習問題 17・1　電子波動関数の角度部分が $Y_{1,+1}(\theta, \phi)$ で与えられるとき，角運動量の大きさと z 成分，すべての方位節の位置を求めよ．

［答：$2^{1/2}\hbar$，$+\hbar$，$\theta = 0, \pi$］

(b) 動径部分の解

動径波動方程式 (17・5 式) の見かけは複雑そうであるが，r の関数 u を使って $R = u/r$ と書けば，つぎのように簡単になる（「問題 17・4」を見よ）．

$$-\frac{\hbar^2}{2\mu}\frac{d^2 u}{dr^2} + V_\text{eff} u = Eu$$

水素型原子　動径波動方程式　(17・6a)

ここで，

$$V_\text{eff} = -\frac{Ze^2}{4\pi\varepsilon_0 r} + \frac{l(l+1)\hbar^2}{2\mu r^2}$$

水素型原子　実効ポテンシャルエネルギー　(17・6b)

である．(17・6) 式は，ポテンシャルエネルギーが V_eff の一次元領域 $0 \leq r < \infty$ における質量 μ の粒子の運動を表している．

(17・6b) 式の最初の項は，原子核の場の中にある電子のクーロンポテンシャルエネルギーである．第 2 項は，原子核のまわりの電子の角運動量に依存する項で，古典物理学でいう"遠心力効果"で生じるものである．$l = 0$ のとき，電子は角運動量をもたず，実効ポテンシャルエネルギーは純粋にクーロン的で，あらゆる半径のところで引力が働く（図 17・4）．$l \neq 0$ のときは，遠心力の項は実効ポテンシャ

ルエネルギーに正の（反発的な）寄与をする．この反発項は $1/r^2$ に比例するが，電子が原子核に近い（$r \approx 0$）ときには，$1/r$ に比例する引力的なクーロン成分より優勢になって，正味の結果としては原子核から電子を遠ざける．$l = 0$ のときと $l \neq 0$ のときの実効ポテンシャルエネルギーは，原子核のそばでは定性的に非常に異なるが，距離の大きいところでは同じくらいになる．これは，遠心力エネルギーの寄与 ($1/r^2$) がクーロンエネルギー ($1/r$) よりずっと速く 0 になるからである．したがって，$l = 0$ での解と $l \neq 0$ のときの解は，原子核付近ではまったく異なるが，核から離れたところでは似てくると予想できる．

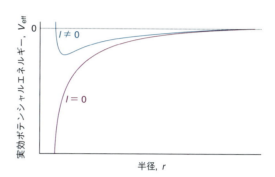

図 17・4　水素原子における電子の実効ポテンシャルエネルギー．電子のオービタル角運動量が 0 のとき，実効ポテンシャルエネルギーはクーロンポテンシャルエネルギーである．電子のオービタル角運動量が 0 でないときは，遠心力効果が正の寄与をし，これは原子核の近傍で非常に大きい．したがって，$l = 0$ の波動関数と $l \neq 0$ の波動関数とは原子核の近くで非常に異なる．

つぎの「根拠」で示すように，動径波動関数にはつぎの性質がある．

- 動径波動関数は，原子核の近くでは r^l に比例する．
- 原子核から遠く離れたところでは，動径波動関数はすべて指数関数的に 0 に近づく．

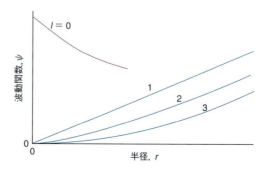

図 17・5　原子核の近傍では，$l = 1$ のオービタルは r に比例し，$l = 2$ のオービタルは r^2 に比例し，$l = 3$ のオービタルは r^3 に比例する．l の増加に伴い，電子は原子核の付近から次第に排除されるようになる．一方，$l = 0$ のオービタルは，原子核の位置で 0 でない有限の値を示す．

$l \neq 0$ のときは（$r=0$ では $r^l=0$），電子をちょうど核の位置で見いだす確率密度は 0 であるが，オービタル角運動量が大きくなるにつれて電子を核の近くに見いだす確率も低くなる（図 17·5）．しかし，$l=0$ のときは（$r=0$ であっても $r^l=1$ である），電子を核の位置に見いだす確率密度が 0 でない．このような挙動の違いは化学では大きな意味をもつことで，周期表の構造の基礎になっている（トピック 20）．波動関数が指数関数的に減衰することも重要な意味がある．そのために，原子を比較的はっきりした半径の球で表すことが，良い近似で可能になっているのである．この特徴は特に固体を考えるとき重要で（トピック 37），ふつう固体について原子やイオンを球とみなした集合体として表すモデルを使うのはこの理由による．

根拠 17·3　動径波動関数の形

電子が原子核の近くにある（r が非常に小さい）ときは $u=rR \approx 0$ であるから，(17·6a) 式の右辺は 0 である．また，(17·6b) 式の最大の項（$1/r^2$ に依存する項）以外は無視できるから，つぎのように書ける．

$$-\frac{d^2u}{dr^2} + \frac{l(l+1)}{r^2}u \approx 0$$

この方程式の解が（$r \approx 0$ の場合），

$$u \approx Ar^{l+1} + \frac{B}{r^l}$$

であることは，上の微分方程式に代入すれば確かめられる．$R=u/r$ であって，R はどこでも無限大にはなれず，$r=0$ でも無限大になれないから，$B=0$ とおかなければならない．したがって，$u \approx Ar^{l+1}$ となり，目的とした $R \approx Ar^l$ が得られる．

一方，電子が原子核から遠く離れていて，r が非常に大きいときは，$1/r$ と $1/r^2$ を含むすべての項を無視できるから，(17·6a) 式はつぎのようになる．

$$-\frac{\hbar^2}{2\mu}\frac{d^2u}{dr^2} \simeq Eu$$

ここで，$\simeq$ は "漸近的に等しい"（つまり，$r \to \infty$ で式の両辺が等しくなる）ことを表している．また，

$$\frac{d^2u}{dr^2} = \frac{d^2(rR)}{dr^2} = \frac{d}{dr}\frac{d}{dr}(rR) = \frac{d}{dr}\Big(r\frac{dR}{dr} + R\Big)$$

$$= \overset{\text{非常に大きい}}{r}\ \frac{d^2R}{dr^2} + 2\frac{dR}{dr} \simeq r\frac{d^2R}{dr^2}$$

であるから，この方程式はつぎの形になる．

$$-\frac{\hbar^2}{2\mu}r\frac{d^2R}{dr^2} \simeq ErR$$

両辺の r は消えるから，

$$-\frac{\hbar^2}{2\mu}\frac{d^2R}{dr^2} \simeq ER$$

である．R は有限の値でなければならず，電子が無限に遠いところで静止している場合よりもエネルギーの低い状態，つまり**束縛状態**[1] のエネルギーは負であるから，r の大きいところでの許される解は，

$$R \simeq e^{-(2\mu|E|/\hbar^2)^{1/2}r}$$

である．実際に代入してみればわかる．すなわち，束縛状態の波動関数はすべて，r が大きくなると 0 に向かって指数関数的に減衰する．

動径波動方程式（17·6 式）を半径の全範囲にわたって解くための技術的な手順には立ち入らないことにし，原子核の近くでの r^l の形の依存性が，遠いところで指数関数的に減衰する形とどう融合するのかを見ておこう[†]．つぎの点を知っておけば十分である．

- この二つの極限を繋ぎ合わせられるのは，新しい量子数 n が整数値のときだけである．
- このとき，許される解に対応する許されるエネルギーは，つぎの値をとる．

$$E_n = -\frac{Z^2\mu e^4}{32\pi^2\varepsilon_0^2\hbar^2n^2} \qquad n = 1, 2, \cdots$$

水素型原子　<mark>エネルギー</mark>　(17·7)

- 許されるエネルギーは l や m_l の値には無関係であるから，式が煩雑にならないように単に E_n と書くことにする．
- 動径波動関数は n と l の両方の値に依存する（しかし m_l には依存しない）．ただし，l は $0, 1, \cdots, n-1$ に限られる．
- すべての動径波動関数はつぎの形をしている．

$$R(r) = r^l \times (r \text{の多項式}) \times (r \text{の減衰指数関数})$$

この動径波動関数は，つぎの ρ（ロー）という無次元の量

[†]　この解の詳しい説明については，"Molecular quantum mechanics", Oxford University Press, Oxford (2011) を見よ．

[1] bound state

を使えば，もっとも単純な形に書ける．

$$\rho = \frac{2Zr}{na} \qquad a = \frac{4\pi\varepsilon_0 \hbar^2}{\mu e^2} \qquad (17 \cdot 8)$$

この式の μ は，簡単のためふつうは m_e で置き換えるが，これによる誤差は無視できる．そうすれば $\rho = 2Zr/na_0$ であり，

$$a_0 = \frac{4\pi\varepsilon_0 \hbar^2}{m_\mathrm{e} e^2} \qquad \text{定義} \quad \text{ボーア半径} \qquad (17 \cdot 9)$$

とできる．**ボーア半径**[1] a_0 の値は 52.9 pm である．この名称の由来は，これと同じ量がボーアの初期の水素原子のモデルで最低エネルギーの電子軌道の半径として現れたことによる．量子数 n と l で表される電子の動径波動関数を具体的に書けば，つぎのような (実の) 関数となる．

$$R_{nl}(r) = N_{nl}\, \rho^l\, L^{2l+1}_{n+l}(\rho)\, e^{-\rho/2}$$

水素型原子 動径波動関数 (17・10)

N_{nl} は規格化定数 (その値は n と l の値に依存する) であり，L は ρ の多項式で，**ラゲールの陪多項式**[2] という．この多項式 L は，その左側にある $r \approx 0$ での解 ($R \propto \rho^l$ に対応する) を，右側にある指数関数的に減衰する関数と結びつけている．また，この多項式の表記は複雑に見えるが，実際には $1, \rho, 2-\rho$ のような簡単な形をしている (これらは表 17・1 から拾い出せる)．

(17・10) 式の各成分因子は，つぎのように解釈できるだろう．

表 17・1 水素型原子の動径波動関数

n	l	$R_{nl}(r)$
1	0	$2\left(\dfrac{Z}{a}\right)^{3/2} e^{-\rho/2}$
2	0	$\dfrac{1}{8^{1/2}}\left(\dfrac{Z}{a}\right)^{3/2} (2-\rho)\, e^{-\rho/2}$
2	1	$\dfrac{1}{24^{1/2}}\left(\dfrac{Z}{a}\right)^{3/2} \rho\, e^{-\rho/2}$
3	0	$\dfrac{1}{243^{1/2}}\left(\dfrac{Z}{a}\right)^{3/2} (6 - 6\rho + \rho^2)\, e^{-\rho/2}$
3	1	$\dfrac{1}{486^{1/2}}\left(\dfrac{Z}{a}\right)^{3/2} (4-\rho)\rho\, e^{-\rho/2}$
3	2	$\dfrac{1}{2430^{1/2}}\left(\dfrac{Z}{a}\right)^{3/2} \rho^2\, e^{-\rho/2}$

$\rho = (2Z/na)r$ で，$a = 4\pi\varepsilon_0 \hbar^2/\mu e^2$ である．無限に重い原子核 (あるいは，そう仮定できる原子核) では，$\mu = m_\mathrm{e}$ および $a = a_0$ である．a_0 はボーア半径である．

物理的な解釈

- 指数因子があるから，この波動関数は原子核から遠く離れると 0 に近づく．
- ρ^l という因子があるから，この波動関数は ($l > 0$ ならば) 原子核の位置で 0 になる．
- ラゲールの陪多項式は，正から負の値へと振動する関数であるから，波動関数に動径節が存在するのを表している．

動径波動関数の例を表 17・1 に掲げ，その形を図 17・6 に示してある．r は負になれないから，$r = 0$ で波動関数が 0 になっても ($l > 0$ のとき)，これは節ではない．$r = 0$ で波動関数が 0 をよぎるわけではないからである．

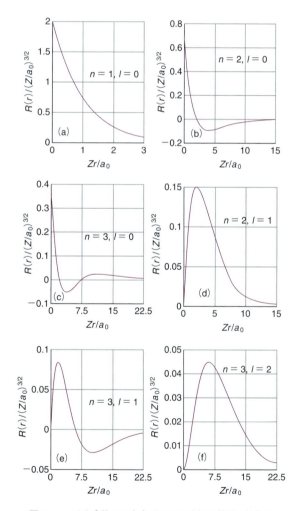

図 17・6 原子番号 Z の水素型原子の最初の数個の状態の動径波動関数．$l = 0$ のオービタルは原子核の位置で 0 でない有限の値をもつ．横軸のスケールはそれぞれの場合で異なる．主量子数が大きいオービタルは原子核から比較的遠くにある．

---

1) Bohr radius 2) associated Laguerre polynomial

簡単な例示 17・2　波動関数の動径節

水素原子の電子について，$n=2$，$l=0$，$m_l=0$ の場合を考えよう．動径波動関数は $R_{2,0} \propto (2-\rho)$ であるから（表 17・1 を見よ），動径節は $\rho=2$ で見られる．(17・8) 式と (17・9) 式から，$Z=1$，$n=2$ とおいて，

$$r = \frac{na_0\rho}{2Z} = 2a_0$$

が得られる．したがって，水素原子の核から 105.8 pm の距離のところの微小体積素片に電子を見いだす確率は 0 である．

自習問題 17・2　Li^{2+} イオンの電子について，$n=3$，$l=0$，$m_l=0$ の動径節はどこにあるか．

[答: $(3 \pm 3^{1/2})a_0/2$ であるから核から 125 pm と 33.5 pm]

17・2　原子オービタルとそのエネルギー

水素型原子の波動関数のことを"原子オービタル"という．もっと正確にいえば，**原子オービタル**[1]とは，原子内の電子 1 個についての一電子波動関数である．

(a) 原子オービタル

水素型原子オービタル (17・4 式) は n, l, m_l という三つの量子数でつぎのように定義される．

$$\psi_{nlm_l}(r, \theta, \phi) = R_{nl}(r)Y_{lm_l}(\theta, \phi)$$

水素型原子　原子オービタル　(17・11)

ある電子がこれらの波動関数の一つで表されるとき，この電子はそのオービタルを"占めている"という．

量子数 n を**主量子数**[2]という．これは $n=1, 2, 3, \cdots$ という値をとり，(17・7) 式でわかるように，電子のエネルギーはこれによって決まる．残る二つの量子数 l と m_l は，角度部分の解から生じるもので，「トピック 14」で説明したように，原子核のまわりの電子の角運動量を指定する．しかしながら，方位波動関数や動径波動関数には満たすべき境界条件がいろいろあるから，これらの量子数がとれる値には追加の制約がある．すなわち，

- 量子数 l のオービタルの電子は，$\{l(l+1)\}^{1/2}\hbar$ の大きさの角運動量をもつ．ここで，$l=0, 1, 2, \cdots, n-1$ である．

- 量子数 m_l のオービタルの電子は，角運動量の z 成分 $m_l\hbar$ をもつ．ここで，$m_l=0, \pm1, \pm2, \cdots, \pm l$ である．

主量子数 n の値が l の最大値をどう規定し，その l がどのように m_l の値の範囲を規定しているかに注意しよう．たとえば $n=3$ なら，許される l の値は 0, 1, 2 であり，これに対応して許される m_l の値はそれぞれ 0，$(0, \pm1)$，$(0, \pm1, \pm2)$ である．

簡単な例示 17・3　電子の確率密度

ある電子が $n=1$，$l=0$，$m_l=0$ のオービタルを占めている．この電子の原子核の位置での確率密度を計算するのに，まず $r=0$ での $\psi_{1,0,0}$ を計算しよう（表 14・1 と表 17・1 を見よ）．それは，

$$\psi_{1,0,0}(0, \theta, \phi) = R_{1,0}(0)Y_{0,0}(\theta, \phi) = 2\left(\frac{Z}{a_0}\right)^{3/2}\left(\frac{1}{4\pi}\right)^{1/2}$$

である．そこで，その確率密度は，

$$\psi_{1,0,0}(0, \theta, \phi)^2 = \frac{Z^3}{\pi a_0^3}$$

である．$Z=1$ では 2.15×10^{-6} pm^{-3} という計算である．したがって，原子核の位置にある体積素片 1.00 pm^3 の中にこの電子を見いだす確率は，この非常に小さな体積素片内部での ψ の変化を無視すれば 2.15×10^{-6}，つまり約 5×10^5 分の 1 である．

自習問題 17・3　$n=2$，$l=0$，$m_l=0$ のオービタルを占めている電子が原子核の位置で見いだされる確率を求めよ．また，この電子を H 原子の核の位置の体積 1.00 pm^3 の中に見いだす確率はいくらか．

[答: $Z^3/(8\pi a_0^3)$，2.69×10^{-7}]

(b) エネルギー準位

(17・7) 式で予測されるエネルギー準位を図 17・7 に描いてある．各準位のエネルギーおよび隣接する準位の間隔は Z^2 に比例するから，He^+ $(Z=2)$ の準位の間隔は H $(Z=1)$ の 4 倍に広がり，基底状態 $(n=1)$ のエネルギーは 4 倍の深さになる．(17・7) 式で与えられるエネルギーはすべて負である．これは原子の束縛状態に相当するもので，この状態では原子のエネルギーは，無限に離れて静止している電子と原子核のエネルギー（$n=\infty$ の極限）よりも低い．このシュレーディンガー方程式 (17・3 式) にはエネルギーが正の解もある．それは電子の**非束縛状態**[3]に相当し，高エネルギーの衝突やフォトンによって原子から電子が放出されるときに上がる状態である．非束縛電子のエネルギーは量子化されておらず（波動関数が無限遠で消滅するという境界条件がもはや適用されないから），原子の

---

1) atomic orbital　2) principal quantum number　3) unbound state

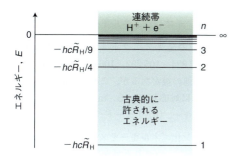

図17・7 水素原子のエネルギー準位. 各準位のエネルギー値は, プロトンと電子が無限遠に離れて静止している状態を基準にした相対的なものである.

連続帯状態[1])を形成する.

水素原子の場合は, (17・7)式のエネルギーの式はつぎのように書ける.

$$E_n = -\frac{hc\widetilde{R}_H}{n^2} \qquad n=1,2,\cdots$$

べつの形　水素原子のエネルギー　(17・12a)

$\widetilde{R}_H$ は水素原子のリュードベリ定数である.

$$\widetilde{R}_H = \frac{\mu_H e^4}{8\varepsilon_0^2 h^3 c} \qquad \text{水素原子のリュードベリ定数} \quad (17\cdot 12b)$$

その値は 109 678 cm^{-1} である. **リュードベリ定数**[2]) そのもの $\widetilde{R}_\infty$ は, (17・12)式と同じ式で定義されるが, 電子の質量 m_e で μ_H を置き換える点が異なる. これは原子核の質量が無限大であることに相当している.

$$\widetilde{R}_\infty = \frac{m_e e^4}{8\varepsilon_0^2 h^3 c} \qquad \text{定義} \quad \text{リュードベリ定数} \quad (17\cdot 13)$$

例題 17・1 原子オービタルを占める電子のエネルギーの求め方

水素型原子の He$^+$ イオン ($Z=2$) について, ある励起状態の電子 1 個が波動関数 $R_{3,2}(r)Y_{2,-1}(\theta,\phi)$ で表される. この電子のエネルギーはいくらか.

解法 水素型原子のエネルギーは n によって決まり, l や m_l の値には無関係であるから, 量子数 n を求めればよいだけである. それには, (17・11)式で与えられる波動関数の形に注目する. 次に, (17・7)式を使っ

てエネルギーを計算する. (17・7)式の換算質量を m_e で置き換えるのは良い近似であるから, エネルギーは (17・13)式のリュードベリ定数を使って表せる. (高精度が必要なときは電子とヘリウム原子核の換算質量を使う.)

解答 μ を m_e で置き換え, $\hbar = h/2\pi$ を使えば, エネルギーの式 (17・7式) は,

$$E_n = -\frac{Z^2 m_e e^4}{8\varepsilon_0^2 h^2 n^2} = -\frac{Z^2 hc\widetilde{R}_\infty}{n^2}$$

と書ける. ここで, (17・13)式に数値を代入すれば,

$$\widetilde{R}_\infty = \frac{\overbrace{9.109\,38 \times 10^{-31}\,\text{kg}}^{m_e} \times \overbrace{(1.602\,177 \times 10^{-19}\,\text{C})^4}^{e^4}}{8 \times \underbrace{(8.854\,19 \times 10^{-12}\,\text{C}^2\text{J}^{-1}\text{m}^{-1})^2}_{\varepsilon_0^2} \times \underbrace{(6.626\,07 \times 10^{-34}\,\text{J s})^3}_{h^3}}$$

$$\times \underbrace{2.997\,925 \times 10^{10}\,\text{cm s}^{-1}}_{c}$$

$$= 109\,737\,\text{cm}^{-1}$$

となり, これをエネルギーで表せば,

$hc\widetilde{R}_\infty = (6.626\,07 \times 10^{-34}\,\text{J s})$
$\qquad \times (2.997\,925 \times 10^{10}\,\text{cm s}^{-1}) \times (109\,737\,\text{cm}^{-1})$
$\qquad = 2.179\,87 \times 10^{-18}\,\text{J}$

が得られる. したがって, $n=3$ のエネルギーは,

$$E_3 = -\frac{\overbrace{4}^{Z^2} \times \overbrace{2.179\,87 \times 10^{-18}\,\text{J}}^{hc\widetilde{R}_\infty}}{\underbrace{9}_{n^2}}$$

$$= -9.688\,31 \times 10^{-19}\,\text{J}$$

つまり, $-0.968\,831\,\text{aJ}$ (a, アトは 10^{-18} を表す接頭語) である. 分野によっては電子ボルトの単位 ($1\,\text{eV} = 1.602\,177 \times 10^{-19}\,\text{J}$) でエネルギーを表すこともある. その場合は, $E_3 = -6.046\,97\,\text{eV}$ である.

自習問題 17・4 Li^{+2} イオン ($Z=3$) について, ある励起状態の電子が波動関数 $R_{4,3}(r)Y_{3,-2}(\theta,\phi)$ で表される. そのエネルギーはいくらか.

[答: $-1.226\,18\,\text{aJ}$, $-7.653\,20\,\text{eV}$]

つぎの例題で示すように, (17・12)式は原子状水素の発光スペクトルを解析するうえで便利な式である.「トピック 21」では原子分光法についてもっと詳しく調べる.

---

1) continuum state　2) Rydberg constant

例題 17·2　Hの発光スペクトル線の波数の計算

気体水素中で放電が起これば，H_2 分子が解離して，エネルギー的に励起した H 原子がつくられる．励起した H 原子の電子が $n=2$ から $n=1$ への遷移を起こすとき，その発光スペクトルで観測されるスペクトル線の波数を計算せよ．

解法　励起した電子が，量子数 n_2 の状態からエネルギーの低い量子数 n_1 の状態に遷移したとき，その電子が失うエネルギーは，

$$\Delta E = E_{n_2} - E_{n_1} = -hc\tilde{R}_H\left(\frac{1}{n_2^2} - \frac{1}{n_1^2}\right)$$

である．放出されるフォトンの振動数は $\nu = \Delta E/h$ であり，その波数は $\tilde{\nu} = \nu/c = \Delta E/hc$ で求められる．

解答　電子が $n_2=2$ から $n_1=1$ に遷移したときに放出されるフォトンの波数は，

$$\begin{aligned}\tilde{\nu} &= -\tilde{R}_H\left(\frac{1}{n_2^2} - \frac{1}{n_1^2}\right) \\ &= -(109\,678\ \text{cm}^{-1})\times\left(\frac{1}{2^2} - \frac{1}{1^2}\right) \\ &= 82\,258\ \text{cm}^{-1}\end{aligned}$$

で与えられる．放出されるフォトンの波長は 122 nm であり，これは紫外光に相当する．

自習問題 17·5　H 原子の電子が $n=3$ から $n=2$ に遷移したときに放出されるフォトンの波長と波数を計算せよ．　　　　[答: 656 nm, 15 233 cm^{-1}, 可視光]

(c) イオン化エネルギー

元素の**イオン化エネルギー**[1] I は，その元素の気相の原子の基底状態，すなわち最低エネルギー状態から電子 1 個を取除くのに必要な最小のエネルギーである．水素の基底状態は $n=1$ の状態であり，そのエネルギーは $E_1=-hc\tilde{R}_H$ である．原子がイオン化するのは電子が $n=\infty$ に相当する準位 (図 17·7 を見よ) に励起されたときであるから，供給しなければならないエネルギーは，

$$I = hc\tilde{R}_H \qquad \text{水素原子} \quad \boxed{\text{イオン化エネルギー}} \qquad (17\cdot14)$$

となる．I の値は，2.179 aJ で，これは 13.60 eV に相当する．

例題 17·3　イオン化エネルギーの分光学的な求め方

水素原子の発光スペクトルには，波数が 82 259, 97 492, 102 824, 105 292, 106 632, 107 440 cm^{-1} のところに一連の線があるが，これらは同じ低い方の状態への遷移に対応している．(a) 低い方の準位のイオン化エネルギー，(b) リュードベリ定数の値を求めよ．

解法　イオン化エネルギーをスペクトルから求めるには "系列極限"，つまり系列が終わって連続帯になり始める点の波数を求めればよい．高い方の状態エネルギー $-hc\tilde{R}_H/n^2$ のところにあると，原子が E_{lower} に遷移を起こすときに，波数，

$$\tilde{\nu} = -\frac{\tilde{R}_H}{n^2} - \frac{E_{\text{lower}}}{hc}$$

のフォトンが放出される．ここで，$I = -E_{\text{lower}}$ であるから，

$$\tilde{\nu} = \frac{I}{hc} - \frac{\tilde{R}_H}{n^2}$$

となる．波数を $1/n^2$ に対してプロットすれば直線が得られ，その勾配が $-\tilde{R}_H$ で切片が I/hc である．データの精度に見合った結果を得るには，数学ソフトウェアを使って最小二乗法でデータに合わせるとよい．

解答　図 17·8 に波数を $1/n^2$ に対してプロットしてある．(最小二乗法による) 切片は 109 679 cm^{-1} にあるから，イオン化エネルギーは 2.1787 aJ (1312.0 kJ mol^{-1}) となる．この例では，求める勾配は切片の数値と同じになるから，この測定で求めた水素原子のリュードベリ定数は 109 679 cm^{-1} である．これは実際の値 109 678 cm^{-1} に非常に近い．

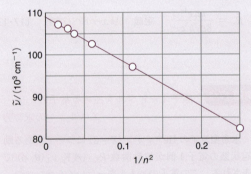

図 17·8　例題 17·3 のデータのプロット．これを使って原子の (この場合は H の) イオン化エネルギーを求める．

---

1) ionization energy

トピック17　水素型原子

自習問題17·6　重水素原子の発光スペクトル線は15238, 20571, 23039, 24380 cm^{-1}にあり，これらは同じ低い方の状態への遷移に対応している．(a) 低い方の状態のイオン化エネルギー，(b) 基底状態のイオン化エネルギー，(c) 重水素核の質量を求めよ（リュードベリ定数を電子と重水素核の換算質量を使って表してから，重水素核の質量について解けばよい）．

[答：(a) 328.1 kJ mol^{-1}, (b) 1312.4 kJ mol^{-1}, (c) 2.9×10^{-27} kg, 結果は$\widetilde{R}_{\mathrm{D}}$に非常に敏感である．]

チェックリスト

☐ 1. **水素型原子**とは，一般に原子番号Zの一電子原子または一電子イオンのことである．多電子原子とは，2個以上の電子をもつ原子またはイオンのことである．

☐ 2. 水素型原子の波動関数は，動径波動関数と方位波動関数（球面調和関数）の積で表され，それに量子数n, l, m_lのラベルをつける．

☐ 3. **原子オービタル**とは，原子内の電子1個の一電子波動関数である．

☐ 4. **主量子数**nは，水素型原子の電子のエネルギーを決めている．$n = 1, 2, \cdots$ である．

☐ 5. **量子数**lとm_lはそれぞれ，原子核のまわりの電子の角運動量の大きさ$\{l(l+1)\}^{1/2}\hbar$とz成分$m_l\hbar$を指定している．許される値は，$l = 0, 1, 2, \cdots, n-1$ および $m_l = 0, \pm1, \pm2, \cdots, \pm l$ である．

☐ 6. 静止した電子と原子核が無限遠に離れているときのエネルギーは0である．電子のエネルギーが負ということは，原子の束縛状態に相当している．正のエネルギーは，非束縛状態あるいは連続帯状態を表している．

☐ 7. ある元素の**イオン化エネルギー**とは，気相にある原子1個の基底状態から電子1個を取除くのに必要な最小のエネルギーである．

重要な式の一覧

性　質	式	備　考	式番号
クーロンポテンシャルエネルギー	$V(r) = -Ze^2/4\pi\varepsilon_0 r$		17·1
換算質量	$\mu = m_e m_N/(m_e + m_N)$		17·3b
動径波動方程式	$-(\hbar^2/2\mu)(\mathrm{d}^2u/\mathrm{d}r^2) + V_{\mathrm{eff}}u = Eu$	水素型原子	17·6a
実効ポテンシャルエネルギー	$V_{\mathrm{eff}} = -Ze^2/4\pi\varepsilon_0 r + l(l+1)\hbar^2/2\mu r^2$	水素型原子	17·6b
電子のエネルギー	$E_n = -Z^2\mu e^4/32\pi^2\varepsilon_0^2\hbar^2 n^2 \qquad n = 1, 2, \cdots$	水素型原子	17·7
ボーア半径	$a_0 = 4\pi\varepsilon_0\hbar^2/m_e e^2$	52.9 pm	17·9
原子オービタル	$\psi_{nlm_l}(r, \theta, \phi) = R_{nl}(r)Y_{lm_l}(\theta, \phi)$		17·11
水素原子のリュードベリ定数	$\widetilde{R}_{\mathrm{H}} = \mu_{\mathrm{H}}e^4/8\varepsilon_0^2 h^3 c$	109 678 cm^{-1}	17·12b
リュードベリ定数	$\widetilde{R}_\infty = m_e e^4/8\varepsilon_0^2 h^3 c$	109 737 cm^{-1}	17·13
水素のイオン化エネルギー	$I = hc\widetilde{R}_{\mathrm{H}}$	2.179 aJ,　13.60 eV	17·14

トピック **18**

水素型原子オービタル

内 容

18・1 殻と副殻
簡単な例示 18・1 殻のオービタル数
(a) s オービタル
例題 18・1 s オービタルの平均半径の計算
(b) p オービタル
簡単な例示 18・2 2p$_x$ オービタル
(c) d オービタル
例題 18・2 電子の最確位置の求め方

18・2 動径分布関数
例題 18・3 最大確率を示す半径の求め方

チェックリスト
重要な式の一覧

➤ 学ぶべき重要性
水素型原子オービタルの諸性質は，多電子原子のみならず，その拡張によって分子の電子構造を議論するうえでも重要な位置を占めている．したがって，周期表の構造や分子構造，化学反応性などを理解するには，水素型原子オービタルをしっかりと理解しておく必要がある．

➤ 習得すべき事項
原子オービタルは，原子内の電子の確率密度分布を表している．

➤ 必要な予備知識
確率密度（トピック 5）や期待値（トピック 7），節（トピック 9）という用語の内容を理解している必要がある．本トピックでは，「トピック 17」の表 17・1 にある動径波動関数と「トピック 14」の表 14.1 にある球面調和関数の形を頻繁に引用する．また，いろいろ

な積分手法を使うことになるが，それらは「数学の基礎 1」にまとめてある．

水素型原子オービタルは，原子番号 Z の一電子原子の電子波動関数であるが，三つの量子数 n, l, m_l によって定義される（トピック 17）．それは $\psi_{nlm_l} = R_{nl}Y_{lm_l}$ の形をしており，その動径波動関数 R は表 17・1 で与えられ，球面調和関数 Y は表 14・1 に与えられている．これから確率密度 $|\psi_{nlm_l}|^2$ を求めれば，初等化学でよく見かける原子オービタルの形が描ける．ここでは，水素型原子オービタルの性質を調べよう．それは，多電子原子の電子構造や周期的な性質（トピック 19）について，あるいは，それを拡張することによって分子についても（トピック 22〜30）説明する基礎を提供してくれるからである．

18・1 殻 と 副 殻
主量子数 n の値が同じすべての原子オービタルは，その原子の一つの殻[1]を形成しているという．水素型原子では，与えられた n に属する，つまり同じ殻に属するすべてのオービタルは同じエネルギーをもつ．ふつう，殻を順次つぎのように大文字で表す．

$$n = 1 \quad 2 \quad 3 \quad 4 \quad \cdots$$
$$K \quad L \quad M \quad N \quad \cdots$$

たとえば，$n = 2$ の殻のすべてのオービタルはその原子の L 殻を形成する．n の値が同じで l の値（許される値は 0, 1, $\cdots$, $n-1$ である）が異なるオービタルは，その殻の副殻[2]を形成するという．副殻は一般に小文字で表す．

$$l = 0 \quad 1 \quad 2 \quad 3 \quad 4 \quad 5 \quad 6 \quad \cdots$$
$$s \quad p \quad d \quad f \quad g \quad h \quad i \quad \cdots$$

これより後はアルファベット順に進むが，j は使わない（i と j の区別がない言語があるため）．図 18・1 には水素型原子のエネルギー準位を示してあるが，副殻とそれに含まれ

---

1) shell　2) subshell

るオービタルの数がわかるようにしてある．l は 0 から $n-1$ の範囲で変化できるから全部で n 個の値があり，これから主量子数 n の殻の副殻の数は n 個になる．たとえば，

- $n=1$ では副殻は一つしかなく，$l=0$（1s 副殻）に限られる．
- $n=2$ のとき副殻は二つある．2s 副殻（$l=0$）と 2p 副殻（$l=1$）である．

$n=1$ のとき副殻は一つしかない．これは $l=0$ で，この副殻には $m_l=0$（m_l に許される唯一の値）のオービタル一つしかない．$n=2$ のときは，オービタルが四つある．$l=0$，$m_l=0$ の s 副殻に一つあり，$l=1$ 副殻に $m_l=+1, 0, -1$ の三つのオービタルがある．一般に，主量子数 n の殻にあるオービタルの数は n^2 個であるから，水素型原子ではそれぞれのエネルギー準位は n^2 重に縮退している．殻のオービタルの構成を図 18·2 にまとめてある．

3 個，5 個のオービタルが含まれるから，M 殻には合計 $9=3^2$ 個のオービタルがある．

自習問題 18·1 N 殻のオービタルの構成を示せ．
　［答：4s が 1 個，4p が 3 個，4d が 5 個，4f が 7 個，合計 16 個］

(a) s オービタル

水素型原子の基底状態で占有されるオービタルは $n=1$ であるから，$l=0$，$m_l=0$ である．その波動関数 $\psi_{1,0,0}$ は，動径波動関数 $R_{1,0}$ と球面調和関数 $Y_{0,0}$ の積で表されるから，表 14·1 および表 17·1 からわかるように，

$$\psi = \left(\frac{Z^3}{\pi a_0^3}\right)^{1/2} e^{-Zr/a_0}$$

水素型原子　**1s 波動関数**　(18·1)

である．この波動関数は角度に依存せず，半径が同じ点なら同じ値をもつ．つまり，1s オービタルは"球対称"である．この波動関数は原子核の位置（$r=0$）での最大値 $(Z^3/\pi a_0^3)^{1/2}$ から指数関数的に減衰するから，確率密度が最大なのは原子核の位置である．

　　ノート　ある点における確率密度（次元は 1/体積）ψ^2 と，その点での無限小体積素片 $d\tau$ に電子が存在する確率（無次元）$\psi^2 d\tau$ との区別を忘れないでおこう．

基底状態の波動関数の一般的な形は，原子の全エネルギーに対するポテンシャルエネルギーと運動エネルギーの寄与を考えれば理解できるだろう．電子のポテンシャルエネルギーは，原子核に近いほど低くなる（つまり，負で大きな値をもつ）．この依存性からわかるように，最低のポ

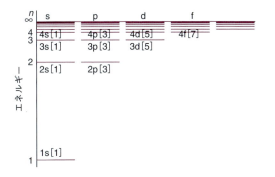

図 18·1　水素型原子のエネルギー準位．副殻と，それぞれの副殻におけるオービタルの数（[　] の中）を示してある．同じ殻のオービタルはすべて同じエネルギーをもつ．

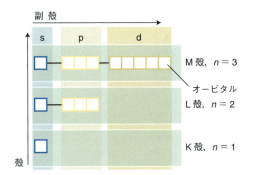

図 18·2　オービタル（白い四角で表す）の構成．(l で決まる）副殻と（n で決まる）殻に割当てる．

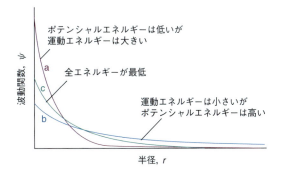

図 18·3　水素型原子の基底状態の構造は，運動エネルギーとポテンシャルエネルギーの均衡で説明できる．(a) 鋭く曲がって局在するオービタルでは，平均運動エネルギーが大きいが，平均ポテンシャルエネルギーは低い．(b) 平均運動エネルギーは小さいが，ポテンシャルエネルギーはあまり有利でない．(c) 運動エネルギーとポテンシャルエネルギーが適度に兼ね合っている．

簡単な例示 18·1　殻のオービタル数

$n=3$ の副殻は三つあり，$l=0$（3s），$l=1$（3p），$l=2$（3d）である．s, p, d の副殻にはそれぞれ 1 個，

テーマ5 原子構造と原子スペクトル

テンシャルエネルギーが得られるのは原子核の位置であり，波動関数はそこで大きな振幅をもち鋭く尖っており，それ以外の場所では非常に小さくなっている（図18・3a）．しかしながら，この形では運動エネルギーが大きくなってしまう．そのような波動関数は非常に大きな平均曲率をもつからである．電子の波動関数の平均曲率が非常に小さいときに，運動エネルギーは非常に小さくなれるのである．一方，そのような波動関数（図18・3b）は原子核からずっと離れたところまで広がってしまい，それに対応して電子の平均ポテンシャルエネルギーは高くなる（つまり，負で小さな値をもつ）．基底状態の実際の波動関数は，これら

二つの極限の中間にある（図18・3c）．すなわち，波動関数は原子核からいくぶん広がっており（だから，ポテンシャルエネルギーの期待値は最初の例ほど低くないが，非常に高くもない），しかも適当に小さい平均曲率をもっている（したがって，運動エネルギーの期待値は非常に低くもないが，最初の例のように高くもない）．基底状態に対する運動エネルギーとポテンシャルエネルギーの寄与の仕方については，つぎの「根拠」で示すように，ビリアル定理を使って説明することもできる．

電子の確率密度を表す一つの方法は，$|\psi^2|$ を影の濃さで表現することである（図18・4）．

表 18・1　水素型原子オービタル

s オービタル

1s　$\psi_{1s} = \left(\dfrac{Z^3}{\pi a_0{}^3}\right)^{1/2} e^{-Zr/a_0}$

2s　$\psi_{2s} = \left(\dfrac{Z^3}{32\pi a_0{}^3}\right)^{1/2} \left(2 - \dfrac{Zr}{a_0}\right) e^{-Zr/2a_0}$

3s　$\psi_{3s} = \left(\dfrac{Z^3}{972\pi a_0{}^3}\right)^{1/2} \left(6 - \dfrac{4Zr}{a_0} + \dfrac{4Z^2 r^2}{9a_0{}^2}\right) e^{-Zr/3a_0}$

p オービタル

2p　$f(r) = \dfrac{1}{(32\pi)^{1/2}} \left(\dfrac{Z}{a_0}\right)^{5/2} e^{-Zr/2a_0}$

極座標系

$\psi_{2p_0} = r\cos\theta\, f(r)$

$\psi_{2p_{\pm 1}} = \mp\dfrac{1}{2^{1/2}}\, r\sin\theta\, e^{\pm i\phi}\, f(r)$

直交座標系

$\psi_{2p_x} = xf(r)$

$\psi_{2p_y} = yf(r)$

$\psi_{2p_z} = zf(r)$

3p　$f(r) = \left(\dfrac{2}{729\pi}\right)^{1/2} \left(\dfrac{Z}{a_0}\right)^{5/2} \left(2 - \dfrac{Zr}{3a_0}\right) e^{-Zr/3a_0}$

極座標系

$\psi_{3p_0} = r\cos\theta\, f(r)$

$\psi_{3p_{\pm 1}} = \mp\dfrac{1}{2^{1/2}}\, r\sin\theta\, e^{\pm i\phi}\, f(r)$

直交座標系

$\psi_{3p_x} = xf(r)$

$\psi_{3p_y} = yf(r)$

$\psi_{3p_z} = zf(r)$

d オービタル

3d　$f(r) = \left(\dfrac{2}{6561\pi}\right)^{1/2} \left(\dfrac{Z}{a_0}\right)^{7/2} e^{-Zr/3a_0}$

極座標系

$\psi_{3d_0} = \left(\dfrac{1}{12}\right)^{1/2} r^2 (3\cos^2\theta - 1)\, f(r)$

$\psi_{3d_{\pm 1}} = \mp\left(\dfrac{1}{2}\right)^{1/2} r^2 \sin\theta\cos\theta\, e^{\pm i\phi}\, f(r)$

$\psi_{3d_{\pm 2}} = \left(\dfrac{1}{8}\right)^{1/2} r^2 \sin^2\theta\, e^{\pm 2i\phi}\, f(r)$

直交座標系

$\psi_{3d_{z^2}} = \left(\dfrac{1}{12}\right)^{1/2} (3z^2 - r^2)\, f(r)$

$\psi_{3d_{x^2-y^2}} = \dfrac{1}{2}\, (x^2 - y^2)\, f(r)$

$\psi_{3d_{xy}} = xyf(r)$

$\psi_{3d_{yz}} = yzf(r)$

$\psi_{3d_{zx}} = zxf(r)$

トピック 18 水素型原子オービタル　167

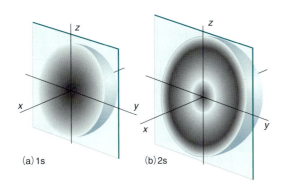

(a) 1s　(b) 2s

図 18・4　水素型原子の (a) 1s オービタルと (b) 2s オービタルの断面を，電子の確率密度で表したもの（影の濃さで表してある）．

根拠 18・1　ビリアル定理と 水素型原子オービタルのエネルギー

ビリアル定理（トピック 12）によれば，系のポテンシャルエネルギーが $V = ax^b$ の形をしていれば（a と b は定数），その平均運動エネルギーと平均ポテンシャルエネルギーには $2\langle E_k \rangle = b\langle V \rangle$ の関係がある．クーロンポテンシャルエネルギー（$V \propto -1/r$）の場合は $b = -1$ であるから，

$$\langle E_k \rangle = -\frac{1}{2}\langle V \rangle$$

が成り立つ．電子の原子核からの平均距離が増加するにつれ，$\langle V \rangle$ は増加するから（負で小さな値になる），$\langle E_k \rangle$ は減少する（正で小さな値になる）のである．これは本文での説明と合っている．

もっと単純な表し方は，**境界面**[1)] だけを示す方法である．この境界面は，電子の存在確率の大部分（ふつうは約 90 パーセント）がその中に入るようにする．1s オービタルの境界面は原子核を中心とする球である（図 18・5）．

s オービタルはすべて球対称であるが，動径節の数は異なる．たとえば，表 18・1 に掲げてある 1s, 2s, 3s オービタルには，それぞれ 0, 1, 2 個の動径節がある（図 17・6 を見れば動径波動関数が 0 をよぎる回数がわかる）．2s オービタルと 3s オービタルの動径節の位置は「簡単な例示 17・2」で計算した．一般に，ns オービタルには $n-1$ 個の動径節がある．

例題 18・1　s オービタルの平均半径の計算

原子番号 Z の水素型原子の 1s オービタルの平均半径を計算せよ．

解法　平均半径はつぎの期待値で求められる．

$$\langle r \rangle = \int \psi^* r \psi \, d\tau = \int r |\psi|^2 \, d\tau$$

この積分を計算するには水素型原子の 1s 波動関数（表 14・1 と表 17・1）を使う必要がある．ただし，球面極座標の体積素片は $d\tau = r^2 \, dr \sin\theta \, d\theta \, d\phi$ である（「必須のツール 14・1」を見よ）．この波動関数の角度部分は，

$$\int_0^\pi \int_0^{2\pi} |Y_{l m_l}|^2 \sin\theta \, d\theta \, d\phi = 1$$

であるから，すでに規格化されている[†]．ここで，最初の積分の範囲は θ についてのもの，2 番目の積分の範囲は ϕ についてのものである（「数学の基礎 1」にある多重積分のやり方を参照のこと）．巻末の「資料」にある積分公式 E・1 が使える．

解答　波動関数として $\psi_{n l m_l} = R_{nl} Y_{l m_l}$ の形に書いたものを使えば，その期待値 $\langle r \rangle$ は，

$$\langle r \rangle = \int_0^\infty \int_0^\pi \int_0^{2\pi} \overbrace{r R_{nl}^2 |Y_{l m_l}|^2}^{|\psi|^2} \overbrace{r^2 \, dr \sin\theta \, d\theta \, d\phi}^{d\tau}$$

$$= \int_0^\infty r^3 R_{nl}^2 \, dr \times \overbrace{\int_0^\pi \int_0^{2\pi} |Y_{l m_l}|^2 \sin\theta \, d\theta \, d\phi}^{1}$$

$$= \int_0^\infty r^3 R_{nl}^2 \, dr$$

である．1s オービタルについては（表 17・1），

$$R_{1,0} = 2\left(\frac{Z}{a_0}\right)^{3/2} e^{-Zr/a_0}$$

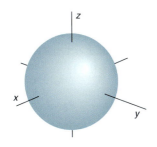

図 18・5　1s オービタルの境界面．この球の中に電子を見いだす確率は 90 パーセントである．s オービタルの境界面はすべて球形である．

[†] 訳注: 日本では多重積分は内側から順に計算する形に書く習慣なので，この式の積分記号は $\int_0^{2\pi} \int_0^\pi$ のように書くが，本書では左から右へ変数の順に対応させている（「数学の基礎 1」，MB1.6 参照）．

1) boundary surface

であるから，巻末の「資料」にある積分公式 E·1 を使えば，$n=3$，$a=2Z/a_0$ として，

$$\langle r \rangle = 4\left(\frac{Z}{a_0}\right)^3 \int_0^\infty r^3 \mathrm{e}^{-2Zr/a_0} \mathrm{d}r \overset{\text{積分E·1}}{=} 4\left(\frac{Z}{a_0}\right)^3 \times \frac{3!}{(2Z/a_0)^4}$$

$$= \frac{3a_0}{2Z}$$

となる．H では $\langle r \rangle = 79.4$ pm，He^+ では $\langle r \rangle = 39.7$ pm が得られる．一般に，核電荷が大きくなるほど，電子は核の近くに引き寄せられる．

自習問題 18·2 原子番号 Z の水素型原子の (a) 3s オービタル，(b) 3p オービタルの平均半径を求めよ．
[答： (a) $(27/2)a_0/Z$；(b) $(25/2)a_0/Z$]

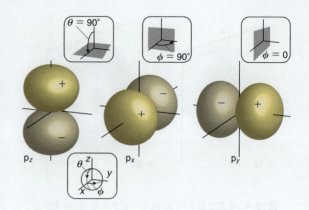

図 18·6 2p オービタルの境界面．節面は原子核をよぎり，それぞれのオービタルの二つのローブ（丸い突出部）を分断する．暗い部分と明るい部分は，波動関数の符号が互いに反対の領域を示している．球面極座標系で表す角度も示してある．p オービタルはすべて，ここに示すような境界面をもつ．

(b) p オービタル

3 個ある 2p オービタルは，$l=1$ のときに m_l がとれる 3 個の異なる値によって区別される．量子数 m_l によって，ある特定の軸 (慣例によって z 軸とする) へのオービタル角運動量の射影がわかるから，オービタルの m_l の値が異なるということは，任意に選んだ z 軸のまわりの電子のオービタル角運動量が異なるということである．たとえば，$m_l=0$ のオービタルでは z 軸のまわりの角運動量は 0 である．その球面調和関数の角度変化は $\cos\theta$ に比例するから (表 14·1)，確率密度は $\cos^2\theta$ に比例し，z 軸に沿って原子核の両側 ($\cos^2\theta = 1$ となる $\theta = 0$ と 180°) で極大値をとる．

水素型 2p オービタルで $m_l = 0$ の波動関数は，

$$\psi_{2p_0} = R_{2,1}Y_{1,0} = \frac{1}{4(2\pi)^{1/2}}\left(\frac{Z}{a_0}\right)^{5/2} r\cos\theta\, \mathrm{e}^{-Zr/2a_0}$$

$$= r\cos\theta\, f(r) \qquad \text{2p}_z \text{ 原子オービタル} \quad (18\cdot 2\mathrm{a})$$

である．$f(r)$ は r だけの関数である．球面極座標では $z = r\cos\theta$ であるから，この波動関数をつぎのように書いてもよい．

$$\psi_{2p_z} = zf(r) \qquad (18\cdot 2\mathrm{b})$$

$m_l = 0$ のすべての p オービタルは，n の値に関係なくこの形の波動関数をもつ (ただし，関数 f の形は n によって異なる)．"p_z オービタル" という名称は，p オービタルをこのように書くことに由来する．その境界面 ($n=2$ の場合) を図 18·6 に示してある．この波動関数は $z=0$ である xy 面のあらゆる場所で 0 であるから，xy 面はこのオービタルの**節面**[1]になっている．すなわち，この節面の一方の側から他方に移ると波動関数の符号が変わる．

水素型 2p オービタルで $m_l = \pm 1$ の波動関数は，

$$\psi_{2p\pm 1} = R_{2,1}Y_{1,\pm 1}$$

$$= \mp \frac{1}{8\pi^{1/2}}\left(\frac{Z}{a_0}\right)^{5/2} r\mathrm{e}^{-Zr/2a_0}\sin\theta\, \mathrm{e}^{\pm \mathrm{i}\phi}$$

$$= \mp \frac{1}{2^{1/2}} r\sin\theta\, \mathrm{e}^{\pm \mathrm{i}\phi} f(r) \qquad (18\cdot 3)$$

である．$f(r)$ は r だけの関数である (しかし，18·2 式と同じ関数ではない)．この波動関数は z 軸のまわりの角運動量が 0 でないことに対応する．すなわち，$\mathrm{e}^{+\mathrm{i}\phi}$ は，下から見て時計回りの回転に相当し，$\mathrm{e}^{-\mathrm{i}\phi}$ は (同じ見方で) 反時計回りに相当する．これらは (z 軸に沿って) $\theta = 0$ と 180° で振幅が 0 であり，$\theta = 90°$，つまり xy 面内にあるときにその振幅が極大になる．

(18·3) 式で表された波動関数を描くためによくやるのは，縮退した二つの関数 $\psi_{2p\pm 1}$ の一次結合をとって二つの実関数をつくることである．つぎの「根拠」で，縮退したオービタルの一次結合をとってよいことが説明してある．具体的には，一次結合によってつぎの実関数が得られる ($\mathrm{e}^{\pm\mathrm{i}\phi} = \cos\phi \pm \mathrm{i}\sin\phi$ を使う)．

$$\psi_{2p_x} = -\frac{1}{2^{1/2}}(\psi_{2p+1} - \psi_{2p-1}) = \overbrace{r\sin\theta\cos\phi}^{x} f(r)$$

$$= xf(r) \qquad \text{2p}_x \text{ 原子オービタル} \quad (18\cdot 4\mathrm{a})$$

$$\psi_{2p_y} = \frac{\mathrm{i}}{2^{1/2}}(\psi_{2p+1} + \psi_{2p-1}) = \overbrace{r\sin\theta\sin\phi}^{y} f(r)$$

$$= yf(r) \qquad \text{2p}_y \text{ 原子オービタル} \quad (18\cdot 4\mathrm{b})$$

---

1) nodal plane

(18・4) 式の波動関数はいずれも, m_l の大きさが等しく符号が反対（つまり, $+1$ と -1）の状態を重ね合わせたものであるから, この一次結合は定在波を表しており, z 軸まわりの正味のオービタル角運動量は存在しない.

根拠 18・2 縮退した波動関数の一次結合

縮退した波動関数の一次結合を自由にとれる理由は, 2個以上の波動関数が同じエネルギーに対応するときはいつも（ψ_{2p+1} と ψ_{2p-1} のように）, その任意の一次結合（ψ_{2p_x} や ψ_{2p_y} など）が同じシュレーディンガー方程式の同等で正しい解になるという事情があるからである.

ψ_1 と ψ_2 が両方とも同じエネルギー E をもち, 同じシュレーディンガー方程式の解であるとしよう. そうすれば, $\hat{H}\psi_1 = E\psi_1$ および $\hat{H}\psi_2 = E\psi_2$ である. そこで, $\psi = c_1\psi_1 + c_2\psi_2$ という一次結合を考えよう. c_1 と c_2 は任意の係数である. そうすれば,

$$\begin{aligned}\hat{H}\psi &= \hat{H}(c_1\psi_1 + c_2\psi_2) = c_1\hat{H}\psi_1 + c_2\hat{H}\psi_2\\ &= c_1E\psi_1 + c_2E\psi_2 = E(c_1\psi_1 + c_2\psi_2) = E\psi\end{aligned}$$

となる. したがって, この一次結合も同じエネルギー E に対応する一つの解であるといえる. このように, ある演算子について同じ固有値をもつ固有関数であれば, その任意の一次結合をとっても, それは同じ演算子について同じ固有値をもつ固有関数になる. この結果は, ハミルトン演算子だけでなくすべての量子力学演算子について成り立つ.

$2p_x$ オービタルは $2p_z$ オービタルと同じ形であるが, x 軸方向を向いている（図18・6を見よ）. $2p_y$ オービタルも同様に y 軸方向を向いている. ある与えられた殻の任意の p オービタルの波動関数は, x, y, z に同じ動径関数を掛けた積（これは n の値に依存する）で書くことができる. (18・2)式〜(18・4)式で表される水素型 2p 波動関数および水素型 3p 波動関数を表 18・1 にまとめてある. すべての 2p オービタルには動径節がない. 3p オービタルには動径節が 1 個あり, 一般に np オービタルには $n-2$ 個の動径節がある. この節の数は, すでに述べた s オービタルの場合を含めていえることだが, 一般的な表し方の特別な場合でしかない. すなわち, 量子数 n および l の水素型オービタルには $n-l-1$ 個の動径節と l 個の節面がある.

簡単な例示 18・2 $2p_x$ オービタル

$2p_x$ オービタルの角度変化は $\sin\theta\cos\phi$ に比例するから, $\sin^2\theta\cos^2\phi$ に比例する確率密度は $\theta = 90°$（このとき $\sin^2\theta = 1$）および $\phi = 0$ と $180°$（このとき $\cos^2\phi = 1$）で最大値を示す. したがって, この電子は x 軸に沿った原子核の両側で最も多く見いだされる（図 18・6）. また, この波動関数は $\theta = 0$ と $180°$, $\phi = 90°$ と $270°$ で 0 である（しかも 0 をよぎる）から, yz 平面が節面になっている.

自習問題 18・3 $2p_y$ オービタルの節面はどこにあるか. [答: xz 平面]

(c) d オービタル

$n = 3$ のときは, l は 0, 1, 2 のどれかをとることができる. その結果, この殻は 1 個の 3s オービタル, 3 個の 3p オービタル, 5 個の 3d オービタルから成る. 5 個の d オービタルは, z 軸のまわりの角運動量の 5 種の異なる成分（しかし, どの場合も $l = 2$ であるから, 角運動量の大きさは同じである）に対応して $m_l = +2, +1, 0, -1, -2$ をもつ. p オービタルの場合と同じで, m_l のうち符号だけが違う（したがって, z 軸まわりに逆向きの運動をする）d オービタルは, 対ごとに組合わされて実の定在波をつくる（$m_l = 0$ の d オービタルは実であり, これを d_{z^2} で表す）. こうしてできた 3d オービタルの境界面を図 18・7 に示す. 3d オービタルとその実数型の組合わせを表 18・1 にまとめてある.

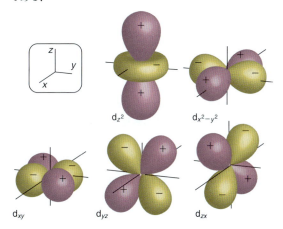

図 18・7 3d オービタルの境界面. それぞれのオービタルで二つの節面が原子核の位置で交差し, 各オービタルのローブを分断する. 色の違いは, 波動関数の符号が互いに反対であることを表している. d オービタルはすべて, ここに示すような境界面をもつ.

例題 18・2 電子の最確位置の求め方

水素原子の $3d_{z^2}$ オービタルを占める電子の最確位置を求めよ.

解法 3d$_{z^2}$ オービタルは, $n=3$, $l=2$, $m_l=0$ に相当する. この電子の最確位置を求めるには, 表 18·1 を使って確率密度 $|\psi_{nlm_l}|^2$ を求めればよい. その確率密度の一階導関数が 0 になる場所を探せば極大の位置がわかる.

解答 水素原子の 3d$_{z^2}$ オービタルは,

$$\psi_{3d_{z^2}} = R_{3,2}(r)Y_{2,0}(\theta,\phi)$$

$$= \left(\frac{1}{7776\pi a_0^3}\right)^{1/2}\left(\frac{2r}{3a_0}\right)^2 e^{-r/3a_0}(3\cos^2\theta-1)$$

$$= Nr^2 e^{-r/3a_0}(3\cos^2\theta-1) \quad N=\left(\frac{1}{39366\pi a_0^7}\right)^{1/2}$$

である. したがって,

$$\psi_{3d_{z^2}}^2 = N^2 r^4 e^{-2r/3a_0}(3\cos^2\theta-1)^2$$

である. この確率密度は ϕ によらず, $\theta=0, 180°$ (このとき $\cos\theta=\pm1$ で $\cos^2\theta=1$, $3\cos^2\theta-1=2$ である) で極大を示すから, この電子は z 軸の両側に見いだす確率が大きい. 電子から原子核までの最確距離 r を求めるには, 微分によって関数 $r^4 e^{-2r/3a_0}$ の極大を見いだす必要がある. その導関数は,

$$\frac{d}{dr}\left(\overset{f}{r^4}\overset{g}{e^{-2r/3a_0}}\right) = \overset{(df/dr)g}{4r^3 e^{-2r/3a_0}} - \overset{f(dg/dr)}{\frac{2}{3a_0}r^4 e^{-2r/3a_0}}$$

$$= 2r^3 e^{-2r/3a_0}(2-r/3a_0)$$

である. ここで, 微分の積に関する規則を使った ($dfg = f\,dg + g\,df$「数学の基礎 1」). この導関数は ( ) 内が 0 のとき 0 であり ($r=0$ でも 0 になるが, これは関数の極小に相当するから無視する), それは $r=6a_0$ の場合である. したがって, この電子の最確位置は z 軸の両側で原子核から距離 $6a_0$ のところにある.

自習問題 18·4 水素原子の 3d$_{xy}$ オービタルの節面はどこにあるか. 　　　　　　　　　　　　　　[答: xz 面と yz 面]

18·2 動径分布関数

波動関数から $|\psi|^2$ の値を求めれば, 空間の任意の領域に電子を見いだす確率がわかる. 電子に敏感な探り針が体積素片 $d\tau$ にあるとして, これを水素型原子の原子核の近くであちこち動かしてみよう. この原子の基底状態の確率密度は $|\psi_{1s}|^2 \propto e^{-2Zr/a_0}$ であるから, 探り針を任意の半径に沿って外向きに動かせば, 検出計の表示は指数関数的に減少するが, 半径一定の円周上を動かせば一定値を示す (図 18·8).

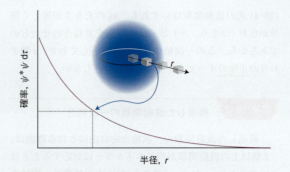

図 18·8 s オービタルは球対称である. 電子を感知する一定体積の検出器 (小さな立方体) の読みは, 原子核の位置で最大になり, ほかのどの場所でもこれより小さい. 半径が同じ円周上では, どこでも同じ読みが得られる.

いま, 半径 r の球殻内で厚さ dr だけ隔てた二つの壁の間のどこかに基底状態の電子を見いだす確率を考えよう. このときの探り針の感知体積はこの球殻の体積であり (図 18·9), これは $4\pi r^2 dr$ (この球殻の表面積 $4\pi r^2$ と厚さ dr の積) である. 1s 電子がこの球殻の内側の表面と外側の表面の間に見いだされる確率は, 半径 r の位置での確率密度に球殻の体積を掛けたもの, つまり $|\psi_{1s}|^2 \times 4\pi r^2 dr$ である. この式は $P(r)dr$ という形をしている. ここで,

$$P(r) = 4\pi r^2 |\psi_{1s}|^2$$

基底状態の
水素型オービタル　　動径分布関数　　(18·5a)

である. つぎの「根拠」で示すが, どんなオービタルにも使えるもっと一般的な式は,

$$P(r) = r^2 R(r)^2 \quad 定義 \quad 動径分布関数 \quad (18·5b)$$

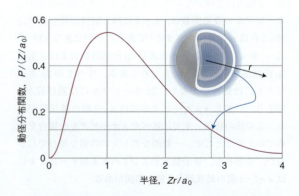

図 18·9 動径分布関数 P は, 半径 r の球殻中のどこかに電子を見いだす確率密度である. すなわち, その球殻の厚さを dr とすれば, 確率そのものは $P\,dr$ で表される. 水素の 1s 電子では, r がボーア半径 a_0 に等しいとき, P は極大になる. $P\,dr$ の値は, 球殻の形につくった厚さ dr の検出器をその半径に沿って動かしたときに示すはずの読みと同等である.

である．$R(r)$ は問題にしているオービタルの動径波動関数である．

根拠 18・3　動径分布関数の一般形

ある電子の波動関数が $\psi = RY$ で表されるとき，この電子を体積素片 $d\tau$ の中に見いだす確率は $R^2|Y|^2 d\tau$ である．R は実関数で，$d\tau = r^2 dr \sin\theta\, d\theta\, d\phi$ である．この電子を半径一定の任意の角度のところに見いだす全確率は，この確率の式を半径 r の球の表面全体で積分したものであり，これを $P(r)\,dr$ と書けば，

$$P(r)\,dr = \int_0^\pi \int_0^{2\pi} \overbrace{R(r)^2|Y(\theta,\phi)|^2}^{|\psi|^2}\, \overbrace{r^2\, dr \sin\theta\, d\theta\, d\phi}^{d\tau}$$

$$= r^2 R(r)^2\, dr \underbrace{\int_0^\pi \int_0^{2\pi} |Y(\theta,\phi)|^2 \sin\theta\, d\theta\, d\phi}_{1}$$

$$= r^2 R(r)^2\, dr$$

となる．球面調和関数は 1 に規格化されているから，最後の等号が得られる（「例題 18・1」を見よ）．これから，本文に示してあるように，$P(r) = r^2 R(r)^2$ が得られる．

動径分布関数[1] $P(r)$ は，ある種の確率密度と考えてよい．これに dr を掛ければ，半径 r で厚さ dr の球殻の二つの壁の間のどこかに電子を見いだす確率が与えられる．1s オービタルについては，表 17・1 にある $R_{1,0}$ を用いれば，

$$P(r) = \frac{4Z^3}{a_0^3} r^2\, e^{-2Zr/a_0}$$

基底状態の水素型オービタル　　動径分布関数　（18・6）

である．この式はつぎのように解釈できる．

物理的な解釈
- 原子核の位置で $r^2 = 0$ であるから $P(0) = 0$ である．確率密度そのものは核の位置で最大であるが，動径分布関数には r^2 の因子があるから，$r = 0$ で 0 になる．
- 指数関数の因子があるから，$r \to \infty$ で $P(r) \to 0$ である．
- r^2 で増加して，指数関数因子で減少することから，$P(r)$ はどこか中間の半径のところで極大を通るはずである（図 18・9 を見よ）．

$P(r)$ が極大を示す位置は微分によって求めることができ，それは電子が見いだされる確率が最も高い核からの距離の

目印になっている．

水素原子の $n = 1, 2, 3$ の動径分布関数を図 18・10 に示す．n の増加とともに電子の核からの最確距離が増加していること，一方，同じ殻であれば量子数 l の増加とともに，最確距離が短い側にシフトしていることに注目しよう．核に近いところには別の小さな極大があり，あまり気に留めないかもしれない．しかし，「トピック 20」で説明するが，これは周期表の構造を理解するうえできわめて重要な存在である．

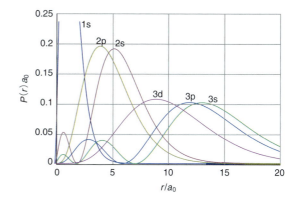

図 18・10　水素原子の動径分布関数．$n = 1, 2, 3$ の場合の許される l の値について示してある．

例題 18・3　最大確率を示す半径の求め方

原子番号 Z の水素型 1s オービタルを占める電子が見いだされる最大確率の半径 r^* を求め，H から Ne^{9+} までの一電子原子種の値を表にせよ．

解法　水素型 1s オービタルの動径分布関数が極大値をもつ半径を，$dP/dr = 0$ を解いて求める．ここで，積の形で表された関数を微分するときの規則〔数学の基礎 1，$d(fg)/dx = f(dg/dx) + g(df/dx)$〕を使う必要がある．

解答　動径分布関数は (18・6) 式に与えられている．そこで（微分に関する積の規則を使えば），

$$\frac{dP}{dr} = \frac{4Z^3}{a_0^3} \frac{d}{dr}\left(\overbrace{r^2}^{f}\, \overbrace{e^{-2Zr/a_0}}^{g}\right)$$

$$= \frac{4Z^3}{a_0^3}\left(\overbrace{2r\, e^{-2Zr/a_0}}^{(df/dr)g} - \overbrace{\frac{2Zr^2}{a_0}\, e^{-2Zr/a_0}}^{f(dg/dr)}\right)$$

$$= \frac{8Z^3}{a_0^3}\, r\left(1 - \frac{Zr}{a_0}\right) e^{-2Zr/a_0}$$

が得られる．この導関数は（　）内の項が 0 になると

---

[1] radial distribution function

ころで0になる（$r=0$はPの極小に対応するので除外する）．つまり，

$$r^* = \frac{a_0}{Z}$$

である．すなわち，水素原子（$Z=1$）の電子の核からの最大距離はボーア半径，$a_0 = 52.9$ pm そのものである．水素型の一連の原子種について最確半径はつぎのようになる．

	H	He$^+$	Li^{2+}	Be^{3+}	B^{4+}
r^*/pm	52.9	26.5	17.6	13.2	10.6

	C^{5+}	N^{6+}	O^{7+}	F^{8+}	Ne^{9+}
r^*/pm	8.82	7.56	6.61	5.88	5.29

核電荷が増加するにつれて，1sオービタルは原子核に引き寄せられる様子に注目しよう．ウランでは最大確率の半径が0.58 pmにすぎず，水素の場合より約100倍も原子核に近い（Hで仮に$r^* = 10$ cmとするとU^{91+}では$r^* = 1$ mmである）．このときの電子は強い加速度を受けるから，相対論的効果が重要になるのである．

自習問題 18・5 水素型原子で，電子が2sオービタルを占めているときの原子核からの最大確率の距離を求めよ． ［答：$(3+5^{1/2})\,a_0/Z$；Hでは277 pm］

これで原子構造を調べるための第一段階を終えたところである．これから水素型原子オービタルについてもっと詳しく検討することによって，多電子原子の電子構造と周期的な性質（トピック19）だけでなく，原子分光法のいろいろな側面（トピック21）についても理解するための基礎が得られる．さらに，オービタルの概念をもっと精緻なものにすれば，分子の電子構造を表すのにも使えることになる（トピック22～30）．

チェックリスト

☐ 1. 原子の同じ**殻**には，nの値が同じオービタルが全部含まれる．K殻（$n=1$），L殻（$n=2$），M殻（$n=3$），N殻（$n=4$）などである．

☐ 2. 原子のそれぞれの殻の同じ**副殻**には，lの値が同じオービタルが全部含まれる．s（$l=0$），p（$l=1$），d（$l=2$），f（$l=3$），g（$l=4$）などである．

☐ 3. それぞれの殻にはn^2個のオービタルがある．

☐ 4. それぞれの副殻には$2l+1$個のオービタルがある．

☐ 5. **境界面**とは，その内部に電子の確率密度の大部分（ふつうは約90パーセント）が含まれる表面である．

☐ 6. **動径分布関数**とは，原子核からの距離rのどこかに電子を見いだす確率密度である．

重要な式の一覧

性 質	式	備 考	式番号
基底状態（1s）波動関数	$\psi = (Z^3/\pi a_0{}^3)^{1/2}\,e^{-Zr/a_0}$	水素型原子	18・1
動径分布関数	$P(r) = 4\pi r^2 |\psi_{1s}|^2$	水素型原子の基底状態	18・5a
動径分布関数	$P(r) = r^2 R(r)^2$	定 義	18・5b

トピック **19**

多 電 子 原 子

内 容

19・1　オービタル近似
　　　簡単な例示 19・1　原子の電子配置

19・2　電子構造に影響を与える諸因子
　　(a) スピン
　　　簡単な例示 19・2　スピン
　　(b) パウリの原理
　　　簡単な例示 19・3　パウリの原理
　　(c) 浸透と遮蔽
　　　例題 19・1　浸透の度合いの解析

19・3　つじつまの合う場の計算
チェックリスト
重要な式の一覧

▶ 学ぶべき重要性

　原子は，化学で日常使う通貨のようなものである．水素型原子は原子オービタルの概念を導入するという役目を見事に果たしたが，ここから大事なことは，つぎの「トピック 20」で扱う化学的な周期性を理解するための基礎として，この概念を使って多電子原子の電子構造をどう表すかである．

▶ 習得すべき事項

　電子は，パウリの原理の要請に従って，全エネルギーが最低になるやり方で各オービタルを占める．

▶ 必要な予備知識

　原子オービタルの概念（トピック 18）は本トピックの説明の基礎であるから，よく理解している必要がある．一方，電子スピンを導入するのに，「トピック 14」で述べた角運動量に関する結論の一部を使う．

　多電子原子では，すべての電子が互いに相互作用しているため，そのシュレーディンガー方程式はきわめて複雑である．電子 2 個のヘリウム原子でさえ，そのオービタルとエネルギーを解析的に表すことはできないから，やむを得ず近似に頼ることになる．そこで，"オービタル近似" という単純な近似法を採用するが，これは水素型原子の構造とオービタルのエネルギーに基づいている．

19・1　オービタル近似

　多電子原子の波動関数は，すべての電子の座標が関与する非常に複雑な関数であるから，それを $\psi(r_1, r_2, \cdots)$ と書くのが妥当である．r_i は原子核から電子 i に至るベクトルである．しかし，**オービタル近似**[1] では，各電子が "自分の" オービタルを占めていると考えて，積の形で，

$$\psi(r_1, r_2, \cdots) = \psi(r_1)\psi(r_2)\cdots \quad \text{オービタル近似} \quad (19\cdot1)$$

と書けば，この厳密な波動関数についてかなり良い第一近似が得られると考える．個々のオービタルは「トピック 18」で説明した水素型原子のオービタルに似ているが，その原子核の電荷は，原子中に他の電子が存在するために修正されると考えることができる．つぎの「根拠」で説明するように，この考え方は近似にすぎないものであるが，原子の化学的性質を説明するには便利なモデルであり，原子構造をもっと精巧に記述するための出発点になる．

根拠 19・1　**オービタル近似**

　電子間に相互作用がなかったとしたら，オービタル近似は厳密なはずである．この指摘が正しいことを二電子原子について示すには，エネルギーを求めるためのハミルトン演算子が電子 1 のものと電子 2 のものの二つの寄与の和で表される系を考えなければならない．すなわち，

$$\hat{H} = \hat{H}_1 + \hat{H}_2$$

とする．実際の原子（ヘリウム原子など）では，2 個の電子の相互作用に相当する余分の項が加わるが，その項を

---

1) orbital approximation

無視している．ここでは，$\psi(r_1)$ が $\hat{H}_1$ の固有関数でエネルギー E_1 をもち，$\psi(r_2)$ が $\hat{H}_2$ の固有関数でエネルギー E_2 をもつとしたときには，両者の積，$\psi(r_1, r_2) = \psi(r_1)\psi(r_2)$ は結合したハミルトン演算子 $\hat{H}$ の固有関数になることを示そう．これを実行するには，つぎのように書く．

$$\begin{aligned}
\hat{H}\psi(r_1, r_2) &= (\hat{H}_1 + \hat{H}_2)\psi(r_1)\psi(r_2) \\
&= \hat{H}_1\psi(r_1)\psi(r_2) + \psi(r_1)\hat{H}_2\psi(r_2) \\
&= E_1\psi(r_1)\psi(r_2) + \psi(r_1)E_2\psi(r_2) \\
&= (E_1 + E_2)\psi(r_1)\psi(r_2) \\
&= E\psi(r_1, r_2)
\end{aligned}$$

ここで，$E = E_1 + E_2$ である．これが証明しようとしていた結果である．しかし，もし電子が互いに相互作用していれば（現実にはしている），この証明は失敗に終わる．それにもかかわらず，この近似は原子構造を論じるうえでかなり良いもので，ほとんど常に出発点として使われている．

オービタル近似によれば，原子の電子構造を表すにはその**配置**[1]，すなわち被占オービタル（ふつうは基底状態のことであるが，それに限るわけではない）の一覧表をつくればよい．

簡単な例示 19・1　原子の電子配置

水素型原子の基底状態は 1s オービタルにある 1 個の電子からできているから，その配置は $1s^1$（「イチ エス イチ」と読む）であるという．He 原子には電子が 2 個ある．この原子をつくるには，裸の（電荷が $2e$ の）原子核のオービタルに順に電子をつけ加えていけばよいと考えられる．最初の電子は 1s の水素型オービタルを占めるが，$Z = 2$ であるからオービタルは H そのものよりもっと引きしまっている．2 番目の電子は 1s オービタルに入って最初の電子といっしょになる．それで，He の基底状態の電子配置は $1s^2$（「イチ エス ニ」と読む）となる．

自習問題 19・1　ヘリウム原子の実際のハミルトン演算子には，電子-電子反発項が含まれているから，「根拠 19・1」の証明はできないことを示せ．
　　　　［答：e^2/r_{12} 項が存在するから議論が進まない］

19・2　電子構造に影響を与える諸因子

原子番号が $Z = 3, 4, \cdots$ と増加したとき，つまり Z 個の

電子をもつ原子の電子配置を単に $1s^Z$ としたいところであるが，話はそう単純ではない．立ちはだかる問題は，自然の成り立ちに関する二つの側面にある．すなわち，電子は"スピン"をもつこと，また，電子は"パウリの原理"というきわめて基本的な原理に従わなければならないことである．

(a) スピン

電子の**スピン**[2] の量子力学的な性質，つまり電子が固有の角運動量をもつことは，シュテルン[3] とゲルラッハ[4] によって 1921 年に行われた実験で明らかになった．彼らは，ある不均一磁場に銀原子のビームを投入したのであった（トピック 14）．シュテルンとゲルラッハは実験で Ag 原子の 2 本のバンドを観測した．この結果は，量子力学の予想の一つに反すると思われた．その理由は，角運動量 l は $2l+1$ 個の配向を生じるが，これが 2 になるのは $l = \frac{1}{2}$ のときだけであるから，l が整数でなければならないという結論に反するからである．この食い違いは，彼らが観測していた角運動量がオービタル角運動量（原子核のまわりの電子の周回運動）によるものではなく，電子固有の角運動量，つまり古典的に考えれば電子の自分自身の軸のまわりの回転から生じるという提案によって解決された．この電子に固有の角運動量である"スピン"は，ディラックが量子力学と特殊相対性理論を組合わせて，相対論的量子力学の理論をつくり上げたときにも現れたのである．

電子のスピンは，中心点のまわりを周回する粒子が満たすべき境界条件を満足する必要がないから，スピン角運動量の量子数に対する制約は別のものである．このスピン角運動量をオービタル角運動量と区別するために，（「トピック 14」の l の代わりに）**スピン量子数**[5] s（s も l と同じように負でない数である）と z 軸上の射影を表すための**スピン磁気量子数**[6] m_s を使う．スピン角運動量の大きさは $\{s(s+1)\}^{1/2}\hbar$ で，その成分 $m_s\hbar$ は $m_s = s, s-1, \cdots, -s$ という $2s+1$ 個の値に制限される．シュテルンとゲルラッハの測定結果を説明するには，$s = \frac{1}{2}$，$m_s = \pm\frac{1}{2}$ でなければならなかった．

ノート　量子数 s を m_s の代わりに使って $s = \pm\frac{1}{2}$ と書いてある教科書もあるが，これは間違いである．s は l と同様に負にはならない数で，スピン角運動量の大きさを表す．その z 成分を表すには m_s を使う．

電子が実際に自転運動しているというスピンに対する見方は，注意して使いさえすれば非常に便利なことがある．しかしながら，それは量子力学的な性質の古典的な描像でしかなく，電子の静止質量や電荷と同じように，どの電子も厳密に同じ特有の値をもつという点で，スピンは電子固

---

1) configuration　2) spin　3) Otto Stern　4) Walther Gerlach　5) spin quantum number　6) spin magnetic quantum number

有の性質の一つとみなしておくのがよい．角運動量のベクトルモデル（トピック14）によれば，電子スピンは二つの異なる配向をとれる（図19・1）．一つの配向は $m_s = +\frac{1}{2}$ に対応する（この状態をしばしば α あるいは ↑ で表す）．他方は $m_s = -\frac{1}{2}$ に対応する（この状態は β か ↓ で表す）．

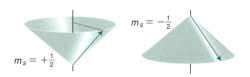

図19・1 電子のスピンのベクトル表示．円錐の辺の長さは $3^{1/2}/2$ 単位で，その z 軸への射影は $\pm\frac{1}{2}$ 単位である．

他の素粒子も固有のスピンをもつ．たとえば，プロトンと中性子はスピン $\frac{1}{2}$ 粒子 ($s=\frac{1}{2}$) であって，常に同じ角運動量をもつ．プロトンや中性子の質量は電子の質量よりはるかに大きいから，どれもみな同じ角運動量をもっているにもかかわらず，これら二つの粒子を古典的に見れば電子よりずっとゆっくりスピンしていることになるだろう．中間子にもスピン1の粒子はあるが（つまり $s=1$，原子核にも同じものがある），われわれにとって最も重要なスピン1の粒子はフォトンである．フォトンがもつスピンの分光法における重要性については「トピック40」で説明する．また，プロトンのスピンは「トピック47」（磁気共鳴）で重要になる．

簡単な例示 19・2 スピン

スピン角運動量の大きさは，ほかの角運動量と同じように $\{s(s+1)\}^{1/2}\hbar$ である．電子に限らずスピン $\frac{1}{2}$ 粒子なら，スピン角運動量は $(\frac{3}{4})^{1/2}\hbar = 0.866\hbar$，つまり 9.13×10^{-35} J s である．その z 軸への成分は $m_s\hbar$ であり，スピン $\frac{1}{2}$ 粒子の場合は $\pm\frac{1}{2}\hbar$，つまり $\pm 5.27\times 10^{-35}$ J s である．

自習問題 19・2 フォトンのスピン角運動量を求めよ．
[答：$2^{1/2}\hbar = 1.49\times 10^{-34}$ J s］

半整数スピンをもつ粒子を**フェルミ粒子**[1]といい，(0も含めて)整数スピンをもつ粒子を**ボース粒子**[2]という．たとえば，電子とプロトンはフェルミ粒子であり，フォトンはボース粒子である．自然界には，物質を構成する素粒子はすべてフェルミ粒子であるのに対し，ボース粒子はフェルミ粒子同士を結びつける力の原因となる素粒子であると

いう非常に深遠な特性がある．たとえば，フォトンは帯電した粒子同士を結びつける電磁力を伝播する．したがって，物質はフェルミ粒子の集合体であり，そのフェルミ粒子同士はボース粒子が伝達する力によって保持し合っている．

(b) パウリの原理

電子構造を決めるときのスピンの役目は，$Z=3$ のリチウムの場合を考えればすぐにわかる．リチウムには電子が3個ある．最初の2個は 1s オービタルを占めるが，このオービタルは He の場合より大きな電荷の原子核によってさらに核の近くに引き寄せられている．しかし，3番目の電子は，1s オービタルにある最初の2個に加わることはない．この配置はつぎのような**パウリの排他原理**[3]によって禁止されているためである．

どのオービタルも2個より多くの電子が占めることはできず，もし2個の電子が一つのオービタルを占めたなら，そのスピンは対になっていなければならない．

スピンが対になった電子は ↑↓ で表すが，一方の電子のスピンがもう一方の電子のスピンによって打ち消されるから，正味のスピン角運動量は0である．具体的にいえば，一方の電子が $m_s = +\frac{1}{2}$ で，もう一方が $m_s = -\frac{1}{2}$ であれば，その合成スピンが0になるように，それぞれ自分自身の円錐上で配向しているのである（図19・2）．排他原理は，複雑な原子の構造や化学の周期性，分子構造などを解く鍵である．これは1924年にパウリ[4]によって，ヘリウムのスペクトルに欠けている線があることを説明しようとしていたときに提案された．のちに彼は，理論的な考察からこの原理の非常に一般的な形を導くことができた．

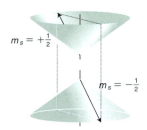

図19・2 スピンが対になっている2個の電子の合成スピン角運動量は0である．この2電子は，ここに示す円錐上での位置が不定のベクトルで表される．しかし，一方の電子が円錐上のどこにあっても，他方が反対方向を向いているので，両者を合成すると0になる．

パウリの排他原理は，同種のフェルミ粒子であれば，どの対についても適用される．たとえば，この原理はプロト

---

1) fermion. フェルミオンともいう．　2) boson. ボソンともいう．　3) Pauli exclusion principle　4) Wolfgang Pauli

ン，中性子，^{13}C 原子核（これらはすべて $\frac{1}{2}$ のスピンをもつ）や ^{35}Cl 原子核（これはスピン $\frac{3}{2}$ をもつ）などに当てはまる．排他原理は同種のボース粒子には当てはまらない．ボース粒子にはフォトン（スピン 1）や ^{12}C 原子核（スピン 0）などが含まれる．同種のボース粒子は同じ状態にいくつ入ってもかまわない．

パウリの排他原理は，つぎに示す**パウリの原理**[1]といわれる一般原理の特殊な事例に当たる．

> 同じフェルミ粒子 2 個のラベルを交換すれば，全波動関数は符号を変える．同じボース粒子 2 個のラベルを交換しても，全波動関数の符号は同じままである．

"全波動関数" というのは，粒子のスピンまで含めた完全な波動関数のことである．つまり，全波動関数は粒子の位置の関数であるだけでなく，粒子のスピンの関数でなければならない．パウリの原理がパウリの排他原理を含んでいることを理解するために，2 個の電子の（全）波動関数 $\psi(1,2)$ を考えよう．パウリの原理によれば，波動関数の中にラベル 1, 2 が現れるときはいつも，この二つを交換したとき，波動関数は符号を変えなければならない．それが自然の真相である（そのもとは相対性理論にある）．したがって，$\psi(2,1) = -\psi(1,2)$ である．パウリの原理がパウリの排他原理を包含していることをつぎの「根拠」で示そう．

根拠 19・2　パウリの排他原理

パウリの排他原理を，それよりもっと基本的なパウリの原理から導くには，ある原子の電子 2 個が同じオービタル ψ を占めるとき，どんなスピン状態が許されるかを考える必要がある．オービタル近似によれば，全体の空間波動関数は $\psi(1)\psi(2)$ である．2 個のスピンについては複数の可能性がある．すなわち，両方の電子とも状態 α の場合があり，それを $\alpha(1)\alpha(2)$ で表す，両方とも β の場合は $\beta(1)\beta(2)$，片方が α で他方が β の場合は $\alpha(1)\beta(2)$ または $\beta(1)\alpha(2)$ である．どちらの電子が α でどちらが β かをいうことはできないから，3 番目の場合はスピン状態を（規格化された）一次結合，

$$\sigma_+(1,2) = \frac{1}{2^{1/2}}\{\alpha(1)\beta(2) + \beta(1)\alpha(2)\} \quad (19\cdot2a)$$

$$\sigma_-(1,2) = \frac{1}{2^{1/2}}\{\alpha(1)\beta(2) - \beta(1)\alpha(2)\} \quad (19\cdot2b)$$

で表すのが妥当である．それは，このような一次結合をとっておけば，一方のスピンが α で，もう一方のスピンが β である状態が等確率でとれるからである．この一次結合をとるもっと強い根拠は，それぞれが全スピン

演算子 $\hat{S}^2$ と $\hat{S}_z$ の固有関数に対応していることである．ここで，σ_+ は $S=1$, $M_S=0$, σ_- は $S=0$, $M_S=0$ である．重要なことは，後者の一次結合は正味のスピン角運動量が 0 であり，この場合の 2 個の電子は対をつくっている（↑↓）ことである．

系の全波動関数は，オービタル部分と四つのスピン状態の一つとの積である．すなわち，

$$\psi(1)\psi(2)\alpha(1)\alpha(2) \qquad \psi(1)\psi(2)\beta(1)\beta(2)$$

$$\psi(1)\psi(2)\sigma_+(1,2) \qquad \psi(1)\psi(2)\sigma_-(1,2)$$

である．パウリの原理によれば，電子の全波動関数が許されるためには，電子を交換したときその符号が変わらなければならない．それぞれの場合に，ラベル 1 と 2 を交換すると，$\psi(1)\psi(2)$ は $\psi(2)\psi(1)$ に変換するが，関数を掛ける順序が変わっても積の値は変わらないから，両者は同じである．$\alpha(1)\alpha(2)$ と $\beta(1)\beta(2)$ についても同じである．したがって，はじめの二つの積（上の 2 行のうちの第 1 行にある）は全体として符号が変わらないから許されない．また，一次結合 $\sigma_+(1,2)$ は，

$$\sigma_+(2,1) = \frac{1}{2^{1/2}}\{\alpha(2)\beta(1) + \beta(2)\alpha(1)\} = \sigma_+(1,2)$$

のように変わるが，これはもとの関数を単に順序を変えて書き直したにすぎない．そこで，3 番目の積も許されない．したがって，灰色で示した項はすべて許されない．最後に $\sigma_-(1,2)$ について考えれば，

$$\sigma_-(2,1) = \frac{1}{2^{1/2}}\{\alpha(2)\beta(1) - \beta(2)\alpha(1)\}$$

$$= -\frac{1}{2^{1/2}}\{\alpha(1)\beta(2) - \beta(1)\alpha(2)\}$$

$$= -\sigma_-(1,2)$$

であるから，この組合わせなら符号が変わる（これは "反対称" である）．したがって，粒子を交換すれば（青色で表した）積 $\psi(1)\psi(2)\sigma_-(1,2)$ も符号が変わるから，この関数は許されるのである．

これでわかったように，可能性のある四つの状態のうちの一つだけがパウリの原理によって許され，その残った一つでは α スピンと β スピンが対になっている．これがパウリの排他原理の内容である．電子が占めたオービタルが異なるときは，排他原理には無関係に，両方の電子が同じスピン状態をもっていても（もっていなくても）かまわない．しかし，たとえそうであっても，全波動関数はいつでも全体として反対称でなければならず，より一般的な原理であるパウリの原理そのものを満足しなければならない．

---

1) Pauli principle

簡単な例示 19・3　パウリの原理

He 原子のある励起状態の電子配置は $1s^12s^1$ である．その許される全波動関数の一つは $\{\psi_{1s}(1)\psi_{2s}(2)+\psi_{1s}(2)\psi_{2s}(1)\}\sigma_-(1,2)$ であり，2 個の電子の入れ換えに対して反対称になっている．ただし，どちらの電子がどちらのオービタルに入っているかはわからない．この波動関数は，2 個の電子が対をつくっている状態に対応しており，この原子のいわゆる"一重項状態"である．つぎの「自習問題」で，2 個の電子のスピンが互いに平行な場合の可能性について調べよう．

自習問題 19・3　同じ電子配置 $1s^12s^1$ で，2 個の電子のスピンが平行である"三重項状態"もつくれることを示せ．

［答：反対称波動関数 $\psi_{1s}(1)\psi_{2s}(2)-\psi_{1s}(2)\psi_{2s}(1)$ であればつくれる．この場合もどちらの電子がどちらのオービタルにいるかはわからない．スピン状態は，$\alpha(1)\alpha(2)$ か $\beta(1)\beta(2)$ か $\sigma_+(1,2)$ の組合わせである．］

これでリチウムの話に戻ることができる．Li の場合（$Z=3$），3 番目の電子は，1s オービタルはすでに満たされているからそこには入れない．これを，K 殻は**完全**[1]であり，2 個の電子は**閉殻**[2]を形成しているという．これと同じような閉殻は He 原子の特性であるから，これを [He] で表す．3 番目の電子は K 殻から排除されるから，次に使えるオービタルを占めなければならない．これは $n=2$ のオービタルで L 殻に属している．しかし，ここで次に利用できるオービタルが 2s オービタルか 2p オービタルかということ，つまりこの原子の最低エネルギー状態が $[\mathrm{He}]2s^1$ か $[\mathrm{He}]2p^1$ かを調べなければならない．

(c) 浸透と遮蔽

水素型原子では，同じ殻のオービタルはすべて縮退している．多電子原子では，同じ副殻のオービタルは縮退したままであるが，それぞれの副殻は異なるエネルギーをもつ．この違いは，多電子原子では電子がそこにある他のすべての電子からクーロン反発を受けるところから生じる．もし，電子が原子核から距離 r のところにあれば，それが受ける平均の反発力は，原子核から半径 r の球の内部にある他の電子の全電荷に等しい大きさの負の点電荷を原子核の位置に置いたものからの反発で表すことができる（図 19・3）．この負の点電荷は，電子のあらゆる位置について平均すると，原子核の全電荷を Ze から**実効核電荷**[3] $Z_{\mathrm{eff}}e$ まで引き下げる働きをする．Z_{eff} 自身を"実効核電荷"ということがよくあるので注意が必要である．電子は**遮蔽された**[4]核電荷を感じているといい，Z と Z_{eff} の差を**遮蔽定数**[5] σ という．すなわち，

$$Z_{\mathrm{eff}} = Z - \sigma \qquad \text{実効核電荷} \quad (19\cdot3)$$

である．電子は原子核の全クーロン引力を実際に"遮断"するのではない．遮蔽定数とは，単に原子核の引力と電子反発の正味の効果を，原子の中心に置いた等価な電荷を用いて表す手段にすぎない．

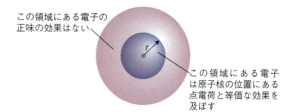

図 19・3　原子核からの距離 r にある電子は，半径 r の球の内部にあるすべての電子からのクーロン反発を受けるが，これは原子核の位置にある負の点電荷と等価である．この負電荷は，原子核の実効核電荷を Ze から $Z_{\mathrm{eff}}e$ に引き下げる．

s 電子と p 電子では動径分布関数（図 19・4，図 18・10 も見よ）が異なるため，遮蔽定数も異なる．また，s 電子のほうが同じ殻の p 電子よりも原子核の近くに見いだされる確率が高いから（p オービタルの波動関数は原子核の位置で 0 である），s 電子は p 電子よりも内殻に大きく**浸透**[6]している．注目する電子の位置で決まる球の内側にある電

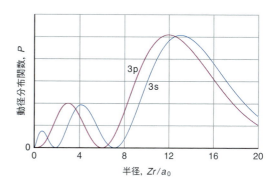

図 19・4　s オービタル（ここでは 3s オービタル）の電子は，同じ殻の p オービタルの電子よりも原子核の近くに見いだされる確率が高い（3s オービタルの最も内側のピークが，$r=0$ にある原子核の近くにあることに注意しよう）．そのため，この s 電子が受ける遮蔽は弱く，p 電子よりもさらに緊密に束縛されている．

---

1) complete　2) closed shell　3) effective nuclear charge　4) shielded　5) shielding constant　6) penetration

子だけが遮蔽に寄与するから，s電子はp電子よりも弱い遮蔽しか受けていない．浸透と遮蔽の二つの効果が組合わさった結果，s電子は同じ殻のp電子よりもきつく束縛されている．同様に，d電子では同じ殻のp電子よりも浸透が小さく（原子核の近傍では，オービタルの波動関数はr^lに比例するから，dオービタルの波動関数はr^2に比例して変化する．一方，pオービタルはrに比例して変化する），したがって遮蔽が大きい．このような浸透と遮蔽の結果，多電子原子では一般に，同じ殻に属する副殻のエネルギーはs＜p＜d＜fの順になる．

例題 19・1 浸透の度合いの解析

水素型オービタルは，多電子原子のオービタルを表す近似にすぎないが，その性質は浸透の度合いとなる指標を与えてくれる．3s, 3p, 3d オービタルそれぞれについて，原子核からの距離 R のところに電子を見いだす確率を調べよ．

解法 それぞれの動径分布関数（トピック18）を使って，半径 R の球内に電子を見いだす確率を求め，$r=0$ から R までの積分によって全確率を計算すればよい．動径波動関数は表17・1に与えてある．

解答 動径分布関数は $P_{nl}(r) = r^2 R_{nl}(r)^2$ であるから，半径 R の球内にある全確率 $\overline{P}_{nl}(R)$ を計算する必要がある．すなわち，

$$\overline{P}_{nl}(R) = \int_0^R r^2 R_{nl}^2(r)\,dr$$

であり，この式はどの動径波動関数にも使える．たとえば，3s の動径波動関数は，

$$R_{3,0}(r) = \frac{1}{243^{1/2}}\left(\frac{Z}{a_0}\right)^{3/2}\left(6 - \frac{4Zr}{a_0} + \frac{4Z^2r^2}{9a_0^2}\right)e^{-Zr/3a_0}$$

である．積分は手計算でも可能であるが（かなり骨が折れる），どの場合も数学ソフトウエアを使って計算するのがよい．結果は図19・5にプロットしてある．ここで，とくに半径 a_0/Z を選んで，その球内に電子を見いだす確率を求めれば，つぎの表のようになる．

	3s ($l=0$)	3p ($l=1$)	3d ($l=2$)
$\overline{P}_{nl}(a_0/Z)$	0.0098	0.0013	0.000006

この数値を見れば，3sオービタルの電子は3pオービタルの電子より，はるかに原子核の近くで見いだされやすいのがわかる．また，3pオービタル電子は3d

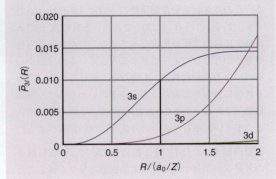

オービタル電子よりずっと原子核の近くで見いだされやすい．

図 19・5 「例題19・1」で得られた結果．原子番号 Z の水素型原子の 3s, 3p, 3d オービタルを電子がそれぞれ占めたとき，半径 R の球内部に見いだされる全確率をプロットしてある．

自習問題 19・4 L殻（$n=2$）のオービタルについて同じ解析をしてみよ．

[答： $\overline{P}_{2s}(a_0/Z) = 0.0343$, $\overline{P}_{2p}(a_0/Z) = 0.0036$]

原子内の異なるタイプの電子の遮蔽定数は，そのシュレーディンガー方程式の数値解によって得られる波動関数から計算されている（表19・1）．一般に，原子価殻のs電子はp電子より大きい実効核電荷を感じていることがわかる．ただし例外もあり，それについては「トピック20」で説明する．

表 19・1[a]　実効核電荷，$Z_{\text{eff}} = Z - \sigma$

元素	Z	オービタル	Z_{eff}
He	2	1s	1.6875
C	6	1s	5.6727
		2s	3.2166
		2p	3.1358

a) 巻末の「資料」に多くの値がある．

これでLiの話を完結させることができる．$n=2$ の殻は縮退していない副殻2個からできていて，2sオービタルは三つの2pオービタルよりもエネルギーが低いから，3番目の電子は2sオービタルを占める．この占有の結果，基底状態の配置は$1s^2 2s^1$となり，中心の原子核は2個の1s電子がつくる完全なヘリウム型の殻に囲まれ，さらにその外側でもっと広がった2s電子によって取囲まれている．基底状態にある原子の最外殻にある電子を**原子価電子**[1] とい

---

1) valence electron. 価電子ともいう．

うが，それはこれらの電子が原子のつくる化学結合のおもな原因になっているからである．したがって，Li の原子価電子は 2s 電子であり，あとの 2 個の電子は**内殻**[1]に属しており，それは原子の内殻電子である．

19・3 つじつまの合う場の計算

多電子原子では，すべての電子間の相互作用を考慮に入れたシュレーディンガー方程式の厳密解を見つけることは全く望みがないから，これまでに説明した多電子原子の取扱い法は近似にすぎない．しかし，波動関数とエネルギーについて非常に詳細で信頼できる近似解が得られるような計算法がある．この方法は，もともとハートリー[2]が（コンピューターが利用できる以前に）導入し，その後フォック[3]がパウリの原理を正確に取入れるように改良したものである．これらの方法は分子に応用するときに化学者に大いに関心があるものなので，「トピック 27」で詳しく説明するが，一般原理はここで知っておいてもよい．簡単にいえば，**ハートリー–フォックのつじつまの合う場**[4]（HF-SCF）の方法ではつぎのように進める．

注目する原子の構造について，だいたいのことはわかっているとしよう．たとえば，Ne 原子では，オービタル近似によって，そのオービタルを水素型原子オービタルで近似すれば，その配置は $1s^2 2s^2 2p^6$ と考えられる．ここで，2p 電子のうちの 1 個を考えよう．この電子のシュレーディンガー方程式は，原子核からの引力と他の電子からの反発力とから生じるポテンシャルエネルギーを与えれば書くことができる．この方程式はネオンの 2p オービタルについてのものであるが，原子内の他のすべての被占オービタルの波動関数に依存する．2p 以外のすべてのオービタルに近似的な形の波動関数を仮に当てはめて，シュレーディンガー方程式を 2p オービタルについて解く．次に，この手続きを 1s と 2s のオービタルについて繰返す．この一連の計算によって 2p, 2s, 1s オービタルの形が得られる

が，これは一般に，計算を開始するために最初に使ったセットとは異なっているであろう．こうして改良されたオービタルを次の計算のサイクルに使うと，2 回目の改良されたオービタルのセットと改良されたエネルギーが得られる．この繰返し作業を，得られたオービタルとエネルギーが最新のサイクルの出発時点で使ったものとほとんど違わないようになるまで続ける．こうして得た解はつじつまが合ったもので，この問題の解として受け入れられる．

図 19·6 は，ナトリウムについての HF-SCF 法による動径分布関数の例をプロットで示したものである．これから，電子密度がまとまって殻になっていることがわかるが，これは昔の化学者が予想した通りである．また上で説明した通り，浸透の仕方が異なっていることもわかる．したがって，これらの SCF 計算は，化学の周期性の説明（トピック 20）に使う定性的な議論に裏付けを与える．また，詳細な波動関数と高精度のエネルギーが得られるので，その議論をかなり発展させることもできる．

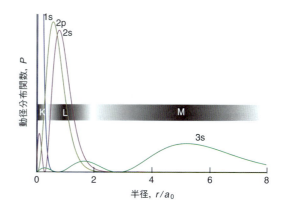

図 19·6 SCF 計算で得られた Na のオービタルの動径分布関数．3s オービタルが内側の K 殻および L 殻の外側にあって，貝殻のような構造をとっている．

---

1) core 2) D.R. Hartree 3) V. Fock 4) Hartree–Fock self-consistent field

チェックリスト

☐ 1. **オービタル近似**では，各電子はそれぞれ"自分の"オービタルを占めると考える．

☐ 2. 原子の**電子配置**とは，占有されたオービタルのリストである．

☐ 3. **パウリの排他原理**によれば，ある一つのオービタルを2個より多くの電子が占めることはできず，電子2個が同じオービタルを占めるときは，両者のスピンは反平行でなければならない．

☐ 4. **フェルミ粒子**は，半整数のスピン量子数をもつ粒子である．一方，**ボース粒子**は，整数のスピン量子数をもつ粒子である．

☐ 5. 電子は $s = \frac{1}{2}$ のフェルミ粒子である．

☐ 6. **パウリの原理**によれば，2個の同種のフェルミ粒子がラベルを交換すれば全波動関数は符号を変え

るが，2個の同種のボース粒子がラベルを交換しても全波動関数の符号は同じままである．

☐ 7. **実効核電荷** $Z_{eff}e$ とは，電子－電子反発を考慮したときに電子が受ける正味の核電荷である．

☐ 8. **遮蔽**とは，原子核の電荷がまわりの電子によって見かけ上減少することである．

☐ 9. **浸透**とは，電子が内殻の内側まで入り込み，原子核の近くで見いだされる能力である．

☐ 10. 原子の最外殻電子を**原子価電子**という．一方，内殻電子は原子の**内殻**をつくる．

☐ 11. **ハートリー–フォックのつじつまの合う場（HF-SCF）の方法**では，シュレーディンガー方程式を数値計算によって解き，得られた解がもはや変化しなくなるまで（ある基準内になるまで）計算を繰返す．

重要な式の一覧

性　質	式	備　考	式番号
オービタル近似	$\psi(\boldsymbol{r}_1, \boldsymbol{r}_2, \cdots) = \psi(\boldsymbol{r}_1)\,\psi(\boldsymbol{r}_2)\cdots$	電子–電子相互作用が無視できるとき	19·1
実効核電荷	$Z_{eff} = Z - \sigma$	実効電荷は $Z_{eff}e$	19·3

トピック20

元素の周期性

内 容

20·1 構成原理
　　　簡単な例示 20·1　構成原理

20·2 元素の電子配置
　　　簡単な例示 20·2　イオンの電子配置

20·3 原子の性質の周期性
　　　(a) 原子半径
　　　(b) イオン化エネルギー
　　　(c) 電子親和力

チェックリスト

▶ 学ぶべき重要性

周期表は化学の中心に位置しているから，それが示す元素の周期的な性質の起源を理解しておくことは化学者として必須である.

▶ 習得すべき事項

原子核に電子を順次加えていくと，よく似た電子配置が周期的に現れる. これによって元素の性質に見られる周期性や周期表の構造がわかる.

▶ 必要な予備知識

電子がどの原子オービタルを占めるかを決めている要素について，「トピック19」で説明した諸概念を理解している必要がある.

「トピック19」では，原子の基底状態の電子配置を予測するために考慮すべきことを説明した. そこではリチウムまでを扱うことができた. 本トピックでは，残りの元素すべてに議論を拡張する. また，原子半径やイオン化エネル

ギーなど化学的に重要な原子の性質が，その電子配置をどのように反映しており，原子番号の増加とともにどう変化するかについても示そう.

20·1　構成原理

リチウムで用いた論法を他の原子に拡張したものが**構成原理**[†]である. その概略については初等化学ですでに学んでいるものと思う. 簡単にいうと，原子番号 Z の裸の原子核を考え，そのまわりのオービタルに Z 個の電子を順に送り込むのである. このとき，オービタルが占有されるつぎの順序には，「トピック19」で説明した遮蔽と浸透の結果が反映されている.

　　1s　2s　2p　3s　3p　4s　3d　4p　5s　4d　5p　6s

パウリの排他原理（トピック19）によれば，各オービタルには電子が2個まで収容できる.

簡単な例示 20·1　構成原理

一例として炭素原子を考えよう. 炭素は $Z = 6$ であるから，収容すべき電子は6個ある. 2個が1s オービタルに入ってこれを満たし，2個が2s オービタルに入ってこれを満たし，残りの2個の電子は2p 副殻のオービタルを占める. したがって，C 原子の基底状態の配置は $1s^2 2s^2 2p^2$，あるいはもっと簡潔に [He] $2s^2 2p^2$ である. ただし，[He] はヘリウム型の $1s^2$ 内殻である.

自習問題 20·1　ケイ素原子の基底状態の電子配置を示せ.
　　　　　　　　　[答: [Ne] $3s^2 3p^2$. ただし，
　　　　　　　[Ne] = [He] $2s^2 2p^6 = 1s^2 2s^2 2p^6$.]

電子配置を表すのに単に副殻を指定するだけでなく，もう少し詳しく書けることがわかるだろう. すなわち，「簡単な例示 20·1」で扱った炭素についていえば，最後の2個

---
† building-up principle または Aufbau principle. Aufbau はドイツ語で「組立てる」という意味.

の電子は異なる2pオービタルを占めると予想できる。そうすれば、二つの電子は平均として互いに遠く離れることになり、同じオービタルに入った場合よりも互いの反発が小さくなるはずだからである。そこで、一つの電子が$2p_x$オービタルを占め、もう一つは$2p_y$オービタルを占めると考えてもよく（x, y, zの指定は任意であって、複素関数の形のオービタルを使っても同等に正しい）、そうすれば、炭素原子の最低エネルギー配置は$[He] 2s^2 2p_x^1 2p_y^1$である。同じ規則は、同じ副殻の縮退したオービタルが占有の対象になるときにはいつでも適用できる。したがって、構成原理のもう一つの規則はつぎのように表せる。

電子は、与えられた副殻のどれかの同じオービタルを二重に占める前に、まず異なるオービタルを占める。

たとえば、窒素（$Z = 7$）は$[He] 2s^2 2p_x^1 2p_y^1 2p_z^1$という配置をもち、酸素（$Z = 8$）まで行ってはじめて一つの2pオービタルが二重に占有されて、$[He] 2s^2 2p_x^2 2p_y^1 2p_z^1$となる。複数の電子が別のオービタルを1個ずつ占めるときは、つぎの**フントの最大多重度の規則**[1]による。

基底状態にある原子は、不対電子の数が最大になる配置をとる。

フントの規則の説明は難解であるが、これは**スピン相関**[2]という量子力学の性質を反映している。スピン相関とは、スピンが平行の電子は遠くに離れたままでいる傾向があるかのように振舞い（つぎの「根拠」を見よ）、そのために互いの反発が抑えられるという性質のことである。本質的に、スピン相関には原子をわずかに縮ませる効果がある。それで電子－原子核相互作用はスピンが平行のときに強くなる。このことから、C原子の基底状態では2個の2p電子は同じスピンをもち、N原子では3個の2p電子全部が同じスピンをもち、O原子では異なるオービタルにある2個の2p電子が同じスピンをもつ（$2p_x$オービタルにある2個は必然的に対をつくる）と結論できる。

根拠20・1 スピン相関

電子1が空間波動関数$\psi_a(r_1)$で表され、電子2は$\psi_b(r_2)$で表されるとしよう。このとき、オービタル近似のもとでは、これらの電子の合成波動関数は$\psi = \psi_a(r_1)\psi_b(r_2)$という積である。しかし、この波動関数は受け入れられない。それは、本来、電子を追跡することはできないのに、どの電子がどのオービタルにいるかがわかっているかのような書き方だからである。量子力学によれば、つぎの二つの波動関数のどちらかが正しい表示である。

$$\psi_\pm = \frac{1}{2^{1/2}}\{\psi_a(r_1)\psi_b(r_2) \pm \psi_b(r_1)\psi_a(r_2)\}$$

パウリの原理によれば、ψ_+は粒子の交換に関して対称的であるから、これには反対称のスピン関数（19・2b式のσ_-で表したもの）を掛けなければならない。この組合わせはスピンが対になった状態に相当する。これとは逆に、ψ_-は反対称的であるから、三つの対称スピン状態〔$\alpha(1)\alpha(2)$か$\beta(1)\beta(2)$か$\sigma_+(1,2)$〕のうちの一つを掛けなければならない。この三つの対称的な状態は、スピンが平行な電子に相当する（「トピック19」で少し触れ、「トピック21」で詳しく説明するように、これらは全スピン演算子$\hat{S}^2$の固有関数に相当しており、$S = 1$である）。

さて、一方の電子が他方に近づき、最終的に$r_1 = r_2$になるとき、この組合わせた二つの$\psi_\pm$の値がどうなるかを考えよう。ψ_-は0になることがわかる。これは、二つの電子が平行なスピンをもつときは、空間の同じ点にこれらの電子を見いだす確率が0であることを表している。このように、ψ_-の状態にある電子が互いに接近する確率が小さくなることを**フェルミの空孔**[3]という。もう一つの組合わせψ_+では、二つの電子が空間の同じ点にあるときでも0にならない。この二つの電子の相対的な空間分布は異なっており、スピンが平行かどうかに依存している。このことから、そのクーロン相互作用が異なっていること、したがって二つの状態は異なるエネルギーをもつことがわかる。すなわち、平行スピンに対応する状態の方がエネルギーは低い。

しかしながら、上の説明には注意すべき点がある。それは、元の波動関数が不変と考えたからである。詳しい数値計算によれば、ヘリウム原子の場合には電子が平行スピンである方が反平行スピンの場合よりも互いに接近することがわかっている。その説明は、平行スピンをもつ電子間のスピン相関によって、原子が全体として収縮できるようになるため平均の電子間距離は減少するが、電子が核にさらに近づくのでポテンシャルエネルギーが下がるというものである。

20・2 元素の電子配置

ネオンは$Z = 10$で、$[He] 2s^2 2p^6$の配置をもち、L殻が完成している。この閉殻配置は$[Ne]$で表され、これに続く元素の内殻として働く。次の電子は3sオービタルに入り、新しい殻を始めなければならない。したがって、$Z = 11$のNa原子は$[Ne] 3s^1$という配置をもつ。配置が$[He] 2s^1$のLiと同じように、ナトリウムは完全に満ちた

---

1) Hund's maximum multiplicity rule　2) spin correlation　3) Fermi hole

内殻の外側に1個のs電子をもつ．この解析によって，化学の周期性の起源がわかる．L殻は8個の電子で完成するから，$Z=3$の元素(Li)は$Z=11$の元素(Na)に似た性質をもつはずである．同様に，Be($Z=4$)はMg($Z=12$)に似ているはずで，このような関係はずっと続いてHe($Z=2$)やNe($Z=10$)，Ar($Z=18$)の貴ガスに至る．

5個の3dオービタルは10個の電子を収容できるから，スカンジウムから亜鉛までの電子配置が説明できる．「トピック27」で説明するような計算によって，これらの原子については3dオービタルのエネルギーがいつも4sオービタルのエネルギーよりも低いことがわかる．しかし，分光測定の結果から，Scの基底状態は[Ar]3d³や[Ar]3d²4s¹ではなく[Ar]3d¹4s²という配置をもつことがわかっている．この観測結果を理解するには，3dと4sのオービタルにおける電子－電子反発の内容を考えなければならない．この二つのオービタルのエネルギーには特に微妙なバランス効果があるからである．3d電子(これには動径節がない)の原子核からの最大確率の距離は，4s電子(動径節が3個ある)のそれより短く，そのため3d電子2個は4s電子2個よりも互いに強く反発し合う．その結果として，Scは[Ar]3d¹4s²という配置をとり，別の二つの配置を排除する．そうすれば，3dオービタル中の強い電子－電子反発を最小限に抑えられるからである．この原子では，電子が高エネルギーの4sオービタルに入るという出費にもかかわらず全エネルギーが低くなれるのである(図20・1)．

ここで説明した効果は，スカンジウムから亜鉛までについて一般に見られるもので，その電子配置は[Ar]3dⁿ4s²という形になる．ここで，$n=1$はスカンジウム，$n=10$は亜鉛にあたる．ここで，注目すべき二つの例外が実験的に観測されていて，それは[Ar]3d⁵4s¹という電子配置のCrと[Ar]3d¹⁰4s¹のCuである．CrとCuが例外であることの理論的な裏づけとしては，ちょうど半分占められた

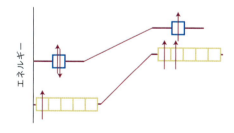

図20・1 Sc原子の基底状態では，(右側に示してある)[Ar]3d²4s¹の配置ではなく(左側の)[Ar]3d¹4s²の配置をとれば，3dオービタル内の強い電子－電子反発が最小になれる．[Ar]3d¹4s²の配置をとれば，高エネルギーの4sオービタルを占めるという代償が必要になるにもかかわらず，原子の全エネルギーは低下する．

ときと満員のときのd副殻が特にエネルギーが低くなるという性質がある．

ガリウムでは，一つ前の周期と同じ仕方で構成原理が利用できる．そこでは，4s副殻と4p副殻が原子価殻を形成し，この周期はクリプトンで終了する．アルゴンから数えて18個の電子が間にはさまっているので，この周期を周期表の第1"長周期"という．3dオービタルが段階的に詰まっていくのを反映してdブロック元素(すなわち"遷移金属[1]")が存在するが，この系列全体にわたってエネルギー差に微妙なあやがあるために，無機d金属化学が複雑さに富んだものとなる．第6周期と第7周期にも上と同様のfオービタルの割り込みがあり，これで周期表のfブロック(ランタノイドとアクチノイド)が存在することを説明できる．

周期表のs，p，dブロックにある元素のカチオンの電子配置を導くには，中性原子の基底状態の配置から特定の順序で電子を取除けばよい．最初に原子価殻p電子を取除き，次に原子価殻s電子を，それから規定の電荷に達するように必要な数のd電子を取除く．pブロック元素のアニオンの電子配置を導くには，構成原理の手順を続け，次の貴ガスの配置が達成されるまで中性原子に電子を加えていけばよい．

簡単な例示 20・2　イオンの電子配置

V原子の電子配置は[Ar]3d³4s²であるから，V²⁺カチオンは[Ar]3d³の配置をもつ．このカチオンを形成するためにエネルギーの一番高い4s電子を取除くことは理にかなっているが，V²⁺ではなぜ[Ar]3d³配置の方が，これと等電子のSc原子で見いだされている[Ar]3d¹4s²配置よりもよいのかは明らかでない．計算によれば，[Ar]3d³と[Ar]3d¹4s²のエネルギー差はZ_{eff}に依存することがわかっている．Z_{eff}が増加するにつれて，4s電子が3dオービタルへ移動する方が有利になるが，これは電子－電子反発が，原子核と空間的に引き締まった3dオービタルの電子との間の引力によって相殺されるからである(図18・10にある3dの動径分布関数を見よ)．確かに，計算から，十分大きなZ_{eff}に対しては，[Ar]3d³の方が[Ar]3d¹4s²よりもエネルギーが低いことがわかっている．この結論によって，なぜV²⁺が[Ar]3d³配置をとるかを説明できるし，またScからZnまでのM²⁺カチオンで[Ar]4s⁰3dⁿ配置が観測されていることも説明できる．

自習問題 20・2 O²⁻イオンの基底状態の電子配置を示せ．　　　　　　　　　[答：[He]2s²2p⁶ = [Ne]]

---

1) transition metal

20・3 原子の性質の周期性

原子のいろいろな性質のうちで，元素の化学的性質を決めているきわめて重要な性質が三つある．それは，原子半径とイオン化エネルギー，電子親和力である．どれも原子番号の増加とともに周期的な変化を示す．

(a) 原 子 半 径

原子には明確な半径というものはない．それは，電子密度は原子核から遠いところで指数関数的に（比較的急速にではあるが）減少するだけだからである．しかしなんとなく，電子を多くもつ原子の方が，少ししかない原子より大きいと予想することだろう．元素の**原子半径**[1]は，固体（Cuなど）あるいは非金属であれば等核分子（H_2やS_8など）における隣接原子との距離の半分と定義される．表20・1によれば，周期表の同じ族では下ほど原子半径は大きくなり，同じ周期を左から右へ進むにつれ小さくなる．この傾向は，原子の電子構造によって簡単に説明できる．同じ族で下ほど原子半径が大きいのは，原子価電子が主量子数のより大きなオービタルに存在することになるからである．同族の原子では，周期が進むにつれ完成した電子殻の数が多くなるから，同じ族では下ほど原子半径は大きいのである．一方，同じ周期を右に進むと，原子価電子は同じ殻のオービタルに順次入る．ところが，このとき実効核電荷が大きくなるから電子を強く引きつけ，それで原子は次第に引き締まっていく．このように，同じ族を下にいくと原子半径が大きくなり，同じ周期を右に進むと小さくなるという一般的な傾向は，いろいろな化学的性質に見られる傾向と合っていることを覚えておこう．

この一般的な傾向と違って，第6周期では興味深く，しかも重要な変化が見られる．dブロックの3周期目の元素の金属半径は，2周期目の元素と非常によく似ており，電子数が多くなるにも関わらず予想されるほど原子半径は大

きくならない．たとえば，$Mo (Z = 42)$と$W (Z = 74)$では，後者の電子数がかなり多いにも関わらず，その原子半径はそれぞれ140 pm，141 pmであまりかわらない．このように，同じ族で単純な補外から予想されるほど原子半径が大きくならない効果を**ランタノイド収縮**[2]という．その名称は，この効果の起源を表している．すなわち，dブロックの3周期目（第6周期）の前半には，fブロックの1周期目の元素，つまり4fオービタルを順次占める過程のランタノイドが含まれている．このオービタルの遮蔽効果はかなり悪いものであるから，原子価電子は予想される核電荷による引力より強い力を受ける．fブロックを進んで電子が加わると電子間で反発が生じて，このときの核電荷の増加を相殺しきれないから，同じ周期を左から右に行くとZ_{eff}は増加するのである．この効果によって，すべての電子は原子核に強く引きつけられ，したがって原子は小さく引き締まる．同じ理由による同様の収縮効果は，dブロック以前の元素でも見られる．たとえば，CとSiの原子半径（それぞれ77 pmと118 pm）は大きく異なり増加しているが，Geの原子半径（122 pm）はSiより少し大きいだけである．

単原子のアニオンはすべてその親原子より大きく，単原子のカチオンはすべてその親原子より小さい（場合によっては著しく異なる）．原子がアニオンになるときの半径の増加は，電子が1個加わってアニオンが形成されれば電子-電子反発が大きくなることによる．また，それに伴いZ_{eff}の値が減少する効果もある．カチオンの半径が親原子より小さくなるのは，電子が少なく電子-電子反発が減少する効果だけでなく，カチオンの形成によってふつうは原子価電子がなくなったりZ_{eff}が増加したりするから，その効果も含まれている．原子価電子がなくなれば閉殻の電子構造が得られるから，半径はずっと小さくなるのである．これらの効果を考慮に入れておけば，イオン半径の周期表での変化傾向は，原子の変化傾向を反映したものになっている．

(b) イオン化エネルギー

気相中の多電子原子から電子を1個取除くのに要する最小のエネルギーが，その元素の**第一イオン化エネルギー**[3] I_1である．**第二イオン化エネルギー**[4] I_2は，（1価のカチ

表20・1 主要族元素の原子半径，r/pm

Li	Be	B	C	N	O	F
157	112	88	77	74	66	64
Na	Mg	Al	Si	P	S	Cl
191	160	143	118	110	104	99
K	Ca	Ga	Ge	As	Se	Br
235	197	153	122	121	117	114
Rb	Sr	In	Sn	Sb	Te	I
250	215	167	158	141	137	133
Cs	Ba	Tl	Pb	Bi	Po	
272	224	171	175	182	167	

表20・2[a] 第一および第二イオン化エネルギー

元 素	I_1/(kJ mol^{-1})	I_2/(kJ mol^{-1})
H	1312	
He	2372	5250
Mg	738	1451
Na	496	4562

a) 巻末の「資料」に多くの値がある．

---

1) atomic radius 2) lanthanoid contraction 3) first ionization energy 4) second ionization energy

オンから）2番目の電子を取去るのに必要な最小のエネルギーである．その数値の例は表20・2に掲げてある．

初等化学で学んだと思うが，イオン化エネルギーには周期性がある（図20・2）．リチウムは第一イオン化エネルギーが低いが，これはその最外殻にある電子が内殻によって原子核からよく遮蔽されているからである（$Z=3$なのに$Z_{eff}=1.3$）．ベリリウム（$Z=4$）にいくとイオン化エネルギーはこれより高いが，ホウ素では低くなる．これは，後者では最外殻の電子が2pオービタルを占めていて，これが2s電子であったとした場合に比べて束縛が弱いためである．

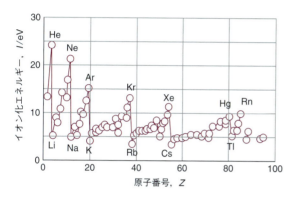

図20・2 元素の第一イオン化エネルギーを原子番号Zに対してプロットしたもの．

イオン化エネルギーはホウ素から窒素にかけて増加するが，これは核電荷が増加するためである．しかし，酸素のイオン化エネルギーは，単純な補外によって予想されるよりも低くなっている．これは，酸素になると2pオービタルの二重占有が始まるため，電子-電子反発が，この列に沿って単純に補外することで予想されるよりも大きくなるためと説明できる．これに加えて，2p電子が1個失われると，（Nの場合のように）半分満たされた副殻をもつ配置が実現するが，これはエネルギーの低い配列であって，したがって$O^+ + e^-$のエネルギーは予期されるより低く，これに応じてイオン化エネルギーも低くなる．（この曲がりは，次の周期のリンと硫黄では，オービタルがもっとぼやけているためあまり明確でない．）酸素とフッ素，ネオンの値はだいたい同じ線に乗り，イオン化エネルギーが増加していくことは，原子核の電荷が次第に大きくなって，最外殻電子に対する引力が増加することを反映している．

ナトリウムの最外殻電子は3sである．これは原子核から遠くにあり，核電荷は緊密なネオン型の内殻によって遮蔽されている．その結果，ナトリウムのイオン化エネルギーはネオンに比べてずっと低い．この周期についても周期的なサイクルが始まり，上と同じ理由でイオン化エネルギーの変化が似た形をとる．

(c) 電子親和力

電子親和力[1] E_{ea}は，気相の原子に電子1個が付加するときに放出されるエネルギーである（表20・3）．電子親和力が大きいほど放出されるエネルギーは正で大きいという符号の約束（本書ではこれを採用する）は，ふつうに使われているもので，その名称からも理にかなっているが，国際的な約束ではない．

表20・3[a]　電子親和力，$E_{ea}/(\text{kJ mol}^{-1})$

Cl	349		
F	322		
H	73		
O	141	O^-	-844

a) 巻末の「資料」に多くの値がある．

電子親和力はフッ素の付近で最大であるが，これは追加される電子が緊密な原子価殻中の空孔に入り，原子核と強く相互作用できるからである．アニオンへの電子の付加は，（O^-からO^{2-}ができる場合のように）常に吸熱で，したがってE_{ea}は負である．付加する電子はすでに存在している電荷によって反発される．（もっと重いアルカリ金属原子の場合のように）電子が原子核から遠く離れたオービタルに入るときや，（貴ガス原子の場合のように）パウリの原理によって新しい殻を占有するよう強制されるときには，電子親和力も小さいし，負になることもある．

イオン化エネルギーと電子親和力の値を知ると化学を理解し，それを通じて生物学についても多くのことを理解する助けになる．たとえば，炭素がなぜ複雑な生物学的構造体の必須の構成成分になっているのかについて，その入り口が見えてくる．第2周期の元素のなかで炭素はちょうど中間のイオン化エネルギーと電子親和力をもっているので，多くの他の元素と電子を共有する（共有結合をつくる）ことができる．その相手としては，水素，窒素，酸素，硫黄などがあり，さらに重要な相手としてほかの炭素原子がある．その結果，長い炭素-炭素鎖（脂質など）やペプチド結合の鎖も容易に形成される．炭素のイオン化エネルギーと電子親和力が高すぎず，低すぎずなので，これらの共有結合のネットワークも強すぎず，弱すぎずの関係にある．したがって，生物学的な分子が目に見える生体をつくりながら，同時に解離や配列換えなどを起こしやすいという事情がある．

---

1) electron affinity

チェックリスト

- [ ] 1. **構成原理**は，原子オービタルを満たして，注目する原子の基底状態の電子配置をつくるための手続きである．

- [ ] 2. **フントの最大多重度の規則**によれば，基底状態の原子は，対をつくらないスピンをもつ電子の数が最大になる配置をとる．

- [ ] 3. 原子半径はふつう，周期表の同じ周期を右に進めば減少し，同じ族を下に進めば増加する．

- [ ] 4. **ランタノイド収縮**とは，ランタノイド元素で原子番号が進むにつれ原子半径が小さくなる効果である．

- [ ] 5. **イオン化エネルギー**は，気相にある原子1個から電子1個を取除くのに必要な最小のエネルギーである．

- [ ] 6. **電子親和力**は，気相にある原子1個に電子1個を付加するときに放出されるエネルギーである．

トピック21

原子分光法

内 容

21・1 水素原子のスペクトル
- (a) スペクトル系列
  - 例題21・1 同じ系列のスペクトル線の最小波長と最大波長の計算
- (b) 選択律
  - 簡単な例示21・1 選択律

21・2 項の記号
- (a) 全オービタル角運動量
  - 例題21・2 配置の全オービタル角運動量の求め方
- (b) 全スピン角運動量
  - 簡単な例示21・2 項の多重度
- (c) 全角運動量
  - 例題21・3 項の記号の求め方
- (d) スピン–軌道カップリング
  - 簡単な例示21・3 スピン–軌道カップリングエネルギー
  - 簡単な例示21・4 微細構造

21・3 多電子原子の選択律
- 簡単な例示21・5 選択律

チェックリスト
重要な式の一覧

➤ 学ぶべき重要性
　原子分光法は，量子力学の発展をひき起こしただけでなく，いまでも原子内の電子のエネルギーに関する詳細な情報を提供している．原子の状態を指定するための種々のラベルや分子に付けたラベルは，分光法に限らず，磁気的性質を論じるときや光化学の分野でも，あるいはレーザー作用を記載するうえでも重要な役目をしている．

➤ 習得すべき事項
　スペクトル遷移は，入射フォトンの角運動量と角運動量保存則に由来する選択律に従って，許されるエネルギー状態の間で起こる．

➤ 必要な予備知識
　水素型原子のエネルギー準位に関する説明（トピック17）と，それが多電子原子の構造の説明にどう拡張されたか（トピック19）について知っておく必要がある．選択律の説明には遷移（トピック16）の説明を利用する．

　原子分光法の背後にある一般的な考えは非常にわかりやすい．すなわち，スペクトル線（発光スペクトルでも吸収スペクトルでも）が生じるのは，原子がエネルギー差 $|\Delta E|$ の状態間で遷移を起こして，振動数 $\nu = |\Delta E|/h$，波数 $\tilde{\nu} = |\Delta E|/hc$ のフォトンが放出または吸収されるときである．したがって，そのスペクトルを詳しく調べれば原子内の電子のエネルギーに関する詳細な情報が得られると期待できる．ところが，多電子原子の実際のエネルギー準位は，オービタルのエネルギーだけで与えられているわけではない．電子はいろいろなやり方で互いに相互作用をしているからである．そこで，オービタル近似によるエネルギーへの寄与以外についても考える必要がある．

21・1 水素原子のスペクトル

　気体水素を放電させると，H_2 分子が解離してエネルギー的に励起された H 原子ができる．これは離散的な振動数の光を放出し，一連の "線" からなるスペクトルを生じる（図21・1）．

(a) スペクトル系列

　スウェーデンの分光学者リュードベリ[1]は，(1890年に) すべての線列がつぎの式に合うことを示した．

---

1) Johannes Rydberg

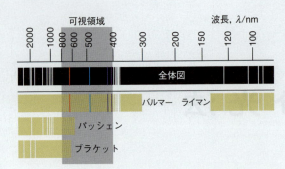

図 21・1 水素原子のスペクトル．実測のスペクトルと，これを系列ごとに分解したもの．バルマー系列の線は可視領域にある．

$$\tilde{\nu} = \tilde{R}_H\left(\frac{1}{n_1^2} - \frac{1}{n_2^2}\right) \qquad \tilde{R}_H = 109\,678\ \text{cm}^{-1}$$

リュードベリの式　(21・1)

ここで，$n_1 = 1$（ライマン系列[1]），2（バルマー系列[2]），3（パッシェン系列[3]），4（ブラケット系列[4]）であって，どの場合も $n_2 = n_1 + 1,\ n_1 + 2, \cdots$ である．定数 $\tilde{R}_H$ は，いまでは水素原子の**リュードベリ定数**[5]といわれている（トピック 17）．

(21・1) 式の形から，各スペクトル線はある状態から べつの状態へ，$\tilde{R}_H/n^2$ に比例するエネルギーを伴ってジャンプを起こす**遷移**[6]から生じるものであることが強く示唆される．その二つの状態のエネルギー差は，ボーアの振動数条件（$\Delta E = h\nu$）で与えられる振動数（および波数）の電磁放射線として放出される．「トピック 17」で述べたように，この式は水素原子のエネルギー準位を正確に表しており，これが説明できたことは初期の量子力学にとって偉業となった．

例題 21・1　同じ系列のスペクトル線の最小波長と最大波長の計算

バルマー系列のスペクトル線について，その最小波長と最大波長を求めよ．

解法　バルマー系列の n_1 の値を求める．最小波長の線は波数が最大のものに対応するから，(21・1) 式によれば，この線は $n_2 = \infty$ から生じるものである．最大波長は波数が最小のものであるから，$n_2 = n_1 + 1$ から生じる．

解答　バルマー系列は $n_1 = 2$ に対応する．(21・1) 式から計算した最大波数（$n_2 = \infty$ とする）は 27 419 cm^{-1} である．これは波長 365 nm に相当する．最小波数（$n_2 = 3$ とする）は 15 237 cm^{-1} で，これは波長 656 nm に

相当する．

自習問題 21・1　パッシェン系列について，その最小波長と最大波長を計算せよ．　[答：821 nm，1876 nm]

(b) 選 択 律

「トピック 17」では，水素型原子のエネルギー準位は $-Z^2 hc\tilde{R}_H/n^2$ で表されるものの，どの遷移もすべて許されるわけではないことを説明した．「トピック 16」で説明したように，適切な選択律を求め，それを正しく適用する必要がある．水素型原子の選択律を導くには，フォトン（スピン 1 のボース粒子）が放出されたり吸収されたりしたとき，その角運動量が保存される遷移を考えればよい．すなわち，

$$\Delta l = \pm 1 \qquad \Delta m_l = 0, \pm 1$$

水素型原子　選択律　(21・2)

である．主量子数 n は角運動量と直接には関係がないから，遷移の際の Δl と矛盾しなければ，どんな変化もできる．選択律の数学的な裏付けについては，つぎの「根拠」で説明する．

簡単な例示 21・1　選択律

4d 電子がどのオービタルに放射遷移を起こせるかを見つけるには，まず l の値を求め，次に，この量子数に対する選択律を当てはめる．$l = 2$ であるから，遷移後のオービタルは $l = 1$ か 3 でなければならない．そうすると，電子は 4d オービタルから任意の np オービタル（$\Delta m_l = 0,\ \pm 1$ の条件のもとに）と任意の nf オービタルへ（上と同じ条件のもとに）遷移してもよい．一方，それ以外のどのオービタルへも遷移できないから，すべての ns オービタルおよび他の nd オービタルへの遷移は禁制である．

自習問題 21・2　4s 電子は，どのオービタルへ電気双極子許容の放射遷移を起こせるか．
　[答：np オービタルへのみ許容]

根拠 21・1　選択律を求める方法

原子について選択律を求めるには，遷移の終状態 ψ_f と始状態 ψ_i を結ぶ遷移双極子モーメント（トピック 16），

$$\mu_{q, n0} = \int \psi_n^* \hat{\mu}_q \psi_0\, d\tau \qquad q = x, y, z$$

---

1) Lyman series　2) Balmer series　3) Paschen series　4) Brackett series　5) Rydberg constant　6) transition

が 0 でないための条件を見つけなければならない。ここで, $\hat{\mu}_q = -eq$ である。各成分を別々に考えればよい。この積分を計算するには, $z = (4\pi/3)^{1/2} r Y_{1,0}$（表 14・1 から）であることに注目すれば,

$$\int \psi_n^* \hat{\mu}_z \psi_0 d\tau = -e \times$$

$$\int_0^\infty \int_0^\pi \int_0^{2\pi} \overbrace{R_{n_f l_f}^* Y_{l_f m_{l,f}}^*}^{\psi_f^*} \overbrace{\left(\frac{4\pi}{3}\right)^{1/2} r Y_{1,0}}^{z} \overbrace{R_{n_i l_i} Y_{l_i m_{l,i}}}^{\psi_i} \overbrace{r^2 dr \sin\theta d\theta d\phi}^{d\tau}$$

となる。この多重積分は, r についての 1 個の積分と角度についての 2 個の積分という 3 個の因子の積であるから, つぎのようにグループ分けできる。

$$\int \psi_f^* z \psi_i d\tau = \left(\frac{4\pi}{3}\right)^{1/2} \int_0^\infty R_{n_f l_f}^* r R_{n_i l_i} r^2 dr$$

$$\times \int_0^\pi \int_0^{2\pi} Y_{l_f m_{l,f}}^* Y_{1,0} Y_{l_i m_{l,i}} \sin\theta d\theta d\phi$$

ここで, つぎの球面調和関数の性質を使う。

$$\int_0^\pi \int_0^{2\pi} Y_{l'' m_{l''}}^*(\theta,\phi) Y_{l' m_{l'}}(\theta,\phi) Y_{l m_l}(\theta,\phi) \sin\theta d\theta d\phi = 0$$

この式は, l, l', l'' が三角形の 3 辺をつくれる整数であったり（たとえば, 1, 2, 3 や 1, 1, 1 ならつくれるが, 1, 2, 4 ではつくれない）, $m_l + m_{l'} + m_{l''} = 0$ であったりしない限り成り立つ。これを使えば, $l_f = l_i \pm 1$ でなく, かつ $m_{l,f} = m_{l,i} + m$ でなければ角度部分の（青色で示した）積分は 0 になることがわかる。いまの場合は $m = 0$ であるから, $\Delta l = \pm 1$ でなく, しかも $\Delta m_l = 0$ でない場合は角度部分の積分は 0 で, したがって遷移双極子モーメントの z 成分も 0 である。これが選択律の一部であるが, 同じ手順で x 成分と y 成分を考えることによって（問題 21・7）, 選択律の完全なセットが得られる。

図 21・2 は, いろいろな状態のエネルギーとそれらの間の遷移をまとめた**グロトリアン図**[1] である。選択律と原子のエネルギー準位を合わせて考えれば, この図の構造が説明できる。遷移双極子モーメントを計算して得られるスペクトルの相対強度を示すために, 遷移を表す矢印の太さを変えて表示したグロトリアン図もある。

21・2 項 の 記 号

多電子原子のスペクトルは, 水素型原子と違って非常に込み入っている。「トピック 19」では, いろいろな原子について基底状態の電子配置の表し方を説明したが, 実際に

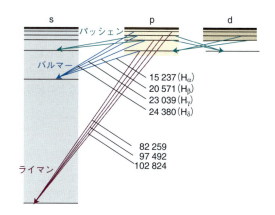

図 21・2 水素原子のスペクトルの全容と分析の結果をまとめたグロトリアン図。遷移の波数（単位は cm^{-1}）の数値を示してある。

得られるスペクトルを理解するには原子の状態, とくに励起状態をもっと詳しく調べ, その間の遷移について考える必要がある。すぐに出会う複雑さは原子の一つの配置, たとえば He の励起状態 $1s^1 2s^1$ や C の基底状態 $[He] 2s^2 2p^2$ など, いろいろなエネルギーをもった異なる個別状態が多数ありうるということである。そこで必要なのは, 原子がどんな状態にあるかを確認し, それに状態を指定する**項の記号**[2] を付けて区別する方法を見いだすことである。

一つの配置から生じるいろいろな状態を見分けて, 項の記号を与えるのに鍵となるのは電子の角運動量であり, それにはオービタル角運動量, スピン角運動量, 全角運動量がある。そこで, 2 個以上の電子をもつ原子について, これらの角運動量の許される値を求めることから始めよう。

(a) 全オービタル角運動量

閉殻の外側に電子が 2 個ある原子を考えよう。オービタル角運動量が存在するところが 2 箇所ある。この 2 個の電子のオービタル角運動量量子数を l_1, l_2 とする。いま考えている原子の配置が p^2 だとすると, 両電子が p オービタルにあって, $l_1 = l_2 = 1$ である。ある配置から生じうる全オービタル角運動量は個々の角運動量の大きさとその相対的な向きに依存し, **全オービタル角運動量量子数**[3] L で表される。L は負でない整数で, **クレブシューゴーダン級数**[4],

$$L = l_1 + l_2, l_1 + l_2 - 1, \cdots, |l_1 - l_2|$$

クレブシューゴーダン級数　(21・3)

を使って得られる。たとえば, $l_1 = l_2 = 1$ ならば $L = 2, 1, 0$ となる。L の値がわかれば, $\{L(L+1)\}^{1/2}\hbar$ から全オービタル角運動量の大きさを計算できる。ほかの角運動量と

---

1) Grotrian diagram　2) term symbol　3) total orbital angular momentum quantum number　4) Clebsch–Gordan series

同様に，これは，$L, L-1, \cdots, -L$ の値をとれる量子数 M_L で区別される $2L+1$ 個の配向をもつ．

l の値を示すのに小文字を使ったのと同じように，L の値には大文字を使う．L の値を文字に変換するためのコードは，オービタルについての s, p, d, f, … などの記号と同じであるが，大文字のローマ字を使って，

$$L \quad 0 \quad 1 \quad 2 \quad 3 \quad 4 \quad 5 \quad 6 \quad \cdots$$
$$ \quad S \quad P \quad D \quad F \quad G \quad H \quad I \quad \cdots$$

とする．たとえば，p^2 配置は D, P, S 項を生じることができる．閉殻では，個々のオービタル角運動量の全部の和をとると 0 になるから，その全オービタル角運動量は 0 である．したがって，項の記号をつくり上げるときは，満たされていない殻の電子だけを考えればよい．閉殻の外側にある 1 個の電子の場合，L の値は l の値と同じであり，したがって配置 [Ne]$3s^1$ には S 項しかない．

例題 21・2　　配置の全オービタル角運動量の求め方

つぎの配置から生じる項を求めよ．(a) d^2，(b) p^3

解法　クレブシュ–ゴーダン級数を用いて L の最小値を求めることから始める（この級数がどこで終わるかを知るためである）．互いにカップルする電子が三つ以上あるときは，二つの級数を続けて使う．最初に，2 個の電子をカップルさせ，次にそのカップルした状態に 3 番目をカップルさせる．

解答　(a) 最小値は $|l_1 - l_2| = |2-2| = 0$ であるから，

$$L = 2+2, 2+2-1, \cdots, 0 = 4, 3, 2, 1, 0$$

で，それぞれ G, F, D, P, S 項にあたる．(b) 2 個の電子をカップルさせると，最小値 $|1-1| = 0$ が得られる．したがって，

$$L' = 1+1, 1+1-1, \cdots, 0 = 2, 1, 0$$

である．$l_3 = 1$ を $L' = 2$ にカップルさせると，$L = 3, 2, 1$ が得られる．$L' = 1$ にカップルさせると，$L = 2, 1, 0$．$L' = 0$ にカップルさせると，$L = 1$ が得られる．結果をまとめると，

$$L = 3, 2, 2, 1, 1, 1, 0$$

となり，F 項が 1 個，D 項 2 個，P 項 3 個，S 項 1 個が得られる．

自習問題 21・3　(a) $f^1 d^1$，(b) d^3 の配置から生じる項を求めよ．
[答: (a) H, G, F, D, P; (b) I, 2H, 3G, 4F, 5D, 3P, S]

ある配置から生じるいろいろな項は，電子間のクーロン相互作用のためにエネルギーは異なる．たとえば，$2p^1 3p^1$ の配置から D 項 ($L=2$) をつくるには，両電子が核のまわりで同じ向きに周回しなければならないが，S 項 ($L=0$) をつくるには反対向きに周回する必要がある．前者では両電子が会うことはないが，後者では出会う．この古典的な見方から考えると，電子間の反発力は出会う方が大きいから，S 項の方が D 項よりもエネルギーが高い．量子力学的な解析でもこの解釈が裏付けられている．

(b) 全スピン角運動量

項のエネルギーは，電子スピンの相対的な向きによっても変わる．その依存性のヒントは「トピック 20」にあった．すなわち，スピン相関の結果として，平行スピンの状態の方が反平行スピンよりエネルギーは低いのであった．平行な（対をつくらない）スピンと反平行な（対をつくる）スピンでは全スピン角運動量が異なる．対をつくる場合は 2 個のスピン運動量が打ち消し合うから，（図 19・2 に示したように）正味のスピンは 0 になる．このように，いまの場合はスピン角運動量であるが，角運動量とエネルギーの相関が再び現われたのである．

考慮すべき電子がいくつもあるとき，その**全スピン角運動量量子数**[1] S（負でない整数または半整数）を求めなければならない．ここでもまた，つぎの形のクレブシュ–ゴーダン級数，

$$S = s_1 + s_2,\ s_1 + s_2 - 1,\ \cdots,\ |s_1 - s_2| \qquad (21 \cdot 4)$$

を用いる．各電子は $s = \frac{1}{2}$ であるから，2 個の電子では $S = 1, 0$ となる（図 21・3）．もし，電子が 3 個あれば，全スピン角運動量は，はじめの二つのスピンについての S の値のそれぞれに 3 番目のスピンをカップルさせることによって得られ，その結果，$S = \frac{3}{2}$ と $\frac{1}{2}$ となる．

項の S の値は，項の記号の左上に項の**多重度**[2] $2S+1$ の値を添書きして表す．たとえば，^{1}P は"一重項"($S=0$, $2S+1=1$)，^{3}P は"三重項"($S=1$, $2S+1=3$) である．多重度から，ある与えられた S の値に対して許される M_S の値，$S, S-1, \cdots, -S$ がわかり，その結果，空間でその全スピンがとれる向きの数がわかる．この情報の重要性についてはすぐあとで説明する．

ノート　原子スペクトルの話で出てくる全スピン量子数を表す斜体の S と，項の記号を表す立体の S とを区別しよう．たとえば，^{3}S は $S=1$ ($L=0$) の三重項である．状態の記号はすべて立体で，量子数や物理的なオブザーバブルは斜体で表す．

---

1) total spin angular momentum quantum number　2) multiplicity

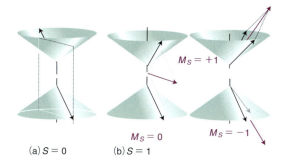

図 21・3 (a) 対になったスピンをもつ電子の合成スピン角運動量は 0($S=0$)になる．これらの 2 電子は，ここに示す円錐上での位置が不定のベクトルで表される．しかし，一方の電子が円錐上のどこにあっても，他方が反対方向を向いているから，両者を合成すると 0 になる．(b) 2 個の電子のスピンが平行であるときは，その全スピン角運動量は 0 ではない($S=1$)．この合成スピンをつくる方法は三つあって，それをベクトル表示で示してある．対になった二つのスピンは，厳密に反平行であるが，二つの"平行"スピンは厳密には平行でないことに注意しよう．

簡単な例示 21・2　項の多重度

$S=0$ のとき（$1s^2$ のような閉殻の場合），$M_S=0$ で電子スピンはすべて対になっており，正味のスピンはない．この配置は一重項 ^1S を与える．電子が 1 個だけのときは $S=s=\frac{1}{2}$($M_S=m_s=\pm\frac{1}{2}$)であるから，[Ne]$3s^1$ などの配置から二重項 ^2S ができる．[Ne]$3p^1$ という配置も同様に二重項 ^2P である．2 個の不対電子があるときは，$S=1$($M_S=\pm 1,0$)で，したがって $2S+1=3$ となって ^3D などの三重項を与える．

自習問題 21・4　スカンジウムの励起状態の配置 [Ar]$3s^2 3p^1 4p^1$ からどんな項が生じるか．

[答：$^{1,3}D, ^{1,3}P, ^{1,3}S$]

「トピック 20」で説明したように，一重項と三重項のエネルギーはスピン相関の効果の違いによって異なる．He 原子の $1s^1 2s^1$ の配置におけるようなスピンが平行な並びの方が，反平行な並びよりもエネルギーが低いことは，He の $1s^1 2s^1$ 配置の三重項状態の方が一重項状態よりも低いという言い方で表現できる．これは他の原子（および分子）にあてはまる一般的な結論であり，<u>同じ配置から生じる状態については，三重項の方が一重項よりもエネルギーが低い</u>．この表現はフントの最大多重度の規則（トピック 20）の一例であって，この規則は，

　配置が同じなら，最大多重度の項のエネルギーが最低である．

と言い換えることができる．1 個の原子の中の電子間のクーロン相互作用は強いから，同じ配置の一重項状態と三重項状態のエネルギー差は大きいことがある．たとえば，He($1s^1 2s^1$)の三重項と一重項の差は 6421 cm^{-1}(0.80 eV に相当)もある．

フントの最大多重度の規則は，フント[1])によって考案された三つの規則の最初のものであり，最小限の計算で，同じ配置の最低エネルギーの項を示せる．第二の規則は，

　多重度が同じなら，L の値が最も大きい項のエネルギーが最低である．

したがって，すでに説明したように，S 項よりエネルギーの低いところに同じ多重度の D 項があると考えられる．第三の規則については，スピン-軌道カップリングを説明したあとで述べる．これら三つの規則は，原子の基底状態の配置についてのみ信頼できるものである．

(c) 全角運動量

原子に正味のオービタル角運動量と正味のスピン角運動量があるとき，この二つをいっしょにした全角運動量がつくれるだろう．しかも，原子のエネルギーは（おそらく）その値に依存するものと期待できる．**全角運動量量子数**[2]) J（負でない整数または半整数）は，

$$J = L+S, L+S-1, \cdots, |L-S| \quad \text{全角運動量} \quad (21\cdot5)$$

の値をとる．いつものように全角運動量の大きさは $\{J(J+1)\}^{1/2}\hbar$ から計算できる．個々の J の値は項の記号の右下の添字として表す．たとえば，$J=2$ の ^3P 項は添字を全部つけると $^3P_2$ となる．

$S \leq L$ のときは，与えられた L に対して $2S+1$ 個の J の値があるから，J の値の数は項の多重度に等しい．J の許される値は一つずつが項の一つの**準位**[3])を示すから，$S \leq L$ であれば多重度から準位の数がわかる．たとえば，ナトリウムの [Ne]$3p^1$ の配置（励起状態）では $L=1$, $S=\frac{1}{2}$ で多重度は 2 である．この二つの準位は $J=\frac{3}{2}$ と $\frac{1}{2}$ であるから，この ^2P 項は二つの準位 $^2P_{3/2}$ と $^2P_{1/2}$ をもつ．

先へ進む前に注意しておくことがある．それは(21・5)式にはある仮定が隠れていることで，電子のオービタル角運動量が全部組合わさって全オービタル角運動量をつくり，スピン角運動量が全部組合わさって全スピン角運動量をつくった後にはじめて，この二つが組合わさって全体としてその原子の全角運動量を与えると仮定しているのである．この手続きを**ラッセル-ソンダース カップリング**[4])という．べつの手続きとしては，電子 1 個ずつ別々にオービタルとスピンの角運動量が組合わさって合成運動量をつく

---

1) Friedrich Hund　2) total angular momentum quantum number　3) level　4) Russel-Saunders coupling

り（量子数 j），それからほかの電子のものと組合わさって全体をつくる．この jj-カップリング[1] という手続きについてはここでは取上げない．軽い原子についてはラッセル-ソンダース カップリングがかなり正確であることがわかっている．

例題 21・3 項の記号の求め方

(a) Na と (b) F の基底状態の配置，(c) C の励起状態の配置 $1s^2 2s^2 2p^1 3p^1$ の項の記号を書け．

解法 内部にある閉殻は無視して配置を書くことから始める．次にオービタル角運動量同士をカップルさせて L を求め，スピン角運動量同士をカップルさせて S を求めてから，L と S をカップルさせて J を求める．最後に，項を $^{2S+1}\{L\}_J$ のように表す．ただし，$\{L\}$ には特定の文字を入れる．F では原子価電子の配置が $2p^5$ であるから，閉殻の $2p^6$ 配置にある1個の欠陥を1個の粒子とみなして扱う．

解答 (a) Na の配置は $[Ne]3s^1$ で，3s 電子1個を考えればよい．$L = l = 0$ で $S = s = \frac{1}{2}$ であるから，$J = j = s = \frac{1}{2}$ だけが可能である．これから，項の記号は $^2S_{1/2}$ となる．

(b) F の配置は $[He]2s^2 2p^5$ で，これは $[Ne]2p^{-1}$ として扱える（$2p^{-1}$ という表し方は，2p 電子が1個不足していることを表す）．そこで $L = 1$, $S = s = \frac{1}{2}$ である．$J = j$ の二つの値が許されて，$J = \frac{3}{2}, \frac{1}{2}$ である．これから，この二つの準位の項の記号は $^2P_{3/2}, ^2P_{1/2}$ となる．

(c) ここでは炭素の励起配置を扱うが，それは，基底配置 $2p^2$ ではパウリの原理（トピック 19）によって禁制となる項があり，どれが残るか（実際は $^1D, ^3P, ^1S$ である）を決めるのはかなり複雑だからである†．つまり，同じオービタルを占めている"等価な電子"と，異なるオービタルを占めている"非等価な電子"の区別をしなければならない．ここで考えるのは後者で，C の励起配置は，実質的に $2p^1 3p^1$ である．これは2電子問題で，$l_1 = l_2 = 1$, $s_1 = s_2 = \frac{1}{2}$ である．これから，$L = 2, 1, 0$ と $S = 1, 0$ となる．したがって，項は ^3D と ^1D, ^3P と ^1P, ^3S と ^1S となる．^3D については $L = 2$, $S = 1$ であり，これから $J = 3, 2, 1$ で準位は $^3D_3, ^3D_2, ^3D_1$ である．^1D では $L = 2, S = 0$ であるから，唯一の準位は $^1D_2$ である．^3P の準位の三重項は $^3P_2, ^3P_1, ^3P_0$ で，一重項は $^1P_1$ である．^3S 項については1個の準位 $^3S_1$ しかなく（$J = 1$ しかないから），一重項は $^1S_0$ である．

自習問題 21・5
配置 (a) $2s^1 2p^1$, (b) $2p^1 3d^1$ から生じる項を書け．

[答：(a) $^3P_2, ^3P_1, ^3P_0, ^1P_1$; (b) $^3F_4, ^3F_3, ^3F_2, ^1F_3, ^3D_3, ^3D_2, ^3D_1, ^1D_2, ^3P_2, ^3P_1, ^3P_0, ^1P_1$]

(d) スピン-軌道カップリング

$^2P_{1/2}$ と $^2P_{3/2}$ のような，同じ項の異なる準位は，角運動量と角運動量の間の磁気相互作用である**スピン-軌道カップリング**[2] のためにエネルギーが異なる．このカップリングが何から生じるものかを知るためには，周回する電流は磁気モーメントを生じることを思い出せばよい（図 21・4）．

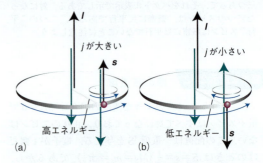

図 21・4 スピン-軌道カップリングは，スピン磁気モーメントとオービタル磁気モーメントの間の磁気的相互作用である．(a) に示すように，両者の角運動量が平行のときは，磁気モーメントは不利な配列になるが，(b) のように逆向きのときには，相互作用は有利に働く．この磁気的なカップリングが原因となって，配置の分裂が起こって複数の準位ができる．

電子のスピンは磁気モーメントの一つの原因であり，オービタル角運動量も別の原因になる．二つの磁気双極子モーメントが互いに接近していると，その相対的な向きによって相互作用する．しかし，二つのモーメントの相対的な向きはその電子の全角運動量を決めるものでもあるから，相互作用エネルギーと J の値との間には相関がある．反平行の（つまり反対向きの）磁気双極子モーメントの方が，平行なときよりもエネルギーが低いので，オービタルとスピンの角運動量が反平行のときのエネルギーの方が低く，それは J の値の小さい方に対応する．^2P の場合には，$^2P_{1/2}$ 準位の方が $^2P_{3/2}$ 準位よりもエネルギーが低いと考えられる．多電子系では詳しい解析からつぎの一般的な結論が得られる．これが3番目のフントの規則である．

---

† 詳細については，"Inorganic Chemistry", Oxford University Press (2014). 〔邦訳："シュライバー-アトキンス無機化学"，第6版，田中勝久ほか訳，東京化学同人 (2016).〕を見よ．

1) jj-coupling 2) spin-orbit coupling

配置のタイプ	準位の順序
殻の満員の半分より電子が少ない	最小の J の準位が最低のエネルギー
殻の満員の半分より電子が多い	最大の J の準位が最低のエネルギー

スピン–軌道カップリングを定量的に扱うには，スピンとオービタルの角運動量を表すベクトルの相対的な向きに依存する項をハミルトン演算子に含めなければならない．もっとも簡単な仕方は，この寄与を，

$$\hat{H}_{so} = \lambda \boldsymbol{L} \cdot \boldsymbol{S} \qquad \lambda = hc\tilde{A}/\hbar^2$$

スピン–軌道カップリング　　(21・6)

と書くことである．λ はカップリングの強さの尺度を表しているが，実用上はパラメーター $\tilde{A}$ を導入して，波数で表しておくのが便利である．$\boldsymbol{L} \cdot \boldsymbol{S}$ はベクトル $\boldsymbol{L}$ と $\boldsymbol{S}$ のスカラー積である（「数学の基礎4」に説明があるように，二つのベクトルの間の角度を θ とすれば，$\boldsymbol{L} \cdot \boldsymbol{S}$ は $\cos\theta$ に比例する．したがって，この式によって，この相互作用エネルギーが二つの磁気モーメントの相対的な配向に依存することを表している）．この式を使うには，全角運動量量子数が $J = L + S$ であることに注意すればよい．そこで，

$$\boldsymbol{J} \cdot \boldsymbol{J} = (\boldsymbol{L}+\boldsymbol{S}) \cdot (\boldsymbol{L}+\boldsymbol{S}) = L^2 + S^2 + 2\boldsymbol{L} \cdot \boldsymbol{S}$$

であり，したがって（$\boldsymbol{J} \cdot \boldsymbol{J} = J^2$ であるから），

$$\lambda \boldsymbol{L} \cdot \boldsymbol{S} = \tfrac{1}{2}\lambda(J^2 - L^2 - S^2)$$

となる．ここで，J^2, L^2, S^2 をそれぞれ固有値 $J(J+1)\hbar^2$，$L(L+1)\hbar^2$，$S(S+1)\hbar^2$ をもつ演算子として扱う．そうすれば $\hat{H}_{so}$ の固有値は，

$$E_{so} = \tfrac{1}{2}hc\tilde{A}\{J(J+1) - L(L+1) - S(S+1)\}$$

スピン–軌道カップリングエネルギー　　(21・7)

となる．

簡単な例示 21・3　スピン–軌道カップリングエネルギー

$^2\mathrm{P}$ 項のように $L = 1$，$S = \tfrac{1}{2}$ のときは，

$$E_{so} = \tfrac{1}{2}hc\tilde{A}\{J(J+1) - 2 - \tfrac{3}{4}\} = \tfrac{1}{2}hc\tilde{A}\{J(J+1) - \tfrac{11}{4}\}$$

である．したがって，$J = \tfrac{3}{2}$ の準位については $E_{so} = \tfrac{1}{2}hc\tilde{A}$ であり，同じ配置で $J = \tfrac{1}{2}$ の準位については $E_{so} = -hc\tilde{A}$ である．この二つの準位の間隔は $\Delta E_{so} = \tfrac{3}{2}hc\tilde{A}$ となる．

自習問題 21・6　スピン–軌道相互作用があっても，$^2\mathrm{P}$ 項の平均エネルギーは不変であることを確かめよ．〔ヒント：二つの準位の縮退度を考えよ．〕

〔答：$4(\tfrac{1}{2}hc\tilde{A}) + 2(-hc\tilde{A}) = 0$ であるから〕

スピン–軌道カップリングの強さを $\tilde{A}$ で表せば，それは核電荷に依存する．なぜそうかを理解するには，軌道を描いて回っている電子に自分が乗っていると想像してみればよい．そうすると，（太陽が昇ったり沈んだりするように）帯電した原子核の方がまわりを回っているように見え，その結果，自分が環電流の中心にいることがわかる．核電荷が大きいほど，この電流は大きく，したがって検出する磁場も強くなる．電子のスピン磁気モーメントはこの軌道磁気モーメントと相互作用するから，核電荷が大きくなるほど，スピン–軌道相互作用は強くなる．このカップリングは，原子番号とともに（水素型原子では Z^4 で）急激に増加する．H ではごく小さいが（これによって生じるエネルギー準位のシフトは約 $0.4\,\mathrm{cm}^{-1}$ を超えない），Pb のような重原子では非常に大きい（数千 cm^{-1} のシフトを与える）．

電子励起したアルカリ金属原子の p 電子が遷移を起こして，下の s オービタルに落ち込むときに，2 本のスペクトル線が観測される．このうち振動数の高い方の線は $^2\mathrm{P}_{3/2}$ 準位からの遷移で，もう 1 本の線は同じ配置の $^2\mathrm{P}_{1/2}$ の準位から始まる遷移による．この 2 本線はスペクトルの**微細構造**[1]，すなわちスピン–軌道カップリングによってスペクトルが構造をもつ一例である．

簡単な例示 21・4　微細構造

微細構造は，放電によって励起されたナトリウム蒸気からの発光スペクトルで観測される（ある種の街灯に見られる）．$589\,\mathrm{nm}$（$17\,000\,\mathrm{cm}^{-1}$ に近い）の黄色の線は実は，$589.76\,\mathrm{nm}$（$16\,956.2\,\mathrm{cm}^{-1}$）の 1 本の線と，$589.16\,\mathrm{nm}$（$16\,973.4\,\mathrm{cm}^{-1}$）の別の 1 本の二重線である．この二重線は，ナトリウムのスペクトルの "D 線" である（図 21・5）．したがって，Na のスピン–軌道カップリングは，エネルギーに約 $17\,\mathrm{cm}^{-1}$ だけ影響を与えている．

---

1) fine structure

自習問題 21・7 カリウムの発光スペクトル線は 766.70 nm と 770.11 nm に観測される．カリウムのスピン-軌道カップリング定数はいくらか．

[答：57.75 cm^{-1}]

	ΔS	ΔL	ΔJ	
$^3D_2 \to {}^3P_1$	0	-1	-1	許容
$^3P_2 \to {}^1S_0$	-1	-1	-2	禁制
$^3F_4 \to {}^3D_3$	0	-1	-1	許容

21・3 多電子原子の選択律

原子のどんな状態も，どんなスペクトル遷移も，項の記号を使って指定できる．たとえば，ナトリウムの黄色の二重線（図 21・5）を生じる遷移は，

$$3p^1 \, {}^2P_{3/2} \longrightarrow 3s^1 \, {}^2S_{1/2} \qquad 3p^1 \, {}^2P_{1/2} \longrightarrow 3s^1 \, {}^2S_{1/2}$$

である．約束によって，エネルギーの高い方の項が低い方の前にくるように書く．したがって，これに対応する吸収は，${}^2P_{3/2} \leftarrow {}^2S_{1/2}$，${}^2P_{1/2} \leftarrow {}^2S_{1/2}$ と表す（配置は省略してある）．

すでに説明したように（根拠 21・1），選択律は，遷移に際して角運動量が保存されることと，フォトンがスピン 1 をもつことから現れる．項の記号には角運動量の情報が入っているから，選択律も項の記号によって表現できる．詳細な解析から，つぎの規則が導かれる．

$$\Delta S = 0 \qquad \Delta L = 0, \pm 1 \qquad \Delta l = \pm 1$$
$$\Delta J = 0, \pm 1 \quad \text{ただし} \quad J = 0 \nleftrightarrow J = 0$$

多電子原子　選択律　（21・8）

ここで，$\nleftrightarrow$ という記号は禁制遷移を表している．ΔS に関する規則（全スピン角運動量が変化しない）は，光はスピンに直接影響しないことから導かれる．ΔL と Δl に関する規則は，個々の電子のオービタル角運動量は変化しなければならないが（つまり $\Delta l = \pm 1$），それによってオービタル角運動量に全体として変化が起こるかどうかはカップリングの仕方によることを表している．

簡単な例示 21・5　選択律

ある多電子原子の発光スペクトルに対応する可能な遷移として，${}^3D_2 \to {}^3P_1$, ${}^3P_2 \to {}^1S_0$, ${}^3F_4 \to {}^3D_3$ が考えられた．つぎの表をつくって（21・8）式の選択律を参照すれば，どの遷移が実際に許容かを判定することができる．禁制となる数値を赤字で示してある．

自習問題 21・8 つぎの遷移のどれが許容か．
(a) ${}^2P_{3/2} \to {}^2S_{1/2}$, (b) ${}^3P_0 \to {}^3S_1$, (c) ${}^3D_3 \to {}^1P_1$.

[答：(a) と (b)]

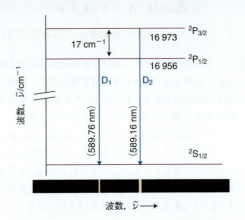

図 21・5 ナトリウムの D 線が生じることを説明するエネルギー準位図．スペクトル線の分裂（分裂の大きさ 17 cm^{-1}）は，${}^2P$ 項の準位の分裂による．

上で説明した選択律は，ラッセル-ソンダース カップリングが成り立つとき（軽原子の場合）にあてはまる．もし，重原子の項を ${}^3D$ のような記号で識別することにこだわると，原子番号が大きくなるにつれて選択律がだんだん成り立たなくなることがわかるであろう．それは，jj-カップリングの方がだんだんよく成り立つようになるにつれて，量子数 S と L の定義があいまいになってしまうからである．上で説明したように，ラッセル-ソンダースの項の記号は，重原子については項をラベルするのに便宜的に使うだけであって，重原子における電子の実際の角運動量に直接の関係をもっているわけではない．こういうわけで，一重項状態と三重項状態の間の遷移（$\Delta S = \pm 1$ である）は軽原子で禁制であるが，重原子では許容される．

トピック 21　原 子 分 光 法

チェックリスト

- [ ] 1. 水素原子のスペクトルの**ライマン系列**，**バルマー系列**，**パッシェン系列**は，それぞれ $n \to 1$，$n \to 2$，$n \to 3$ の遷移から生じる.

- [ ] 2. 水素原子のすべてのスペクトル線の波数は，許されるエネルギー準位間の遷移によって表せる.

- [ ] 3. **グロトリアン図**は，原子の状態のエネルギーとその状態間の遷移をまとめた図である.

- [ ] 4. **準位**とは，共通の J の値をもつ状態のグループである.

- [ ] 5. 項の**多重度**は，$2S+1$ の値である. $L \geq S$ であれば，多重度はその項の準位の数である.

- [ ] 6. **項の記号**は，原子の状態を $^{2S+1}\{L\}_J$ で指定する記号である.

- [ ] 7. **フントの規則**によって，同じ配置のエネルギーが最低の項を求められるが，つぎのように表される.
  - 最大多重度の項のエネルギーは最低である.
  - 多重度が同じなら，L の値の最も大きな項のエネルギーが最低である.
  - 電子が殻の半分も満たしていない原子では，最小の J の準位がエネルギー最低である. 一方，殻の半分以上を満たしている原子では，最大の J の準位がエネルギー最低である.

- [ ] 8. 全オービタル角運動量量子数 L の許される値は，**クレブシューゴーダン級数**を使って得られる. $L = l_1 + l_2, l_1 + l_2 - 1, \cdots, |l_1 - l_2|$ である.

- [ ] 9. 全スピン角運動量量子数 S の許される値は，クレブシューゴーダン級数を使って得られる. $S = s_1 + s_2, s_1 + s_2 - 1, \cdots, |s_1 - s_2|$ である.

- [ ] 10. **スピン-軌道カップリング**は，スピンの磁気モーメントとオービタル角運動量から生じる磁場との相互作用である.

- [ ] 11. **ラッセル-ソンダース カップリング**は，もしスピン-軌道カップリングが弱ければ，すべてのオービタル角運動量が協同して働くときにだけ有効となるという見方に基づくカップリングの方式である.

- [ ] 12. ラッセル-ソンダース カップリング方式における**全角運動量量子数** J に許される値は $J = L+S$, $L+S-1, \cdots, |L-S|$ である.

- [ ] 13. **微細構造**は，スピン-軌道カップリングによってスペクトルに生じる構造である.

- [ ] 14. 多電子原子のスペクトル遷移の**選択律**は，つぎの「重要な式の一覧」にある. この選択律はラッセル-ソンダース カップリングが使えるときにあてはまる.

重要な式の一覧

性　質	式	備　考	式番号
リュードベリの式	$\tilde{\nu} = \tilde{R}_{\mathrm{H}}(1/n_1^2 - 1/n_2^2)$	$n_2 = n_1 + 1,\ n_1 + 2, \cdots$	21·1
選択律	$\Delta l = \pm 1,\ \Delta m_l = 0, \pm 1$	水素型原子	21·2
クレブシューゴーダン級数	$J = j_1 + j_2,\ j_1 + j_2 - 1, \cdots,\ |j_1 - j_2|$	j は角運動量量子数	21·3
スピン-軌道カップリング エネルギー	$E_{\mathrm{so}} = \frac{1}{2}hc\tilde{A}\{J(J+1) - L(L+1) - S(S+1)\}$	ラッセル-ソンダース カップリング	21·7
選択律	$\Delta S = 0,\ \Delta L = 0, \pm 1,\ \Delta l = \pm 1,\ \Delta J = 0, \pm 1$ ただし $J = 0 \not\leftrightarrow J = 0$	多電子原子とラッセル-ソンダース カップリング	21·8

テーマ5　原子構造と原子スペクトル　演習と問題

トピック17　水素型原子

記述問題

17·1　空間を自由に運動している水素型原子について，それを単純に記述するのに使う変数分離の手順を述べよ.

17·2　水素型原子の内部状態を指定するのに必要な量子数を列挙し，それぞれの意味を説明せよ.

演習

17·1(a)　He^+ イオンのイオン化エネルギーを計算せよ.

17·1(b)　Li^{2+} イオンのイオン化エネルギーを計算せよ.

17·2(a)　ヘリウムランプから出る波長 58.4 nm の紫外線がクリプトンの試料を直射すると，電子が $1.59 \times 10^6 \, m \, s^{-1}$ の速さで放出される. クリプトンのイオン化エネルギーを計算せよ.

17·2(b)　ヘリウムランプから出る波長 58.4 nm の紫外線がキセノンの試料を直射すると，電子が $1.79 \times 10^6 \, m \, s^{-1}$ の速さで放出される. キセノンのイオン化エネルギーを計算せよ.

17·3(a)　水素原子の基底状態の波動関数は $N e^{-r/a_0}$ である. 規格化定数 N を求めよ.

17·3(b)　水素原子の 2s オービタルの波動関数は $N(2 - r/a_0) e^{-r/2a_0}$ である. 規格化定数 N を求めよ.

17·4(a)　2s 動径波動関数を微分することによって，その振幅に極値が二つあることを示し，その位置を求めよ.

17·4(b)　3s 動径波動関数を微分することによって，その振幅に極値が三つあることを示し，その位置を求めよ.

17·5(a)　H 原子の 3p オービタルの動径節の位置を求めよ.

17·5(b)　H 原子の 3d オービタルの動径節の位置を求めよ.

問題

17·1　水素原子のスペクトルの線群に，ハンフリース (Humphreys) 系列というのがある. これは 12 368 nm にはじまり，3281.4 nm まで観測されている. これらは，どんな遷移によるものか. この間にある遷移の波長はいくらか.

17·2　水素原子のスペクトルの中に，波長が 656.46 nm, 486.27 nm, 434.17 nm, 410.29 nm の系列がある. この系列でつぎに現れる線の波長はいくらか. 原子がこれらの遷移それぞれの低い側の状態にあるときには，この原子のイオン化エネルギーはいくらになるか.

17·3　長さとエネルギーの原子単位は，ある特定の原子の性質に基づいたものを採用することもできる. ふつうは水素原子を選び，単位長さをボーア半径 a_0 にとり，エネルギーの単位は 1s オービタルのエネルギーの符号を変えたものにする. もし，代わりにポジトロニウム原子 (e^+, e^-) を使って，長さとエネルギーの単位を同じように定義したとすると，これらの二組の原子単位の間には，どんな関係があることになるか.

17·4　動径波動方程式 (17·5 式) は，関数 $u = rR$ を導入すれば，(17·6) 式の形に書けることを示せ.

17·5　水素はあらゆる星に最も豊富に存在する元素である. しかし，実効温度が 25 000 K 以上の星のスペクトルには，中性の水素原子による吸収も発光も見いだされない. この観測結果を説明せよ.

17·6　例題 17·3 では，主量子数 n の始めの値を指定しなかった. 正しい n の値を求めるには，可能なものを試してプロットした結果，直線が得られるものを選べばよいことを示せ.

トピック18　水素型原子オービタル

記述問題

18·1　オービタル角運動量の存在が原子オービタルの形にどんな影響を及ぼすか.

18·2　水素型オービタルの (a) 境界面，(b) 動径分布関数の意味を説明せよ.

演習

18·1(a)　(a) 2s, (b) 3p, (c) 5f オービタルにある電子のオービタル角運動量はいくらか. それぞれの場合について，方位節と動径節の数を求めよ.

18·1(b)　(a) 3d, (b) 4f, (c) 3s オービタルにある電子のオービタル角運動量はいくらか. それぞれの場合について，方位節と動径節の数を求めよ.

18·2(a)　水素型原子の L 殻のエネルギー準位の縮退度はいくらか.

18·2(b)　水素型原子の N 殻のエネルギー準位の縮退度はいくらか.

18·3(a)　水素原子の準位のエネルギーが (a) $-hc\tilde{R}_H$, (b) $-\frac{1}{4}hc\tilde{R}_H$, (c) $-\frac{1}{16}hc\tilde{R}_H$ のオービタルの縮退度はいくらか.

18·3(b)　水素型原子の準位のエネルギーが
(a) $-hc\tilde{R}_{atom}(2)$, (b) $-\frac{1}{4}hc\tilde{R}_{atm}(4)$, (c) $-\frac{25}{16}hc\tilde{R}_{atom}(5)$ の

オービタルの縮退度はいくらか.（　）内は Z の値である.

18·4(a) He^+ イオンの基底状態の電子の平均運動エネルギーと平均ポテンシャルエネルギーを計算せよ.

18·4(b) H 原子の 3s 電子の平均運動エネルギーと平均ポテンシャルエネルギーを計算せよ.

18·5(a) 原子番号 Z の水素型原子の 2s 電子の平均半径と最確半径を計算せよ.

18·5(b) 原子番号 Z の水素型原子の 2p 電子の平均半径と最確半径を計算せよ.

18·6(a) 水素型原子の 3s 電子の動径分布関数の式を書き，この電子が見いだされる確率が一番高い半径を求めよ.

18·6(b) 水素型原子の 3p 電子の動径分布関数の式を書き，この電子が見いだされる確率が一番高い半径を求めよ.

18·7(a) 原子番号 Z の水素型原子の 2p オービタルの一つずつについて，方位節と節面がどこにあるかを示せ.方位節の位置は，節面が z 軸となす角度で示せ.

18·7(b) 原子番号 Z の水素型原子の 3d オービタルの一つずつについて，方位節と節面がどこにあるかを示せ.方位節の位置は，節面が z 軸となす角度で示せ.

問　題

18·1 最初の "超重" 元素が雲母の試料中に発見されたと誤って報じられたのは 1976 年のことであった.その原子番号は 126 であると考えられた.この元素の原子の核からみて最も内側にある電子までの最確距離はいくらか.（このような元素では，相対論的な効果が非常に重要になるが，ここでは無視せよ.）

18·2 (a) 水素型原子で核から半径 53 pm の球の内部に電子を見いだす確率を計算せよ.(b) 原子の半径の定義を，その半径よりも内側に電子を見いだす確率が 90 パーセントであるような半径としたら，この原子の半径はいくらか.

18·3 水素原子中で (a) $2p_z$ 電子，(b) $3p_z$ 電子が見いだ

される確率が最も高い位置はどこか.この位置を $2p_z$ 電子と $3p_z$ 電子の最確半径と比較せよ.

18·4 具体的に積分を行って，水素型原子の (a) 1s と 2s オービタル，(b) $2p_x$ と $2p_z$ オービタルが互いに直交することを示せ.

18·5‡ 水素型オービタルの具体的な式は表 18·1 に与えられている.(a) $3p_x$ オービタルが規格化されていること，$3p_x$ と $3d_{xy}$ が互いに直交することを確かめよ.(b) 3s, $3p_x$, $3d_{xy}$ オービタルの動径節と節面の位置を求めよ.(c) 3s オービタルの平均半径を求めよ.(d) (b) の三つのオービタルの動径分布関数のグラフを描き，それが多電子原子の性質を説明するうえでどんな意義があるかを述べよ.(e) 上のオービタルについて，xy 面の極座標プロットと境界面プロットを作成せよ.境界面プロットをつくるとき，原点から境界面までの距離が波動関数の角度部分の絶対値になるようにせよ.s, p, d の境界面プロットを，f オービタルの境界面プロットと比較せよ.たとえば，$\psi_f \propto x(5z^2 - r^2) \propto \sin\theta\,(5\cos^2\theta - 1)\cos\phi$ である.

18·6 m_l の絶対値が等しく符号が反対の d オービタルを対にして組合わせると，図 18·7 で示すような境界面をもつ実の定在波ができ，表 18·1 で与えた式で表せることを示せ.

18·7 問題 18·2 で示したように，原子の "寸法" というのは，最外被占オービタルにある電子の確率密度の 90 パーセントを含む球の半径で測れると考えられることがある.この定義が別のパーセントに変わったとき，基底状態の水素型原子の "寸法" がどう変化するかを調べ，得られた結果をプロットせよ.

18·8 ある種の分光法で重要な量として，原子核の位置に電子を見いだす確率密度がある.水素型原子の 1s, 2s, 3s 電子についてこの確率密度を求めよ.s 以外のオービタルを考えたとき，この確率密度はどうなるか.

18·9 原子の性質の中には，r そのものの平均値よりも，$1/r$ の平均値に依存するものがある.(a) 水素原子の 1s オービタル，(b) 水素型原子の 2s オービタル，(c) 水素型原子の 2p オービタルについて，その $1/r$ の期待値を計算せよ.

トピック 19　多電子原子

記述問題

19·1 フェルミ粒子とボース粒子の違いを述べ，それぞれのタイプの粒子の例を挙げよ.

19·2 多電子原子の波動関数に対するオービタル近似について述べよ.この近似の限界は何か.

19·3 スピン角運動量の性質と，二次元および三次元の回転運動から生じる角運動量の性質を対比して述べよ.

演　習

19·1(a) 電子は古典的には半径 $r_e = 2.82$ fm の球とみなせる.このモデルによれば，電子の赤道上の 1 点はどんな速さで動いているか.その答は妥当と思われるか.

19·1(b) プロトンは $I = \frac{1}{2}$ のスピン角運動量をもっている.これが半径 1 fm の球であるとして，プロトンの赤道上の 1 点はどんな速さで動いているか.

‡　この問題は Charles Trap, Carmen Giunta の提供による.

問 題

19·1 ベクトルモデルを使って，角運動量を表示するのに使う円錐の頂角の半角を l と m_l によって表す式を導け．α スピンについてこの式を計算せよ．$l \to \infty$ で，とりうる最小の角度が 0 に近づくことを示せ．

19·2‡ 原子ビームのシュテルン-ゲルラッハ分裂は小さいので，これを観測するには大きな磁場勾配か，あるいは長い磁石が必要である．H や Ag のようなオービタル角運動量が 0 の原子ビームでは，偏向は $x = \pm (\mu_B L^2 / 4E_k)\, \mathrm{d}\mathcal{B}/\mathrm{d}z$

で与えられる．ここで，$\mu_B = e\hbar/2m_e = 9.274 \times 10^{-24}\,\mathrm{J\,T^{-1}}$ はボーア磁子（表紙の見返しを見よ），L は磁石の長さ，E_k は原子ビーム中の原子の平均運動エネルギー，$\mathrm{d}\mathcal{B}/\mathrm{d}z$ は原子ビームを横切る方向の磁場勾配である．(a) 温度 T の炉に開けた針穴から原子ビームとして出てくる原子の平均並進運動エネルギーが $\frac{1}{2}kT$ であることを使って，1200 K の炉から出てくる Ag の原子ビームに 2.00 mm の分裂を生じさせるために必要な磁場勾配を計算せよ．ただし，磁石の長さは 80 cm とする．

トピック20　元素の周期性

記述問題

20·1 多電子原子の周期表での位置と電子配置の関係を説明せよ．

20·2 周期表の第 2 周期で見られる第一イオン化エネルギーの変化を説明せよ．第 3 周期でも同様な変化があると思うか．

演 習

20·1(a) 炭素原子の基底状態にある各原子価電子の量子数 n, l, m_l, s, m_s の値はいくらか．

20·1(b) 窒素原子の基底状態にある各原子価電子の量子数 n, l, m_l, s, m_s の値はいくらか．

20·2(a) スカンジウムから亜鉛までの d 金属の基底状態の電子配置を書け．

20·2(b) イットリウムからカドミウムまでの d 金属の基底状態の電子配置を書け．

問 題

20·1 d 金属である鉄，銅，マンガンは，いろいろな酸化状態のカチオンになる．この理由から，これらの元素は多くの酸化還元酵素，酸化的リン酸化や光合成のタンパク質などに見いだされる．多くの d 金属がいろいろな酸化状態のカチオンになるのはなぜか．

20·2 神経毒であるタリウムは周期表 13 族で最も重い元素であり，普通は +1 の酸化状態にある．貧血症や認知症の原因となるアルミニウムも同じ族であるが，その化学的性質は +3 の酸化状態でのものが圧倒的である．13 族の元素の第一，第二，第三イオン化エネルギーを原子番号に対してプロットしてこの問題を検討せよ．観察の結果みられる傾向を説明せよ．〔ヒント：第三イオン化エネルギー I_3 は，2 価のカチオンから電子を 1 個取除くのに必要な最小のエネルギーである．$\mathrm{E^{2+}(g)} \longrightarrow \mathrm{E^{3+}(g)} + \mathrm{e^-(g)}$，$I_3 = E(\mathrm{E^{3+}}) - E(\mathrm{E^{2+}})$．必要なデータは，各種印刷物やオンラインのデータベースから入手せよ．〕

トピック21　原子分光法

記述問題

21·1 水素原子の発光スペクトルに見られる線の系列の起源を説明せよ．図 21·1 に示した各系列は電磁スペクトルのどの領域にあるか．

21·2 水素型原子の遷移の選択律を書き，それを説明せよ．この選択律は厳密に成り立つか．

21·3 スピン-軌道カップリングの起源と，それがスペクトルの様相にどのように影響するかを説明せよ．

演 習

21·1(a) ライマン系列で最短と最長の波長を求めよ．

21·1(b) フント系列では $n_1 = 5$ である．フント系列で最短と最長の波長を求めよ．

21·2(a) $\mathrm{He^+}$ の $n = 2 \to n = 1$ 遷移の波長，振動数，波

数を計算せよ．

21·2(b) $\mathrm{Li^{2+}}$ の $n = 5 \to n = 4$ 遷移の波長，振動数，波数を計算せよ．

21·3(a) 原子のふつうの発光電子スペクトルにおいて，つぎの遷移のうち許されるのはどれか．(a) 3s $\to$ 1s，(b) 3p $\to$ 2s，(c) 5d $\to$ 2p

21·3(b) 原子のふつうの発光電子スペクトルにおいて，つぎの遷移のうち許されるのはどれか．(a) 5d $\to$ 3s，(b) 5s $\to$ 3p，(c) 6f $\to$ 4p

21·4(a) (a) $\mathrm{Pd^{2+}}$ イオンの電子配置を書け．(b) このイオンの全スピン量子数 S と M_S にはどんな値がありうるか．

21·4(b) (a) $\mathrm{Nb^{2+}}$ イオンの電子配置を書け．(b) このイオンの全スピン量子数 S と M_S にはどんな値がありうるか．

21·5(a) (a) 1 個の d 電子，(b) 1 個の f 電子について，j の許される値を計算せよ．

テーマ5 原子構造と原子スペクトル

21·5(b) (a) 1個の p 電子, (b) 1個の h 電子について, j の許される値を計算せよ.

21·6(a) ある原子内の電子の二つの異なる状態は, $j = \frac{5}{2}$ と $\frac{1}{2}$ であることがわかっている. それぞれのオービタル角運動量量子数はいくらか.

21·6(b) ある原子内の電子の二つの異なる状態は, $j = \frac{7}{2}$ と $\frac{3}{2}$ であることがわかっている. それぞれのオービタル角運動量量子数はいくらか.

21·7(a) $j_1 = 1$ と $j_2 = 2$ の複合系に許される全角運動量量子数を求めよ.

21·7(b) $j_1 = 4$ と $j_2 = 2$ の複合系に許される全角運動量量子数を求めよ.

21·8(a) 原子の項の記号 $^3P_2$ は角運動量についてどんな情報を与えるか.

21·8(b) 原子の項の記号 $^2D_{3/2}$ は角運動量についてどんな情報を与えるか.

21·9(a) ある原子が, 異なるオービタルに (a) 2 個, (b) 3 個の電子をもっているとする. 全スピン量子数 S の可能な値はいくらか. それぞれの場合の多重度はいくらか.

21·9(b) ある原子が, 異なるオービタルに (a) 4 個, (b) 5 個の電子をもっているとする. 全スピン量子数 S の可能な値はいくらか. それぞれの場合の多重度はいくらか.

21·10(a) 電子配置 ns^1nd^1 で可能な原子の項は何か. どの項のエネルギーが最低か.

21·10(b) 電子配置 np^1nd^1 で可能な原子の項は何か. どの項のエネルギーが最低か.

21·11(a) つぎの項で, J はどんな値をとれるか. (a) ^3S, (b) ^2D, (c) ^1P. それぞれの準位に属する (量子数 M_J で区別される) 状態の数はいくらか.

21·11(b) つぎの項で, J はどんな値をとれるか. (a) ^3F, (b) ^4G, (c) ^2P. それぞれの準位に属する (量子数 M_J で区別される) 状態の数はいくらか.

21·12(a) (a) Na [Ne] $3s^1$, (b) K [Ar] $3d^1$ について可能な項の記号を求めよ.

21·12(b) (a) Y [Kr] $4d^1 5s^2$, (b) I [Kr] $4d^{10} 5s^2 5p^5$ について可能な項の記号を求めよ.

問題

21·1 Li^{2+} イオンは水素型であり, 740 747 cm^{-1}, 877 924 cm^{-1}, 925 933 cm^{-1} と, それよりも上の波数域にライマン系列をもっている. エネルギー準位が $-hc\tilde{R}/n^2$ の形をしていることを示し, このイオンの $\tilde{R}$ の値を求めよ. このイオンのバルマー系列の最長波長から二つ目までの遷移の波数を予測し, イオン化エネルギーを求めよ.

21·2 中性の Li 原子のスペクトルには, $1s^2 2p^1$ の ^2P と $1s^2 nd^1$ の ^2D との組合わせから一つの系列が生じ, その線は 610.36 nm, 460.29 nm, 413.23 nm にある. このdオービタルは水素型のdである. ^2P 項は基底状態である $1s^2 2s^1$ の ^2S より 670.78 nm だけ上にある. 基底状態の原子のイオン化エネルギーを計算せよ.

21·3‡ Wijesundera ら [*Phys. Rev.*, **A51**, 278 (1995)] は, 103 番の元素であるローレンシウムの基底状態の電子配置を明らかにしようとした. 二つの拮抗する配置は, [Rn] $5f^{14} 7s^2 7p^1$ と [Rn] $5f^{14} 6d^1 7s^2$ である. それぞれについて項の記号を書き, その配置の最低の準位を求めよ. スピン-軌道カップリングを単純に見積もった結果に従って, どちらの準位が最低になるかを判断せよ.

21·4 カリウムの炎色反応は赤紫色に見え, その特性発光に波長 770 nm のスペクトルがある. よく調べると, この線は非常に間隔の狭い2本の成分から成り, 1本は 766.70 nm に, もう1本は 770.11 nm にある. この観測結果を説明し, どんな情報が引き出せるかを述べよ.

21·5 ライマン系列の最初の線は, H では 82 259.098 cm^{-1} にあるのに対し, D では 82 281.476 cm^{-1} にある. 重水素核の質量を計算せよ. また, H と D のイオン化エネルギーの比を計算せよ.

21·6 ポジトロニウムは, 電子1個と陽電子 (質量は電子と同じで電荷が反対) 1個とから成り, その共通の質量中心のまわりで軌道運動をしている. したがって, そのスペクトルのだいたいの特徴は水素に似ていて, 相違点は大部分が質量の違いから生じると予想される. ポジトロニウムのバルマー系列の最初の3本の線の波数を予測せよ. ポジトロニウムの基底状態の結合エネルギーはいくらか.

21·7 「根拠 21·1」で, 水素型原子について選択律を導いた. 電気双極子モーメント演算子の x 成分と y 成分を考えることによって, この導出を完成させよ.

21·8 元素の同位体分布から, 星の内部で起こる核反応を調べる手がかりを得ることができる. 星に ^{4}He$^+$ と ^{3}He$^+$ の二つの同位体が存在することを確かめるには, 分光法を使って, それぞれについて $n=3 \rightarrow n=2$ の遷移の波数と $n=2 \rightarrow n=1$ の遷移の波数を計算すればよいことを示せ.

テーマ5の総合問題

F5·1 ゼーマン効果[1] とは, 強い磁場を掛けることによって原子スペクトルが変化する効果である. これは, 掛けた磁場とオービタルおよびスピンの角運動量 (シュテルン-ゲルラッハの実験によって電子スピンの存在が示されたことを思い出そう) による磁気モーメントとの間の相互作用から生じる. 一重項状態が関与する遷移で観測され

---

1) Zeeman effect

る，いわゆる正常ゼーマン効果[1]を多少でも理解するために，$l=1$，$m_l=0, \pm 1$ をもつ p 電子を考えよう．磁場がないときは，この三つの状態は縮退している．大きさが $\mathcal{B}$ の磁場が存在するときは縮退が解けて，$m_l=+1$ の状態のエネルギーは $\mu_B \mathcal{B}$ だけ上がり，$m_l=0$ の状態は変化せず，$m_l=-1$ の状態はエネルギーが $\mu_B \mathcal{B}$ だけ下がる．ここで，$\mu_B=e\hbar/2m_e=9.274\times10^{-24}\,\mathrm{J\,T^{-1}}$ は，ボーア磁子として知られている量である．したがって，磁場の存在のもとでは，$^1S_0$ 項と $^1P_1$ 項の間の遷移は 3 本のスペクトル線から成るが，一方，磁場が存在しないと 1 本しかない．(a) 2 T（$1\,\mathrm{T}=1\,\mathrm{kg\,s^{-2}\,A^{-1}}$）の磁場の存在のもとでの $^1S_0$ 項と $^1P_1$ 項の間の遷移の 3 本のスペクトル線の間の分裂の大きさを $\mathrm{cm^{-1}}$ 単位で計算せよ．(b) (a) で計算した値を，H 原子のバルマー系列に対する遷移の波長のような代表的な光学遷移の波数と比較してみよ．正常ゼーマン効果によってひき起こされる線の分裂は比較的小さいか，それとも比較的大きいか．

F5·2 基底状態にある $\mathrm{He^+}$ イオンの電子は，波動関数 $R_{4,1}(r)Y_{1,+1}(\theta,\phi)$ で表される状態へ遷移する．(a) この遷移を項の記号を使って表せ．(b) 遷移の波長，振動数，波数を計算せよ．(c) この遷移によって，この電子の平均半径はどれだけ変化するか．

F5·3 $\mathrm{Li^{2+}}$ イオンの電子が，水素型原子オービタルのつぎの重ね合わせ状態におかれたとする．

$$\psi(r,\theta,\phi)=-\left(\tfrac{1}{3}\right)^{1/2}R_{4,2}(r)Y_{2,-1}(\theta,\phi)+\tfrac{2}{3}\mathrm{i}R_{3,2}(r)Y_{2,+1}(\theta,\phi)$$
$$-\left(\tfrac{2}{9}\right)^{1/2}R_{1,0}(r)Y_{0,0}(\theta,\phi)$$

(a) この状態にあるべつべつの $\mathrm{Li^{2+}}$ イオンについて全エネルギーを測定したら，どんな値が得られるか．もし複数の値が得られるならば，それぞれの結果を得る確率はいくらか．また，その平均値はいくらか．

(b) エネルギーを測定した後，電子はハミルトン演算子の固有関数で表される状態にいるとする．$\mathrm{Li^{2+}}$ の基底状態への遷移は許容か．もし許容なら，その遷移（複数かもしれない）の振動数と波数はいくらか．

F5·4[‡] 高度に励起された原子には，大きな主量子数をもつ電子がある．このようなリュードベリ原子には変わった性質があり，天体物理学で注目されている．大きな n をもつ水素原子について，エネルギー準位の間隔を与える式を導け．この間隔を $n=100$ について計算し，さらに，平均半径，幾何学的断面積，およびイオン化エネルギーを計算せよ．このリュードベリ原子は，他の水素原子との熱的衝突によってイオン化できるか．そのためには相手の原子に最低どれだけの速さがあればよいか．ふつうのサイズの中性の H 原子は，リュードベリ原子に乱れを与えることなくその中を通り抜けられるか．100s オービタルの動径波動関数はどのようなものになるか．

F5·5 数学ソフトウエアや表計算ソフトウエアを使って，つぎの問いに答えよ．

(a) 水素原子の電子のオービタル角運動量 l の値が 0 でないいくつかの場合について，その実効ポテンシャルエネルギーを r に対してプロットせよ．l によって実効ポテンシャルエネルギーの極小の位置はどう変化するか．

(b) n が 3 以下の水素型波動関数の動径節の位置をそれぞれ示せ．

(c) 球面調和関数 $Y_{lm_l}(\theta,\phi)$ の実部の境界面を $l=1$ の場合についてプロットせよ．そのプロットは厳密には p オービタルの境界面と異なるが，水素型オービタルの形を表したものに近い．

(d) f オービタルの形を見るために，$l=3$ の球面調和関数 $Y_{lm_l}(\theta,\phi)$ の実部の境界面をプロットせよ．

(e) 水素型の 4s, 4p, 4d, 4f オービタルの動径分布関数を計算し，それをプロットせよ．電子が受ける遮蔽の度合いは l とともにどう変化するか．

---

1) normal Zeeman effect

数学の基礎 4　ベクトル

スカラーの物理量[1]（温度など）は一般に場所によって変化し，空間の各点で一つだけの値を示す．ベクトルの物理量[2]（電場強度など）も場所によって変化するが，一般には各点で大きさも違うし方向も違う．

MB 4・1　定　義

ベクトル[3] v は一般に（三次元で），

$$v = v_x \boldsymbol{i} + v_y \boldsymbol{j} + v_z \boldsymbol{k} \qquad (\text{MB} 4\cdot 1)$$

の形をとる．ここで，$\boldsymbol{i}, \boldsymbol{j}, \boldsymbol{k}$ は大きさ1の単位ベクトル[4]で，x, y, z 軸の正の方向を向いており，v_x, v_y, v_z はこのベクトルの各軸上の成分[5]である（図MB4・1）．このベクトルの大きさ[6]を v または $|v|$ で表す．これは，

$$v = (v_x^2 + v_y^2 + v_z^2)^{1/2} \qquad \text{ベクトルの大きさ} \qquad (\text{MB} 4\cdot 2)$$

で与えられる．このベクトルは z 軸と θ の角をなし，xy 面上で x 軸から ϕ の角度にある．このとき，

$$v_x = v \sin\theta \cos\phi \quad v_y = v \sin\theta \sin\phi \quad v_z = v \cos\theta$$
$$\text{ベクトルの向き} \qquad (\text{MB} 4\cdot 3\text{a})$$

であるから，

$$\theta = \cos^{-1}(v_z/v) \qquad \phi = \tan^{-1}(v_y/v_x) \qquad (\text{MB} 4\cdot 3\text{b})$$

である．

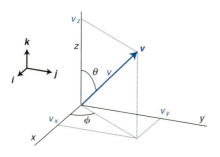

図MB4・1　ベクトル v は x, y, z 軸上にそれぞれ成分 v_x, v_y, v_z をもつ．このベクトルの大きさは v，z 軸との角度は θ で，xy 面内で x 軸と角度 ϕ をなす．

簡単な例示 MB4・1　ベクトルの向き

ベクトル $v = 2\boldsymbol{i} + 3\boldsymbol{j} - \boldsymbol{k}$ の大きさは，

$$v = \{2^2 + 3^2 + (-1)^2\}^{1/2} = 14^{1/2} = 3.74$$

である．その方向は，

$$\theta = \cos^{-1}(-1/14^{1/2}) = 105.5° \quad \phi = \tan^{-1}(3/2) = 56.3°$$

である．

MB 4・2　演　算

つぎの二つのベクトルを考えよう．

$$\boldsymbol{u} = u_x \boldsymbol{i} + u_y \boldsymbol{j} + u_z \boldsymbol{k} \qquad \boldsymbol{v} = v_x \boldsymbol{i} + v_y \boldsymbol{j} + v_z \boldsymbol{k}$$

加算，減算，掛け算はつぎのように行う．

1. 加算

$$\boldsymbol{v} + \boldsymbol{u} = (v_x + u_x)\boldsymbol{i} + (v_y + u_y)\boldsymbol{j} + (v_z + u_z)\boldsymbol{k} \quad (\text{MB} 4\cdot 4\text{a})$$

2. 減算

$$\boldsymbol{v} - \boldsymbol{u} = (v_x - u_x)\boldsymbol{i} + (v_y - u_y)\boldsymbol{j} + (v_z - u_z)\boldsymbol{k} \quad (\text{MB} 4\cdot 4\text{b})$$

簡単な例示 MB4・2　加算と減算

ベクトル $\boldsymbol{u} = \boldsymbol{i} - 4\boldsymbol{j} + \boldsymbol{k}$（大きさは4.24）と $\boldsymbol{v} = -4\boldsymbol{i} + 2\boldsymbol{j} + 3\boldsymbol{k}$（大きさは5.39）を考えよう．この和は，

$$\boldsymbol{u} + \boldsymbol{v} = (1-4)\boldsymbol{i} + (-4+2)\boldsymbol{j} + (1+3)\boldsymbol{k} = -3\boldsymbol{i} - 2\boldsymbol{j} + 4\boldsymbol{k}$$

で，その合成ベクトルの大きさは $29^{1/2} = 5.39$ である．この二つのベクトルの差は，

$$\boldsymbol{u} - \boldsymbol{v} = (1+4)\boldsymbol{i} + (-4-2)\boldsymbol{j} + (1-3)\boldsymbol{k} = 5\boldsymbol{i} - 6\boldsymbol{j} - 2\boldsymbol{k}$$

で，その合成ベクトルの大きさは8.06である．この場合は差の方がもとのベクトルのどちらよりも長いことがわかる．

---

1) scalar physical property　2) vector physical property　3) vector　4) unit vector　5) component　6) magnitude

3. 掛け算
(a) 二つのベクトル u と v の**スカラー積**[1]（**内積**[2]）は，

$$u \cdot v = u_x v_x + u_y v_y + u_z v_z \quad \text{スカラー積} \quad \text{(MB4·4c)}$$

であり，これはスカラー量である．座標系はどう選んでもよいから，いま X, Y, Z と書き，Z 軸が u に平行になるようにすると，$u = uK$ とできる．K は u に平行な単位ベクトルである．その場合，(MB4·4c)式から $u \cdot v = v v_Z$ であるから，u と v の間の角度を θ とすると，$v_Z = v\cos\theta$ だから，

$$u \cdot v = uv \cos\theta \quad \text{スカラー積} \quad \text{(MB4·4d)}$$

となる．
(b) 二つのベクトルの**ベクトル積**[3]（**外積**[4]）は，

$$u \times v = \begin{vmatrix} i & j & k \\ u_x & u_y & u_z \\ v_x & v_y & v_z \end{vmatrix}$$

$$= (u_y v_z - u_z v_y)i - (u_x v_z - u_z v_x)j + (u_x v_y - u_y v_x)k$$

ベクトル積 (MB4·4e)

である．（行列式については「数学の基礎5」で説明する．）もう一度，$u = uK$ であるように座標系を選ぶと，簡単な式になる．

$$u \times v = (uv \sin\theta) l \quad \text{ベクトル積} \quad \text{(MB4·4f)}$$

θ は二つのベクトルの間の角度，l は u と v の両方に垂直な単位ベクトルで，その向きは図MB4·2のように"右手の規則"[5]で決まる．この特殊な場合が，各ベクトルが単位ベクトルの場合で，そのときは，

$$i \times j = k \quad j \times k = i \quad k \times i = j \quad \text{(MB4·5)}$$

となる．ベクトルの掛け算では順序が重要で，$u \times v = -v \times u$ である．

簡単な例示 MB4·3　スカラー積とベクトル積

「簡単な例示 MB4·2」で使った二つのベクトル，$u = i - 4j + k$（大きさ 4.24）と $v = -4i + 2j + 3k$（大きさ 5.39）のスカラー積とベクトル積は，

$$u \cdot v = \{1 \times (-4)\} + \{(-4) \times 2\} + \{1 \times 3\} = -9$$

$$u \times v = \begin{vmatrix} i & j & k \\ 1 & -4 & 1 \\ -4 & 2 & 3 \end{vmatrix}$$

$$= \{(-4)(3) - (1)(2)\}i - \{(1)(3) - (1)(-4)\}j + \{(1)(2) - (-4)(-4)\}k$$

$$= -14i - 7j - 14k$$

となる．ベクトル積は大きさ 21.00 のベクトルで，二つのベクトルで決まる平面に垂直な方向を向いている．

MB4·3　ベクトル演算の図による表示

二つのベクトル u と v の間の角度が θ であるとしよう（図 MB4·3）．u を v に加える第1段階は u の先端（頭）を v の出発点（尾）に合わせることである．第2段階で，u の尾から v の頭へ向かう**合成ベクトル**[6] v_{res} を引く．加算の順序を逆にしても結果は同じである．すなわち，u を v に加えても，v を u に加えても同じ v_{res} が得られる．v_{res} の大きさを求めるには，

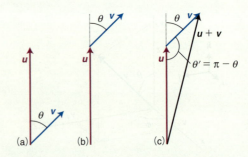

図 MB4·3　(a) 2個のベクトル v と u が角度 θ をなす．(b) u を v に加えるには，u の頭を v の尾につける．このとき角度 θ を変えないように注意する．(c) 最後に，u の尾から v の頭に向けて線を引くと，これが合成（和の）ベクトルである．

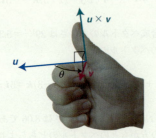

図 MB4·2　"右手の規則"の説明．右手の4本の指を u の方向から v の方向に回せば，親指は $u \times v$ の方向を向く．

---

1) scalar product　2) dot product　3) vector product　4) cross product　5) right-hand rule　6) resultant vector

$$v_{\text{res}}^2 = (\boldsymbol{u}+\boldsymbol{v})\cdot(\boldsymbol{u}+\boldsymbol{v}) = \boldsymbol{u}\cdot\boldsymbol{u} + \boldsymbol{v}\cdot\boldsymbol{v} + 2\boldsymbol{u}\cdot\boldsymbol{v}$$
$$= u^2 + v^2 + 2uv\cos\theta$$

を使う.θ は $\boldsymbol{u}$ と $\boldsymbol{v}$ の間の角度である.図に示した角度 $\theta' = \pi - \theta$ と $\cos(\pi - \theta) = -\cos\theta$ の関係を使えば,三角形の辺の長さの間の関係を表す**余弦定理**[1],

$$v_{\text{res}}^2 = u^2 + v^2 - 2uv\cos\theta' \qquad \boxed{\text{余弦定理}} \qquad (\text{MB}4\cdot6)$$

が得られる.

$\boldsymbol{u}$ から $\boldsymbol{v}$ を引くことは,$\boldsymbol{u}$ に $-\boldsymbol{v}$ を加えることと同じであるから,減算の第1段階では,$\boldsymbol{v}$ の向きを逆転させて $-\boldsymbol{v}$ を描く(図 MB4・4).次に第2段階では,図に示したように $-\boldsymbol{v}$ を $\boldsymbol{u}$ に加える.そして $\boldsymbol{u}$ の尾から $-\boldsymbol{v}$ の頭へ向かう合成ベクトル $\boldsymbol{v}_{\text{res}}$ を描く.

ベクトルの掛け算の図による表示では,図 MB4・5 に示すように,ベクトル $\boldsymbol{u}$ と $\boldsymbol{v}$ で決まる平面に垂直に(右手の規則で)ベクトルを描く.その長さは $uv\sin\theta$ に等しい.θ は $\boldsymbol{u}$ と $\boldsymbol{v}$ の間の角度である.

MB4・4 ベクトルの微分

導関数 $d\boldsymbol{v}/dt$ は,

$$\frac{d\boldsymbol{v}}{dt} = \left(\frac{dv_x}{dt}\right)\boldsymbol{i} + \left(\frac{dv_y}{dt}\right)\boldsymbol{j} + \left(\frac{dv_z}{dt}\right)\boldsymbol{k} \qquad \boxed{\text{導関数}} \qquad (\text{MB}4\cdot7)$$

である.もとのベクトルの成分 v_x, v_y, v_z は t の関数である.スカラー積とベクトル積の導関数は,積を微分する規則を使えば得られる.

$$\frac{d\boldsymbol{u}\cdot\boldsymbol{v}}{dt} = \left(\frac{d\boldsymbol{u}}{dt}\right)\cdot\boldsymbol{v} + \boldsymbol{u}\cdot\left(\frac{d\boldsymbol{v}}{dt}\right) \qquad (\text{MB}4\cdot8\text{a})$$

$$\frac{d\boldsymbol{u}\times\boldsymbol{v}}{dt} = \left(\frac{d\boldsymbol{u}}{dt}\right)\times\boldsymbol{v} + \boldsymbol{u}\times\left(\frac{d\boldsymbol{v}}{dt}\right) \qquad (\text{MB}4\cdot8\text{b})$$

後者のベクトル積では,ベクトルの順序を変えないことが重要である.

スカラー関数 $f(x, y, z)$ の**勾配**[2] を $\text{grad}\, f$ または ∇f(ナブラ f と読む)と書く.これは,

$$\nabla f = \left(\frac{\partial f}{\partial x}\right)\boldsymbol{i} + \left(\frac{\partial f}{\partial y}\right)\boldsymbol{j} + \left(\frac{\partial f}{\partial z}\right)\boldsymbol{k} \qquad \boxed{\text{勾配}} \qquad (\text{MB}4\cdot9)$$

で与えられる.偏導関数については「数学の基礎1」で説明したが,「数学の基礎8」でも詳しくとりあげる.スカラー関数の勾配はベクトルであることに注意しよう.∇ はベクトル演算子として扱うことができる(ある関数に演算を行って,その結果がベクトルになるという意味である).そこで,

$$\nabla = \boldsymbol{i}\frac{\partial}{\partial x} + \boldsymbol{j}\frac{\partial}{\partial y} + \boldsymbol{k}\frac{\partial}{\partial z} \qquad (\text{MB}4\cdot10)$$

と書く.∇ と ∇f のスカラー積は,(MB4・9)式と(MB4・10)式を使うと,

$$\nabla\cdot\nabla f = \left(\boldsymbol{i}\frac{\partial}{\partial x} + \boldsymbol{j}\frac{\partial}{\partial y} + \boldsymbol{k}\frac{\partial}{\partial z}\right)\cdot\left(\boldsymbol{i}\frac{\partial}{\partial x} + \boldsymbol{j}\frac{\partial}{\partial y} + \boldsymbol{k}\frac{\partial}{\partial z}\right)f$$

$$= \frac{\partial^2 f}{\partial x^2} + \frac{\partial^2 f}{\partial y^2} + \frac{\partial^2 f}{\partial z^2}$$

$$\boxed{\text{ラプラス演算子}} \qquad (\text{MB}4\cdot11)$$

となる.(MB4・11)式は,ある関数の**ラプラス演算子**[3] ($\nabla^2 = \nabla\cdot\nabla$)を定義する式である.

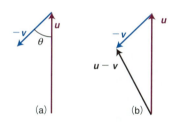

図 MB4・4 図を描いてベクトル $\boldsymbol{u}$ からベクトル $\boldsymbol{v}$ を引くには(図 MB4・3a と同様に),まず (a) $\boldsymbol{v}$ の向きを逆にして $-\boldsymbol{v}$ をつくる.次に (b) その $-\boldsymbol{v}$ を $\boldsymbol{u}$ に加える.

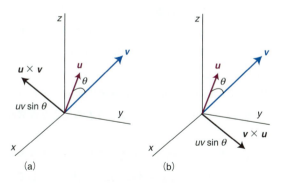

図 MB4・5 互いに角度 θ をなす2個のベクトル $\boldsymbol{u}$ と $\boldsymbol{v}$ のベクトル積の向き.(a) $\boldsymbol{u}\times\boldsymbol{v}$,(b) $\boldsymbol{v}\times\boldsymbol{u}$.このベクトル積や(MB4・4f)式の単位ベクトル $\boldsymbol{l}$ は,どちらも $\boldsymbol{u}$ と $\boldsymbol{v}$ の両方に垂直であるが,その向きは積をとる順序による.どちらの場合もベクトル積の大きさは $uv\sin\theta$ である.

---

1) law of cosines 2) gradient 3) laplacian

テーマ６　分子の構造

学習の内容と進め方

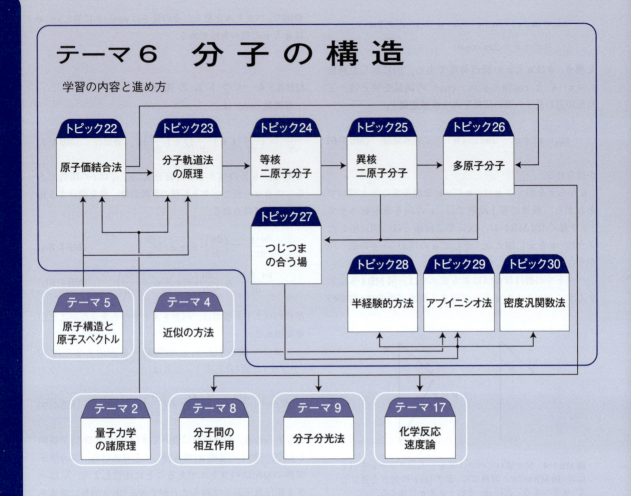

　分子の構造に関する諸問題は化学の心臓部であり，物質のいろいろな性質やそれがひき起こす反応の基礎にあるから，きわめて重要な化学の一側面である．初歩的な化学結合論は，G.N.ルイスが電子対の重要な役割を指摘した20世紀初頭に展開された．その役割は，いまでは化学に深く浸透している量子力学による結合の解釈によって明らかにされたのである．それらの解釈はすべて「原子構造と原子スペクトル」（テーマ5）で述べた量子力学的な説明の延長上にあるとみなせる．

　「量子力学の諸原理」（テーマ2）を化学結合の説明に応用した初期の理論に"原子価結合法"（トピック22）がある．それは電子対の役割に注目したもので，化学のいろいろな分野で広く使われてきた混成などの概念を導入したのであった．

　それとほぼ同時期に"分子軌道法"（トピック23）が導入され，定量的な計算を行うにはどの方法を選択すべきかの議論になった．分子軌道法は，原子オービタルの概念を分子全体にわたって非局在化している波動関数に拡張したものである．それは新たに，結合性オービタルと反結合性オービタルの概念を導入した．ここでは，分子軌道法の概念を導入するのに，まず最も単純な分子 H_2 について考え，それを等核二原子分子（トピック24）や異核二原子分子（トピック25）へと次第に拡張し，最終的には本テーマで目的とする多原子分子（トピック26）について考えよう．

　以上のトピックはすべて主として定性的なものである．後半のトピックでは，分子軌道法を計算化学で

どう使うかに焦点を当て，電子波動関数とそのエネルギーの計算法について解説する．そのすべては"つじつまの合う場"の方法（トピック 27）という数値計算法に基づくものである．この方法でよく用いられるアプローチの仕方は三つある．一つは"半経験的方法"（トピック 28）であり，計算に現れるいろいろな積分を，ある性質の実験で求めた値によく一致するようなパラメーターで置き換えてしまう．二つ目は"アブイニシオ法"（トピック 29）であり，あくまでも第一原理に基づいて積分値を計算しようとする．アブイニシオ法は「近似の方法」（テーマ 4）で説明した摂動論に立脚している．第三のアプローチは，いまでは最も一般的に使われている"密度汎関数法"（トピック 30）によるもので，ほかの二つとは考えを異にする．それは，波動関数を計算するのではなく，電子密度そのものを計算する手法である．

トピック 22

原子価結合法

内容

22・1 二原子分子
(a) 基本的な考え方
　簡単な例示 22・1　原子価結合法の波動関数
(b) 共鳴
　簡単な例示 22・2　共鳴混成

22・2 多原子分子
　簡単な例示 22・3　多原子分子
(a) 昇位
　簡単な例示 22・4　昇位
(b) 混成
　簡単な例示 22・5　混成のタイプと分子構造

チェックリスト
重要な式の一覧

▶ 学ぶべき重要性
　原子価結合法は，結合の量子力学理論として最初に発展した．この理論が導入した概念と用語にはスピン対形成や σ 結合，π 結合，混成などがあり，それは化学全般，特に有機化合物の性質や反応の説明に広く使われている．

▶ 習得すべき事項
　ある原子の原子オービタルにある電子が，もう一方の原子の原子オービタルの電子とスピン対をつくるとき，この両者の間に結合が形成される．

▶ 必要な予備知識
　原子オービタル（トピック 18）について知っており，波動関数の規格化（トピック 5）と直交性（トピック 7）の概念をよく理解している必要がある．本トピックでは，パウリの原理（トピック 19）も使う．

　はじめに，初等化学で学んだ**原子価結合法**[1]（VB 法）の要点をまとめ，分子軌道法（トピック 23）を展開するための舞台を設定しよう．しかし，その前に知っておくべき重要な点がある．分子構造に関する理論はすべて，まず初めに同じ単純化を行う．水素原子のシュレーディンガー方程式は厳密に解けるが，最も単純な分子でも 3 個の粒子（原子核 2 個と電子 1 個）からできているから，どんな分子についても厳密解を得ることは不可能である．したがって，**ボルン–オッペンハイマー近似**[2]を採用するが，この近似では，原子核は電子よりずっと重いのでその動きは比較的ゆっくりで，電子が原子核の場の中で動いている間は静止しているとしてもよいと考える．すなわち，原子核は任意の場所に固定されていると考え，電子のみの波動関数を求めるシュレーディンガー方程式を解くことにする．この近似は，基底状態の分子についてはかなりよい．計算によれば，H_2 中で電子がほぼ 1000 pm 走りまわる間に原子核の方は 1 pm しか動かず，したがって原子核が静止していると近似したことによる誤差は小さいと考えてよい．

　ボルン–オッペンハイマー近似を使えば，二原子分子の核間距離を自由に選んで，その核間距離のところで電子についてのシュレーディンガー方程式を解くことができる．次に，別の核間距離を選び，同じ計算を繰返す．この方法で，分子のエネルギーが結合長によってどう変化するかを調べることができ，**分子のポテンシャルエネルギー曲線**[3]

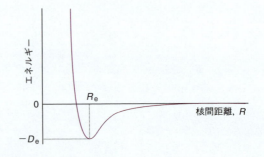

図 22・1　分子のポテンシャルエネルギー曲線．平衡結合長はこのエネルギーの極小にあたる．

---

1) valence-bond theory　2) Born–Oppenheimer approximation　3) molecular potential energy curve

が得られる（図22・1）．これをポテンシャルエネルギー曲線というのは，静止している原子核の運動エネルギーは0だからである．この曲線が計算されているか，あるいは（「トピック40～46」で説明する分光学的手段を使って）実験で求められていれば，**平衡結合長**[1] R_e，つまりこの曲線の極小にあたる核間距離と**結合解離エネルギー**[2] D_0 を求められる．この D_0 は，原子が互いに無限遠に遠く離れて静止しているときのエネルギーから測った極小の深さ D_e と密接な関係がある．多原子分子では，複数の結合長や結合角など2個以上の分子パラメーターが変化するから，ポテンシャルエネルギー曲面が得られる．そこで，平衡での分子の形は，この曲面全体の最小に相当している．

22・1 二原子分子

最も単純と思われる化学結合，つまり水素分子 H_2 の結合を考えてVB法の説明を始めよう．

(a) 基本的な考え方

遠く離れた2個のH原子それぞれに1個ある電子の空間波動関数は，電子1が原子Aにあり，電子2が原子Bにあるとすれば，

$$\psi = \chi_{H1s_A}(r_1)\chi_{H1s_B}(r_2) \tag{22・1}$$

である．本トピックでは，原子オービタルを表すのに，化学の文献でよく使われる χ（カイ）を用いることにする．簡単のために，この波動関数を $\psi = A(1)B(2)$ と書くことにしよう．しかしながら，2原子が近づくと，Aにあるのが電子1なのか電子2なのかを知るのは不可能である．したがって，電子2が原子Aにあり，電子1が原子Bにあることを表す $\psi = A(2)B(1)$ も上の波動関数と同等に正当である．二つの結果が等しい確率で実現しそうなときは，量子力学は，系の真の状態をそれぞれの可能性を表す波動関数の重ね合わせで表すよう要請するから（トピック7），分子をどちらかの波動関数だけで表すよりも優れた表し方は，(規格化されていない) 一次結合 $\psi = A(1)B(2) \pm A(2)B(1)$ のどちらかである．エネルギーの低い一次結合は＋の符号をもつから，H_2分子の電子を表す原子価結合法の波動関数は，

$$\psi = A(1)B(2) + A(2)B(1)$$

原子価結合法の波動関数 (22・2)

である．この一次結合の方が，遠く離れた原子や負の符号の一次結合より低いエネルギーをもつ理由は，$A(1)B(2)$ と $A(2)B(1)$ で表される二つの波の強め合いの干渉に帰す

ることができる．その結果，核間の領域に電子の確率密度が大きくなるのである（図22・2）．

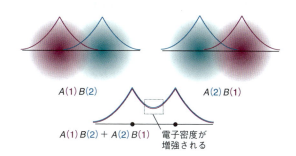

図22・2 原子価結合法の波動関数は，2個の電子に同時に関係するので，これを表現するのは非常に難しい．しかし，この図はそれを試みたものである．電子1の原子オービタルは赤紫色の影で表し，電子2は緑色の影で表してある．左図は $A(1)B(2)$ を表し，右図は $A(2)B(1)$ を表す．この二つの寄与を重ね合わせると，同じ色で表された寄与の間でそれぞれ干渉が起こり，核間領域で電子密度の増強が見られる．

簡単な例示 22・1　原子価結合法の波動関数

(22・2)式の波動関数は抽象的に思えるが，単純な指数関数を使って具体的に表すこともできる．たとえば，「トピック18」で与えたHの1sオービタル（$Z=1$）の波動関数を使えば，H_2 分子の波動関数はそれぞれの原子核から測った半径を用いてつぎのように表せる．

$$\psi = \overbrace{\frac{1}{(\pi a_0^3)^{1/2}}e^{-r_{A1}/a_0}}^{A(1)} \times \overbrace{\frac{1}{(\pi a_0^3)^{1/2}}e^{-r_{B2}/a_0}}^{B(2)}$$
$$+ \overbrace{\frac{1}{(\pi a_0^3)^{1/2}}e^{-r_{A2}/a_0}}^{A(2)} \times \overbrace{\frac{1}{(\pi a_0^3)^{1/2}}e^{-r_{B1}/a_0}}^{B(1)}$$
$$= \frac{1}{\pi a_0^3}\{e^{-(r_{A1}+r_{B2})/a_0} + e^{-(r_{A2}+r_{B1})/a_0}\}$$

自習問題 22・1　上の波動関数を各電子の直交座標で表せ．ただし，核間距離（z軸に沿う）を R とする．
　　　　　　　[答：$r_{Ai} = (x_i^2 + y_i^2 + z_i^2)^{1/2}$,
　　　　　　　　$r_{Bi} = \{x_i^2 + y_i^2 + (z_i - R)^2\}^{1/2}$]

(22・2)式の波動関数で表される電子分布を **σ結合**[3] という．σ結合は，核と核を結ぶ軸のまわりに円柱対称をもち，この軸の方向から眺めるとsオービタルにある電子対に似ているから，こう名づけられた（σはsに相当するギリシャ文字）．

---

1) equilibrium bond length　2) bond dissociation energy　3) σ bond

化学者が頭に描く共有結合というのは，原子オービタルが重なるとき2個の電子のスピンが対になるというものである．スピンの役割が重要視されるのは，つぎの「根拠」で示すように，(22·2)式の波動関数がつくれるのは2個の電子のスピンが対をつくるときだけだからである．スピン対の形成そのものが目的なのではなく，エネルギーの低い波動関数とその確率分布をつくりだすための手段なのである．

根拠 22·1　VB法における電子対の形成

パウリの原理によれば，2個の電子がラベルを交換すると，その2電子のスピンを含む全波動関数は符号を変える必要がある（トピック19）．2個の電子の全VB波動関数は，

$$\psi(1,2) = \{A(1)B(2) + A(2)B(1)\}\sigma(1,2)$$

である．σはこの波動関数のスピン成分を表す．ラベル1と2を交換すれば，この波動関数はつぎのようになる．

$$\psi(2,1) = \{A(2)B(1) + A(1)B(2)\}\sigma(2,1)$$
$$= \{A(1)B(2) + A(2)B(1)\}\sigma(2,1)$$

パウリの原理から，$\psi(2,1) = -\psi(1,2)$ が要請されるが，これは $\sigma(2,1) = -\sigma(1,2)$ のときだけ満たされる．2個のスピンの組合わせで，この性質をもつのは，

$$\sigma_-(1,2) = \frac{1}{2^{1/2}}\{\alpha(1)\beta(2) - \beta(1)\alpha(2)\}$$

である．これは対になった電子スピンにあたる（トピック19）．したがって，電子スピンが対になれば，エネルギーの低い状態（つまり化学結合の形成）が実現すると結論できる．

H_2分子のVB法による説明は，他の等核二原子分子にも応用できる．原子の原子価電子の配置を考えればよい．たとえば，N_2の配置は $2s^2 2p_x^1 2p_y^1 2p_z^1$ である．ふつうは原子を結ぶ軸をz軸にとるから，各原子はその$2p_z$オービタルをもう一方の原子の$2p_z$オービタルの方に向けており（図22·3），$2p_x$および$2p_y$オービタルはこの軸に垂直になっていると考えられる．したがって，二つの$2p_z$オービタルにある2個の電子の間にスピン対ができればσ結合ができる．その空間波動関数は(22·2)式で与えられるが，ここではAとBは二つの$2p_z$オービタルを表すことになる．

残りのN2pオービタルは核間軸のまわりに円柱対称をもたないから，混ざり合ってσ結合をつくることはできない．その代わりに，これらの電子は合体してπ結合を形成する．π結合[1]は，2個のpオービタルが横向きに近づいて，その電子がスピン対を形成することによって実現する（図22·4）．π結合という名前の由来は，π結合を核間軸に沿って眺めると，pオービタルにある一対の電子のように見えるからである（πはpに相当するギリシャ文字）．

N_2にはπ結合が二つあり，一つは2個の隣接する$2p_x$オービタルによるスピン対形成によってできるし，もう一つは隣接する2個の$2p_y$オービタルによるスピン対形成によってできる．したがって，N_2全体としての結合様式は，

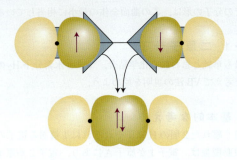

図22·3　同一線上にある二つのpオービタルの電子の間のオービタルの重なりとスピン対形成によって，σ結合が形成されることになる．

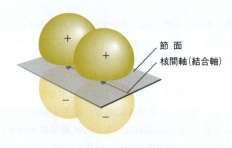

節面
核間軸（結合軸）

図22·4　核間軸（結合軸）に垂直な軸をもつpオービタルにある電子間のオービタルの重なりとスピン対形成によって，π結合ができる．この結合は電子密度のローブを2個もつが，両者は節面によって隔てられている．

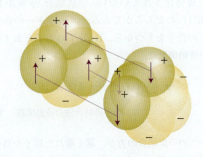

図22·5　窒素分子の結合の構造．σ結合1個とπ結合2個がある．

---

1) π bond

1個の σ 結合と 2個の π 結合であり（図 22·5），これは窒素のルイス構造 :N≡N: と合う．

(b) 共　鳴

VB 法によって化学に導入されたもう一つの用語は**共鳴**[1]である．それは，核がつくる骨格構造が同じでありながら電子分布の異なる波動関数を重ね合わせることである．その意味を理解するために，純粋に共有結合からなる HCl 分子の VB 法による表し方を考えよう．このとき，波動関数を $\psi = A(1)B(2) + A(2)B(1)$ と書いて，A を H1s オービタル，B を Cl2p オービタルとできるだろう．ところが実際の分子では，この表し方はどこかおかしい．なるほど，Cl 原子に電子 2 があるときは H 原子に電子 1 があり，その逆でもよい．しかし，どちらの電子も Cl 原子にある可能性（このとき $\psi = B(1)B(2)$ で，H^+Cl^- を表す）や，どちらの電子も H 原子にある可能性（このとき $\psi = A(1)A(2)$ で，H^-Cl^+ を表すから可能性は低い）が排除されているのである．この分子の波動関数を表すもっとよいやり方は，共有結合性とイオン結合性の表し方の重ね合わせとして表すことであり，λ（ラムダ）という数値係数を使って，$\psi_{HCl} = \psi_{H-Cl} + \lambda \psi_{H^+Cl^-}$ と書くことである（簡略化して書いてあり，H^-Cl^+ は可能性が低いから無視してある）．一般には，

$$\psi = \psi_{\text{covalent}} + \lambda \psi_{\text{ionic}} \qquad (22\cdot3)$$

と書く．ψ_{covalent} は，この結合が純粋に共有結合型とした場合の波動関数であり，ψ_{ionic} は純粋にイオン結合型とした場合の波動関数である．(22·3)式で表すというやり方は共鳴の一例である．この場合は，一方の構造が純粋に共有結合型で，もう一方はイオン結合型であるから，これを**イオン性−共有結合性共鳴**[2]という．**共鳴混成**[3]というこの波動関数の解釈は，もし，この分子を詳しく検査できたとすれば，イオン構造をもつ確率が λ^2 に比例していることを表している．λ^2 が非常に小さければ，共有結合性とした記述が優勢である．一方，λ^2 が非常に大きければ，イオン性が優勢である．共鳴というのは，これに寄与している状態の間を行き来しているのではなく，それらの特徴が混ざっているだけであり，ちょうどウマとロバの交雑種であるラバのようなものである．それは，どの寄与構造 1 個で表すよりも分子の真の波動関数に近いものを得るための数学的な手法にすぎない．

λ の値を計算する系統的な方法は，「トピック 25」で確かめる**変分原理**[4]によって得られる．すなわち，

> 任意の波動関数を使ってそのエネルギーを計算したとき，計算値が真のエネルギーより小さいことはありえない．　　**変分原理**

である．ここで，任意の波動関数というのは**試行波動関数**[5]である．変分原理によれば，試行波動関数に含まれるパラメーター λ を変化させて，そのエネルギーが最低に到達したときには，その λ が最善の値であり，共鳴混成に寄与するイオン性の波動関数の度合いは λ^2 で表せる．

> **簡単な例示 22·2　共鳴混成**
>
> (22·3)式で表せる結合を考えよう．$\lambda = 0.1$ のときに最低エネルギーが達成されたら，その分子の結合の最善の表し方は，波動関数 $\psi = \psi_{\text{covalent}} + 0.1 \psi_{\text{ionic}}$ で表した共鳴構造によるものである．この波動関数から，分子を共有結合型とイオン結合型に見いだす確率の比は $100:1$（$0.1^2 = 0.01$ だから）と考えられる．

> **自習問題 22·2**　ある規格化された波動関数が $\psi = 0.889 \psi_{\text{covalent}} + 0.458 \psi_{\text{ionic}}$ で表されるとき，一方の原子に結合電子を 2 個とも見いだす確率はいくらか．
>
> ［答：21.0 パーセント］

22·2　多原子分子

多原子分子における個々の σ 結合は，それぞれの核間軸のまわりに円柱対称をもつ原子オービタルにある電子が対をつくることで形成される．同様に，π 結合は，適切な対称性をもつ原子オービタルを占めている電子が対をつくることで形成される．

> **簡単な例示 22·3　多原子分子**
>
> VB 法で H_2O の構造を表してみれば，その状況がよくわかるだろう．O 原子の原子価電子の配置は $2s^2 2p_x^2 2p_y^1 2p_z^1$ である．O2p オービタルに 2 個ある不対電子は，それぞれ H1s オービタルにある電子 1 個と対をつくれるから，それぞれの組合わせで σ 結合が形成される（どちらの結合も O−H 核間軸について

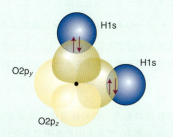

図 22·6　H_2O 分子の構造を理解する粗い見方によれば，H1s 電子と O2p 電子の重なりとスピン対形成によって σ 結合が 2 個つくられる．

---

1) resonance　2) ionic-covalent resonance　3) resonace hybrid　4) variation principle　5) trial wavefunction

円柱対称をもつ）．一方，$2p_y$ オービタルと $2p_z$ オービタルは互いに $90°$ にあるから，この 2 個の σ 結合も互いに $90°$ の角度をなしている（図 22・6）．したがって，H_2O は折れ曲がった（山形の）分子であることが予測され，実際そうなっている．しかしながら，その結合角は VB 法によれば $90°$ と予測されるから，実際の結合角 $104.5°$ とは違っている．

> **自習問題 22・3** VB 法を使って，アンモニア分子 NH_3 の形を予測せよ．
>
> ［答: 三角錐形で HNH 結合角は $90°$
> 実測値は $107°$］

共鳴は，多原子分子を VB 法で表すときに重要な役目をする．最も有名な共鳴の例はベンゼンの VB 法による表現に見られる．この場合の分子の波動関数は，つぎの二つの共有結合型のケクレ構造の波動関数の重ね合わせとして書く．

$$\psi = \psi\left(\bighexagon\right) + \psi\left(\bighexagon\right) \qquad (22\cdot4)$$

この二つの寄与構造はエネルギーが同じであるから，重ね合わせには同等に寄与する．この場合の共鳴（双方向の矢印で示す，$\bighexagon \leftrightarrow \bighexagon$）の効果は，二重結合性を環全体に分布させて，炭素–炭素結合の長さや強さをすべて同じにすることである．共鳴を許すことによって電子の位置をもっと正確に記述できるし，とりわけ，その電子分布をエネルギーの低下した状態に合わせられるから，波動関数はそれだけ改良される．このエネルギー低下をその分子の**共鳴安定化**[1]という．VB 法の表現に従えば，これが芳香環の異常ともいえる安定性のおもな原因である．共鳴があるとエネルギーは必ず低下する．しかも，その低下は寄与構造が似たエネルギーをもつとき最大である．ベンゼンの波動関数は，$\bighexagon$ のような構造を少し混ぜてイオン性–共有結合性共鳴も許すことにすれば，いっそう改良することができ，計算で得られるエネルギーはさらに低下する．

（a）昇 位

初期の VB 法のもう一つの難点は，炭素が 4 価（4 個の結合をつくれる能力）であるのを説明できないことであった．C の基底状態の配置は $2s^2 2p_x{}^1 2p_y{}^1$ で，炭素原子は 4 個ではなく 2 個しか結合をつくれないはずだからである．

この難点は**昇位**[2]を許すことで克服される．つまり，電子 1 個をもっとエネルギーの高いオービタルに励起することである．たとえば炭素では，$2s$ 電子を $2p$ オービタルへ昇位させると，$2s^1 2p_x{}^1 2p_y{}^1 2p_z{}^1$ という配置になって，4 個の不対電子が別々のオービタルに入ると考えられる．これらの電子は，4 個の他の原子から供給されるオービタル（たとえば分子がメタン CH_4 であれば，4 個の $H1s$ オービタル）の 4 個の電子と対をつくることができ，したがって 4 個の σ オービタルを形成する．電子を昇位させるにはエネルギーが必要であるが，原子が昇位しないときの 2 個の結合の代わりに，昇位した原子が 4 個の結合をつくる能力をもつようになるから，必要とした以上のエネルギーを取り戻せるのである．

昇位によって 4 個の結合をつくるのは炭素の際立った特徴であるが，これは昇位エネルギーが非常に小さいためである．昇位した電子は，二重に占有されていた $2s$ オービタルを離れて，空の $2p$ オービタルに入る．これによって，もとの状態では大きかった電子–電子反発を少なからず和らげることになる．しかしながら，昇位というのは原子が何らかの仕方でとにかく励起され，それから結合をつくるという"実際の"過程でないことは忘れてならない重要な点である．これは，結合が形成されるときに起こる全体としてのエネルギー変化を説明しやすいように考え出した過程にすぎないのである．

> **簡単な例示 22・4** 昇 位
>
> 硫黄は，SF_6 分子のように 6 個の結合をつくれる（"拡張八隅子"の一例）．硫黄の基底状態の電子配置は $[Ne]3s^2 3p^4$ であるから，この結合様式をとるためには，$3s$ 電子 1 個と $3p$ 電子 1 個がエネルギーの近い $3d$ オービタル 2 個へと昇位して仮想的な配置 $[Ne]3s^1 3p^3 3d^2$ をつくり，異なるオービタルにある 6 個の原子価電子すべてが F 原子 6 個から提供された 6 個の電子と結合をつくれる必要がある．

> **自習問題 22・4** リンは，PF_5 のように結合を 5 個つくれる．これを説明せよ．
>
> ［答: $[Ne]3s^2 3p^3$ の $3s$ 電子 1 個が昇位して
> $[Ne]3s^1 3p^3 3d^1$ になる］

（b）混 成

CH_4（ほかのアルカンの場合も同じである）の結合様式の説明はまだ不十分である．それは，（$H1s$ オービタルと $C2p$ オービタルからできる）一つのタイプの σ 結合 3 個と，これとは性格が明らかに異なる（$H1s$ オービタルと $C2s$ オービタルからできる）4 番目の σ 結合が存在するこ

---

1) resonance stabilization 2) promotion

とになるからである．この問題は，昇位した原子の電子密度分布というのは，同じ原子に属するC2sオービタルとC2pオービタルの干渉によって形成された一つの**混成オービタル**[1]を各電子が占めたときの電子密度と等価であると考えれば克服できる．混成の起源を理解するには，4個の原子オービタルが原子核を中心とする波であって，これらが干渉し合って，弱め合う領域と強め合う領域ができて4個の新しい形を生み出すと考えればよい．

つぎの「根拠」で示すように，4個の等価な混成オービタルをつくり出す具体的な一次結合は，

$$h_1 = s + p_x + p_y + p_z \quad h_2 = s - p_x - p_y + p_z$$
$$h_3 = s - p_x + p_y - p_z \quad h_4 = s + p_x - p_y - p_z$$

sp³混成オービタル (22・5)

である．成分のオービタルの間の干渉の結果，各混成オービタルは正四面体の頂点を向いた大きなローブから成る(図22・7)．これらの混成オービタルの軸同士がなす角度は，正四面体角，つまり $\cos^{-1}(-\frac{1}{3}) = 109.47°$ である．各混成オービタルはsオービタル1個とpオービタル3個からできているので，**sp³混成オービタル**[2]という．

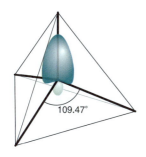

図22・7 sp³混成オービタルは，同じ原子上のsオービタルとpオービタルの重ね合わせでできる．このような混成体が4個あり，それぞれが正四面体の頂点を向いている．全体としての電子密度は球対称を保っている．

根拠22・2 四面体形混成オービタルのつくり方

はじめに，それぞれの混成オービタルが $h = as + b_x p_x + b_y p_y + b_z p_z$ の形で書けるとしよう．立方体の(1, 1, 1)の角を向く混成オービタル h_1 は，3個のpオービタルすべてが等しく寄与したものでなければならないから，三つの係数 b はすべて等しく，そこで $h_1 = as + b(p_x + p_y + p_z)$ と書く．ほかの三つの混成オービタルも同じ成分からなるが(空間の向きが異なるだけで四つは等価である)，いずれも h_1 とは直交している．この直

交性は，同じpオービタルの成分からなる符号の異なる組合わせを選べば成立する．たとえば，$h_2 = as + b(-p_x - p_y + p_z)$ を選んだときの直交条件は，

$$\int h_1 h_2 \,d\tau$$
$$= \int \{as + b(p_x + p_y + p_z)\}\{as + b(-p_x - p_y + p_z)\}\,d\tau$$
$$= a^2 \overbrace{\int s^2 d\tau}^{1} - b^2 \overbrace{\int p_x^2 d\tau}^{1} - \cdots - ab \overbrace{\int s p_x d\tau}^{0} - \cdots$$
$$- b^2 \overbrace{\int p_x p_y d\tau}^{0} + \cdots$$
$$= a^2 - b^2 - b^2 + b^2 = a^2 - b^2 = 0$$

である．この解は $a = b$ であり(もう一つの解 $a = -b$ は，pオービタルの別の組合わせを選んだ場合に相当するだけである)，この2個の混成オービタルは(22・5)式の h_1 と h_2 である．同じ論法を使って，$h_3 = as + b(-p_x + p_y - p_z)$ や $h_4 = as + b(p_x - p_y - p_z)$ とすれば，(22・5)式の残りの2個の混成オービタルがつくれる．

ここまでくれば，CH₄分子を原子価結合法で表そうとするとき，どうすれば4個の等価なC−H結合をもつ正四面体形の分子にできるかは容易にわかるだろう．昇位したC原子の各混成オービタルには不対電子が1個ずつあるから，H1s電子はこの電子のそれぞれと対をつくることができて，正四面体方向に向いたσ結合をつくる(図22・8)．

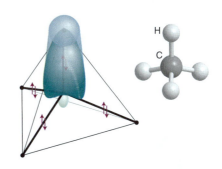

図22・8 sp³混成オービタルは，それぞれが正四面体の頂点にあるH1sと重なり合ってσ結合を形成する．このモデルは，CH₄の4個の結合が等価であることを説明できる．

たとえば，混成オービタル h_1 と $1s_A$ オービタル(その波動関数を A で表すことにする)によって形成される結合を表す(規格化されていない)波動関数は，

$$\psi = h_1(1)A(2) + h_1(2)A(1) \tag{22・6}$$

---

1) hybrid orbital 2) sp³ hybrid orbital

である。H₂の場合と同じで，この波動関数をつくるには2電子が対をつくらなければならない。また，それぞれのsp³混成オービタルは同じ組成をもつから，4個のσ結合は空間における向き以外はすべて同等である。

混成オービタルは核間領域でその振幅が大きくなっているが，これはsオービタルとpオービタルの正のローブの間の強め合う干渉によって生じる。その結果，結合強度はsまたはpオービタルだけから形成される結合よりもずっと強くなる。結合強度がこのように増すことも，昇位に使ったエネルギーを回収する一助になっている。

混成を使えば，エテン分子 H₂C=CH₂ の構造と二重結合のねじれに対する硬さを説明することができる。エテン分子は平面形で，HCH および HCC 結合角は120°に近い。ここでもσ結合の構造をつくるのに，各C原子は $2s^1 2p^3$ の配置に昇位したとみなす。しかし，混成をつくるために4個のオービタル全部は使わずに，**sp² 混成オービタル**[1]をつくることにする。

$$h_1 = s + 2^{1/2} p_y$$
$$h_2 = s + \left(\frac{3}{2}\right)^{1/2} p_x - \left(\frac{1}{2}\right)^{1/2} p_y \quad \text{sp² 混成オービタル} \quad (22 \cdot 7)$$
$$h_3 = s - \left(\frac{3}{2}\right)^{1/2} p_x - \left(\frac{1}{2}\right)^{1/2} p_y$$

この混成オービタルは平面内にあって，互いは120°の角度で正三角形の頂点を向いている（図22·9および「問題22·2」を見よ）。3番目の2pオービタル（2p_z）はこの混成に参加せず，その軸は混成オービタルを含む平面に垂直になっている。係数の符号がそれぞれ異なっているから，混成オービタルは互いに直交していて，しかも空間の違う領域で強め合いの干渉が起こっていることもわかる。その状況は図を見ればわかる。sp² 混成したC原子は，それぞれが他方のC原子の h_1 混成オービタルまたは H1s オービタルのどちらかとスピン対をつくることによって，3本のσ

結合を形成する。したがって，σ骨格は互いに120°をなすC–HおよびC–Cのσ結合から成る。二つの CH₂ 基が同じ平面内にあるときには，混成していない p オービタルにある2個の電子は対になって，π結合をつくることができる（図22·10）。このπ結合の形成によって骨格が平面配列に固定されるが，これは，片方の CH₂ 基を他方に相対的に回転させるとπ結合が弱くなる（その結果，分子のエネルギーが上昇する）からである。

図22·10 エテン（エチレン）の二重結合の構造。π結合だけを点線でわかりやすく示してある。

これと同様の説明が，直線分子のエチン HC≡CH にもあてはまる。このときのC原子は **sp 混成**[2]によって，つぎの形の混成原子オービタルを使ってσ結合をつくる。

$$h_1 = s + p_z \qquad h_2 = s - p_z \quad \text{sp 混成オービタル} \quad (22 \cdot 8)$$

この2個の混成オービタルは，核間を結ぶ軸に沿っている。その中の電子は，他方のC原子上の対応する混成オービタル中の電子か，H1s オービタルの一つにある電子かのどちらかと対をつくる。各原子にある残りの二つのpオービタルは分子軸に垂直であり，その中の電子は，対をつくって2個の垂直なπ結合を形成する（図22·11）。

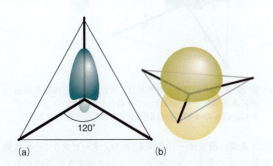

図22·9 (a) sオービタル1個とpオービタル2個が混成して，正三角形の頂点に向かう3個の等価なオービタルを形成できる。(b) 混成せずに残されたpオービタルは，この三角形の面に垂直である。

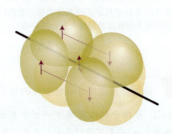

図22·11 エチン（アセチレン）の三重結合の構造。π結合だけを点線でわかりやすく示してある。

混成の他の方式も，特にdオービタルを含むものは分子の立体構造をうまく表せるという理由で，分子構造を表すのによく利用される（表22·1）。N 個の原子オービタル

---

1) sp² hybrid orbital 2) sp hybridization

トピック22 原子価結合法

の混成から必ず N 個の混成オービタルが形成されるが，それを使って結合をつくるか，それとも孤立電子対を含んでいるかのどちらかである．

表22·1 混成の例

配位数	配 置	混成のタイプ
2	直 線	sp, pd, sd
	山 形	sd
3	平面三角	sp^2, p^2d
	非対称平面	spd
	三角錐	pd^2
4	四面体	sp^3, sd^3
	変則四面体	spd^2, p^3d, pd^3
	平面四角	p^2d^2, sp^2d
5	三方両錐	sp^3d, spd^3
	四角錐	sp^2d^2, sd^4, pd^4, p^3d^2
	平面五角	p^2d^3
6	八面体	sp^3d^2
	三角柱	spd^4, pd^5
	ねじれ三角柱	p^3d^3

簡単な例示 22·5 混成のタイプと分子構造

たとえば，sp^3d^2 混成から，正八面体の頂点を向いた6個の等価な混成オービタルができる．これは SF_6 のような八面体形分子の構造をよく説明できる（「簡単な例示 22·4」では硫黄の電子の昇位について述べた）．混成オービタルは，これを使って必ずしも結合をつくるわけではない．すなわち，孤立電子対を含む場合もある．たとえば，過酸化水素 H_2O_2 では，O 原子はどちらも sp^3 混成するとみなせる．この混成オービタルのうち2個は結合をつくり，その O–O 結合と O–H 結合のなす角度は約 109° である（実測値はずっと小さく，94.8° である）．O 原子にある残りの2個の混成オービタルには孤立電子対が入っている．O–O 結合のまわりに回転が可能であるから，この分子ではコンホメーションの変化が起こりやすい．

自習問題 22·5 メチルアミン CH_3NH_2 の構造を説明せよ． ［答: C と N はどちらも sp^3 混成する．N には孤立電子対が1個ある］

チェックリスト

□ 1. **ボルン–オッペンハイマー近似**では，原子核の場の中で電子が動いても，原子核は静止しているとして扱う．

□ 2. **分子のポテンシャルエネルギー曲線**は，分子のエネルギーの変化を結合長の関数で表した曲線である．

□ 3. **平衡結合長**は，ポテンシャルエネルギー曲線の極小にあるときの核間距離である．

□ 4. **結合解離エネルギー**は，分子にある2原子を切り離すのに必要な最小のエネルギーである．

□ 5. 結合は，一方の原子の原子オービタルにある電子が，もう一方の原子の原子オービタルにある電子とスピン対をつくるときに形成される．

□ 6. **共鳴**とは，原子核がつくる骨格構造が同じでありながら，異なる電子分布を表す波動関数の重ね合わせのことである．

□ 7. 多原子分子の形を理解できるように，VB 法は**昇位**と**混成**の概念を導入している．

□ 8. **σ結合**は，核間を結ぶ軸のまわりに円柱対称をもつ．

□ 9. **π結合**は，核間を結ぶ軸に垂直な p オービタルの対称に似た対称をもつ．

重要な式の一覧

性 質	式	備 考	式番号
原子価結合波動関数	$\psi = A(1)B(2) + A(2)B(1)$	A と B は原子オービタル	22·2
混 成	$h = \sum_i c_i \chi_i$	同じ原子のすべての原子オービタル　具体的な式の形は本文にある	22·5 (sp³)
			22·7 (sp²)
			22·8 (sp)

トピック23

分子軌道法の原理

内容

23・1 原子オービタルの一次結合
- (a) 原子オービタルの一次結合の構築
  - 例題 23・1　分子オービタルの規格化
  - 簡単な例示 23・1　分子オービタル
- (b) 結合性オービタル
  - 簡単な例示 23・2　分子オービタルに関わる　三つの積分
- (c) 反結合性オービタル
  - 簡単な例示 23・3　反結合性オービタルの　エネルギー

23・2 オービタルの名称
- 簡単な例示 23・4　反転対称性

チェックリスト
重要な式の一覧

▶ **学ぶべき重要性**

分子軌道法は，化学結合を記述するほぼすべての方法の基礎になっている．その対象は，個々の分子だけでなく固体における結合も含まれる．分子の諸性質を予測したり，分析したりするためのたいていの計算手法の基礎でもある．

▶ **習得すべき事項**

分子オービタルは，分子内の原子すべてに広がる波動関数である．

▶ **必要な予備知識**

原子オービタルの形（トピック 18）を知っているだけでなく，与えられた波動関数からエネルギーと確率密度をどう計算するか（トピック 5 と 7）について理解している必要がある．ここでの議論はすべて，ボル

ン–オッペンハイマー近似（トピック 22）の枠組みの中にある．

分子軌道法[1]（MO 法）では，電子が特定の結合に属することはなく，分子全体に広がっていると考える．この理論は VB 法（トピック 22）よりずっと着実に発展してきており，現在，結合の議論で広く使われている用語は，そこで生まれたものである．この理論を導入するにあたり，ここでは「トピック 19」と同じ戦略を使うことにする．「トピック 19」では，原子構造を説明するのに基本となる化学種として 1 電子しかない H 原子を取上げ，その戦略を拡大して多電子原子を記述するのに使った．本トピックでは，あらゆる分子のうちで最も単純な水素分子イオン H_2^+ を使って，結合力の重要な性質を紹介してから，これをもっと複雑な系の構造を表すための手引きとして使う．

23・1 原子オービタルの一次結合

H_2^+ にある 1 個の電子のハミルトン演算子は，

$$\hat{H} = -\frac{\hbar^2}{2m_e}\nabla_1^2 + V \qquad V = -\frac{e^2}{4\pi\varepsilon_0}\left(\frac{1}{r_{A1}} + \frac{1}{r_{B1}} - \frac{1}{R}\right)$$

(23・1)

である．ただし，r_{A1} と r_{B1} は二つの原子核 A と B から電子までの距離であり（**1**），R は二つの核間の距離である．V の式中，（ ）の中の最初の二つの項は，電子と原子核の間の相互作用による引力の寄与であり，最後の項は原子核の間の反発相互作用である．基礎物理定数を集めた係数 $e^2/4\pi\varepsilon_0$ は本トピックで頻繁に現れるから，それを j_0 で表すことにしよう．シュレーディンガー方程式，$\hat{H}\psi = E\psi$ を解いて得られる一電子波動関数を**分子オービタル**[2]（MO）という．ただし，この場合のハミルトン演算子だけでなく，一般の分子についての類似のハミルトン演算子で得られる波動関数についても分子オービタルという．分子

---

1) molecular orbital theory　2) molecular orbital

オービタルは原子オービタルのようなものであるが，分子全体に広がっており，$|\psi|^2$ の値を介して分子内の電子の確率分布を与えている．

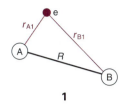

(a) 原子オービタルの一次結合の構築

H_2^+ については，〔ボルン-オッペンハイマー近似（トピック22）の範囲内で〕シュレーディンガー方程式が解析的に解けるが，その波動関数は非常に複雑な関数である．しかも，その解は多原子系に拡張できない．そこで，近似はもっと粗くなるが，ずっと単純で他の分子に容易に拡張できる方法を採用することになる．

1個の電子を，原子Aに属している原子オービタルにも原子Bに属している原子オービタルにも見いだすことができるとすると，全体の波動関数はこの二つの原子オービタルの重ね合わせになる．

$$\psi_\pm = N(A \pm B) \quad \text{原子オービタル の一次結合} \quad (23\cdot2)$$

H_2^+ についていえば，A は原子Aの H1s 原子オービタルであり，それは（「トピック22」で述べたように）χ_{H1s_A} を表している．同様にして B は χ_{H1s_B} を表し，N は規格化因子である．(23・2) 式のような重ね合わせを一般に**原子オービタルの一次結合**[1]（**LCAO**）という．原子オービタルの一次結合からつくられる近似的な分子オービタルを **LCAO-MO** という．ここで取上げているような，核間軸のまわりに円柱対称をもつ分子オービタルを **σオービタル**[2] という．それは，この軸方向から眺めるとsオービタルに似ているからであり，もっと正確にいうと，核間軸のまわりにオービタル角運動量をもたないからである．

例題 23・1　分子オービタルの規格化

(23・2) 式の分子オービタル ψ_+ を規格化せよ．

解法　$\int \psi^* \psi\, d\tau = 1$ を満たす因子 N を求める必要がある．その計算を進めるには，この積分に LCAO を代入し，個々の原子オービタルは規格化されていることを利用すればよい．

解答　波動関数を代入すれば，

$$\int \psi^* \psi\, d\tau = N^2 \left\{ \overbrace{\int A^2 d\tau}^{1} + \overbrace{\int B^2 d\tau}^{1} + 2\overbrace{\int AB\, d\tau}^{S} \right\}$$

$$= 2(1+S)N^2$$

となる．$S = \int AB\, d\tau$ であり，この値は核間距離に依存する（この"重なり積分"はあとで重要な役割をする）．この積分が1に等しいためには，

$$N = \frac{1}{\{2(1+S)\}^{1/2}}$$

でなければならない．H_2^+ では，$S \approx 0.59$ であるから，$N = 0.56$ である．

自習問題 23・1　(23・2) 式のオービタル ψ_- を規格化せよ．　〔答：$N = 1/\{2(1-S)\}^{1/2}$；$S \approx 0.59$ であれば $N = 1.10$〕

図 23・1 は，(23・2) 式の分子オービタル ψ_+ について振幅一定の等高線を示したものである．こうしたプロットは，市販のソフトウエアを使って容易に得られる．その計算はきわめて簡単で，二つの原子オービタルの数学的な形を入力するだけでよく，そうすればあとはプログラムがやってくれる．

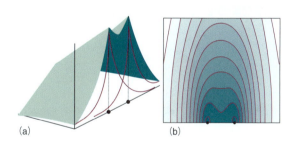

図 23・1　(a) 水素分子イオンの2個の原子核を含む平面内における結合性分子オービタルの振幅と，(b) その振幅を等高線図で表したもの．

簡単な例示 23・1　分子オービタル

分子オービタルを求めるのに，つぎの二つのH1sオービタルが使える．

$$A = \frac{1}{(\pi a_0^3)^{1/2}} e^{-r_{A1}/a_0} \qquad B = \frac{1}{(\pi a_0^3)^{1/2}} e^{-r_{B1}/a_0}$$

---

1) linear combination of atomic orbitals　2) σ orbital

r_{A1} と r_{B1} は独立でなく，原子Aを基準にした直交座標で表せば(**2**)，両者は $r_{A1} = \{x^2 + y^2 + z^2\}^{1/2}$ および $r_{B1} = \{x^2 + y^2 + (R-z)^2\}^{1/2}$ で互いに関係がある．ここで，R は結合長である．

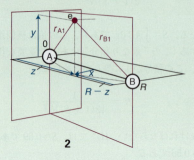

2

計算で得られた振幅一定の曲面を図 23·2 に示す．

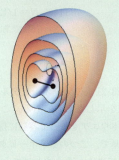

図 23·2 水素分子イオンの波動関数 ψ_+ について，振幅一定の曲面を表す図．

自習問題 23·2 ψ_- について同じ解析を行え．

[答：(図 23·3)]

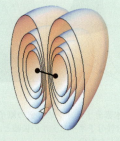

図 23·3 水素分子イオンの波動関数 ψ_- について，振幅一定の曲面を表す図．

(b) 結合性オービタル

ボルンの解釈によれば，H_2^+ の各点での電子の確率密度は，その場所における波動関数の絶対値の2乗に比例する．(23·2)式の(実の)波動関数 ψ_+ に対応する確率密度は，

$$\psi_+^2 = N^2(A^2 + B^2 + 2AB) \quad \text{結合性オービタル の確率密度} \quad (23·3)$$

である．この確率密度を図 23·4 にプロットしてある．ここで，核間の領域を調べると重要な特徴が明らかになる．この領域の原子オービタルは同じくらいの振幅をもつが，(23·3)式によれば全確率密度はつぎの三つの和に比例している．

物理的な解釈

- A^2，電子が原子オービタル A に閉じ込められているとした場合の確率密度
- B^2，電子が原子オービタル B に閉じ込められているとした場合の確率密度
- $2AB$，両方の原子オービタルから受ける追加の寄与

図 23·4 図 23·1 を作成するのに使った波動関数を2乗して計算した電子密度．核間領域に電子密度が蓄積していることに注目しよう．

この最後の寄与，すなわち**重なり密度**[1]はきわめて重要である．これは，原子核間の領域に電子を見いだす確率が増大することを表しているからである．この密度の増大の原因は，2個の原子オービタルの強め合いの干渉にある．すなわち，どちらも核間領域で正の振幅をもち，その結果，電子が1個の原子オービタルに閉じ込められているとした場合より全振幅が大きくなるのである．

これからはしばしば，結合というのは，原子オービタルが重なり合って強め合う干渉をした領域に電子が蓄積されたときに形成されるという事実を利用することになる．これに対する従来の解釈は，両原子核の間に電子が蓄積されることは，両方の原子核と強く相互作用できる場所に電子を置くことであるという考え方に基づくものである．つまり，分子のエネルギーは，各電子が別々の原子にあって1個の核だけと強く相互作用できる場合のエネルギーより低くなる．しかし，この従来からの解釈は疑いを挟まれてきている．それは，核から離れた核間領域へと電子を移動させるとそのポテンシャルエネルギーを<u>上昇させる</u>ことにな

---

1) overlap density

るからである．最新の（まだ論争の余地のある）解釈は，ここで取上げた単純な LCAO の方法から生まれるものではない．つまり，電子が核間領域に入ると同時に原子オービタルが縮むように見えるのである．このオービタル収縮が起これば電子−核間引力は強くなれるから，電子が核間領域へ移動することによって弱くなる分を補って余りある状況が生まれ，結果として正味のポテンシャルエネルギーは低下することになる．このとき波動関数の曲率が変化するから電子の運動エネルギーも変化することになるが，この運動エネルギーの変化よりもポテンシャルエネルギーの変化の方が支配的である．いずれにせよ以下の議論では，化学結合の強さの原因は核間領域での電子密度の蓄積であるとする．H_2^+ より複雑な分子でのエネルギー低下の原因が電子の蓄積そのものなのか，あるいは間接的であるが，これに関係するなんらかの効果なのかという疑問はそのまま残しておこう．

ここまで説明してきた σ オービタルは **結合性オービタル**[1] の一例である．結合性オービタルというのは，それが占有されると，二つの原子が離れている場合よりエネルギーが低くなれるから，それで互いが結合するのを助けるオービタルである．この場合についていえば，エネルギーが最低の σ オービタルであるから，これに 1σ というラベルをつける．σ オービタルを占める電子を **σ 電子**[2] といい，分子にこの電子しかない場合は（H_2^+ の基底状態のように），この分子の電子配置を $1σ^1$ と表す．

1σ オービタルのエネルギー $E_{1σ}$ は，

$$E_{1σ} = E_{H1s} + \frac{j_0}{R} - \frac{j+k}{1+S}$$

結合性オービタルのエネルギー　　（23・4）

である（「問題 23・3」を見よ）．E_{H1s} は H1s オービタルのエネルギーであり，j_0/R は 2 個の原子核の間に作用する反発のポテンシャルエネルギーである（j_0 は $e^2/4πε_0$ をまとめたものである）．また，

$$S = \int AB\,dτ = \left\{1 + \frac{R}{a_0} + \frac{1}{3}\left(\frac{R}{a_0}\right)^2\right\}e^{-R/a_0} \quad (23・5a)$$

$$j = j_0 \int \frac{A^2}{r_B}dτ = \frac{j_0}{R}\left\{1 - \left(1 + \frac{R}{a_0}\right)e^{-2R/a_0}\right\} \quad (23・5b)$$

$$k = j_0 \int \frac{AB}{r_B}dτ = \frac{j_0}{a_0}\left(1 + \frac{R}{a_0}\right)e^{-R/a_0} \quad (23・5c)$$

である．それぞれの積分値の核間距離による変化を図 23・5 にプロットしてある．この積分値はつぎのように解釈できる．

物理的な解釈

- 三つの積分はどれも正であり，核間距離が大きくなると減衰して 0 になる（S と k に指数関数因子があり，j には $1/R$ という因子があるため）．積分 S については「トピック 24」で詳しく説明する．
- 積分 j は，一方の原子核と，他方の原子核に中心をもつ電子密度との相互作用の尺度である．
- 積分 k は，原子核と，重なりによって核間領域に生じた過剰の電子密度との相互作用の尺度である．

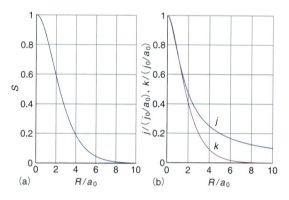

図 23・5 H_2^+ について計算した (a) S，(b) j と k の積分値の核間距離による変化．

簡単な例示 23・2 　分子オービタルに関わる三つの積分

$E_{1σ}$ の極小値は $R = 2.45\,a_0$ にある（以下で示す）．この核間距離では，

$$S = \left\{1 + 2.45 + \frac{2.45^2}{3}\right\}e^{-2.45} = 0.47$$

$$j = \frac{j_0/a_0}{2.45}\{1 - 3.45e^{-4.90}\} = 0.40\,j_0/a_0$$

$$k = \frac{j_0}{a_0}(1 + 2.45)e^{-2.45} = 0.30\,j_0/a_0$$

である．$j_0/a_0 = e^2/4πε_0a_0$ の値をボルト単位で表すには，これを e で割っておけばよいから，

$$\frac{j_0}{ea_0} = \frac{e}{4πε_0a_0} = \frac{e}{4πε_0} \times \frac{πm_ee^2}{ε_0h^2} = \frac{m_ee^3}{4ε_0^2h^2}$$

$$= 27.211\cdots V$$

となる（この値は $2hc\tilde{R}_∞/e$ に等しい．トピック 17）．したがって，$j = 11\,eV$ および $k = 8.2\,eV$ である．

---

1) bonding orbital　2) σ electron

> **自習問題 23・3** エネルギーが極小を示す距離の 2 倍の核間距離における積分値をそれぞれ求めよ．
> [答: 0.10, 5.6 eV, 1.2 eV]

図 23・6 は，$E_{1\sigma}$ を，原子が無限遠に離れているときのエネルギーを基準として，R に対してプロットしたものである．核間距離が大きな値から減少するにつれて，1σ オービタルのエネルギーは減少する．これは，2 個の原子オービタルの間の強め合う干渉が増加すると，電子密度が核間の領域に蓄積されるからである（図 23・7）．しかし，距離の小さいところでは，核と核の間の空間が少なすぎて，その場所に電子密度を十分に蓄積できなくなる．それに加えて，原子核–原子核反発（これは $1/R$ に比例する）が大きくなる．その結果，距離がさらに短くなると分子のエネルギーは上昇するから，ポテンシャルエネルギー曲線に極小ができる．H_2^+ についての計算から $R_e = 130$ pm，$D_e = 1.76$ eV（171 kJ mol^{-1}）が得られる．実験値は 106 pm と 2.6 eV であるから，この分子を単純な LCAO-MO で表

すことは，正確ではないが全く間違っているわけではない．

(c) 反結合性オービタル

(23・2) 式の一次結合 ψ_- は，ψ_+ よりも高いエネルギーに相当する．これも σ オービタルであるから，2σ とラベルをつける．このオービタルは核間に節面をもち（図 23・8 と図 23・9；図 23・1 と比較せよ），そこでは A と B が厳密に打ち消し合う．その確率密度は，

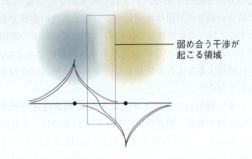

図 23・8 2 個の H1s オービタルが重なり合って反結合性 2σ オービタルを形成するときは，弱め合いの干渉が起こっている．

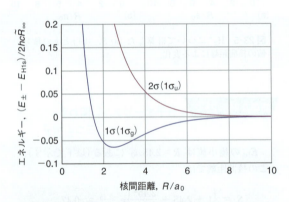

図 23・6 水素分子イオンの分子ポテンシャルエネルギー曲線の計算値．結合長が変化したときの結合性オービタルと反結合性オービタルのエネルギー変化を示してある．オービタルの別名についてはあとで説明する．

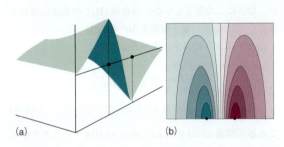

図 23・9 (a) 水素分子イオンの 2 個の原子核を含む平面内における反結合性オービタルの振幅と，(b) その振幅を等高線図で表したもの．核間には節があることに注目しよう．

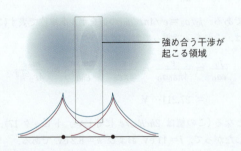

図 23・7 2 個の H1s オービタルが重なり合って結合性 σ オービタルを形成するときは，強め合いの干渉が起こっている．

図 23・10 図 23・9 を作成するのに使った波動関数を 2 乗して計算した電子密度．核間領域の電子密度が減少していることに注目しよう．

$$\psi_-^2 = N^2(A^2 + B^2 - 2AB)$$

反結合性オービタルの確率密度　(23・6)

である．$-2AB$ の項のために，核間の確率密度は減少している（図23・10）．物理的な見方をすれば，二つの原子オービタルが重なるところで弱め合う干渉が起こるのである．2σ オービタルは**反結合性オービタル**[1]の一例である．反結合性オービタルというのは，それが占有されると，二つの原子の間の引力の低下を招き，分子のエネルギーが別々の原子の場合に比べて高くなるオービタルである．

2σ 反結合性オービタルのエネルギー $E_{2\sigma}$ は次式で与えられる（「問題23・3」を見よ）．

$$E_{2\sigma} = E_{\text{H1s}} + \frac{j_0}{R} - \frac{j-k}{1-S} \qquad (23\cdot 7)$$

積分 S, j, k は (23・5) 式と同じものである．$E_{2\sigma}$ の R による変化は図23・6に示してある．これから，反結合性電子の不安定化効果がわかる．この効果は，一つには，反結合性電子が核間領域から排除され，結合領域の外側への分布が大きくなるためである．要するに，結合性電子は両方の原子核を互いに引き寄せるのに対して，反結合性電子は原子核同士を引き離すのである（図23・11）．図23・6には，もう一つの特徴も示してある．それは，後で利用することになるが，$|E_- - E_{\text{H1s}}| > |E_+ - E_{\text{H1s}}|$ というもので，反結合性オービタルは，結合性オービタルが結合性である以上にずっと反結合性であることを示している．この重要な結論が出てくるのは，一つには両方の分子オービタルのエネルギーを上昇させる核間反発（j_0/R）が存在するためである．反結合性オービタルは星印（*）でラベル付けすることが多いから，この 2σ オービタルを 2σ* と表してもよい（"2シグマスター"と読む）．

> **簡単な例示 23・3**　反結合性オービタルのエネルギー
>
> 結合性オービタルのエネルギー極小は $R = 2.45 a_0$ にあることがわかった．また，「簡単な例示23・2」から，$S = 0.47$，$j = 11\,\text{eV}$，$k = 8.2\,\text{eV}$ であることもわかっている．したがって，この核間距離での反結合性オービタルのエネルギーは，水素原子の 1s オービタルのエネルギーを基準にすれば，
>
> $$(E_{2\sigma} - E_{\text{H1s}})/\text{eV} = \frac{27.2}{2.45} - \frac{11 - 8.2}{1 - 0.47} = 5.8$$
>
> である．すなわち，この核間距離での反結合性オービタルは，結合性オービタルよりずっとエネルギーの高いところにある．

> **自習問題 23・4**　反結合性オービタルと結合性オービタルのエネルギー差は，核間距離が2倍のところではいくらになるか．　　　　　　　　　［答: 1.3 eV］

23・2　オービタルの名称

等核二原子分子や H_2^+ などの等核二原子イオン，あるいは多電子系でも等核二原子からなる化学種では，分子オービタルをその**反転対称性**[2]と結びつけて表しておくと役に立つことがわかる〔たとえば電子分光法（トピック45）など〕．これは，波動関数をその分子の中心（正式には反転中心[3]）で反転させたときの変化のことである．たとえば，結合性 σ オービタル上のある点を考え，これを分子の中心を通って反対側の同じ距離のところに射影したとしよう．そうすると，まったく同じ値の波動関数に到達する（図23・12）．この，いわゆる**偶対称**[4]は，σ$_g$ のように，下付の g（偶数を表すドイツ語の gerade の頭文字）で表す．一方，これと同じ手順を反結合性 2σ オービタルに適用すると，同じ大きさで反対符号の波動関数が生じる．この**奇対称**[5]は，σ$_u$ のように，下付の u（奇数を表す ungerade の頭文字）で表す．

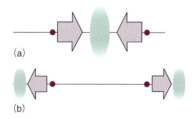

図 23・11　結合効果と反結合効果の起源についての部分的な説明．(a) 結合性オービタルでは，原子核は核間領域に蓄積した電子密度に引き寄せられるが，(b) 反結合性オービタルでは，核間領域の外側に蓄積した電子密度に引き寄せられる．

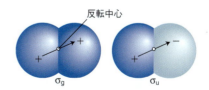

図 23・12　あるオービタルの波動関数が，分子の対称中心に関する反転に対して不変であれば，そのオービタルのパリティは偶 (g) であり，波動関数の符号が変われば奇 (u) である．異核二原子分子は反転中心をもたないから，そもそも g, u による分類は当てはまらない．

---

1) antibonding orbital　2) inversion symmetry　3) center of inversion　4) gerade symmetry　5) ungerade symmetry

簡単な例示 23・4　反転対称性

(23・2) 式で与えられる 1σ オービタル，$N(A+B)$ について考えよう．ここで，原子オービタル A と B の具体的な形は「簡単な例示 23・1」で与えられている．原子核 A の位置では $r_{A1}=0$ および $r_{B1}=R$ である．同じ点での波動関数は，$N(\chi_{H1s_A}(0)+\chi_{H1s_B}(R))=N(1/\pi a_0^3)^{1/2}(1+e^{-R/a_0})$ である．ここで分子の中心に対して反転すれば，この点は $r_{A1}=R$ および $r_{B1}=0$ となり，その波動関数は原子核 B での位置の値になる．すなわち，$N(1/\pi a_0^3)^{1/2}(e^{-R/a_0}+1)$ である．これは反転前の波動関数と同じ値であるから，この σ オービタルは偶である．

自習問題 23・5　反結合性 2σ オービタルを考え，上と同じようにして，このオービタルが奇対称をもつこ

とを示せ．　　　　　　　[答: 反転によって，
$$1-e^{-R/a_0} \longrightarrow e^{-R/a_0}-1 \text{ となるから]}$$

g，u の記号を使って表すときは，同じ反転対称をもつオービタルの組ごとにラベルをつけるから，1σ は $1\sigma_g$ となるが，これまで 2σ といってきた反結合性オービタルは異なる対称をもつ最初のオービタルであるから，これを $1\sigma_u$ と表す．このように，同じ対称をもつオービタルの組については，その組ごとに順次ラベルをつけるというのが一般的な規則である．この点については「トピック 24」で詳しく説明する．反転対称性によるこの分類は，「トピック 25」で扱う異核二原子分子の議論には使えない．それは，これらの分子はそもそも反転中心をもたないからである．

チェックリスト

- ☐ 1. **分子オービタル**は，原子オービタルの一次結合によってつくられる．
- ☐ 2. **結合性オービタル**は，隣接する原子オービタルとの強め合いの重なりによって生じる．
- ☐ 3. **反結合性オービタル**は，隣接する原子オービタルとの弱め合いの重なりによって生じる．
- ☐ 4. **σ オービタル**は核間軸のまわりに円柱対称をもち，そのオービタル角運動量は 0 である．
- ☐ 5. 等核二原子分子の分子オービタルには，その**反転対称性**によって "偶"（g）または "奇"（u）のラベルが付けられる．

重要な式の一覧

性　質	式	備　考	式番号
原子オービタルの一次結合	$\psi_\pm = N(A \pm B)$	等核二原子分子	23・2
σ オービタルのエネルギー	$E_{1\sigma} = E_{H1s} + j_0/R - (j+k)/(1+S)$	$S = \int AB\, d\tau$	23・4
		$j = j_0 \int (A^2/r_B)\, d\tau$	
		$k = j_0 \int (AB/r_B)\, d\tau$	
	$E_{2\sigma} = E_{H1s} + j_0/R - (j-k)/(1-S)$		23・7

トピック 24

等核二原子分子

内　容

24·1　電子配置
(a) σ オービタルと π オービタル

　　簡単な例示 24·1　基底状態の配置

(b) 重なり積分

　　簡単な例示 24·2　重なり積分

(c) 第 2 周期の等核二原子分子

　　簡単な例示 24·3　結合次数

　　例題 24·1　分子とそのイオンの

　　　　　　　　　　結合強度の比較

24·2　光電子分光法
　　簡単な例示 24·4　光電子スペクトル

チェックリスト

重要な式の一覧

➤ 学ぶべき重要性

　分子オービタルのつくり方を水素分子イオンの例で説明したが，化学的に重要な分子のほとんどすべては2 個以上の電子をもつから，その電子配置をどう組立てるかを調べておく必要がある．その手始めとして等核二原子分子は最適である．配置の表し方が単純なだけでなく，H_2 や N_2, O_2，ハロゲン分子など重要な分子がこれに含まれるからである．

➤ 習得すべき事項

　各分子オービタルには電子が 2 個まで収容できる．

➤ 必要な予備知識

　「トピック 23」で述べた原子オービタルの一次結合による結合性オービタルと反結合性オービタルの形成と，原子について述べた構成原理（トピック 19）をよく理解している必要がある．

　「トピック 19」では，多電子原子の基底状態の電子配置について考察し，それを予測するための基礎として，水素型原子オービタルと構成原理を使った．ここでは，同じことを多電子二原子分子について行う．そのための基礎として H_2^+ の分子オービタルを使うことになる．

24·1　電子配置

　二原子分子についての構成原理の出発点は，利用できる原子オービタルを組合わせて分子オービタルを組立てることである．それができれば，つぎの手順に従えばよい．それは，原子についての構成原理（トピック 19）とほぼ同じ手続きである．

分子についての構成原理

- 原子から提供される電子を，全体として最低のエネルギーが達成されるような仕方でオービタルに収容していく．この際，一つのオービタルには 2 個より多くの電子は入れない（また 2 個のときは対をつくらなければならない）というパウリの排他原理の制約に従わなければならない．
- もし，縮退した分子オービタルがあれば，それぞれのオービタルに電子を 1 個ずつ割り振った後に，はじめて一つのオービタルに電子を 2 個入れるようにする（電子–電子反発を最小にするためである）．
- フントの最大多重度の規則（トピック 20 と 21）によれば，2 個の電子が縮退する異なるオービタルを占める場合は，そのスピンが平行になっている方が低いエネルギーが得られる．

(a) σ オービタルと π オービタル

　最も単純な多電子二原子分子 H_2 について考えよう．H 原子は（H_2^+ の場合と同様に）1s オービタルをそれぞれ提供するから，「トピック 23」で説明したように，それから $1\sigma_g$ オービタルと $1\sigma_u$ オービタルをつくれる．実測の核間距離では，これらのオービタルのエネルギーは図 24·1 のようになるだろう．この図を**分子オービタルエネルギー準位図**[1]

---

1) molecular orbital energy level diagram

という。2個の原子オービタルから2個の分子オービタルをつくれることに注意しよう。一般に，N個の原子オービタルからN個の分子オービタルがつくれる。

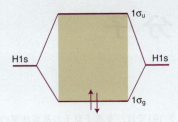

図 24・1 H1s オービタルの重なりでつくられたオービタルの分子オービタルエネルギー準位図。準位の間隔は平衡結合長でのものである。エネルギーが最低の利用可能なオービタル（結合性オービタル）に電子を2個収容することによって，H_2の基底電子配置が得られる。

収容すべき電子は2個あるが，パウリの原理による要請に従って（「トピック 19」の原子の場合と同じように），両者がスピン対をつくって$1\sigma_g$オービタルに入ることができる。したがって，基底配置は$1\sigma_g^2$で，2個の原子は結合性σオービタルの電子対から成る結合でつながれる。このやり方は，ルイスが化学結合力を説明するために注目したものであり，1対の電子対というのは，一つの結合性分子オービタルに入れる電子の最大数を表しているのである。

これと同じ論法によって，なぜ He が二原子分子をつくらないのかを説明できる。各 He 原子は 1s オービタルを提供するから，$1\sigma_g$と$1\sigma_u$の分子オービタルをつくることができる。これらのオービタルは，細かいところはH_2のオービタルと異なるが，だいたいの形は同じなので以下では定性的に同じエネルギー準位図を使うことができる。収容すべき電子は4個ある。2個は$1\sigma_g$オービタルに入れるが，それでこのオービタルは一杯になるから，次の2個は$1\sigma_u$オービタルに入らなければならない（図24・2）。こうして，He_2の基底電子配置は$1\sigma_g^2 1\sigma_u^2$となる。結合性オービタルと反結合性オービタルが1個ずつある。離ればなれの2原子のエネルギーを基準にしたとき，$1\sigma_u$のエネルギーは$1\sigma_g$で低下した以上に高くなっているから，孤立し

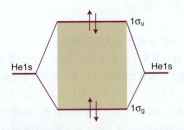

図 24・2 仮想的な四電子分子He_2の基底状態の電子配置には，結合性電子が2個と反結合性電子が2個ある。そのエネルギーは原子が別々に存在するときより高いから不安定である。

た2原子の場合よりHe_2分子のエネルギーが高く，不安定なのである。

次に，これまでに導入した概念が，一般の等核二原子分子にどのようにあてはまるかを調べよう。初歩的な取扱いでは，原子価殻のオービタルだけを使って分子オービタルをつくる。そこで，第2周期元素の原子から成る分子では，2sおよび2p原子オービタルだけを考えればよい。ここでも同じ近似を使うことにする。

分子軌道法の一般原理によれば，<u>適切な対称性をもつすべてのオービタルが分子オービタルに寄与する</u>。したがって，σオービタルを組立てるには，核間軸のまわりに円柱対称をもつすべての原子オービタルの一次結合をつくる。これらのオービタルには，各原子の2sオービタルと2個の原子上の$2p_z$オービタルが含まれる（図24・3）。したがって，つくることのできるσオービタルの一般的な形は，

$$\psi = c_{A2s}\chi_{A2s} + c_{B2s}\chi_{B2s} + c_{A2p_z}\chi_{A2p_z} + c_{B2p_z}\chi_{B2p_z} \tag{24・1}$$

である。この4個の原子オービタルから，係数cを正しく選ぶことによってσ対称をもつ4個の分子オービタルをつくることができる。

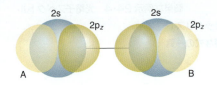

図 24・3 分子軌道法によれば，σオービタルは適切な対称性をもつすべてのオービタルから形成される。つまり，第2周期元素の等核二原子分子では，2個の2sオービタルと2個の$2p_z$オービタルを使わなければならない。これらの4個のオービタルから，4個の分子オービタルをつくることができる。

このときの係数を計算する手順は「トピック 25」で説明する。ここでは，もっと単純な方法をとる。2sオービタルと$2p_z$オービタルは明らかに異なるエネルギーをもつから，これを別々に扱ってもよいとする。すなわち，4個のσオービタルは近似的に二つの組に分けられる。その一つは2個の分子オービタルからなっていて，

$$\psi = c_{A2s}\chi_{A2s} + c_{B2s}\chi_{B2s} \tag{24・2a}$$

の形をとる。もう一方も2個のオービタルからなるが，つぎの形をとる。

$$\psi = c_{A2p_z}\chi_{A2p_z} + c_{B2p_z}\chi_{B2p_z} \tag{24・2b}$$

原子 A, B は同じであるから，その 2s オービタルのエネルギーは同じであり，したがってその係数も（符号が変わる

可能性を別にして) 等しいはずである. $2p_z$ オービタルについても同様である. したがって, 二組の分子オービタルの形は, $\chi_{A2s} \pm \chi_{B2s}$ と $\chi_{A2p_z} \pm \chi_{B2p_z}$ になる.

この2個の原子上の 2s オービタルは重なり合って, すでに 1s オービタルで見たのと全く同じ仕方で, 結合性 σ オービタルと反結合性 σ オービタル (それぞれ $1\sigma_g$ と $1\sigma_u$) を形成する. 一方, 核間軸の方向を向いている2個の $2p_z$ オービタルは強く重なり合う. これらは干渉によって強め合うかまたは弱め合うかして, それぞれ結合性 σ オービタルと反結合性 σ オービタルをつくる (図 24·4). この二つの σ オービタルはそれぞれ $2\sigma_g$ と $2\sigma_u$ とラベルする. 一般に, エネルギーが増加する順に番号づけをする. ただし, 原子価殻の原子オービタルからつくられる分子オービタルにだけ番号を付けることに注意しよう.

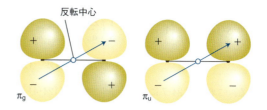

図 24·5 結合性 π 分子オービタル (π_u) と反結合性 π 分子オービタル (π_g) の構成を表す模式図. この図はまた, 結合性 π オービタルは奇のパリティをもち, 反結合性 π オービタルは偶のパリティをもつことを示している.

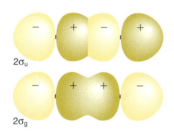

図 24·4 p オービタルの重なりでつくられる結合性 σ オービタルと反結合性 σ オービタルの構成. どちらも模式的に表した図である.

簡単な例示 24·1 基底状態の配置

ナトリウム原子の電子配置は [Ne]$3s^1$ であるから, その二原子分子の分子オービタルをつくるには 3s オービタルと 3p オービタルが使える. いまの近似の程度であれば, (3s, 3s) の重なりと (3p, 3p) の重なりを別々に考えてもよい. 実際には収容する電子は2個しかないから (3s オービタルから1個ずつ), 前者の重なりだけを考えればよい. そうすれば, $1\sigma_g$ と $1\sigma_u$ 分子オービタルができる. 原子価電子は2個しかないから, どちらも $1\sigma_g$ を占める. そこで, Na_2 の基底状態の配置は $1\sigma_g^2$ となる.

自習問題 24·1 Be_2 の基底状態の電子配置を求めよ.
[答: Be 2s オービタル2個を使ってつくる. $1\sigma_g^2 1\sigma_u^2$]

次に, 各原子の $2p_x$ および $2p_y$ オービタルを考えよう. このオービタルは核間軸に垂直であり, 横向きに重なり合

える. この重なりは強め合いと弱め合いの場合があり, その結果, 結合性または反結合性の **π オービタル**[1] ができる (図 24·5). π という記号は原子の場合の p と同様であって, 分子軸の方向に沿って眺めると π オービタルは p オービタルのように見える. しかも, 核間軸のまわりに1単位のオービタル角運動量をもつからである. もう少し正確にいえば, このオービタルには核間軸を含む節面が1個ある. 隣接する2個の $2p_x$ オービタルが重なり合って結合性と反結合性の π_x オービタルを1個ずつつくり, 2個の $2p_y$ オービタルが重なり合って2個の π_y オービタルをつくる. π_x 結合性オービタルと π_y 結合性オービタルは縮退しているし, 反結合性オービタル同士もやはり縮退している. 図 24·5 からわかるように, 結合性 π オービタルは奇のパリティをもつから π_u と表し, 反結合性 π オービタルは偶のパリティをもつから π_g と表す.

(b) 重なり積分

異なる原子にある2個の原子オービタルの重なりの度合いは, つぎの**重なり積分**[2] S で測れる.

$$S = \int \chi_A^* \chi_B \, d\tau \qquad 定義 \quad 重なり積分 \quad (24·3)$$

この積分は,「トピック 23」の「例題 23·1」や (23·5a) 式で出会ったものと同じである. もし, B の原子オービタル χ_B が大きいところでいつも A の原子オービタル χ_A が小さいか, またはその大小が逆の場合は, 両者の振幅の積はどこでも小さく, その積の和である積分も小さい (図 24·6). もし, 空間のどこかの領域で χ_A と χ_B とがどちらも大きければ, S は大きい. 規格化された2個の原子オービタルが同一であれば (たとえば, 同一原子上に2個の 1s オービタルがある場合), $S=1$ である. 場合によっては, 重なり積分として簡単な式が書ける. たとえば, 原子番号 Z の原子にある水素型 1s オービタル2個について, その核間距離の関数で S を表せば,

---

1) π orbital 2) overlap integral

$$S(1s, 1s) = \left\{1 + \frac{ZR}{a_0} + \frac{1}{3}\left(\frac{ZR}{a_0}\right)^2\right\}e^{-ZR/a_0}$$

(1s, 1s)の重なり積分　　(24・4)

となる．これを図24・7にプロットしてある〔(24・4)式は，H1sオービタルについての(23・5)式を一般化したものである〕．

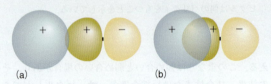

図24・6　(a) 2個のオービタルが遠く離れた原子上にあるときは，両者が重なり合う場所の波動関数は小さいから，Sは小さい．(b) 原子同士が近づけば，両者が重なり合う場所でかなり大きな振幅をもち，Sは1に向かって近づく．この図に示すよりもっと近づいてしまうと，pオービタルの負の振幅の領域がsオービタルの正の振幅の領域と重なり始めるから，Sは再び減少することになる．2原子の中心が一致するところではS=0である．

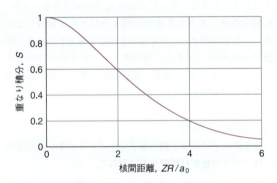

図24・7　水素型1sオービタル2個の重なり積分Sを，核間距離Rの関数で表してある．

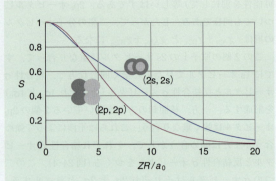

図24・8　水素型2sオービタル2個の重なり積分と水素型2pオービタル2個の側面同士の重なり積分．その重なり積分Sを核間距離Rの関数でプロットしてある．

自習問題 24・2　原子番号Zの原子の2pオービタル2個の側面同士の重なり積分は，

$$S(2p, 2p) = \left\{1 + \frac{ZR}{2a_0} + \frac{1}{10}\left(\frac{ZR}{a_0}\right)^2 + \frac{1}{120}\left(\frac{ZR}{a_0}\right)^3\right\}e^{-ZR/2a_0}$$

で表される．$R = 8a_0/Z$ での重なり積分を求めよ．

［答：図24・8を見よ；0.29］

次に，sオービタルがべつの原子のp_xオービタルと重なる配置を考えよう（図24・9）．オービタルの積が正である領域での積分が，オービタルの積が負である領域での積分とちょうど相殺するから，全体として厳密に$S = 0$である．この配置では，sオービタルとpオービタルの間に正味の重なりはない．

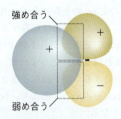

図24・9　この図に示す配向でpオービタルがsオービタルと接すれば，核間距離に関わらず正味の重なりは0（$S = 0$）である．

(c) 第2周期の等核二原子分子

第2周期元素から成る等核二原子分子について，分子オービタルエネルギー準位図を組立てるために，8個の原子価殻オービタル（各原子から4個）から8個の分子オービタルをつくる．πオービタルがσオービタルより結合性

簡単な例示 24・2　**重なり積分**

重なり積分の大きさに慣れ親しんでいると，原子の結合形成の能力を考えるときに便利である．水素型オービタルについて計算しておけば，その値の傾向が得られる．水素型2sオービタル2個の重なり積分は（「問題 24・5」を見よ），

$$S(2s, 2s) = \left\{1 + \frac{ZR}{2a_0} + \frac{1}{12}\left(\frac{ZR}{a_0}\right)^2 + \frac{1}{240}\left(\frac{ZR}{a_0}\right)^4\right\}e^{-ZR/2a_0}$$

である．この式を図24・8にプロットしてある．核間距離 $R = 8a_0/Z$ で $S(2s, 2s) = 0.50$ である．

が弱くなる場合もあるが、これは最大の重なりが軸から外れたところで起こるからである。この相対的な弱さから、分子オービタルのエネルギー準位図は図 24·10 に示すようになると考えられる。ただし、ここでは 2s オービタルと $2p_z$ オービタルが分子オービタルの異なる組に参加すると仮定している。ところが実際には、これら 4 個の原子オービタルは核間軸のまわりに同じ対称性をもち、全部が共同して 4 個の σ オービタルの形成に参加していることに注意しなければならない。したがって、エネルギーの順序がこの通りになるという保証はなく、(スペクトルの) 実験結果と詳細な計算によって、この順序が周期表第 2 周期の中で変化することがわかっている (図 24·11)。実際のところ、図 24·12 に示す順序が N_2 までに当てはまり、図 24·10 は O_2 と F_2 に当てはまる。この相対的な順序を決めているのは、原子の 2s オービタルと 2p オービタルの間隔で、これは周期表の同じ行で右にいくほど大きくなる。すなわち、原子番号が増加するにつれ、2s 電子は原子核に強く引きつけられるから、ますます 2p 電子を効果的に遮蔽するのである。その結果、順序の逆転はだいたい N_2 のところで起こると考えられる。

分子オービタルのエネルギー準位図ができ上がったら、これらのオービタルに適当な数の電子を入れ、構成原理に従って分子の可能な基底配置を導き出すことができる。アニオン (過酸化物イオン、O_2^{2-} など) では親の中性分子より多くの電子が必要であり、カチオン (O_2^+ など) では少なくてすむ。

原子価電子が 10 個ある N_2 について考えよう。まず、2 個の電子が対になって $1\sigma_g$ オービタルを占め、これを満たす。次の 2 個は $1\sigma_u$ オービタルを占め、これを満たす。あと 6 個の電子が残っている。$1\pi_u$ オービタルが 2 個あるから、そこに 4 個の電子を収容できる。最後の 2 個は $2\sigma_g$

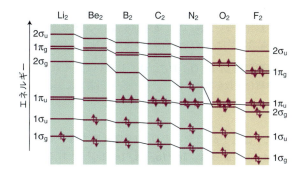

図 24·11 第 2 周期元素の等核二原子分子のオービタルエネルギーの変化。

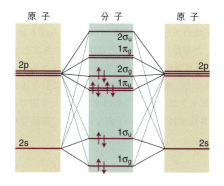

図 24·12 等核二原子分子のもう一つの分子オービタルエネルギー準位図。本文で述べたように、この図は N_2 (ここに示した配置) までの二原子分子で使うべきものである。

オービタルに入る。したがって N_2 の基底状態の配置は $1\sigma_g^2 1\sigma_u^2 1\pi_u^4 2\sigma_g^2$ である。場合によっては、反結合性オービタルを表すのに * を添えておくとわかりやすい。そうすれば、$1\sigma_g^2 1\sigma_u^{*2} 1\pi_u^4 2\sigma_g^2$ となる。

二原子分子における正味の結合性の尺度は、その結合の**結合次数**[1] b である。

$$b = \frac{1}{2}(N - N^*) \qquad \text{定義 \quad 結合次数} \quad (24·5)$$

N と N^* は、それぞれ結合性オービタルにある電子数と反結合性オービタルにある電子数である。

簡単な例示 24·3　結合次数

結合性オービタルにある各電子対は結合次数 b を 1 だけ増加させ、反結合性オービタルの電子対は 1 だけ減少させる。H_2 では、2 個の原子の間の単結合 H−H に対応して $b = 1$ である。He_2 では $b = 0$ で、したがっ

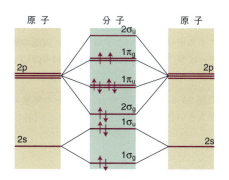

図 24·10 等核二原子分子の分子オービタルエネルギー準位図。中央の準位図は、左右に示した原子オービタルの重なりでつくれる分子オービタルのエネルギーを表している。本文で述べたように、この図は O_2 (ここに示した配置) と F_2 に使うべきものである。

---

[1] bond order

て結合はない．N_2 では，$b = \frac{1}{2}(8-2) = 3$ となる．この結合次数は，この分子のルイス構造（$:N \equiv N:$）と合う．

自習問題24·3 O_2, O_2^+, O_2^- について，それぞれの結合次数を求めよ．　　　　　　［答：$2, \frac{5}{2}, \frac{3}{2}$］

原子価電子が12個ある O_2 の基底状態の電子配置は，図24·10 によって，$1\sigma_g^2 1\sigma_u^2 2\sigma_g^2 1\pi_u^4 1\pi_g^2$ である（$1\sigma_g^2 1\sigma_u^{*2} 2\sigma_g^2 1\pi_u^4 1\pi_g^{*2}$ と書いてもよい）．その結合次数は2である．しかし，構成原理に従えば，2個の $1\pi_g$ 電子は異なるオービタルを占める．すなわち，一方は $1\pi_{g,x}$ に入り，他方は $1\pi_{g,y}$ に入るであろう．両電子は異なるオービタルにあるから，そのスピンは平行になる．したがって，O_2 分子は正味のスピン角運動量 $S = 1$ をもち，「トピック 21」で導入した用語でいえば，三重項状態にあると予想できる．電子スピンは磁気モーメントの原因になるから，もっと踏み込んで，酸素分子は常磁性（磁場に引き込まれる性質，「トピック 39」を見よ）のはずであると予想できる．これは，VB法ではできない予測であるが，実験で確かめられている．

表 24·1[a]　　結 合 長

結　合	結合次数	R_e/pm
HH	1	74.14
NN	3	109.76
HCl	1	127.45
CH	1	*114*
CC	1	*154*
CC	2	*134*
CC	3	*120*

a) 巻末の「資料」に多くの値がある．イタリック体の数字は，多原子分子についての平均値である．

表 24·2[a]　　結合解離エネルギー

結　合	結合次数	$N_A hc\widetilde{D}_0/(\text{kJ mol}^{-1})$
HH	1	432.1
NN	3	941.7
HCl	1	427.7
CH	1	*435*
CC	1	*368*
CC	2	*720*
CC	3	*962*

a) 巻末の「資料」に多くの値がある．イタリック体の数字は，多原子分子についての平均値である．

F_2 分子では O_2 分子より電子が2個多い．したがって，その配置は $1\sigma_g^2 1\sigma_u^{*2} 2\sigma_g^2 1\pi_u^4 1\pi_g^{*4}$ であり，$b = 1$ となる．F_2 は単結合をもつ分子であると結論できるが，これはルイス構造と合う．仮想的なジネオン Ne_2 分子では電子はさらに2個多い．その配置は $1\sigma_g^2 1\sigma_u^{*2} 2\sigma_g^2 1\pi_u^4 1\pi_g^{*4} 2\sigma_u^{*2}$ であり，$b = 0$ となる．結合次数が0であることは Ne が単原子の性質をもつことと合っている．

結合次数は結合の特性を議論するための有用なパラメーターであるが，これは結合次数が結合長や結合強度と相関があるからである．ある1対の元素の原子間の結合については，つぎのことがいえる．

- 結合次数が大きいほど，結合長は短い．
- 結合次数が大きいほど，結合強度は強い．

表 24·1 に，二原子分子と多原子分子の代表的な結合長の値を掲げてある．結合の強さは結合解離エネルギー $hc\widetilde{D}_0$，すなわち原子を無限遠に引き離すのに必要なエネルギー（D_0），あるいはポテンシャルの井戸の深さ $hc\widetilde{D}_e$ で測る．ここで，$hc\widetilde{D}_0 = hc\widetilde{D}_e - \frac{1}{2}\hbar\omega$ である．表 24·2 に $hc\widetilde{D}_0$ の実験値の例を掲げてある．

例題 24·1　　分子とそのイオンの結合強度の比較

N_2^+ の結合解離エネルギーが N_2 より大きいかどうかを予測せよ．

解法　結合次数の大きい分子ほど解離エネルギーも大きいだろうから，両者の電子配置を比較して，その結合次数を調べればよい．

解答　図 24·12 から，電子配置と結合次数は，

$$N_2 \quad 1\sigma_g^2 1\sigma_u^{*2} 1\pi_u^4 2\sigma_g^2 \quad b = 3$$
$$N_2^+ \quad 1\sigma_g^2 1\sigma_u^{*2} 1\pi_u^4 2\sigma_g^1 \quad b = 2\tfrac{1}{2}$$

である．カチオンの結合次数の方が小さいから，結合解離エネルギーも小さいと予測できる．実測の解離エネルギーは N_2 で 942 kJ mol^{-1}，N_2^+ では 842 kJ mol^{-1} である．

自習問題24·4 F_2 と F_2^+ では，どちらの解離エネルギーが大きいと予測できるか．　　［答：F_2^+］

24·2　光電子分光法

ここまでは，分子オービタルを純粋に理論的につくりあげたものとして取扱ってきたが，それが実際に存在するという実験的な証拠はあるのだろうか．**光電子分光法**[1]（PES）では，分子内の電子が既知エネルギーのフォトンを

---

1) photoelectron spectroscopy

吸収し，いろいろなオービタルから電子が放出されるときの分子のイオン化エネルギーを測定し，その情報を使って分子オービタルのエネルギーを推定する．この方法は固体の研究にも使われており，固体表面の化学種あるいは表面に吸着した化学種に適用して得られる重要な情報について「トピック95」で説明する．

フォトンが試料をイオン化するときエネルギーは保存されるから，試料のイオン化エネルギー I と**光電子**[1]，すなわち放出される電子の運動エネルギーの和は，入射フォトンのエネルギー $h\nu$ に等しくなければならない（図24・13）．すなわち，

$$h\nu = \frac{1}{2}m_e v^2 + I \qquad (24・6)$$

である．この式（光電効果に使った式と似ており，(4・5)式を $h\nu = \frac{1}{2}m_e v^2 + \Phi$ と表せばわかる）は2通りの仕方で改良できる．第一に，光電子はいろいろ異なるオービタルのうちの一つから出てくるが，オービタルはそれぞれイオン化エネルギーが異なるから，光電子の運動エネルギーとしては一連の異なる値が得られるはずであり，それぞれが $h\nu = \frac{1}{2}m_e v^2 + I_i$ を満足しているのである．ここで，I_i は，i というオービタルから電子を追い出すために必要なイオン化エネルギーである．したがって，ν が既知であれば，光電子の運動エネルギーを測定することによって，これらのイオン化エネルギーを求められる．光電子スペクトルは，**クープマンスの定理**[2]という近似を使って解釈する．この定理によれば，イオン化エネルギー I_i は放出された電子のオービタルエネルギーに等しい（正しくは $I_i = -\varepsilon_i$）．つまり，イオン化エネルギーは，その電子を放出するオービタルのエネルギーと同じと考えることができる．この定理は，イオン化が起こったときに残りの電子が分布を再調節する効果を無視しているから，一つの近似にすぎない．

分子のイオン化エネルギーは，原子価電子でさえ数 eV もあるから，少なくとも紫外領域で，約 200 nm 以下の波長を使って実験を行うことが必須である．非常に多くの研究が，ヘリウムの放電で発生する放射線を使って行われてきた．He(I) 線（$1s^1 2p^1 \rightarrow 1s^2$）は波長 58.43 nm にあり，これはフォトンのエネルギーにして 21.22 eV に相当する．これを使う実験から，**紫外光電子分光法**[3]（UPS）が誕生した．内殻電子を研究するときには，これらの電子を追い出すためにもっと高エネルギーのフォトンが必要になるから，X線を使うことになるが，この方法は**X線光電子分光法**[4]（XPS）という．

光電子の運動エネルギーは，静電分析器を使って測定する．これは，帯電したプレートの間を電子が通過するとき，その経路の偏り方が電子のエネルギーによって異なるのを利用している（図24・14）．その電場の強さを変化すれば，いろいろな速さ，つまり運動エネルギーをもつ電子が検出器に到達できる．その電子流束を記録し，運動エネルギーに対してプロットすれば，光電子スペクトルが得られるのである．

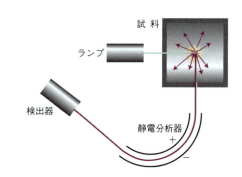

図24・14　光電子分光計は，イオン化用の放射線源（UPSのヘリウム放電ランプやXPSのX線源など）と静電分析器，電子の検出器から成る．静電分析器内では電子の軌道が曲げられる．その曲がり具合は電子の速さによって変わる．

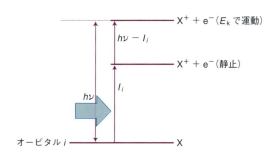

図24・13　入射フォトンはエネルギー $h\nu$ をもつ．あるオービタル i から電子を取除くには，I_i というエネルギーが必要であり，そのエネルギー差がその電子の運動エネルギーとなって現れる．

> **簡単な例示 24・4**　光電子スペクトル
>
> He(I) の放射線によって N_2 から放出される光電子は，5.63 eV（$1\,\text{eV} = 8065.5\,\text{cm}^{-1}$）の運動エネルギーをもつ．波長 58.43 nm の He(I) 放射線の波数は $1.711 \times 10^5\,\text{cm}^{-1}$ であり，21.22 eV のエネルギーに相当する．このとき，(24・6)式から，21.22 eV = 5.63 eV + I_i であるから，$I_i = 15.59\,\text{eV}$ である（図24・15を見よ）．このイオン化エネルギーは，N_2 分子の最も高いエネルギーの被占分子オービタルである $2\sigma_g$ 結合オービタルから電子1個を取除くのに必要なエネルギーである．

---

1) photoelectron　2) Koopmans' theorem　3) ultraviolet photoelectron spectroscopy　4) X-ray photoelectron spectroscopy

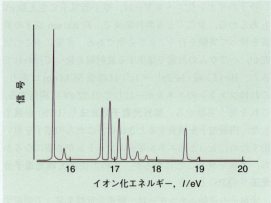

図 24・15 N₂ の光電子スペクトル

自習問題 24・5 上と同じ条件下で 4.53 eV にも光電子が観測された．これに対応するイオン化エネルギーいくらか．それは，どの分子オービタルに由来する電子か． ［答：16.7 eV，$1\pi_u$］

光電子が放出されるとき，振動励起したカチオンが観測されることが多い．イオンの異なる振動状態を励起するには異なるエネルギーが必要であるから，いろいろ異なる運動エネルギーをもった光電子が現れる．その結果が**振動微細構造**[1]，つまり分子振動に相当する振動数の間隔をもつスペクトル線列である．図 24・16 には，HBr の光電子スペクトルに見られる振動微細構造の一例を示してある．

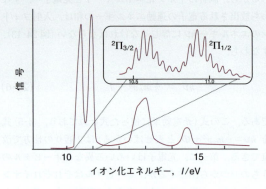

図 24・16 HBr の光電子スペクトル

チェックリスト

- □ 1. 利用できる分子オービタルが与えられたとき，電子は全エネルギーが最低になるように収容される．
- □ 2. 第一近似として，σオービタルは原子価殻の s オービタルと p オービタルから別々につくられる．
- □ 3. **σオービタル**は円柱対称をもち，核間軸のまわりのオービタル角運動量は 0 である．
- □ 4. **πオービタル**は，適切な対称をもつオービタルの側面同士の重ね合わせでつくられる．このオービタルには核間軸を含む節面が 1 個ある．
- □ 5. **重なり積分**は，オービタルの重なりの度合いを表す尺度である．
- □ 6. **光電子分光法**は，分子オービタルに入っている電子のエネルギーを測定する手法である．
- □ 7. 分子の**結合次数**が大きいほど結合は短く，しかも強い．

重要な式の一覧

性 質	式	備 考	式番号
重なり積分	$S = \int \chi_A^* \chi_B \, d\tau$		24・3
結合次数	$b = \frac{1}{2}(N - N^*)$		24・5
光電子分光法	$h\nu = \frac{1}{2} m_e v^2 + I_i$	I_i は分子オービタル i からのイオン化エネルギー	24・6

---

1) vibrational fine structure

トピック 25

異核二原子分子

内 容

25・1 極性結合
   (a) 分子オービタルの表し方
       簡単な例示 25・1　異核二原子分子　その 1
   (b) 電気陰性度
       簡単な例示 25・2　電気陰性度

25・2 変分原理
   (a) 具体的な手順
       簡単な例示 25・3　異核二原子分子　その 2
   (b) 解の特徴
       簡単な例示 25・4　異核二原子分子　その 3

チェックリスト
重要な式の一覧

▶ **学ぶべき重要性**

たいていの分子は異核分子であるから，等核の化学種の電子構造との違いを明らかにし，それを定量的に扱う方法について知っておく必要がある．

▶ **習得すべき事項**

異核二原子分子の結合性分子オービタルには，電気陰性度の高い方の原子の原子オービタルの寄与が大きい．逆に，反結合性分子オービタルには，電気陰性度の低い原子の原子オービタルが主として寄与している．

▶ **必要な予備知識**

等核二原子分子の分子オービタル（トピック 24）および規格化と直交性の概念（トピック 5 と 7）について理解している必要がある．本トピックでは，行列式の性質（数学の基礎 5）と微分の規則（数学の基礎 1）を利用する．

異核二原子分子の共有結合では，電子分布が構成原子に対等に分配されていない．電子対にとっては，片方の原子の近くにある方がもう一方の近くにあるよりもエネルギー的に有利だからである．この不均衡のために**極性結合**[1]ができるが，これは 2 個の原子が電子対を不平等に共有する結合である．たとえば，HF の結合は極性であり，その電子対は F 原子の近くにある．電子対が F 原子の近くに集まるために，この原子が正味の負電荷をもつようになるが，これを**部分負電荷**[2]といい，$\delta-$で表す．H 原子の上には**部分正電荷**[3] $\delta+$があり，これと釣り合っている（図 25・1）．

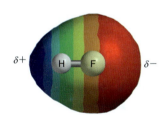

図 25・1 HF 分子の電子密度．「トピック 29」で説明する手法の一つで計算した結果．色の違いで静電ポテンシャルの分布，したがって正味の電荷分布を表してある．青色は部分正電荷が最も大きな領域，赤色は部分負電荷が最も大きな領域を表している．

25・1 極 性 結 合

極性結合を分子軌道法で表すのは簡単で，等核二原子分子の場合を少し拡張すればよい．おもな違いは，極性結合では原子オービタルのエネルギーが 2 原子で異なり，空間を占める領域も違っていることである．

(a) 分子オービタルの表し方

極性結合は，結合性分子オービタルに入った 2 個の電子から成り，つぎの波動関数で表される．

$$\psi = c_A A + c_B B \qquad \text{極性結合の波動関数} \quad (25・1)$$

---

1) polar bond　2) partial negative charge　3) partial positive charge

ただし，ここでの係数は等しくない．この結合における原子オービタル A の割合は $|c_A|^2$ であり，B の方は $|c_B|^2$ である．無極性結合では $|c_A|^2 = |c_B|^2$ であり，純粋なイオン結合では片方の係数が 0 である（たとえば，A^+B^- という化学種では $c_A = 0$，$c_B = 1$ である）．エネルギーの低い原子オービタルの方が，結合性分子オービタルに大きな寄与をする．反結合性オービタルでは，これが逆になる．つまり，エネルギーの高い原子オービタルの方が支配的な成分となる．

(25・1) 式の原子オービタルのエネルギーとして，どんな値を用いるかは難しい問題である．それは，「トピック 29」で説明するような複雑な計算を経てやっと得られるものだからである．もう一つの方法は，そのエネルギーの起源に注目することで，イオン化エネルギーと電子親和力から予測することである．たとえば，ある分子の一方の原子を考えたとき，それが提供した電子に支配が全く及ばなくなった極限では X^+ と表すことができ，結合相手と電子対を平等に共有している場合は X，その結合電子 2 個ともを支配下に置いている場合は X^- である．もし，エネルギー 0 の基準として X^+ を使えば，X は $-I(X)$ というエネルギーにあり，X^- のエネルギーは $-\{I(X) + E_{ea}(X)\}$ である．ここで，I はイオン化エネルギー，E_{ea} は電子親和力である（図25・2）．注目する原子オービタルの実際のエネルギーはどこか中間的なところにあるから，これ以上の情報がないのであれば，その最低値の半分，つまり $-\frac{1}{2}\{I(X) + E_{ea}(X)\}$ と予測するしかない．それから，MO の成分とエネルギーを求めるためにできることは，これらのエネルギー値をもつ原子オービタルの一次結合をつくって，$-\frac{1}{2}\{I(X) + E_{ea}(X)\}$ の値が負で大きい原子ほど結合性オービタルに大きく寄与すると予測することである．すぐあとでわかるように，$\frac{1}{2}\{I(X) + E_{ea}(X)\}$ という量はもっと重要な意味をもっている．

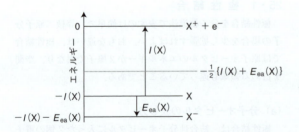

図25・2 分子内にある原子オービタルのエネルギーの求め方．

簡単な例示 25・1　異核二原子分子　その1

以上の手順は HF を例に示すことができる．このときの分子オービタルは $\psi = c_H \chi_H + c_F \chi_F$ と書ける．ここで，χ_H は H1s オービタル，χ_F は F2p_z オービタルである（直線形分子では核間軸に沿って z 軸をとる）．必要なデータをつぎに示す．

	I/eV	E_{ea}/eV	$\frac{1}{2}\{I + E_{ea}\}$/eV
H	13.6	0.75	7.2
F	17.4	3.34	10.4

HF の電子分布は F 原子の側に偏っていることがわかる．すぐあとで（簡単な例示 25・3 および 25・4）この計算をもっと先に進めよう．

自習問題 25・1　HN 分子ラジカルの結合性 σ オービタルに主として寄与するのは，H1s と N2p_z のどちらの原子オービタルか．必要なデータは表 20・2 と表 20・3 にある．　　　　　　　　　　　　　　　[答: N2p_z]

(b) 電気陰性度

結合の電荷分布を検討するには，関与する元素の**電気陰性度**[1]，χ（カイ）を使うのがふつうである（この χ の使い方と，もう一つの慣例である原子オービタルを表す使い方とを混同するおそれはほとんどない）．電気陰性度は，ある化合物の一部を構成する原子が電子を自分に引きつける能力の尺度として，ポーリング[2] によって導入されたパラメーターである．ポーリングは，原子価結合法に従って，電気陰性度の目盛が結合解離エネルギー D_0 を使って定義できると考え，電気陰性度の差を，

$$|\chi_A - \chi_B| = \{D_0(AB) - \tfrac{1}{2}[D_0(AA) + D_0(BB)]\}^{1/2}$$

定義　ポーリングの電気陰性度　　(25・2)

で表せると提案した．$D_0(AA)$ と $D_0(BB)$ は，それぞれ A—A 結合と B—B 結合の解離エネルギーであり，$D_0(AB)$ は A—B 結合の解離エネルギーである．このエネルギーはすべて電子ボルトの単位で表したものである．（その後ポーリングは，解離エネルギーの相加平均[†1] ではなく，相乗平均[†2] を使って表した．）この式では電気陰性度の差が与えられている．そこで，ポーリングは，電気陰性度の絶対目盛をつくるために，(25・2) 式から得られる値に最もよく合うように個々の値を選んだのであった．この定義に基づ

---

†1　算術平均（arithmetic mean）ともいう．
†2　幾何平均（geometric mean）ともいう．
1) electronegativity　2) Linus Pauling

く電気陰性度を**ポーリングの電気陰性度**[1]という（表25·1）．電気陰性度が最も大きい元素は F 付近にあり（貴ガスは除外する），最も小さいのは Cs 付近にある．電気陰性度の差が大きいほど，結合の極性が強くなることがわかる．たとえば，HF ではこの差は 1.78 である．C−H 結合は，ふつうほとんど無極性であるとみなされており，電気陰性度の差は 0.35 である．

表25·1[a]　ポーリングの電気陰性度

元　素	χ_{Pauling}
H	2.2
C	2.6
N	3.0
O	3.4
F	4.0
Cl	3.2
Cs	0.79

a) 巻末の「資料」に多くの値がある．

簡単な例示25·2　電気陰性度

水素，塩素，塩化水素の結合解離エネルギーは，それぞれ 4.52 eV, 2.51 eV, 4.47 eV である．(25·2) 式からつぎのようになる．

$$|\chi_{\text{Pauling}}(\text{H}) - \chi_{\text{Pauling}}(\text{Cl})| = \{4.47 - \tfrac{1}{2}(4.52 + 2.51)\}^{1/2}$$
$$= 0.98 \approx 1.0$$

自習問題25·2　HBr について上と同じ計算をせよ．表24·2のデータを用いよ．

［答：$|\chi_{\text{Pauling}}(\text{H}) - \chi_{\text{Pauling}}(\text{Br})| = 0.73$］

分光学者のマリケン[2]は，電気陰性度について別の定義を提案した．彼は，ある元素が大きなイオン化エネルギー（したがって容易に電子を放出しない）と大きな電子親和力（したがって電子を獲得する方がエネルギー的に有利である）をもっていれば，その元素の電気陰性度は非常に大きくなるだろうと考えた．そこで，**マリケンの電気陰性度**[3]の目盛は，つぎの定義に基づいている．

$$\chi = \tfrac{1}{2}(I + E_{\text{ea}}) \qquad \text{定義} \qquad \boxed{\text{マリケンの電気陰性度}} \qquad (25\cdot3)$$

I は元素のイオン化エネルギー，E_{ea} はその電子親和力である（両方とも eV 単位で測る）．このエネルギーの組合わせは，分子にある原子オービタルのエネルギーを求めるの

に使った組合わせと同じものであるから，マリケンの電気陰性度の値が大きな原子ほど，その結合の電子分布に対する寄与が大きいことがわかるだろう．しかし，ここで注意すべきことがある．(25·3) 式の I と E_{ea} の値は，厳密には，その原子のある特定の"原子価状態"についてのものであり，分光学的な意味での真の状態ではない．ここでは，この込み入った違いを無視することにする．マリケンとポーリングの目盛は，だいたい一致している．この両者を結ぶ比較的信頼できる変換式は，

$$\chi_{\text{Pauling}} = 1.35\chi_{\text{Mulliken}}^{1/2} - 1.37 \qquad (25\cdot4)$$

である．

25·2　変分原理

結合の極性を検討し，分子オービタルをつくるのに使った一次結合の係数を求めるためのもっと系統的な方法として，つぎの**変分原理**[4]がある．これについては，つぎの「根拠」で証明する．

> 任意の波動関数を使ってそのエネルギーを計算したとき，その計算値が真のエネルギーより小さいことはありえない． 変分原理

この原理については「トピック 22」で簡単に説明したが，現在のあらゆる分子構造計算の基礎になっている（トピック 27〜30）．この任意の波動関数を**試行波動関数**[5]という．この原理によれば，もし試行波動関数の係数を変化させて（各波動関数についてハミルトン演算子の期待値を計算することによって）最終的に最低エネルギーに到達したとすれば，そのときの係数が一番良いことになる．もし，もっと複雑な波動関数を使ったとすると（たとえば，各原子について複数の原子オービタルの一次結合をとるなどして），もっと低いエネルギーが得られるかもしれないが，いま選んだ基底関数系（これを**基底セット**[6]という），すなわち与えられた一組の原子オービタルからつくれる最善の（エネルギーを極小にする）分子オービタルが得られるという意味である．

根拠25·1　変分原理

変分原理が正しいことを示すために，ある（規格化された）試行関数 ψ_{trial} を考えよう．それは，ハミルトン演算子 $\hat{H}$ の真の（ただし未知の）固有関数の一次結合で $\psi_{\text{trial}} = \sum_n c_n \psi_n$ と表されている．ただし，各固有関数は規格化されており，互いに直交している．この試行

---

1) Pauling electronegativity　2) Robert Mulliken　3) Mulliken electronegativity　4) variation principle　5) trial wavefunction　6) basis set

波動関数に対応するエネルギーは，つぎの期待値で表される．

$$E = \int \psi_{\text{trial}}^* \hat{H} \psi_{\text{trial}} \, d\tau$$

この系の真の最低エネルギーは，ψ_0 に対応する固有値 E_0 である．そこで，つぎの差に注目する．

$$
\begin{aligned}
E - E_0 &= \int \psi_{\text{trial}}^* \hat{H} \psi_{\text{trial}} \, d\tau - E_0 \overbrace{\int \psi_{\text{trial}}^* \psi_{\text{trial}} \, d\tau}^{1} \\
&= \int \psi_{\text{trial}}^* \hat{H} \psi_{\text{trial}} \, d\tau - \int \psi_{\text{trial}}^* E_0 \psi_{\text{trial}} \, d\tau \\
&= \int \psi_{\text{trial}}^* (\hat{H} - E_0) \psi_{\text{trial}} \, d\tau \\
&= \int \left(\sum_n c_n^* \psi_n^* \right)(\hat{H} - E_0)\left(\sum_{n'} c_{n'} \psi_{n'} \right) d\tau \\
&= \sum_{n,\,n'} c_n^* c_{n'} \int \psi_n^* (\hat{H} - E_0) \psi_{n'} \, d\tau
\end{aligned}
$$

ここで，$\int \psi_n^* \hat{H} \psi_{n'} \, d\tau = E_{n'} \int \psi_n^* \psi_{n'} \, d\tau$ および $\int \psi_n^* E_0 \psi_{n'} \, d\tau = E_0 \int \psi_n^* \psi_{n'} \, d\tau$ であるから，つぎのように書ける．

$$\int \psi_n^* (\hat{H} - E_0) \psi_{n'} \, d\tau = (E_{n'} - E_0) \int \psi_n^* \psi_{n'} \, d\tau$$

そこで，

$$E - E_0 = \sum_{n,\,n'} c_n^* c_{n'} (E_{n'} - E_0) \overbrace{\int \psi_n^* \psi_{n'} \, d\tau}^{n'=n \text{以外で} 0}$$

となる．これらの固有関数は互いに直交しているから，$n' = n$ の場合だけが残って，この和に寄与する．しかも，各固有関数は規格化されているから，その積分値はすべて 1 である．こうして次式が得られる．

$$E - E_0 = \sum_n \overset{\geq 0}{c_n^* c_n} \, \overset{\geq 0}{(E_n - E_0)} \geq 0$$

すなわち，$E \geq E_0$ となり，これで変分原理が正しいことが証明された．

(a) 具体的な手順

この方法を (25·1) 式の試行波動関数を例として説明しよう．つぎの「根拠」で示すように，その係数は 2 個の永

年方程式[†]，

$$(\alpha_A - E)c_A + (\beta - ES)c_B = 0 \tag{25·5a}$$

$$(\beta - ES)c_A + (\alpha_B - E)c_B = 0 \tag{25·5b}$$

の解で与えられる．ここで，

$$\alpha_A = \int A\hat{H}A \, d\tau \qquad \alpha_B = \int B\hat{H}B \, d\tau$$

クーロン積分 （25·5c）

$$\beta = \int A\hat{H}B \, d\tau = \int B\hat{H}A \, d\tau$$

共鳴積分 （25·5d）

である．パラメーター α を**クーロン積分**[1]という．これは負の量であり，電子が A（α_A の場合）または B（α_B の場合）を占めるときのエネルギーであると解釈できる．等核二原子分子では $\alpha_A = \alpha_B$ である．パラメーター β を**共鳴積分**[2]という（古典的な起源からの名称である）．オービタル同士が重ならない場合の値は 0 で，平衡結合長ではふつう負である．

根拠 25·2　変分原理の異核二原子分子への応用

(25·1) 式の試行波動関数は，実関数であるが規格化されていない．この段階では，係数は任意の値をとりうるからである．そこで，$\psi^* = \psi$ と書けるが，$\int \psi^2 \, d\tau = 1$ とはしていない．波動関数が規格化されていないときのエネルギーの式は（トピック 7），

$$E = \frac{\int \psi^* \hat{H} \psi \, d\tau}{\int \psi^* \psi \, d\tau} \xrightarrow{\psi \text{が実関数}} \frac{\int \psi \hat{H} \psi \, d\tau}{\int \psi^2 \, d\tau}$$

エネルギー （25·6）

と書ける．次に，E の値を最小にする試行関数の係数の値を探そう．これは微積分学ではよくある問題であり，つぎの条件を満たす係数を見いだせば解ける．

$$\frac{\partial E}{\partial c_A} = 0 \qquad \frac{\partial E}{\partial c_B} = 0$$

第一段階は，(25·6) 式の二つの積分を，それぞれ係数を使って表すことである．分母は，

[†]　secular equations．"secular" は "永年" という意味のラテン語に由来している．永年方程式という用語は天文学の分野で生まれたもので，惑星の軌道が長期にわたってゆっくり変化が蓄積されるのに関連して，これを扱うのに同じ方程式が現れる．
[1] Coulomb integral　[2] resonance integral

トピック25　異核二原子分子

$$\int \psi^2 \, d\tau = \int (c_A A + c_B B)^2 \, d\tau$$

$$= c_A{}^2 \overbrace{\int A^2 \, d\tau}^{1} + c_B{}^2 \overbrace{\int B^2 \, d\tau}^{1} + 2 c_A c_B \overbrace{\int AB \, d\tau}^{S}$$

$$= c_A{}^2 + c_B{}^2 + 2 c_A c_B S$$

となる．これは，個々の原子オービタルが規格化されており，3番目の積分は重なり積分 S（24·3式）だからである．一方，分子は，

$$\int \psi \hat{H} \psi \, d\tau = \int (c_A A + c_B B) \hat{H}(c_A A + c_B B) \, d\tau$$

$$= c_A{}^2 \overbrace{\int A \hat{H} A \, d\tau}^{\alpha_A} + c_B{}^2 \overbrace{\int B \hat{H} B \, d\tau}^{\alpha_B}$$

$$+ c_A c_B \overbrace{\int A \hat{H} B \, d\tau}^{\beta} + c_A c_B \overbrace{\int B \hat{H} A \, d\tau}^{\beta}$$

となる．それぞれの積分値は式中に示してある（「トピック6」で述べたエルミート性によって，2個ある β は等しい）．こうして分子は，

$$\int \psi \hat{H} \psi \, d\tau = c_A{}^2 \alpha_A + c_B{}^2 \alpha_B + 2 c_A c_B \beta$$

と表せる．ここで，E を表す式をつぎのように整理して書くことができる．

$$E = \frac{c_A{}^2 \alpha_A + c_B{}^2 \alpha_B + 2 c_A c_B \beta}{c_A{}^2 + c_B{}^2 + 2 c_A c_B S}$$

この最小値は，2個の係数について微分して，その結果を0に等しいとおけば求められる．少し計算すれば，つぎの式が得られる．

$$\frac{\partial E}{\partial c_A} = \frac{2\{(\alpha_A - E)c_A + (\beta - ES)c_B\}}{c_A{}^2 + c_B{}^2 + 2 c_A c_B S}$$

$$\frac{\partial E}{\partial c_B} = \frac{2\{(\alpha_B - E)c_B + (\beta - ES)c_A\}}{c_A{}^2 + c_B{}^2 + 2 c_A c_B S}$$

これらの導関数が0に等しいためには，上式の分子が0でなければならない．すなわち，つぎの条件を満たす c_A と c_B の値を求めなければならない．

$$(\alpha_A - E)c_A + (\beta - ES)c_B = 0$$

$$(\alpha_B - E)c_B + (\beta - ES)c_A = 0$$

これが永年方程式（25·5式）である．

永年方程式を解いて係数を求めるには，分子オービタルのエネルギー E を知る必要がある．そこで，一般の連立方程式を扱うときの手法（数学の基礎5）を用いる．すなわち，この永年方程式は，その係数でつくったつぎの行列式，**永年行列式** [1] が0であれば解をもつといえる．

$$\begin{vmatrix} \alpha_A - E & \beta - ES \\ \beta - ES & \alpha_B - E \end{vmatrix} = (\alpha_A - E)(\alpha_B - E) - (\beta - ES)^2$$

$$= (1 - S^2)E^2 + \{2\beta S - (\alpha_A + \alpha_B)\}E + (\alpha_A \alpha_B - \beta^2)$$

$$= 0 \qquad (25\cdot7)$$

この二次方程式は二つの根をもち，原子オービタルからつくられた結合性オービタルと反結合性オービタルのエネルギーが得られる．それは，

$$E_{\pm} =$$
$$\frac{\alpha_A + \alpha_B - 2\beta S \pm \{(\alpha_A + \alpha_B - 2\beta S)^2 - 4(1-S^2)(\alpha_A \alpha_B - \beta^2)\}^{1/2}}{2(1-S^2)}$$

$$(25\cdot8a)$$

である．この式は二つの場合に分けて考えるとわかりやすい．等核二原子分子の場合は，$\alpha_A = \alpha_B = \alpha$ とおけるから，

$$E_{\pm} = \frac{2\alpha - 2\beta S \pm \left\{\overbrace{(2\alpha - 2\beta S)^2}^{} - 4(1-S^2)(\alpha^2 - \beta^2)\right\}^{1/2}}{2\underbrace{(1-S^2)}_{(1+S)(1-S)}}$$

$$\overbrace{}^{(2\beta - 2\alpha S)^2}$$

$$= \frac{\alpha - \beta S \pm (\beta - \alpha S)}{(1+S)(1-S)} = \frac{(\alpha \pm \beta)(1 \mp S)}{(1+S)(1-S)}$$

が得られる．したがって，つぎのように求められる．

$$E_+ = \frac{\alpha + \beta}{1 + S} \qquad E_- = \frac{\alpha - \beta}{1 - S}$$

等核二原子分子　オービタルのエネルギー　(25·8b)

$\beta < 0$ であるから，E_+ はエネルギーの低い側の解である．一方，異核二原子分子の場合は，$S = 0$ という近似を使えば（わかりやすい式を得るためだけの近似である），つぎの結果が得られる．

$$E_{\pm} = \frac{1}{2}(\alpha_A + \alpha_B) \pm \frac{1}{2}(\alpha_A - \alpha_B)\left\{1 + \left(\frac{2\beta}{\alpha_A - \alpha_B}\right)^2\right\}^{1/2}$$

異核二原子分子で $S = 0$ の場合　オービタルのエネルギー　(25·8c)

1) secular determinant

簡単な例示 25・3　異核二原子分子　その2

「簡単な例示25・1」では，HFのH1sオービタルとF2pオービタルのエネルギーを，それぞれ -7.2 eV, -10.4 eVとした．したがって，$\alpha_H = -7.2$ eV, $\alpha_F = -10.4$ eVであった．代表的な値として $\beta = -1.0$ eVとして，しかも $S = 0$ とおく．これらの値を(25・8c)式に代入すれば，

$$E_\pm/\text{eV} = \frac{1}{2}(-7.2 - 10.4)$$
$$\pm \frac{1}{2}(-7.2 + 10.4)\left\{1 + \left(\frac{-2.0}{-7.2 + 10.4}\right)^2\right\}^{1/2}$$
$$= -8.8 \pm 1.9 = -10.7, -6.9$$

が得られる．-10.7 eV は結合オービタル，-6.9 eV は反結合オービタルのエネルギーを表している．これらの値を図25・3に示してある．

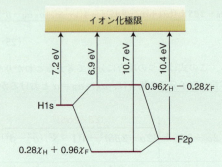

図25・3　HFの原子オービタルのエネルギー計算の結果と，それによってできた分子オービタル．

自習問題 25・3　$S = 0.20$（代表的な値）を用いて，上の二つのエネルギーを計算せよ．

[答：$E_+ = -10.8$ eV, $E_- = -7.1$ eV]

(b) 解の特徴

(25・8c)式に見られる重要な特徴は，相互作用している原子オービタルの間のエネルギー差 $|\alpha_A - \alpha_B|$ が大きくなるにつれて，結合性の効果も反結合性の効果も減少してしまうことである（図25・4）．たとえば，$|\alpha_A - \alpha_B| \gg 2|\beta|$ であれば，$(1+x)^{1/2} \approx 1 + \frac{1}{2}x$ の近似が使えるから(25・8c)式は，

$$E_+ \approx \alpha_A + \frac{\beta^2}{\alpha_A - \alpha_B} \quad E_- \approx \alpha_B - \frac{\beta^2}{\alpha_A - \alpha_B} \tag{25・9}$$

となる．この式や図25・4を見ればわかるように，このエネルギー差が非常に大きいところでは，できた分子オービタルのエネルギーは原子オービタルのエネルギーと少しし

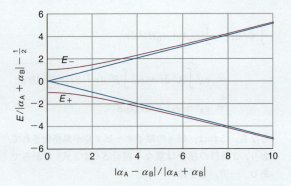

図25・4　分子オービタルに寄与している二つの原子オービタルのエネルギー差が変化したときの分子オービタルのエネルギー変化．赤色の曲線は $\beta = -|\alpha_A + \alpha_B|$ のとき，青色の線は一次結合による混合が全くないとき（つまり $\beta = 0$）のエネルギーを表している．

か違わない．そのような場合には，結合性の効果も反結合性の効果も小さいのである．すなわち，

分子オービタルに寄与する二つの原子オービタルが非常に似たエネルギーをもつとき，その結合性と反結合性の効果は最大になる．　*分子オービタルへの寄与の仕方*

内殻オービタルと原子価殻オービタルのエネルギーは大きく異なるから，結合に関する限り，内殻オービタルの寄与を無視してよいのである．また，一方の原子の内殻オービタルが他方の原子の内殻オービタルと似たエネルギーをもつこともあるが，その場合でも内殻-内殻相互作用の結合への寄与はほとんど無視できる．それは，両者の間の重なりが（したがって β の値が）非常に小さいからである．

(25・5)式の一次結合の係数の値は，永年行列式から得られた二つのエネルギーを使って永年方程式を解けば得られる．低い方のエネルギー E_+ から結合性分子オービタルの係数が得られ，高い方のエネルギー E_- から反結合性分子オービタルの係数が得られる．永年方程式から，これらの係数の比を表す式が得られる．たとえば，二つある永年方程式のはじめの(25・5a)式，$(\alpha_A - E)c_A + (\beta - ES)c_B = 0$ からは，

$$c_B = -\left(\frac{\alpha_A - E}{\beta - ES}\right)c_A \tag{25・10}$$

が得られる．波動関数は，この場合も規格化されているはずである．すなわち，「根拠25・2」で求めた $c_A^2 + c_B^2 + 2c_A c_B S$ の項は，

$$c_A^2 + c_B^2 + 2c_A c_B S = 1 \tag{25・11}$$

を満たさなければならない. この式に上の c_B を代入すれば,

$$c_A = \frac{1}{\left\{1 + \left(\frac{\alpha_A - E}{\beta - ES}\right)^2 - 2S\left(\frac{\alpha_A - E}{\beta - ES}\right)\right\}^{1/2}} \quad (25 \cdot 12)$$

が得られる. この式と (25・10) 式とから, (25・8a) 式の $E = E_\pm$ に適切な値を代入すれば, 係数を与える式が得られる. ここでも二つの場合に分けて考えれば, この式はわかりやすくなる. まず, 等核二原子分子の場合は, $\alpha_A = \alpha_B = \alpha$ であるから, (25・8b) 式から,

$$E_+ = \frac{\alpha + \beta}{1 + S} \qquad c_A = \frac{1}{\{2(1+S)\}^{1/2}} \qquad c_B = c_A$$

等核二原子分子 (25・13a)

$$E_- = \frac{\alpha - \beta}{1 - S} \qquad c_A = \frac{1}{\{2(1-S)\}^{1/2}} \qquad c_B = -c_A$$

等核二原子分子 (25・13b)

となる. 異核二原子分子で $S=0$ の場合は, エネルギー E_+ のオービタルの係数は,

$$c_A = \frac{1}{\left\{1 + \left(\frac{\alpha_A - E_+}{\beta}\right)^2\right\}^{1/2}} \qquad c_B = \frac{1}{\left\{1 + \left(\frac{\beta}{\alpha_A - E_+}\right)^2\right\}^{1/2}}$$

異核二原子分子で $S=0$ の場合 (25・14a)

で与えられる. 一方, エネルギー E_- の係数は,

$$c_A = \frac{1}{\left\{1 + \left(\frac{\alpha_A - E_-}{\beta}\right)^2\right\}^{1/2}} \qquad c_B = \frac{-1}{\left\{1 + \left(\frac{\beta}{\alpha_A - E_-}\right)^2\right\}^{1/2}}$$

異核二原子分子で $S=0$ の場合 (25・14b)

となる. $E_\pm$ はいずれも (25・8c) 式の値である.

簡単な例示 25・4 　異核二原子分子　その 3

ここでも HF を例に, 「簡単な例示 25・3」の続きを行う. $\alpha_H = -7.2$ eV, $\alpha_F = -10.4$ eV, $\beta = -1.0$ eV, $S=0$ の値を使えば, 二つのオービタルのエネルギーは $E_+ = -10.7$ eV, $E_- = -6.9$ eV となる. これらの値を (25・14) 式に代入すれば, つぎの係数値が得られる.

$$E_+ = -10.7 \text{ eV} \qquad \psi_+ = 0.28\chi_H + 0.96\chi_F$$

$$E_- = -6.9 \text{ eV} \qquad \psi_- = 0.96\chi_H - 0.28\chi_F$$

エネルギーの低いオービタル（-10.7 eV のエネルギーの方）には, H1s オービタルより F2p オービタルの成分が多く含まれ, エネルギーの高い反結合性オービタルでは逆の状況になっていることに注目しよう.

自習問題 25・4 　$\beta = -1.0$ eV, $S=0$ の値を使って, HCl 分子の σ オービタルのエネルギーと関数形を求めよ. 表 20・2 と表 20・3 のデータを用いよ.

[答: $E_+ = -8.9$ eV, $E_- = -6.6$ eV, $\psi_- = 0.86\chi_H - 0.51\chi_{Cl}$, $\psi_+ = 0.51\chi_H + 0.86\chi_{Cl}$]

チェックリスト

☐ 1. **極性結合**は, 一方の原子がその結合相手の原子よりも分子オービタルに大きく寄与している場合に生じる.

☐ 2. 元素の**電気陰性度**は, ある原子が化合物の一部を構成しているとき, それが電子を引きつける能力の尺度である.

☐ 3. **変分原理**は, 近似で得られた波動関数が受け入れられるための基準を与える.

☐ 4. **基底セット**は, 分子オービタルを組立てるもとになる原子オービタルの組をいう.

☐ 5. 分子オービタルに寄与する原子オービタルのエネルギーが似ているとき, 結合性の効果と反結合性の効果はどちらも大きい.

重要な式の一覧

性　質	式	備　考	式番号
分子オービタル	$\psi = c_A A + c_B B$	極性結合	25·1
ポーリングの電気陰性度	$|\chi_A - \chi_B| = \{D_0(AB) - \frac{1}{2}[D_0(AA) + D_0(BB)]\}^{1/2}$		25·2
マリケンの電気陰性度	$\chi = \frac{1}{2}(I + E_{ea})$		25·3
クーロン積分	$\alpha_A = \int A\hat{H}A\,d\tau$		25·5c
共鳴積分	$\beta = \int A\hat{H}B\,d\tau = \int B\hat{H}A\,d\tau$		25·5d
エネルギー	$E = \int \psi\hat{H}\psi\,d\tau \,/\, \int \psi^2\,d\tau$	規格化されていない 実の波動関数	25·6

トピック26

多原子分子

内容

26・1　ヒュッケル近似

(a) ヒュッケル法の導入

　　簡単な例示 26・1　エテン

(b) ヒュッケル法の行列形式

　　例題 26・1　行列の対角化による
　　　　　　　　分子オービタルの求め方

26・2　ヒュッケル法の応用

(a) ブタジエンと π 電子結合エネルギー

　　例題 26・2　非局在化エネルギーの計算

(b) ベンゼンと芳香族の安定性

　　例題 26・3　分子の芳香族性の判定

チェックリスト

重要な式の一覧

▶ 学ぶべき重要性

　化学で興味の対象となる分子はほとんど多原子分子であるから、その電子構造を説明できることが重要である。いまでは高度な計算手法が広く使われているが、それがここで説明するもっと初歩的な手法からどのように生まれたかを見ておくと、高度な手法を理解するうえでも役に立つであろう。

▶ 習得すべき事項

　分子オービタルは、適切な対称をもつすべての原子オービタルの一次結合で表される。

▶ 必要な予備知識

　本トピックでは、異核二原子分子について「トピック25」で用いたやり方、とりわけ永年行列式と永年方程式の概念を使った手法を拡張する。ここで用いるおもな数学手法は行列代数（数学の基礎5）であるから、すでに行列の数値計算ができる数学ソフトウエア

を使い慣れているか、そうでなければこれから使えるようになってもらいたい。

　多原子分子の分子オービタルは、二原子分子と同じ仕方（トピック 24 と 25）でつくられるが、一つだけ違うのは、分子オービタルを組立てるのにもっと多くの原子オービタルを使うことである。二原子分子の場合と同じで、多原子分子の分子オービタルも分子全体に広がっている。分子オービタルの一般的な形は、

$$\psi = \sum_o c_o \chi_o \qquad \text{LCAO の一般形} \qquad (26 \cdot 1)$$

である。χ_o は原子オービタルで、和は分子内のすべての原子の、すべての原子価殻オービタルについてとる。この係数値を求めるには、二原子分子の場合と同様に、永年方程式と永年行列式を立て、後者をエネルギーについて解き、そのエネルギーを永年方程式に代入すればよい。そうすれば、それぞれの分子オービタルについて原子オービタルの係数が求められる。

　二原子分子と多原子分子のおもな違いは、分子がとれる形の多様性にある。二原子分子は必ず直線形であるが、たとえば三原子分子は直線形であってもよいし、固有の結合角をもつ屈曲形の（山形の）構造であってもよい。多原子分子の形は結合長と結合角を指定すれば決まるが、それを予測するには、分子の全エネルギーを種々の原子核の位置について計算し、最低エネルギーに対応する原子配置がどれかを求めればよい。このような計算には最新のソフトウエアを使うのが最良であるが、ここで注目する共役ポリエンは炭素原子の鎖に沿って単結合と二重結合が交互に並んだ構造をしており、これについて初歩的な手法を使って調べるだけでその特性が見えてくるから、高度な手法のためのお膳立てにもなるであろう。

　共役ポリエンの構造に見られる平面性は、その対称性の一側面にすぎないが、分子オービタルをつくる上でも分子の対称に関する考察は重要である。いまの場合は、その平面性によって分子の σ オービタルと π オービタルは明確

に区別される．初歩的な手法では，このような分子はπオービタルの特性によって説明されるのがふつうであり，一方，σ結合は剛直な分子骨格をつくる役目をしており，それぞれの分子の形を決めているという見方をする．

26・1 ヒュッケル近似

共役分子のπ分子オービタルのエネルギー準位図は，ヒュッケル[1]が1931年に提唱した一組の近似を使えばつくれる．すべてのC原子は同等に扱われるから，πオービタルに寄与する原子オービタルについてのクーロン積分α（25・5c式，$\alpha_A = \int A\hat{H}A d\tau$）はすべて等しいとおく．ここでは，この近似法を導入するのにエテンを例に挙げるが，この分子ではσ結合は固定しているものとし，1個のπ結合とその相手の反結合性のπ結合のエネルギーを求めることに専念する．

(a) ヒュッケル法の導入

πオービタルは，分子面に垂直なC2pオービタルのLCAOで表す．たとえば，エテンでは，

$$\psi = c_A A + c_B B \quad (26\cdot2)$$

と書く．AはA原子のC2pオービタルで，Bも同様である．次に，「トピック25」で説明したように，変分原理を使って最適の係数とエネルギーを求める．すなわち，永年行列式を解くのであるが，エテンの場合は(25・7)式で$\alpha_A = \alpha_B = \alpha$とすればよい．そこで，

$$\begin{vmatrix} \alpha - E & \beta - ES \\ \beta - ES & \alpha - E \end{vmatrix} = 0 \quad (26\cdot3)$$

となる．βは共鳴積分（25・5d式，$\beta = \int A\hat{H}B d\tau$），$S$は重なり積分（$S = \int AB d\tau$）である．最新の計算では，共鳴積分や重なり積分もすべて計算するようになっているが，つぎの**ヒュッケル近似**[2]を追加すれば，分子オービタルのエネルギー準位図の様子をきわめて容易に知ることができる．すなわち，

> **ヒュッケル近似**
> - すべての重なり積分を0とおく．
> - 隣接しない原子間の共鳴積分をすべて0とおく．
> - 残りのすべての共鳴積分を（βに）等しいとおく．

これらの近似は明らかに非常に粗いが，そのおかげで非常にわずかな労力で，少なくとも分子オービタルエネルギー準位の概略を計算することができる．これらの近似から，永年行列式のつぎのような構造が導ける．

- すべての対角要素：$\alpha - E$
- 隣接原子間の非対角要素：β
- その他のすべての要素：0

これらの近似によって(26・3)式は，

$$\begin{vmatrix} \alpha - E & \beta \\ \beta & \alpha - E \end{vmatrix} = (\alpha - E)^2 - \beta^2$$
$$= (\alpha - E + \beta)(\alpha - E - \beta)$$
$$= 0 \quad (26\cdot4)$$

となる．この方程式の根は$E_\pm = \alpha \pm \beta$である．＋の符号は結合性の一次結合に相当し（βは負である），－の符号は反結合性の一次結合に相当する（図26・1）．

構成原理によると$1\pi^2$という配置になる．これは炭素原子がπ系に電子を1個ずつ供給するからである．エテンの**最高被占分子オービタル**[3]（HOMO）は1πオービタルであり，**最低空分子オービタル**[4]（LUMO）は2πオービタルである（$2\pi^*$と書くこともある）．これらの二つのオービタルは，共同でその分子の**フロンティアオービタル**[5]を形成する．フロンティアオービタルは分子の化学的性質や分光学的性質に深く関係するので重要である．

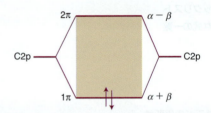

図26・1　エテンのヒュッケル分子オービタルのエネルギー準位図．2個の電子は，エネルギーの低いπオービタルを占める．

> **簡単な例示 26・1　エテン**
>
> エテンの$\pi^* \leftarrow \pi$の励起エネルギーは$2|\beta|$，すなわち電子1個を1πオービタルから2πオービタルに励起するのに必要なエネルギーと考えることができる．この遷移は40 000 cm^{-1}付近で起こり，これは4.8 eVに相当する．そこで，考えられるβの値は約－2.4 eV（－230 kJ mol^{-1}）である．
>
> **自習問題 26・1**　エテンのイオン化エネルギーは10.5 eVである．αを求めよ．　　［答：－8.1 eV］

---

1) Erich Hückel　2) Hückel approximation　3) highest occupied molecular orbital
4) lowest unoccupied molecular orbital　5) frontier orbital

トピック26 多原子分子

(b) ヒュッケル法の行列形式

ヒュッケル理論をもっと精妙なものにして，もっと大きな分子に容易に使えるようにするための準備として，これを行列とベクトルを使った式で表現しなおしておく必要がある（「数学の基礎5」を見よ）．出発点になるのは，異核二原子分子について「トピック25」で説明したつぎの永年方程式である．

$$(\alpha_A - E)c_A + (\beta - ES)c_B = 0$$

$$(\beta - ES)c_A + (\alpha_B - E)c_B = 0$$

この式を一般化するための準備として，$\alpha_J = H_{JJ}$（Jは Aまたは B），$\beta = H_{AB}$ と書いて，重なり積分にも原子のラベルを付けておけば，S は S_{AB} となる．ここで，方程式に対称性を与えるために，$\alpha_J - E$ の E を ES_{JJ} で置き換えてもよい．ただし，$S_{JJ}=1$ である．表記の変更はもう一つある．永年方程式の係数 c_J は E の値に依存するから，E_1 と E_2 という二つのエネルギーに相当する2組を区別して表しておく必要がある．そこで，これらの係数を $c_{i,J}$ と書く．ただし，$i=1$（エネルギーは E_1）または $i=2$（エネルギーは E_2）である．このように表記を変更しておけば，二つの方程式は，

$$(H_{AA} - E_i S_{AA})c_{i,A} + (H_{AB} - E_i S_{AB})c_{i,B} = 0 \quad (26\cdot5a)$$

$$(H_{BA} - E_i S_{BA})c_{i,A} + (H_{BB} - E_i S_{BB})c_{i,B} = 0 \quad (26\cdot5b)$$

となる．ただし，$i=1$ と 2 があるから全部で四つの方程式がある．それぞれの i について，二つの方程式は行列形式でつぎのように書ける．

$$\begin{pmatrix} H_{AA} - E_i S_{AA} & H_{AB} - E_i S_{AB} \\ H_{BA} - E_i S_{BA} & H_{BB} - E_i S_{BB} \end{pmatrix}\begin{pmatrix} c_{i,A} \\ c_{i,B} \end{pmatrix} = 0$$

実際，上の行列の掛け算を行えば (26·5) 式が得られる．ここで，つぎの行列と列ベクトルを定義して導入する．

$$\boldsymbol{H} = \begin{pmatrix} H_{AA} & H_{AB} \\ H_{BA} & H_{BB} \end{pmatrix} \quad \boldsymbol{S} = \begin{pmatrix} S_{AA} & S_{AB} \\ S_{BA} & S_{BB} \end{pmatrix} \quad \boldsymbol{c}_i = \begin{pmatrix} c_{i,A} \\ c_{i,B} \end{pmatrix}$$

$$(26\cdot6)$$

そうすれば，

$$\boldsymbol{H} - E_i \boldsymbol{S} = \begin{pmatrix} H_{AA} - E_i S_{AA} & H_{AB} - E_i S_{AB} \\ H_{BA} - E_i S_{BA} & H_{BB} - E_i S_{BB} \end{pmatrix}$$

と表せる．そこで，2組の方程式それぞれはもっと簡潔な形でつぎのように表せる．

$$(\boldsymbol{H} - E_i \boldsymbol{S})\boldsymbol{c}_i = 0 \quad \text{すなわち} \quad \boldsymbol{H}\boldsymbol{c}_i = \boldsymbol{S}\boldsymbol{c}_i E_i \quad (26\cdot7)$$

つぎの「根拠」で示すように，つぎの行列を導入しておけ

ば，このような2組の方程式（$i=1$ と 2）をまとめて1個の行列で表すことができる．

$$\boldsymbol{c} = (\boldsymbol{c}_1 \quad \boldsymbol{c}_2) = \begin{pmatrix} c_{1,A} & c_{2,A} \\ c_{1,B} & c_{2,B} \end{pmatrix} \quad \boldsymbol{E} = \begin{pmatrix} E_1 & 0 \\ 0 & E_2 \end{pmatrix}$$

$$(26\cdot8)$$

こうして，(26·7) 式の四つの方程式を全部まとめて，つぎの一つの式で表せる．

$$\boldsymbol{H}\boldsymbol{c} = \boldsymbol{S}\boldsymbol{c}\boldsymbol{E} \quad (26\cdot9)$$

根拠 26·1 行列による表し方

(26·9) 式に行列を代入すれば，

$$\begin{pmatrix} H_{AA} & H_{AB} \\ H_{BA} & H_{BB} \end{pmatrix}\begin{pmatrix} c_{1,A} & c_{2,A} \\ c_{1,B} & c_{2,B} \end{pmatrix}$$

$$= \begin{pmatrix} S_{AA} & S_{AB} \\ S_{BA} & S_{BB} \end{pmatrix}\begin{pmatrix} c_{1,A} & c_{2,A} \\ c_{1,B} & c_{2,B} \end{pmatrix}\begin{pmatrix} E_1 & 0 \\ 0 & E_2 \end{pmatrix}$$

である．左辺にある行列の積を計算すれば，

$$\begin{pmatrix} H_{AA} & H_{AB} \\ H_{BA} & H_{BB} \end{pmatrix}\begin{pmatrix} c_{1,A} & c_{2,A} \\ c_{1,B} & c_{2,B} \end{pmatrix}$$

$$= \begin{pmatrix} H_{AA}c_{1,A} + H_{AB}c_{1,B} & H_{AA}c_{2,A} + H_{AB}c_{2,B} \\ H_{BA}c_{1,A} + H_{BB}c_{1,B} & H_{BA}c_{2,A} + H_{BB}c_{2,B} \end{pmatrix}$$

であり，右辺の積は，

$$\begin{pmatrix} S_{AA} & S_{AB} \\ S_{BA} & S_{BB} \end{pmatrix}\begin{pmatrix} c_{1,A} & c_{2,A} \\ c_{1,B} & c_{2,B} \end{pmatrix}\begin{pmatrix} E_1 & 0 \\ 0 & E_2 \end{pmatrix}$$

$$= \begin{pmatrix} S_{AA} & S_{AB} \\ S_{BA} & S_{BB} \end{pmatrix}\begin{pmatrix} c_{1,A}E_1 & c_{2,A}E_2 \\ c_{1,B}E_1 & c_{2,B}E_2 \end{pmatrix}$$

$$= \begin{pmatrix} E_1 S_{AA}c_{1,A} + E_1 S_{AB}c_{1,B} & E_2 S_{AA}c_{2,A} + E_2 S_{AB}c_{2,B} \\ E_1 S_{BA}c_{1,A} + E_1 S_{BB}c_{1,B} & E_2 S_{BA}c_{2,A} + E_2 S_{BB}c_{2,B} \end{pmatrix}$$

となる．両辺の各行列要素を比較すれば（たとえば，青色で示した項），四つの永年方程式（各 i について2個）が再現されることがわかる．

ヒュッケル近似では，$H_{AA} = H_{BB} = \alpha$，$H_{AB} = H_{BA} = \beta$ であり，重なりを無視して $\boldsymbol{S} = \boldsymbol{1}$，すなわち単位行列（対角要素が1で，他は0）とおく．そうすれば，

$$\boldsymbol{H}\boldsymbol{c} = \boldsymbol{c}\boldsymbol{E}$$

である. ここで, 左から逆行列 c^{-1} を掛け, $c^{-1}c = 1$ を使えば,

$$c^{-1}Hc = E \qquad (26\cdot10)$$

となる. つまり, 固有値 E_i を求めるためには, H を対角化するような変換を見いださなければならない. この手順を **行列の対角化**[1] という. そうすれば, 対角要素は固有値 E_i に対応することになり, 対角化を可能にする行列 c の列はこの計算に使った原子オービタルの組, つまり **基底セット**[2] の構成要素の係数であって, これによって分子オービタルの組成が決まる.

例題 26·1 行列の対角化による分子オービタルの求め方

ブタジエン (**1**) の π オービタルについて, ヒュッケル近似を使った行列方程式を組立てて, それを解け.

1 ブタジエン

解法 この4原子系では, 行列は四次元になる. 重なりを無視し, ヒュッケル近似のパラメーター α と β を使って行列 H を組立てる. H を対角化する行列 c を求めるが, この段階で数学ソフトウエアを利用すればよい. 詳細は「数学の基礎5」にある.

解答 行列 H はつぎのようになる.

$$H = \begin{pmatrix} H_{11} & H_{12} & H_{13} & H_{14} \\ H_{21} & H_{22} & H_{23} & H_{24} \\ H_{31} & H_{32} & H_{33} & H_{34} \\ H_{41} & H_{42} & H_{43} & H_{44} \end{pmatrix} \xrightarrow{\text{ヒュッケル近似}} \begin{pmatrix} \alpha & \beta & 0 & 0 \\ \beta & \alpha & \beta & 0 \\ 0 & \beta & \alpha & \beta \\ 0 & 0 & \beta & \alpha \end{pmatrix}$$

これをつぎのように書いておく.

$$H = \alpha 1 + \beta \begin{pmatrix} 0 & 1 & 0 & 0 \\ 1 & 0 & 1 & 0 \\ 0 & 1 & 0 & 1 \\ 0 & 0 & 1 & 0 \end{pmatrix}$$

それは, たいていの数学ソフトウエアが数値行列しか扱えないからである. ここで, 2番目の行列を対角化すれば,

$$\begin{pmatrix} +1.62 & 0 & 0 & 0 \\ 0 & +0.62 & 0 & 0 \\ 0 & 0 & -0.62 & 0 \\ 0 & 0 & 0 & -1.62 \end{pmatrix}$$

となるから, 対角化したハミルトン演算子行列を表せば,

$$E = \begin{pmatrix} \alpha + 1.62\beta & 0 & 0 & 0 \\ 0 & \alpha + 0.62\beta & 0 & 0 \\ 0 & 0 & \alpha - 0.62\beta & 0 \\ 0 & 0 & 0 & \alpha - 1.62\beta \end{pmatrix}$$

である. この対角化に使った行列は,

$$c = \begin{pmatrix} 0.372 & 0.602 & 0.602 & -0.372 \\ 0.602 & 0.372 & -0.372 & 0.602 \\ 0.602 & -0.372 & -0.372 & -0.602 \\ 0.372 & -0.602 & 0.602 & 0.372 \end{pmatrix}$$

である. ここで, この行列の列要素の値は, 対応する分子オービタルの原子オービタルの係数である. こうして, 各エネルギーと分子オービタルはつぎのように結論できる.

$$E_1 = \alpha + 1.62\beta$$
$$\psi_1 = 0.372\chi_A + 0.602\chi_B + 0.602\chi_C + 0.372\chi_D$$

$$E_2 = \alpha + 0.62\beta$$
$$\psi_2 = 0.602\chi_A + 0.372\chi_B - 0.372\chi_C - 0.602\chi_D$$

$$E_3 = \alpha - 0.62\beta$$
$$\psi_3 = 0.602\chi_A - 0.372\chi_B - 0.372\chi_C + 0.602\chi_D$$

$$E_4 = \alpha - 1.62\beta$$
$$\psi_4 = -0.372\chi_A + 0.602\chi_B - 0.602\chi_C + 0.372\chi_D$$

ここで, C2p 原子オービタルを $\chi_A, \cdots, \chi_D$ で表してある. これらのオービタルは互いに直交しており, 重なりを無視すれば規格化されている.

自習問題 26·2 アリルラジカル, $\cdot CH_2 - CH = CH_2$ について, 上と同じ問題を解け.

[答: $E = \alpha + 1.41\beta, \alpha, \alpha - 1.41\beta$:
$\psi_1 = 0.500\chi_A + 0.707\chi_B + 0.500\chi_C$,
$\psi_2 = 0.707\chi_A - 0.707\chi_C$,
$\psi_3 = 0.500\chi_A - 0.707\chi_B + 0.500\chi_C$]

26·2 ヒュッケル法の応用

ヒュッケル法は非常に初歩的なものであるが, これによって共役ポリエンの性質の一部を説明することができる.

---

1) matrix diagonalization 2) basis set

(a) ブタジエンと π 電子結合エネルギー

「例題 26・1」にあるように、ブタジエンの 4 個の LCAO-MO のエネルギーは、

$$E = \alpha \pm 1.62\beta \qquad \alpha \pm 0.62\beta \qquad (26 \cdot 11)$$

となる。これらのオービタルとそのエネルギーを図 26・2 に示す。核と核の間にある節の数が増えるほど、オービタルエネルギーは高くなることがわかる。収容すべき電子が 4 個あるから、基底状態の配置は $1\pi^2 2\pi^2$ である。ブタジエンのフロンティアオービタルは 2π オービタル (HOMO, これはおもに結合性オービタルである) と 3π オービタル (LUMO, おもに反結合性オービタル) である。"おもに" 結合性であるとは、オービタルは隣接する種々の原子との間に結合性と反結合性の相互作用をしているが、結合性の効果の方が支配的であるという意味である。また、"おもに" 反結合性であるとは、反結合性の効果が支配的ということである。

ブタジエンについて全 π 電子結合エネルギー[1] E_π、つまり各 π 電子のエネルギーの和を計算し、それをエテンで求めた値と比べるとき、重要な点が浮き彫りになる。エテンの全 π 電子結合エネルギーは、

$$E_\pi = 2(\alpha + \beta) = 2\alpha + 2\beta$$

であり、ブタジエンでは、

$$E_\pi = 2(\alpha + 1.62\beta) + 2(\alpha + 0.62\beta) = 4\alpha + 4.48\beta$$

である。したがって、ブタジエン分子のエネルギーは、2 個別々にある π 結合の和よりも 0.48β (約 110 kJ mol^{-1}) だけ低い[†]。局在化した 1 組の π 結合と比較したとき、ある共役系がもつ安定度の追加分をその分子の**非局在化エネルギー**[2]という。

これと密接な関係がある量は、**π 結合生成エネルギー**[3] E_{bf}、すなわち π 結合ができるときに放出されるエネルギーである。α の寄与は、分子でも原子と同じであるから、つぎのように書いて、π 電子結合エネルギーから π 結合生成エネルギーを求めることができる。

$$E_{bf} = E_\pi - N_C \alpha \qquad \text{定義} \quad \text{π 結合生成エネルギー} \qquad (26 \cdot 12)$$

ここで、N_C は分子内の炭素原子の数である。たとえば、ブタジエンの π 結合生成エネルギーは 4.48β である。

例題 26・2 非局在化エネルギーの計算

ヒュッケル近似を使ってシクロブタジエン (**2**) の π オービタルのエネルギーを求め、非局在化エネルギーを計算せよ。

2 シクロブタジエン

解法 ブタジエンの場合と同じ基底を用いて永年行列式をつくるが、この場合は原子 A と D が隣接することに注意する。次に、永年方程式を解いて、全 π 電子結合エネルギーを求める。非局在化エネルギーについては、全 π 電子結合エネルギーから 2 個の π 結合のエネルギーを引けばよい。

解答 ハミルトン演算子行列は、

$$H = \begin{pmatrix} \alpha & \beta & 0 & \beta \\ \beta & \alpha & \beta & 0 \\ 0 & \beta & \alpha & \beta \\ \beta & 0 & \beta & \alpha \end{pmatrix}$$

$$= \alpha \mathbf{1} + \beta \begin{pmatrix} 0 & 1 & 0 & 1 \\ 1 & 0 & 1 & 0 \\ 0 & 1 & 0 & 1 \\ 1 & 0 & 1 & 0 \end{pmatrix} \xrightarrow{\text{対角化}} \begin{pmatrix} 2 & 0 & 0 & 0 \\ 0 & 0 & 0 & 0 \\ 0 & 0 & 0 & 0 \\ 0 & 0 & 0 & -2 \end{pmatrix}$$

である。対角化によってオービタルのエネルギーは、

$$E = \alpha + 2\beta, \ \alpha, \ \alpha, \ \alpha - 2\beta$$

となる。4 個の電子を収容しなければならない。2 個は (エネルギーが $\alpha + 2\beta$ の) 最低オービタルを占有し、他の 2 個は二重に縮退した (エネルギーが α の)

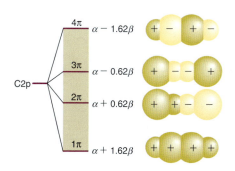

図 26・2 ブタジエンのヒュッケル分子オービタルのエネルギー準位と、対応する π オービタルを上から見た図。4 個の p 電子 (各 C 原子から 1 個ずつ提供される) はエネルギーの低い π オービタル二つを占める。このオービタルは非局在化していることに注目しよう。

[†] 訳注: ここでは、エテンについて「簡単な例示 26・1」で得た $\beta = -230$ kJ mol^{-1} の値を用いているが、ふつうは $\beta = -75$ kJ mol^{-1} 程度の値が使われる。

1) π-electron binding energy   2) delocalization energy   3) π-bond formation energy

オービタルを占める．したがって，全エネルギーは $4\alpha + 4\beta$ である．孤立した π 結合が2個あるとエネルギーは $4\alpha + 4\beta$ となるはずだから，シクロブタジエンの非局在化エネルギーは0であり，非局在化による追加の安定化は生じていない．

自習問題 26・3 ベンゼンについて同じ計算をせよ（数学ソフトウェアを用いよ）．

［答：すぐあとに答がある］

$$H = \begin{pmatrix} \alpha & \beta & 0 & 0 & 0 & \beta \\ \beta & \alpha & \beta & 0 & 0 & 0 \\ 0 & \beta & \alpha & \beta & 0 & 0 \\ 0 & 0 & \beta & \alpha & \beta & 0 \\ 0 & 0 & 0 & \beta & \alpha & \beta \\ \beta & 0 & 0 & 0 & \beta & \alpha \end{pmatrix}$$

$$= \alpha \mathbf{1} + \beta \begin{pmatrix} 0 & 1 & 0 & 0 & 0 & 1 \\ 1 & 0 & 1 & 0 & 0 & 0 \\ 0 & 1 & 0 & 1 & 0 & 0 \\ 0 & 0 & 1 & 0 & 1 & 0 \\ 0 & 0 & 0 & 1 & 0 & 1 \\ 1 & 0 & 0 & 0 & 1 & 0 \end{pmatrix} \xrightarrow{\text{対角化}} \begin{pmatrix} 2 & 0 & 0 & 0 & 0 & 0 \\ 0 & 1 & 0 & 0 & 0 & 0 \\ 0 & 0 & 1 & 0 & 0 & 0 \\ 0 & 0 & 0 & -1 & 0 & 0 \\ 0 & 0 & 0 & 0 & -1 & 0 \\ 0 & 0 & 0 & 0 & 0 & -2 \end{pmatrix}$$

MO エネルギーに相当するこの行列の固有値は簡単に，

$$E = \alpha \pm 2\beta, \quad \alpha \pm \beta, \quad \alpha \pm \beta \tag{26・13}$$

と表せる．これを図 26・4 に示してある．この図のオービタルには対称を表すラベルをつけてあるが，これについては「トピック 32」で説明する．注目すべき点は，まず，最低エネルギーのオービタルは，すべての隣り合う原子の間が結合性になっているオービタルであり，最高エネルギーのオービタルは，隣り合う原子の対がすべて反結合性になっているオービタルであることである．また，中間のオービタルは，隣り合う原子の間で結合性，非結合性，反結合性が混ざり合ってできているオービタルである．

(26・13)式の固有値は単純な形をしているから，数学ソフトウェアを使わなくても何らかの直接に求める方法があると考えられる．いまの場合がそれで，「トピック 32」で説明する対称性を使った論法によって，ベンゼンでは 6×6 行列を 1×1 行列2個と 2×2 行列2個の因子に分解できることを示せるからである．

(b) ベンゼンと芳香族の安定性

非局在化によって安定度が増大する例として最も注目すべきものは，ベンゼンとその構造をもとにした芳香族分子である．初歩的な説明では，ベンゼンなど芳香族化合物はしばしば，原子価結合法と分子軌道法の用語を混ぜて表現される．つまり，その σ 骨格については原子価結合法の用語を使い，π 電子については分子軌道法の用語を使うことが多い．

はじめに，原子価結合法で説明される部分を考えよう．6個の C 原子は sp^2 混成をしており，それに垂直で混成に参加しない $2p$ オービタルが1個ずつある．各 C 原子に H 原子1個が (Csp^2, H1s) の重なりによって結合しており，残りの混成オービタルは重なり合って6原子の正六角形を形成する（図 26・3）．正六角形の内角は 120° であるから，sp^2 混成は σ 結合をつくるのに理想的である．ベンゼンの六角形は，歪みのない σ 結合をつくれることがわかる．

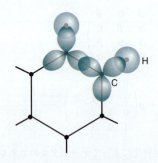

図 26・3 ベンゼンの σ 骨格は Csp^2 混成オービタルの重なりでできている．これは歪みを生じることなく正六角形の配置に合う．

次に，分子軌道法で説明される部分を考える．6個の C2p オービタルは，重なり合って環全体に広がった6個の π オービタルを与える．そのエネルギーをヒュッケル近似の範囲で計算するには，つぎのハミルトン演算子行列を対角化すればよい．

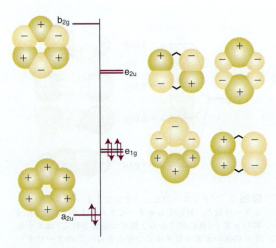

図 26・4 ベンゼンのヒュッケルオービタルとそれに対応するエネルギー準位．対称の記号については「トピック 32」で説明する．これらの非局在化オービタルが結合性であるか反結合性であるかは，原子間にある節の数に反映されている．基底状態では，正味に結合性となるオービタルだけが占有される．

トピック26 多原子分子

次に，このπ系に構成原理を適用しよう．収容すべき電子は6個あるから（各C原子から1個），エネルギーの低い3個のオービタル（a_{2u}と二重縮退の1対のオービタルであるe_{1g}）が完全に占有されて，$a_{2u}{}^2e_{1g}{}^4$という基底状態配置を与える．重要な点は，正味の結合性をもつオービタルだけが占有されていることである．

ベンゼンの全π電子結合エネルギーは，

$$E_\pi = 2(\alpha + 2\beta) + 4(\alpha + \beta) = 6\alpha + 8\beta$$

である．もし仮に非局在化を無視して分子が3個の孤立したπ結合をもつとしたら，この分子のπ電子結合エネルギーは $3(2\alpha + 2\beta) = 6\alpha + 6\beta$ しかないことになる．したがって，非局在化エネルギー，つまり同じ分子のπ電子結合エネルギーと局在化したπ電子結合エネルギーの差は $2\beta \approx -460\,\mathrm{kJ\,mol^{-1}}$ となり，これはブタジエンの場合よりかなり大きい．一方，ベンゼンのπ結合生成エネルギーは 8β である．

以上の考察から，芳香族の安定性が生じるおもな原因が二つあると考えられる．一つは，正六角形が強いσ結合を形成するための理想的な形であること，つまりσ骨格は歪みがなくリラックスしている．第二に，芳香族分子のπオービタルは，すべての電子を結合オービタルに収容できるようになっており，そのため非局在化エネルギーが大きいことである．

例題26・3　分子の芳香族性の判定

C_4H_4分子とその分子イオン$C_4H_4{}^{2+}$について，平面構造をとるときの芳香族性を判定せよ．

解法　ベンゼンについて行った手順に従えばよい．平面のσ骨格を仮定して，ヒュッケル近似で永年方程式を組立て，それを解く．それで，このイオンの非局在化エネルギーが0でない値をもつかを調べる．数学ソフトウエアを使って，ハミルトン演算子を対角化すればよい（「トピック32」では，もっと簡単に固有値にたどり着くために，対称性を利用する方法を示す）．

解答　「例題26・2」からわかるように，どちらの化学種についてもエネルギー準位は，$E = \alpha \pm 2\beta$，α，α である．また，C_4H_4の非局在化エネルギーは0であり，この分子は芳香族性がない．一方，$C_4H_4{}^{2+}$では収容すべきπ電子が2個しかないから，全π電子結合エネルギーは $2(\alpha + 2\beta) = 2\alpha + 4\beta$ である．これに対して，1個の局在化したπ結合のエネルギーは $2(\alpha + \beta)$ であるから，非局在化エネルギーは 2β であり，この分子イオンは芳香族性をもつ．

自習問題26・4　$C_3H_3{}^-$の全π電子結合エネルギーはいくらか．

［答: $4\alpha + 2\beta$］

チェックリスト

- [ ] 1. **ヒュッケル法**では，隣接していない原子間の重なりや相互作用を無視する．
- [ ] 2. ヒュッケル法は，行列を導入すれば簡潔に表せる．
- [ ] 3. **π結合生成エネルギー**は，π結合を形成することで放出されるエネルギーである．
- [ ] 4. **π電子結合エネルギー**は，存在するπ電子のエネルギーの和である．
- [ ] 5. **非局在化エネルギー**は，同じ分子のπ電子結合エネルギーとπ結合が局在化した場合のπ電子結合エネルギーの差である．
- [ ] 6. 最高被占分子オービタル（HOMO）と最低空分子オービタル（LUMO）とで分子の**フロンティアオービタル**をつくる．
- [ ] 7. ベンゼンの安定性は，環の形状と大きな非局在化エネルギーによる．

重要な式の一覧

性　質	式	備　考	式番号
原子オービタルの一次結合（LCAO）	$\psi = \sum_o c_o \chi_o$	χ_o は原子オービタル	26・1
ヒュッケル方程式	$Hc = ScE$	ヒュッケル近似では $S = 1$	26・9
対角化	$c^{-1}Hc = E$	ヒュッケル近似	26・10
π結合生成エネルギー	$E_{bf} = E_\pi - N_C\alpha$		26・12

トピック **27**

つじつまの合う場

内 容

27・1 解決すべき中心課題

　　簡単な例示 27・1　ハミルトン演算子

27・2 ハートリー–フォック法

　　簡単な例示 27・2　多電子波動関数

　　簡単な例示 27・3　ハートリー–
　　　　　　　　　　　フォック方程式

27・3 ローターン方程式

　　例題 27・1　ローターン方程式のつくり方

　　例題 27・2　エネルギー準位の求め方

　　例題 27・3　積分の求め方

　　簡単な例示 27・4　積分の表示法

27・4 基底セット

　　簡単な例示 27・5　最小基底セット

チェックリスト

重要な式の一覧

▶ 学ぶべき重要性

　分子の構造や反応性を予測する最新の計算法は, いまでは簡単に入手でき, 化学のいろいろな分野で使用されている. ほかの道具と同じで, その基礎について知っておく必要がある.

▶ 習得すべき事項

　計算化学でふつう行われる数値計算では, 解が収束するまで, つまり反復して計算しても解が変化しなくなるまで方程式を繰返し解くことで進められる.

▶ 必要な予備知識

　本トピックでは, 「トピック 26」で導入した方法をさらに展開し, 行列演算 (数学の基礎 5) を広範囲に利用する. その方法は変分原理 (トピック 25) に基づいている.

　分子の構造や反応性を予測するのにコンピューターを使う**計算化学**[1]という分野は, コンピューターのハードウエアのめざましい進歩と効率のよいソフト群の開発のおかげで, ここ二, 三十年の間に成長を遂げた. これらのソフトウエア群は化学の広い範囲にわたって分子の性質を計算するのに日常的に応用されており, その対象には, 医薬の設計, 大気化学と環境化学, ナノテクノロジー, 材料科学などがある. 多くのソフトウエアのパッケージには最新のグラフィックスのインターフェースが付いているので, 結果を可視化できる. 計算化学が成熟した分野であることの現れとして, ポープル[2]とコーン[3]に対して, 分子構造と反応性の計算技法の開発についての貢献という理由で 1998 年度ノーベル化学賞が贈られたことを挙げることができる.

27・1 解決すべき中心課題

　計算化学で電子構造を計算するときの目標は, 電子のシュレーディンガー方程式 $\hat{H}\Psi = E\Psi$ を解くことである. E は電子エネルギー, Ψ はすべての電子と原子核の座標の関数である多電子波動関数である. そのためには, はじめに, ボルン–オッペンハイマーの近似を使い, 電子と原子核の運動を分離する (トピック 22). 電子のハミルトン演算子は,

$$\hat{H} = \underbrace{-\frac{\hbar^2}{2m_e}\sum_{i=1}^{N_e}\nabla_i^2}_{\substack{\text{電子の}\\\text{運動エネルギー}}} - \underbrace{\sum_{i=1}^{N_e}\sum_{I=1}^{N_n}\frac{Z_Ie^2}{4\pi\varepsilon_0 r_{Ii}}}_{\substack{\text{すべての}\\\text{原子核との引力}}} + \underbrace{\frac{1}{2}\sum_{i\neq j}^{N_e}\frac{e^2}{4\pi\varepsilon_0 r_{ij}}}_{\substack{\text{電子間の反発}}}$$

ハミルトン演算子　(27・1)

である. r_{Ii} は電子 i と電荷 Ze の原子核 I の距離, r_{ij} は電子間の距離である. 最後の項の $\frac{1}{2}$ は反発を 1 回だけ数える

---

1) computational chemistry　2) J.A. Pople　3) W. Kohn

ための因子である．「トピック23」で見たように，$e^2/4\pi\varepsilon_0$ という因子の組合わせは計算化学で頻繁に出てくるので，これを j_0 で表す．そうすれば，このハミルトン演算子は，

$$\hat{H} = -\frac{\hbar^2}{2m_e}\sum_{i=1}^{N_e}\nabla_i^2 - j_0\sum_{i=1}^{N_e}\sum_{I=1}^{N_n}\frac{Z_I}{r_{Ii}} + \frac{1}{2}j_0\sum_{i\neq j}^{N_e}\frac{1}{r_{ij}}$$

となる．以下ではつぎの記号を使うことにしよう．

種　類	ラベル	数の表示
電　子	i と $j = 1, 2, \cdots$	N_e
原子核	$I = A, B, \cdots$	N_n
分子オービタル，ψ	$m = a, b, \cdots, z$	$N_m{}^*$
分子オービタルをつくるための原子オービタル（"基底"），χ	$o = 1, 2, \cdots$	N_b

＊基底状態を占める数．

もう一つ全般的なことを断っておくと，本トピックおよび関連のトピックにある「簡単な例示」と「例題」で説明する項目では，提示した式をどう使えばよいかを具体的に示し，その式に多少でも現実味をもたせるのが目的である．そのため，考えられる最も単純な多電子分子である水素（H_2）をとりあげる．これから導入する計算手法のなかには，こんな簡単な分子には使う必要のないものもあるが，それによって手法を簡単に説明でき，以下の節で解こうとする問題を紹介するという効果がある．実をいうと，H_2 を例にして説明することにした結果，これらの例示が意図したほど簡単ではなくなる場合も出てくるが，「簡単な」ということに固執するよりも少しの計算でも詳しく見せる方が重要だと考えている．しかしながら，ここで注意しておく価値があると思うのは，ここでの例は H_2 に限るものの，もっと大きな分子の計算でも本トピックや関連するトピックで説明する方法に基づいた計算ソフトウエアを使えば数秒もかからないということである．

簡単な例示 27・1　ハミルトン演算子

H_2 の説明に使う記号を図 27・1 に示してある．この 2 個の電子（$N_e = 2$）と 2 個の原子核（$N_n = 2$）からなる分子のハミルトン演算子は，

$$\hat{H} = -\frac{\hbar^2}{2m_e}(\nabla_1^2 + \nabla_2^2) - j_0\left(\frac{1}{r_{A1}} + \frac{1}{r_{A2}} + \frac{1}{r_{B1}} + \frac{1}{r_{B2}}\right) + \frac{j_0}{r_{12}}$$

である．記号を単純にして表すために，一電子演算子，

$$\hat{h}_i = -\frac{\hbar^2}{2m_e}\nabla_i^2 - j_0\left(\frac{1}{r_{Ai}} + \frac{1}{r_{Bi}}\right)$$

を導入する．これは H_2^+ 分子イオンの中の電子 i のハミルトン演算子とみなすべきものである．そうすれば，

$$\hat{H} = \hat{h}_1 + \hat{h}_2 + \frac{j_0}{r_{12}}$$

となる．H_2 のハミルトン演算子は要するに，H_2^+ の形の分子イオンの中の各電子のハミルトン演算子に電子-電子の反発項が付け加わったものであることがわかる．

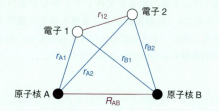

図 27・1　水素分子の説明に使う記号．「簡単な例示 27・1」だけでなく本書全体で使う．

自習問題 27・1　H_3^- を表すには，どんな追加項が必要か．　　　　　　　[答：$\hat{h}_3 + j_0/r_{13} + j_0/r_{23}$]

電子-電子反発項が一つしかない H_2 であっても，(27・1) 式に示したような複雑なハミルトン演算子について解析的な解を見つけようとすることは全く望みがないので，計算化学の向かう道は，少しでも信頼できる結果が得られるような数値計算の方法をつくりあげて，それを実行することに尽きる．

27・2　ハートリー–フォック法

多電子分子の電子波動関数は，すべての電子の位置の関数 $\Psi(r_1, r_2, \cdots)$ である．非常に広く使われている近似法をつくるために，「トピック24」の結果をもとにして話を進めることにしよう．すなわち，MO 法で H_2 を表すとき，各電子は一つのオービタルを占め，全体としての波動関数は $\psi(r_1)\psi(r_2)\cdots$ と書けるとする．この**オービタル近似**[1] は非常に粗いもので，波動関数が電子の相対的な位置によってどう変わるかという詳しい情報がかなり失われてしまう．ここでも同じ近似をするが，記号を二つの点で簡略化する．式を見やすいように，$\psi(r_1)\psi(r_2)\cdots$ を $\psi(1)\psi(2)\cdots$ と書く．次に，電子 1 がスピン α をもって分子オービタル ψ_a を占め，電子 2 がスピン β をもって同じオービタルを占め… と考える．つまり，多電子波動関数

---

1) orbital approximation

ψ を積の形で $\psi = \psi_a{}^\alpha(1)\,\psi_a{}^\beta(2)\cdots$ と書く．$\psi_a{}^\alpha(1)$ のような分子オービタルとスピン関数の組合わせを**スピンオービタル**[1]という．たとえば，スピンオービタル $\psi_a{}^\alpha$ は空間波動関数 ψ_a とスピン状態 α との積と解釈するから，

$$\underbrace{\psi_a{}^\alpha(1)}_{\substack{\text{スピン}\\\text{オービタル}}} = \underbrace{\psi_a(1)}_{\substack{\text{空間}\\\text{因子}}}\underbrace{\alpha(1)}_{\substack{\text{スピン}\\\text{因子}}}$$

であり，他のスピンオービタルについても同様にする．いまは閉殻分子だけを考慮するが，ここでの説明は開殻分子にも拡張できる．

単に積の波動関数をつくっただけではパウリの原理を満足しないし，2個の電子を交換しても符号が変わらない（トピック 19）．波動関数がこの原理を確実に満足するようにするために，考えられるすべての組合わせの和を，正しく正負の符号をつけてつくる．すなわち，

$$\psi = \psi_a{}^\alpha(1)\,\psi_a{}^\beta(2)\cdots\psi_z{}^\beta(N_e) - \psi_a{}^\alpha(2)\,\psi_a{}^\beta(1)\cdots\psi_z{}^\beta(N_e) + \cdots$$

とする．この和には $N_e!$ 個の項があるが，この和全体は**スレーター行列式**[2]という行列式で表される．それは，これを展開すれば（「数学の基礎 5」を見よ）符号が交互に変わる項の同じ和がとれるからである．すなわち，

$$\psi = \frac{1}{(N_e!)^{1/2}}\begin{vmatrix} \psi_a{}^\alpha(1) & \psi_a{}^\beta(1) & \cdots & \psi_z{}^\beta(1) \\ \psi_a{}^\alpha(2) & \psi_a{}^\beta(2) & \cdots & \psi_z{}^\beta(2) \\ \vdots & \vdots & \vdots & \vdots \\ \psi_a{}^\alpha(N_e) & \psi_a{}^\beta(N_e) & \cdots & \psi_z{}^\beta(N_e) \end{vmatrix}$$

スレーター行列式　　(27・2a)

である．$1/(N_e!)^{1/2}$ は規格化因子であり，成分分子オービタル ψ_m が規格化されているとき，この波動関数も規格化されているための因子である．大きな行列式をいちいち書くのは面倒なので，ふつうはその主対角成分だけを使ってつぎのように表す．

$$\psi = (1/N_e!)^{1/2}|\psi_a{}^\alpha(1)\,\psi_a{}^\beta(2)\cdots\psi_z{}^\beta(N_e)|\quad(27\cdot2\text{b})$$

簡単な例示 27・2　多電子波動関数

H₂($N_e = 2$) の基底状態のスレーター行列式は，

$$\psi = \frac{1}{2^{1/2}}\begin{vmatrix} \psi_a{}^\alpha(1) & \psi_a{}^\beta(1) \\ \psi_a{}^\alpha(2) & \psi_a{}^\beta(2) \end{vmatrix}$$

である．両方の電子が分子波動関数 ψ_a を占めている．この行列式を展開すれば，

$$\psi = \frac{1}{2^{1/2}}\{\psi_a{}^\alpha(1)\,\psi_a{}^\beta(2) - \psi_a{}^\alpha(2)\,\psi_a{}^\beta(1)\}$$
$$= \frac{1}{2^{1/2}}\psi_a(1)\,\psi_a(2)\{\alpha(1)\beta(2) - \beta(1)\alpha(2)\}$$

となる．ψ が ψ_a の中のスピンを対にした2電子に対応するように，スピン因子は一重項状態に対応するもの〔つまり 19・2b 式，$\sigma_- = (1/2^{1/2})\{\alpha\beta - \beta\alpha\}$〕になっていることがわかる．ここで，電子 1 と 2 を交換すれば ψ の符号が変わるから，パウリの原理の要請に従っていることに注目しよう．

自習問題 27・2　スレーター行列式のどの 2 行を入れ換えても，その行列式の符号が変わることを確かめよ．

　　[答：「数学の基礎 5」にある行列式の性質を見よ．]

変分原理（トピック 25）によれば，ψ の最良の形は，ψ を順次変化させたときに達成される最低のエネルギーに対応するものである．すなわち，期待値 $\int\psi^*\hat{H}\psi\,d\tau$ を最小にするような ψ を求める必要がある．電子は互いに相互作用するから，たとえば ψ_a の形を変化させると，他のすべての ψ の最良の形となるはずのものに影響を与えるから，すべての ψ の最良の形を見いだすのは容易なことではない．しかし，ハートリー[3]とフォック[4]は最適の ψ は，見かけは非常に簡単な一組の式，

$$\hat{f}_1\psi_a(1) = \varepsilon_a\psi_a(1)$$

ハートリー–フォック方程式　　(27・3)

を満たすものだということを示した．この式の $\hat{f}_1$ を**フォック演算子**[5]という．ψ_a を見いだすにはこの方程式を解けばよい．他の占有されたオービタルすべてについて同様な式が立つ．このように，シュレーディンガー型の方程式というのは予想された形のものである（ただし，これをきちんと導くのはかなり複雑な作業である）．さて，$\hat{f}_1$ は次式の構造をもっている．

物理的な解釈

$\hat{f}_1 = $ 電子 1 のコアハミルトン演算子 $(\hat{h}_1)$
　　＋ 電子 2, 3, … からの平均のクーロン反発 $(V_{Coulomb})$
　　＋ スピン相関から来る平均の補正 $(V_{exchange})$
　　$= \hat{h}_1 + V_{Coulomb} + V_{exchange}$

コアハミルトン演算子[6]というのは，「簡単な例示 27・1」で定義した一電子ハミルトン演算子 $\hat{h}_1$ のことで，電子 1 が

---

1) spinorbital　2) Slater determinant　3) D.R. Hartree　4) V. Fock　5) Fock operator　6) core Hamiltonian

核の場のなかでもつエネルギーを表している。他のすべての電子からのクーロン反発からは，

$$\hat{J}_m(1)\,\psi_a(1) = j_0 \int \psi_a(1)\frac{1}{r_{12}}\psi_m{}^*(2)\,\psi_m(2)\,\mathrm{d}\tau_2$$
クーロン演算子 (27・4)

のように作用する項が生じる（図27・2）。この積分は，オービタル ψ_a にいる電子1がオービタル ψ_m にいる電子2から受ける反発を表す。電子2は確率密度 $\psi_m{}^*\psi_m$ でオービタル内に分布している。各オービタルには電子が2個あるから，全体の寄与は，

$$V_{\mathrm{Coulomb}}\,\psi_a(1) = 2\sum_{m,\,\mathrm{occ}}\hat{J}_m(1)\,\psi_a(1) \quad (27\cdot5)$$

の形になると予測できる。この和はオービタル a も含めてすべての占有されたオービタルについてとる。電子1は自分とは相互作用せず，第2の電子とだけ相互作用するから，$m=a$ のオービタルについても2を書くのは正しくないことに気がつくと思うが，この誤りはすぐ下で訂正する。スピン相関の項は，同じスピンの電子は互いに避けあうこと（トピック20），それによって相互の正味のクーロン相互作用が低くなることを考慮に入れるためのものである。この寄与は，

$$\hat{K}_m(1)\,\psi_a(1) = j_0 \int \psi_m(1)\frac{1}{r_{12}}\psi_m{}^*(2)\,\psi_a(2)\,\mathrm{d}\tau_2$$
交換演算子 (27・6)

の形である。電子1が与えられたとき，いま考えている閉殻の化学種のすべての占有されたオービタルのなかで同じスピンをもつ電子は1個しかないから，寄与の合計は，

$$V_{\mathrm{exchange}}\,\psi_a(1) = -\sum_{m,\,\mathrm{occ}}\hat{K}_m(1)\,\psi_a(1) \quad (27\cdot7)$$

の形になると考えられる。負号がついているのは，スピン相関によって電子が互いに離れるので，古典的なクーロン反発が減少するからである。すべての項を集めると，フォック演算子の効果を具体的に表す次式が得られる。

$$\hat{f}_1\psi_a(1) = \hat{h}_1\psi_a(1) + \sum_{m,\,\mathrm{occ}}\{2\hat{J}_m(1) - \hat{K}_m(1)\}\psi_a(1)$$
(27・8)

この式はあらゆる分子オービタルに適用できるが，ここでの和は N_m 個ある占有されたオービタルのみについてとる。$\hat{K}_a(1)\psi_a(1) = \hat{J}_a(1)\psi_a(1)$ であるから，和のうち $m=a$ の項ではその $2\hat{J}_a$ のうちの一つがなくなることに注意しよう。これが上で述べた電子が自分と反発するのを排除する補正である。

(27・8)式によってハートリー–フォックの方法論における第二の主要な近似が明らかになる（第一の近似はオービタル近似を使ったことである）。すなわち，電子1（ほかのどの電子でもよいが）は，分子内の他の電子の瞬間的な各位置に対して $1/r_{1j}$ の形の項を通して対応をとる代わりに，他の電子の平均の位置に対して，(27・8)式に現れているような積分を通して対応するのである。したがって，ハートリー–フォック法は**電子相関**[1]，つまり電子間の反発を最小にするために互いを避けようとする瞬間的な傾向を無視しているといえる。電子相関を考慮しないことが，この計算が不正確であるおもな理由であり，"真の"値（つまり実測値）より大きなエネルギーが得られてしまう。

ψ_a を求めるためには(27・8)式を解かなければならないが，この式によれば，演算子 $\hat{J}$ と $\hat{K}$ をつくって ψ_a を求めるには，まず他のすべての占有された波動関数がわかっていなければならない。この困難を乗り越えて先へ進むための手段として，はじめにすべての一電子波動関数の形をだいたい見定め，クーロン演算子と交換演算子の定義の式に入れてハートリー–フォック方程式を解く。新しく得られた波動関数を使って，最後に，ある計算サイクルでエネルギー ε_m と波動関数 ψ_m が変化しなくなるまでこの手続きを続ける。一般にこのような手続きを**つじつまの合う場**[2] (SCF) というが，それはここでの例から始まった用語である。オービタル近似に基づく方法については**ハートリー–フォックのつじつまの合う場**[3] (HF-SCF) という。（多電子原子に適用した HF-SCF 法については，「トピック19」で簡単に説明した。）

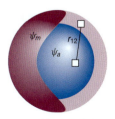

図27・2 (27・4)式のクーロン反発項の説明。オービタル ψ_a にいる電子1は，オービタル ψ_m（ここでの確率密度は $|\psi_m|^2$）にいる電子2から反発を受ける。

簡単な例示 27・3　ハートリー–フォック方程式

例として H_2 の話を続けよう。(27・8)式によれば，ψ_a についてのハートリー–フォック方程式は，
$\hat{f}\psi_a(1) = \varepsilon_a\psi_a(1)$ である。ただし，

$$\hat{f}_1\psi_a(1) = \hat{h}_1\psi_a(1) + 2\hat{J}_a(1)\,\psi_a(1) - \hat{K}_a(1)\,\psi_a(1)$$

---

1) electron correlation　2) self-consistent field　3) Hartree–Fock self-consistent field

である. ここで,

$$\hat{J}_a(1)\,\psi_a(1) = \hat{K}_a(1)\,\psi_a(1)$$

$$= j_0 \int \psi_a(1)\,\frac{1}{r_{12}}\,\psi_a{}^*(2)\,\psi_a(2)\,\mathrm{d}\tau_2$$

である. この場合は占有されたオービタルが一つしかないから, (27·8)式の和は1項しかないことに注意しよう. したがって, 解くべき方程式は,

$$-\frac{\hbar^2}{2m_e}\nabla_1^2\psi_a(1) - j_0\!\left(\frac{1}{r_{A1}}+\frac{1}{r_{B1}}\right)\!\psi_a(1)$$

$$+\,j_0\int \psi_a(1)\,\frac{1}{r_{12}}\,\psi_a{}^*(2)\,\psi_a(2)\,\mathrm{d}\tau_2$$

$$= \varepsilon_a\psi_a(1)$$

である. ψ_aについてのこの方程式は, 数値解法でつじつまの合うように解かなければならない. それは, ψ_aの形を決める積分はψ_aがすでにわかっているという前提になっているからである. 以下の例でその手続きをどうするかを示すことになる.

自習問題 27·3 閉殻で4電子からなる等核二原子分子で, 電子2個が分子オービタルbも占有しているときに生じる追加の項を表せ.

[答: $+2\hat{J}_b(1)\psi_a(1)-\hat{K}_b(1)\psi_a(1)$]

空間波動関数ψのハートリー–フォック方程式が解ければ, その基底状態の波動関数Ψ(27·2式)をつくることができ, その期待値$\int\Psi^*\hat{H}\Psi\,\mathrm{d}\tau$からSCFエネルギーが計算できる. その最終的で複雑な式は, 波動関数ψに関係する積分の分子内のすべての電子にわたる和である[†].

27·3 ローターン方程式

HF-SCF法の難しさは, ハートリー–フォック方程式を数値的に解くところにある. これは強力なコンピューターにとっても荷の重い作業である. そのため, この方法を化学者にも使えるようにするためには, ある種の変更を加える必要があった. 「トピック23」では, 分子オービタルをつくるのに原子オービタルの一次結合で表すことを説明したが, この単純なやり方を1951年にローターン[1]とホール[2]が独立に採用した. 彼らは, 分子オービタルのハートリー–フォック方程式を変換して, 分子オービタルを表すのに使うLCAOの係数を求める方程式を得る方法を見つけたのである. そこで,

$$\psi_m = \sum_{o=1}^{N_b} c_{om}\chi_o \qquad \text{一般的な LCAO} \quad (27\cdot9)$$

と書いた. c_{om}は未知の係数, χ_oは(既知の)原子オービタル(実関数にとる)である. このLCAO近似は, すでにハートリー–フォック方程式の裏にあるいろいろな近似に追加されたものである. それは, 基底系が有限であり, 分子オービタルを正確に表せないからである. 基底セットの大きさ(N_b)は必ずしも分子内の原子核の数(N_n)と等しくなくてもよい. その理由は, 一つの核にある複数の原子オービタルを(炭素原子の2sと2p 合計4個のオービタルのように)使ってもよいからである. N_b個の基底関数からはN_b個の一次の独立した分子オービタルψ_mが得られ, その一部(N_m)が占有されることになる. 占有されない残りの一次結合を**仮想オービタル**[3]という.

つぎの「根拠」で示すように, (27·9)式のような一次結合を使うと, 係数を求めるための一組の連立方程式が得られる. これを**ローターン方程式**[4]という. この方程式は,

$$\boldsymbol{Fc} = \boldsymbol{Sc\varepsilon} \qquad \text{ローターン方程式} \quad (27\cdot10)$$

と書いて行列形式にまとめて表すのがよい. ここで, $\boldsymbol{F}$は$N_b \times N_b$の行列で, その要素は,

$$F_{o'o} = \int \chi_{o'}(1)\hat{f}_1\chi_o(1)\,\mathrm{d}\tau_1$$

フォック行列の要素 (27·11a)

である. $\boldsymbol{S}$は重なり積分の$N_b \times N_b$行列で, その要素は,

$$S_{o'o} = \int \chi_{o'}(1)\chi_o(1)\,\mathrm{d}\tau_1$$

重なり積分の行列要素 (27·11b)

である. $\boldsymbol{c}$は求めようとしているすべての係数がつくる$N_b \times N_b$行列,

$$\boldsymbol{c} = \begin{pmatrix} c_{1a} & c_{1b} & \cdots & c_{1N_b} \\ c_{2a} & c_{2b} & \cdots & c_{2N_b} \\ \vdots & \vdots & \vdots & \vdots \\ c_{N_b a} & c_{N_b b} & \cdots & c_{N_b N_b} \end{pmatrix} \quad \text{係数の行列} \quad (27\cdot11c)$$

である. $\boldsymbol{\varepsilon}$は$N_b \times N_b$の対角行列であり, その対角要素の値は$\varepsilon_1, \varepsilon_2, \cdots, \varepsilon_{N_b}$である. これらの固有値のうち, 最初の$N_m$個が占有オービタルである.

根拠 27·1 ローターン方程式

ローターン方程式を組立てるために, (27·9)式の一次結合を$m=a$としてから(27·3)式の両辺に代入すれば,

[†] 詳細については, "Molecular quantum mechanics", Oxford University Press, Oxford (2011) を見よ.
1) C.C.J. Roothaan 2) G.G. Hall 3) virtual orbital 4) Roothaan equations

$$\hat{f}_1 \psi_a(1) = \hat{f}_1 \sum_{o=1}^{N_b} c_{oa} \chi_o(1) = \varepsilon_a \sum_{o=1}^{N_b} c_{oa} \chi_o(1)$$

となる．ここで，左から $\chi_{o'}(1)$ を掛けて，電子1の座標について積分する．

$$\sum_{o=1}^{N_b} c_{oa} \overbrace{\int \chi_{o'}(1) \hat{f}_1 \chi_o(1)\, d\tau_1}^{F_{o'o}} = \varepsilon_a \sum_{o=1}^{N_b} c_{oa} \overbrace{\int \chi_{o'}(1) \chi_o(1)\, d\tau_1}^{S_{o'o}}$$

すなわち，

$$\underbrace{\sum_{o=1}^{N_b} F_{o'o} c_{oa}}_{(Fc)_{o'a}} = \varepsilon_a \underbrace{\sum_{o=1}^{N_b} S_{o'o} c_{oa}}_{(Sc)_{o'a}}$$

となる．この式は，(27·10) 式の行列方程式の形をしている．

例題 27·1　ローターン方程式のつくり方

H_2 のローターン方程式をつくれ．

解法　基底セットとして，原子核 A と B にそれぞれ中心をもつ実の規格化関数 χ_A と χ_B を採用する．この二つの関数はそれぞれの核にある H1s オービタルと考えることもできるが，もっと一般的なものでもかまわないから，あとの「例題」では計算にもっと好都合な選び方をすることになる．あとは c, S, F の行列をつくればよい．

解答　(27·9) 式に対応する一次結合は，$\psi_m = c_{Am}\chi_A + c_{Bm}\chi_B$ の形をしており，$m = a$（占有）と $m = b$（仮想）の二つある．したがって，行列 c は，

$$c = \begin{pmatrix} c_{Aa} & c_{Ab} \\ c_{Ba} & c_{Bb} \end{pmatrix}$$

で，それぞれ規格化された原子オービタルからなる重なり行列 S は，

$$S = \begin{pmatrix} 1 & S \\ S & 1 \end{pmatrix} \qquad S = \int \chi_A \chi_B\, d\tau$$

である．また，フォック行列は，

$$F = \begin{pmatrix} F_{AA} & F_{AB} \\ F_{BA} & F_{BB} \end{pmatrix} \qquad F_{XY} = \int \chi_X \hat{f}_1 \chi_Y\, d\tau$$

である．あとの「例題」で F の要素の具体的な形を調べるが，いまのところ，この要素は可変な量としておく．そうすればローターン方程式は，

$$\begin{pmatrix} F_{AA} & F_{AB} \\ F_{BA} & F_{BB} \end{pmatrix} \begin{pmatrix} c_{Aa} & c_{Ab} \\ c_{Ba} & c_{Bb} \end{pmatrix}$$
$$= \begin{pmatrix} 1 & S \\ S & 1 \end{pmatrix} \begin{pmatrix} c_{Aa} & c_{Ab} \\ c_{Ba} & c_{Bb} \end{pmatrix} \begin{pmatrix} \varepsilon_a & 0 \\ 0 & \varepsilon_b \end{pmatrix}$$

となる．両辺について行列の掛け算を実行し，占有オービタル a に相当する要素を取出せば，

$$F_{AA}c_{Aa} + F_{AB}c_{Ba} = \varepsilon_a c_{Aa} + \varepsilon_a S c_{Ba}$$
$$F_{BA}c_{Aa} + F_{BB}c_{Ba} = \varepsilon_a c_{Ba} + \varepsilon_a S c_{Aa}$$

が得られる．そこで，分子オービタル ψ_a の係数を求めるには，この連立方程式を解く必要がある．

自習問題 27·4　同じ基底系でつくられる仮想オービタル b の二つの方程式を書け．

　[答：$F_{AA}c_{Ab} + F_{AB}c_{Bb} = \varepsilon_b c_{Ab} + \varepsilon_b S c_{Bb}$
　　　$F_{BA}c_{Ab} + F_{BB}c_{Bb} = \varepsilon_b c_{Bb} + \varepsilon_b S c_{Ab}$]

ローターン方程式の (27·10) 式は，N_b 個ある係数 c_{om} についての N_b 個の連立方程式をまとめて表したものにすぎない．つぎの「根拠」で示すように，行列と行列式のいろいろな性質を使えば，エネルギーはつぎの永年方程式の解であることを示せる．

$$|F - \varepsilon S| = 0 \tag{27·12}$$

根拠 27·2　永年行列式

ローターン方程式から生じる永年行列式の形を求めるために，まず，(27·10) 式の両辺に左側から S の逆行列 S^{-1} を掛ける．得られた式 $S^{-1}Fc = c\varepsilon$ にある行列積 $S^{-1}F$ を M とおけば，この方程式は $Mc = c\varepsilon$ となる．この係数行列 c は (27·11c) 式で与えられ，つぎの形に書くことができる．

$$c = (c^{(a)}\, c^{(b)} \cdots c^{(N_b)})$$

$c^{(m)}$ は，エネルギー ε_m の分子オービタル ψ_m の係数 c_{om} からなる列ベクトルである．すなわち，

$$c^{(m)} = \begin{pmatrix} c_{1m} \\ c_{2m} \\ \vdots \\ c_{N_b m} \end{pmatrix}$$

である．この列ベクトルを使って方程式 $Mc = c\varepsilon$ を表せば，$Mc^{(m)} = \varepsilon_m c^{(m)}$ の形をした方程式の組が得られる．つまり，$(M - \varepsilon_m 1)c^{(m)} = 0$ である．「数学の基礎5」で説明するように，この方程式の組はつぎの場合にのみ自明でない解（$c^{(m)} \neq 0$）をもつ．

$$|M - \varepsilon_m 1| = 0 \quad \text{すなわち} \quad |S^{-1}F - \varepsilon_m 1| = 0$$

この永年方程式の根はエネルギー（対角行列 ε の要素）ε_m である．ここで，$m = 1, 2, \cdots, N_b$ である．両辺に行列式 $|S|$ を掛け，行列式の性質 $|AB| = |A| \times |B|$ を使えば，

$$|F - \varepsilon_m S| = 0$$

となる．方程式 $Mc^{(m)} = \varepsilon_m c^{(m)}$ の組は $m = 1, 2, \cdots, N_b$ すべてについて成り立ち，その永年方程式の解は N_b 個すべてのエネルギーが ε となるから，添字の m を除いておけば (27·12) 式となる．

原理的には，オービタルエネルギー ε を求めるには，この方程式の根（エネルギー）を求め，そのエネルギーを使ってローターン方程式を解いて，行列 c のなかの係数を求めればよい．しかし，これには一つ仕掛けが必要である．F の要素は（$\hat{f}_1$ の式のなかの $\hat{J}$ と $\hat{K}$ を通して）係数に依存するのである．したがって，漸近的に進まなければならない．すなわち，c の初期値を当てずっぽうに決め，それから永年方程式を解いてオービタルエネルギーを求め，それを使って c についてローターン方程式を解き，得られた結果の値を出発点の値と比較するのである．一般にこの両者は異なるから，新しい一組の値を使ってもう一サイクル計算し，収束するまでそのサイクルを続ける（図 27·3）．小さな閉殻分子では 2～3 回で収束することが多い．

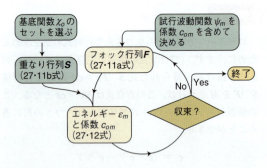

図 27·3 ハートリー–フォックのつじつまの合う場の計算をする際の反復代入法の手順．

例題 27·2　エネルギー準位の求め方

「例題 27·1」でつくった H_2 分子の永年方程式を解け．

解法　「例題 27·1」の記号を使ってオービタルの永年行列式をつくり，それを展開して，得られた二次方程式の根を求めればよい．

解答　H_2 分子の永年行列式は，

$$\begin{vmatrix} F_{AA} - \varepsilon & F_{AB} - \varepsilon S \\ F_{BA} - \varepsilon S & F_{BB} - \varepsilon \end{vmatrix} = 0$$

である．この行列式を展開すればつぎの方程式が得られる．

$$(F_{AA} - \varepsilon)(F_{BB} - \varepsilon) - (F_{AB} - \varepsilon S)(F_{BA} - \varepsilon S) = 0$$

ε について項を整理すれば，

$$(1 - S^2)\varepsilon^2 - (F_{AA} + F_{BB} - SF_{AB} - SF_{BA})\varepsilon + (F_{AA}F_{BB} - F_{AB}F_{BA}) = 0$$

となる．これはオービタルエネルギー ε_a および ε_b を求めるための二次方程式であるから，根の公式を使えば解ける．たとえば，方程式が $a\varepsilon^2 + b\varepsilon + c = 0$ の形をしていれば，

$$\varepsilon = \frac{-b \pm (b^2 - 4ac)^{1/2}}{2a}$$

$$a = 1 - S^2$$

$$b = -(F_{AA} + F_{BB} - SF_{AB} - SF_{BA})$$

$$c = F_{AA}F_{BB} - F_{AB}F_{BA}$$

である．こうしてエネルギーを求め，エネルギーの低い値を ε_a とする．そこで係数を求めるには，規格化条件 $c_{Aa}^2 + c_{Ba}^2 + 2c_{Aa}c_{Ba}S = 1$ と組合わせて次式に数値を代入すればよい．

$$c_{Aa} = -\frac{F_{AB} - \varepsilon_a S}{F_{AA} - \varepsilon_a} c_{Ba}$$

（もちろん，この等核二原子分子の場合には，二つのエネルギーの低い側について $c_{Aa} = c_{Ba}$ という結論にたどり着くずっと簡単な方法がある．）

自習問題 27·5　オービタルエネルギー ε_b を使って，c_{Ab} と c_{Bb} の関係を表す式を書け．

$$\left[答: c_{Ab} = -\frac{F_{BB} - \varepsilon_b}{F_{BA} - \varepsilon_b S} c_{Bb}, \right.$$
$$\left. c_{Ab}^2 + c_{Bb}^2 + 2c_{Ab}c_{Bb}S = 1 \right]$$

残る大事な問題は，フォック行列 F の要素の形と，それが LCAO の係数にどう依存するかである．$F_{o'o}$ の具体的な形は，

$$F_{o'o} = \int \chi_{o'} \hat{h}_1 \chi_o \, d\tau$$
$$+ 2j_0 \sum_{m, \text{occ}} \int \chi_{o'}(1) \chi_o(1) \frac{1}{r_{12}} \psi_m(2) \psi_m(2) \, d\tau_1 d\tau_2$$
$$- j_0 \sum_{m, \text{occ}} \int \chi_{o'}(1) \psi_m(1) \frac{1}{r_{12}} \psi_m(2) \chi_o(2) \, d\tau_1 d\tau_2$$

(27·13)

である．ここでの和は占有された分子オービタルすべてについてとる．この式から，F の係数への依存性は二つの積分に ψ_m が入っているところから生じることがわかる．分子オービタル ψ_m はその LCAO の係数に依存するからである．

中では（原子核の位置が固定されれば）いつも固定されている．そこで，それをいったん表にしておけば，必要に応じて使えるのである．その積分をどうやって計算するかは「トピック 28〜30」で説明する．当面は，これを定数として扱ってよい．

例題 27·3　積分の求め方

「例題 27·2」で説明した行列要素 F_{AA} の内容を，分子のいろいろな積分値を使って具体的に表せ．

解法　(27·13) 式を使えばよい．

解答　分子オービタルは 1 個しか占有されていないから，(27·13) 式は，

$$F_{AA} = \int \chi_A \hat{h}_1 \chi_A \, d\tau$$
$$+ 2j_0 \int \chi_A(1) \chi_A(1) \frac{1}{r_{12}} \psi_a(2) \psi_a(2) \, d\tau_1 \, d\tau_2$$
$$- j_0 \int \chi_A(1) \psi_a(1) \frac{1}{r_{12}} \psi_a(2) \chi_A(2) \, d\tau_1 \, d\tau_2$$

となる．$\psi_a = c_{Aa}\chi_A + c_{Ba}\chi_B$ であるから，右辺第 2 項の積分は，

$$\int \chi_A(1) \chi_A(1) \frac{1}{r_{12}} \psi_a(2) \psi_a(2) \, d\tau_1 \, d\tau_2$$
$$= \int \chi_A(1) \chi_A(1) \frac{1}{r_{12}} \{c_{Aa}\chi_A(2) + c_{Ba}\chi_B(2)\}$$
$$\times \{c_{Aa}\chi_A(2) + c_{Ba}\chi_B(2)\} \, d\tau_1 \, d\tau_2$$
$$= c_{Aa}c_{Aa} \int \chi_A(1) \chi_A(1) \frac{1}{r_{12}} \chi_A(2) \chi_A(2) \, d\tau_1 \, d\tau_2 + \cdots$$

となり，四つの項から成る．これで，F の行列要素が求めようとしている係数に依存していることがはっきりした．

自習問題 27·6　$c_{Aa}c_{Ba}$ の項の因子となる積分の形を書け．

$$\left[\text{答}: \int \chi_A(1) \chi_A(1) \frac{1}{r_{12}} \chi_A(2) \chi_B(2) \, d\tau_1 \, d\tau_2 \right]$$

上の例題で見た積分式のように，積分をいちいち書いて表すのが非常にやっかいになってきた．そこで，ここからは，つぎの記号を使うことにしよう．

$$(AB|CD) = j_0 \int \chi_A(1) \chi_B(1) \frac{1}{r_{12}} \chi_C(2) \chi_D(2) \, d\tau_1 \, d\tau_2$$
$$\tag{27·14}$$

この種の積分は基底関数の選び方で決まるから，計算の途

簡単な例示 27·4　積分の表示法

(27·14) 式の記号を使えば，「例題 27·3」できちんと書いた積分は，

$$j_0 \int \chi_A(1) \chi_A(1) \frac{1}{r_{12}} \psi_a(2) \psi_a(2) \, d\tau_1 \, d\tau_2$$
$$= c_{Aa}{}^2(AA|AA) + 2c_{Aa}c_{Ba}(AA|BA) + c_{Ba}{}^2(AA|BB)$$

と表すことができる．ただし，$(AA|BA) = (AA|AB)$ であることを使った．F_{AA} の式の 3 番目の積分についても同様の項があるから，全体は，

$$F_{AA} = E_A + c_{Aa}{}^2(AA|AA) + 2c_{Aa}c_{Ba}(AA|BA)$$
$$+ c_{Ba}{}^2\{2(AA|BB) - (AB|BA)\}$$

と表せる．ただし，

$$E_A = \int \chi_A \hat{h}_1 \chi_A \, d\tau$$

は，もともと原子核 A にあるオービタル χ_A の電子のエネルギーで，両方の核との相互作用を考慮に入れてある．F の残る 3 個の行列要素についても同様な式を導ける．ここで重要なことは，求めようとしている係数に F がどう依存するかがわかったことである．

自習問題 27·7　同じ基底関数を使って行列要素 F_{AB} をつくれ．

$$\big[\text{答}: F_{AB} = \int \chi_A \hat{h}_1 \chi_B \, d\tau + c_{Aa}{}^2(BA|AA)$$
$$+ c_{Aa}c_{Ba}\{3(BA|AB) - (AA|BB)\} + c_{Ba}{}^2(BA|BB) \big]$$

27·4　基 底 セ ッ ト

分子構造の計算における問題点の一つが明らかになってきた．(27·14) 式に現れる基底関数は一般に異なる原子核を中心とするから，$(AB|CD)$ は一般にいわゆる "4 中心 2 電子積分" である．一電子波動関数をつくるのに使う基底関数が数十個あると，この形の積分を数万個計算しなければならない（積分の数は $N_b{}^4$ に比例して増える）．このような積分を効率よく計算することは HF-SCF 計算において最大の難問であるが，基底関数をうまく選ぶことによって対処できる．

もっとも簡単なのは**最小基底セット**[1]を使う方法で，分

---

1) minimal basis set

子を初等原子価結合法で扱うときのオービタルそれぞれを表すのに，1個だけの基底関数を使う．しかしながら，最小基底セットによる計算では実験結果からほど遠い値が得られることが多いから，いまの計算化学では，最小基底セットを超える基底セットをどう使うかが活発な研究分野になっている．

> **簡単な例示 27・5** 最小基底セット
>
> 構成原子について，つぎの原子オービタルのセットを選ぶのが最小基底セットである．
>
> | H, He | Li～Ne | Na～Ar |
> |---|---|---|
> | 1 (1s) | 5 (1s, 2s, 2p) | 9 (1s, 2s, 2p, 3s, 3p) |
>
> たとえば，CH_4 の最小基底セットは9個の関数から成る．すなわち，4個の H1s オービタルを表す4個の基底関数と，炭素の 1s, 2s, $2p_x$, $2p_y$, $2p_z$ オービタルについて1個ずつの基底関数である．
>
> **自習問題 27・8** PF_5 の最小基底セットは何個のオービタルでつくられるか（d オービタルは除外する）．
>
> ［答: 34］

最も初期のころに採用された基底セット関数として，分子内の各原子核に中心をおく**スレーター型オービタル**[1] (STO) がある．これは，

$$\chi = Nr^a e^{-br} Y_{lm_l}(\theta, \phi)$$

スレーター型オービタル (27・15)

の形のものである．N は規格化定数，a と b は（負でない）パラメーター，Y_{lm_l} は球面調和関数（表 14・1），(r, θ, ϕ) は原子核に相対的な電子の位置を表す球面極座標である．上式のような基底関数はふつうは各原子に中心があり，各基底関数は a, b, l, m_l の値によって指定される．a と b の値は一般に元素の種類によって変わるので，適切な値を割当てるための規則ができている．水素を含む分子では各プロトンに中心のある STO があり，$a=0, b=1/a_0$ とすると，この核にある 1s オービタルの正しい挙動を再現できる．しかし，3個以上の原子を含む分子についての HF-SCF 計算を STO 基底セットで行うと，きわめて多数の2電子積分 $(AB|CD)$ を求めなければならないから，この計算は実際上できなくなる．

ボイズ[2] が導入した**ガウス型オービタル**[3] (GTO) を使うと，この問題点は大いに改善される．原子核に中心があ

る直交座標系のガウス関数は，

$$\chi = Nx^i y^j z^k e^{-\alpha r^2}$$

ガウス型オービタル (27・16)

の形をしている．(x, y, z) は核から r の距離にある電子の直交座標で，(i, j, k) は一組の負でない整数であり，α は正の定数である．**s** 型のガウス関数では $i=j=k=0$，**p** 型では $i+j+k=1$，**d** 型のガウス関数では $i+j+k=2$ などとなる．図 27・4 にいろいろなガウス型オービタルの等高線のプロットを示してある．GTO の長所は，つぎの「根拠」で示すように，中心の異なる二つのガウス関数の積はその2中心の間の1点に中心をおく1個のガウス関数に等しいことにある（図 27・5）．したがって，3ないし4個の異なる原子の中心にある2電子積分を，数値計算がはるかに容易な二つの異なる中心をもつ積分に変えることができる．この利点は一般に，ガウス関数を使ったときの欠点を補って余りあるものである．すなわち，ガウス関数には指数項 $e^{-\alpha r^2}$ があるため，原子核の位置での 1s オービタルの正しい振舞いを表せず，その結果，STO を使った計算より多数のガウス関数が必要とされるのである．

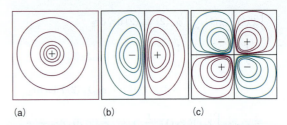

図 27・4 ガウス型オービタルの等高線図．(a) s 型ガウス関数 e^{-r^2}；(b) p 型ガウス関数 $x e^{-r^2}$；(c) d 型ガウス関数 $xy e^{-r^2}$．

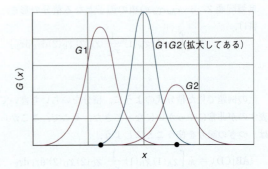

図 27・5 中心の異なる2個のガウス関数の積は，その2個のガウス関数の間のある点に中心のある1個のガウス関数である．積の曲線はその成分に比べて大きく表してある．

---

1) Slater-type orbital 2) S.F. Boys 3) Gaussian-type orbital

トピック27　つじつまの合う場

根拠 27・3　ガウス型オービタル

H_2 では 4 中心積分はないが，フォック行列に現れる 2 中心積分の一つを例として，その原理を説明することができる．明確に示すために，

$$(AB|AB) = j_0 \int \chi_A(1)\,\chi_B(1)\,\frac{1}{r_{12}}\,\chi_A(2)\,\chi_B(2)\,\mathrm{d}\tau_1\,\mathrm{d}\tau_2$$

を考えよう．s 型ガウス関数の基底を選ぶことにして，

$$\chi_A(1) = N\,\mathrm{e}^{-\alpha|r_1-R_A|^2} \qquad \chi_B(1) = N\,\mathrm{e}^{-\alpha|r_1-R_B|^2}$$

と書く．r_1 は電子 1 の座標，R_I は核 I の座標である．このような 2 個のガウス関数の積は，

$$\chi_A(1)\,\chi_B(1) \;=\; N^2\,\mathrm{e}^{-\alpha|r_1-R_A|^2 - \alpha|r_1-R_B|^2}$$

である．ここで，

$$|r-R|^2 = (r-R)\cdot(r-R) = |r|^2 + |R|^2 - 2r\cdot R$$

の関係を使うと，

$$|r_1-R_A|^2 + |r_1-R_B|^2 \;=\; \tfrac{1}{2}R^2 + 2|r_1-R_C|^2$$

であることが確かめられる．ここで，$R_C = \tfrac{1}{2}(R_A + R_B)$ は分子の中心であり，$R = |R_A - R_B|$ は結合長である．したがって，

$$\chi_A(1)\,\chi_B(1) \;=\; \mathrm{e}^{-\alpha R^2/2}\,\overbrace{N^2\,\mathrm{e}^{-2\alpha|r_1-R_C|^2}}^{\chi_C(1)}$$

となる．積 $\chi_A(2)\,\chi_B(2)$ も r の添字が 1 から 2 に変わるだけで，これと同じである．したがって，2 中心 2 電子積分 $(AB|AB)$ は，

$$(AB|AB) = j_0\,\mathrm{e}^{-\alpha R^2} \int \chi_C(1)\,\frac{1}{r_{12}}\,\chi_C(2)\,\mathrm{d}\tau_1\,\mathrm{d}\tau_2$$

と簡単になる．これは 1 中心 2 電子積分で，指数関数は両方とも結合の中点に中心がある球対称のガウス関数で，もとの 2 中心積分よりもずっと速く計算できる．

チェックリスト

☐ 1. **スピンオービタル**とは，分子オービタルとスピン関数の積である．

☐ 2. **スレーター行列式**によって，どの電子対を交換しても波動関数の符号が変わることを表せる．

☐ 3. **ハートリー–フォック**（HF）法では，基底状態の電子波動関数を表すために，HF 方程式を満足する分子オービタルからつくった 1 個のスレーター行列式を使う．

☐ 4. **つじつまの合う場**（SCF）の方法では，方程式を繰返し解き，得られたエネルギーと波動関数がある基準内で変化しなくなるまで続ける．

☐ 5. ハートリー–フォック方程式に出てくる**フォック演算子**は，コアハミルトン演算子と平均のクーロン反発を表す項（$\hat{J}$）およびスピン相関から生じる補正項（$\hat{K}$）から成る．

☐ 6. ハートリー–フォック法では，電子間の反発を最小にするために電子が互いに離れようとする傾向を表す**電子相関**を無視している．

☐ 7. **ローターン方程式**は，分子オービタルを展開するための一組の基底セット関数からできた一連の連立方程式を行列の形に書いたものである．

☐ 8. **最小基底セット**では，分子の原子価オービタル 1 個ずつを 1 個の基底関数で表す．

☐ 9. 基底関数としてふつう使われるのは，各原子核に中心をおく**スレーター型オービタル**（STO）と**ガウス型オービタル**（GTO）である．

☐ 10. 中心が異なる 2 個のガウス型オービタルの積は，その中心の間に中心をもつ 1 個のガウス関数になる．

テーマ6 分子の構造

重要な式の一覧

性　質	式	備　考	式番号
多電子波動関数	$\Psi = (1/N_e!)^{1/2}|\psi_a{}^\alpha(1)\,\psi_a{}^\beta(2)\cdots\psi_z{}^\beta(N_e)|$	閉殻の化学種	27·2
ハートリー–フォック方程式	$\hat{f}_1\psi_m(1) = \varepsilon_m\psi_m(1)$	m は占有分子オービタルのラベル	27·3
クーロン演算子	$\hat{J}_m(1)\,\psi_a(1) = j_0\displaystyle\int \psi_a(1)\frac{1}{r_{12}}\psi_m{}^*(2)\,\psi_m(2)\,\mathrm{d}\tau_2$	$j_0 = e^2/4\pi\varepsilon_0$	27·4
交換演算子	$\hat{K}_m(1)\,\psi_a(1) = j_0\displaystyle\int \psi_m(1)\frac{1}{r_{12}}\psi_m{}^*(2)\,\psi_a(2)\,\mathrm{d}\tau_2$		27·6
フォック演算子の効果	$\hat{f}_1\psi_a(1) = \hat{h}_1\psi_a(1) + \displaystyle\sum_m \{2\hat{J}_m(1) - \hat{K}_m(1)\}\psi_a(1)$	占有オービタルについての和	27·8
ローターン方程式	$\boldsymbol{Fc} = \boldsymbol{Sc\varepsilon}$		27·10
フォック行列の要素	$F_{o'o} = \displaystyle\int \chi_{o'}(1)\hat{f}_1\chi_o(1)\,\mathrm{d}\tau_1$	χ_o は原子オービタルの基底関数	27·11
4 中心 2 電子積分	$(\mathrm{AB}|\mathrm{CD}) = j_0\displaystyle\int \chi_\mathrm{A}(1)\chi_\mathrm{B}(1)\frac{1}{r_{12}}\chi_\mathrm{C}(2)\chi_\mathrm{D}(2)\,\mathrm{d}\tau_1\,\mathrm{d}\tau_2$	記号での表し方	27·14
スレーター型オービタル	$\chi = Nr^a\,\mathrm{e}^{-br}Y_{lm_l}(\theta,\phi)$	STO	27·15
ガウス型オービタル	$\chi = Nx^iy^jz^k\,\mathrm{e}^{-\alpha r^2}$	GTO	27·16

トピック28

半経験的方法

内容

28・1 再びヒュッケル法について
簡単な例示 28・1 ヒュッケル法

28・2 微分重なり
簡単な例示 28・2 微分重なりの無視

チェックリスト
重要な式の一覧

➤ **学ぶべき重要性**

最新の計算手法に半経験的方法があり，その近似法について知っておくことが重要である．この方法は，複雑な系でも効率よく計算できるから役に立つ．

➤ **習得すべき事項**

半経験的方法では，ある積分を無視したり，経験的パラメーターで置き換えたりするのがふつうである．

➤ **必要な予備知識**

「トピック27」で説明したハートリー–フォック法とローターン法を復習しておくこと．また，ヒュッケル近似（トピック26）をよく理解している必要がある．

半経験的方法[1] では，電子構造を計算する途中で現れる多くの積分を，スペクトルのデータやイオン化エネルギーのような物性の助けをかりて概算したり，ある種の積分を一定の規則のもとに0とおいたりする．このような方法は計算速度が速いので原子数の多い分子については日常的に使われているが，結果の正確さを犠牲にしてしまうこともしばしばある．

28・1 再びヒュッケル法について

半経験的方法は，はじめは共役π系について開発された

 たもので，そのうち最も有名なのはヒュッケル分子軌道法（HMO法，トピック26）である．

HMO法の初期の仮定はπ電子とσ電子を分離して扱うことであるが，これはそのオービタルのエネルギーも対称性も違うので妥当な仮定である．「トピック26」で説明したように，πオービタルのエネルギーと波動関数は，(26・9)式（$Hc = ScE$）の解から得られる．この式は(26・7)式の$(H - E_i S) c_i = 0$ の形の行列方程式の組でできている．ここで，E_i は対角行列 E の各要素である．この方程式によれば（「数学の基礎5」を見よ）永年行列式 $|H - E_i S| = 0$ の解を求める必要があるが，HMO法では重なり積分を0か1，ハミルトン演算子行列の対角要素をパラメーター α，非対角要素を0またはパラメーター β とおく．もし，「トピック27」の(27・12)式（$|F - \varepsilon S| = 0$）から始めるのであれば，これらの積分を同じように選べばHMO法にもちこむことができる．HMO法は電子間の反発の取扱いがきわめて貧弱であるから，共役π系を論じるにも定量的というより定性的に役に立つ方法といえる．

簡単な例示 28・1 ヒュッケル法

ここで，トピック27の「例題27・2」に戻って $S = 0$ としよう．また，フォック行列の対角要素を α（すなわち，$F_{AA} = F_{BB} = \alpha$）とおき，非対角要素を β（$F_{AB} = F_{BA} = \beta$）とおく．いまはこれらの積分の係数への依存性を考えないので，つじつまの合う計算をする必要はない．エネルギーに関する二次方程式は，

$$(1 - S^2)\varepsilon^2 - (F_{AA} + F_{BB} - SF_{AB} - SF_{BA})\varepsilon$$
$$+ (F_{AA}F_{BB} - F_{AB}F_{BA}) = 0$$

で，これを整理すれば簡単な式，

$$\varepsilon^2 - 2\alpha\varepsilon + \alpha^2 - \beta^2 = 0$$

になるから，根は $\varepsilon = \alpha \pm \beta$ で，これは「トピック25」で得たものと全く同じである．

---

1) semi-empirical method

テーマ6 分子の構造

自習問題 28·1 もし，重なりを無視しなければ，このエネルギーはどうなるか．
　　　　　　[答：$(\alpha+\beta)/(1+S)$ と $(\alpha-\beta)/(1-S)$]

28·2 微分重なり

2番目に原始的で粗い近似法として，**微分重なりの完全無視**[1]の方法（CNDO 法）がある．この近似では，「トピック 27」で導入した $(AB|CD)$ の形の2電子積分，

$$(AB|CD) = j_0 \int \chi_A(1) \chi_B(1) \frac{1}{r_{12}} \chi_C(2) \chi_D(2)\, d\tau_1\, d\tau_2 \tag{28·1}$$

を，χ_A と χ_B が同じでない限りすべて 0 とおく．χ_C と χ_D についても同じである．そうすると，$(AA|CC)$ の形の積分，

$$(AA|CC) = j_0 \int \chi_A(1)^2 \frac{1}{r_{12}} \chi_C(2)^2\, d\tau_1\, d\tau_2 \tag{28·2}$$

だけが生き残るが，それはパラメーターとみなすことが多く，その値はエネルギーの計算値が実験値と合うように調節する．"微分重なり"という理由は，ふつう "重なり"の尺度に使うのは $\int \chi_A \chi_B\, d\tau$ であるが，ある関数の積分の微分はその関数自身だから，その意味で"微分"重なりは積 $\chi_A \chi_B$ であるからである．これは要するにオービタル同士を比較するということで，もしそれが同じならば積分は残るが，異なればその積分を無視するわけである．

> **簡単な例示 28·2** 微分重なりの無視
>
> 「トピック 27」の「簡単な例示 27·4」で導いた F_{AA} の式は，
>
> $$F_{AA} = E_A + c_{Aa}^2(AA|AA) + 2c_{Aa}c_{Ba}(AA|BA) + c_{Ba}^2\{2(AA|BB)-(AB|BA)\}$$
>
> であった．この最後の（青色の）積分は，
>
> $$(AB|BA) = j_0 \int \chi_A(1) \chi_B(1) \frac{1}{r_{12}} \chi_B(2) \chi_A(2)\, d\tau_1\, d\tau_2$$

の形をしている．"微分重なり"の項 $\chi_A(1)\chi_B(1)$ は 0 とおくから，CNDO 近似ではこの積分は 0 とおく．$(AA|BA)$ の積分についても同様である．したがって，

$$F_{AA} = E_A + c_{Aa}^2(AA|AA) + 2c_{Ba}^2(AA|BB)$$

と書ける．残る2個の2電子積分は経験的なパラメーターとしておく．

> **自習問題 28·2** 同じ系について F_{AB} に CNDO 近似を適用せよ．
> [答：$F_{AB} = \int \chi_A \hat{h}_1 \chi_B\, d\tau - c_{Aa}c_{Ba}(AA|BB)$]

最近の半経験的方法ではどの積分を無視するかについて，もう少し穏やかな決め方をするが，それでもはじめの CNDO 法からの派生であることに変わりがない．CNDO では χ_A と χ_B が異なる場合にはいつも $(AB|AB)$ の形の積分を 0 とおくが，**微分重なりの中間的無視**[2]（INDO）では異なる基底関数 χ_A と χ_B が同じ核に中心をもつような $(AB|AB)$ は無視しない．これらの積分は同じ電子配置に対応する項のエネルギー差を説明するために重要なので，スペクトルの研究には INDO の方が CNDO よりもずっと歓迎される．これよりもっとましな近似は，**二原子微分重なりの無視**[3]（NDDO）で，この近似では，$(AB|CD)$ は χ_A と χ_B が異なる核に中心をもつときか，χ_C と χ_D が異なる核に中心をもつときだけ無視される．

ほかにも半経験的方法があり，それぞれに名前がついている．**変形微分重なりの中間的無視**[4]（MINDO），**変形微分重なりの無視**[5]（MNDO），**オースチンモデル 1**[6]（AM1），**PM3**，**対距離指向性ガウシアン**[7]（PDDG）などがある．どの場合にも，積分の値は 0 とおくかパラメーターとして扱う．パラメーターの値は生成エンタルピー，双極子モーメント，イオン化エネルギーなどの実験値となるべくよく合うように決める．MINDO は炭化水素の研究に適しており，MNDO よりも正確な計算結果を与えるが，水素結合がある系にはあまりよくない．AM1, PM3, PDDG は MNDO の改良版である．

---

1) complete neglect of differential overlap　2) intermediate neglect of differential overlap
3) neglect of diatomic differential overlap　4) modified intermediate neglect of differential overlap
5) modified neglect of differential overlap　6) Austin model 1
7) pairwise distance directed Gaussian

チェックリスト

☐ 1. **半経験的方法**では，2電子積分を0とおくか，いろいろな実測値との一致が最適化されるような経験的パラメーターの値に等しいとおく．

☐ 2. **ヒュッケル法**は，共役 π 系を扱う簡単な半経験的方法である．

☐ 3. **微分重なりの完全無視**（CNDO）の近似では，電子1の2個の基底関数が同じで，しかも電子2の2個の基底関数も同じでない限り，2電子積分を0とおく．

重要な式の一覧

性質	式	備考	式番号
2電子積分	$(AB\|CD) = j_0 \displaystyle\int \chi_A(1)\,\chi_B(1)\,\frac{1}{r_{12}}\,\chi_C(2)\,\chi_D(2)\,d\tau_1\,d\tau_2$	いろいろな方法でパラメーター化	28·1

トピック**29**

アプイニシオ法

内容

29・1　配置間相互作用
　　簡単な例示 29・1　配置間相互作用
　　例題 29・1　配置間相互作用により低下した
　　　　　　　　エネルギーの求め方

29・2　多体摂動論
　　例題 29・2　メラー–プレセットの
　　　　　　　　摂動論の適用

チェックリスト
重要な式の一覧

➤ 学ぶべき重要性
　最新の計算手法では，信頼できるアプイニシオ法の構築に焦点が当てられている．市販のソフトウエアをうまく使いこなし，その問題点を理解するには，それがどう克服されようとしているかを知っておくことが重要である．

➤ 習得すべき事項
　アプイニシオ法は，分子の構造とその性質を第一原理から計算しようとするのがふつうで，経験的な定数を持ち込まない．

➤ 必要な予備知識
　「トピック 27」で説明したハートリー–フォック法とローターン法を復習しておくこと．また，スレーター行列式（トピック 27）と時間に依存しない摂動論（トピック 15）をよく理解している必要がある．

　アプイニシオ法では，「トピック 27」で導入した 2 電子積分（AB|CD）を数値計算で求める．しかし，小さな分子を扱うのにも大きな基底セットが必要であるから，効率的

で正確な 2 電子積分の計算をしても，ハートリー–フォックの計算では非常に貧弱な結果しか与えない．その理由は根源的には，この計算がオービタル近似をもとにしていて，注目する電子に対する他の電子の影響は平均の形で取入れているだけからである．たとえば，H_2 の真の波動関数は $\Psi(r_1, r_2)$ の形で，r_1 と r_2 が変化するにつれて（互いに近づくこともあるだろう）複雑な挙動をする．波動関数を $\psi(r_1)\,\psi(r_2)$ と書き，各電子が他方の電子の平均の場のなかで運動しているかのように扱うと，このような複雑さは失われてしまう．つまり，ハートリー–フォック法の近似では 2 個の電子が相互の反発を最小にするためになるべく離れているという電子相関を考慮に入れる試みは行われていないのである．

　ここで説明するようなやり方でも，あるいは本書の範囲を超える現代的な手法でも，たいていの現在の電子構造の研究では電子相関を考慮に入れようとしている．ここでは，そのうちの二つの手法だけを紹介しよう．「トピック 30」（密度汎関数法）では，電子相関を取入れる別の方法を紹介する．

29・1　配置間相互作用

　N_b 個のオービタルから成る基底セットを使えば，N_b 個の分子オービタルを発生できる．しかしながら，収容すべき電子が N_e 個あれば，基底状態ではこの N_b 個のオービタルのうちの $N_m = \frac{1}{2} N_e$ 個だけが占有され，$N_b - \frac{1}{2} N_e$ 個のいわゆる**仮想オービタル**[1] は占有されずに残る．たとえば，「トピック 27 と 28」で使った H_2 のモデル計算では，2 個の原子オービタルから結合性と反結合性のオービタルができるが，前者だけが占有されて，後者は存在はするが"空"なのである．

　N_e 個の電子からなる閉殻の化学種の基底状態が，

$$\Psi_0 = (1/N_e!)^{1/2} |\psi_a{}^\alpha(1)\,\psi_a{}^\beta(2)\,\psi_b{}^\alpha(3)\,\psi_b{}^\beta(4)\cdots\psi_u{}^\beta(N_e)|$$

で表されるとしよう．ここで ψ_u は最高被占分子オービタル（HOMO）である．いま被占オービタルの電子 1 個を仮

---

1) virtual orbital

想オービタル ψ_v へ移せば，それに相当する**一重に励起した行列式**[1]，たとえば，

$$\Psi_1 = (1/N_e!)^{1/2}|\psi_a{}^\alpha(1)\,\psi_a{}^\beta(2)\,\psi_b{}^\alpha(3)\,\psi_v{}^\beta(4)\cdots\psi_u{}^\beta(N_e)|$$

をつくったと想像することができる．この例では，β電子（電子4）が ψ_b から ψ_v へ励起されているが，ほかにも選び方は多数ある．さらに二重に励起した行列式なども考えることができる．このようにしてつくったスレーター行列式それぞれを**配置状態関数**[2]（CSF）という．

1959年にレフディン[3]は（ボルン-オッペンハイマー近似のもとで）厳密な波動関数はハートリー-フォック方程式の厳密解から見いだされるCSFの一次結合，

$$\Psi = C_0\Psi_0(\text{☰}) + C_1\Psi_1(\text{☱}) + C_2\Psi_2(\text{☲}) + \cdots$$

配置間相互作用　　（29・1）

で表せることを証明した．このようにして，CSFを含めることによって波動関数を改良する方法を**配置間相互作用**[4]（CI）という．配置間相互作用は，少なくとも原理的には，厳密な基底状態の波動関数とエネルギーを与えることができるから，ハートリー-フォック法では無視した電子間の相関を取込むことができる．しかしながら，波動関数とエネルギーが厳密に得られるのは，(29・1)式の展開式に無限個のCSF（基底セットのオービタルとして無限個を使ったもの）を含めた場合だけである．実際には有限個のCSF（有限個の基底セットからなる）を使うことで我慢しなければならない．ただし，一部の寄与については対称性の考察から除外できる場合があり，それで単純化できることもある．

簡単な例示 29・1　配置間相互作用

CIによって分子の波動関数がなぜ改良されるのかを知る手始めに，H_2 を取上げよう．その基底状態（スレーター行列式を展開したあと）は，$\Psi_0 = \psi_a(1)\,\psi_a(2)\,\sigma_-(1,2)$ である．ここで，$\sigma_-(1,2)$ は一重項スピン状態の波動関数である．また，最小基底セットを使って，重なりを無視すれば，$\psi_a = 1/2^{1/2}\{\chi_A + \chi_B\}$ と書くことも説明した．したがって，

$$\Psi_0 = \tfrac{1}{2}\{\chi_A(1)+\chi_B(1)\}\{\chi_A(2)+\chi_B(2)\}\,\sigma_-(1,2)$$
$$= \tfrac{1}{2}\{\chi_A(1)\chi_A(2)+\chi_A(1)\chi_B(2)+\chi_B(1)\chi_A(2)$$
$$+\chi_B(1)\chi_B(2)\}\,\sigma_-(1,2)$$

となる．実は，この波動関数には欠陥があることがわ

かる．すなわち，AまたはBに両方の電子が見いだされる確率（青色で示した2項）と，一方がAにあり他方がBにある確率（残りの2項）が等しいからである．それは電子相関が考慮されなかったからで，これで計算すれば得られるエネルギーは高すぎる．

自習問題 29・1　仮想オービタル $\psi_b = 1/2^{1/2}\{\chi_A-\chi_B\}$ にもとづき二重励起した行列式 Ψ_2 の重ね合わせをつくれば，両方の電子が同じ原子に見いだされる確率は低下することを示せ．

[答：$\Psi = C_0\Psi_0 + C_2\Psi_2$
$= \tfrac{1}{2}\{A\chi_A(1)\chi_A(2) + B\chi_A(1)\chi_B(2)$
$\qquad + B\chi_B(1)\chi_A(2) + A\chi_B(1)\chi_B(2)\}\times\sigma_-(1,2),$
$\qquad\qquad A=C_0+C_2 < B=C_0-C_2]$

「簡単な例示29・1」からわかるように，限定的なCIの取込みでも，ある程度の電子相関を導入することができる．また，有限個の基底関数からつくるオービタルでも，許されるすべての励起を使って**完全なCI**[5]を取込めば，電子相関をいっそううまく考慮に入れることができる．一方，無限個の基底関数を構成するオービタルを使い，あらゆる励起を含めるような最適化の手続きはコンピューターを使う見地からは実際的でない．

(29・1)式の最適化した展開係数を求めるには変分原理を使う．すなわち，ハートリー-フォック法について「根拠27・1」で示したように，CIに変分原理を適用すると，展開係数を求めるための一連の連立方程式ができる．

例題 29・1　配置間相互作用により低下したエネルギーの求め方

H_2 をCIで扱ったときの展開係数の最適値を求めるのに解かなければならない方程式をつくれ．

解法　「簡単な例示29・1」の重ね合わせ $\Psi = C_0\Psi_0 + C_2\Psi_2$ を使う．一重励起した行列式については考える必要がない．それは，H_2 の基底状態（g対称，トピック23）と反対の対称をもつからである．永年方程式 $|H-ES|=0$ をつくり，「トピック27」で導入した $(AB|CD)$ の表記（27・14式）を使って各積分を表す．それは，

$$(AB|CD) = j_0\int\chi_A(1)\chi_B(1)\frac{1}{r_{12}}\chi_C(2)\chi_D(2)\,d\tau$$

である．このハミルトン演算子は $\hat{H} = \hat{h}_1 + \hat{h}_2 + j_0/r_{12}$

---

1) singly excited determinant　2) configuration state function　3) P.-O. Löwdin　4) configuration interaction　5) full CI

である. 空間変数だけでなくスピン変数も含んだ波動関数 Ψ についての $\int \cdots d\tau$ の形の積分では, 両方について積分する. 規格化されたスピン状態 $\sigma_-(1,2)$ についてのスピン積分は, つぎのように表される.

$$\int \sigma_-(1,2)^2 \, d\tau = 1$$

解答 $\boldsymbol{H}$ と $\boldsymbol{S}$ の 2×2 行列はそれぞれ,

$$\boldsymbol{H} = \begin{pmatrix} H_{00} & H_{02} \\ H_{20} & H_{22} \end{pmatrix} \quad H_{MN} = \int \Psi_M \hat{H} \Psi_N \, d\tau$$

$$\boldsymbol{S} = \begin{pmatrix} S_{00} & S_{02} \\ S_{20} & S_{22} \end{pmatrix} \quad S_{MN} = \int \Psi_M \Psi_N \, d\tau$$

である. この重なり積分は 2 電子波動関数の間に存在するもので, それぞれの原子オービタルの重なりでないことに注意しよう. E を求めるために解くべき永年方程式は,

$$\begin{vmatrix} H_{00} - E S_{00} & H_{02} - E S_{02} \\ H_{20} - E S_{20} & H_{22} - E S_{22} \end{vmatrix} = 0$$

である. ($S_{02} = S_{20}$ であり, エルミート性のために $H_{02} = H_{20}$ である.) 分子オービタル ψ_a と ψ_b は直交しているから,

$$\int \Psi_0 \Psi_0 \, d\tau$$

$$= \int \overbrace{\psi_a(1)\psi_a(2)\sigma_-(1,2)}^{\Psi_0} \overbrace{\psi_a(1)\psi_a(2)\sigma_-(1,2)}^{\Psi_0} \, d\tau$$

$$= \int \overbrace{\psi_a(1)^2 \, d\tau_1}^{1} \int \overbrace{\psi_a(2)^2 \, d\tau_2}^{1} \int \overbrace{\sigma_-(1,2)^2 \, d\sigma}^{1} = 1$$

$$\int \Psi_2 \Psi_0 \, d\tau$$

$$= \int \overbrace{\psi_b(1)\psi_b(2)\sigma_-(1,2)}^{\Psi_2} \overbrace{\psi_a(1)\psi_a(2)\sigma_-(1,2)}^{\Psi_0} \, d\tau$$

$$= \int \overbrace{\psi_b(1)\psi_a(1) \, d\tau_1}^{0} \int \overbrace{\psi_b(2)\psi_a(2) \, d\tau_2}^{0} \int \overbrace{\sigma_-(1,2)^2 \, d\sigma}^{1}$$

$$= 0$$

となり, S_{02} と S_{22} についても同様のことがいえる. すなわち, $\boldsymbol{S} = \boldsymbol{1}$ である. こうして, この永年行列式は簡単に, E についての二次方程式に整理することができ, その解は,

$$E = \tfrac{1}{2}(H_{00} + H_{22}) \pm \tfrac{1}{2}\{(H_{00} + H_{22})^2$$
$$- 4(H_{00}H_{22} - H_{02}^2)\}^{1/2}$$

$$= \tfrac{1}{2}(H_{00} + H_{22}) \pm \tfrac{1}{2}\{(H_{00} - H_{22})^2 + 4H_{02}^2\}^{1/2}$$

となる. いつものように, あとは行列要素に現れる積分を求める問題になる.

ハミルトン演算子の行列要素 H_{00} を求めるには,

$$H_{00} = \int \Psi_0 \left(\hat{h}_1 + \hat{h}_2 + \frac{j_0}{r_{12}} \right) \Psi_0 \, d\tau$$

であることに注目する. この積分の最初の項は (スピン部分の積分は 1 である),

$$\int \Psi_0 \hat{h}_1 \Psi_0 \, d\tau = \int \psi_a(1)\psi_a(2)\hat{h}_1 \psi_a(1)\psi_a(2) \, d\tau_1 d\tau_2$$

$$= \int \overbrace{\psi_a(1)\hat{h}_1\psi_a(1) \, d\tau_1}^{E_a} \int \overbrace{\psi_a(2)\psi_a(2) \, d\tau_2}^{1}$$

$$= E_a$$

となる. $\hat{h}_1$ を $\hat{h}_2$ に置き換えた積分も同じ値となる. 電子-電子反発項は,

$$j_0 \int \Psi_0 \frac{1}{r_{12}} \Psi_0 \, d\tau$$

$$= j_0 \int \psi_a(1)\psi_a(2)\frac{1}{r_{12}}\psi_a(1)\psi_a(2) \, d\tau_1 d\tau_2$$

$$= \tfrac{1}{4}\{(AA|AA) + (AA|AB) + \cdots (BB|BB)\}$$

である. $\boldsymbol{H}$ の残りの 3 要素についても同様の式がつくれるから, これらの $\boldsymbol{H}$ の行列要素を E の解に代入すれば, エネルギーの最適値が得られる. Ψ を表す CI の式の係数は, E の最低値を使って永年方程式を解けば, いつものように求めることができる.

自習問題 29·2 H_{02} を表す式をつくれ.
[答: $H_{02} = \tfrac{1}{4}\{(AA|AA) - (AA|AB) + \cdots + (BB|BB)\}$]

29·2 多体摂動論

互いに相互作用している電子と原子核からなる分子系の摂動論を応用するには**多体摂動論**[1]を使う.「トピック 15」で説明した摂動論の表し方に従って (15·1 式を見よ, $\hat{H} = \hat{H}^{(0)} + \hat{H}^{(1)}$), 多体系のハミルトン演算子を単純な"モデル"ハミルトン演算子 $\hat{H}^{(0)}$ と摂動 $\hat{H}^{(1)}$ で表す. ここでは相関エネルギーを求めようとしているから, 自然な選び方として, モデルハミルトン演算子には HF-SCF 法のフォック演算子,

---

1) many-body perturbation theory

$$\hat{f}_i = \hat{h}_i + \sum_m \{2\hat{J}_m(i) - \hat{K}_m(i)\} \tag{29.2}$$

の和をとり，摂動としては，この和と真の多電子ハミルトン演算子の差をとるのがよい．すなわち，

$$\hat{H} = \hat{H}^{(0)} + \hat{H}^{(1)} \quad \text{ここで} \quad \hat{H}^{(0)} = \sum_{i=1}^{N_e} \hat{f}_i \tag{29.3a}$$

とすれば，

$$\hat{H} = \overbrace{-\frac{\hbar^2}{2m_e}\sum_{i=1}^{N_e}\nabla_1^2 - j_0\sum_{i=1}^{N_e}\sum_{I=1}^{N_n}\frac{Z_I}{r_{Ii}}}^{\sum_{i=1}^{N_e}\hat{h}_i} + \frac{1}{2}j_0\sum_{i\neq j}^{N_e}\frac{1}{r_{ij}} \tag{29.3b}$$

である．コアハミルトン演算子（29.2式のフォック演算子の $\hat{h}_i$ の和）は全ハミルトン演算子中の1電子の項と消し合うから，ここでの摂動は電子間の瞬間的な相互作用（29.3式の青色で示した項）と平均の相互作用（フォック演算子の中の演算子 $\hat{J}$ と $\hat{K}$ で表されるもの）との差である．たとえば，電子1については，

$$\hat{H}^{(1)}(1) = \sum_i \frac{j_0}{r_{1i}} - \sum_m \{2\hat{J}_m(1) - \hat{K}_m(1)\} \tag{29.4}$$

となる．最初の和（真の相互作用）は電子1以外のすべての電子についてとるが，2番目の和（平均の相互作用）はすべての占められたオービタルについてとる．このような選び方は1934年にメラー[1]とプレセット[2]がはじめて導入したもので，**メラー‐プレセットの摂動論**[3]（MPPT）という．MPPTを分子系に応用するのは，コンピューターの能力が不十分なため1970年代までは行われなかった．

摂動論でいつもするように，真の波動関数をモデルハミルトン演算子の固有関数の和の形に書き，高次の補正項を加える．真のエネルギーとHFエネルギーとの差である**相関エネルギー**[4]は2次および高次の補正エネルギーとして得られる．系の真の波動関数が（29.1）式のようなCSFの和で与えられるとすると，

$$E_0^{(2)} = \sum_{M\neq 0} \frac{\left|\int\Psi_M\hat{H}^{(1)}\Psi_0\,\mathrm{d}\tau\right|^2}{E_0^{(0)} - E_M^{(0)}}$$

メラー‐プレセットの摂動論 (29.5)

となる．**ブリルアンの定理**[5]によれば，二重励起したスレーター行列式だけが0でない $\hat{H}^{(1)}$ 行列要素をもつから，その要素だけが $E_0^{(2)}$ に寄与する[†]．2次のエネルギー補正がすなわち相関エネルギーに相当すると解釈することが

MPPT法（これをMP2法という）の根幹である．MPPTを拡張して，3次，4次のエネルギー補正も含める方法をそれぞれMP3法，MP4法という．

例題 29.2 メラー‐プレセットの摂動論の適用

MP2法を使って，これまで展開してきた H_2 のモデルの相関エネルギーを表す式をつくれ．

解法 ブリルアンの定理によれば，2個の基底オービタルからつくった簡単な H_2 のモデルでは，$\Psi = C_0\Psi_0 + C_2\Psi_2$ と書ける．ここで，$\Psi_0 = \psi_a(1)\psi_a(2)\sigma_-(1,2)$ および $\Psi_2 = \psi_b(1)\psi_b(2)\sigma_-(1,2)$ である．（29.5）式に現れる積分を求めよ．

解答 （29.5）式の和を求めるのに必要な唯一の行列要素は，

$$\int\Psi_2\hat{H}^{(1)}\Psi_0\,\mathrm{d}\tau = j_0\int\psi_b(1)\psi_b(2)\frac{1}{r_{12}}\psi_a(1)\psi_a(2)\,\mathrm{d}\tau_1\mathrm{d}\tau_2$$

である．（前と同じで，スピン状態の積分は1である．）これ以外の $\hat{J}$ と $\hat{K}$ に関わる積分は0になる．その理由は，$\hat{J}$ と $\hat{K}$ は1電子演算子なので，$\psi_a(1)$ か $\psi_a(2)$ のどちらかは不変で，それと ψ_b とは直交するから，積分が0になるのである．そこで，各分子オービタルを基底関数 χ_A と χ_B で展開すれば，

$$\int\Psi_2\hat{H}^{(1)}\Psi_0\,\mathrm{d}\tau$$
$$= \frac{1}{2}\{(AA|AA) - (BA|AA) + \cdots + (BB|BB)\}$$

を得る．$(AA|AB) = (AA|BA)$ や $(AA|AB) = (BB|BA)$ というような対称性を使えば，この式は簡単になって，

$$\int\Psi_2\hat{H}^{(1)}\Psi_0\,\mathrm{d}\tau = \frac{1}{2}\{(AA|AA) - (AA|BB)\}$$

となる．したがって，相関エネルギーは2次の補正として，

$$E_0^{(2)} = \frac{\frac{1}{4}\{(AA|AA) - (AA|BB)\}^2}{E_0^{(0)} - E_M^{(0)}}$$
$$= \frac{\{(AA|AA) - (AA|BB)\}^2}{8(\varepsilon_a - \varepsilon_b)}$$

となる．$(AA|AA) - (AA|BB)$ という項は，電子が両方とも同じ原子上にあるときと別の原子の上にあるときとの反発エネルギーの差である．

自習問題 29.3 対称性を用いて式を単純化する論法の有効性について述べよ．

[†] 詳細については，"Molecular quantum mechanics", Oxford University Press (2011) を見よ．

1) C. Møller 2) M.S. Plesset 3) Møller–Plesset perturbation theory 4) correlation energy 5) Brillouin's theorem

チェックリスト

- [ ] 1. **電子相関**とは，電子間の反発を最小化するために電子が互いに離れて存在しようとする傾向である．
- [ ] 2. **仮想オービタル**とは，基底状態の HF 電子波動関数のうち，占有されていない分子オービタルをいう．
- [ ] 3. **一重励起行列式**は，占有オービタルから仮想オービタルへ電子を 1 個移してつくられる．**二重励起行列式**は電子を 2 個移してつくる．
- [ ] 4. スレーター行列式（HF 波動関数を含め）は，1 個ずつが一つの**配置状態関数**（CSF）である．
- [ ] 5. **配置間相互作用**（CI）は，厳密な電子波動関数を配置状態関数の一次結合で表したものである．
- [ ] 6. 配置間相互作用と**メラー–プレセット摂動論**は，電子相関を取込むアブイニシオ法としてよく使われる．
- [ ] 7. **完全な CI** では，有限の基底セットからつくられる分子オービタルを使い，すべての起こりうる励起を入れた行列式を考慮する．
- [ ] 8. **相関エネルギー**は，真のエネルギーとハートリー–フォック法で計算したエネルギーの差である．
- [ ] 9. **多体摂動論**は，相互作用している電子と原子核の分子系に摂動論を応用するものである．
- [ ] 10. **メラー–プレセットの摂動論**（MPPT）では，HF 法のフォック演算子の和を単純なモデルハミルトン演算子として使う．
- [ ] 11. **ブリルアンの定理**によれば，二重に励起した行列式だけがエネルギーの 2 次の補正に寄与する．

重要な式の一覧

性　質	式	備　考	式番号
配置間相互作用	$\Psi = C_0 \Psi_0\,(\equiv) + C_1 \Psi_1\,(\equiv) + C_2 \Psi_2\,(\equiv) + \cdots$		29·1
メラー–プレセットの摂動論	$\hat{H}^{(1)}(1) = \sum_i j_0/r_{1i} - \sum_m \{2\hat{J}_m(1) - \hat{K}_m(1)\}$		29·4
MPPT での相関エネルギー	$E_0^{(2)} = \sum_{M \neq 0} \left| \int \Psi_M \hat{H}^{(1)} \Psi_0\,\mathrm{d}\tau \right|^2 \bigg/ (E_0^{(0)} - E_M^{(0)})$	MP2	29·5

トピック**30**

密 度 汎 関 数 法

内 容

30·1　コーン–シャム方程式

30·2　交換–相関エネルギー

（a）交換–相関ポテンシャル

例題 30·1　交換–相関ポテンシャルの
求め方

（b）コーン–シャム方程式を解く手順

例題 30·2　DFT 法を適用する手順

チェックリスト

重要な式の一覧

➤ 学ぶべき重要性

密度汎関数法は，電子構造を計算するのに，いまで
は最もよく使われる方法になっているから，その手続
きの一般的な特徴を知っておくことが重要である．

➤ 習得すべき事項

分子のエネルギーは，その電子密度から計算でき
る．

➤ 必要な予備知識

多原子分子のハミルトン演算子の構造（トピック
27）をよく理解している必要がある．

分子構造の計算のための基礎がかなり確立されて，近年
もっともよく使われる方法の一つとなったのが**密度汎関数
法**[1]（DFT）である．この方法は，計算の労力の軽減やコ
ンピューターの時間短縮，あるいは場合によっては（特に，
d 金属錯体で）ハートリー–フォックに基礎をおく方法に
比べて実験値との一致の改善などの長所がある．

30·1　コーン–シャム方程式

DFT で注目するのは電子密度 ρ である．DFT の名称の
一部 "汎関数" の由来は，分子のエネルギーが電子密度の
関数であって，電子密度はそれ自身が位置の関数 $\rho(r)$ で
あることにある．数学では関数の関数を**汎関数**[2] という．
いまの場合は，エネルギーを汎関数 $E[\rho]$ と書く．実は，
汎関数はすでに出てきていたが，この名称を使わなかった
だけである．それは，ハミルトン演算子の期待値で，エネ
ルギーのある一つの値 $E[\psi]$ がそれぞれの関数 ψ に付随
しているので，これは波動関数の汎関数として表される．
重要な点は，$E[\psi]$ は $\psi\hat{H}\psi$ を全空間で積分したものな
ので，ψ がとる値すべてからの寄与を含んでいることで
ある．

「トピック 27」では，つぎのハミルトン演算子（27·1 式）
の構造を示した．

$$\hat{H} = \overbrace{-\frac{\hbar^2}{2m_e}\sum_{i=1}^{N_e}\nabla_i^2}^{\substack{\text{電子の}\\\text{運動エネルギー}}} \overbrace{-\sum_{i=1}^{N_e}\sum_{I=1}^{N_n}\frac{Z_I e^2}{4\pi\varepsilon_0 r_{Ii}}}^{\substack{\text{すべての}\\\text{原子核との引力}}} + \overbrace{\frac{1}{2}\sum_{i\neq j}^{N_e}\frac{e^2}{4\pi\varepsilon_0 r_{ij}}}^{\substack{\text{電子間の反発}}}$$

ハミルトン演算子　　（30·1）

これからすぐわかるように，分子のエネルギーは運動エネ
ルギー，電子–核相互作用，電子–電子相互作用からの寄
与として表される．はじめの二つの寄与は電子密度分布に
依存している．電子–電子相互作用もたぶん同じ量に依存
するだろうが，古典的な電子–電子相互作用に電子交換か
ら生じる補正（ハートリー–フォック法で $\hat{K}$ と表した寄与）
が入ることを考えておかなければならない．この交換相互
作用が電子密度で表されるかどうかは全くわからないが，
1964 年にホーヘンベルク[3]とコーン[4]は，N_e 個の電子か
ら成る分子の厳密な基底状態エネルギーが電子の確率密度
で一義的に決まることを証明できた．彼らは，

$$E[\rho] = E_{\text{classical}}[\rho] + E_{\text{XC}}[\rho]$$

電子密度汎関数で表したエネルギー　　（30·2）

---

1) density functional theory　2) functional　3) P. Hohenberg　4) W. Kohn

と書けることを示した。ここで，$E_{classical}[\rho]$は運動エネルギーと電子–核相互作用，古典的な電子–電子のポテンシャルエネルギーの合計で，$E_{XC}[\rho]$は**交換–相関エネルギー**[1]である。この項はスピンによる非古典的な電子–電子の効果をすべて考慮に入れるためのもので，$E_{classical}$の運動エネルギーには含まれない電子–電子相互作用から生じる小さな補正を表す。**ホーヘンベルク–コーンの定理**[2]は，$E_{XC}[\rho]$という項が存在することは保証するが，数学における多くの存在定理と同様に，どう計算すればよいのかについては何の手がかりも与えてくれない。

この方法を実行に移す最初のステップは電子密度の計算である。そのための式は1965年にコーンとシャム[3]が導いており，分子内の各電子からの寄与としてρを表すものである。

$$\rho(r) = \sum_{i=1}^{N_e} |\psi_i(r)|^2 \qquad \text{電子密度} \quad (30\cdot3)$$

関数ψ_iを**コーン–シャムオービタル**[4]といい，これはもとになっているシュレーディンガー方程式とよく似た形の**コーン–シャム方程式**[5]の解である。2電子系については，

$$\hat{h}_1 \psi_i(1) + j_0 \int \frac{\rho(2)}{r_{12}} \mathrm{d}\tau_2 \psi_i(1) + V_{XC}(1)\psi_i(1) = \varepsilon_i \psi_i(1)$$

$$\text{コーン–シャム方程式} \quad (30\cdot4)$$

である。この第1項はいつものコアの項で，第2項は電子1と電子2の間の古典的相互作用，第3項は交換効果を考慮に入れるための項で，**交換–相関ポテンシャル**[6]という。ε_iはコーン–シャムのオービタルエネルギーである。

30・2 交換–相関エネルギー

交換–相関ポテンシャルはDFTで中心的な役割を演じるもので，交換–相関エネルギー$E_{XC}[\rho]$がわかりさえすれば，"汎関数の導関数"，

$$V_{XC}(r) = \frac{\delta E_{XC}[\rho]}{\delta \rho} \qquad \begin{array}{l}\text{交換–相関}\\\text{ポテンシャル}\end{array} \quad (30\cdot5)$$

から計算できる。汎関数の導関数はふつうの導関数と同様に定義できるが，$E_{XC}[\rho]$というのは，$\rho(r)$のすべての領域における値（ある1点だけでない）から導関数の値を求めるべき量であることに注意しなければならない。したがって，rに小さな変化$\mathrm{d}r$が起こるとき，密度は$\delta\rho$だけ変化して$\rho(r+\mathrm{d}r)$になり，それはすべてのrで起こるから，$E_{XC}[\rho]$に起こる変化はこのような変化の和（積分）と

なる。すなわち，

$$\delta E_{XC}[\rho] = \int \frac{\delta E_{XC}[\rho]}{\delta \rho} \delta\rho \, \mathrm{d}r = \int V_{XC}(r) \delta\rho \, \mathrm{d}r \quad (30\cdot6)$$

である。V_{XC}は汎関数ではなく，rの普通の関数であって，$E_{XC}[\rho]$の$\delta\rho$への全領域での依存性を決めている積分への局所的な寄与にあたる。この手順がよくわかるように「例題30・1」では具体的に示してある。

(a) 交換–相関ポテンシャル

密度汎関数法における最大の課題は，交換–相関エネルギーを表す正確な式を見いだすことである。$E_{XC}[\rho]$について広く使われている近似的な式は，均一な電子気体のモデルによるものである。これは，空間に連続的で均一に分布した正電荷の中を電子が動きまわるという仮想的な電気的には中性の系である。均一な電子気体については，交換–相関エネルギーを交換の寄与と相関の寄与の和として書くことができる。後者は複雑な汎関数であり，本トピックの程度を超えるので，ここでは無視する。つぎの「例題」では，交換の寄与を求めるための交換–相関ポテンシャルの表し方を示そう。

例題 30・1　交換–相関ポテンシャルの求め方

均一な電子気体の交換–相関エネルギー[†]は，

$$E_{XC}[\rho] = A \int \rho^{4/3} \mathrm{d}r \qquad A = -\frac{9}{8}\left(\frac{3}{\pi}\right)^{1/2} j_0$$

である。これまでと同じで$j_0 = e^2/4\pi\varepsilon_0$である。これに対応する交換–相関ポテンシャルを求めよ。

解法　各点での密度が$\rho(r)$から$\rho(r)+\delta\rho(r)$に変わるとき汎関数$E_{XC}[\rho]$がどう変化するかを求めてから（図30・1），テイラー級数（数学の基礎1）を使って被積分関数を展開する。得られた結果を$(30\cdot6)$式と比較し，$V_{XC}(r)$を求めればよい。

解答　密度が$\rho(r)$から$\rho(r)+\delta\rho(r)$に変われば，その汎関数は$E_{XC}[\rho]$から$E_{XC}[\rho+\delta\rho]$に変わる。すなわち，

$$E_{XC}[\rho+\delta\rho] = A \int (\rho+\delta\rho)^{4/3} \mathrm{d}r$$

と書ける。この被積分関数をρの近傍でテイラー級数に展開すれば，

[†]　この項の起源については，"Molecular quantum mechanics", Oxford University Press, Oxford (2011) を見よ。

1) exchange-correlation energy　2) Hohenberg-Kohn theorem　3) L.J. Sham　4) Kohn–Sham orbital　5) Kohn–Sham equation　6) exchange-correlation potential

$$(\rho+\delta\rho)^{4/3} = \rho^{4/3} + \overbrace{\left(\frac{\mathrm{d}(\rho+\delta\rho)^{4/3}}{\mathrm{d}\rho}\right)_{\delta\rho=0}}^{\frac{4}{3}\rho^{1/3}} \delta\rho + \cdots$$
$$= \rho^{4/3} + \frac{4}{3}\rho^{1/3}\delta\rho + \cdots$$

となる．$\delta\rho^2$ 以上の次数の項を無視すれば，

$$E_{\mathrm{XC}}[\rho+\delta\rho] = A\int (\rho^{4/3} + \frac{4}{3}\rho^{1/3}\delta\rho)\,\mathrm{d}\mathbf{r}$$
$$= E_{\mathrm{XC}}[\rho] + \frac{4}{3}A\int \rho^{1/3}\delta\rho\,\mathrm{d}\mathbf{r}$$

が得られる．したがって，汎関数の微分 δE_{XC} (つまり $E_{\mathrm{XC}}[\rho+\delta\rho] - E_{\mathrm{XC}}[\rho]$ で，$\delta\rho$ に 1 次で依存する) 項は，

$$\delta E_{\mathrm{XC}}[\rho] = \overbrace{\frac{4}{3}A\int \rho^{1/3}\delta\rho\,\mathrm{d}\mathbf{r}}^{\int V_{\mathrm{XC}}(\mathbf{r})\delta\rho\,\mathrm{d}\mathbf{r}}$$

となる．そこで (30·6) 式と比較して次式が得られる．

$$V_{\mathrm{XC}}(\mathbf{r}) = \frac{4}{3}A\rho^{1/3} = -\frac{3}{2}\left(\frac{3}{\pi}\right)^{1/2} j_0\,\rho(\mathbf{r})^{1/3} \quad (30\cdot 7)$$

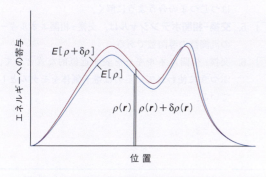

図 30·1 各点 $\mathbf{r}$ において密度が ρ から $\rho+\delta\rho$ まで変化したときの交換-相関エネルギー汎関数の $E_{\mathrm{XC}}[\rho]$ から $E_{\mathrm{XC}}[\rho+\delta\rho]$ (各曲線の下の面積) への変化.

自習問題 30·1 交換-相関エネルギーが $E_{\mathrm{XC}}[\rho] = B\int \rho(\mathbf{r})^2\,\mathrm{d}\mathbf{r}$ で与えられるとして，交換-相関ポテンシャルを求めよ． ［答: $V_{\mathrm{XC}}(\mathbf{r}) = 2B\rho(\mathbf{r})$］

トピック30 密度汎関数法

エネルギーが電子密度に依存する近似的な形を仮定し，汎関数導関数を計算することによって，交換-相関ポテンシャルを計算する．次に，コーン-シャム方程式を解いて，オービタルの初期セットを求める．このオービタルのセットを使って (30·3 式から) もっと近似の良い電子の確率密度を求め，この手順を繰返して，密度と交換-相関エネルギーがある指定した許容範囲で一定になるようにする．それから (30·2) 式を使って電子エネルギーを計算するのである．

ハートリー-フォックの一電子波動関数と同様に，コーン-シャムオービタルも N_b 個の基底関数からなる基底セットを使って展開できる．(30·4) 式を解くということは，この展開の係数を求めることと同じである．スレーター型オービタル (STO) やガウス型オービタル (GTO) などの基底関数を使うことができる (トピック 27)．ハートリー-フォック法なら N_b^4 に比例する計算時間が必要であるが，DFT 法では N_b^3 に比例する計算時間ですむ．したがって，DFT 法の方が HF 法よりも計算の効率は高いが，必ずしも正確さが優れているわけではない．

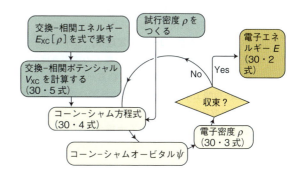

図 30·2 密度汎関数法においてコーン-シャム方程式を解くための反復代入法の手順．

例題 30·2 DFT 法を適用する手順

水素分子に DFT を適用する手順を具体的に示せ．

解法 まず，電子密度が原子オービタル χ_A と χ_B (STO でも GTO でもよい) に電子があるときに生じる原子の電子密度の和で表されると仮定する．それで，各電子について $\rho(\mathbf{r}) = |\chi_\mathrm{A}|^2 + |\chi_\mathrm{B}|^2$ と書く．交換-相関エネルギー E_{XC} については，均一な電子気体に適した形の式とそれに対応する交換-相関ポテンシャル (「例題 30·1」で導いた) を使えばよい．

(b) コーン-シャム方程式を解く手順

コーン-シャム方程式は，反復的に，つじつまを合わせる仕方で解かなければならない (図 30·2)．最初に電子密度を推定する．それには，原子内の電子の存在確率密度の重ね合わせを使うのがふつうである．第二に，交換-相関

解答 この分子のコーン–シャムオービタルは，つぎの方程式の解である．

$$\hat{h}_1\psi_a(1) + j_0\int\frac{\rho(2)}{r_{12}}\mathrm{d}\tau_2\psi_a(1)$$
$$+ \frac{4}{3}A\rho(1)^{1/3}\psi_a(1) = \varepsilon_a\psi_a(1)$$

ここで，想定した $\rho(\boldsymbol{r}) = |\chi_A|^2 + |\chi_B|^2$ について仮定した $\rho(\boldsymbol{r}_1)$ と $\rho(\boldsymbol{r}_2)$ を代入し，この方程式を数値計算で解いて ψ_a を求める．このオービタルが得られたら，はじめに想定した電子密度を $\rho(\boldsymbol{r}) = |\psi_a(\boldsymbol{r})|^2$ で置き換える．この密度をもとのコーン–シャム方程式へ代入しなおして，改良された $\psi_a(\boldsymbol{r})$ を求める．この手続きを繰返して，密度と交換–相関エネルギーが指定した許容範囲で直前のサイクルの値と同じになるまで続ける．

この反復計算が収束したとき，電子エネルギー（30・2 式）は，

$$E[\rho] = 2\int\psi_a(\boldsymbol{r})\hat{h}_1\psi_a(\boldsymbol{r})\mathrm{d}\boldsymbol{r} + j_0\int\frac{\rho(\boldsymbol{r}_1)\rho(\boldsymbol{r}_2)}{r_{12}}\mathrm{d}\boldsymbol{r}_1\mathrm{d}\boldsymbol{r}_2$$
$$- \frac{9}{8}\left(\frac{3}{\pi}\right)^{1/2}j_0\int\rho(\boldsymbol{r})^{4/3}\mathrm{d}\boldsymbol{r}$$

から計算できる．この第1項は2個の原子核の場の中の2個の電子のエネルギーの和であり，第2項は電子–電子反発の項，最後の項には非古典的な電子–電子間の効果から生じる補正が入っている．

自習問題 30・2 もし，交換–相関ポテンシャルが「自習問題 30・1」で求めたものであったとしたら，最後の項はどういう形になるか．
[答: $B\int\rho(\boldsymbol{r})^2\mathrm{d}\boldsymbol{r}$]

チェックリスト

□ 1. **密度汎関数法** (DFT) では，電子エネルギーを電子の確率密度の汎関数として書く．

□ 2. **ホーヘンベルク–コーンの定理**は，分子の基底状態の正確なエネルギーがその電子の確率密度で一義的に決まることを保証している．

□ 3. **交換–相関エネルギー**は，非古典的な電子–電子の効果を取込むためのものである．

□ 4. 電子密度は**コーン–シャム方程式**の解であるコーン–シャムオービタルから計算する．この方程式はつじつまの合うように解く．

□ 5. **交換–相関ポテンシャル**は，交換–相関エネルギーの汎関数の導関数である．

□ 6. 交換–相関エネルギーを表す近似的な式として，ふつうに使われているのは電子気体をモデルとしている．

重要な式の一覧

性質	式	備考	式番号
エネルギー	$E[\rho] = E_{\text{classical}}[\rho] + E_{\text{XC}}[\rho]$		30・2
電子密度	$\rho(\boldsymbol{r}) = \sum_{i=1}^{N_e}|\psi_i(\boldsymbol{r})|^2$	定義	30・3
コーン–シャム方程式	$\hat{h}_1\psi_i(1) + j_0\int\frac{\rho(2)}{r_{12}}\mathrm{d}\tau_2\psi_i(1) + V_{\text{XC}}(1)\psi_i(1) = \varepsilon_i\psi_i(1)$	反復法による数値計算で解く	30・4
交換–相関ポテンシャル	$V_{\text{XC}}(\boldsymbol{r}) = \dfrac{\delta E_{\text{XC}}[\rho]}{\delta\rho}$	定義: 汎関数の導関数	30・5
	$V_{\text{XC}}(\boldsymbol{r}) = -\dfrac{3}{2}\left(\dfrac{3}{\pi}\right)^{1/2}j_0\,\rho(\boldsymbol{r})^{1/3}$	電子気体モデル	30・7

テーマ6 分子の構造 演習と問題

トピック22 原子価結合法

記述問題

22·1 分子のポテンシャルエネルギー曲線や曲面を計算するときのボルン–オッペンハイマー近似の果たす役割を説明せよ.

22·2 原子価結合法では，なぜ昇位と混成をもちだす必要があるか.

22·3 いろいろなタイプの混成オービタルを挙げ，それがどんなものか，またアルカン，アルケン，アルキンの結合形成を説明するのにどのように使われるかを述べよ. アレン $CH_2=C=CH_2$ の二つの CH_2 が互いに垂直な平面内にあることを混成の考えによって説明せよ.

22·4 スピン対形成がなぜ結合生成の共通する特徴なのかを（原子価結合法の観点から）説明せよ.

22·5 共鳴が起こればどういう結果が得られるか.

22·6 過亜硝酸イオン $ONOO^-$ のルイス構造式を書け. 各原子についてその混成状態の記号をつけよ. また，異なる結合型それぞれの組成を書け.

演習

22·1(a) HF の単結合の原子価結合波動関数を書け.

22·1(b) N_2 の三重結合の原子価結合波動関数を書け.

22·2(a) 共鳴混成 $HF \longleftrightarrow H^+F^- \longleftrightarrow H^-F^+$ の原子価結合波動関数を書け（各構造の寄与が違っていてもよい）.

22·2(b) 共鳴混成 $N_2 \longleftrightarrow N^+N^- \longleftrightarrow N^{2-}N^{2+} \longleftrightarrow$ エネルギーの似た構造 について，原子価結合波動関数を書け.

22·3(a) P_2 分子の構造を原子価結合法で説明せよ. リンの単体としては P_4 の方が安定なのはなぜか.

22·3(b) SO_2 と SO_3 の分子の構造を原子価結合法で説明せよ.

22·4(a) 1,3-ブタジエンの結合を混成オービタルで説明

せよ.

22·4(b) 1,3-ペンタジエンの結合を混成オービタルで説明せよ.

22·5(a) 一次結合 $h_1 = s + p_x + p_y + p_z$ が $h_2 = s - p_x - p_y + p_z$ と直交することを示せ.

22·5(b) 一次結合 $h_1 = (\sin\chi)s + (\cos\chi)p$ が，角度 χ の値によらず $h_2 = (\cos\chi)s - (\sin\chi)p$ と直交することを示せ.

22·6(a) s オービタルと p オービタルがそれぞれ 1 に規格化されているとして，sp^2 混成オービタル $h = s + 2^{1/2}p$ を規格化せよ.

22·6(b) s オービタルと p オービタルがそれぞれ 1 に規格化されているとして，演習 22·5(b) の一次結合を規格化せよ.

問題

22·1 xy 平面内にあって x 軸と $120°$ の角度をなす sp^2 混成オービタルはつぎの形をもつ.

$$\psi = \frac{1}{3^{1/2}}\left(s - \frac{1}{2^{1/2}}p_x + \frac{3^{1/2}}{2^{1/2}}p_y\right)$$

水素型原子オービタルを使って，この混成オービタルを略さない形で書け. この混成オービタルは上で指定した方向で最大振幅をもつことを示せ.

22·2 (22·7) 式の混成オービタルが互いに $120°$ の角度をなすことを確かめよ.

22·3 sp^λ の形の二つの等価な混成オービタルが互いに θ の角度をなすとき，$\lambda = -1/\cos\theta$ であることを示せ. θ に対して λ をプロットしたグラフを描き，$\lambda = 1$ のときは $\theta = 180°$，$\lambda = 2$ では $\theta = 120°$ であることを確かめよ.

トピック23 分子軌道法の原理

記述問題

23·1 結合生成は分子軌道法でどう説明されるか.

23·2 スピン対形成が，なぜ結合生成の共通する特徴なのかを（分子軌道法の観点から）説明せよ

演習

23·1(a) 分子オービタル $\psi = \psi_A + \lambda\psi_B$ を，パラメー

ター λ と重なり積分 S を使って規格化せよ.

23·1(b) 演習 23·1(a) の分子をもっとよく表すには，一次結合のなかの各原子にさらに多くのオービタルを含めるようにするのも一つの方法である. 分子オービタル $\psi = \psi_A + \lambda\psi_B + \lambda'\psi_B'$ をパラメーター λ と λ' および適当な重なり積分 S を使って規格化せよ. ただし，ψ_B と ψ_B' は互いに直交する原子 B のオービタルである.

23·2(a) ある分子オービタルが，$0.145A + 0.844B$ という

形(規格化されていない)をもっているとしよう．オービタル A と B の一次結合で，この一次結合と直交するものを求め，$S = 0.250$ を使って，両方の規格化定数を求めよ．

23·2(b) ある分子オービタルが，$0.727A + 0.144B$ という形(規格化されていない)をもっているとしよう．オービタル A と B の一次結合で，この一次結合と直交するものを求め，$S = 0.117$ を使って，両方の規格化定数を求めよ．

23·3(a) H_2^+ の核間距離が R のときのエネルギーは(23·4)式で与えられる．それぞれの寄与の値をつぎの表に示す．分子のポテンシャルエネルギー曲線をプロットし，結合解離エネルギー(eV 単位)と平衡結合長を求めよ．

R/a_0	0	1	2	3	4
j/E_h	1.000	0.729	0.472	0.330	0.250
k/E_h	1.000	0.736	0.406	0.199	0.092
S	1.000	0.858	0.587	0.349	0.189

ここで，$E_h = 27.2\ \text{eV}$，$a_0 = 52.9\ \text{pm}$，$E_{H1s} = -\frac{1}{2}E_h$ である．

23·3(b) 演習 23·3(a) と同じデータを用いて，反結合性オービタルの分子ポテンシャルエネルギー曲線を計算できる．それは(23·7)式で与えられる．この曲線をプロットせよ．

23·4(a) p 原子オービタルが横に並んで重なり合うときに形成される結合性 π オービタルと反結合性 π オービタルについて，それぞれ g 対称か u 対称かを示せ．

23·4(b) d 原子オービタルが向き合って重なり合うときに形成される結合性 δ オービタルと反結合性 δ オービタルについて，それぞれ g 対称か u 対称かを示せ．

問 題

23·1 H_2 の核間距離(74.1 pm)に置いた 2 個の水素原子核の間の(モル当たりの)静電反発エネルギーを計算せよ．これは結合形成のために，電子からの引力がこれよりも優勢にならなければならないエネルギーの大きさである．両者の間の万有引力の役割は意味のあるほどの大きさか．〔ヒント: 2 個の質点の間の万有引力のポテンシャルエネ

ルギーは $-Gm_1m_2/r$ である．〕

23·2 体積 $1.00\ \text{pm}^3$ の小さな電子感知探測器を，基底状態にある H_2^+ 分子イオンに挿入したと想像しよう．この探測器がつぎの位置でどれくらいの確率で電子の存在を示すかを計算せよ．(a) 原子核 A の位置，(b) 原子核 B の位置，(c) A と B の中央，(d) A から結合軸に沿う方向に 20 pm 行き，そこから垂直方向に 10 pm 行ったところ．この分子イオンが反結合性 LCAO-MO に励起された瞬間の状態について，同じ計算を行え．

23·3 H_2^+ 分子イオンについて，規格化した LCAO-MO を使って(23·4)式と(23·7)式を導け．このイオンのハミルトン演算子の期待値を求めよ．A と B は，それぞれ別々に孤立 H 原子のシュレーディンガー方程式を満足することを利用せよ．

23·4 1 個の電子が結合性オービタルを占めたとき(前問での計算結果)と，1 個の電子が反結合性オービタルを占めたときと，どちらの方が結合力に対する効果が大きいか．その結論はどんな核間距離でも正しいか．

23·5[‡] 本文中で説明した LCAO-MO 法を使えば，量子化学に数値計算の手法を導入することができる．この問題では重なり積分，クーロン積分，共鳴積分を数値計算で求め，解析的な式(23·5式)からの結果と比較する．(a) 式を導くのに使った LCAO-MO 波動関数と H_2^+ のハミルトン演算子を用いて，数学ソフトウエアや表計算ソフトウエアを使って重なり積分，クーロン積分，共鳴積分を数値計算で求めよ．また，$a_0 < R < 4a_0$ の範囲で $1\sigma_g$ MO の全エネルギーを計算せよ．数値積分で得られた結果を，解析的に得られた結果と比較せよ．(b) 数値積分の結果を使って，全エネルギー $E(R)$ のグラフを描き，全エネルギーの極小値，平衡核間距離，解離エネルギー(D_e) を求めよ．

23·6 (a) $2a_0 = 106\ \text{pm}$ だけ離れたところにある 2 個の H1s オービタルからできる規格化された結合性および反結合性 LCAO-MO の全振幅を計算せよ．核間領域と外側の領域で，分子軸に沿う位置におけるこの二つの振幅をプロットせよ．(b) この二つの分子オービタルの確率密度をプロットせよ．次に，"差密度"，すなわち ψ^2 と $\frac{1}{2}(\psi_A^2 + \psi_B^2)$ の差をつくれ．

トピック 24　等核二原子分子

記述問題

24·1 隣接した原子間で p オービタルと d オービタルがいろいろな向きで重なり合い，結合性および反結合性分子オービタルを形成する状況を図によって示せ．

24·2 等核二原子分子の構成原理の規則について概略を述べよ．

24·3 分子軌道法におけるボルン-オッペンハイマー近似

の役目は何か．

24·4 分子オービタルに対する寄与について，s 原子オービタルと p 原子オービタルをべつべつに扱える根拠はなにか．

24·5 オービタルの重なりは，結合強度とどの程度関係しているか．

---

‡　この問題は Charles Trap, Carmen Giunta の提供による．

テーマ6　分子の構造　　269

演　習

24·1(a) つぎの分子の基底状態の電子配置と結合次数を求めよ. (a) Li_2, (b) Be_2, (c) C_2

24·1(b) つぎの分子の基底状態の電子配置を求めよ. (a) F_2^-, (b) N_2, (c) O_2^{2-}

24·2(a) B_2 と C_2 の基底状態の電子配置から，どちらの分子の結合解離エネルギーが大きいかを予測せよ.

24·2(b) Li_2 と Be_2 の基底状態の電子配置から，どちらの分子の結合解離エネルギーが大きいかを予測せよ.

24·3(a) F_2 と F_2^+ では，どちらの解離エネルギーが大きいか.

24·3(b) つぎの化学種を結合長の増加する順に並べよ. $O_2^+, O_2, O_2^-, O_2^{2-}$

24·4(a) 第2周期元素から成る等核二原子分子の結合次数を求めよ.

24·4(b) 第2周期元素から成る等核二原子カチオン X_2^+ とアニオン X_2^- の結合次数を求めよ.

24·5(a) 演習 24·3(b) の化学種それぞれについて，どの分子オービタルが HOMO か.

24·5(b) 演習 24·3(b) の化学種それぞれについて，どの分子オービタルが LUMO か.

24·6(a) 波長 100 nm の放射線のフォトンによって，イオン化エネルギー 12.0 eV のオービタルから放出された光電子の速さはいくらか.

24·6(b) エネルギー 21 eV の放射線を当てて，イオン化エネルギー 12 eV の分子オービタルから放出された光電子の速さはいくらか.

24·7(a) 水素型 1s オービタル 2 個が核間距離 R にあるときの重なり積分は (24·4) 式で与えられる. (i) H_2, (ii) He_2 について，$S = 0.20$ となる核間距離はどこか.

24·7(b) 水素型 2s オービタル 2 個が核間距離 R にあるときの重なり積分は「簡単な例示 24·2」にある式で与えられる. (i) H_2, (ii) He_2 について，$S = 0.20$ となる核間距離はどこか.

問　題

24·1 1s オービタルとこれに向き合う 2p オービタルの重なりが，核間距離にどう依存するかを表す概略図を描け. 核間距離 R における H1s オービタルとこれに向き合う H2p オービタルの重なり積分は，$S = (R/a_0)\{1+(R/a_0)+\frac{1}{3}(R/a_0)^2\}e^{-R/a_0}$ である. この関数をプロットし，重なりが最大になる核間距離を求めよ.

24·2‡ $2p_x$ と $2p_z$ の水素型原子オービタルを使って，2pσ および 2pπ 分子オービタルの単純 LCAO をつくれ. (a) 確率密度をプロットせよ. $2p_z\sigma$ および $2p_z\sigma^*$ 分子オービタルの xz 面の振幅の曲面図と等高線図の両方を作成せよ. (b) $2p_x\pi$ および $2p_x\pi^*$ 分子オービタルの xz 平面の振幅の曲面図と等高線図を作成せよ. $a_0 = 52.9$ pm として，核間距離 R が $10\,a_0$ と $3a_0$ の両方に対するプロットも同時につくれ. このグラフの解釈を述べ，グラフによる情報がなぜ役に立つのかを説明せよ.

24·3 重なりを無視できるとしたら，(a) 2 個の原子オービタルの一次結合として表される分子オービタルは $\psi = \psi_A \cos\theta + \psi_B \sin\theta$ の形に書けることを示せ. ただし，θ は 0 と $\frac{1}{2}\pi$ の間で変化できるパラメーターである. (b) ψ_A と ψ_B が互いに直交し，1 に規格化されていれば，ψ も 1 に規格化されていることを示せ. また，(c) 等核二原子分子の結合性オービタルと反結合性オービタルに対応する θ の値はいくらか.

24·4 21.21 eV のフォトンを使った光電子スペクトルで，11.01 eV，8.23 eV，5.22 eV の運動エネルギーをもつ電子が放出された. この化学種の分子オービタルエネルギー準位図を描き，電子が放出された三つのオービタルのイオン化エネルギーを示せ.

24·5 水素型 2s オービタル 2 個の重なり積分が次式で表されることを示せ.

$$S(2s, 2s) = \left\{1 + \frac{ZR}{2a_0} + \frac{1}{12}\left(\frac{ZR}{a_0}\right)^2 + \frac{1}{240}\left(\frac{ZR}{a_0}\right)^4\right\}e^{-ZR/2a_0}$$

トピック 25　異核二原子分子

記述問題

25·1 ポーリングとマリケンの電気陰性度目盛について説明せよ. 両者が似た傾向の値を与えるのはなぜか.

25·2 イオン化エネルギーと電子親和力の両方が，分子構造の計算で使う原子オービタルのエネルギーを求めるのに重要な役目をしているのはなぜか.

25·3 変分原理を使って，系のエネルギー計算をするために必要な手順を説明せよ. それには何か仮定が含まれているか.

25·4 クーロン積分と共鳴積分の物理的な意味はなにか.

25·5 生物学的に理想的な構造骨格を与える元素として，炭素は特異な結合特性をもつ. これは，炭素の性質によってどう説明できるか.

演　習

25·1(a) つぎの分子の基底状態の電子配置を求めよ. (a) CO, (b) NO, (c) CN^-

25·1(b) つぎの分子の基底状態の電子配置を求めよ. (a) XeF, (b) PN, (c) SO^-

25·2(a) XeF の分子オービタルエネルギー準位図を描き，その基底状態の電子配置を導け. XeF の結合長は，XeF^+

より短いと考えられるか．

25·2(b) IFの分子オービタルエネルギー準位図を描き，その基底状態の電子配置を導け．IFの結合長は，IF$^+$より短いと考えられるか．IF$^-$と比べてどうか．

25·3(a) NO$^-$とNO$^+$の電子配置を使って，どちらの結合長が短いかを予測せよ．

25·3(b) SO$^-$とSO$^+$の電子配置を使って，どちらの結合長が短いかを予測せよ．

25·4(a) マリケンとポーリングの電気陰性度目盛の換算で，かなり信頼のおける換算式を(25·4)式で与えてある．表25·1を使って，この換算式が第2周期元素にどの程度成り立つかを述べよ．

25·4(b) マリケンとポーリングの電気陰性度目盛の換算で，かなり信頼のおける換算式を(25·4)式で与えてある．表25·1を使って，この換算式が第3周期元素にどの程度成り立つかを述べよ．

25·5(a) HClの分子オービタルの計算に使うべき原子オービタルのエネルギーを求めよ．必要なデータは表20·2と表20·3にある．

25·5(b) HBrの分子オービタルの計算に使うべき原子オービタルのエネルギーを求めよ．必要なデータは表20·2と表20·3にある．

25·6(a) 演習25·5(a)で求めた値を使って，HClの分子オービタルエネルギーを計算せよ．$S=0$とする．

25·6(b) 演習25·5(b)で求めた値を使って，HBrの分子オービタルエネルギーを計算せよ．$S=0$とする．

25·7(a) 演習25·6(a)を$S=0.20$として計算せよ．

25·7(b) 演習25·6(b)を$S=0.20$として計算せよ．

問 題

25·1 (25·9)式は，(25·8c)式で$|\alpha_A - \alpha_B| \gg 2|\beta|$と近似し，しかも$S=0$とおいて得られた．$S=0$とおかなければ結果はどうなるか．

25·2 オービタルの基底としてA, B, Cを使って異核二原子分子の分子オービタルをつくった．ただし，BとCは同じ原子にある（たとえば，HFでのF2sとF2pと考えてよい）．このときの係数の最適値を求めるための永年方程式と対応する永年行列式をつくれ．

25·3 前問で具体的に，$\alpha_A = -7.2$ eV, $\alpha_B = -10.4$ eV, $\alpha_C = -8.4$ eV, $\beta_{AB} = -1.0$ eV, $\beta_{AC} = -0.8$ eVとおいて，そのオービタルエネルギーと係数を計算せよ．ただし，(i) どちらも$S=0$，(ii) どちらも$S=0.2$の場合について解け．

25·4 前問で，オービタルBとCのエネルギー差を大きくした場合について考えよう．どの程度ならオービタルCを無視してよいか．

トピック 26　多原子分子

記述問題

26·1 ヒュッケル法のもとになっている近似の全貌，それによって生じる結果，近似の限界を論ぜよ．

26·2 非局在化エネルギー，π電子結合エネルギー，π結合生成エネルギーの区別を述べよ．それぞれの概念がどう使われるかを説明せよ．

演 習

26·1(a) ヒュッケル近似の範囲内で，(a) 直線形のH$_3$，(b) 環状のH$_3$について永年行列式を書け．

26·1(b) ヒュッケル近似の範囲内で，(a) 直線形のH$_4$，(b) 環状のH$_4$について永年行列式を書け．

26·2(a) (a) ベンゼンアニオン，(b) ベンゼンカチオンの電子配置を予想せよ．それぞれの場合について，π電子結合エネルギーを求めよ．

26·2(b) (a) アリルラジカル，(b) シクロブタジエンカチオンの電子配置を予想せよ．それぞれの場合について，π電子結合エネルギーを求めよ．

26·3(a) (a) ベンゼンアニオン，(b) ベンゼンカチオンの非局在化エネルギーとπ結合生成エネルギーを計算せよ．

26·3(b) (a) アリルラジカル，(b) シクロブタジエンカチオンの非局在化エネルギーとπ結合生成エネルギーを計算せよ．

26·4(a) ヒュッケル近似の範囲内で，基底セットとしてC2pオービタルを使って，(a) アントラセン(**1**)，(b) フェナントレン(**2**)の永年行列式を書け．

1 アントラセン　　**2** フェナントレン

26·4(b) ヒュッケル近似の範囲内で，基底セットとしてC2pオービタルを使って，(a) アズレン(**3**)，(b) アセナフタレン(**4**)の永年行列式を書け．

3 アズレン　　**4** アセナフタレン

26·5(a) 数学ソフトウエアを使って，ヒュッケル近似の範囲内で，(a) アントラセン(**1**)，(b) フェナントレン(**2**)のπ電子結合エネルギーを求めよ．

26·5(b) 数学ソフトウエアを使って，ヒュッケル近似の範囲内で，(a) アズレン(**3**)，(b) アセナフタレン(**4**)のπ

電子結合エネルギーを求めよ．

問　題

26・1　$CO_3{}^{2-}$ の π 電子について，ヒュッケルの永年方程式を立ててそれを解け．エネルギーをクーロン積分 α_O と α_C，および共鳴積分 β を使って表せ．このイオンの非局在化エネルギーを求めよ．

26・2　N 個の炭素原子それぞれが 2p オービタルの電子を 1 個提供している直鎖共役ポリエンでは，でき上がった π 分子オービタルのエネルギー E_k は，次式で与えられる．

$$E_k = \alpha + 2\beta \cos \frac{k\pi}{N+1} \qquad k = 1, 2, 3, \cdots, N$$

(a) この式を使って，エテン，ブタジエン，ヘキサトリエン，オクタテトラエンから成る同族系列について経験的に得られる共鳴積分 β の妥当な値を求めよ．ただし，HOMO から LUMO への π* ← π 紫外吸収は，それぞれ 61 500, 46 080, 39 750, 32 900 cm^{-1} にある．(b) オクタテトラエンの π 電子非局在化エネルギー $E_{deloc} = E_\pi - n(\alpha + \beta)$ を計算せよ．ここで，E_π は全 π 電子結合エネルギー，n は π 電子の総数である．(c) このヒュッケルモデルに従えば，π 分子オービタルは炭素の 2p オービタルの一次結合で書ける．k 番目の分子オービタル中の j 番目の原子オービタルの係数は次式で与えられる．

$$c_{kj} = \left(\frac{2}{N+1}\right)^{1/2} \sin \frac{jk\pi}{N+1} \qquad j = 1, 2, 3, \cdots, N$$

ヘキサトリエンの 6 個の π 分子オービタルのそれぞれにおける 6 個の 2p オービタルの係数の値を求めよ．係数のそれぞれの組（つまり各分子オービタル）を，(a) で与えられている式を使って計算した分子オービタルエネルギーの値と対応づけよ．分子オービタルのエネルギーを，その"形"に結びつける傾向について見解を述べよ．後者は，分子オービタルを表す一次結合の係数の大きさと符号から推定できる．

26・3　N 個の炭素原子それぞれが 2p オービタルの電子を 1 個提供している単環式共役ポリエン（シクロブタジエンやベンゼンなど）で，単純ヒュッケル法によって得られる π 分子オービタルのエネルギー E_k は次式で与えられる．

$$E_k = \alpha + 2\beta \cos \frac{2k\pi}{N}$$

$$k = 0, \pm 1, \cdots, \pm N/2 \qquad N\text{が偶数のとき}$$

$$k = 0, \pm 1, \cdots, \pm (N-1)/2 \qquad N\text{が奇数のとき}$$

(a) ベンゼンとシクロオクタテトラエン (**5**) の π 分子オービタルのエネルギーを計算せよ．縮退したエネルギー準位が存在するかどうかを指摘せよ．(b) (上の式を使って) ベンゼンとヘキサトリエンの非局在化エネルギーを計算し，両者を比較せよ．その結果から，どんな結論が得られるか．

(c) シクロオクタテトラエンとオクタテトラエンの非局在化エネルギーを計算し，両者を比較せよ．この 2 個の分子についての結論は，上の (b) で調べた 2 種の分子についてのものと同じか．

5　シクロオクタテトラエン

26・4　エテン，ブタジエン，ヘキサトリエン，オクタテトラエンから成る同族系列の永年行列式をつくり，数学ソフトウエアを使ってそれを対角化せよ．その結果を使って，直鎖ポリエンの π 分子オービタルがつぎの規則に従うことを示せ．

- 最低エネルギーの π 分子オービタルは，炭素鎖の全原子に広がって非局在化している．
- C2p オービタル同士の間の節面の数は，π 分子オービタルのエネルギー増加とともに増える．

26・5　シクロブタジエン，ベンゼン，シクロオクタテトラエン分子の永年行列式をつくり，数学ソフトウエアを使ってそれを対角化せよ．その結果を使って，偶数個の炭素から成る単環式ポリエンの π 分子オービタルがつぎの特徴をもつことを示せ．

- 最低と最高のエネルギーの π 分子オービタルは，どちらも縮退していない．
- その他の π 分子オービタルは，2 個ずつ縮退して対をつくっている．

26・6　分子の電子遷移によってある結合が強められたり弱められたりするが，これは HOMO と LUMO の間で結合性と反結合性が異なるからである．たとえば，直鎖ポリエンの炭素–炭素結合は，HOMO では結合性をもつが，LUMO では反結合性である．そのため，電子が HOMO から LUMO に昇位すると，励起電子状態でこの炭素–炭素結合は基底電子状態に比べて弱くなる．図 26・2 と図 26・4 を参照して，ブタジエンとベンゼンの π* ← π 紫外吸収に伴って結合次数に何らかの変化が起こるかどうかを詳細に論ぜよ．

26・7‡　N 個の炭素原子から成る直鎖共役系について，永年行列式の特性多項式（行列式を展開して得られる多項式）$P_N(x)$ が漸化式 $P_N = xP_{N-1} - P_{N-2}$ に従うことを証明せよ．ただし，$x = (\alpha - \beta)/\beta$ であり，$P_1 = x$, $P_0 = 1$ である．

26・8　ある電極の標準電位 $E^\ominus$ というのは，原子やイオン，分子が電子を受け入れる熱力学的な傾向の尺度である（トピック 77）．その研究によれば，芳香族炭化水素では LUMO のエネルギーと標準電位との間には相関がある．LUMO のエネルギーが減少したら標準電位は増加すると思うか，あるいは減少するか．その答について説明を加えよ．

26·9‡ 演習 26·1(a) で，直線形と環状の H_3 について ヒュッケルの永年行列式を立てる問題を扱った．これと同じ永年行列式が，分子イオン H_3^+ や D_3^+ にも当てはまる．H_3^+ 分子イオンは，遠い昔の 1912 年に J.J. Thomson によって発見されているが，近年になって，M.J. Gaillard ら〔*Phys. Rev.*, **A17**, 1797 (1978)〕によって正三角形構造であることが初めて確かめられた．H_3^+ 分子イオンは存在が確かめられた最も単純な水素の多原子分子種で，星間雲中にある水や一酸化炭素，エタノールなどの生成に関わる化学反応において重要な役割を演じる．H_3^+ イオンは，木星，土星，および天王星の大気中にも見いだされている．(a) この H_3 系のヒュッケル永年方程式をパラメーター α と β を使って解いてエネルギーを求め，そのオービタルのエネルギー準位図を描き，H_3^+, H_3, H_3^- の結合エネルギー

を求めよ．(b) G.D. Carney と R.N. Porter〔*J. Chem. Phys.*, **65**, 3547 (1976)〕による精密な量子力学計算によれば，$H_3^+ \longrightarrow H + H + H^+$ という過程の解離エネルギーは 849 kJ mol^{-1} である．この情報と表 24·2 のデータから，反応 $H^+(g) + H_2(g) \longrightarrow H_3^+(g)$ の反応エンタルピーを計算せよ．(c) 上で得られた式と与えられた情報から，H_3^+ の共鳴積分 β の値を計算せよ．また，(a) にある他の H_3 化学種の結合エネルギーを計算せよ．

26·10‡ 星間化学では，H_3 と D_3 の化学種のほかに，水素の他の環状化合物が役割を演じている兆候がある．J.S. Wright と G.A. DiLabio〔*J. Phys. Chem.*, **96**, 10739 (1992)〕によれば，H_5^-, H_6, H_7^+ は特に安定であるが，H_4 と H_5^+ は不安定である．ヒュッケル法の計算によってこのことを確かめよ．

トピック27　つじつまの合う場

記述問題

27·1 フォック演算子に現れる各項の物理的な意味を述べよ．

27·2 電子構造の計算にハートリー–フォックのつじつまの合う場の方法を使うとき，その計算手順の概略を述べよ．

27·3 ハートリー–フォック法でローターン方程式がどのようにして出てくるかを説明せよ．ほかにどんな近似が含まれているか．

27·4 基底セットとして，一般にスレーター型オービタルよりガウス型オービタルが好まれる理由を説明せよ．

27·5 スレーター行列式を使えば多電子原子の電子配置をうまく表せる理由を説明せよ．それが真の波動関数の近似であるのはなぜか．

27·6 電子構造の計算において基底関数が演じる役目を述べよ．よく用いられる基底セットにどんなものがあるか．

演習

27·1(a) LiH の電子のハミルトン演算子に対するポテンシャルエネルギーの寄与を表す式を書け．

27·1(b) BeH_2 の電子のハミルトン演算子に対するポテンシャルエネルギーの寄与を表す式を書け．

27·2(a) HeH^+ の電子のハミルトン演算子を書け．

27·2(b) LiH^{2+} の電子のハミルトン演算子を書け．

27·3(a) HeH^+ の基底状態のスレーター行列式を書け．

27·3(b) LiH^{2+} の基底状態のスレーター行列式を書け．

27·4(a) HeH^+ のハートリー–フォック方程式を書け．

27·4(b) LiH^{2+} のハートリー–フォック方程式を書け．

27·5(a) HeH^+ のローターン方程式を書き，そのローターン方程式に対応する連立方程式を組立てよ．2 個の実の規格化された関数からつくった基底セットを用いよ．その一つは H に中心があり，もう一つは He に中心がある．その

分子オービタルを ψ_a および ψ_b とする．

27·5(b) LiH^{2+} のローターン方程式を書き，そのローターン方程式に対応する連立方程式を組立てよ．2 個の実の規格化された関数からつくった基底セットを用いよ．その一つは H に中心があり，もう一つは Li に中心がある．その分子オービタルを ψ_a および ψ_b とする．

27·6(a) HeH^+ の行列要素 F_{AA} と F_{AB} をつくり，それを (27·14) 式の記号で表せ．

27·6(b) LiH^{2+} の行列要素 F_{AA} と F_{AB} をつくり，それを (27·14) 式の記号で表せ．

27·7(a) $(AA|AB)$ に等しい 4 中心 2 電子積分をすべて表せ．

27·7(b) $(BB|BA)$ に等しい 4 中心 2 電子積分をすべて表せ．

27·8(a) CH_3Cl の電子構造計算に最小基底セットを使うと，何個の基底関数が必要か．

27·8(b) CH_2Cl_2 の電子構造計算に最小基底セットを使うと，何個の基底関数が必要か．

27·9(a) p 型ガウス関数の一般的な数式を書け．

27·9(b) d 型ガウス関数の一般的な数式を書け．

27·10(a) 一次元の（x に関する）ガウス関数は e^{-ax^2} または $x^n e^{-ax^2}$ の形である．y と z に関する一次元ガウス関数も類似の形である．s 型ガウス関数 (27·16 式を見よ) が 3 個の一次元ガウス関数の積に書けることを示せ．

27·10(b) 一次元の（x に関する）ガウス関数は e^{-ax^2} または $x^n e^{-ax^2}$ の形である．y と z に関する一次元ガウス関数も類似の形である．p 型ガウス関数 (27·16 式を見よ) が 3 個の一次元ガウス関数の積に書けることを示せ．

27·11(a) HeH^+ における He と H の s 型ガウス関数の積は，中間の場所にあるガウス関数で表せることを示せ．これらのガウス関数では指数が異なることに注意せよ．

27·11(b) LiH^{2+} における Li と H の s 型ガウス関数の積

は，中間の場所にあるガウス関数で表せることを示せ．これらのガウス関数では指数が異なることに注意せよ．

問 題

つぎの問題には市販のソフトウエアが必要になるものがある．どれを使用するかは演習担当の先生の推奨に従うとよい．

27·1 適切な電子構造計算用ソフトウエアと基底セットを用いて，H_2 と F_2 の基底電子状態について，ハートリー−フォック法でつじつまの合う場の計算をせよ．基底状態のエネルギーと平衡構造を求めよ．計算で得られた平衡結合長を実験値と比較せよ．

27·2 行列式には，任意の2行または2列の要素を入れ換えれば符号が変わるという便利な性質がある．したがって，どれかの2行または2列の要素がすべて同じであれば，その行列式の値は0である．この性質を利用して，(a) 波動関数（スレーター行列式で表されたもの）は粒子の交換によって反対称になること，(b) スピンが同じ電子2個は同じオービタルに入れないことを示せ．

27·3 (27·2a)式のスレーター行列式は，それを構成する

スピンオービタルが互いに直交し規格化されているとき，確かに規格化されていることを示せ．

27·4 電子構造を計算するうえで，基底関数の核の座標に関する導関数をとる必要がよくある．s型ガウス関数を x で微分すると p型ガウス関数が得られ，p型ガウス関数（$x\,e^{-\alpha r^2}$ の形）を微分すると s型ガウス関数と d型ガウス関数（それぞれ $e^{-\alpha r^2}$ と $xy\,e^{-\alpha r^2}$ に比例する関数）の和が得られることを示せ．

27·5 NH_3 の電子構造の計算で，それぞれの原子核に中心がある s型ガウス関数を含む4中心積分を考えよう．この4中心2電子積分は，二つの異なる中心に関する積分に帰着することを示せ．

27·6 (a) HeH^+ に関する演習 27·5(a) の続きとして，二つの分子オービタルのエネルギーを求め，ψ_a の係数2個の関係と ψ_b の係数2個の関係を求めよ．(b) LiH^{2+} について同じ問題を解け（これは演習 27·5(b) の続きである）．

27·7 (a) HeH^+ に関する問題 27·6(a) のハートリー−フォック計算の続きとして，4中心2電子積分を使ってフォック行列の四つの要素すべてを表す式を求めよ．その4中心2電子積分は(27·14)式で定義されている．(b) LiH^{2+} について同じ問題を解け（これは問題 27·6(b) の続きである）．

トピック28 半経験的方法

記述問題

28·1 ヒュッケルの分子軌道法は，なぜ半経験的方法とされるか．

28·2 よく使われる半経験的方法をいくつか挙げて，その内容を説明せよ．

演 習

28·1(a) HeH^+ の H に中心をおく基底関数の係数を求めるための二次方程式を書け．フォック行列から出発してヒュッケル近似を用いよ．

28·1(b) LiH^{2+} の H に中心をおく基底関数の係数を求めるための二次方程式を書け．フォック行列から出発してヒュッケル近似を用いよ．

28·2(a) 半経験的方法である (a) CNDO 法，(b) INDO 法において，0とおく2電子積分はどれか．

28·2(b) 半経験的方法である NDDO 法において，0とおく2電子積分はどれか．

問 題

つぎの問題には市販のソフトウエアが必要になるものがある．どれを使用するかは演習担当の先生の推奨に従うとよい．

28·1 適切な半経験的方法を使って，(a) エタノール C_2H_5OH，(b) 1,4−ジクロロベンゼン $C_6H_4Cl_2$ の平衡結合長と標準生成エンタルピーを計算せよ．それを実験値と比較し，もし不一致があればその理由を論ぜよ．

28·2 分子の電子構造計算法を使って，気相分子の標準生成エンタルピーを求めることができる．(a) 好みの半経験的計算法を使って，気相でのエテン，ブタジエン，ヘキサトリエン，オクタテトラエンの標準生成エンタルピーを計算せよ．(b) 熱化学のデータベースを参照して，(a) の各分子について，標準生成エンタルピーの計算値と実測値の差を計算せよ．(c) 優れた熱化学データベースには，標準生成エンタルピーの実験値の誤差も報告されているはずである．その実験誤差を (b) で計算した相対誤差と比較し，直鎖ポリエンの熱化学的性質を求めるために選んだ半経験的方法の信頼度について述べよ．

28·3 (a) 問題 27·6(a) で求めた HeH^+ のフォック行列の4要素の式を使って，CNDO 半経験的方法では，これらの要素がどのように簡単になるかを示せ．(b) 問題 27·6(b) で求めた式から出発して LiH^{2+} について同じ問題を解け．

28·4 (a) HeH^+ についての問題 27·6(a) の続きとして，ヒュッケル分子軌道法を用いて，分子オービタルのエネルギーを α と β で表す式を書け．(b) LiH^{2+} について同じ問題を解け（これは問題 27·6(b) の続きである）．

274   テーマ6 分子の構造

トピック29　アプイニシオ法

記述問題

29·1 仮想オービタル，一重励起行列式，二重励起行列式について，それぞれ説明せよ.

29·2 配置間相互作用による計算の限界について述べよ.

29·3 MPPT におけるハミルトン演算子 $\hat{H}^{(0)}$ および $\hat{H}^{(1)}$ の選び方について説明せよ.

29·4 電子構造計算におけるブリルアンの定理の重要性について述べよ.

演習

29·1(a) ケイ素原子のハートリー–フォック計算において，20 個の基底関数を使ったときに生じる分子オービタルのうち，非占有で配置間相互作用の計算に使える仮想オービタルは何個あるか.

29·1(b) 硫黄原子のハートリー–フォック計算において，20 個の基底関数を使ったときに生じる分子オービタルのうち，非占有で配置間相互作用の計算に使える仮想オービタルは何個あるか.

29·2(a) H_2 の CI 計算における一重励起行列式の例を示せ.

29·2(b) H_2 の CI 計算における二重励起行列式の例を示せ.

29·3(a) (29·1) 式を用いて，HeH^+ の CI 計算における基底状態の波動関数の式を，基底状態の行列式と一重励起の行列式を使って書け.

29·3(b) (29·1) 式を用いて，LiH^{2+} の CI 計算における基底状態の波動関数の式を，基底状態の行列式と二重励起の行列式を使って書け.

29·4(a) MPPT での 2 次のエネルギー補正 (29·5 式) は二重励起行列式 ($M=2$ の項) から生じる. HeH^+ について，(29·5) 式の分子に現れる積分を $(AB|CD)$ の形の積分で表す式を導け.

29·4(b) MPPT での 2 次のエネルギー補正 (29·5 式) は二重励起行列式 ($M=2$ の項) から生じる. LiH^{2+} について，(29·5) 式の分子に現れる積分を $(AB|CD)$ の形の積分で表す式を導け.

問題

29·1[‡] Luo ら〔*J. Chem. Phys.*, **98**, 3564 (1993)〕は長年みつからなかった He_2 を実験で観測したと報告した. しかし，この観測には 1 mK 付近の低温が必要だった. 配置間相互作用と MPPT を使って電子構造の計算を行い，この二量体の平衡結合長 R_e と $He+He$ に分離した極限を基準にした R_e におけるこの二量体のエネルギーを計算せよ. (高級で正確な計算によれば，He_2 の井戸の深さは 297 pm の距離 R_e において約 0.0151 zJ である.)

29·2 H_2 の $^3\Sigma_u^+$ 励起状態の配置間相互作用の計算において，つぎのスレーター行列式のうちどれが基底状態の波動関数に寄与できるか.

(a) $|1\sigma_g^\alpha 1\sigma_u^\alpha|$ 　　　　 (b) $|1\sigma_g^\alpha 1\pi_u^\alpha|$

(c) $|1\sigma_u^\alpha 1\pi_g^\beta|$ 　　　　 (d) $|1\sigma_g^\beta 2\sigma_u^\beta|$

(e) $|1\pi_u^\alpha 1\pi_g^\alpha|$ 　　　　 (f) $|1\pi_u^\beta 2\pi_u^\beta|$

29·3 MPPT を使って，1 次の摂動の補正を加えた後の基底状態の波動関数の式をつくれ.

29·4 (a) HeH^+ について，配置間相互作用はハートリー–フォック基底状態波動関数に比べて改良された波動関数を与えるのはなぜかを示せ. 最小基底セットを使い，重なりは無視せよ.「簡単な例示 29·1」で使った論法に従え. ただし，HeH^+ には反転対称がないことから生じる複雑さがあることに注意せよ. (b) LiH^{2+} について同じ問題を解け.

29·5 「例題 29·1」では，基底状態のスレーター行列式と二重励起行列式を使って，水素分子の CI 計算のための永年方程式を導き，同時にハミルトン演算子の行列要素の一つについて式を示した. 残りのハミルトン演算子の行列要素について同様な式を書け.

29·6 MPPT の 1 次のエネルギー補正は相関エネルギーに寄与しないことを示せ.

29·7 ブリルアンの定理を証明せよ. この定理によれば，基底状態のハートリー–フォック スレーター行列式と一重励起の行列式の間のハミルトン演算子の行列要素は 0 である.

29·8 H_2 の CI 計算において，最小基底セットを使い，2 個の基底関数の間の重なりを無視しないで S に等しいとおいて，H_2 の相関エネルギーの 2 次の値を求める式を導け.

トピック30　密度汎関数法

記述問題

30·1 ハートリー–フォックに基づく方法と比べたときの密度汎関数法の利点について説明せよ.

30·2 "汎関数" とは何かを説明せよ.

30·3 エネルギー汎関数 $E[\rho]$ に対する寄与について述べよ.

30·4 均一な電子気体とは何か. また，それを DFT でどう使うかを説明せよ.

テーマ6 分子の構造　275

演　習

30·1(a) つぎのどれが汎関数か. (a) $d(x^3)/dx$, (b) $x=1$ で求めた $d(x^3)/dx$, (c) $\int x^3 dx$, (d) $\int_1^3 x^3 dx$.

30·1(b) つぎのどれが汎関数か. (a) $d(3x^2)/dx$, (b) $x=4$ で求めた $d(3x^2)/dx$, (c) $\int 3x^2 dx$, (d) $\int_1^3 3x^2 dx$.

30·2(a) LiH の DFT 計算で (30·3) 式を使い, コーン–シャムオービタルによって電子密度を表す式を書け.

30·2(b) BeH_2 の DFT 計算で (30·3) 式を使い, コーン–シャムオービタルによって電子密度を表す式を書け.

30·3(a) HeH^+ の DFT 計算において, コーン–シャム

オービタルを求めるための二つのコーン–シャム方程式を書け. (30·7) 式の交換–相関ポテンシャルを用いよ.

30·3(b) LiH^{2+} の DFT 計算において, コーン–シャムオービタルを求めるための二つのコーン–シャム方程式を書け. (30·7) 式の交換–相関ポテンシャルを用いよ.

問　題

30·1 DFT で, 交換–相関エネルギーが $\int C\rho^{5/3} dr$ と与えられたときの交換–相関ポテンシャルを求めよ.

テーマ6 の総合問題

F6·1 原子価結合法と分子軌道法を組立てるための近似について述べ, 両者を比較せよ.

F6·2 分子軌道法の概念を使って, O_2, N_2, NO の化学反応性を説明せよ.

F6·3 ハートリー–フォック法では電子相関を考慮していないが, 配置間相互作用と多体摂動論では考慮されているといわれる理由を説明せよ.

F6·4 電子構造を求める方法としての半経験的方法, アブイニシオ法, 密度汎関数法の違いを述べよ.

F6·5 DFT は半経験的方法か. その理由も述べよ.

F6·6 つぎの分子の中で, (a) 電子を付加して AB^- にする, (b) 電子を取除いて AB^+ にすると安定化すると予想できるのはどれか. N_2, NO, O_2, C_2, F_2, CN

F6·7 ベンゼンの6個の π オービタルのパリティを書け.

F6·8 不飽和の有機化合物については, 原子価結合法と分子軌道法の考え方が混ぜて使われるのが普通である. 分子が適当な混成によってできた CH_2 や CH を材料として構成されていると考えて, エテンの分子オービタルエネルギー準位図を描け. また, エチン (アセチレン) についても分子オービタルエネルギー準位図を描け.

F6·9 半経験的方法, アブイニシオ法, DFT 法に基づく分子軌道法計算は, 共役分子の分光学的性質を単純ヒュッケル法より少しよく説明できる. (a) 好みの計算法 (半経験的方法, アブイニシオ法, DFT 法) を使って, エテン, ブタジエン, ヘキサトリエン, オクタテトラエンの HOMO と LUMO のエネルギー間隔を計算せよ. (b) この HOMO–LUMO エネルギー間隔を, これらの分子の $\pi^* \leftarrow \pi$ 紫外吸収の振動数の実験値 (61 500, 46 080, 39 750, 32 900 cm^{-1}) に対してプロットせよ. 数学ソフトウエアを使って, このデータに一番よく合う多項式を求めよ. (c) 上の (b) で得た多項式を使って, HOMO–LUMO エネルギー間隔の計算値から, デカペンタエンの $\pi^* \leftarrow \pi$ 紫外吸収の波数と波長を求めよ. (d) なぜ (b) の校正手続きが必要かを説明せよ.

F6·10 この問題では, タンパク質の中でアミノ酸を結びつけるペプチドグループ (**6**) の分子軌道法での取扱い方法

を開発し, それによって, このペプチドグループの平面配座が安定な原因を調べよう.

6 ペプチドグループ

(a) 初等化学で学んだように, 原子価結合法では, このペプチドグループの平面配座を酸素, 炭素, 窒素の原子にまたがる π 結合の非局在化という考えで説明する.

そこで, O, C, N 原子で決まる平面に垂直な 2p オービタルから LCAO-MO をつくることによって, ペプチドグループを分子軌道法でモデル化することができる. この三つの一次結合はつぎの形をもつ.

$$\psi_1 = a\psi_O + b\psi_C + c\psi_N \qquad \psi_2 = d\psi_O - e\psi_N$$

$$\psi_3 = f\psi_O - g\psi_C + h\psi_N$$

ここで, a から h までの係数はすべて正である. オービタル ψ_1, ψ_2, ψ_3 を図示し, これらを結合性, 非結合性, 反結合性分子オービタルに分類せよ. 非結合性分子オービタルでは, 一対の電子がほとんど一つの原子に限定されたオービタル中にあって, 結合形成にほとんど関与しない. (b) この取扱いは, ペプチド結合の平面配座にしか当てはまらないことを示せ. (c) これらの分子オービタルの相対的なエネルギーを示す図を描き, オービタルの占有様式を求めよ. 〔ヒント: これらの分子オービタルに分布させるべき電子は4個ある.〕 (d) 次に, このペプチド結合の非平面配座, すなわち, O2p と C2p オービタルは O, C, N 原子で決まる平面に垂直であるが, N2p オービタルはこの平面上にあるような配座を考えよう. LCAO-MO は, つぎのように与えられる.

$$\psi_4 = a\psi_O + b\psi_C \qquad \psi_5 = e\psi_N \qquad \psi_6 = f\psi_O - g\psi_C$$

前と同じように，これらの分子オービタルを図示し，これらを結合性，非結合性，反結合性分子オービタルに分類せよ．また，エネルギー準位図を描き，オービタルの占有様式を求めよ．(e) この原子オービタル配置が，なぜこのペプチド結合の非平面配座と合っているのか．(f) 平面配座に対応する結合性 MO は，非平面配座に対応する結合性 MO と同じエネルギーをもつか．もし同じでなければ，どちらの結合性 MO のエネルギーが低いか．非結合性分子オービタルと反結合性分子オービタルについて，これと同じ解析を行え．(g) (a)～(f) の結果を使って，ペプチド結合の平面モデルが妥当であることを論ぜよ．

F6·11 分子軌道法計算を使えば，生体電子移動反応に関与するキノン類やフラビン類のような共役分子の標準電位 $E^{\ominus}$ の傾向を予測できる．一般に，LUMO のエネルギーが低下すると，分子が LUMO に電子を受容する能力が増大し，それに伴って分子の標準電位が高くなると考えられている．さらに，多くの研究から，芳香族炭化水素の LUMO エネルギーと還元電位の間に直線関係があることがわかっている．1,4-ベンゾキノンのメチル置換体 (**7**) の，それぞれのセミキノンアニオンラジカルへの 1 電子還元における pH＝7 での標準電位はつぎの通りである．

R_2	R_3	R_5	R_6	$E^{\ominus}/V$
H	H	H	H	0.078
CH$_3$	H	H	H	0.023
CH$_3$	H	CH$_3$	H	−0.067
CH$_3$	CH$_3$	CH$_3$	H	−0.165
CH$_3$	CH$_3$	CH$_3$	CH$_3$	−0.260

7

(a) 計算法をどれか選んで(半経験的方法，アブイニシオ法，DFT 法)，1,4-ベンゾキノンのそれぞれの置換体の LUMO のエネルギー E_{LUMO} を計算し，E_{LUMO} を $E^{\ominus}$ に対してプロットせよ．この計算によって，E_{LUMO} と $E^{\ominus}$ の間に直線関係が成り立っているか．(b) 1,4-ベンゾキノンで $R_2 = R_3 = CH_3$，$R_5 = R_6 = OCH_3$ のものは，呼吸電子伝達鎖の成分であるユビキノンに適したモデル物質である．このキノンの E_{LUMO} を求め，次に (a) で得た結果を使って標準電位を求めよ．(c) 1,4-ベンゾキノンで $R_2 = R_3 = R_5 = CH_3$，$R_6 = H$ のものは，光合成電子伝達鎖の成分であるプラストキノンに適したモデル物質である．このキノンの E_{LUMO} を求め，次に (a) で得た結果を使って標準電位を求めよ．プラストキノンは，ユビキノンよりもよい酸化剤であると思うか．

F6·12 H_2 および F_2 の基底電子状態について，適切な電子構造計算用ソフトウエアと推奨される基底セットを使っ

て，つぎの方法で電子構造計算を実行せよ．(a) MP2，(b) DFT，(c) 基底状態と一重励起および二重励起スレーター行列式を含む CI．それぞれについて基底状態エネルギーと平衡構造を求めよ．また，計算で得た平衡結合長を実験値と比較せよ．

F6·13 変分原理を使えば，分子だけでなく原子の電子波動関数をつくることもできる．水素原子の 1s オービタルを表す試行関数として $\psi_{trial} = N(\alpha)\,e^{-\alpha r^2}$ を考えよう．$N(\alpha)$ は規格化定数，α は調節用のパラメーターである．次式が成り立つことを示せ．

$$E(\alpha) = \frac{3\alpha\hbar^2}{2\mu} - 2e^2\left(\frac{2\alpha}{\pi}\right)^{1/2}$$

e は電気素量，μ は H 原子の換算質量である．この試行波動関数で得られる最低エネルギーはいくらか．

F6·14 "自由電子分子オービタル(FEMO)" 理論では，共役分子中の電子を，長さ L の箱の中の独立な粒子として扱う．ブタジエンについて，このモデルから予想される二つの占有されたオービタルの形を図示し，分子の最小励起エネルギーを予測せよ．共役テトラエン

$CH_2=CHCH=CHCH=CHCH=CH_2$ は長さ $8R$ の箱として扱える．ただし，$R \approx 140\,\mathrm{pm}$ である(この場合のように，箱の両端に結合長の半分の長さを余分に加えることが多い)．この分子の最小励起エネルギーを計算し，HOMO および LUMO を図示せよ．この化合物が白色光のもとでどんな色を示すかを調べよ．

F6·15 核磁気共鳴分光法(トピック 47～49)で重要な量として，有機分子の ^{13}C NMR スペクトルでよく知られた化学シフトがある．これは実験で求められる量であるが，注目する ^{13}C 核の付近の詳細な電子構造の影響を受ける．ここではベンゼン，メチルベンゼン，トリフルオロメチルベンゼン，ベンゾニトリル，ニトロベンゼンを考えよう．これらはそれぞれ注目する C 原子に対してパラの位置に H，CH$_3$，CF$_3$，CN，NO$_2$ が付いている．(a) 適切な計算法を選び，上に与えた有機分子で置換基に対してパラ位の C 原子にある正味の電荷を計算せよ．(b) パラ位の C 原子の ^{13}C 化学シフトの実験値は，メチルベンゼン，ベンゼン，トリフルオロメチルベンゼン，ベンゾニトリル，ニトロベンゼンの順に増加する．^{13}C 化学シフトとその ^{13}C 原子上の正味の電荷の計算値との間に相関があるか．(この問題は「テーマ 10」の「総合問題 F10·1」でもとりあげる．)

F6·16 数学ソフトウエアや表計算ソフトウエアを使って，つぎの問いに答えよ．

(a) 水素分子イオンの結合性分子オービタルについて，核間距離をいろいろ変えたときの二つの原子核を含む面内の振幅をプロットせよ．結合性になる 1σ オービタルの特徴を述べよ．

(b) 水素分子イオンの反結合性分子オービタルについて，核間距離をいろいろ変えたときの二つの原子核を含む面内の振幅をプロットせよ．反結合性になる 2σ オービタルの特徴を述べよ．

数学の基礎 5　行　　列

行列[1]とは数を並べたもので，ふつうの数を一般化したものである．ここでは行と列が同数ある**正方行列**[2]だけを考えよう．行列を使えば，ふつうの数を多数同時に処理することができる．**行列式**[3]は，行列の中に現れた数をある仕方で組合わせたもので，行列の演算に使う．

行列は，ふつうの数に関する規則をもっと一般化した規則に従って，加算や乗算を行うことによって互いに結合させることができる．以下では行列を含む代数演算のうち主なものを説明するが，ほとんどの数値的な行列計算は，現在では数学ソフトウエアを用いて実行できる．できれば，そのようなソフトウエアを使うとよい．

MB5·1　定　　義

n 行 n 列に並べた n^2 個の数から成る正方行列 M を考えよう．これらの n^2 個の数はその行列の**要素**[4]であり，それが現れる行 r と列 c で指定できる．そこで，各要素は M_{rc} で表す．**対角行列**[5]とは，対角線上（M_{11} から M_{nn} までの対角）にだけ 0 でない要素がある行列である．たとえば，行列，

$$D = \begin{pmatrix} 1 & 0 & 0 \\ 0 & 2 & 0 \\ 0 & 0 & 1 \end{pmatrix}$$

は 3×3 対角正方行列である．この条件は，

$$M_{rc} = m_r \delta_{rc} \qquad \text{(MB5·1)}$$

と書ける．ここで，δ_{rc} は**クロネッカーのデルタ**[6]で，$r=c$ ならば 1 に等しく，$r \neq c$ ならば 0 に等しい．上の例では，$m_1 = 1$, $m_2 = 2$, $m_3 = 1$ である．**単位行列**[7]，$\mathbf{1}$（I と書くこともある）は，対角行列の特別の場合で，すべての対角要素が 1 である．

行列 M の**転置行列**[8]を M^{T} で表すが，これはつぎのように定義する．

$$M_{mn}^{\mathrm{T}} = M_{nm} \qquad \boxed{転置行列の要素} \quad \text{(MB5·2)}$$

すなわち，もとの行列の n 行，m 列の要素が転置行列では m 行，n 列の要素になる（対角線に関して要素の鏡像になる）．行列 M の行列式 $|M|$ は，行列要素の間で積の和や差をとる操作をした結果できる数である．たとえば，2×2 行列式はつぎのように計算する．

$$\begin{vmatrix} a & b \\ c & d \end{vmatrix} = ad - bc \qquad \boxed{2 \times 2 \text{ 行列式}} \quad \text{(MB5·3a)}$$

また，3×3 行列式はつぎのように展開して 2×2 行列式の和から求める．

$$\begin{vmatrix} a & b & c \\ d & e & f \\ g & h & i \end{vmatrix} = a\begin{vmatrix} e & f \\ h & i \end{vmatrix} - b\begin{vmatrix} d & f \\ g & i \end{vmatrix} + c\begin{vmatrix} d & e \\ g & h \end{vmatrix}$$

$$= a(ei - fh) - b(di - fg) + c(dh - eg)$$

$$\boxed{3 \times 3 \text{ 行列式}} \quad \text{(MB5·3b)}$$

列が次々に符号を変える（上の展開式で b に負号が付いている）ことに注意しよう．また，行列式の重要な性質として，任意の 2 個の行を交換するか，任意の 2 個の列を交換すれば行列式の符号が変わる．

簡単な例示 MB5·1　　行列の演算

ここまで述べた行列の性質を表にまとめる．

行　列	転置行列	行列式
M	M^{T}	$\lvert M \rvert$
$\begin{pmatrix} 1 & 2 \\ 3 & 4 \end{pmatrix}$	$\begin{pmatrix} 1 & 3 \\ 2 & 4 \end{pmatrix}$	$\begin{vmatrix} 1 & 2 \\ 3 & 4 \end{vmatrix} = 1 \times 4 - 2 \times 3 = -2$

MB5·2　行列の加算と乗算

二つの行列 M と N を加えて $S = M + N$ をつくることができる．そのときの規則は，

$$S_{rc} = M_{rc} + N_{rc} \qquad \boxed{行列の加算} \quad \text{(MB5·4)}$$

である．つまり，対応する各要素を加えればよい．二つの行列を掛け合わせることもでき，積は $P = MN$ である．そのときの規則は，

$$P_{rc} = \sum_n M_{rn} N_{nc} \qquad \boxed{行列の乗算} \quad \text{(MB5·5)}$$

である．この手続きを図 MB5·1 に示してある．一般には $MN \neq NM$ であるから，行列の掛け算は一般に可換でない（すなわち，掛け算の順序によって結果が異なる）．

---

1) matrix　2) square matrix　3) determinant　4) element　5) diagonal matrix　6) Kronecker delta　7) unit matrix
8) transpose of a matrix

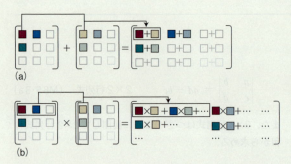

図 MB5・1 図でわかりやすく説明した (a) 行列の加算法と (b) 乗算法.

MB5・3 固有値方程式

固有値方程式[2]は，つぎの形の方程式である．

$$Mx = \lambda x \quad \text{固有値方程式} \quad (MB5\cdot 7a)$$

M は n 行 n 列の正方行列で，λ は**固有値**[3]という定数で，x は**固有ベクトル**[4]，すなわち固有値方程式を満足する $n \times 1$ 行列（列行列）で，つぎの形をしている．

$$x = \begin{pmatrix} x_1 \\ x_2 \\ \vdots \\ x_n \end{pmatrix}$$

一般に，n 個の固有値 $\lambda^{(i)}$，$i = 1, 2, \cdots, n$ とこれに対応する n 個の固有ベクトル $x^{(i)}$ がある．そこで (MB5・7a) 式を，

$$(M - \lambda \mathbf{1})x = 0 \quad (MB5\cdot 7b)$$

と書く．$\mathbf{1}x = x$ であることに注意しよう．(MB5・7b) 式は，この行列 $M - \lambda \mathbf{1}$ の係数の行列式 $|M - \lambda \mathbf{1}|$ が 0 のときに限って解をもつ．したがって，n 個の固有値は**永年方程式**[5]，

$$|M - \lambda \mathbf{1}| = 0 \quad (MB5\cdot 8)$$

の解として得られる．行列 $M - \lambda \mathbf{1}$ の逆行列が存在するならば，$(M - \lambda \mathbf{1})^{-1}(M - \lambda \mathbf{1})x = x = 0$ となって，これは無意味な解である．意味のある解が存在するためには $(M - \lambda \mathbf{1})^{-1}$ が存在してはならないが，それには (MB5・8) が成り立てばよい．

簡単な例示 MB5・2　行列の加算と乗算

つぎの二つの行列を考えよう．

$$M = \begin{pmatrix} 1 & 2 \\ 3 & 4 \end{pmatrix} \text{ と } N = \begin{pmatrix} 5 & 6 \\ 7 & 8 \end{pmatrix}$$

両者の和は，

$$S = \begin{pmatrix} 1 & 2 \\ 3 & 4 \end{pmatrix} + \begin{pmatrix} 5 & 6 \\ 7 & 8 \end{pmatrix} = \begin{pmatrix} 6 & 8 \\ 10 & 12 \end{pmatrix}$$

で，積はつぎのようにして求められる．

$$P = \begin{pmatrix} 1 & 2 \\ 3 & 4 \end{pmatrix}\begin{pmatrix} 5 & 6 \\ 7 & 8 \end{pmatrix}$$
$$= \begin{pmatrix} 1\times 5 + 2\times 7 & 1\times 6 + 2\times 8 \\ 3\times 5 + 4\times 7 & 3\times 6 + 4\times 8 \end{pmatrix} = \begin{pmatrix} 19 & 22 \\ 43 & 50 \end{pmatrix}$$

行列 M の**逆行列**[1]を M^{-1} と書き，

$$MM^{-1} = M^{-1}M = \mathbf{1} \quad \text{逆行列} \quad (MB5\cdot 6)$$

で定義する．逆行列は数学ソフトウエアを使えば簡単につくれるから，面倒な作業はほとんど必要ない．

簡単な例示 MB5・3　逆行列

数学ソフトウエアを使えば，M の逆行列はすぐに求められる．

行　列	逆行列
M	M^{-1}
$\begin{pmatrix} 1 & 2 \\ 3 & 4 \end{pmatrix}$	$\begin{pmatrix} -2 & 1 \\ \frac{3}{2} & -\frac{1}{2} \end{pmatrix}$

簡単な例示 MB5・4　連立方程式

ここでも「簡単な例示 MB5・1」の行列 M を使い，(MB5・7a) 式を，

$$\begin{pmatrix} 1 & 2 \\ 3 & 4 \end{pmatrix}\begin{pmatrix} x_1 \\ x_2 \end{pmatrix} = \lambda \begin{pmatrix} x_1 \\ x_2 \end{pmatrix}$$

と書く．これを整理すると，

$$\begin{pmatrix} 1-\lambda & 2 \\ 3 & 4-\lambda \end{pmatrix}\begin{pmatrix} x_1 \\ x_2 \end{pmatrix} = 0$$

となる．行列の乗算の規則から，この式を展開すれば，

$$\begin{pmatrix} (1-\lambda)x_1 + 2x_2 \\ 3x_1 + (4-\lambda)x_2 \end{pmatrix} = 0$$

であるから，これは 2 個の連立方程式，

---

1) inverse of a matrix　2) eigenvalue equation　3) eigenvalue　4) eigenvector　5) secular equation

数学の基礎 5　行　　　列　　　279

$$(1-\lambda)x_1 + 2x_2 = 0 \quad と \quad 3x_1 + (4-\lambda)x_2 = 0$$

と同じである。この連立方程式が根をもつ条件は,

$$|M - \lambda \mathbf{1}| = \begin{vmatrix} 1-\lambda & 2 \\ 3 & 4-\lambda \end{vmatrix}$$

$$= (1-\lambda)(4-\lambda) - 6 = 0$$

である。この条件は二次方程式,

$$\lambda^2 - 5\lambda - 2 = 0$$

に相当するから, 解は $\lambda = +5.372$ と $\lambda = -0.372$ で, これがもとの方程式の二つの固有値である。

永年方程式を解いて得られる n 個の固有値を使えば, 対応する固有ベクトルを見つけることができる。それには, まずすべての固有値に対応する固有ベクトルからつくられる $n \times n$ 行列 X を考える。たとえば, 固有値が λ_1, λ_2, … で, 対応する固有ベクトルが,

$$\boldsymbol{x}^{(1)} = \begin{pmatrix} x_1^{(1)} \\ x_2^{(1)} \\ \vdots \\ x_n^{(1)} \end{pmatrix} \quad \boldsymbol{x}^{(2)} = \begin{pmatrix} x_1^{(2)} \\ x_2^{(2)} \\ \vdots \\ x_n^{(2)} \end{pmatrix} \quad \cdots \quad \boldsymbol{x}^{(n)} = \begin{pmatrix} x_1^{(n)} \\ x_2^{(n)} \\ \vdots \\ x_n^{(n)} \end{pmatrix}$$

(MB5·9a)

とすれば, 行列 X は,

$$X = (\boldsymbol{x}^{(1)} \boldsymbol{x}^{(2)} \cdots \boldsymbol{x}^{(n)}) = \begin{pmatrix} x_1^{(1)} & x_1^{(2)} & \cdots & x_1^{(n)} \\ x_2^{(1)} & x_2^{(2)} & \cdots & x_2^{(n)} \\ \vdots & \vdots & & \vdots \\ x_n^{(1)} & x_n^{(2)} & \cdots & x_n^{(n)} \end{pmatrix}$$

(MB5·9b)

である。同様にして, 対角線上に固有値 λ が並び, そのほかはすべて 0 の $n \times n$ 行列 Λ をつくる。

$$\Lambda = \begin{pmatrix} \lambda_1 & 0 & \cdots & 0 \\ 0 & \lambda_2 & \cdots & 0 \\ \vdots & \vdots & & \vdots \\ 0 & 0 & \cdots & \lambda_n \end{pmatrix} \qquad \text{(MB5·10)}$$

そうすれば, 固有値方程式 $M\boldsymbol{x}^{(i)} = \lambda_i \boldsymbol{x}^{(i)}$ をすべてまとめて, 一つの行列方程式,

$$MX = X\Lambda \qquad \text{(MB5·11)}$$

で表すことができる。

簡単な例示 MB5·5　**固有値方程式**

「簡単な例示 MB5·4」で, $M = \begin{pmatrix} 1 & 2 \\ 3 & 4 \end{pmatrix}$ であれば, $\lambda_1 = +5.372$, $\lambda_2 = -0.372$ であることがわかった。このときの固有ベクトルはそれぞれ $\boldsymbol{x}^{(1)} = \begin{pmatrix} x_1^{(1)} \\ x_2^{(1)} \end{pmatrix}$ と $\boldsymbol{x}^{(2)} = \begin{pmatrix} x_1^{(2)} \\ x_2^{(2)} \end{pmatrix}$ である。そこで,

$$X = \begin{pmatrix} x_1^{(1)} & x_1^{(2)} \\ x_2^{(1)} & x_2^{(2)} \end{pmatrix} \qquad \Lambda = \begin{pmatrix} 5.372 & 0 \\ 0 & -0.372 \end{pmatrix}$$

という行列をつくる。$MX = X\Lambda$ という式は,

$$\begin{pmatrix} 1 & 2 \\ 3 & 4 \end{pmatrix} \begin{pmatrix} x_1^{(1)} & x_1^{(2)} \\ x_2^{(1)} & x_2^{(2)} \end{pmatrix}$$

$$= \begin{pmatrix} x_1^{(1)} & x_1^{(2)} \\ x_2^{(1)} & x_2^{(2)} \end{pmatrix} \begin{pmatrix} 5.372 & 0 \\ 0 & -0.372 \end{pmatrix}$$

となる。これを展開すると,

$$\begin{pmatrix} x_1^{(1)} + 2x_2^{(1)} & x_1^{(2)} + 2x_2^{(2)} \\ 3x_1^{(1)} + 4x_2^{(1)} & 3x_1^{(2)} + 4x_2^{(2)} \end{pmatrix}$$

$$= \begin{pmatrix} 5.372\,x_1^{(1)} & -0.372\,x_1^{(2)} \\ 5.372\,x_2^{(1)} & -0.372\,x_2^{(2)} \end{pmatrix}$$

となる。これはもとの連立方程式 2 個とその根 2 個に対応する 4 個の方程式,

$$x_1^{(1)} + 2x_2^{(1)} = 5.372x_1^{(1)} \quad x_1^{(2)} + 2x_2^{(2)} = -0.372x_1^{(2)}$$

$$3x_1^{(1)} + 4x_2^{(1)} = 5.372x_2^{(1)} \quad 3x_1^{(2)} + 4x_2^{(2)} = -0.372x_2^{(2)}$$

を簡潔に表す方法である。

最後に X から X^{-1} をつくり, それを (MB5·11) 式に左から掛けると,

$$X^{-1}MX = X^{-1}X\Lambda = \Lambda \qquad \text{(MB5·12)}$$

となる。$X^{-1}MX$ の形のものを**相似変換**[1] という。いまの場合については, 相似変換 $X^{-1}MX$ は M を対角化する作用がある (Λ が対角行列だから)。したがって, もし $X^{-1}MX$ を対角形にするような行列 X がわかれば問題は解決する。すなわち, そうしてつくった対角形の行列では, その 0 でない要素だけが固有値で, その変換をもたらした行列 X はその列として固有ベクトルをもつことになるからである。繰返しになるが, 固有値方程式を解くには数学ソフトウエアを使うのが賢明である。

1）similarity transformation

簡単な例示 MB5·6　相似変換

「簡単な例示 MB5·1」でとりあげた行列 $\begin{pmatrix} 1 & 2 \\ 3 & 4 \end{pmatrix}$ に (MB5·12) 式の相似変換を適用するには，X の形を見つけるために数学ソフトウエアを利用するのが最善である．その結果は，

$$X = \begin{pmatrix} 0.416 & 0.825 \\ 0.909 & -0.566 \end{pmatrix} \qquad X^{-1} = \begin{pmatrix} 0.574 & 0.837 \\ 0.922 & -0.422 \end{pmatrix}$$

である．この結果はつぎの掛け算を実際にしてみれば確かめられる．

$$X^{-1}MX$$

$$= \begin{pmatrix} 0.574 & 0.837 \\ 0.922 & -0.422 \end{pmatrix} \begin{pmatrix} 1 & 2 \\ 3 & 4 \end{pmatrix} \begin{pmatrix} 0.416 & 0.825 \\ 0.909 & -0.566 \end{pmatrix}$$

$$= \begin{pmatrix} 5.372 & 0 \\ 0 & -0.372 \end{pmatrix}$$

これは「簡単な例示 MB5·4」で計算した通りの対角行列 Λ になっている．これから固有ベクトル $x^{(1)}$ と $x^{(2)}$ は，つぎのように得られる．

$$x^{(1)} = \begin{pmatrix} 0.416 \\ 0.909 \end{pmatrix} \qquad x^{(2)} = \begin{pmatrix} 0.825 \\ -0.566 \end{pmatrix}$$

テーマ7　分子の対称性

学習の内容と進め方

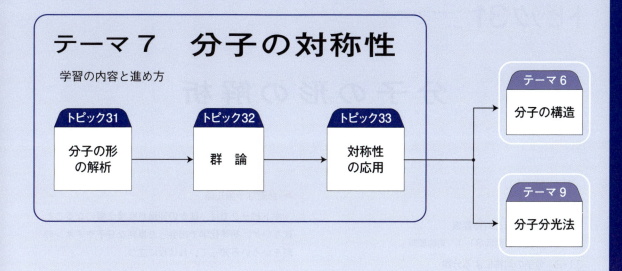

　分子の対称性を考慮に入れれば，計算しなくても導ける結論がかなり多い．計算の過程でも，ある項がその分子の対称性だけから必然的に0になることがわかれば，計算はそれだけ簡単になる．対称性に関する議論は，「分子の構造」（テーマ6）と「分子分光法」（テーマ9）でよく使っている．また，固体の構造を説明するのにも対称性が出てくるが，ここでは個々の分子に注目することにしよう．

　最初にやるべき作業は，分子が本来もつ対称性を見つけることである（トピック31）．そのために"対称操作"と"対称要素"の概念を導入する．そうすれば，分子はその対称性によって，いろいろある対称群の一つに分類できることがわかる．この分類作業は，分子に対称性の議論を適用する第一段階にすぎない．しかしながら，分子が属する対称群から，その分子の諸性質についてすぐに導ける結論（極性やキラリティの存在など）があることを示そう．

　次の段階として知っておくべきことは，対称操作による変換関係は，数学者が"群"を定義するのに使っているのと同じ関係に従っているということである．すなわち，対称性を調べることは"群論"（トピック32）の一部であることがわかる．このことを常に念頭において考えれば，いろいろな対称操作が数（具体的には，行列や数列など）で表せることを示すだけで対称性の議論は定量的なものになるから，それは大きな力を発揮できることになる．化学での利用という観点からは"指標表"が最も役に立つから，このトピックではその概念を導入しておこう．

　分子の諸性質の計算は，ある特定の積分が存在するかどうかに依存していることが多い．そこで，対称性による考察だけで，その積分が必然的に0となる場合には，群論は一気に結論を下せる強力な方法となりうる（トピック33）．「分子の構造」（テーマ6）でいろいろ考察した分子オービタルについても，どの原子オービタルが寄与するかを決める方法を群論は提供してくれるのである．

トピック 31

分子の形の解析

内容

31・1 対称操作と対称要素
　　　　簡単な例示 31・1　対称要素
31・2 分子の対称による分類
　　　　簡単な例示 31・2　対称による分類
　(a) C_1, C_i, C_s 群
　　　　簡単な例示 31・3　C_1, C_i, C_s 群
　(b) C_n, C_{nv}, C_{nh} 群
　　　　簡単な例示 31・4　C_n, C_{nv}, C_{nh} 群
　(c) D_n, D_{nh}, D_{nd} 群
　　　　簡単な例示 31・5　D_n, D_{nh}, D_{nd} 群
　(d) S_n 群
　　　　簡単な例示 31・6　S_n 群
　(e) 立方群
　　　　簡単な例示 31・7　立方群
　(f) 全回転群
31・3 対称性からすぐ導ける結果
　(a) 極性
　　　　簡単な例示 31・8　極性分子
　(b) キラリティ(掌性)
　　　　簡単な例示 31・9　キラルな分子
チェックリスト

▶ 学ぶべき重要性
対称性を用いた論法によって，分子の諸性質についてすぐにいえることがある．また，対称性を定量的に表しておけば(トピック 32)，計算を大幅に省略したり，節約したりすることもできる．

▶ 習得すべき事項
分子は，それがもつ対称要素によって群に分類することができる．

▶ 必要な予備知識
本トピックでは，ほかの知識が直接必要になることはないが，初等化学で出会った単純な分子やイオンの形をいろいろ知っていれば役に立つ．

ある物体は，ほかの物体より"対称が高い"ということがある．球が立方体より対称が高いのは，球では任意の直径のまわりに好きな角度だけ回転したあとも同じに見えるからである．一方，立方体では特定の軸のまわりに決まった角度だけ回転したときしか同じに見えない．たとえば，相対する面の中心を結ぶ軸のまわりに 90°, 180° または 270° 回転すれば同じに見える(図 31・1)．あるいは，相対する頂点を結ぶ軸の回りに 120° または 240° 回転すれば同じに見えるのである．同じように考えれば，NH_3 分子は H_2O 分子より"対称が高い"といえる．それは，NH_3 では図 31・2 に示す軸のまわりに 120° または 240° 回転させたあとも同じに見えるのに対して，H_2O では 180° 回転させたあと同じに見えるだけだからである．

本トピックでは，このような直感的な表し方を，もっと形式的な表現に基づくものに置き換えよう．そうすれば，分子の対称性によって，四面体形の化学種 CH_4 と SO_4^{2-} は同じグループに分類され，三角錐形の NH_3 と SO_3^{2-} は別の同じグループに分類される．同じグループに属する分子は共通する何らかの物理的性質をもつから，分子が属するグループさえわかれば，どんな分子についても効果的な予測ができることになる．

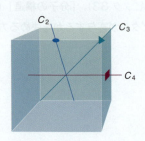

図 31・1　立方体の対称要素の例．2 回軸，3 回軸，4 回軸を規約に従った記号で示してある．

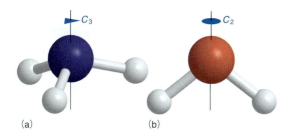

図 31・2 (a) NH₃ 分子は 3 回軸 (C_3) をもつ. (b) H₂O 分子は 2 回軸 (C_2) をもつ. どちらの分子にも他の対称要素がある.

ここまでは，"グループ（群）"という用語に日常使う意味を込めてきた．しかし，数学で用いる"群"には厳密で整然とした意味があり，群の概念が発揮する威力は相当なものである．対称性を定量的に研究する"群論"は，この群に由来する分野であり，その威力については「トピック 32 と 33」で述べる．

31・1 対称操作と対称要素

物体にある操作を行ったあと，その物体がもとと同じに見えるとき，その操作を**対称操作**[1]という．代表的な対称操作には，回転，鏡映，反転がある．どの対称操作にも，それに対応する**対称要素**[2]がある．これは点や線や面であって，これらに関して対称操作を行うのである．たとえば，回転（対称操作の一つ）は，ある軸（対応する対称要素）のまわりに実行する．分子のもつすべての対称要素を特定し，同じ一組の対称要素をもつ分子をグループ分けすることによって，いろいろな分子を分類できることがわかるだろう．この手順によって，たとえば三角錐形分子の NH₃ や SO₃²⁻ はある一つのグループに入り，屈曲形の H₂O や SO₂ は別のグループに入ることになる．

以下では，対称操作とそれに対応する対称要素について説明しよう．わかりやすいように，それを表 31・1 にまとめてある．

表 31・1 対称操作と対称要素

対称操作	記号	対称要素
n 回回転	C_n	n 回回転軸（対称軸）
鏡映	σ	鏡面
反転	i	反転中心（対称中心）
n 回回映	S_n	n 回回映軸
恒等	E	恒等（物体全体）

n 回対称軸† C_n（対称要素）のまわりの **n 回回転**[3]（対称操作）とは，360°/n だけ回転させることである．H₂O 分子には 2 回軸 C_2 が 1 個ある．NH₃ 分子には 3 回軸 C_3 が 1 個あり，これには二つの対称操作が関与している．一つは時計回りの 120° 回転であり，もう一つは反時計回りの 120° 回転である．C_2 軸には付随する 2 回回転は 1 個しかない．それは，180° 回転は時計回りでも反時計回りでも同じだからである．正五角形には C_5 軸が 1 個あり，（時計回りおよび反時計回りの）72° 回転がこれに付随する．この図形には C_5^2 と表す軸もあるが，これは C_5 回転を 2 回続けて行うことに相当する．このような操作は 2 種類ある．一つは時計回りの 144° の回転で，もう一つは反時計回りの 144° 回転である．立方体には C_4 軸が 3 個と，C_3 軸が 4 個，C_2 軸が 6 個ある．しかし，このような高い対称性でさえ，球には及ばない．球には，n がどんな整数値にでもなれる（任意の直径方向の）対称軸が無限個ある．もし，分子が複数の回転軸をもっていれば，n の値が最大の軸（一つか，またはもっと多いこともある）を**主軸**[4]という．ベンゼン分子の主軸は，正六角形の環に垂直な 6 回軸である（**1**）．

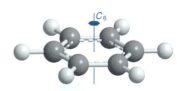

1 ベンゼン，C₆H₆

鏡面[5] σ（対称要素）における**鏡映**[6]（対称操作）には，分子の主軸を含むものもあれば，主軸に垂直なものもある．もし，その面が主軸を含んでいれば，この面は"鉛直[7]"であるといい，σ_v で表す．H₂O 分子には鉛直な対称面が 2 個あり（図 31・3），NH₃ 分子には 3 個ある．2 個の C_2 軸の間の角度を 2 等分する鉛直な鏡面を"二等分鏡面[8]"といい，σ_d で表す（図 31・4）．対称面が主軸に垂直であるときは，この面は"水平[9]"であるといい，σ_h で表す．C₆H₆ 分子には C_6 主軸が 1 個と水平な鏡面が 1 個ある（ほかにも数個の対称要素がある）．

対称中心[10] i（対称要素）による**反転**[11]（対称操作）では，分子中のすべての点について，それを分子の中心までもっていき，さらに反対側へ等しい距離動かしたと考える．つまり，点 (x, y, z) を点 $(-x, -y, -z)$ に移す．H₂O 分子や NH₃ 分子はどちらも**反転中心**[12]をもたないが，球

---

† n-fold axis of symmetry. n 回回転軸（n-fold axis of rotation）または単に n 回軸（n-fold axis）ともいう．
1) symmetry operation 2) symmetry element 3) n-fold rotation 4) principal axis 5) mirror plane 6) reflection
7) vertical 8) dihedral plane 9) horizontal 10) center of symmetry. 反転中心と同じ． 11) inversion
12) center of inversion

と立方体はどちらも反転中心をもつ．C_6H_6 分子は反転中心をもち，正八面体（図 31·5）ももつが，正四面体や CH_4 分子は反転中心をもたない．

n 回回映軸[1] S_n（対称要素）のまわりの **n 回回映**[2]（対称操作）は，二つの連続する変換を組合わせたものである．始めは $360°/n$ 回転であり，2番目はこの回転軸に垂直な面での鏡映である．CH_4 分子は S_4 軸を 3 個もつ（図 31·6）．

恒等[3] とは何もしないことである．これに対応する対称要素 E は，もとのままの物体全体である．個々の分子は，それに対して何もしなければ自分自身と区別できないから，あらゆる物体は少なくとも恒等要素をもっていることになる．これを含めておく理由は，一つにはこの対称要素だけしかもたない分子（**2**）が存在するためである．

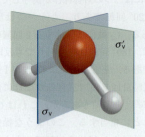

図 31·3 H_2O 分子には鏡面が 2 個ある．両方とも鉛直である（すなわち，主軸を含んでいる）から σ_v, σ_v' と書く．

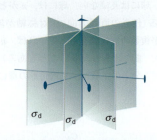

図 31·4 二等分鏡面（σ_d）は，主軸に垂直な二つの C_2 軸が互いになす角を二等分する．

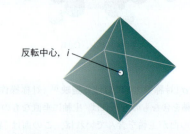

図 31·5 正八面体は反転中心（i）をもつ．

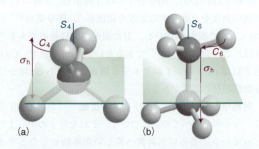

図 31·6 (a) CH_4 分子は 4 回回映軸（S_4）をもつ．この分子を 90°回転させ，続いて水平面で鏡映させたあとの形はもとと区別できない．しかし，それぞれの操作単独では対称操作でない．(b) エタン分子のねじれ形は S_6 軸をもつ．これは，60°回転に続いて鏡映を行う操作である．

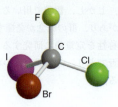

2 CBrClFI

簡単な例示 31·1　対称要素

ナフタレン分子（**3**）の対称要素を求めよう．まず，すべての分子に存在する恒等要素 E がある．そのほかに，分子面に垂直な 2 回回転軸 C_2 が 1 個，分子面内に 2 回回転軸 C_2' が 2 個ある．また，分子面内に鏡面 σ_h が 1 個あり，分子面に垂直で 2 回回転軸 C_2 を含む鏡面 σ_v が 2 個互いに垂直にある．分子の中央に反転中心 i もある．これらの対称要素には，別の要素の組合わせで表されるものもある．たとえば，反転中心は σ_v 面と C_2' 軸の組合わせで表せる．

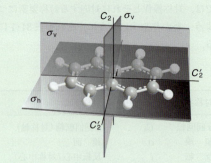

3 ナフタレン，$C_{10}H_8$

自習問題 31·1 SF_6 分子の対称要素を求めよ．
[答： $E, 3S_4, 3C_4, 6C_2, 4S_6, 4C_3, 3\sigma_h, 6\sigma_d, i$]

---

1) n-fold improper rotation axis または n-fold axis of improper rotation　2) n-fold improper rotation　3) identity

31・2 分子の対称による分類

対称操作を行ったとき，少なくとも1個の点が不変に保たれたように見える．その対称操作に対応する対称要素に従って物体を分類することから**点群**[1]ができる．この種の対称操作は5種類ある（したがって，5種類の対称要素がある．表31・1を見よ）．結晶を考えるときには（トピック37），空間における並進から生じる対称にも出会う．このときのもっと広義の群を**空間群**[2]という．

分子をその対称に従って分類するには，その分子の対称要素のリストをつくり，それと同じ要素のリストをもつ分子を一つに集めればよい．ある分子が属する群の名称は，

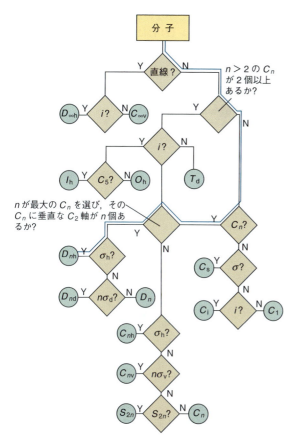

図31・7 分子の点群を求めるための流れ図．上端から出発して菱形の枠内の質問に答えて進めばよい（Y=yes，N=no）．

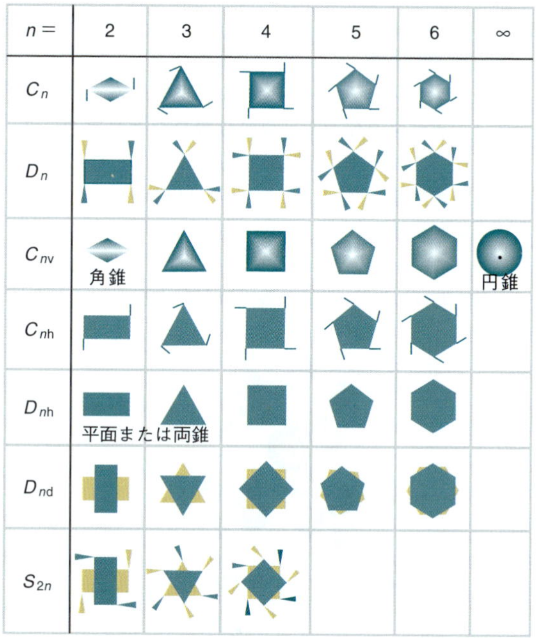

図31・8 種々の点群に対応する形をまとめてある．図31・7の正式な手順を経なくても，この図を使えば，ある分子が属する群を同定できることが多い．

表31・2 点群の記号[a]

C_i	$\bar{1}$								
C_s	m								
C_1	1	C_2	2	C_3	3	C_4	4	C_6	6
		C_{2v}	$2mm$	C_{3v}	$3m$	C_{4v}	$4mm$	C_{6v}	$6mm$
		C_{2h}	$2/m$	C_{3h}	$\bar{6}$	C_{4h}	$4/m$	C_{6h}	$6/m$
		D_2	222	D_3	32	D_4	422	D_6	622
		D_{2h}	mmm	D_{3h}	$\bar{6}2m$	D_{4h}	$4/mmm$	D_{6h}	$6/mmm$
		D_{2d}	$\bar{4}2m$	D_{3d}	$\bar{3}m$	S_4	$\bar{4}/m$	S_6	$\bar{3}$
T	23	T_d	$\bar{4}3m$	T_h	$m3$				
O	432	O_h	$m3m$						

a) 点群の国際系（つまりヘルマン-モーガン系）では，数 n は n 回軸の存在を表し，m は鏡面の存在を表す．斜線（/）は鏡面が対称軸に垂直であることを示す．同じ型であるが類の異なる対称要素を区別することが重要である．たとえば，$4/mmm$ では鏡面の類が三つある．数字の上に付けた横線は，その要素が反転と組合わされていることを示す．ここに掲げた群は，いわゆる"結晶点群"のすべて（32個）である．

---

1) point group 2) space group

その群がもつ対称要素で決まる．その表記法には二つの系がある（表 31・2）．シェーンフリース系[1]（この系では点群の名称を C_{4v} のように書く）は，個々の分子を論じるのに使われるのがふつうで，ヘルマン-モーガン系[2]つまり国際系[3]（この系では点群の名称を $4mm$ のように書く）は，もっぱら結晶の対称性を論じるのに使われる．シェーンフリース系に従って分子の点群を同定する作業は，図 31・7 の流れ図と図 31・8 の形を参照すれば簡単になる．

簡単な例示 31・2 対称による分類

ルテノセン分子（**4**）が属する点群を求めるのに図 31・7 の流れ図を使おう．青色の線をたどれば D_{nh} で終わる．この分子は 5 回軸をもつから D_{5h} 群に属する．励起状態のフェロセン（**5**）では環がねじれていて，基底状態より $4\,\mathrm{kJ\,mol^{-1}}$ 高いところにある．このように，もし環と環がねじれていたとすれば水平の鏡面は失われるが，二等分鏡面は存在することになる．

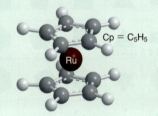

4 ルテノセン，$\mathrm{Ru(Cp)_2}$

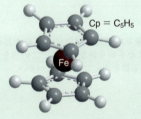

5 フェロセン，$\mathrm{Fe(Cp)_2}$（励起状態）

自習問題 31・2 フェロセンの五角ねじれプリズム形の励起状態（**5**）はどれに分類されるか． ［答：D_{5d}］

(a) C_1, C_i, C_s 群

ある分子が恒等以外の要素をもたなければ，その分子は C_1 に属し，恒等と反転中心だけをもてば C_i に属し，恒等と鏡面をもてば C_s に属する．

点 群	対称要素
C_1	E
C_i	E, i
C_s	E, σ

簡単な例示 31・3 C_1, C_i, C_s 群

CBrClFI 分子（**2**）には恒等要素しかないから，この分子は点群 C_1 に属する．メソ酒石酸（**6**）には恒等のほかには反転中心しかないから，この分子は点群 C_i に属する．キノリン（**7**）には対称要素 (E, σ) しかないから，この分子は点群 C_s に属する．

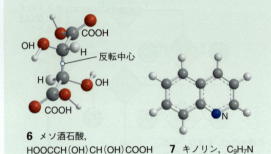

6 メソ酒石酸，
$\mathrm{HOOCCH(OH)CH(OH)COOH}$

7 キノリン，$\mathrm{C_9H_7N}$

自習問題 31・3 つぎの分子（**8**）はどの点群に属するか．

8

［答：C_{2v}］

(b) C_n, C_{nv}, C_{nh} 群

ある分子が n 回軸を 1 個もっていれば，その分子は C_n 群に属する．ここで，C_n という記号が 3 通りの役割を演じることに注意しよう．すなわち，対称要素の記号，対称操作，そして点群そのものを表す．もしある分子が，恒等と 1 個の C_n に加えて鉛直な鏡面 σ_v を n 個もっていれば，その分子は C_{nv}

点 群	対称要素
C_n	E, C_n
C_{nv}	$E, C_n, n\sigma_v$
C_{nh}	E, C_n, σ_h

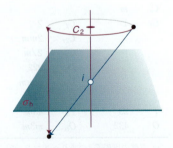

図 31・9 分子に 2 回軸と水平鏡面が存在すれば，この両者が組合わさった結果として反転中心が存在することになる．

---

1) Schönflies system 2) Hermann-Mauguin system 3) International system

群に属する．恒等とn回主軸に加えて水平な鏡面σ_hをもつ物体はC_{nh}群に属する．ある対称要素が，他の対称要素が存在するために自然に含まれることがある．たとえばC_{2h}では，C_2とσ_hの対称要素が組合わさると反転中心が存在することになる（図31·9）．

簡単な例示 31·4 　C_n, C_{nv}, C_{nh}群

H_2O_2分子（**9**）は，対称要素EとC_2をもつからC_2群に属する．H_2O分子は，対称要素$E, C_2, 2\sigma_v$をもつからC_{2v}群に属する．NH_3分子は，対称要素$E, C_3, 3\sigma_v$をもつからC_{3v}群に属する．HClのような異核二原子分子では，分子軸のまわりのどの角度の回転でも対称操作となり，この軸を含む無限個の鏡面でのすべての鏡映も対称操作になるから，$C_{\infty v}$群に属する．$C_{\infty v}$群に属するほかの例には，直線形のOCS分子や円錐がある．*trans*-CHCl=CHCl分子（**10**）には，対称要素E, C_2, σ_hがあるから，この分子はC_{2h}群に属する．

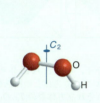
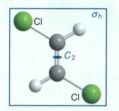

9 過酸化水素, H_2O_2　　　**10** *trans*-CHCl=CHCl

自習問題 31·4 　（**11**）に示すコンホメーションをとる$B(OH)_3$分子はどの点群に属するか．

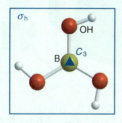

11 $B(OH)_3$　　　　　　　　　［答：C_{3h}］

(c) D_n, D_{nh}, D_{nd}群

図31·7から，n回主軸1個と，このC_nに垂直な2回軸をn個もつ分子はD_n群に属することがわかる．もし，その分子が水平な鏡面ももてばD_{nh}に属する．$D_{\infty h}$は直線形のOCOやHCCH分子，および一様な円柱の群でもある．ある分子がD_nの要素をもち，それに加え

点　群	対称要素
D_n	E, C_n, nC_2'
D_{nh}	E, C_n, nC_2', σ_h
D_{nd}	$E, C_n, nC_2', n\sigma_d$

て二等分鏡面σ_dをn個もっていれば，その分子はD_{nd}群に属する．

簡単な例示 31·5 　D_n, D_{nh}, D_{nd}群

平面三角形のBF_3分子は対称要素$E, C_3, 3C_2, \sigma_h$をもっており（B-F結合に沿ってC_2軸が1個ずつある），したがってD_{3h}に属する（**12**）．C_6H_6分子は対称要素$E, C_6, 3C_2, 3C_2', \sigma_h$と，それ以外にもこれらの要素が存在する結果として含まれる複数の要素をもっているので，この分子はD_{6h}に属する．C_2軸3個はC-C結合を2等分し，別の3個は分子の炭素の骨組みの頂点を通る．この$3C_2'$に付けたプライムは，この3個のC_2軸がほかの3個とは違うことを示す記号である．N_2のような等核二原子分子は，すべて$D_{\infty h}$に属するが，これは分子軸のまわりのすべての回転が対称操作であり，端と端を入れ換える回転と鏡映も対称操作だからである．D_{nh}に属する化学種の例として，ほかに五塩化リン（**13**）がある．ねじれ形の90°アレン（**14**）はD_{2d}に属する．

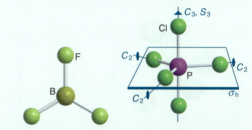

12 三フッ化ホウ素, BF_3(D_{3h})　　**13** 五塩化リン, PCl_5(D_{3h})

14 アレン, C_3H_4(D_{2d})

自習問題 31·5 　（a）テトラクロロ金(Ⅲ)イオン（**15**），

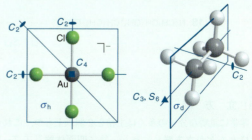

15 テトラクロロ金(Ⅲ)イオン, $[AuCl_4]^-$　　**16** エタン, C_2H_6

(b) ねじれ形コンホメーションのエタン(**16**)はそれぞれどの点群に属するか. ［答: (a) D_{4h}, (b) D_{3d}］

(図 31・10 a), あるいは**八面体群**[3] O, O_h(図 31・10 b)に属する. **二十面体群**[4] I に属する二十面体形の分子も少数ある(図 31・10 c). T_d と O_h は, それぞれ正四面体群と正八面体群である. ある物体が四面体または八面体の回転対称

(d) S_n 群

これまでに述べた群のどれにも分類されないが, S_n 軸を 1 個もつ分子は S_n 群に属する. 注意すべきことは, S_2 は C_i と同じであり, したがってそのような分子はすでに C_i として分類されてしまっているということである.

点群	対称要素
S_n	E, S_n
	(ほかの点群に分類されていないもの)

点群	対称要素
T	$E, 4C_3, 3C_2$
T_d	$E, 3C_2, 4C_3, 3S_4, 6\sigma_d$
T_h	$E, 3C_2, 4C_3, i, 4S_6, 3\sigma_h$
O	$E, 3C_4, 4C_3, 6C_2$
O_h	$E, 3S_4, 3C_4, 6C_2, 4S_6, 4C_3, 3\sigma_h, 6\sigma_d, i$
I	$E, 6C_5, 10C_3, 15C_2$
I_h	$E, 6S_{10}, 10S_6, 6C_5, 10C_3, 15C_2, 15\sigma, i$

簡単な例示 31・6 S_n 群

テトラフェニルメタン(**17**)は点群 S_4 に属する. $n>4$ の S_n に属する分子はめったにない.

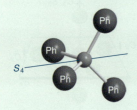

17 テトラフェニルメタン, $C(C_6H_5)_4$ (S_4)

自習問題 31・6 つぎの(**18**)に示すイオンはどの点群に属するか.

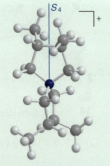

18 $N(CH_2CH(CH_3)CH(CH_3)CH_2)_2{}^+$

［答: S_4］

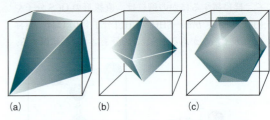

図 31・10 (a) 正四面体形分子, (b) 正八面体形分子, (c) 正二十面体形分子について, 立方体との関係を表してある. これらの分子はそれぞれ立方体群の T_d, O_h, I_h に属する.

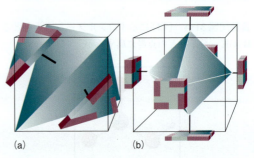

図 31・11 (a) 点群 T, (b) 点群 O に対応する形. 装飾を施した板がついているために, これらの物体の対称はそれぞれ T_d と O_h よりも下がっている.

(e) 立 方 群

非常に重要な分子の多くは主軸を 2 個以上もつ. これらはほとんどが**立方群**[1]に属し, 特に**四面体群**[2] T, T_d, T_h

図 31・12 点群 T_h に属する物体の形

---

1) cubic group 2) tetrahedral group 3) octahedral group 4) icosahedral group

をもっていても，鏡面を一つももたなければ，その物体はもっと単純な群である T または O に属することになる（図31・11）．T_h 群は T を基礎にしたものであるが，反転中心ももつ（図31・12）．

簡単な例示 31・7　立方群

CH_4 と SF_6 の分子は，それぞれ T_d と O_h の点群に属する．二十面体群 I に属する分子には，ある種のボランとバックミンスターフラーレン，C_{60}（**19**）などがある．

19 バックミンスターフラーレン，C_{60}（I）

自習問題 31・7　（**20**）に示す物体はどの点群に属するか．

20　　　　　　　　　　　　　　[答：T_h]

(f) 全回転群

全回転群[1] R_3（3は三次元の回転を表す）は，n の可能な値をすべて含む無限個の回転軸から成る．球や原子は R_3 に属するが，これに属する分子はない．R_3 の意義を調べることは，原子に対称性の理論を応用する際の非常に重要な方法であり，またオービタル角運動量の理論を研究するための別法でもある．

点群	対称要素
R_3	$E, \infty C_2, \infty C_3, \cdots$

31・3　対称性からすぐ導ける結果

分子の点群がわかれば，その分子の性質について，すぐにいえることがある．

(a) 極 性

極性分子[2]とは，永久電気双極子モーメントをもつ分子のことである（HCl, O_3, NH_3 がその例である）．分子が C_n 群に属しており，$n > 1$ であれば，その対称軸に垂直な双極子モーメントが生じるような電荷分布をもてない．それは，この軸に垂直なある一つの方向に双極子が存在しても，逆向きの双極子によって打ち消されることになるからである（図31・13a）．たとえば，H_2O の一つの O−H 結合に付随する双極子の2回軸に垂直な成分は，もう一方の O−H 結合の双極子の，大きさは等しいが逆向きの成分によって打ち消される．したがって，分子が双極子をもつとすれば，それは2回対称軸に平行でなければならない．実際，この点群 C_n は，分子の両端に関する操作については何もいっていないので，対称軸の方向に双極子モーメントを生じるような電荷分布が存在してもかまわない（図31・13b）．現に，H_2O はその2回対称軸に平行な双極子モーメントをもつ．

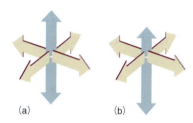

図31・13　(a) C_n 軸をもつ分子は，この軸に垂直な双極子をもつことはできないが，(b) この軸に平行な双極子をもっていてもよい．矢印は，全電気双極子への局所的な寄与を表す．これは，たとえば電気陰性度の異なる隣接原子間の結合から生じる双極子である．

同じ論法が一般に C_{nv} 群にも当てはまるから，C_{nv} 群のどれかに属する分子は極性であってもよい．C_{3h}, D などの他のすべての群には，分子の一方の端を他方の端にもっていくという対称操作がある．したがって，このような分子は，軸に垂直な双極子をもたないのはもちろんであるが，この軸方向にも双極子をもつことはできない．そうでなければ，これらの群において C_n に追加された操作が対称操作ではなくなってしまうからである．C_n, C_{nv}, C_s 群に属する分子だけが永久電気双極子モーメントをもてると結論できる．C_n と C_{nv} については，双極子モーメントは対称軸に沿う方向になければならない．

簡単な例示 31・8　極性分子

オゾン O_3 は折れ曲がっていて C_{2v} 群に属するから極性であってもよい（事実，極性である）が，二酸化

---

1) full rotation group　2) polar molecule

炭素 CO_2 は，直線形で $D_{\infty h}$ に属するから極性ではない．

自習問題 31・8 テトラフェニルメタンは極性か．
　　　　　　　　　　　　　　　　　　[答：極性でない (S_4)]

(b) キラリティ（掌性）

キラルな分子[1] とは，自分自身の鏡像と重ね合わせられない分子のことである．**アキラルな分子**[2] は，その鏡像と重ね合わせることができる分子である．キラルな分子は偏光面を回転させるから**光学活性**[3]である．キラルな分子とその鏡像に相当する相手とは，異性体の**鏡像体の対**[4]を形成し，偏光面を同じ角度だけ，しかし逆方向に回転させる．

ある分子が回映軸 S_n をもっていない場合に限り，その分子はキラルであってもよく，したがって光学活性になりうる．しかし，S_n 回映軸は，異なる名称で存在するかもしれず，また他の対称要素が存在すると，それから自動的に含まれてしまっていることもありうるから注意しなければならない．たとえば，C_{nh} 群に属する分子は，潜在的に S_n 軸をもっているが，そのわけは，C_{nh} 群が回映軸の二つの成分である C_n と σ_h の両方をもつからである．また，反転中心 i をもつすべての分子は S_2 軸をもっている．それは，i は C_2 を σ_h と結合させたものと等価であり，これらの要素が結合したものが S_2 そのものだからである（図 31・14）．これから，反転中心をもつ分子はすべてアキラルであって，光学不活性であることがわかる．同様に，$S_1 = \sigma$ であるから，鏡面をもつ分子は，すべてアキラルであるということになる．

> **簡単な例示 31・9** キラルな分子
>
> ある分子が反転中心や鏡面をもたなければ，その分子はキラルであってもよい．アラニン (**21**) というアミノ酸の場合がこれに当たるが，グリシン (**22**) はそうではない．しかし，反転中心をもたなくても，分子がアキラルであることはある．たとえば，S_4 の化学種 (**18**) には i (つまり S_2) はないが，S_4 軸があるため，この分子はアキラルであって光学不活性である．
>
>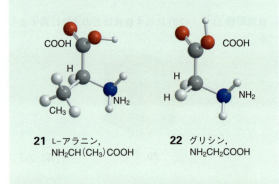
>
> **21** L-アラニン，$NH_2CH(CH_3)COOH$ 　　**22** グリシン，NH_2CH_2COOH
>
> **自習問題 31・9** テトラフェニルメタンはキラルか．
> 　　　　　　　　　　　　　　　　　　[答：アキラル (S_4)]

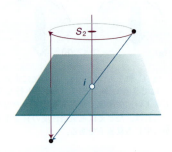

図 31・14 同じ群であれば，ある対称要素が別の対称要素を自動的に含んでいることがある．i と S_2 は等価であるから，反転中心のある分子はすべて，少なくとも S_2 の対称要素をもつことになる．

チェックリスト

- [ ] 1. **対称操作**とは，それを実行したあとでも物体がもとと同じに見える操作である．表 31・1 を見よ．
- [ ] 2. **対称要素**には点，線，面があり，それに関して対称操作が実行される．表 31・1 を見よ．
- [ ] 3. 分子や固体に対してふつうに使われる**点群**の記号を表 31・2 にまとめてある．
- [ ] 4. 分子が**極性**であるためには，その分子は点群 C_n，C_{nv}，または C_s に属していなければならない（しかも，これより高い対称をもっていてはならない）．
- [ ] 5. 回映軸 S_n をもたないときに限り，分子は**キラル**になりうる．

---

1) chiral molecule (chiral はギリシャ語の "手" に由来する)　　2) achiral molecule　3) optically active　4) enantiomeric pair

トピック**32**

群　　論

内 容

32・1　群論における要素
> 例題 32・1　対称操作が群をつくるための
> 　　　　　　　　　　　　　　　　　　　　基準
>
> 簡単な例示 32・1　類

32・2　行列表現
(a) 対称操作の表示
> 簡単な例示 32・2　対称操作の表示
(b) 群の行列表現
> 簡単な例示 32・3　群の行列表現
(c) 既約表現
> 例題 32・2　表現の簡約
(d) 指標と対称種
> 簡単な例示 32・4　対称種

32・3　指標表
(a) 指標表とオービタルの縮退
> 例題 32・3　指標表を用いた縮退度の判定
(b) 原子オービタルの対称種
> 簡単な例示 32・5　原子オービタルの対称種
(c) 一次結合したオービタルの対称種
> 例題 32・4　オービタルの対称種の求め方

チェックリスト
重要な式の一覧

➤ 学ぶべき重要性
　群論は，対称に関する定性的な考えを，いろいろな分野の計算に応用できる体系的な共通基盤にもち込む．群論を使えば，一見明らかでない結論を引き出すことができ，その結果，複雑な計算でも非常に簡単になりうる．また，化学全般で広く用いられている原子オー

ビタルや分子オービタルを分類する根拠を与える．

➤ 習得すべき事項
　対称操作は，何らかの基底に行列を作用させたときの効果として表せる．

➤ 必要な予備知識
　「トピック 31」で説明したいろいろなタイプの対称操作と対称要素について知っている必要がある．本トピックでは行列代数，なかでも「数学の基礎 5」で説明した行列の掛け算をよく使うことになる．

　対称性を系統的に論じる理論を**群論**[1]という．群論の大部分は，物体の対称について日常経験することをまとめたものである．しかし，群論は体系的にできているから，その規則は直截的で機械的な仕方で応用できる．たいていの場合，群論を使うことによって，最小限の計算で有用な結論に到達するための簡単で直接的な手段が得られる．ここで強調したいのはこの点である．しかし，場合によっては予期しない結果をもたらすこともある．

32・1　群論における要素
　数学における**群**[2]とは，4 個の基準を満たす変換の集団をいう．たとえば，**変換**[3]を $R, R', \cdots$ と書くと（鏡映や回転など，「トピック 31」で導入した対称操作を想像すればよい），つぎの基準を満たせばそれらの変換は群を構成する．

1. 変換のうち 1 個は恒等（つまり "何もしない"）である．
2. すべての変換 R に対して逆変換 R^{-1} がその集団に含まれており，したがって RR^{-1} の組合わせ（変換 R^{-1} に続いて変換 R を行う）は恒等と等価である．
3. 変換の組合わせ RR'（変換 R' に続いて変換 R を行う）は，その変換の集団の中のある一つの変換と等価である．

---

1) group theory　2) group　3) transformation

4. 変換の組合わせ $R(R'R'')$〔変換 $(R'R'')$ に続いて変換 R を行う〕は，$(RR')R''$，つまり変換 R'' に続いて変換 (RR') を行うのと等価である．

ここで，"要素" という用語については非常に混同しやすいから，始めに断っておく必要がある．群を構成する構成員は，その群の "要素" である．群の要素というとき，化学ではほとんどの場合，対称操作のことである．一方，「トピック31」で説明したように，"対称操作" とその操作を行うときに関係する軸や面などの "対称要素" とは区別して使っている[†]．第三の "要素" として，行列内の特定の位置にある数を表すのにもこの用語を使っている．群の要素と対称要素，行列要素の違いを注意して区別することにしよう．

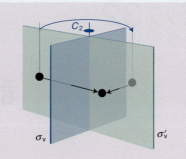

図32・1 2回回転 C_2 のあとに鏡映 σ_v' を行えば，1回の鏡映 σ_v に等しい．

ここにある対称操作をどう組合わせてもかまわないから，基準4も満たしている．

自習問題32・1 図32・2に示す点群 C_{3v} の対称操作が群をつくっていることを確かめよ．

例題32・1　対称操作が群をつくるための基準

点群 C_{2v} の対称操作について，数学の観点から，これが群であるための基準を満たしていることを示せ．

解法 対称操作の組合わせが，すぐ上で説明した基準に合っていることを示す必要がある．C_{2v} の対称操作については「トピック31」で説明した．

解答 この対称操作の集団には恒等 E が含まれているから，基準1は満たしている．どの場合も，対称操作の逆変換はもとの対称操作に等しいから基準2も満たしている．たとえば，2個の2回回転は恒等に等しい．つまり，$C_2 C_2 = E$ である．また，鏡映が2回でも恒等である．どの場合も，ある対称操作に続いて別の対称操作をすれば，四つある対称操作の一つと同じになるから基準3も満たしている．たとえば，2回回転 C_2 に続いて鏡映 σ_v' を行えば，それは1回の σ_v に等しい（図32・1）．つまり，$\sigma_v' C_2 = \sigma_v$ である．同様にすれば，点群の乗法表をつぎのようにつくることができる．表には R と R' の対称操作の積 RR' を示してある．

$R\downarrow R'\rightarrow$	E	C_2	σ_v	σ_v'
E	E	C_2	σ_v	σ_v'
C_2	C_2	E	σ_v'	σ_v
σ_v	σ_v	σ_v'	E	C_2
σ_v'	σ_v'	σ_v	C_2	E

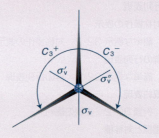

図32・2　点群 C_{3v} の対称操作

［答：どの基準も満たしている．］

同じタイプの対称操作（たとえば，回転）で，その群の別の対称操作によって互いに変換できる対称操作は，同じ類[1])に属している．たとえば，C_{3v} に2個ある3回回転（つまり，C_3^+ と C_3^-）は，鏡映によって一方から他方に変換できるから，同じ類に属している（図32・2を見よ）．また，3個ある鏡映はすべて，3回回転によって互いに変換できるから，同じ類に属している．類の正式な定義は，二つの操作 R と R' について，同じ群の一員でつぎの関係を満たす S が存在すれば，両者は同じ類に属するというものである．

$$R' = S^{-1}RS \quad\quad \text{類であるための条件} \quad (32\cdot1)$$

S^{-1} は S の逆操作である．

[†] 訳注：本書では，対称操作を表すのに，対称要素と同じ記号を用いているから注意が必要である．両者を区別するために，対称操作にはハット・キャレット（ˆ）を付けて，$\hat{\sigma}$ のように表してある教科書もある．

1) class

簡単な例示 32・1　類

C_{3v} で C_3^+ と C_3^- が同じ類に属する（直感的にはすぐにわかる）のを示すために，$S = \sigma_v$ とおく．鏡映の逆操作は鏡映そのものであるから，$\sigma_v^{-1} = \sigma_v$ である．そこで，

$$\sigma_v^{-1} C_3^+ \sigma_v = \sigma_v C_3^+ \sigma_v = \sigma_v \sigma_v' = C_3^-$$

となる．したがって，C_3^+ と C_3^- は (32・1) 式の形で関係づけられるから，同じ類に属している．

自習問題 32・2　点群 C_{2v} の 2 個の鏡映は異なる類に属することを示せ．

簡単な例示 32・2　対称操作の表示

上と同じ手法を使えば，他の対称操作を再現する行列が見つけられる．たとえば，C_2 は $(-p_S, -p_B, -p_A) \leftarrow (p_S, p_A, p_B)$ という結果をもたらすから，その表示は，

$$\boldsymbol{D}(C_2) = \begin{pmatrix} -1 & 0 & 0 \\ 0 & 0 & -1 \\ 0 & -1 & 0 \end{pmatrix}$$

である．σ_v' の効果は，$(-p_S, -p_A, -p_B) \leftarrow (p_S, p_A, p_B)$ であるから，その表示は，

$$\boldsymbol{D}(\sigma_v') = \begin{pmatrix} -1 & 0 & 0 \\ 0 & -1 & 0 \\ 0 & 0 & -1 \end{pmatrix}$$

である．恒等操作は基底に何の影響も与えないから，その表示は 3×3 単位行列，すなわち，

$$\boldsymbol{D}(E) = \begin{pmatrix} 1 & 0 & 0 \\ 0 & 1 & 0 \\ 0 & 0 & 1 \end{pmatrix}$$

である．

自習問題 32・3　H_2O 分子について，基底を $(H1s_A, H1s_B)$ としたときの対称操作 C_2 の表示を求めよ．

$$\left[答: \boldsymbol{D}(C_2) = \begin{pmatrix} 0 & 1 \\ 1 & 0 \end{pmatrix} \right]$$

32・2　行 列 表 現

ここまで述べてきた抽象的な概念を数の集団を使って行列の形で表せば，群論はその威力を発揮することになる．

(a) 対称操作の表示

C_{2v} 群の SO_2 分子について，図 32・3 に示す 3 個の p オービタルの組を考えよう．鏡映操作 σ_v では，$(p_S, p_B, p_A) \leftarrow (p_S, p_A, p_B)$ という変化が起こる．この変換は，行列の掛け算を使ってつぎのように表せる（数学の基礎 5）．

$$(p_S, p_B, p_A) = (p_S, p_A, p_B) \overbrace{\begin{pmatrix} 1 & 0 & 0 \\ 0 & 0 & 1 \\ 0 & 1 & 0 \end{pmatrix}}^{\boldsymbol{D}(\sigma_v)}$$

$$= (p_S, p_A, p_B) \boldsymbol{D}(\sigma_v) \qquad (32・2)$$

この行列 $\boldsymbol{D}(\sigma_v)$ を対称操作 σ_v の**表示**[1]という．表示の形は，どの**基底**[2]つまりオービタルのどんなセットを採用するかによって異なる．この場合に用いた基底は (p_S, p_A, p_B) である．

(b) 群の行列表現

注目する群のすべての操作を表す一組の行列を，前もって選んだ特定の基底に対するその群の**行列表現**[3]，Γ（大文字のガンマ）という．ある表現の**次元**[4]とは，行列表示それぞれの行の数である（列の数でも同じである）．n 次元の表現を $\Gamma^{(n)}$ で表す．ある表現の行列は，それが表す操作と同じように互いに掛け算することができる．たとえば，与えられた基底に対する任意の二つの操作 R と R' について $RR' = R''$ であることがわかっていれば，$\boldsymbol{D}(R) \boldsymbol{D}(R') = \boldsymbol{D}(R'')$ となる．

簡単な例示 32・3　群の行列表現

C_{2v} 群では，2 回回転に続いてある鏡面で鏡映すれば，それは第 2 の鏡面での鏡映と同等である．式で表せば $\sigma_v' C_2 = \sigma_v$ である．「簡単な例示 32・2」で説明した対称操作の表示を使えば，

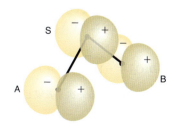

図 32・3　3 個の p_x オービタルを使って，C_{2v} 分子 (SO_2) の行列表示のつくり方を示す図．

---

1) representative　2) basis　3) matrix representation　4) dimensionality

$$D(\sigma'_v)D(C_2) = \begin{pmatrix} -1 & 0 & 0 \\ 0 & -1 & 0 \\ 0 & 0 & -1 \end{pmatrix} \begin{pmatrix} -1 & 0 & 0 \\ 0 & 0 & -1 \\ 0 & -1 & 0 \end{pmatrix}$$

$$= \begin{pmatrix} 1 & 0 & 0 \\ 0 & 0 & 1 \\ 0 & 1 & 0 \end{pmatrix} = D(\sigma_v)$$

となる.この掛け算が群の掛け算を生むことになる.すなわち,対称操作の表示すべての対の掛け算についてこの関係が成り立つから,このときの4個の(恒等を含む)行列は群の行列表現をつくっている.

自習問題32・4 ここで示した行列表示を使って,$\sigma_v \sigma'_v = C_2$ であることを確かめよ.

注目する群の行列表現を見つければ,対称操作の記号を用いた演算と数を用いた代数演算のつながりがわかったことになる.

(c) 既約表現

C_{2v} 群の表示を見ると,つぎの**ブロック対角形**[1]をしていることがわかる.

$$D = \begin{pmatrix} \blacksquare & 0 & 0 \\ 0 & \blacksquare & \blacksquare \\ 0 & \blacksquare & \blacksquare \end{pmatrix} \quad \text{ブロック対角形} \quad (32 \cdot 3)$$

このブロック対角形の表示から,C_{2v} の対称操作では,p_S が他の二つの関数とは決して混合することはないことがわかる.その結果,基底は二つの部分に分けられる.一つは p_S だけから構成されており,もう一方は (p_A, p_B) で構成される.p_S オービタルがそれ自身つぎの一次元表現の基底になっていることは,簡単に確かめられる.

$D(E) = 1 \quad D(C_2) = -1 \quad D(\sigma_v) = 1 \quad D(\sigma'_v) = -1$

これを $\Gamma^{(1)}$ ということにする.残りの二つの基底関数は,つぎの二次元表現 $\Gamma^{(2)}$ の基底である.

$$D(E) = \begin{pmatrix} 1 & 0 \\ 0 & 1 \end{pmatrix} \qquad D(C_2) = \begin{pmatrix} 0 & -1 \\ -1 & 0 \end{pmatrix}$$

$$D(\sigma_v) = \begin{pmatrix} 0 & 1 \\ 1 & 0 \end{pmatrix} \qquad D(\sigma'_v) = \begin{pmatrix} -1 & 0 \\ 0 & -1 \end{pmatrix}$$

これらの行列は,もとの三次元表現と比べて,第1行と第1列がないのを除けば,同じである.このとき,もとの三次元表現は,p_S が "張る[2]" 一次元表現と (p_A, p_B) が張る二次元表現の "直和[3]" に**簡約**[4]されたという.このように簡約できるということは,中心のオービタルが他の二つ

とは異なる役割を果たすという常識的な見方と合っている.この簡約を記号を使ってつぎのように書く.

$$\Gamma^{(3)} = \Gamma^{(1)} + \Gamma^{(2)} \quad \text{直和} \quad (32 \cdot 4)$$

一次元表現 $\Gamma^{(1)}$ は,もうそれ以上簡約できない.そこで,これを群の**既約表現**[5]という.

例題32・2 表現の簡約

$p_1 = p_A + p_B$ と $p_2 = p_A - p_B$ という一次結合に注目して,C_{2v} 群の基底 (p_A, p_B) を用いた二次元表現 $\Gamma^{(2)}$ は**可約**[6]であることを示せ.これらの一次結合を図32・4に示してある.

解法 新しい基底における表示は,たとえば σ_v のもとでは $(p_B, p_A) \leftarrow (p_A, p_B)$ であることに注目すれば,もとの表示からつくり出せるだろう.

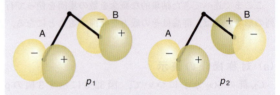

図32・4 図32・3に示した基底オービタルの一次結合.この2個の一次結合は,それぞれ一次元の既約表現を張り,両者の対称種は異なる.

解答 σ_v のもとでは $(p_B + p_A) \leftarrow (p_A + p_B)$ および $(p_B - p_A) \leftarrow (p_A - p_B)$ であるから,σ_v のもとでは $(p_1, -p_2) \leftarrow (p_1, p_2)$ である.ほかの対称操作も同様に解析すれば,新しい基底 (p_1, p_2) を用いたつぎの表示が得られる.

$$D(E) = \begin{pmatrix} 1 & 0 \\ 0 & 1 \end{pmatrix} \qquad D(C_2) = \begin{pmatrix} -1 & 0 \\ 0 & 1 \end{pmatrix}$$

$$D(\sigma_v) = \begin{pmatrix} 1 & 0 \\ 0 & -1 \end{pmatrix} \qquad D(\sigma'_v) = \begin{pmatrix} -1 & 0 \\ 0 & -1 \end{pmatrix}$$

この新しい表示は,すべてブロック対角形をしており,二つの一次結合は,群のどんな対称操作によっても互いに混ざり合うことはない.したがって,$\Gamma^{(2)}$ を二つの一次元表現の和に簡約できたことになる.こうして,p_1 は,

$D(E) = 1 \quad D(C_2) = -1 \quad D(\sigma_v) = 1 \quad D(\sigma'_v) = -1$

を張る.これは,p_S が張る一次元表現と同じである.p_2 は,

$D(E) = 1 \quad D(C_2) = 1 \quad D(\sigma_v) = -1 \quad D(\sigma'_v) = -1$

---

1) block-diagonal form　2) span　3) direct sum　4) reduce　5) irreducible representation("irrep"と書く)　6) reducible

を張る．これは，上のとは異なる一次元表現である．そこで，これら二つの表現を $\Gamma^{(1)\prime}$ と $\Gamma^{(1)\prime\prime}$ で表すことにする．ただし，$\Gamma^{(1)} = \Gamma^{(1)\prime}$ である．ここまでで，もとの表現をつぎのように簡約したことになる．

$$\Gamma^{(3)} = \Gamma^{(1)} + \Gamma^{(1)\prime} + \Gamma^{(1)\prime\prime}$$

自習問題32・5 H_2O 分子を考え，2個ある H1s オービタルに注目する．基底 $(H1s_A, H1s_B)$ の二次元表現は可約か．

[答: 可約である．$H1s_A + H1s_B$ と $H1s_A - H1s_B$ の一次結合をとる．]

(d) 指 標 と 対 称 種

ある特定の行列表現における対称操作の**指標**[1] χ（カイ）とは，その操作の表示の対角要素の和のことである．たとえば，C_{2v} 群について使ってきたもとの基底では，表示の指標は，

R	E	C_2	σ_v	σ_v'
$\boldsymbol{D}(R)$	$\begin{pmatrix} 1 & 0 & 0 \\ 0 & 1 & 0 \\ 0 & 0 & 1 \end{pmatrix}$	$\begin{pmatrix} -1 & 0 & 0 \\ 0 & 0 & -1 \\ 0 & -1 & 0 \end{pmatrix}$	$\begin{pmatrix} 1 & 0 & 0 \\ 0 & 0 & 1 \\ 0 & 1 & 0 \end{pmatrix}$	$\begin{pmatrix} -1 & 0 & 0 \\ 0 & -1 & 0 \\ 0 & 0 & -1 \end{pmatrix}$
$\chi(R)$	3	-1	1	-3

である．一方，一次元表示の指標は，その数値そのものである．そこで，表現の指標の和は簡約によっても不変であることがわかる．

R	E	C_2	σ_v	σ_v'
$\Gamma^{(1)}$ の $\chi(R)$	1	-1	1	-1
$\Gamma^{(1)\prime}$ の $\chi(R)$	1	-1	1	-1
$\Gamma^{(1)\prime\prime}$ の $\chi(R)$	1	1	-1	-1
和	3	-1	1	-3

以上で，C_{2v} 群の二つの既約表現（$\Gamma^{(1)} = \Gamma^{(1)\prime}$ と $\Gamma^{(1)\prime\prime}$）を見いだしたことになる．表現を一般的に表すときは記号 $\Gamma^{(n)}$ を用いるが，化学で使うときは，表現の**対称種**[2]に A，B，E，T のラベルを付けて表すのがふつうである．それぞれの内容はつぎの通りである．

A: 一次元表現，主軸まわりの回転のもとで指標が $+1$
B: 一次元表現，主軸まわりの回転のもとで指標が -1
E: 二次元の既約表現
T: 三次元の既約表現

同じ型の既約表現が2個以上あるときは，それを区別するのに下付き添字を使う．ただし，A_1 はすべての操作について指標が $+1$ である表現としてとっておく．C_{2v} 群の既約表現はすべて一次元であり，上の表はつぎのようにラベルを付けて表される．

対称種	E	C_2	σ_v	σ_v'
B_1	1	-1	1	-1
A_2	1	1	-1	-1
A_1	1	1	1	1

ところで，C_{2v} 群の既約表現はこれで全部だろうか．実は，この群にはもう一つの既約表現（B_2）が存在している．ある驚くべき群論の定理によれば，

$$\text{対称種の数} \ = \ \text{類の数} \qquad \boxed{\text{対称種の数}} \quad (32 \cdot 5)$$

が成り立つ．たとえば，C_{2v} 群には類が4個ある（指標表は4列から成る）から，既約表現には対称種が4個なくてはならない．表32・1の指標表はこの群の既約表現すべての指標を示している．もう一つの強力な結果として，既約表現のすべての対称種 Γ の次元 d_i の2乗の和は，その群の**位数**[3]h，つまり対称操作の総数に等しい．すなわち次式が成り立つ．

$$\sum_{\text{種}\ i} d_i^2 \ = \ h \qquad \boxed{\text{次元数と位数}} \quad (32 \cdot 6)$$

表32・1[a]　C_{2v} の指標表

$C_{2v}, 2mm$	E	C_2	σ_v	σ_v'	$h = 4$	
A_1	1	1	1	1	z	z^2, x^2, y^2
A_2	1	1	-1	-1		xy
B_1	1	-1	1	-1	x	zx
B_2	1	-1	-1	1	y	yz

a）巻末の「資料」に多くの指標表がある．

簡単な例示32・4　**対称種**

C_{3v} 群の対称操作には3個の類があるから（つまり E, C_3, σ_v. それぞれの類に属する数はわからなくてよい），対称種は三つある（あとで $A_1, A_2,$ E であることがわかる）．この群の位数は6である〔$h = 6$ という限り，この群の要素（つまり，対称操作）が $(E, 2C_3, 3\sigma_v)$ であることがわかっていなければならない〕．そこでもし，対称種のうち二つが一次元であることがわかっていれば，$1^2 + 1^2 + d^2 = 6$ であるから，残りの既約表現は二次元（E）と考えられる．

---

1) character　2) symmetry species　3) order

> **自習問題 32・6** T_d 群の要素は $(E, 8C_3, 3C_2, 6\sigma_d, 6S_4)$ である.その対称種は何個あるか.それぞれの次元はいくらか. [答: 5個,$2A+E+2T$,$2\times(1)^2+1\times(2)^2+2\times(3)^2=24=h$]

32・3 指 標 表

上でつくった表を**指標表**[1]という.ここから議論の本筋に入ろう.指標表のそれぞれの列の上には,その群の対称操作のラベルを付けてある.たとえば,C_{3v} 群であれば(表32・2)$E, 2C_3, 3\sigma_v$ と書いてある.それぞれの対称操作の前にある数字は,その類に属する操作の数である.この対称操作のラベルの下の各行には,オービタルの対称性をまとめてある.それは対称種で表してある.

表 32・2[a]　C_{3v} の指標表

$C_{3v}, 3m$	E	$2C_3$	$3\sigma_v$	$h=6$	
A_1	1	1	1	z	z^2, x^2+y^2
A_2	1	1	-1		
E	2	-1	0	(x,y)	$(xy, x^2-y^2), (yz, zx)$

a) 巻末の「資料」に多くの指標表がある.

(a) 指標表とオービタルの縮退

恒等操作 E の指標から,オービタルの縮退度がわかる.たとえば,C_{3v} 分子では,A_1 または A_2 という対称の記号をもつオービタルは縮退していない.C_{3v} 分子に二重に縮退した一対のオービタルがあれば,その記号はEでなければならない.それは,この群では,E という対称種だけが1より大きな指標をもつからである.(列の見だしにある斜字体の恒等操作の記号 E と,行の左端にある立体の対称種の記号 E とは区別しなければならない.)

C_{3v} では,E で指定される列に2より大きな指標はないから,C_{3v} 分子には三重に縮退したオービタルは存在しないことがわかる.この最後の点は,群論から得られる強力な結果である.それは,分子の指標表を見ただけで,その分子のオービタルの縮退がどこまで許されるかがわかるからである.

> **例題 32・3** 指標表を用いた縮退度の判定
>
> BF_3 のような平面三角形分子は,三重縮退したオービタルをもてるか.最低限何個の原子があれば,三重縮退を示す分子をつくれるか.
>
> **解法** 最初に点群を求め,次に,巻末の「資料」にある指標表を参照する.恒等 E の列の最大値が,その点群に属する分子に許されるオービタルの最大の縮退度である.問題の後の部分については,2原子,3原子などからつくれる形を考え,何個の原子を使えば対称種 T のオービタルをもつ分子をつくれるかを考えればよい.
>
> **解答** 平面三角形分子は点群 D_{3h} に属する.この群の指標表を参照すれば,E の列に2を超える指標がないから,最大の縮退度は2であることがわかる.したがって,どのオービタルも三重縮退にはなれない.四面体形分子(対称種 T)は,T の対称種を有する既約表現をもつ.この分子をつくり上げるのに必要な最小の原子数は(たとえば,P_4 のように)4である.

> **自習問題 32・7** バックミンスターフラーレン分子 C_{60}(「トピック31」の **19**)は二十面体の点群に属する.そのオービタルに許される縮退度の最大はいくらか. [答: 5]

(b) 原子オービタルの対称種

指標表の記号 A と B の行で,恒等操作 E 以外の対称操作が見だしになっている列の指標は,その操作に対してオービタルがどう振舞うかを示している.すなわち,$+1$ はオービタルが変化しないことを示し,-1 は符号が変わることを示す.そこで,それぞれの操作に対して個々のオービタルがどう変化するかを見比べ,その結果得られる $+1$ か -1 を,問題にしている点群の指標表の行にある指標と比べれば,そのオービタルの対称性の記号を求めることができる.約束によって,既約表現は大文字の立体(A_1 や E)で書き,それが適用されるオービタルは対応する小文字で書く(対称種が A_1 のオービタルは a_1 オービタルという).

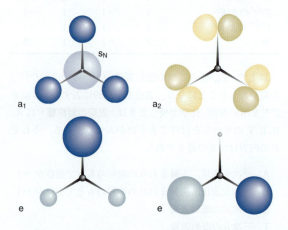

図 32・5 C_{3v} 分子のオービタルの代表的な対称適合一次結合

---
1) character table

図32・5には，C_{3v}分子のオービタルのタイプの例を示してある．

簡単な例示 32・5　原子オービタルの対称種

H_2Oの$O2p_x$オービタルを考えよう（x軸は分子面に垂直，y軸はH-Hの方向に平行，z軸はHOH角を2等分する）．H_2Oは点群C_{2v}に属するから，C_{2v}の指標表（表32・1）を参照すれば，このオービタルに当てはまる記号はa_1, a_2, b_1, b_2であることがわかる．つぎの点に注意すれば，$O2p_x$に当てはまる適切な記号を求めることができる．すなわち，このオービタルは180°回転（C_2）によって符号を変えるが（図32・6），C_2のもとで指標-1をもつのはB_1とB_2だけであるから，この二つの対称の型のうちのどちらかでなければならない．$O2p_x$オービタルは鏡映σ_v'でも符号を変えるから，このオービタルがB_1であると決まる．あとでわかるように，この原子オービタルから形成される分子オービタルは，すべてb_1オービタルになる．同様に，$O2p_y$はC_2によって符号を変えるが，σ_v'では変化しない．したがって，$O2p_y$オービタルはb_2オービタルに寄与できる．

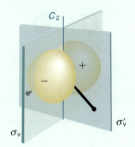

図32・6　C_{2v}分子の中心原子のp_xオービタルとこの群の対称要素．

自習問題 32・8 平面正方形（D_{4h}）錯体の中心原子のdオービタルの対称種を求めよ．
[答: $A_{1g} + B_{1g} + B_{2g} + E_g$]

EまたはTで表した行（これは，それぞれ二重縮退と三重縮退のオービタルの組の振舞いに関係する）については，表の行にある指標は，その基底に入っている個々のオービタルの振舞いをまとめた指標の和である．たとえば，もしある対称操作のもとで二重縮退した対の片方の成分に変化がなく，他方の成分が符号を変えると（図32・7），その指標のところには$\chi = 1 - 1 = 0$と書く．オービタルの変換はかなり込み入ったものになる可能性があるから，これらの指標には注意を払わなければならない．それにもかかわらず，個々の指標の和は整数である．

分子の対称操作に対して，中心原子上のs, p, dオービタルがどのように振舞うかということは非常に重要であるから，一般にこれらのオービタルの対称種は指標表に表示されている．この割り当てを行うために，x, y, zの対称種を調べてみよう．これは，指標表の右端に記載されている．

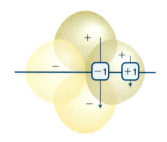

図32・7　ここに示す二つのオービタルは，鏡面による鏡映のもとでは異なる性質を示す．つまり，一方は符号が変化するが（指標が-1），他方は変化しない（指標が$+1$）．

すなわち，表32・2のzが書いてある場所から，p_zは〔これは$zf(r)$に比例する〕C_{3v}ではA_1の対称種をもつが，p_xとp_yは〔それぞれ$xf(r)$と$yf(r)$に比例する〕両者が共同してE対称をもつことがわかる．専門用語を使えば，p_xとp_yは，共同して対称種Eの既約表現を張るという．中心原子のsオービタルは，あらゆる対称操作のもとで変化を受けないから，常に群の完全に対称的な既約表現を張る（ふつうはA_1であるが，A_1'のこともある）．

ある殻の5個のdオービタルについては，d_{xy}はxyで表されており（ほかのオービタルも同様である），これも指標表の右端に書いてある．C_{3v}では，中心原子上のd_{xy}と$d_{x^2-y^2}$は共同してEに属しているから，二重縮退の対を形成することが一見してわかる．

(c) 一次結合したオービタルの対称種

これまでは，個々のオービタルの対称性による分類を扱ってきた．同じ手法は，分子で，互いに対称変換される関係にある原子オービタルの一次結合にも当てはめることができる．たとえば，「例題32・2」のp_1とp_2の一次結合や，C_{3v}分子であるNH_3（図32・8）の3個のH1sオービタルからつくられる$\psi_1 = \psi_A + \psi_B + \psi_C$などの一次結合である．後者の一次結合については，この群のC_3回転によっても，三つの鉛直な鏡面によるどの鏡映操作によっても，

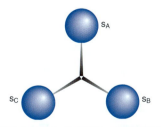

図32・8　NH_3などのC_{3v}分子において，対称性に適合した一次結合を組立てるために用いる三つのH1sオービタル．

変化しないままであるから，その指標は，

$$\chi(E) = 1 \qquad \chi(C_3) = 1 \qquad \chi(\sigma_v) = 1$$

である．これを C_{3v} の指標表と比べてみると，ψ_1 の対称種は A_1 であり，したがってこのオービタルは NH_3 の a_1 分子オービタルに寄与することがわかる．

例題 32・4　オービタルの対称種の求め方

C_{2v} の NO_2 分子のオービタル $\psi = \psi_A - \psi_B$ の対称種を求めよ．ψ_A は一つの O 原子上の $O2p_x$ オービタルで，ψ_B はもう一つの O 原子上のものである．

解法　ψ の中に負号があるのは，ψ_B の符号が ψ_A の符号と反対であることを示す．群のすべての操作のもとで，この一次結合がどのように変化するかを考え，その指標を上で指定したように $+1, -1$，または 0 と書くことが必要である．その結果得られる指標をその点群の指標表の各行と比較し，それから対称種を見いだせばよい．

解答　この一次結合を図 32・9 に示す．C_2 の操作によって ψ は自分自身に変わるから，その指標は $+1$ である．鏡映 σ_v によって，この二つのオービタルは両方とも符号を変える，つまり $\psi \to -\psi$ であるから指標は -1 である．σ_v' によっても $\psi \to -\psi$ となるか

ら，この操作に対する指標も -1 である．したがって，指標は，

$$\chi(E) = 1 \quad \chi(C_2) = 1 \quad \chi(\sigma_v) = -1 \quad \chi(\sigma_v') = -1$$

となる．これらの値は A_2 の対称種の指標と合うから，ψ は a_2 オービタルに寄与できる．

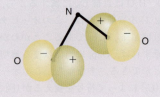

図 32・9　C_{2v} 群の NO_2 分子における $O2p_x$ オービタルの一次結合の一つ．

自習問題 32・9　$PtCl_4^-$ を考えよう．この場合は，配位子 Cl が点群 D_{4h} の平面正方形の配列 (**1**) をつくっている．一次結合 $\psi_A - \psi_B + \psi_C - \psi_D$ の対称種を求めよ．

[答: B_{2g}]

チェックリスト

- [ ] 1. 数学における**群**とは，本トピックの最初に述べた 4 個の基準を満たす変換の集団をいう．
- [ ] 2. **行列表示**は，ある特定の基底に対する対称操作の効果を表す行列である．
- [ ] 3. **指標**は，ある対称操作の行列表示の対角要素の和である．
- [ ] 4. **行列表現**は，同じ群に属するすべての対称操作を表す行列表示の集団である．
- [ ] 5. **指標表**には，その群のすべての既約表現の指標が示されている．
- [ ] 6. **対称種**とは，群の既約表現を表す記号である．
- [ ] 7. 恒等操作 E の指標は，群の既約表現の基底をつくっているオービタルの縮退度を表している．

重要な式の一覧

性　質	式	備　考	式番号
類であるための条件	$R' = S^{-1}RS$	同じ群の一員 S が存在するとき，R と R' は同じ類に属する	32・1
対称種の数に関する規則	対称種の数 = 類の数		32・5
指標の次元数と位数	$\sum_{\text{種}\, i} d_i^2 = h$	h は群の位数	32・6

トピック 33

対称性の応用

内容

33・1 積分の消滅
(a) 二つの関数の積の積分
　　例題 33・1　積分が0になるかどうかの判定 その1
(b) 直積の分解
　　簡単な例示 33・1　直積の分解
(c) 三つの関数の積の積分
　　例題 33・2　積分が0になるかどうかの判定 その2

33・2 オービタルへの応用
(a) オービタルの重なり
　　例題 33・3　結合に寄与するオービタルの求め方
(b) 対称適合一次結合
　　例題 33・4　対称適合オービタルのつくり方

33・3 選択律
　　例題 33・5　選択律の求め方

チェックリスト
重要な式の一覧

▶ 学ぶべき重要性
本トピックでは，「トピック 31 と 32」で導入した概念が実際にどう使えるかを説明する．ここでの議論は，分子オービタルがどのようにつくられ，分光法全体の基礎になっているかを理解するうえで重要である．

▶ 習得すべき事項
分子についての積分は，どの対称変換によっても不変である．

▶ 必要な予備知識
「トピック 31」では，分子の対称性による分類をその対称要素に基づいて行った．本トピックでは，それをさらに展開し，「トピック 32」で説明した指標と指標表の性質をいろいろ利用する．

群論が化学の諸問題に向けられたとき，とりわけ，分子オービタルをつくったり，分光法の選択律を表したりするとき，その威力を発揮する．本トピックでは，積分に関する一般的な結果について述べたあと，この二つの応用について説明する．「トピック 6 と 7」では，量子力学を展開するうえで積分（"行列要素"）がいかに重要であるかを説明した．そこで，ほとんど計算しなくても，いろいろな積分が必然的に 0 であるのがわかれば，諸性質の起源について有益な知見が得られるだけでなく，計算にかかる労力をかなり節約できるのである．

33・1　積分の消滅

一次元の閉区間での積分 I は，関数が表す曲線の下の面積に等しい．二次元の閉区間の積分ならそれは体積になり，もっと高次元であれば一般化された体積になる．重要なことは，こうして求めた面積や体積などの値は，積分される関数 "被積分関数" を表すのに使った座標軸の向きに無関係なことである（図 33・1）．群論ではこのことを，I は

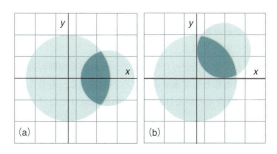

図 33・1　積分の値 I（たとえば面積）は，それを計算するために用いた座標系に無関係である．たとえば，この図の濃い影をつけた部分の面積は (a) と (b) で同じである．すなわち，I は対称種 A_1（または，これと等価な対称種）の表現の基底である．

いかなる対称操作に対しても不変であり，どの対称操作でも意味のない変換 $I \rightarrow I$ しか得られないという．

(a) 二つの関数の積の積分

つぎの積分を計算しなければならないとしよう．

$$I = \int f_1 f_2 \, d\tau \qquad (33 \cdot 1)$$

f_1 と f_2 は関数であり，この積分は全空間にわたるものである．たとえば，f_1 が一つの原子の原子オービタル A であり，f_2 はもう一つの原子の原子オービタル B であれば，I はその重なり積分 S になる．もし，この積分が 0 であるとわかっていれば，ただちに，その分子では (A, B) の重なりから分子オービタルはできないといえる．そこで，ある積分が必然的に 0 になるとすばやく判定できる方法は，「トピック32」で導入した指標表からわかることを説明しよう．

体積素片 $d\tau$ はどの対称操作に対しても不変であるから，その積分が 0 にならないのは，被積分関数そのもの，つまり積 $f_1 f_2$ が分子の点群の任意の対称操作によって変化しない場合に限ることになる．もし，何かの対称操作によって被積分関数の符号が変わったとしても，その積分は大きさが等しくて符号が反対の寄与の和になるはずであるから 0 である．このことからつぎのことがわかる．すなわち，0 でない積分を与える関数は，分子の点群のいかなる対称操作をしても $f_1 f_2 \rightarrow f_1 f_2$ であるような関数であるから，その対称操作の指標がすべて $+1$ に等しい関数に限られる．したがって，I が 0 でないためには，**被積分関数 $f_1 f_2$ は，対称種 A_1**（あるいはその分子の点群に属するこれと等価な対称種）をもっていなくてはならない．

つぎの手順に従って，積 $f_1 f_2$ が張る対称種を導き，これが実際に A_1 を張るかどうかを調べることにする．

- 注目する分子の点群について，指標表を参照して関数 f_1 と f_2 の対称種をそれぞれ求め，その指標を指標表と同じ順にべつの行に書く．
- その2行の数を列ごとに掛け合わせ，その結果を3行目に同じ順に並べる．
- こうしてでき上がった行を見て，それがその群の列ごとの指標の和として表せるかどうかを調べる．もしこの和が A_1 を含んでいなければ，その積分は 0 でなければならない．

f_1 と f_2 がある群の既約表現の基底であるときには，その対称種に注目するのが有効な近道になる．もし，対称種が異なっていれば（たとえば，B_1 と A_2），その積の積分は 0 でなければならない．同じ（たとえば，どちらも B_1）なら，その積分は 0 でなくてもよい．

群論は，どんなときに積分が 0 でなければならないかを指定するが，群論からは 0 でなくてもよいはずの積分が，対称とは無関係の理由で 0 になってもかまわないことに注意しなければならない．たとえば，アンモニアで N-H 距離が大きすぎる場合は，s_1 を3個の H1s 原子オービタルの一次結合 $s_A + s_B + s_C$ としたときの重なり積分 (s_1, s_N) は，オービタルが離れすぎているという単純な理由で 0 になることもある．

例題 33・1　積分が 0 になるかどうかの判定　その 1

原点を中心とする正三角形の領域について，$f = xy$ という関数の積分を求める（図33・2）．この積分は 0 でなくてもよいか．

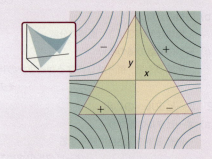

図 33・2 関数 $f = xy$ について，黄色で示した領域での積分値は 0 である．この場合は一見してわかるが，もっとわかりにくい場合でも，群論を使えば同じ結果を出せる．挿入図は，この関数の形を三次元で表したものである．

解法　まず注目すべきことは，(33・1) 式で $f_1 = f$, $f_2 = 1$ とおけば，すぐ上の議論は，一つの関数 f だけの積分になることである．したがって，f だけでこの系の点群の対称種 A_1（またはこれと等価な種）に属するかどうかを見きわめる必要がある．これを判定するには，点群を見つけ，その指標表を調べてから，f が A_1（あるいはその等価な対称種）に属するかどうかを検討すればよい．

解答　正三角形は D_{3h} の点群の対称性をもつ．この群の指標表を参照すれば，xy は既約表現 E' を張る基底の一つであることがわかる．したがって，被積分関数は A_1' を張る成分をもたないから，この積分は 0 でなければならない．

自習問題 33・1　$x^2 + y^2$ という関数は，原点を中心とする正五角形の領域で積分したとき，0 でない積分を与えるか．　　　　　　　[答：与える．図 33・3]

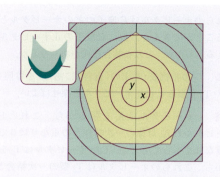

図33・3 ある関数を正五角形の領域で積分する場合．挿入図は，この関数の形を三次元で表したものである．

(b) 直積の分解

多くの場合，関数 f_1 と f_2 の積は既約表現の和を張る．たとえば，C_{2v} で，f_1 と f_2 の指標を掛けて $2,0,0,-2$ という指標が得られたとしよう．このとき，これらの指標は A_2 と B_1 の指標の和であることがわかる．

	E	C_2	σ_v	σ_v'
A_2	1	1	-1	-1
B_1	1	-1	1	-1
$A_2 + B_1$	2	0	0	-2

この結果を要約するために，記号による式 $A_2 \times B_1 = A_2 + B_1$ を使う．これは**直積の分解**[1]という．この式は記号的なものであり，この×と＋の記号は，ふつうの掛け算や足し算の記号ではない．形式的に，行列で使う"直積"と"直和"という専門的な手続きを表している．右辺の和は対称種 A_1 の既約表現を張る基底の成分を含んでいないから，C_{2v} 分子では，$f_1 f_2$ の全空間にわたる積分は 0 であると結論できる．

指標が $2,0,0,-2$ であるような単純な場合は見ただけで分解できるが，もっと複雑な群では指標の分解は一目瞭然とはいかない．たとえば，仮に，$8, -2, -6, 4$ という指標が得られたとすると，この和が A_1 を含むことは自明ではない．しかし，群論は，積が張る表現の指標を使って既約表現の対称種を見いだす系統的な方法を提供してくれる．その処方はつぎの通りである．

$$n(\Gamma) = \frac{1}{h}\sum_R \chi^{(\Gamma)}(R)\chi(R) \quad \text{直積の分解} \quad (33\cdot 2)$$

実際にはつぎのように実行する．

- 注目する群の対称操作 R を上端の見出しとする表をつくる．このとき，対称操作を一つずつ書き，類にはしな

いでおく．
- 最初の行に，解析したい対称種の指標を並べて書く．これが $\chi(R)$ である．
- 2行目に，注目している既約表現 Γ の指標を並べて書く．これが $\chi^{(\Gamma)}(R)$ である．
- 二つの行を掛け合わせ，その積を加え合わせたものをその群の位数 h で割る．

得られた数 $n(\Gamma)$ が，この分解で Γ が現れる回数である．

簡単な例示 33・1　直積の分解

C_{2v} で指標が $8, -2, -6, 4$ である積に A_1 が実際に現れるかどうかを調べるために，つぎの表を作成する．

	E	C_2	σ_v	σ_v'	$h = 4$ (群の位数)
$f_1 f_2$	8	-2	-6	4	(積の指標)
A_1	1	1	1	1	(注目する対称種)
	8	-2	-6	4	(2組の指標の積)

最後の行の数の和は 4 である．この数を群の位数で割ると 1 が得られるから，この分解に A_1 は 1 回現れる．この手順を四つの対称種全部について繰返すと，$f_1 f_2$ が $A_1 + 2A_2 + 5B_2$ を張ることがわかる．

自習問題 33・2　C_{2v} 群で指標 $7, -3, -1, 5$ をもつ積が張る既約表現の対称種の中に A_2 は現れるか．

[答：現れない]

(c) 三つの関数の積の積分

つぎの形の積分には，演算子（トピック 7）の行列要素も含まれるから，量子力学でよく出てくるものである．

$$I = \int f_1 f_2 f_3 \, d\tau \quad (33\cdot 3)$$

そこで，この積分が必然的に 0 になる場合を知っておくことは重要である．二つの関数の積の積分の場合と同じように，I が 0 でないためには，積 $f_1 f_2 f_3$ が A_1（またはそれと等価な対称種）を張るか，あるいは A_1 を張る成分を含んでいなければならない．この条件が満たされるかどうかを調べるには，先に設定した規則と同じ仕方で，三つの関数すべての指標を掛け合わせることである．

例題 33・2　積分が 0 になるかどうかの判定　その 2

C_{2v} 分子で $\int (3d_{z^2}) x (3d_{xy}) d\tau$ という積分は 0 になるか．

---

[1] decomposition of direct product

解法 C_{2v} の指標表（表32·1）と $3z^2-r^2$（これは d_{z^2} オービタルの形をしている），x, xy それぞれが張る既約表現の指標を参照する．そうすれば，上で述べた手続きを使うことができる（ただし，掛け算の行がもう一つ増える）．

解答 つぎの表をつくる．

	E	C_2	σ_v	σ_v'	
$f_3 = d_{xy}$	1	1	-1	-1	A_2
$f_2 = x$	1	-1	1	-1	B_1
$f_1 = d_{z^2}$	1	1	1	1	A_1
$f_1 f_2 f_3$	1	-1	-1	1	

この指標は B_2 の指標であるから，この積分は必ず0になる．

自習問題 33·3 積分 $\int (2p_x)(2p_y)(2p_z)\,d\tau$ は正八面体対称において必ず0になるか． ［答：0になる］

33·2 オービタルへの応用

ここまで説明してきた規則を使えば，分子内で0でない重なりをもつ原子オービタルはどれかを判定することができる．さらに，原子オービタルの一次結合をつくるとき，それにある対称性をもたせるような一連の手順がわかれば，すなわち，その一次結合が他のオービタルとの間で0でない重なりをもつかどうか予めわかれば非常に便利であろう．

(a) オービタルの重なり

2組の原子オービタル ψ_1 と ψ_2 の重なり積分 S は，

$$S = \int \psi_2{}^* \psi_1 \, d\tau \qquad \text{重なり積分} \quad (33\cdot4)$$

で表され，これは $(33\cdot1)$ 式と同じ形をしている．そこで説明したように，同じ対称種のオービタルだけが0でない重なり（$S \neq 0$）をもてる．したがって，同じ対称種のオービタルだけが結合性および反結合性の一次結合をつくる．「トピック23」で説明したが，互いの重なりが0でない原子オービタルを選ぶことが，LCAO の手順によって分子オービタルをつくり上げるときの最初の主要な段階である．したがって，ここで，群論と「トピック23」で説明した事柄の接点に到達したことになる．

例題 33·3 結合に寄与するオービタルの求め方

メタンの4個の H1s オービタルは $A_1 + T_2$ を張る．

これらのオービタルは C 原子のどのオービタルと重なることができるか．仮に C 原子の d オービタルが使えるとしたら，どんな結合様式がありうるか．

解法 T_d の指標表（巻末の「資料」にある）を参照し，A_1 や T_2 を張る s, p, d オービタルを探せばよい．

解答 s オービタルは A_1 を張るから，これと H1s オービタルの A_1 対称の一次結合との重なりは0でない重なりをもってもよい．C2p オービタルは T_2 を張るから，これらのオービタルは T_2 型の一次結合と0でない重なりをもってもよい．d_{xy}, d_{yz}, d_{zx} オービタルは T_2 を張り，やはり同じ一次結合と0でない重なりをもってもよい．他の二つの d オービタルはどちらも A_1 を張ることはないから（この二つは E を張る），非結合性オービタルのままである．これから，メタンでは (C2s, H1s) 重なりによる a_1 オービタルと，(C2p, H1s) 重なりの t_2 オービタルがあることがわかる．C3d オービタルの寄与があるとすれば後者に寄与するはずである．最低エネルギー配置はたぶん $a_1{}^2 t_2{}^6$ で，すべての結合性オービタルが満たされている．

自習問題 33·4 八面体の SF_6 分子を考え，その結合は S 原子のオービタルと，中心の S 原子の方を向いた F 原子すべての 2p オービタルからできるものとする．後者は $A_{1g} + E_g + T_{1u}$ を張る．S 原子のどのオービタルが0でない重なりをもつか．基底状態の電子配置はどのようなものになるか．
［答：$3s(A_{1g})$, $3p(T_{1u})$, $3d(E_g)$；$a_{1g}{}^2 t_{1u}{}^6 e_g{}^4$］

(b) 対称適合一次結合

NH_3 の分子オービタルを考えたとき（トピック32），$\psi = c_1 s_N + c_2 (s_A + s_B + s_C)$ という形の分子オービタルに出会った．ここで，s_N は N2s 原子オービタル，s_A, s_B, s_C は H1s オービタルである．この s_N オービタルは H1s オービタルの一次結合と対称性が合致しているから，0でない重なりがある．このときの H1s オービタルの一次結合は，**対称適合一次結合**[1] (SALC) の一例である．それは，等価な原子からつくられたオービタルであり，ある特定の対称をもつ．群論には，任意の**基底**[2] あるいは一組の原子オービタル（s_A など）を入力し，特定の対称の一次結合をつくり出す仕掛けもある．NH_3 の例で示したように，SALC は LCAO 分子オービタルをつくる基本単位であり，分子軌道法で分子を扱うときの第一歩は SALC をつくることである．

SALC をつくり上げる方法は，群論の総力をあげて導くのであるが，それには**射影演算子**[3] $P^{(\Gamma)}$ を使う．これは基底オービタルの一つを取上げ，それから次式によって対

---

1) symmetry-adapted linear combination 2) basis 3) projection operator

称種 Γ の SALC を生成させる（射影する）.

$$P^{(\Gamma)} = \frac{1}{h} \sum_R \chi^{(\Gamma)}(R)R \qquad \text{射影演算子} \quad (33 \cdot 5)$$

この規則を実行するにはつぎのようにする.

- 列の先頭に基底のオービタルを一つずつ書き，以下の行に各オービタルに操作 R を行った結果を書く．操作は一つずつ別々に行う.
- その列の各成分に，対応する操作の指標 $\chi^{(\Gamma)}(R)$ を掛ける.
- 各列のオービタル全部に，2番目で求めた因子を掛けて加え合わせる.
- その和を群の位数 h で割る.

ここまでくれば，指定した対称種のすべての SALC からの一次結合をつくることによって，全体の分子オービタルをつくり上げることができる．したがって，この場合の a_1 分子オービタルは $\psi = c_N s_N + c_1 s_1$ となる．群論が導いてくれるのはここまでである．その係数はシュレーディンガー方程式を解いて求めるもので，系の対称性から直接決まるものではない.

例題 33・4　対称適合オービタルのつくり方

NH$_3$ について，H1s オービタルの対称適合一次結合をつくれ.

解法　この分子の点群を明らかにし，その指標表を用意する．それから，射影演算子法を適用する.

解答　NH$_3$ の (s_N, s_A, s_B, s_C) という基底から，つぎの表をつくる．各行は，その左端に示した操作の効果を表している.

	s_N	s_A	s_B	s_C
E	s_N	s_A	s_B	s_C
C_3^+	s_N	s_B	s_C	s_A
C_3^-	s_N	s_C	s_A	s_B
σ_v	s_N	s_A	s_C	s_B
σ_v'	s_N	s_B	s_A	s_C
σ_v''	s_N	s_C	s_B	s_A

A_1 対称の一次結合をつくり出すために A_1 の指標 $(1, 1, 1, 1, 1, 1)$ を選ぶ．そうすると，2番目と3番目の規則から，$\psi \propto s_N + s_N + \cdots = 6s_N$ となる．群の位数（要素の数）は6であるから，s_N からつくり出せる A_1 対称の一次結合は，s_N そのものである．これと同じ手法を s_A の列に当てはめると，

$$\psi = \frac{1}{6}(s_A + s_B + s_C + s_A + s_B + s_C)$$
$$= \frac{1}{3}(s_A + s_B + s_C)$$

となる．他の二つの列からできるのも同じ一次結合なので，それからは新しい情報は得られない．ここでつくった一次結合は，（数値因子を除いて）前に見た一次結合 s_1 である.

自習問題 33・5　H$_2$O について，H1s オービタルの対称適合一次結合をつくれ.

［答：H1s$_A$＋H1s$_B$，H1s$_A$－H1s$_B$］

対称種 E の SALC をつくろうとするときには，つぎのような問題に直面する．すなわち，次元が2以上の表現に対しては，上の規則を適用すると SALC の和ができるのである．この問題はつぎの例を見れば理解できるだろう．C_{3v} 群では E の指標は $2, -1, -1, 0, 0, 0$ であるから，s_N の列から，

$$\psi = \frac{1}{6}(2s_N - s_N - s_N + 0 + 0 + 0) = 0$$

が得られる．他の列からは，

$$\frac{1}{6}(2s_A - s_B - s_C) \qquad \frac{1}{6}(2s_B - s_A - s_C) \qquad \frac{1}{6}(2s_C - s_B - s_A)$$

が得られる．しかし，この三つの式のうちのどれもが，他の二つの和として表すことができる（つまり，"一次独立"ではない）．2番目と3番目の差から $\frac{1}{2}(s_B - s_C)$ が得られ，この一次結合と1番目，つまり $\frac{1}{6}(2s_A - s_B - s_C)$ とは，e オービタルの説明で使った二つの（この場合は一次独立な）SALC である.

33・3　選　択　律

「トピック 16」で説明し，「トピック 45」でもっと詳しく説明することになるが，波動関数の始状態 ψ_i と終状態 ψ_f の間の分子遷移によって生じるスペクトル線の強度は，（電気的）遷移双極子モーメント $\boldsymbol{\mu}_{fi}$ によって決まる．そのベクトルの z 成分は，

$$\mu_{z,fi} = -e \int \psi_f^* z \psi_i \, d\tau \qquad \text{遷移双極子モーメント} \quad (33 \cdot 6)$$

で定義される．ここで，$-e$ は電子の電荷である．遷移モーメントは (33・3) 式の形をしている．そこで，両方の状態の対称種がわかりさえすれば，群論を使ってその遷移の選択律を明確な形に表すことができる.

テーマ7 分子の対称性

例題 33·5　選択律の求め方

正四面体の環境で，$p_x \rightarrow p_y$ の遷移は許されるか．

解法　$q = x, y, z$ のいずれかとするとき，T_d の指標表を使って，積 $(p_y)q(p_x)$ が A_1 を張るかどうかを判定しなければならない．

解答　この手続きはつぎのように進める．

	E	$8C_3$	$3C_2$	$6\sigma_d$	$6S_4$	
$f_3(p_y)$	3	0	-1	1	-1	T_2
$f_2(q)$	3	0	-1	1	-1	T_2
$f_1(p_x)$	3	0	-1	1	-1	T_2
$f_1 f_2 f_3$	27	0	-1	1	-1	

ここで，(33·2) 式でまとめた分解手順に従うと，この指標の組には A_1 が（1回だけ）現れるから，$p_x \rightarrow p_y$ は許容であることになる．もっと詳しい解析（指標でなく行列表示を使って行う）からは，$q = z$ のときだけ積分は 0 にならず，したがってこの遷移は z 偏光であることがわかる．つまり，この遷移に関係する電磁放射線がもつ電気ベクトルは z 方向にだけ成分がある．

自習問題 33·6　C_{4v} 分子の b_1 オービタルの電子に許容される遷移はどれか．また，その偏光はどうなっているか．
［答：$b_1 \rightarrow b_1(z)$；$b_1 \rightarrow e(x, y)$］

チェックリスト

- [ ] 1. 積分が 0 でないためには，その被積分関数が対称種 A_1（あるいは，それと等価な特定の分子点群をもつ対称種）をもたなければならない．
- [ ] 2. 同じ対称種のオービタルだけが 0 でない重なり
- [ ] ($S \neq 0$) をもてる．
- [ ] 3. **対称適合一次結合**（SALC）は，等価な原子からつくられた原子オービタルの一次結合で，ある特定の対称性をもつ．

重要な式の一覧

性　質	式	備　考	式番号
直積の分解	$n(\Gamma) = (1/h) \sum_R \chi^{(\Gamma)}(R) \chi(R)$	実の指標*	33·2
重なり積分	$S = \int \psi_2^* \psi_1 \, d\tau$	定　義	33·4
射影演算子	$P^{(\Gamma)} = (1/h) \sum_R \chi^{(\Gamma)}(R) R$		33·5
遷移双極子モーメント	$\mu_{z,\mathrm{fi}} = -e \int \psi_\mathrm{f}^* z \psi_\mathrm{i} \, d\tau$	z 成分	33·6

* 指標は一般には複素であるが，本書では実の値しか現れない．

テーマ7 分子の対称性 演習と問題

トピック31 分子の形の解析

記述問題

31·1 分子が属する点群を求めるにはどうすればよいか．

31·2 点群の対称操作とそれに対応する対称要素の一覧表を作成せよ．

31·3 分子が極性になれるための対称性の基準について説明せよ．

31·4 分子が光学活性になれるための対称性の基準について説明せよ．

演 習

31·1(a) CH_3Cl 分子は点群 C_{3v} に属する．この群の対称要素を表で示し，分子の図を描いて，その要素が分子のどこにあるかを示せ．

31·1(b) CCl_4 分子は点群 T_d に属する．この群の対称要素を表で示し，分子の図を描いて，その要素が分子のどこにあるかを示せ．

31·2(a) ナフタレン分子の属する点群は何か．分子の図を描いて，その対称要素が分子のどこにあるかを示せ．

31·2(b) アントラセン分子の属する点群は何か．分子の図を描いて，その要素が分子のどこにあるかを示せ．

31·3(a) つぎのものが属する点群は何か．(a) 球，(b) 二等辺三角形，(c) 正三角形，(d) 削ってない円柱形の鉛筆．

31·3(b) つぎのものが属する点群は何か．(a) 削った円柱形の鉛筆，(b) 三枚羽根のプロペラ，(c) 4本脚のテーブル，(d) 人体 (大体でよい)．

31·4(a) つぎの分子の対称要素を数え上げ，それが属する点群を書け．(a) NO_2, (b) N_2O, (c) $CHCl_3$, (d) $CH_2=CH_2$．

31·4(b) つぎの分子の対称要素を数え上げ，それが属する点群を書け．(a) フラン (**1**)，(b) γ-ピラン (**2**)，(c) 1,2,5-トリクロロベンゼン

1 フラン　　**2** γ-ピラン

31·5(a) つぎの分子の点群は何か．(a) *cis*-ジクロロエテン，(b) *trans*-ジクロロエテン

31·5(b) つぎの分子の点群は何か．(a) HF, (b) IF_7 (五角両錐形)，(c) XeO_2F_2 (シーソー形)，(d) $Fe_2(CO)_9$ (**3**)，(e) キュバン C_8H_8, (f) テトラフルオロキュバン $C_8H_4F_4$ (**4**)

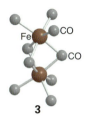 

3　　**4**

31·6(a) つぎの分子のうち，どれが極性であるか．(a) ピリジン，(b) ニトロエタン，(c) 気相の $HgBr_2$, (d) $B_3N_3H_6$

31·6(b) つぎの分子のうち，どれが極性であるか．(a) CH_3Cl, (b) $HW_2(CO)_{10}$, 点群 D_{4h}, (c) $SnCl_4$

31·7(a) ジクロロナフタレンのすべての異性体が属する点群を書け．

31·7(b) ジクロロアントラセンのすべての異性体が属する点群を書け．

31·8(a) 点群 D_{2h} や C_{3h} に属する分子はキラルになれるか．その理由を説明せよ．

31·8(b) 点群 T_h や T_d に属する分子はキラルになれるか．その理由を説明せよ．

問 題

31·1 つぎの分子の対称要素と，それが属する点群をリストにせよ．(a) ねじれ形 CH_3CH_3, (b) いす形および舟形シクロヘキサン，(c) B_2H_6, (d) $[Co(en)_3]^{3+}$. ただし，en はエチレンジアミンである (1,2-ジアミノエタン．その細かい構造は無視せよ)，(e) 王冠形 S_8. これらの分子のうち，どれが (i) 極性，(ii) キラルであるか．

31·2‡ 平面正方形の錯アニオンの [*trans*-Ag(CF$_3$)$_2$-(CN)$_2$]$^-$ では，Ag—CN は直線形である．(a) CF_3 基は自由回転をしていると仮定して (つまり，角 AgCF と角 AgCN のことは考えずに)，この錯アニオンの点群を求めよ．(b) 次に，CF_3 基は (たとえば，このイオンが固体中にあるからという理由で) 自由には回転できないとしよう．(**5**) の構造は，NC—Ag—CN 軸を二等分し，これに垂直な面を示している．両方の CF_3 基の CF 結合の一つがこの面内にあり (どちらの CF_3 基も優先的にどちらかの CN 基の方を向くことはない)，CF_3 同士が (i) 互いにねじれ形になる，(ii) 互いに重なり形になるとしたときのこの錯体の点群を求めよ．

---

‡ この問題は Charles Trap, Carmen Giunta の提供による．

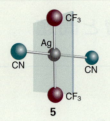

5

これをNiSO₄と反応させると，ほぼ平面形の配位子2個が1個のNi原子に直角をつくって結合した錯体が生成した．得られた錯カチオン $[Ni(C_7H_9N_5O_2)_2]^{2+}$ の点群と対称操作を求めよ．

6

31·3‡ B.A. Bovenzi, G.A. Pearse, Jr.〔*J. Chem. Soc. Dalton Trans.*, 2793 (1997)〕は，三座配位子のピリジン-2,6-ジアミドキシム ($C_7H_9N_5O_2$, **6**) の配位化合物を合成した．

トピック32 群論

記述問題

32·1 "群"とは何かを説明せよ．

32·2 群論において (a) 表示と (b) 表現は何を表すかを説明せよ．

32·3 指標表の構造と内容について説明せよ．

32·4 一つの表現を複数の表現の直和に簡約するとはどういうことか．

32·5 表現の対称種を表すのに使う文字と下付き添字の意味を説明せよ．

演習

32·1(a) 基底としてBF₃の各原子の原子価 p_z オービタルを使い，対称操作 σ_h の表示を求めよ．z 軸は分子面に垂直にとる．

32·1(b) 基底としてBF₃の各原子の原子価 p_z オービタルを使い，対称操作 C_3 の表示を求めよ．z 軸は分子面に垂直にとる．

32·2(a) BF₃の各原子の原子価 p_z オービタルの基底における σ_h と C_3 の対称操作の行列表示を使い，$\sigma_h C_3$ から生じる操作とその表示を求めよ．z 軸は分子面に垂直にとる．

32·2(b) BF₃の各原子の原子価 p_z オービタルの基底における σ_h と C_3 の対称操作の行列表示を使い，$C_3 \sigma_h$ から生じる操作とその表示を求めよ．z 軸は分子面に垂直にとる．

32·3(a) D_{3h} 群の三つの対称操作 C_2 すべてが同じ類に属することを示せ．

32·3(b) D_{3h} 群の三つの対称操作 σ_v すべてが同じ類に属することを示せ．

32·4(a) 結晶内で正八面体の穴に閉じ込められた粒子の縮退度の最大値はいくらか．

32·4(b) 正二十面体のナノ粒子の中に閉じ込められた粒子の縮退度の最大値はいくらか．

32·5(a) ベンゼンのオービタルがとりうる縮退度の最大値はいくらか．

32·5(b) 1,4-ジクロロベンゼンのオービタルがとりうる縮退度の最大値はいくらか．

問題

32·1 C_{2h} 群は E, C_2, σ_h, i という要素から成る．この群の乗法表を作成し，この群に属する分子の例をあげよ．

32·2 D_{2h} 群には主軸に垂直な C_2 軸と水平な鏡面がある．この群は反転中心をもつはずであることを示せ．

32·3 H₂O分子を考えよう．これは C_{2v} 群に属する．2個のH1sオービタルとO原子の4個の原子価オービタルを基底にとり，この基底の群を表現する6×6行列をつくれ．実際に行列の掛け算を行って，群の掛け算 (a) $C_2 \sigma_v = \sigma_v'$, (b) $\sigma_v \sigma_v' = C_2$ が成り立つことを確かめよ．また，上の行列の**トレース**[1]を計算し，(a) 同じ類の対称要素は同じ指標をもつこと，(b) この表現が可約であること，(c) 上の基底は $3A_1 + B_1 + 2B_2$ を張ることを確かめよ．

32·4 オービタル角運動量の z 成分は，C_{3v} 群における A_2 対称の既約表現の基底であることを確かめよ．

32·5 CH₄のように，正四面体の頂点に1個ずつある4個のH1sオービタルから成る基底について，T_d 群の対称操作の表示を求めよ．

32·6 問題32·5でつくった表示は群の掛け算 $C_3^+ C_3^- = E$, $S_4 C_3 = S_4'$, $S_4 C_3 = \sigma_d$ を再現することを確かめよ．

32·7 C_{6v} 群で $D(C_6) = +1$, $D(C_6) = -1$ としたとき，一次元の行列 $D(C_3) = 1$, $D(C_2) = 1$ の組と $D(C_3) = 1$, $D(C_2) = -1$ の組は両方とも $C_3 C_2 = C_6$ という群の掛け算を再現している．指標表を使ってこれを確かめよ．それぞれの場合に σ_v と σ_d の表示はどうなるか．

32·8 つぎのパウリのスピン行列 $\boldsymbol{\sigma}$ と，2×2単位行列の乗法表を作成せよ．

---

1) trace（正方行列の対角要素の和）

$$\sigma_x = \begin{pmatrix} 0 & 1 \\ 1 & 0 \end{pmatrix} \quad \sigma_y = \begin{pmatrix} 0 & -i \\ i & 0 \end{pmatrix}$$

$$\sigma_z = \begin{pmatrix} 1 & 0 \\ 0 & -1 \end{pmatrix} \quad \sigma_0 = \begin{pmatrix} 1 & 0 \\ 0 & 1 \end{pmatrix}$$

これらの4個の行列は掛け算のもとで群をつくるか．

32·9 fオービタルの代数的な形は，動径関数につぎの因子のどれか一つを掛けたものである．(a) $z(5z^2-3r^2)$，(b) $y(5y^2-3r^2)$，(c) $x(5x^2-3r^2)$，(d) $z(x^2-y^2)$，(e) $y(x^2-z^2)$，(f) $x(z^2-y^2)$，(g) xyz．これらのオービタルがつぎの対称のもとで張る既約表現を求めよ．(a) C_{2v}，(b) C_{3v}，(c) T_d，(d) O_h．つぎの錯体の中心にあるランタノイドイオンを考えよう．(a) 正四面体形錯体，(b) 正八面体形錯体．上の7個のfオービタルは，どんなオービタルの組に分割できるか．

32·10[‡] C.J. Marsden〔*Chem. Phys. Lett.*, **245**, 475 (1995)〕は，AM_x 型の化合物の計算研究を行った．ここで，Aは周期表の14族の元素で，Mはアルカリ金属である．研究の結果，どの化学式の化合物でも，最も対称性が高い構造から何らかのずれを示していることがわかった．たとえば，AM_4 の構造のほとんどは，正四面体構造ではなくて，二つのはっきり異なる MAM 結合角をもつ．その構造は，正四面体を (**7**) に示すように歪ませることによって導ける．(a) この歪んだ四面体の点群は何か．(b) こ

の歪みは，新しい低対称の群における振動であると考えられるが，その対称種は何か．AM_6 構造のなかには正八面体構造ではなく，正八面体の C—M—C 軸を (**8**) に示すようにずらすことによって導かれるものがある．(c) この歪んだ八面体の点群は何か．(d) この歪みを，新しい低対称の群における一つの振動と考えたとき，その対称種は何になるか．

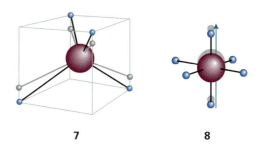

7   **8**

32·11[‡] 星間雲中で起こる化学反応において重要な役割を演じる H_3^+ 分子イオンは，正三角形であることがわかっている．(a) この分子の対称要素は何か．また，点群を求めよ．(b) 3個の H1s オービタルをこの分子の表現の基底にとり，この基底のもとで行列をつくれ．(c) 具体的にこの行列の掛け算を行って，この群の乗法表を作成せよ．(d) 上の表現が可約であるかどうかを調べ，可約であればその既約表現を求めよ．

トピック33 対称性の応用

記述問題

33·1 指標表の応用を四つあげ，どのような応用かを簡単に述べよ．

演 習

33·1(a) C_{2v} 対称の分子で積分 $\int (p_x)z(p_z)\,d\tau$ が必ず0になるかどうかを対称性から判定せよ．

33·1(b) D_{3h} 対称の分子で積分 $\int (p_x)z(p_z)\,d\tau$ が必ず0になるかどうかを対称性から判定せよ．

33·2(a) C_{3v} 対称の分子の電気的双極子遷移で，$A_1 \to A_2$ 遷移は禁制か．

33·2(b) D_{6h} 対称の分子の電気的双極子遷移で，$A_{1g} \to E_{2u}$ 遷移は禁制か．

33·3(a) C_{4v} 群で関数 xy は対称種 B_2 をもつことを示せ．

33·3(b) D_2 群で関数 xyz は対称種 A_1 をもつことを示せ．

33·4(a) C_{2v} 分子の NO_2 を考えよう．2個のO原子の $p_x(A) - p_x(B)$ という一次結合は A_2 を張る（x 軸は分子面に垂直とする）．中心のN原子のオービタルで，このOのオービタルの一次結合との間で重なりが0でないものがありうるか．また，3dオービタルが使える SO_2 の場合はどうか．

33·4(b) D_{3h} イオンの NO_3^- を考えよう．中心のN原子のオービタルで，3個のO原子の $2p_z(A) - p_z(B) - p_z(C)$（$z$ 軸はこの面に垂直とする）という一次結合との間で重なりが0でないものがありうるか．また，3dオービタルが使える SO_3 の場合はどうか．

33·5(a) NO_2 の基底状態は C_{2v} 群の A_1 である．電気双極子遷移によってどの励起状態に遷移できるか．この遷移を起こすにはどんな偏光が必要か．

33·5(b) ClO_2 分子（これは C_{2v} 群に属する）が固体中に捕捉されている．その基底状態は B_1 であることがわかっている．y 軸（OOに平行）に平行な偏光によって，分子が上の状態のどれかに励起された．この状態の対称種は何か．

33·6(a) ある基底関数セットが C_{4v} 群の可約表現を張り，その指標は（巻末の「資料」の指標表にある対称操作の順に）4, 1, 1, 3, 1 である．それが張る既約表現は何か．

33·6(b) ある基底関数セットが D_2 群の可約表現を張り，その指標は（巻末の「資料」の指標表にある対称操作の順に）6, −2, 0, 0 である．それが張る既約表現は何か．

33·7(a) (a) ベンゼン，(b) ナフタレンの（全対称の）基底状態から電気双極子遷移によって到達できる状態はそれぞれどの状態か．

33·7(b) (a) アントラセン，(b) コロネン (**9**) の（全対称

の) 基底状態から電気双極子遷移によって到達できる状態はそれぞれどの状態か.

9 コロネン

33·8(a) $f_1 = \sin\theta, f_2 = \cos\theta$ と書き, C_s 群を使って対称性の考察を行い, $\theta = 0$ に関して対称な領域におけるこの二つの関数の積の積分が 0 になることを示せ.

33·8(b) $f_1 = x, f_2 = 3x^2 - 1$ と書き, C_s 群を使って対称性の考察を行い, $x = 0$ に関して対称な領域におけるこの二つの関数の積の積分が 0 になることを示せ.

問 題

33·1 CH_4 の 4 個の H1s オービタルはどんな既約表現を張るか. 中心の C 原子の s および p オービタルで, これらと分子オービタルをつくれるものはあるか. もし, C 原子に d オービタルが存在するとした場合, CH_4 のオービタル形成に何らかの役割を果せるか.

33·2 メタン分子が歪んで, つぎのようになったと仮定しよう. (a) 一つの結合が伸びて C_{3v} 対称になる, (b) 一種のはさみ運動で, 一つの結合角が少し開き, もう一つが少し閉じて C_{2v} 対称になる. このとき, 結合をつくるためにもっと多くの d オービタルが使えるようになるか.

33·3 $3x^2 - 1$ は, (a) 立方体, (b) 正四面体, (c) 正六角柱について積分したとき必ず 0 になるか. ただし, それぞれ原点に中心があるものとする.

33·4‡ C_{60} の分光学的な研究で Negri らは〔*J. Phys. Chem.*, **100**, 10849 (1996)〕, 蛍光スペクトルのピークの帰属を行った. この分子は正二十面体形の対称 (I_h) をもつ. 基底電子状態は A_{1g} で, 最低励起状態は T_{1g} と G_g である. (a) 基底状態からこの励起状態のどちらかへの光誘起遷移は許されるか. その理由も説明せよ. (b) 分子が少し変形して反転中心がなくなったらどうか.

33·5 平面正方形の XeF_4 分子について, 対称適合一次結合 $p_1 = p_A - p_B + p_C - p_D$ を考えよう. p_A, p_B, p_C, p_D はフッ素原子の $2p_z$ 原子オービタルである (F 原子を時計回りに命名する). 分子の全対称点群より簡約した点群 D_4 を使って, 中心の Xe 原子にあるいろいろな s, p, d 原子オービタルのどれが p_1 と分子オービタルをつくれるかを示せ.

33·6 光合成に関与するクロロフィルやシトクロムのヘム基は, ポルフィンジアニオン基 (**10**) から導かれる. この基は点群 D_{4h} に属する. 基底電子状態は A_{1g} で, 最低励起状態は E_u である. 基底状態からこの励起状態への光誘起遷移は許されるか. 解答について説明を加えよ.

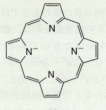

10

33·7 NO_2 分子は C_{2v} 群に属する. ただし, C_2 軸は ONO 角を 2 等分している. N2s, N2p, O2p オービタルを基底としてとり, これらの基底が張る既約表現を求め, 対称適合一次結合をつくれ.

33·8 ベンゼンについて $C2p_z$ オービタルの対称適合一次結合をつくり, それを使ってヒュッケルの永年行列式を計算せよ. この手順で得られる方程式は, もとのオービタルを使った場合よりずっと簡単に解ける. このヒュッケルのオービタルは, 「トピック 26」で指定したものになっていることを示せ.

33·9 フェナントレン分子 (**11**) は C_{2v} 群に属していて, その C_2 軸は分子面内にある. (a) 炭素の $2p_z$ オービタルが張る既約表現を分類し, その対称適合一次結合を求めよ. (b) (a) の結果を使って, ヒュッケルの永年行列式を解け. (c) フェナントレンの (全対称の) 基底状態から, 電気双極子遷移によってどの状態に到達できるか.

11 フェナントレン

33·10 β-カロテンは直鎖ポリエンの例の一つであるが, これらのポリエンのあるものは生物学的に重要な補因子であり, 光合成における太陽エネルギーの吸収や有害な生物学的酸化の防御のようなさまざまな過程に関与している. β-カロテンのモデルとして 22 個の共役 C 原子を含む直鎖ポリエンを使うことにしよう. (a) この β-カロテンのモデルはどの点群に属するか. (b) 炭素の $2p_z$ オービタルが張る既約表現を分類し, その対称適合一次結合を求めよ. (c) 上の (b) の結果を使って, ヒュッケルの永年行列式を解け. (d) この β-カロテンのモデルの (全対称の) 基底状態から, 電気双極子遷移によってどの状態に到達できるか.

テーマ8　分子間の相互作用

学習の内容と進め方

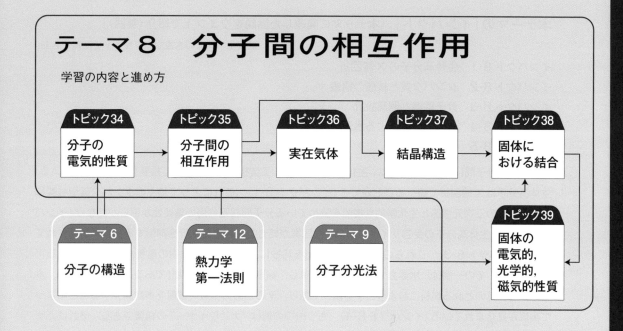

　静電気学〔「基本概念」（テーマ1）の「トピック2」〕や「分子の構造」（テーマ6）で学んだ知識をもとにすれば，原子や分子の間に働く相互作用に関するモデルを組立てることができる．その結果，高圧気体の性質や液体と固体の構造と性質を支配している諸因子をもっとよく理解できることになる．

　まず，分子の"電気双極子モーメント"や"分極率"などの電気的性質の説明からはじめる（トピック34）．これらの性質は，分子内にある原子の核が全電子に影響を及ぼしている度合いを反映している．次に，いろいろな相互作用の基礎理論について説明するが，ここでは特に閉殻分子の間に働く"ファンデルワールス相互作用"と"水素結合"に注目する（トピック35）．液体や固体というのは，いろいろある凝集性相互作用のいずれかによって凝集した状態である．完全気体の振舞いからのずれと"実在気体"の熱力学的性質についても，これらの相互作用によって説明ができる（トピック36）．

　固体状態には，最新の工業技術を可能にさせた優れた材料の大半が含まれている．これら固体を理解するには，結晶中での原子の規則配列とその配列の対称性についてよく理解しておく必要がある．"X線回折"の基本原理は，固体の構造解析を行ううえで重要であるから，この手法で得られた回折パターンが，"単位胞"の中の電子密度分布によってどう解釈できるかを説明しよう（トピック37）．さまざまなX線回折研究によって，金属固体やイオン性固体，分子性固体の構造に関する重要な情報が明らかになっている（トピック38）．イオン性固体のエネルギー論については，「熱力学第一法則」（テーマ12）で導入する概念を使えば理解することができる．こうして構造面からの知見を得たあとは，「分子分光法」（テーマ9）の諸原理の助けを借りながら，固体の電気的，光学的，磁気的な諸性質が構成原子の配列と性質にどう由来しているかを示そう（トピック39）．

本テーマの「インパクト」〔本テーマに関連した話題をウエブ上で紹介（英語）〕

東京化学同人の本書ウエブサイトで閲覧できる.

インパクト 8・1　生体高分子の X 線回折
インパクト 8・2　タンパク質と核酸の構造
インパクト 8・3　分子認識と医薬設計
インパクト 8・4　分子包接体による水素貯蔵
インパクト 8・5　ナノワイヤー

　原子間や分子間に働く相互作用は，生化学や生物医学，工業技術ではきわめて重要な役割を演じている．生体高分子は X 線回折で調べることができ（インパクト 8・1），これによって種々のタンパク質や核酸について，その三次元構造と生化学的な機能を決めている分子間相互作用の重要性が明らかになり（インパクト 8・2），生体高分子の受容サイトに効果的な医薬が結合して疾病の進行を抑制する機構が解明されている（インパクト 8・3）．これらの分子間相互作用を巧妙に扱えば，工業技術の重要な成果につながる可能性もある．その一例は，水素ガスを効率的に貯蔵し，輸送できる装置の設計である．これによって，水素ガスを採算のとれる燃料にしようとする試みであり，そのための市販の装置を多数開発することによって実現が見込まれている（インパクト 8・4）．もう一つの例は“ナノワイヤー”の構築である．それは，ナノメートルサイズの電気伝導性をもつ原子集合体であり，新世代の電子デバイスを製造するうえで大きな一歩である（インパクト 8・5）．

トピック 34

分子の電気的性質

内容

34・1 電気双極子モーメント
　　簡単な例示 34・1　分子の対称と極性
　　簡単な例示 34・2　分子の双極子モーメント
　　例題 34・1　分子の双極子モーメントの計算

34・2 分極率
　　簡単な例示 34・3　誘起双極子モーメント

チェックリスト
重要な式の一覧

▶ **学ぶべき重要性**
　凝縮相や大きな分子集合体が形成される原因となる分子間相互作用（「トピック35」で詳しく扱う）は，分子の電気的な性質に由来しているから，分子の電子構造がその性質にどう反映されているかを知っておく必要がある．

▶ **習得すべき事項**
　各原子の核による電子の支配は分子内の全電子に及んでおり，電子をある特定の領域に集積させたり，外部場の影響に対して電子が多かれ少なかれ応答するのを許したりしている．

▶ **必要な予備知識**
　クーロンの法則（「基本概念」（テーマ1）の「トピック2」）と分子の形（初等化学から）を知っており，分子軌道法，とりわけHOMOとLUMOの間のエネルギー間隔の重要性（トピック26）について理解している必要がある．

　分子の電気的な性質は，バルクのものの性質のたいていの原因になっている．分子内の電荷分布にわずかな不均衡があれば，その分子間で相互作用が生じるだけでなく外部の場とも相互作用できるようになる．このような相互作用の結果の一つとして，分子が弱く凝集することで，もののバルク相が形成される．分子間相互作用はまた，生体高分子や合成高分子がとる形状の原因にもなっている．

34・1　電気双極子モーメント

　電気双極子[1]は，距離 R だけ離れた二つの電荷 $+Q$ と $-Q$ からできている．**点電気双極子**[2]は，観測者からの距離に比べて R が非常に小さな電気双極子である．**電気双極子モーメント**[3]はベクトル量 μ（**1**）で表される．そのベクトルは負電荷から正電荷に向かい，大きさは，

$$\mu = QR \qquad 定義\quad 電気双極子モーメントの大きさ \qquad (34・1)$$

1 電気双極子

で与えられる．双極子モーメントのSI単位はクーロン・メートル（C m）である．いまでも非SI単位であるデバイ（D）で記載されるのがふつうで，これは分子の双極子モーメントの研究の先駆者であるデバイ[4]にちなんだ名称である．ここで，

$$1\,\mathrm{D} = 3.335\,64 \times 10^{-30}\,\mathrm{C\,m} \qquad (34・2)$$

である．100 pm 離れた一対の電荷 $+e$ と $-e$ の双極子モーメントの大きさは 1.6×10^{-29} C m で，これは 4.8 D にあたる．小さな分子の双極子モーメントの大きさは，ふつう約

---

1) electric dipole　2) point electric dipole　3) electric dipole moment　4) Peter Debye

1 D である[†].

極性分子[1]とは，永久電気双極子モーメントをもつ分子である．永久双極子モーメントは，分子内の原子にある部分電荷から生じるものであるが，この部分電荷は電気陰性度の違いなどの結合の特性（トピック25と26）から生じる．無極性分子は，電場の中に置くと誘起双極子モーメントをもつようになるが，これは電場によって分子の電子分布と原子核の位置に変形が生じるためである．しかし，この誘起モーメントは一時的なものにすぎず，外部の摂動電場が取除かれるとすぐに消滅する．極性分子でも同様に，すでに存在している双極子モーメントが外部電場によって一時的に変化を受ける．

すべての異核二原子分子は極性であり，μ の代表的な値としては HCl で 1.08 D, HI で 0.42 D である（表34・1）．多原子分子が極性かどうかを判定するのに分子対称は最も重要な要素である（「トピック31と32」も見よ）．実際，分子の対称性は分子を構成する原子が同じ元素かどうかよりもっと重要である．この理由によって，「簡単な例示34・1」でもわかるように，等核の多原子分子は，対称が低くて原子が非等価な位置にあれば極性でありうる．

表34・1[a] 双極子モーメントの大きさ(μ)と分極率体積(α')

	μ/D	$\alpha'/(10^{-30}\,\mathrm{m}^3)$
CCl$_4$	0	10.3
H$_2$	0	0.819
H$_2$O	1.85	1.48
HCl	1.08	2.63
HI	0.42	5.45

a) 巻末の「資料」に多くの値がある．

簡単な例示 34・1 分子の対称と極性

折れ曲がった分子オゾン（**2**）は等核であるが，中央のO原子は他の2個と違う（中央の原子は2個の原子と結合しているが両端の原子は1個とだけ結合している）から極性である．しかも，各結合にある双極子モーメントは互いに角度をなしているので，打ち消し合うことがない．一方，直線形の異核三原子分子 CO$_2$（**3**）は無極性である．それは，3個の原子すべてに部分電荷があるにも関わらず，OC結合に付随する双極子モーメントがCO結合に付随する双極子モーメントと真逆を向いていて，互いに相殺するからである．

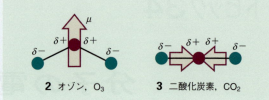

2 オゾン，O$_3$ **3** 二酸化炭素，CO$_2$

自習問題 34・1 SO$_2$ 分子は極性か．　　[答: 極性]

多原子分子の双極子モーメントは，かなりよい第一近似として，いろいろな原子群からの寄与とその相対位置に分解できる（図34・1）．たとえば，1,4-ジクロロベンゼンは，大きさが等しいが逆向きの2個のC-Clモーメントが相殺するために（二酸化炭素と同様に），対称性によって無極性である．これと対照的に，1,2-ジクロロベンゼンは双極子モーメントをもち，それは60°の角度をなして並んだ2個のクロロベンゼンの双極子モーメントを合成したものにほぼ等しい．この"ベクトル和"を求める方法は，他の一連の関連分子にも適用でき，かなりうまくいっている．ここで，互いに角度 θ をなす二つの双極子モーメント μ_1 と μ_2 を合成してできた μ_{res} (**4**) の大きさは，近似的に次式で表される（「数学の基礎4」を見よ）．

$$\mu_{\mathrm{res}} \approx (\mu_1^2 + \mu_2^2 + 2\mu_1\mu_2\cos\theta)^{1/2} \quad (34\cdot 3\mathrm{a})$$

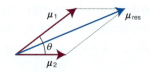

4 双極子モーメントの加算

この式は，二つの双極子モーメントの大きさが等しければ（ジクロロベンゼンの場合のように）つぎのように簡単になる．

$$\mu_{\mathrm{res}} \approx \{2\mu_1^2(1+\cos\theta)\}^{1/2} \overset{1+\cos\theta=2\cos^2\frac{1}{2}\theta}{=} 2\mu_1\cos\frac{1}{2}\theta \quad (34\cdot 3\mathrm{b})$$

簡単な例示 34・2 分子の双極子モーメント

オルト(1,2-)とメタ(1,3-)の二置換ベンゼンを考えよう．$\theta_{ortho}=60°$, $\theta_{meta}=120°$ である．(34・3)式

[†] (34・2)式の変換因子は，デバイ単位のもとの定義が静電単位系(esu)に由来することによる．電荷の静電単位系の単位はフランクリン(Fr)であり，1 Fr = 3.335 64×10^{-10} C である．1 D とは，符号の異なる2個の電荷の大きさが 10^{-10} Fr で等しく，1 Å (= 10^{-10} m) の距離を隔てているときの双極子モーメントの大きさである．

1) polar molecule

から，電気双極子モーメントの大きさの比はつぎのように求められる．

$$\frac{\mu_{res,ortho}}{\mu_{res,meta}} = \frac{\cos\frac{1}{2}\theta_{ortho}}{\cos\frac{1}{2}\theta_{meta}} = \frac{\cos(\frac{1}{2}\times 60°)}{\cos(\frac{1}{2}\times 120°)}$$

$$= \frac{(3)^{1/2}/2}{1/2} = (3)^{1/2} \approx 1.7$$

自習問題 34・2 互いに 109.5°の角度をなす2個の双極子モーメントの大きさが 1.5 D と 0.80 D であるとき，その合成双極子モーメントの大きさを計算せよ．
[答: 1.4 D]

(a) $\mu_{obs} = 1.57$ D

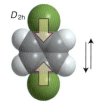

(b) $\mu_{obs} = 0$, $\mu_{calc} = 0$

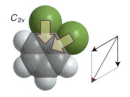

(c) $\mu_{obs} = 2.25$ D,
$\mu_{calc} = 2.7$ D

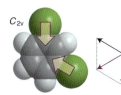

(d) $\mu_{obs} = 1.48$ D,
$\mu_{calc} = 1.6$ D

図 34・1 ジクロロベンゼン異性体（bからdまで）の合成双極子モーメント（赤色矢印）は，近似的に2個のクロロベンゼンの双極子モーメント（大きさ 1.57 D）のベクトル和で与えられる．各分子の点群も示してある．

もっと信頼のおける双極子モーメントの計算法は，全部の原子について，部分電荷の位置と大きさを考慮することである．このような部分電荷の値は，多くの分子構造のソフトウエアの出力に含まれている．たとえば，x成分を計算するには，まず各原子に存在する部分電荷を知り，分子内のある1点を基準にしたその原子のx座標を知る必要があるが，それによって，つぎの和をつくればよい．

$$\mu_x = \sum_J Q_J x_J \tag{34・4a}$$

Q_J は原子Jの部分電荷，x_J は原子Jのx座標である．この和は分子内のすべての原子についてとる．y成分とz成分についても同様な式ができる．電気的に中性な分子では座標の原点はどこにとってもよいから，測りやすいところにおけばよい．一般のベクトルと同様に，$\boldsymbol{\mu}$ の大きさと3個の成分 μ_x, μ_y, μ_z の間にはつぎの関係がある．

$$\mu = (\mu_x^2 + \mu_y^2 + \mu_z^2)^{1/2} \tag{34・4b}$$

例題 34・1 分子の双極子モーメントの計算

(**5**)に示すアミド基の電気双極子モーメントを計算せよ†．ただし，図中に示してある部分電荷（eを単位としてある）と原子の位置（x, y, z座標の単位は pm）を用いよ．

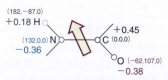

5 アミド基（ペプチド鎖）

解法 (34・4a)式を使って双極子モーメントの各成分を計算し，次に，(34・4b)式を使って3成分をまとめて双極子モーメントの大きさを求めればよい．部分電荷は，電気素量 $e = 1.602 \times 10^{-19}$ C を単位として表してあることに注意しよう．

解答 μ_x の式は，

$$\mu_x = (-0.36\,e) \times (132\,\text{pm}) + (0.45\,e) \times (0\,\text{pm})$$
$$+ (0.18\,e) \times (182\,\text{pm})$$
$$+ (-0.38\,e) \times (-62\,\text{pm})$$
$$= 8.8\,e\,\text{pm}$$
$$= 8.8 \times (1.602 \times 10^{-19}\,\text{C}) \times (10^{-12}\,\text{m})$$
$$= 1.4 \times 10^{-30}\,\text{C m}$$

となる．これは $\mu_x = +0.42$ D に相当する．μ_y の式は，

$$\mu_y = (-0.36\,e) \times (0\,\text{pm}) + (0.45\,e) \times (0\,\text{pm})$$
$$+ (0.18\,e) \times (-87\,\text{pm})$$
$$+ (-0.38\,e) \times (107\,\text{pm})$$
$$= -56\,e\,\text{pm} = -9.0 \times 10^{-30}\,\text{C m}$$

---

† 訳注：(**5**)は完全な分子ではなく，部分電荷の和が0でないから，この部分だけの双極子モーメントを(34・4a)式から求めるのは適当でない．完全な分子ならばこの方法でよい．

で, $\mu_y = -2.7\,\mathrm{D}$ が得られる. アミド基は平面形であるから $\mu_z = 0$ である. そこで,

$$\mu = \{(0.42\,\mathrm{D})^2 + (-2.7\,\mathrm{D})^2\}^{1/2} = 2.7\,\mathrm{D}$$

となる. そこで, 長さ 2.7 単位の矢印を, x,y,z 成分がそれぞれ 0.42, -2.7, 0 単位になるようにおけば, 双極子モーメントの向きを求められる. この向きを (**5**) に重ね書きして示してある.

自習問題 34・3 (**6**) に与えた情報を使って, ホルムアルデヒドの電気双極子モーメントを計算せよ.

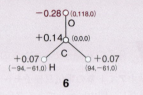

[答: 2.0 D]

$(n=1)$ は点電荷であり, 単極子モーメントはわれわれがふつうに全電荷といっているものである. 双極子 $(n=2)$ は, 単極子モーメントをもたない (正味の電荷がない) 電荷の配置である. **四重極子**[4] $(n=3)$ は, (CO_2 分子 **3** の場合のような) 単極子モーメントも双極子モーメントももたない点電荷の配置から成る. **八重極子**[5] $(n=4)$ は, (CH_4 分子 **7** のように) 点電荷の和が 0 になる配置からできていて, 双極子モーメントも四重極モーメントももたない.

34・2 分 極 率

原子核の電荷がまわりの電子を完全には支配できないという状況であれば, その電子は外部の場に応答できるということである. そこで, 外部電場がかかると分子の永久双極子モーメントが揃うだけでなく, 分子は変形することもできる. その外場が弱ければ, **誘起双極子モーメント**[6] の大きさ μ^* は電場の強さ $\mathcal{E}$ に比例するから,

$$\mu^* = \alpha\mathcal{E} \qquad \text{定義 \; 分極率} \quad (34\cdot5\mathrm{a})$$

と書く. このときの比例定数 α は, その分子の **分極率**[7] である. 外場の大きさが同じならば, 誘起双極子モーメントは分極率が大きいほど大きい. 一般的に扱うときは, ベクトル量を使って, 誘起双極子モーメントが必ずしも外場に平行にはならないような分極率も考慮するが, ここでは簡単のために分極率の大きさだけを (スカラー量として) 問題にしよう.

外場が非常に強いときには (強く絞り込んだレーザー光のように), 誘起双極子モーメントは外部電場の強さに対して厳密には線形にならないから,

$$\mu^* = \alpha\mathcal{E} + \tfrac{1}{2}\beta\mathcal{E}^2 + \cdots \qquad \text{定義 \; 超分極率} \quad (34\cdot5\mathrm{b})$$

と書く. 係数 β は, この分子の **超分極率**[8] である.

分極率の単位は $\mathrm{C}^2\,\mathrm{m}^2\,\mathrm{J}^{-1}$ である. このように単位が集まったものは扱いにくいので, α はつぎの関係式を使って **分極率体積**[9] α' で表すことが多い.

$$\alpha' = \frac{\alpha}{4\pi\varepsilon_0} \qquad \text{定義 \; 分極率体積} \quad (34\cdot6)$$

ε_0 は真空の誘電率である [「基本概念」(テーマ 1) の「トピック 2」]. $4\pi\varepsilon_0$ の単位は $\mathrm{C}^2\,\mathrm{J}^{-1}\,\mathrm{m}^{-1}$ であるから, α' は体積の次元をもつ (それでこの名称がついた). 分極率体積は, 現実の分子体積と同じくらいの大きさ (約 $10^{-30}\,\mathrm{m}^3$, $10^{-3}\,\mathrm{nm}^3$, $1\,\mathrm{Å}^3$) である.

分子にはもっと高次の **多重極子**[1], すなわち点電荷の配置をもつものがある (図 34・2). 正確にいえば, n **重極子**[2] は, n 重極モーメントはもつがそれより低次のモーメントをもたない点電荷の配置である. たとえば, **単極子**[3]

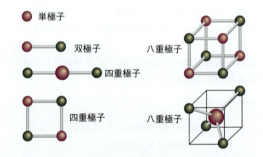

図 34・2 電気多重極子における代表的な電荷の配列. 任意の有限の電荷分布から生じる電場は, 多重極子の重ね合わせから生じる電場の重ね合わせとして表せる.

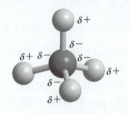

7 メタン, CH_4

---

1) multipole 2) n-pole 3) monopole 4) quadrupole 5) octupole 6) induced dipole moment 7) polarizability 8) hyperpolarizability 9) polarizability volume

トピック34　分子の電気的性質

簡単な例示 34・3　誘起双極子モーメント

H₂O の分極率体積は $1.48 \times 10^{-30} \text{ m}^3$ である。(34・5a) 式と (34・6) 式から $\mu^* = 4\pi\varepsilon_0\alpha'\mathcal{E}$ であるから、外部電場の強さ $1.0 \times 10^5 \text{ V m}^{-1}$ によって誘起される（永久双極子モーメントに加えて生じる）この分子の双極子モーメントは、

$$\mu^* = 4\pi \times (8.854 \times 10^{-12} \text{ C}^2\text{ J}^{-1}\text{ m}^{-1})$$
$$\times (1.48 \times 10^{-30} \text{ m}^3) \times (1.0 \times 10^5 \text{ J C}^{-1}\text{ m}^{-1})$$
$$= 1.65 \times 10^{-35} \text{ C m} = 4.9 \times 10^{-6} \text{ D} = 4.9 \text{ μD}$$

である。ここで、$1 \text{ V} = 1 \text{ J C}^{-1}$ を使った。

自習問題 34・4　分極率体積 $2.6 \times 10^{-30} \text{ m}^3$ の分子（CO₂ など）に対して、電気双極子モーメントの大きさ 1.0 μD を誘起するのに必要な外部電場の強さはいくらか。　　　　　　　　　[答: 12 kV m^{-1}]

代表的な分子について、実測の分極率体積を表 34・1 に掲げてある。つぎの「根拠」に示すように、分極率体積は原子や分子の HOMO-LUMO 間隔（トピック 26）と相関がある。もし、LUMO のエネルギーが HOMO に近いところにあれば、電子分布を容易に歪ませることができるから、その場合の分極率は大きい。LUMO が HOMO のずっと上にあれば、外場が電子分布を大きく変えることができないから、分極率は小さい。HOMO-LUMO ギャップの小さな分子にはサイズの大きな分子が多く、電子を多数もつ。

根拠 34・1　分極率と分子構造

ある分子が、大きさ $\mathcal{E}$ の外部電場に置かれたときのエネルギー E は、その分子の双極子モーメントとつぎの関係がある。

$$E = -\mu\mathcal{E}$$

そこで、電場が $\text{d}\mathcal{E}$ だけ増加したときの分子のエネルギー変化は $-\mu\,\text{d}\mathcal{E}$ である。また、分子が分極できるときの μ は、誘起双極子モーメント μ^* と解釈できる (34・5式)。したがって、電場が 0 から $\mathcal{E}$ まで増加したときのエネルギーの変化は、

$$\Delta E = -\int_0^{\mathcal{E}} \mu^*\,\text{d}\mathcal{E} = -\int_0^{\mathcal{E}} \alpha\mathcal{E}\,\text{d}\mathcal{E} = -\frac{1}{2}\alpha\mathcal{E}^2$$

である。1 個の双極子モーメントに z 方向の電場 $\mathcal{E}$ が作用したときのハミルトン演算子への寄与は、

$$\hat{H}^{(1)} = -\hat{\mu}_z\mathcal{E}$$

である。この 2 式を比較すれば、外場が存在するときの系のエネルギーを計算するには、2 次の摂動論を使う必要があるのがわかる。それは、$\mathcal{E}^2$ に比例する式が必要だからである。「トピック 15」の (15・6) 式によれば、基底状態のエネルギーに対する 2 次の寄与は、

$$E^{(2)} = \sum_{n \neq 0} \frac{\left|\int \psi_n{}^* \hat{H}^{(1)} \psi_0 \,\text{d}\tau\right|^2}{E_0{}^{(0)} - E_n{}^{(0)}} = \mathcal{E}^2 \sum_{n \neq 0} \frac{\left|\int \psi_n{}^* \hat{\mu}_z \psi_0 \,\text{d}\tau\right|^2}{E_0{}^{(0)} - E_n{}^{(0)}}$$
$$= \mathcal{E}^2 \sum_{n \neq 0} \frac{|\mu_{z,0n}|^2}{E_0{}^{(0)} - E_n{}^{(0)}}$$

である。ただし、$\mu_{z,0n} = \int \psi_n{}^* \hat{\mu}_z \psi_0 \,\text{d}\tau$ は z 方向の遷移電気双極子モーメントである。遷移双極子モーメントについては「トピック 16」で導入し、「トピック 45」でもっと詳しく説明する。ここでは、電子密度の分布が ψ_0 から ψ_n に変化するとき、それに伴う電気双極子モーメントと解釈しておけばよいだろう。ψ_i と $\mathcal{E}_i{}^{(0)}$ は、それぞれ電場がないときの波動関数とエネルギーである。この二つのエネルギーの式を比較すれば、z 方向の分子の分極率は、

$$\alpha = 2 \sum_{n \neq 0} \frac{|\mu_{z,0n}|^2}{E_n{}^{(0)} - E_0{}^{(0)}} \tag{34・7}$$

となる。(34・7) 式の内容を理解するためには、励起エネルギー（HOMO-LUMO 間隔を表す）をある平均値 ΔE で近似し、最も重要な遷移双極子モーメントは電子電荷に分子の半径 R を掛けたものに近似的に等しいと考える。そうすると、

$$\alpha \approx \frac{2e^2 R^2}{\Delta E}$$

となる。この式は、α が分子のサイズとともに大きくなること、また、励起されやすい分子（ΔE の値が小さい）ほど大きくなることを示している。

励起エネルギーは、1 個の正電荷から距離 R にある電子を無限大まで引き離すのに必要なエネルギーであるとして近似すれば、$\Delta E \approx e^2/(4\pi\varepsilon_0 R)$ と書ける。この式を上の式に代入して両辺を $4\pi\varepsilon_0$ で割り、この近似のもとで 2 という因子を無視すれば $\alpha' \approx R^3$ が得られるが、これは分子の体積と同程度の大きさである。

たいていの分子の分極率は異方性をもつ。すなわち、外場に対する分子の向きによって分極率の値は異なる。ベンゼン分子では、ベンゼン環に垂直に電場が掛かったときの分極率体積は 0.0067 nm^3 で、環の面内に電場が掛かった場合は 0.0123 nm^3 である。

チェックリスト

- [ ] 1. **電気双極子**は，距離 R を隔てた 2 個の電荷 $+Q$ と $-Q$ から成る．
- [ ] 2. **電気双極子モーメント μ** はベクトル量であり，双極子の負の電荷から正の電荷に向かう矢印で表される．
- [ ] 3. **極性分子**とは，永久双極子モーメントをもつ分子である．
- [ ] 4. 高次の電気多重極子をもつ分子もある．***n* 重極子**は，n 重極モーメントをもつ点電荷の並びになっていて，それより低次のモーメントをもたないものをいう．
- [ ] 5. **分極率**とは，同じ電場で分子の双極子モーメントがどれだけ誘起するかの尺度である．
- [ ] 6. **分極率**は（分極率体積も），原子や分子の HOMO–LUMO 間隔と関係がある．
- [ ] 7. たいていの分子の分極率には異方性がある．

重要な式の一覧

性　質	式	備　考	式番号
電気双極子モーメントの大きさ	$\mu = QR$	定　義	34·1
2 個の双極子の合成双極子モーメントの大きさ	$\mu_{\text{res}} \approx (\mu_1{}^2 + \mu_2{}^2 + 2\mu_1\mu_2\cos\theta)^{1/2}$		34·3a
誘起双極子モーメントの大きさ	$\mu^* = \alpha\mathcal{E}$	1 次の近似項；α は分極率	34·5a
	$\mu^* = \alpha\mathcal{E} + \frac{1}{2}\beta\mathcal{E}^2$	2 次の近似項；β は超分極率	34·5b
分極率体積	$\alpha' = \alpha/4\pi\varepsilon_0$	定　義	34·6

トピック35

分子間の相互作用

内容

35・1 部分電荷の間の相互作用
簡単な例示 35・1　2個の部分電荷の
相互作用エネルギー

35・2 双極子が関与する相互作用
(a) 電荷–双極子の相互作用
簡単な例示 35・2　点電荷と点双極子の
相互作用エネルギー

(b) 双極子–双極子の相互作用
簡単な例示 35・3　双極子相互作用
簡単な例示 35・4　キーサムの相互作用

(c) 双極子–誘起双極子の相互作用
簡単な例示 35・5　双極子–誘起双極子の
相互作用

(d) 誘起双極子–誘起双極子の相互作用
簡単な例示 35・6　ロンドン相互作用

35・3 水素結合
簡単な例示 35・7　水素結合

35・4 全相互作用
例題 35・1　レナード–ジョーンズのポテン
シャルエネルギーからの分子間力の計算

チェックリスト
重要な式の一覧

➤ 学ぶべき重要性

凝縮相や大きな分子集合体が形成される原因となる分子間相互作用には，いろいろなタイプのものがあることを理解しておく必要がある．ここで説明する分子間相互作用は，分子生物学で未解決の大問題を解くのに最も重要なものである．それは，タンパク質や核酸などの複雑な分子が，その三次元構造にどう折りたた

まれるかという問題である．

➤ 習得すべき事項

引力相互作用が凝集をひき起こす一方で，反発相互作用は，ものが原子核の密度にまで完全に潰れてしまうのを妨げている．

➤ 必要な予備知識

静電気学のなかでも特にクーロン相互作用〔「基本概念」（テーマ1）の「トピック2」〕と，分子の構造と電気的性質の関係，とりわけ双極子モーメントと分極率（トピック34）についてよく理解している必要がある．

まず，極性分子にある部分電荷の間の相互作用から調べよう．次に，**ファンデルワールス相互作用**[1]について説明する．これは閉殻分子間に働く引力相互作用であり，分子間の距離 r に $1/r^6$ の形で依存する（$V \propto 1/r^6$）．ただし，非結合相互作用をすべて含めると，この引力相互作用は少し緩和される場合が多い．最後に，クーロン反発から生じる反発相互作用について調べる．これは，間接的ではあるがパウリの原理（トピック19）に従って，隣り合う化学種のオービタルが重なり合う空間領域に電子が行けないことから生じる．

35・1 部分電荷の間の相互作用

一般には，基底状態であっても分子内の原子には電子密度の空間変化があるから，これによって生じる部分電荷がある．もし，これらの電荷が真空中で離れたところにあれば，クーロンの法則〔「基本概念」（テーマ1）の「トピック2」〕に従って互いに引き合ったり反発し合ったりする．これは，

$$V = \frac{Q_1 Q_2}{4\pi\varepsilon_0 r} \quad \text{真空中} \qquad \begin{array}{l}\text{クーロン} \\ \text{ポテンシャルエネルギー}\end{array} \qquad (35\cdot1a)$$

---

1) van der Waals interaction

と書ける．Q_1 と Q_2 は部分電荷，r は両者の距離，ε_0 は真空の誘電率である．しかし，分子の他の部分や他の分子が電荷と電荷の間にあって，相互作用の強さを弱める可能性を考慮に入れなければならない．そこで，

$$V = \frac{Q_1 Q_2}{4\pi\varepsilon r} \quad \text{媒質中} \quad \boxed{\text{クーロンポテンシャルエネルギー}} \quad (35 \cdot 1\text{b})$$

と書く．ε は電荷の間にある媒質の誘電率である．誘電率は，ふつう $\varepsilon = \varepsilon_r \varepsilon_0$ と書いて，真空の誘電率の倍数として表す．ε_r は相対誘電率[1]である（以前はこれを誘電定数といった）．媒質の影響は非常に大きい場合がある．水では $\varepsilon_r = 78$ で，バルクの水で隔てられた2個の電荷のポテンシャルエネルギーは，真空中にあった場合に比べ2桁近くも小さくなる（図35・1）．

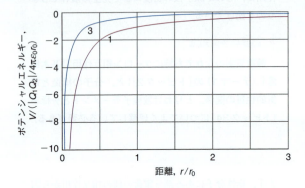

図 35・1 2個の（符号が反対の）電荷のクーロンポテンシャルエネルギー．両者の距離による依存性がプロットしてある．二つの曲線は相対誘電率が異なる場合に相当する（図中の1は真空中で $\varepsilon_r = 1$，3は代表的な流体で $\varepsilon_r = 3$）．r_0 はスケール因子である．

簡単な例示 35・1 　**2個の部分電荷の相互作用エネルギー**

アミド基のN原子の部分電荷 -0.36（すなわち $Q_1 = -0.36e$）とカルボニルのC原子にある部分電荷 $+0.45$（$Q_2 = +0.45e$）が 3.0 nm 離れており，両者の間の媒質は真空であると仮定すれば，その相互作用エネルギーは，

$$V = -\frac{(0.36e) \times (0.45e)}{4\pi\varepsilon_0 \times (3.0 \text{ nm})}$$

$$= -\frac{0.36 \times 0.45 \times (1.602 \times 10^{-19} \text{ C})^2}{4\pi \times (8.854 \times 10^{-12} \text{ C}^2 \text{ J}^{-1} \text{ m}^{-1}) \times (3.0 \times 10^{-9} \text{ m})}$$

$$= -1.2 \times 10^{-20} \text{ J}$$

となる．このエネルギーはアボガドロ定数を掛けると -7.5 kJ mol^{-1} に相当する．しかし，もし媒質が"代表的な"相対誘電率 3.5 のものだとすれば，相互作用エネルギーは -2.1 kJ mol^{-1} に減少する．

自習問題 35・1 　媒質がバルクの水であったとして，上と同じ問題を解け．　　[答：$-0.96 \text{ kJ mol}^{-1}$]

35・2 双極子が関与する相互作用

本節と次節での説明はほとんど，2個の電荷間の相互作用のクーロンポテンシャルエネルギー（35・1a式）から導かれるものである．この式を応用すれば，点電荷と双極子の間の相互作用のポテンシャルエネルギーの式にでき，2個の双極子間の相互作用にも拡張できる．

(a) 電荷–双極子の相互作用

点双極子[2]とは，2個の電荷間の距離 l がその双極子を観測している場所からの距離 r よりずっと小さい（$l \ll r$）双極子のことである．つぎの「根拠」で示すように，双極子モーメントの大きさ $\mu_1 = Q_1 l$ の点双極子と点電荷 Q_2 が (**1**) に示す配置にあるときの相互作用のポテンシャルエネルギーは，

$$V = -\frac{\mu_1 Q_2}{4\pi\varepsilon_0 r^2} \quad \boxed{\text{点双極子と点電荷の相互作用エネルギー}} \quad (35 \cdot 2)$$

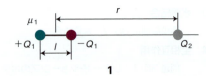

1

で表される[†]．μ_1 の単位を C m で表し，Q_2 を C，r を m の単位で表せば，V は J の単位で得られる．このポテンシャルエネルギーは，二つの点電荷の間のポテンシャルエネルギーの場合よりも（前者は $1/r^2$ の形で変化するが，後者は $1/r$ で変化するから）急速に上昇して 0（つまり，電荷と双極子の距離が無限大のときの値）になる．これは，点電荷から見ると，距離 r が増加するにつれてあたかも双極子の部分電荷同士が合体して相殺するように見えるからである（図35・2）．

根拠 35・1 　**点電荷と点双極子の相互作用**

点電荷と点双極子が (**1**) の相対配向にあるとき，同種

---

† 訳注：双極子の相対配置を表すモデル (**1, 2, 3**) では Q を正として表しているから，これによって導出された式にも注意が必要である．
1) relative permittivity. 比誘電率ともいう．　2) point dipole

の電荷間の反発ポテンシャルエネルギーと反対電荷の間の引力ポテンシャルエネルギーの和は，

$$V = \frac{1}{4\pi\varepsilon_0}\left(-\frac{Q_1 Q_2}{r - \frac{1}{2}l} + \frac{Q_1 Q_2}{r + \frac{1}{2}l}\right)$$

$$= \frac{Q_1 Q_2}{4\pi\varepsilon_0 r}\left(-\frac{1}{1-x} + \frac{1}{1+x}\right)$$

で表される．$x = l/2r$ である．点双極子については $l \ll r$ であるから，つぎの関係（数学の基礎1）を使えば，この式は x で展開できて簡単になる．

$$\frac{1}{1+x} = 1 - x + x^2 - \cdots \qquad \frac{1}{1-x} = 1 + x + x^2 + \cdots$$

そこで，それぞれ第2項までを残せば，

$$V = -\frac{2xQ_1 Q_2}{4\pi\varepsilon_0 r} = -\frac{Q_1 Q_2 l}{4\pi\varepsilon_0 r^2}$$

となる．$\mu_1 = Q_1 l$ とおけば，この式は (35·2) 式になる．点電荷が双極子の軸から角度 θ の方向にあるときは，この式に $\cos\theta$ を掛けなければならない．

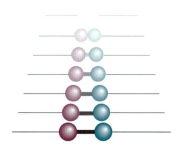

図35·2 距離が遠くなるとともに電気双極子の電場が弱まる原因は二つある（ここでは双極子を側面から見ている）．それは，両方の電荷のポテンシャルが距離とともに減少する効果（ここには濃さが薄くなるように描いてある）と，二つの電荷が合体して見える効果である．両方を合わせた効果は，前者の距離だけの効果よりずっと速く0に近づく．

簡単な例示 35·2 点電荷と点双極子の相互作用エネルギー

Li^+ と水分子 ($\mu = 1.85$ D) が1.0 nm離れている．このイオンの点電荷と水分子の双極子の相対配置は (**1**) と同じである．このとき，(35·2) 式で与えられる相互作用エネルギーは，

$$V = -\frac{\overbrace{(1.602 \times 10^{-19}\,\text{C})}^{Q_{Li^+}} \times \overbrace{(1.85 \times 3.336 \times 10^{-30}\,\text{C m})}^{\mu_{H_2O}}}{4\pi \times \underbrace{(8.854 \times 10^{-12}\,\text{C}^2\,\text{J}^{-1}\,\text{m}^{-1})}_{\varepsilon_0} \times \underbrace{(1.0 \times 10^{-9}\,\text{m})^2}_{r^2}}$$

$$= -8.9 \times 10^{-21}\,\text{J}$$

である．このエネルギーは -5.4 kJ mol^{-1} に相当する．

自習問題 35·2 (**1**) と同じ相対配置を考える．ただし，Li^+ イオンから水分子への距離が 300 pm のとき，水分子の向きが反転するのに必要なモルエネルギーを計算せよ． ［答：119 kJ mol^{-1}］

(b) 双極子-双極子の相互作用

つぎの「根拠」で示すように，上の議論は2個の双極子が (**2**) の相対配置にあるときの相互作用に拡張することができる．その結果は次式で表される．

$$V = -\frac{\mu_1 \mu_2}{2\pi\varepsilon_0 r^3}$$

(**2**) の配置の場合　　2個の双極子間の相互作用エネルギー　　(35·3)

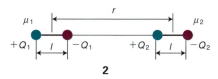

2

この相互作用エネルギーは，前の場合よりずっと速く ($1/r^3$ で) 0に近づく．互いが遠くに離れれば，この相互作用する2個の実体はどちらも中性に見えるのである．

根拠 35·2 2個の双極子の相互作用エネルギー

2個の双極子が距離 r だけ離れて，(**2**) に示すように並んでいるときの相互作用のポテンシャルエネルギーを計算する．それには「根拠 35·1」と全く同じ仕方で進めればよいが，この場合の相互作用エネルギーの合計は対になった4個の項の和である．つまり，ポテンシャルエネルギーに負の項を与える反対電荷の間の二つの引力と，正の項を与える同種電荷の間の二つの反発力である．

これら4個の寄与の和は，

$$V = \frac{1}{4\pi\varepsilon_0}\left(-\frac{Q_1 Q_2}{r+l} + \frac{Q_1 Q_2}{r} + \frac{Q_1 Q_2}{r} - \frac{Q_1 Q_2}{r-l}\right)$$

$$= -\frac{Q_1 Q_2}{4\pi\varepsilon_0 r}\left(\frac{1}{1+x} - 2 + \frac{1}{1-x}\right)$$

である．$x = l/r$ である．前と同じように，$l \ll r$ なら二

つの項を x について展開し，それぞれ第3項までを残すと，これは $2x^2$ となる．この操作で，

$$V = -\frac{2x^2 Q_1 Q_2}{4\pi\varepsilon_0 r}$$

という式になる．したがって，$\mu_1 = Q_1 l$，$\mu_2 = Q_2 l$ であるから，(2) に示した並び方での相互作用のポテンシャルエネルギーは (35・3) 式で与えられる．

「根拠35・2」で説明したのは，2個の双極子が特定の配向で並んだ場合だけである．一般には，2個の極性分子の間の相互作用のポテンシャルエネルギーは，その相対配向の複雑な関数によって表される．2個の双極子が互いに平行で (3) のように並んでいる場合のポテンシャルエネルギーは単純で，次式によって表される．

$$V = \frac{\mu_1 \mu_2 f(\theta)}{4\pi\varepsilon_0 r^3} \qquad f(\theta) = 1 - 3\cos^2\theta \tag{35・4}$$

2個の双極子が平行で固定されている場合の相互作用エネルギー

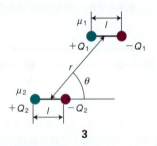

3

簡単な例示 35・3 双極子相互作用

(35・4) 式を使えば，2個のアミド基の間の双極子相互作用のモルポテンシャルエネルギーを計算することができる．アミド基2個が 3.0 nm の間隔で，互いに $\theta = 180°$ の角度をなす（したがって，$\cos\theta = -1$，$1 - 3\cos^2\theta = -2$）としよう．$\mu_1 = \mu_2 = 2.7\,\text{D}$，つまり $9.1 \times 10^{-30}\,\text{C m}$ であるから，

$$V = \frac{\overbrace{(9.1 \times 10^{-30}\,\text{C m})^2}^{\mu_1 \mu_2} \times \overbrace{(-2)}^{1 - 3\cos^2\theta}}{4\pi \times \underbrace{(8.854 \times 10^{-12}\,\text{C}^2\,\text{J}^{-1}\,\text{m}^{-1})}_{\varepsilon_0} \times \underbrace{(3.0 \times 10^{-9}\,\text{m})^3}_{r^3}}$$

$$= \frac{(9.1 \times 10^{-30})^2 \times (-2)}{4\pi \times (8.854 \times 10^{-12}) \times (3.0 \times 10^{-9})^3} \frac{\text{C}^2\,\text{m}^2}{\text{C}^2\,\text{J}^{-1}\,\text{m}^{-1}\,\text{m}^3}$$

$$= -5.5 \times 10^{-23}\,\text{J}$$

と計算できる．この値は $-33\,\text{J mol}^{-1}$ に相当する．

このエネルギーの値は，同じ距離にある2個の部分電荷の間の相互作用エネルギーよりずっと小さいことに注目しよう（「簡単な例示 35・1」を見よ）．

自習問題 35・3 相対誘電率 3.5 の媒質中で，アミド基1個と水分子1個が 3.5 nm の距離を隔てて $\theta = 90°$ に配向している．上と同じ計算をせよ．

[答：$-2.0\,\text{J mol}^{-1}$]

(35・4) 式は，固体中で極性分子が固定していて互いに平行に配向している場合に使える．流体中で分子が自由に回転できる場合は，その分子の配向が変化するにつれ $f(\theta)$ の符号が変わり，双極子間の相互作用は平均化して 0 になるから，その平均値は 0 である．物理的には，自由に回転する2個の分子の部分電荷が同符号の場合の距離は，逆符号の場合の距離に等しいから，前者の反発は後者の引力と打ち消し合うと解釈できる．数学的には，つぎの「根拠」で示すように，関数 $1 - 3\cos^2\theta$ の平均値が 0 であることから，この結論が得られる．

根拠 35・3 自由に回転している2個の分子間の双極子相互作用

図 35・3 に示す単位球を考えよう．$f(\theta) = 1 - 3\cos^2\theta$ の平均値というのは，この球面上の無限小領域での値の総和（つまり，この関数の全球表面にわたる積分）をこの球の表面積 (4π) で割った値である．球面極座標上の面積素片は $\sin\theta\,d\theta\,d\phi$ であり，θ は 0 から π まで変化し，ϕ は 0 から 2π まで変化するから（図 14・2 を見よ），$f(\theta)$ の平均値 $\langle f(\theta) \rangle$ はつぎのように表せる．

$$\langle f(\theta) \rangle = \frac{1}{4\pi} \int_0^\pi \int_0^{2\pi} (1 - 3\cos^2\theta) \sin\theta\,d\theta\,d\phi$$

$$= \frac{1}{4\pi} \int_0^{2\pi} d\phi \int_0^\pi (1 - 3\cos^2\theta) \sin\theta\,d\theta$$

$$= \frac{1}{2} \int_0^\pi (1 - 3\cos^2\theta) \sin\theta\,d\theta$$

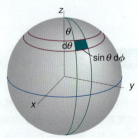

図 35・3 単位球．このときの面積素片は $\sin\theta\,d\theta\,d\phi$ である．

トピック35　分子間の相互作用

この積分はつぎのように計算できる.

$$\int_0^\pi (1 - 3\cos^2\theta)\sin\theta\,d\theta$$

$$= \int_0^\pi \sin\theta\,d\theta - 3\int_0^\pi \cos^2\theta \overbrace{\sin\theta\,d\theta}^{-d\cos\theta}$$

$$\overset{\text{積分T·1とT·10}}{=} -\cos\theta\Big|_0^\pi - 3\left(-\frac{1}{3}\cos^3\theta\Big|_0^\pi\right)$$

$$= \overbrace{-\cos\theta\Big|_0^\pi}^{+2} + \overbrace{\cos^3\theta\Big|_0^\pi}^{-2} = 0$$

ここで，巻末の「資料」にある積分公式を使った.こうして $\langle f(\theta)\rangle = 0$ となるから，(35·4) 式から，自由に回転している 2 個の分子間の双極子相互作用は 0 となる.

2 個の自由に回転している双極子の相互作用のエネルギーは 0 である.しかし，その相対的なポテンシャルエネルギーは両者の相対的な向きに依存するから，実は分子は気体中でさえ完全に自由に回転しているわけではない.事実，エネルギーの低い配置の方がわずかながら有利なので，極性分子の間の平均の相互作用は 0 にはならない.つぎの「根拠」でわかるように，2 個の回転している分子が距離 r だけ離れているときの平均のポテンシャルエネルギーは，

$$\langle V\rangle = -\frac{C}{r^6} \qquad C = \frac{2\mu_1^2\mu_2^2}{3(4\pi\varepsilon_0)^2 kT}$$

> 回転する 2 個の極性分子の
> 平均ポテンシャルエネルギー　　(35·5)

になる.これは**キーサムの相互作用**[1]を表す式で，ファンデルワールス相互作用の第一の寄与（$1/r^6$ の相互作用）となる.

根拠35·4　キーサムの相互作用

キーサムの相互作用エネルギーの詳しい計算は非常に煩雑であるが，最終の答の形をつくるのはいとも簡単である.まず，ある決まった距離 r だけ離れたところで回転している 2 個の極性分子の平均の相互作用エネルギーが，つぎの式で与えられることに注目しよう.

$$\langle V\rangle = \frac{\mu_1\mu_2\langle f(\theta)\rangle}{4\pi\varepsilon_0 r^3}$$

ここで，$\langle f(\theta)\rangle$ には平均をとるときの重み因子が含まれるが，これはある特定の向きが実現する確率に等し

い.この確率はボルツマン分布 $p\propto e^{-E/kT}$ で与えられる.E は，その向きをとっている 2 個の双極子の相互作用のポテンシャルエネルギーであると解釈する.つまり，

$$p\propto e^{-V/kT} \qquad V = \frac{\mu_1\mu_2 f(\theta)}{4\pi\varepsilon_0 r^3}$$

である.2 個の双極子の相互作用のポテンシャルエネルギーが熱運動のエネルギーに比べて非常に小さいときは，$V\ll kT$ とおけるから p の中の指数関数を展開し，最初の 2 項だけを残す.すなわち，

$$p\propto 1 - V/kT + \cdots$$

とできる.そうすれば，$f(\theta)$ の加重平均を，

$$\langle f(\theta)\rangle = \frac{\int_0^\pi f(\theta)p\,d\theta}{\int_0^\pi d\theta} = \frac{1}{\pi}\int_0^\pi f(\theta)p\,d\theta$$

$$= \frac{1}{\pi}\int_0^\pi f(\theta)(1 - V/kT)d\theta + \cdots$$

と書ける.したがって，

$$\langle f(\theta)\rangle = \frac{1}{\pi}\int_0^\pi f(\theta)\,d\theta - \frac{1}{\pi}\int_0^\pi f(\theta)(V/kT)d\theta + \cdots$$

$$= \frac{1}{\pi}\int_0^\pi f(\theta)\,d\theta - \frac{1}{\pi}\int_0^\pi \frac{\mu_1\mu_2}{4\pi\varepsilon_0 kTr^3}f(\theta)^2\,d\theta + \cdots$$

$$= \overbrace{\frac{1}{\pi}\int_0^\pi f(\theta)\,d\theta}^{\langle f(\theta)\rangle_0} - \frac{\mu_1\mu_2}{4\pi\varepsilon_0 kTr^3}\overbrace{\left(\frac{1}{\pi}\int_0^\pi f(\theta)^2\,d\theta\right)}^{\langle f(\theta)^2\rangle_0} + \cdots$$

$$= \langle f(\theta)\rangle_0 - \frac{\mu_1\mu_2}{4\pi\varepsilon_0 kTr^3}\langle f(\theta)^2\rangle_0 + \cdots$$

となる.ここで，$\langle\cdots\rangle_0$ は，重みのかからない球平均を表す.$f(\theta)$ の球平均値は 0 であるから（「根拠35·3」で示した），$\langle f(\theta)\rangle$ の式の第 1 項は消える.一方，$f(\theta)^2$ はあらゆる向きについて正であるから，その平均値は 0 にならない.そこで，

$$\langle V\rangle = -\frac{\mu_1^2\mu_2^2\langle f(\theta)^2\rangle_0}{(4\pi\varepsilon_0)^2 kTr^6}$$

と書ける.$\langle f(\theta)^2\rangle_0$ という平均値は実際に詳しく計算してみると，2/3 であることがわかる.そこで，最終結果は (35·5) 式である.

ここで，(35·5) 式の重要な特徴をまとめておこう.

物理的な解釈

- 負号は，この平均相互作用が引力的であることを示している.

---

1)　Keesom interaction

- 平均相互作用エネルギーが距離の6乗の逆数に依存するところは，ファンデルワールス相互作用と同じである．
- 温度に反比例することは，高温では熱運動が激しくなって，双極子が相互に相手を配向させる効果を上回ることを反映している．
- 距離の6乗の逆数となって現れるのは，相互作用のポテンシャルエネルギーから3乗の逆数が現れるのに加えて，それに重みをかけるためのボルツマン項中のエネルギーも距離の3乗の逆数に比例することによる．

簡単な例示 35·4　キーサムの相互作用

水分子（$\mu_1 = 1.85\,\mathrm{D}$）がアミド基（$\mu_2 = 2.7\,\mathrm{D}$）から 1.0 nm 離れたところで回転しているとしよう．25 °C（298 K）での相互作用の平均エネルギーは，

$$\langle V \rangle = \\
-\frac{2 \times \overbrace{(1.85 \times 3.336 \times 10^{-30}\,\mathrm{C\,m})^2}^{\mu_1} \times \overbrace{(2.7 \times 3.336 \times 10^{-30}\,\mathrm{C\,m})^2}^{\mu_2}}{3 \times \underbrace{(1.709 \times 10^{-43}\,\mathrm{C^4 J^{-1} m^{-2} K^{-1}})}_{(4\pi\varepsilon_0)^2 k} \times \underbrace{(298\,\mathrm{K})}_{T} \times \underbrace{(1.0 \times 10^{-9}\,\mathrm{m})^6}_{r}}$$

$$= -4.0 \times 10^{-23}\,\mathrm{J}$$

この相互作用エネルギーは（アボガドロ定数を掛ければ）$-24\,\mathrm{J\,mol^{-1}}$ に相当するが，化学結合をつくったり壊したりするのに関与するエネルギーよりずっと小さい．

ノート　上の計算式では単位を含めて書いてあるから，得られる結果の単位がJであることがすぐにわかる．このように計算途中もずっと単位を含めて書き，単位も数値と同じように掛けたり消去したりして整理する方が，数値だけの計算を終えてから答の単位を考えるよりずっとわかりやすい．

自習問題 35·4　$\mu = 1\,\mathrm{D}$ の分子2個が298 Kの気相中で 0.5 nm の距離にある．その平均の相互作用エネルギーを計算せよ．得られたエネルギーを，この分子の

平均モル運動エネルギーと比較せよ．

[答：$\langle V \rangle = -0.06\,\mathrm{kJ\,mol^{-1}} \ll \frac{3}{2}RT = 3.7\,\mathrm{kJ\,mol^{-1}}$]

表 35·1 に，電荷と双極子の相互作用を表す種々の式をまとめてある．ここに与えた式を拡張して，もっと高次の多重極子（電気多重極子については「トピック 34」で説明した）の相互作用エネルギーの式を求めるのは簡単である．その特徴として覚えておくべきことは，多重極子の次数が高くなるほど，相互作用のエネルギーはより急速に減衰するということである．n 重極子が m 重極子と相互作用するときのポテンシャルエネルギーの距離依存性は，

$$V \propto \frac{1}{r^{n+m-1}} \qquad (35\cdot6)$$

多重極子間の相互作用エネルギー

で表される．距離とともにずっと急速に減少する理由は，前と同じである．つまり，多重極子に寄与するそれぞれの電荷の数が多くなればなるほど，電荷の配置は遠くから見るほど互いにますます速く融合して中性のように見えるのである．ある分子が，数種の異なる多重極子の重ね合わせに相当する電荷分布をもっていてもよい．その場合の相互作用エネルギーは (35·6) 式で与えられる項の和で表される．

(c) 双極子–誘起双極子の相互作用

双極子モーメントの大きさ μ_1 の極性分子は，隣接する分極性の分子に双極子を誘起することができる（図 35·4）．この誘起双極子は第一の分子の永久双極子と相互作用して，両者は互いに引き合う．その分子間距離が r のときの平均の相互作用エネルギーは，

$$V = -\frac{C}{r^6} \qquad C = \frac{\mu_1^2 \alpha_2'}{4\pi\varepsilon_0}$$

極性分子と分極性分子のポテンシャルエネルギー

$$(35\cdot7)$$

表 35·1　相互作用ポテンシャルエネルギー

相互作用の型	ポテンシャルエネルギーの距離依存性	代表的なエネルギー/ ($\mathrm{kJ\,mol^{-1}}$)	注
イオン–イオン	$1/r$	250	イオン間に限る
水素結合		20	X−H···Y 型（X, Y＝N, O, F）
イオン–双極子	$1/r^2$	15	
双極子–双極子	$1/r^3$	2	静止している極性分子間
	$1/r^6$	0.3	回転している極性分子間
ロンドン（分散）	$1/r^6$	2	あらゆる型の分子やイオン間

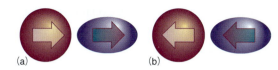

図 35・4 (a) 極性分子（暗い矢印）は無極性分子の中に双極子（明るい矢印）を誘起でき，(b) 後者の向きは前者の向きに追随するから，両者の相互作用は平均しても 0 にはならない．

である．α_2' は分子 2 の分極率体積（トピック 34），μ_1 は分子 1 の永久双極子モーメントの大きさである．この式の C は，(35・5)式の C やこの後に出てくる式の C とは異なることに注意しよう．いろいろな式の形が似ていることを強調するために，C/r^6 として同じ記号を使っているだけである．

双極子–誘起双極子相互作用エネルギーは温度に依存しないが，これは熱運動が平均化の過程に何の効果も及ぼさないからである．さらに，双極子–双極子相互作用と同様に，そのポテンシャルエネルギーは $1/r^6$ に依存する．この距離依存性が現れるのは，電場（したがって誘起双極子の大きさ）が $1/r^3$ に依存し，永久双極子と誘起双極子の間の相互作用のポテンシャルエネルギーも $1/r^3$ に依存するためである．

簡単な例示 35・5　双極子–誘起双極子の相互作用

$\mu = 1.0$ D の分子（3.3×10^{-30} C m，HCl など）が分極率体積 $\alpha' = 10 \times 10^{-30}$ m³ の分子（ベンゼンなど，表 34・1 参照）から 0.30 nm の距離にあるとき，その平均相互作用エネルギーは，

$$V = -\frac{(3.3 \times 10^{-30} \text{ C m})^2 \times (10 \times 10^{-30} \text{ m}^3)}{4\pi \times (8.854 \times 10^{-12} \text{ C}^2 \text{ J}^{-1} \text{ m}^{-1}) \times (3.0 \times 10^{-10} \text{ m})^6}$$
$$= -1.3 \times 10^{-21} \text{ J}$$

である．これにアボガドロ定数を掛ければ，-0.81 kJ mol^{-1} に相当する．

自習問題 35・5
水分子 1 個とベンゼン分子 1 個が 1.0 nm の距離を隔てている．その平均相互作用エネルギーを計算し，J mol^{-1} の単位で答えよ．

[答：-2.1 J mol^{-1}]

(d) 誘起双極子–誘起双極子の相互作用

無極性分子（Ar のような閉殻原子も含む）は，永久双極子モーメントをもたなくても互いに引き合う．これらの分子間に相互作用が存在することには多くの証拠がある．水素やアルゴンが低温で凝縮して液体になることや，ベンゼンが常温で液体であることなどである．

無極性分子間の相互作用の原因は，電子が瞬間の位置を刻々と変えるゆらぎの結果として，あらゆる分子が瞬間的な双極子をもつところにある．この相互作用の原因を理解するために，一方の分子中の電子がゆらいでその分子に瞬間的な双極子モーメントの大きさ μ_1^* を与えるような配置になったと想像しよう．この双極子は電場をつくり出すから，これが相手の分子を分極させ，その分子に μ_2^* という大きさの瞬間的な双極子モーメントを誘起する．この二つの双極子は互いに引き合い，両者のポテンシャルエネルギーが下がる．第一の分子の瞬間的な双極子の大きさと方向が変わってしまっても，第二の分子の電子分布はそれに追随する．すなわち，この 2 個の双極子の間には向きの相関がある（図 35・5）．この相関のために，二つの瞬間的な双極子の間の引力は平均しても 0 になることはなく，誘起双極子–誘起双極子間の相互作用を生じる．この相互作用は，**分散相互作用**[1]，あるいは**ロンドン相互作用**[2] という（はじめて説明したロンドン[3] の名前に由来している）．

分散相互作用の強さは，第一の分子の分極率に依存する．これは，瞬間的な双極子の大きさ μ_1^* が，核電荷の外殻電子に対する支配力がゆるいかどうかに依存するためである．この相互作用の強さは第二の分子の分極率にも依存する．これは，第一の分子によって双極子がどれほど容易に誘起されるかが，その分極率によって決まるためである．分散相互作用の実際の計算はきわめて煩雑であるが，この相互作用エネルギーのかなり良い近似が，つぎの**ロンドンの式**[4] で与えられる．

$$V = -\frac{C}{r^6} \qquad C = \tfrac{3}{2}\alpha_1'\alpha_2'\frac{I_1 I_2}{I_1 + I_2}$$

ロンドンの式　　(35・8)

I_1, I_2 は二つの分子のイオン化エネルギーである．ここでもまた，相互作用エネルギーが分子間距離の 6 乗に反比例

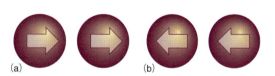

図 35・5 (a) 分散相互作用では，片方の分子上の瞬間的な双極子がもう一方の分子に双極子を誘起し，この二つの双極子が相互作用することによってエネルギーが下がる．(b) この二つの瞬間的な双極子は互いに相関があるので，別の時刻には別の向きをとるが，その平均は 0 にならない．

---

1) dispersion interaction　2) London interaction　3) Fritz London　4) London formula

するから、これがファンデルワールス相互作用の3番目の寄与であることがわかる。分散相互作用は、一般に水素結合以外のすべての分子間の相互作用よりも大きい。

簡単な例示 35・6　ロンドン相互作用

2個の CH_4 分子が $0.30\,nm$ 離れているとき、(35・8) 式を使えば、$\alpha' = 2.6 \times 10^{-30}\,m^3$ および $I \approx 700\,kJ\,mol^{-1}$ から、

$$V = -\frac{\frac{3}{2} \times (2.6 \times 10^{-30}\,m^3)^2 \times \left\{\frac{(7.0 \times 10^5\,J\,mol^{-1})^2}{2 \times (7.0 \times 10^5\,J\,mol^{-1})}\right\}}{(0.30 \times 10^{-9}\,m)^6}$$

$$= -4.9\,kJ\,mol^{-1}$$

が得られる。非常に粗い近似であるが、この値の目安になるのはメタンの蒸発エンタルピーで、その値は $8.2\,kJ\,mol^{-1}$ である。しかしながら、この比較はあまり信用できない。その理由の一つは、蒸発エンタルピーは多体の相互作用を含む量であるからで、もう一つの理由は長距離という仮定が成り立たないからである。

自習問題 35・6
2個の He 原子が $1.0\,nm$ 離れているときのロンドン相互作用のエネルギーを求めよ。

［答：$-0.071\,J\,mol^{-1}$］

35・3　水素結合

これまで説明してきた相互作用は、あらゆる分子について、それがどんな分子であっても備わっているという意味で普遍的である。しかし、ある特定の構成をもっている分子に備わっている型の相互作用も存在する。**水素結合**[1] は、2個の化学種の間でA–H⋯Bの形のリンクから生じる引力相互作用である。ここで、AとBは電気陰性度の高い元素であり、さらにBは孤立電子対をもつ。水素結合は、ふつうはN, O, Fに限られるとみなされるが、Bが（Cl^- のような）アニオンであれば、これも水素結合に参加する可能性がある。水素結合に関与する能力については、どの原子までという厳密な境界線はないが、N, O, Fは最も効果的に関与する。

水素結合の形成については二つの見方ができる。一つは、Hにある部分正電荷にBの部分負電荷が接近してできるという見方、もう一つは非局在化した分子オービタルが形成される一例とみなす見方で、後者では、A, H, Bのそれぞれから1個ずつ提供された原子オービタルから3個の分子オービタルが構築される（図35・6）。実験的な証拠も理論的な吟味もこの両方の見方を支持しており、この問題は決着がついていない。静電相互作用のモデルは35・1節での説明から容易に理解できる。ここでは、分子オービタルのモデルをさらに検討しよう。

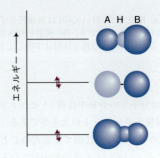

図35・6　A–H⋯B型の水素結合の形成を分子オービタルで説明する図。3個あるA, H, Bの原子オービタルから、3個の分子オービタルが形成できる（3個の原子オービタルの相対的な寄与を、球の大きさで表してある）。エネルギーの低い2個のオービタルだけが占有されるから（全部で電子は4個ある。2個はもとのA–H結合から、残りの2個はBの孤立電子対から供給される）、AHとBが離れている場合に比べてエネルギーが低下する可能性がある。

たとえば、A のオービタル χ_A と水素の 1s オービタル χ_H の重なりから A–H 結合ができ、B の孤立電子対が B のオービタル χ_B を占めるとすれば、2個の分子が接近したとき、3個の基底オービタルから3個の分子オービタル、

$$\psi = c_1\chi_A + c_2\chi_H + c_3\chi_B$$

をつくることができる。この分子オービタルのうち1個は結合性で、1個はほとんど非結合性、3番目は反結合性である。この3個のオービタルに電子を4個（もとのA–H結合から2個、Bの孤立電子対から2個）収容する必要があるから、2個が結合性オービタル、2個がほとんど非結合性のオービタルに入る。反結合性オービタルは空のままであるから、ほとんど非結合性のオービタルの正確な位置にもよるが、正味の効果としてエネルギーが下がる可能性がある。

実際には、この結合の強さは約 $20\,kJ\,mol^{-1}$ であることがわかっている。この結合はオービタルの重なりに依存するから、AH が B に接触したときに形成され、接触が断たれるとすぐに0になる。ほとんど完全に接触型の相互作用である。水素結合が存在すると、他の分子間相互作用よりもはるかに強い。たとえば、液体や固体の水の性質は、H_2O 分子間の水素結合に支配されている。DNAの構造や遺伝情報の伝達には塩基と塩基の間にできる水素結合の強さが決定的に重要な役割を果たしている。水素結合ができているかどうかを構造から判定するには、ふつうには結合しない2原子の核間距離がそのファンデルワールス半径に

---

[1] hydrogen bond

基づいて予想される距離より短いかどうかを見ればよい．もし短ければ，優勢な引力相互作用があると考えられるわけである．たとえば，O–H⋯O における O–O 距離は，酸素原子のファンデルワールス半径だけでも 280 pm と予想されるのに，代表的な化合物では 270 pm しかない．さらに H⋯O 距離は 260 pm と予想されるのに，実際には 170 pm しかないのである．

水素結合には対称的なものと非対称的なものがある．対称的な水素結合では H 原子が他の 2 個の原子のちょうど中間にある．この型はまれであるが，F–H⋯F⁻ で見られ，結合長はどちらも 120 pm である．ふつうは非対称的で，A–H 結合が H⋯B 結合よりも短い．A–H⋯B を点電荷（A と B に負の部分電荷，H に正の部分電荷）の配列として扱う静電気学的な見方からは，結合が直線形の場合に最低エネルギーが得られる．そのとき，2 個の負の部分電荷が互いに最も遠くなるからである．構造研究の実験的な結果からは直線形もしくは直線に近い形が認められている．

簡単な例示 35・7　水素結合

液体の水や氷など身近でよく見かける水素結合は，O–H 基と O 原子の間で形成されるものである．「問題 35・4」では静電モデルを用いて，相互作用のポテンシャルエネルギーの OOH 角（**4** の θ）による依存性を計算する．その結果を図 35・7 にプロットしてある．OHO 原子が一直線上に並んだ $\theta = 0$ では，モルポテンシャルエネルギーは $-19\,\mathrm{kJ\,mol^{-1}}$ であることがわかる．

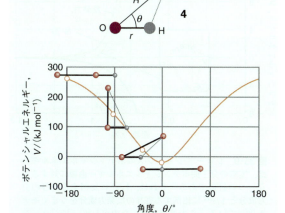

図 35・7　水素結合の (静電モデルによる) 相互作用エネルギーの，O–H と :O 基のなす角度による変化．

自習問題 35・7　図 35・7 を使って，相互作用エネルギーの角度依存性を調べよう．相互作用エネルギーが負に転じる角度はいくらか．
　　［答：$\pm 12°$．3 個の原子がほぼ直線上に並ぶときにのみ，相互作用エネルギーは負 (引力的) になる］

35・4　全相互作用

ここでは，水素結合をつくれない分子について考えよう．回転している分子の間の全引力相互作用エネルギーは，双極子–双極子，双極子–誘起双極子，分散相互作用の和で表される．もし，分子が両方とも無極性であれば分散相互作用だけが寄与する．流体相では，ポテンシャルエネルギーへのこの 3 種の寄与は，どれも分子間距離の 6 乗に反比例して変わるから，

$$V = -\frac{C_6}{r^6} \tag{35・9}$$

と書ける．ここで，C_6 は分子が何であるかに依存する係数である．

分子間の引力相互作用を (35・9) 式の形で表すことが多いが，この式の正しさには限界があることを覚えておく必要がある．第一に，各種の双極子相互作用しか考慮しなかったが，それはこの相互作用が最も長距離に及ぶ相互作用であり，平均分子間距離が大きければ一番よく効くからである．しかし，完全な扱いをする場合，特に分子が永久双極子モーメントをもたないときには，四重極相互作用やそれより高次の多重極相互作用も当然考えなければならない．第二に，これらの式は，分子がかなり自由に回転できると仮定して導かれたものである．ほとんどの固体ではこれが成り立たず，分子が束縛されて決まった配向をとっているときはボルツマンの平均操作は使えないから，固い媒質中では双極子–双極子相互作用は $1/r^3$ に比例する（「根拠 35・2」で説明した）．

これとは異なる種類の制限もある．つまり，(35・9) 式は一対の分子の相互作用を表すものであるが，3 個（またはそれより多数）の分子の相互作用のエネルギーが対ごとの相互作用エネルギーの和だけと考えなければならない理由はない．たとえば，3 個の閉殻原子の全分散エネルギーは，近似的に**アクシルロド–テラーの式**[1]，

$$V = -\frac{C_6}{r_{AB}^6} - \frac{C_6}{r_{BC}^6} - \frac{C_6}{r_{CA}^6} + \frac{C'}{(r_{AB}r_{BC}r_{CA})^3}$$

アクシルロド–テラーの式　(35・10a)

で与えられる．ここで，

---

1) Axilrod–Teller formula

$$C' = a(3\cos\theta_A \cos\theta_B \cos\theta_C + 1) \quad (35\cdot10b)$$

である．パラメーター a は近似的に $\frac{3}{4}\alpha'C_6$ に等しい．角度 θ は 3 個の原子がつくる三角形の内角である (**5**)．C' のなかの項は（これは対ごとの相互作用に加成性がないことを表している），原子が直線状に並んでいると負であり（それで，この配列は安定化される），正三角形のクラスターでは正になる（それで，この配列は不安定化される）．液体アルゴンでは，この三体の項の寄与が全相互作用エネルギーの約 10 パーセントに及ぶことがわかっている．

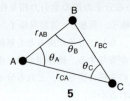

5

分子と分子を押しつけていくと，原子核や電子の反発が引力を凌駕しはじめる．この反発力は距離が縮まると急激に大きくなるが，その増大の仕方は，「トピック 28～30」で説明したような非常に大規模で複雑な分子構造計算によってのみ可能となる（図 35・8）．

しかし多くの場合，ポテンシャルエネルギーの非常に簡単な表現を用いることによって，進展を図ることができる．すなわち，細かいところは無視して，一般的な特徴を二，三の調整可能なパラメーターで表すのである．そのような近似の一つは**剛体球ポテンシャルエネルギー**[1]で，これは，粒子が互いにある距離 d よりも近づいた途端にポテンシャルエネルギーが突然無限大に上がると仮定する．つまり，

$$V = \infty \quad r \leq d \text{ のとき} \qquad V = 0 \quad r > d \text{ のとき}$$

剛体球ポテンシャルエネルギー　(35・11)

である．この非常に単純なポテンシャルエネルギーの式は，多くの性質を調べるうえで驚くほど役に立つ．もう一つの広く使われている近似は，つぎの**ミーのポテンシャルエネルギー**[2]である．

$$V = \frac{C_n}{r^n} - \frac{C_m}{r^m}$$

ミーのポテンシャルエネルギー　(35・12)

ここで，$n > m$ である．第 1 項は反発力を表し，第 2 項は引力を表す．**レナード・ジョーンズのポテンシャルエネルギー**[3]はミーのポテンシャルエネルギーの特別な場合で，$n = 12$, $m = 6$ とおいたものである（図 35・9）．これはつぎの形に書くことが多い．

$$V = 4\varepsilon\left\{\left(\frac{r_0}{r}\right)^{12} - \left(\frac{r_0}{r}\right)^6\right\}$$

レナード・ジョーンズの　(35・13)
ポテンシャルエネルギー

2 個のパラメーターは，井戸の深さ ε（媒質の誘電率の記号と混同しないこと）と，$V = 0$ となる距離 r_0 である（表 35・2）．

レナード・ジョーンズのポテンシャルエネルギーは多くの計算に使われているが，$1/r^{12}$ は反発ポテンシャルエネルギーとしては非常に貧弱な表現であり，指数関数の形 e^{-r/r_0} の方がずっと優れていることを示す多くの証拠がある．指数関数の方が，原子の波動関数が距離の大きなところで指数関数的に減衰するということと，反発の原因で

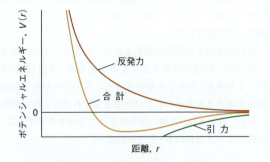

図 35・8 分子間ポテンシャルエネルギー曲線の一般的な形（閉殻の化学種 2 個の距離が変化したときのポテンシャルエネルギーのグラフ）．引力的な（負の）寄与は長距離にまで働くが，分子が接触するまで接近すれば，反発的な（正の）相互作用はずっと急激に増加する．

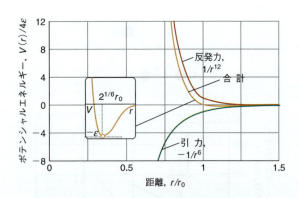

図 35・9 レナード・ジョーンズのポテンシャルエネルギーは，実際の分子間ポテンシャルエネルギー曲線に対するもう一つの近似である．それは，$1/r^6$ に比例する寄与の引力成分と $1/r^{12}$ に比例する寄与の反発力成分をうまくモデル化している．この選び方をしたのがレナード・ジョーンズの (12, 6) ポテンシャルエネルギーである．引力項には理論的な裏づけがあるが，$1/r^{12}$ 項については，実際の曲線の反発力部分に対する非常に粗い近似でしかないという証拠がいくつもある．

---

1) hard-sphere potential energy　2) Mie potential energy　3) Lennard-Jones potential energy

トピック35 分子間の相互作用

表35・2[a] レナード-ジョーンズの$(12,6)$
ポテンシャルパラメーター

	$(\varepsilon/k)/K$	r_0/pm
Ar	111.84	362.3
CCl_4	378.86	624.1
N_2	91.85	391.9
Xe	213.96	426.0

a) 巻末の「資料」に多くの値がある.

る重なりとを, 忠実に表しているのである. 指数関数形の
反発項と$1/r^6$の引力項をもつポテンシャルエネルギーを
exp-6 ポテンシャルエネルギー[1]という. ポテンシャルエ
ネルギーを表すこれらの式を使えば,「トピック36」で説明
するように, 気体のビリアル係数を計算することができ
る. また, その値から実在気体のジュール-トムソン係数
(トピック56)など, いろいろな性質を求めることができ
る. さらには, 凝縮した流体の構造モデルを構築するのに
も使われている.

分子サイズのプローブ(探針)と表面の間に働く力を測
定する**原子間力顕微鏡法**[2](AFM)の発明によって(ト
ピック95), 分子間に作用する力を直接測定することが可
能になった. その力Fは, ポテンシャルエネルギーの勾
配に負号をつけたものであるから, 個々の分子間のレナー
ド-ジョーンズのポテンシャルエネルギーは, 次式で表さ
れる.

$$F = -\frac{dV}{dr} = \frac{24\varepsilon}{r_0}\left\{2\left(\frac{r_0}{r}\right)^{13} - \left(\frac{r_0}{r}\right)^7\right\} \quad (35\cdot14)$$

例題35・1 レナード-ジョーンズのポテンシャル
エネルギーからの分子間力の計算

レナード-ジョーンズのポテンシャルエネルギーを表
す式を使って, 2個のN_2分子の間に働く正味の最大引
力を求めよ.

解法 力の大きさが最大になるのは, $dF/dr=0$ とな
る距離rである. そこで, $(35\cdot14)$式をrで微分し,
得られた式を0とおき, それをrについて解けばよ
い. 最後に, このrの値を$(35\cdot14)$式に代入して, 対
応するFの値を計算すればよい.

解答 $dx^n/dx=nx^{n-1}$ であるから, Fのrについて
の導関数は,

$$\frac{dF}{dr} = \frac{24\varepsilon}{r_0}\left\{2\left(-\frac{13r_0^{13}}{r^{14}}\right) - \left(-\frac{7r_0^7}{r^8}\right)\right\}$$

$$= 24\varepsilon r_0^6\left\{\frac{7}{r^8} - \frac{26r_0^6}{r^{14}}\right\}$$

である. $dF/dr=0$ となるのは,

$$\frac{7}{r^8} - \frac{26r_0^6}{r^{14}} = 0 \quad \text{つまり} \quad 7r^6 - 26r_0^6 = 0$$

のときである. すなわち,

$$r = \left(\frac{26}{7}\right)^{1/6}r_0 = 1.244r_0$$

である. この距離のところで働く力は,

$$F = \frac{24\varepsilon}{r_0}\left\{2\left(\frac{r_0}{1.244r_0}\right)^{13} - \left(\frac{r_0}{1.244r_0}\right)^7\right\} = -\frac{2.396\varepsilon}{r_0}$$

である. 表35・2から, $\varepsilon = 1.268 \times 10^{-21}$ J, $r_0 = 3.919$
$\times 10^{-10}$ m が得られるから,

$$F = -\frac{2.396 \times (1.268 \times 10^{-21}\,\text{J})}{3.919 \times 10^{-10}\,\text{m}}$$

$$= -7.752 \times 10^{-12}\,\text{N}$$

と求められる. ここで, $1\,\text{N}=1\,\text{J}\,\text{m}^{-1}$ を使った. こ
の力の大きさは約8 pNである.

自習問題35・8 レナード-ジョーンズのポテンシャル
エネルギー曲線は, どの距離r_eで最小になるか.

[答: $r_e = 2^{1/6}r_0$]

チェックリスト

☐ 1. 閉殻分子の間の**ファンデルワールス相互作用**は,
その間の距離の6乗に反比例する.

☐ 2. つぎのタイプの分子間相互作用が重要である.
**電荷-電荷, 電荷-双極子, 双極子-双極子, 双極
子-誘起双極子, 分散(ロンドン), 水素結合**.

☐ 3. 水素結合は X−H···Y の形の相互作用で, XとY
はふつう N, O, Fのいずれかである.

☐ 4. **レナード-ジョーンズのポテンシャルエネルギー関
数**は, 全分子間ポテンシャルエネルギーを表すモ
デルである.

---

1) exp-6 potential energy 2) atomic force microscopy

重要な式の一覧

性　質	式	備　考	式番号
媒質中の 2 個の点電荷の間の相互作用ポテンシャルエネルギー	$V = Q_1 Q_2 / 4\pi\varepsilon r$	媒質の相対誘電率は $\varepsilon_\mathrm{r} = \varepsilon/\varepsilon_0$	35·1b
点双極子と点電荷の間の相互作用エネルギー	$V = -\mu_1 Q_2 / 4\pi\varepsilon_0 r^2$		35·2
2 個の固定した双極子の間の相互作用エネルギー	$V = \mu_1 \mu_2 f(\theta) / 4\pi\varepsilon_0 r^3, \ f(\theta) = 1 - 3\cos^2\theta$	双極子は平行に固定	35·4
2 個の回転する双極子の間の相互作用エネルギー	$V = -2\mu_1^2 \mu_2^2 / 3(4\pi\varepsilon_0)^2 kTr^6$		35·5
極性分子と分極性分子の間の相互作用エネルギー	$V = -\mu_1^2 \alpha_2' / 4\pi\varepsilon_0 r^6$		35·7
ロンドンの式	$V = -\frac{3}{2}\alpha_1' \alpha_2' \{(I_1 I_2 / (I_1 + I_2))\}/r^6$		35·8
アクシルロド-テラーの式	$V = -C_6/r_{\mathrm{AB}}^6 - C_6/r_{\mathrm{BC}}^6 - C_6/r_{\mathrm{CA}}^6$ $+ C'/(r_{\mathrm{AB}} r_{\mathrm{BC}} r_{\mathrm{CA}})^3$	閉殻原子に適用	35·10a
レナード-ジョーンズのポテンシャルエネルギー	$V = 4\varepsilon\{(r_0/r)^{12} - (r_0/r)^6\}$		35·13

トピック**36**

実 在 気 体

内 容

36·1 気体における分子間相互作用
    簡単な例示 36·1 気体における相互作用

36·2 ビリアル状態方程式
    簡単な例示 36·2 ビリアル状態方程式

36·3 ファンデルワールス状態方程式
    (a) ファンデルワールス状態方程式の成り立ち
        例題 36·1 ファンデルワールス状態方程式
                からのモル体積の計算
    (b) ファンデルワールス状態方程式の信頼性
        簡単な例示 36·3 完全気体とみなせる基準
    (c) 臨界挙動
        簡単な例示 36·4 臨界温度

36·4 熱力学的な考察
    (a) 内圧
        例題 36·2 実在気体の内圧を表す式の導出
    (b) 状態方程式の統計的な起源
        簡単な例示 36·5 配置積分

チェックリスト
重要式の一覧

▶ 学ぶべき重要性

地球やいろいろな惑星の大気について理解するには，気体そのものを理解している必要がある．一方，多くの工業過程には気体が関与するから，気体の性質を知らなければ，反応の収量も反応容器の設計もうまくいかない．

▶ 習得すべき事項

実在気体で働く引力や反発力は弱いが，それが完全気体の法則からのずれの原因である．

▶ 必要な予備知識

はじめの3節を理解するには，完全気体の法則〔「基本概念」（テーマ1）の「トピック1」〕だけでなく，レナード-ジョーンズのポテンシャルエネルギー関数（トピック35）で表される分子間相互作用の引力的な寄与と反発的な寄与の起源について熟知している必要がある．気体分子運動論（詳しくは「トピック78」で説明する）の定性的な内容を知っている必要がある．最後の節は上級レベルであり，内圧の概念（トピック58）と熱力学的状態方程式の成り立ち（トピック66）を知っていることが望ましい．

純粋な気体の状態は，その体積や物質量，圧力，温度で指定される．しかし，実験によれば，これらの変数のうち3個の変数を指定すれば十分で，第4の変数は固定されることがわかっている．つまり，どんな物質でも，4個の変数のどれをとっても他の3個の変数によって表せるというある**状態方程式**[1]で記述されるのが実験事実である．たとえば，状態方程式の一般的な形として，

$$p = f(T, V, n) \qquad \text{状態方程式} \quad (36·1)$$

と表せる．p は圧力，V は体積，n は気体分子の物質量，T は絶対温度である．この式から，注目する物質について n, T, V の値がわかれば，その圧力は決まった値になることがわかる．

物質ごとに別々の状態方程式があるが，その式の具体的な形は二，三の特別な場合についてしかわかっていない．「トピック1」と「トピック66」で説明してあるように，完全気体の状態方程式は，気体の種類によらず $p \to 0$ の極限で成り立つ形をしており，

$$pV = nRT \qquad \text{完全気体の法則} \quad (36·2)$$

である．R はある普遍定数であり，すべての気体について

---

1) equation of state

同じ値をとる〔「基本概念」(テーマ1)の「トピック1」〕。「基本概念」(テーマ1)の「トピック2」で説明したように $R=N_Ak$ の関係がある。N_A はアボガドロ定数，k はボルツマン定数である。そこで次の課題は，分子間相互作用が無視できない気体の場合，完全気体の状態方程式をどう修正すべきかを見いだすことである。

完全気体を微視的な観点から見れば，分子間に相互作用が全くなく，それぞれの分子は絶え間なく運動しながら完全にランダムな分布を示している(トピック78)。一方，実在気体では分子間に弱い引力と反発力が働いており，それが分子の相対位置にわずかながら影響を及ぼし，完全気体の状態方程式からのずれをひき起こしている。このずれは高圧と低温で顕著になり，特に低温で気体が液体に凝縮する点の近傍では重要である。この点では，気体分子は十分な運動エネルギーをもたないから，互いに及ぼし合っている引力から逃れられず，遂に結びついてしまうのである。分子がその直径の数倍程度まで互いに近づいているときには分子間に引力が作用するが，もっと接近して接触するほどになればたちまち互いに反発し合う。この反発があるおかげで，液体や固体は決まった大きさ(かさ)をもつことができ，もっと小さく潰れてしまうことがないのである。

36・1 気体における分子間相互作用

分子間の反発力は膨張を助け，引力は圧縮を助ける。反発力は分子がほとんど接触するときにだけ重要な働きをする。これは，分子の直径と比べても短距離の相互作用である(図36・1)。短距離相互作用であるために，反発力は分子が平均として，接近しているときだけ重要と考えられる。多数の分子が小さな体積を占める高圧の場合がこれに相当する。他方，引力の分子間相互作用は比較的長距離のもので，分子直径の数倍のところまで働く。この力は，分子が互いに接近しているが，接触はしていない(図36・1の中間領域で，分子直径の数倍の範囲内の)ところで重要である。分子が遠く離れると(図36・1のずっと右の方では)有効に働かない。また，温度が非常に低くて，分子が互いに相手を捕らえるほど遅い平均の速さで飛行しているような場合にも重要である。

簡単な例示 36・1　気体における相互作用

気相中での粒子間の距離について，その相互作用が重要になる目安を得るために，2個の Ar 原子を考えよう。このときの分子間相互作用のモデルとして，「トピック35」で導入したレナード・ジョーンズのポテンシャルエネルギー $V=4\varepsilon\{(r_0/r)^{12}-(r_0/r)^6\}$ を使う。このエネルギーは $r=2^{1/6}r_0$ で最小(負で最大)となり，$r=r_0$ で 0 を通る。アルゴン原子では $r_0=362$ pm (表35・2)であるから，Ar 原子2個の間の相互作用ポテンシャルエネルギーは，$r=362$ pm で 0 を通る。この距離以下では反発が優勢になる。この距離は，Ar 原子の直径 142 pm の約 2.5 倍に相当する。また，2個の Ar 原子間の相互作用ポテンシャルエネルギーは $r=2^{1/6}\times 362$ pm $=406$ pm で最小(つまり，互いの引力が最大)を示し，それは原子直径の約 2.9 倍に相当する。

自習問題 36・1　2個の Ar 原子の距離が (i) 407 pm (原子直径の約3倍)，(ii) 1.0 nm (原子直径の約7倍)のときの分散相互作用(ロンドンの式，35・8式を用いよ)のモルエネルギーを求めよ。

　　　　〔答：(i) $-691\,\mathrm{J\,mol^{-1}}$；(ii) $-3.1\,\mathrm{J\,mol^{-1}}$〕

36・2 ビリアル状態方程式

実在気体の状態方程式の一般的な形は，試料の温度や体積，物質量をいろいろ変えて圧力を測定すれば求められる。そのためには，気体の**圧縮因子**[1] Z を定義しておくと便利である。それは，モル体積 $V_m=V/n$ の実測値を，同じ圧力，同じ温度における完全気体のモル体積 $V_m°$ で割った比，

$$Z=\frac{V_m}{V_m°} \qquad \text{気体の圧縮因子} \quad (36\cdot 3\mathrm{a})$$

である。完全気体 $V_m=V_m°$ ではどの条件下でも $Z=1$ であるから，$Z=1$ からのずれは完全気体の振舞いからのずれの尺度になる。さらに，$V_m°=RT/p$ で置き換えることができるから，(36・3a)式を書き換えて，

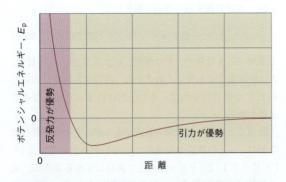

図36・1　2個の分子間のポテンシャルエネルギーの距離による変化から，両者が非常に近いときには相互作用が強く反発的であることがわかる。中間の距離では，ポテンシャルエネルギーは負で，引力の相互作用が優勢である。両者が遠く離れれば(ずっと右側では)ポテンシャルエネルギーは 0 で分子間に相互作用がない。

---

1) compression factor

$$Z = \frac{pV_\mathrm{m}}{RT}$$ つまり，すべての気体について，

$$pV_\mathrm{m} = ZRT \qquad (36\cdot 3\mathrm{b})$$

と表すこともできる．Z の実測値の例を図 36·2 にプロットしてある．非常に低い圧力では，ここにプロットした気体はすべて $Z \approx 1$ で，ほとんど完全気体として振舞う．高圧では，すべての気体で $Z > 1$ で，同じ温度では完全気体よりモル体積が大きい．ここでは反発力が優勢である．中間の圧力では，たいていの気体で $Z < 1$ で，引力のためにモル体積が完全気体よりも小さくなっている．

図 36·3 に二酸化炭素について一定温度でのデータ(この場合は圧力と体積)のプロット，すなわち実験で得られた**等温線**[1])を示してある．モル体積が大きく高温のところでは，実在気体の等温線は完全気体の等温線とあまり違わない．その差が小さいことから，完全気体の法則は，つぎの形の式の第 1 項であると考えてよい．

$$pV_\mathrm{m} = RT(1 + B'p + C'p^2 + \cdots)$$
ビリアル状態方程式 $(36\cdot 4\mathrm{a})$

このような表し方は，物理化学でふつうに行われる手法の一例である．つまり，よい第一近似として成り立つ単純な法則(いまの場合は $pV_\mathrm{m} = RT$)を，ある変数(いまの場合は p)のべき級数の第 1 項であるとして取扱う．いろいろ応用するうえで，もっと便利な展開式は，

$$pV_\mathrm{m} = RT\left(1 + \frac{B}{V_\mathrm{m}} + \frac{C}{V_\mathrm{m}^2} + \cdots\right)$$
ビリアル状態方程式 $(36\cdot 4\mathrm{b})$

である．この 2 式は**ビリアル状態方程式**[2]) の 2 通りの表し方である．(36·3)式と比較すると，( )内の項は圧縮因子 Z と同じものであることがわかる．そこで，

$$Z = 1 + \frac{B}{V_\mathrm{m}} + \frac{C}{V_\mathrm{m}^2} + \cdots \quad \begin{array}{l}\text{ビリアル係数で}\\ \text{表した圧縮因子}\end{array} \quad (36\cdot 5)$$

となる．係数 $B, C, \cdots$($B_2, B_3, \cdots$ と書くこともある)は温度に依存する係数で，第二，第三，$\cdots$ **ビリアル係数**[3])という(表 36·1)．第一ビリアル係数は 1 である．第三ビリアル係数 C は，ふつうのモル体積では $C/V_\mathrm{m}^2 \ll B/V_\mathrm{m}$ であるから，第二ビリアル係数 B ほど重要ではない．

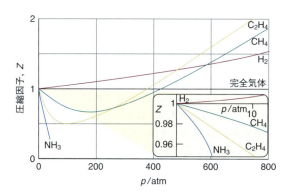

図 36·2 代表的な気体の 0 °C での圧縮因子 Z の圧力変化．完全気体では圧力によらず $Z = 1$ である．どの曲線も $p \to 0$ で 1 に近づくが，そのときの勾配は異なることに注意しよう．

表 36·1[a]) 第二ビリアル係数，$B/(\mathrm{cm}^3\,\mathrm{mol}^{-1})$

	温度	
	273 K	600 K
Ar	−21.7	11.9
CO$_2$	−142	−12.4
N$_2$	−10.5	21.7
Xe	−153.7	−19.6

a) 巻末の「資料」に多くの値がある．

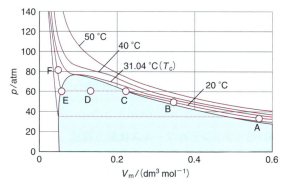

図 36·3 いろいろな温度における二酸化炭素の等温線の実験データ．臨界温度における等温線である "臨界等温線" は 31.04 °C のものである．

簡単な例示 36·2 ビリアル状態方程式

容積 0.225 dm^3 の容器に 0.104 mol の O$_2$(g) が入れてある．100 K における圧力を (36·4b) 式を使って(ただし，その B 項まで)計算するのに，まず気体のモル体積を計算すると，

---

1) isotherm 2) virial equation of state. ビリアルはラテン語の "力" に由来する． 3) virial coefficient

$$V_m = \frac{V}{n_{O_2}} = \frac{0.225 \text{ dm}^3}{0.104 \text{ mol}} = 2.16 \text{ dm}^3 \text{ mol}^{-1}$$
$$= 2.16 \times 10^{-3} \text{ m}^3 \text{ mol}^{-1}$$

となる.次に,巻末の「資料」にある表36・1に掲げてあるBの値を使えば,

$$p = \frac{RT}{V_m}\left(1 + \frac{B}{V_m}\right)$$
$$= \frac{(8.3145 \text{ J K}^{-1} \text{ mol}^{-1}) \times (100 \text{ K})}{2.16 \times 10^{-3} \text{ m}^3 \text{ mol}^{-1}}$$
$$\times \left(1 - \frac{1.975 \times 10^{-4} \text{ m}^3 \text{ mol}^{-1}}{2.16 \times 10^{-3} \text{ m}^3 \text{ mol}^{-1}}\right)$$
$$= 3.50 \times 10^5 \text{ Pa} \quad \text{つまり } 350 \text{ kPa}$$

と計算できる.ここで,$1 \text{ Pa} = 1 \text{ J m}^{-3}$を使った.完全気体の状態方程式,(36・1)式を使えば385 kPaという値が得られ,ビリアル状態方程式を使って得られた値より10パーセントも高い.この違いは大きく,$|B/V_m| \approx 0.1$であるから1と比較して無視できないのである.

自習問題36・2 容積2.25 dm^3の容器に4.56 gの気体窒素が入れてある.ビリアル状態方程式に従うとして,273 Kにおける圧力を求めよ. [答:164 kPa]

ビリアル状態方程式を使えば証明できる重要な点がひとつある.それは,実在気体の状態方程式は$p \to 0$のとき完全気体の法則と一致するのは確かだが,この極限での気体の性質すべてが完全気体の性質と一致するとは限らないことである.たとえば,圧縮因子を圧力に対してプロットしたときの勾配dZ/dpの値を考えよう.完全気体では$dZ/dp = 0$(すべての圧力で$Z = 1$であるから)であるが,実在気体については(36・3b)式と(36・4a)式から,

$$\frac{dZ}{dp} = B' + 2pC' + \cdots \longrightarrow B' \quad (p \to 0 \text{ のとき})$$
(36・6a)

を得る.しかし,B'は0とは限らないから,Zのpに対する勾配は$p \to 0$で必ずしも(完全気体の場合の)0に近づくわけではない.これは図36・2からもわかる.同じように考えれば,つぎの関係も成り立つ.

$$\frac{dZ}{d(1/V_m)} \longrightarrow B \quad (36 \cdot 6b)$$

($p \to 0$に対応して$V_m \to \infty$のとき)

ビリアル係数は温度に依存するからモル体積の大きいところ,つまり低圧で$Z \to 1$で勾配が0になる温度があってもよい(図36・4).この温度を**ボイル温度**[1] T_Bという.この温度では実在気体の性質が$p \to 0$につれて完全気体の性質と一致する.(36・6b)式によれば,$B = 0$ならば$p \to 0$につれてZの勾配は0になるから,ボイル温度では$B = 0$であるといえる.そうすれば(36・4)式から,他の温度に比べてもっと広い圧力範囲で$pV_m \approx RT_B$となることが導かれる.それは,ビリアル状態方程式で1の次の最初の項(B/V_m)が0で,C/V_m^2および高次の項が無視できるほど小さいからである.ヘリウムでは$T_B = 22.64 \text{ K}$,空気では$T_B = 346.8 \text{ K}$である.表36・2にもっと多くの値がある.

表36・2[a] 気体のボイル温度

	T_B/K
Ar	411.5
CO_2	714.8
He	22.64
O_2	405.9

a) 巻末の「資料」に多くの値がある.

36・3 ファンデルワールス状態方程式

ビリアル状態方程式からは,係数に具体的な数値を代入してはじめて何らかの結論を引き出すことができる.一方,精密さには欠けても,すべての気体についてもっと広い視野をもつと便利なことが多い.そこで,ファンデルワールス[2]が1873年に提案した近似的な状態方程式を導

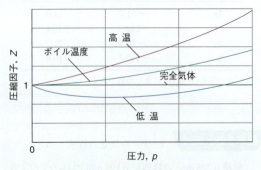

図36・4 圧縮因子Zは低圧で1に近づくが,$p = 0$での勾配はいろいろである.完全気体の勾配は0であるが,実在気体の勾配には正も負もあり,温度によっても変わる.この勾配はボイル温度で0となり,他の温度よりも広い範囲の条件で気体は完全気体として振舞う.

---

1) Boyle temperature 2) J.D. van der Waals

トピック36 実 在 気 体

入することにする。この式は数学的には複雑でも物理的には単純な問題に対して、科学的な思考によって得られる式の好個の例、つまり"モデル構築"のよい例である。

(a) ファンデルワールス状態方程式の成り立ち

ファンデルワールス状態方程式[1]は、

$$p = \frac{nRT}{V - nb} - a\left(\frac{n}{V}\right)^2 \qquad \begin{array}{l}\text{ファンデル}\\\text{ワールス}\\\text{状態方程式}\end{array} \qquad (36\cdot7a)$$

で、その導出はつぎの「根拠」にある。この式はモル体積 $V_m = V/n$ を使って、

$$p = \frac{RT}{V_m - b} - \frac{a}{V_m^2} \quad \text{べつの形} \quad \begin{array}{l}\text{ファンデル}\\\text{ワールス}\\\text{状態方程式}\end{array} \qquad (36\cdot7b)$$

と書くことが多い。正の定数 a と b を**ファンデルワールスのパラメーター**[2]という。気体ごとに固有の値をとるが、温度には依存しない（表 $36\cdot3$）。

表 $36\cdot3^{a)}$　ファンデルワールスのパラメーター

	$a/$ (atm dm^6 mol^{-2})	$a/$ (Pa m^6 mol^{-2})	$b/$ (10^{-2} dm^3 mol^{-1})
Ar	1.337	0.1355	3.20
CO_2	3.610	0.3658	4.29
He	0.0341	0.00346	2.38
Xe	4.137	0.4192	5.16

a)　巻末の「資料」に多くの値がある。

根拠 $36\cdot1$ ファンデルワールス状態方程式

分子間の反発相互作用を考慮に入れるために、分子が小さくて侵入できない球のように振舞うと考える。分子の体積が 0 でないことは、体積 V の中を動くのでなく、それよりも小さな $V - nb$ の体積に制限されているとする。nb はほぼ分子自身が占める体積の和である。そうすれば、反発力が重要なときは、完全気体の法則 $p = nRT/V$ を、

$$p = \frac{nRT}{V - nb}$$

で置き換えると考えればよい。半径 r で分子の体積が $V_{molecule} = \frac{4}{3}\pi r^3$ の剛体球分子 2 個が接近できる最短距離は $2r$ であるから、排除される体積は $\frac{4}{3}\pi(2r)^3$ すなわち $8V_{molecule}$ である。1 分子当たりではこれの半分で、$4V_{molecule}$ である。それで $b \approx 4V_{molecule}N_A$ となる。

圧力は壁との衝突の頻度と、1 回の衝突の力に依存す

る。衝突頻度とその力は引力があると減少する。この引力は試料中の分子のモル濃度 n/V に比例する強さで働く。したがって、衝突の頻度と力の両方が引力で減殺されるから、圧力は濃度の 2 乗に比例して減少する。圧力の減少分を $-a(n/V)^2$ と書く。この a は個々の気体に固有な正の定数で、反発力と引力を組合わせた結果が ($36\cdot7$) 式のファンデルワールス状態方程式である。

この「根拠」では、分子の体積と引力の効果についてあいまいな議論からファンデルワールス状態方程式をつくった。ほかの導き方もできるが、大まかな考え方からある形の式を導く仕方を示す意味で、ここでの方法には利点がある。パラメーター a と b の意味を厳密にしていない点も利点である。これらははっきり決まった分子の性質というよりは、経験的なパラメーターとみなす方がはるかによい（ただし、a の厳密な熱力学的解釈については、すぐあとの ($36\cdot11$) 式と「トピック 66」を見よ）。

例題 $36\cdot1$ ファンデルワールス状態方程式からのモル体積の計算

CO_2 をファンデルワールス気体として扱い、500 K、100 atm でのモル体積を求めよ。

解法　($36\cdot7b$) 式をモル体積の式として表すために、両辺に $(V_m - b)V_m^2$ を掛けると、

$$(V_m - b)V_m^2 p = RTV_m^2 - (V_m - b)a$$

となる。この両辺を p で割り、V_m の同じべきの項を集めると、

$$V_m^3 - \left(b + \frac{RT}{p}\right)V_m^2 + \left(\frac{a}{p}\right)V_m - \frac{ab}{p} = 0$$

を得る。三次方程式の根を閉じた形で与えることはできるが、非常に複雑である。解析的な解を得ることが必須でない限り、このような式を解くのに市販のソフトウエアを使うほうが便利である。

解答　表 $36\cdot3$ から、$a = 3.610$ atm dm^6 mol^{-2}、$b = 4.29 \times 10^{-2}$ dm^3 mol^{-1} である。題意の条件では、$RT/p = 0.410$ dm^3 mol^{-1} である。したがって、V_m の式の係数は、

$$b + RT/p = 0.453 \text{ dm}^3 \text{ mol}^{-1}$$

$$a/p = 3.61 \times 10^{-2} \text{ (dm}^3 \text{ mol}^{-1})^2$$

$$ab/p = 1.55 \times 10^{-3} \text{ (dm}^3 \text{ mol}^{-1})^3$$

---

1) van der Waals equation of state　2) van der Waals parameter

である．それで，$x = V_m/(\text{dm}^3\,\text{mol}^{-1})$ と書くと，解くべき方程式は，

$$x^3 - 0.453 x^2 + (3.61 \times 10^{-2})x - (1.55 \times 10^{-3}) = 0$$

である．有意な根は $x = 0.366$ で，これから $V_m = 0.366\,\text{dm}^3\,\text{mol}^{-1}$ を得る．同じ条件の完全気体のモル体積は $0.410\,\text{dm}^3\,\text{mol}^{-1}$ である．

自習問題 36・3 アルゴンがファンデルワールス気体であると仮定して，100 °C，100 atm でのモル体積を計算せよ． ［答：$0.298\,\text{dm}^3\,\text{mol}^{-1}$］

あらゆる物質について，真の状態方程式として使える単一の簡単な式があると考えるのは楽観的すぎる．気体について正確な計算をするにはビリアル状態方程式に頼って，いろいろな温度での係数を数値表から採り，系を数値的に分析しなければならない．しかし，ファンデルワールス状態方程式の長所はそれが解析的な（記号で書ける）式であって，実在気体について一般的な結論を引き出せるところにある．この式がうまくいかないときには，提案されているほかの状態方程式（表 36・4 にいくつか挙げてある）を使わなければならない．あるいは新しい式を考え出すか，ビリアル状態方程式に立ち戻らなければならない．

(b) ファンデルワールス状態方程式の信頼性

ファンデルワールス状態方程式の信頼性を評価するのに，これから予測される等温線を図 36・3 の実験的な等温線と比較することからはじめよう．計算による等温線を図 36・5 と図 36・6 に示す．臨界温度の下で等温線が振動していることのほかは，実測の等温線に非常によく似ている．この振動部分を**ファンデルワールスループ**[1]というが，これはある条件のもとで，圧力の増加が体積の増加をひき起こすことになるので現実には起こらない．そこで，ある水平線を引き，その線の上と下になるループが等面積になるようにする．この手続きを**マクスウェルの構成法**[2]という (**1**)．表 36・3 のようなファンデルワールスのパラメーターは計算曲線を実験曲線に合わせれば見いだすことができる．

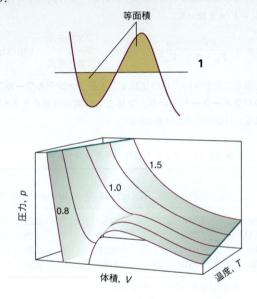

図 36・5 ファンデルワールス状態方程式で許される状態を表す曲面．曲線には"換算温度" $T_r = T/T_c$ を添書きしてある．

表 36・4 代表的な状態方程式

状態方程式		臨界定数		
		p_c	V_c	T_c
完全気体	$p = \dfrac{RT}{V_m}$			
ファンデルワールス	$p = \dfrac{RT}{V_m - b} - \dfrac{a}{V_m^2}$	$\dfrac{a}{27b^2}$	$3b$	$\dfrac{8a}{27bR}$
ベルテロー[a]	$p = \dfrac{RT}{V_m - b} - \dfrac{a}{TV_m^2}$	$\dfrac{1}{12}\left(\dfrac{2aR}{3b^3}\right)^{1/2}$	$3b$	$\dfrac{2}{3}\left(\dfrac{2a}{3bR}\right)^{1/2}$
ディエテリチ[b]	$p = \dfrac{RT e^{-a/RTV_m}}{V_m - b}$	$\dfrac{a}{4e^2 b^2}$	$2b$	$\dfrac{a}{4bR}$
ビリアル	$p = \dfrac{RT}{V_m}\left\{1 + \dfrac{B(T)}{V_m} + \dfrac{C(T)}{V_m^2} + \cdots\right\}$			

a) Berthelot b) Dieterici

---

1) van der Waals loop 2) Maxwell construction

トピック36 実在気体

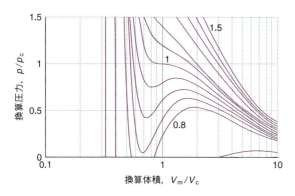

図36・6 ファンデルワールス状態方程式を使って計算した等温線. 軸は"換算圧力"p/p_c と"換算体積"V_m/V_c で目盛ってある. $p_c = a/27b^2$, $V_c = 3b$ である. 等温線には"換算温度"T/T_c を添書きしてある. $T_c = 8a/27bR$ である. ファンデルワールスのループはふつう水平な直線で置き換える.

ファンデルワールス状態方程式の重要な特徴は, 高温でモル体積が大きいときは完全気体の等温線が得られることである. 高温では RT が非常に大きいから, (36・7b) 式で第1項が第2項をはるかに凌駕する. さらにモル体積が大きい ($V_m \gg b$) と, 分母は $V_m - b \approx V_m$ となる. こういう条件のもとでは, この式は完全気体の状態方程式 $p = RT/V_m$ に帰着する.

> **簡単な例示 36・3 完全気体とみなせる基準**
>
> ベンゼンでは $a = 18.57$ atm dm^6 mol^{-2} (1.882 Pa m^6 mol^{-2}), $b = 0.1193$ dm^3 mol^{-1} (1.193×10^{-4} m^3 mol^{-1}) であり, その通常沸点は 353 K である. $T = 400$ K, $p = 1.0$ atm のベンゼン蒸気を完全気体として扱えば, そのモル体積は $V_m = RT/p = 33$ dm^3 mol^{-1} であるから, 完全気体の振舞いをする基準 $V_m \gg b$ を満たしている. そこで, $a/V_m^2 \approx 0.017$ atm となり, これは 1.0 atm の 1.7 パーセントである. したがって, この温度および圧力のベンゼン蒸気は, 完全気体の振舞いから少ししかずれないと予測できる.

自習問題 36・4 気体アルゴンは, 400 K および 3.0 atm で完全気体として振舞うか. 〔答: 振舞う〕

(c) 臨界挙動

ある気体をピストン付き容器に閉じ込め, はじめ図36・3の点Aの状態におき, 一定温度でピストンを押し込むことで気体を圧縮したとき何が起こるかを考えよう. 点A の近傍では, 気体の圧力が完全気体の法則にほぼ一致して上昇する. 体積が点Bまで減少したところでは, 完全気体の法則からのずれが目立ってくる.

点C (二酸化炭素の場合は約 60 atm に当たる) では, 完全気体からほど遠い挙動になる. それ以上に圧力が上昇せず, ピストンは押し込められてしまうからである. この段階は図の水平線 CDE で表される. 容器の中味をのぞいたら, 点Cを離れた瞬間に液体ができはじめ, はっきりした界面で2相は分離しているのがわかる. 体積が点Cから D, E まで減少するにつれ, 液体の量は増加する. この間に気体は凝縮できるから, ピストンに掛かる余分の抵抗はない. 直線 CDE では液体と蒸気が平衡で共存しているから, このときの圧力をこの測定温度におけるこの液体の**蒸気圧**[1]という.

点Eでは試料全部が液体であり, その表面にピストンがちょうど到着した状況である. ここから体積をもっと減少させるには, 非常に大きな圧力が必要になる. その状況は, 図ではEの左側で曲線が鋭く立ち上がっていることで表されている. 点Eから点Fまでのわずかな体積減少でも, 圧力は非常に上昇するのがわかる.

温度 T_c (CO_2 の場合は 304.19 K, つまり 31.04 ℃) における等温線は, ものの状態を扱う理論では特別な役割を果たす. T_c のわずか下の温度では, すでに説明した挙動が見られる. すなわち, ある特定の圧力で気体から液体が凝縮してくるから, その界面の存在で両者の見分けがつく. しかし, ちょうど T_c で圧縮したときには2相を分ける界面は現れず, 等温線の水平部の両端が一点, つまりこの気体の**臨界点**[2]に合併した状況である. 臨界点での温度, 圧力, モル体積を, その物質のそれぞれ**臨界温度**[3] T_c, **臨界圧力**[4] p_c, **臨界モル体積**[5] V_c という. この p_c, V_c, T_c をまとめて, その物質の**臨界定数**[6]という (表36・5).

T_c とそれ以上の温度では, 試料は単一相で容器内の全体積を占める. このような相を気体と定義する. したがって, ある物質の臨界温度以上では液相は形成されない. $T > T_c$ で全体積を満たす単一相は, ふつうの気体よりずっと密度が高く, これを**超臨界流体**[7]という.

表36・5[a] 気体の臨界定数

	p_c/atm	V_c/(cm^3 mol^{-1})	T_c/K
Ar	48.0	75.3	150.7
CO$_2$	72.9	94.0	304.2
He	2.26	57.8	5.2
O$_2$	50.14	78.0	154.8

a) 巻末の「資料」に多くの値がある.

---

1) vapor pressure 2) critical point 3) critical temperature 4) critical pressure 5) critical molar volume
6) critical constant 7) supercritical fluid

> **簡単な例示 36・4** 臨界温度
>
> 酸素の臨界温度が 155 K ということは，それ以上の温度なら，気体酸素を圧縮するだけでは液体をつくれないということである．酸素を液化して，全体積を占めることのない流体相を得るには，とにかく温度が 155 K 以下でなければならない．それで気体を等温で圧縮すればよい．
>
> **自習問題 36・5** どんな温度条件なら加圧によって液体窒素がつくれるか．　　　　　　［答：$T < 126$ K］

つぎの「根拠」で示すように，臨界定数とファンデルワールスのパラメーターの間にはつぎの関係がある．

$$V_c = 3b \qquad T_c = \frac{8a}{27bR} \qquad p_c = \frac{a}{27b^2}$$

ファンデルワールスのパラメーターで表した臨界定数　　　(36・8)

最初の式は，臨界体積が分子の占める体積の約 3 倍であることを示している．表 36・4 には，異なる状態方程式から求めた臨界定数の式を示してある．

根拠 36・2 臨界定数とファンデルワールスのパラメーターの関係

図 36・6 を見ればわかるように，計算で求めた $T < T_c$ での等温線は振動しており，いったん極小を経て極大を示している．両方の極値は $T \to T_c$ で収束し，$T = T_c$ で両者は一致する．すなわち，臨界点での等温線は水平の変曲点 (**2**) を示すのである．

一般の曲線の性質からわかっているように，このタイプの変曲点は，一階導関数と二階導関数のどちらもが 0 であるときに現れる．そこで，両方の導関数を計算し，両者を 0 とおけば臨界温度を求めることができる．(36・7b) 式で表された p を V_m について微分し，一階導関数と二階導関数を求めれば，

$$\frac{dp}{dV_m} = -\frac{RT}{(V_m - b)^2} + \frac{2a}{V_m^3}$$

$$\frac{d^2p}{dV_m^2} = \frac{2RT}{(V_m - b)^3} - \frac{6a}{V_m^4}$$

となる．臨界点では $T = T_c$ および $V_m = V_c$ であり，どちらの導関数も 0 に等しいから，

$$-\frac{RT_c}{(V_c - b)^2} + \frac{2a}{V_c^3} = 0$$

$$\frac{2RT_c}{(V_c - b)^3} - \frac{6a}{V_c^4} = 0$$

である．これを連立方程式として V_c と T_c について解けば (36・8) 式が得られる (自分で確かめよ)．それらをもとのファンデルワールス状態方程式に代入すれば，(36・8) 式にある p_c の式が得られる．

36・4　熱力学的な考察

これまで述べてきた種々の実験結果は，本書の後半で述べる化学熱力学および統計熱力学の原理に基づけば理解できる．具体的には「トピック 58」と「トピック 66」で詳しく説明するが，それによれば実在気体の性質をもっと深く理解することができる．

(a) 内　圧

「トピック 66」で導入するが，ビリアル状態方程式もファンデルワールス状態方程式も，つぎの熱力学的状態方程式の特別な場合にすぎないものである．すなわち，

$$\pi_T = T\left(\frac{\partial p}{\partial T}\right)_V - p \qquad \text{熱力学的状態方程式} \quad (36・9)$$

である．π_T は内圧であり，一定温度における内部エネルギーの体積依存性を表している．すなわち，

$$\pi_T = \left(\frac{\partial U}{\partial V}\right)_T \qquad \text{内圧} \quad (36・10)$$

である．完全気体では $\pi_T = 0$ である．それは，完全気体では分子間相互作用がないから，体積が変化して平均の分子間距離が変わっても，温度が一定でさえあれば内部エネルギーに影響が現れないからである．ファンデルワールス気体の場合は，

$$\left(\frac{\partial p}{\partial T}\right)_V = \frac{nR}{V - nb}$$

であり，(36・9) 式から，

$$\pi_T = \frac{nRT}{V - nb} - \left\{\frac{nRT}{V - nb} - a\frac{n^2}{V^2}\right\} = a\frac{n^2}{V^2}$$

ファンデルワールス気体　内圧　(36・11)

となる．ここで，ファンデルワールスのパラメーター a の役割について，もう一つの解釈ができる．すなわち，それは実在気体の内部エネルギーに対する分子間相互作用の寄

トピック36 実在気体

与を表しているのである. さらに, ファンデルワールス気体では内圧が正であるから, 同じ温度でも気体が膨張するだけで内部エネルギーは増加するのがわかる. それは妥当なことである. 分子間が平均として離れるほど, 引力相互作用は強く及ばなくなるのである.

例題 36・2 実在気体の内圧を表す式の導出

ビリアル状態方程式に従う気体の内圧を表す式を書け.

解法 まず, (36・4b) 式をつぎのように変形しておく.

$$p = \frac{RT}{V_m}\left(1 + \frac{B}{V_m} + \cdots\right)$$

次に, ビリアル係数が温度に依存することに注意して, (36・9) 式を使えばよい.

解答 ビリアル係数は温度に依存するから, つぎのように表せる.

$$\left(\frac{\partial p}{\partial T}\right)_V = \left[\frac{\partial}{\partial T}\overbrace{\frac{RT}{V_m}}^{f}\overbrace{\left(1 + \frac{B}{V_m} + \cdots\right)}^{g}\right]_V$$

積の規則
d(fg) = f dg + g df

$$= \frac{RT}{V_m}\left[\frac{\partial}{\partial T}\left(1 + \frac{B}{V_m} + \cdots\right)\right]_V$$
$$+ \left(1 + \frac{B}{V_m} + \cdots\right)\left[\frac{\partial}{\partial T}\left(\frac{RT}{V_m}\right)\right]_V$$

式中の導関数を計算してから (36・4b) 式をもう一度使えば, この式はもっと簡単になって,

$$\left(\frac{\partial p}{\partial T}\right)_V = \left\{\frac{RT}{V_m^2}\left(\frac{\partial B}{\partial T}\right)_V + \cdots\right\} + \underbrace{\frac{R}{V_m}\left(1 + \frac{B}{V_m} + \cdots\right)}_{p/T\,(36・4b)式}$$

$$= \left\{\frac{RT}{V_m^2}\left(\frac{\partial B}{\partial T}\right)_V + \cdots\right\} + \frac{p}{T}$$

が得られる. こうして, (36・9) 式から次式が得られる.

$$\pi_T = T\left[\left\{\frac{RT}{V_m^2}\left(\frac{\partial B}{\partial T}\right)_V + \cdots\right\} + \frac{p}{T}\right] - p$$

$$= \left\{\frac{RT^2}{V_m^2}\left(\frac{\partial B}{\partial T}\right)_V + \cdots\right\} + p - p$$

$$= \frac{RT^2}{V_m^2}\left(\frac{\partial B}{\partial T}\right)_V + \cdots$$

自習問題 36・6 アルゴンの 275 K での π_T を求めよ. ただし, 1.0 atm での値として $B(250\ \text{K}) = -28.0\ \text{cm}^3\ \text{mol}^{-1}$ および $B(300\ \text{K}) = -15.6\ \text{cm}^3\ \text{mol}^{-1}$ が与えられている.〔ヒント: (a)「例題 36・2」で求めた π_T の式を微小変化の比 $\Delta B/\Delta T$ を使って表す式に書き直し, T としては与えられた二つの温度の平均値を使う. (b) 完全気体の振舞いからのずれは小さいと予想されるから, 完全気体の法則を使って V_m を求めればよい.〕 〔答: 0.31 kPa〕

(b) 状態方程式の統計的な起源

実験によって得た状態方程式と「トピック 51〜54」で説明する統計熱力学的な考えをつなげるには, カノニカル分配関数 Q を使って内圧を計算する必要がある. それは, 分子間相互作用の効果を含むのはこの式だけだからである. Q を使って U を表した式〔$\langle E \rangle = -(\partial \ln Q/\partial \beta)_V$ と $U = U(0) + \langle E \rangle$〕から,

$$\pi_T = -\left(\frac{\partial}{\partial V}\left(\frac{\partial \ln Q}{\partial \beta}\right)_V\right)_T \qquad \text{(Q を使って表した内圧)} \qquad (36・12)$$

と書ける. $\beta = 1/kT$ である. この式を展開するには, 分子間のポテンシャルエネルギーを Q のなかに組込む式を見いださねばならない. 気体の全運動エネルギーは個々の分子の運動エネルギーの和であるから, 実在気体であっても, カノニカル分配関数を因数分解して, 運動エネルギーから生じる部分と, 分子間ポテンシャルエネルギーへの寄与に依存する**配置積分**[1] Z という二つの因子の積で表すことができる. そこで,

$$Q = \frac{Z}{\Lambda^{3N}} \qquad \text{(配置積分を使って表した Q)} \qquad (36・13)$$

と書ける. Λ は熱的波長 (52・7b 式を見よ) で, $\Lambda = h/(2\pi mkT)^{1/2}$ である. そうすれば,

$$\pi_T = -\left(\frac{\partial}{\partial V}\left(\frac{\partial \ln(Z/\Lambda^{3N})}{\partial \beta}\right)_V\right)_T$$

$$= -\left(\frac{\partial}{\partial V}\left(\frac{\partial \ln Z}{\partial \beta}\right)_V\right)_T - \left(\frac{\partial}{\partial V}\left(\frac{\partial \ln(1/\Lambda^{3N})}{\partial \beta}\right)_V\right)_T$$

$$= -\left(\frac{\partial}{\partial V}\left(\frac{\partial \ln Z}{\partial \beta}\right)_V\right)_T = -\left(\frac{\partial}{\partial V}\left(\frac{1}{Z}\frac{\partial Z}{\partial \beta}\right)_V\right)_T$$

$$(36・14)$$

となる. 2 行目の式で, Λ の温度についての導関数, つまり β についての導関数そのものは 0 でないが, それは体

---

1) configuration integral

積に無関係なので，体積についての導関数は 0 となる．

単原子分子からなる実在気体の場合は（分子間相互作用は等方的である），Z は全分子間の相互作用による全ポテンシャルエネルギー E_p とつぎの関係がある．

$$Z = \frac{1}{N!}\int e^{-\beta E_p} d\tau_1 d\tau_2 \cdots d\tau_N$$

単原子分子の実在気体　**配置積分**　(36·15)

ここで，$d\tau_i$ は分子 i についての体積素片である．この式の物理的な起源は，試料の中で分子がとる個々の配置が起こる確率が，その配置に対応するポテンシャルエネルギーを指数とするボルツマン分布で与えられることにある．

> **簡単な例示 36·5**　**配置積分**
>
> (36·15) 式は，非常に単純な分子間のポテンシャルエネルギー関数であっても，実際には非常に扱いづらい．しかしながら，完全気体の場合は，分子は互いに相互作用をしないから簡単に扱える．すなわち，$E_p = 0$ で $e^{-\beta E_p} = 1$ であるから，
>
> $$Z = \frac{1}{N!}\int \underbrace{e^{-\beta E_p}}_{1} d\tau_1 d\tau_2 \cdots d\tau_N$$
>
> $$= \frac{1}{N!}\underbrace{\underbrace{\int d\tau_1}_{V}\underbrace{\int d\tau_2}_{V}\cdots \underbrace{\int d\tau_N}_{V}}_{V^N} = \frac{V^N}{N!}$$
>
> となる．ここで，$\int d\tau_i = V$ である．V は容器の容積である．

> **自習問題 36·7**　「簡単な例示 36·5」の結果と (36·12) 式を使って，完全気体の内圧を計算せよ．
>
> ［答：$\pi_T = 0$；「トピック 58 と 66」でも同じ結果が得られる］

ポテンシャルエネルギー関数が，中心の剛体球を浅い引力的な井戸で囲んだ形（図 36·7）で表される場合は，詳しい計算をすれば（長くなるのでここでは省略するが）$\pi_T = an^2/V^2$ が得られる．a はポテンシャルの引力部分の面積に比例する定数である．当然のことながら，これはファンデルワールス気体の内圧を表す (36·11) 式に等しい．この段階で，気体分子の間に引力相互作用があれば，等温膨張するとき内部エネルギーは増加すると結論できる（$\pi_T > 0$ で，V に関する U の勾配が正であるから）．分子間の平均距離が長くなるほど互いに相互作用できる領域に短時間しか滞在しないことになって，内部エネルギーは上昇するのである．

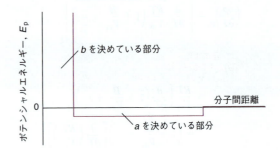

図 36·7　分子間ポテンシャルエネルギーとして，剛体芯の長距離側を引力的な浅い井戸で囲むものを考えれば，ファンデルワールスの状態方程式を導くことができる．

チェックリスト

☐ 1. **実在気体**では，状態方程式は分子間相互作用の影響を受ける．

☐ 2. 気体の正確な状態方程式は，**ビリアル係数**を使って表される．

☐ 3. **ファンデルワールス状態方程式**は，正確な状態方程式に対する近似式であり，引力をパラメーター a で，反発力をパラメーター b で表す．

☐ 4. **臨界温度**およびそれ以上の温度では，どの圧力でも単一の相形態である**超臨界流体**が容器を満たす．この条件下では液体と気体の区別がない．

☐ 5. 完全気体の内圧は 0 である．一方，実在気体の内圧は，その実験パラメーター（ビリアル係数やファンデルワールスのパラメーターなど）を使うか，それともカノニカル分配関数を使えば表せる．

トピック36 実在気体

重要な式の一覧

性　質	式	備　考	式番号
圧縮因子	$Z = V_m / V_m^\circ$	定　義	36·3a
ビリアル状態方程式	$pV_m = RT(1 + B/V_m + C/V_m^2 + \cdots)$		36·4b
ファンデルワールス状態方程式	$p = RT/(V_m - b) - a/V_m^2$	a: 引力の効果; b: 反発力の効果	36·7b
ファンデルワールスのパラメーターで表した臨界定数	$V_c = 3b$ $T_c = 8a/27bR$ $p_c = a/27b^2$		36·8
内　圧	$\pi_T = an^2/V^2$	ファンデルワールス気体	36·11
	$\pi_T = -(\partial(\partial \ln Q/\partial \beta)_V/\partial V)_T$	Qはカノニカル分配関数; $\beta = 1/kT$	36·12
	$Q = \mathcal{Z}/\Lambda^{3N}$	$\mathcal{Z}$は配置積分	36·13

トピック**37**

結 晶 構 造

内 容

37·1　周期結晶の格子
　　　　簡単な例示 37·1　ブラベ格子

37·2　格子面の同定
　(a) ミラー指数
　　　　簡単な例示 37·2　ミラー指数
　(b) 面間隔
　　　　例題 37·1　ミラー指数の使い方

37·3　X 線結晶学
　(a) ブラッグの法則
　　　　簡単な例示 37·3　ブラッグの法則 その 1
　　　　簡単な例示 37·4　ブラッグの法則 その 2
　(b) 電子密度
　　　　例題 37·2　構造因子の計算
　　　　例題 37·3　フーリエ合成による
　　　　　　　　　　　　電子密度の計算
　(c) 構造解析
　　　　簡単な例示 37·5　パターソン合成

37·4　中性子回折と電子回折
　　　　例題 37·4　熱中性子の代表的な波長の計算

チェックリスト
重要な式の一覧

➤ 学ぶべき重要性

　金属性固体，イオン性固体，分子性固体のいずれを問わず，その性質を説明しようと思えば，その前に詳しい構造を理解しておく必要がある．新物質や新しいテクノロジーの基礎を担う固体の力学的，電気的，光学的，磁気的性質のいずれを研究するにも，固体の結晶構造がどのように測定され，解析されるのかについて知っておく必要がある．

➤ 習得すべき事項

　周期結晶中の原子の規則配列は，X 線回折法で詳しく求められる．

➤ 必要な予備知識

　電磁放射線の波としての表し方〔「基本概念」（テーマ 1）の「トピック 3」〕とフーリエ変換の意味（数学の基礎 6）を熟知している必要がある．ドブローイの式（トピック 4）と均分定理〔「基本概念」（テーマ 1）の「トピック 2」〕も少し使う．

　固体の構造と性質を結びつけて考えるうえで，原子（また分子）が互いにどのように詰まっているかは重要である．ここでは固体の構造がどう表され，どのように測定されるのかを調べよう．まず，固体中の原子の規則配列の表し方を示す．次に，X 線回折の基本原理について考え，得られた回折図形が結晶中の電子密度分布によってどう解釈できるかを説明しよう．

37·1　周期結晶の格子

　周期結晶[1] は，規則的に繰返す"構造の構成要素"からできている．この構造要素は，原子であったり，分子であったり，原子や分子，イオンの集団であったりする．**空間格子**[2] は，これらの構造要素の位置を表す点で形成される図形である（図 37·1）．空間格子は実質的に結晶構造を表現するための抽象的な骨組みである．もっと正式ないい方をすれば，空間格子は点が三次元的に無限に配列したものであり，この点は一つずつがまわりの点によって全く同じ仕方で囲まれていて，結晶の基本構造を規定する．場合によっては，それぞれの格子点に一つの構造要素の中心がくることがあるが，これは必ずしも必要なことではない．結晶構造自体は，同一の構造要素を各格子点に割りつけることによって得られる．**準結晶**[3] という固体は，構造要素が満たしている空間格子に並進対称が見られないという点

---

1) periodic crystal　2) space lattice　3) quasicrystal

トピック37 結晶構造

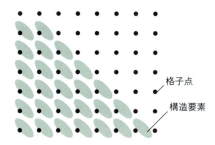

図 37・1 各格子点は，何らかの構造要素（たとえば，分子や分子の集合体）の位置を指定している．結晶格子は格子点が並んだものである．結晶構造は，その格子に従って構造要素を配列した集合体である．

で"非周期"である．本書では周期結晶についてのみ考えるから，用いる用語を簡単にするために，単に"結晶"の構造というときは周期結晶を念頭においている．

単位胞[1] は架空の平行六面体であって，並進的に繰返される1単位の図形である（図 37・2）．単位胞は（壁を構成するレンガのような）基本的な単位であって，これから並進的な変位だけによって結晶全体が形成されると考えることができる．単位胞は，ふつう隣り合う格子点を直線で結ん

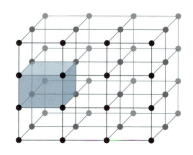

図 37・2 単位胞は平行六面体（直方体である必要はない）の形をしていて，それから並進だけを使って（鏡映や回転，反転を使わずに）周期的な結晶構造全体をつくり上げることができる．

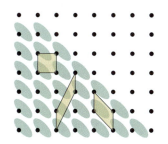

図 37・3 単位胞は，ここに示すようにいろいろな仕方で選んでよい．ただし，格子のすべての対称を表す単位胞を選ぶ約束になっている．この図のように直角が選べる格子では，長方形単位胞を採用するのがふつうである．

でつくる（図 37・3）．このような単位胞を**単純単位胞**[2]という．場合によっては，中心または一対の相対する面上にも格子点をもつ，もっと大きな**非単純単位胞**[3] を描く方が都合のよいことがある．同じ格子を表すための単位胞としては無限の可能性があるが，ふつうは辺が最も短く，また辺が互いにできるだけ垂直に近くなるものを選ぶ．単位胞の辺の長さを a, b, c で表し，それらの間の角度を α, β, γ で表す（図 37・4）．

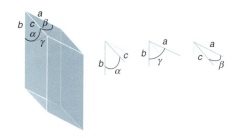

図 37・4 単位胞の辺と角度の表し方．角度 α は，b 軸と c 軸がなす角度であり，bc 面内にある．

単位胞は，それがもつ回転対称要素に注目して，七つの**結晶系**[4] に分類される．**対称操作**[5] とは，ある行為を行ったあとで物体がもとと同じに見えるとき，その行為（たとえば回転，鏡映，反転）をいう．どの対称操作にも，それに対応する**対称要素**[6] が存在する．これは点や線や面であって，これらの点，線，面に関して対称操作を行うのである．たとえば，**n 回対称軸**[7]（対称要素）のまわりの **n 回回転**[8]（対応する対称操作）は，$360°/n$ だけ回す操作である．（対称についてのもっと詳しい説明は「トピック31〜33」にある．）

単位胞の例をつぎに示す．

- **立方単位胞**[9] には，正四面体的に配列した4個の3回軸がある（図 37・5）．

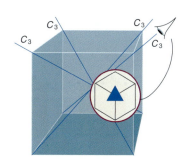

図 37・5 立方晶系に属する単位胞は，正四面体的に配列した4個の3回軸がある．3回軸を C_3 で表す．挿入図で3回対称を示す．

---

1) unit cell 2) primitive unit cell 3) non-primitive unit cell 4) crystal system 5) symmetry operation
6) symmetry element 7) *n*-fold axis of symmetry 8) *n*-fold rotation 9) cubic unit cell

- **単斜単位胞**[1] には2回軸が1個ある．この場合，その主軸は申し合わせによってb軸である（図37・6）．

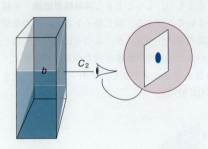

表37・1 七つの結晶系

晶 系	必須対称
三 斜	なし
単 斜	C_2軸 1個
直 方	互いに垂直なC_2軸 3個
三 方（菱面体）	C_3軸 1個
正 方	C_4軸 1個
六 方	C_6軸 1個
立 方	正四面体配置のC_3軸 4個

図37・6 単斜晶系に属する単位胞には2回軸が1個あり，それをC_2で表す．挿入図に見え方を示してある．b軸を主軸とする．

- **三斜単位胞**[2] には回転対称がなく，一般に三つの辺と三つの角度が全部異なっている（図37・7）．

図37・7 三斜単位胞には，回転対称軸がない．

表37・1に **必須対称**[3] を掲げてある．必須対称とは，単位胞がある特定の結晶系に属するために欠かせない対称要素である．

三次元では，異なる空間格子は14種しかない．これらの **ブラベ格子**[4] を図37・8に描いてある．同じ格子でも，単純単位胞で描いたり，非単純単位胞で描いたりすることがある．つぎの単位胞が使われる．

- **単純単位胞**[5]（頂点にだけ格子点がある）をPで表す．
- **体心単位胞**[6]（I）は，その中心にも格子点がある．
- **面心単位胞**[7]（F）では，頂点と六つの面の中心に格子点がある．
- **底面心単位胞**[8]（A，BまたはC）では，頂点のほかに二つの相対する面の中心にも格子点がある．

単純な構造では，単位胞の格子点または頂点の位置として，その構造の構成要素に属する1個の原子または分子の中心を選ぶのが便利なことが多いが，そうしなければならないわけではない．ブラベ格子の単位胞にある等価な格子点のまわりは，すべて同じである．

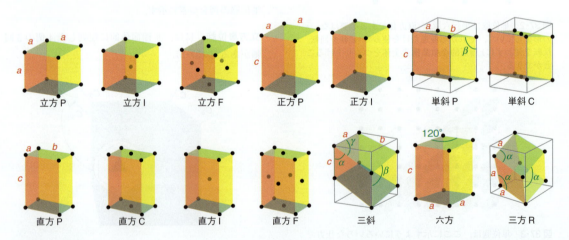

図37・8 14個のブラベ格子．点は格子点を示すが，必ずしも原子で占められているとは限らない．Pは単純単位胞（Rは三方格子または菱面体格子に使われる），Iは体心単位胞，Fは面心単位胞である．底面心単位胞C（またはAかB）には，二つの向かい合う面に格子点がある．三方格子は，菱面体晶系または六方晶系に分類することがある（表37・1）．

---

1) monoclinic unit cell 2) triclinic unit cell 3) essential symmetry 4) Bravais lattice 5) primitive unit cell
6) body-centered unit cell 7) face-centered unit cell 8) base-centered unit cell

簡単な例示 37・1　ブラベ格子

ある立方単位胞を考えよう．その辺の長さは a で，頂点の一つは座標 $x=0$, $y=0$, $z=0$ にある（図37·9）．この点から y 軸に沿って辺の中央まで進めば，その座標は $x=0$, $y=\frac{1}{2}a$, $z=0$ である．立方単位胞であるから，各辺の中央の点はすべて，この $x=0$, $y=\frac{1}{2}a$, $z=0$ の点と等価である．

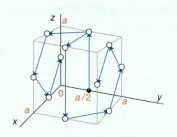

図37·9 簡単な例示37·1で用いる立方単位胞．始点（黒色）からの対称操作によって，各辺中央の点はすべて関係づけられるから等価である．

自習問題 37·1　面心立方単位胞で，$x=\frac{1}{2}a$, $y=0$, $z=\frac{1}{2}a$ の点と等価な点はどれか．

［答：各面の中央の点］

37·2　格子面の同定

結晶中の格子点がつくる面には，多数の異なる面の組があり（図37·10），それをラベルで区別して指定する必要が

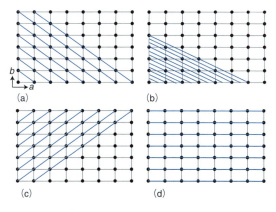

図37·10 二次元の長方形格子の点を結んでできる三次元直方格子（c 軸は ab 面に垂直）の面の例を示してある．それぞれの面の組を表すミラー指数 (hkl) は，(a) (110), (b) (230), (c) $(\bar{1}10)$, (d) (010) である．

ある．二次元の格子は三次元格子より見やすいから，初めに二次元格子を参考にして必要な概念を導入し，その結論を類推によって三次元に拡張することにしよう．

(a) ミラー指数

単位胞の二辺の長さが a, b の二次元の長方形格子を考えよう（図37·10）．この図に表してある面は（原点を通る面を除いて），原点から a 軸と b 軸を切る点までの距離によって区別できる．したがって，平行な面の組を指定する方法としては，交点の位置までの距離のうちで最も短いものを指定すればよい．たとえば，図37·10 の四つの組の面については，(a) $(1a, 1b)$, (b) $(\frac{1}{2}a, \frac{1}{3}b)$, (c) $(-1a, 1b)$, (d) $(\infty a, 1b)$ のように表してよいはずである．ここで，"∞"は軸との交点が無限遠にある面を表している．ところで，もし軸に沿った距離を単位胞の長さの倍数だけで指定することにすれば，これらの面はもっと簡単に $(1, 1)$, $(\frac{1}{2}, \frac{1}{3})$, $(-1, 1)$, $(\infty, 1)$ のようにそれぞれ指定できる．もし，図37·10 の格子が，単位胞の z 方向の長さが c である三次元直方格子を上から見たものであるとすると，四つの面の組のすべてが無限大のところで z 軸を切ることになる．したがって，三次元のラベルは $(1, 1, \infty)$, $(\frac{1}{2}, \frac{1}{3}, \infty)$, $(-1, 1, \infty)$, $(\infty, 1, \infty)$ となる．

ラベルの中に分数や無限大の記号（∞）があると不便である．これらは，そのラベルの逆数をとることによって消去できる．後でわかるように，逆数をとることには別の利点もある．**ミラー指数**[1](hkl) は交点までの距離の逆数である．このミラー指数を使って最大限の情報を保持しながら単純な表記法ですませるために，つぎの規則を採用する．

- 負の指数を表すのに数字の上に横線を書く．たとえば，$(\bar{1}10)$ と表す．

- もし，逆数をとったときに分数になれば，適当な因子をかけて通分する．たとえば，$(\frac{1}{3}, \frac{1}{2}, 0)$ 面については，全部の指数に6を掛けて得られる (230) で表す．

- (hkl) という表記法は個々の面を表すときに使う．平行な面の組をまとめて指定するには，$\{hkl\}$ という表記法を使う．たとえば，ある格子の特定の (110) 面を指定することもできるが，$\{110\}$ 面とすれば，この (110) 面に平行なすべての面の組を指定することになる[†]．

覚えておくと役に立つ特徴は，$\{hkl\}$ の中の h の絶対値が小さくなるほど，その一組の面は a 軸に平行に近くなるということである（ただし，$\{h00\}$ 面は例外）．同じことが，k と b 軸，l と c 軸についてもいえる．$h=0$ のときは，

[†] 訳注：対称の高い結晶では，対称要素に支配されて等価な面が多数現れる．たとえば，八面体群では $(111), (\bar{1}11), (1\bar{1}1), (11\bar{1}), (1\bar{1}\bar{1}), (\bar{1}1\bar{1}), (\bar{1}\bar{1}1), (\bar{1}\bar{1}\bar{1})$ の8面が等価である．このように，結晶の対称性によって同等な面をまとめて $\{111\}$ などと書く．一方，並進対称のみで表せる面が複数あっても，(110) などと表すのが一般的である．

1) Miller indices

その面は a 軸と無限遠で交わるから $\{0kl\}$ 面は a 軸に平行である．同様に，$\{h0l\}$ 面は b 軸に平行，$\{hk0\}$ 面は c 軸に平行である．

簡単な例示 37・2　ミラー指数

図 37・10a の $(1, 1, \infty)$ 面は，ミラーの表記法では (110) 面である．同様に，図 37・10b の $(\frac{1}{2}, \frac{1}{3}, \infty)$ 面は (230) と表す．図 37・10c は $(\bar{1}10)$ 面を表している．こうして，図 37・10 の 4 組の面のミラー指数は，$(110), (230), (\bar{1}10), (010)$ となる．代表的な面の三次元的な表し方を図 37・11 に示してある．非直交軸をもつ格子も同じように表せる．

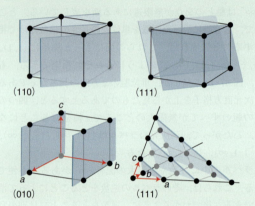

図 37・11　三次元における代表的な面の例とそのミラー指数．0 はその面が対応する軸に平行であることを示し，この指数づけの方法は軸同士が直交していない単位胞にも使える．

自習問題 37・2　各結晶軸との交点での距離で表した面 $(3a, 2b, c)$ と $(2a, \infty b, \infty c)$ について，それぞれをミラー指数で表せ．　　　　〔答：(236) と (100)〕

(b) 面間隔

ミラー指数は，面と面の間隔を表すのに非常に役に立つ．つぎの「根拠」で示すように，図 37・12 に示す正方形格子における $\{hk0\}$ 面の間隔は，

$$\frac{1}{d_{hk0}{}^2} = \frac{h^2+k^2}{a^2} \quad \text{つまり} \quad d_{hk0} = \frac{a}{(h^2+k^2)^{1/2}}$$

正方形格子　面間隔　　(37・1a)

で与えられる．これを三次元に拡張すると，立方格子の $\{hkl\}$ 面の間隔は，

$$\frac{1}{d_{hkl}{}^2} = \frac{h^2+k^2+l^2}{a^2} \quad \text{つまり} \quad d_{hkl} = \frac{a}{(h^2+k^2+l^2)^{1/2}}$$

立方格子　面間隔　　(37・1b)

で与えられる．これに相当する一般の直方格子（各軸が互いに直交している格子）についての式は，上の式を一般化したものであり，次式で表される．

$$\frac{1}{d_{hkl}{}^2} = \frac{h^2}{a^2} + \frac{k^2}{b^2} + \frac{l^2}{c^2}$$　直方格子　面間隔　(37・1c)

根拠 37・1　格子面の間隔

単位胞の辺の長さ a の正方形格子について，$\{hk0\}$ 面を考えよう（図 37・12）．

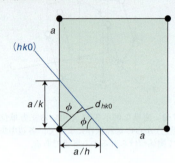

図 37・12　単位胞の寸法と，格子点を通る面との関係

図に示してある角度 ϕ を用いて，三角法で表した式がつぎのように書ける．

$$\sin\phi = \frac{d_{hk0}}{(a/h)} = \frac{h d_{hk0}}{a} \qquad \cos\phi = \frac{d_{hk0}}{(a/k)} = \frac{k d_{hk0}}{a}$$

この格子面は水平軸と h 回，垂直軸と k 回交わるから，各軸上の長さはそれぞれ a/h と a/k である．そこで，$\sin^2\phi + \cos^2\phi = 1$ であるから，

$$\left(\frac{h d_{hk0}}{a}\right)^2 + \left(\frac{k d_{hk0}}{a}\right)^2 = 1$$

となる．ここで，両辺を $d_{hk0}{}^2$ で割って変形すれば，

$$\frac{1}{d_{hk0}{}^2} = \frac{h^2}{a^2} + \frac{k^2}{a^2} = \frac{h^2+k^2}{a^2}$$

となり，これが (37・1a) 式である．

例題 37・1　ミラー指数の使い方

$a = 0.82$ nm, $b = 0.94$ nm, $c = 0.75$ nm の直方単位胞の (a) $\{123\}$ 面と (b) $\{246\}$ 面の面間隔をそれぞれ計算せよ．

解法　(a) については，与えられた情報を (37・1c) 式に代入するだけでよい．(b) については，計算を繰返さずに，3 個のミラー指数全部に n を掛ければ，その面の間隔は $1/n$ になることに注目すればよい（図 37・13）．つまり，

$$\frac{1}{d_{nh,nk,nl}{}^2} = \frac{(nh)^2}{a^2} + \frac{(nk)^2}{b^2} + \frac{(nl)^2}{c^2}$$
$$= n^2\left(\frac{h^2}{a^2} + \frac{k^2}{b^2} + \frac{l^2}{c^2}\right) = \frac{n^2}{d_{hkl}{}^2}$$

であって，これから，

$$d_{nh,nk,nl} = \frac{d_{hkl}}{n}$$

となる．

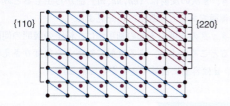

図37・13 {220}面の間隔は，{110}面の間隔の半分である．一般に，{nh, nk, nl}面の間隔は，{hkl}面の間隔の $1/n$ である．

解答 ミラー指数を (37・1c) 式に代入すれば，

$$\frac{1}{d_{123}{}^2} = \frac{1^2}{(0.82\,\text{nm})^2} + \frac{2^2}{(0.94\,\text{nm})^2} + \frac{3^2}{(0.75\,\text{nm})^2}$$
$$= 22.0\,\text{nm}^{-2}$$

となるから，$d_{123} = 0.21$ nm である．これから，ただちに，d_{246} はこの値の半分，つまり 0.11 nm であることがわかる．

ノート 常にいえることだが，数値を代入して毎回計算するより量の間の解析的な関係式を探す方が，その量の関係を強調できるから（そして不必要な作業を避けられるから）よほど気が利いている．

自習問題 37・3 上と同じ格子の，(a) {133} 面と (b) {399} 面の間隔を計算せよ．

[答：0.19 nm，0.063 nm]

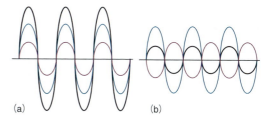

図37・14 二つの波が同じ空間領域にあるとき，これらの波は干渉する．両者の相対的な位相によって，(a) 強め合う干渉を起こせば振幅が大きくなり，(b) 弱め合う干渉を起こせば振幅が小さくなる．成分の波を青色と赤紫色で，合成波を黒色で示してある．

れる．**回折**[1] の現象は，波の通路にある物体によってひき起される干渉であり，それから生じる強度変化の模様を**回折図形**[2] という．回折は，回折を起こす物体の大きさが放射線の波長と同じくらいのときに起こる．

X 線は，波長 10^{-10} m 程度の電磁放射線であり，これは結晶格子の面間隔と同じ程度の大きさである．そのため，X 線回折は結晶構造を求める強力な手法となっており，**X 線結晶学**[3] の基礎である．ブラッグら（ウイリアム[4]とその子息のローレンス[5]．のちに共同でノーベル賞を受けた）が発展させた方法は，現代のほとんどすべての X 線結晶学の研究の基礎になっている．彼らは単結晶と単色の X 線ビームを使い，反射が検出されるまで結晶を回転させた．結晶中には多数の異なる面の組があるから，反射が起こる角度が多数ある．なまの測定データは，反射が観測される角度とその反射の強度である．

単結晶の回折図形は，**4 軸回折計**[6] を使って測定する（図 37・15）．この回折計に組込まれたコンピューターが，回折図形中の特定の反射を観測するのに必要な回折計の 4 軸の角度を求め，それを設定する．コンピューターは設定

37・3 X 線結晶学

波の特性として，空間の同じ領域に二つの波が存在すれば，互いに干渉し合って山と山，谷と谷が一致するところでは大きな変位が生じ，山が谷と一致するところでは変位はずっと小さくなる（図 37・14）．古典電磁理論によれば，電磁放射線の強度はその波の振幅の 2 乗に比例する．したがって，強め合う干渉，あるいは弱め合う干渉が起こる領域は，強度が高まる領域，または弱まる領域として観測さ

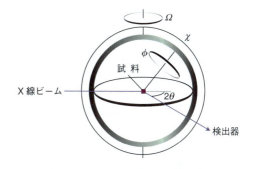

図37・15 4 軸回折計．コンピューターが各部品の方位（$\phi, \chi, \theta, \Omega$）の設定を制御する．多くの {$hkl$} 反射を順次測定し，その強度を記録する．

---

1) diffraction 2) diffraction pattern 3) X-ray crystallography 4) William Bragg 5) Lawrence Bragg
6) four-circle diffractometer

方位ごとに回折強度を測定し，少しずれた方位で背景反射の強度を求める．現在では，自動的に指数づけを行うだけでなく，単位胞の形，対称および大きさを自動的に求めることができる計算技術が確立されている．さらに，面検出器やイメージングプレートのような，回折図形を全領域にわたって同時に採取するものも含めて，大量のデータを採取するための技術がいくつも使えるようになっている．

(a) ブラッグの法則

結晶によってつくり出された回折図形を解析する初期の方法では，格子面を半透明の鏡とみなし，結晶を反射格子面が間隔 d で積み重なったものとみなした（図 37·16）．このモデルによると，強め合う干渉が起こるために結晶と入射 X 線とがなすべき角度を容易に計算できる．また，強め合う干渉によって生じる強いビームを表すのに使う**反射**[1]という用語も，このモデルに由来している．

図 37·16 に示すような，2 枚の隣接する格子面による 2 本の同じ波長の平行光線の反射を考えよう．1 本の光線は上の面のある点 D に当たるが，もう一方の光線はすぐ下の面に当たるまでに，距離 AB だけさらに進まなければならない．同様に，反射した光線の行路長は距離 BC だけ異なる．すると，2 本の光線の正味の行路差は，

$$AB + BC = 2d \sin\theta$$

となる．ここで，θ は**視射角**[†]である（入射光線と格子面のなす角度が θ のとき，反射光線は角度 2θ だけ向きを変えられたことになる）．任意の視射角では，行路差は波長の整数倍にならず，たいていの波は弱め合う干渉を起こす．しかし，行路差が波長の整数倍になるときは（AB + BC = $n\lambda$），反射した波の位相が合って強め合う干渉を起こす．このことから，視射角がつぎの**ブラッグの法則**[2]を満たすときは，

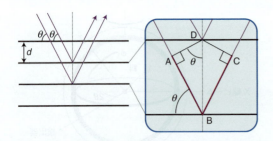

図 37·16 ブラッグの法則の普通の導き方では，格子面が入射放射線を反射するとして扱う．行路差は AB + BC だけあり，これは視射角 θ（回折角 2θ）によって決まる．強め合う干渉（つまり"反射"）は AB + BC が波長の整数倍に等しいときに起こる．

$$n\lambda = 2d \sin\theta \quad \text{ブラッグの法則} \quad (37 \cdot 2a)$$

必ず反射が観測される．$n = 2, 3, \cdots$ の反射を2次反射，3次反射，$\cdots$ という．これらは波長の 2 倍，3 倍，$\cdots$ の行路差に対応する．いまは n を d に繰入れて，ブラッグの法則を，

$$\lambda = 2d \sin\theta \quad \text{べつの形 ブラッグの法則} \quad (37 \cdot 2b)$$

と書き，n 次の反射は $\{nh, nk, nl\}$ 面から生じるとみなすのが普通である（「例題 37·1」を見よ）．

ブラッグの法則の本来の利用法は，格子の層間の間隔を求めるところにある．ある反射に対応する角度 θ さえわかれば，d は容易に計算できるからである．

簡単な例示 37·3 ブラッグの法則 その 1

波長 154 pm の X 線を使ったとき，ある立方結晶の $\{111\}$ 面からの 1 次反射が $\theta = 11.2°$ に観測された．(37·2) 式によれば，この回折を起こす $\{111\}$ 面の面間隔は，$d_{111} = \lambda/(2\sin\theta)$ である．一辺 a の立方格子の $\{111\}$ 面の面間隔は (37·1) 式によって，$d_{111} = a/3^{1/2}$ と与えられる．したがって，つぎのように計算できる．

$$a = \frac{3^{1/2}\lambda}{2\sin\theta} = \frac{3^{1/2} \times (154 \text{ pm})}{2\sin 11.2°} = 687 \text{ pm}$$

自習問題 37·4 上と同じ結晶が $\{123\}$ 面からの反射を与える角度を計算せよ． ［答：24.8°］

簡単な例示 37·4 ブラッグの法則 その 2

単位胞のタイプによっては，特徴があって容易に見分けのつく回折線の図形を与えるものがある．単位胞の一辺 a の立方格子では，面間隔は (37·2) 式で与えられるから，$\{hkl\}$ 面が 1 次反射を与える角度は，

$$\sin\theta = (h^2 + k^2 + l^2)^{1/2} \frac{\lambda}{2a}$$

から計算できる．したがって，h, k, l に数値を代入することによって，つぎのような反射が予測できる．

$\{hkl\}$:	$\{100\}$	$\{110\}$	$\{111\}$	$\{200\}$	$\{210\}$	$\{211\}$
$h^2+k^2+l^2$:	1	2	3	4	5	6

$\{hkl\}$:	$\{220\}$	$\{300\}$	$\{221\}$	$\{310\}$	$\cdots$
$h^2+k^2+l^2$:	8	9	9	10	$\cdots$

[†] glancing angle. 訳注："入射角"ということもある．ただし，光学の分野でいう入射角（incident angle）は，反射面の法線と光線のなす角度のことであり，視射角とは余角（和が 90°）の関係にある．2θ をふつう回折角（diffraction angle）という．

1) reflection 2) Bragg's law

ここで、7（および 15, …）がないことに注意しよう．これは、3 個の整数の 2 乗の和は 7（または 15, …）になれないからである．図形にこのような欠落があるのは立方 P 格子の特徴である．

自習問題 37·5 ふつうの実験手順では視射角 θ ではなく、回折角 2θ を測定する．ポロニウムという元素の回折研究で、71.8 pm の X 線を使ったときに、つぎの 2θ の値（単位は度）の位置に線が得られた．12.1, 17.1, 21.0, 24.3, 27.2, 29.9, 34.7, 36.9, 38.9, 40.9, 42.8．この単位胞を同定し、その寸法を求めよ．

〔答：立方 P; $a = 337$ pm〕

(b) 電子密度

構造解析法を説明する前に、X 線の散乱というのは、入射電磁波が原子中の電子にひき起こす振動によって起こることを知っておかなければならない．重くて多数の電子をもつ原子は軽い原子よりも強い散乱をひき起こすのである．この電子数への依存性はその元素の**散乱因子**[1] f を使って表す．散乱因子が大きければ、その原子は X 線を強く散乱する．繰返しになるから、ここでは説明を省略するが、原子の散乱因子は、その原子中の電子密度分布 $\rho(r)$ とつぎの関係がある．

$$f = 4\pi \int_0^\infty \rho(r) \frac{\sin kr}{kr} r^2 \, dr \qquad k = \frac{4\pi}{\lambda} \sin\theta$$

散乱因子 (37·3)

f の値は、前方に向いたとき最大である（$\theta = 0$、図 37·17）．反射強度の詳細な解析には、この方向依存性を考慮に入れなければならない．つぎの「根拠」で示すように、

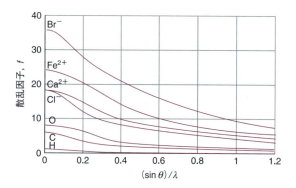

図 37·17 原子やイオンの散乱因子の、原子番号と角度による変化．前方散乱因子〔$\theta = 0$, したがって $(\sin\theta)/\lambda = 0$ にあたる〕は、原子やイオンに存在する電子数に等しい．

前方に向いたときの f はその原子中の電子数に等しい．

根拠 37·2　前方散乱因子

$\theta \to 0$ につれて $k \propto \sin\theta \to 0$ となる．$\sin x = x - \frac{1}{6}x^3 + \cdots$ であるから、

$$\lim_{k\to 0} \frac{\sin kr}{kr} = \lim_{k\to 0} \frac{kr - \frac{1}{6}(kr)^3 + \cdots}{kr}$$
$$= \lim_{k\to 0}\left\{1 - \frac{1}{6}(kr)^2 + \cdots\right\} = 1$$

である．したがって、$(\sin kr)/kr$ という因子は、前方散乱では 1 である．このことから、前方に向かっては、

$$f = 4\pi \int_0^\infty \rho(r) r^2 \, dr$$

となる．電子密度 ρ（つまり、無限小領域にある電子数をその領域の体積で割ったもの）に体積素片 $4\pi r^2 \, dr$（つまり、半径 r で厚み dr の球殻の体積）を掛けて積分すると、原子中の電子の総数 N_e になる．したがって、前方散乱では、$f = N_e$ である．たとえば、Na^+, K^+, Cl^- の散乱因子は、それぞれ 10, 18, 18 である．

単位胞が数個の原子を含んでおり、その散乱因子が f_j で座標が $(x_j a, y_j b, z_j c)$ であるとしよう．つぎの「根拠」で示すように、$\{hkl\}$ 面で回折される波の全振幅は、

$$F_{hkl} = \sum_j f_j e^{i\phi_{hkl}(j)} \qquad \text{構造因子} \quad (37·4)$$

で与えられる．ここで、$\phi_{hkl}(j) = 2\pi(hx_j + ky_j + lz_j)$ である．このときの和は単位胞内のすべての原子についてとる．F_{hkl} という量を**構造因子**[2]という．

根拠 37·3　構造因子

最初に、単位胞の原点に原子 A があり、座標 (xa, yb, zc) に原子 B があるとすれば、(hkl) 反射では原子 A と原子 B の間の位相差が、$\phi_{hkl} = 2\pi(hx + ky + lz)$ となることを示そう．ここで、x, y, z は、0 と 1 の範囲にある．

図 37·18 に図解してある結晶を考えよう．反射は、隣接する面 A からの二つの波に相当する．与えられた波長と入射角では、これらの波の位相差が 2π のとき強め合いの干渉が起こり、したがって強い反射が生じるものとしよう．もし、二つの面 A の間の距離の分数 x のところに原子 B があると、A からの反射に相対的な位相差 $2\pi x$ をもつ波を生じる．このことを理解するには、もしも $x = 0$ であれば位相差はないが、$x = \frac{1}{2}$ なら位相差は π になり、$x = 1$ なら原子 B は下側の原子 A がある

---

1) scattering factor　2) structure factor

ところに来ることになり，その位相差は2πになることに気がつけばよい．次に，(200)反射を考えよう．二つの層Aからの波の間には$2\times 2\pi$だけの差があり，もしもBが$x=0.5$のところにあったとすると，位相が上側の層Aからの波と2πだけ異なる波を生じるはずである．

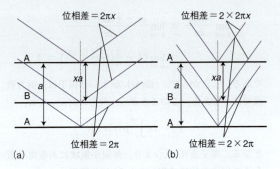

図37・18 2種類の原子を含む結晶からの回折．(a) 面Aからの(100)反射については，隣り合う面によって反射された波の間に2πだけの位相差がある．(b) (200)反射については，位相差は4πである．面Aからある距離xaのところにある面Bからの反射の位相は，これらの位相差にxを掛けたものである．

こうして，一般の分数位置xについては，(200)反射の場合の位相差は$2\times 2\pi x$となる．一般の($h00$)反射では位相差は$h\times 2\pi x$である．三次元では，この結果を一般化して(37・4)式が得られる．

例題37・2　構造因子の計算

図37・19の単位胞の構造因子を計算せよ．

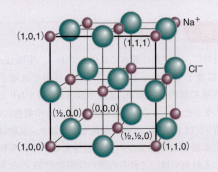

図37・19 例題37・2で構造因子を計算するための原子の配置．赤色の丸はNa^+で緑色の丸はCl^-である．

解法 構造因子は(37・4)式で定義されている．この式を使うために，図37・19に指定した位置にあるイオンを考える．Na^+の散乱因子をf^+，Cl^-の散乱因子をf^-と書こう．単位胞の内部にあるイオンは，散乱に強さfだけ寄与する．しかし，面の上にあるイオ

ンは2個の単位胞によって共有されており（$\frac{1}{2}f$を使う），辺にあるものは4個（$\frac{1}{4}f$を使う），頂点にあるものは8個によって共有されている（$\frac{1}{8}f$を使う）．つぎの二つの公式が役に立つ（数学の基礎3）．

$$e^{i\pi} = -1 \qquad \cos\phi = \frac{1}{2}(e^{i\phi} + e^{-i\phi})$$

解答　(37・4)式から，図中の27個の原子全部の座標について和をとると，

$$F_{hkl} = f^+\left\{\frac{1}{8} + \frac{1}{8}e^{2\pi i l} + \cdots + \frac{1}{2}e^{2\pi i(\frac{1}{2}h+\frac{1}{2}k+l)}\right\}$$
$$+ f^-\left\{e^{2\pi i(\frac{1}{2}h+\frac{1}{2}k+\frac{1}{2}l)} + \frac{1}{4}e^{2\pi i(\frac{1}{2}h)} + \cdots + \frac{1}{4}e^{2\pi i(\frac{1}{2}h+l)}\right\}$$

となる．この27項もある式を簡単にするために，h,k,lがすべて整数であるから，$e^{2\pi i h}=e^{2\pi i k}=e^{2\pi i l}=1$となることを利用すれば，

$$F_{hkl} = f^+\{1+\cos(h+k)\pi+\cos(h+l)\pi+\cos(k+l)\pi\}$$
$$+ f^-\{(-1)^{h+k+l}+\cos k\pi+\cos l\pi+\cos h\pi\}$$

となる．これは，$\cos h\pi = (-1)^h$であるから，

$$F_{hkl} = f^+\{1+(-1)^{h+k}+(-1)^{h+l}+(-1)^{l+k}\}$$
$$+ f^-\{(-1)^{h+k+l}+(-1)^h+(-1)^k+(-1)^l\}$$

となる．これからつぎのことがわかる．

もしh,k,lがすべて偶数なら，
$$F_{hkl} = f^+\{1+1+1+1\} + f^-\{1+1+1+1\}$$
$$= 4^+(f^+ + f^-)$$

もしh,k,lがすべて奇数なら，
$$F_{hkl} = 4^+(f^+ - f^-)$$

もし，指数の一つが奇数で二つが偶数，あるいはその逆なら，$F_{hkl}=0$

hkl全部が奇数の反射は，hkl全部が偶数の反射よりずっと弱い．同一の原子が立方Pの配列をとっている$f^+=f^-$の場合は，h,k,lのすべてが奇数のとき強度が0になり，これは立方Pの単位胞に特徴的な反射の欠落に相当している（「簡単な例示37・4」を見よ）．

自習問題37・6　立方I格子ではどの反射が観測できないか．　　　［答：$h+k+l$が奇数では$F_{hkl}=0$］

(hkl)反射の強度は$|F_{hkl}|^2$に比例するから，原理的には，強度の平方根をとれば実験から対応する構造因子が求められる（ただし，以下を参照せよ）．そこで，すべての構造因子F_{hkl}がわかっていれば，つぎの式を使って単位胞中の電子密度分布$\rho(r)$を計算できるはずである．

$$\rho(\boldsymbol{r}) = \frac{1}{V}\sum_{hkl} F_{hkl}\, e^{-2\pi i(hx+ky+lz)}$$

電子密度分布のフーリエ合成　　(37・5)

ここで，V は単位胞の体積である．(37・5) 式を，電子密度の**フーリエ合成**[1]という．フーリエ変換は化学のいろいろな局面で現れるので，「数学の基礎 6」で詳しく説明してある．

例題 37・3　フーリエ合成による電子密度の計算

x 方向に無限に続く結晶の {h00} 面を考えよう．X 線解析で，その構造因子がつぎのように見いだされた．

h:	0	1	2	3	4	5	6	7	8	9
F_h:	16	−10	2	−1	7	−10	8	−3	2	−3

h:	10	11	12	13	14	15
F_h:	6	−5	3	−2	2	−3

また，$F_{-h} = F_h$ であった．単位胞の x 軸上に射影した電子密度のプロットを作成せよ．

解法　$F_{-h} = F_h$ であるから，(37・5) 式から，

$$\begin{aligned}
V\rho(x) &= \sum_{h=-\infty}^{\infty} F_h\, e^{-2\pi ihx} \\
&= F_0 + \sum_{h=1}^{\infty}(F_h\, e^{-2\pi ihx} + F_{-h}\, e^{2\pi ihx}) \\
&= F_0 + \sum_{h=1}^{\infty} F_h(e^{-2\pi ihx} + e^{2\pi ihx}) \\
&\overset{\frac{1}{2}(e^{-2\pi ihx}+e^{2\pi ihx})=\cos 2\pi hx}{=} F_0 + 2\sum_{h=1}^{\infty} F_h \cos 2\pi hx
\end{aligned}$$

が導かれ，したがって，数学ソフトウエアを使って $0 \le x \le 1$ の点で和（$h = 15$ までで切ってある）を計算すればよい．

解答　結果を図 37・20 にプロットしてある（緑色の線）．3 個の原子の位置は非常に簡単に見分けがつく．もっと多数の項を含めれば，密度のプロットはもっと正確なものになる．h の大きな値に対応する項（和の中の短波長の cos 項）は，電子密度のずっと細かいところの形を決めており，大体の形は h の小さい値の部分で決まっている．

自習問題 37・7　
数学ソフトウエアを使って，構造因子を変えて（振幅だけでなく符号も変えてみるなどして）試してみよ．たとえば，上と同じ F_h の値を使うが，符号をすべて正にしてみよ．

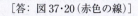
[答: 図 37・20（赤色の線）]

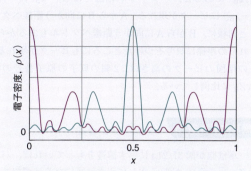

図 37・20　電子密度のプロット．例題 37・3（緑色）と自習問題 37・7（赤色）で計算した結果を比較してある．

(c) 構 造 解 析

上で概要を説明した手続で起こる問題の一つは，実測の強度 I_{hkl} は絶対値の 2 乗 $|F_{hkl}|^2$ に比例するから，(37・5) 式の和をとるにあたって $+|F_{hkl}|$ と $-|F_{hkl}|$ のうちのどちらを使うべきかがわからないことである．実際，中心対称をもたない単位胞では，この困難さはもっと深刻である．それは，もし F_{hkl} の位相を α とし，大きさを $|F_{hkl}|$ として F_{hkl} を複素量 $|F_{hkl}|e^{i\alpha}$ と書くと，強度から $|F_{hkl}|$ は求められるが，0 から 2π までのどこかにあるはずの位相については何もいえないからである．このあいまいさのことを**位相問題**[2]という．その結果どういうことが起こるかは，図 37・20 の二つのプロットを比べてみればわかる．構造因子に位相を割り当てる何らかの手段を見いだすことが必要であって，そうでなければ，ρ についての和を計算できず，この方法は役に立たなくなる．

この位相問題は，種々の方法によってある程度は克服できる．単位胞が比較的少数の原子を含む無機物質や，重原子を少数含む有機分子について，広く用いられている一つの方法は，**パターソン合成**[3]である．構造因子 F_{hkl} の代わりに，あいまいさなしに強度から得られる $|F_{hkl}|^2$ の値を，(37・5) 式に似た式，

$$P(\boldsymbol{r}) = \frac{1}{V}\sum_{hkl} |F_{hkl}|^2\, e^{-2\pi i(hx+ky+lz)}$$

パターソン合成　　(37・6)

で使う．ここで，$\boldsymbol{r}$ は単位胞内にある原子の間のベクトル距離（ベクトル量）であり，距離の大きさと向きをもつ．電子密度関数 $\rho(\boldsymbol{r})$ は原子の位置を表す確率密度であるが，関数 $P(\boldsymbol{r})$ は原子間距離の確率密度の地図である．すなわち，あるベクトル距離 $\boldsymbol{r}$ での P のピークというのは，同じ距離 $\boldsymbol{r}$ だけ離れた原子対によって生じる．たとえば，も

---

1) Fourier synthesis　2) phase problem　3) Patterson synthesis

し原子Aが(x_A, y_A, z_A)という座標にあり，原子Bが(x_B, y_B, z_B)にあると，パターソン地図では$(x_A-x_B, y_A-y_B, z_A-z_B,)$にピークが現れる．AからBに向かう距離ベクトルと同様に，BからAに向かう距離ベクトルもあるから，これらの座標に負号をつけたところにもピークが現れる．この地図のピークの高さは，2個の原子の原子番号の積$Z_A Z_B$に比例している．

重い原子が含まれていれば，散乱因子は原子番号の順に大きくなるから，それが全体の散乱を支配している．そこで，重い原子の位置はきわめて容易に推定できる．そうすると，F_{hkl}の符号は単位胞中の重原子の位置から計算できる．単位胞全体についての位相も，これらの原子について計算した位相と同じになる確率は高い．なぜそうなるかを理解するには，中心対称性をもつ単位胞の構造因子が，

$$F = (\pm) f_{\text{heavy}} + (\pm) f_{\text{light}} + (\pm) f_{\text{light}} + \cdots \quad (37\cdot7)$$

の形をとれることに注意しなければならない．ここで，f_{heavy}は重原子の散乱因子であり，f_{light}は軽原子の散乱因子である．f_{light}はどれもがf_{heavy}よりずっと小さく，これらの原子が単位胞全体に分布しているとすると，その位相は多かれ少なかれ乱雑になっている．したがって，f_{light}の正味の効果は，Fをf_{heavy}からほんの少し変化させるだけなので，Fは重原子の位置から計算したのと同じ符号をもっていると十分に確信してもよい．したがって，この位相を(反射強度からの)実測の$|F|$と組合わせると，単位胞中の全電子密度のフーリエ合成を実行することができ，したがって重原子と同様に軽原子の位置を決めることができるのである．

最近の構造解析は，**直接法**[1]も広く利用している．直接法は，単位胞中の原子が(放射線の観点から見て)実質的に乱雑に分布しているものとして取扱うことができるという立場に立っており，したがって位相がすべて，それぞれ特定の値をとる確率を計算するために，統計的な手法を使用することになる．ある構造因子とそれ以外の構造因子の和(およびその2乗の和)の間の関係式を導き出すことは可能であり，この関係式は結果として，位相を(構造因子が大きければ，高い確率で)特定の値に拘束することになる．たとえば，**セイヤーの確率関係式**[2]は，

$F_{h+h', k+k', l+l'}$の符号は，

　(F_{hkl}の符号)×($F_{h'k'l'}$の符号)におそらく等しい

セイヤーの確率関係式　$(37\cdot8)$

という形をもっている．たとえば，もしF_{122}とF_{232}とがどちらも大きくて負であるとすると，F_{354}も大きければ，それは正になるであろう．

結晶構造を求める手順の最終段階では，構造を表すパラメーター(たとえば原子の位置)を系統的に調節して，実測の強度と回折図形から導いた構造モデルを用いて計算した強度とが最もよく合うようにする．この手順を**構造の精密化**[3]という．この手順によって，単位胞中のすべての原子の正確な位置が与えられるだけでなく，これらの位置やそれから得られる結合長および結合角についての誤差の見

> **簡単な例示 37・5** パターソン合成
>
> 単位胞が図37・21aに示す構造をもっていれば，パターソン合成は図37・21bに示す地図になるはずであり，この図における原点に相対的な各斑点の位置が，もとの構造におけるすべての原子対の間隔と相対的な方位とを与える．
>
>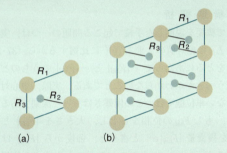
>
> **図37・21**　(a)の図形に対応するパターソン合成が(b)の図形で，原点から各斑点までの距離と方位が，(a)における一つの原子－原子距離とその配向を与える．代表的な距離とその(b)への寄与の例をR_1, R_2, R_3などと示してある．
>
> **自習問題 37・8**　「例題37・3」のデータを使って考えよう．$VP(x) = |F_0|^2 + 2\sum_{h=1}^{\infty} |F_h|^2 \cos 2\pi hx$　と表せることを示し，パターソン合成をプロットせよ．
>
> ［答：(図37・22)］
>
>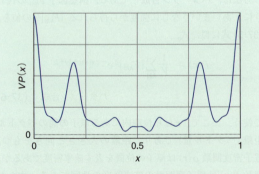
>
> **図37・22**　「例題37・3」のデータに基づくパターソン合成．

---

1) direct method　2) Sayre probability relation　3) structure refinement

積りもできる．この手順によって，原子の振動の振幅に関する情報も得られる．

37・4　中性子回折と電子回折

ドブロイの式（「トピック4」，$\lambda = h/p$）によれば，粒子は波長をもつから，回折を起こす可能性がある．原子炉で発生し，熱平衡速度にまで減速された中性子は，X線と同じくらいの波長なので，これも回折研究に利用できる．たとえば，原子炉で発生した中性子を（グラファイトなどの）減速材に繰返し衝突させて熱平衡速度にまで減速すると，約 4 km s^{-1} で進むようになり，その波長は約 100 pm となる．実際には，中性子の波長はある範囲にわたって分布するが，ゲルマニウムなどの単結晶で回折させることによって単色のビームを選ぶことができる．

例題 37・4　熱中性子の代表的な波長の計算

373 K の外界と熱平衡に達した後の中性子に特有の波長を計算せよ．簡単のために，中性子は一次元で運動するものと仮定する．

解法　波長と温度の関係を知る必要がある．これを結び付けるには，二つの段階を経る．はじめにドブロイの式を使って，直線運動量を波長で表しておく．その直線運動量は運動エネルギーで表せるから，その平均値は均分定理（トピック2）によって温度を使って表すことができる．

解答　均分定理によって，温度 T で x 方向に進む中性子の平均の並進運動エネルギーは $E_k = \frac{1}{2}kT$ である．この運動エネルギーは $p^2/2m$ にも等しい．ここで，p は中性子の直線運動量で，m はその質量である．したがって，$p = (mkT)^{1/2}$ となる．これから，ドブロイの式 $\lambda = h/p$ によってこの中性子の波長は，

$$\lambda = \frac{h}{(mkT)^{1/2}}$$

となるから，373 K では，

$$\lambda = \frac{6.626 \times 10^{-34} \text{ J s}}{\{(1.675 \times 10^{-27} \text{ kg}) \times (1.381 \times 10^{-23} \text{ J K}^{-1}) \times (373 \text{ K})\}^{1/2}}$$

$$= \frac{6.626 \times 10^{-34}}{(1.675 \times 10^{-27} \times 1.381 \times 10^{-23} \times 373)^{1/2}} \frac{\text{kg m}^2 \text{ s}^{-1}}{(\text{kg}^2 \text{ m}^2 \text{ s}^{-2})^{1/2}}$$

$$= 2.26 \times 10^{-10} \text{ m} = 226 \text{ pm}$$

である．ここで，$1 \text{ J} = 1 \text{ kg m}^2 \text{ s}^{-2}$ を使った．

自習問題 37・9　中性子の平均の波長を 100 pm にするために必要な温度を計算せよ．　[答：1.90×10^3 K]

中性子回折はX線回折と主として二つの点で異なる．一つは，中性子の散乱は原子核の現象であることである．中性子は原子の殻外電子のところを通りぬけ，核子を結合させている原因の"強い力"を通じて原子核と相互作用する．その結果，中性子が散乱される強度は，電子数には無関係であるし，周期表で隣り合う元素が中性子を散乱する強度が著しく異なっていることもある．中性子回折は，同じ化合物中に存在している Ni と Co のような元素の原子を見分けたり，FeCo における規則-不規則相転移を研究したりするのに使える．第二の違いは，中性子がそのスピンに起因する磁気モーメントをもつことである．この磁気モーメントは，結晶中の原子やイオンの（そのイオンが不対電子をもっていれば）磁場とカップルして，回折図形に変化を生じさせる．その一つの結果として，中性子回折は，隣接する原子が同じ元素の原子であってもその電子スピンが異なる配向をとっている（図 37・23）ような磁気的な規則性のある格子の研究に特に適していることである．

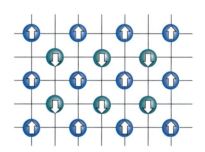

図 37・23　この物質におけるように，もし格子点にある原子のスピンの配列に規則性があって，一組の原子のスピンがもう一組の原子のスピンに反平行に配列していると，中性子回折によって二つの互いに貫入し合った単純立方格子が検出される．これは中性子が原子と磁気的な相互作用をするためである．しかし，X線回折では 1 個の bcc 格子しか見えない．

一方，40 kV の電位差のもとで加速された電子は約 6 pm の波長をもつから，これもまた分子の回折研究に適している．ある一対の原子核があり，これから電子（または中性子）が散乱される状況を考えよう．その原子核 2 個は R_{ij} の距離を隔てており，電子（または中性子）の入射ビームに対してある角度で配向している．注目する分子が多数の原子からなるときの散乱強度は，すべての対からの寄与の和を計算すればよい．入射方向と 2θ の角度で散乱されるビームの全強度 $I(\theta)$ は，つぎの**ワイアールの式**[1]で与えられる．

$$I(\theta) = \sum_{i,j} f_i f_j \frac{\sin sR_{ij}}{sR_{ij}} \qquad s = \frac{4\pi}{\lambda} \sin \theta$$

ワイアールの式　　(37・9)

---

1) Wierl equation

テーマ 8 分子間の相互作用

λ をビーム中の電子の波長とすれば，f は注目する原子の電子散乱能の尺度を表す**電子散乱因子**[1]である．電子回折法のおもな応用は表面の研究である（トピック 95）．「問題 37·17」にワイアールの式に関する問題がある．

チェックリスト

☐ 1. **空間格子**とは，構造要素（原子や分子だけでなく原子や分子，イオンの集団）の位置を表す点によって形成される図形である．

☐ 2. **ブラベ格子**は，三次元における 14 個の異なる空間格子である（図 37·8）．

☐ 3. **単位胞**は，架空の平行六面体であり，並進で繰返される 1 単位の図形である．

☐ 4. 単位胞は，その回転対称性に従って七つの**結晶系**に分類される．

☐ 5. 結晶面は，一組の**ミラー指数** (hkl) によって指定される．

☐ 6. **散乱因子**は，原子が放射線を回折する能力の尺度である．

☐ 7. **構造因子**は，$\{hkl\}$ 面によって回折される波の全振幅である．

☐ 8. **フーリエ合成**とは，構造因子から電子密度分布を構築することである．

☐ 9. **パターソン合成**は，回折強度のフーリエ解析によって得られた原子間の距離ベクトルの地図である．

☐ 10. **構造の精密化**とは，構造パラメーターを調節することによって，実測の強度と回折図形から導いた構造モデルを用いて計算した強度とが最もよく合うようにすることである．

重要な式の一覧

性　質	式	備　考	式番号
直方格子の面間隔	$1/d_{hkl}{}^2 = h^2/a^2 + k^2/b^2 + l^2/c^2$	h, k, l はミラー指数	37·1c
ブラッグの法則	$\lambda = 2d \sin\theta$	d は格子の面間隔	37·2b
散乱因子	$f = 4\pi \int_0^\infty [\{\rho(r)\sin kr\}/kr] r^2 \mathrm{d}r, \quad k = (4\pi/\lambda)\sin\theta$	球対称の原子の場合	37·3
構造因子	$F_{hkl} = \sum_j f_j \mathrm{e}^{\mathrm{i}\phi_{hkl}(j)}, \quad \phi_{hkl}(j) = 2\pi(hx_j + ky_j + lz_j)$	定　義	37·4
フーリエ合成	$\rho(r) = (1/V)\sum_{hkl} F_{hkl}\,\mathrm{e}^{-2\pi\mathrm{i}(hx+ky+lz)}$	V は単位胞の体積	37·5
パターソン合成	$P(r) = (1/V)\sum_{hkl} |F_{hkl}|^2\,\mathrm{e}^{-2\pi\mathrm{i}(hx+ky+lz)}$		37·6
ワイアールの式	$I(\theta) = \sum_{i,j} f_i f_j (\sin sR_{ij}/sR_{ij}), \quad s = (4\pi/\lambda)\sin\theta$		37·9

---

1) electron scattering factor

トピック38

固体における結合

内 容

38・1 金属性固体
(a) 最密充填
　　例題 38・1　充填率の計算
(b) 金属の電子構造
　　簡単な例示 38・1　バンドのエネルギー準位

38・2 イオン性固体
(a) 構 造
　　簡単な例示 38・2　半径比
(b) エネルギー論
　　簡単な例示 38・3　ボルン–メイヤーの式
　　例題 38・2　ボルン–ハーバーのサイクルの
　　　　　　　　　　　　　　　　　使い方

38・3 分子性固体と共有結合ネットワーク
　　簡単な例示 38・4　ダイヤモンドと
　　　　　　　　　　　　　　　　グラファイト

チェックリスト
重要な式の一覧

➤ 学ぶべき重要性

　新しいテクノロジーの基礎を担える有望な物質の力学的，電気的，光学的，磁気的性質を研究する前に，原子や分子がどのように相互作用して金属性固体やイオン性固体，分子性固体をつくっているのかを理解しておく必要がある．

➤ 習得すべき事項

　固体における特徴的な結合タイプには4種ある．金属性固体，イオン性固体，共有結合性固体，分子性固体でそれぞれ見られる．

➤ 必要な予備知識

　分子間の相互作用（トピック35），結晶構造の特徴（トピック37），ヒュッケルの分子軌道法の諸原理（トピック26），反応エンタルピーの計算（トピック57）について知っている必要がある．

　固体内の結合にはいろいろな種類がある．最も単純なのは金属[1]である．金属中の電子は，同種カチオンの配列全体に非局在化していて，カチオン同士を結び合わせ，硬いが延びやすく，展性のある構造に仕上げている．**イオン性固体**[2]は，静電相互作用〔「基本概念」（テーマ1）の「トピック2」〕によって結晶中に詰め込まれたカチオンとアニオンから成る．**共有結合性固体**[3]では，指向性のある共有結合によって原子がつながり，結晶全体に広がったネットワークをつくっている．**分子性固体**[4]では，ファンデルワールス相互作用（トピック35）で結びついている．

38・1 金属性固体

　金属元素の結晶形態は，その原子を同種の剛体球で表せば説明できる．ほとんどの金属元素は，結晶では3種の単純な形のうちの一つになり，そのうちの二つは，剛体球ができるだけ最密な配列になるように充填するという観点から説明できる．この節では，結晶中の原子の幾何配列だけでなく，その原子を囲む電子分布についても考える．

(a) 最密充填

　図38・1に，同種の球が**最密充填**[5]した層，すなわち空間を最大限に利用してできた層を示す．最密充填した三次元構造は，このような最密充填層を積み重ねることによってできる．しかし，この積み重ねの仕方は2通りあるから，その結果として最密充填の**ポリタイプ**[6]，つまり二次元では同じであるが（最密充填層），第三の次元では異なる構造ができる．

---

1) metal　2) ionic solid　3) covalent solid　4) molecular solid　5) closest packing　6) polytype

どちらのポリタイプでも，2番目の最密充填層の球を最初の層のへこんだところに置く（図38・2）．3番目の層を加えるには，二つの仕方のどちらかが使える．一つのやり方は，第1層を再現するように球を置いて（図38・3a），ABAという層のパターンをつくる．もう一つの仕方は，第1層のくぼみに球を置いて（図38・3b），ABCというパターンができるようにする．二つの積み重ねのパターンを垂直方向に繰返していくと，二つのポリタイプができる．もしABAのパターンを繰返すと，ABABAB…という層構造ができて，球は**六方最密充填**[1]（hcp）されたことにな

る．もしABCのパターンを繰返すと，ABCABC…という層構造ができて，球は**立方最密充填**[2]（ccp）されたことになる．これらの名称の由来は，図38・4を見ればわかる．ccp構造は面心立方の単位胞をつくり出すので立方F（あるいはfcc，つまり面心立方）と表してもよい．層の乱雑な配列をつくることもできる．しかし，hcpとccpのポリタイプは最も重要である．これらの構造をもつ元素の例を表38・1に掲げてある．

最密充填構造が緻密なものであることは，その**配位数**[3]，すなわち任意に選んだ原子を直接取り囲んでいる原子の数からわかる．この数は，どちらの場合も12である．この緻密さのもう一つの目安は**充填率**[4]，つまり空間が球によって占められる割合であって，これは0.740である（「例題38・1」を見よ）．つまり，同種の剛体球の最密充填にあっては，隙間の体積は26.0パーセントしかない．多くの金属が最密充填であるということは，その密度が高いことの説明になる．

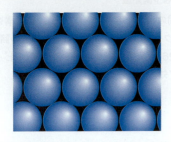

図38・1 三次元最密充填構造をつくり上げるのに使う最密充填球の第1層．

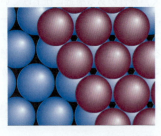

図38・2 最密充填球の第2層は，第1層のくぼみを占める．この二つの層は，最密充填構造でABと並ぶ構成要素になる．

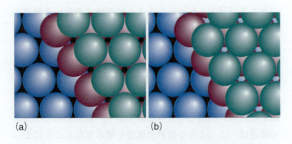

図38・3 (a) 最密充填球の第3層が第1層にある球の直上にあるくぼみを占めるとすると，ABA構造になり，これは六方最密充填に相当する．(b) 一方，第3層が第1層の球の真上でないくぼみに入れば，ABC構造ができて，これは立方最密充填に相当する．

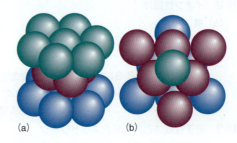

図38・4 図38・3に示した構造の一部分を見ると，(a) 六方対称，(b) 立方対称があることがわかる．球の色は，図38・3の層につけたのと同じである．

表38・1 代表的な元素の結晶構造[a]

構 造	元 素
hcp[b]	Be, Cd, Co, He, Mg, Sc, Ti, Zn
fcc[b]（ccp, 立方F）	Ag, Al, Ar, Au, Ca, Cu, Kr, Ne, Ni, Pd, Pb, Pt, Rh, Rn, Sr, Xe
bcc（立方I）	Ba, Cs, Cr, Fe, K, Li, Mn, Mo, Rb, Na, Ta, W, V
立方P	Po

a) 単純単位胞を表す記号は「トピック37」で示した．
b) 最密充填構造

例題38・1 充填率の計算

半径Rの球でccp構造をつくったときの充填率を計算せよ．

---

1) hexagonal close-packing 2) cubic close-packing 3) coordination number 4) packing fraction

解法 図38·5を見て考えよう．まず，単位胞の体積を計算し，次に，この単位胞を完全にあるいは部分的に占める球の総体積を計算する．この計算の最初の部分は，幾何学の簡単な演習である．第2の部分では，単位胞を占める球の断片を数える必要がある．

解答 図38·5を見ればわかるように，立方体のどの面の対角線も，1個の球の中心を完全に貫き，他の2個の球を半分だけ貫くから，その長さは$4R$である．したがって，立方体の辺の長さは$8^{1/2}R$で，この単位胞の体積は$8^{3/2}R^3$となる．図38·5からわかるように，この立方体の8個の頂点には，全球の$\frac{1}{8}$の体積がそれぞれ立方体内部に含まれている．一方，立方体の6個ある面心には，全球の$\frac{1}{2}$の体積がそれぞれ立方体内部に含まれている．したがって，この単位胞には，$6\times\frac{1}{2}+8\times\frac{1}{8}=4$個の球が入っている．各球の体積は$\frac{4}{3}\pi R^3$であるから，球によって占められる総体積は$\frac{16}{3}\pi R^3$である．そこで，占められる空間の部分は，

$$\frac{\frac{16}{3}\pi R^3}{8^{3/2}R^3} = \frac{16\pi}{3\times 8^{3/2}} = 0.740$$

である．hcp構造もこれと同じ配位数をもつから，その充填率も同じである．

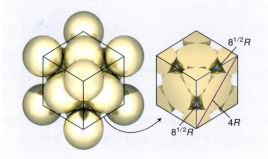

図 38·5 ccp 単位胞の充填率の計算

自習問題 38·1 最密充填でない構造の充填率も同じように計算できる．立方 I (bcc) 構造の充填率を計算せよ．それは，立方体の頂点8個と体心1個に球がある構造である． [答: 0.680]

表38·1に示すように，ふつうの金属の多くは最密充填より充填率の低い構造をとっている．最密充填からずれていることから，隣接原子間の特異的な共有結合などの因子が構造に影響し始めていて，固有の立体的な配列をとらせていると推測できる．そのような配列の一つは，立方 I (bcc，体心立方) 構造になるが，これは，8個の球がつくる立方体の中心に球が1個入った構造である．bcc 構造の配位数は8しかないが，この8個の最隣接原子からあまり離れていないところにさらに6個の原子がある．0.68という充填率 (自習問題38·1) は，最密充填構造の値 (0.74) よりあまり小さくなく，全空間の約三分の二が実際に占有されていることがわかる．

(b) 金属の電子構造

固体の電気的性質 (トピック39) を決める支配的な性質は，その電子の分布状態である．この分布を表す二つのモデルがある．一つは，**ほとんど自由な電子の近似**[1] であって，価電子が固体という箱に閉じ込められていて，その中に周期的なポテンシャルがあり，カチオンの位置にポテンシャルの低いところがあると仮定する．**強結合近似**[2] では，価電子は固体全体にわたって非局在化した分子オービタルを占めていると仮定する．あとのモデルの方が固体の電気的性質の説明 (トピック39) の線に沿っているので，これに注目しよう．

一次元固体を考えよう．これは原子が無限に長い1本の線上に並んだものである．このモデルはあまりに限定的で非現実的に見えるかもしれない．しかし，これには金属や半導体の三次元のマクロな試料の構造と電気的性質を理解するのに必要な概念が含まれているだけでなく，カーボンナノチューブなどの細長い構造を説明するための出発点でもある．

各原子がsオービタルを1個もち，これが分子オービタルをつくるのに使えるとしよう．1本の線にN個の原子を順に付け加えていくことによって固体のLCAO-MOを組立てることができ，さらに構成原理を用いてその電子構造を推論することができる．1個の原子は，ある決まったエ

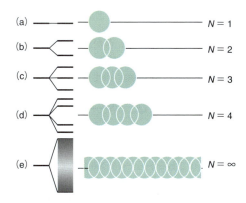

図 38·6 直線上にN個の原子を逐次加えていくと，N個の分子オービタルのバンドができる．Nが無限大になってもバンドの幅は有限のままにとどまり，一見連続なように見えるが，実はN個の異なるオービタルから成り立っている．

---

1) nearly free-electron approximation 2) tight-binding approximation

ネルギー状態にある1個のsオービタルを提供する(図38・6). 2番目の原子をもち込むと, それは1番目の原子と重なり合って結合オービタルと反結合オービタルをつくる. 3番目の原子は, その最隣接原子と重なり合い(そして第2隣接原子とはほんのわずかに重なり), これらの3個の原子オービタルから3個の分子オービタルをつくる. 一つは完全な結合性, もうひとつは完全に反結合性で, 中間のオービタルは隣接原子間で非結合性である. 4番目の原子がくると4番目の分子オービタルが形成される. この段階までくれば, 原子をつぎつぎともち込んだとき, その一般的な結果として分子オービタルによって覆われるエネルギーの範囲が広がっていき, さらにそのエネルギーの範囲がつぎからつぎへとオービタル(原子1個当たり1個増える)で満たされていくということがわかるであろう. 原子の線に N 個の原子を加え終えたところでは, 有限の幅をもつバンドを N 個の分子オービタルが覆うことになり, ヒュッケルの永年行列式(トピック26)は,

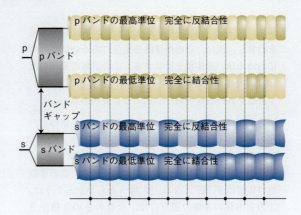

図38・7 sオービタルの重なりからsバンドができて, pオービタルの重なりからはpバンドができる. この図の場合, 原子のsオービタルとpオービタルのエネルギー間隔が非常に広いので, バンドの間にギャップが生じる. 多くの場合, この間隔は狭くて, 二つのバンドは重なる.

$$\begin{vmatrix} \alpha-E & \beta & 0 & 0 & 0 & \cdots & 0 \\ \beta & \alpha-E & \beta & 0 & 0 & \cdots & 0 \\ 0 & \beta & \alpha-E & \beta & 0 & \cdots & 0 \\ 0 & 0 & \beta & \alpha-E & \beta & \cdots & 0 \\ 0 & 0 & 0 & \beta & \alpha-E & \cdots & 0 \\ \vdots & \vdots & \vdots & \vdots & \vdots & & \vdots \\ 0 & 0 & 0 & 0 & 0 & \cdots & \alpha-E \end{vmatrix} = 0$$

となる. ここで, α はクーロン積分, β は (s, s) 共鳴積分である. この行列式のような対称的な例(専門的にいうと"三重対角行列式")に行列式論を適用すると, 根はつぎのように表される.

$$E_k = \alpha + 2\beta \cos \frac{k\pi}{N+1} \qquad k = 1, 2, \cdots, N$$

sオービタルの一次元配列　エネルギー準位　(38・1)

つぎの「根拠」で示すように, N が無限大のときは $E_{k+1} - E_k$ は無限小になるが, バンドの方はまだ全体として有限の幅をもっている(図38・6). つまり,

$$E_N - E_1 \longrightarrow -4\beta \qquad N \longrightarrow \infty \text{ のとき}$$

sオービタルの一次元配列　バンド幅　(38・2)

である. ($\beta < 0$ であるから $-4\beta > 0$ である.) このバンドは N 個の異なる分子オービタルから成っており, 最低エネルギーのオービタル ($k=1$) は完全に結合性で, 最高エネルギーのオービタル ($k=N$) は隣り合う原子間で完全に反結合性になっていると考えることができる(図38・7). 中間的なエネルギーの分子オービタルには, 原子の鎖に沿って $k-1$ 個の節が存在している. 三次元の固体においても同様のバンドが形成される.

根拠 38・1　バンドの性質

(38・1)式からわかるように, 隣り合う準位 k と $k+1$ のエネルギー差は,

$$\begin{aligned} E_{k+1} - E_k &= \left(\alpha + 2\beta \cos \frac{(k+1)\pi}{N+1}\right) \\ &\quad - \left(\alpha + 2\beta \cos \frac{k\pi}{N+1}\right) \\ &= 2\beta \left(\cos \frac{(k+1)\pi}{N+1} - \cos \frac{k\pi}{N+1}\right) \end{aligned}$$
(38・3)

である. ( ) 内の最初の項は, 三角関数の公式(加法定理) $\cos(A+B) = \cos A \cos B - \sin A \sin B$ を使えば,

$$\cos \frac{(k+1)\pi}{N+1} = \cos \frac{k\pi}{N+1} \overbrace{\cos \frac{\pi}{N+1}}^{N\to\infty \text{のとき} \to 1}$$

$$- \sin \frac{k\pi}{N+1} \overbrace{\sin \frac{\pi}{N+1}}^{N\to\infty \text{のとき} \to 0}$$

となるから, $N \to \infty$ でエネルギー差は,

$$E_{k+1} - E_k \longrightarrow 2\beta \left(\cos \frac{k\pi}{N+1} - \cos \frac{k\pi}{N+1}\right) = 0$$

である. このように, N が無限に大きくなれば, 隣り合う準位とのエネルギー差は無限に小さくなるのである.

次に, N がバンド幅 $E_N - E_1$ にどう影響するかを調べよう. $k=1$ の準位のエネルギーは,

$$E_1 = \alpha + 2\beta \cos \frac{\pi}{N+1}$$

である. 上で見たように $N \to \infty$ で $\cos 0 \to 1$ であるか

ら、この極限では、

$$E_1 = \alpha + 2\beta$$

となる。k の最大値が N のときには、

$$E_N = \alpha + 2\beta \cos\frac{N\pi}{N+1}$$

である。N が無限大に近づけば分母の 1 は無視できるから、cos 項は $\cos\pi = -1$ となる。したがって、この極限では、$E_N = \alpha - 2\beta$ および $E_N - E_1 = -4\beta$ となって、(38・2)式が得られる。

簡単な例示 38・1　バンドのエネルギー準位

$E_{k+1} - E_k$ の N による依存性を調べるために、(38・3)式を使って計算すれば、

$N=3$: $\quad E_2 - E_1 = 2\beta\left(\cos\dfrac{2\pi}{4} - \cos\dfrac{\pi}{4}\right)$
$\qquad\qquad\qquad \approx -1.414\beta$

$N=300$: $\quad E_2 - E_1 = 2\beta\left(\cos\dfrac{2\pi}{301} - \cos\dfrac{\pi}{301}\right)$
$\qquad\qquad\qquad \approx -3.268 \times 10^{-4}\beta$

である。N が増加するにつれ、このエネルギー差は減少することがわかる。

自習問題 38・2　$N=300$ のとき、$E_{k+1} - E_k$ が最大値を示す k の値はいくらか。〔ヒント：数学ソフトウエアを用いよ。〕　　　　　　　　　　〔答：$k=150$〕

---

s オービタルの重なりによってできるバンドを **s バンド**[1] という。もし、原子が p オービタルをもっていて、これが使えるなら、上と同じ手続きで、(図 38・7 の上半分に示したように) **p バンド**[2] ができる。もし、p オービタルが s オービタルより高いエネルギーのところにあれば、p バンドは s バンドよりも高いところにあり、したがって、**バンドギャップ**[3]、すなわち対応するオービタルが存在しないエネルギー範囲が生じる可能性がある。しかし、s バンドと p バンドがくっついていたり、場合によっては(マグネシウムの 3s バンドと 3p バンドのように)重なっていたりすることもある。

次に、それぞれ電子 1 個を供給できる原子からできている固体(たとえばアルカリ金属)の電子構造を考えてみよう。原子オービタルは N 個あるから、分子オービタルも N 個あり、これは連続に見えるバンドに詰め込まれている。収容すべき電子は N 個ある。$T=0$ では、$\frac{1}{2}N$ 個の低い方の分子オービタルだけが占有され(図 38・8)、このときの HOMO を**フェルミ準位**[4] という。しかし、分子とは違って、エネルギーがフェルミ準位に非常に近い空のオービタルがあり、最高位の電子を励起するのにほとんどエネルギーを要しない。そのため、一部の電子は非常に動きやすく、電気伝導を生じるのである(トピック 39)。

図 38・8　N 個の電子が N 個のオービタルのバンドを占めるとき、このバンドは $T=0$ では半分しか満たされないから、フェルミ準位(満たされた準位の上端)付近にある電子は動くことができる。

38・2　イオン性固体

イオン性固体を考えるときは、二つの問題がもちあがる。異種イオンが入る相対的な位置と、その結果できる構造のエネルギー論である。

(a) 構　　造

単原子イオンからなる NaCl や MgO などの化合物の結晶について、剛体球を積み上げてモデル化するときは、イオンの半径が異なることと(一般にカチオンの方がアニオンより小さい)電荷が異なることを考慮に入れる必要がある。イオンの配位数とは、反対電荷をもつ最近接イオンの数である。構造の特徴は、(N_+, N_-) **配位**[5] をもつという表し方をする。ここで、N_+ はカチオンの配位数で、N_- はアニオンの配位数である。

偶然に両イオンのサイズが同じだったとしても、単位胞が電気的に中性であることが保証されていなければならないという問題があるために、12 配位の最密充填構造を実現するのは不可能である。その結果、イオン性固体は一般に金属よりも密度が小さい。実現可能で充塡率の一番高い構造は、(8,8)配位の**塩化セシウム構造**[6] であり、この場合のカチオンは 8 個のアニオンで囲まれており、アニオンもそれぞれ 8 個のカチオンで囲まれている(図 38・9)。この構造では、1 個の電荷をもつイオンが立方単位胞の体心の位置を占め、頂点に 8 個の対イオン[7](反対電荷をもつ

---

1) s band　2) p band　3) band gap　4) Fermi level　5) (N_+, N_-) coordination　6) caesium chloride structure
7) counter ion

イオン）がある．この構造をとるものには CsCl 自身や CaS などがある．

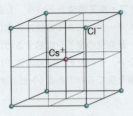

図 38・9 塩化セシウム構造は，イオンが単純立方配列したもの二つが互いに貫入し合ってできている．一つはカチオンが配列したもので，他方はアニオンが配列したものである．そのため，一つの種類のイオンがつくる立方体では，その中心に対イオンが入っている．

イオン半径の違いが CsCl の場合よりも大きいときは，8 配位の充填でさえ実現できない．よく現れる構造の一つは，NaCl で代表される (6,6) 配位の**岩塩構造**[1)]である（図 38・10）．この構造では，カチオンはそれぞれ 6 個のアニオンで囲まれており，アニオンも 6 個のカチオンで囲まれている．岩塩構造は，わずかに膨らんだ 2 個の立方 F (fcc) の配列が互いに貫入し合って，一方はカチオンだけ，他方はアニオンだけから成るものとして理解できる．この構造をとるものには，NaCl のほかに KBr, AgCl, MgO, ScN など MX 型の数種の化合物がある．

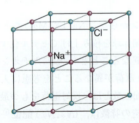

図 38・10 岩塩 (NaCl) 構造は，少しだけ膨らませた面心立方格子にイオンが配列したもの二つが互いに貫入し合ってできている．ここに示した骨格全体が単位胞である．

塩化セシウム構造から岩塩構造への切り換えは**半径比**[2)] γ，

$$\gamma = \frac{r_{smaller}}{r_{larger}} \quad \text{定義} \quad \text{半径比} \quad (38\cdot4)$$

の値と関係がある．ここで，二つの半径は，結晶中の大きい方のイオンの半径と小さい方のイオンの半径である．ある半径の剛体球を，なるべく多数の半径の異なる剛体球で囲む充填法を探すという幾何学的な考察から導かれる**半径比の規則**[3)]は，つぎの表のようにまとめることができる．

半径比	構造の型
$\gamma < 2^{1/2} - 1 = 0.414$	閃亜鉛鉱（図 38・11）
$2^{1/2} - 1 = 0.414 < \gamma < 0.732$	岩塩
$\gamma > 3^{1/2} - 1 = 0.732$	塩化セシウム

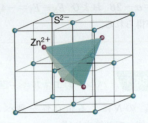

図 38・11 閃亜鉛鉱型の ZnS の構造．S 原子が配列することによってできた正四面体形の穴に，Zn 原子が入っていることを示してある．（Zn 原子の正四面体の中には S 原子があり，この立方体の中心を占めている．）

この規則で予想される構造から外れると，それがイオン性結合から共有結合への移行が起っている証拠であるとみなされることが多い．しかし，それが信頼性に欠けるおもな原因は，イオン半径に任意性があることと，イオン半径そのものが配位数とともに変化することにある．

イオン半径は，結晶中の隣り合うイオンの中心間の距離から導き出す．しかし，この距離全体を二つのイオンに割り当てる必要があり，そのために一つのイオンの半径を決めてから他のイオンの半径を推定する．広く用いられている目盛は，O^{2-} イオンの半径である 140 pm という値を基準にするものである（表 38・2）．これ以外の目盛（たとえば，ハロゲン化物を検討するために F^- を基準にとるなど）もあるが，異なる目盛による値を混ぜて使わないことが肝要である．イオン半径にはかなりの任意性があるので，それに基づいた予測については信頼性に注意が必要である．

表 38・2[a)]　イオン半径，r/pm

Na^+	102(6[b)]),	116(8)
K^+	138(6),	151(8)
F^-	128(2),	131(4)
Cl^-	181(最密充填)	

a) 巻末の「資料」に多くの値がある．これらの値は，O^{2-} イオンの半径を 140 pm とした目盛に基づいている．
b) 配位数

1) rock-salt structure　2) radius ratio　3) radius ratio rule

> **簡単な例示 38·2** 半径比
>
> 表38·2にあるイオン半径の値を使えば，MgOの半径比は，
>
> $$\gamma = \frac{\overbrace{72\,\text{pm}}^{\text{Mg}^{2+}\text{の半径}}}{\underbrace{140\,\text{pm}}_{\text{O}^{2-}\text{の半径}}} = 0.51$$
>
> である．この値は，MgO結晶が実際に岩塩構造をとることと合っている．
>
> **自習問題 38·3** TlClの結晶構造を予測せよ．Tl⁺のイオン半径を159 pmとする．
>
> ［答： $\gamma = 0.88$；塩化セシウム構造］

(b) エネルギー論

固体の**格子エネルギー**[1]とは，固体中に詰まったイオンのクーロンポテンシャルエネルギーと，気体として遠く離れたイオンのエネルギーの差である．格子エネルギーは常に正であり，格子エネルギーが大きいことは，イオンが互いに強く相互作用して緊密に結合した固体をつくることを示している．**格子エンタルピー**[2] ΔH_L とは，

$$\text{MX}(s) \longrightarrow \text{M}^+(g) + \text{X}^-(g)$$

という過程や，これと電荷の型や化学量論が違っても同等な過程であれば，その標準モルエンタルピー変化をいう．格子エンタルピーは $T=0$ では格子エネルギーに等しい．ふつうの温度では，両者はほんの数 kJ mol⁻¹ 程度しか違わないから，ふつうはこの差を無視してよい．

固体中の各イオンは，すべての反対電荷のイオンからの静電引力を受け，他のすべての同じ電荷のイオンから反発力を受ける．全クーロンポテンシャルエネルギーは，すべてのこの静電的な寄与の和である．各カチオンはアニオンに取囲まれていて，この反対電荷の引力の大きな負の寄与がある．この最隣接イオンの向こうにカチオンがあって，中心のカチオンの全ポテンシャルエネルギーに正の項の寄与をする．これらのカチオンの向こうにあるアニオンからの負の寄与もあり，さらにその向こうのカチオンからの正の寄与もある，などで，この状況は固体の端まで続く．中心イオンからの距離が増えるにつれてこれらの反発力と引力は徐々に弱まるが，これらすべての寄与の正味の結果として，エネルギーは下がる．

はじめに，一様な間隔でカチオンとアニオンが交互に並んだ長い線から成る固体の単純な一次元のモデルを考えよう．ここで，d をカチオンとアニオンの中心間の距離，つ

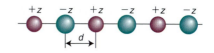

図 38·12 直線上で交互に並んだカチオンとアニオン．これを使って一次元のマーデルング定数を計算する．

まりイオン半径の和とする（図38·12）．イオンの電荷数が同じ絶対値をもつとすると（たとえば，+1と-1，+2と-2），$z_1 = +z$，$z_2 = -z$，$z_1 z_2 = -z^2$ である．中心イオンのポテンシャルエネルギーは，すべての項を足し合わせることによって計算する．負の項は反対電荷のイオンへの引力を表し，正の項は同じ電荷のイオンからの反発力を表す．中心イオンの右側の線上に広がっているイオンとの相互作用に対しては，格子エネルギーは，

$$E_p = \frac{1}{4\pi\varepsilon_0} \times \left(-\frac{z^2 e^2}{d} + \frac{z^2 e^2}{2d} - \frac{z^2 e^2}{3d} + \frac{z^2 e^2}{4d} - \cdots \right)$$

$$= \frac{z^2 e^2}{4\pi\varepsilon_0 d} \times \left(-1 + \frac{1}{2} - \frac{1}{3} + \frac{1}{4} - \cdots \right)$$

$$= -\frac{z^2 e^2}{4\pi\varepsilon_0 d} \times \ln 2$$

となる．ここで，$1 - \frac{1}{2} + \frac{1}{3} - \frac{1}{4} + \cdots = \ln 2$ という関係を使った．最後に，E_p に2を掛けて，そのイオンの両側の相互作用から生じる全エネルギーを得て，ついでアボガドロ定数 N_A を掛けてイオンの1モル当たりの格子エネルギーを得る．その結果は，

$$E_p = -2\ln 2 \times \frac{z^2 N_A e^2}{4\pi\varepsilon_0 d}$$

である．ここで，$d = r_{\text{cation}} + r_{\text{anion}}$ である．このエネルギーは負で，正味の引力に相当する．この計算は，異なる電荷をもつイオンの三次元的な配列に拡張でき，

$$E_p = -A \times \frac{|z_A z_B| N_A e^2}{4\pi\varepsilon_0 d} \tag{38·5}$$

となる．因子 A は正の数値定数で，**マーデルング定数**[3]という．その値は，イオンが相互にどのように配列しているかによって決まる．塩化ナトリウムと同じ仕方で配列し

表 38·3 マーデルング定数

構造の型	A
塩化セシウム	1.763
ホタル石	2.519
岩塩	1.748
ルチル	2.408
閃亜鉛鉱	1.638
ウルツ鉱	1.641

---

1) lattice energy 2) lattice enthalpy 3) Mardelung constant

ているイオンについては，$A = 1.748$ である．表38・3 に，ほかのよく見られる構造のマーデルング定数を掲げてある．

イオンの占有原子オービタルの重なりと，その結果生じるパウリの原理の役割から起こる反発もある．これらの反発力を考慮に入れるにはつぎのようにする．原子核から遠いところで波動関数は距離とともに指数関数的に減衰するし，反発相互作用はオービタルの重なりに依存するから，ポテンシャルエネルギーへの反発の寄与は，

$$E_p^* = N_A C' e^{-d/d^*} \quad (38 \cdot 6)$$

の形であると考える．C' と d^* は定数である．C' の値は必要がない（相殺する）．また，d^* の値はふつう 34.5 pm とする．全ポテンシャルエネルギーは E_p と E_p^* の和であるが，これは $d(E_p + E_p^*)/dd = 0$ のときに極小を通過する（図38・13）．少し計算すれば，全ポテンシャルエネルギーの極小としてつぎの式が得られる（「問題38・8」を見よ）．

$$E_{p, \min} = -\frac{N_A |z_A z_B| e^2}{4\pi \varepsilon_0 d}\left(1 - \frac{d^*}{d}\right) A$$

ボルン–メイヤーの式 $(38 \cdot 7)$

この式を**ボルン–メイヤーの式**[1]という．エネルギーへの零点エネルギーの寄与を無視すれば，このポテンシャルエネルギーに負号をつけたものが格子エネルギーであるとすることができる．この式の重要な特徴をつぎにまとめる．

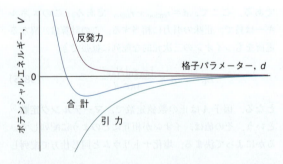

図38・13 イオン結晶の全ポテンシャルエネルギーへの寄与．

物理的な解釈

- $E_{p, \min} \propto |z_A z_B|$ であるから，イオンの電荷数が大きくなるほどポテンシャルエネルギーは負で大きくなる．
- $E_{p, \min} \propto 1/d$ であるから，イオン半径が減少するほどポテンシャルエネルギーは負で大きくなる．

この2番目のことは，イオン半径が小さいと d の値が小さくなるからいえる．イオンの電荷が大きく（つまり $|z_A z_B|$ が大きく）イオンが小さい（d が小さい）とき，大きな格子エネルギーが予想できるのがわかる．

> **簡単な例示38・3** ボルン–メイヤーの式
>
> 岩塩構造（$A = 1.748$）の MgO の $E_{p, \min}$ を求めるには，$d = r(\mathrm{Mg^{2+}}) + r(\mathrm{O^{2-}}) = 72\ \mathrm{pm} + 140\ \mathrm{pm} = 212\ \mathrm{pm}$ を使う．また，
>
> $$\frac{N_A e^2}{4\pi \varepsilon_0}$$
>
> $$= \frac{(6.022\,14 \times 10^{23}\,\mathrm{mol^{-1}}) \times (1.602\,177 \times 10^{-19}\,\mathrm{C})^2}{4\pi \times (8.854\,19 \times 10^{-12}\,\mathrm{C^2\,J^{-1}\,m^{-1}})}$$
>
> $$= 1.3894 \times 10^{-4}\,\mathrm{J\ m\ mol^{-1}}$$
>
> であるから，
>
> $$E_{p, \min} = -\frac{\overbrace{4}^{|z_{\mathrm{Mg^{2+}}} z_{\mathrm{O^{2-}}}|}}{\underbrace{2.12 \times 10^{-10}\,\mathrm{m}}_{d}}$$
>
> $$\times \overbrace{(1.3894 \times 10^{-4}\,\mathrm{J\ m\ mol^{-1}})}^{N_A e^2/4\pi\varepsilon_0}$$
>
> $$\times \overbrace{\left(1 - \frac{34.5\ \mathrm{pm}}{212\ \mathrm{pm}}\right)}^{1 - d^*/d} \times \overbrace{1.748}^{A}$$
>
> $$= -3.84 \times 10^3\,\mathrm{kJ\ mol^{-1}}$$
>
> が得られる．
>
> **自習問題38・4** 酸化マグネシウムと酸化ストロンチウムとでは，どちらの格子エネルギーが大きいと予想できるか．　　　　　　　　　　　［答：MgO］

格子エンタルピー（エネルギーではなくエンタルピー）の実測値は，**ボルン–ハーバーのサイクル**[2]を使って求める．それは，変化を表すいくつかの過程の始点と終点が同じ点で閉じたサイクルであり，イオンが無限遠に離れている気体から固体の化合物が生成する段階がそのうちの一つになっている．

---

1) Born–Mayer equation　2) Born–Harber cycle

例題 38・2 ボルン–ハーバーのサイクルの使い方

ボルン–ハーバーのサイクルを使って, KCl の格子エンタルピーを計算せよ.

解法 KCl のボルン–ハーバーのサイクルを図 38・14 に示す. それはつぎの段階から成る(見やすくするために, 両方の元素の単体を始点にしてある).

	$\Delta H/(\text{kJ mol}^{-1})$	
1. K(s) の昇華	+89	[K(s) の解離エンタルピー]
2. $\frac{1}{2}$Cl$_2$(g) の解離	+122	[$\frac{1}{2}$×Cl$_2$(g) の解離エンタルピー]
3. K(g) のイオン化	+418	[K(g) のイオン化エンタルピー]
4. Cl(g) への電子付加	−349	[Cl(g) の電子付加エンタルピー]
5. 気体イオンからの固体の生成	$-\Delta H_\text{L}/(\text{kJ mol}^{-1})$	
6. 化合物の分解	+437	[KCl(s) の生成の逆過程のエンタルピー]

	$\Delta H/(\text{kJ mol}^{-1})$
Ca(s) の昇華	+178
Ca(g) から Ca^{2+}(g) へのイオン化	+1735
$\frac{1}{2}$O$_2$(g) の解離	+249
O(g) への電子付加	−141
O$^-$(g) への電子付加	+844
Ca(s) と $\frac{1}{2}$O$_2$(g) からの CaO(s) の生成	−635

[答: +3500 kJ mol^{-1}]

ボルン–ハーバーのサイクルから得られた格子エンタルピーの代表的な値を表 38・4 に掲げる. このデータを見ればわかるように, その傾向はボルン–メイヤーの式の予測とほぼ一致している. 傾向が一致している物質については, 結合のイオンモデルが有効であり, 一致しない物質については, 結合に共有結合性の寄与が存在することを示している. しかしながら, 数値まで一致しているのは偶然であるから, それには注意する必要がある.

表 38・4[a] 298 K での格子エンタルピー, $\Delta H_\text{L}/(\text{kJ mol}^{-1})$

NaCl	787
NaBr	752
MgO	3850
MgS	3406

a) 巻末の「資料」に多くの値がある.

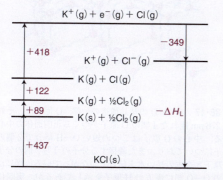

図 38・14 KCl の 298 K でのボルン–ハーバーのサイクル. 数値はエンタルピー変化を表しており, その単位は kJ mol^{-1} である.

解答 このサイクルから得られる式は,

$$89 + 122 + 418 - 349 - \Delta H_\text{L}/(\text{kJ mol}^{-1}) + 437 = 0$$

である. したがって, $\Delta H_\text{L} = +717 \text{ kJ mol}^{-1}$ となる.

自習問題 38・5 つぎのデータを使って CaO の格子エンタルピーを計算せよ.

38・3 分子性固体と共有結合ネットワーク

固体の X 線回折の研究は, 原子間距離, 結合角, 立体化学, 振動パラメーターを含む膨大な量の情報を提供してくれる. この節でせいぜいできることは, 固体で分子が充填するときや原子が互いにつながってネットワークを形成するときに見いだされる, 固体の型の多様性のほんの一端を紹介するくらいのことである.

共有結合ネットワーク固体[1] では, はっきりした空間的な向きの共有結合で原子がつながって, 結晶全体に広がったネットワーク(網目構造)をつくる. 方向性をもつ結合をつくるという要求は, 多くの金属の構造には小さな効果しかもたらさないが, ここではこれが球を充填するという幾何学的な問題よりも優先し, 精緻で多種多様な構造が形成されるようになる.

簡単な例示 38・4 ダイヤモンドとグラファイト

ダイヤモンドとグラファイトは炭素の二つの同素体

---

1) covalent network solid

である．ダイヤモンドでは，sp³ 混成の炭素がその 4 個の隣接原子と正四面体的に結合している（図38・15）．強い C−C 結合のネットワークが結晶全体にわたって広がり，その結果，ダイヤモンドは既知の物質の中で最も硬いものになっている．グラファイトでは，sp² 混成の炭素原子間の σ 結合が六角形の環を形成し，これが一つの面上で繰返されて"グラフェン"シートをつくり出す（図38・16）．この面間に不純物が存在するとシートは互いに滑るから，グラファイトは潤滑剤として広く使われている．

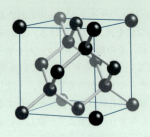

図 38・15 ダイヤモンドの構造の一部．C 原子はそれぞれ 4 個の隣接原子と正四面体的に結合している．この骨格構造があるため，硬い結晶ができあがる．

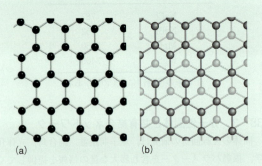

図 38・16 グラファイトは炭素原子がつくる六角形の平らな面が積み重なってできている．(a) 1 枚の"グラフェン"シート内の炭素原子の配列．(b) 隣り合うシートの相対的な配列．シート間に不純物が存在すると，この面は互いに容易に滑る．

自習問題 38・6 つぎの固体のうち，共有結合ネットワークをつくっているのはどれか．ケイ素，窒化ホウ素，赤リン，炭酸カルシウム．
[答: ケイ素，窒化ホウ素，赤リンは共有結合ネットワークをつくる．炭酸カルシウムはイオン性固体]

分子性固体[1]は，現在では圧倒的多数の構造解析の対象となっているものであるが，ファンデルワールス相互作用（トピック 35）によって分子が互いに引き付けあっている．実験で求めた結晶構造は，さまざまな形の物体を凝集させてエネルギー（実際には，$T > 0$ ではギブズエネルギー）が最小の集合体をつくる問題に対して自然が与える解答になっている．構造を予測することは非常に困難な仕事であるが，相互作用エネルギーを調べるために特別に設計されたソフトウエアがあって，ある程度信頼できる予想もできるようになった．この問題は，水素結合が存在するとさらに複雑になる．水素結合は，場合によっては，たとえば氷のような場合には結晶構造を支配するが（図38・17），ほかの場合には（たとえばフェノール），ファンデルワールス相互作用でほとんど決まっている構造を歪ませるだけである．

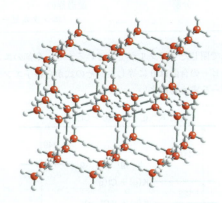

図 38・17 氷（氷 I）の結晶構造の一部．O 原子は，それから 276 pm 離れた 4 個の O 原子がつくる正四面体の中心にある．中心の O 原子は二つの短い O−H 結合で 2 個の H 原子についており，また隣接する分子のうち 2 個の分子の H 原子と 2 本の長い水素結合でつながっている．図には全部の O−O 間に両方の H 原子を示してあるが，実際には H 原子は 1 個しか存在しない．全体的に見て，この構造は，H_2O 分子がつくる（いす形のシクロヘキサンのような）六方折れ曲がり環からできている．

---

1) molecular solid

トピック38 固体における結合

チェックリスト

☐ 1. 金属中の原子の**配位数**とは，最隣接原子の数をいう．

☐ 2. 多くの金属元素は最密充塡構造をとり，その配位数は 12 である．

☐ 3. 最密充塡構造は，**立方**（ccp）か**六方**（hcp）のどちらかである．

☐ 4. **充塡率**とは，結晶中で球で占められる空間の割合である．

☐ 5. 金属中の電子は，原子オービタルの重なりでつくられた分子オービタルを占める．

☐ 6. **フェルミ準位**は，$T=0$ での最高被占分子オービタルである．

☐ 7. 代表的なイオン性結晶の構造には，**塩化セシウム型**，**岩塩型**，**閃亜鉛鉱型**がある．

☐ 8. イオン格子の配位数は (N_+, N_-) で表される．N_+ はカチオンのまわり最隣接アニオンの数であり，N_- はアニオンのまわり最隣接カチオンの数である．

☐ 9. **半径比**（「重要な式の一覧」を見よ）は，どのタイプの格子をとるかの目安である．

☐ 10. **格子エンタルピー**とは，固体の成分を相互に完全に引き離すのに伴う（化学式単位 1 モル当たりの）エンタルピー変化である．

☐ 11. **ボルン-ハーバーのサイクル**は，変化を表すいくつかの過程で，始点と終点が同じ点で表される閉じた経路であり，そのうちの一段階は，イオンが無限遠に離れた気体からの固体化合物の生成になっている．

☐ 12. **共有結合ネットワーク固体**とは，空間で決まった向きをとる共有結合が原子をつないで，結晶全体に広がるネットワークを形成している固体である．

☐ 13. **分子性固体**とは，分子という単位がファンデルワールス相互作用で引き合ってできた固体である．

重要な式の一覧

性　質	式	備　考	式番号
一次元配列したオービタルのエネルギー準位	$E_k = \alpha + 2\beta \cos\{k\pi/(N+1)\},\ k = 1, 2, \cdots, N$	s オービタルの一次元配列	38·1
半径比	$\gamma = r_{smaller}/r_{larger}$	基準については 38·2 節を見よ	38·4
ボルン-メイヤーの式	$E_{p,min} = -\{N_A|z_A z_B|e^2/4\pi\varepsilon_0 d\}(1 - d^*/d)A$	A はマーデルング定数	38·7

トピック39

固体の電気的，光学的，磁気的性質

内容

39・1　電気的性質
(a) 伝導体
簡単な例示 39・1　$T=0$ でのフェルミーディラック分布
(b) 絶縁体と半導体
簡単な例示 39・2　半導性のドーピング効果

39・2　光学的性質
簡単な例示 39・3　半導体の光学的性質

39・3　磁気的性質
(a) 磁化率
簡単な例示 39・4　金属性固体と分子の磁気的性質
(b) 永久磁気モーメントと誘起磁気モーメント
例題 39・1　モル磁化率の計算

39・4　超伝導性
例題 39・2　超伝導に転移する温度の計算

チェックリスト
重要な式の一覧

> ➤ **学ぶべき重要性**
>
> 　新物質の開発を行ったり，その物性を理解したりするためには，固体の電気的，光学的，磁気的性質について注意深く考察し，取扱う必要がある．

> ➤ **習得すべき事項**
>
> 　固体の電気的，光学的，磁気的性質は，その物質で利用できるオービタルのエネルギー準位の状況と，それが占有されているかどうかで決まる．

> ➤ **必要な予備知識**
>
> 　理解しているべき事項として，電磁場（トピック 3），原子構造（トピック 19），固体における結合配列（トピック 38），原子や分子によって光が吸収されるかどうかを決めている諸因子（トピック 40, 45, 46）などがある．本トピックでは，ボルツマン分布の性質〔「基本概念」（テーマ 1）の「トピック 2」と「トピック 51」〕にも少しふれる．

　本トピックでは，固体のバルクとしての諸性質，とりわけ電気的，光学的，磁気的性質がその構成原子の性質にどう由来しているかについて考えよう．

39・1　電気的性質

　ここではもっぱら電子伝導を扱うことにする．すなわち，イオン性固体のなかにはイオンの形のまま格子中を移動することによるイオン伝導を示すものがあるからである．電気伝導率の温度依存性によって，つぎの二つの型の固体を区別している（図 39・1）．

　金属伝導体[1]は，温度を上げると電気伝導率が下がる物質である．

　半導体[2]は，温度を上げると電気伝導率が上がる物質である．

半導体の伝導率は一般に金属の代表的な伝導率よりも低いが，伝導率の大きさは両者を区別する基準にはならない．一方，大多数の合成高分子のように，非常に低い電気伝導率を示す半導体を**絶縁体**[3]として分類するのが普通である．ここでは絶縁体という用語を使うことにするが，これは基本的な意味のある用語ではなく，単なる習慣で使うだけであることを知っておく必要がある．**超伝導体**[4]は，抵抗 0 で電気を伝える固体である．

---

1) metallic conductor　2) semiconductor　3) insulator　4) superconductor

トピック39　固体の電気的，光学的，磁気的性質

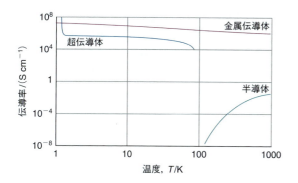

図39・1　物質の電気伝導率の温度変化は，それを金属伝導体，半導体，超伝導体のどれかに分類するための基準になる．伝導率はジーメンス/メートル（S m^{-1}），または，ここでのようにS cm^{-1}）で表される．1 S = 1 Ω^{-1}である（抵抗はオーム，Ωの単位で表す）．

(a) 伝 導 体

伝導体や半導体の電気伝導率の起源を理解するには，いろいろな物質でバンドが形成されると（トピック38）どうなるかを調べる必要がある．その出発点は図38・8であり，ここでも同じ図を使う（図39・2）．各原子が電子1個を供給できる固体（アルカリ金属など）の電子構造を示してある．$T=0$では，$\frac{1}{2}N$個の低い方の分子オービタルだけがフェルミ準位まで占有される．

絶対零度より高い温度では，原子の熱運動によって電子が励起される．金属伝導体では，温度上昇とともに空オービタルに励起される電子が次第に増加するが，それにもかかわらず電気伝導率は減少する．これは一見して逆説的であるが，これを解決するには，つぎのことに注目すればよい．すなわち，温度上昇によって原子の熱運動がますます激しくなり，動いている電子と原子の間の衝突がますます起こりやすくなる．すなわち，電子は散乱されて固体中での自分の進路から外れてしまい，そのため電荷輸送の効率が低下するのである．

金属の伝導率をもっと定量的に扱うには，利用できるエ

図39・2　N個の電子がN個のオービタルのバンドを占めるとき，このバンドは$T=0$では半分しか満たされないから，フェルミ準位（満たされた準位の上端）付近にある電子は動くことができる（この図は図38・8と同じである）．

ネルギー状態について，電子密度の温度変化を表す式が必要である．そこでまず，エネルギーEでの状態密度$\rho(E)$，つまり，Eと$E+dE$の間にある状態密度をdEで割ったものを考えよう．電子の"状態"というときにはスピン状態も含まれるから，それぞれの空間オービタルには2状態がある．このときの$\rho(E)dE$はEと$E+dE$の間にある状態数である．Eと$E+dE$の間にある状態を占める電子の数$dN(E)$を求めるには，$\rho(E)dE$にエネルギーEの状態を占めている確率$f(E)$を掛ければよい．すなわち，

$$dN(E) = \underbrace{\rho(E)dE}_{\text{Eと$E+dE$の間の状態数}} \times \underbrace{f(E)}_{\text{エネルギーEの状態を占めている確率}} \quad (39\cdot1)$$

である．この関数$f(E)$は**フェルミ−ディラック分布**[1]である（図39・3）．これは，各オービタルに2個を超えて電子は入れないというパウリの原理を考慮に入れたボルツマン分布といえる．すなわち，

$$f(E) = \frac{1}{e^{(E-\mu)/kT}+1} \quad \text{フェルミ−ディラック分布} \quad (39\cdot2\text{a})$$

である．μは温度依存するパラメーターで，これを"化学ポテンシャル"という（熱力学で使う化学ポテンシャルとは少し違う）．$T>0$でのμは$f=\frac{1}{2}$となる状態のエネルギーに相当する．$T=0$では，**フェルミエネルギー**[2] E_Fというエネルギー以下の状態だけが占有される（図39・2）．多数の電子がフェルミエネルギー以上の状態に励起されているような高温でない限り，この化学ポテンシャルをE_Fとしてよく，その場合のフェルミ−ディラック分布は，

$$f(E) = \frac{1}{e^{(E-E_F)/kT}+1} \quad \text{フェルミ−ディラック分布} \quad (39\cdot2\text{b})$$

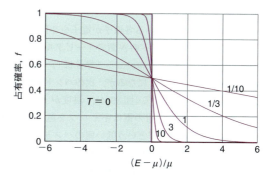

図39・3　フェルミ−ディラック分布．この図は，ある有限の温度Tでの状態の占有確率を示している．高エネルギー側の裾は，指数関数的に減衰して0になる．曲線につけた数字は，μ/kTの値を示す．淡緑色に塗った領域は，$T=0$での準位の占有の情況を示す．

---

1) Fermi-Dirac distribution　2) Fermi energy

となる．さらに，E_F よりずっと大きいエネルギーでは，分母の指数項は非常に大きいから，分母の1は無視できる．そこで，

$$f(E) \approx e^{-(E-E_F)/kT}$$

$E \gg E_F$ のときの近似形　フェルミ–ディラック分布　(39・2c)

となる．この関数の形はボルツマン分布に似ており，エネルギーが増加すれば指数関数的に減少する．すなわち，温度が高くなるほど指数関数の裾は長く引くことになる．

簡単な例示 39・1　$T=0$ でのフェルミ–ディラック分布

$E < E_F$ の場合について考えよう．このとき，$E_F > 0$ および $E - E_F < 0$ であるから，$T \to 0$ であれば，

$$\lim_{T \to 0} (E - E_F)/kT = -\infty$$

と書ける．したがって，

$$\lim_{T \to 0} f(E) = \lim_{T \to 0} \frac{1}{e^{(E-E_F)/kT} + 1} = 1$$

である．すなわち，$T \to 0$ で $f(E) \to 1$ であり，$E = E_F$ 以下のエネルギー準位はすべて占有されている．$E > E_F$ の場合も同様の計算をすれば（自習問題 39・1），$T \to 0$ で $f(E) \to 0$ であることがわかる．フェルミ–ディラック分布関数によれば，$T \to 0$ では E_F 以下の準位しか占有されていないことがわかる．

自習問題 39・1　$E > E_F$ の場合について上と同じ計算をせよ．　　［答：$T \to 0$ で $f(E) \to 0$］

(b) 絶縁体と半導体

一次元固体をつくっている各原子が電子を2個供給し，その $2N$ 個の電子が s バンドの N 個のオービタルを満たしているとしよう．このときのフェルミ準位は（$T=0$ で）バンドの上端に位置することになるが，次のバンドが始まる前にはギャップが存在する（図39・4）．温度が上がると，フェルミ–ディラック分布の裾はギャップを越えて広がり，電子は**価電子バンド**[1]という低い側のバンドを離れて**伝導バンド**[2]という上側のバンドの空オービタルを占めるようになる．電子が昇位した結果として，価電子バンドには正の電荷をもつ"空孔"が残る．そうなると，空孔と昇位した電子は動けるようになるので，その物質は伝導体になる．これはまさに半導体である．その電気伝導率は，ギャップを越えて昇位した電子の数に依存し，この数は温度が上がると増加するからである．しかし，もしギャップが大きいと，ふつうの温度では電子はほとんど昇位しないだろうから，伝導率は0に近いままで絶縁体となる．したがって，絶縁体と半導体のふつうの区別では，両者の違いはバンドギャップの幅の大きさに関係しており，金属（$T=0$ で完全には満たされないバンドがある）と半導体（$T=0$ で完全に満たされたバンドをもつ）の区別のように絶対的なものではない．

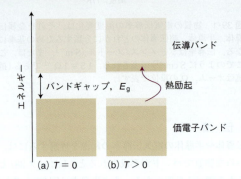

図 39・4　(a) $2N$ 個の電子が存在するとき，価電子バンドは完全に満たされるから，この物質は $T=0$ で絶縁体である．(b) $T=0$ より高い温度では，電子は上側の伝導バンドを占めるようになり，固体は半導体になる．

図 39・4 は，**真性半導体**[3]における伝導の様子を描いてある．この場合の半導性は純物質のバンド構造の性質として現れる．真性半導体の例には，ケイ素とゲルマニウムがある．**化合物半導体**[4]は，GaN，CdS および多数の d 金属酸化物のように，異なる元素の組合わせでできた真性半導体である．**不純物半導体**[5]は，原子のどれかを**ドーパント**[6]（添加不純物）の原子，すなわち別の元素の原子で（10^9 分の1程度まで）置き換えた結果として電荷担体が存在するようになった半導体である．もし，ドーパントが電子を捕捉できると，満たされたバンドから電子を引き抜いて空孔を残すので，残っている電子が動けるようになる（図39・5a）．こうなると **p 型半導性**[7]が生じる．この p は，バンド内では空孔が電子に相対的に正（positive）であることを表している．一つの例は，インジウムを添加したケイ素である．この半導性は，電子が Si 原子から隣接する In 原子に移動することから生じるものとみることができる．そうすると，ケイ素の価電子バンドの頂上にある電子が動けるようになって，固体中で電流を運ぶようになる．これと反対に，ドーパントが過剰の電子をもっていて（たとえばゲルマニウムに導入されたリン原子），これらの余分の電子がもともとは空であったバンドを占めるとすると，

---

1) valence band　2) conduction band　3) intrinsic semiconductor　4) compound semiconductor　5) extrinsic semiconductor　6) dopant　7) p-type semiconductivity

n型半導性[1]が生じる．このnは担体の負（negative）電荷を表す（図39・5b）．

トランジスター[3]やダイオード[4]などの素子を働かせるうえで重要である．

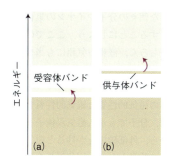

図39・5　(a) ホストより電子が少ないドーパントを注入すると狭いバンドができて，これが価電子バンドから電子を受け取ることができる．バンド中の空孔は動けるので，この物質はp型半導体である．(b) ホストよりも電子が多いドーパントを注入すると狭いバンドができて，これは伝導バンドに電子を供給できる．供給された電子は動けるので，この物質はn型半導体である．

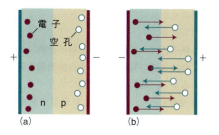

図39・6　(a) 逆バイアスのもとでのp-n接合．(b) 順バイアスのもとでのp-n接合．

簡単な例示 39・2　半導性のドーピング効果

純粋なケイ素（14族元素）に不純物としてヒ素（15族元素）をドープしたとしよう．Si原子1個には価電子が4個あるが，As原子には5個あるから，ヒ素原子を添加すればその固体中の電子の数が増える．その電子は，ケイ素の空の伝導バンドを占めることになるから，ドープしてできた物質はn型半導体である．

自習問題 39・2　ガリウムをドープしたゲルマニウムはp型半導体か．それともn型半導体か．

［答：n型半導体］

次に，**p-n接合**[2]，すなわちp型半導体とn型半導体の界面の性質を考えよう．いまp型半導体に負の電極をつけ，n型半導体に正の電極をつけたとしよう．つまり，この接合部に"逆バイアス"をかけたときには，p型半導体中の正に帯電した空孔は負電極に引きつけられ，n型半導体中の負に帯電した電子は正電極に引きつけられる（図39・6a）．その結果，この接合部を通って電荷が流れることはない．一方，p型半導体に正の電極をつけ，n型半導体に負の電極をつけて，この接合部に"順バイアス"をかけたとしよう（図39・6b）．この場合は，この接合部を通って電荷が流れる．n型半導体中の電子は正電極に向って流れ，空孔はこれと逆方向に流れる．このことから，p-n接合は物質内の電流の大きさと方向をうまく制御できることがわかる．この制御は，現代の電子デバイスに不可欠な

順バイアスのもとでは，電子と空孔はp-n接合を通って動くから，両者はそこで再結合してエネルギーを放出する．しかも，電極から半導体へ電荷が流れても，順バイアスをかけ続ける限り，電子と空孔は補充されるから，電流はこの接合を流れ続ける．固体によっては，電子-空孔再結合のエネルギーは熱として放出されるから，その素子は温まることになる．電子が空孔に捕捉されるとき，その直線運動量の変化を伴うのである．その運動量変化は格子にある原子によって吸収されるから，電子-空孔の再結合はその格子振動を励起することになる．シリコン半導体の場合はそうであり，コンピューターが効率のよい冷却装置を必要とする一つの理由になっている．

39・2　光学的性質

ふたたび図39・2について考えよう．これは理想化した金属伝導体のバンドを示している．フォトンを吸収すると，占有された準位から非占有準位に電子を励起できる．フェルミ準位より上の非占有準位はほとんど連続して存在するから，広い範囲の振動数で吸収を観測できると考えられる．金属ではこのバンドは十分広くて，電磁スペクトルのラジオ波から紫外領域の半ばまでの放射線が吸収される．一方，金属はX線やγ線のような非常に振動数の高い放射線に対しては透明である．この吸収される振動数の範囲には可視スペクトルの全域が含まれているから，すべての金属は黒色に見えると予想できる．一方，金属には光沢があり（つまり，光を反射する），色がついているものもある（つまり，ある波長だけを吸収する）ことがわかっているから，上のモデルを拡張する必要がある．

滑らかな金属表面の光沢ある外観を説明するには，吸収されたエネルギーが非常に効率よく光として再放射され，そのエネルギーのごく少量だけが熱として周囲に放出され

---

1) n-type semiconductivity　2) p-n junction　3) transistor　4) diode

るとしなければならない．物質の表面近くにある原子が放射線の大部分を吸収するから，放出も主として表面から起こる．要するに，試料に可視光が当たって励起が起こると，表面から可視光が反射されるが，これによってその物質の光沢を説明できる．

金属の外観の色は，反射光の振動数の範囲に依存して決まるが，これは金属が吸収できる光の振動数の範囲で決まるはずであるから，結局バンド構造に依存する．銀は可視スペクトル全体についてほぼ等しい効率で光を反射するが，これは銀のバンド構造が非占有エネルギー準位を多くもっていて，可視光を吸収することによってそれを占めることができ，また可視光を放出することによって占有数を減らせるからである．これに対して，銅には特徴的な色がついているが，それは銅には紫，青，緑の光で励起できる非占有エネルギー準位が比較的少ししかないためである．この物質はあらゆる波長を反射できるが，低い振動数の光（黄，橙，赤色に対応する）の方が多く放出される．同じ考え方で金の黄色などの他の金属の色を説明できる．

次に，半導体について考えよう．すでに説明したように，もしバンドギャップ E_g が加熱によって供給できるエネルギーと同じくらいであれば，熱励起の結果として半導体の価電子バンドから伝導バンドへ電子を昇位できる．物質によっては，バンドギャップが非常に大きくて，電磁放射線による励起によってしか電子の昇位が起こらないものがある．しかし，図39・4でわかるように，ある振動数以下の光は吸収されないという特定の $\nu_{min}=E_g/h$ が存在する．このしきい値以上の振動数であれば，その物質は金属の場合のように広い範囲の振動数を吸収することができるのである．

簡単な例示 39・3　半導体の光学的性質

硫化カドミウム（CdS）の半導体のバンドギャップエネルギーは 2.4 eV（3.8×10^{-19} J に相当）である．そこで，電子吸収の最低振動数は，

$$\nu_{min} = \frac{3.8 \times 10^{-19} \text{J}}{6.626 \times 10^{-34} \text{Js}} = 5.8 \times 10^{14} \text{s}^{-1}$$

である．5.8×10^{14} Hz という振動数は 520 nm の波長（緑色の光）に当たる．これより低い振動数に相当する黄，橙，赤色は吸収されず，したがって CdS は黄橙色をしている．

自習問題 39・3　つぎの物質について，その色を予測せよ．（　）内はバンドギャップエネルギーである：GaAs（1.43 eV），HgS（2.1 eV），ZnS（3.6 eV）．

［答：黒，赤，無色］

39・3　磁気的性質

金属性固体と半導体の磁気的性質（磁性）は，その物質のバンド構造に強く依存する．ここでは，主として d 金属錯体のような個々の分子やイオンの集合から生じる磁気的性質に注目することにしよう．ここでの説明のほとんどは，固体はもちろん，液相や気相にも当てはまる．

(a) 磁 化 率

分子や固体の磁気的性質と電気的性質とには類似性がある．たとえば，分子でも永久磁気双極子モーメントをもつものがあるから，外部磁場をかけると磁気モーメントが誘起される．その結果として，固体試料全体が磁気を帯びるようになる．**磁化**[1] $\mathcal{M}$ というのは，平均分子磁気双極子モーメントの大きさに試料中の分子の数密度を掛けたものである．強さ $\mathcal{H}$ の磁場によって誘起される磁化は $\mathcal{H}$ に比例するから，

$$\mathcal{M} = \chi \mathcal{H} \qquad \text{磁化} \quad (39 \cdot 3)$$

と書く．χ は無次元の**体積磁化率**[2]である．これと密接な関係のある量がつぎの**モル磁化率**[3] χ_m である．

$$\chi_m = \chi V_m \qquad \text{定義} \quad \text{モル磁化率} \quad (39 \cdot 4)$$

V_m はその物質のモル体積である．

磁化は，物質中の磁力線の密度の状況によって分けて考えることができる（図39・7）．$\chi > 0$ の物質は**常磁性**[4]であるといい，そのような物質は磁場に引き込まれる傾向があり，磁力線の密度は真空中より物質中の方が大きい．一方，$\chi < 0$ の物質は**反磁性**[5]であるといい，磁場から押し出される傾向があり，磁力線の密度は真空中より物質中の方が小さい．常磁性物質はラジカルや多くの d 金属錯体のような，不対電子のあるイオンや分子からできている．一方，反磁性物質（これの方がはるかに多い）は不対電子のない物質である．

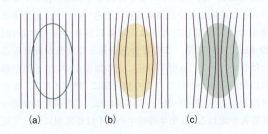

図39・7　(a) 真空中での磁場の強さは磁力線の密度で表される．(b) 反磁性体の中では磁力線の数が減る．(c) 常磁性体の中では磁力線の数が増える．

---

1) magnetization　2) volume magnetic susceptibility　3) molar magnetic susceptibility　4) paramagnetic　5) diamagnetic

簡単な例示 39・4　金属性固体と分子の磁気的性質

固体マグネシウムは金属であり，3s オービタルでできたオービタルのバンドに Mg 原子 1 個当たり 2 個の価電子が提供される．N 個の原子オービタルから N 個の分子オービタルをつくることができ，それは金属全体に広がっている．各原子から電子 2 個が提供されるから，収容すべき電子は $2N$ 個ある．それは N 個ある分子オービタルを占め，これを満たす．不対電子はないから，この金属は反磁性である．一方，O_2 分子は「トピック 24」で説明した電子構造をしている．つまり，電子 2 個は別々の反結合性 π オービタルを占め，そのスピンは互いに平行である．そこで，O_2 は常磁性の気体と結論できる．

自習問題 39・4　Zn(s) と NO(g) の磁気的性質についてはどうか．　　［答：Zn は反磁性，NO は常磁性］

磁化率の測定は，昔から**グイの天秤**[1)] を使って行われてきた．この装置は，高感度の天秤で構成されていて，細い円柱状の試料をこの天秤から吊るして磁極の間に入れるようになっている．もし試料が常磁性であれば，磁場の中へ引き込まれて，その見かけの重さは磁場がないときよりも大きくなる．反磁性試料は磁場から押し出される傾向があるから，磁場をかけると軽くなったように見える．この天秤は，ふつう磁化率が既知の試料で校正する．磁化率測定法の現代版は，**スキッド**[2)]（超伝導量子干渉計，SQUID）である（図 39・8）．スキッドは超伝導体における電流ループの性質を利用している．この超伝導体は回路の一部になっていて，弱伝導性の連結部があり，そこを通って電子がトンネルして流れなければならない．磁場中でこのループを流れる電流は磁束の値によって決まるから，スキッド

は非常に敏感な磁力計として利用できる．

いくつかの物質の実測値を表 39・1 に掲げてある．代表的な常磁性の体積磁化率は 10^{-3} 程度であり，反磁性の体積磁化率は負で約 $(-)10^{-5}$ である．

表 39・1[a)]　298 K における磁化率

	$\chi/10^{-6}$	$\chi_m/(10^{-10}\,\mathrm{m^3\,mol^{-1}})$
$H_2O(l)$	−9.02	−1.63
$NaCl(s)$	−16	−3.8
$Cu(s)$	−9.7	−0.69
$CuSO_4\cdot 5H_2O(s)$	+167	+183

a) 巻末の「資料」に多くの値がある．

(b) 永久磁気モーメントと誘起磁気モーメント

分子の永久磁気モーメントは，分子内に不対電子スピンがありさえすれば生じる．実際のところ，常磁性には電子のオービタル角運動量から生じる寄与もあるが，ここではスピンの寄与だけを考えよう．

電子の磁気モーメントの大きさはスピン角運動量の大きさ $\{s(s+1)\}^{1/2}\hbar$ に比例している．つまり，

$$\mu = g_e\{s(s+1)\}^{1/2}\mu_B \qquad \mu_B = \frac{e\hbar}{2m_e}$$

磁気モーメントの大きさ　　(39・5)

である．$g_e = 2.0023$，$\mu_B = 9.274\times 10^{-24}\,\mathrm{J\,T^{-1}}$ である．もし，1 個の分子に複数の電子スピンがあれば，それらはカップルして全スピン S になるから，$s(s+1)$ は $S(S+1)$ で置き換えなければならない．

分子が液相中にあっても固体中に捕捉されていても，電子スピンの向きはゆらぐから，磁化，したがって磁化率は温度に依存する．すなわち，ある配向は別の配向よりエネルギーは低いという状況が生じるが，その磁化は熱運動による撹乱の影響を受けることになる．外部磁場があるときの永久磁気モーメントの熱平均は，磁化率に対して $\mu^2/3kT$ に比例する寄与がある[†]．そこで，モル磁化率へのスピンの寄与は，

$$\chi_m = \frac{N_A g_e^2 \mu_0 \mu_B^2 S(S+1)}{3kT}$$

スピンの寄与　モル磁化率　(39・6)

で表される．N_A はアボガドロ定数，μ_0 は真空の透磁率[3)] である．この式で，χ_m は正であるから，スピン磁気モー

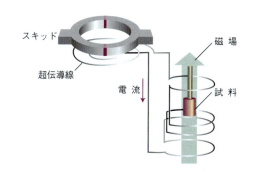

図 39・8　スキッドで磁化率を測定する装置．試料を上向きに少しずつ段階的に動かし，スキッドに生じる電位差を測定する．

---

† 訳注：液相中にある永久双極子モーメント μ の極性分子は，その分極率に対して $\mu^2/3kT$ に比例する寄与をもつ（デバイの式，問題 34・7）．これと同様に，永久磁気モーメント μ をもつ分子は磁化率に対して $\mu^2/3kT$ に比例する寄与をもつ．
1) Gouy balance　2) superconducting quantum interference device　3) vacuum permeability

メントは物質の常磁性磁化率に寄与することがわかる。この寄与は、温度を上げると熱運動がスピンの配向を攪乱するので減少する。

例題 39・1　モル磁化率の計算

錯カチオン1個当たり不対電子が3個ある錯体を考えよう。そのモル体積は $61.7\ \text{cm}^3\ \text{mol}^{-1}$ であり、温度は $298\ \text{K}$ である。この錯体のモル磁化率と体積磁化率を計算せよ。

解法　与えられたデータと (39・6) 式を使えば、モル磁化率が計算できる。また、χ_m と V_m の値、および (39・4) 式を使えば、体積磁化率が計算できる。

解答　まず、定数を集めてつぎのように計算しておく。

$$\frac{N_A g_e^2 \mu_0 \mu_B^2}{3k} = 6.3001 \times 10^{-6}\ \text{m}^3\ \text{K}^{-1}\ \text{mol}^{-1}$$

そうすれば (39・6) 式は、

$$\chi_m = 6.3001 \times 10^{-6} \times \frac{S(S+1)}{T/K}\ \text{m}^3\ \text{mol}^{-1}$$

となる。これに $S=\frac{3}{2}$ と温度の値を代入すれば、

$$\chi_m = 6.3001 \times 10^{-6} \times \frac{\frac{3}{2}(\frac{3}{2}+1)}{298}\ \text{m}^3\ \text{mol}^{-1}$$

$$= 7.93 \times 10^{-8}\ \text{m}^3\ \text{mol}^{-1}$$

と求められる。一方、(39・4) 式によれば、モル磁化率をモル体積 $V_m = 61.7\ \text{cm}^3\ \text{mol}^{-1} = 6.17 \times 10^{-5}\ \text{m}^3\ \text{mol}^{-1}$ で割れば体積磁化率を求められるから、つぎのように計算できる。

$$\chi = \frac{\chi_m}{V_m} = \frac{7.93 \times 10^{-8}\ \text{m}^3\ \text{mol}^{-1}}{6.17 \times 10^{-5}\ \text{m}^3\ \text{mol}^{-1}} = 1.29 \times 10^{-3}$$

自習問題 39・5

不対電子が5個ある錯体について上と同じ計算をせよ。そのモル質量は $322.4\ \text{g mol}^{-1}$、質量密度は $2.87\ \text{g cm}^{-3}$、温度は $273\ \text{K}$ である。

[答：$\chi_m = 2.02 \times 10^{-7}\ \text{m}^3\ \text{mol}^{-1}$；$\chi = 1.79 \times 10^{-3}$]

常磁性固体のなかには低温で相転移を起こして、スピンが平行に配向して並び、大きな磁区を形成した状態になるものがある。この協同現象的な配列によって非常に大きな磁化が生じるが、これを**強磁性**[1]という（図39・9）。あるいは、**交換相互作用**[2]によってスピンが互い違いに配向す

ることがある。この場合、スピンは磁化の小さな配列に固定されて、**反強磁性相**[3]になる。強磁性相は、外部磁場が存在しないときでも0でない磁化をもつが、反強磁性相ではスピンの磁気モーメントが相殺するので、磁化は0である。強磁性転移は**キュリー温度**[4]で起こり、反強磁性転移は**ネール温度**[5]で起こる。どちらの型の協同効果が起こるかは、その固体のバンド構造の詳細がどうなっているかによる。

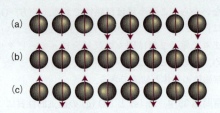

図39・9　(a) 常磁性物質の電子スピンは、外部磁場がかかっていないときは乱雑に並んでいる。(b) 強磁性物質では、電子スピンは大きな磁区の中全体で平行な配列に固定されている。(c) 反強磁性物質では、電子スピンは反平行の配列に固定されている。(b) と (c) の配列は、外部磁場がなくても存在する。

磁気モーメントは、分子内で誘起されることもある。この効果がどのように生じるかを調べるには、外部磁場によって誘起される電子流の循環は、ふつうは、つまり物質が反磁性であれば、外部磁場と反対向きの磁場を生じることを知っていなければならない。ただし、誘起された磁場が外部磁場を強化して、その物質が常磁性になる場合もまれにある。

不対電子スピンをもたない分子のほとんどが反磁性である。この場合には、分子の基底状態で電子が占めている分子オービタルの中で誘起電子流が発生する。まれに、分子が不対電子をもっていないのに常磁性になる場合があるが、この場合は、電子がHOMOのエネルギーにごく近い非占有オービタルを使えるから、誘起電子流が逆方向に流れるのである。この**オービタル常磁性**[6]は温度依存性を示さないから、スピン常磁性とは区別できる。この性質が**温度によらない常磁性**[7]（TIP）といわれるのはこの理由による。

これらのことをまとめると、つぎのようになる。すなわち、すべての分子は磁化率に寄与する反磁性成分をもつが、もし分子が不対電子をもっていれば、磁化率は**スピン常磁性**[8]によって支配される。まれに、(低エネルギーの励起状態がある分子では) すべての電子が対をつくっていたとしても、TIPが十分強くて、分子が常磁性になる場合がある。

---

1) ferromagnetism　2) exchange interaction　3) antiferromagnetic phase　4) Curie temperature　5) Néel temperature
6) orbital paramagnetism　7) temperature-independent paramagnetism　8) spin paramagnetism

39・4 超 伝 導 性

ふつうの金属伝導体では，電流に対する抵抗は温度を下げると滑らかに減少していくが，決して0になることはない．しかし，**超伝導体**[1]として知られているある種の固体は，ある臨界温度 T_c 以下で抵抗なしに電気を伝える．水銀が4.2 K，すなわち液体ヘリウムの通常沸点以下で超伝導体であることが1911年に発見されたのに続いて，物理学者と化学者はもっと高い T_c をもつ超伝導体の発見に，ゆっくりだが着実な進展を見せてきた．タングステン，水銀，鉛などの金属は，10 K 以下の T_c の値をもつ．Nb_3X ($X = Sn, Al, Ge$) などの金属間化合物や，Nb/Ti，Nb/Zr などの合金は，10 K から 23 K の範囲の，中間の T_c の値をもつ．一方，1986年には**高温超伝導体**[2] (HTSC) が発見された．数種のセラミック[3]，すなわちオキソ銅酸塩成分 Cu_mO_n を含んでいて，高温に加熱することによって融解・凝固させて硬くした無機物の粉末には，いまや 77 K すなわち安価な冷媒である液体窒素の沸点よりかなり高い T_c の値をもつものが知られている．たとえば，$HgBa_2Ca_2Cu_2O_8$ では $T_c = 153$ K である．

超伝導体は独特な磁気的性質も備えている．ある超伝導体で**タイプ I** に分類されるものでは，外部磁場がその物質固有の臨界値 $\mathcal{H}_c$ を超えると超伝導性が急に失われる．その $\mathcal{H}_c$ の値は温度と T_c につぎのように依存することが観測されている．

$$\mathcal{H}_c(T) = \mathcal{H}_c(0)\left(1 - \frac{T^2}{T_c^2}\right) \quad \text{$\mathcal{H}_c$ の T_c による依存性} \quad (39 \cdot 7)$$

$\mathcal{H}_c(0)$ は $T \to 0$ での $\mathcal{H}_c$ の値である．

例題 39・2　超伝導に転移する温度の計算

鉛では，$T_c = 7.19$ K，$\mathcal{H}_c(0) = 63.9$ kA m^{-1} である．20 kA m^{-1} の磁場のもとで鉛が超伝導になる温度はいくらか．

解法　(39・7)式を変形し，与えられたデータを用いて超伝導になる温度を計算すればよい．

解答　(39・7)式を変形すれば，

$$T = T_c\left(1 - \frac{\mathcal{H}_c(T)}{\mathcal{H}_c(0)}\right)^{1/2}$$

である．与えられたデータを代入すれば，

$$T = 7.19\text{ K} \times \left(1 - \frac{20\text{ kA m}^{-1}}{63.9\text{ kA m}^{-1}}\right)^{1/2} = 6.0\text{ K}$$

となる．すなわち，鉛は 6.0 K 以下の温度で超伝導になる．

自習問題 39・6　スズでは，$T_c = 3.72$ K，$\mathcal{H}_c(0) = 25$ kA m^{-1} である．15 kA m^{-1} の磁場のもとでスズが超伝導になる温度はいくらか．　　　　［答: 2.4 K］

タイプ I の超伝導体はまた，$\mathcal{H}_c$ 以下で完全に反磁性になる．これは，磁力線がその物質中に侵入できないことを表す．このように，ある物質中から磁場が完全に排斥される現象は，**マイスナー効果**[4]として知られている．これは，磁石の上に超伝導体が空中浮揚することで示せる．タイプ II の超伝導体には HTSC も含まれるが，磁場を上げていくと超伝導と反磁性とが徐々に失われる．

超伝導を示す元素にはある程度の周期性がある．鉄，コバルト，ニッケル，銅，銀，金の金属は超伝導性を示さないし，アルカリ金属も同様である．単純な金属では強磁性と超伝導性は決して共存しないが，オキソ銅酸塩の超伝導体では強磁性と超伝導性が共存できるものがある．最も広く研究されているオキソ銅酸塩の超伝導体である $YBa_2Cu_3O_7$（略称では，この化合物中の金属原子の比率によって"123"として知られている）は，図 39・10 に示す構造をもっている．四角錐形の CuO_5 単位が二次元の層をつくって配列し，さらに正方形の CuO_4 単位がシート状に配列したものは，オキソ銅酸塩の HTSC に共通の構造の特徴である．

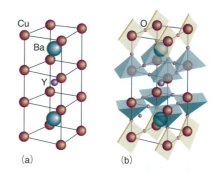

図 39・10　$YBa_2Cu_3O_7$ 超伝導体の構造．(a) 金属原子の位置．(b) 多面体は酸素原子の位置を示し，金属イオンが正方形と四角錐形の配位環境中にあることを示している．

超伝導の機構は低温の物質についてはよく理解されており，**クーパー対**[5]の存在に基づいている．これは，格子中の原子の原子核が媒介する間接的な電子–電子相互作用のために存在する電子対である．たとえば，もし1個の電子が固体の特定の領域にあると，そこにある原子核はその電子の方に動いて，歪んだ局所構造をとる（図 39・11）．この局所的な歪みは正電荷に富んでいるから，2番目の電子が

---

1) superconductor　2) high-temperature superconductor　3) ceramic　4) Meissner effect　5) Cooper pair

最初の電子と仲間になると都合がよい．それで，この2個の電子の間に仮想的な引力が働き，この二つは対となっていっしょに動く．この局所的な歪みは固体中のイオンの熱運動によって破壊されやすいので，この仮想的な引力は非常に低い温度でだけ発生する．クーパー対は固体中を動くときに個々の電子よりも散乱を受けにくいが，これは，最初の電子によってひき起こされた歪みがあるので，もう一方の電子が動くとき衝突でその行路からはずれたとしても歪みによって引き戻すことができるからである．クーパー対は散乱に対して安定であるから，固体中で電荷を自由に運べて，したがって超伝導を生み出すのである．

低温超伝導の原因となるクーパー対は，HTSCでも重要であるように思われるが，対形成の機構は活発に議論されている．CuO_5の層とCuO_4のシートの配列が高温超伝導の機構に密接に結びついていることが察しられる証拠がある．つながったCuO_4単位に沿う電子の運動が超伝導を担うのに対して，つながったCuO_5単位は適当な数の電子を超伝導層に保持するための"電荷の貯蔵庫"として働くと考えられている．

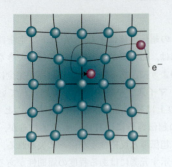

図39・11 クーパー対の生成．1番目の電子が結晶格子を歪ませるので，2番目の電子がその領域に来るとエネルギーが低下する．この電子-格子相互作用によって2個の電子が効率よく結びついて対をつくる．

チェックリスト

- [ ] 1. **電子伝導体**は，その電気伝導率の温度依存性によって**金属伝導体**と**半導体**に分類される．
- [ ] 2. **絶縁体**は，電気伝導率が非常に低い半導体である．
- [ ] 3. 金属伝導体と半導体の分光学的性質は，**価電子バンド**の電子がフォトンによる励起で**伝導バンド**へ昇位されるという観点から理解できる．
- [ ] 4. **反磁性**の物質は磁場から押し出され，その**体積磁化率**は負である．
- [ ] 5. **常磁性**の物質は磁場に引き込まれ，その体積磁化率は正である．
- [ ] 6. **強磁性**は，物質中の電子スピンが協同現象的に配列したもので，強い**磁化**を生じる．
- [ ] 7. **反強磁性**は，物質中の電子スピンが交互に反対向きに配列することによって生じ，弱い磁化を生じる．
- [ ] 8. **温度によらない常磁性**は，基底状態で占有されている分子のオービタルの内部に誘起された電子の流れから生じる．
- [ ] 9. **超伝導体**は，臨界温度T_c以下で抵抗なしに電気を伝える．

重要な式の一覧

性 質	式	備 考	式番号
フェルミ-ディラック分布	$f(E) = 1/\{e^{(E-\mu)/kT} + 1\}$	μ は化学ポテンシャル	39・2a
磁 化	$\mathcal{M} = \chi \mathcal{H}$		39・3
モル磁化率	$\chi_m = \chi V_m$	定 義	39・4
磁気モーメントの大きさ	$\mu = g_e\{s(s+1)\}^{1/2} \mu_B$	$\mu_B = e\hbar/2m_e$	39・5
モル磁化率	$\chi_m = N_A g_e^2 \mu_0 \mu_B^2 S(S+1)/3kT$	スピンの寄与	39・6
$\mathcal{H}_c$のT_cによる依存性	$\mathcal{H}_c(T) = \mathcal{H}_c(0)(1 - T^2/T_c^2)$		39・7

テーマ 8　分子間の相互作用　演習と問題

トピック 34　分子の電気的性質

記述問題

34·1　分子の永久双極子モーメントと分極率がどのように生じるかを説明せよ．

34·2　電気的性質として単極子，双極子，四重極子，八重極子を区別して説明せよ．それがひき起こす電場の距離依存性をそれぞれ説明せよ．

演 習

34·1(a)　つぎの分子のうち極性のものはどれか．ClF_3, O_3, H_2O_2

34·1(b)　つぎの分子のうち極性のものはどれか．SO_3, XeF_4, SF_4

34·2(a)　双極子モーメントの大きさが 1.0 D と 2.0 D で互いに 45° の角度をなすとき，その合成双極子モーメントの大きさを計算せよ．

34·2(b)　双極子モーメントの大きさが 2.5 D と 0.50 D で互いに 120° の角度をなすとき，その合成双極子モーメントの大きさを計算せよ．

34·3(a)　xy 面内で電荷がつぎのように並んでできる双極子モーメントの大きさと方向を計算せよ．(i) $3e$ が $(0, 0)$, (ii) $-e$ が $(0.32 \text{ nm}, 0)$, (iii) $-2e$ が x 軸と 20° の角度をなす線上で原点から 0.23 nm 離れたところにある．

34·3(b)　xy 面内で電荷がつぎのように並んでできる双極子モーメントの大きさと方向を計算せよ．(i) $4e$ が $(0, 0)$, (ii) $-2e$ が $(162 \text{ pm}, 0)$, (iii) $-2e$ が x 軸と 300° の角度をなす線上で原点から 143 pm 離れたところにある．

34·4(a)　HCl の分極率体積は 2.63×10^{-30} m³ である．外部電場の強さ 7.5 kV m^{-1} によってこの分子に誘起される（永久双極子モーメントに加算される）双極子モーメントの大きさを計算せよ．

34·4(b)　NH_3 の分極率体積は 2.22×10^{-30} m³ である．外部電場の強さ 15.0 kV m^{-1} によってこの分子に誘起される（永久双極子モーメントに加算される）双極子モーメントの大きさを計算せよ．

問 題

34·1　トルエン（メチルベンゼン）の電気双極子モーメントの大きさは 0.4 D である．三つのキシレン（ジメチルベンゼン）の双極子モーメントの大きさを求めよ．このうち正しいと確信がもてる答はどれか．

34·2　過酸化水素の電気双極子モーメントの大きさを，H–O–O–H の角（ねじれ角）ϕ が 0 から 2π まで変化するとしてプロットせよ．**1** の寸法を用いよ．

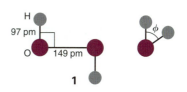

1

34·3　酢酸蒸気は水素結合をした平面形二量体（**2**）をある割合で含んでいる．純粋な酢酸の気相での見かけの分子双極子モーメントの大きさは，温度が上がると増加する．このことはどう解釈すればよいか．

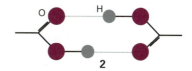

2

34·4　点電荷 Q から距離 r における電場の強さは $Q/4\pi\varepsilon_0 r^2$ である．プロトンが水分子（分極率体積が 1.48×10^{-30} m³）に近づいて行き，この分子の永久双極子モーメントの大きさ（1.85 D）に等しい双極子モーメントを誘起するためには，どこまで接近しなければならないか．

34·5[‡]　Nelson ら〔*Science*, **238**, 1670 (1987)〕は，NH_3 の H 原子が水素結合を形成している例を探して，気相中でアンモニアが弱く結合した錯体を調べたが，一つも見つからなかった．たとえば，NH_3 と CO_2 の錯体では，炭素原子が窒素に最も近い（299 pm 離れている）ことを見いだした．この CO_2 分子は C–N "結合"と直角をなし，NH_3 の H 原子は CO_2 から遠い側にある．この錯体の永久双極子モーメントの大きさは 1.77 D と報告されている．もし N 原子と C 原子がそれぞれ負電荷と正電荷の分布の中心になっているとすると，これらの部分電荷の大きさは（e の倍数として）いくらか．

34·6　1 個の H_2O 分子を強さ 1.0 kV m^{-1} の外部電場で配向させておき，そこに側方から Ar 原子（$\alpha' = 1.66 \times 10^{-30}$ m³）をゆっくり近づけるとする．どこまで近づけば H_2O 分子が向きを変えて，近づいてくる Ar 原子の方を向く方がエネルギー的に有利になるか．

34·7　分子が極性であるか，または高度に分極可能であると，その物質の相対誘電率は大きい．相対誘電率，分子の分極率，永久双極子モーメントの間にはデバイの式，

[‡]　この問題は Charles Trap, Carmen Giunta の提供による．

で表される定量的な関係がある. ρ は試料の質量密度, M は分子のモル質量である. ショウノウ (3) の相対誘電率をいろいろな温度で測定してつぎの結果を得た. この分子の双極子モーメントの大きさと分極率体積を求めよ. 〔ヒント: データをプロットしたとき, 直線の勾配と y 軸上の切片からそれぞれ永久双極子モーメントの大きさと分極率が得られるようなプロットを考えよ.〕

$$\frac{\varepsilon_r - 1}{\varepsilon_r + 2} = \frac{\rho N_A}{3 M \varepsilon_0}\left(\alpha + \frac{\mu^2}{3kT}\right)$$

3 ショウノウ

$\theta/°C$	0	20	40	60	80	100	120	140	160	200
$\rho/(g\,cm^{-3})$	0.99	0.99	0.99	0.99	0.99	0.99	0.97	0.96	0.95	0.91
ε_r	12.5	11.4	10.8	10.0	9.50	8.90	8.10	7.60	7.11	6.21

トピック 35 分子間の相互作用

記述問題

35・1 つぎの式に出てくる記号を説明し, これらの式の一般性の限界を述べよ.
(a) $V = -Q_2 \mu_1/4\pi\varepsilon_0 r^2$, (b) $V = -Q_2 \mu_1 \cos\theta/4\pi\varepsilon_0 r^2$,
(c) $V = \mu_1 \mu_2 (1 - 3\cos^2\theta)/4\pi\varepsilon_0 r^3$

35・2 分子間の引力的相互作用の多くが $1/r^6$ に従って距離とともに変化するという理論的な結論がどこからくるものかを説明せよ.

35・3 水素結合の生成を (a) 静電相互作用, (b) 分子オービタルを使ってそれぞれ説明せよ. どちらのモデルの方がよいかをどうやって判断するか.

35・4 ポリマーの中には卓越した性質を示すものがある. たとえば, ケブラー[1] (4) は防弾チョッキの素材に選べるほど強く, 600 K の温度まで安定である. このポリマーの生成と熱安定性はどのような分子間相互作用によると思うか.

4 ケブラー

演習

35・1(a) Li^+ イオンから 100 pm のところにある H_2O 分子の向きを反転させるのに必要なモルエネルギーを計算せよ. 水の双極子モーメントの大きさを 1.85 D とする.

35・1(b) Mg^{2+} イオンから 300 pm のところにある HCl 分子の向きを反転させるのに必要なモルエネルギーを計算せよ. HCl の双極子モーメントの大きさを 1.08 D とする.

35・2(a) 2個の直線形四重極子が一つの直線上に乗っていて, 中心間の距離が r だけ離れているときの相互作用のポテンシャルエネルギーを計算せよ.

35・2(b) 2個の直線形四重極子が互いに平行で, 中心間の距離が r だけ離れているときの相互作用のポテンシャル

エネルギーを計算せよ.

35・3(a) 真空中 ($\varepsilon_r = 1$) で水素結合を切るのにはどれだけのエネルギー ($kJ\,mol^{-1}$) が必要か. ただし, 水素結合の静電モデルを用いよ.

35・3(b) 水の中 ($\varepsilon_r \approx 80.0$) で水素結合を切るのにはどれだけのエネルギー ($kJ\,mol^{-1}$) が必要か. ただし, 水素結合の静電モデルを用いよ.

問 題

35・1 フェニルアラニン (Phe, **5**) は天然アミノ酸である. フェニル基とその隣のペプチド基の電気双極子モーメントとの相互作用エネルギーはいくらか. 基と基の間の距離は 4.0 nm とし, フェニル基はベンゼン分子として扱え. ペプチド基の双極子モーメントの大きさは $\mu = 1.3$ D で, ベンゼンの分極率体積は $\alpha' = 1.04 \times 10^{-29}\,m^3$ である.

5 フェニルアラニン

35・2 2個の Phe 残基 (「問題 35・1」を見よ) のフェニル基の間のロンドン相互作用を考えよう. (a) この2個の環 (ベンゼン分子として扱う) が 4.0 nm 離れているときのポテンシャルエネルギーを求めよ. ただし, そのイオン化エネルギーは $I = 5.0$ eV とする. (b) 互いにロンドンの分散相互作用をするポリペプチド鎖の中の Phe のフェニル基のような, 2個の非結合原子団の間に働く力の距離依存性を計算せよ. 力はポテンシャルの勾配の符号を変えたものである. 2個の Phe 残基中のフェニル基 (ベンゼン分子として扱う) の間の力が0になる距離はいくらか. 〔ヒント: r と $r + \delta r$ ($\delta r \ll r$ とする) におけるポテンシャルエネルギーを考え, $\{V(r + \delta r) - V(r)\}/\delta r$ を計算して勾配を求めよ. 計算の最後の段階で δr を無限小にせよ.〕

---

1) Kevlar

35.3 $F = -dV/dr$ から，ポリマー鎖のなかの 2 個の非結合原子団の間に働く力の距離依存性を計算せよ．ただし，両者の間にはロンドン分散力が働いているものとする．

35.4 O—H 基と O 原子から成る系が **6** の配置にあるとしよう．水素結合の静電モデルを用いて，相互作用のモルポテンシャルエネルギーが角度 θ にどう依存するかを計算せよ．

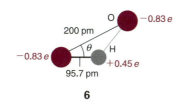

6

35.5 "凝集エネルギー密度" $\mathcal{U}$ は $-U/V$ で定義する．ここで，U は試料内部の引力の平均ポテンシャルエネルギーで，V は試料の体積である．$\mathcal{U} = -\frac{1}{2}\mathcal{N}\int V(R)\,d\tau$ であることを示せ．ここで，$\mathcal{N}$ は分子の数密度で，$V(R)$ は分子間の引力ポテンシャルエネルギーである．積分範囲は，d から無限大までとし，あらゆる角度について行う．続いて，$-C_6/R^6$ の形のファンデルワールス引力で相互作用し，均一に分布している分子の凝集エネルギー密度が，$(2\pi/3)(N_A^2/d^3M^2)\rho^2 C_6$ に等しいことを示せ．ここで，ρ は固体試料の質量密度で，M は分子のモル質量である．

35.6 あるコンホメーションのペプチドについて，レナード-ジョーンズの (12, 6) ポテンシャルが合わないと考え，その反発項を e^{-r/r_0} という形の指数関数で置き換えたとしよう．(a) このポテンシャルエネルギーの形を図示し，それがどの距離で最小になるかを示せ．(b) exp-6 ポテンシャルが最小になる距離を求めよ．

トピック 36 実在気体

記述問題

36.1 実在気体の圧縮因子が圧力と温度によってどのように変化するか，また，それから実在気体における分子間相互作用について何がわかるかを説明せよ．

36.2 ファンデルワールスの状態方程式のつくりかたを述べ，それを批判せよ．

演習

36.1(a) 273 K で容積 2.05 dm³ の容器に入った 3.15 g の気体窒素の圧力はいくらか．ただし，ビリアル状態方程式に従うものとせよ．もし，完全気体だとしたら，その圧力はいくらになるはずか．

36.1(b) 273 K で容積 2.25 dm³ の容器に入った 4.56 g の気体二酸化炭素の圧力はいくらか．ただし，ビリアル状態方程式に従うものとせよ．もし，完全気体だとしたら，その圧力はいくらになるはずか．

36.2(a) 容積 2.25 dm³ の容器に入った 4.56 g の気体二酸化炭素について，そのボイル温度での圧力はいくらか．

36.2(b) 容積 2.20 dm³ の容器に入った 3.01 g の気体酸素について，そのボイル温度での圧力はいくらか．

36.3(a) (i) 容積 1.0 dm³ の容器に入っている 131 g の気体キセノンが完全気体だとしたら，25 °C での圧力はいくらか．(ii) もし，ファンデルワールス気体だとしたら圧力はどうなるか．

36.3(b) (i) 容積 1.5 dm³ の容器に入っている 25 g の気体アルゴンが完全気体だとしたら，30 °C での圧力はいくらか．(ii) もし，ファンデルワールス気体だとしたら圧力はどうなるか．

36.4(a) ファンデルワールスのパラメーター $a = 0.751$ atm dm⁶ mol⁻²，$b = 0.0226$ dm³ mol⁻¹ を SI 基本単位で表せ．

36.4(b) ファンデルワールスのパラメーター $a = 1.32$ atm dm⁶ mol⁻²，$b = 0.0436$ dm³ mol⁻¹ を SI 基本単位で表せ．

36.5(a) 250 K，12 atm のある気体のモル体積が，完全気体の法則から計算した値より 8.0 パーセント小さかった．つぎの量を計算せよ．(a) この条件での圧縮因子，(b) この気体のモル体積．この気体では引力と反発力のどちらが優勢か．

36.5(b) 350 K，15 atm のある気体のモル体積が，完全気体の法則から計算した値より 15 パーセント大きかった．つぎの量を計算せよ．(a) この条件での圧縮因子，(b) この気体のモル体積．この気体では引力と反発力のどちらが優勢か．

36.6(a) ある工業プロセスで，気体窒素を 1.000 m³ の一定体積で 500 K まで加熱した．ただし，加熱前の気体は 300 K，100 atm であった．この気体の質量は 92.4 kg である．ファンデルワールス状態方程式を用いて，500 K の作業温度でのこの気体のおよその圧力を求めよ．窒素については，$a = 1.352$ atm dm⁶ mol⁻²，$b = 0.0387$ dm³ mol⁻¹ である．

36.6(b) 圧縮気体のボンベはふつう 200 bar の圧力で充填する（日本では約 150 bar）．酸素の場合，(a) 完全気体の状態方程式，(b) ファンデルワールス状態方程式を使うと，この圧力および 25 °C でのモル体積はいくらになるか．酸素については，$a = 1.364$ atm dm⁶ mol⁻²，$b = 3.19 \times 10^{-2}$ dm³ mol⁻¹ である．

36.7(a) 塩素のファンデルワールスのパラメーターを使って，そのボイル温度を求めよ．

36.7(b) 硫化水素のファンデルワールスのパラメーターを使って，そのボイル温度を求めよ．

36.8(a) 塩素のファンデルワールスのパラメーターを使って，Cl₂ 分子を球とみなしたときの半径を求めよ．

36.8(b) 硫化水素のファンデルワールスのパラメーター

テーマ 8 分子間の相互作用

を使って，H_2S 分子を球とみなしたときの半径を求めよ．

36・9(a) ある気体が $a = 0.50\ \text{Pa m}^6\ \text{mol}^{-2}$ でファンデルワールス状態方程式に従う．その体積は 273 K，3.0 MPa で $5.00 \times 10^{-4}\ \text{m}^3\ \text{mol}^{-1}$ である．これだけの情報から，ファンデルワールスのパラメーター b を計算せよ．

36・9(b) ある気体が $a = 0.76\ \text{Pa m}^6\ \text{mol}^{-2}$ でファンデルワールス状態方程式に従う．その体積は 288 K，4.0 MPa で $4.00 \times 10^{-4}\ \text{m}^3\ \text{mol}^{-1}$ である．これだけの情報から，ファンデルワールスのパラメーター b を計算せよ．

36・10(a) 演習 36・9 (a) の気体の圧縮因子は，指定した温度と圧力でいくらか．

36・10(b) 演習 36・9 (b) の気体の圧縮因子は，指定した温度と圧力でいくらか．

問 題

36・1 状態方程式 $p(V-nb)=nRT$ に従う気体の圧縮因子の式を導け．b と R は定数である．$V_m = 10b$ が成り立つような圧力と温度のとき，その圧縮因子の値はいくらか．

36・2 第二ビリアル係数 B' は一連の圧力における気体密度 ρ の測定から得られる．p/ρ を p に対してプロットしたら，勾配が B' に比例する直線になることを示せ．

36・3 ある気体の圧縮因子が，300 K，20 atm で 0.86 であった．(a) この条件のもとで，気体 8.2 mmol が占める体積，(b) 300 K での第二ビリアル係数 B の概略値を計算せよ．

36・4 アルゴンについての 273 K での測定から，$B = -21.7\ \text{cm}^3\ \text{mol}^{-1}$，$C = 1200\ \text{cm}^6\ \text{mol}^{-2}$ が得られた．B と C は Z を $1/V_m$ のべき で展開したときの第二，第三ビリアル係数である．この展開の第 2 項と第 3 項を求めるだけであれば，完全気体の法則が成り立つとして，273 K，100 atm のアルゴンの圧縮因子を計算せよ．その Z の値を用いて，この条件下でのアルゴンのモル体積を求めよ．

36・5‡ メタンの第二ビリアル係数は $B'(T) = a + b\,e^{-c/T^2}$ という経験式で近似できる．ここで，300 K $< T <$ 600 K の範囲では $a = -0.1993\ \text{bar}^{-1}$，$b = 0.2002\ \text{bar}^{-1}$，$c = 1131$

K^2 である．このモデルによれば，メタンのボイル温度はいくらか．

36・6‡ アルゴンのような単純でよく知られた物質でもなお研究対象になっており，その熱力学的性質の総合報告が発表された〔R.B. Stewart, R.T. Jacobson, *J. Phys. Chem. Ref. Data*, 18, 639 (1989)〕．その中につぎの 300 K の等温線データがある．

$p/$MPa	0.4000	0.5000	0.6000	0.8000	1.000
$V_m/(\text{dm}^3\ \text{mol}^{-1})$	6.2208	4.9736	4.1423	3.1031	2.4795

$p/$MPa	1.500	2.000	2.500	3.000	4.000
$V_m/(\text{dm}^3\ \text{mol}^{-1})$	1.6483	1.2328	0.98357	0.81746	0.60998

(a) この温度での第二ビリアル係数 B を計算せよ．(b) 非線形の曲線合わせのソフトウエアを使って，この温度での第三ビリアル係数 C を計算せよ．

36・7 ファンデルワールス状態方程式に基づいて，250 K，150 kPa での気体塩素のモル体積を計算し，完全気体の状態方程式で予測される値との差は何パーセントかを計算せよ．

36・8 10.0 mol の $C_2H_6(g)$ が 27 °C で 4.860 dm³ のところに閉じ込められている．このエタンが及ぼす圧力を完全気体の状態方程式およびファンデルワールス状態方程式から計算せよ．また，この計算に基づいて，圧縮因子を計算せよ．エタンについては $a = 5.507\ \text{atm dm}^6\ \text{mol}^{-2}$，$b = 0.0651\ \text{dm}^3\ \text{mol}^{-1}$ である．

36・9 ファンデルワールス状態方程式からは，$Z < 1$ の値も $Z > 1$ の値も導かれる．これらの値が得られる条件は何か．

36・10 ファンデルワールス状態方程式を $1/V_m$ のべきでビリアル展開し，B と C をパラメーター a と b で表せ．展開の公式 $(1-x)^{-1} = 1 + x + x^2 \cdots$ を用いよ．アルゴンについての測定から，273 K のビリアル係数として $B = -21.7\ \text{cm}^3\ \text{mol}^{-1}$，$C = 1200\ \text{cm}^6\ \text{mol}^{-2}$ が得られている．対応するファンデルワールス状態方程式の a と b の値はいくらか．

トピック 37　結晶構造

記述問題

37・1 空間格子と単位胞の関係を述べよ．

37・2 格子点がつくる平面にどのように標識をつけるかを説明せよ．

37・3 立方単位胞の型と大きさを求める手順を説明せよ．

37・4 "散乱因子" とは何か．X 線を散乱する原子の中の電子数とどういう関係があるか．

37・5 構造因子を求める際の位相の問題について述べ，それをどのように克服するかを説明せよ．

演 習

37・1(a) $NiSO_4$ の直方単位胞の大きさは $a = 634$ pm，$b = 784$ pm，$c = 516$ pm であり，その固体の密度は約 $3.9\ \text{g cm}^{-3}$ である．1 単位胞の中の式量単位の数を求め，密度のもっと正確な値を計算せよ．

37・1(b) モル質量 $135.01\ \text{g mol}^{-1}$ のある化合物の直方単位胞の大きさが $a = 589$ pm，$b = 822$ pm，$c = 798$ pm である．その固体の密度は約 $2.9\ \text{g cm}^{-3}$ である．1 単位胞の中の式量単位の数を求め，密度のもっと正確な値を計算せよ．

37・2(a) 原点からの距離が $(2a, 3b, 2c)$ と $(2a, 2b, \infty c)$ のところで結晶軸と交わる二つの面のミラー指数を求めよ．

テーマ 8　分子間の相互作用

37·2(b) 原点からの距離が $(-a, 2b, -c)$ と $(a, 4b, -4c)$ のところで結晶軸と交わる二つの面のミラー指数を求めよ.

37·3(a) 辺の長さ 562 pm の立方単位胞から成る結晶について, {112}, {110}, {224} 面の面間隔をそれぞれ計算せよ.

37·3(b) 辺の長さ 712 pm の立方単位胞から成る結晶について, {123}, {222}, {246} 面の面間隔をそれぞれ計算せよ.

37·4(a) $SbCl_3$ の単位胞は直方で, その大きさは $a = 812$ pm, $b = 947$ pm, $c = 637$ pm である. その {321} 面の面間隔 d を計算せよ.

37·4(b) ある直方単位胞の大きさが $a = 769$ pm, $b = 891$ pm, $c = 690$ pm である. その {312} 面の面間隔 d を計算せよ.

37·5(a) X 線の波長が 72 pm のとき, bcc の鉄 (原子半径 126 pm) の最初の三つの回折線の角度 θ の値はいくらか.

37·5(b) X 線の波長が 129 pm のとき, fcc の金 (原子半径 144 pm) の最初の三つの回折線の角度 θ の値はいくらか.

37·6(a) 硝酸カリウム結晶は $a = 542$ pm, $b = 917$ pm, $c = 645$ pm の直方単位胞から成る. 波長 154 pm の放射線を使って得られる (100), (010), (111) 反射の θ の値を計算せよ.

37·6(b) アラレ石型の炭酸カルシウム結晶は $a = 574.1$ pm, $b = 796.8$ pm, $c = 495.9$ pm の直方単位胞から成る. 波長 83.42 pm の放射線を使って得られる (100), (010), (111) 反射の θ の値を計算せよ.

37·7(a) ある X 線源からの放射線には, 波長 154.433 pm と 154.051 pm の 2 成分がある. 面間隔 77.8 pm の面の回折図形で, この 2 成分から生じる回折線の回折角 2θ の差を計算せよ.

37·7(b) ある X 線源の放射線は, ある波長域に分布している. 波長 93.222 pm と 95.123 pm の 2 成分を考えよう. 面間隔 82.3 pm の面の回折図形で, この 2 成分から生じる回折線の回折角 2θ の差を計算せよ.

37·8(a) Br^- の前方散乱の散乱因子の値を求めよ.

37·8(b) Mg^{2+} の前方散乱の散乱因子の値を求めよ.

37·9(a) ある単純立方格子中の原子の座標は, a を単位としてつぎの通りであった. $(0, 0, 0)$, $(0, 1, 0)$, $(0, 0, 1)$, $(0, 1, 1)$, $(1, 0, 0)$, $(1, 1, 0)$, $(1, 0, 1)$, $(1, 1, 1)$. この原子がすべて同種のとき, その構造因子 F_{hkl} を計算せよ.

37·9(b) ある体心立方格子中の原子の座標は, a を単位としてつぎの通りであった. $(0, 0, 0)$, $(0, 1, 0)$, $(0, 0, 1)$, $(0, 1, 1)$, $(1, 0, 0)$, $(1, 1, 0)$, $(1, 0, 1)$, $(1, 1, 1)$, $(\frac{1}{2}, \frac{1}{2}, \frac{1}{2})$. この原子がすべて同種のとき, その構造因子 F_{hkl} を計算せよ.

37·10(a) 面心立方構造で, 向き合う面内のイオンの散乱因子が, 頂点のイオンの散乱因子の 2 倍であるとしたときの構造因子を計算せよ.

37·10(b) 体心立方構造で, 中心のイオンの散乱因子が, 頂点のイオンの散乱因子の 2 倍であるとしたときの構造因子を計算せよ.

37·11(a) X 線による研究で, つぎの構造因子が得られた. ただし, $F_{-h00} = F_{h00}$ である.

h	0	1	2	3	4	5	6	7	8	9
F_{h00}	10	−10	8	−8	6	−6	4	−4	2	−2

このデータに対応する方向での電子密度図をつくれ.

37·11(b) X 線による研究で, つぎの構造因子が得られた. ただし, $F_{-h00} = F_{h00}$ である.

h	0	1	2	3	4	5	6	7	8	9
F_{h00}	10	10	4	4	6	6	8	8	10	10

このデータに対応する方向での電子密度図をつくれ.

37·12(a) 演習 37·11 (a) のデータを使ってパターソン合成をつくれ.

37·12(b) 演習 37·11 (b) のデータを使ってパターソン合成をつくれ.

37·13(a) パターソン合成で得られる斑点は, 単位胞中の原子と原子を結ぶベクトルの長さと方向に対応している. 孤立した平面三角形の BF_3 分子について得られる図形の概略を描け.

37·13(b) パターソン合成で得られる斑点は, 単位胞中の原子を結ぶベクトルの長さと方向に対応している. 孤立したベンゼン分子中の C 原子について得られる図形の概略を描け.

37·14(a) 中性子の波長が 65 pm であるとき, その速さはいくらか.

37·14(b) 電子の波長が 105 pm であるとき, その速さはいくらか.

37·15(a) 中性子が 350 K の減速材との衝突で熱平衡に達したとき, その波長を計算せよ.

37·15(b) 電子が 380 K の減速材との衝突で熱平衡に達したとき, その波長を計算せよ.

問　題

37·1 大きな生体分子を結晶化させることは, 小さな分子の結晶化のように簡単には達成できないが, その結晶格子まで違うわけではない. タバコ種子グロブリンは面心立方の結晶をつくり, その単位胞の一辺は 12.3 nm, 密度は $1.287\ \mathrm{g\ cm^{-3}}$ である. このモル質量を求めよ.

37·2 単斜単位胞の体積は $V = abc \sin \beta$ であることを示せ.

37·3 六方単位胞の体積を表す式を導け.

37·4 辺の長さが a, b, c で軸のなす角度が α, β, γ の三斜単位胞の体積は,

$$V = abc(1 - \cos^2 \alpha - \cos^2 \beta - \cos^2 \gamma + 2 \cos \alpha \cos \beta \cos \gamma)^{1/2}$$

で表せることを示せ. この式を使って, 単斜および直方単位胞についての式を導け. 式の導出には, ベクトル解析による結果 $V = \boldsymbol{a} \cdot \boldsymbol{b} \times \boldsymbol{c}$ を使い, 最初に V^2 を計算するとよい. Rb_3TlF_6 という化合物は $a = 651$ pm, $c = 934$ pm の

正方単位胞をもつ．この単位胞の体積を計算せよ．

37·5 単斜単位胞の体積は $abc \sin\beta$ である（「問題37·2」を見よ）．ナフタレンは単斜単位胞をもち，単位胞当たりに分子が2個ある．各辺の長さの比は $1.377:1:1.436$，角度 β は $122.82°$ で，固体の密度は $1.152\ \mathrm{g\ cm^{-3}}$ である．この単位胞の寸法を計算せよ．

37·6 完全に結晶性のポリエチレンでは，その鎖は $740\ \mathrm{pm} \times 493\ \mathrm{pm} \times 253\ \mathrm{pm}$ の大きさの直方単位格子中に配列している．単位胞当たり2個の CH_2CH_2 繰返し単位がある．完全な結晶性ポリエチレンの質量密度の理論値を計算せよ．実際の密度は $0.92\sim0.95\ \mathrm{g\ cm^{-3}}$ の範囲にある．

37·7‡ B.A. Bovenzi と G.A. Pearse, Jr.〔*J. Chem. Soc. Dalton Trans.*, 2793 (1997)〕は，三座配位子であるピリジン-2,6-ジアミドオキシム（**7**，$C_7H_9N_5O_2$）のいろいろな配位化合物を合成した．この配位子と $CuSO_4(aq)$ の反応の後，単離された化合物は $[Cu(C_7H_9N_5O_2)_2]^{2+}$ という錯カチオンを含むと予想されたが，実際には含んでいなかった．X線回折によって，化学式が $[Cu(C_7H_9N_5O_2)-(SO_4)\cdot 2H_2O]_n$ の直鎖高分子ができていることが明らかになったが，この高分子の特徴は硫酸基が架橋していることである．単位胞は単純単斜胞で，$a = 1.0427\ \mathrm{nm}$，$b = 0.8876\ \mathrm{nm}$，$c = 1.3777\ \mathrm{nm}$，$\beta = 93.254°$ である．この結晶の質量密度は $2.024\ \mathrm{g\ cm^{-3}}$ である．単位胞当たりのモノマー単位はいくつあるか．

7 ピリジン-2,6-ジアミドオキシム

37·8‡ D. Sellmann ら〔*Inorg. Chem.*, **36**, 1397 (1997)〕は，ルテニウムニトリド化合物，$[N(C_4H_9)_4][Ru(N)-(S_2C_6H_4)_2]$ の合成と反応性について報告した．このルテニウム錯アニオンは，四角錐の底面に2個の1,2-ベンゼンジチオラート配位子（**8**）をもち，頂点にニトリド配位子がある．この化合物は，$a = 3.6881\ \mathrm{nm}$，$b = 0.9402\ \mathrm{nm}$，$c = 1.7652\ \mathrm{nm}$ の直方単位胞の結晶になり，単位胞当たり8個の式量単位がある．その質量密度を計算せよ．ルテニウムをオスミウムで置換すると，生成する化合物は同じ結晶構造をとり，その単位胞の体積の増加は1パーセント以下である．オスミウム置換体の質量密度を求めよ．

8 1,2-ベンゼンジチオラート

37·9 辺の長さが a, b, c の直方結晶では，$\{hkl\}$ 面の面間隔が(37·1c)式で与えられることを示せ．

37·10 初期のX線結晶学において，X線の波長を知る

ことが急務であった．その一つの方法は，機械で線を刻んだ回折格子からの回折角を測定することであった．もう一つの方法は，実測の結晶の密度から格子面の間隔を見積もることであった．NaCl の密度は $2.17\ \mathrm{g\ cm^{-3}}$ であり，ある波長の放射線を用いたときの(100)反射は $6.0°$ にあった．このX線の波長を計算せよ．

37·11 ポロニウム元素の結晶は立方晶系である．波長 $154\ \mathrm{pm}$ のX線でとったブラッグ反射は，格子面 $\{100\}$，$\{110\}$，$\{111\}$ に対してそれぞれ $\sin\theta = 0.225, 0.316, 0.388$ に現れた．この回折図形の6番目と7番目の線の間隔は，5番目と6番目の線の間隔よりも大きい．この単位胞は，単純，体心，面心のうちのどれか．単位胞の寸法を計算せよ．

37·12 銀の単体は，波長 $154.18\ \mathrm{pm}$ のX線を $19.076°$，$22.171°$，$32.256°$ の角度に反射する．しかし，$33°$ 以下の角度にはこれ以外の反射はない．立方単位胞であると仮定し，その型と寸法を求めよ．銀の質量密度を計算せよ．

37·13 ブラッグ父子は彼らの "X-rays and Crystal Structures" という著書（これは "ラウエ博士がその考えを表明してから2年を経た今は…" で始まる）の中で，X線解析の簡単な例をいくつも取上げている．たとえば，KCl の $\{100\}$ 面からの反射が $5°23'$ に出るが，NaCl では同じ波長のX線による反射が $6°0'$ にあると報告している．NaCl の単位胞の一辺の長さが $564\ \mathrm{pm}$ であれば，KCl の単位胞の一辺はいくらになるか．KCl と NaCl の密度はそれぞれ $1.99\ \mathrm{g\ cm^{-3}}$ と $2.17\ \mathrm{g\ cm^{-3}}$ である．これらの値はX線解析の結果を支持するか．

37·14 原子番号 Z の原子では $\rho(r) = 3Z/4\pi R^3$ （$0 \le r \le R$ のとき），$\rho(r) = 0$ （$r > R$ のとき）である．R は原子半径を表すパラメーターである．この原子の散乱因子 f を $(\sin\theta)/\lambda$ に対してプロットせよ．数学ソフトウエアを用いよ．f が Z と R に対してどんな変化を示すかを調べよ．

37·15 KIO_4 の単位胞中の4個のI原子の座標は，$(0,0,0)$，$(0, \frac{1}{2}, \frac{1}{2})$，$(\frac{1}{2}, \frac{1}{2}, \frac{1}{2})$，$(\frac{1}{2}, 0, \frac{3}{4})$ である．構造因子中のIからの反射の位相を計算し，I原子は(114)反射の強度に正味の寄与をしないことを示せ．

37·16 ある立方格子について，A原子の散乱因子は f_A で，その座標は a を単位とすると $(0,0,0)$，$(0,1,0)$，$(0,0,1)$，$(0,1,1)$，$(1,0,0)$，$(1,1,0)$，$(1,0,1)$，$(1,1,1)$ である．この格子にはさらにBという原子が $(\frac{1}{2}, \frac{1}{2}, \frac{1}{2})$ にあって，その散乱因子は f_B である．構造因子 F_{hkl} を計算し，つぎの場合について回折図形を予測せよ．(a) $f_A = f$，$f_B = 0$，(b) $f_B = \frac{1}{2}f_A$，(c) $f_A = f_B = f$．

37·17 ここでは電子回折図形について調べよう．(a) 波長 $78\ \mathrm{pm}$ の中性子および波長 $4.0\ \mathrm{pm}$ の電子を使って得られる Br_2 分子の回折図形について，(37·9)式のワイアールの式を使って最初の極大強度および最初の極小強度を示す位置を予測せよ．(b) ワイアールの式を使って，CCl_4 の電子回折図形の概略を予測せよ．ただし，C-Cl 結合長は未知であるが，CCl_4 が正四面体対称をもつことはわかっているとする．$f_{Cl} = 17f$ および $f_C = 6f$ とし，$R(Cl, Cl) =$

$(8/3)^{1/2}R(\text{Cl, C})$ である．極大強度は $3.17°, 5.37°, 7.90°$ に現れ，極小強度は $1.77°, 4.10°, 6.67°, 9.17°$ に現れる．これらの位置に対して I/f^2 をプロットせよ．CCl_4 の C–Cl 結合長はいくらか．

トピック 38　固体における結合

記述問題

38・1　金属固体の剛体球モデルは，どの程度不十分なのか．

38・2　塩化セシウム型構造と岩塩型構造を，膨らんだ最密充填格子の穴を埋めるという考えから説明せよ．

演習

38・1(a)　円柱が最密充填したときの充填率を計算せよ．（この演習の一般化については「問題 38・2」を見よ．）

38・1(b)　断面が正三角形の棒を (**9**) に示すように積み重ねたときの充填率を計算せよ．

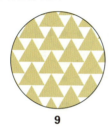

9

38・2(a)　同種の剛体球を詰めたつぎの単位胞の充填率を計算せよ．(i) 単純立方単位胞，(ii) bcc 単位胞，(iii) fcc 単位胞．

38・2(b)　底面心 (C) 直方単位胞の原子の充填率を計算せよ．

38・3(a)　表 38・2 のデータから，Cl^- イオンに対して (i) 6 配位，(ii) 8 配位をとれる最小のカチオンの半径を求めよ．

38・3(b)　表 38・2 のデータから，Rb^+ イオンに対して (i) 6 配位，(ii) 8 配位をとれる最小のアニオンの半径を求めよ．

38・4(a)　チタンが hcp から体心立方に転移するときは膨張するか，それとも収縮するか．チタンの原子半径は，hcp では 145.8 pm，bcc では 142.5 pm である．

38・4(b)　鉄が hcp から bcc に転移するときは膨張するか，それとも収縮するか．鉄の原子半径は，hcp では 126 pm，bcc では 122 pm である．

38・5(a)　$CaCl_2$ の格子エンタルピーをつぎのデータから計算せよ．

	$\Delta H/(\text{kJ mol}^{-1})$
Ca(s) の昇華	+178
Ca(g) から Ca^{2+}(g) へのイオン化	+1735
Cl_2(g) の解離	+244
Cl(g) への電子付加	−349
Ca(s) と Cl_2(g) からの $CaCl_2$(s) の生成	−796

38・5(b)　$MgBr_2$ の格子エンタルピーをつぎのデータから計算せよ．

	$\Delta H/(\text{kJ mol}^{-1})$
Mg(s) の昇華	+148
Mg(g) から Mg^{2+}(g) へのイオン化	+2187
Br_2(l) の蒸発	+31
Br_2(g) の解離	+193
Br(g) への電子付加	−331
Mg(s) と Br_2(l) からの $MgBr_2$(s) の生成	−524

問題

38・1　ダイヤモンドの原子充填率を計算せよ．

38・2　断面が楕円形（長径と短径の半分がそれぞれ a と b）の棒が (**10**) に示すように最密充填している．その充填率はいくらか．充填率を楕円の離心率 ε に対してプロットせよ．長径の半分が a，短径の半分が b の楕円では $\varepsilon = (1 - b^2/a^2)^{1/2}$ である．

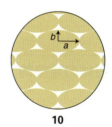

10

38・3　ダイヤモンドの炭素–炭素結合長は 154.45 pm である．もし，ダイヤモンドが剛体球を最密充填したものであって，その球の半径が結合長の半分であるとしたら，その密度はいくらになるはずか．ダイヤモンド格子は面心立方で，その実際の密度は 3.516 g cm^{-3} である．この違いをどう説明すればよいか．

38・4　バンド内のエネルギー準位が連続帯を形成するとき，状態密度 $\rho(E)$，すなわちあるエネルギー範囲にある準位の数をその範囲の幅で割ったものは，$\rho(E) = dk/dE$ と書ける．ここで，dk は量子数 k の変化であり，dE はエネルギー変化である．(a) (38・1) 式を使って，

$$\rho(E) = -\frac{(N+1)/2\pi\beta}{\left\{1 - \left(\dfrac{E-\alpha}{2\beta}\right)^2\right\}^{1/2}}$$

であることを示せ．ここで，k, N, α, β は「トピック 38」で説明した意味をもつ．(b) 上の式を使って E が $\alpha \pm 2\beta$ に近づくと $\rho(E)$ が無限大になることを示せ．つまり，状態

密度が一次元の金属伝導体におけるバンドの端に行くにつれて増大することを示せ.

38・5 問題38・4のやり方は一次元の固体についてだけ成り立つ. 三次元では, 状態密度の変化は(**11**)に示すものになる. 三次元固体では, 最大の状態密度がバンドの中心付近にあり, 最低の密度はバンドの端(エッジ)にあることを説明せよ.

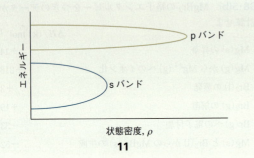

11

38・6 強結合のヒュッケル近似では, N 原子系のエネルギー準位は三重対角行列式の根である(38・1式).

$$E_k = \alpha + 2\beta \cos\frac{k\pi}{N+1} \quad k = 1, 2, \cdots, N$$

原子が環状に並んでいれば, この解は"環状"行列式の根,

$$E_k = \alpha + 2\beta \cos\frac{2k\pi}{N} \quad k = 0, \pm 1, \pm 2, \cdots, \pm\frac{1}{2}N$$

である(N が偶数の場合). 物質がはじめ直線状であったものの両端をつないだら, どういう結果になるかを論ぜよ.

38・7 格子エンタルピーに関するボルン–メイヤーの式とボルン–ハーバーサイクルを使って, CaCl の生成は発熱過程であることを示せ〔ただし, Ca(s) の昇華エンタルピーは 176 kJ mol^{-1} である〕. CaCl が存在しないことの説明は, 反応 $2\text{CaCl(s)} \longrightarrow \text{Ca(s)} + \text{CaCl}_2(\text{s})$ の反応エンタルピーの値に見いだせることを示せ.

38・8 ボルン–メイヤーの式(38・7式)を, エネルギーを $d(E_\text{p} + E_\text{p}{}^*)/dd = 0$ のところで計算することによって導け. ただし, E_p と $E_\text{p}{}^*$ はそれぞれ(38・5)式と(38・6)式で与えられる.

38・9 イオンが(**12**)に一部を示したような(かなり人為的な)二次元格子をつくって配列しているとしよう. この配列のマーデルング定数を計算せよ.

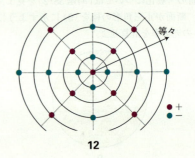

12

トピック39　固体の電気的, 光学的, 磁気的性質

記述問題

39・1 フェルミ–ディラック分布の特徴を述べよ.

39・2 ヒ素をドープしたゲルマニウムは p 型半導体か, それとも n 型半導体か.

演　習

39・1(a) 純粋な TiO_2 の価電子バンドから伝導バンドに光吸収によって電子を昇位させるには, 350 nm 以下の波長が必要である. 価電子バンドと伝導バンドの間のエネルギーギャップを電子ボルト単位で計算せよ.

39・1(b) ケイ素のバンドギャップは 1.12 eV である. 電子を価電子バンドから伝導バンドに昇位させるための電磁放射線の最大波長を計算せよ.

39・2(a) CrCl_3 の磁気モーメントの大きさは $3.81\mu_\text{B}$ である. Cr には不対電子が何個あるか.

39・2(b) マンガン錯体中の Mn^{2+} の磁気モーメントの大きさはふつう $5.3\mu_\text{B}$ である. このイオンには不対電子が何個あるか.

39・3(a) ベンゼンの 25 ℃ での体積磁化率は -7.2×10^{-7}, 密度は 0.879 g cm^{-3} である. ベンゼンのモル磁化率を計算せよ.

39・3(b) シクロヘキサンの 25 ℃ での体積磁化率は -7.9×10^{-7}, 密度は 811 kg m^{-3} である. シクロヘキサンのモル磁化率を計算せよ.

39・4(a) MnF_2 の単結晶のデータによると, 294.53 K では $\chi_\text{m} = 0.1463 \text{ cm}^3 \text{ mol}^{-1}$ である. この化合物の実効不対電子数を求め, その結果を理論的な値と比べよ.

39・4(b) $\text{NiSO}_4 \cdot 7\text{H}_2\text{O}$ の単結晶のデータによると, 298 K では $\chi_\text{m} = 5.03 \times 10^{-8} \text{ m}^3 \text{ mol}^{-1}$ である. この化合物の実効不対電子数を求め, その結果を理論的な値と比べよ.

39・5(a) $\text{CuSO}_4 \cdot 5\text{H}_2\text{O}$ の 25 ℃ でのスピンの寄与のみによるモル磁化率を求めよ.

39・5(b) $\text{MnSO}_4 \cdot 4\text{H}_2\text{O}$ の 298 K でのスピンの寄与のみによるモル磁化率を求めよ.

問　題

39・1 (39・2)式を参考にして, $(E-\mu)/\mu$ と μ/kT を変数とする関数 $f(E)$ を表せ. 次に, 数学ソフトウエアを用い

て，図39・3に示した一連の曲線を一つの曲面で表せ．

39・2 この問題と次の問題で，(39・2) 式のフェルミ－ディラック分布の性質を少し調べよう．体積 V の三次元の固体では，$\rho(E) = CE^{1/2}$ となる．ただし，$C = 4\pi V (2m_e/h^2)^{3/2}$ である．温度 $T = 0$ では，

$$f(E) = 1 \qquad E < \mu \text{ のとき}$$
$$f(E) = 0 \qquad E > \mu \text{ のとき}$$

となることを示し，$\mu(0) = (3\mathcal{N}/8\pi)^{2/3} (h^2/2m_e)$ を導け．ただし，$\mathcal{N} = N_e/V$ はこの固体中の電子の数密度である．ナトリウムの $\mu(0)$ を計算せよ．ナトリウムでは各原子から電子1個が提供される．

39・3 (39・2) 式と (39・1) 式の dN の式を見ただけで（積分を実際に計算せずに），温度を上げたとき N が一定に保たれるためには，化学ポテンシャルが $\mu(0)$ から減少しなければならないことを示せ．

39・4 真性半導体のバンドギャップは非常に小さいから，フェルミ－ディラック分布によって伝導バンドを占める電子もある．フェルミ－ディラック分布が指数関数の形をもつことから，真性半導体のコンダクタンス G，すなわち抵抗の逆数（単位はジーメンスで，$1\,\mathrm{S} = 1\,\Omega^{-1}$ である）はアレニウス型の温度依存性をもつはずであって，実際は $G = G_0 \, e^{-E_g/2kT}$ という形である．ここで，E_g はバンドギャップである．ゲルマニウムのコンダクタンスがつぎに示す温度変化をした．E_g の値を求めよ．

T/K	312	354	420
G/S	0.0847	0.429	2.86

39・5 トランジスターは半導体デバイスであって，電気信号のスイッチや増幅器として広く利用されている．部品としてカーボンナノチューブを使ったナノメートルサイズのトランジスターの設計に関する短いレポートを作成せよ．出発点として役に立つものに，Tans ら〔*Nature*, **393**, 49 (1998)〕によって要約された研究がある．

39・6‡ J.J. Dannenberg ら〔*J. Phys. Chem.*, **100**, 9631 (1996)〕は，不飽和四員環から成る鎖状の有機物分子の理論研究を行った．その計算によれば，このような化合物には多数の不対電子があって，そのため独特の磁気的性質をもつと考えられる．たとえば，(**13**) の化合物の最低エネルギー状態は計算によると $S = 3$ であるが，$S = 2$ と $S = 4$ の構造のエネルギーは，どちらもエネルギーが $50\,\mathrm{kJ\,mol^{-1}}$ だけ高いと予測される．これら三つの低いところにある準位の 298 K でのモル磁化率を計算せよ．各準位がボルツマン因子に比例して存在するとして 298 K でのモル磁化率を求めよ（これら三つの準位の縮退度が同じであると仮定するのと同じことである）．

13

39・7 NO 分子には熱的に到達可能な電子励起状態がある．また，この分子は不対電子を1個もつから常磁性であると予想できる．しかし，その基底状態では，不対電子の軌道（オービタル）運動の磁気モーメントがスピン磁気モーメントをほとんど完全に相殺するので，基底状態は常磁性でない．第一励起状態においては（121 cm^{-1} にある），オービタル磁気モーメントはスピン磁気モーメントを相殺するのでなく，逆に加わるように働くので常磁性になる．この上側の状態の磁気モーメントの大きさは $2\mu_B$ である．この状態は熱的に到達できるから，NO の常磁性磁化率は室温付近でさえ著しい温度依存性を示す．NO のモル常磁性磁化率を計算し，それを温度の関数としてプロットせよ．

39・8‡ P.G. Radaelli ら〔*Science*, **265**, 380 (1994)〕は，45 K より低い温度で超伝導性を示す物質の合成と構造を報告している．この化合物は $\mathrm{Hg_2Ba_2YCu_2O_{8-\delta}}$ という層状化合物を基本にしている．これは，$a = 0.38606\,\mathrm{nm}$，$c = 2.8915\,\mathrm{nm}$ の正方単位胞をもち，各単位胞は2個の式量単位を含む．この化合物は，Y を Ca で部分的に置換することによって超伝導になるが，それに伴って起こる単位胞の体積変化は1パーセントより小さい．超伝導性の $\mathrm{Hg_2Ba_2 Y_{1-x}Ca_xCu_2O_{7.55}}$ の質量密度が $7.651\,\mathrm{g\,cm^{-3}}$ であるとして，この化合物の Ca の含量 x を求めよ．

テーマ8の総合問題

F8・1 走査トンネル顕微鏡のチップは，表面にある原子を移動させるのに使うことができる．原子やイオンの動き方は，それがある位置を離れて別の位置につく能力に依存するから，そのときに起こるエネルギー変化に依存する．一つの例として，1価の正負イオンが 200 pm 間隔で並んだ二次元正方格子を考え，この正方格子の上に乗っている1個のカチオンを考えよう．このカチオンが，あるアニオンの直上にある空の格子点に付いたときのクーロン相互作用を，和を直接とることによって計算せよ．

F8・2 分子軌道法計算を使えば，分子の双極子モーメントを予測できる．(a) 分子モデリングのソフトウエアと適当な計算法を選んで，ペプチド結合の双極子モーメントを計算せよ．ただし，*trans-N*-メチルアセトアミド (**14**) をモデルとして用いよ．これらの双極子の間の相互作用エネルギーを $r = 3.0\,\mathrm{nm}$ に固定して角度 θ の関数としてプロットせよ．(b) 上の (a) の双極子－双極子相互作用エネルギーの最大値を，生体系の水素結合相互作用エネルギーの代表的な値である $20\,\mathrm{kJ\,mol^{-1}}$ と比較せよ．

14 trans-N-メチルアセトアミド

F8・3 (34・7) 式を使って，基底状態の一次元調和振動子の分極率を計算せよ．ただし，電場が(a) 振動子に垂直，(b) 振動子に平行な場合を考えよ．つぎの結果が必要になるだろう．

$$\mu_{z,01} = \mu_{z,10} = e\left(\frac{\hbar}{2m\omega}\right)^{1/2}$$

F8・4 (34・7) 式を使って水素原子の分極率を計算せよ．簡単のために，(34・7) 式の和を $n\mathrm{p}_z$ オービタルに限定し，$n\mathrm{p}_z$ オービタルと $1\mathrm{s}$ オービタルの間のつぎの行列要素を用いよ．

$$\mu_{z,0n} = \mu_{z,n0} = -ea_0\left\{\frac{2^8 n^7 (n-1)^{2n-5}}{3(n+1)^{2n+5}}\right\}^{1/2}$$

F8・5 直径 d の原子 N 個が C_6/R^6 の形のポテンシャルエネルギーで互いに相互作用していると，その平均相互作用エネルギーは $U = -2N^2 C_6/3Vd^3$ で与えられることを示せ．ただし，V は分子が閉じ込められている体積で，クラスターをつくる効果はすべて無視する．これから，$n^2a/V^2 = (\partial U/\partial V)_T$ を使ってファンデルワールスのパラメーター a と C_6 の間の関係を求めよ．

F8・6 分子間錯体の構造を予測するのに分子軌道法を使うことができる．プリン塩基とピリミジン塩基の間の水素結合が DNA の二重らせん構造を決めている．メチルアデニン (**15**, $R=CH_3$) とメチルチミン (**16**, $R=CH_3$) を DNA で水素結合を形成できる 2 個の塩基のモデルとして考えよう．(a) 分子モデリングのソフトウエアと適当な計算法を選んで，メチルアデニンとメチルチミンの全原子の電荷を計算せよ．(b) その原子電荷の表から，メチルアデニンとメチルチミンの原子で水素結合をつくると思われるものを指摘せよ．(c) 水素結合を形成できるアデニン-チミン対の構造図をすべて描け．ただし，DNA では A-H···B はだいたい直線形になることを考慮せよ．この段階で，分子モデリングのソフトウエアで分子を正しく並べる必要があるだろう．(d) 上の (c) で描いた対の構造のうち天然の DNA 分子で見られるのはどれか．(e) シトシンとグアニンも DNA 中で塩基対をつくるが，これについても上の(a)〜(d) について答えよ．

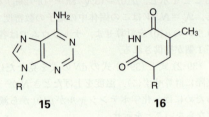

F8・7 ダイヤモンドの結晶を 100 K から 300 K まで加熱し，波長 154.0562 pm の X 線を使って測定したところ，その (111) 反射は 22.0403° から 21.9664° にシフトした．ダイヤモンドの熱膨張率 $\alpha = (\partial V/\partial T)_p/V$ を計算せよ．

F8・8 原子番号 Z の水素型原子の散乱因子を計算せよ．ただし，1 個の電子が (a) $1\mathrm{s}$ オービタル，(b) $2\mathrm{s}$ オービタルを占めているものとする．f を $(\sin \theta)/\lambda$ の関数としてプロットせよ．〔ヒント：$4\pi\rho(r)r^2$ を動径分布関数 $P(r)$ と解釈せよ．〕

F8・9 水素型原子の実際の $1\mathrm{s}$ 波動関数をガウス関数で置き換えたら，総合問題 F8・8 の散乱因子はどう変化するかを調べよ．

F8・10 磁気分極率 ξ，体積磁化率，モル磁化率は，いずれも分子の波動関数から計算できる．たとえば，水素型原子の磁気分極率は，$\xi = -(e^2/6m_e)\langle r^2 \rangle$ という式で与えられる．ここで，$\langle r^2 \rangle$ は原子における r^2 の平均値 (期待値) である．水素型原子の基底状態の ξ と χ_m を計算せよ．$\chi = \mu_0 \mathcal{N} \xi$ を用いよ．

数学の基礎 6　フーリエ級数とフーリエ変換

　三角関数 sin と cos は数学の関数の中でも，最も用途の広いものに属する．それで，何か一般の関数を三角関数の一次結合の形に表して，できた級数にいろいろな操作を加えることが役に立つことが多い．正弦 (sin) 関数と余弦 (cos) 関数は波の形をしているから，その一次結合には簡単な物理的解釈を与えられることもよくある．ここでは関数 $f(x)$ を実の関数とする．

MB6・1　フーリエ級数

　フーリエ級数[1]は，sin 関数と cos 関数の一次結合でつくられ，つぎの周期関数を再現している．

$$f(x) = \frac{1}{2}a_0 + \sum_{n=1}^{\infty}\left\{a_n \cos\frac{n\pi x}{L} + b_n \sin\frac{n\pi x}{L}\right\} \quad \text{(MB6・1)}$$

周期関数は，$f(x+2L) = f(x)$ のように周期的に同じものが繰返される関数であり，この場合は $2L$ が周期である．sin 関数と cos 関数を使えば連続関数を再現できるのはあたり前のことであろうが，実はある制限はあるにしても，不連続な関数でも再現できるのである．(MB6・1) 式の係数は sin 関数と cos 関数の直交性，

$$\int_{-L}^{L} \sin\frac{m\pi x}{L} \cos\frac{m\pi x}{L} \, dx = 0 \quad \text{(MB6・2a)}$$

と，つぎの積分を利用すれば求められる．

$$\int_{-L}^{L} \sin\frac{m\pi x}{L} \sin\frac{n\pi x}{L} \, dx = \int_{-L}^{L} \cos\frac{m\pi x}{L} \cos\frac{n\pi x}{L} \, dx$$
$$= L\delta_{mn} \quad \text{(MB6・2b)}$$

ここで，$m=n$ なら $\delta_{mn}=1$ で，$m \neq n$ なら $\delta_{mn}=0$ である．すなわち，(MB6・1) 式の両辺に $\cos(k\pi x/L)$ を掛け，$-L$ から L まで積分すれば係数 a_k の式が得られ，両辺に $\sin(k\pi x/L)$ を掛けて同様に積分すれば b_k の式が得られる．

$$a_k = \frac{1}{L}\int_{-L}^{L} f(x) \cos\frac{k\pi x}{L} \, dx \quad k=0,1,2,\cdots$$
$$b_k = \frac{1}{L}\int_{-L}^{L} f(x) \sin\frac{k\pi x}{L} \, dx \quad k=1,2,\cdots \quad \text{(MB6・3)}$$

簡単な例示 MB6・1　矩形波

　図 MB6・1 に $-L$ と L の間で周期的な，振幅 A の矩形波を示してある．この波の数学的な形は，

$$f(x) = \begin{cases} -A & -L \leq x \leq 0 \\ +A & 0 \leq x \leq L \end{cases}$$

である．$f(x)$ は反対称 $[f(-x) = -f(x)]$ であるから係数 a はすべて 0 である．一方，cos 関数はすべて対称 $[\cos(-x) = \cos(x)]$ なので cos 関数は和に寄与しない．係数 b は，

$$b_k = \frac{1}{L}\int_{-L}^{L} f(x) \sin\frac{k\pi x}{L} \, dx$$
$$= \frac{1}{L}\int_{-L}^{0} (-A) \sin\frac{k\pi x}{L} \, dx + \frac{1}{L}\int_{0}^{L} A \sin\frac{k\pi x}{L} \, dx$$
$$= \frac{2A}{\pi} \frac{\{1-(-1)^k\}}{k}$$

から得られる．上の最後の等号は，k が偶数のときは二つの積分が消し合うが，k が奇数のときは足し合わせになることから成り立つ．したがって，$N \to \infty$ につれて，

$$f(x) = \frac{2A}{\pi}\sum_{k=1}^{N}\frac{1-(-1)^k}{k}\sin\frac{k\pi x}{L}$$
$$= \frac{4A}{\pi}\sum_{n=1}^{N}\frac{1}{2n-1}\sin\frac{(2n-1)\pi x}{L}$$

となる．n についての和は k についての和と同じである．後者では k が偶数の項はすべて 0 である．N の二つの値について，この関数を図 MB6・1 にプロットしてあるが，N が増加すると，この級数は次第にもとの関数を忠実に再現することがわかる．

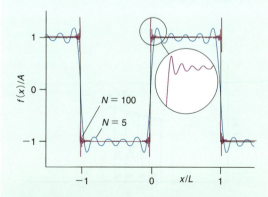

図 MB6・1　矩形波とそのフーリエ級数による逐次近似 ($N=5$ と $N=100$ の場合)．拡大図は $N=100$ の場合を示す．

---

1) Fourier series

MB6・2 フーリエ変換

(MB6・1) 式のフーリエ級数は，その係数が複素数でもよいことにすれば，ドモアブルの式[1]，

$$e^{in\pi x/L} = \cos\left(\frac{n\pi x}{L}\right) + i\sin\left(\frac{n\pi x}{L}\right) \quad \text{(MB6・4)}$$

が使えるから，もっと簡潔な形で表すことができる．それは，この置き換えによって，

$$f(x) = \sum_{n=-\infty}^{\infty} c_n e^{in\pi x/L} \quad c_n = \frac{1}{2L}\int_{-L}^{L} f(x) e^{-in\pi x/L} dx$$

$$\text{(MB6・5)}$$

と書けるからである．この複素表現は周期が無限大になる関数を扱うように拡張するのに適している．もし，周期が無限大であれば，それは指数関数的な減衰関数 e^{-x} のような非周期的な関数を扱うのと同じである．

ここで，$\delta k = \pi/L$ とおき，$L \to \infty$ すなわち $\delta k \to 0$ の極限を考えよう．このとき (MB6・5) 式は，

$$f(x) = \lim_{L\to\infty} \sum_{n=-\infty}^{\infty} \frac{1}{2L}\left\{\int_{-L}^{L} f(x') e^{-in\pi x'/L} dx'\right\} e^{in\pi x/L}$$

$$= \lim_{\delta k\to 0} \sum_{n=-\infty}^{\infty} \frac{\delta k}{2\pi}\left\{\int_{-\pi/\delta k}^{\pi/\delta k} f(x') e^{-in\delta k x'} dx'\right\} e^{in\delta k x/L}$$

$$= \lim_{\delta k\to 0} \sum_{n=-\infty}^{\infty} \frac{1}{2\pi}\left\{\int_{-\infty}^{\infty} f(x') e^{-in\delta k(x'-x)} dx'\right\} \delta k$$

$$\text{(MB6・6)}$$

となる．最後の式では，積分限界がいずれ無限大になることを先取りした．ここで，積分のそもそもの定義に戻って，積分とは，無限小の間隔に並んだ一連の点における関数の値にその間隔を掛けたものの和であるから (図 MB6・2，「数学の基礎1」を見よ)，

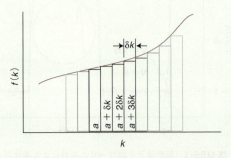

図 MB6・2 積分の正式な定義．積分は無限小の間隔に並んだ一連の点における関数の値にその間隔を掛けたものの和である．

$$\int_a^b F(k) dk = \lim_{\delta k\to 0}\sum_{n=-\infty}^{\infty} F(n\delta k)\delta k \quad \text{(MB6・7)}$$

と書ける．これはまさに (MB6・6) 式の右辺に現れている形であるから，その式を，

$$f(x) = \frac{1}{2\pi}\int_{-\infty}^{\infty} \tilde{f}(k) e^{ikx} dk$$

ここで $\tilde{f}(k) = \int_{-\infty}^{\infty} f(x') e^{-ikx'} dx' \quad \text{(MB6・8)}$

と書くことができる．この段階で，$\tilde{f}(k)$ の x に付けたプライム $(')$ がとれる．この関数 $\tilde{f}(k)$ を $f(x)$ のフーリエ変換[2] という．もとの関数 $f(x)$ は $\tilde{f}(k)$ のフーリエの逆変換[3] である．

簡単な例示 MB6・2　フーリエ変換

対称的な指数関数 $f(x) = e^{-a|x|}$ のフーリエ変換は，

$$\tilde{f}(k) = \int_{-\infty}^{\infty} f(x) e^{-ikx} dx = \int_{-\infty}^{\infty} e^{-a|x|-ikx} dx$$

$$= \int_{-\infty}^{0} e^{ax-ikx} dx + \int_{0}^{\infty} e^{-ax-ikx} dx$$

$$= \frac{1}{a-ik} + \frac{1}{a+ik} = \frac{2a}{a^2+k^2}$$

である．もとの関数とそのフーリエ変換を図 MB6・3 に描いてある．

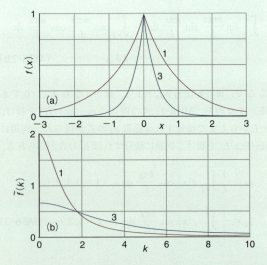

図 MB6・3　(a) 対称的な指数関数 $f(x) = e^{-a|x|}$ と (b) そのフーリエ変換を減衰定数 a の値二つについて示した．減衰が速い関数の場合のフーリエ変換では波長の短い (k の値の大きな) 成分が多い．

---

1) de Moivre's formula　2) Fourier transform　3) inverse Fourier transform

（MB6·8）式の物理的な意味はつぎの通りである．$f(x)$ は波長 $\lambda = 2\pi/k$ の調和関数（sin と cos）の重ね合わせで表され，その成分関数の重みは，対応する k の値におけるフーリエ変換で与えられる．この解釈は「簡単な例示 MB6·2」での計算と合うものである．図 MB6·3 からわかるように，指数関数が速く減衰するときは，フーリエ変換は波長の短い波の寄与がかなり大きいことに対応して，大きな k の値まで伸びている．一方，指数関数の減衰が遅いときは，重ね合わせへの寄与で最も重要なのは低振動数の成分からくるもので，このことはフーリエ変換には k の小さな部分からの寄与が優勢であることに現れている．一般に，ゆっくり変化する関数ではフーリエ変換に k の小さな成分の寄与が大きい．

MB6·3 たたみ込み定理

フーリエ変換の性質の最後に，**たたみ込み定理**[1] の説明をしておこう．この定理によれば，ある関数 $F(x)$ が他の二つの関数 f_1 と f_2 の "たたみ込み" であれば，すなわち，もし，

$$F(x) = \int_{-\infty}^{\infty} f_1(x') f_2(x - x') \, \mathrm{d}x' \qquad \text{(MB6·9a)}$$

であれば，$F(x)$ のフーリエ変換 $\widetilde{F}(k)$ はその成分関数のフーリエ変換 $\widetilde{f}_1$ と $\widetilde{f}_2$ の積，

$$\widetilde{F}(k) = \widetilde{f}_1(k)\widetilde{f}_2(k) \qquad \text{(MB6·9b)}$$

で表される．

簡単な例示 MB6·3 　たたみ込み

$F(x)$ が二つのガウス関数のたたみ込みであるとしよう．すなわち，

$$F(x) = \int_{-\infty}^{\infty} e^{-a^2 x'^2} \, e^{-b^2(x-x')^2} \, \mathrm{d}x'$$

とする．ガウス関数のフーリエ変換は，ガウス関数そのものであるから，

$$\widetilde{f}(k) = \int_{-\infty}^{\infty} e^{-c^2 x^2} \, e^{-ikx} \, \mathrm{d}x = \left(\frac{\pi}{c^2}\right)^{1/2} e^{-k^2/4c^2}$$

である．したがって，$F(x)$ のフーリエ変換はつぎの積で表せる．

$$\widetilde{F}(k) = \left(\frac{\pi}{a^2}\right)^{1/2} e^{-k^2/4a^2} \left(\frac{\pi}{b^2}\right)^{1/2} e^{-k^2/4b^2}$$

$$= \frac{\pi}{ab} e^{-(k^2/4)(1/a^2 + 1/b^2)}$$

---

1) convolution theorem

テーマ9　分子分光法

学習の内容と進め方

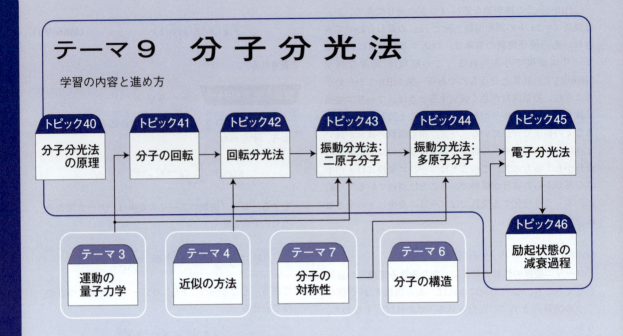

　分子分光法でスペクトル線が生じるのは，分子のエネルギーが変化するときにフォトンが吸収されたり放出されたり散乱されたりするためである．原子分光法との違いは，電子遷移が起こる結果として分子のエネルギーが変化するだけでなく，分子の回転状態や振動状態にも変化が起こりうるところである．したがって，分子スペクトルは原子スペクトルよりもずっと複雑である．一方，分子スペクトルにはもっと多くの性質に関する情報も含まれているから，それを解析すれば結合の強さや結合長，結合角の値がわかる．それ以外にも双極子モーメントなど，分子の多様な性質を求める方法が得られるのである．そこで，本テーマで挙げたさまざまなトピックの取組み方として，分子のエネルギー準位を表す式を見いだし，電磁スペクトルのマイクロ波から紫外の領域で観測される分子スペクトルの形について考えよう．そのために，「近似の方法」（テーマ4）で説明した"時間に依存する摂動論"を用いて，スペクトル遷移が観測されるための"選択律"を量子力学的に扱うことになる．

　「トピック40」ではまず，広い振動数領域にわたって起こる放射線の吸収や放出，散乱を監視するために用いる装置の特徴について説明する．次に，放射線の吸収と放出に関する理論について説明し，スペクトル線の強度と幅を決めている諸因子について考察しよう．

　「トピック41」では，「運動の量子力学」（テーマ3）で学んだ知識を使って，二原子分子と多原子分子の回転エネルギー準位を表す式を導く．ここでは最も直接的な手順として，古典物理学から得られるエネルギーと角運動量の式を引用し，それぞれを量子力学で表される式に変換することにしよう．こうして準備が整ったところで，分子の回転状態だけが変わることによる純回転スペクトルと回転ラマンスペクトルを調べる（トピック42）．

　「トピック43」では，二原子分子の振動エネルギー準位について考察するが，そのために"調和振動子"の諸性質〔「運動の量子力学」（テーマ3）〕が使えることを示そう．実際には，その調和振動子の振舞いからのずれを考えることも重要になる．一方，気体試料の振動スペクトルに見られる特徴として，振動の励起に伴って回転遷移が起こることがわかる．多原子分子の振動スペクトルの考察には，二原子分子で

行ったアプローチを基礎とすればよい（トピック44）．どの振動モードが分光学的に研究できるかを知るには，「分子の対称性」（テーマ7）が役に立つこともわかるだろう．

　分子の回転モードや振動モードの場合と違って，電子エネルギー準位については，これを表す単純で解析的な式はない．そこで，「原子構造と原子スペクトル」（テーマ5）および「分子の構造」（テーマ6）で学んだ知識から導ける電子遷移に関する定性的な特徴に注目する．ここで共通する考え方は，電子遷移は静止した原子核がつくる分子骨格の枠内で起こるということである．「トピック45」では，二原子分子の電子スペクトルの説明からはじめる．そこでは，気相であれば電子遷移に伴って振動遷移や回転遷移が同時に観測できることがわかる．続いて，多電子原子の電子スペクトルの特徴について述べる．「トピック46」では，分子による"蛍光"や"りん光"などの自発的な発光（自然放出）について説明する．また，励起状態が非放射減衰よってどのようにエネルギーを熱として外界へ放出するのか，あるいは分子の解離に至るのかについて調べよう．一方，誘導放出による放射減衰の重要な一例としては"レーザー"作用を担う過程がある．

本テーマの「インパクト」〔本テーマに関連した話題をウエブ上で紹介（英語）〕

東京化学同人の本書ウエブサイトで閲覧できる．

インパクト9・1　星間分子の回転スペクトルと振動スペクトル
インパクト9・2　気候変動と分子科学
インパクト9・3　視覚のメカニズム
インパクト9・4　蛍光顕微鏡による単一分子の観測

　分子分光法は，天文物理学者や環境科学者にとっても重要である．「インパクト9・1」では，星間宇宙で見いだされた分子が，その回転スペクトルや振動スペクトルからどう推定できるかを示そう．「インパクト9・2」では，ふたたび地球に関心を戻し，大気を構成する分子の振動特性が気候にどういう影響を与えるかを示す．一方，生化学者にとっても，吸収分光法や発光分光法は重要である．「インパクト9・3」では，眼にある特殊な分子が可視光を吸収することによって視覚の初期過程がどのように起こるかを説明しよう．「インパクト9・4」では，蛍光法を使えばその対象として生体細胞内の特殊な箇所から単一分子に至るまで，きわめて小さな試料を可視化できることを示す．

トピック40

分子分光法の原理

内容

40・1 分光計
- (a) 光源
- (b) スペクトルの分析
  - 例題40・1 フーリエ変換の計算
- (c) 検出器

40・2 吸収分光法
- (a) ベール–ランベルトの法則
  - 例題40・2 モル吸収係数の求め方
- (b) 特殊な方法

40・3 発光分光法

40・4 ラマン分光法
- 簡単な例示40・1 共鳴ラマン分光法

40・5 スペクトルの線幅
- (a) ドップラー幅
  - 簡単な例示40・2 ドップラー幅
- (b) 寿命幅
  - 簡単な例示40・3 寿命幅

チェックリスト
重要な式の一覧

➤ 学ぶべき重要性

多種多様な分子分光法によって得られたデータを解釈するには，どのタイプのスペクトルにも共通する実験的および理論的な特徴についてよく理解しておく必要がある．本トピックは，すぐあとに続く「磁気共鳴」（テーマ10）を含む10個のトピックの基礎である．

➤ 習得すべき事項

光源や波長分析器，検出器をいろいろなやり方で配置することによって，気体や液体，固体の試料中に含まれる分子によって吸収されたり，放出されたり，散乱されたりした電磁放射線を調べることができる．

➤ 必要な予備知識

分子におけるエネルギーの量子化（トピック9〜14）だけでなく，スペクトル遷移の強度を支配している一般原理（トピック16）をよく理解している必要がある．

発光分光法[1]では，分子は高いエネルギー E_1 の状態から低いエネルギー E_2 の状態へと遷移し，余分になったエネルギーをフォトンとして放出する．**吸収分光法**[2]では，入射放射線の正味の吸収をその振動数の変化として監視する．ここで正味の吸収というのは，試料を照射したとき吸収と発光が同じ振動数で起こるからで（誘導吸収と誘導放出，「トピック16」），検出器はその差，つまり正味の吸収を測定するからである．**ラマン分光法**[3]では，分子によって散乱された放射線の振動数を測定することによって分子状態の変化を調べる．

放出または吸収されたフォトンのエネルギー $h\nu$，したがって，その放射線の振動数 ν はボーアの振動数条件（トピック4，$h\nu = E_1 - E_2$）で与えられる．電子や振動，回転のエネルギー準位の間隔に注目する限りは，発光分光法と吸収分光法は同じ情報を与えるから，どちらの分光法を採用するかは実用上の問題で決まる．ラマン分光法では入射放射線と散乱放射線の振動数の差を求めるが，それは分子内で起こるいろいろな遷移によって決まる．そこで，この手法を使えば分子の振動と回転を調べることができるのである．

原子分光法については「トピック21」で説明した．ここでは，分子内で起こる回転遷移（トピック41と42）と振動遷移（トピック43と44），電子遷移（トピック45と46）について詳しく議論するための舞台を準備しよう．電子や原子核のスピン状態の間の遷移を測定する方法も役に立つ．

---

1) emission spectroscopy 2) absorption spectroscopy 3) Raman spectroscopy

それには特殊な実験が必要であり、それについては「テーマ10」（トピック47〜50）で説明する．

40・1 分　光　計

分光法の種類によらず共通するのは，原子や分子によって散乱されたり，放出されたり，吸収されたりした放射線の特性を検出するための装置として**分光計**[1]が必要なことである．一例として，図40・1には吸収分光計の一般的な配置を示してある．適切な光源からの放射線（光）を試料に当て，これを透過した光がある素子に入り，そこでいろいろな振動数に分離される．そして，それぞれの振動数の光の強度を適切な検出器で分析するのである．

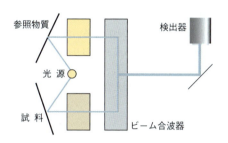

図40・1 代表的な吸収分光計の配置．励起光のビームが試料と参照物質のセルを交互に通過し，検出器がそれに同期して相対的な吸収を測定できるようになっている．

(a) 光　源

光源には，ある振動数を中心とする非常に狭い領域に限られる**単色性**のものと，振動数が幅広く広がっている**多色性**のものがある．ある範囲なら振動数が調節できる単色光源として，マイクロ波領域で作動する**クライストロン**や**ガンダイオード**，あるいはレーザー（トピック46）などがある．

高温材料からの黒体放射（トピック4）を利用した多色性の光源は，電磁スペクトルの赤外領域から紫外領域に至るまで使える．その例には，石英容器に納めた水銀アークランプ（$35\,cm^{-1} < \tilde{\nu} < 200\,cm^{-1}$），**ネルンストランプ**や**グローバーランプ**（$4000\,cm^{-1} < \tilde{\nu} < 31000\,cm^{-1}$），**石英-タングステン-ハロゲンランプ**（$320\,nm < \lambda < 2500\,nm$）などがある．

気体放電ランプは，紫外および可視光用のふつうの光源である．**キセノン放電ランプ**では，放電でキセノン原子が励起状態に励起され，それが紫外光を放出する．**重水素ランプ**では，D_2分子が励起されて電子励起したD原子に解離する際に，$200\sim400\,nm$（$25000\,cm^{-1} < \tilde{\nu} < 40000\,cm^{-1}$）の強い光を出す．

ある特定の用途であるが，**シンクロトロン蓄積リング**の中で発生させたシンクロトロン放射光を使うこともある．数百メートルに及ぶ円周経路の蓄積リングには電子ビームがあり，電子は高速で周回している．電子に力を作用させて，この円周経路に拘束しながら電子の加速を続ければ，その電子は放射線を発生するのである（図40・2）．シンクロトロン放射光の振動数は赤外からX線まで，かなり広い領域に及んでいる．マイクロ波領域を除けば，シンクロトロン放射光は通常の光源で得られる強度よりずっと強い．

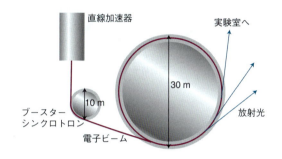

図40・2 シンクロトロン蓄積リング．直線加速器とブースターシンクロトロンを使って加速された電子を主リングに注入し，そこでさらに高速に加速する．曲がった経路を進む電子には一定の加速度が働き，こうして加速された電荷は電磁エネルギーを放射する．

(b) スペクトルの分析

放射線ビームの波長（または波数）を分析するのにふつう用いる素子は**回折格子**である．これはガラスまたはセラミックの板に細かい溝を彫り，反射をよくするためにアルミニウムの被覆を施したものでできている．可視領域のスペクトルの研究では，約1000 nm間隔（可視光の波長に近い間隔）に溝を彫ったものを使用する．回折格子の表面から反射した波は干渉を起こすから，使う放射線の振動数によって決まる特定の角度で強め合いの干渉になる．つまり，それぞれの波長の光が別々の決まった方向に向かう（図40・3）．**単色器**には狭い出口スリットがあって，狭い波長範囲の光だけが検出器に到達する．回折格子を入射光と回折光とに垂直な軸のまわりに回せば，波長の異なる光に分解できる．このようにして，吸収スペクトルが狭い波長ごとに組立てられる．**多色器**にはスリットがなく，つぎに説明するように，**アレイ検出器**によって広い波長範囲の光が同時に分析される．

たいていの分光計，とりわけ赤外や近赤外で作動する分光計では，スペクトルの検出と分析を行うのに，いまではほとんど**フーリエ変換法**[2]が使われている．フーリエ変換型分光計の心臓部は**マイケルソン干渉計**である．それは，複雑な信号に含まれる振動数を分析するための素子であ

---

1) spectrometer　2) Fourier transform technique

る．試料から得られる信号というのは，ある和音をピアノで弾いたときのようである．この信号のフーリエ変換を行えば，和音を個々の音階に分解することができ，それはスペクトルの分解に相当している．

マイケルソン干渉計は，試料からのビームを二つに分割

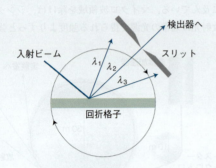

図 40·3 多色性のビームが回折格子で分散して三つの成分波長 $\lambda_1, \lambda_2, \lambda_3$ になるとしよう．ここに示した配置では，λ_2 の放射線だけが狭いスリットを通過して検出器に到達する．回折格子を回転させれば，λ_1 や λ_3 の放射線が検出器に到達できるようになる．

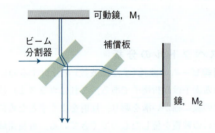

図 40·4 マイケルソン干渉計．ビーム分割素子によって，入射ビームが二つのビームに分かれる．その光路差は鏡 M_1 の位置によって決まる．補償板は，両方のビームが透過する材料の厚さが確実に同じになるようにするためのものである．

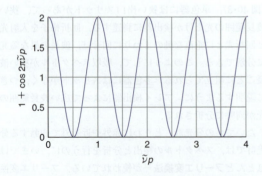

図 40·5 図 40·4 に示した干渉計の光路差 p を変化させたときに生じるインターフェログラム（干渉図形）．この信号には一つの振動数成分だけしか存在しないから，このグラフは関数 $I(p) = I_0(1 + \cos 2\pi \tilde{\nu} p)$ のプロットである．ここで，I_0 は放射線の強度である．

し，両者の光路差 p をいろいろに変えられるようにつくってある（図 40·4）．二つの成分が再び出会う際，両者の間に位相差があるので互いに干渉し合うが，これが強め合うか弱め合うかは光路差に依存して決まる．光路差を変化させるにつれて二つの成分の位相が交互に合ったり外れたりするから，検出される信号は振動することになる（図 40·5）．放射線の波数が $\tilde{\nu}$ で，$\tilde{\nu}$ と $\tilde{\nu} + d\tilde{\nu}$ の範囲に検出される放射線信号の強度を $I(p, \tilde{\nu})\,d\tilde{\nu}$ とすれば，これは光路差 p によって，

$$I(p, \tilde{\nu})\,d\tilde{\nu} = I(\tilde{\nu})(1 + \cos 2\pi \tilde{\nu} p)\,d\tilde{\nu} \qquad (40·1)$$

という変化をする．したがって，信号中に存在するある特定の波数成分は，干渉計によって放射線の強度変化に変換されてから検出器に入ることになる．実際の信号は，幅の広い波数範囲の放射線から成っており，検出器の位置における全強度を $I(p)$ と書けば，これは信号中に存在するすべての波数からの寄与を加え合わせたものである．すなわち，

$$I(p) = \int_0^\infty I(p, \tilde{\nu})\,d\tilde{\nu}$$

$$= \int_0^\infty I(\tilde{\nu})(1 + \cos 2\pi \tilde{\nu} p)\,d\tilde{\nu} \qquad (40·2)$$

である．問題は，記録した $I(p)$ から強度の波数変化 $I(\tilde{\nu})$ を見いだすことであり，それが求めるスペクトルなのである．この段階は，数学の標準的な手法の一つである"フーリエ変換"の段階である．この形式の分光法の名称はこれからとったものである（「数学の基礎 6」を見よ）．具体的には，

$$I(\tilde{\nu}) = 4\int_0^\infty \{I(p) - \tfrac{1}{2}I(0)\}\cos 2\pi \tilde{\nu} p\,dp$$

フーリエ変換 (40·3)

となる．$I(0)$ は，(40·2) 式で $p = 0$ とおいて得られる．この積分は，分光計につないだコンピューターで数値的に実行するが，その出力すなわち $I(\tilde{\nu})$ は試料の透過スペクトルである．

例題 40·1 フーリエ変換の計算

三つの単色ビームからなる信号があり，それぞれの特性はつぎのようであったとしよう．

$\tilde{\nu}_i/\text{cm}^{-1}$	150	250	450
I_i	1	3	6

ここでの強度は，$\tilde{\nu}_1 = 150 \text{ cm}^{-1}$ のビーム強度 I_1 との比で表してある．この信号のインターフェログラムをプロットせよ．次に，そのインターフェログラムのフーリエ変換を計算し，それをプロットせよ．

解法 ごく少数の単色ビームからなる信号の場合は，(40・2) 式と (40・3) 式の積分は，有限個の波数についての和で置き換えることができる．そこで，求めるインターフェログラムは，

$$I(p) = \sum_i I(\tilde{\nu}_i)(1 + \cos 2\pi \tilde{\nu}_i p) \quad (40 \cdot 4)$$

となる．このときの光路差 p は連続的に変化するわけではない．はじめは 0 で，そこから増加するには違いないが，その増分は干渉計の設計によって異なる．また，そのフーリエ変換は次式で表されることになる．

$$I(\tilde{\nu}) = 4 \sum_j \{I(p_j) - \tfrac{1}{2}I(0)\} \cos 2\pi \tilde{\nu} p_j \quad (40 \cdot 5)$$

解答 与えられたデータと (40・4) 式とから，求めるインターフェログラムは，

$$I(p) = (1 + \cos 2\pi \tilde{\nu}_1 p) + 3 \times (1 + \cos 2\pi \tilde{\nu}_2 p)$$
$$+ 6 \times (1 + \cos 2\pi \tilde{\nu}_3 p)$$
$$= 10 + \cos 2\pi \tilde{\nu}_1 p + 3 \cos 2\pi \tilde{\nu}_2 p + 6 \cos 2\pi \tilde{\nu}_3 p$$

と書ける．ここでの強度は I_1 との比である．この関数は図 40・6 にプロットしてある．$I(0) = 20$ として，(40・5) 式からそのフーリエ変換を計算するには，数学ソフトウエアを使えばずっと簡単である．その結果は図 40・7 に示してある．

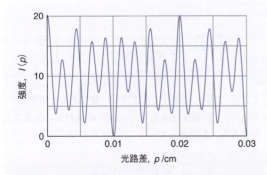

図 40・6 例題 40・1 のデータを使って計算したインターフェログラム．

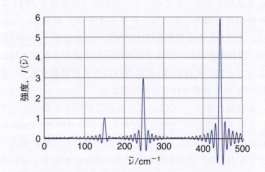

図 40・7 図 40・6 のインターフェログラムをフーリエ変換したもの．

自習問題 40・1 この放射線を構成する 3 成分の波数を変えたときのインターフェログラムの形に与える影響を調べよう．たとえば，$\tilde{\nu}_3$ の値を 550 cm^{-1} に変えればどうなるか．　　　　　　[答：図 40・8]

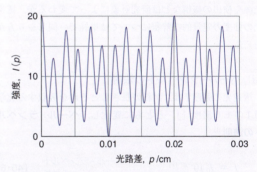

図 40・8 自習問題 40・1 のデータを使って計算したインターフェログラム．

(c) 検 出 器

検出器[1]は，放射線を電流または電圧に変換する装置であり，これによって正確な信号処理とその表示ができるようになる．検出器は，1 個の放射線感知素子から成るか，一次元または二次元に配列した多数の小さな素子から成っているかのどちらかである．

マイクロ波の検出には，タングステンの針先を半導体に接触させた結晶ダイオードをふつう使う．市販の赤外分光計に見られる最もふつうの検出器は，中赤外領域において高感度である．光起電力素子[2]では，赤外放射線に露光すると電位差が変化する．焦電気素子[3]では，静電容量が温度に敏感で，したがって赤外線の存在に敏感である．

紫外および可視領域で作動する検出器としてよく使われるのは光電子増倍管[4] (PMT) である．これは光電効果 (トピック 4) を利用して，検出器に当たる光の強度に比例す

---

1) detector　2) photovoltaic device　3) pyroelectric device　4) photomultiplier tube

る電気信号を発生させる．よく使われるが感度がPMTより低い代替物として，フォトダイオード[1]がある．これは，光が当たると電気を流す固体素子であるが，この現象は，検出器の材料中で電子移動反応が光誘起され，これによって可動の電荷担体（負電荷の電子と正電荷をもつ"空孔"）がつくり出されるために起こる．

電荷結合素子[2]（CCD）は，数百万個の小さなフォトダイオード検出器を二次元に配列したものである．CCDを使えば，多色器から出てくる広範囲の波長を同時に検出できるから，狭い波長範囲ごとに光の強度を測定する必要がなくなる．CCD検出器は，デジタルカメラの結像素子であるが，分光法でも吸収，発光，ラマン散乱の測定に広く使われている．

40・2 吸収分光法

分光計をうまく選べば，吸収分光法によって分子で起こる電子遷移や振動遷移，回転遷移を調べることができる．光源や検出の機構などは研究対象によって変わるが，透過光の強度の定量的な解釈については単純で，同じやり方が使える．

(a) ベール-ランベルトの法則

透過光の強度 I は，試料の長さ L とそれを吸収する化学種 J のモル濃度 $[J]$ とともに変化し，**ベール-ランベルトの法則**[3]，

$$I = I_0\, 10^{-\varepsilon [J] L} \quad \text{ベール-ランベルトの法則} \quad (40 \cdot 6)$$

に従って変化することが経験的に見いだされている．I_0 は入射光の強度である．ε（イプシロン）という量は，**モル吸収係数**[4]という（以前は，いまでも広く"吸光係数[5]"といわれている）．モル吸収係数は，入射光の振動数に依存し，吸収が最も強いところで最大になる．その次元は1/(濃度×長さ)であり，ふつうは $dm^3\, mol^{-1}\, cm^{-1}$ の単位で表すと便利である．これをSIの基本単位で表せば $m^2\, mol^{-1}$ である．この単位で表せば ε を（モル当たりの）吸収断面積とみなすことができ，同じ振動数の入射光で比較すれば，分子の吸収断面積が大きくなるほどその透過を妨げる能力が増加することを表している．ベール-ランベルトの法則は経験則であるが，つぎの「根拠」で示すように，その式の形を説明するのは簡単である．

根拠 40・1　ベール-ランベルトの法則

試料が，スライスした食パンのような無限に薄い板が積み重なってできていると考えよう（図40・9）．各層の厚さを dx とする．電磁放射線（光）がある1枚の層を通過するときの強度変化 dI は層の厚さ，吸収体 J の濃度，その層に入射する光の強度に比例する．したがって，$dI \propto [J] I\, dx$ である．dI は負だから（吸収があれば強度は減少する），

$$dI = -\kappa [J] I\, dx$$

と書ける．κ（カッパ）は比例係数である．両辺を I で割ると次式が得られる．

$$\frac{dI}{I} = -\kappa [J]\, dx$$

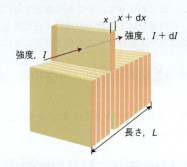

図40・9　ベール-ランベルトの法則を導くために，試料が多数の平面にスライスされていると考える．1枚の平面で生じる光の強度の減少は（直前の平面を通過して）そこに入射する光の強度，平面の厚さ，吸収する物質の濃度に比例する．

試料の一方の面に入射する光の強度を I_0 とし，厚さ L の試料から出る光の強度を得るためには，すべての層についての変化を合計すればよい．無限小の増分についての和は積分であるから，

$$\overbrace{\int_{I_0}^{I} \frac{dI}{I}}^{\ln(I/I_0)} = -\kappa \int_0^L [J]\, dx \overset{[J] は一様}{=} -\kappa [J] \overbrace{\int_0^L dx}^{L}$$

と書く．2番目の等号では濃度が一様であると仮定した．そこで，$[J]$ は x によらず，これを積分の外に出すことができる．したがって，

$$\ln \frac{I}{I_0} = -\kappa [J] L$$

となる．$\ln x = (\ln 10) \log x$ であるから，$\varepsilon = \kappa / \ln 10$ と書けば，

---

1) photodiode　2) charge-coupled device　3) Beer–Lambert law　4) molar absorption coefficient　5) extinction coefficient

$$\log \frac{I}{I_0} = -\varepsilon[\mathrm{J}]L$$

が得られる．ここで常用対数の真数をとれば，ベール‐ランベルトの法則（40・6式）が得られる．

試料のスペクトル特性は，ある振動数における**透過率**[1] T で表すのがふつうである．

$$T = \frac{I}{I_0} \qquad 定義 \quad \boxed{透過率} \qquad (40・7)$$

また，試料の**吸光度**[2] A で表すこともある．

$$A = \log \frac{I_0}{I} \qquad 定義 \quad \boxed{吸光度} \qquad (40・8)$$

これら二つの量の間には $A = -\log T$ の関係があるから（常用対数であることに注意しよう），ベール‐ランベルトの法則は，

$$A = \varepsilon[\mathrm{J}]L \qquad (40・9)$$

となる．ここでの積 $\varepsilon[\mathrm{J}]L$ は，以前は試料の**光学密度**[3] として知られていたものである．

例題 40・2　モル吸収係数の求め方

トリプトファンというアミノ酸の濃度 0.50 mmol dm^{-3} の水溶液（長さ 1.0 mm）に波長 280 nm の光を通した．光の強度ははじめの値の 54 パーセントに低下した（$T = 0.54$）．280 nm におけるトリプトファンの吸光度とモル吸収係数を計算せよ．長さ 2.0 mm のセルでは透過率はいくらになるか．

解法　$A = -\log T = \varepsilon[\mathrm{J}]L$ から $\varepsilon = -(\log T)/[\mathrm{J}]L$ である．長い方のセルの透過率を求めるには，$T = 10^{-A}$ として，ここで計算した ε の値を使えばよい．

解答　モル吸収係数は，

$$\varepsilon = -\frac{\log 0.54}{(5.0 \times 10^{-4}\,\mathrm{mol\,dm^{-3}}) \times (1.0\,\mathrm{mm})}$$
$$= 5.4 \times 10^2\,\mathrm{dm^3\,mol^{-1}\,mm^{-1}}$$

である．この単位はあとの計算に便利なので，このままにしておく（しかし必要なら $5.4 \times 10^3\,\mathrm{dm^3\,mol^{-1}\,cm^{-1}}$ としてもよい）．吸光度は，

$$A = -\log 0.54 = 0.27$$

である．一方，長さ 2.0 mm の試料の吸光度は，

$$A = (5.4 \times 10^2\,\mathrm{dm^3\,mol^{-1}\,mm^{-1}})$$
$$\times (5.0 \times 10^{-4}\,\mathrm{mol\,dm^{-3}}) \times (2.0\,\mathrm{mm})$$
$$= 0.54$$

であるから，この場合の透過率は，

$$T = 10^{-A} = 10^{-0.54} = 0.29$$

である．すなわち，通過してくる光は入射強度の 29 パーセントにまで減少している．

自習問題 40・2　チロシンというアミノ酸のモル濃度 0.10 mmol dm^{-3} の水溶液の透過率が，長さ 5.0 mm のセルで 240 nm において 0.14 と測定された．この波長でのチロシンのモル吸収係数とこの溶液の吸光度を計算せよ．セルの長さが 1.0 mm の場合の透過率はいくらになるか．

［答：$1.7 \times 10^3\,\mathrm{dm^3\,mol^{-1}\,mm^{-1}}$，$A = 0.85$，$T = 0.68$］

モル吸収係数の最大値 $\varepsilon_{\max}$ は，遷移の強度を表す方法の一つである．しかし，吸収バンドは一般に広い波数範囲に広がっており，一つの波数における吸収係数を引き合いに出しても，遷移の強度を本当に表示することになるとは限らない．**積分吸収係数**[4] $\mathcal{A}$ は，吸収バンド全体にわたる吸収係数の和であって（図 40・10），波数に対してプロットしたモル吸収係数の下の面積に相当する．すなわち，

$$\mathcal{A} = \int_{吸収バンド} \varepsilon(\tilde{\nu})\,\mathrm{d}\tilde{\nu} \qquad 定義 \quad \boxed{積分吸収係数} \qquad (40・10)$$

である．線幅が同じ程度であれば，積分吸収係数は線の高さに比例している．

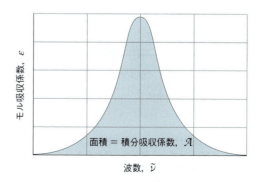

図 40・10　遷移の積分吸収係数は，入射放射線の波数に対するモル吸収係数のプロットの下側の面積である．

---

1) transmittance　2) absorbance　3) optical density　4) integrated absorption coefficient

(b) 特殊な方法

回転エネルギー準位の間隔（$\Delta E \approx 1\,\text{zJ}$，約 $1\,\text{kJ mol}^{-1}$ に相当）は，振動エネルギー準位の間隔（$\Delta E \approx 10\,\text{zJ}$，約 $10\,\text{kJ mol}^{-1}$ に相当）よりも小さく，振動エネルギー準位の間隔は電子エネルギー準位の間隔（$E \approx 1\,\text{aJ}$，約 $10^3\,\text{kJ mol}^{-1}$ に相当）よりもずっと小さい〔「基本概念」（テーマ1）の「トピック2」〕．$\nu = \Delta E/h$ からわかるように，回転遷移，振動遷移，電子遷移が起こるのは，それぞれマイクロ波，赤外光，紫外から遠赤外の光の吸収や発光による（「トピック 42〜45」を見よ）．

40・1節では，電磁スペクトルの特定の領域を監視できるいろいろな分光計の構成について説明した．しかし，弱い信号を検出するにはたいていの場合，図 40・1 で示した装置の一般的な構成を変更する必要がある．たとえば，マイクロ波分光計で回転遷移を直接観測するには，ある振動電場でエネルギー準位を変化させることによって遷移強度を変調する必要がある．この**シュタルク変調**[1] では，約 $10^5\,\text{V m}^{-1}$ の強さで，振動数 10〜100 kHz の電場を試料にかけるのである．

赤外領域で作動し，振動遷移を研究するために設計された市販の分光計は事実上すべて，40・1b 節で説明したフーリエ変換法を用いている．フーリエ変換法のおもな利点は，光源から放出される光すべてを連続的に監視できることであり，発生させた光の大部分を単色器で捨ててしまう従来型の分光計との違いである．そのため，フーリエ変換型分光計は従来型の分光計より感度はずっと高い．

レーザーに継続時間の非常に短いパルス（トピック 46）をつくり出す能力があることは，化学でいろいろな過程を時間的に監視したいときに特に役に立つ．**時間分解分光法**[2] では，レーザーパルスを利用して反応中の反応物，中間体，生成物，さらには遷移状態のスペクトルを得ることができる．図 40・11 に示す装置は，光によって開始することができ，電子分光法（トピック 45）で監視できる超高速化学反応を研究するのによく使われる．強力で短いレーザーパルス，すなわち**ポンプ**は，分子 A をある励起電子状態 A* に昇位させるが，この状態はフォトンを放出するか，またはべつの化学種 B と反応して生成物 C を生じることができる．すなわち，

$$A + h\nu \longrightarrow A^* \qquad (\text{吸収})$$
$$A^* \longrightarrow A \qquad (\text{放出})$$
$$A^* + B \longrightarrow [AB] \longrightarrow C \qquad (\text{反応})$$

である．ここで，[AB] は中間体か活性錯合体のどちらかであり，エネルギーの高い原子クラスターを表す．種々の化学種が出現したり消滅したりする速度は，反応中の試料の電子吸収スペクトルの時間変化を観測することによって求められる．この観察を行うには，レーザーパルスのあとで時間を変えて試料に白色光の弱いパルス，すなわち**プローブ**を通す．パルス状の"白色"光は，**連続波発生**[3] の現象によってレーザーパルスから直接発生させることができる．これは，短いレーザーパルスの焦点を水や四塩化炭素のような液体を入れた容器か，サファイアに合わせることによって，広い振動数分布をもつ出力ビームが得られる現象である．試料を照射する強力なレーザーパルスとこの"白色"光のパルスの間の時間の遅延を実現するには，一方のビームが他より長い距離進んでから試料に到達するようにすればよい．たとえば，進む距離の差が $\Delta d = 3\,\text{mm}$ であると，これは二つのビームの間の時間遅延 $\Delta t = \Delta d/c \approx 10\,\text{ps}$ に相当する．ここで，c は光速である．図 40・11 では，二つのビームが進む相対的な距離を制御するために，"白色"光線を一対の鏡を載せた電動ステージに向けるようにしてある．

40・3 発光分光法

回転遷移や振動遷移，電子遷移は，試料から放出される放射線のスペクトルを監視すれば調べることができる．分子の電子励起状態からの自然発光の研究は，化学と生化学では特に役に立つもので，「トピック 46」では，二つの過程の起源について説明する．それは，励起光が消えてから数ナノ秒以内で消えてしまう蛍光と，もっと長く続くりん光である．なかでも蛍光は，化学分析と生化学分析で使われている高感度分析法の基礎になっているから，ここでは蛍光について簡単に触れておこう．

通常の蛍光実験ではたいていの場合，単色器を用いて光源の波長を調節し，対象とする分子の電子励起をひき起こせる波長の光を照射する．そして，この励起光の向きと垂

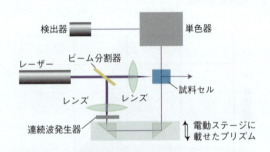

図 40・11 時間分解吸収分光法で使われる配置．この装置では，一つのレーザーを使って，単色のポンピング用パルスと，適当な液体中で連続波を発生させたあとで，"白色"光のプローブパルスの両方を発生させている．ポンピングパルスとプローブパルスの間の遅延時間は変えることができる．

---

[1] Stark modulation [2] time-resolved spectroscopy [3] continuum generation

直の方向で発光を検出し，2番目の単色器を使ってこれを分析するのがふつうである（図40・12）．

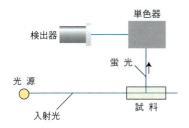

図40・12 蛍光を監視するための簡単な発光分光計．入射光の伝播方向と垂直な方向で試料から放出された光を検出する．

40・4 ラマン分光法

ふつうのラマン分光法の実験では，単色の入射レーザービームを試料に当て，試料の前面から散乱される放射線を測定する（図40・13）．入射放射線源としてレーザー（トピック46）を使うのは，ビームが強いので散乱光も強くなるからである．また，レーザー光の単色性によって，入射光と振動数がほんの少ししか違わない散乱光の振動数を測定できる．このように分解能が高いことは，ラマン分光法で回転遷移を観測するのに特に役に立つ．レーザー放射線の単色性によって，吸収の起こる振動数に非常に近いところでも観測が可能である．ふつうは，多色器の後方にCCD検出器を設置してあるフーリエ変換型分光計を用いている．

ラマン分光法では，入射フォトンの約 $1/10^7$ が分子と衝突して，そのエネルギーの一部を分子に渡して，はじめより低いエネルギーをもって出てくる．こうして散乱されたフォトンは，試料からの低振動数の**ストークス線**[1)]を構成する（図40・14）．分子から（もしそれらの分子がすでに励起されていれば）エネルギーをもらうことができる入射フォトンもあり，高振動数の**反ストークス線**[2)]として出てくる．振動数の変化なしに散乱される放射線の成分を**レイリー線**[3)]という．

ラマン分光法を使えば，分子の回転遷移と振動遷移を調べることができる．市販の装置はたいてい振動分光用に設計されており，生化学の分野や美術品の修復，工業プロセスの監視などに応用されている．ラマン分光計は顕微鏡と合体させて，非常に小さな試料領域のスペクトルを得るのにも使うことができる．

特殊な方法でも多くは，上で説明した配置をしている．なかで最も普及しているのは，試料の電子遷移の振動数にほとんど一致する入射放射線を用いる方法である（図40・15）．この方法を**共鳴ラマン分光法**[4)]という．これは，散乱放射線の強度がふつうよりもはるかに大きいという特徴をもっている．さらに，強度が非常に大きな散乱に寄与するのはごく少数の振動モードだけである場合が多いから，得られるスペクトルは非常に単純になる．

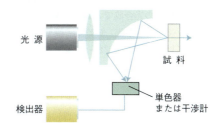

図40・13 ラマン分光法でよく使われる装置．レーザービームはまずレンズを通り，彎曲した反射面をもつ鏡にあけた小さな穴を通る．焦点を合わせたビームが試料に当たり，散乱された放射線は鏡で反射し，焦点を合わせる．スペクトルは単色器または干渉計で分析する．

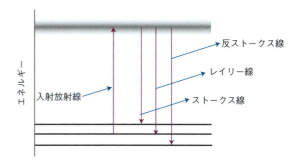

図40・14 ラマン分光法では入射フォトンが分子によって散乱される．このとき，振動数が増加したり（放射線が分子からエネルギーを受け取るとき），振動数が減少したりして（分子にエネルギーを渡してエネルギーを失うとき），それぞれ反ストークス線とストークス線を生じる．振動数が変化しない散乱はレイリー線を与える．これらの過程は，まず分子が広範囲の状態（影を付けたバンドで示す）に励起されてから，その後低い状態へ戻ることによって起こるとみなせる．フォトンはこのときの正味のエネルギー変化量を運び去るのである．

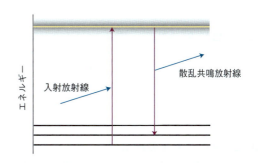

図40・15 共鳴ラマン効果では，分子の実際の電子励起に近い振動数の入射放射線が使われる．その励起状態が基底状態に近い状態に戻るときにフォトンが放出される．

---

1) Stokes radiation　2) anti-Stokes radiation　3) Rayleigh radiation　4) resonance Raman spectroscopy

簡単な例示 40・1　共鳴ラマン分光法

図40・16は，β-カロテンとクロロフィルが結合したタンパク質の共鳴ラマンスペクトルである．このタンパク質は，植物の光合成で太陽エネルギーを取込む役目をしている．水(溶媒)やアミノ酸残基，ペプチドグループには，この実験で使ったレーザー波長のところに電子遷移がないから，このスペクトルには少数の色素分子の振動遷移だけが見えている．図40・16aと図40・16bのスペクトルを比べると，励起波長の選び方が適切であれば，同じタンパク質に結合している個々の種類の色素を調べることができる．たとえば，β-カロテンが強く吸収する488 nmで励起すれば，β-カロテンだけからの振動バンドが得られるのに対して，クロロフィルaとβ-カロテンが吸収する407 nmで励起すれば，両方の型の色素の特徴が明らかになる．

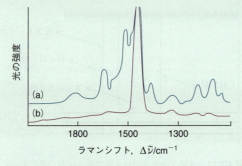

図40・16　植物の光合成で初期の電子移動をひき起こすタンパク質複合体の共鳴ラマンスペクトル．(a) 試料を波長407 nmのレーザーで励起すると，このタンパク質に結合したクロロフィルaとβ-カロテンの両方によるラマンバンドが現れるが，これはこの色素が両方ともこの波長の光を吸収するためである．(b) 波長488 nmのレーザーで励起すると，β-カロテンからのラマンバンドしか見られないが，これはクロロフィルaがこの波長では非常に強い光吸収を起こさないためである．[D.F. Ghanotakis *et al.*, *Biochim. Biophys. Acta*, **974**, 44 (1989) より．]

自習問題 40・3　共鳴ラマン散乱の信号に現れると思われる過程にどんなものがあるか．

[答: 自然放出(蛍光など)も電子遷移の励起で起こる]

40・5　スペクトルの線幅

スペクトル線の幅には，さまざまな効果が寄与している．なかには条件を変えることによってその効果を変更できるものがあるから，高分解能を達成したいときには，その寄与を最小に抑えるにはどうすればよいかを知っておく必要がある．しかし，それ以外の寄与は変更できず，分解能の固有の限界を表すことになる．

(a) ドップラー幅

気体試料のスペクトルの線幅の広がりの重要な原因の一つは**ドップラー効果**[1]である．これは，光源が観測者に近づいたり観測者から遠ざかったりするときに，その放射線の振動数がずれる(シフトする)現象である．振動数νの電磁放射線を放出する光源が，観測者に対して相対的に速さsで動くとしよう．このとき検出される放射線の振動数は，遠ざかる場合(ν_{rec})と接近する場合(ν_{app})とで，それぞれ，

$$\nu_{\text{rec}} = \nu\left(\frac{1-s/c}{1+s/c}\right)^{1/2} \qquad \nu_{\text{app}} = \nu\left(\frac{1+s/c}{1-s/c}\right)^{1/2}$$

ドップラーシフト　(40・11a)

である．cは光速である．この式は非相対論的な速さ($s \ll c$)では簡単にできて，次式で表せる．

$$\nu_{\text{rec}} \approx \frac{\nu}{1+s/c} \qquad \nu_{\text{app}} \approx \frac{\nu}{1-s/c}$$

(40・11b)

気体中の原子や分子はあらゆる方向に高速で動いているから，静止している観測者は，それに対応したある範囲でドップラーシフトを受けた振動数を検出することになる．観測者に近づく分子があれば，遠ざかる分子もある．また速く動くものも，ゆっくり動くものもある．検出されるスペクトル"線"は，こうして生じたすべてのドップラーシフトによって吸収または放出の断面図を与える．つぎの「根拠」で示すように，この断面図は，視線に平行な速さの分布を反映している．この分布はベル形のガウス曲線であるから，ドップラー線形もガウス型となり(図40・17)，

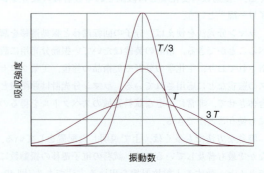

図40・17　ドップラー効果で幅の広がったスペクトル線の形はガウス型で，実験温度でのマクスウェルの速さの分布が表れている．温度が高いほど線の幅は広い．

---

1) Doppler effect

トピック40 分子分光法の原理

温度が T で原子や分子の質量が m のときは,実測のスペクトル線の半値幅は(振動数または波長を使って表すと),

$$\delta\nu_{\mathrm{obs}} = \frac{2\nu}{c}\left(\frac{2kT\ln 2}{m}\right)^{1/2} \qquad \delta\lambda_{\mathrm{obs}} = \frac{2\lambda}{c}\left(\frac{2kT\ln 2}{m}\right)^{1/2}$$

ドップラー幅 (40・12)

となる.温度が上がれば分子がもつ速さの幅が広がるから,ドップラー幅は増加する.したがって,鋭いスペクトルを得るためには,できるだけ冷却した試料で実験を行う方がよい.

で表したドップラーシフトの式から,

$$I(\nu_{\mathrm{obs}}) \propto \mathrm{e}^{-mc^2(\nu_{\mathrm{obs}}-\nu)^2/2\nu^2 kT} \qquad (40 \cdot 13)$$

となる.これはガウス関数の形をしている.ガウス関数 $a\,\mathrm{e}^{-(x-b)^2/2\sigma^2}$ (a, b, σ は定数) の半値幅は $\delta x = 2\sigma(2\ln 2)^{1/2}$ であるから,(40・13) 式の指数部分から直接 $\delta\nu_{\mathrm{obs}}$ を求めることができ,(40・12) 式が得られる.

> **簡単な例示40・2** ドップラー幅
>
> 質量 $28.02\,m_{\mathrm{u}}$ の N_2 について,$T = 300\,\mathrm{K}$ では,
>
> $$\frac{\delta\nu_{\mathrm{obs}}}{\nu} = \frac{2}{c}\left(\frac{2kT\ln 2}{m_{N_2}}\right)^{1/2} = \frac{2}{2.998 \times 10^8\,\mathrm{m\,s^{-1}}}$$
>
> $$\times \left(\frac{2 \times \left(1.381 \times 10^{-23}\,\overbrace{\mathrm{J}}^{\mathrm{kg\,m^2\,s^{-2}}}\mathrm{K^{-1}}\right) \times (300\,\mathrm{K}) \times \ln 2}{4.653 \times 10^{-26}\,\mathrm{kg}}\right)^{1/2}$$
>
> $$= 2.34 \times 10^{-6}$$
>
> である.遷移波数 $2331\,\mathrm{cm^{-1}}$(N_2 のラマンスペクトルによる)は振動数 $69.9\,\mathrm{THz}$($1\,\mathrm{THz} = 10^{12}\,\mathrm{Hz}$)に相当するから,その線幅は $164\,\mathrm{MHz}$ である.
>
> **自習問題40・4** 水素原子の $821\,\mathrm{nm}$ の遷移について,$300\,\mathrm{K}$ でのドップラー幅はいくらか.
>
> [答: $4.51\,\mathrm{GHz}$]

> **根拠40・2** ドップラー幅
>
> ボルツマン分布〔「基本概念」(テーマ1) の「トピック2」および「トピック51」〕からわかるように,気体試料中の質量 m の原子や分子の速さが s であるとき,温度 T で運動エネルギー $E_{\mathrm{k}} = \frac{1}{2}ms^2$ をもつ確率は $\mathrm{e}^{-ms^2/2kT}$ に比例する.この分子によって放出または吸収される実測の振動数 ν_{obs} は,(40・11a) 式によって,その速さと関係がある.$s \ll c$ のときは,振動数のドップラーシフトは,
>
> $$\nu_{\mathrm{obs}} - \nu \approx \pm \nu s/c$$
>
> である.ν_{obs} の遷移の強度 I を具体的に表せば,ν_{obs} を放出あるいは吸収する原子がそこに存在する確率に比例するから,ボルツマン分布と $s = \pm(\nu_{\mathrm{obs}} - \nu)c/\nu$ の形

(b) 寿命幅

気体試料のスペクトル線は,低温での実験でドップラー幅を大幅に消去したときでも,無限に鋭いわけではない.この残余幅は,量子力学的な効果によるものである.具体的にいえば,時間とともに変化する系のシュレーディンガー方程式を解くと,エネルギー準位を厳密に指定することが不可能なことがわかる(トピック16).系が平均として,ある状態の寿命 τ の間だけ存在するとすれば,そのエネルギー準位は $\delta E \approx \hbar/\tau$(16・9式)だけぼやける.エネルギーの広がりを波数で $\delta E = hc\,\delta\tilde{\nu}$ と表し,基礎物理定数の値を代入すれば,この式は,

$$\delta\tilde{\nu} \approx \frac{5.3\,\mathrm{cm^{-1}}}{\tau/\mathrm{ps}}$$

寿命幅 (40・14)

となり,スペクトル線には**寿命幅**[1]があることを示している.寿命が無限大の励起状態はないから,どの状態にもある程度の寿命幅が存在し,遷移に関わる状態の寿命が短いほど対応するスペクトル線の幅は広い.

> **簡単な例示40・3** 寿命幅
>
> 代表的な励起電子状態の寿命は $\tau = 10^{-8}\,\mathrm{s} = 1.0 \times 10^4\,\mathrm{ps}$ 程度である.これを線幅にすると,
>
> $$\delta\tilde{\nu} \approx \frac{5.3\,\mathrm{cm^{-1}}}{1.0 \times 10^4} = 5.3 \times 10^{-4}\,\mathrm{cm^{-1}}$$
>
> であり,これは $16\,\mathrm{MHz}$ に相当する.
>
> **自習問題40・5** 分子回転の代表的な寿命は約 $10^3\,\mathrm{s}$ である.回転スペクトルの線幅はどの程度か.
>
> [答: $5 \times 10^{-15}\,\mathrm{cm^{-1}}$($10^{-4}\,\mathrm{Hz}$ の程度)]

励起状態に有限の寿命を与える原因となる過程は二つある.低振動数の遷移で最も重要な過程は**衝突失活**[2]で,これは原子同士または原子と容器の壁との衝突によって生じ

---

1) lifetime broadening 2) collisional deactivation

る．**衝突寿命**[1]，すなわち衝突と衝突の間の平均時間が τ_{col} であれば，これによって生じる衝突の線幅は $\delta E_{col} \approx \hbar/\tau_{col}$ である．z を衝突頻度とすれば $\tau_{col} = 1/z$ である．また，気体の運動論モデル（トピック 78）によれば，z は圧力に比例するから，衝突幅は圧力に比例するといえる．したがって，低圧で実験すれば衝突幅を小さくできる．

一方，自然放出の速度を変えることはできない（トピック 16）．したがって，これが励起状態の寿命の本来の極限となり，これによって生じる寿命幅はその遷移の**自然幅**[2]である．自然幅は条件を変えても変えることはできない．自然放出の速度は ν^3 で増加するから（トピック 16），スペクトル線の自然幅は遷移振動数とともに増加する．たとえば，回転（マイクロ波）遷移は振動（赤外）遷移よりずっと低い振動数で起こるから，その寿命はずっと長く，したがってその自然幅はずっと狭い．低圧での回転遷移の線幅は，おもにドップラー幅によるものである．

チェックリスト

- [ ] 1. **発光分光法**では，分子はエネルギーの高い状態から低い状態へと遷移して，過剰のエネルギーをフォトンとして放出する．
- [ ] 2. **吸収分光法**では，入射放射線の振動数を変化しながら正味の吸収を監視する．
- [ ] 3. **分光計**は，原子や分子によって散乱されたり，放出されたり，吸収されたりした放射線の特性を検出するための装置である．
- [ ] 4. **ラマン分光法**では，分子によって散乱された光の振動数を調べることによって分子の状態変化を研究する．
- [ ] 5. **ストークス線**は，フォトンが分子と衝突してそのエネルギーの一部を失った場合の（衝突後は低振動数側に現れる）ラマン散乱である．
- [ ] 6. **反ストークス線**は，フォトンが分子と衝突してエネルギーを獲得した場合の（衝突後は高振動数側に現れる）ラマン散乱である．
- [ ] 7. 散乱によって放射線の振動数に変化のない成分を**レイリー線**という．
- [ ] 8. スペクトル線の**ドップラー幅**は，試料中の分子や原子の速さの分布によって生じる．
- [ ] 9. **寿命幅**は，励起状態の寿命が有限であるために生じるもので，そのためエネルギー準位はぼやけて見える．
- [ ] 10. 原子間で衝突が起これば，その励起状態の寿命とスペクトルの線幅に影響を与える．
- [ ] 11. 遷移の**自然幅**は，その遷移振動数で起こる自然放出の速度に依存する本来の性質である．

重要な式の一覧

性　質	式	備　考	式番号
フーリエ変換	$I(\tilde{\nu}) = 4 \int_0^\infty \{I(p) - \frac{1}{2} I(0)\} \cos 2\pi\tilde{\nu}p \, dp$	スペクトルデータはマイケルソン干渉計で収集する	40・3
ベール–ランベルトの法則	$I = I_0 \, 10^{-\varepsilon[J]L}$	均一な媒質	40・6
吸光度	$A = \log(I_0/I) = -\log T$	定　義	40・7，40・8
積分吸収係数	$\mathcal{A} = \int_{吸収バンド} \varepsilon(\tilde{\nu}) \, d\tilde{\nu}$	定　義	40・10
ドップラー幅	$\delta\nu_{obs} = (2\nu/c)(2kT \ln 2/m)^{1/2}$		40・12
	$\delta\lambda_{obs} = (2\lambda/c)(2kT \ln 2/m)^{1/2}$		
寿命幅	$\delta\tilde{\nu} \approx 5.3 \, \mathrm{cm}^{-1}/(\tau/\mathrm{ps})$		40・14

1) collisional lifetime　2) natural linewidth

トピック41

分子の回転

内容

41・1 慣性モーメント
　　例題 41・1　分子の慣性モーメントの計算

41・2 回転エネルギー準位
　(a) 球対称回転子
　　簡単な例示 41・1　球対称回転子
　(b) 対称回転子
　　例題 41・2　対称回転子の回転エネルギー準位の計算
　(c) 直線形回転子
　　簡単な例示 41・2　直線形回転子
　(d) 遠心歪み
　　簡単な例示 41・3　遠心歪みの効果

チェックリスト
重要な式の一覧

▶ 学ぶべき重要性

マイクロ波スペクトルの起源を理解し，結合長などの分子情報だけでなく，それから導ける分子に関する重要な情報を得るには，多原子分子の回転に関する量子力学的な扱い方を理解しておく必要がある．

▶ 習得すべき事項

分子を剛体回転子モデルで表したときの回転エネルギー準位は，回転量子数と分子の慣性モーメントに関するパラメーターを使って表せる．

▶ 必要な予備知識

回転運動の古典的な表し方〔「基本概念」（テーマ1）の「トピック2」〕を習得している必要がある．また，回転運動の量子力学モデルとして環上の粒子（トピック13）と球面上の粒子（トピック14）の扱いに慣れている必要がある

「トピック13と14」では，それぞれ環上の粒子と球面上の粒子のモデルを使って二原子分子の回転状態を調べた．ここでは，多原子分子の回転にも応用できるもう少し洗練されたモデルを使用しよう．

41・1 慣性モーメント

分子の回転を記述するために必要となる基本的な分子パラメーターは，分子の**慣性モーメント**[1] I である（「トピック13」を見よ）．分子の慣性モーメントは，構成原子の質量に分子の質量中心を通る回転軸からその原子までの距離の2乗を掛けたものと定義する（図41・1）．すなわち，

$$I = \sum_i m_i x_i^2 \qquad 定義 \quad \boxed{慣性モーメント} \quad (41・1)$$

である．x_i は，ある回転軸から原子 i までの垂直距離である．慣性モーメントは，存在する原子の質量と分子の立体

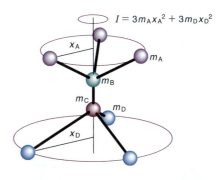

図 41・1　慣性モーメントの定義．この分子では，3個の同じ原子 A が原子 B についており，それとはべつの3個の同じ原子 D が原子 C についている．この例では，質量中心は B と C の原子を通る軸上にあるから，垂直距離はこの軸から測ればよい．

---

1) moment of inertia

表 41・1　慣性モーメント[a]

1. 二原子分子

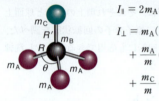

$$I = \mu R^2 \qquad \mu = \frac{m_A m_B}{m}$$

2. 三原子直線形回転子

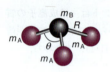

$$I = m_A R^2 + m_C R'^2 - \frac{(m_A R - m_C R')^2}{m}$$

$$I = 2m_A R^2$$

3. 対称回転子

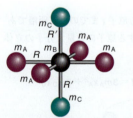

$$I_\parallel = 2m_A(1-\cos\theta)R^2$$
$$I_\perp = m_A(1-\cos\theta)R^2 + \frac{m_A}{m}(m_B+m_C)(1+2\cos\theta)R^2 + \frac{m_C}{m}\{(3m_A+m_B)R' + 6m_A R[\tfrac{1}{3}(1+2\cos\theta)]^{1/2}\}R'$$

$$I_\parallel = 2m_A(1-\cos\theta)R^2$$
$$I_\perp = m_A(1-\cos\theta)R^2 + \frac{m_A m_B}{m}(1+2\cos\theta)R^2$$

$$I_\parallel = 4m_A R^2$$
$$I_\perp = 2m_A R^2 + 2m_C R'^2$$

4. 球対称回転子

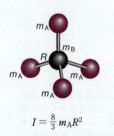

$$I = \tfrac{8}{3} m_A R^2$$

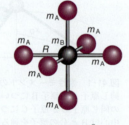

$$I = 4m_A R^2$$

[a] どの場合も m は分子の総質量である．

構造に依存するから，マイクロ波分光法から結合長や結合角に関する情報が得られるのではないかと期待できる（「トピック 42」でその通りであることがわかる）．

一般に，任意の分子の回転特性は，分子内に設定した 3 本の互いに垂直な軸のまわりの慣性モーメントを使って表せる（図 41・2）．これらの慣性モーメントは約束により，I_a, I_b, I_c で表し，$I_c \geq I_b \geq I_a$ になるように軸を選ぶ．直線形分子では，核間軸のまわりの慣性モーメントは（すべての原子について $x_i = 0$ であるから）0 である．対称的な分子の慣性モーメントの具体的な式を表 14・1 に掲げてある．

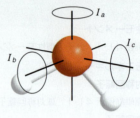

図 41・2 非対称回転子には，3 個の異なる慣性モーメントがある．3 本の回転軸は，全部が分子の質量中心を通る．

例題 41・1　分子の慣性モーメントの計算

H_2O 分子の，HOH 角（**1**）の 2 等分線で定義した軸のまわりの慣性モーメントを計算せよ．HOH 結合角は 104.5°，結合長は 95.7 pm である．

1

解法　(41・1) 式によって，慣性モーメントは質量に回転軸からの距離の 2 乗を掛けたものの和である．回転軸からの距離は，三角法と結合角，結合長を使って表せる．

ノート　慣性モーメントの計算に使う質量は実際の原子質量であって，元素のモル質量でないことに注意しよう．原子質量定数 m_u を使って，相対質量から実際の質量へ変換するのを忘れてはならない．

解答　(41・1) 式から，

$$I = \sum_i m_i x_i^2 = m_H x_H^2 + 0 + m_H x_H^2 = 2m_H x_H^2$$

である．分子の半結合角を ϕ で表し，結合長が R であるとすると，三角法によって，$x_H = R\sin\phi$ である．これから，

$$I = 2m_H R^2 \sin^2\phi$$

となる．データを代入すると，

$$I = 2 \times (1.67 \times 10^{-27} \text{ kg}) \times (9.57 \times 10^{-11} \text{ m})^2$$
$$\times \sin^2(\tfrac{1}{2} \times 104.5°) = 1.91 \times 10^{-47} \text{ kg m}^2$$

が得られる．この回転モードでは，H原子がO原子のまわりを回る間，O原子は動かないから，O原子の質量は慣性モーメントに寄与しない．

自習問題 41・1 $CH^{35}Cl_3$ 分子のC−H結合を含む回転軸のまわりの慣性モーメントを計算せよ．C−Cl結合長は 177 pm，HCCl角は 107°で，$m(^{35}Cl) = 34.97 m_u$ である．
[答：4.99×10^{-45} kg m²]

最初は，分子が**剛体回転子**[1]であり，回転の応力のもとで歪むことはないと仮定しよう．剛体回転子は四つの型に分類できる（図 41・3）．

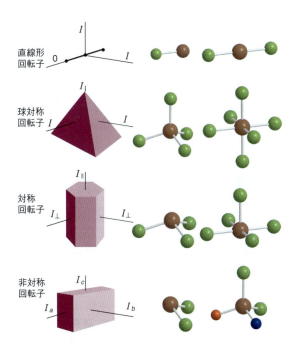

図 41・3　剛体回転子の分類

球対称回転子[2]では，三つの慣性モーメントは等しい（例：CH_4, SiH_4, SF_6）．

対称回転子[3]では，二つの慣性モーメントは等しく，もう一つの慣性モーメントは 0 でない（例：NH_3, CH_3Cl, CH_3CN）．

直線形回転子[4]では，二つの慣性モーメントは等しく，もう一つの慣性モーメントは 0 である（例：$CO_2, HCl, OCS, HC\equiv CH$）．

非対称回転子[5]では，三つの慣性モーメントはいずれも異なり，しかも 0 でない（例：H_2O, H_2CO, CH_3OH）．

球対称回転子，対称回転子，非対称回転子は，それぞれ球対称こま，対称こま，非対称こまともいう．

41・2　回転エネルギー準位

剛体回転子の回転エネルギー準位は，それに適合するシュレーディンガー方程式を解けば得られる．しかし幸いにも，これを厳密に表せる近道があり，回転体のエネルギーを表した古典論的な式に注目すればよい．つまり，まず古典論的な角運動量を使って表し，そのあとでこの式に角運動量の量子力学的な性質を導入するというやり方である．

ある軸 a のまわりに回転する物体のエネルギーを表す古典的な式は，

$$E_a = \tfrac{1}{2} I_a \omega_a^2 \quad (41 \cdot 2)$$

である．ω_a は，その軸のまわりの角速度（単位は rad s⁻¹）であり，I_a は，これに対応する慣性モーメントである．三つの軸のまわりに自由に回転する物体のエネルギーは，

$$E = \tfrac{1}{2} I_a \omega_a^2 + \tfrac{1}{2} I_b \omega_b^2 + \tfrac{1}{2} I_c \omega_c^2 \quad (41 \cdot 3)$$

である．回転軸 a のまわりの古典論的な角運動量は $J_a = I_a \omega_a$ であり，他の軸についても同様の式が書けるから，

$$E = \frac{J_a^2}{2I_a} + \frac{J_b^2}{2I_b} + \frac{J_c^2}{2I_c}$$

古典論の式　　回転エネルギー　　(41・4)

となることがわかる．これが基本となる式であり，これを「トピック 14」で説明した角運動量の量子力学的な性質と合わせて用いればよい．

(a) 球対称回転子

CH_4 や SF_6 の場合のように，三つの慣性モーメントすべてがある値 I で等しいときは，エネルギーの古典論的な式は，

$$E = \frac{J_a^2 + J_b^2 + J_c^2}{2I} = \frac{J^2}{2I} \quad (41 \cdot 5)$$

である．$J^2 = J_a^2 + J_b^2 + J_c^2$ は，角運動量の大きさの2乗である．つぎの置き換えによって，ただちに量子力学的な式が得られる．

$$J^2 \rightarrow J(J+1)\hbar^2 \qquad J = 0, 1, 2, \cdots$$

---

1) rigid rotor　2) spherical rotor　3) symmetric rotor　4) linear rotor　5) asymmetric rotor

J は角運動量量子数である．したがって，球対称回転子のエネルギーはつぎの値に限られる．

$$E_J = J(J+1)\frac{\hbar^2}{2I} \qquad J = 0, 1, 2, \cdots$$

球対称回転子　回転エネルギー準位　(41・6)

こうしてできるエネルギー準位のはしごを図41・4に示してある．このエネルギーは，分子の**回転定数**[1] $\tilde{B}$ を使って表すのがふつうである．ここで，

$$hc\tilde{B} = \frac{\hbar^2}{2I} \qquad \text{したがって} \qquad \tilde{B} = \frac{\hbar}{4\pi cI}$$

球対称回転子　回転定数　(41・7)

であり，$\tilde{B}$ は波数で表したものである．このときのエネルギーの式は，

$$E_J = hc\tilde{B}J(J+1) \qquad J = 0, 1, 2, \cdots$$

球対称回転子　エネルギー準位　(41・8)

である．回転定数を振動数で定義し，それをBで表すこともよくある．そのときは $B = \hbar/4\pi I$ であるから，エネルギーは $E = hBJ(J+1)$ である．この二つの回転定数には $B = c\tilde{B}$ の関係がある．

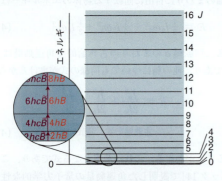

図 41・4　直線形回転子または球対称回転子の回転エネルギー準位．隣り合う準位のエネルギー間隔は，J が大きくなると広くなることに注目しよう．

回転状態のエネルギーは，(41・8)式の両辺を hc で割って，波数で**回転項**[2] $\tilde{F}(J)$ を表しておくのが普通である．すなわち，

$$\tilde{F}(J) = \tilde{B}J(J+1) \qquad \text{球対称回転子} \quad \text{回転項} \quad (41 \cdot 9)$$

である．回転項を振動数で表すときには $F = c\tilde{F}$ を用いる．隣接する準位との間隔は，

$$\tilde{F}(J+1) - \tilde{F}(J) = \tilde{B}(J+1)(J+2) - \tilde{B}J(J+1)$$
$$= 2\tilde{B}(J+1) \qquad (41 \cdot 10)$$

である．回転定数はIに反比例するから，大きな分子では回転エネルギー準位の間隔が狭くなるのがわかる．

> **簡単な例示 41・1　球対称回転子**
>
> $^{12}C^{35}Cl_4$ について考えよう．表41・1および C–Cl 結合長($R_{C-Cl} = 177$ pm)と核種^{35}Clの質量〔$m(^{35}Cl) = 34.97\,m_u$〕の値から，
>
> $$I = \frac{8}{3} m(^{35}Cl) R_{C-Cl}^2$$
>
> $$= \frac{8}{3} \times \overbrace{(5.807 \times 10^{-26}\,\text{kg})}^{34.97 \times (1.66054 \times 10^{-27}\,\text{kg})} \times (1.77 \times 10^{-10}\,\text{m})^2$$
>
> $$= 4.85 \times 10^{-45}\,\text{kg m}^2$$
>
> と計算できる．(41・7)式から，
>
> $$\tilde{B} = \frac{1.054\,57 \times 10^{-34}\,\text{J s}}{4\pi \times (2.998 \times 10^8\,\text{m s}^{-1}) \times (4.85 \times 10^{-45}\,\overbrace{\text{kg m}^2}^{\text{kg m}^2\,\text{s}^{-2}})}$$
>
> $$= 5.77\,\text{m}^{-1} = 0.0577\,\text{cm}^{-1}$$
>
> である．(41・10)式から，$J=0$ と $J=1$ の準位間のエネルギー差は $\tilde{F}(1) - \tilde{F}(0) = 2\tilde{B} = 0.1154\,\text{cm}^{-1}$ であることがわかる．
>
> **自習問題 41・2**　$^{12}C^{35}Cl_4$ について，$\tilde{F}(2) - \tilde{F}(0)$ を計算せよ．　　〔答：$6\tilde{B} = 0.3462\,\text{cm}^{-1}$〕

(b) 対称回転子

対称回転子(CH_3Cl, NH_3, C_6H_6 など)では，三つの慣性モーメントすべてが0でない値をもつが，そのうちの二つは同じ値で，3番目の値とは違っている．この3番目にあたる特別な分子軸は，分子の**主軸**[3] (**形状軸**[4] ともいう)である．この特別な(主軸のまわりの)慣性モーメントを $I_\parallel$ と書き，他の二つを $I_\perp$ と書こう．もし $I_\parallel > I_\perp$ であれば，この回転子は**扁平**[5] (パンケーキ形，C_6H_6 など)に分類される．もし $I_\parallel < I_\perp$ であれば，**扁長**[6] (葉巻形，CH_3Cl など)に分類される．エネルギーの古典論的な式である(41・4)式は，

$$E = \frac{J_b^2 + J_c^2}{2I_\perp} + \frac{J_a^2}{2I_\parallel} \qquad (41 \cdot 11)$$

となる．ここでも，$J^2 = J_a^2 + J_b^2 + J_c^2$ を使って書き直せば，

$$E = \frac{J^2 - J_a^2}{2I_\perp} + \frac{J_a^2}{2I_\parallel} = \frac{J^2}{2I_\perp} + \left(\frac{1}{2I_\parallel} - \frac{1}{2I_\perp}\right)J_a^2 \qquad (41 \cdot 12)$$

---

1) rotational constant 2) rotational term 3) principal axis 4) figure axis 5) oblate 6) prolate

となる．ここで，J^2 を $J(J+1)\hbar^2$ で置き換えれば，量子力学的な式が得られる．また，角運動量の量子論（トピック14）から，任意の軸のまわりの角運動量の成分が $K\hbar$ で，$K = 0, \pm 1, \cdots, \pm J$ という値に制限されることもわかっている（K は主軸上の成分を表すのに使う量子数である．M_J は分子の外に定義する軸上の成分を表すためにとっておく）．したがって，J_a^2 は $K^2\hbar^2$ で置き換えてもよい．そうすれば回転項は，

$$\tilde{F}(J,K) = \tilde{B}J(J+1) + (\tilde{A} - \tilde{B})K^2$$

$$J = 0, 1, 2, \cdots \quad K = 0, \pm 1, \cdots, \pm J$$

対称回転子　回転項　　(41・13)

となる．ここで，

$$\tilde{A} = \frac{\hbar}{4\pi c I_\parallel} \quad \tilde{B} = \frac{\hbar}{4\pi c I_\perp} \quad (41 \cdot 14)$$

である．エネルギー準位が分子の二つの慣性モーメントにどのように依存するかを求めようとしていたのであるが，(41・13)式はまさにその答である．

物理的な解釈

- $K = 0$ のときには，主軸のまわりの角運動量成分は存在せず，エネルギー準位は $I_\perp$ だけに依存する（図41・5）．
- $K = \pm J$ のときは，角運動量のほとんどすべてが，主軸のまわりの回転から生じることになり，エネルギー準位は主として $I_\parallel$ によって決まってしまう．
- K の符号は，エネルギーに影響しない．これは，反対符号をもつ K の値は逆向きの回転に対応しているが，回転エネルギーは回転の向きに依存しないためである．

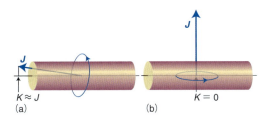

図41・5　量子数 K の意味．(a) $|K|$ がその最大値 J に近いときは，分子はほとんど形状軸まわりに回転する．(b) $K = 0$ のときは，分子はその主軸まわりに角運動量をもたない．そこで，分子の両端が入れ替わる転倒回転（とんぼ返り回転）が起こる．

例題 41・2　対称回転子の回転エネルギー準位の計算

$^{14}\mathrm{NH}_3$ 分子は対称回転子であり，結合長は 101.2 pm，HNH結合角は 106.7° である．この分子の回転項を計算せよ．

ノート　分子の慣性モーメントを正確に計算するには，核種まで指定する必要がある．

解法　まず，表 41・1 にある慣性モーメントの式と (41・14) 式を使って，この分子の回転定数 $\tilde{A}$ および $\tilde{B}$ を計算する．次に，(41・13) 式を使って回転項を求める．

解答　表 41・1 の 2 番目の対称回転子の式に，$m_\mathrm{A} = 1.0078\,m_\mathrm{u}$，$m_\mathrm{B} = 14.0031\,m_\mathrm{u}$，$R = 101.2$ pm，$\theta = 106.7°$ を代入すれば，$I_\parallel = 4.4128 \times 10^{-47}$ kg m^2 と $I_\perp = 2.8059 \times 10^{-47}$ kg m^2 が得られる．したがって，「簡単な例示 41・1」と同じ計算をすれば，$\tilde{A} = 6.344$ cm^{-1}，$\tilde{B} = 9.977$ cm^{-1} である．(41・13) 式から，

$$\tilde{F}(J,K)/\mathrm{cm}^{-1} = 9.977 \times J(J+1) - 3.633 K^2$$

となる．この $\tilde{F}(J,K)$ に c を掛ければ，振動数で表した回転項 $F(J,K)$ が得られる．すなわち，

$$F(J,K)/\mathrm{GHz} = 299.1 \times J(J+1) - 108.9 K^2$$

である．$J = 1$ では，分子がおもにその形状軸のまわりに回転する（$K = \pm J$）ために必要なエネルギーは 16.32 cm^{-1}（489.3 GHz）に相当するが，とんぼ返り回転（$K = 0$）では 19.95 cm^{-1}（598.1 GHz）である．

自習問題 41・3　$\mathrm{CH}_3{}^{35}\mathrm{Cl}$ 分子の C－Cl 結合長は 178 pm，C－H 結合長は 111 pm，HCH 結合角は 110.5° である．回転エネルギー項を計算せよ．

［答：$\tilde{F}(J,K)/\mathrm{cm}^{-1} = 0.444 J(J+1) + 4.58 K^2$；
$F(J,K)/\mathrm{GHz} = 13.3 J(J+1) + 137 K^2$］

対称回転子のエネルギーは J と K に依存しており，$K = 0$ の場合を除き各準位は二重に縮退している．つまり，K と $-K$ の状態のエネルギーは同じである．一方，実験室に固定した外部の軸に対して，分子の角運動量成分があることを忘れてはならない．この成分の値 $M_J\hbar$ は量子化されており，$M_J = 0, \pm 1, \cdots, \pm J$ の全部で $2J+1$ 個が許容される（図 41・6）．この量子数 M_J はエネルギーの式に現れないものの，この回転子の状態を完全に表すには必要なものである．その結果，回転している分子で向きの異なる $2J+1$ 個の状態は，すべて同じエネルギーをもつ．こうして，対称回転子の準位は $K \neq 0$ では $2(2J+1)$ 重に縮退しており，$K = 0$ では $(2J+1)$ 重に縮退していることがわかる．直線形回転子の K は 0 で固定しているが，その角運動量を実験室に固定した軸で見れば，やはり $2J+1$ 個の成分があるから，その縮退度は $2J+1$ である．

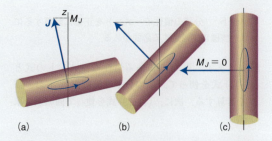

図41·6 量子数 M_J の意味．(a) $|M_J|$ がその最大値 J に近いときは，分子はほとんど実験室系の z 軸のまわりに回転する．(b) $|M_J|$ が中間の値をとるとき．(c) $M_J=0$ のときは，分子は z 軸のまわりに角運動量をもたない．三つの図は全部 $K=0$ の場合である．K の異なる値について，それに対応する図が描けるが，その場合は，角運動量は分子の主軸と異なる角度をなすことになる．

球対称回転子は，対称回転子の $\tilde{A}=\tilde{B}$ の場合とみなせばよい．この場合も量子数 K は $2J+1$ 個のどれかの値をとれるが，エネルギーは K の値に無関係である．したがって，球対称回転子は，空間における向きの違いから生じる $(2J+1)$ 重の縮退だけでなく，分子内の任意の軸に関してもその向きによって生じる $(2J+1)$ 重の縮退が存在している．こうして，量子数 J の球対称回転子の全縮退度は $(2J+1)^2$ となる．この縮退度の大きさは J の値とともに急速に増加し，たとえば，$J=10$ では441個もの状態が同じエネルギーをもつことになる．

(c) 直線形回転子

直線形回転子（CO_2，HCl，C_2H_2 など）では，原子核は質点とみなされ，回転は原子を結ぶ線に垂直な軸のまわりにだけ起こるから，結合軸のまわりの角運動量は 0 である．したがって，直線形回転子の主軸のまわりの角運動量成分は常に 0 であり，対称回転子についての (41·13) 式で $K\equiv 0$ の場合である．したがって，直線形分子の回転項は，

$$\tilde{F}(J) = \tilde{B}J(J+1) \qquad J=0,1,2,\cdots$$

直線形分子　回転項　(41·15)

となる．この式は，結局のところ球対称回転子についての (41·9) 式と同じであるが，かなり異なる仕方でこれに到達したことに注意しよう．すなわち，直線形回転子では $K\equiv 0$ であるが，球対称回転子では $\tilde{A}=\tilde{B}$ であった．ここで，対称回転子についての (41·13) 式の K を恒等的に 0 とおいたことが重要なのであり，この式の第 2 項はその時点で消えていたのである．したがって，$I_\parallel$ が 0 に近づいたとき $\tilde{A}\propto 1/I_\parallel$ が無限大に近づいてしまうなどという余計な心配はしなくてよい．

> **簡単な例示 41·2** 　**直線形回転子**
>
> 球対称回転子の隣り合う準位のエネルギー間隔を表す (41·10) 式は，直線形回転子にも使える．$^1H^{35}Cl$ では $\tilde{F}(3)-\tilde{F}(2)=63.56$ cm^{-1} であるから，$6\tilde{B}=63.56$ cm^{-1}，つまり $\tilde{B}=10.59$ cm^{-1} である．
>
> **自習問題 41·4** 　$^1H^{81}Br$ では $\tilde{F}(1)-\tilde{F}(0)=16.93$ cm^{-1} である．$\tilde{B}$ の値を求めよ．　　[答：8.465 cm^{-1}]

(d) 遠心歪み

ここまでは，分子を剛体回転子として扱ってきた．しかし，回転している分子の中の原子は遠心力を受けており，この遠心力は，分子の立体構造を歪ませ，その慣性モーメントを変化させようとする（図41·7）．二原子分子では，この遠心歪みのために結合が伸び，慣性モーメントが増加する．その結果，遠心歪みによって回転定数が減少し，エネルギー準位の間隔が，剛体回転子の式で予測されるよりわずかに狭くなる．この効果を考慮に入れるために，多分に経験的にではあるが，ふつうはエネルギーからある一つの項を差し引くように書く．

$$\tilde{F}(J) = \tilde{B}J(J+1) - \tilde{D}_J J^2(J+1)^2$$

回転項の遠心歪みによる影響　(41·16)

パラメーター $\tilde{D}_J$ は，**遠心歪み定数**[1]である．これは，結合が容易に伸びるときには大きい．二原子分子の遠心歪み定数は，その結合の振動波数 $\tilde{\nu}$（「トピック43」で述べるが，これは結合の硬さの尺度である）と，つぎの近似式の関係がある（「総合問題 F9·2」を見よ）．

$$\tilde{D}_J = \frac{4\tilde{B}^3}{\tilde{\nu}^2}$$

遠心歪み定数　(41·17)

したがって，J の増加に伴って回転準位が収束するのが観測されれば，それは結合の硬さとの関係で説明できる．

図41·7 回転が分子に与える影響．回転によって生じる遠心力のために分子が歪む．つまり，結合角が開き，結合がわずかに伸びる．この効果によって，分子の慣性モーメントが増大し，回転定数は小さくなる．

---

1) centrifugal distortion constant

トピック 41　分 子 の 回 転　　405

簡単な例示 41・3　遠心歪みの効果

$^{12}C^{16}O$ では $\widetilde{B} = 1.931\ \mathrm{cm}^{-1}$, $\widetilde{\nu} = 2170\ \mathrm{cm}^{-1}$ である.
そこで,

$$\widetilde{D}_J = \frac{4 \times (1.931\ \mathrm{cm}^{-1})^3}{(2170\ \mathrm{cm}^{-1})^2} = 6.116 \times 10^{-6}\ \mathrm{cm}^{-1}$$

となり, $\widetilde{D}_J \ll \widetilde{B}$ であるから, 遠心歪みがエネルギー準位に与える影響は非常に小さいことがわかる.

自習問題 41・5　遠心歪みによって, 隣り合うエネルギー準位間のエネルギー間隔は増加するか, それとも減少するか.　　　　　　　　[答: 減少する]

チェックリスト

☐ 1. **剛体回転子**は, 回転の応力のもとでも歪まない物体である.

☐ 2. 剛体回転子は, 主とする慣性モーメントの何個が等しいかによって, **球対称回転子**, **対称回転子**, **直線形回転子**, **非対称回転子**に分類される.

☐ 3. **対称回転子**は, 扁平と扁長に分類される.

☐ 4. 直線形回転子は, 結合軸に垂直な軸のまわりにだけ回転する.

☐ 5. 球対称回転子, 対称回転子 $(K \neq 0)$, 直線形回転子 $(K \equiv 0)$ の回転準位の縮退度は, それぞれ $(2J+1)^2$, $2(2J+1)$, $2J+1$ である.

☐ 6. **遠心歪み**は, 分子の立体構造を変える力によって生じる.

重要な式の一覧

性　質	式	備　考	式番号
慣性モーメント	$I = \sum_i m_i x_i^2$	x_i は原子 i の回転軸からの垂直距離	41・1
球対称回転子と直線形回転子の回転項	$\widetilde{F}(J) = \widetilde{B}J(J+1)$	$J = 0, 1, 2, \cdots$ $\widetilde{B} = \hbar/4\pi cI$	41・9, 41・15
対称回転子の回転項	$\widetilde{F}(J,K) = \widetilde{B}J(J+1) + (\widetilde{A} - \widetilde{B})K^2$	$J = 0, 1, 2, \cdots$ $K = 0, \pm 1, \cdots, \pm J$ $\widetilde{A} = \hbar/4\pi cI_\parallel$ $\widetilde{B} = \hbar/4\pi cI_\perp$	41・13, 41・14
球対称回転子と直線形回転子の回転項に与える遠心歪みの影響	$\widetilde{F}(J) = \widetilde{B}J(J+1) - \widetilde{D}_J J^2(J+1)^2$	$\widetilde{D}_J = 4\widetilde{B}^3/\widetilde{\nu}^2$	41・16, 41・17

トピック **42**

回 転 分 光 法

内容

42・1　マイクロ波分光法
　(a) 選択律
　　　　簡単な例示 42・1　マイクロ波分光法の
　　　　　　　　　　　　　　　　　選択概律
　(b) マイクロ波スペクトルの形
　　　　例題 42・1　回転スペクトルの形の予測
42・2　回転ラマン分光法
　　　　例題 42・2　ラマンスペクトルの形の予測
42・3　核統計と回転状態
　　　　簡単な例示 42・2　オルト水素とパラ水素
チェックリスト
重要な式の一覧

▶ **学ぶべき重要性**
　回転分光法は，大気など気相系の分子や反応の研究に適しており，分子の結合長と結合角についてきわめて正確なデータを提供してくれるから，これをよく理解しておく必要がある．

▶ **習得すべき事項**
　回転遷移の振動数は分子の慣性モーメントに依存し，その強度は分子の永久双極子モーメントの大きさに依存している．

▶ **必要な予備知識**
　分子分光法の一般原理（トピック 40）と分子回転の量子力学的な扱い（トピック 41）をよく理解している必要がある．選択律の導出には，「トピック 16」で説明した時間に依存する摂動論の考えを用いる．

　純回転スペクトル，つまり分子の回転状態だけが変化することで生じるスペクトルは気相でしか観測できない（トピック 40）．このような制約があるにも関わらず，回転分光法は分子に関する豊富な情報を提供することができ，正確な結合長や双極子モーメントなどが得られる．ここでは，回転遷移の選択概律と個別選択律について説明し，回転スペクトルの形について調べ，そのスペクトルから得られる情報について解説する．ここで学ぶ事項は，赤外スペクトル（トピック 43 と 44）や電子スペクトル（トピック 45 と 46）で観測される微細構造の説明にも役に立つ．

42・1　マイクロ波分光法

　小さな分子の回転定数 $\tilde{B}$ の代表的な値は，$0.1 \sim 10 \ \mathrm{cm}^{-1}$ の領域にある（トピック 41）．たとえば，NF_3 では $0.356 \ \mathrm{cm}^{-1}$，HCl では $10.59 \ \mathrm{cm}^{-1}$ である．そこで，回転遷移は**マイクロ波分光法**[1]で研究できることがわかる．マイクロ波分光法は，スペクトルのマイクロ波領域で放射線の吸収または放出を監視する方法である．

(a) 選 択 律

　つぎの「根拠」で示すように，マイクロ波スペクトルで純回転遷移が観測されるための選択概律は，対象となる分子が永久電気双極子モーメントをもたねばならないというものである．すなわち，ある分子がマイクロ波放射線を吸収または放出し，純回転遷移を起こすには，その分子は極性でなければならない．この規則の古典的な基礎になっているのは，極性分子は回転するときに，ゆらぐ双極子をもっているようにみえるが，無極性分子はそうはならないということである（図 42・1）．永久双極子は，分子が電磁場を撹乱して振動を引き起こす（吸収の場合は反対）ハンドルとみなすことができる．

　回転の個別選択律を見いだすには，回転状態の間の遷移双極子モーメント（トピック 16）を計算すればよい．つぎの「根拠」で示すように，直線形分子では，つぎの条件が満たされない限り遷移モーメントは消えてしまう．

---

1) microwave spectroscopy

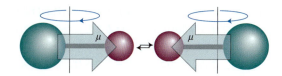

図 42・1 回転している極性分子は，静止している観測者には振動する双極子のように見える．これは電磁場を乱して振動させることができる（吸収についてはその逆が成り立つ）．この図は，回転遷移の選択概律の古典的な見方を示すものである．

$$\Delta J = \pm 1 \qquad \Delta M_J = 0, \pm 1$$

直線形回転子　回転の個別選択律　(42・1)

$\Delta J = +1$ の遷移は吸収に相当し，$\Delta J = -1$ の遷移は放出に相当する．それぞれの場合に J について許される変化は，フォトン，つまりスピン 1 の粒子が放出または吸収されるときに角運動量が保存されることから生じる（図 42・2）．

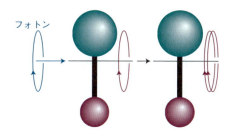

図 42・2 フォトンが分子に吸収されるときは，その系全体の角運動量が保存される．分子が入射フォトンのスピンと同じ向きに回転していると，J は 1 だけ増加する．

簡単な例示 42・1　マイクロ波分光法の選択概律

等核二原子分子や CO_2, $CH_2=CH_2$, C_6H_6 などの無極性多原子分子では，回転スペクトルは不活性である．一方，OCS や H_2O は極性であり，マイクロ波スペクトルを示す．球対称回転子は，回転によって歪みが生じない限り電気双極子モーメントをもてないから，これらの分子も特殊な場合を除いて不活性である．球対称回転子でありながら，双極子モーメントが生じるほど歪む例として SiH_4 がある．この分子が $J \approx 10$ のときは回転しているから約 8.3 μD の双極子モーメントを示す（比較のために，HCl は 1.1 D の永久双極子モーメントをもつ．分子の双極子モーメントとその単位については「トピック 34」で説明した）．

自習問題 42・1　H_2, NO, N_2O, CH_4 のうち，どの分子が純回転スペクトルを示すか．　［答：NO と N_2O］

根拠 42・1　選択律：マイクロ波スペクトル

選択律に関するどんな議論も，その出発点はすべて分子の全波動関数 $\psi_{total} = \psi_{cm}\psi$ にある．ここで，ψ_{cm} は質量中心の運動，ψ は分子内部の運動を表している．その ψ は，ボルン-オッペンハイマー近似（トピック 22）によって，電子部分 ψ_ε と振動部分 ψ_v，回転部分の積で書くことができる．この回転部分は二原子分子については球面調和関数，$Y_{J M_J}(\theta, \phi)$ で表すことができる（トピック 14）．そうすれば，スペクトル遷移 i → f の遷移双極子モーメントを，

$$\boldsymbol{\mu}_{fi} = \int \psi_{\varepsilon_f}^* \psi_{v_f}^* Y_{J_f M_{J,f}}^* \hat{\boldsymbol{\mu}} \psi_{\varepsilon_i} \psi_{v_i} Y_{J_i M_{J,i}} d\tau \qquad (42 \cdot 2)$$

と書ける．そこで次の作業は，この積分が 0 になるか，それとも 0 でない値をもつかを決めている条件を調べることである．

純回転遷移の場合の電子状態と振動状態については，その始状態と終状態は等しいから，状態 i にある分子の永久電気双極子モーメントは $\boldsymbol{\mu}_i = \int \psi_{\varepsilon_i}^* \psi_{v_i}^* \hat{\boldsymbol{\mu}} \psi_{\varepsilon_i} \psi_{v_i} d\tau$ で表すことができる．そこで (42・2) 式は，

$$\boldsymbol{\mu}_{fi} = \int Y_{J_f M_{J,f}}^* \boldsymbol{\mu}_i Y_{J_i M_{J,i}} d\tau \qquad (42 \cdot 3)$$

となる．ここでの積分は，分子が配向できる角度すべてにわたって行う．すぐわかるように，マイクロ波スペクトルを示すには分子が永久双極子モーメントをもっていなくてはならない．これがマイクロ波分光法の選択概律である．

ここからの個別選択律を求める議論は，原子遷移の場合（トピック 21）と同様に進めればよい．まず，双極子モーメントの三つの成分（図 42・3）はつぎのように表せる．

$$\mu_{i,x} = \mu_0 \sin\theta \cos\phi \qquad \mu_{i,y} = \mu_0 \sin\theta \sin\phi$$
$$\mu_{i,z} = \mu_0 \cos\theta \qquad\qquad (42 \cdot 4)$$

また，これらは球面調和関数 Y_{jm} を使って表せることを利用する．ここで，$j = 1$ および $m = 0, \pm 1$ である（「根拠 21・1」を見よ）．「トピック 33」で説明したように，このとき三つの球面調和関数の積が 0 でない値をもつための条件は，$M_{J,f} = M_{J,i} + m$ でなく，しかも J_f, J_i, j という長さの辺の三角形がつくれない（1, 2, 3 や 1, 1, 1 ではつくれるが，1, 2, 4 ではつくれない）ときは，

$$\int Y_{J_f M_{J,f}}^* Y_{j,m} Y_{J_i M_{J,i}} d\tau_{angles} = 0 \qquad (42 \cdot 5)$$

でなければならないというものである．「根拠 21・1」で述べたのと全く同じ論法を使えば（「問題 21・7」で詳しく考察した），$J_f - J_i = \pm 1$ でしかも $M_{J,f} - M_{J,i} = 0$ または

±1 と結論することができる．

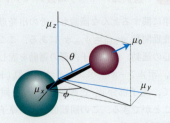

図 42·3　遷移双極子モーメントの計算に用いる軸系

「トピック 16」で，スペクトル線の強度は遷移双極子モーメントの 2 乗に比例すると述べた．フォトンが飛行していく方向に相対的な，分子のあらゆる可能な配向について遷移モーメントを計算すれば，$J+1 \longleftrightarrow J$ の遷移の正味の強度は，

$$|\mu_{J+1,J}|^2 = \left(\frac{J+1}{2J+1}\right)\mu_0^2 \quad (42\cdot6)$$

に比例することがわかる．ここで，μ_0 は分子の永久電気双極子モーメントの大きさである．この強度は永久電気双極子モーメントの大きさの 2 乗に比例するから，極性の強い分子は極性の弱い分子よりもずっと強い回転線を生じるのである．

対称回転子については，さらに選択律が加わって，$\Delta K = 0$ でなければならない．この選択律を理解するために，対称回転子 NH_3 を考えよう．その電気双極子モーメントは形状軸に平行である．このような分子は，放射線を吸収して形状軸のまわりの異なる回転状態へと加速されることはないから，$\Delta K = 0$ なのである．したがって，対称回転子の選択律は，

$$\Delta J = \pm 1 \quad \Delta M_J = 0, \pm 1 \quad \Delta K = 0$$

対称回転子　回転の選択律　(42·7)

である．図 42·4 に示すように，極性分子（HCl や NH_3 な

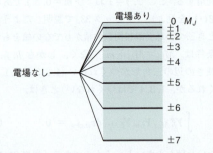

図 42·4　極性の直線形回転子のエネルギー準位に対する電場の効果．$M_J = 0$ 以外のすべての準位は二重に縮退している．

ど）に電場をかけたときには，量子数 M_J（空間における回転の配向）に伴う縮退の一部は解けることになる．このような電場による状態の分裂をシュタルク効果という（トピック 40）．このときのエネルギーシフトは，永久電気双極子モーメント μ_0 に依存するから，シュタルク効果の観測を利用すれば，回転スペクトルから電子双極子モーメントの大きさ（符号はわからない）を測定することができる．

(b) マイクロ波スペクトルの形

以上の選択律を，剛体の球対称回転子または剛体の直線形回転子のエネルギー準位の式に適用すれば，許される $J+1 \longleftarrow J$ の吸収波数は，

$$\begin{aligned}\tilde{\nu}(J+1 \leftarrow J) &= \tilde{F}(J+1) - \tilde{F}(J) \\ &= 2\tilde{B}(J+1)\end{aligned}$$

$$J = 0, 1, 2, \cdots$$

直線形回転子と　回転遷移
球対称回転子　の波数　(42·8a)

となる．ここで，$\tilde{F}(J) = \tilde{B}J(J+1)$ の項は，「トピック 41」で導入したものである．遠心歪み（トピック 41）を考慮に入れるときは，(41·16) 式の $\tilde{F}(J) = \tilde{B}J(J+1) - \tilde{D}_J J^2(J+1)^2$ から得られる対応する式は，

$$\tilde{\nu}(J+1 \leftarrow J) = 2\tilde{B}(J+1) - 4\tilde{D}_J(J+1)^3 \quad (42\cdot8b)$$

となる．しかし，この第 2 項は，ふつうは第 1 項に比べてずっと小さいから（「簡単な例示 41·3」を見よ），スペクトルは (42·8a) 式によって予測されるのとよく似た形になる．

例題 42·1　回転スペクトルの形の予測

$^{14}NH_3$ の回転スペクトルの形を予測せよ．

解法　エネルギー準位は「例題 41·2」で計算した．$^{14}NH_3$ 分子は極性の対称回転子であるから，その回転項は (41·13) 式で与えられる〔$\tilde{F}(J, K) = \tilde{B}J(J+1) + (\tilde{A} - \tilde{B})K^2$〕．$\Delta J = \pm 1$ および $\Delta K = 0$ であるから，回転遷移を表す波数の式は (42·8a) 式と同じで，$\tilde{B}$ のみに依存する．吸収については，$\Delta J = +1$ である．

解答　$\tilde{B} = 9.977 \text{ cm}^{-1}$ であるから，$J+1 \leftarrow J$ の遷移についてつぎの表がつくれる．

J	0	1	2	3	...
$\tilde{\nu}/\text{cm}^{-1}$	19.95	39.91	59.86	79.82	...
ν/GHz	598.1	1197	1795	2393	...

スペクトル線の間隔は 19.95 cm^{-1}（598.1 GHz）である．

自習問題 42·2　$CH_3{}^{35}Cl$ について，その回転スペクトルの形を予測せよ（詳しくは「自習問題 41·3」を見よ）．

〔答: スペクトル線の間隔は 0.888 cm^{-1}（26.6 GHz）〕

(42·8) 式で予測されるスペクトルの形を図 42·5 に示す．最も重要な特徴は，スペクトルが波数 $2\tilde{B}, 4\tilde{B}, 6\tilde{B}, \cdots$ の一連の線から成っており，その間隔が $2\tilde{B}$ であることである．そこで，スペクトル線の間隔の測定から $\tilde{B}$ が求められ，それから分子の主軸に垂直な慣性モーメントが求められる．原子の質量は既知であるから，二原子分子の結合長を求めるのは簡単である．しかし，OCS や NH_3 のような多原子分子の場合，この解析からは一つの量 $I_\perp$ しか得られないから，複数の結合長（OCS の場合），または結合長と結合角の両方（NH_3 の場合）を，同時に推定することはできない．この問題は，同位体置換分子，つまり ABC と A′BC などを用いることによって克服できる．すなわち，$R(A-B) = R(A'-B)$ と仮定することによって，二つの慣性モーメントの値から，A-B および B-C の結合長の両方を求めることができる．この手順の有名な例が OCS の研究であって，実際の計算は「問題 42·5」で行う．同位体置換によって結合長が変化しない，という仮定は近似にすぎないが，ほとんどの場合よい近似になっている．同位体によって核スピン（トピック 47）は異なるから，高分解能の回転スペクトルの形には影響を与える．それは，スピンは角運動量の起源の一つであり，分子の回転ともカップルできるから，回転エネルギー準位にも影響を及ぼすのである．

スペクトル線の強度は J が大きくなるにつれて増大し，極大を通ったのち，J がさらに大きくなると，だんだん小さくなって消えてしまう．強度にこのような極大があることの最も重要な理由は，回転準位の占有数に極大があるからである．ボルツマン分布〔「基本概念」（テーマ 1）の「トピック 2」および「トピック 51」〕からわかるように，J が増加すれば各状態の占有数は指数関数的に減衰する．しかし一方，準位の縮退度は増大する．この二つの相反する傾向によって，エネルギー準位の占有数は極大値を示すのである（個々の状態について考えればよくわかる）．具体的にみると，ある回転エネルギー準位 J の占有数は，ボルツマンの式，

$$N_J \propto N g_J \, e^{-E_J/kT}$$

で与えられる．N は分子の総数で，g_J は準位 J の縮退度である．この式の極大に相当する J の値を見いだすには，J を連続な変数として扱い，J について微分して，その結果を 0 に等しいとおけばよい．その結果は（「問題 42·9」を見よ），

$$J_{\max} \approx \left(\frac{kT}{2hc\tilde{B}} \right)^{1/2} - \frac{1}{2} \quad \begin{array}{l} \text{直線形} \\ \text{回転子} \end{array} \quad \text{最大占有数を示す回転状態} \quad (42 \cdot 9)$$

である．室温の代表的な分子では（たとえば，OCS では $\tilde{B} = 0.2 \, cm^{-1}$），$kT \approx 1000 hc\tilde{B}$ であるから，$J_{\max} \approx 30$ となる．しかし，それぞれの遷移の強度は J の値にも依存するし（42·6 式），その遷移に関与する二つの状態の間の占有数の差にも依存することを思い起こさなければならない．このことから，最も強い線に対応する J の値は，占有数が最大の準位に相当する J の値と必ずしも同じでない．

42·2　回転ラマン分光法

ラマン散乱（トピック 40）によって回転遷移を起こすこともできる．回転ラマン遷移の選択概律は，分子の分極率は異方的でなければならないということである．電場中の分子の歪みは，分極率 α によって決まる（トピック 34）．もっと厳密にいうと，電場の強さを $\mathcal{E}$ とすると，分子はもともと永久双極子モーメントがあっても，それに加えて，

$$\mu = \alpha \mathcal{E} \qquad (42 \cdot 10)$$

という大きさの誘起双極子モーメントをもつようになる．原子の場合は等方的に分極する．すなわち，外場がどの方向にかかっても，同じ大きさの歪みが誘起される．球対称回転子の分極率も同様に等方的である．しかし，球対称でない回転子の分極率は分子の向きと電場の方向との相対的な関係に依存するから，これらの分子は，異方的な分極を示す（図 42·6）．たとえば，H_2 の電子分布は，電場が結合

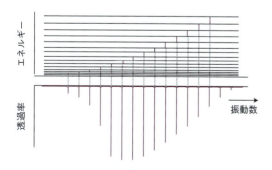

図 42·5　直線形回転子の回転エネルギー準位と，選択律 $\Delta J = \pm 1$ によって許される遷移と，代表的な純回転吸収スペクトル（ここでは試料を透過した放射線で表してある）．それぞれの場合の強度は，遷移前の準位の占有数と遷移双極子モーメントの大きさを反映している．

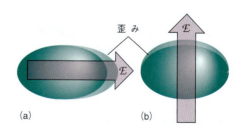

図 42·6　分子に電場をかけると歪みを生じ，歪んだ分子は（たとえ最初は無極性であったとしても），その双極子モーメントに寄与するようになる．電場が分子軸に (a) 平行にかかるか，(b) 垂直にかかるかによって（あるいは，一般に，分子に対してどんな向きにかかるかによって），分極率が異なる可能性がある．その場合は，分子は異方的な分極率をもっていることになる．

に平行にかかったときの方が垂直にかかったときよりも大きく歪む．したがって $\alpha_\parallel > \alpha_\perp$ と書く．

すべての直線形分子および二原子分子（等核でも異核でもよい）は，異方性の分極率をもつから，回転ラマン活性である．これが活性であるということが，回転ラマン分光法が重要であることの一つの理由である．この方法を使うことによって，マイクロ波分光法では調べることができない多くの分子を研究できるからである．しかし，CH_4 や SF_6 のような球対称回転子は，マイクロ波スペクトルに不活性であって，しかも回転ラマン不活性である．不活性であることは，このような分子は回転励起状態にならないという意味ではない．分子の衝突はこのような選択律の制約に従う必要はないから，分子間の衝突によって任意の回転状態が占有されることになってもよい．

回転ラマンの個別選択律は，

直線形回転子： $\Delta J = 0, \pm 2$

対称回転子： $\Delta J = 0, \pm 1, \pm 2; \Delta K = 0$

回転ラマンの選択律　　(42・11)

である．$\Delta J = 0$ の遷移は，純回転ラマンスペクトルで散乱されるフォトンの振動数のシフトを生じず，シフトのない放射線（レイリー線，「トピック40」）に寄与するだけである．直線形回転子の個別選択律については，つぎの「根拠」で調べる．

根拠 42・2　選択律：回転ラマンスペクトル

二原子分子を例として考えれば，回転ラマン分光法の選択概律と個別選択律が理解できるだろう．角振動数 ω_i の電磁放射線の波が電場の大きさ $\mathcal{E}$ で入射すれば，つぎの式で与えられる大きさの双極子モーメントが分子に誘起される．

$$\mu_{ind} = \alpha \mathcal{E}(t) = \alpha \mathcal{E} \cos \omega_i t \quad (42 \cdot 12)$$

分子が角振動数 ω_R で回転しているとき，外部の観測者にとっては，この分子の分極率も（もし異方的であれば）時間に依存するように見えるから，

$$\alpha = \alpha_0 + \Delta\alpha \cos 2\omega_R t \quad (42 \cdot 13)$$

と書ける．$\Delta\alpha = \alpha_\parallel - \alpha_\perp$ であり，α は分子が回転するにつれて $\alpha_0 + \Delta\alpha$ から $\alpha_0 - \Delta\alpha$ の範囲で変化する．この式に2が現れるのは，1回転するたびに分極率は2回もとの値に戻るためである（図42・7）．この式を誘起双極子モーメントの大きさを表す式に代入すれば，

$$\begin{aligned}\mu_{ind} &= (\alpha_0 + \Delta\alpha \cos 2\omega_R t) \times (\mathcal{E} \cos \omega_i t) \\ &= \alpha_0 \mathcal{E} \cos \omega_i t + \mathcal{E} \Delta\alpha \cos 2\omega_R t \cos \omega_i t \\ &= \alpha_0 \mathcal{E} \cos \omega_i t + \frac{1}{2}\mathcal{E}\Delta\alpha \{\cos(\omega_i + 2\omega_R)t \\ &\quad + \cos(\omega_i - 2\omega_R)t\} \quad (42 \cdot 14)\end{aligned}$$

が得られる．ここでは，三角関数の公式 $\cos x \cos y = \frac{1}{2}\{\cos(x+y) + \cos(x-y)\}$ を使った．この計算から，誘起双極子は，入射振動数で振動する成分をもつことがわかるが（これはレイリー線を生じる），同時に $\omega_i \pm 2\omega_R$ という二つの成分ももっていて，この二つが中心からシフトしたラマン線を生じることがわかる．これらの線は，$\Delta\alpha \neq 0$ のときだけ現れるから，ラマン線が現れるためには，分極率が異方的でなければならない．これは，回転ラマン分光法における選択概律である．

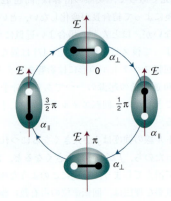

図 42・7　外部電場によって分子に誘起される歪みによって，分子が180°回転するだけで分極率は元の値に（つまり1回転当たり2回）戻る．このように回転速度が見かけ上2倍になることが，回転ラマン分光法の選択律が $\Delta J = \pm 2$ となる理由である．

入射電場によって分子に誘起される歪みは180°回転したあとで元の値に戻る（1回転で2回戻る）こともわかる．これは，個別選択律 $\Delta J = \pm 2$ の古典論的な起源である[†]．

直線形回転子のラマンスペクトルの形は，選択律 $\Delta J = \pm 2$ を回転エネルギー準位に適用すれば予測できる（図42・8）．分子が $\Delta J = +2$ の遷移を起こすときは，分子がもとよりも高い回転状態に上がっている状態で散乱光を出すから，最初 $\tilde{\nu}_i$ であった入射放射線の波数は減少することになる．これらの遷移によってスペクトルのストークス線（入射振動数よりも低い線，「トピック40」）が生じる．

[†] 回転ラマン分光法の選択律に関する量子力学的な計算については，"Molecular quantum mechanics", Oxford University Press, Oxford (2011) を見よ．

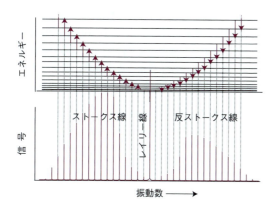

図42・8 直線形回転子の回転エネルギー準位と，ラマン選択律 $\Delta J = \pm 2$ によって許される遷移．代表的な回転ラマンスペクトルの形も示してある．レイリー線は，この図に描いたよりもずっと強いが，ラマン線がよく見えるようにするために，ずっと弱い線のように示してある．

すなわち，

$$\tilde{\nu}(J+2 \leftarrow J) = \tilde{\nu}_i - \{\tilde{F}(J+2) - \tilde{F}(J)\}$$
$$= \tilde{\nu}_i - 2\tilde{B}(2J+3)$$

直線形回転子　**ストークス線の波数**　(42・15a)

である．ストークス線は，入射放射線よりも振動数の低い側に現れ，$J = 0, 1, 2, \cdots$ に対する $\tilde{\nu}_i$ からのずれは，$6\tilde{B}$，$10\tilde{B}$，$14\tilde{B}$，$\cdots$ である．分子が $\Delta J = -2$ の遷移を起こすときは，出てくる散乱フォトンのエネルギーは増加する．これらの遷移によって，スペクトルの反ストークス線（入射振動数よりも高い線，「トピック40」）が現れる．すなわち，

$$\tilde{\nu}(J \rightarrow J-2) = \tilde{\nu}_i + \{\tilde{F}(J) - \tilde{F}(J-2)\}$$
$$= \tilde{\nu}_i + 2\tilde{B}(2J-1)$$

直線形回転子　**反ストークス線の波数**　(42・15b)

である．反ストークス線は，入射放射線よりも振動数の高い側に $6\tilde{B}$，$10\tilde{B}$，$14\tilde{B}$，$\cdots$ だけずれて現れる（ただし，$J = 2$，$3, 4, \cdots$ についてである．$J = 2$ が $\Delta J = -2$ という選択律のもとで遷移できる最低状態である）．ストークス線および反ストークス線の領域にある隣り合う線の間隔は，どちらも $4\tilde{B}$ であるから，その測定から $I_\perp$ が得られ，マイクロ波分光法の場合と全く同様に結合長を求めるのに使える．

例題42・2 ラマンスペクトルの形の予測

$^{14}N_2$ に波長 336.732 nm のレーザー光を照射したときの，回転ラマンスペクトルの形を予測せよ．ただし，この分子では $\tilde{B} = 1.99$ cm^{-1} である．

解法　静止している観測者から見ると，分子のとんぼ返り回転はその分極率を変調するから，この分子は回転ラマン活性である．ストークス線と反ストークス線は (42・15) 式で与えられる．

解答　$\lambda_i = 336.732$ nm は $\tilde{\nu}_i = 29697.2$ cm^{-1} に相当するから，(42・15a) 式と (42・15b) 式からスペクトル線の位置がつぎのように求められる．

J	$2 \leftarrow 0$	$3 \leftarrow 1$	$4 \leftarrow 2$	$5 \leftarrow 3$
ストークス線				
$\tilde{\nu}/$cm^{-1}	29685.3	29677.3	29669.3	29661.4
$\lambda/$nm	336.867	336.958	337.049	337.139

J			$2 \rightarrow 0$	$3 \rightarrow 1$
反ストークス線				
$\tilde{\nu}/$cm^{-1}			29709.1	29717.1
$\lambda/$nm			336.597	336.507

強い中心線が 336.732 nm にあって，その両側に線が現れるが，その強度は（遷移モーメントと占有数の効果の結果として）それぞれ最初増大し，のち減少する．スペクトル全体の広がりは非常に小さいので，入射光の単色性は高くなければならない．

自習問題42・3　$\tilde{B} = 9.977$ cm^{-1} の分子について，上と同じように回転スペクトルを計算せよ．

　　　[答：ストークス線：29637.3，29597.4，
　　　　　　　　29557.5，29517.6 cm^{-1}，
　　　　反ストークス線：29757.1，29797.0 cm^{-1}]

42・3　核統計と回転状態

CO_2 の回転ラマンスペクトルとともに (42・15) 式を使えば，得られる回転定数は他の C—O 結合長の測定結果とは合わない．矛盾のない結果が得られるのは，偶数の J の状態でしか分子が存在できないと考えた場合だけで，そのときのストークス線は $2 \leftarrow 0$ や $4 \leftarrow 2$ などであり，$5 \leftarrow 3$ や $3 \leftarrow 1$ などではない．

出現しないスペクトル線があることは，パウリの原理（トピック19）と，^{16}O 核がスピン 0 のボース粒子（トピック47）であることで説明がつく．すなわち，パウリの原理は，ある特定の電子状態を排除するのと同様に，ある特定の分子回転状態も排除するのである．「トピック19」で示したパウリの原理の形によれば，2個の同等なボース粒子が交換されるときは，分子の全波動関数は符号も含めたあらゆる点で無変化のままでいなければならない．たとえば，

CO_2 分子が180°回転するときには，2個の等価なO核が入れ替るから，この分子の全波動関数は変化してはならない．しかし，回転の波動関数の形（原子のs, pなどのオービタルと同じ形をもつ）を調べてみると，そのような回転をすると波動関数の符号が $(-1)^J$ だけ変化することがわかる（図42・9）．したがって，CO_2 では J の偶数値しか許されないから，ラマンスペクトルは一つおきの線しか示さないのである．

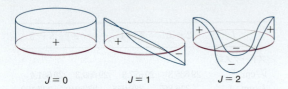

図 42・9 回転波動関数の180°回転のもとでの対称性（簡単のために，二次元回転子として示してある）．J が偶数の波動関数では符号は変わらないが，J が奇数の波動関数では符号が変わる．

ある特定の回転状態しか占有されないのは，パウリの原理に由来するのであるが，これは**核統計**[1)]によるものである．核統計は，回転によって等価な原子核が入れ替るときには，いつも考慮に入れなければならない．しかし，その結果はいつでも CO_2 の場合のように単純というわけではない．それは，核スピンが0でないときには，つぎのような複雑な事情が生じるからである．すなわち，核スピンの相対的な向きが，J が偶数の場合と奇数の場合それぞれに対して複数通りあるかもしれないのである．たとえば，水素分子やフッ素分子は，同等な2個のスピン $\frac{1}{2}$ の核からできており，これらの分子ではつぎの「根拠」で示すように，

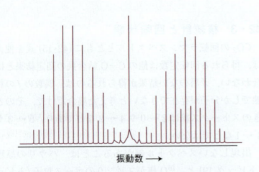

図 42・10 スピン $\frac{1}{2}$ の同じ核2個からなる二原子分子の回転ラマンスペクトルでは，核統計の結果として，強度が交互に変化する．レイリー線は，この図に描いたよりもずっと強いが，ラマン線がよく見えるようにするために，ずっと弱い線のように示してある．

J が奇数の状態を達成する仕方の数は，J が偶数の場合の3倍あるので，それに対応して，これらの分子の回転ラマンスペクトルでは，強度が交互に3:1となる（図42・10）．一般に，スピン I の原子核から成る等核二原子分子では，J が奇数および偶数の状態を実現する仕方の数の比は，

$$\frac{\text{奇数の } J \text{ を実現する仕方の数}}{\text{偶数の } J \text{ を実現する仕方の数}}$$

$$= \begin{cases} \text{半整数スピンの核では} (I+1)/I \\ \text{整数スピンの核では} I/(I+1) \end{cases}$$

等核二原子分子　核統計　(42・16)

である．水素では $I = \frac{1}{2}$ であるから，この比は3:1になる．N_2 では $I = 1$ で，比は1:2である．

根拠 42・3　核統計が回転スペクトルに及ぼす効果

水素原子核はフェルミ粒子であるから，パウリの原理の要請によって，粒子の交換に際して全波動関数の符号が変わる．しかし，H_2 分子が180°回転すると，単に原子核のラベルを付けなおすだけでなく，もっと複雑な効果を生じる．それは，核スピンが対を形成していると（↑↓；$I_{total} = 0$），そのスピン状態も交換するのに対して，スピン同士が平行であれば（↑↑；$I_{total} = 1$），そうはならないからである．

まず，スピンが互いに平行で，その状態が $\alpha(A)\alpha(B)$，$\alpha(A)\beta(B) + \alpha(B)\beta(A)$，$\beta(A)\beta(B)$ のいずれかで表される場合について考えよう．$\alpha(A)\alpha(B)$ と $\beta(A)\beta(B)$ については，分子が180°回転しても変化がないから，分子の全波動関数が符号を変えるには回転の波動関数の符号が変わらなければならない．したがって，奇数の J だけが許される．一方，$\alpha(A)\beta(B) + \alpha(B)\beta(A)$ の組合わせでは，全体として単にA ←→ Bのラベル交換だけが起こるためには，一見すると，スピンも交換しなければならないように見える．ところが，A ←→ Bのラベル交換した $\beta(A)\alpha(B) + \beta(B)\alpha(A)$ は項の順序が変わっただけで，$\alpha(A)\beta(B) + \alpha(B)\beta(A)$ と同じであるから，この場合も奇数の J だけが許されるのである．これに対して，核スピンが対のときの波動関数は $\alpha(A)\beta(B) - \alpha(B)\beta(A)$ であり，この組合わせの符号が変わるのは，（全体として単にA ←→ Bの交換だけが起こるのは）α と β を交換した場合である（図42・11）．したがって，この場合に全波動関数が符号を変えるには，回転波動関数は符号を変えないことが要求される．そのため，核スピンが対になっていれば，J の偶数値だけが許されるのである．(42・16)式の予測と一致して，奇数の J を得る

---

1) nuclear statistics

には三つの方法があるが，偶数の J を得るには一つしかない．

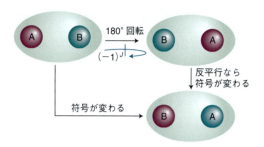

図 42·11 同じフェルミ粒子の核 2 個を交換すると，全波動関数の符号が変わる．このラベルの再調整は 2 段階で起こると考えられる．最初は分子の回転であり，2 番目は異なるスピンの交換である（原子核に違う色をつけて表してある）．両方の核が反平行スピンをもっていれば，第 2 段階で波動関数の符号が変わる．

簡単な例示 42·2 オルト水素とパラ水素

核スピンの相対的な配向が変化するのは非常に遅い過程であるから，平行な核スピンをもつ H_2 分子は，対になった核スピンをもつ分子とは別個のものとして長い期間とどまる．平行な核スピンをもつ形を，**オルト水素**[1] といい，核スピン対をもつ形は，**パラ水素**[2] という．オルト水素は，$J=0$ の状態に存在できず，非常に低い温度でも回転し続けるから，実質的に回転の零点エネルギーをもつ（図 42·12）．

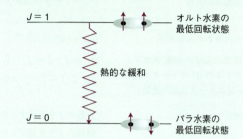

図 42·12 水素を冷却すると，平行な核スピンをもつ分子は，その到達可能な最低の回転状態，つまり $J=1$ の状態に蓄積する．これらの分子は，スピンが互いの相対的な配向を変えて反平行になる場合に限って，最低回転状態（$J=0$）に入れる．この変化は，ふつうの環境下では遅い過程なのでエネルギーがゆっくり放出される．

自習問題 42·4 BeF_2 にオルトやパラの形は存在するか．〔ヒント：(a) BeF_2 の立体構造を調べてから，(b) フッ素原子核がフェルミ粒子かボース粒子かを判定せよ．〕　　　　　　　　　　〔答：存在する〕

チェックリスト

☐ 1. 純回転遷移を調べるには，**マイクロ波分光法**と**回転ラマン分光法**がある．

☐ 2. ある分子が純回転遷移を示すためには，その分子は極性でなければならない．

☐ 3. マイクロ波分光法の個別選択律は，$\Delta J = \pm 1$, $\Delta M_J = 0, \pm 1$, $\Delta K = 0$ である．

☐ 4. 結合長と双極子モーメントは，回転スペクトルを解析すれば得られる．

☐ 5. ある分子が回転ラマン活性であるためには，その分極率が異方的でなければならない．

☐ 6. 回転ラマン分光法の個別選択律は，(i) 直線形回転子では $\Delta J = 0, \pm 2$, (ii) 対称回転子では $\Delta J = 0, \pm 1, \pm 2$；$\Delta K = 0$ である．

☐ 7. 回転スペクトルの形は，**核統計**の影響を受ける．すなわち，パウリの原理に由来する回転状態の選択的な占有が起こる．

---

1) *ortho*-hydrogen　2) *para*-hydrogen

重要な式の一覧

性　質	式	備　考	式番号
回転遷移の波数	$\tilde{\nu}(J+1 \leftarrow J) = 2\tilde{B}(J+1)$	球対称回転子と直線形回転子 （遠心歪みは無視）	42・8a
最大占有数の回転状態	$J_{\max} \approx (kT/2hc\tilde{B})^{1/2} - \frac{1}{2}$	直線形回転子	42・9
直線形回転子の回転ラマンスペクトルの (i) ストークス線と (ii) 反ストークス線の波数	(i) $\tilde{\nu}(J+2 \leftarrow J) = \tilde{\nu}_i - 2\tilde{B}(2J+3)$	$J = 0, 1, 2, \cdots$（遠心歪みは無視）	42・15a
	(ii) $\tilde{\nu}(J \rightarrow J-2) = \tilde{\nu}_i + 2\tilde{B}(2J-1)$	$J = 2, 3, 4, \cdots$（遠心歪みは無視）	42・15b
核統計	$\dfrac{\text{奇数の } J \text{ を実現する仕方の数}}{\text{偶数の } J \text{ を実現する仕方の数}}$ $= \begin{cases} \text{半整数スピンの核では } (I+1)/I \\ \text{整数スピンの核では } I/(I+1) \end{cases}$	等核二原子分子	42・16

トピック43

振動分光法：二原子分子

内容

43・1 二原子分子の振動運動
簡単な例示 43・1　二原子分子の振動の振動数

43・2 赤外分光法
簡単な例示 43・2　赤外分光法の選択概律

43・3 非調和性
例題 43・1　非調和定数の求め方

43・4 振動回転スペクトル
(a) スペクトルの枝
簡単な例示 43・3　R枝の遷移波数
(b) 結合差
簡単な例示 43・4　結合差

43・5 二原子分子の振動ラマンスペクトル
簡単な例示 43・5　振動ラマンスペクトルの選択概律

チェックリスト
重要な式の一覧

▶ **学ぶべき重要性**

振動遷移の振動数を測定すれば，分子を特定するうえで非常に重要な情報が得られるだけでなく，分子内の結合の柔軟性に関する定量的な情報も得られる．

▶ **習得すべき事項**

二原子分子の振動スペクトルは，基本的には調和振動子モデルを使って解釈できるが，適切な改良を加えれば，結合解離や回転運動と振動運動のカップリングについても説明できる．

▶ **必要な予備知識**

分子運動に関する調和振動子モデル（トピック12）と剛体回転子モデル（トピック41），分光法の一般原理（トピック40），純回転スペクトルの解釈（トピック42）について理解している必要がある．振動遷移の選択律を導出するところでは，「トピック16」の遷移に関する説明が役に立つ．

ここでは，二原子分子の振動エネルギー準位について調べ，その準位間で起こるスペクトル遷移の選択律を示そう．また，回転運動も同時に励起されると振動スペクトルの形がどう変化するのかを調べ，そのことをどう利用すれば，結合の硬さだけでなく結合長に関する情報も得られるのかを調べよう．ここで学ぶ事柄は，「トピック44」で多原子分子の振動を説明するための準備でもある．

43・1 二原子分子の振動運動

図43・1に基づいて説明を進めることにしよう．この図は，二原子分子の（図22・1に示したような）代表的なポテンシャルエネルギー曲線を示している．R_e（曲線の極小のところ）に近い領域でのポテンシャルエネルギーは放物線で近似できるから，

$$V = \tfrac{1}{2}k_f x^2 \qquad x = R - R_e$$

放物線形ポテンシャルエネルギー　　(43・1)

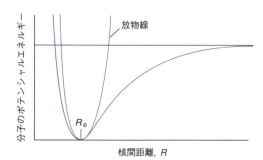

図43・1　分子のポテンシャルエネルギー曲線は，その谷の底付近では放物線で近似できる．放物線形のポテンシャルは調和振動をひき起こす．励起してエネルギーの高いところでは，放物線近似は不十分となり（真のポテンシャルはこれほど狭くない），解離極限付近では全く合わなくなる．

と書ける．k_fは結合の**力の定数**[1)]である．ポテンシャルの壁の勾配が急であるほど（結合が硬いほど），力の定数は大きい．

分子のポテンシャルエネルギー曲線の形とk_fの値の関係を調べるために，テイラー級数（数学の基礎 1）を使ってポテンシャルエネルギーをその極小のまわりに展開できることを利用する．これは，ある選んだ点（いまの場合は$x=0$に曲線の極小があるとする）の近傍で関数がどう変化するかを表す一般的な方法である．そこで，

$$V(x) = V(0) + \left(\frac{dV}{dx}\right)_0 x + \frac{1}{2}\left(\frac{d^2V}{dx^2}\right)_0 x^2 + \cdots \quad (43\cdot 2)$$

となる．$(\cdots)_0$という表し方は，中に示した導関数をまず計算してから，xを0とおくことを表している．$V(0)$という項は，任意に0とおいてもよい．Vの一階導関数は，極小のところでは0である．したがって，生き残る最初の項は，変位の2乗に比例している．小さな変位では，もっと高次の項を全部無視してもかまわないから，

$$V(x) \approx \frac{1}{2}\left(\frac{d^2V}{dx^2}\right)_0 x^2 \quad (43\cdot 3)$$

と書ける．したがって，分子のポテンシャルエネルギー曲線に対する第一近似は，放物線形ポテンシャルになるから，その力の定数を，

$$k_f = \left(\frac{d^2V}{dx^2}\right)_0 \quad \text{正式な定義} \quad \boxed{\text{力の定数}} \quad (43\cdot 4)$$

とできる．ポテンシャルエネルギー曲線がその極小付近で鋭く曲っていれば，k_fは大きく，結合は硬いことがわかる．これとは逆に，もしポテンシャルエネルギー曲線が広くて浅ければ，k_fは小さいから，その結合は簡単に伸ばしたり圧縮したりすることができる（図43・2）．

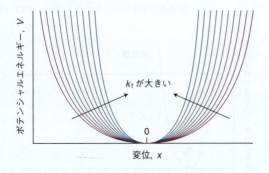

図43・2 力の定数は，平衡結合長の付近のポテンシャルエネルギーの曲率を測る尺度である．非常に狭い壁（急峻な側壁をもっていて，結合が硬い）は，k_fの大きい値に相当する．

放物線形ポテンシャルエネルギーのもとでの，質量m_1とm_2の2個の原子の相対的な運動についてのシュレーディンガー方程式は，

$$-\frac{\hbar^2}{2m_{\text{eff}}}\frac{d^2\psi}{dx^2} + \frac{1}{2}k_f x^2 \psi = E\psi \quad (43\cdot 5)$$

である．m_{eff}は**実効質量**[2)]である．

$$m_{\text{eff}} = \frac{m_1 m_2}{m_1 + m_2} \quad \text{定義} \quad \boxed{\text{実効質量}} \quad (43\cdot 6)$$

これらの式は，「トピック11」で示したのと同じ方法で導ける．しかし，ここでは変数分離の手順を使って，原子の相対的な運動を分子の全体としての運動から分離することにする．

ノート 実効質量と換算質量は区別して使わなければならない．前者は振動したときに実際に動く質量の尺度である．後者は相対的な内部運動と全体の並進運動を分離する際に現れる量である．二原子分子では両者は同じであるが，多原子分子の振動については，一般には異なる量である．この違いは重要であるが，正しく使い分けている人は少なく，どちらの質量のことも"換算質量"と書いてある本がある．

(43・5)式のシュレーディンガー方程式は，調和運動をしている質量mの粒子についての(12・3)式と同じであるから，「トピック12」の結果を使って，許される振動エネルギー準位を書き下すことができる．すなわち，

$$E_v = \left(v + \frac{1}{2}\right)\hbar\omega \qquad \omega = \left(\frac{k_f}{m_{\text{eff}}}\right)^{1/2} \qquad v = 0, 1, 2, \cdots$$

$$\text{二原子分子} \quad \boxed{\text{振動エネルギー準位}} \quad (43\cdot 7)$$

である．分子の**振動項**[3)]，つまり波数で表した振動状態のエネルギーを$\widetilde{G}(v)$で表す．すなわち，$E_v = hc\widetilde{G}(v)$とおけば，

$$\widetilde{G}(v) = \left(v + \frac{1}{2}\right)\widetilde{\nu} \qquad \widetilde{\nu} = \frac{1}{2\pi c}\left(\frac{k_f}{m_{\text{eff}}}\right)^{1/2}$$

$$\text{二原子分子} \quad \boxed{\text{振動項}} \quad (43\cdot 8)$$

となる．この振動の波動関数は，調和振動子について「トピック12」で説明したものと同じである．

重要なことは，この振動項が分子の全質量に直接依存するのではなく，分子の**実効質量**に依存することである．その依存の仕方は，物理的に見て理にかなっている．もし，原子1がコンクリートの壁のように重いとすると，$m_{\text{eff}} \approx m_2$，

---

1) force constant 2) effective mass 3) vibrational term

つまり実効質量は軽い方の原子の質量となる．そのときの振動は，静止している壁に対する軽い原子の振動になるはずである（これは，たとえば HI の場合に近似的にいえる．HI では I 原子はほとんど動かず，$m_{eff} \approx m_H$ である）．等核二原子分子では $m_1 = m_2 = m$ であるから，その実効質量は $m_{eff} = \frac{1}{2} m$ である．

簡単な例示 43・1 　二原子分子の振動の振動数

HCl の結合の力の定数は $516 \, \text{N m}^{-1}$ であり，単結合としてはふつうの値である．$^1\text{H}^{35}\text{Cl}$ の実効質量は $1.63 \times 10^{-27} \, \text{kg}$ である（この質量は，水素原子の質量 $1.67 \times 10^{-27} \, \text{kg}$ に非常に近く，したがって Cl 原子はコンクリートの壁のように働いている）．以上の値を使えば，

$$\omega = \left(\frac{516 \, \text{N m}^{-1}}{1.63 \times 10^{-27} \, \text{kg}} \right)^{1/2} \overset{\text{kg m s}^{-2}}{=} 5.63 \times 10^{14} \, \text{s}^{-1}$$

となる．これは，$\nu = \omega/2\pi = 89.5 \, \text{THz}$（$1 \, \text{THz} = 10^{12}$ Hz）に相当する．

自習問題 43・1 　$^{35}\text{Cl}_2$ の伸縮振動の振動数は 16.94 THz である．この結合の力の定数はいくらか．

[答：$328.9 \, \text{N m}^{-1}$]

43・2　赤外分光法

放射線の吸収や放出をもたらす振動状態の変化に対する選択概律は，分子の中で原子が他の原子に相対的に変位するときに，分子の電気双極子モーメントが変化しなければならない，ということである．このような振動のことを，**赤外活性**[1]であるという．この規則の古典的な根拠は，分子が振動してその双極子モーメントが変化すれば，その分子は電磁場を撹乱して振動させるし，その逆も成り立つ，というところにある（図 43・3）．もっと厳密な根拠はつぎの「根拠」に与えてある．分子は永久双極子モーメントを

もたなくてもよい．この規則が要求するのは，双極子モーメントが変化しさえすればよく，0 からの変化であってもかまわないのである．分子の双極子モーメントに影響を与えない振動もあるが（たとえば，等核二原子分子の伸縮運動），それらは，放射線を吸収することも発生することもない．このような振動を**赤外不活性**[2]であるという．

簡単な例示 43・2　赤外分光法の選択概律

等核二原子分子は，その結合がどれほど長くなっても双極子モーメントは 0 のままであるから，赤外不活性である．一方，異核二原子分子は赤外活性である．ところが，いろいろなナノ材料の内部に捕捉された等核二原子分子では，弱い赤外遷移が観測されることがある．たとえば，固体の C_{60} に取込まれた H_2 分子は，ファンデルワールス力によってまわりの C_{60} 分子と相互作用しており，これによって双極子モーメントを獲得するから，赤外スペクトルで観測可能となるのである．

自習問題 43・2 　N_2, NO, CO のなかで，どの分子が赤外活性であるか． [答：NO と CO]

赤外分光法の個別選択律は，遷移モーメントの式の解析と，調和振動子の波動関数についての積分の性質から得られる（つぎの「根拠」で示す）．それは次式で表される．

$$\Delta v = \pm 1 \quad \text{赤外分光法 \; 個別選択律} \quad (43 \cdot 9)$$

根拠 43・1　赤外分光法の選択概律と個別選択律

赤外分光法の選択概律は，分子が電子状態も回転状態も変えないときに，(42・2) 式
$[\boldsymbol{\mu}_{fi} = \int \psi_{\varepsilon_f}^* \psi_{v_f}^* Y_{J_f M_{J,f}}^* \hat{\boldsymbol{\mu}} \psi_{\varepsilon_i} \psi_{v_i} Y_{J_i M_{J,i}} \, d\tau]$ からでてくる遷移双極子モーメント $\boldsymbol{\mu}_{fi} = \int \psi_{v_f}^* \hat{\boldsymbol{\mu}} \psi_{v_i} \, d\tau$ の解析から得られる（トピック 42）．簡単のために，（二原子分子のような）一次元振動子を考えよう．電気双極子モーメントは，分子中のすべての電子とすべての原子核の位置に依存するから，核間距離が変われば変化する（図 43・4）．その平衡距離からの変位 x による変化はつぎのように書ける．

$$\mu = \mu_0 + \left(\frac{d\mu}{dx} \right)_0 x + \cdots \quad (43 \cdot 10)$$

μ_0 は，原子核が平衡距離にあるときの電気双極子モーメントである．そこで，$f \neq i$ として，変位 x が小さく 1 次の項だけを考えることにすれば，つぎのように表せる．

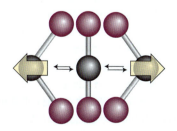

図 43・3　分子が無極性であっても，振動すれば振動双極子を生じることがあり，それは電磁場と相互作用できる．

---

1) infrared active　2) infrared inactive

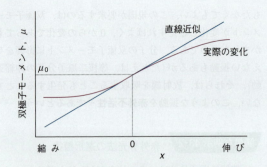

図 43·4 異核二原子分子の電気双極子モーメントの大きさは，紫色の曲線で示す変化をする．変位が小さいと，双極子モーメントの大きさは変位に比例して変わる．

$$\mu_{\text{fi}} = \mu_0 \overbrace{\int \psi_{v_\text{f}}^* \psi_{v_\text{i}} \, dx}^{0} + \left(\frac{d\mu}{dx}\right)_0 \int \psi_{v_\text{f}}^* x \psi_{v_\text{i}} \, dx$$

v の値が異なる状態は互いに直交するから（トピック12），μ_0 にかかる因子は 0 である．このことから，遷移双極子モーメントは，

$$\mu_{\text{fi}} = \left(\frac{d\mu}{dx}\right)_0 \int \psi_{v_\text{f}}^* x \psi_{v_\text{i}} \, dx \quad (43\cdot11)$$

となる．こうして，双極子モーメントが変位によって変化しない限り，右辺は 0 であることがわかる．これが赤外分光法の選択概律である．

個別選択律を求めるには，$\int \psi_{v_\text{f}}^* x \psi_{v_\text{i}} \, dx$ の値を考えればよい．それには「トピック 12」で与えたエルミート多項式を使って波動関数を書き，その性質を利用する必要がある．$\alpha = (\hbar^2/m_{\text{eff}} k_\text{f})^{1/4}$ とおけば，$x = \alpha y$ であるから（「トピック 12」の 12·8 式），

$$\int \psi_{v_\text{f}}^* x \psi_{v_\text{i}} \, dx = N_{v_\text{f}} N_{v_\text{i}} \int_{-\infty}^{\infty} H_{v_\text{f}} x H_{v_\text{i}} e^{-y^2} \, dx$$

$$= \alpha^2 N_{v_\text{f}} N_{v_\text{i}} \int_{-\infty}^{\infty} H_{v_\text{f}} y H_{v_\text{i}} e^{-y^2} \, dy$$

と書ける．この積分を計算するには，つぎの漸化式[1]を使う．

$$y H_v = v H_{v-1} + \tfrac{1}{2} H_{v+1}$$

そうすれば，

$$\int \psi_{v_\text{f}}^* x \psi_{v_\text{i}} \, dx$$
$$= \alpha^2 N_{v_\text{f}} N_{v_\text{i}} \left\{ v_\text{i} \int_{-\infty}^{\infty} H_{v_\text{f}} H_{v_\text{i}-1} e^{-y^2} \, dy \right.$$
$$\left. + \tfrac{1}{2} \int_{-\infty}^{\infty} H_{v_\text{f}} H_{v_\text{i}+1} e^{-y^2} \, dy \right\}$$
$$(43\cdot12)$$

が得られる．右辺の最初の積分は $v_\text{f} = v_\text{i} - 1$ でない限り 0 になり，2 番目の積分は $v_\text{f} = v_\text{i} + 1$ でない限り 0 になる（表 12·1）．このことから，$\Delta v = \pm 1$ でなければ遷移双極子モーメントは 0 になることがわかる．

$\Delta v = +1$ の遷移は吸収に相当し，$\Delta v = -1$ の遷移は放出である．$v + 1 \leftarrow v$ の遷移について許される振動遷移の波数を $\Delta \tilde{G}_{v + \frac{1}{2}}$ と書けば，つぎのように表せる．

$$\Delta \tilde{G}_{v + \frac{1}{2}} = \tilde{G}(v+1) - \tilde{G}(v) = \tilde{\nu} \quad (43\cdot13)$$

振動遷移が起こる波数は，電磁スペクトルの赤外領域の放射線の波数に相当しているから，振動遷移が起これば赤外線を吸収したり放出したりする．

室温では $kT/hc \approx 200 \text{ cm}^{-1}$ であり，ほとんどの振動の波数は 200 cm^{-1} よりかなり高いところにある．その結果，ボルツマン分布〔「基本概念」（テーマ 1）の「トピック 2」および「トピック 51」〕から，室温ではほとんどすべての分子は振動の基底状態にあることがわかる．したがって，おもなスペクトル遷移は，$1 \leftarrow 0$ の**基本遷移**[2]のはずである．その結果，スペクトルは，1 本の吸収線から成ると予想できる．たとえば，H$_2$ + F$_2$ ⟶ 2HF* という反応で振動励起した HF 分子（*は振動の励起状態にあるという意味で "熱い" 分子を表している）が形成された場合のように，もし振動励起状態の分子が形成されることがあれば，$5 \rightarrow 4$，$4 \rightarrow 3$ などの遷移も（放出のかたちで）現れる可能性がある．これらの線は，調和近似が成り立つ限りすべて同じ振動数のところにあり，したがってスペクトルも 1 本の線になる．しかし，すぐあとでわかるように，調和近似が破れると，それが原因で遷移の振動数がわずかに異なるところに現れるようになるから，何本もの線が観測されることになる．

43·3 非調和性

(43·8) 式の振動項は，実際のポテンシャルエネルギー曲線に対する放物線近似に基づいているから近似にすぎない．放物線では，結合の解離は起こらないから，原子間距離の長いところでは正しいはずがない．振動の高い状態まで励起されると，原子が揺れる（もっと正確には振動の波動関数が広がる）ために，このポテンシャルエネルギー曲線に対する放物線近似が悪くなり，V のテイラー展開 (43·2 式) に多数の項を残さなければならない領域にまで達するようになる．そうすると，この運動は**非調和**[3]になるが，それは復元力がもはや変位に比例しなくなるという意味である．実際の曲線は，放物線で表せるほど狭くないから，高い励起状態ではエネルギー準位の間隔は放物線の場

---

1) recursion formula 2) fundamental transition. 振動の場合は基音遷移ともいう． 3) anharmonic

合より狭くなる．

非調和性があるときにエネルギー準位を計算する一つの方法は，真のポテンシャルエネルギーにもっと似た関数を用いることである．**モースポテンシャルエネルギー**[1]，

$$V = hc\widetilde{D}_e\{1 - e^{-a(R-R_e)}\}^2 \qquad a = \left(\frac{m_{eff}\omega^2}{2hc\widetilde{D}_e}\right)^{1/2}$$

<mark>モースポテンシャルエネルギー</mark>　　（43・14）

はそのような関数である．$\widetilde{D}_e$ はポテンシャルの極小の深さである（図43・5）．井戸の極小付近では，変位に伴う V の変化の仕方は放物線に似ているが（これを確かめるには，指数関数を展開して1次の項までとればよい），(43・14) 式によると放物線とは違って変位が大きなところで解離できるようになる．このモースポテンシャルについてのシュレーディンガー方程式は解くことができて，許される振動項は，

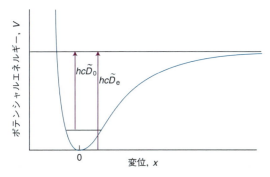

図43・5 分子の解離エネルギー $hc\widetilde{D}_0$ は，ポテンシャルの井戸の深さ $hc\widetilde{D}_e$ とは異なる．これは，結合の振動には零点エネルギーがあるためである．

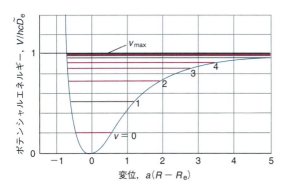

図43・6 モースポテンシャルエネルギー曲線は，分子のポテンシャルエネルギー曲線の全体としての形を再現できる．これに対応するシュレーディンガー方程式は解くことができて，準位のエネルギーの値が得られる．束縛された準位の数は有限である．

$$\widetilde{G}(v) = \left(v + \frac{1}{2}\right)\widetilde{\nu} - \left(v + \frac{1}{2}\right)^2 x_e\widetilde{\nu}$$

$$x_e = \frac{a^2\hbar}{2m_{eff}\omega} = \frac{\widetilde{\nu}}{4\widetilde{D}_e}$$

モースポテンシャルエネルギー　<mark>振動項</mark>　（43・15）

となる．無次元のパラメーター x_e を，**非調和定数**[2] という．モース振動子の振動準位の数は有限であり，図43・6に示すように $v = 0, 1, 2, \cdots, v_{max}$ となる（「問題43・5」も見よ）．$\widetilde{G}$ の式の第2項は，第1項から差引くので，この効果は v が大きくなると増大し，その結果として量子数が大きくなると準位の収束が起こる．

> **例題 43・1** 非調和定数の求め方
>
> 表43・1（巻末の「資料」を見よ）のデータを使って，^{1}H^{19}F の非調和定数 x_e を求めよ．
>
> **解法** 非調和定数は $\widetilde{\nu}$ と $\widetilde{D}_e$，(43・15) 式から求められる．ところが，表43・1には $\widetilde{D}_0 = \widetilde{D}_e - \frac{1}{2}\widetilde{\nu}$ の値が掲げてあるから（図43・5），(43・15) 式を使う前にまず $\widetilde{D}_e$ を計算する必要がある．便利な換算因子として $1\,\text{kJ mol}^{-1} = 83.593\,\text{cm}^{-1}$ が使える．
>
> **解答** ポテンシャルの極小の深さは，
>
> $$\widetilde{D}_e = \widetilde{D}_0 + \frac{1}{2}\widetilde{\nu}$$
>
> $$= \overbrace{564.4\,\text{kJ mol}^{-1} \times \frac{83.593\,\text{cm}^{-1}}{1\,\text{kJ mol}^{-1}}}^{(4.718\times 10^4\,\text{cm}^{-1})} + \frac{1}{2}\times(4138.32\,\text{cm}^{-1})$$
>
> $$= \left(4.718\times 10^4 + \frac{1}{2}\times 4138.32\right)\text{cm}^{-1}$$
>
> である．(43・15) 式によって非調和定数はつぎのように求められる．
>
> $$x_e = \frac{4138.32\,\text{cm}^{-1}}{4\times\left(4.718\times 10^4 + \frac{1}{2}\times 4138.32\right)\text{cm}^{-1}}$$
>
> $$= 2.101\times 10^{-2}$$
>
> **自習問題 43・3**　^{1}H^{81}Br の非調和定数を求めよ．
>
> ［答：2.093×10^{-2}］

モース振動子は理論的には非常に役に立つが，実用上はもっと一般的な式，

---

1) Morse potential energy　2) anharmonicity constant

$$\widetilde{G}(v) = \left(v+\tfrac{1}{2}\right)\widetilde{\nu} - \left(v+\tfrac{1}{2}\right)^2 x_e \widetilde{\nu} + \left(v+\tfrac{1}{2}\right)^3 y_e \widetilde{\nu} + \cdots \quad (43\cdot16)$$

を使って実験データに合わせたり，分子の解離エネルギーを求めたりする．$x_e, y_e, \cdots$ はその分子に固有の実験的な無次元の定数である．非調和性が存在するときには，$\Delta v = +1$ の遷移の波数は，

$$\Delta \widetilde{G}_{v+\tfrac{1}{2}} = \widetilde{G}(v+1) - \widetilde{G}(v) = \widetilde{\nu} - 2(v+1)x_e\widetilde{\nu} + \cdots \quad (43\cdot17)$$

である．(43·17)式によって，$x_e > 0$ のときは，v が大きくなると遷移は低波数の方へ移動することがわかる．

非調和性はまた，たとえ選択律 $\Delta v = \pm 1$ によって $2 \leftarrow 0, 3 \leftarrow 0, \cdots$ といった第1，第2，$\cdots$ の**倍音**[1] が禁じられていたとしても，これらの遷移に相当する弱い吸収線が別のところに現れる原因となる．たとえば，第1倍音は，

$$\widetilde{G}(v+2) - \widetilde{G}(v) = 2\widetilde{\nu} - 2(2v+3)x_e\widetilde{\nu} + \cdots \quad (43\cdot18)$$

のところに吸収を生じる．選択律は，調和振動子の波動関数の性質から導かれたものである．実際に倍音が現れる理由は，この選択律は非調和性が存在すれば近似的にしか成り立たないからである．つまり，選択律も一つの近似にすぎない．非調和振動子では Δv のあらゆる値が許されるが，非調和性がわずかであれば，$\Delta v > 1$ の遷移の許容度は小さい．

43·4 振動回転スペクトル

気相の異核二原子分子の高分解能振動スペクトルの各線は，密に詰まった多数の成分から成ることがわかっている（図43·7）．それで，分子スペクトルのことを，しばしば**バンドスペクトル**[2] という．成分の間の間隔は $10\,\mathrm{cm}^{-1}$ 以下の大きさであるから，この構造は振動遷移に付随する回転遷移によるものと考えられる．古典論では，振動遷移によって結合長が急に伸びたり縮んだりすると考えられる

から，回転も当然変化すると予想される．ちょうどアイススケーターが腕を縮めると速く回転し，腕を広げると回転が遅くなるのと同じように，分子回転も振動遷移によって加速されたり減速されたりするのである．

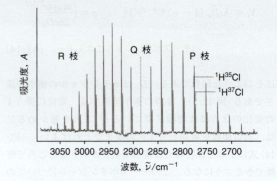

図43·7 HCl の高分解能振動回転スペクトル．$H^{35}Cl$ と $H^{37}Cl$ の両方が寄与するから（天然存在比は3：1），スペクトル線は両者が対になって現れる．この分子では $\Delta J = 0$ は禁制であるから，Q 枝はない．

(a) スペクトルの枝

振動と回転の同時変化を量子力学で詳細に解析すると，回転量子数 J は，二原子分子の振動遷移の間に ± 1 だけ変化することがわかる．もし分子が，常磁性分子である NO の電子オービタル角運動量の場合のように，その軸のまわりに角運動量をもっていると，選択律から $\Delta J = 0$ も許されることになる．

二原子分子の振動回転スペクトルの形は，つぎの振動項と回転項の一次結合 $\widetilde{S}$ を用いて考察できる．

$$\widetilde{S}(v, J) = \widetilde{G}(v) + \widetilde{F}(J) \quad (43\cdot19)$$

もし，非調和性と遠心歪みを無視すれば，右辺の第1項には(43·8)式，第2項には(41·15)式を使って，

$$\widetilde{S}(v, J) = \left(v + \tfrac{1}{2}\right)\widetilde{\nu} + \widetilde{B}J(J+1) \quad (43\cdot20)$$

とできる．もっと詳細な取扱いでは，$\widetilde{B}$ が振動状態に依存するとする．それは，v が増加すれば分子はわずかに大き

表43·1[a] 二原子分子の性質

	$\widetilde{\nu}/\mathrm{cm}^{-1}$	R_e/pm	$\widetilde{B}/\mathrm{cm}^{-1}$	$k_f/(\mathrm{N\,m}^{-1})$	$N_A hc\widetilde{D}_0/(\mathrm{kJ\,mol}^{-1})$
$^1H_2$	4400	74	60.86	575	432
$^1H^{35}Cl$	2991	127	10.59	516	428
$^1H^{127}I$	2308	161	6.51	314	295
$^{35}Cl_2$	560	199	0.244	323	239

a) 巻末の「資料」に多くの値がある．

---

1) overtone 2) band spectrum

くなり，それで慣性モーメントが変化するからである．しかし，最初はこの単純な式を使っていくことにする．

$v+1 \leftarrow v$ の振動遷移が起こるとき，J はふつう ±1 だけ変化するが，場合によっては ($\Delta J=0$ が許されるとき) 変化が 0 のこともある．このように，吸収はスペクトルの**枝**[1] という三つのグループに分かれる．**P 枝**[2] は $\Delta J=-1$ のすべての遷移から成る．すなわち，

$$\tilde{\nu}_P(J) = \tilde{S}(v+1, J-1) - \tilde{S}(v, J) = \tilde{\nu} - 2\tilde{B}J$$

P 枝の遷移 (43・21a)

である．P 枝は，$\tilde{\nu}-2\tilde{B}$, $\tilde{\nu}-4\tilde{B}$, … にある線から成り，その強度分布は，回転準位の占有数と $J \to J-1$ の遷移モーメントの大きさの両方によって決まる (図 43・8)．**Q 枝**[3] は $\Delta J=0$ のすべての線から成っており，その波数は J のあらゆる値について，

$$\tilde{\nu}_Q(J) = \tilde{S}(v+1, J) - \tilde{S}(v, J) = \tilde{\nu}$$

Q 枝の遷移 (43・21b)

である．Q 枝が (NO の場合のように) 許されるときは，振動遷移の波数の位置に現れる．図 43・7 では，Q 枝が予想される位置にギャップがあるが，これは HCl では Q 枝が禁制だからである．**R 枝**[4] は $\Delta J=+1$ の線から成る．つまり，

$$\tilde{\nu}_R(J) = \tilde{S}(v+1, J+1) - \tilde{S}(v, J)$$
$$= \tilde{\nu} + 2\tilde{B}(J+1)$$

R 枝の遷移 (43・21c)

である．R 枝は，$\tilde{\nu}$ から高波数側に $2\tilde{B}$, $4\tilde{B}$, … だけずれた線から成っている．

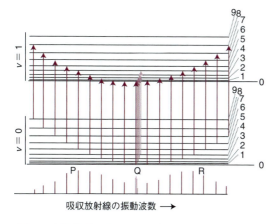

図 43・8 振動回転スペクトルにおける P 枝，Q 枝，R 枝のでき方．それぞれの強度は，遷移の出発点の回転準位の占有数と遷移モーメントの大きさを反映している．

振動遷移の P 枝と R 枝での線の間の間隔から $\tilde{B}$ の値がわかる．したがって，純回転マイクロ波スペクトルをとる必要がなく，結合長を求めることができる．しかし，純回転スペクトルの方がずっと正確である．それは，マイクロ波の振動数の方が，赤外の振動数よりもずっと正確に測定できるからである．

> **簡単な例示 43・3** R 枝の遷移波数
>
> $^1H^{81}Br$ による赤外吸収には $v=0$ の R 枝が観測される．(43・21c) 式と巻末の「資料」にある表 43・1 のデータから，$J=2$ の回転状態から生じる線の波数は，つぎのように求められる．
>
> $$\tilde{\nu}_R(2) = \tilde{\nu} + 6\tilde{B}$$
> $$= (2648.98\ \text{cm}^{-1}) + 6 \times (8.465\ \text{cm}^{-1})$$
> $$= 2699.77\ \text{cm}^{-1}$$

自習問題 43・4 $^1H^{127}I$ による赤外吸収には $v=0$ の R 枝が観測される．$J=2$ の回転状態から生じる線の波数はいくらか． 　　　　　　　　　　　[答: $2347.16\ \text{cm}^{-1}$]

(b) 結 合 差

励起した振動状態の回転定数 $\tilde{B}_1$ (一般に $\tilde{B}_v$) は，振動の基底状態の回転定数 $\tilde{B}_0$ とは違っている．この違いの原因の一つは振動の非調和性にあり，そのため励起状態では結合がわずかに伸びている．一方，非調和性がない場合でも，$1/R^2$ の平均値 $\langle 1/R^2 \rangle$ は振動状態とともに変化するから (「問題 43・10 と 43・11」を見よ)，Q 枝は (もし存在すれば) 一連の密集した線から成る．R 枝の線は J が大きくなるにつれてわずかに収束し，P 枝の方は発散する．すなわち，

$$\tilde{\nu}_P(J) = \tilde{\nu} - (\tilde{B}_1 + \tilde{B}_0)J + (\tilde{B}_1 - \tilde{B}_0)J^2$$
$$\tilde{\nu}_Q(J) = \tilde{\nu} + (\tilde{B}_1 - \tilde{B}_0)J(J+1)$$
$$\tilde{\nu}_R(J) = \tilde{\nu} + (\tilde{B}_1 + \tilde{B}_0)(J+1) + (\tilde{B}_1 - \tilde{B}_0)(J+1)^2$$

(43・22)

となる．このときの 2 個の回転定数を別々に求めるには，**結合差**[5] の方法を使う．この方法は，特定の状態に関する情報を抽出するために分光学で広く使われている．まず，ある共通の状態への遷移の波数の差を表す式をつくる．このとき得られる式は，もう一方の状態の性質だけに依存しているはずである．

図 43・9 からわかるように，$\tilde{\nu}_R(J-1)$ と $\tilde{\nu}_P(J+1)$ の遷移は，高い方の状態が共通であるから，$\tilde{B}_0$ にのみ依存する

---

1) branch　2) P branch　3) Q branch　4) R branch　5) combination difference

と予想できる．実際，(43·22) 式から，

$$\tilde{\nu}_R(J-1) - \tilde{\nu}_P(J+1) = 4\tilde{B}_0\left(J+\tfrac{1}{2}\right) \quad (43\cdot 23\mathrm{a})$$

となる．したがって，結合差を $J+\tfrac{1}{2}$ に対してプロットすれば，勾配が $4\tilde{B}_0$ の直線になるはずで，$v=0$ の状態にある分子の回転定数が得られる（直線からずれるとすれば，それは遠心歪みの結果なので，その効果についても研究できる）．同様にして，$\tilde{\nu}_R(J)$ と $\tilde{\nu}_P(J)$ とは低い方の状態が共通だから，その結合差は，高い方の状態に関する情報を与えてくれる．すなわち次式が得られる．

$$\tilde{\nu}_R(J) - \tilde{\nu}_P(J) = 4\tilde{B}_1\left(J+\tfrac{1}{2}\right) \quad (43\cdot 23\mathrm{b})$$

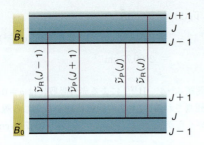

図 43·9 結合差の方法は，準位を共有する遷移があることを利用する．

> **簡単な例示 43·4 結合差**
>
> 回転定数の大小関係を調べる程度でよければ，数個の遷移を使って回転定数 $\tilde{B}_0$ と $\tilde{B}_1$ を求めることができる．$^{1}\mathrm{H}^{35}\mathrm{Cl}$ では $\tilde{\nu}_R(0) - \tilde{\nu}_P(2) = 62.6\ \mathrm{cm}^{-1}$ であり，$J=1$ の場合は，(43·23a) 式から $\tilde{B}_0 = 62.6/\{4\times(1+\tfrac{1}{2})\}\ \mathrm{cm}^{-1} = 10.4\ \mathrm{cm}^{-1}$ となる．同様にして，$\tilde{\nu}_R(1) - \tilde{\nu}_P(1) = 60.8\ \mathrm{cm}^{-1}$ であり，同じ $J=1$ の場合には，(43·23b) 式から $\tilde{B}_1 = 60.8/\{4\times(1+\tfrac{1}{2})\}\ \mathrm{cm}^{-1} = 10.1\ \mathrm{cm}^{-1}$ となる．もっと多数のデータを使って最小2乗法を適用すれば，$\tilde{B}_0 = 10.440\ \mathrm{cm}^{-1}$，$\tilde{B}_1 = 10.136\ \mathrm{cm}^{-1}$ が得られる．
>
> **自習問題 43·5**　$^{12}\mathrm{C}^{16}\mathrm{O}$ では，$\tilde{\nu}_R(0) = 2147.084\ \mathrm{cm}^{-1}$，$\tilde{\nu}_R(1) = 2150.858\ \mathrm{cm}^{-1}$，$\tilde{\nu}_P(1) = 2139.427\ \mathrm{cm}^{-1}$，$\tilde{\nu}_P(2) = 2135.548\ \mathrm{cm}^{-1}$ である．$\tilde{B}_0$ と $\tilde{B}_1$ の値を求めよ．
> 　　［答：$\tilde{B}_0 = 1.923\ \mathrm{cm}^{-1}$，$\tilde{B}_1 = 1.905\ \mathrm{cm}^{-1}$］

43·5　二原子分子の振動ラマンスペクトル

振動ラマン遷移の選択概律（つぎの「根拠」を見よ）は，分子が振動するときに分極率が変化しなければならないというものである．振動ラマン分光法で分極率が問題になるのは，フォトンと分子の衝突によって振動励起をひき起こすためには，入射放射線によって分子が縮んだり伸びたりしなければならないからである．

> **簡単な例示 43·5 振動ラマンスペクトルの選択概律**
>
> 等核二原子分子でも異核二原子分子でも，分子が振動する間には伸びたり縮んだりするから，原子核による電子の支配の状況が変化し，したがって分子の分極率は変化する．そこで，どちらのタイプの分子も振動ラマン活性である．
>
> **自習問題 43·6**　直線形で CO_2 のような無極性の分子は，ラマンスペクトルを生じるか．　　［答：生じる］

振動ラマン遷移の調和近似のもとでの個別選択律は $\Delta v = \pm 1$ である．選択概律と個別選択律のきちんとした根拠は，つぎの「根拠」にある．

根拠 43·2　振動ラマンスペクトルの選択概律と個別選択律

簡単のために，（二原子分子のような）一次元調和振動子を考えよう．まず，入射電磁放射線の振動電場 $\mathcal{E}(t)$ によって，その場の強さに比例した双極子モーメントが誘起される．これを $\mu = \alpha(x)\mathcal{E}(t)$ と書く．ここで，$\alpha(x)$ は分子の分極率であり，電場に対する応答の尺度である．このときの遷移双極子モーメントは，

$$\begin{aligned}\mu_{\mathrm{fi}} &= \int \psi_{v_\mathrm{f}}^{*}\,\alpha(x)\,\mathcal{E}(t)\,\psi_{v_\mathrm{i}}\,\mathrm{d}x \\ &= \mathcal{E}(t)\int \psi_{v_\mathrm{f}}^{*}\,\alpha(x)\,\psi_{v_\mathrm{i}}\,\mathrm{d}x \quad (43\cdot 24)\end{aligned}$$

である（分極率は座標にのみ依存するから，分極率演算子として，$\alpha(x)$ を掛けるだけで表してある）．原子核の位置が変われば，電子に及ぼす支配の状況も変化するから，結合の長さによって分極率は変わる．そこで，$\alpha(x) = \alpha_0 + (\mathrm{d}\alpha/\mathrm{d}x)_0\,x + \cdots$ と書ける．次に，「根拠 43·1」で行ったような計算を進める．ただし，(43·11) 式の $(\mathrm{d}\mu/\mathrm{d}x)_0$ を $\mathcal{E}(t)(\mathrm{d}\alpha/\mathrm{d}x)_0$ で置き換える．このとき，$\mathrm{f} \neq \mathrm{i}$ では，

$$\mu_{\mathrm{fi}} = \mathcal{E}(t)\left(\frac{\mathrm{d}\alpha}{\mathrm{d}x}\right)_0 \int \psi_{v_\mathrm{f}}^{*}\,x\,\psi_{v_\mathrm{i}}\,\mathrm{d}x \quad (43\cdot 25)$$

である．したがって，もし $(\mathrm{d}\alpha/\mathrm{d}x)_0 \neq 0$ で（すなわち，変位とともに分極率が変化する），しかも「根拠 43·1」で見たように $v_\mathrm{f} - v_\mathrm{i} = \pm 1$ であれば，その場合に限ってその振動はラマン活性である．

入射放射線の高振動数側の線，つまり「トピック40」で導入した用語でいえば"反ストークス線"は $\Delta v = -1$ の線である．低振動数側の線，つまり"ストークス線"は $\Delta v = +1$ に相当する．反ストークス線とストークス線の強度は，主として遷移に関与する振動状態のボルツマンの占有数に支配される．そこで，遷移前に励起振動状態にある分子はごくわずかしかないから，反ストークス線はふつう弱いことがわかる．

気相のスペクトルでは，ストークス線にも反ストークス線にも枝構造があるが，これは，振動励起に伴って同時に起こる回転遷移から生じるものである（図43・10）．このときの選択律は（純回転ラマンスペクトルと同様に）$\Delta J = 0, \pm 2$ であり，**O枝**（$\Delta J = -2$），**Q枝**（$\Delta J = 0$），**S枝**（$\Delta J = +2$）を生じる．観測されるラマンシフトの振動波数は，

$$\Delta \tilde{\nu}_O(J) = \tilde{\nu}_i - \tilde{\nu} - 2\tilde{B}(2J-1) \quad \text{O枝}$$
$$\Delta \tilde{\nu}_Q(J) = \tilde{\nu}_i - \tilde{\nu} \quad \text{Q枝} \quad (43 \cdot 26)$$
$$\Delta \tilde{\nu}_S(J) = \tilde{\nu}_i - \tilde{\nu} + 2\tilde{B}(2J+3) \quad \text{S枝}$$

である．$\tilde{\nu}_i$ は入射放射線の波数である．赤外分光法と違って，あらゆる直線分子について，Q枝が観測にかかることに注意しよう．一例として，COのスペクトルを図43・11に示す．Q枝に構造が生じるのは，高い方と低い方の振動状態の回転定数が異なるためである．

振動ラマンスペクトルによって等核二原子分子も研究できるから，そこから得られる情報が赤外分光法からのものに加わると，情報は豊富になる．両方のスペクトルを，力の定数，解離エネルギー，結合長を使って解釈することができる．得られた情報の一部が表43・1に示してある．

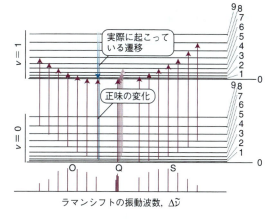

図43・10 直線形回転子の振動回転ラマンスペクトルにおけるO枝，Q枝，S枝のでき方．エネルギーの高い側の遷移（右側）は入射ビームから大きなエネルギーを奪うから，散乱線の振動数は入射ビームより低くなる．

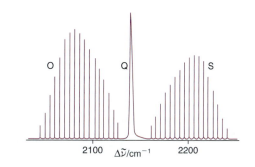

図43・11 一酸化炭素の振動ラマンスペクトルに現れる振動線の構造．O枝，Q枝，S枝を示してある．横軸は，入射放射線と散乱放射線の波数差を表している．

チェックリスト

☐ 1. 調和振動子モデルで表せば，二原子分子の振動エネルギー準位は，（結合の硬さの尺度である）**力の定数** k_f とその振動の**実効質量**に依存する．

☐ 2. 赤外スペクトルの選択概律は，分子内の原子が相対的に変位したとき，分子の電気双極子モーメントは変化しなければならないというものである．

☐ 3. 赤外スペクトルの個別選択律は（調和近似の範囲内では）$\Delta v = \pm 1$ である．

☐ 4. **モースポテンシャルエネルギー関数**を使えば非調和運動を表せる．

☐ 5. 最も強い赤外遷移は**基本遷移**（$v = 1 \leftarrow v = 0$）である．

☐ 6. 非調和性によって**倍音遷移**（$v = 2 \leftarrow v = 0$, $v = 3 \leftarrow v = 0$ など）が生じる．

☐ 7. 気相における振動遷移には，同時に回転遷移が起こることによる **P, Q, R の枝構造**がある．

☐ 8. ある振動が**ラマン活性**であるためには，分子が振動したときに分極率が変化しなければならない．

☐ 9. 振動ラマンスペクトルの個別選択律は（調和近似の範囲内では）$\Delta v = \pm 1$ である．

☐ 10. 気相のラマンスペクトルに現れるストークス線と反ストークス線には **O, Q, S の枝構造**がある．

重要な式の一覧

性　質	式	備　考	式番号
振動項（二原子分子）	$\tilde{G}(v) = (v + \frac{1}{2})\tilde{\nu}, \quad \tilde{\nu} = (1/2\pi c)\,(k_f/m_{eff})^{1/2}$	単純な調和振動子	43·8
赤外スペクトル（振動）	$\Delta\tilde{G}_{v+\frac{1}{2}} = \tilde{\nu}$	単純な調和振動子	43·13
モースポテンシャル　　　　　エネルギー	$V = hc\tilde{D}_e\{1 - e^{-a(R-R_e)}\}^2,$ $a = (m_{eff}\,\omega^2/2hc\tilde{D}_e)^{1/2}, \quad m_{eff} = m_1 m_2/(m_1 + m_2)$		43·14
振動項（モースポテン　　　　シャルエネルギー）	$\tilde{G}(v) = \left(v + \frac{1}{2}\right)\tilde{\nu} - \left(v + \frac{1}{2}\right)^2 x_e \tilde{\nu},$ $x_e = \tilde{\nu}/4\tilde{D}_e$		43·15
赤外スペクトル（振動）	$\Delta\tilde{G}_{v+\frac{1}{2}} = \tilde{\nu} - 2(v+1)x_e\tilde{\nu} + \cdots$	非調和振動子	43·17
	$\tilde{G}(v+2) - \tilde{G}(v) = 2\tilde{\nu} - 2(2v+3)x_e\tilde{\nu} + \cdots$	倍 音	43·18
赤外スペクトル（振動回転）	$\tilde{S}(v, J) = (v + \frac{1}{2})\tilde{\nu} + \tilde{B}J(J+1)$	振動にカップルした回転	43·20
	$\tilde{\nu}_P(J) = \tilde{S}(v+1, J-1) - \tilde{S}(v, J) = \tilde{\nu} - 2\tilde{B}J$	P 枝（$\Delta J = -1$）	43·21a
	$\tilde{\nu}_Q(J) = \tilde{S}(v+1, J) - \tilde{S}(v, J) = \tilde{\nu}$	Q 枝（$\Delta J = 0$）	43·21b
	$\tilde{\nu}_R(J) = \tilde{S}(v+1, J+1) - \tilde{S}(v, J) = \tilde{\nu} + 2\tilde{B}(J+1)$	R 枝（$\Delta J = +1$）	43·21c
	$\tilde{\nu}_R(J-1) - \tilde{\nu}_P(J+1) = 4\tilde{B}_0(J + \frac{1}{2})$	結合差	43·23a
	$\tilde{\nu}_R(J) - \tilde{\nu}_P(J) = 4\tilde{B}_1(J + \frac{1}{2})$		43·23b
ラマンスペクトル（振動回転）	$\Delta\tilde{\nu}_O(J) = \tilde{\nu}_i - \tilde{\nu} - 2\tilde{B}(2J-1)$	O 枝（$\Delta J = -2$）	43·26
	$\Delta\tilde{\nu}_Q(J) = \tilde{\nu}_i - \tilde{\nu}$	Q 枝（$\Delta J = 0$）	
	$\Delta\tilde{\nu}_S(J) = \tilde{\nu}_i - \tilde{\nu} + 2\tilde{B}(2J+3)$	S 枝（$\Delta J = +2$）	

トピック44

振動分光法： 多原子分子

内 容

44・1 基準振動モード
    簡単な例示 44・1　基準振動モードの数

44・2 多原子分子の赤外吸収スペクトル
    例題 44・1　赤外分光法の選択概律の使い方
    例題 44・2　赤外スペクトルの解釈

44・3 多原子分子の振動ラマンスペクトル
    簡単な例示 44・2　多原子分子の
                                    ラマン活性なモード

44・4 対称性から見た分子振動
    例題 44・3　基準振動モードの
                                    対称種の求め方
  (a) 基準振動モードの赤外活性
    簡単な例示 44・3　基準振動モードの
                                    赤外活性
  (b) 基準振動モードのラマン活性
    簡単な例示 44・4　基準振動モードの
                                    ラマン活性

チェックリスト
重要な式の一覧

▶ 学ぶべき重要性

振動スペクトルを解析すれば，気相や凝縮相にある多原子分子を特定し，そのコンホメーションや剛直性などに関する情報が得られる．合成材料や生体細胞などのきわめて複雑な系であっても，同じように調べることができる．

▶ 習得すべき事項

多原子分子の振動スペクトルは，分子内の原子がカップルした調和運動として説明できる．

▶ 必要な予備知識

分子運動の調和振動子モデル（トピック 12），分光

法の一般原理（トピック 40），赤外分光法とラマン分光法の選択律（トピック 43）についてよく理解している必要がある．赤外活性やラマン活性の振動を対称性の観点から取扱うには，「トピック 31～33」で学んだ概念が必要になる．

二原子分子には振動モードは 1 個しかない．それは結合の伸縮モードである．一方，多原子分子では結合長や結合角がすべて変化できるから，多数の振動モードが存在することになり，場合によっては数百に及ぶこともあるから，振動スペクトルは非常に複雑である．それにもかかわらず，赤外およびラマン分光法を使えば，動物や植物の組織のような大きな系の構造についての情報も得られる．ラマン分光法は，種々のナノ材料，とりわけカーボンナノチューブの特徴を調べるには特に有用である．

44・1 基準振動モード

まず，多原子分子の振動モードの総数を計算しよう．次に，これらの原子変位をうまく組合わせることによって，振動を最も単純なかたちで記述できることを示そう．

つぎの「根拠」で示すように，N 個の原子からなる分子の独立な運動モードの数は，つぎのようにその分子が直線形か非直線形かで異なる．

直線形分子：　　$3N - 5$

非直線形分子：　$3N - 6$

> **簡単な例示 44・1** 基準振動モードの数
>
> 水，H_2O は非直線形三原子分子であり，$N = 3$ であるから，$3N - 6 = 3$ 個の振動モード（および 3 個の回転モード）がある．CO_2 は直線形三原子分子であり，$3N - 5 = 4$ 個の振動モード（回転モードは 2 個だけ）がある．$N \approx 500$ の原子からなる生体高分子では，独立 1500 通りに近い仕方で振動することができる．

> **自習問題 44・1** ナフタレン ($C_{10}H_8$) には何個の基準振動モードがあるか. [答：48]

根拠 44・1　振動モードの数

1個の原子の位置は3個の座標で指定できる. 原子がN個あれば, その位置を指定するのに必要な座標の総数は$3N$である. 各原子は, その3個の座標(x, y, z)の一つを変えることによってその位置を変えることができるから, とりうる変位の総数は$3N$である. これらの変位は, 物理的な実体に即した方法で分類できる. たとえば, 分子の質量中心の位置を指定するために3個の座標が必要であるから, $3N$個の変位のうちの3個は分子全体としての並進運動に対応する. 残りの$3N-3$個は, 質量中心を動かさない並進以外の分子の"内部"モードである.

空間で1個の直線形分子の方位を指定するには, 二つの角度が必要である. 実際には, 分子軸が向いている方向の緯度と経度だけを指定すればよい (図44・1a). しかし, 非直線形分子では, 緯度と経度で決めた方向のまわりの分子の方位も指定する必要があるから, 3個の角度が必要となる (図44・1b). したがって, $3N-3$個の内部変位のうちの2個 (直線形分子) あるいは3個 (非直線形分子) は, 回転変位である. そうすると, 原子の相対的な変位として, $3N-5$個 (直線形分子) または$3N-6$個 (非直線形分子) が残る. これらは振動モードである. このことから, 振動モードの数N_{vib}は, 直線形分子では$3N-5$, 非直線形分子では$3N-6$になる.

個を表す方法として, 図44・2aのモード (ν_Lとν_R) が考えられるだろう. この図には, 一方の結合の伸縮 (ν_L) ともう一方の結合の伸縮 (ν_R) を示してある. しかし, 伸縮運動のこの表し方には難点がある. すなわち, 一方のCO結合の振動が励起されればC原子の運動を介して他方のCO結合の運動が起こるから, ν_Lとν_Rの間にはエネルギーのやりとりが起こり, この二つのモードは互いに独立でない. また, どちらの振動が起こっても, 分子の質量中心の位置は変化してしまうのである.

そこで, ν_Lとν_Rの一次結合をとれば, 伸縮振動の表し方はもっと簡単になる. たとえば, 一つの一次結合は図44・2bのν_1である. これは**対称伸縮**[1]であって, このモードでは, C原子は両端から同時に力を加えられ, この運動はいつまでも続く. もう一つのモードはν_3で, これは**逆対称伸縮**[2]である. このモードでは, 二つのO原子が常に同じ方向に, しかもCの運動とは逆向きに動く. この二つのモード (ν_1とν_3) は, 一方が励起されても, それによって他方が励起されることはないという意味で独立である. この両者は, この分子の二つの"基準振動", すなわち分子の独立で集団的な振動変位である. 残る二つの基準振動 (図44・2c) は, 変角モードν_2である. 一般に, **基準振動**[3]とは, 原子または原子集団の独立な同期した運動であって, その運動が励起されても, それが他のいかなる基準振動の励起もひき起こすことはなく, また, 分子全体としての並進や回転を伴うこともない振動をいう.

CO_2のこの4個の基準振動や一般の多原子分子の場合のN_{vib}個の基準振動は, 分子振動を解釈するための鍵になる. 個々の基準振動モードqは, (非調和性を無視すれ

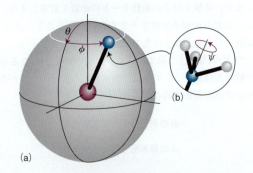

図 44・1 (a) 直線形分子の配向を表すには, 2個の角度を指定する必要がある. (b) 非直線形分子の配向を表すには, 3個の角度を指定する必要がある.

次のステップは, 各モードを表す最良の方法を見いだすことである. たとえば, CO_2の4個の振動モードのうち2

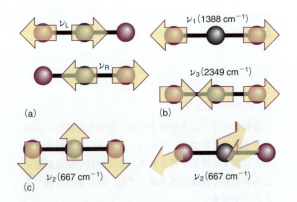

図 44・2 CO_2の振動の2通りの表し方. (a) この二つの伸縮モードは独立でなく, もし一方のC−O基が励起されると, もう一方が振動を始める. これらは分子振動の基準振動モードではない. (b) 対称伸縮 (ν_1) と逆対称伸縮 (ν_3) とは独立であって, 一方が他方に影響することなく励起できる. これらのモードは基準振動モードである. (c) 二つの互いに垂直な変角運動 (ν_2) も基準振動モードである.

---

1) symmetric stretch　2) antisymmetric stretch　3) normal mode

ば) 独立な調和振動子のように振舞うから, それぞれがつぎのような一連の項をもつ.

$$\tilde{G}_q(v) = \left(v + \frac{1}{2}\right)\tilde{\nu}_q \qquad \tilde{\nu}_q = \frac{1}{2\pi c}\left(\frac{k_{f,q}}{m_q}\right)^{1/2}$$

基準振動モードの振動項　(44・1)

$\tilde{\nu}_q$ はモード q の波数で, そのモードの力の定数 $k_{f,q}$ とそのモードの実効質量 m_q に依存する. 基準振動モードの実効質量は, その振動によって揺れる質量の尺度であるが, 一般に, 原子の質量の複雑な関数である. たとえば, CO_2 の対称伸縮では, C原子は静止しており, 実効質量は, O原子だけの質量によって決まる. 逆対称伸縮や変角においては, 3個の原子が全部動くから, 全部の原子が実効質量に寄与する. H_2O の3個の基準振動モードを図44・3に示してある. 主として変角モード (ν_2) は, ほかの, 主として伸縮モードよりも低い振動数をもっていることに注目しよう. 一般の場合, 変角運動の振動数は伸縮モードの振動数よりも低い. はっきりさせておかなければならない点は, (CO_2 分子のような) 特別な場合に限って, 基準振動モードは純粋な伸縮や純粋な変角の振動モードになる, ということである. 一般の基準振動モードは, 結合の伸縮と変角とが同時に起こる混成運動である. これに関係してもう一つ注意すべき点は, 基準振動モードでは一般に, 重い原子は軽い原子より少ししか動かないということである.

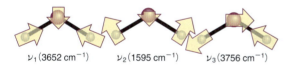

ν_1 (3652 cm^{-1}) $\quad$ ν_2 (1595 cm^{-1}) $\quad$ ν_3 (3756 cm^{-1})

図 44・3 H_2O の3個の基準振動モード. ν_2 モードは主として変角振動で, 他の二つの伸縮振動よりも低波数に現れる.

多原子分子の振動状態は, 各基準振動モードの振動量子数 v によって特定できる. たとえば, 基準振動モードが3個ある水分子の場合は, その振動状態は (v_1, v_2, v_3) で指定できる. ここで, v_i は基準振動モード i の振動量子数である. したがって, H_2O 分子の振動の基底状態は $(0, 0, 0)$ である.

44・2 多原子分子の赤外吸収スペクトル

赤外活性についての選択規律は, <u>基準振動モードに対応する運動に伴って, 双極子モーメントが変化しなければならない</u>, ということである. ある基準振動モードが赤外活性かどうかを判定するのに, 原子の動きを見ただけでわかる場合がある. たとえば, CO_2 の対称伸縮では双極子モー

メントが0のまま変化しないから (図44・2を見よ), このモードは赤外不活性である. しかし, 逆対称伸縮では, 分子は振動する際に非対称になるから, 双極子モーメントが変化するのでこのモードは赤外活性である. この場合, 双極子モーメントの変化は分子主軸に平行であるから, このモードがひき起こす遷移は, スペクトルにおいて **平行バンド**[1] として分類される. 変角モードは両方とも赤外活性である. どちらのモードも主軸に垂直な双極子の変化を伴うから, これに関係する遷移はスペクトルの **垂直バンド**[2] になる.

例題 44・1 赤外分光法の選択規律の使い方

つぎの分子のうちどれが赤外活性か. N_2O, OCS, H_2O, $CH_2=CH_2$

解法 赤外活性な分子には, その振動によって変化する双極子モーメントがある. そこで, 分子がねじれたときに双極子モーメントが変化するかどうか (0からの変化でもよい) で判定すればよい.

解答 これらの分子すべてには, 双極子モーメントの変化をもたらす基準振動モードが少なくとも一つあるから, すべて赤外活性である. ここでも, 複雑な分子の全部のモードが赤外活性というわけでないことに注意しよう. たとえば, $CH_2=CH_2$ の振動で, C=C 結合が伸び縮みするモードは (このとき, どのC−H結合も振動したり, 同期して伸縮したりすることがない), 双極子モーメントが0のまま変化しないから赤外不活性である (図44・4).

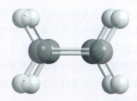

図 44・4 $CH_2=CH_2$ (エテン) の赤外不活性な基準振動モード.

自習問題 44・2 C_6H_6 の基準振動で, 赤外活性でない振動モードを示せ.

[答: 炭素−炭素結合すべてが同期して伸縮する "呼吸" モード. このモードでは, どのC−H結合も振動したり, 同期して伸縮したりすることがない (「図44・5」を見よ).]

---

1) parallel band　2) perpendicular band

図44・5 C_6H_6（ベンゼン）の赤外不活性な基準振動モード．

赤外活性のモードは，調和近似のもとでは個別選択律 $\Delta\nu_q = \pm 1$ に支配されるから，それぞれの活性モードの基本遷移（"第一高調波"，基音）の波数は $\tilde{\nu}_q$ である．多原子分子には複数の基本遷移がある．たとえば，赤外活性の基準振動モードが3個ある分子のスペクトルには，$(1,0,0) \leftarrow (0,0,0)$, $(0,1,0) \leftarrow (0,0,0)$, $(0,0,1) \leftarrow (0,0,0)$ という三つの基本遷移が見られる．それとはべつに，$(1,1,0) \leftarrow (0,0,0)$ のような2個以上の基準振動モードが励起した遷移に相当する**結合バンド**[1]が見られることもある．また，振動の非調和性（トピック43）が問題になる場合には，$(2,0,0) \leftarrow (0,0,0)$ のような倍音遷移が現れることもある．

スペクトルの解析をすれば，分子のいろいろな部分の硬さがわかる．すなわち，全原子のあらゆる変位に対応する力の定数の組，**力場**[2]をつくることができる．同じ力場は，「トピック28～30」で説明した半経験的方法やアブイニシオ法，密度汎関数法などの計算手法を使って求めることもできる．この単純な力場の図式に，非調和性や分子回転の効果から生じる複雑さが重なり合うのである．気相では回転遷移が振動スペクトルに影響を及ぼし，それは二原子分子の場合と同様であるが（トピック43），多原子分子はふつう非対称回転子で表されるから，現れるバンド構造は非常に複雑なものになる．

液体や固体の場合は，分子が自由に回転できない．たとえば，液体中では，分子は別の分子と衝突するまでにほんの数度の角度しか回転できないから，その回転状態は頻繁に変化する．このように分子の配向をランダムに変える回転運動を**タンブリング**[3]という．液体中ではこのような分子衝突が繰返されるため，回転状態の寿命は非常に短いから，ほとんどの場合，回転エネルギーは不明確になる．このような衝突が約 $10^{13}\,\text{s}^{-1}$ の頻度で起こり，その衝突で分子の回転状態を変えるのに成功する割合をたった10パーセントと見積もったとしても，$1\,\text{cm}^{-1}$ 以上の寿命幅（40・

14式を $\delta\tilde{\nu} \approx 1/2\pi c\tau$ の形で使って求める）が容易に生じる．この効果によって，振動スペクトルの回転構造はぼやけてしまうので，凝縮系の分子の赤外スペクトルは，気相の高分解能スペクトルの全領域を被う幅広い線からできていて，枝構造を示さないのが普通である．

凝縮相試料への赤外分光法の重要な応用に化学分析がある．この試料ではランダムな衝突によって回転構造がぼやけるために，スペクトルがかえって単純になり，化学分析にはむしろ歓迎すべきことなのである．ある分子中のいろいろな基の振動スペクトルがその基に特有の振動数に吸収を生じるが，これは，非常に大きな分子においても，その基準振動が，原子の小さなグループの運動によって支配されることが多いためである．小さな基の運動から生じたものとわかっている振動バンドの強度についても，その基がどんな分子に入っているかによらず，同様な現れ方をする．その結果，ある試料中の分子は，その赤外スペクトルを調べ，特性振動数（表44・1）と強度の表を参照して同定できる場合が多い．

表44・1[a] 代表的な振動の波数

振動の型	$\tilde{\nu}/\text{cm}^{-1}$
C–H 伸縮	2850～2960
C–H 変角	1340～1465
C–C 伸縮, 変角	700～1250
C=C 伸縮	1620～1680

a) 巻末の「資料」に多くの値がある．

例題44・2　赤外スペクトルの解釈

ある有機化合物の赤外スペクトルを図44・6に示す．この物質を推定せよ．

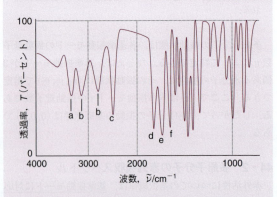

図44・6 試料を臭化カリウムとともにディスクに成形してとった赤外吸収スペクトルの例．「例題44・2」で説明するように，この物質は $O_2NC_6H_4-C\equiv C-COOH$ と同定できる．

---

1) combination band　2) force field　3) tumbling

解法 波数 1500 cm^{-1} 以上の特徴を見て，表 44·1 のデータと比較すれば，この物質が何かがわかる．

解答 (a) ベンゼン環の C-H 伸縮だから，これはベンゼン置換体である．(b) カルボン酸の O-H 伸縮だから，カルボン酸である．(c) 共役 C≡C 基の強い吸収があるから，これはアルキン置換体である．(d) この強い吸収は炭素–炭素多重結合と共役したカルボン酸特有のものである．(e) ベンゼン環の特性振動だから，(a) の推論を裏付ける．(f) 炭素–炭素多重結合についたニトロ基($-NO_2$)の特性吸収だから，ニトロ置換ベンゼンであろう．結局この分子は，構成成分としてベンゼン環，芳香族炭素–炭素結合，$-COOH$ 基，$-NO_2$ 基を含んでいる．実はこの分子は $O_2N-C_6H_4-C\equiv C-COOH$ である．もっと詳しい解析と指紋領域の比較をすると，1,4 異性体であることがわかる．

自習問題 44·3 図 44·7 の赤外スペクトルを与える有機化合物は何かを推定せよ．〔ヒント：この化合物の分子式は C_3H_5ClO である．〕〔答：$CH_2=CClCH_2OH$〕

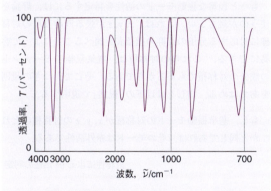

図 44·7 自習問題 44·3 で取上げたスペクトル

44·3 多原子分子の振動ラマンスペクトル

分子の基準振動モードは，その振動に伴って分極率の変化が起こるならばラマン活性である．基準振動モードの赤外活性とラマン活性について，分子の対称性に基づく解析をもっと綿密に行えば，つぎの**相互禁制律**[1]が得られる．

分子に対称中心があれば，赤外活性かつラマン活性なモードはない． 　**相互禁制律**

(ただし，どちらにも不活性なモードはある．) あるモードで分子の双極子モーメントが変化するかどうかは，直感的に判断できることが多いから，この相互禁制律を使ってラマン活性でないモードを判別できる．

簡単な例示 44·2 多原子分子のラマン活性なモード

CO_2 の対称伸縮モードでは分子が伸び縮みする．この運動は分子の分極率を変化させるから，このモードはラマン活性である．CO_2 の他のモードは分極率を変化させないから，ラマン不活性である．また，CO_2 には対称中心があるから，この分子には相互禁制律が適用できる．

自習問題 44·4 H_2O や CH_4 に相互禁制律が適用できるか． 〔答：適用できない．どちらの分子にも対称中心がないから．〕

ラマン線を特定の振動モードに帰属するのに，散乱光の偏光状態に注目すれば助けになる．ある線の**偏光解消度**[2] ρ とは，入射光の偏光面に垂直に偏光した散乱光の強度 $I_\perp$ と平行に偏光した散乱光の強度 $I_\parallel$ の比のことである．すなわち，

$$\rho = \frac{I_\perp}{I_\parallel} \qquad \text{定義 \quad 偏光解消度} \quad (44·2)$$

である．ρ を求めるには，偏光フィルター("半波長板")を使って，まず入射ビームの偏光に平行なラマン線の強度を測定し，ついで垂直な成分の強度を測定する．もし出てくる光が偏光していなければ，両者の強度は同じであるから，ρ は 1 に近くなる．一方，はじめの偏光のままであれば，$I_\perp = 0$ であるから $\rho = 0$ となる (図 44·8)．ある線の ρ が 0.75 に近いかこれより大きければ，その線は**偏光解消された**[3] 線と分類し，$\rho < 0.75$ であれば**偏光している**[4] ものとする．全対称振動だけが偏光した線を与え，入射光の偏光はほとんど保存される．全対称でない振動では，入射光が垂直方向にも散乱光を生じるので，この振動は偏光解消された線を与える．

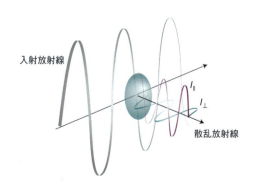

図 44·8 ラマン散乱における偏光解消度 ρ を指定するために使う平面の定義．

---

1) exclusion rule 2) depolarization ratio 3) depolarized 4) polarized

44・4 対称性から見た分子振動

基準振動モード, とりわけ複雑な分子の基準振動モードを扱うための最も有力な方法の一つは, 基準振動モードをその対称に従って分類することである.「トピック31～33」で示したように, 各基準振動モードは, 分子の点群の対称種のどれかに属していなければならない.

> **例題 44・3** 基準振動モードの対称種の求め方
>
> CH_4 の基準振動モードの対称種を求めよ. この分子は T_d 群に属している.
>
> **解法** 手順の第1段階は, 分子の点群の指標を使って, 原子の $3N$ 個の変位座標のすべてが張る既約表現の対称種を見いだすことである. もし変位がある対称操作のもとで変化しなければ, その指標を1と数え, 符号が変れば -1 とし, 別の変位に変化すれば0と数える, というふうにして指標を求める. 次に, 並進の対称種を差し引く. 並進変位は, x, y, z と同じ対称種を張るから, 指標表の右端の欄から得られる. 最後に, 回転の対称種を差し引く. これも指標表に与えられている (そこには R_x, R_y, R_z と記されている).
>
> **解答** $3×5=15$ の自由度があり, そのうち $(3×5)-6=9$ が振動である. 図44・9を見ながら考えよう. E のもとでは, どの変位座標も変化しないから, その指標は15である. C_3 のもとでは, そのままで変化しない変位はないから, その指標は0である. 図に示した C_2 回転のもとでは, 中心原子の z 方向の変位は変化しないが, その x および y 成分は両方とも符号が変わる. したがって, $\chi(C_2)=1-1-1+0+0+\cdots=-1$ となる. 図に示してある S_4 のもとでは, 中心原子の z 方向の変位が反転するから, $\chi(S_4)=-1$ である. σ_d のもとでは, C, H_3, H_4 の x および z 方向の変位は変化しないが, y 方向の変位は反転するから, $\chi(\sigma_d)=3+3-3=3$ である. したがって, 指標は $15, 0, -1, -1, 3$ となる. 直積を分解する (トピック33) ことによって, この表現は $A_1+E+T_1+3T_2$ を張ることがわかる. 並進は T_2 を張り, 回転は T_1 を張

る. そこで9個の振動は A_1+E+2T_2 を張ることになる. これらの振動モードを図44・10に示す. すぐあとで, どのモードが活性かを対称性の解析から判別する迅速な方法が得られることがわかる.

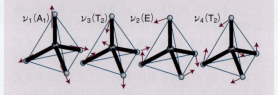

図 44・10 正四面体分子の代表的な基準振動モード. 実際には, E 対称種のモードは2個, 2種類ある T_2 対称種のモードは3個ずつ存在している.

> **自習問題 44・5** H_2O の基準振動モードの対称種は何か.　　　　　　　　　　　　　　　[答: $2A_1+B_2$]

(a) 基準振動モードの赤外活性

もっと複雑な振動モードの活性を判定するには, 群論を使うのが最もよい. これは, x, y, z が張る既約表現の対称種に対応する分子の点群の指標表を調べることによって容易にできる. これらの対称種は, 電気双極子モーメントの成分の対称種でもあるからである. そこで, つぎの規則をあてはめる. 詳しくは以下の「根拠」で説明する.

もし, 基準振動モードの対称種が x, y, z の対称種のどれかと同じであれば, そのモードは赤外活性である.

　　　　　　　　　　　　　　　対称性による IR 活性の判定

> **簡単な例示 44・3** 基準振動モードの赤外活性
>
> CH_4 の基準振動モードのどれが IR 活性かを判定するために, 例題44・3で求めたように, この基準振動モードの対称種が A_1+E+2T_2 であることに注目しよう. そこで, T_d 群では変位 x, y, z が T_2 を張るから, T_2 モードだけが赤外活性である. これらのモードに伴う変形は双極子モーメントの変化を生じる. A_1 モードは不活性で, これは分子の対称的な"呼吸"モードである.
>
> **自習問題 44・6** H_2O のどの基準振動モードが赤外活性か.　　　　　　　　　　　　　[答: 三つのモード全部]

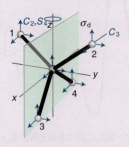

図 44・9 CH_4 の原子の変位と指標を計算するのに用いる対称要素.

根拠 44・2 基準振動モードの赤外活性の判定

上の規則は, 遷移双極子モーメントの形から導かれる

トピック44 振動分光法：多原子分子 431

ものである（トピック16）．すなわち，遷移モーメントの x 成分については $\mu_{\mathrm{fi},x} \propto \int \psi_{v_{\mathrm{f}}}^{*}\, x\, \psi_{v_{\mathrm{i}}}\, \mathrm{d}x$ であり，他の二つの成分についても同様の式が成り立つ．x 方向に振動する調和振動子が，その基底状態（$v_{\mathrm{i}}=0$）から第一励起状態（$v_{\mathrm{f}}=0$）へと遷移するとしよう．$\psi_0 \propto \mathrm{e}^{-x^2}$ および $\psi_1 \propto x\mathrm{e}^{-x^2}$ であるから（トピック12），遷移双極子モーメントの各成分はつぎの形をしている．

- x 方向では

$$\int_{-\infty}^{+\infty} \overbrace{x\mathrm{e}^{-x^2}}^{\psi_1}\, \overbrace{x}^{\mu_x}\, \overbrace{\mathrm{e}^{-x^2}}^{\psi_0}\, \mathrm{d}x = \int_{-\infty}^{+\infty} x^2\, \mathrm{e}^{-2x^2}\, \mathrm{d}x$$

となる．計算すればわかるが，この積分は 0 ではない．

- y 方向では $\displaystyle\int_{-\infty}^{+\infty} xy\, \mathrm{e}^{-2x^2}\, \mathrm{d}x$ ，

z 方向では $\displaystyle\int_{-\infty}^{+\infty} xz\, \mathrm{e}^{-2x^2}\, \mathrm{d}x$ となる．

どちらも計算すれば 0 になることがわかる．

したがって，この励起状態の波動関数は，変位 x と同じ対称性をもっていなくてはならない．

(b) 基準振動モードのラマン活性

群論は，基準振動モードのラマン活性を判定するための明解な方法を提供してくれる．まず知っておくべきことは，分極率が，指標表に載っている 2 次形式（x^2，xy など）と同じ仕方で変換するということである．それは，

分子の分極率 α が，$-\boldsymbol{\mu}\cdot\boldsymbol{\mathcal{E}}$ を摂動として二次摂動論（トピック15）から計算されるからである．$\int \psi_0^{*}\, \boldsymbol{\mu}\, \psi_n\, \mathrm{d}\tau$ と $\int \psi_n^{*}\, \boldsymbol{\mu}\, \psi_0\, \mathrm{d}\tau$ の形の積分の積が α を表す式の分子に現れるから，x^2 や xy などの $\boldsymbol{rr}$ の成分に比例する項が現れるのである．そこで，つぎの規則を使えばよい．

> もし，基準振動モードの対称種が 2 次形式の対称種と同じであれば，そのモードはラマン活性である．

対称性によるラマン活性の判定

簡単な例示 44・4　基準振動モードのラマン活性

CH_4 の基準振動モードのどれがラマン活性かを判定するには，T_{d} 群の指標表を参照すればよい．「例題44・3」で述べたように，この基準モードの対称種は A_1+E+2T_2 である．この群の 2 次形式は $A_1 + E + T_2$ を張るから，基準モードはすべてラマン活性である．このことと「簡単な例示44・3」で得た情報を合わせれば，CH_4 の赤外スペクトルとラマンスペクトルの帰属の仕方がわかる．T_2 モードだけが赤外とラマンの両方に活性であるから，T_2 モードの帰属は簡単である．そうすると，ラマンスペクトルで帰属すべきモードとして A_1 と E モードが残る．A_1 モードは全対称であり，完全に偏光している．一方，E モードは偏光解消しているから，偏光解消度を測定すれば両者の区別ができる．

自習問題 44・7　H_2O のどの基準振動モードがラマン活性か．　　　　　　［答：三つのモード全部］

チェックリスト

- [ ] 1. **基準振動モード**とは，原子または原子集団の独立で同期した運動であり，他の基準振動モードの励起を起こさずに励起できる運動である．

- [ ] 2. 基準振動モードの数は，$3N-6$（非直線形分子），$3N-5$（直線形分子）である．

- [ ] 3. 基準振動モードが双極子モーメントの変化を伴うなら，そのモードは赤外活性である．この個別選択律は $\Delta v_q = \pm 1$ である．

- [ ] 4. **相互禁制律**によれば，分子に対称中心があれば，赤外とラマンの両方に活性なモードはない．

- [ ] 5. 全対称振動は偏光した線を与える．

- [ ] 6. 基準振動モードの対称種が x, y, z の対称種のどれかと同じであれば，そのモードは赤外活性である．

- [ ] 7. 基準振動モードの対称種が 2 次形式の対称種と同じであれば，そのモードはラマン活性である．

重要な式の一覧

性　質	式	備　考	式番号
基準振動モードの振動項	$\widetilde{G}_q(v) = (v + \frac{1}{2})\widetilde{\nu}_q$ $\widetilde{\nu}_q = (1/2\pi c)(k_{f,q}/m_q)^{1/2}$		44·1
偏光解消度	$\rho = I_\perp / I_\parallel$	偏光解消された線: ρ が 0.75 に近いか, それより大きい	44·2
		偏光した線: $\rho < 0.75$	

トピック45

電子分光法

内 容

45·1 二原子分子の電子スペクトル

(a) 項の記号
　　簡単な例示 45·1　項の多重度
　　簡単な例示 45·2　O_2 の項の記号　その1
　　簡単な例示 45·3　O_2 の項の記号　その2
　　簡単な例示 45·4　NO の項の記号

(b) 選択律
　　簡単な例示 45·5　O_2 の許容遷移

(c) 振動構造
　　例題 45·1　フランク-コンドン因子の計算

(d) 回転構造
　　例題 45·2　電子スペクトルからの
　　　　　　　　回転定数の計算

45·2 多原子分子の電子スペクトル

(a) d 金属錯体
　　簡単な例示 45·6　d 金属錯体の
　　　　　　　　　　　電子スペクトル

(b) $\pi^* \leftarrow \pi$ 遷移と $\pi^* \leftarrow n$ 遷移
　　簡単な例示 45·7　$\pi^* \leftarrow \pi$ 遷移と $\pi^* \leftarrow n$ 遷移

チェックリスト
重要な式の一覧

▶ 学ぶべき重要性

　身近な物体の色はたいてい，分子やイオンの電子があるオービタルから昇位して，別のオービタルへと遷移することに由来している．場合によっては，電子の再配置が大規模に起こって，結合の開裂や化学反応の開始をひき起こすこともある．このような物理現象や化学現象を理解するには，分子内で起こる電子遷移の起源を調べておく必要がある．

▶ 習得すべき事項

　電子遷移は，静止した原子核がつくる骨格内で起こる．

▶ 必要な予備知識

　分光法の一般的な特徴（トピック40），選択律の量子力学的な起源（トピック16），振動回転スペクトル（トピック43）について理解している必要がある．原子の項の記号（トピック21）についても知っていると役に立つ．

「トピック41〜44」で扱った回転や振動の運動モードとは違って，分子の電子エネルギー準位については，解析的に扱える簡単な式を得ることができない．そこで，電子遷移の定性的な特徴に注目することにしよう．

　ここでは状況を明確に設定するために，基底電子状態の最低の振動状態にある分子について考えよう．原子核ははじめ，いずれも平衡位置（古典的な意味で）にあり，分子内の電子やほかの核から正味の力を受けていないものとする．電子遷移が起こって，核がそれまでと異なる力を受けると，分子内の電子分布が変わる．それに応じて，核はそれぞれの新しい平衡位置のまわりで振動をはじめる．この電子遷移に伴って起こる振動遷移によって，電子遷移には**振動構造**[1]が生じる．この構造は気体試料では分離して見えるが，液体や固体の試料ではふつうスペクトル線が合体して幅広く，ほとんど特徴のないバンドになる（図45·1）．

　分子の電子分布を変化させるために必要なエネルギーは，数電子ボルト程度である（1 eV は，約 8000 cm^{-1} あるいは 100 kJ mol^{-1} に相当する）．したがって，そうした変化が起こるときに放出あるいは吸収されるフォトンは，スペクトルの可視または紫外領域にある（表45·1）．以下では吸収過程について述べ，発光過程については「トピック46」で説明する．

---

1) vibrational structure

表 45・1[a]　光の色と波長，振動数，エネルギー

色	λ/nm	ν/(10^{14} Hz)	E/(kJ mol^{-1})
赤外	>1000	<3.0	<120
赤	700	4.3	170
黄	580	5.2	210
青	470	6.4	250
紫外	<350	>8.6	>340

a) 巻末の「資料」に多くの値がある.

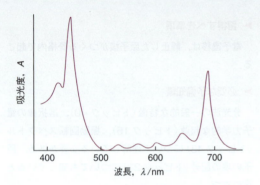

図 45・1　クロロフィルの可視領域の吸収スペクトル．赤色と青色の領域に吸収があり，緑色の光は吸収されない．

45・1　二原子分子の電子スペクトル

「トピック 21」では原子について，項の記号を使って原子の状態や電子遷移の選択律がどう表せるかを説明した．二原子分子でもだいたい同じであるが，おもな違いの一つは，原子が完全に球対称であるのに対して，二原子分子では分子軸が定義できて，円柱対称なことである．もう一つの違いは，二原子分子は振動と回転ができることである．

(a) 項の記号

直線形分子の項の記号（原子の場合の記号 ^{2}P などに相当する）は，原子における記号と同じような仕方でつくる．原子の場合は，原子核のまわりの電子の全オービタル核運動量を表すのに大文字の立体（この場合は P）を使う．一方，直線形分子，とりわけ二原子分子では，核間軸のまわりの電子の全オービタル核運動量を表すのにギリシャ文字の立体を使う．このオービタル核運動量の成分が $\Lambda\hbar$ のとき，$\Lambda = 0, \pm 1, \pm 2 \cdots$ に対してつぎの記号を使って表す．

$\|\Lambda\|$	0	1	2	…
	Σ	Π	Δ	…

これらのラベルは，$L = 0, 1, 2, \cdots$ の状態の原子を表すのに使った S, P, D, … に類似のものである．原子の場合に L の値を求めるには，クレブシュ-ゴーダン級数を使って個々の角運動量を合わせる必要がある（トピック 21）．二原子分子の場合に Λ を求める手順は，それぞれの電子の個々の成分の値 $\lambda\hbar$ の和をとるだけでよいから，ずっと簡単である．すなわち，つぎの関係がある．

$$\Lambda = \lambda_1 + \lambda_2 + \cdots \quad (45\cdot1)$$

ここで，つぎのことがいえる．

- σ オービタルに電子が 1 個あるときは $\lambda = 0$ である．

このオービタルは円柱対称で，核間軸の方向に眺めると方位節をもたない．したがって，もしこれが存在する唯一のタイプの電子であれば，$\Lambda = 0$ であるから，電子配置 $1\sigma_g^2$ で表される基底状態の H_2^+ の項の記号は Σ である．

- 二原子分子内の π 電子は，核間軸のまわりに 1 単位のオービタル角運動量をもつ（$\lambda = \pm 1$）．

もし，その π 電子が閉殻の外にある唯一の電子であれば Π 項ができる．π 電子が 2 個あるときは（[閉殻]$1\pi_g^2$ という配置をもつ O_2 の基底状態のように），可能性として二つ考えられる．2 個の π 電子が互いに逆方向に動くときは $\lambda_1 = +1$ と $\lambda_2 = -1$（逆でもよい）であるから $\Lambda = 0$ であり，これは Σ 項に相当する．一方，2 個の電子が同じ π オービタルを占めるときは，$\lambda_1 = \lambda_2 = +1$（または -1）であるから $\Lambda = \pm 2$ であり，これは Δ 項に相当する．O_2 では，2 個の π 電子が異なるオービタルを占める方がエネルギー的に安定であるから，基底状態は Σ である．

原子の場合と同じで，項の左上に $2S+1$ の値を書いて，項の多重度を表す．ここで，S は電子の全スピン量子数である．

> **簡単な例示 45・1　項の多重度**
>
> 項の多重度を求める手順からわかるように，H_2^+ では電子が 1 個しかないから，$S = s = \frac{1}{2}$，項の記号は $^2\Sigma$ であり，これは二重項である．O_2 の基底状態では，2 個の π 電子が異なるオービタルを占めるから（上で述べた），両者のスピンは平行か反平行かである．スピンが平行の方がエネルギーは低い（原子の場合と同じ）から，基底状態では $S = 1$ であり，$^3\Sigma$ である．
>
> **自習問題 45・1**　H_2 の S と項は何か．［答：$S = 0$, $^1\Sigma$］

注目する状態の全パリティ（分子の中心に対して反転したときの対称性）は，項の記号の右上に書いて表す．H_2^+ の基底状態では，占有されている唯一のオービタル（$1\sigma_g$）のパリティが g（gerade, 偶）であるから，項そのものも g であり，全表示で項を表せば $^2\Sigma_g$ である．電子が複数あるときの全パリティは，占有オービタルそれぞれのパリティに注目し，つぎの関係を使って計算する．

$$g \times g = g \quad u \times u = g \quad u \times g = u \qquad (45 \cdot 2)$$

これらの規則は g を +1, u を −1 と解釈することによってつくりだせる. その結果, つぎのことがいえる.

- 閉殻構造の等核二原子分子では, その基底状態の項の記号は $^1\Sigma_g$ である. これは, スピンが 0 で (すべての電子が対になっている一重項である), 閉殻にはオービタル角運動量がなく, 全パリティが g になるからである.
- 異核二原子分子の場合はパリティを適用できないから, 閉殻種の基底状態を表すときも, たとえば CO では単に $^1\Sigma$ とする.

簡単な例示 45·2　O₂ の項の記号　その1

O₂ の基底状態の電子配置は [閉殻]$1\pi_g^2$ であり, そのパリティは $g \times g = g$ であるから, 項の記号を $^3\Sigma_g$ と書く. O₂ の励起電子配置は [閉殻]$1\pi_g^2$ であるが, この 2 個の π 電子は同じオービタルにある. そこで, $|\Lambda| = 2$ となり, 項は Δ で表される. 2 個の電子が同じオービタルを占有するときは対になっていなければならないから, $S = 0$ である. このときの全パリティは $g \times g = g$ である. したがって, 項の記号は $^1\Delta_g$ である.

自習問題 45·2　H₂ の励起状態の一つを表す項の記号は $^3\Pi_u$ である. この項の記号に相当する励起状態の電子配置を示せ.　　　　　　　[答: $1\sigma_g^1 1\pi_u^1$]

「トピック 21」で示したように, 電子の角運動量は, 注目する状態の対称性を表している. 同じことは, 核間軸まわりの運動に注目する限り, 直線形分子にもあてはまり, その項の記号は分子の電子波動関数の回転対称性のいろいろな側面を表している. これを念頭におけば, 異なるタイプの Σ 項を区別できる別の対称操作があるのがわかる. それは, 核間軸を含む面での鏡映である. この鏡映によって波動関数の符号が変化しないときは Σ に上付き添字 + を付けて表し, 波動関数の符号が変わるときは − 符号を付ける (図 45·2).

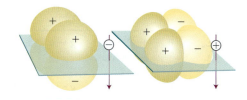

図 45·2　項の記号についている + や − は, 二つの原子核を含む面での鏡映のもとでの配置の全体としての対称性を表している.

簡単な例示 45·3　O₂ の項の記号　その2

基底状態の O₂ を考えよう. $1\pi_{g,x}$ の電子 1 個は yz 平面での鏡映操作で符号を変える. 一方, $1\pi_{g,y}$ の電子 1 個は同じ平面の鏡映操作で符号を変えない. そこで, 全体の鏡映対称性は (閉殻)×(+)×(−) = (−) で表され, O₂ の基底状態を完全に表す項の記号は $^3\Sigma_g^-$ となる.

自習問題 45·3　Li₂⁺ の基底電子状態を項の記号で表せ.　　　　　　　　　　　　　　　[答: $^2\Sigma_g^+$]

原子の場合と同じで, 全角運動量を表示する必要があることもある. 原子の場合は, 項の記号の右下の添字に量子数 J を書いて, $^2P_{1/2}$ のように表す. 同じ項で異なる準位に相当する J を表示するのである. 直線形分子では, 核間軸のまわりにしか角運動量がなく, その値は $\Omega\hbar$ である. スピン−軌道カップリングの弱い軽い分子の Ω を得るには, 分子軸のまわりのオービタル角運動量の成分 (Λ の値) とその軸への電子スピンの成分を加えればよい (図 45·3). 後者は Σ で表され, $\Sigma = S, S-1, S-2, \cdots, -S$ である. (立体で表す項の記号 Σ と斜字体で表す量子数 Σ を混同せず, 区別することが大切である.) そこで,

$$\Omega = \Lambda + \Sigma \qquad (45 \cdot 3)$$

である. この |Ω| の値を (原子の場合の J と同様に) 項の記号の右下に添えて, 準位が異なることを表す. これらの準位は, 原子の場合と同じで, スピン−軌道カップリングの結果として, エネルギーが異なるのである.

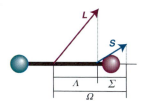

図 45·3　直線形分子におけるスピン角運動量とオービタル角運動量のカップリング. 核間軸に沿う成分だけが保存される.

簡単な例示 45·4　NO の項の記号

NO の基底状態の電子配置は $\cdots\pi_g^1$ であるから, $^2\Pi$ 項で $\Lambda = \pm 1$, $\Sigma = \pm\frac{1}{2}$ である. したがって, この項には二つの準位があり, 一つは $\Omega = \pm\frac{1}{2}$ で, もう一つは $\pm\frac{3}{2}$ である. それぞれ, $^2\Pi_{1/2}$, $^2\Pi_{3/2}$ と表す. 各準位は (Ω の異符号に相当して) 二重縮退している.

NO では，エネルギーは $^2\Pi_{1/2}$ が $^2\Pi_{3/2}$ よりわずかに低い．

自習問題 45・4 O_2^- の基底電子状態の項の準位を表せ．　　　　　　　　　　　　[答：$^2\Pi_{1/2}$, $^2\Pi_{3/2}$]

(b) 選択律

分子の電子スペクトルには，どの遷移が観測されるかを決めている選択律がいろいろある．角運動量の変わりのある選択律は，

$$\Delta\Lambda = 0, \pm 1 \quad \Delta S = 0 \quad \Delta\Sigma = 0 \quad \Delta\Omega = 0, \pm 1$$

直線形分子　電子スペクトルの選択律　(45・4)

である．原子の場合（トピック 21）と同様に，これらの規則は，遷移の間に角運動量が保存されることと，フォトンがスピン 1 をもつことから生じるものである．

対称性の変化に関わりのある選択律は二つある．第一に，つぎの「根拠」で示すように，

Σ 項については，$\Sigma^+ \longleftrightarrow \Sigma^+$ と $\Sigma^- \longleftrightarrow \Sigma^-$ の遷移だけが許される．

第二に，中心対称のある分子（反転中心をもつ分子）に成り立つ**ラポルテの選択律**[1]によれば，許される遷移はパリティの変化を伴う遷移だけである．すなわち，

中心対称のある分子では，$u \rightarrow g$ と $g \rightarrow u$ だけが許容される．
　　　　　　　　　　　　　　　　　　　　ラポルテの選択律

である．

根拠 45・1　対称性に基づく選択律

上の二つの選択律は，「トピック 16」で導いた電気双極子遷移モーメント $\boldsymbol{\mu}_{fi} = \int \psi_f^* \boldsymbol{\mu} \psi_i d\tau$ の被積分関数が分子のすべての対称操作のもとで不変でない限り，積分値は 0 になることから導かれる．

双極子モーメント演算子の z 成分は，$\Sigma \longleftrightarrow \Sigma$ 遷移をひき起こすもとになる $\boldsymbol{\mu}$ の成分である（ほかの成分は Π 対称をもつから寄与しない）．この $\boldsymbol{\mu}$ の z 成分は，核間軸を含む面での鏡映に関して（+）対称をもつ．したがって，$(+) \longleftrightarrow (-)$ 遷移については，遷移双極子モーメントの全体としての対称は，$(+) \times (+) \times (-) = (-)$ となって，これは 0 でなければならない．そこで，$\Sigma^+ \longleftrightarrow \Sigma^-$ 遷移は許されない．$\Sigma^+ \longleftrightarrow \Sigma^+$ や $\Sigma^- \longleftrightarrow \Sigma^-$ の積分は，それぞれ $(+) \times (+) \times (+) = (+)$ や $(-) \times (+)$

$\times (-) = (+)$ となるから，どちらの遷移も許される．

$\boldsymbol{\mu}$ の三つの成分は x, y, z と同じように変換し，中心対称のある分子では三つとも u（ungerade，奇）である．したがって，$g \rightarrow g$ 遷移に対しては，その遷移双極子モーメントの全体としてのパリティは，$g \times u \times g = u$ となるから，これは 0 でなければならない．同様に，$u \rightarrow u$ の遷移については，全体としてのパリティは，$u \times u \times u = u$ となるから，遷移双極子モーメントはやはり 0 でなければならない．したがって，パリティの変化を伴わない遷移は禁制である．$g \rightarrow u$ の遷移は，その積分が $g \times u \times u = g$ となるから許される．

禁制の $g \rightarrow g$ 遷移は，もし図 45・4 に示した振動のような非対称的な振動によって対称中心がなくなると許されるようになる．対称中心が失われたときは，$g \rightarrow g$ および $u \rightarrow u$ の遷移はもはやパリティ禁制ではなくなり，わずかに許容されるようになる．遷移のうちで，その強度が分子の非対称な振動から導かれるものを**振電遷移**[2] という．

図 45・4 d–d 遷移は g–g 遷移にあたるから，パリティ禁制である．しかし，分子の振動によって分子の反転対称が失われると g, u の分類はあてはまらなくなる．対称中心が取除かれると振電許容遷移が起こる．

簡単な例示 45・5　O_2 の許容遷移

O_2 の電子スペクトルで可能な遷移として，$^3\Sigma_g^- \longleftrightarrow {}^3\Sigma_u^-$，$^3\Sigma_g^- \longleftrightarrow {}^1\Delta_g$，$^3\Sigma_g^- \longleftrightarrow {}^3\Sigma_u^+$ が示されたとき，実際にどの遷移が許容かを判定するには，つぎの表をつくって，すでに述べた規則を適用すればよい．禁制遷移は赤色で示してある．

	ΔS	$\Delta\Lambda$	$\Sigma^\pm \longleftrightarrow \Sigma^\pm$	パリティの変化	
$^3\Sigma_g^- \longleftrightarrow {}^3\Sigma_u^-$	0	0	$\Sigma^- \longleftrightarrow \Sigma^-$	$g \longleftrightarrow u$	許容
$^3\Sigma_g^- \longleftrightarrow {}^1\Delta_g$	+1	−2	該当しない	$g \longleftrightarrow g$	禁制
$^3\Sigma_g^- \longleftrightarrow {}^3\Sigma_u^+$	0	0	$\Sigma^- \longleftrightarrow \Sigma^+$	$g \longleftrightarrow u$	禁制

---

1) Laporte selection rule 2) vibronic transition

自習問題 45·5 O_2 におけるつぎの電子遷移のうちで許されるのはどれか. $^3\Sigma_g^- \leftarrow {}^1\Sigma_g^+$, $^3\Sigma_g^- \leftarrow {}^3\Delta_u$

［答：どちらも禁制］

レーザーで発生した入射ビーム中に多数のフォトンがあることで，これまでとは質的に異なる分光学の一つの部門ができ上がっている．これは，フォトンの密度が非常に高いので，1個の分子が1個より多くのフォトンを吸収できるようになり，**多光子過程**[1] が実現するからである．多光子過程の応用の一つは，ふつうの単一フォトン分光法では手が出せない状態が観測できることであるが，これが可能になるのは全体としての遷移がパリティの変化なしに起こるためである．たとえば，単一フォトン分光法では g ← u 遷移だけしか観測できないが，2フォトン分光法では，2個のフォトンを吸収する結果，全体として g ← g あるいは u ← u 遷移となるのである．

(c) 振動構造

分子の電子スペクトルの振動構造（図 45·5）は，つぎの**フランク-コンドンの原理**[2] によって説明される．

原子核は電子よりはるかに重いので，電子遷移は原子核がそれに応答するよりずっと速く起こる．

フランク-コンドンの原理

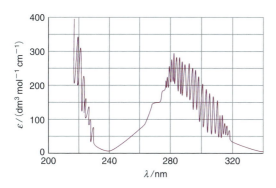

図 45·5 ある種の分子の電子スペクトルは，著しい振動構造を示す．ここに示したスペクトルは，気体 SO_2 の 298 K での紫外スペクトルである．本文中に説明してあるように，このスペクトルにおける鋭い線群は，低い方の電子状態から高い方の電子状態の種々の振動準位への遷移によるものである．異なる二つの励起電子状態への遷移が起こったことによる振動構造が見える．

この遷移の結果として，電子密度は分子内で，もといた領域から取除かれ，新しい領域に速やかに蓄積される．古典的に考えれば，はじめ静止していた原子核は突然新しい力場を経験することになるが，振動し始めることによってこの新しい力場に応答し，(古典的な言葉でいうと) もとの核間隔を始点として前後に振動する (この間隔は，速い電子励起が起こっている間は維持される)．したがって，最初の電子状態における原子核間の静止平衡間隔は，最終の電子状態においては転回点になる (図 45·6)．この遷移は図 45·6 の垂直な線に沿って上がると想像できる．この説明は**垂直遷移**[3] という用語のもとになっている．垂直遷移は，原子核の立体的な配置の変化なしに起こる電子遷移を表すのに使う．

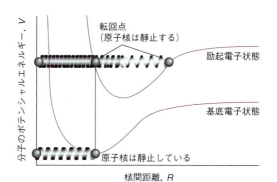

図 45·6 フランク-コンドンの原理に従えば，最も強い振電遷移は，基底振動状態からその垂直線上にある振動状態への遷移である．垂直遷移の結果として，原子核は突然新しい力場を感じるから，それを振動運動で対応することになる．したがって，始めの電子状態の平衡核間距離は，終わりの電子状態の転回点になる．他の振動準位への遷移も起こるが，強度はずっと弱い．

スペクトルの振動構造は，二つのポテンシャルエネルギー曲線の水平方向の相対的な位置に依存するから，もし上側のポテンシャルエネルギー曲線が下側の曲線から水平方向にかなりずれていると，長い**振動帯列**[4]，すなわち多数の振動構造が誘起される．上側の曲線は，ふつう平衡結合長が長くなる方向にずれるが，これは一般に励起電子状態が基底電子状態よりも反結合性が強いためである．その振動線の間隔は，上側の電子状態の振動のエネルギーによって決まる．

フランク-コンドンの原理の量子力学版では，この図式をもっと精密にできる．古典的に，遷移が起こる間は原子核が同じ位置に留まり，そこで静止していると表現するのではなく，原子核の力学状態がはじめのまま維持されるというのである．量子力学でいう力学状態は波動関数によって表されるから，これは電子遷移の間は核波動関数が変化しないといっても同じである．分子ははじめ，その基底電子状態の最低の振動状態にあり，平衡結合長を中心とする

---

1) multiphoton process 2) Franck-Condon principle 3) vertical transition 4) vibrational progression

ベル形の波動関数をもっている (図45・7). そこで, 遷移が起こる先の核の状態を見いだすために, この始めの波動関数に最もよく似た振動波動関数を探すことになる. それが, 遷移による変化を最小限に留める核の力学状態に相当するからである. 直感的にわかるように, 遷移先の波動関数は, はじめのベル形の波動関数の位置に近いところに大きなピークをもつ.「トピック12」で説明したように, 振動量子数が0でない限り, 振動波動関数の最も大きなピークは運動を制約しているポテンシャルの端に近いところに存在している. したがって, その振動状態に向かって遷移が起こると予想できる. これは古典的な説明と一致している. しかしながら, これと近い位置に大きなピークをもつ振動状態がほかにもあるから, ある範囲の振動状態に向かって遷移が起こると考えられる. それが観測と一致しているのである.

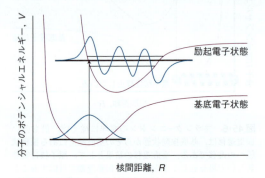

図45・7 フランク-コンドンの原理の量子力学版では, 分子は, 上側の振動状態のうちでその振動波動関数が下側の電子状態の基底振動状態のものに最もよく似ている状態へ遷移する. この図に示した二つの波動関数は, 上側の電子状態のすべての振動状態の中で一番大きな重なり積分をもっているから, 一番よく似ていることになる.

フランク-コンドンの原理の定量的な形や上で述べたことの根拠は, 遷移双極子モーメントを表す式(「根拠45・1」にある)から導かれる. 双極子モーメント(および対応する演算子)は, 分子内のすべての原子核と電子にわたってとった和である. すなわち,

$$\boldsymbol{\mu} = -e\sum_i \boldsymbol{r}_i + e\sum_I Z_I \boldsymbol{R}_I \quad (45\cdot 5)$$

で表される. ここでの距離ベクトルは分子の電荷中心からの距離である. 遷移の強度は, 遷移双極子モーメントの大きさの2乗, $|\boldsymbol{\mu}_{\text{fi}}|^2$ に比例し, つぎの「根拠」で示すように, この強度は, 始めの電子状態と終わりの電子状態の振動状態の間の重なり積分, $S(v_f, v_i)$ の絶対値の2乗に比例する. この重なり積分は, 上下の電子状態における振動波動関数がどれくらい同じかを示す尺度である. すなわち, 完全に一致していれば $S=1$ で, 類似するところがないときは $S=0$ である.

根拠45・2 フランク-コンドンの近似

分子の全体としての状態は, 電子の部分(ε)と振動の部分(v)からなる. したがって, ボルン-オッペンハイマー近似の範囲では, 遷移双極子モーメントはつぎのような因子に分解される.

$$\boldsymbol{\mu}_{\text{fi}} = \int \psi_{\varepsilon,\text{f}}^* \psi_{v,\text{f}}^* \Big\{ -e\sum_i \boldsymbol{r}_i + e\sum_I Z_I \boldsymbol{R}_I \Big\} \psi_{\varepsilon,\text{i}} \psi_{v,\text{i}} \mathrm{d}\tau$$

$$= -e\sum_i \int \psi_{\varepsilon,\text{f}}^* \boldsymbol{r}_i \psi_{\varepsilon,\text{i}} \mathrm{d}\tau_\text{e} \int \psi_{v,\text{f}}^* \psi_{v,\text{i}} \mathrm{d}\tau_\text{n}$$

$$+ e\sum_I Z_I \overbrace{\int \psi_{\varepsilon,\text{f}}^* \psi_{\varepsilon,\text{i}} \mathrm{d}\tau_\text{e}}^{0} \int \psi_{v,\text{f}}^* \boldsymbol{R}_I \psi_{v,\text{i}} \mathrm{d}\tau_\text{n}$$

青色で示した積分は0である. それは, この二つの異なる電子状態は直交しているからである. したがって,

$$\boldsymbol{\mu}_{\text{fi}} = \overbrace{-e\sum_i \int \psi_{\varepsilon,\text{f}}^* \boldsymbol{r}_i \psi_{\varepsilon,\text{i}} \mathrm{d}\tau_\text{e}}^{\boldsymbol{\mu}_{\varepsilon,\text{fi}}} \overbrace{\int \psi_{v,\text{f}}^* \psi_{v,\text{i}} \mathrm{d}\tau_\text{n}}^{S(v_\text{f}, v_\text{i})}$$

$$= \boldsymbol{\mu}_{\varepsilon,\text{fi}} S(v_\text{f}, v_\text{i})$$

となる. ここで, $\boldsymbol{\mu}_{\varepsilon,\text{fi}}$ という量は, 電子の再分布で生じる電気双極子遷移モーメントである(この再分布が電磁場に与える"蹴り"の度合いである. 吸収の場合は逆のことが起こる). $S(v_\text{f}, v_\text{i})$ という因子は, 分子の始めの電子状態にある量子数 v_i の振動状態と, 終わりの電子状態にある量子数 v_f の振動状態の間の重なり積分である.

遷移強度は遷移双極子モーメントの大きさの2乗に比例するから, 吸収強度は $|S(v_\text{f}, v_\text{i})|^2$ に比例する. この量は, その遷移の**フランク-コンドン因子**[1]として知られている.

$$|S(v_\text{f}, v_\text{i})|^2 = \Big(\int \psi_{v,\text{f}}^* \psi_{v,\text{i}} \mathrm{d}\tau_\text{n}\Big)^2$$

フランク-コンドン因子 (45・6)

これから, 上側の電子状態における振動状態の波動関数と下側の電子状態にある振動の波動関数の重なりが大きいほど, その電子と振動の同時遷移が起こるときの吸収強度が大きくなることがわかる.

---

1) Franck-Condon factor

例題 45・1 フランク-コンドン因子の計算

ある電子状態からべつの電子状態への遷移を考え，これらの状態での結合長が R_e と R_e' で，力の定数は等しいものとする．0-0 遷移のフランク-コンドン因子を計算し，結合長が等しいときにこの遷移が最も強いことを示せ．

解法 二つの基底振動状態の波動関数の重なり積分 $S(0,0)$ を計算してから，その 2 乗をとる必要がある．$v=0$ では，調和振動と非調和振動の波動関数の間の違いは無視できるから，調和振動子の波動関数を使ってもかまわない（表 12・1）．

解答 つぎの（実の）波動関数を使う．

$$\psi_0 = \left(\frac{1}{\alpha\pi^{1/2}}\right)^{1/2} e^{-x^2/2\alpha^2} \qquad \psi_0' = \left(\frac{1}{\alpha\pi^{1/2}}\right)^{1/2} e^{-x'^2/2\alpha^2}$$

$x = R - R_e$, $x' = R - R_e'$ で，$\alpha = (\hbar^2/mk_f)^{1/4}$ である（トピック 12）．その重なり積分は，

$$S(0,0) = \int_{-\infty}^{\infty} \psi_0' \psi_0 \, dR$$

$$= \frac{1}{\alpha\pi^{1/2}} \int_{-\infty}^{\infty} e^{-(x^2+x'^2)/2\alpha^2} \, dx$$

である．ここで，$\alpha z = R - \frac{1}{2}(R_e + R_e')$ と書き，上の式を変形すれば，

$$S(0,0) = \frac{1}{\pi^{1/2}} e^{-(R_e-R_e')^2/4\alpha^2} \overbrace{\int_{-\infty}^{\infty} e^{-z^2} dz}^{\pi^{1/2}(\text{積分 G・1})}$$

$$= e^{-(R_e-R_e')^2/4\alpha^2}$$

となり，フランク-コンドン因子は，

$$S(0,0)^2 = e^{-(R_e-R_e')^2/2\alpha^2}$$

である．この因子は，$R_e' = R_e$ のとき 1 に等しく，両者の平衡結合長の違いが大きくなるにつれて減少する（図 45・8）．

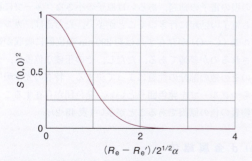

図 45・8 例題 45・1 で考える配置のフランク-コンドン因子．

Br_2 では $R_e = 228$ pm で，$R_e' = 266$ pm のところに高い方の状態がある．振動の波数として 250 cm^{-1} をとると，$S(0,0)^2 = 5.1 \times 10^{-10}$ が得られる．すなわち，0-0 遷移の強度は，もしポテンシャルエネルギー曲線が互いにちょうど上下の位置になっていたとした場合に得られる強度の 5.1×10^{-10} にしかならない．

自習問題 45・6 振動の波動関数を，幅が W と W' で平衡結合長の位置に中心がある長方形の関数で近似できると考えよう（図 45・9）．中心が一致していて $W' < W$ のときに，対応するフランク-コンドン因子を求めよ．

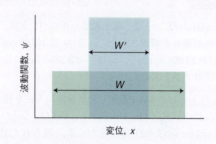

図 45・9 自習問題 45・6 で用いるモデル波動関数

［答：$S^2 = W'/W$］

(d) 回 転 構 造

振動分光法においては振動遷移に回転励起が付随するが，それとちょうど同じように，電子励起に付随する振動励起に回転遷移が付随する．その結果，それぞれの振動遷移について P, Q, R 枝が観測され，その電子遷移は非常に情報に富む構造をもつ．しかし，おもな違いは，電子励起は振動励起だけの場合よりずっと大きな結合長の変化をもたらすので，回転の枝は振動回転スペクトルよりずっと複雑な構造をもつことである．

電子の基底状態と励起状態の回転定数をそれぞれ $\tilde{B}, \tilde{B}'$ としよう．始状態と終状態の回転エネルギー準位は，

$$E(J) = hc\tilde{B}J(J+1) \qquad E(J') = hc\tilde{B}'J'(J'+1) \tag{45・7}$$

である．$\Delta J = -1$ の遷移が起これば，電子遷移の振動成分の波数は $\tilde{\nu}$ からつぎの値までシフトする．

$$\tilde{\nu} + \tilde{B}'(J-1)J - \tilde{B}J(J+1) = \tilde{\nu} - (\tilde{B}' + \tilde{B})J + (\tilde{B}' - \tilde{B})J^2$$

この遷移は（「トピック 43」で述べたのと同じ）P 枝に対する寄与である．これに対応する Q 枝と R 枝の遷移があり，その波数は同じようにして計算できる．分枝の構造をまとめればつぎのようになる．

P枝 ($\Delta J = -1$):
$$\tilde{\nu}_P(J) = \tilde{\nu} - (\tilde{B}' + \tilde{B})J + (\tilde{B}' - \tilde{B})J^2 \qquad (45\cdot 8\text{a})$$

Q枝 ($\Delta J = 0$):
$$\tilde{\nu}_Q(J) = \tilde{\nu} + (\tilde{B}' - \tilde{B})J(J+1) \qquad (45\cdot 8\text{b})$$

R枝 ($\Delta J = +1$):
$$\tilde{\nu}_R(J) = \tilde{\nu} + (\tilde{B}' + \tilde{B})(J+1) + (\tilde{B}' - \tilde{B})(J+1)^2 \qquad (45\cdot 8\text{c})$$

以上の式は (43・22) 式と類似の形をしている.

例題 45・2　電子スペクトルからの回転定数の計算

^{63}Cu^{2}H の $^1\Sigma^+ \leftarrow {}^1\Sigma^+$ 電子遷移の 0-0 バンドに, つぎの回転遷移が観測された. $\tilde{\nu}_R(3) = 23\,347.69\text{ cm}^{-1}$, $\tilde{\nu}_P(3) = 23\,298.85\text{ cm}^{-1}$, $\tilde{\nu}_P(5) = 23\,275.77\text{ cm}^{-1}$. $\tilde{B}'$ および $\tilde{B}$ の値を求めよ.

解法　「トピック 43」で説明した結合差の方法を使う. まず, (45・8a) 式と (45・8b) 式から, $\tilde{\nu}_R(J) - \tilde{\nu}_P(J)$ と $\tilde{\nu}_R(J-1) - \tilde{\nu}_P(J+1)$ の差をつくる. 得られた式を使って, 与えられた波数の値から回転定数 $\tilde{B}'$ および $\tilde{B}$ を計算すればよい.

解答　(45・8a) 式と (45・8b) 式から,

$$\tilde{\nu}_R(J) - \tilde{\nu}_P(J)$$
$$= (\tilde{B}' + \tilde{B})(J+1) + (\tilde{B}' - \tilde{B})(J+1)^2$$
$$\quad - \{-(\tilde{B}' + \tilde{B})J + (\tilde{B}' - \tilde{B})J^2\} = 4\tilde{B}'\left(J + \tfrac{1}{2}\right)$$

$$\tilde{\nu}_R(J-1) - \tilde{\nu}_P(J+1)$$
$$= (\tilde{B}' + \tilde{B})J + (\tilde{B}' - \tilde{B})J^2$$
$$\quad - \{-(\tilde{B}' + \tilde{B})(J+1) + (\tilde{B}' - \tilde{B})(J+1)^2\}$$
$$= 4\tilde{B}\left(J + \tfrac{1}{2}\right)$$

となる. [これらの式は, (43・23a) 式と (43・23b) 式に類似のものである.] 与えられたデータを使えば,

$J = 3$ のとき: $\tilde{\nu}_R(3) - \tilde{\nu}_P(3) = \overbrace{48.84}^{23\,347.69 - 23\,298.85}\text{ cm}^{-1} = 14\tilde{B}'$

$J = 4$ のとき: $\tilde{\nu}_R(3) - \tilde{\nu}_P(5) = \overbrace{71.92}^{23\,347.69 - 23\,275.77}\text{ cm}^{-1} = 18\tilde{B}$

となり, これから計算すれば, $\tilde{B}' = 3.489\text{ cm}^{-1}$ と $\tilde{B} = 3.996\text{ cm}^{-1}$ が得られる.

自習問題 45・7
RhN の $^1\Sigma^+ \leftarrow {}^1\Sigma^+$ 電子遷移に, つぎの回転遷移が観測された. $\tilde{\nu}_R(5) = 22\,387.06\text{ cm}^{-1}$, $\tilde{\nu}_P(5) = 22\,376.87\text{ cm}^{-1}$, $\tilde{\nu}_P(7) = 22\,373.95\text{ cm}^{-1}$. $\tilde{B}'$ および $\tilde{B}$ の値を求めよ.

[答: $\tilde{B}' = 0.4632\text{ cm}^{-1}$, $\tilde{B} = 0.5042\text{ cm}^{-1}$]

電子励起状態の結合長が基底状態の結合長より長いと考えよう. このときは, $\tilde{B}' < \tilde{B}$ だから $\tilde{B}' - \tilde{B}$ は負である. この場合, R 枝の線は J の増加とともに収束していき, J が $|\tilde{B}' - \tilde{B}|(J+1) > \tilde{B}' + \tilde{B}$ を満たすようになると, 線が現れる波数は順次減少し始める. つまり, R 枝には**帯頭**[1]がある (図 45・10a). 励起状態の方が基底状態よりも結合が短いときは, $\tilde{B}' > \tilde{B}$ で $\tilde{B}' - \tilde{B}$ は正になる. この場合は, J が $|\tilde{B}' - \tilde{B}|J > \tilde{B}' + \tilde{B}$ であるような値になると P 枝の線が収束し始めて, 帯頭を通過するようになる (図 45・10b).

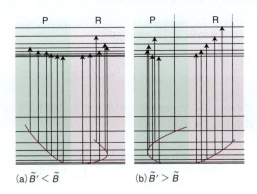

図 45・10　二原子分子の電子遷移の始状態と終状態における回転定数がかなり異なるときは, P 枝と R 枝は帯頭を示す. (a) $\tilde{B}' < \tilde{B}$ のときの R 枝における帯頭の形成: (b) $\tilde{B}' > \tilde{B}$ のときの P 枝における帯頭の形成.

45・2　多原子分子の電子スペクトル

フォトンの吸収は, もとをたどれば, 多原子分子内の特定の型の電子の励起, あるいは原子の小さなグループに属する電子の励起に行きつくことが多い. たとえば, カルボニル基 (C=O) が存在すれば約 290 nm の位置に吸収が観測されるのが普通である. ただし, その正確な位置は, 分子のその他の部分の性質によって決まる. 特有の光学吸収をもつグループを**発色団**[2]といい, 発色団が存在することが物質の色の原因であることが多い (表 45・2).

(a) d 金属錯体

孤立原子では, ある与えられた殻の 5 個の d オービタ

---

[1] band head　[2] chromophore

表 45・2[a)]　基や分子の吸収特性

基	$\tilde{\nu}_{max}/\text{cm}^{-1}$	λ_{max}/nm	$\varepsilon_{max}/$ $(\text{dm}^3\,\text{mol}^{-1}\,\text{cm}^{-1})$
C=C ($\pi^* \leftarrow \pi$)	61 000	163	15 000
C=O ($\pi^* \leftarrow n$)	35 000〜37 000	270〜290	10〜20
H$_2$O ($\pi^* \leftarrow n$)	60 000	167	7 000

a) 巻末の「資料」に多くの値がある.

ルは,すべて縮退している.d 金属錯体では,原子のすぐ外はもはや球形ではなく,d オービタル全部が縮退しているわけではないから,電子は d オービタルの間で遷移を起こしてエネルギーを吸収できる.

[Ti(OH$_2$)$_6$]$^{3+}$ (**1**) のような正八面体錯体で見られるこの分裂の起源を調べるために,6 個の配位子を負の点電荷とみなし,中心イオンの d 電子と反発し合っていると考えよう (図 45・11).結果として,d オービタルは二つのグループに分かれる.すなわち,配位子の位置を向く $d_{x^2-y^2}$ および d_{z^2} と配位子間を狙う d_{xy}, d_{yz}, d_{zx} である.前者のグループのオービタルを占める電子は,もう一方のグループの三つのオービタルのどれかを占めるときより不利なポテンシャルエネルギーをもつ.そのため,d オービタルは (**2**) に示した二つの組に分裂し,そのエネルギー差は Δ_O である.三重縮退した組は d_{xy}, d_{yz}, d_{zx} オービタルから成り,それを t_{2g} で表す.二重縮退した組は $d_{x^2-y^2}$ と d_{z^2} オービタルから成り,それを e_g で表す.3 個の t_{2g} オービタルは,2 個の e_g オービタルよりエネルギーの低いところにあり,そのエネルギー差 Δ_O を **配位子場分裂パラメーター**[1)] という (O は正八面体対称を表す).この配位子場分裂の大きさはふつう,配位子と中心金属原子の全相互作用エネルギーの約 10 パーセントもあり,錯体として存在するための大きな要因となっている.d オービタルは正四面体錯体でも二つの組に分かれるが,この場合は e オービタルの方が t_2 オービタルよりも下にあって (正四面体錯体には反転中心がないから,g と u の分類は該当しない),その分裂を Δ_T と書く.

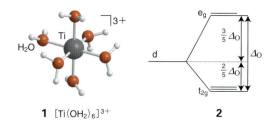

1 [Ti(OH$_2$)$_6$]$^{3+}$　　**2**

Δ_O も Δ_T もさほど大きくないから,この 2 組のオービタルの間の遷移は一般にスペクトルの可視領域で起こる.この遷移は,まさに d 金属錯体に固有の,多彩な色の原因になっている.

簡単な例示 45・6　d 金属錯体の電子スペクトル

[Ti(OH$_2$)$_6$]$^{3+}$ (**1**) の 20 000 cm^{-1} (500 nm) 付近のスペクトルを図 45・12 に示す.これは t_{2g} オービタルから e_g オービタルへの d 電子 1 個の昇位に帰属できる.吸収極大の波数から,この錯体では $\Delta_O \approx 20\,000$ cm^{-1} であることがわかり,これは約 2.5 eV に相当する.

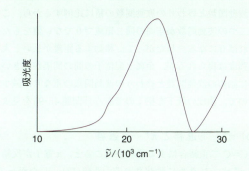

図 45・12　[Ti(OH$_2$)$_6$]$^{3+}$ の水溶液の電子吸収スペクトル.

自習問題 45・8　Zn^{2+} イオンの錯体が d-d 電子遷移を示すことはあるか.また,その理由について説明せよ.
〔答:d-d 遷移はない.d オービタル 5 個とも完全に占有されているから〕

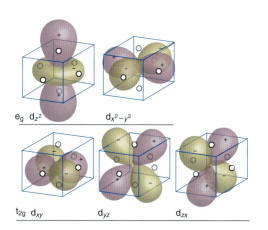

図 45・11　正八面体の環境における d オービタルの分類.6 個ある配位子 (点電荷で表す) を ○ で示してある.e_g か t_{2g} は,対称性の考察によって分類できる (トピック 33).

ラポルテの選択律 (45・1b 節) によれば,正八面体錯体の d-d 遷移は g → g 遷移であるから (詳しくは,$e_g \leftarrow t_{2g}$

---

1) ligand-field splitting parameter

遷移である），パリティ禁制である．しかし，d-d 遷移は，図 45・4 に示したような非対称な振動とカップルした結果，振動遷移と電子遷移が合体した弱い振電遷移として許されるようになる．

d 金属錯体は，その配位子から中心原子の d オービタルへ，あるいはその逆向きに電子が移動する結果として放射線を吸収することがある．そのような **電荷移動遷移**[1] では，電子はかなり長い距離を動くが，このことから，遷移双極子モーメントが大きくなる可能性があって，そのため吸収が強くなると考えられる．過マンガン酸イオン MnO_4^- では，O 原子から中心 Mn 原子への電子移動に伴う電荷の再分布によって 420～700 nm の範囲で強い吸収が生じ，このイオンの強い紫色の原因になっている．このような配位子から金属への電子移動は，**配位子から金属への電荷移動遷移**[2]（LMCT）の一例である．これとは逆の電子移動，すなわち **金属から配位子への電荷移動遷移**[3]（MLCT）も起こりうる．その一例は，芳香族配位子の反結合性 π オービタルへの d 電子の移動である．これによってできる励起状態は，もしこの電子がいくつもの芳香環に広がって非局在化していると，非常に寿命が長くなることがある．

ほかの遷移の場合と同じで，電荷移動遷移の強度も遷移双極子モーメントの 2 乗に比例する．この遷移モーメントは，電子が金属から配位子へ，あるいはその逆向きに移動する際に動く距離の尺度と考えることができて，移動する距離が大きいと，遷移双極子モーメントが大きくて吸収強度も大きい．しかし，遷移双極子の中の被積分関数は始めの波動関数と終わりの波動関数の積に比例するから，これは二つの波動関数が空間の同じ領域で 0 でない値をもたなければ 0 になる．したがって，移動する距離が長いと大きい強度は得られるが，金属と配位子の間の間隔が大きいために始めの波動関数と終わりの波動関数の重なりが減少するので，強度の低下を招くのである（「問題 45・9」を見よ）．

(b) $\pi^* \leftarrow \pi$ 遷移と $\pi^* \leftarrow n$ 遷移

C=C 二重結合による吸収が起こると，π 電子が反結合の π^* オービタルに励起される（図 45・13）．したがって，この発色活性は **$\pi^* \leftarrow \pi$ 遷移**[4] によるものである．そのエネルギーは非共役二重結合では約 7 eV で，これは 180 nm のところ（紫外領域）の吸収に相当する．二重結合が共役鎖の一部であるときは，分子オービタルのエネルギーは互いに近いところにくるので，$\pi^* \leftarrow \pi$ 遷移はもっと長波長側に移動する．共役系がかなり長いと，この遷移は可視部に現れることもある．

カルボニル化合物の吸収のもとになる遷移を調べると，O 原子上の孤立電子対がその原因になっている場合があ

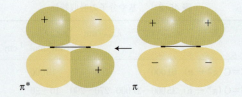

図 45・13　C=C 二重結合は発色団として働く．その重要な遷移の一つはこの図に示した $\pi^* \leftarrow \pi$ 遷移であって，この遷移では電子は π オービタルからそれに対応する反結合性オービタルに昇位する．

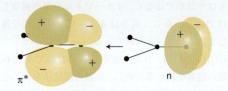

図 45・14　カルボニル基（C=O）は発色団として働く．これは非結合性の O の孤立電子対にある電子が，反結合性 CO π^* オービタルに励起されるためとして，ある程度の説明ができる．

る．ルイスによる"孤立電子対"の概念は，分子軌道法では，1 個の原子にほとんど限定されていて結合形成にはほとんど関与しないオービタルにある電子対として表される．これらの電子の一つが，カルボニル基の空の π^* オービタルに励起されてもよく（図 45・14），これが **$\pi^* \leftarrow n$ 遷移**[5] をひき起こす．代表的な吸収エネルギーは約 4 eV（290 nm）である．カルボニルの $\pi^* \leftarrow n$ 遷移は対称性による禁制のため，その吸収は弱い．

簡単な例示 45・7　$\pi^* \leftarrow \pi$ 遷移と $\pi^* \leftarrow n$ 遷移

化合物 $CH_3CH=CHCHO$ には紫外領域の 46950 cm^{-1}（213 nm）に強い吸収があり，30000 cm^{-1}（330 nm）に弱い吸収がある．前者は $\pi^* \leftarrow \pi$ 遷移であり，非局在化した π 系 C=C−C=O による．この非局在化は，C=O の $\pi^* \leftarrow \pi$ 遷移の領域から低波数側（長波長側）にも及んでいる．後者は，カルボニル発色団による $\pi^* \leftarrow n$ 遷移である．

自習問題 45・9　プロパノン〔アセトン，$(CH_3)_2CO$〕には 189 nm に強い吸収があり，280 nm に弱い吸収がある．この結果を説明せよ．　［答：どちらの遷移も C=O 発色団によるものであり，弱い吸収は $\pi^* \leftarrow n$ 遷移，強い吸収は $\pi^* \leftarrow \pi$ 遷移である］

---

1) charge-transfer transition　2) ligand-to-metal charge-transfer transition　3) metal-to-ligand charge-transfer transition
4) $\pi^* \leftarrow \pi$ transition（ππスター遷移 と読む）　5) $\pi^* \leftarrow n$ transition（nπスター遷移 と読む）

チェックリスト

☐ 1. 二原子分子の項の記号は，核間軸のまわりの電子の角運動量の成分を表している．

☐ 2. 電子遷移の選択律は，角運動量と対称性の考察に基づいている．

☐ 3. **ラポルテの選択律**によれば，分子が中心対称をもっていれば，u → g 遷移と g → u 遷移だけが許される．

☐ 4. **フランク–コンドンの原理**は，電子遷移の振動構造を説明する基礎を与えている．

☐ 5. 気相試料には回転構造も存在し，**帯頭**がある．

☐ 6. **発色団**は，特有の光学吸収を示す基である．

☐ 7. d 金属錯体では，配位子が存在することで d オービタルの縮退が解けて，その間で振動許容された **d–d 遷移**が起こりうる．

☐ 8. **電荷移動遷移**にはふつう，配位子と中心金属原子の間の電子移動が関与している．

☐ 9. 発色団にはほかに，二重結合（$\pi^* \leftarrow \pi$ 遷移）やカルボニル基（$\pi^* \leftarrow n$ 遷移）などもある．

重要な式の一覧

性　質	式	備　考	式番号
選択律（角運動量）	$\Delta\Lambda = 0, \pm1;\ \Delta S = 0;\ \Delta\Sigma = 0;\ \Delta\Omega = 0, \pm1$	直線形分子	45·4
フランク–コンドン因子	$\|S(v_f, v_i)\|^2 = \left(\int \psi_{v,f}^* \psi_{v,i}\, d\tau_n \right)^2$		45·6
電子スペクトルの回転構造（二原子分子）	$\tilde{\nu}_P(J) = \tilde{\nu} - (\tilde{B}' + \tilde{B})J + (\tilde{B}' - \tilde{B})J^2$	P 枝（$\Delta J = -1$）	45·8a
	$\tilde{\nu}_Q(J) = \tilde{\nu} + (\tilde{B}' - \tilde{B})J(J+1)$	Q 枝（$\Delta J = 0$）	45·8b
	$\tilde{\nu}_R(J) = \tilde{\nu} + (\tilde{B}' + \tilde{B})(J+1) + (\tilde{B}' - \tilde{B})(J+1)^2$	R 枝（$\Delta J = +1$）	45·8c

トピック46

励起状態の減衰過程

内容

46·1　蛍光とりん光
　　簡単な例示 46·1　有機分子の蛍光とりん光

46·2　解離と前期解離
　　簡単な例示 46·2　電子スペクトルに与える
　　　　　　　　　　　　　　前期解離の影響

46·3　レーザー作用
　(a) 占有数の逆転
　　簡単な例示 46·3　単純なレーザー
　(b) 空洞とモード特性
　　簡単な例示 46·4　共振モード
　　簡単な例示 46·5　コヒーレンス長
　(c) パルスレーザー
　　例題 46·1　レーザーの出力と
　　　　　　　　　エネルギーの関係

チェックリスト
重要な式の一覧

▶ 学ぶべき重要性

　励起電子状態が放射を伴う減衰過程で基底状態に戻るとき, その放出されたフォトンから得られる情報はきわめて多い. この過程は技術的にも非常に重要である. たとえば, レーザーは, その出現によって分光法の精度が飛躍的に向上したし, いまでは医学や通信の分野で広く使われている.

▶ 習得すべき事項

　励起電子状態の分子は, 電磁放射線を放出するか, あるいは熱として周囲の分子にエネルギーを移動させることによって減衰する.

▶ 必要な予備知識

　分子内の電子による吸収過程 (トピック 45), 放射線の自然放出と誘導放出 (トピック 16), 分光法全般の特徴 (トピック 40) をよく理解している必要がある. また, 一重項状態と三重項状態の違い (トピック 21) やフランク-コンドンの原理 (トピック 45) についても知っている必要がある.

　放射減衰過程[1] は, 「トピック 40」で説明したように, 分子がその励起エネルギーをフォトンとして放出する過程である. 本トピックでは, 蛍光やりん光という自発的に起こる (自然放出による) 放射減衰過程に注目しよう. 一方, 誘導放射減衰として非常に重要な例にレーザー作用がある. この誘導放出がどのように起こり, それがどう使われるかを示そう.

　電子励起した分子でふつうに起こるのは**非放射減衰**[2] であり, これは, 過剰のエネルギーがまわりの分子の振動や回転, 並進に移動する過程である. この**熱的劣化**[†] によって, 励起エネルギーが周囲の熱運動 (つまり "熱") に変換される. また, 励起分子は化学反応に参加することもあるが, それについては「トピック 93」で取上げる.

46·1　蛍光とりん光

　蛍光[3] では, 励起放射線の照射中だけでなく, その照射を止めても数ミリ秒から数ナノ秒以内で放射線の自然放出が起こる (図 46·1). **りん光**[4] では, この自然放出が長期間にわたって継続する (ふつうは何秒か, あるいは何分の一秒かであるが, 何時間にもなることがある). この違いから, 蛍光は, 吸収された放射線がただちに再放出のエネルギーに変換されるものであるが, りん光には, エネルギーを貯蔵庫に蓄える過程があって, そこからゆっくりと洩れ出すと考えることができる.

---

† 訳注: 熱は, エネルギーの質が最も劣るから, 振動エネルギーのように熱になることはエネルギーの劣化である.
1) radiative decay process　2) nonradiative decay. 無放射減衰 (radiationless decay) ともいう.　3) fluorescence
4) phosphorescence

図46・2に、蛍光に関係する一連の段階を示してある。はじめの誘導吸収によって、分子が励起電子状態に上がるが、もし吸収スペクトルを観測していたとすれば、それは図46・3aのように見えるはずである。励起された分子は、まわりの分子と衝突を起こすと、放射を伴わずにエネルギーを失うにつれて、励起電子状態の最低振動準位に向かって振動準位のはしごを下りていく。しかし、まわりの分子は、この励起分子を基底電子状態にまで下ろすために必要な、大きなエネルギー差を受け入れることができないこともある。その場合、励起分子は十分長い間生き残り、やがて自然放出を起こして、残りの過剰エネルギーを放射線として放出する。下向きの電子遷移はフランク-コンドンの原理(トピック45)に従って垂直に起こるから、蛍光スペクトルは下側の電子状態に固有の振動構造を示す(図46・3b)。

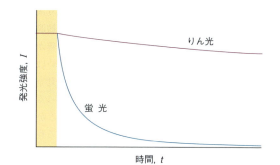

図46・1 蛍光とりん光の(実測に基づいた)経験的な区別によれば、前者は励起光源がなくなると非常に速く消光するのに対し、後者は発光し続け、その強度が比較的ゆっくり減衰する。

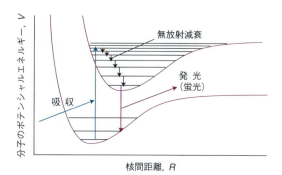

図46・2 蛍光は、一連の段階を経て起こる。最初の吸収のあとで、上側の振動状態が周囲にエネルギーを与えて無放射減衰を起こす。次に、上側の電子状態の基底振動状態から放射遷移が起こる。

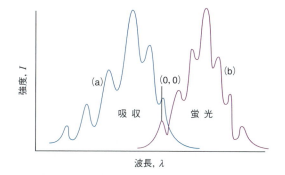

図46・3 吸収スペクトル(a)は、上側の状態に特有の振動構造を示す。蛍光スペクトル(b)は、下側の状態に特有の構造を示し、吸収スペクトルより低振動数側にずれて(ただし、0-0遷移はほぼ一致する)、しかも吸収スペクトルの鏡像に似た形になる。

0-0吸収遷移と0-0蛍光遷移が観測できたとすれば、両者は一致すると期待できる。吸収スペクトルは、0←0, 1←0, 2←0, … などの遷移で生じるが、その遷移は次第に高い波数で起こり、その強度はフランク-コンドンの原理によって決まる。一方、蛍光スペクトルは、0→0, 0→1, … などの下向きの遷移で生じるから、その遷移波数は次第に低くなっていく。しかし、0-0の吸収ピークと蛍光ピークは、いつも完全に一致するとは限らない。これは溶質が基底状態にあるときと励起状態のときとで、溶媒との相互作用の仕方が異なる可能性があるからである(たとえば、水素結合のでき方が異なることもある)。溶媒分子が遷移の間に配列し直す時間はないから、まわりが溶媒和した基底状態に固有の状態になったままで吸収が起こるのに対し、蛍光の方は周囲が溶媒和した励起状態に固有の状況のもとで起こるのである(図46・4)。

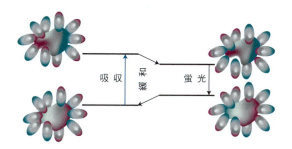

図46・4 溶媒が存在することで、蛍光スペクトルは吸収スペクトルに対してずれる効果がある。吸収が起こるとき(左図)、溶媒(楕円)は溶質分子(球)の基底電子状態に特有の配置に置かれている。ところが、蛍光が起こる前には(右図)溶媒分子は緩和していて新しい配置になっており、続いて起こる放射遷移の間はその配置が保たれる。

蛍光は、入射放射線より低い振動数(長い波長)で起こる。これは、ある程度まわりに振動エネルギーを捨てたあとで、この発光遷移が起こるためである。この効果が日常に見られる例として、蛍光色素の鮮やかなオレンジ色と緑色がある。これらの色素は、紫外線と青色を吸収して可視領域の蛍光を出す。この機構から、蛍光強度は、溶媒分子が電子の量子および振動の量子を受け入れる能力に依存するはずであることがわかる。確かに、振動準位の間隔が広

い(水のような)分子から成る溶媒は，場合によっては大きな電子エネルギーの量子を受け入れて，蛍光を"消してしまう†"ことができる．他の分子によって蛍光が消される消光速度は，速度論的に重要な情報も与えてくれる(トピック93)．

図46・5には，一重項の基底状態をもつ分子について，りん光を出すに至るまでに起こる一連の事象を示してある．第一段階は，蛍光の場合と同じであるが，励起一重項状態のエネルギーに近いところに励起三重項状態が存在することが決定的な役割を演じる．励起一重項状態と励起三重項状態とは，そのポテンシャルエネルギー曲線が交差する点で，同じ立体構造をとる．そこで，もし二つの電子スピンの対を解消する(↑↓から↑↑への転換を実現する)何らかの機構があると，分子は **系間交差**[1]，すなわち異なる多重度の状態間の非放射遷移を起こして，三重項状態になれる．原子スペクトルの説明で述べたように(トピック21)，スピン-軌道カップリングが存在すれば一重項-三重項の遷移が起こりうる．分子が(硫黄のような)かなり重い原子を含むときには，スピン-軌道カップリングが大きいから，系間交差が重要になると予想できる．

そのエネルギーを放射することもできない．しかし，放射遷移が完全に禁じられているわけではない．それは，系間交差の原因となるスピン-軌道カップリングによって選択律も破れるからである．したがって，分子からの弱い放射が可能になり，この発光はもとの励起状態が形成されたのち，長く続くことになる．

この機構によって，励起エネルギーがゆっくり涸れるエネルギーだめに捕捉されたように見えるという観測結果が説明できる．また，この機構によれば，(実験で確かめられているように)固体試料からのりん光が最も強いはずである．それは，固体ではエネルギー移動があまり効率よく起こるわけでなく，励起一重項が系間交差点をゆっくり通過するので，系間交差を起こすのに時間がかかるからである．また，この機構から，りん光の効率が，ある程度重い原子(強いスピン-軌道カップリングがある原子)の存在によって決まるはずであると考えられるが，事実その通りである．

分子内で起こりうるいろいろなタイプの非放射遷移や放射遷移は，図46・6に示してあるような **ジャブロンスキー図**[2]で表すことが多い．

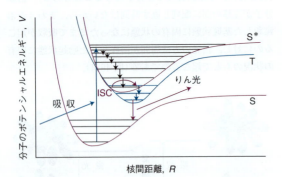

図46・5 りん光は，一連の段階を経て起こる．重要な段階は系間交差(ISC)であり，一重項状態から三重項状態への切り替えはスピン-軌道カップリングによって起こる．三重項状態から基底状態へ戻る遷移はスピン禁制であるから，三重項状態はゆっくり放射するエネルギーだめとして働く．

もし，ある励起分子が交差して三重項状態になれば，その分子はひき続きエネルギーをまわりに与える．しかし，いまの場合は三重項の振動準位のはしごを下りてきて，最低振動エネルギー準位に捕捉されるが，これは，三重項状態が対応する一重項よりエネルギーが低いからである(フントの規則，「トピック19」)．溶媒は，最終的に，大きな電子励起エネルギーの量子を吸収することはできず，しかも基底状態に戻ることはスピン禁制であるために，分子は

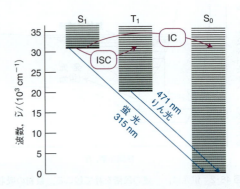

図46・6 ジャブロンスキー図(この図はナフタレンのもの)は，分子の電子エネルギー準位の相対的な位置関係を単純な図で表したものである．ある与えられた電子状態の振動準位は互いに重なり合う位置にあるが，三つの列の水平方向の相対位置は，その状態における原子核間距離とは何の関係もない．それぞれの電子状態の基底振動状態の垂直方向の位置は正しく表されているが，他の振動状態は模式的に描いてあるだけである．(IC: 内部転換; ISC: 系間交差)

> **簡単な例示46・1** 有機分子の蛍光とりん光
>
> 一連の化合物，ナフタレン，1-クロロナフタレン，1-ブロモナフタレン，1-ヨードナフタレンでは，この順に蛍光効率が減少し，りん光効率は増加する．H

---

† この現象を消光(quench)という．
1) intersystem crossing 2) Jablonski diagram

原子を重い原子に置き換えると，第一励起一重項状態から第一励起三重項状態への系間交差（これによって蛍光効率が減少する）と第一励起三重項状態から基底一重項状態への放射遷移（これによってりん光効率が増加する）が増強される．

自習問題 46·1 強い蛍光を発する発色団の水溶液について考えよう．この溶液にヨウ素イオンを加えれば，この発色団のりん光効率は増加するか，それとも減少するか． ［答：増加する．］

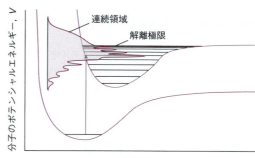

図 46·7 上側の電子状態の非束縛状態への吸収が起こるときは，分子は解離するから，得られる吸収は連続バンドになる．解離極限以下であれば，電子スペクトルはふつうの振動構造を示す．

46·2 解離と前期解離

電子励起された分子のもう一つの運命は**解離**[1]，すなわち結合の開裂である（図 46·7）．解離の開始を検出するには，吸収スペクトルで，バンドの振動構造がある決まったエネルギーのところで終了するのを観測すればよい．この**解離極限**[2]を超えると，吸収は連続的なバンドとなって現れる．これは，量子化されていない分子の破片の並進運動が終状態になるからである．解離極限の位置を特定することは，結合解離エネルギーを求める重要な方法の一つである．

場合によっては，振動構造がいったん消失するが，フォトンのエネルギーがもっと高いところで再び現れることがある．この効果が見えれば，それは**前期解離**[3]の証拠である．その状況は，図 46·8 に示す分子のポテンシャルエネルギー曲線を使えば説明できる．すなわち，分子がある振動準位に励起されると，その電子は分布が変わることがあり，その結果，分子が**内部転換**[4]すなわち多重度が同じ別の状態への無放射転換を起こすのである．内部転換は，分子の二つのポテンシャルエネルギー曲線の交わる点で最も起こりやすいが，それは，二つの状態で原子核のつくる骨格構造がこの交点で同じになるからである．分子が転換する先の状態は，解離状態であってもよく，その場合は交点付近の状態は有限の寿命をもつため，そのエネルギーは，はっきり決まらなくなる（寿命幅，「トピック 40」）．その結果，吸収スペクトルは，この交点の辺りでぼやけてしまう．入射フォトンが十分高いエネルギーをもっていて，分子をこの交点よりずっと上の振動準位に励起できるときは，内部転換は起こらない（原子核が同じ骨格構造にはならない）．その結果，準位は再びはっきり決まった振動特性，すなわちそれに相応してはっきり決まったエネルギーをもつ振動特性を回復し，ぼやけた領域よりも高振動数側で線構造が回復するのである．

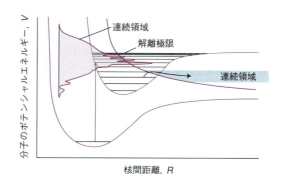

図 46·8 図の上側に示してあるように，解離状態が束縛状態と交差するときは，交差する点の付近まで励起された分子は，解離する可能性がある．この過程を前期解離という．これはスペクトルにおける振動構造が消失するのでわかる．振動構造はもっと高い振動数のところで回復する．

簡単な例示 46·2 電子スペクトルに与える前期解離の影響

O_2 分子は，$^3\Sigma_g^-$ の基底電子状態から解離性の $^3\Pi_u$ 状態にエネルギーの近い励起電子状態 $^3\Sigma_u^-$ への遷移によって紫外光を吸収する．この場合の前期解離の効果は，スペクトルの振動回転構造が急激に消失するのでなく，もう少し複雑である．すなわち，実験で得られる吸収バンドの幅は比較的広い．上の場合と同じで，このスペクトル幅の広がりは，束縛状態と解離性の励起電子状態のポテンシャルエネルギー曲線の交点近くに励起振動状態があるために，その寿命が短くなることで説明される．

---

1) dissociation 2) dissociation limit 3) predissociation 4) internal conversion

> **自習問題 46・2** 前期解離が始まる波数の値から何がわかるか.
>
> [答: 図46・8を見よ. 基底電子状態の解離エネルギーの上限がわかる.]

46・3 レーザー作用

"レーザー"という用語は,"放射の誘導放出による光の増幅[1]"からつくられた頭字語である. 誘導放出 (トピック16) では, 励起状態を放射線で刺激し, それと同じ振動数の放射線のフォトンを放出させるが, 存在するフォトンが多いほど, この放出の確率が高くなる. レーザー作用の基本的な特徴は, 正のフィードバックにある. すなわち, 特定の振動数のフォトンが多数存在するほど, 刺激を受けてその振動数のフォトンが多数生成するのである.

レーザー放射線には顕著な特徴が多数ある (表46・1). そのどれもが (場合によっては複数の特徴が合わさって) 物理化学の興味深い機会を開いている. ラマン分光法は, レーザーで得られる高強度の単色放射線によって著しく発展した (トピック40および42〜44). また, レーザーが発生する超短パルスを使って, フェムト秒はもちろん, アト秒の時間スケールでさえも光開始反応の研究を可能にしているのである.

(a) 占有数の逆転

レーザー作用に要求されることは, 第一に**準安定励起状態**[2]が存在することであり, この励起状態が誘導放出に関与するためには, その寿命が十分長い必要がある. 第二に, この準安定状態の占有数が, 遷移の終点となる下側の状態の占有数よりずっと大きいことが要求される. そうなれば, 放射線の正味の放出が実現する. これは熱平衡とは逆であるから, 上の状態にある分子数の方が下の分子数より多くなる状態, いわゆる**占有数の逆転**[3]をつくり出す必要がある.

占有数の逆転を達成する方法の一例を図46・9に示してある. 分子をある中間状態Iに励起すると, Iはそのエネルギーの一部を非放射的に失って, べつの低い状態Aに変化する. レーザー遷移は, Aから基底状態Xに戻る遷移である. 全体として三つのエネルギー準位が関与しているので, この組合わせは**三準位レーザー**[4]となる. 実用上は, Iは多数の状態から成っているが, そのすべての状態が, 二つのレーザー状態の上側の状態であるAに転換できる. I←Xという遷移は, **ポンピング**[5]という方法で, 強力な閃光を使って誘導する. このポンピングは, キセノンの放

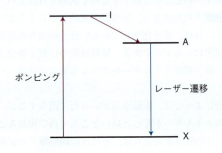

図46・9 三準位レーザーで起こる遷移の例. ポンピングのパルスによって中間状態Iが占有され, ついでレーザー状態Aに移る. レーザー遷移はA→Xの誘導放出である.

表46・1 レーザー放射線の特性と化学への応用

特 性	利 点	応 用
高出力	多光子過程が観測可能	分光法
	検出器の雑音が小さい	感度の改善
	散乱強度が大きい	ラマン分光法 (トピック40, 42〜44)
単色性	高分解能	分光法
	状態選別が可能	光化学研究 (トピック93)
平行性	経路長が長くとれる	感度の改善
	前方散乱の測定が可能	ラマン分光法 (トピック40, 42〜44)
干渉性	ビーム間で干渉が起こる	干渉性反ストークスラマン分光法[a]
パルス化	励起時間の精密化	速い反応 (トピック93) の研究
		緩和 (トピック84)
		エネルギー移動 (トピック93)

a) "Physical chemistry", Oxford University Press, Oxford (2014) [邦訳: アトキンス物理化学, 第10版, 中野元裕ほか訳, 東京化学同人 (2017)] を見よ.

---

1) light amplification by stimulated emission of radiation   2) metastable excited state   3) inversion of population
4) three-level laser   5) pumping

電あるいはべつのレーザー光線を使って行うことが多い．IからAへの転換は高速で，AからXへのレーザー遷移は比較的遅くなければならない．

ポンピング作用によって，非常に多数の基底状態分子を励起状態に転換する必要があるから，この三準位の配置には，占有数の逆転を達成するのが困難であるという欠点がある．**四準位レーザー**[1]で採用される配置は，この作業を簡単にするために，レーザー遷移が基底状態とは別のA′という状態で終わるようにしてある（図46・10）．最初はA′が占有されていないから，Aの占有数がいくらであっても，それは占有数の逆転に対応しており，もしAが比較的安定な準安定状態であれば，レーザー作用が期待できる．さらに，もしA′→Xの遷移が速ければ，占有数が逆転した状態を持続できる．それは，レーザー遷移によってA′の占有数がどんなに増加してもすぐに減衰してしまい，A′の状態はほとんど空に保たれるからである．

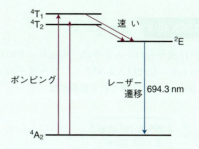

図46・11　ルビーレーザーで起こる遷移

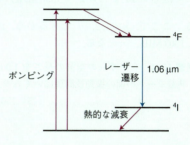

図46・12　ネオジムレーザーで起こる遷移

自習問題46・3　上で説明したルビーレーザーの配置では，パルス光と連続光のどちらを容易に発生できるか．
[答：パルス光]

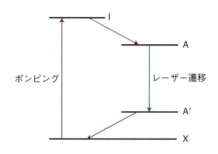

図46・10　四準位レーザーで起こる遷移の例．レーザー遷移は，ある励起状態（A′）で終結するから，AとA′の間の占有数の逆転は，ずっと容易に達成できる．

簡単な例示46・3　単純なレーザー

ルビーレーザーは三準位レーザーの一例である（図46・11）．ルビーは，少量のCr^{3+}イオンを含むAl_2O_3である．このレーザー遷移の下側の準位はCr^{3+}イオンの$^4A_2$基底状態である．大部分のCr^{3+}イオンを$^4T_2$および$^4T_1$の励起状態にポンピングする過程を経て，^2E励起状態への無放射遷移が起こる．このときのレーザー遷移は$^2E→^4A_2$であり，波長694 nmの赤色光を生じる．

ネオジムレーザーは四準位レーザーの一例である（図46・12）．一つのタイプはNd：YAGレーザーというもので，それはイットリウム・アルミニウム・ガーネット（YAG，具体的には$Y_3Al_5O_{12}$）に低濃度のNd^{3+}イオンをドープしたものである．ネオジムレーザーは赤外領域の多数の波長で作動するが，そのうち1064 nmのバンドが最もよく使われる．

(b) 空洞とモード特性

レーザー媒質は空洞に閉じ込めて，ある特定の振動数と進行方向，および特定の偏光状態をもつフォトンだけが確実に多数発生できるようにしてある．空洞とは，要するに二つの鏡にはさまれた領域であって，この鏡によって光が反射されて行ったり来たりする．この配置は，箱の中の粒子の改訂版で，粒子をフォトンに変えたものとみなせる．箱の中の粒子を取扱ったのと同様に（トピック9），この空洞で持続できる振動数は，つぎの式を満たすものに限られる．

$$n \times \frac{1}{2}\lambda = L \qquad \text{共振モード} \qquad (46・1)$$

nは整数で，Lは空洞の長さである．つまり，半波長の整数倍だけがこの空洞にうまく収まるのであって，他のすべての波はそれ自身と弱め合う干渉を起こす．さらに，この空洞で持続できる波長のすべてがレーザー媒質によって増幅されるわけではなく（多くの波がレーザー遷移の振動数範囲から外れている），限られた波長の光だけがレーザー

---
1) four-level laser

放射に寄与する．これらの波長は，レーザーの**共振モード**[1]である．

簡単な例示 46・4　共振モード

(46・1) 式からわかるように，共振モードの振動数は $\nu = c/\lambda = (c/2L) \times n$ である．レーザーの空洞の長さ 30.0 cm では，許される振動数は，

$$\nu = \frac{\overset{c}{\overbrace{2.998 \times 10^8 \, \text{m s}^{-1}}}}{2 \times \underbrace{(0.300 \, \text{m})}_{L}} \times n$$

$$= (5.00 \times 10^8 \, \text{s}^{-1}) \times n = (500 \, \text{MHz}) \times n$$

である．ここで，$n = 1, 2, \ldots$ であるから，$\nu = 500$ MHz，1000 MHz，… となる．

自習問題 46・4　レーザーの空洞の長さを 1.0 m としよう．共振モードの間の振動数間隔はいくらか．
　　　　　　　　　　　　　　　　　　　　［答：150 MHz］

空洞の共振モードに合う波長とレーザー遷移を誘導するのにぴったりの振動数をもつフォトンは，著しく増幅される．フォトン 1 個が自然に発生し，媒質中を伝播したとすると，これがもう 1 個のフォトンの放出を誘導し，それが順次多数のフォトンの放出を誘導する (図 46・13)．エネルギーのカスケード (滝) が急速に成長し，すぐにこの空洞は，その中で持続できるすべての共振モードをもつ放射線の強力な放射線源となる．もし，一方の鏡を半透明にしておけば，この放射線の一部を取出すことができる．

空洞の共振モードはもともと種々の自然な特性を備えていて，ある程度モードの選択が可能である．空洞の軸に厳密に平行に伝播するフォトンだけが何回も反射するから，これらのフォトンだけが増幅されて，他のフォトンはいとも簡単に散らばって消えてしまう．したがって，レーザー光線は，一般に非常に低発散型のビームを形成する．また，空洞内に偏光フィルターを挿入するか，あるいは固体媒質における偏光遷移を利用することによって，レーザー光線を偏光させて，その電気ベクトルがある特定の面内にくるように (あるいは他の何らかの偏光状態になるように) することができる．

レーザー放射線は，すべての電磁波の歩調が揃っているという意味で**コヒーレント**[2]である．**空間的なコヒーレンス**[3]では，波は空洞から出てくるビームの断面のどこでもその歩調が揃っている．**時間的なコヒーレンス**[4]では，波はビームに沿って歩調を揃え続ける．前者はふつう**コヒーレンス長**[5] l_C，すなわち波がコヒーレントにとどまっている距離を使って表すが，これとビーム中に存在する波長範囲 $\Delta\lambda$ とはつぎの関係がある．

$$l_C = \frac{\lambda^2}{2\Delta\lambda} \qquad \text{コヒーレンス長} \quad (46 \cdot 2)$$

ビームに多数の波長が混在しているときは $\Delta\lambda$ は大きく，その波は短い距離のところで歩調が乱れるから，コヒーレンス長は短い．

図 46・13　レーザー作用が起こるまでの過程の模式図．(a) 状態間のボルツマン分布．基底状態の原子の方が多い．(b) 始状態が吸収を起こすと，占有数は逆転する (原子はポンピングによって励起状態に上がる)．(c) ここで，フォトンが 1 個放出されるとべつの原子を誘導してフォトンを放出させ，これが繰返されると放射線のカスケードが起こるのである．この放射線はコヒーレントである (位相がそろっている)．

簡単な例示 46・5　コヒーレンス長

白熱電球の光のコヒーレンス長は約 400 nm しかない．これに対して He-Ne レーザーでは，$\lambda = 633$ nm で $\Delta\lambda = 2.0$ pm であるから，そのコヒーレンス長はつぎのように計算できる．

$$l_C = \frac{\overset{\lambda^2}{\overbrace{(633 \, \text{nm})^2}}}{2 \times \underbrace{(0.0020 \, \text{nm})}_{\Delta\lambda}}$$

$$= 1.0 \times 10^8 \, \text{nm} = 0.10 \, \text{m} = 10 \, \text{cm}$$

自習問題 46・5　コヒーレンス長が無限になる条件は何か．［答：単色性が完全なビーム，つまり $\Delta\lambda = 0$］

---

1) resonant mode　2) coherent　3) spatial coherence　4) temporal coherence　5) coherence length

(c) パルスレーザー

レーザーは，占有数の逆転が持続する限り，放射線を発生できる．熱が容易に放散するときは，レーザーは連続的に作動する．そうなれば，ポンピングによって上側の準位の占有数を補充できるからである．過熱が問題になるときは，媒質を冷却させる機会をつくるため，あるいは下側の状態が占有数を減らす時間をつくるために，レーザーをマイクロ秒あるいはミリ秒の長さのパルスとしてのみ作動できるようにすればよい．しかし，ときには連続出力よりも，短いパルスに大出力を集中させた放射線のパルスが得られる方が望ましいことがある．パルスをつくり出す一つの方法は**Qスイッチ法**[1)]であり，これはレーザー空洞の共振特性を変化させる方法である．この名称は，マイクロ波工学において共振空洞の質の高さの尺度として使われる"Q因子"に由来するものである．

例題 46・1　レーザーの出力とエネルギーの関係

定格 0.10 J のパルスレーザーが繰返し頻度 10 Hz で 3.0 ns のパルス放射線を発生する．そのパルスは長方形として，このレーザーのピーク出力と平均出力を計算せよ．

解法　出力は単位時間当たりに放出されるエネルギーで，ワットの単位 (1 W = 1 J s^{-1}) で表される．ピーク出力 P_{peak} を計算するには，パルス幅の間に放出されるエネルギーをパルス幅で割ればよい．平均出力 $P_{average}$ は多数のパルスによって放出される全エネルギーをそのエネルギーを測定した時間で割ればよい．つまり，平均出力は，単に1個のパルスによって放出されるエネルギーにパルスの繰返し頻度を掛けたものである．

解答　与えられたデータから，

$$P_{peak} = \frac{0.10 \text{ J}}{3.0 \times 10^{-9} \text{ s}} = 3.3 \times 10^7 \text{ J s}^{-1}$$

$$= 33 \text{ MJ s}^{-1} = 33 \text{ MW}$$

である．パルスの繰返し頻度は 10 Hz であるから，このレーザーは1秒稼動するごとに 10 個のパルスを放射する．これから，平均出力は，

$$P_{average} = 0.10 \text{ J} \times 10 \text{ s}^{-1} = 1.0 \text{ J s}^{-1} = 1.0 \text{ W}$$

となる．ピーク出力は平均出力よりずっと高いが，これはこのレーザーが1秒稼動する間に光を放射する時間は 30 ns しかないからである．

自習問題 46・6　2.0 mJ のパルスエネルギーをもち，パルス幅 30 ps でパルスの繰返し頻度 38 MHz のレーザーのピーク出力と平均出力を計算せよ．

[答：P_{peak} = 67 MW，$P_{average}$ = 76 kW]

Qスイッチ法の目的は，共振空洞を使わずに，すなわな仕方で占有数の逆転を実現し，ついで占有数が逆転した媒質を空洞内に導入して突発的な放射線のパルスを得ることにある．このスイッチを実現するには，ポンピングパルスが働いている間に，何らかの方法で空洞の共振特性を低下させておき，ついで急にこの特性を向上させることである（図46・14）．一つの方法は，リン酸二水素カリウム (KH$_2$PO$_4$) などの結晶がもつ能力を利用することで，これに電圧をかけてその光学的性質を変化させるのである．この電圧のスイッチを入れたり切ったりすれば，レーザー空洞にエネルギーを蓄えたり放出したりすることができ，これによって誘導放出の強いパルスをつくりだせる．

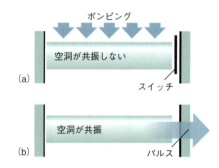

図 46・14　Qスイッチ法の原理．(a) 空洞が共振していない間に励起状態が占有される．(b) 次に共振特性を急に回復させると，ジャイアントパルスとして誘導放出が起こる．

モードロッキング[2)]の方法によれば，持続時間がピコ秒またはそれ以下のパルスを発生させることができる．レーザーは多数の異なる振動数の放射線を出すが，その振動数を決めるのは，空洞が正確にどんな共振特性をもつか，特に，放射線の半波長が鏡と鏡の間にいくつ入れるかということ（空洞モード）である．共振モードの振動数は，$c/2L$ の整数倍だけ異なる（簡単な例示 46・4）．ふつうは，これらのモードの位相は互いにでたらめになっている．しかし，その位相をまとめて固定（ロック）できる．つぎの「根拠」で示すように，このとき干渉が起こって，一連の鋭いピークが現れ，ごく短いパルスのレーザーエネルギーが得られるのである（図 46・15）．具体的には，放射強度 I は時間の関数で，

---

1) *Q*-switching　2) mode-locking

$$I(t) \propto \mathcal{E}_0^2 \frac{\sin^2(N\pi ct/2L)}{\sin^2(\pi ct/2L)}$$

モードロックによるレーザー出力 (46・3)

で変化する．$\mathcal{E}_0$ はレーザービームを表す電磁波の振幅であり，N はロックモードの数である．この関数を図 46・16 に示してある．空洞内を光が往復する時間 $t = 2L/c$ の間隔で一連のピークが現れており，N が増加するほどピークは鋭くなるのがわかる．長さ 30 cm の空洞をもつレーザーでは，ピーク間隔は 2 ns になる．1000 個のモードが寄与していれば，パルス幅は 4 ps になる．

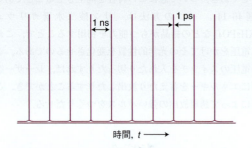

図 46・15 モードロックレーザーの出力は，光が空洞内を往復するのに要する時間に等しい時間間隔（この図では 1 ns）だけ離れた，非常に狭い（継続時間は 1 ps）パルス列からできている．

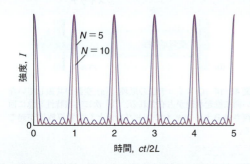

図 46・16 モードロックレーザーで発生したパルスの構造．$N = 5$ と 10 の場合を示してある．N が増加すれば得られるピークは鋭くなることに注目しよう．両者は，パルスの最大強度が同じになるように合わせて示してある．

根拠 46・1　モードロッキングの起源

振幅 $\mathcal{E}_0$，角振動数 ω の（複素）波の一般式は $\mathcal{E}_0 e^{i\omega t}$ で表される．したがって，長さ L の空洞が保持できる一連の波はつぎの形をもつ．

$$\mathcal{E}_n(t) = \mathcal{E}_0 e^{2\pi i (\nu + nc/2L) t}$$

ν は最低の振動数である．$n = 0, 1, \cdots, N-1$ の N 個の

モードを重ね合わせてつくった波の形は，

$$\mathcal{E}(t) = \sum_{n=0}^{N-1} \mathcal{E}_n(t) = \mathcal{E}_0 e^{2\pi i \nu t} \sum_{n=0}^{N-1} e^{i\pi nct/L}$$

である．ここでの和は，以下のようにすれば簡単になる．まず，

$$S = \sum_{n=0}^{N-1} e^{i\pi nct/L} = 1 + e^{i\pi ct/L} + e^{2i\pi ct/L} + \cdots + e^{(N-1)i\pi ct/L}$$

であるが，これが幾何級数（等比級数）であることから，

$$1 + e^x + e^{2x} + \cdots + e^{(N-1)x} = \frac{e^{Nx} - 1}{e^x - 1}$$

となる．ただし，$x = e^{i\pi ct/L}$ とした．そこで，

$$S = \frac{e^{Ni\pi ct/L} - 1}{e^{i\pi ct/L} - 1}$$

である．この右辺はつぎのように書ける．

$$\frac{e^{Ni\pi ct/L} - 1}{e^{i\pi ct/L} - 1} = \frac{e^{Ni\pi ct/2L} - e^{-Ni\pi ct/2L}}{e^{i\pi ct/2L} - e^{-i\pi ct/2L}} \times e^{(N-1)i\pi ct/2L}$$

最後に，$\sin x = (1/2i)(e^{ix} - e^{-ix})$ の関係を使えば，

$$S = \frac{\sin(N\pi ct/2L)}{\sin(\pi ct/2L)} \times e^{(N-1)i\pi ct/2L}$$

となる．放射線の強度 $I(t)$ は，全振幅の絶対値の 2 乗に比例するから，

$$I(t) \propto \mathcal{E}^* \mathcal{E} = \mathcal{E}_0^2 \frac{\sin^2(N\pi ct/2L)}{\sin^2(\pi ct/2L)}$$

と表すことができる．これが (46・3) 式である．

モードロッキングは，空洞の Q 因子を振動数 $c/2L$ で周期的に変化させることによって実現できる．この変調方式を理解するには，空洞中をフォトンが往復する時間に同期させてシャッターを開けて，その時間で往復するフォトンだけが増幅されるようにしたと考えればよい．この変調を実現するには，空洞内に置いたプリズムを，振動数 $c/2L$ のラジオ波の電源で駆動するトランスデューサーにつないでおけばよい．このトランスデューサーによってプリズムに定在波振動が起こり，それが空洞にもたらす損失に変調がかかるのである．

モードロックレーザーのもうひとつの機構は，**光学カー効果**[1] に基づいている．これは，うまく選んだ媒質，すなわち **カー媒体**[2] を強力なレーザーパルスに曝したときに，

---

1) optical Kerr effect 2) Kerr medium

その屈折率が変化することによって生じる現象である．光のビームがある屈折率の領域から異なる屈折率の領域に透過するときにその方向が変化するので，屈折率が変化することによって，強力なレーザーパルスがカー媒体中を進む間にそのパルスの自己集束が起こるのである（図46・17）．

モードロッキングをひき起こすために，空洞内にはカー媒体を入れてあり，その隣に小さな窓がある．この方法は，空洞中の放射線のある振動数成分の**利得**[1]（強度増加）は増幅率に非常に敏感であって，ある特定の振動数の光がいったん増大し始めると急速に主流になることを利用する．空洞内の出力が低いときは，フォトンの一部は窓で阻止され，かなりの損失を生じる．強度の自発的なゆらぎ——フォトンの集積——のために光学カー効果が働き始め，カー媒体の屈折率が変化することによって**カーレンズ**[2]ができる．これはレーザービームの自己集束である．フォトンの束は空洞を通過して遠い方の端まで進むことができるが，進むにつれて増幅される．カーレンズは（もし媒体をうまく選んであれば）瞬時に消滅するが，強力なパルスが遠い方の端にある鏡から戻ってくると再生する．この仕方で，フォトンのその特定の束はそれだけが空洞中の誘導放出であるから，かなりの強度まで成長させることができる．サファイヤは，チタン-サファイヤレーザーのモードロッキングを促進するカー媒体の一つの例であり，フェムト秒の範囲の幅をもつ非常に短いレーザーパルスをつくり出す．

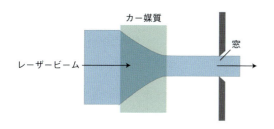

図46・17 光学カー効果の説明．カー媒質の中で強いレーザービームの焦点を合わせ，レーザー空洞中の小さな窓を通過する．この効果は本文で説明してあるようにモードロックレーザーで利用できる．

チェックリスト

- [ ] 1. **蛍光**は，同じ多重度の状態間で起こる放射減衰である．励起源がなくなればすぐに消える．
- [ ] 2. **りん光**は，異なる多重度の状態間で起こる放射減衰である．励起放射がなくなってからもしばらく続く．
- [ ] 3. **系間交差**は，異なる多重度の状態への非放射転換である．
- [ ] 4. **ジャブロンスキー図**は，分子で起こりうるいろいろなタイプの非放射遷移や放射遷移を表した概略図である．
- [ ] 5. 電子励起した化学種がたどるもう一つの運命は，**解離**である．
- [ ] 6. **内部転換**は，同じ多重度の状態への非放射転換である．
- [ ] 7. **前期解離**は，解離極限に到達する前に現れる解離の効果である．
- [ ] 8. **レーザー作用**は，コヒーレントな放射線の誘導放出であり，占有数の逆転した状態間で起こる．
- [ ] 9. **占有数の逆転**は，上側の状態の占有数が対応する下側の状態より多いという状況である．
- [ ] 10. レーザーの**共振モード**は，レーザー空洞の内部に保持されている放射線の波長である．
- [ ] 11. レーザーパルスは，**Qスイッチ**とモードロッキングの方法によってつくられる．

重要な式の一覧

性　質	式	備　考	式番号
共振モード	$n \times \frac{1}{2}\lambda = L$	長さ L のレーザー空洞	46・1
コヒーレンス長	$l_C = \lambda^2/2\Delta\lambda$		46・2
モードロックレーザーの出力	$I(t) \propto \mathcal{E}_0^2 \{\sin^2(N\pi ct/2L)/\sin^2(\pi ct/2L)\}$	N 個のロックモード	46・3

---

1) gain　2) Kerr lens

テーマ9　分子分光法　演習と問題

核種の質量は，巻末の「資料」の表0・2にある．

トピック40　分子分光法の原理

記述問題

40・1　吸収分光法，発光分光法，ラマン分光法でふつう用いる実験装置の基本的な配置について，区別して説明せよ．

40・2　吸収スペクトルと発光スペクトルの線幅の物理的な起源を述べよ．凝縮相と気相にある化学種では，線幅に対して同じ寄与が期待できるか．

演習

40・1(a)　ある物質のヘキサン溶液では，260 nm でのモル吸収係数が 723 dm³ mol⁻¹ cm⁻¹ であることがわかっている．この波長の光が濃度 4.25 mmol dm⁻³ の溶液を 2.50 mm だけ透過したとき，その強度が低下する割合は何パーセントになるかを計算せよ．

40・1(b)　ある物質のヘキサン溶液では，290 nm でのモル吸収係数が 227 dm³ mol⁻¹ cm⁻¹ であることがわかっている．この波長の光が濃度 2.52 mmol dm⁻³ の溶液を 2.00 mm だけ透過したとき，その強度が低下する割合は何パーセントになるかを計算せよ．

40・2(a)　生物学的試料の未知成分の溶液を光路長 1.00 cm の吸収セルに入れると，320 nm の入射光の 18.1 パーセントが透過する．この成分の濃度が 0.139 mmol dm⁻³ であったとすると，そのモル吸収係数はいくらか．

40・2(b)　波長 400 nm の光が，濃度 0.717 mmol dm⁻³ の吸光物質の溶液 2.5 mm を透過するときの透過率が 61.5 パーセントである．この波長での溶質のモル吸収係数を計算し，答を cm² mol⁻¹ の単位で表せ．

40・3(a)　ある溶質の 540 nm でのモル吸収係数が 386 dm³ mol⁻¹ cm⁻¹ である．この波長の光がこの溶質の溶液を含む 5.00 mm のセルを透過するときに，38.5 パーセントの光が吸収された．この溶液の濃度はいくらか．

40・3(b)　ある溶質の 440 nm でのモル吸収係数が 423 dm³ mol⁻¹ cm⁻¹ である．この波長の光がこの溶質の溶液を含む 6.50 mm のセルを透過するときに，48.3 パーセントの光が吸収された．この溶液の濃度はいくらか．

40・4(a)　ある遷移に関係する吸収が 220 nm から始まり，270 nm で鋭いピークになり，300 nm で終わる．モル吸収係数の極大値は 2.21×10^4 dm³ mol⁻¹ cm⁻¹ である．線形を三角形と仮定して，この遷移の積分吸収係数を求めよ．

40・4(b)　ある遷移に関係する吸収が 156 nm から始まり，275 nm で終わる．モル吸収係数の極大値は 3.35×10^4 dm³ mol⁻¹ cm⁻¹ である．逆放物線形の線形（図F9・1）を仮定して，この遷移の積分吸収係数を求めよ．

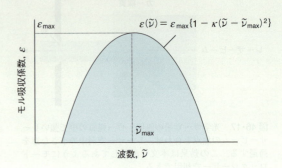

図 F9・1　逆放物線形の吸収線形のモデル

40・5(a)　四塩化炭素中の Br_2 による吸収を 2.0 mm のセルで測定し，つぎのデータを得た．使った波長における臭素のモル吸収係数を計算せよ．

$[Br_2]/(mol\,dm^{-3})$	0.0010	0.0050	0.0100	0.0500
$T/(パーセント)$	81.4	35.6	12.7	3.0×10^{-3}

40・5(b)　ある色素のメチルベンゼン溶液による吸収を 2.50 mm のセルで測定し，つぎのデータを得た．使った波長におけるこの色素のモル吸収係数を計算せよ．

$[dye]/(mol\,dm^{-3})$	0.0010	0.0050	0.0100	0.0500
$T/(パーセント)$	68	18	3.7	1.03×10^{-5}

40・6(a)　ベンゼンを吸収のない溶媒に溶かした溶液で 2.0 mm のセルを満たしてある．ベンゼンの濃度は 0.010 mol dm⁻³ で，放射線の波長は 256 nm である（この波長で吸収が極大になる）．透過率が 48 パーセントであったとして，この波長におけるベンゼンのモル吸収係数を計算せよ．4.0 mm のセルで同じ波長で測定すると，透過率はいくらになるか．

40・6(b)　ある色素の溶液で 5.00 mm のセルを満たしてある．色素の濃度は 18.5 mmol dm⁻³ である．透過率が 29 パーセントであったとして，2.50 mm のセルで同じ波長で測定すると，透過率はいくらになるか．

40・7(a)　あるダイバーが，海中に深く潜ってだんだんと（ある意味で）暗い世界に入っていくとしよう．可視領域における海水の平均のモル吸収係数が 6.2×10^{-3} dm³ mol⁻¹ cm⁻¹ であるとして，このダイバーが，(a) 海面の光の強度の半分，(b) 海面での強度の十分の一，の強度を経験する深さを計算せよ．

40・7(b)　カルボニル基を含む分子の 280 nm 付近での最

大モル吸収係数が $30\ \mathrm{dm^3\ mol^{-1}\ cm^{-1}}$ であるとして，試料の厚さがいくらのときに，(a) 放射線の初期強度の半分，(b) 初期強度の十分の一，になるかを計算せよ.

40·8(a) 赤信号 (680 nm) に向かって $60\ \mathrm{km\ h^{-1}}$ で接近するとき，ドップラーシフトを起こした波長はいくらか.

40·8(b) 赤信号 (680 nm) に向かって接近するとき，ドップラーシフトを起こした波長が青信号 (530 nm) に見えるのはどんな速さのときか.

40·9(a) 線幅が (a) $0.20\ \mathrm{cm^{-1}}$, (b) $2.0\ \mathrm{cm^{-1}}$ になる状態の寿命はいくらか.

40·9(b) 線幅が (a) 200 MHz, (b) $2.45\ \mathrm{cm^{-1}}$ になる状態の寿命はいくらか.

40·10(a) 液体中の分子が毎秒約 1.0×10^{13} 回衝突する. (a) 衝突がすべて分子振動の失活に有効である，(b) 100 回のうち 1 回の衝突だけが有効である，としたとき，この分子の振動遷移の幅を ($\mathrm{cm^{-1}}$ 単位で) 計算せよ.

40·10(b) 液体中の分子が毎秒約 1.0×10^{9} 回衝突する. (a) 衝突がすべて分子回転の失活に有効である，(b) 10 回のうち 1 回の衝突だけが有効である，としたとき，この分子の回転遷移の幅を (Hz 単位で) 計算せよ.

問　題

40·1 マイケルソン干渉計を説明した図 40·4 について考えよう. 鏡 M_1 をある距離ずつ移動すれば，それに応じて光路差 p も段階的に変化できる. そのステップの大きさを増加させたとき，波数 $\tilde{\nu}$ で強度 I_0 の単色ビームを用いて得られる干渉像の形に与える影響を調べよ. すなわち，全光路長が同じになるように可動鏡 M_1 を動かしながらいろいろデータをとったとき，$I(p)/I_0$ を $\tilde{\nu}p$ に対してプロットしたグラフを描け.

40·2 「例題 40·1」について，数学ソフトウエアを使って，(a) 三つの成分の放射線の波数と強度を変化させたときの干渉図の形に与える影響を詳しく調べ，(b) (a) で発生させた関数のフーリエ変換を計算することによって，もっと詳細な結果を求めよ.

40·3 北極星から地球に到達する可視フォトンの光束は，約 $4\times10^3\ \mathrm{mm^{-2}\ s^{-1}}$ である. これらのフォトンのうちの 30 パーセントは大気によって吸収または散乱され，生き残ったフォトンの 25 パーセントは目の角膜の表面で散乱される. さらに，9 パーセントは角膜内部で吸収される. 夜間の瞳孔の面積は約 $40\ \mathrm{mm^2}$ であり，目の応答時間は約 0.1 s である. 瞳孔を通過するフォトンのうちの約 43 パーセントは眼球媒質によって吸収される. 北極星からの光のうち，どれくらいの数のフォトンが 0.1 s の間に網膜上に結像するか. この話の続きについては，R.W. Rodieck, "The first steps in seeing", Sinauer, Sunderland (1998) を見よ.

40·4 デュボスクの比色計 [1] は，固定光路長のセルと可変光路長のセルからできている. この二つのセルを通る透過率が同じになるように後者の光路長を調節すれば，第二の溶液の濃度を第一の溶液に相対的に求められる. 濃度 $25\ \mathrm{\mu g\ dm^{-3}}$ の植物色素を長さ 1.55 cm の固定長セルに加えた. 次に，未知の濃度の同じ色素の溶液を第二のセルに加えた. 第二のセルの長さを 1.18 cm にしたとき透過率が等しくなった. 第二の溶液の濃度はいくらか.

40·5 ベール–ランベルトの法則は，光を吸収する化学種が均一に分布しているとして導いたものである. ここでは濃度が指数関数的に減衰し，$[\mathrm{J}]=[\mathrm{J}]_0\,e^{-x/\lambda}$ に従うとしよう. I が試料の長さによって変化する式を導け. ただし，$L\gg\lambda$ とする.

40·6 混合物中の二つの成分 A と B の濃度を別々に求めるためには，二つの波長で吸光度を測定するのが普通に行われる. A と B のモル濃度が，

$$[\mathrm{A}]=\frac{\varepsilon_{\mathrm{B2}}A_1-\varepsilon_{\mathrm{B1}}A_2}{(\varepsilon_{\mathrm{A1}}\varepsilon_{\mathrm{B2}}-\varepsilon_{\mathrm{A2}}\varepsilon_{\mathrm{B1}})L}\qquad [\mathrm{B}]=\frac{\varepsilon_{\mathrm{A1}}A_2-\varepsilon_{\mathrm{A2}}A_1}{(\varepsilon_{\mathrm{A1}}\varepsilon_{\mathrm{B2}}-\varepsilon_{\mathrm{A2}}\varepsilon_{\mathrm{B1}})L}$$

で与えられることを示せ. A_1 と A_2 は波長 λ_1 と λ_2 における混合物の吸光度である. また，これらの波長における A (と B) のモル吸収係数を $\varepsilon_{\mathrm{A1}}$, $\varepsilon_{\mathrm{A2}}$ ($\varepsilon_{\mathrm{B1}}$, $\varepsilon_{\mathrm{B2}}$) とする.

40·7 ヨウ素の四塩化炭素溶液にピリジンを加えると，520 nm の吸収バンドが 450 nm にシフトする. しかし，この溶液の 490 nm の吸光度には変化がない. この点を等吸収点 [2] という. 2 種の吸収物質が互いに平衡にあるときは等吸収点が必ず生じることを示せ.

40·8‡ 電磁スペクトルの一部をなす紫外線は，生体中の DNA を破壊するだけの十分なエネルギーをもつ. オゾンはこれを吸収するが，それ以外の豊富に存在する大気の成分はこの紫外線を吸収しない. このスペクトル範囲を UV-B で表すが，それは波長約 290 nm から 320 nm にわたる. この範囲におけるオゾンのモル吸収係数を，つぎの表に与えてある〔DeMore *et al.*, "Chemical kinetics and photochemical data for use in stratospheric modeling", Evaluation Number 11, JPL publication 94-26 (1994)〕.

λ/nm	292.0	296.3	300.8	305.4	310.1	315.0	320.0
$\varepsilon/(\mathrm{dm^3\ mol^{-1}\ cm^{-1}})$	1512	865	477	257	135.9	69.5	34.5

290〜320 nm の波長範囲におけるオゾンの積分吸収係数を計算せよ.〔ヒント：$\varepsilon(\tilde{\nu})$ は，指数関数に非常にうまく合せることができる.〕

40·9 吸収バンドの線形が，極大に中心をもつガウス型 (e^{-x^2} に比例する) としてよい場合がよくある. このような線形を仮定すれば，$\mathcal{A}=\int\varepsilon(\tilde{\nu})\,\mathrm{d}\tilde{\nu}\approx1.0645\,\varepsilon_{\max}\Delta\tilde{\nu}_{1/2}$ で表せることを示せ. ここで，$\Delta\tilde{\nu}_{1/2}$ は半値幅である. アゾエタン ($CH_3CH_2N_2$) の $24\,000\ \mathrm{cm^{-1}}$ と $34\,000\ \mathrm{cm^{-1}}$ の間の吸収スペクトルを図 F9·2 に示す. まず，このバンドが

---

‡ この問題は Charles Trap, Carmen Giunta の提供による.
1) Dubosq colorimeter　2) isosbestic point

ガウス型であると仮定して $\mathcal{A}$ を求めよ．次に，数学ソフトウエアを利用して，吸収バンドを多項式（あるいはガウス型）に合わせてから，その結果を解析的に積分せよ．

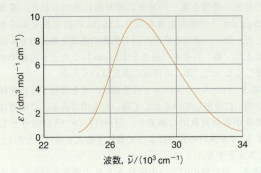

図 F9·2　アゾエタンの吸収スペクトル

40·10‡　Wachewsky ら〔*J. Phys. Chem.*, **100**, 11559 (1996)〕は，成層圏オゾンの化学に関係して興味ある化学種 CH_3I の UV 吸収スペクトルを調べた．彼らは，その積分吸収係数が温度と圧力に依存するが，その程度が孤立 CH_3I 分子の内部構造変化と相容れないことを見いだした．そこで，この変化が，かなりの割合の CH_3I の二量化という，圧力と温度に依存してもおかしくない過程に起因すると説明した．(a) その吸収は 31250〜34483 cm^{-1} の範囲にあり，モル吸収係数の極大は 150 $dm^3 mol^{-1} cm^{-1}$ でその位置は 31250 cm^{-1} にある．線形を三角形として，その全体の積分吸収係数を計算せよ．(b) 2.4 Torr, 373 K において，試料中の CH_3I 単位の 1 パーセントが二量体で存在していると考えよう．長さ 12.0 cm の試料セルで 31250 cm^{-1} における吸光度がいくらになるかを計算せよ．(c) 100 Torr, 373 K では，試料中の CH_3I 単位の 18 パーセントが二量体で存在するとしよう．長さ 12.0 cm の試料セルで 31250 cm^{-1} における吸光度はいくらになるかを計算せよ．二量化を考慮しなかった場合に，モル吸収係数をこの吸光度から推測するといくらになるかを計算せよ．

40·11　レーザー光散乱の方法では，粒子によってレイリー散乱される光の強度は，その粒子のモル質量に比例し，λ^{-4} に比例することを利用している．そのため，光の波長が短いほど強く散乱される．高分子溶液からの光散乱を測定する実験装置（図 F9·3）を考えよう．ふつうはレーザーの単色光で試料を照射する．散乱光の強度は，レーザービームの進行方向と試料と検出器を結ぶ線がなす角度 θ の関数として測定する．球形の高分子で，直径が入射光の波長よりずっと小さいとき，その希薄溶液については，質量濃度 c_M（単位は kg m^{-3}）の試料から散乱される光の強度 I_θ は，

$$\frac{I_0}{I_\theta} = \frac{1}{Kc_M M} + \left(\frac{16\pi^2 R^2}{5\lambda^2}\right)\left(\frac{I_0}{I_\theta}\right)\sin^2\frac{1}{2}\theta$$

で与えられる．I_0 は入射レーザー光の強度，M はモル質量，R は粒子の半径，K はパラメーターであり，溶液の屈折率，入射波長，試料から検出器までの距離に依存する．

この距離は実験中一定に保つ．試料からの光散乱を入射光線の進行方向からの角度 θ を数個選んで測定すれば，その高分子のサイズやモル質量が得られる．つぎのデータは $c_M = 2.0$ kg m^{-3} の濃度の高分子水溶液について $\lambda = 532$ nm のレーザー光で 25 °C で得られたものである．また別の実験で $K = 2.40 \times 10^{-2}$ mol m^3 kg^{-2} であることがわかった．この情報から，この高分子の R と M を計算せよ．

θ/°	15.0	45.0	70.0	85.0	90.0
$10^2 \times I_0/I_\theta$	4.20	4.37	4.63	4.83	4.90

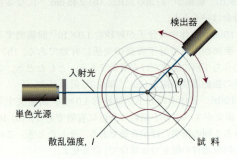

図 F9·3　レーザー光散乱実験の代表的な装置

40·12　圧力 p の気相中の質量 m の分子の衝突頻度 z は $z = 4\sigma(kT/\pi m)^{1/2} p/kT$ である．σ は衝突断面積である．すべての衝突が有効に働くと仮定して，衝突によって決まる励起状態の寿命を表す式を求めよ．25 °C, 1.0 atm の HCl ($\sigma = 0.30$ nm^2) の回転遷移の幅を求めよ．衝突幅がドップラー幅よりも狭いことを確実にするためには気体の圧力をどこまで下げなければならないか．

40·13　星のスペクトルを使えば，その星の太陽に関する視線速度，すなわち，星の中心と太陽の中心を結ぶベクトルに平行な速度ベクトルの成分を測定できる．この測定は，ドップラー効果を利用している．振動数 ν の電磁放射線を放出している星が観測者に相対的な速さ s で動いているときは，この観測者は振動数 $\nu_{rec} = \nu f$ または $\nu_{app} = \nu/f$ の放射線を検出する．ここで，$f = \{(1-s/c)/(1+s/c)\}^{1/2}$ であり，c は光速である．(a) 大マゼラン星雲に属する HDE 271182 という星の 3 本の Fe I 線は，438.882 nm, 441.000 nm, 442.020 nm にある．地球に固定した鉄のアークのスペクトルでは，同じ線がそれぞれ 438.392 nm, 440.510 nm, 441.510 nm にある．HDE 271182 は地球から遠ざかっているか，近づいているかを判別し，この星の地球に関する視線速度を求めよ．(b) HDE 271182 の太陽に関する視線速度を計算するには，さらにどんな情報が必要か．

40·14　「問題 40·13」で，原子スペクトル線のドップラーシフトを使えば，ある星が近づいたり遠ざかったりしている速さを求められることがわかった．ある遠方の星の $^{48}Ti^{8+}$（質量は 47.95m_u）のスペクトル線が 654.2 nm から 706.5 nm へシフトし，その幅は 61.8 pm である．この星の遠ざかる速さと表面温度はいくらか．

テーマ9 分子分光法　　　457

40·15 ドップラー幅をもつガウス形のスペクトル線は，実験温度での試料におけるマクスウェルの速さ分布を反映している．<u>位相敏感検波法</u>を利用した分光計の出力信号は，信号強度の一階導関数 $dI/d\nu$ に比例している．いろいろな温度で得られる線形をプロットせよ．ピークの間隔は温度とどういう関係があるか．

トピック41　分子の回転

記述問題

41·1 種々のタイプの剛体回転子の回転縮退度について説明せよ．もし剛体でなかったら，違う説明になるか．

41·2 扁平形と扁長形の対称回転子の相違点を述べよ．それぞれの例を数個ずつ挙げよ．

演習

41·1(a) $^{16}O_3$ 分子 (結合角 117°；OO 結合長 128 pm) の C_2 軸 (OOO 角の2等分線) のまわりの慣性モーメントと対応する回転定数を計算せよ．

41·1(b) $^{31}P^1H_3$ 分子 (結合角 93.5°；PH 結合長 142 pm) の C_3 軸 (3回対称軸) のまわりの慣性モーメントと対応する回転定数を計算せよ．

41·2(a) 対称こま形 (表 41·1) の AB_4 分子について，その結合長はすべて等しいとし，角度 θ を 90° から正四面体角まで変化させたときの2個の慣性モーメントをプロットせよ．

41·2(b) 対称こま形 (表 41·1) の AB_4 分子について，角度 θ を正四面体角とし，1本の A−B 結合だけ変化させたときの2個の慣性モーメントをプロットせよ．〔ヒント：

$\rho = R_{AB}'/R_{AB}$ と書き，ρ を 2 から 1 まで変化させよ．〕

41·3(a) つぎの回転子を分類せよ．(a) O_3，(b) CH_3CH_3，(c) XeO_4，(d) $FeCp_2$ (Cp はシクロペンタジエニル C_5H_5 を表す)．

41·3(b) つぎの回転子を分類せよ．(a) $CH_2\!=\!CH_2$，(b) SO_3，(c) ClF_3，(d) N_2O

41·4(a) HCN の回転定数 B ($^1H\,^{12}C\,^{14}N$) = 44.316 GHz，B ($^2H\,^{12}C\,^{14}N$) = 36.208 GHz から，HC と CN の結合長を求めよ．

41·4(b) OCS の回転定数 B ($^{16}O\,^{12}C\,^{32}S$) = 6081.5 MHz，B ($^{16}O\,^{12}C\,^{34}S$) = 5932.8 MHz から，CO と CS の結合長を求めよ．

問題

41·1 質量 m_A と m_B の二つの原子から成る結合長 R の二原子分子の慣性モーメントは，$m_{eff}R^2$ に等しいことを示せ．ただし，$m_{eff} = m_A m_B/(m_A + m_B)$ である．

41·2 表 41·1 に与えた直線形分子 ABC の慣性モーメントの式が正しいことを示せ．〔ヒント：まず質量中心の場所を求めよ．〕

トピック42　回転分光法

記述問題

42·1 水素分子では回転の零点エネルギーが存在することを説明せよ．

42·2 マイクロ波分光法の選択概律の物理的な起源を説明せよ．

42·3 回転ラマン分光法の選択概律の物理的な起源を説明せよ．

42·4 つぎの分子のエネルギー準位の占有の仕方について，核統計が果たす役割を説明せよ．$^1H^{12}C\!\equiv\!^{12}C^1H$，$^1H^{13}C\!\equiv\!^{13}C^1H$，$^2H^{12}C\!\equiv\!^{12}C^2H$．核スピンのデータは表 47·2 にある．

演習

42·1(a) つぎの分子のうち，純回転マイクロ波吸収スペクトルを示すのはどれか．(a) H_2，(b) HCl，(c) CH_4，(d) CH_3Cl，(e) CH_2Cl_2

42·1(b) つぎの分子のうち，純回転マイクロ波吸収スペクトルを示すのはどれか．(a) H_2O，(b) H_2O_2，(c) NH_3，(d) N_2O

42·2(a) $^{14}N^{16}O$ の純回転スペクトルの $J=3\leftarrow2$ の遷移の振動数と波数を計算せよ．平衡結合長は 115 pm である．遠心歪みを考慮すれば，その振動数は増加するか．それとも減少するか．

42·2(b) $^{12}C^{16}O$ の純回転スペクトルの $J=2\leftarrow1$ の遷移の振動数と波数を計算せよ．平衡結合長は 112.81 pm である．遠心歪みを考慮すれば，その振動数は増加するか．それとも減少するか．

42·3(a) $^1H^{35}Cl$ を剛体回転子としたときの $J=3\leftarrow2$ の回転遷移の波数は 63.56 cm^{-1} である．H−Cl の結合長はいくらか．

42·3(b) $^1H^{81}Br$ を剛体回転子としたときの $J=1\leftarrow0$ の回転遷移の波数は 16.93 cm^{-1} である．H−Br の結合長はいくらか．

テーマ9 分子分光法

42·4(a) $^{27}Al^1H$ のマイクロ波スペクトルの線間隔は 12.604 cm^{-1} である. この分子の慣性モーメントと結合長を計算せよ.

42·4(b) $^{35}Cl^{19}F$ のマイクロ波スペクトルの線間隔は 1.033 cm^{-1} である. この分子の慣性モーメントと結合長を計算せよ.

42·5(a) つぎの分子のうち, 純回転ラマンスペクトルを示すのはどれか. (a) H$_2$, (b) HCl, (c) CH$_4$, (d) CH$_3$Cl

42·5(b) つぎの分子のうち, 純回転ラマンスペクトルを示すのはどれか. (a) CH$_2$Cl$_2$, (b) CH$_3$CH$_3$, (c) SF$_6$, (d) N$_2$O

42·6(a) あるラマン分光計の入射放射線の波数は 20 487 cm^{-1} である. $^{14}N_2$ の $J = 2 \leftarrow 0$ の遷移による散乱ストークス線の波数はいくらか.

42·6(b) あるラマン分光計の入射放射線の波数は 20 623 cm^{-1} である. $^{16}O_2$ の $J = 4 \leftarrow 2$ の遷移による散乱ストークス線の波数はいくらか.

42·7(a) $^{35}Cl_2$ の回転ラマンスペクトルには, 間隔が 0.9752 cm^{-1} の一連のストークス線が現れ, また同様の一連の反ストークス線も現れる. この分子の結合長を計算せよ.

42·7(b) $^{19}F_2$ の回転ラマンスペクトルには, 間隔が 3.5312 cm^{-1} の一連のストークス線が現れ, また同様の一連の反ストークス線も現れる. この分子の結合長を計算せよ.

42·8(a) $^{35}Cl_2$ では, 核統計の効果による占有数の重みの比はいくらか.

42·8(b) $^{12}C^{32}S_2$ では, 核統計の効果による占有数の重みの比はいくらか. ^{12}C を ^{13}C で置換するとどうなるか. 核スピンのデータは表47·2にある.

問 題

42·1 NH$_3$ の回転定数は 298 GHz である. 純回転スペクトル線の間隔を計算して, GHz 単位の振動数, cm^{-1} 単位の波数, mm 単位の波長でそれぞれ表し, 得られた B の値が N−H 結合長 101.4 pm と結合角 106.78° に合うものであることを示せ.

42·2 $^1H^{35}Cl$ 気体の回転吸収線がつぎの波数に見いだされた〔R.L. Hausler, R.A. Oetjen, *J. Chem. Phys.*, **21**, 1340(1953)〕: 83.32, 104.13, 124.73, 145.37, 165.89, 186.23, 206.60, 226.86 cm^{-1}. この分子の慣性モーメントと結合長を計算せよ. $^2H^{35}Cl$ の対応するスペクトル線の位置を予測せよ.

42·3 HCl の結合長は DCl の結合長と同じだろうか. $^1H^{35}Cl$ と $^2H^{35}Cl$ の $J = 1 \leftarrow 0$ の回転遷移の波数は, それぞれ 20.8784 cm^{-1}, 10.7840 cm^{-1} である. ^1H と ^2H の正確な原子質量は, それぞれ 1.007 825 m_u, 2.0140 m_u である. ^{35}Cl の質量は 34.968 85 m_u である. この情報だけに基づいて, この二つの分子における結合長が等しいか, または異なるかを結論できるか.

42·4 熱力学的な考察から, 銅の一ハロゲン化物 CuX は, 気相では主としてポリマーとして存在するといわれている

が, 確かに分光学的に検出するのに十分な量で単量体を得るのは困難であることがわかっている. この問題は, ハロゲン気体を 1100 K に熱した銅の上を流すことによって克服された〔E.L. Manson *et al.*, *J. Chem. Phys.*, **63**, 2724 (1975)〕. CuBr について, $J = 13$-14, 14-15, 15-16 の遷移がそれぞれ 84 421.34, 90 449.25, 96 476.72 MHz に現れる. CuBr の回転定数と結合長を計算せよ.

42·5 $^{16}O^{12}CS$ のマイクロ波スペクトルはつぎの吸収線を与える(単位は GHz).

J	1	2	3	4
^{32}S	24.325 92	36.488 82	48.651 64	60.814 08
^{34}S	23.732 33		47.462 40	

同位体置換によって結合長は変化しないと仮定し, 表41·1 の慣性モーメントの式を使って OCS における CO と CS の結合長を計算せよ.

42·6 (42·8b) 式を変形すれば,

$$\tilde{\nu}(J+1 \leftarrow J)/2(J+1) = \tilde{B} - 2\tilde{D}_J(J+1)^2$$

となる. そこで, 左辺を $(J+1)^2$ に対してプロットすると直線になる. $^{12}C^{16}O$ について, つぎの遷移波数(単位は cm^{-1})が観測されている.

J	0	1	2	3	4
	3.845 033	7.689 919	11.534 510	15.378 662	19.222 223

$\tilde{B}, \tilde{D}_J$ および CO 結合長を求めよ.

42·7‡ 直線形の FeCO ラジカルの回転スペクトルの研究で, Tanaka ら〔*J. Chem. Phys.*, **106**, 6820 (1997)〕はつぎの $J+1 \leftarrow J$ の遷移を報告している.

J	24	25	26	27	28	29
$\tilde{\nu}/m^{-1}$	214 777.7	223 379.0	231 981.2	240 584.4	249 188.5	257 793.5

この分子の回転定数を計算せよ. また, 298 K と 100 K において, 占有数の最も大きな回転エネルギー準位の J の値を求めよ.

42·8 対称こまの回転項はふつう, 遠心歪みを考慮して,

$$\tilde{F}(J,K) = \tilde{B}J(J+1) + (\tilde{A} - \tilde{B})K^2 - \tilde{D}_J J^2(J+1)^2$$
$$- \tilde{D}_{JK}J(J+1)K^2 - \tilde{D}_K K^4$$

と書く. 許容される回転遷移の波数を与える式を導け. CH$_3$F について, つぎの遷移振動数(単位は GHz)が観測されている.

51.0718　102.1426　102.1408　153.2103　153.2076

これらの値を使って, 回転項の式に現れる定数のできる限り多数の値を求めよ.

42·9 2 原子からなる回転子の回転準位で, 温度 T での占有数が最大となる準位 J の値を表す式を導け. ただし, 回転エネルギー準位はそれぞれ $2J+1$ 重に縮退していることに注意せよ. 25 °C での ICl ($\tilde{B} = 0.1142$ cm^{-1}) につい

テーマ9　分子分光法　　　459

て，この式で計算してみよ．この問題を，球対称回転子の最高被占準位について解け．ただし，各準位が$(2J+1)^2$重に縮退していることに注意せよ．その式で25℃でのCH_4（$\tilde{B}=5.24\ cm^{-1}$）について計算せよ．

42·10 A. Dalgarno, 'Chemistry in the interstellar medium', "Frontiers of Astrophysics", ed. by E.H. Avrett, Harvard University Press, Cambridge (1976) によれば，へびつかい座という星座の星間媒体中の CH と CN のスペクトルはどちらも非常に強い．しかし，CN のスペクトルが宇宙のマイクロ波背景放射の温度を求める際の標準になった．計算することによって，この目的のために CN と同様にCH がなぜ役に立ちそうにないのか説明せよ．CH の回転定数 $\tilde{B}_0$ は 14.190 cm^{-1} である．

42·11 星をじかに取巻く空間，星周空間はかなり暖かい．これは，星が数千 K の温度を示す非常に強い黒体放射体だからである．雲の温度や粒子の密度，粒子の速度などの因子が星間雲の中の CO の回転スペクトルにどう影響するかを論ぜよ．温度が約 1000 K の星から放射され，まだその星の近くにある気体中では，温度が約 10 K の雲の中の気体と比べて，CO のスペクトルにどのような新しい特徴が観測できるか．CO の回転スペクトルを利用して星を取巻く物質と星間物質を見分けるために，これらの特徴をどう利用できるかを説明せよ．

42·12 気体の C_6H_6 と C_6D_6 の純回転ラマンスペクトルから，つぎの回転定数が得られている．$\tilde{B}(C_6H_6)=0.18960\ cm^{-1}$，$\tilde{B}(C_6D_6)=0.15681\ cm^{-1}$．これらのデータから，分子の C_6 軸に垂直な任意の軸のまわりの慣性モーメントが，$I(C_6H_6)=1.4759\times10^{-45}\ kg\ m^2$，$I(C_6D_6)=1.7845\times10^{-45}\ kg\ m^2$ と計算されている．CC, CH, CD の結合長を計算せよ．

トピック43　振動分光法：二原子分子

記述問題

43·1 二原子分子のポテンシャルエネルギー曲線を表すものとして，放物線とモース関数がもつ強みと限界を説明せよ．

43·2 二原子分子の回転定数に及ぼす振動励起の効果について述べよ．

43·3 回転振動分光法で回転定数を求めるのに，結合差の方法はどのように使えるか．

演習

43·1(a) ゴムバンドでつるした質量 100 g の物体の振動数が 2.0 Hz であった．このゴムバンドの力の定数を計算せよ．

43·1(b) バネでつるした質量 1.0 g の物体の振動数が 10.0 Hz であった．このバネの力の定数を計算せよ．

43·2(a) $^{23}Na^{35}Cl$ と $^{23}Na^{37}Cl$ の力の定数が同じとして，この両者の基本振動の波数の差を計算し，それをパーセントで表せ．

43·2(b) $^{1}H^{35}Cl$ と $^{2}H^{37}Cl$ の力の定数が同じとして，この両者の基本振動の波数の差を計算し，それをパーセントで表せ．

43·3(a) $^{35}Cl_2$ の基本振動遷移の波数は 564.9 cm^{-1} である．この結合の力の定数を計算せよ．

43·3(b) $^{79}Br^{81}Br$ の基本振動遷移の波数は，323.2 cm^{-1} である．この結合の力の定数を計算せよ．

43·4(a) ハロゲン化水素の基本振動の波数は，つぎの通りである．4141.3 cm^{-1}（$^{1}H^{19}F$）；2988.9 cm^{-1}（$^{1}H^{35}Cl$）；2649.7 cm^{-1}（$^{1}H^{81}Br$）；2309.5 cm^{-1}（$^{1}H^{127}I$）．水素–ハロゲン結合の力の定数をそれぞれ計算せよ．

43·4(b) 演習 43·4(a) のデータから，ハロゲン化重水素の基本振動の波数をそれぞれ予測せよ．

43·5(a) $^{16}O_2$ では，$v=1\leftarrow0$，$2\leftarrow0$，$3\leftarrow0$ の遷移の $\Delta\tilde{G}$ の値は，それぞれ 1556.22，3088.28，4596.21 cm^{-1} である．$\tilde{\nu}$ と x_e を計算せよ．ただし，y_e は 0 とする．

43·5(b) $^{14}N_2$ では，$v=1\leftarrow0$，$2\leftarrow0$，$3\leftarrow0$ の遷移の $\Delta\tilde{G}$ の値は，それぞれ 2329.91，4631.20，6903.69 cm^{-1} である．$\tilde{\nu}$ と x_e を計算せよ．ただし，y_e は 0 とする．

問題

43·1 NaI の振動エネルギー準位は，波数が 142.81，427.31，710.31，991.81 cm^{-1} のところにある．これらの値が $(v+\frac{1}{2})\tilde{\nu}-(v+\frac{1}{2})^2x_e\tilde{\nu}$ の式に合うことを示し，この分子の力の定数，零点エネルギーおよび解離エネルギーを求めよ．

43·2 HCl 分子は，$D_e=5.33\ eV$，$\tilde{\nu}=2989.7\ cm^{-1}$，$x_e\tilde{\nu}=52.05\ cm^{-1}$ のモースポテンシャルでうまく表せる．このポテンシャルは重水素化しても不変であると仮定して，(a) HCl，(b) DCl の解離エネルギー（D_0）を予測せよ．

43·3 モースポテンシャル（43·14 式）は，分子の実際のポテンシャルエネルギーを簡単に表すものとして非常に有用である．RbH を研究したときに，$\tilde{\nu}=936.8\ cm^{-1}$，$x_e\tilde{\nu}=14.15\ cm^{-1}$ であることがわかった．ポテンシャルエネルギー曲線を，$R_e=236.7\ pm$ を含む 50 pm から 800 pm の間でプロットせよ．次に，分子回転の運動エネルギーを考慮に入れ，$V^*=V+hc\tilde{B}J(J+1)$ を $\tilde{B}=\hbar/4\pi c\mu R^2$ に対してプロットすることによって，その結合が分子の回転によりどれほど弱くなるかを調べよ．$J=40,80,100$ について，これらの曲線を同じ図の上にプロットし，回転が解離エネルギーにどのように影響するかを調べよ（平衡結合長で $\tilde{B}=3.020\ cm^{-1}$ とおくと計算が非常に簡単になる）．

43·4[‡] Luo ら〔*J. Chem. Phys.*, **98**, 3564 (1993)〕は，長い間検出にかかることのなかった化学種 He_2 を，実験的に観測したと報告した．この観測に 1 mK 付近の低温が必要であったことは，計算研究によって He_2 の $hc\tilde{D}_e$ が約 1.51×10^{-23} J，$hc\tilde{D}_0$ は約 2×10^{-26} J，R_e が約 297 pm と指摘されていることと合っている．（問題 29·1 を見よ）
(a) 調和振動子近似および剛体回転子近似により，基本振動の波数，力の定数，慣性モーメント，回転定数を求めよ．
(b) このような結合の弱い分子が，剛体で表せるとは考えにくい．そこで，モースポテンシャルを使って，振動の波数と非調和定数を求めよ．

43·5 モース振動子が有限個の束縛状態，つまり $V < hc\tilde{D}_e$ の状態をもつことを確かめよ．また，最高束縛状態に相当する v_{max} の値を求めよ．

43·6 非調和振動子の振動波数を表す (43·17) 式の高次の項を無視した式 $\Delta\tilde{G}_{v+\frac{1}{2}} = \tilde{\nu} - 2(v+1)x_e\tilde{\nu}$ は，左辺を $v+1$ に対してプロットすれば直線になる．CO についてのつぎのデータを使って，CO の $\tilde{\nu}$ と $x_e\tilde{\nu}$ の値を求めよ．

v	0	1	2	3	4
$\Delta\tilde{G}_{v+\frac{1}{2}}/\mathrm{cm}^{-1}$	2143.1	2116.1	2088.9	2061.3	2033.5

43·7 CO の基底振動状態および第一励起振動状態の回転定数は，それぞれ 1.9314 cm^{-1}，1.6116 cm^{-1} である．この遷移の結果として，核間距離はどれだけ変化するか．

43·8 $^{12}C_2{}^1H_2$ と $^{12}C_2{}^2H_2$ の P 枝と R 枝の回転スペクトル線の平均間隔は，それぞれ 2.352 cm^{-1}，1.696 cm^{-1} である．CC と CH の結合長を求めよ．

43·9 $^1H^{35}Cl$ の $v = 1 \leftarrow 0$ の振動回転スペクトルは，つぎの波数（単位は cm^{-1}）に吸収がある．

2998.05   2981.05   2963.35   2944.99   2925.92
2906.25   2865.14   2843.63   2821.59   2799.00

それぞれに回転量子数を割り当てよ．また，結合差の方法を使ってこの二つの振動準位の回転定数を求めよ．

43·10 平衡結合長を R_e とし，核間距離を $R = R_e + x$ で表すとしよう．また，そのポテンシャルの井戸は対称であり，その中で振動する振動子の変位は小さいとする．0 でない最低次の $\langle x^2\rangle/R_e^2$ に対して，$1/\langle R\rangle^2$，$1/\langle R^2\rangle$，$\langle 1/R^2\rangle$ を表す式を求め，どの値も同じでないことを確かめよ．

43·11 $\langle x^2\rangle$ と振動量子数を関係づけるビリアルの式を使って，問題 43·10 をさらに展開しよう．得られた結果によれば，高い量子状態に振動子が励起されたときの回転定数は大きくなるか，それとも小さくなるか．そのときの非調和性の効果はどのようなものか．

43·12 二原子分子が振動状態 v にあるときの回転定数は，$\tilde{B}_v = \tilde{B}_e - a(v+\frac{1}{2})$ という式に合う．ハロゲン分子 IF では，$\tilde{B}_e = 0.27971$ cm^{-1}，$a = 0.187$ m^{-1}（単位が変わっていることに注意）であることがわかっている．まず，$\tilde{B}_0$ と $\tilde{B}_1$ を計算し，次にその値を使って P 枝と R 枝の $J' \to 3$ の遷移の波数を計算せよ．つぎのデータも必要になるだろう：$\tilde{\nu} = 610.258$ cm^{-1}，$x_e\tilde{\nu} = 3.141$ cm^{-1}．また，IF 分子の解離エネルギーを求めよ．

43·13 $^{12}C^{16}O$ の赤外吸収スペクトルの最も強い吸収バンドの中心は，分解能が低いときは 2150 cm^{-1} にある．もっと高分解能で詳しく調べると，このバンドは 2143.26 cm^{-1} を中心として，その両側に 1 組ずつ，密に詰まった多くのピークからできている．中心からすぐのところにあるピークの間の間隔は，右側でも左側でも 7.655 cm^{-1} である．調和振動子近似と剛体回転子近似によって，これらのデータからつぎの量を計算せよ．(a) CO 分子の振動の波数，(b) CO 分子のモル零点振動エネルギー，(c) CO 結合の力の定数，(d) CO の回転定数 $\tilde{B}$，(e) CO の結合長．

43·14 43·4b 節で説明した結合差の方法による解析では，R 枝と P 枝を取上げて考察した．同じ解析をラマンスペクトルの O 枝と S 枝に拡張すればどうなるか．

トピック44　振動分光法：多原子分子

記述問題

44·1 赤外分光法の選択概律の物理的な起源を説明せよ．

44·2 振動ラマン分光法の選択概律の物理的な起源を説明せよ．

44·3 気相中のベンゼンの基準振動モードの性質を完全に表すには，赤外吸収スペクトルとラマンスペクトルの両方を得ることが重要である．それはなぜか．

演習

44·1(a) つぎの分子のうち，赤外吸収スペクトルを示すのはどれか．(a) H_2, (b) HCl, (c) CO_2, (d) H_2O

44·1(b) つぎの分子のうち，赤外吸収スペクトルを示すのはどれか．(a) CH_3CH_3, (b) CH_4, (c) CH_3Cl, (d) N_2

44·2(a) つぎの分子に基準振動モードは何個あるか．(a) H_2O, (b) H_2O_2, (c) C_2H_4

44·2(b) つぎの分子に基準振動モードは何個あるか．(a) C_6H_6, (b) $C_6H_5CH_3$, (c) $HC\equiv C-C\equiv CH$

44·3(a) 星雲中に検出される
$NC\text{—}(C\equiv C-C\equiv C)_{10}CN$ 分子に基準振動モードは何個あるか．

44·3(b) 星雲中に検出される
$NC\text{—}(C\equiv C-C\equiv C)_8CN$ 分子に基準振動モードは何個あるか．

44·4(a) H₂Oの基底振動状態の振動項を基準振動モードの波数で表す式を書け．ただし，(44·1)式のように非調和性を無視してよい．

44·4(b) SO₂の基底振動状態の振動項を基準振動モードの波数で表す式を書け．ただし，(44·1)式のように非調和性を無視してよい．

44·5(a) AB₂分子が，(a) 屈曲形，(b) 直線形のとき，この分子の3個の振動モードのうち，赤外またはラマン活性なのはどれか．

44·5(b) AB₃分子が，(a) 平面三角形，(b) 三角錐形のとき，この分子の振動モードのうち，赤外またはラマン活性なのはどれか．

44·6(a) ベンゼン環の一様な膨張に相当する振動モードを考えよう．これは (a) ラマン活性か，(b) 赤外活性か．

44·6(b) ベンゼン環がボートのように折れる振動モードを考えよう．これは (a) ラマン活性か，(b) 赤外活性か．

44·7(a) CH₂Cl₂分子は点群 C_{2v} に属する．原子の変位は，$5A_1 + 2A_2 + 4B_1 + 4B_2$ を張る．それぞれの基準振動モードの対称は何か．

44·7(b) 二硫化炭素分子は点群 $D_{\infty h}$ に属する．3個の原子の9個の変位は，$A_{1g} + 2A_{1u} + 2E_{1u} + E_{1g}$ を張る．それぞれの基準振動モードの対称は何か．

44·8(a) CH₂Cl₂の基準振動モード(演習44·7a)のどれが赤外活性で，どれがラマン活性か．

44·8(b) 二硫化炭素の基準振動モード(演習44·7b)のどれが赤外活性で，どれがラマン活性か．

問　題

44·1 平面形分子の平面から外向きの変形のポテンシャルエネルギーが $V(h) = V_0(1 - e^{-bh^4})$ で表せるとしよう．h は中心原子の面外への変位距離である．このポテンシャルエネルギーを h の関数として概略の形を描き（h が正の場合と負の場合を含めよ）．(a) 力の定数，(b) 振動モード

について何がいえるか．基底状態の波動関数の形をスケッチせよ．

44·2 ニトロニウムイオン NO₂⁺ の形を，そのルイス構造と VSEPR モデルから予想せよ．このイオンには，1400 cm⁻¹ に1個のラマン活性振動モード，2360 cm⁻¹ と 540 cm⁻¹ に強い赤外活性モード，3735 cm⁻¹ に1個の弱い赤外モードがある．これらのデータは，この分子についてはじめに予想した形に矛盾しないか．上の振動波数はそれぞれどんな振動モードによるものか．

44·3 CH₃Cl分子を考えよう．(a) この分子はどの点群に属するか．(b) この分子に基準振動モードは何個あるか．(c) この分子の基準振動モードの対称は何か．(d) この分子のどの振動モードが赤外活性か．(e) この分子のどの振動モードがラマン活性か．

44·4 非直線形分子 H₂O₂ に対して三つの配座 (**1, 2, 3**) が提案されているとしよう．気体の H₂O₂ の赤外吸収スペクトルには，870, 1370, 2869, 3417 cm⁻¹ にバンドがある．同じ試料のラマンスペクトルには，877, 1408, 1435, 3407 cm⁻¹ にバンドがある．すべてのバンドは基本振動の波数に相当し，つぎのように仮定してもよい．(a) 870 と 877 cm⁻¹ のバンドは，同じ基準振動モードから生じる．(b) 3417 と 3407 cm⁻¹ のバンドは，同じ基準振動モードから生じる．(i) もしも H₂O₂ が直線形であったとすると，この分子には基準振動モードが何個あることになるか．(ii) 非直線形の H₂O₂ に対して提案された三つの配座のそれぞれの対称点群を求めよ．(iii) 提案された配座のうちのどれがスペクトルデータと矛盾するかを判別せよ．またその理由を説明せよ．

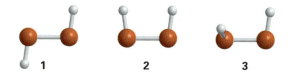

1　　　　**2**　　　　**3**

トピック45　電子分光法

記述問題

45·1 酸素分子の基底状態の項の記号 $^3\Sigma_g^-$ がどのようにして導かれるかを説明せよ．

45·2 フランク-コンドンの原理のもとになる考えと，それがどのように振動帯列の形成につながるかを説明せよ．

45·3 P枝とR枝の帯頭は，どのようにして生じるか．Q枝が帯頭を示すことがあるか．

45·4 分子からどのようにして色が生じるかを説明せよ．

45·5 諸君が色を専門とする化学者であって，使う色素化合物のタイプを変えないで，その色を強めるよう依頼されたとしよう．問題の色素はあるポリエンである．(a) 鎖を長くするか，短くするか，どちらを選ぶか．(b) 長さ

を変えると，この色素の見かけの色は赤色の方にずれるか，それとも青色の方にずれるか．

演　習

45·1(a) C₂分子のある励起状態の原子価電子の配置が $1\sigma_g^2 1\sigma_u^2 1\pi_u^3 1\pi_g^1$ であった．この項の多重度とパリティは何か．

45·1(b) C₂分子のある励起状態の原子価電子の配置が $1\sigma_g^2 1\sigma_u^2 1\pi_u^2 1\pi_g^2$ であった．この項の多重度とパリティは何か．

45·2(a) つぎの遷移のうち電気双極子遷移として許容な

のはどれか. (a) $^2\Pi \longleftrightarrow {}^2\Pi$, (b) $^1\Sigma \longleftrightarrow {}^1\Sigma$, (c) $\Sigma \longleftrightarrow \Delta$, (d) $\Sigma^+ \longleftrightarrow \Sigma^-$, (e) $\Sigma^+ \longleftrightarrow \Sigma^+$

45·2(b) つぎの遷移のうち電気双極子遷移として許容なのはどれか. (a) $^1\Sigma_g^+ \longleftrightarrow {}^1\Sigma_u^+$, (b) $^3\Sigma_g^+ \longleftrightarrow {}^3\Sigma_u^+$, (c) $\pi^* \longleftrightarrow n$

45·3(a) ある分子の基底状態の波動関数が振動波動関数 $\psi_0 = N_0\, e^{-ax^2}$ で表される. これから波動関数 $\psi_v = N_v\, e^{-b(x-x_0)^2}$ で表される振動状態へ遷移するときのフランク-コンドン因子を計算せよ. ただし, $b = a/2$ とする.

45·3(b) ある分子の基底状態の波動関数が振動波動関数 $\psi_0 = N_0\, e^{-ax^2}$ で表される. これから波動関数 $\psi_v = N_v\, x\, e^{-b(x-x_0)^2}$ で表される振動状態へ遷移するときのフランク-コンドン因子を計算せよ. ただし, $b = a/2$ とする.

45·4(a) ある分子の基底振動状態が箱の中の粒子の波動関数, すなわち $0 \le x \le L$ では $\psi_0 = (2/L)^{1/2} \sin(\pi x/L)$ で, それ以外のところでは 0, でモデル化できるとしよう. この状態から, 波動関数が $L/4 \le x \le 5L/4$ では $\psi_v = (2/L)^{1/2} \sin\{\pi(x-L/2)/L\}$ で, それ以外のところでは 0 で表される振動状態へ遷移するときのフランク-コンドン因子を計算せよ.

45·4(b) ある分子の基底振動状態が箱の中の粒子の波動関数, すなわち $0 \le x \le L$ では $\psi_0 = (2/L)^{1/2} \sin(\pi x/L)$ で, それ以外のところでは 0, でモデル化できるとしよう. この状態から, 波動関数が $L/2 \le x \le 3L/2$ では $\psi_v = (2/L)^{1/2} \sin\{\pi(x-L/4)/L\}$ で, それ以外のところでは 0 で表される振動状態へ遷移するときのフランク-コンドン因子を計算せよ.

45·5(a) (45·8a) 式を使って, ある遷移の P 枝の帯頭の位置に相当する J の値を求めよ.

45·5(b) (45·8c) 式を使って, ある遷移の R 枝の帯頭の位置に相当する J の値を求めよ.

45·6(a) SnO の基底電子状態とある励起電子状態が, $\tilde{B} = 0.3540\ \mathrm{cm^{-1}}$ と $\tilde{B}' = 0.3101\ \mathrm{cm^{-1}}$ というパラメーターで表される. この間の遷移のどの枝が帯頭を示すか. また, それに対応する J の値はいくらか.

45·6(b) BeH の基底電子状態とある励起電子状態が, $\tilde{B} = 10.308\ \mathrm{cm^{-1}}$ と $\tilde{B}' = 10.470\ \mathrm{cm^{-1}}$ というパラメーターで表される. この間の遷移のどの枝が帯頭を示すか. また, それに対応する J の値はいくらか.

45·7(a) H_2 の $^1\Pi_u \longleftarrow {}^1\Sigma_g^+$ 遷移の R 枝は $J = 1$ という非常に低いところに帯頭がある. 基底状態での回転定数は $60.80\ \mathrm{cm^{-1}}$ である. 上の方の状態の回転定数はいくらか. 遷移によって結合長はどう変化するか.

45·7(b) CdH の $^2\Pi \longleftarrow {}^2\Sigma^+$ 遷移の P 枝は $J = 25$ に帯頭がある. 基底状態での回転定数は $5.437\ \mathrm{cm^{-1}}$ である. 上の方の状態の回転定数はいくらか. 遷移によって結合長はどう変化するか.

45·8(a) 錯イオン [Fe(H$_2$O)$_6$]$^{3+}$ は 700 nm に極大をもつ電子吸収スペクトルを示す. この錯イオンの Δ_0 の値を求めよ.

45·8(b) 錯イオン [Fe(CN)$_6$]$^{3-}$ は 305 nm に極大をもつ電子吸収スペクトルを示す. この錯イオンの Δ_0 の値を求めよ.

45·9(a) 一次元系の電荷移動遷移をモデル化して, $0 \le x \le a$ の区間で 0 でない長方形波動関数で表される状態から, $\frac{1}{2}a \le x \le b$ の区間で 0 でない別の長方形波動関数で表される状態へと遷移したとする. このときの遷移モーメント $\int \psi_f x \psi_i\, \mathrm{d}x$ を計算せよ. ($a < b$ とする.)

45·9(b) 一次元系の電荷移動遷移をモデル化して, $0 \le x \le a$ の区間で 0 でない長方形波動関数で表される状態から, $ca \le x \le a$ (ただし, $0 \le c \le 1$) の区間で 0 でない別の長方形波動関数で表される状態へと遷移したとする. このときの遷移モーメント $\int \psi_f x \psi_i\, \mathrm{d}x$ を計算し, これが c にどう依存するかを調べよ.

45·10(a) 一次元系の電荷移動遷移をモデル化して, $x = 0$ に中心をもつ幅 a のガウス型波動関数で表される状態から, $x = \frac{1}{2}a$ に中心をもつ同じ幅の別のガウス型波動関数で表される状態へと遷移したとする. このときの遷移モーメント $\int \psi_f x \psi_i\, \mathrm{d}x$ を計算せよ.

45·10(b) 一次元系の電荷移動遷移をモデル化して, $x = 0$ に中心をもつ幅 a のガウス型波動関数で表される状態から, $x = 0$ に中心をもつ幅 $a/2$ の別のガウス型波動関数で表される状態へと遷移したとする. このときの遷移モーメント $\int \psi_f x \psi_i\, \mathrm{d}x$ を計算せよ.

45·11(a) 2,3-ジメチル-2-ブテン (**4**) と 2,5-ジメチル-2,4-ヘキサジエン (**5**) はその紫外吸収スペクトルで区別できる. 一方の吸収極大は 192 nm にあり, 他方は 243 nm にある. どちらの極大がどちらの化合物に属するか. その理由も述べよ.

4 2,3-ジメチル-2-ブテン　**5** 2,5-ジメチル-2,4-ヘキサジエン

45·11(b) 3-ブテン-2-オン (**6**) は 213 nm に強い吸収があり, 320 nm には弱い吸収がある. それぞれの極大がどの紫外吸収遷移によるものかを帰属し, その理由を述べよ.

6 3-ブテン-2-オン

問 題

45·1 N_2^+ の第一励起状態の項の記号は $^2\Pi_g$ である. 構成原理を使って, この項に対応する励起状態の配置を見いだせ.

45·2[‡] Dojahn ら〔*J. Phys. Chem.*, **100**, 9649 (1996)〕は, 等核二原子ハロゲンアニオンの基底電子状態および励起電子状態のポテンシャルエネルギー曲線の特性を解明した. これらのアニオンは, $^2\Sigma_u^+$ の基底状態と, $^2\Pi_g$, $^2\Pi_u$ および $^2\Sigma_g^+$ の励起状態をもつ. これらの励起状態のうち, 電

気双極子遷移が許されるのはどれか．その理由も説明せよ．

45・3 酸素分子の基底電子状態における振動波数は 1580 cm^{-1} であるが，一方，この状態からの電子遷移が許されている第一励起状態（$B^3\Sigma_u^-$）における振動波数は 700 cm^{-1} である．これらの二つの電子状態のポテンシャルエネルギー曲線の極小の間のエネルギー差が 6.175 eV であると，基底電子状態の $v=0$ の振動状態からこの励起状態への遷移のバンドにおける最低エネルギーの遷移の波数はいくらになるか．回転構造や非調和性は，すべて無視してよい．

45・4 光電子スペクトル（トピック24）について，もう少し理解を深めよう．図F9・4はHBrの光電子スペクトルである．さしあたり微細構造を無視すると，HBrのスペクトル線は二つのグループに分かれる．最も弱く結合した電子（イオン化エネルギーが最小で，放出電子の運動エネルギーが最大のもの）は Br 原子の孤立電子対の電子である．次のイオン化エネルギーは 15.2 eV にあり，これは HBr の σ 結合からの電子に対応する．(a) σ 電子の放出にはかなりの振動励起を伴うことがスペクトルからわかる．フランク-コンドンの原理を使って，この観測結果を説明せよ．(b) 他方のバンドにはあまり振動構造が現れない．このことが Br 4p$_x$ と Br 4p$_y$ の孤立電子対が非結合性であることと合う理由も説明せよ．

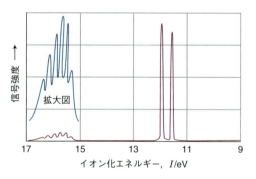

図 F9・4 HBr の光電子スペクトル

45・5 21.22 eV の放射線を使った場合の，H$_2$O の光電子スペクトルで電子の運動エネルギーの最も大きいのは約 9 eV にあり，振動の間隔は大きくて 0.41 eV ある．中性の H$_2$O 分子の対称伸縮モードは 3652 cm^{-1} にある．(a) この電子が放出されたオービタルの性質からどんな結論が得られるか．(b) H$_2$O の同じスペクトルで，7.0 eV 付近のバンドは間隔が 0.125 eV の長い振動系列を示す．H$_2$O の変角モードは 1595 cm^{-1} にある．この光電子が占めていたオービタルの性質についてどんな結論が得られるか．

45・6 小さな無機化合物分子の紫外スペクトルから，そのエネルギー準位と波動関数に関する数多くの情報が得られる．多数の振動構造を有するスペクトルの一例として，25 °C での気体 SO$_2$ のスペクトルを図 45・5 に示してある．この遷移の積分吸収強度を求めよ．この C$_{2v}$ 分子の A$_1$ 基底状態から電気双極子遷移によってどの状態へ移れるか．

45・7 ある共役分子の π 電子の電子状態が一次元の箱の中の粒子の波動関数で近似でき，双極子モーメントの大きさと長さ方向の変位との間に $\mu = -ex$ の関係があるとしよう．$n=1 \rightarrow n=2$ の遷移の遷移確率は0でないのに対し，$n=1 \rightarrow n=3$ の遷移の遷移確率は0であることを示せ．〔ヒント：(a) つぎの公式が使える．$\sin x \sin y = \frac{1}{2}\cos(x-y) - \frac{1}{2}\cos(x+y)$．(b) 巻末の「資料」に利用できる積分公式がある．〕

45・8 1,3,5-ヘキサトリエン（いわば "直線形の" ベンゼン）をベンゼンに変換した．自由電子分子軌道法に基づけば（ヘキサトリエンを直線形の箱，ベンゼンを環としてモデル化する），最低エネルギーを示す吸収のエネルギー値は，この変換によって増加するか，それとも減少するか．

45・9 電荷移動遷移を，1個の電子が1番目の原子のH1sオービタルから距離 R 離れた2番目の原子のH1sオービタルに移動するモデルで表すとしよう．この遷移の遷移双極子モーメントの大きさを求めよ．遷移モーメントを $-eRS$ で近似せよ．ここで，S は，二つのオービタルの重なり積分である．図 24・7 に与えられている S の曲線を使って，遷移モーメントを R の関数として図示せよ．R が 0 と無限大に近づくにつれて，電荷移動遷移の強度が 0 になるのはなぜか．

45・10 図F9・5に数種のアミノ酸の紫外・可視吸収スペクトルを示してある．分子構造から考えて，現れ方が異なる理由を述べよ．

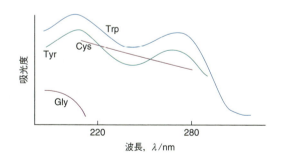

図 F9・5 数種のアミノ酸の電子吸収スペクトル

トピック46　励起状態の減衰過程

記述問題

46・1　蛍光の機構について説明せよ．蛍光スペクトルは，それに対応する吸収スペクトルの正確な鏡像とどの点が違っているか．

46・2　蛍光の機構が正しい証拠は何か．

46・3　(a) 連続波レーザー，(b) パルスレーザーの作動原理を説明せよ．

46・4　光の吸収で開始する非常に速い化学反応を研究するには，Qスイッチ法やモードロックレーザーをどう使えばよいか．

演　習

46.1(a)　図F9・6でAと記したスペクトル線は，ベンゾフェノンとエタノールとの固溶体を低温で360 nmの光で照射したときの蛍光スペクトルである．(a) 基底電子状態，(b) 励起電子状態でのベンゾフェノンのカルボニル基の振動エネルギー準位について何がわかるか．

46・1(b)　ナフタレンを360 nmの光で照射しても吸収は起こらない．一方，図F9・6でBと記したスペクトル線は，ナフタレンとベンゾフェノンの混合物のエタノールとの固溶体のりん光スペクトルである．こうすると，ナフタレンからの蛍光成分が検出できる．この実験結果を説明せよ．

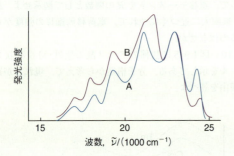

図F9・6　2種の固溶体の蛍光スペクトルとりん光スペクトル．

46・2(a)　酸素分子は$^3\Sigma_g^-$の基底電子状態から，解離性の$^5\Pi_u$状態に近い励起状態への遷移で紫外線を吸収する．この吸収バンドの幅はかなり広い．この実験結果を説明せよ．

46・2(b)　水素分子は$^1\Sigma_g^+$の基底電子状態から，解離性の$^1\Sigma_u^+$状態に近い励起状態への遷移で紫外線を吸収する．この吸収バンドの幅はかなり広い．この実験結果を説明せよ．

46・3(a)　定格 0.10 mJのパルスレーザーのピーク出力が 5.0 MWで，平均出力は 7.0 kWであった．パルスの持続時間と繰返し頻度はいくらか．

46・3(b)　定格 20.0 μJのパルスレーザーのピーク出力が 100 kWで，平均出力は 0.40 mWであった．パルスの持続時間と繰返し頻度はいくらか．

問　題

46・1　アントラセン蒸気の蛍光スペクトルには440 nm，410 nm，390 nm，370 nmに極大があり，この一連のピークはこの順に強度が増す．これより短波長側では急にカットオフになる（蛍光が消える）．吸収スペクトルは，0から急に360 nmで極大になり，345 nm，330 nm，305 nmと順に強度が落ちるピークがある．これらの観測結果を説明せよ．

46・2　数学ソフトウエアや表計算ソフトウエアを使って，モードロックしたレーザーの出力を $L = 30$ cm，$N = 100$ および $N = 1000$ について計算せよ（図46・16のようなプロットをつくればよい）．

46・3　マトリックス媒体レーザー脱着/イオン化[1]法（MALDI法）は質量分析法の一種で，はじめ試料を気相でイオン化し，すべてのイオンの質量対電荷の比（m/z）を測定する．MALDI法と**飛行時間**[2]（TOF）法のイオン検出器とを組合わせたMALDI-TOF質量スペクトル法は高分子のモル質量を求めるのに広く使われている．MALDI-TOF質量スペクトル法では，はじめ高分子を固体のマトリックス（固体媒質）中に埋め込むが，このマトリックスは多くの場合，2,5-ジヒドロキシ安息香酸，ニコチン酸，シアノカルボン酸などの有機酸から成る．次に，この試料をパルスレーザーで照射する．このレーザーパルスのエネルギーによって，マトリックスのイオン，カチオンや中性の高分子が放出されて，試料表面のすぐ上に高密度の気体の雲が巻き上がる．高分子は，H^+カチオンと衝突したり合体したりして，いろいろな電荷をもつ分子イオンになる．高分子混合物のスペクトルはモル質量の異なる分子から生じる多数のピークから成る．あるMALDI-TOF質量スペクトルで $m/z = 9912$ と 4554 g mol^{-1} に 2 個の強い線が現れた．この試料には識別できる1種または2種の生体高分子が含まれているか．その理由も説明せよ．

46・4　ある分子が400 nmの波長のところで蛍光を発し，その半減期は1.0 nsである．この分子は500 nmのりん光を出す．$S^* \to S$ 遷移と $T \to S$ 遷移の二つの誘導放出の遷移確率の比が 1.0×10^5 であれば，りん光状態の半減期はいくらになるか．

---

1) matrix-assisted laser desorption/ionization　2) time-of-flight

テーマ9の総合問題

F9・1　「トピック31～33」で説明した群論によれば，球対称回転子は立方または正二十面体点群に属している分子であり，対称回転子は少なくとも3回対称軸をもつ分子であり，非対称回転子は3回（またはそれより高い）対称軸をもたない分子である．直線形分子は直線形回転子である．つぎの分子を球対称，対称，直線形，非対称回転子に分類し，それぞれの答に群論を用いた説明を加えよ．(a) CH_4，(b) CH_3CN，(c) CO_2，(d) CH_3OH，(e) ベンゼン，(f) ピリジン．

F9・2　実効質量 m_{eff} の二原子分子について，遠心歪み定数 $\tilde{D}_J$ を求める式 (41・17) 式 ($\tilde{D}_J = 4\tilde{B}^3/\tilde{\nu}^2$) を導こう．まず，その結合を，力の定数 k_f と平衡長 r_e の弾力性のバネで表し，それが遠心歪みを受けて新しい結合長 r_c になったものとして扱う．導出を始めるにあたって，粒子は大きさ $k_f(r_c - r_e)$ の復元力を受けており，この復元力は遠心力 $m_{eff}\omega^2 r_c$ と完全に釣り合っているものとする．ここで，ω は回転している分子の角速度である．次に，その角運動量を $\{J(J+1)\}^{1/2}\hbar$ と書いて，量子力学的な効果を取入れる．最後に，回転している分子のエネルギーの式を書き，それを (41・16) 式と比べ，$\tilde{D}_J$ の式を求めよ．

F9・3‡　最近，H_3^+ 分子イオンが星間媒体中や木星，土星，天王星の大気中に見いだされた．扁平対称回転子である H_3^+ の回転エネルギー準位は，遠心歪みや他の複雑な効果を無視すれば，(41・13式) の $\tilde{A}$ を $\tilde{C}$ で置換したもので与えられる．振動回転定数の実験値は，$\tilde{\nu}(E') = 2521.6$ cm^{-1}，$\tilde{B} = 43.55$ cm^{-1}，$\tilde{C} = 20.71$ cm^{-1} である．(a) (H_3^+ のような) 非直線形平面分子では，$I_C = 2I_B$ であることを示せ．実験値とかなり異なる原因は，(41・13) 式で無視した因子にある．(b) H_3^+ における H–H 結合長の近似値を計算せよ．(c) J.B. Anderson〔*J. Chem. Phys.*, **96**, 3702 (1992)〕による最良の量子力学的計算で得られた R_e の値は 87.32 pm である．この結果を使って，回転定数 $\tilde{B}, \tilde{C}$ の値を計算せよ．(d) D_3^+ と H_3^+ とで立体構造と力の定数が同じであると仮定して，D_3^+ の分光学的定数を計算せよ．D_3^+ 分子イオンは J.-T. Shy ら〔*Phys. Rev. Lett.*, **45**, 535 (1980)〕によって初めてつくり出され，彼らによってその $\nu_2(E')$ バンドが赤外領域に観測された．

F9・4　分子モデリングのソフトウエアと適切と思う計算法（半経験的方法やアプイニシオ法，DFT法など）を使って，図43・1で示したような分子ポテンシャルエネルギー曲線をつくれ．ハロゲン化水素 (HF, HCl, HBr, HI) それぞれについて，(a) 結合長に対して計算した分子のエネルギーをプロットし，(b) H–ハロゲン結合の力の定数の強い順序を示せ．

F9・5　「トピック28～30」で説明した半経験的方法，アプイニシオ法，DFT法を使えば，分子の振動スペクトルを求めることができ，それによって振動数と基準振動を生じる原子変位とがどう対応するかがわかる．(a) 分子モデリングのソフトウエアと好みの計算法（半経験的方法，アプイニシオ法，DFT法）を使って，気相中の SO_2 の基本振動の波数を計算し，その基準振動モードを図示せよ．(b) 気相の SO_2 の基本振動の波数の実験値は 525 cm^{-1}，1151 cm^{-1}，1336 cm^{-1} である．計算値と実験値を比較せよ．たとえ一致がよくなくても，振動波数の実験値と特定の基準振動モードの相関を解明することは可能か．

F9・6　電子構造の近似計算のソフトウエアを使って，H_2O と CO_2 について適切な基底セットを用いて計算せよ．(a) 各分子の基底状態エネルギー，平衡構造，振動数を計算せよ．(b) H_2O の双極子モーメントの大きさを計算せよ．実験値は 1.854 D である．(c) 計算値を実験値と比較し，不一致があればその理由を述べよ．

F9・7　ヘムエリトリンというタンパク質は，ある種の無脊椎動物において O_2 を結合したり輸送したりする働きをする．このタンパク質分子には Fe^{2+} イオンが2個あるが，この2個は非常に接近していて，いっしょになって O_2 の分子1個を結合するように働く．酸素付加したヘムエリトリンの Fe_2O_2 基は色が着いていて，500 nm に電子吸収バンドがある．酸素付加したヘムエリトリンを 500 nm のレーザーで励起して得られた共鳴ラマンスペクトルは，844 cm^{-1} にバンドがあるが，これは束縛された $^{16}O_2$ の O–O 伸縮モードに起因するとされている．(a) ヘムエリトリンへの酸素の結合を研究する方法として，なぜ赤外分光法ではなく共鳴ラマン分光法を選ぶのか．(b) 844 cm^{-1} のバンドが結合した O_2 種から生じるという証拠は，$^{16}O_2$ の代わりに $^{18}O_2$ と混合したヘムエリトリンの試料について実験を行うことによって得られる．$^{18}O_2$ で処理したヘムエリトリンの試料における $^{18}O^{18}O$ 伸縮モードの基本振動の波数を予測せよ．(c) O_2, O_2^-（超酸化物アニオン），O_2^{2-}（過酸化物アニオン）の O–O 伸縮振動の基本振動の波数は，それぞれ 1555, 1107, 878 cm^{-1} である．この傾向を O_2, O_2^-, O_2^{2-} の電子構造の点から説明せよ．〔ヒント: 「トピック24」を復習せよ．O_2, O_2^-, O_2^{2-} の結合次数はいくらか．〕(d) 上に挙げたデータに基づいて，つぎに示す化学種のうちのどれがヘムエリトリンの Fe_2O_2 基を最もよく表すかを判断せよ: $Fe_2^{2+}O_2$，$Fe^{2+}Fe^{3+}O_2^-$，$Fe_2^{3+}O_2^{2-}$．その理由を説明せよ．(e) $^{16}O^{18}O$ と混合したヘムエリトリンの共鳴ラマンスペクトルは，結合した酸素の O–O 伸縮モードに帰属できる二つのバンドがある．どのようにすればこの観測結果を使って，ヘムエリトリンの Fe_2 サイトに結合する O_2 について提案された四つの配列（**7**～**10**）のうちの一つまたはそれ以上を排除できるか．

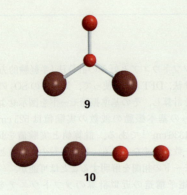

9

10

F9·8‡ へびつかい座という星座には，ζ-へびつかい星によって背後から照らされたガス状の星間雲が存在する．電子-振動-回転吸収線の解析から，星間媒体中にCN分子が存在することがわかる．$J=0-1$の遷移に対応して，紫外領域の$\lambda=387.5$ nmに強い吸収線が観測された．予想に反して，第2の強い吸収線は強度が第1の25パーセントであるが，わずかに長波長のところ（$\Delta\lambda=0.061$ nm）に観測される．これは$J=1-1$の遷移（ここでは許容）に対応する．このCN分子の温度を計算せよ．ヘルツベルク（Gerhard Herzberg）は，後に分光学への貢献に対してノーベル賞を受けることになったが，この温度を2.3 Kと計算した．彼は，この結果に頭を悩ませたが，その本当の重大さには気がつかなかった．もし気づいていたら，彼の賞は，宇宙のマイクロ波背景放射の発見に対するものになっていたかもしれない．

F9·9‡ 彗星のスペクトルは，ほとんど完全にラジカルのスペクトルから成っているので，そのスペクトルを研究することは，不安定なラジカルの電子スペクトルを得る主な方法の一つである．彗星中に多数のラジカルのスペクトルが発見されてきたが，その中にはCNによるものも含まれている．これらのラジカルは，彗星中で，もとの化合物が遠紫外太陽光線を吸収することによってつくり出される．その後，もっと長波長の太陽光によって，その蛍光が励起される．ヘール-ボップ（Hale-Bopp）彗星（C/1995 O1）のスペクトルは，数多くの最近の研究課題になっている．そうした研究の一つに，R. M. Wagner, D. G. Schleicher〔*Science*, **275**, 1918 (1997)〕による，太陽中心から遠く隔たった距離にあるヘール-ボップの星雲状の"コマ"の中のCNの蛍光スペクトルの研究がある．この研究で，著者らは，コマの中のCNの空間分布と生成速度を求めている．(0-0) 振動バンドの中心は387.6 nmにあり，これより弱くて相対強度が0.1の(1-1)バンドは386.4 nmに中心がある．(0-0)と(0-1)の帯頭（バンドの上端）は，それぞれ388.3と421.6 nmにある．これらのデータから，励起S_1状態の，基底S_0状態に相対的なエネルギー，この二つの状態のそれぞれの振動の波数とその差，およびS_1状態の$v=0$と$v=1$の振動準位の相対的な占有数を計算せよ．また，励起S_1状態にある分子の実効温度を求めよ．S_1状態の回転準位は，8個までしか占められていないと考えられている．この観測結果は，S_1状態の実効温度と矛盾しないか．

F9·10 直線形のハロゲン化水銀（II）の慣性モーメントは非常に大きいために，その振動ラマンスペクトルのO枝とS枝には，回転構造はほとんど見えない．それでも，両枝によるピークは同定でき，これらの分子の回転定数の測定に使われている〔R. J. H. Clark, D. M. Rippon, *J. Chem. Soc. Faraday Trans., II*, **69**, 1496(1973)〕．強度の極大に対応するJの値がわかっているとき，O枝とS枝のピーク間隔がPlaczek（プラチェク）-Teller（テラー）の式，$\delta=(32\tilde{B}kT/hc)^{1/2}$で与えられることを示せ．つぎの線幅がそれぞれの温度で得られている．

	HgCl$_2$	HgBr$_2$	HgI$_2$
θ/°C	282	292	292
δ/cm^{-1}	23.8	15.2	11.4

この三つの分子の結合長を計算せよ．

F9·11‡ 長さ10 cmの気体セルに入れた1.00 bar，298 Kの二酸化炭素（2.1 パーセント）とヘリウムの混合物は，2349 cm^{-1}を中心とする赤外吸収バンドを与え，その吸光度$A(\tilde{\nu})$はつぎのように表される．

$$A(\tilde{\nu}) = \frac{a_1}{1+a_2(\tilde{\nu}-a_3)^2} + \frac{a_4}{1+a_5(\tilde{\nu}-a_6)^2}$$

ただし，係数は，$a_1=0.932$，$a_2=0.005050$ cm^2，$a_3=2333$ cm^{-1}，$a_4=1.504$，$a_5=0.01521$ cm^2，$a_6=2362$ cm^{-1}である．(a) $A(\tilde{\nu})$と$\varepsilon(\tilde{\nu})$のグラフを描け．このバンドとバンド幅は何から生じるものか．このバンドに関係する許容遷移と禁制遷移は何か．(b) 単純な調和振動子-剛体回転子モデルを使って，このバンドの遷移の波数と吸光度を計算し，その結果を実測のスペクトルと比較せよ．COの結合長は116.2 pmである．(c) 大気中の二酸化炭素によって吸収されるこのバンドの中に，地球からのすべての赤外放出光が存在するのはどの高さhまでか．大気中のCO$_2$のモル分率は3.3×10^{-4}で，10 km以下では$T/K=288-0.0065(h/m)$である．高さと波数の関数として，このバンドの大気中の透過率の三次元プロットを作成せよ．

F9·12 群論を使って，つぎの遷移の中で電気双極子遷移が許されるのはどれかを判定せよ．(a) エテンの$\pi^*\leftarrow\pi$遷移，(b) C_{2v}環境下にあるカルボニル基の$\pi^*\leftarrow n$遷移．

F9·13 ロドプシン中に見いだされている発色団のトランス形のコンホメーションのモデルとして，分子（**11**）を使うことにしよう．このモデルでは，プロトン付加したシッフ塩基の窒素原子に結合したメチル基をタンパク質の代わりに使う．(a) 分子モデリングのソフトウエアと推奨の計算法を使って，（**11**）のHOMOとLUMOの間のエネルギー間隔を計算せよ．(b)（**11**）の11-シス形について同じ計算をせよ．(c) (a)と(b)の結果に基づいて，（**11**）のトランス形の可視部の$\pi^*\leftarrow\pi$吸収の実測の振動数が，（**11**）の11-シス形よりも高いか低いかを予測せよ．

11

F9·14 芳香族炭化水素と I_2 は錯体を形成し，その電荷移動電子遷移が観測される．芳香族炭化水素は電子供与体となり，I_2 は電子受容体となる．つぎの表には，炭化水素－I_2 錯体における電荷移動遷移のエネルギー $h\nu_{max}$ が与えられている．

炭化水素	ベンゼン	ビフェニル	ナフタレン	フェナントレン	ピレン	アントラセン
$h\nu_{max}$/eV	4.184	3.654	3.452	3.288	2.989	2.890

炭化水素の HOMO（ここから電子が電荷移動遷移を起こす）のエネルギーと $h\nu_{max}$ の間に相関があるという仮説について調べよ．「トピック 28～30」で説明した分子の電子構造計算法の一つを使って，データのセットにあるそれぞれの炭化水素の HOMO のエネルギーを求めよ．

F9·15 分子が解離して原子になるときスピン角運動量が保存される．(a) O_2 分子，(b) N_2 分子が解離して原子になるとき，原子の多重度のうち許容されるのはどれか．

テーマ10　磁気共鳴

学習の内容と進め方

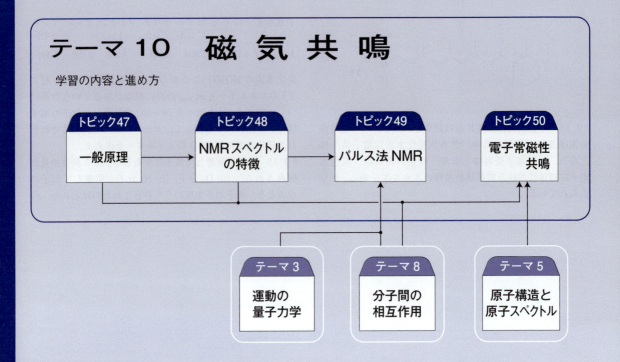

　「原子構造と原子スペクトル」（テーマ5）では，電子が"スピン"という性質をもつことを学んだ．本テーマで扱う"磁気共鳴"の方法では，分子内にある電子や原子核のスピン状態間の遷移を詳しく調べる．本テーマで主眼とする"核磁気共鳴（NMR）分光法"は，生体高分子に至るまでの大きな分子の構造と動的な性質を調べるために，いまでは化学で最も広く使われている手法の一つである．磁気共鳴について詳しく述べる前に，「トピック47」ではまず，分子内にある原子核と電子のスピン状態間のスペクトル遷移を支配している諸原理について説明しよう．

　「トピック48」では，従来型のNMRについて説明する．ここでは，ある磁性核の性質が，それを取囲む電子的な環境とその近傍に存在する磁性核によってどんな影響を受けるかを示そう．この説明から，分子構造がNMRスペクトルの形をどう決めているかを理解できるだろう．一方，NMRの現代版では，電磁放射線のパルスを用いて，得られた信号を"フーリエ変換"法で処理している（トピック49）．また，「分子間の相互作用」（テーマ8）と「運動の量子力学」（テーマ3）で導入した諸概念を活用している．NMR分光法はパルス法を駆使することによって，大きな分子から小さな分子に至るまで，多種多様な環境に置かれたさまざまな分子について調べることができる．

　電子常磁性共鳴（EPR）の実験法は，初期のNMRで使われた方法に似ている．これによって得られる情報を使えば，不対電子をもつ化学種を調べることができる．それには，「原子構造と原子スペクトル」（テーマ5）で学んだ概念が必要である．「トピック50」では，有機ラジカルとd金属錯体の研究へのEPRの応用について概観する．

本テーマの「インパクト」〔本テーマに関連した話題をウエブ上で紹介（英語）〕

東京化学同人の本書ウエブサイトで閲覧できる.

インパクト 10·1　磁気共鳴イメージング
インパクト 10·2　スピンプローブ

核磁気共鳴の最も顕著な応用の一つは医学にある. "磁気共鳴イメージング"(MRI) は, 中身の詰まった物体を対象とし, その中のプロトン濃度を描画する(インパクト 10·1). この手法が特に威力を発揮するのは病気の診断においてである. 一方, 「インパクト 10·2」では, 材料科学と生化学における電子常磁性共鳴の応用に注目する. 生体高分子やナノ構造体と相互作用し, その構造と動的な性質を反映した EPR スペクトルを示すラジカル, つまり "スピンプローブ" を使用するのである.

トピック 47

一 般 原 理

内 容

47・1 核磁気共鳴

(a) 磁場中の原子核のエネルギー

簡単な例示 47・1　NMR の共鳴条件

(b) NMR 分光計

簡単な例示 47・2　核スピンの占有数

47・2 電子常磁性共鳴

(a) 磁場中の電子のエネルギー

簡単な例示 47・3　EPR の共鳴条件

(b) EPR 分光計

簡単な例示 47・4　電子スピンの占有数

チェックリスト

重要な式の一覧

➤ 学ぶべき重要性

核磁気共鳴分光法は，化学と医学で広く使われている．磁気共鳴の威力を理解するには，分子内の電子や原子核のスピン状態間のスペクトル遷移を支配している諸原理を理解しておく必要がある．

➤ 習得すべき事項

磁場中でのスピンのエネルギー準位の間隔が，入射フォトンのエネルギーと一致したときに共鳴吸収が起こる．

➤ 必要な予備知識

スピンの量子力学的な考え方（トピック 19）に習熟し，ボルツマン分布〔「基本概念」（テーマ 1）の「トピック 2」および「トピック 51」〕をよく理解している必要がある．

二つの振り子が少しだけ弾力性のある一つの支持棒から吊り下げられているとき，一方を動かすと，二つをつないでいる心棒が動くためにもう一方は振動を強制される．その結果，二つの振り子の間でエネルギーの流れが生じる．このエネルギー移動は，二つの振り子の振動数が同じときに最も効率よく起こる．二つの振動子の振動数が同じときに強い効果的なカップリングが起こる状況を**共鳴**[1] という．共鳴は，日常の多くの現象の原因になっており，ラジオが遠方の送信機が発信する弱い電磁場の振動に応答することもその例である．歴史的な理由によって，原子核や電子のスピン状態の間の遷移を測定する分光法には“共鳴”という名称がついている．それは，系にある一組のエネルギー準位が単色の放射線源とちょうど合い，その共鳴によって生じる強い吸収を観測する分光法だからである．実際のところ，すべての分光法は電磁場と分子の何らかの共鳴カップリングを利用している．**磁気共鳴**[2] がほかの分光法と違うのは，エネルギー準位そのものが外部磁場によって変更されるところにある．

シュテルン-ゲルラッハの実験（トピック 19）は，電子スピンが存在することの証拠となった．また，原子核の多くもスピン角運動量をもつことがわかった．オービタル角運動量やスピン角運動量は磁気モーメントを生じるから，電子や原子核が磁気モーメントをもつということは，外部磁場中では配向に依存するエネルギーをもつ小さな棒磁石として振舞うということである．ここでは，電子や原子核のエネルギーが外部磁場にどう依存するかを説明しよう．これによって，磁気共鳴分光法を使って複雑な分子の構造や動力学を調べる（トピック 48〜50）ための準備が整うことになる．

47・1 核 磁 気 共 鳴

ここで説明する共鳴が利用できるためには，多数の原子核が**核スピン量子数**[3] I（電子の場合の s に似ている）で表されるスピン角運動量をもっていなければならない．**核磁気共鳴**[4]（NMR）の実験について理解する前に，磁場中での原子核の振舞いと，スペクトル遷移を検知するための基

---

1) resonance　2) magnetic resonance　3) nuclear spin quantum number　4) nuclear magnetic resonance

トピック47 一般原理

本的な手法について説明しておく必要があるだろう.

$$E = -\boldsymbol{\mu}\cdot\boldsymbol{\mathcal{B}} \tag{47·1}$$

である. もっと正確に表せば, $\boldsymbol{\mathcal{B}}$ は磁気誘導であり, テスラの単位 (T) で測る. $1\,\mathrm{T} = 1\,\mathrm{kg\,s^{-2}\,A^{-1}}$ である. 非SI単位のガウス (G) を使うこともある. $1\,\mathrm{T} = 10^4\,\mathrm{G}$ である. 量子力学的に表すときには, そのハミルトン演算子を,

$$\hat{H} = -\hat{\boldsymbol{\mu}}\cdot\boldsymbol{\mathcal{B}} \tag{47·2}$$

と書く. $\hat{\boldsymbol{\mu}}$ を表す式を書くには, 電子の場合 (トピック21) と同じで, 核の磁気モーメントがその角運動量に比例していることを使う. そうすれば, (47·2) 式の演算子は,

$$\hat{\boldsymbol{\mu}} = \gamma_\mathrm{N}\hat{\boldsymbol{I}} \quad\text{により}\quad \hat{H} = -\gamma_\mathrm{N}\boldsymbol{\mathcal{B}}\cdot\hat{\boldsymbol{I}} \tag{47·3a}$$

と書ける. γ_N は指定した核種の**核の磁気回転比**[1] である. それは, 原子核の内部構造から生じる特性であり, 実験で求められている (表47·2). 大きさ $\mathcal{B}_0$ の磁場が z 軸に平行にかかれば, (47·3a) 式のハミルトン演算子は,

$$\hat{H} = -\gamma_\mathrm{N}\mathcal{B}_0\hat{I}_z \tag{47·3b}$$

となる. 演算子 $\hat{I}_z$ の固有値は $m_I\hbar$ であるから, このハミルトン演算子の固有値は,

$$E_{m_I} = -\gamma_\mathrm{N}\hbar\mathcal{B}_0 m_I \quad\text{磁場中の核スピンのエネルギー} \tag{47·4a}$$

である. 一方, エネルギーの式は**核磁子**[2] μ_N を使って表すことが多い. すなわち,

$$\mu_\mathrm{N} = \frac{e\hbar}{2m_\mathrm{p}} \quad\text{核磁子} \tag{47·4b}$$

である. m_p はプロトンの質量であり, $\mu_\mathrm{N} = 5.051\times10^{-2}\,\mathrm{J\,T^{-1}}$ である. 実験で求められる核の**g因子**[3] g_I を用いれば, (47·4a) 式は,

$$E_{m_I} = -g_I\mu_\mathrm{N}\mathcal{B}_0 m_I \qquad g_I = \frac{\gamma_\mathrm{N}\hbar}{\mu_\mathrm{N}}$$

磁場中の核スピンのエネルギー (47·4c)

(a) 磁場中の原子核のエネルギー

核スピン量子数 I は, 原子核に固有の特性で, 核種によって決まる固定した値をとり, 整数または半整数である (表47·1). スピン量子数 I の原子核はつぎの性質をもつ.

物理的な解釈

- 角運動量の大きさは $\{I(I+1)\}^{1/2}\hbar$ である.
- ある特定の軸 (これを "z 軸" にとる) への角運動量成分は $m_I\hbar$ である. ただし, $m_I = I, I-1, \cdots, -I$ である.
- $I > 0$ であれば, 磁気モーメントの大きさは一定で, その配向は m_I の値で決まる.

2番目の性質によれば, 原子核のスピンと, それに伴う磁気モーメントは, ある軸に関して $2I+1$ 個の異なる配向をとれる. プロトンは $I = \frac{1}{2}$ であるから, スピンは二つの配向のどちらかをとれる. $^{14}\mathrm{N}$ の原子核は $I = 1$ であり, スピンは三つの配向のどれかをとれる. $^{12}\mathrm{C}$ と $^{16}\mathrm{O}$ はどちらも $I = 0$ で, その磁気モーメントは0である.

表47·1 原子核の構成と核スピン量子数[a]

プロトンの数	中性子の数	I
偶 数	偶 数	0
奇 数	奇 数	整数 $(1, 2, 3, \cdots)$
偶 数	奇 数	半整数 $(\frac{1}{2}, \frac{3}{2}, \frac{5}{2}, \cdots)$
奇 数	偶 数	半整数 $(\frac{1}{2}, \frac{3}{2}, \frac{5}{2}, \cdots)$

a) 原子核のスピンは, その核が励起状態にあるときは異なる場合がある. 本トピックでは原子核の基底状態だけを取扱う.

古典的に表せば, 磁場 $\boldsymbol{\mathcal{B}}$ の中に置かれた磁気モーメント $\boldsymbol{\mu}$ のエネルギーは, そのスカラー積 (数学の基礎4) に等しい. すなわち,

表47·2[a] 核スピンの性質

核 種	天然存在率 (パーセント)	スピン I	g因子 g_I	磁気回転比 $\gamma_\mathrm{N}/(10^7\,\mathrm{T^{-1}\,s^{-1}})$	1Tでの NMR 振動数 ν/MHz
$^1\mathrm{n}$		$\frac{1}{2}$	-3.826	-18.32	29.164
$^1\mathrm{H}$	99.99	$\frac{1}{2}$	5.586	26.75	42.576
$^2\mathrm{H}$	0.012	1	0.857	4.11	6.536
$^{13}\mathrm{C}$	1.07	$\frac{1}{2}$	1.405	6.73	10.708
$^{14}\mathrm{N}$	99.64	1	0.404	1.93	3.078

a) 巻末の「資料」に多くの値がある.

---

1) nuclear magnetogyric ratio 2) nuclear magneton 3) nuclear g-factor

となる．核の g 因子は無次元の量で，ふつうは -6 と $+6$ の間の値である（表 47・2）．g_I や γ_N が正の値であれば，磁気モーメントはスピン角運動量ベクトルと同じ向きを向いている．一方，負の値であれば磁気モーメントとスピンは逆向きである．核の磁石の強さは，電子スピンによる磁石の約 1/2000 で非常に弱い．

たいていの核種の γ_N は正であるから，以下の核磁気共鳴の説明ではそう仮定して話を進める．このとき，(47・4) 式からわかるように，$m_I < 0$ の状態は $m_I > 0$ の上にある．そこで，**スピン $\frac{1}{2}$ 核**[1]，つまり $I = \frac{1}{2}$ の原子核のエネルギーが低い状態 $m_I = +\frac{1}{2}(\alpha)$ と高い状態 $m_I = -\frac{1}{2}(\beta)$ のエネルギー間隔は，

$$\Delta E = E_{-\frac{1}{2}} - E_{+\frac{1}{2}} = \frac{1}{2}\gamma_N \hbar \mathcal{B}_0 - \left(-\frac{1}{2}\gamma_N \hbar \mathcal{B}_0\right) = \gamma_N \hbar \mathcal{B}_0 \quad (47\cdot 5)$$

であり，つぎの共鳴条件を満たすとき共鳴吸収が起こる（図 47・1）．

$$h\nu = \gamma_N \hbar \mathcal{B}_0 \quad \text{つまり} \quad \nu = \frac{\gamma_N \mathcal{B}_0}{2\pi} \quad \text{スピン}\frac{1}{2}\text{核} \quad \boxed{\text{共鳴条件}} \quad (47\cdot 6)$$

共鳴点では，スピンと放射線の間で強いカップリングがあり，エネルギーの低い状態から高い状態にスピンが反転するときに吸収が起こる．電磁場はスピンを刺激して，エネルギーの高い状態から低い状態に反転させることもあり，このときは放射線の放出が起こる．すぐあとで詳しく説明するが，正味の吸収はこの二つの過程の差である．

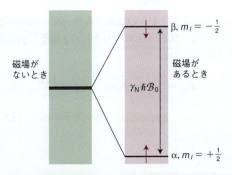

図 47・1 正の磁気回転比をもつスピン $\frac{1}{2}$ 核（たとえば，^{1}H, ^{13}C など）の磁場中での核スピンエネルギー準位．この準位のエネルギー間隔が，電磁場のフォトンのエネルギーと一致したときに共鳴が起こる．

簡単な例示 47・1 NMR の共鳴条件

12.0 T の磁場中にあるプロトン $(I = \frac{1}{2})$ のスピンと共鳴を起こす放射線の振動数は，(47・6) 式を使ってつぎのように計算できる．

$$\nu = \frac{\overbrace{(2.6752 \times 10^8 \, \text{T}^{-1}\,\text{s}^{-1})}^{\gamma_N} \times \overbrace{(12.0\,\text{T})}^{\mathcal{B}_0}}{2\pi}$$
$$= 5.11 \times 10^8 \, \text{s}^{-1} = 511\,\text{MHz}$$

自習問題 47・1 上と同じ条件のとき，$\gamma_N = 1.0841 \times 10^8\,\text{T}^{-1}\,\text{s}^{-1}$ の核 ^{31}P の共鳴振動数を求めよ．

［答：207 MHz］

磁性核は小さな棒磁石で表せるが，その量子力学的な描像と古典力学的な描像を比較するとわかりやすい場合がある．棒磁石が外部磁場中に置かれると，磁場方向のまわりにねじれる**歳差運動**[2] という運動を起こす（図 47・2）．この歳差運動の頻度 ν_L を**ラーモア振動数**[3] という．

$$\nu_L = \frac{\gamma_N \mathcal{B}_0}{2\pi} \quad \text{定義} \quad \boxed{\text{核のラーモア振動数}} \quad (47\cdot 7)$$

スピン $\frac{1}{2}$ 核による共鳴吸収は，そのラーモア振動数が外部磁場の振動数と等しいときに起こるのがわかる．

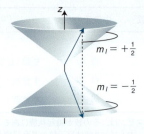

図 47・2 スピン $\frac{1}{2}$ 核の m_I 状態と外部磁場の間の相互作用は，角運動量を表すベクトルの歳差運動として視覚化して表せる．

(b) NMR 分光計

最も単純なタイプの NMR では，磁性核を含む分子に磁場をかけたとき共鳴する電磁場の振動数を観測することによって，その分子の性質を研究する．よく使う磁場（約 12 T）での原子核のラーモア振動数は，ふつう電磁スペクトルのラジオ波領域にあるから（500 MHz に近い），NMR はラジオ波の技術といえる．ここでは，ほとんどスピン $\frac{1}{2}$ 核について考えるが，NMR は 0 でないスピンをもつ原子核すべてに適用できる．プロトンは NMR で研究される最もふつうの原子核であるが，スピン $\frac{1}{2}$ 核には ^{13}C, ^{19}F, ^{31}P もある．

---

[1] spin-$\frac{1}{2}$ nucleus [2] precession. みそすり運動ともいう． [3] Larmor frequency

NMR 分光計は，適当なラジオ波振動数の放射線源と，強くて均一な磁場を発生できる磁石から成る．最近の装置では，たいてい 10 T 以上の磁場を発生できる超伝導磁石を用いている（図 47・3）．この磁場の不均一さを平均化によって除くために，試料は高速で回転される．ただし，小さな分子の研究には試料の回転が必須であるが，大きな分子を対象とするときは，試料の回転によって再現性のない結果を与えることがあるから，回転させないことも多い．超伝導磁石（トピック 39）は液体ヘリウム温度（4 K）で作動するが，試料自体はふつう室温に置く．あるいは，必要に応じて $-150\,°\text{C}$ と $+100\,°\text{C}$ の間で温度調節できる容器内に置くこともある．

最近の NMR 分光法では，ラジオ波振動数の放射線のパルスを用いている．フーリエ変換（FT）NMR の技術のおかげで，溶液や固体に含まれる非常に大きな分子の構造を求めるのが可能になっている（トピック 49）．

NMR の遷移強度は，いろいろな因子に左右される．つぎの「根拠」で示すように，

$$\text{強度} \propto (N_\alpha - N_\beta)\mathcal{B}_0 \tag{47・8a}$$

である．ここで，

$$N_\alpha - N_\beta \approx \frac{N\gamma_N\hbar\mathcal{B}_0}{2kT} \quad \text{原子核 \; 占有数の差} \tag{47・8b}$$

であり，N はスピンの総数である（$N=N_\alpha+N_\beta$）．このことから，温度を下げると占有数の差が増加するから，強度が上がることになる．

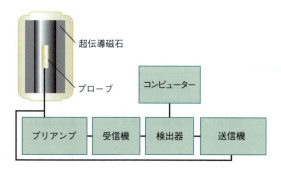

図 47・3 代表的な NMR 分光計の配置図．送信機と検出器を結んであるのは，受信信号に含まれる高振動数成分を差し引くためであり，残る低振動数の信号を処理する．

簡単な例示 47・2 　核スピンの占有数

プロトンでは，$\gamma_N = 2.675 \times 10^8\,\text{T}^{-1}\,\text{s}^{-1}$ である．したがって，10 T の磁場中にプロトンが 1 000 000 個ある場合，20 °C では，

$$N_\alpha - N_\beta \approx \frac{\overbrace{1\,000\,000}^{N} \times \overbrace{(2.675 \times 10^8\,\text{T}^{-1}\,\text{s}^{-1})}^{\gamma_N}}{2 \times \underbrace{(1.381 \times 10^{-23}\,\text{J K}^{-1})}_{k} \times \underbrace{(293\,\text{K})}_{T}} \times \underbrace{(1.055 \times 10^{-34}\,\text{J s})}_{\hbar} \times \underbrace{10\,\text{T}}_{\mathcal{B}_0}$$

$$\approx 35$$

である．このような強い磁場中でも，100 万個のうち占有数は約 35 個しか違わないことがわかる．

自習問題 47・2 ^{13}C 核では，$\gamma_N = 6.7283 \times 10^7\,\text{T}^{-1}\,\text{s}^{-1}$ である．^{13}C のスピンの場合，20 °C で同じ分布の違いをひき起こすのに必要な磁場の強さを求めよ．

　　［答: 40 T，NMR 分光計としては現実的でない高磁場である］

根拠 47・1 　NMR スペクトルの強度

本文で述べたように，共鳴点では誘導吸収と誘導放出が起こっている．「トピック 16」で述べた遷移強度の一般的な考察から，電磁放射線の吸収速度は低い方のエネルギー状態の占有数（プロトン NMR の遷移の場合は N_α）に比例し，誘導放出の速度は上側の状態の占有数（N_β）に比例することがわかる．磁気共鳴に特有の低い振動数では，自然放出は非常に遅いから無視してもよい．そうすれば，吸収の正味の速度は，占有数の差に比例するから，つぎのように書ける．

$$\text{吸収速度} \propto N_\alpha - N_\beta$$

吸収強度，すなわちエネルギーが吸収される速度は，吸収速度（フォトンが吸収される速度）と吸収された各フォトンのエネルギーの積に比例するが，後者は（$E=h\nu$ を通して）入射放射線の振動数 ν に比例する．共鳴点では，この振動数は（$\nu=\nu_L=\gamma_N\mathcal{B}_0/2\pi$ を通して）外部磁場に比例するから，

$$\text{吸収強度} \propto (N_\alpha - N_\beta)\mathcal{B}_0$$

と書けて，これは（47・8a）式と同じである．占有数の差を表す式を書くためには，ボルツマン分布〔「基本概念」（テーマ 1）の「トピック 2」および「トピック 51」〕を使って，占有数の比をつぎのように書く．

$$\frac{N_\beta}{N_\alpha} = \text{e}^{-\overbrace{\gamma_N\hbar\mathcal{B}_0/kT}^{\Delta E}} \overset{\overbrace{\text{e}^{-x}=1-x+\cdots}}{\approx} 1 - \frac{\gamma_N\hbar\mathcal{B}_0}{kT}$$

$\Delta E = \gamma_N\hbar\mathcal{B}_0 \ll kT$ であるから，このように指数項を

展開してもよい．この条件は核スピンについてはふつうに成立つ．そうすれば，

$$\underbrace{\frac{N_\alpha - N_\beta}{N_\alpha + N_\beta}}_{N} = \frac{N_\alpha(1 - N_\beta/N_\alpha)}{N_\alpha(1 + N_\beta/N_\alpha)} = \frac{\overbrace{1 - N_\beta/N_\alpha}^{1 - \gamma_N \hbar \mathcal{B}_0/kT}}{\underbrace{1 + N_\beta/N_\alpha}_{1 - \gamma_N \hbar \mathcal{B}_0/kT}}$$

$$\approx \frac{1 - (1 - \gamma_N \hbar \mathcal{B}_0/kT)}{1 + \underbrace{(1 - \gamma_N \hbar \mathcal{B}_0/kT)}_{\approx 1}} = \frac{\gamma_N \hbar \mathcal{B}_0/kT}{2}$$

とすることができる．これが (47・8b) 式である．

(47・8a) 式と (47・8b) 式を組合わせると，強度が $\mathcal{B}_0^2$ に比例するのがわかるから，外部磁場の強さを上げることによって NMR 遷移を大幅に増強できることがわかる．また，高磁場を使うとスペクトルの様相が単純化されるから (トピック 48)，その解釈も容易になる．さらに，磁気回転比の大きな原子核 (たとえば ^{1}H) の吸収は，磁気回転比の小さな原子核 (たとえば ^{13}C) の吸収よりずっと強いことも結論できる．

47・2 電子常磁性共鳴

電子常磁性共鳴[1] (EPR) すなわち**電子スピン共鳴**[2] (ESR) は，不対電子を含む分子やイオンを研究する手法であり，振動数が既知の放射線と共鳴する磁場を測定する．NMR の場合と同様にして EPR での共鳴条件の式を書いてから，EPR 分光計の一般的な特徴について説明しよう．

(a) 磁場中の電子のエネルギー

電子はスピン量子数 $s = \frac{1}{2}$ をもち (トピック 19)，そのスピン磁気モーメントはスピン角運動量に比例している．そこで，スピン磁気モーメントとハミルトン演算子は，

$$\hat{\boldsymbol{\mu}} = \gamma_e \hat{\boldsymbol{s}} \qquad \text{および} \qquad \hat{H} = -\gamma_e \boldsymbol{\mathcal{B}} \cdot \hat{\boldsymbol{s}} \qquad (47 \cdot 9a)$$

で表される．$\hat{\boldsymbol{s}}$ はスピン角運動量演算子であり，γ_e は**電子の磁気回転比**[3]である．すなわち，

$$\gamma_e = -\frac{g_e e}{2 m_e} \qquad \text{電子} \quad \boxed{\text{磁気回転比}} \qquad (47 \cdot 9b)$$

である．ここで，$g_e = 2.002319\cdots$ であり，これは**電子の g値**[4]である．ディラックの相対論によれば (彼は，アインシュタインの特殊相対性理論と合うようにシュレーディンガー方程式を修正した)，$g_e = 2$ である．その差 $0.002319\cdots$ は，電子を取巻く真空の電磁ゆらぎと電子との相互作用に

由来している．γ_e の式にある負号は (電子の電荷が負であることに由来する)，オービタルの磁気モーメントがオービタル角運動量ベクトルと反平行になっていることを示す．

z 方向の磁場の強さが $\mathcal{B}_0$ の場合は，

$$\hat{H} = -\gamma_e \mathcal{B}_0 \hat{s}_z \qquad (47 \cdot 10)$$

である．演算子 $\hat{s}_z$ の固有値は $m_s \hbar$ であり，$m_s = +\frac{1}{2}(\alpha)$ および $m_s = -\frac{1}{2}(\beta)$ であるから，磁場中の電子スピンのエネルギーは，

$$E_{m_s} = -\gamma_e \hbar \mathcal{B}_0 m_s \qquad \boxed{\begin{array}{l}\text{磁場中の電子スピン}\\\text{のエネルギー}\end{array}} \qquad (47 \cdot 11a)$$

で表される．この式は，**ボーア磁子**[5] μ_B を使って表すこともでき，

$$E_{m_s} = g_e \mu_B \mathcal{B}_0 m_s \qquad \mu_B = \frac{e \hbar}{2 m_e}$$

$$\boxed{\begin{array}{l}\text{磁場中の電子スピン}\\\text{のエネルギー}\end{array}} \qquad (47 \cdot 11b)$$

となる．m_e は電子の質量であり，$\mu_B = 9.274 \times 10^{-24}\,\mathrm{J\,T^{-1}}$ である．ボーア磁子は正の量であり，磁気モーメントの基本量子とみなされることがある．

m_s の値が異なる状態は，磁場がないときは縮退している．この縮退は磁場が存在すると解け，$m_s = +\frac{1}{2}$ の状態のエネルギーは $\frac{1}{2} g_e \mu_B \mathcal{B}_0$ だけ上がり，$m_s = -\frac{1}{2}$ の状態は $\frac{1}{2} g_e \mu_B \mathcal{B}_0$ だけ下がる．(47・11b) 式から，電子スピンの $m_s = +\frac{1}{2}$ (上側) の準位と $m_s = -\frac{1}{2}$ (下側) の準位の間隔は，z 軸方向の強さ $\mathcal{B}_0$ の磁場中では，

$$\Delta E = E_{+\frac{1}{2}} - E_{-\frac{1}{2}} = \frac{1}{2} g_e \mu_B \mathcal{B}_0 - \left(-\frac{1}{2} g_e \mu_B \mathcal{B}_0\right)$$

$$= g_e \mu_B \mathcal{B}_0 \qquad (47 \cdot 12a)$$

である．ここで，試料に振動数 ν の放射線を照射すれば，その振動数がつぎの共鳴条件を満足したときは，このエネルギー間隔がこの放射線と共鳴することになる (図 47・4)．

$$h\nu = g_e \mu_B \mathcal{B}_0 \qquad \text{電子} \quad \boxed{\text{共鳴条件}} \qquad (47 \cdot 12b)$$

共鳴点では，電子スピンと放射線の間に強いカップリングが生じ，スピンが $\alpha \leftarrow \beta$ 遷移を起こすとき強い吸収が起こる．NMR の場合と同じで，共鳴点では逆向きの遷移も起こるから，準位間の相対占有数を考慮に入れた正味の結果が信号として検出されるのである．これについては，すぐあとで詳しく調べる．

---

1) electron paramagnetic resonance　2) electron spin resonance　3) magnetogyric ratio of the electron
4) g-value of the electron　5) Bohr magneton

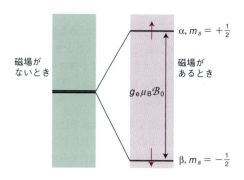

図47・4 磁場中の電子スピン準位．β状態の方がα状態よりエネルギーが低いのは，電子の磁気回転比が負だからである．入射放射線の振動数がこのエネルギー間隔に相当する振動数に一致するときに共鳴が実現する．

簡単な例示 47・3 EPR の共鳴条件

0.30 T の磁場（市販の EPR 分光計はほとんどこの値である）に相当する共鳴振動数は，

$$\nu = \frac{\overbrace{(2.0023)}^{g_e} \times \overbrace{(9.274 \times 10^{-24}\,\text{J T}^{-1})}^{\mu_B} \times \overbrace{(0.30\,\text{T})}^{\mathcal{B}_0}}{\underbrace{6.626 \times 10^{-34}\,\text{J s}}_{h}}$$

$$= 8.4 \times 10^9\,\text{s}^{-1} = 8.4\,\text{GHz}$$

である．これは波長 3.6 cm に相当する．

自習問題 47・3 波長 $\lambda = 0.88$ cm で起こる EPR 遷移の磁場を求めよ．　　　　　　　　　　　［答：1.2 T］

(b) EPR 分光計

「簡単な例示 47・3」でわかるように，市販のたいていの EPR 分光計は約 3 cm の波長で作動する．波長 3 cm の放射線は電磁スペクトルのマイクロ波領域になるから，EPR はマイクロ波の技術といえる．

フーリエ変換（FT）および連続波（CW）EPR 分光計の両方が利用できる．FT-EPR の装置は，NMR 分光法について述べた「トピック 49」で説明する諸概念を使うもので，試料中の電子スピンを励起するのにマイクロ波のパルスを使う点だけが異なる．もっと普通に使われている CW-EPR 分光計の配置図を図 47・5 に示してある．これは，マイクロ波源（クライストロンまたはガン発信器），ガラスまたは石英容器に入った試料を挿入する空洞，マイクロ波検出器，および磁場が 0.3 T の領域で可変の電磁石からできている．EPR スペクトルを得るには，磁場を変化させてマイクロ波の吸収を測定する．典型的な（ベンゼンアニオンラジカル，$C_6H_6^-$ の）スペクトルを図 47・6 に示してある．このスペクトルは奇妙な形をしているが，これは実は吸収の一階導関数であって，その検出方法が吸収曲線の勾配に敏感であるという理由で採用されている（図 47・7）．

すでに述べたように，スペクトル線の強度は基底状態と励起状態の占有数の差に依存している．電子については，β状態のエネルギーは α 状態より低いから，原子核の場合と同じ論法によって，

$$N_\beta - N_\alpha \approx \frac{N g_e \mu_B \mathcal{B}_0}{2kT} \quad \text{電子　占有数の差} \quad (47 \cdot 13)$$

となる．ここで，N はスピンの総数である．

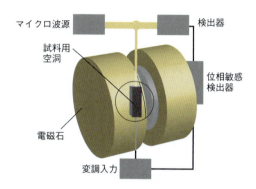

図47・5 連続波 EPR 分光計の配置図．磁場はふつう 0.3 T であり，共鳴を起こすには 9 GHz（波長 3 cm）のマイクロ波が必要である．

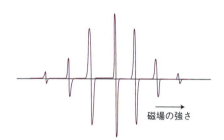

図47・6 ベンゼンアニオンラジカル $C_6H_6^-$ の溶液中の EPR スペクトル．

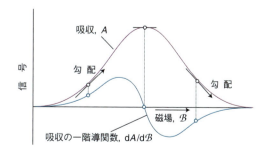

図47・7 位相敏感検出器を使うと，信号は吸収強度の一階導関数になる．吸収のピークは，この導関数が 0 をよぎる点である．

簡単な例示 47·4　電子スピンの占有数

電子スピン 1000 個を 1.0 T の磁場中に入れた. 20 ℃ (293 K) では,

$$N_\beta - N_\alpha \approx \frac{\overbrace{1000}^{N} \times \overbrace{2.0023}^{g_e} \times \overbrace{(9.274 \times 10^{-24}\,\mathrm{J\,T^{-1}})}^{\mu_B} \times \overbrace{(1.0\,\mathrm{T})}^{\mathcal{B}_0}}{2 \times \underbrace{(1.381 \times 10^{-23}\,\mathrm{J\,K^{-1}})}_{k} \times \underbrace{(293\,\mathrm{K})}_{T}}$$

$$\approx 2.3$$

である. 1000 個のうち占有数の違いは約 2 個しかな

い. しかし, 電子スピンの場合のこの差は, 核スピンの場合(簡単な例示 47·2)よりずっと大きい. それは, 電子のスピン状態のエネルギー差が核スピンの場合より大きいからであり, EPR でふつう使われる弱い磁場でも十分なのである.

自習問題 47·4　EPR 実験は極低温で行うのがふつうである. $\mathcal{B}_0 = 0.30$ T のとき, 電子スピン 100 個のうち占有数の違いが 5 個ある温度はいくらか.

[答: 4 K]

チェックリスト

□　1. 核種の**核スピン量子数** I は, 負でない整数または半整数である.

□　2. m_I の値が違う核は, 磁場が存在すれば異なるエネルギーをもつ.

□　3. **核磁気共鳴**(NMR)では, 磁場中に置いた原子核による電磁放射線の共鳴吸収を観測する.

□　4. NMR 分光計は, ラジオ波振動数の放射線源と強力で均一な磁場を与える磁石とから成る.

□　5. 共鳴吸収強度は, 外部磁場の強さとともに ($\mathcal{B}_0^2$ で) 増加する.

□　6. m_s の値が違う電子は, 磁場が存在すれば異なるエネルギーをもつ.

□　7. **電子常磁性共鳴**(EPR)では, 磁場中に置いた不対電子による電磁放射線の共鳴吸収を観測する.

□　8. EPR 分光計は, マイクロ波源, 試料を挿入する空洞, マイクロ波検出器, 電磁石とから成る.

重要な式の一覧

性　質	式	備　考	式番号
核磁子	$\mu_N = e\hbar/2m_p$		47·4b
磁場中の核スピンのエネルギー	$E_{m_I} = -\gamma_N \hbar \mathcal{B}_0 m_I = -g_I \mu_N \mathcal{B}_0 m_I$		47·4c
共鳴条件 (スピン $\frac{1}{2}$ 核)	$h\nu = \gamma_N \hbar \mathcal{B}_0$	$\gamma_N > 0$	47·6
ラーモア振動数	$\nu_L = \gamma_N \mathcal{B}_0/2\pi$	$\gamma_N > 0$	47·7
占有数の差 (原子核)	$N_\alpha - N_\beta \approx N\gamma_N \hbar \mathcal{B}_0/2kT$		47·8b
磁気回転比 (電子)	$\gamma_e = -g_e e/2m_e$	$g_e = 2.002\,319\cdots$	47·9b
磁場中の電子スピンのエネルギー	$E_{m_s} = -\gamma_e \hbar \mathcal{B}_0 m_s = g_e \mu_B \mathcal{B}_0 m_s$		47·11a
ボーア磁子	$\mu_B = e\hbar/2m_e$		47·11b
共鳴条件 (電子)	$h\nu = g_e \mu_B \mathcal{B}_0$		47·12b
占有数の差 (電子)	$N_\beta - N_\alpha \approx Ng_e \mu_B \mathcal{B}_0/2kT$		47·13

トピック48

NMRスペクトルの特徴

内 容

48·1 化学シフト
簡単な例示 48·1　δ目盛

例題 48·1　エタノールのNMRスペクトルの解釈

48·2 遮蔽定数の起源
(a) 局所的な寄与

例題 48·2　ラムの式の使い方

(b) 隣接基の寄与

簡単な例示 48·2　環電流

(c) 溶媒の寄与

簡単な例示 48·3　芳香族溶媒の影響

48·3 微細構造
(a) スペクトルの形

例題 48·3　スペクトルの微細構造の説明

(b) カップリング定数の大きさ

簡単な例示 48·4　カープラスの式

(c) スピン–スピンカップリングの起源

簡単な例示 48·5　核から受ける磁場

48·4 コンホメーションの転換と交換過程
簡単な例示 48·6　NMRスペクトルに与える化学交換の影響

チェックリスト

重要な式の一覧

▶ 学ぶべき重要性
NMRスペクトルの解析を進め，それに含まれる豊富な情報を引き出すには，スペクトルの形状が分子構造とどういう関係があるかを理解している必要がある．

▶ 習得すべき事項
ある磁性核の共鳴振動数は，それを取囲む電子的な環境と近傍にある磁性核の存在の影響を受ける．

▶ 必要な予備知識
磁気共鳴の一般原理（トピック47）を理解している必要がある．

核磁気モーメントは，局所的な磁場と相互作用する．この局所磁場は，外部磁場とは異なるが，それは，外部磁場が電子のオービタル角運動量（つまり，電子流の循環）を誘起し，そのために原子核の位置に小さな磁場 $\delta\mathcal{B}$ を付け加えるからである．この追加された磁場は外部磁場に比例するから，これをつぎのように書いておくと便利である．

$$\delta\mathcal{B} = -\sigma\mathcal{B}_0 \qquad \text{定義}\quad \boxed{遮蔽定数}\quad (48\cdot1)$$

ここでの無次元の量 σ をその原子核の**遮蔽定数**[1]という（σ はたいてい正であるが，負であってもよい）．外部磁場が分子内に電子流を誘起し，その結果として原子核が見ている局所磁場の強さに影響を与える能力は，注目している磁性核の近くの詳細な電子構造によって決まるから，異なる原子群の中にある核の遮蔽定数は異なることになる．遮蔽定数の信頼できる値を計算することは困難であるが，どのような傾向をもつかということはよくわかっているので，その点に注目しよう．

48·1 化学シフト
全局所磁場 $\mathcal{B}_{\mathrm{loc}}$ は，

$$\mathcal{B}_{\mathrm{loc}} = \mathcal{B}_0 + \delta\mathcal{B} = (1-\sigma)\mathcal{B}_0 \qquad (48\cdot2)$$

であるから，注目する核のラーモア振動数は，

$$\nu_{\mathrm{L}} = \frac{\gamma_{\mathrm{N}}\mathcal{B}_{\mathrm{loc}}}{2\pi} = \frac{\gamma_{\mathrm{N}}\mathcal{B}_0}{2\pi}(1-\sigma) \qquad (48\cdot3)$$

---

1) shielding constant

となる．この振動数は，同じ原子核でも異なる環境にあれば異なる．したがって，たとえ同じ元素の同じ核種であっても，それを取囲む分子環境が異なれば，異なる振動数で共鳴を起こすことになる．

ある原子核の**化学シフト**[1]というのは，その共鳴振動数とある基準の共鳴振動数の差である．プロトンに関する基準は，テトラメチルシラン〔$Si(CH_3)_4$，ふつう TMS と略す〕のプロトン共鳴である．この物質にはプロトンが多数あり，多くの溶媒と反応せずに溶け込む．^{13}C の基準振動数は TMS の ^{13}C 共鳴であり，^{31}P では 85 パーセントの $H_3PO_4(aq)$ の ^{31}P 共鳴である．ほかの核種にはそれぞれの基準が使われる．ある特定の基にある原子核に注目したとき，その共鳴振動数と基準との間隔は外部磁場の強さとともに大きくなる．それは，誘起磁場が外部磁場に比例しており，外部磁場が強いほど振動数のシフトは大きくなるからである．

化学シフトは **δ目盛**[2] で表す．その定義は，

$$\delta = \frac{\nu - \nu^\circ}{\nu^\circ} \times 10^6 \qquad 定義 \quad \boxed{\delta 目盛} \quad (48 \cdot 4)$$

である．ν° は基準の共鳴振動数である．化学シフトを表すのに δ目盛を使う利点は，こう表しておけば外部磁場に無関係になることにある（分子も分母も外部磁場に比例するから）．しかしながら，共鳴振動数そのものは外部磁場の強さに依存しており，つぎの式で表される．

$$\nu = \nu^\circ + (\nu^\circ/10^6) \delta \qquad (48 \cdot 5)$$

> **簡単な例示 48・1** *δ目盛*
>
> $\nu^\circ = 500$ MHz の分光計（"500 MHz の NMR 分光計"という）で $\delta = 1.00$ の原子核を測定したときの基準からの振動数シフトは，1 MHz $= 10^6$ Hz であるから，
>
> $$\nu - \nu^\circ = (500 \text{ MHz}/10^6) \times 1.00$$
> $$= (500 \text{ Hz}) \times 1.00 = 500 \text{ Hz}$$
>
> に等しい．$\nu^\circ = 100$ MHz で作動する分光計を使えば，同じ基準からの振動数シフトは 100 Hz にしかならない．
>
> **ノート** 多くの文献で，化学シフトの定義にある 10^6 の因子に注目して，百万分の一を表す ppm を付けて記載されている．しかし，これは不要である．もし，"$\delta = 10$ ppm" と書いてあるのを見かけたら，$\delta = 10$ と読み替えてから (48・5) 式を使おう．

> **自習問題 48・1** 作動振動数 350 MHz の分光計で測定した $\delta = 3.50$ の核の共鳴振動数は，TMS の基準からどれだけシフトしているか． ［答：1.23 kHz］

δ と σ の関係は，(48・3) 式を (48・4) 式に代入すれば得られる．すなわち，

$$\delta = \frac{(1-\sigma)\mathcal{B}_0 - (1-\sigma^\circ)\mathcal{B}_0}{(1-\sigma^\circ)\mathcal{B}_0} \times 10^6$$

$$= \frac{\sigma^\circ - \sigma}{1 - \sigma^\circ} \times 10^6 \approx (\sigma^\circ - \sigma) \times 10^6$$

$$\boxed{\delta \text{ と } \sigma \text{ の関係}} \quad (48 \cdot 6)$$

である．$\sigma^\circ \ll 1$ であるから最後の等式が書ける．遮蔽を表す σ が小さくなるにつれて δ は増加する．したがって，化学シフトの大きな核は，強く**デシールドされている**[3] といえる．代表的な化学シフトの例を図 48・1 に与えてある．この図でわかるように，元素が異なれば原子核の化学シフトの範囲は非常に異なる．この範囲が広いことは，分子内の原子核が置かれた電子的環境がいかに変化に富んでいるかを示している．元素の原子番号が大きいほど原子核のまわりの電子は多いから，そのために遮蔽定数の値の範囲が広くなる．NMR スペクトルでは，δ の値が右から左に向かって増えるようにプロットする約束になっている．

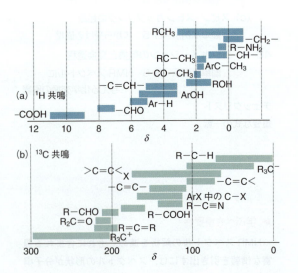

図 48・1 代表的な化学シフトの範囲．(a) ^1H 共鳴，(b) ^{13}C 共鳴．

---

1) chemical shift 2) δ-scale 3) deshielded

例題 48・1　エタノールの NMR スペクトルの解釈

図 48・2 には，エタノールの NMR スペクトルを示してある．観測された化学シフトについて説明せよ．

解法　電子吸引性の原子による影響を考えればよい．そのような原子は，結合しているプロトンを強くデシールドするが，離れたプロトンに対する影響は少ない．

解答　このスペクトルは，つぎの帰属と合っている．

- CH_3 のプロトンは，$\delta = 1.2$ の核のグループをつくる．
- CH_2 の 2 個のプロトンは，分子のべつの部分にあって，異なる局所磁場を受けており，$\delta = 3.6$ の位置で共鳴する．
- OH のプロトンは，上の二つとはべつの環境にあり，化学シフトは $\delta = 4.0$ である．

δ の値が順に増加している（つまり，シールディングが減少する）ことは，O 原子が電子吸引力をもつことと合う．このために，OH のプロトンの電子密度の低下が一番大きく，このプロトンが強くデシールドされるが，遠くにあるメチルプロトンの電子密度の低下は最も少ないから，これらの核はデシールドが一番弱い．

信号の相対強度は，図 48・2 のスペクトルに重ねて描いてあるように，階段状の曲線の高さで表すのがふつうである．エタノールでは，グループの強度は 3：2：1 の比になっているが，これは分子内に CH_3 プロトンが 3 個，CH_2 プロトンが 2 個，OH プロトンが 1 個あるからである．

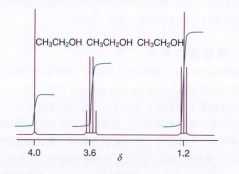

図 48・2　エタノールの ^{1}H-NMR スペクトル．赤色の H はその共鳴ピークを与えるプロトンを表しており，階段状の曲線は積分した信号である．

自習問題 48・2　アセトアルデヒド（エタナール）には $\delta = 2.20$ と $\delta = 9.80$ のスペクトル線がある．CHO のプロトンに帰属できるのはどちらか．

[答: $\delta = 9.80$]

48・2　遮蔽定数の起源

遮蔽定数の計算は，小さな分子であっても困難である．それは，分子の基底状態と励起状態の電子密度分布と励起エネルギーに関する詳細な情報（「トピック 28〜30」で概説した手法を使う）を必要とするからである．しかし，H_2O や CH_4 のような小さな分子については計算にかなりの成功を収めているし，タンパク質のような大きな分子でさえもある種の計算の視野に入ってはいる．そうはいっても，いまや大きな分子に対して利用できる大量の経験的な情報を研究すれば，もっと容易に化学シフトへの種々の寄与について理解できる．

経験的な取扱いでは，実測の遮蔽定数が三つの寄与の和であると考える．すなわち，

$$\sigma = \sigma(\text{局所}) + \sigma(\text{隣接}) + \sigma(\text{溶媒}) \tag{48・7}$$

とする．**局所的な寄与**[1] σ(局所) は，そのほとんどが注目する核を含む原子内の電子からの寄与である．**隣接基の寄与**[2] σ(隣接) は，分子のその他の部分を形成する原子群からの寄与である．**溶媒の寄与**[3] σ(溶媒) は，溶媒分子からの寄与である．

(a) 局所的な寄与

遮蔽定数への局所的な寄与は，**反磁性の寄与**[4] σ_d と **常磁性の寄与**[5] σ_p の和とみなせば便利である．すなわち，

$$\sigma(\text{局所}) = \sigma_d + \sigma_p \qquad \text{遮蔽定数に対する局所的な寄与} \tag{48・8}$$

σ(局所) への反磁性の寄与は外部磁場と逆向きで，注目している原子核を遮蔽する．σ(局所) への常磁性の寄与は外部磁場を強めるのと同じ効果があり，注目している原子核をデシールドする．したがって，$\sigma_d > 0$，$\sigma_p < 0$ である．全体としての局所的な寄与は，もし反磁性の寄与が支配的であれば正になり，常磁性の寄与が支配的であれば負になる．

反磁性の寄与が生じるのは，外部磁場が，原子の基底状態の電子分布に電荷の循環をひき起こすことができるからである．この循環によって，外部磁場と逆向きの磁場が生じるから，原子核が遮蔽される．σ_d の大きさは，原子核近傍の電子密度に依存し，つぎの**ラムの式**† から計算できる．

$$\sigma_d = \frac{e^2 \mu_0}{12\pi m_e} \left\langle \frac{1}{r} \right\rangle \qquad \text{ラムの式} \tag{48・9}$$

μ_0 は真空の透磁率（基礎物理定数の一つ，表紙の見返しを見よ）で，r は電子ー原子核の距離である．

---

† Lamb formula. この式の導出については，"Molecular quantum mechanics", Oxford University Press, Oxford (2011) を見よ．
1) local contribution　2) neighboring group contribution　3) solvent contribution　4) diamagnetic contribution
5) paramagnetic contribution

例題 48・2 ラムの式の使い方

遊離したH原子のプロトンの遮蔽定数を計算せよ．

解法 ラムの式を使ってσ_dを計算するには，水素の1sオービタルについて$1/r$の期待値を計算する必要がある．波動関数は表18・1に与えてある．

解答 水素の1sオービタルの波動関数は，

$$\psi = \left(\frac{1}{\pi a_0^3}\right)^{1/2} e^{-r/a_0}$$

である．そこで，$d\tau = r^2 dr \sin\theta d\theta d\phi$ であるから，$1/r$ の期待値はつぎのように書ける．

$$\left\langle \frac{1}{r} \right\rangle = \int \frac{\psi^* \psi}{r} d\tau$$

$$= \frac{1}{\pi a_0^3} \int_0^{2\pi} d\phi \int_0^{\pi} \sin\theta d\theta \int_0^{\infty} r e^{-2r/a_0} dr$$

$$= \frac{4}{a_0^3} \underbrace{\int_0^{\infty} r e^{-2r/a_0} dr}_{a_0^2/4 \text{（積分E・1）}} = \frac{1}{a_0}$$

ここで，巻末の「資料」にある積分公式を使った．したがって，つぎのように計算できる．

$$\sigma_d = \frac{e^2 \mu_0}{12\pi m_e a_0}$$

$$= \frac{(1.602 \times 10^{-19}\,\text{C})^2 \times \left(4\pi \times 10^{-7}\; \underbrace{\text{J}}_{\text{kg m}^2\text{s}^{-2}}\,\text{s}^2\text{C}^{-2}\text{m}^{-1}\right)}{12\pi \times (9.109 \times 10^{-31}\,\text{kg}) \times (5.292 \times 10^{-11}\,\text{m})}$$

$$= 1.775 \times 10^{-5}$$

自習問題 48・3 すべての水素型原子に適用できるσ_dの一般式を導け．　　［答：$Ze^2\mu_0/12\pi m_e a_0$］

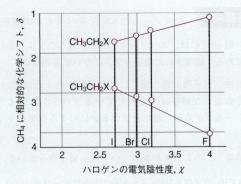

図 48・3 化学的な遮蔽の電気陰性度による変化．メチレンプロトンのシフトは，電気陰性度の増加から予想される傾向に合っている．しかし，化学シフトが微妙な現象であることを強調する例として，メチルプロトンでの傾向が予測とは逆であることに注意しよう．これらのプロトンでは，べつの寄与（C–HやC–X結合の磁気的異方性）が支配的になる．

閉殻の遊離原子では，反磁性の寄与が唯一の寄与である．また，球対称または円柱対称の電子分布があるときに，局所的な遮蔽に寄与するのも反磁性の寄与だけである．たとえば，局所的な遮蔽への原子の内殻からの寄与としては，反磁性の寄与しかないが，その理由は，たとえその原子が分子の1成分であり，原子価電子の分布が高度に歪んでいたとしても，内殻はほぼ球状のままだからである．反磁性の寄与は，注目している原子核を含む原子の電子分布にだいたい比例する．このことから，近くに電気陰性度の高い原子があるために自分の原子内の電子分布が減少すれば，遮蔽は減少することになる．隣接原子の電気陰性度が増加するにつれて遮蔽が減少することは，化学シフトδが増加することである（図48・3）．

局所的な常磁性の寄与σ_pが生じるのは，外部磁場がかかると基底状態では占有されていなかったオービタルを利用して分子内で電子を強制的に循環させるからである．遊離の原子でも，直線形分子（エチン，HC≡CHなど）の分子軸のまわりでも，常磁性の寄与は0になる．このときの電子は自由に循環できるから，磁場を核軸に平行にかけても，その電子を他のオービタルに追いやることはできないからである．一方，エネルギーの低いところに励起状態をもつ分子であれば（このとき外部磁場は大きな電流を誘起できる），小さな原子からでも（このときの誘起電流は核に近いところにあるから）大きな常磁性の寄与が得られると期待できる．事実，水素以外の原子では，局所的な寄与を支配するのは常磁性の寄与である．

(b) 隣接基の寄与

隣接基の寄与は，隣接する基の中に誘起される電流から生じるものである．H–Xのような分子の中のプロトンHへの隣接基Xの影響を考えよう．外部磁場によってXの電子分布に電流が発生し，外部磁場に比例する誘起磁気モーメントが生じる．その比例定数は，基Xの磁化率χ（カイ）であるから，$\mu_{\text{induced}} = \chi \mathcal{B}_0$と書ける（トピック39）．反磁性の基では，誘起磁気モーメントが外部磁場と逆向きであるから磁化率は負である．その誘起磁気モーメントは外部磁場に平行な成分の磁場を生じるが，それは距離rで角度θのところ（**1**）ではつぎの形をしている（必須のツール48・1）．

$$\mathcal{B}_{\text{local}} \propto \frac{\mu_{\text{induced}}}{r^3}(1 - 3\cos^2\theta) \quad \text{局所的な双極子場} \quad (48 \cdot 10\text{a})$$

プロトンが受ける余分の磁場の強さは，HとXの距離rの3乗に反比例することがわかる．もし，その磁化率が分子の配向と無関係（つまり"等方的"）であれば，球全体にわ

たる平均化で $1-3\cos^2\theta$ は 0 になるから，このときの局所場も平均化されて 0 になる（「問題 48・6」を見よ）．そこで，遮蔽定数 σ（隣接）は距離 r に対してつぎのように依存すると近似できる．

$$\sigma(隣接) \propto (\chi_\parallel - \chi_\perp)\left(\frac{1-3\cos^2\theta}{r^3}\right)$$

隣接基の寄与　(48・10b)

$\chi_\parallel$ と $\chi_\perp$ は，結合軸に平行および垂直な磁化率の成分であり，θ は X–H 軸と隣接基の対称軸がなす角度である（**2**）．

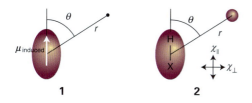

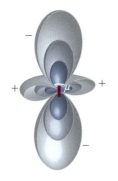

図 48・4 点磁気双極子によって生じる磁場を表す図．距離が離れると磁場の強さが（$1/r^3$ に比例して）減衰する様子を表すのに，色の濃さを三つに変えて描いてある．その境界面の形を見ればわかるように，同じ距離のところで磁場の z 成分の大きさは角度依存している．

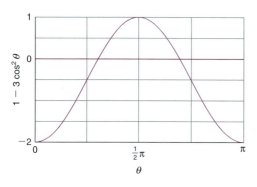

図 48・5 関数 $1-3\cos^2\theta$ の角度 θ による変化

(48・10b) 式は，磁化率の 2 成分の大小関係と X に関する核の相対配向によっては，隣接基の寄与は正にも負にもなりうることを示している．$54.7° < \theta < 125.3°$ であれば $1-3\cos^2\theta$ は正であるが，それ以外では負になるのである（図 48・4 および図 48・5）．

必須のツール 48・1　双極子場

電磁理論によれば，点磁気双極子 $\boldsymbol{\mu}$ から距離 r における磁場は，

$$\mathcal{B} = \frac{\mu_0}{4\pi r^3}\left(\boldsymbol{\mu} - \frac{3(\boldsymbol{\mu}\cdot\boldsymbol{r})\boldsymbol{r}}{r^2}\right)$$

で表される．μ_0 は真空の透磁率（基礎物理定数であり，その定義値は $4\pi \times 10^{-7}\,\mathrm{T^2\,J^{-1}\,m^3}$）である．点電気双極子による電場は同様の式で表され，

$$\mathcal{E} = \frac{1}{4\pi\varepsilon_0 r^3}\left(\boldsymbol{\mu} - \frac{3(\boldsymbol{\mu}\cdot\boldsymbol{r})\boldsymbol{r}}{r^2}\right)$$

である．ε_0 は真空の誘電率であり，μ_0 とは $\varepsilon_0 = 1/\mu_0 c^2$ の関係がある．z 軸方向の磁場成分は，

$$\mathcal{B}_z = \frac{\mu_0}{4\pi r^3}\left(\mu_z - \frac{3(\boldsymbol{\mu}\cdot\boldsymbol{r})z}{r^2}\right)$$

である．ここで，$z = r\cos\theta$ は距離ベクトル $\boldsymbol{r}$ の z 成分である．もし，この磁気双極子が z 軸に平行であれば，つぎの式が成り立つ．

$$\mathcal{B}_z = \frac{\mu_0}{4\pi r^3}\left(\overbrace{\mu_z}^{\mu} - \frac{3\overbrace{(\mu r\cos\theta)}^{\boldsymbol{\mu}\cdot\boldsymbol{r}}\overbrace{(r\cos\theta)}^{z}}{r^2}\right)$$

$$= \frac{\mu\mu_0}{4\pi r^3}(1-3\cos^2\theta)$$

簡単な例示 48・2　環電流

隣接基効果の特別な場合が芳香族化合物で見られる．ベンゼン環の磁化率に強い異方性があるのは，磁場が分子面に垂直にかかったときに，磁場が環電流[1]，つまりこの環に沿う電子の循環を誘起できるためであるとされている．分子面内にあるプロトンはデシールドされるが（図 48・6），（環の置換基を構成する水素のように）たまたまこの面の上下にあるプロトンは遮蔽される．

---

1) ring current

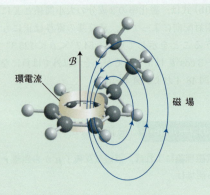

図48・6 外部磁場によってベンゼン環に誘起される環電流の遮蔽効果とデシールド効果．環に付いているプロトンはデシールドされるが，環の上に突き出た置換基に付いているプロトンは遮蔽される．

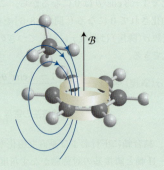

図48・7 芳香族溶媒（ここではベンゼン）は，溶質分子のプロトンを遮蔽したりデシールドしたりできる局所磁場を生じる．溶媒と溶質の相対的な向きがこの図のようになっていると，溶質分子のプロトンは遮蔽される．

自習問題 48・4 エチン（アセチレン）HC≡CHについて考えよう．このプロトンは，三重結合で誘起される電流によって遮蔽されるか，それともデシールドされるか．
　　　　　　　　　　　　　　　　　[答: 遮蔽される]

(c) 溶媒の寄与

溶媒は，いろいろな仕方で原子核が受ける局所磁場に影響を与える．その効果には，溶質と溶媒の間の（たとえば，水素結合の形成や，ルイス酸-ルイス塩基錯体形成のような）特殊な相互作用によって生じるものもある．溶媒分子の磁化率の異方性は，特に，溶媒が芳香族であれば，局所磁場の源にもなりうる．さらに，溶質分子と溶媒分子の間にゆるいが特異な相互作用を生じるような立体相互作用があると，溶質分子と溶媒分子の相対的な位置によっては，溶質分子中のプロトンが遮蔽か，あるいはデシールド効果を受けるはずである．

簡単な例示 48・3 　芳香族溶媒の影響

ベンゼンのような芳香族溶媒は局所的な電流を生じて，溶質分子のプロトンを遮蔽したり，デシールドしたりできる．図48・7に示す配置では，溶質分子のプロトンを遮蔽する．

自習問題 48・5 図48・7を参考にして，溶質分子のプロトンをデシールドする配置を考えよ．
　　　　　　[答: 溶質分子のプロトンが，ベンゼン環と
　　　　　　　　　同じ面内にあるとき]

48・3 微細構造

図48・2では，スピン-スピンカップリングによって共鳴がそれぞれ数本の線に分裂しているが，この分裂をスペクトルの**微細構造**[1]という．この微細構造が生じるのは，ある核がほかの磁性核がつくる局所磁場を受け，その共鳴振動数が変化するためである．この相互作用の強さは**スカラーカップリング定数**[2] J を使って表し，その単位はヘルツ（Hz）とする．スカラーカップリング定数という名称は，この定数で表される相互作用のエネルギーが，相互作用する2個のスピンのスカラー積に比例して，$E \propto \mathbf{I}_1 \cdot \mathbf{I}_2$ であることによる．「数学の基礎4」で説明したように，スカラー積は2個のベクトルがなす角度に依存する．そこで，2個のスピン間の相互作用エネルギーをこのように書いておけば，両者の相対的な配向に依存することがわかりやすい．この式の比例定数は $hJ/\hbar^2$ 〔したがって，$E = (hJ/\hbar^2)\mathbf{I}_1 \cdot \mathbf{I}_2$〕である．それぞれのスピン角運動量は $\hbar$ に比例しているから，E は hJ に比例し，J は振動数（単位はHz）である．どちらの原子核も z 軸方向の外部磁場と並ぶように制約されている場合は，$\mathbf{I}_1 \cdot \mathbf{I}_2$ に寄与するのは $I_{1z}I_{2z}$ しかなく，その固有値は $m_1 m_2 \hbar^2$ である．そこで，この場合のスピン-スピンカップリングによるエネルギーは次式で表される．

$$E_{m_1 m_2} = hJ m_1 m_2 \quad \text{スピン-スピンカップリングエネルギー} \quad (48 \cdot 11)$$

(a) スペクトルの形

NMRでは，化学シフトが非常に異なる原子核を指定す

---

1) fine structure　2) scalar coupling constant

るのに，アルファベットで遠く離れた文字（ふつうはAとX）を使う．一方，似た化学シフトをもつ原子核については，（AとBのような）近くにある文字を使う．はじめにAX系を考えよう．これは，2個のスピン$\frac{1}{2}$核AとXを含み，その化学シフトの差が両者のJに比べて大きい分子である．

スピン$\frac{1}{2}$のAX系では，$\alpha_A\alpha_X$, $\alpha_A\beta_X$, $\beta_A\alpha_X$, $\beta_A\beta_X$の4通りのスピン状態がある．そのエネルギーは外部磁場に対するスピンの向きによるから，スピン-スピンカップリングを無視すれば，

$$E_{m_A m_X} = -\gamma_N \hbar (1-\sigma_A)\mathcal{B}_0 m_A - \gamma_N \hbar (1-\sigma_X)\mathcal{B}_0 m_X$$
$$= -h\nu_A m_A - h\nu_X m_X \quad (48\cdot12a)$$

となる．ν_Aとν_XはAとXのラーモア振動数で，m_Aとm_Xはその量子数である（$m_A = \pm\frac{1}{2}$, $m_X = \pm\frac{1}{2}$）．この式から，図48・8の左図に示す4本線が得られる．スピン-スピンカップリングを含めると（48・11式を使う），そのエネルギー準位は，

$$E_{m_A m_X} = -h\nu_A m_A - h\nu_X m_X + hJm_A m_X \quad (48\cdot12b)$$

となる．もし$J > 0$であれば，$m_A m_X < 0$のときに低いエネルギーが得られるが，これは一方のスピンがαで他方がβの場合にあたる．スピンが両方ともαか，両方ともβであれば，高い方のエネルギーが得られる．$J < 0$であれば，この逆が成り立つ．その結果得られるエネルギー準位図（$J > 0$について）は，図48・8の右図に示すようになる．$\alpha\alpha$状態と$\beta\beta$状態は，どちらも$\frac{1}{4}hJ$だけ上り，$\alpha\beta$と$\beta\alpha$の状態は両方とも$\frac{1}{4}hJ$だけ下る．

核Aの遷移が起こるときは，核Xは変化しないままである．したがって，Aの共鳴は，$\Delta m_A = +1$で$\Delta m_X = 0$の遷移である．このような遷移は二つあり，一方は，X核がαのときに$\beta_A \leftarrow \alpha_A$が起こる遷移で，他方は，X核が$\beta$のときに$\beta_A \leftarrow \alpha_A$が起こる遷移である．これらを図48・8に示してあり，また少し違う形で図48・9に示してある．これらの遷移のエネルギーは，

$$\Delta E = h\nu_A \pm \frac{1}{2}hJ \quad (48\cdot13a)$$

である．したがって，A共鳴は，(図48・10のように) Aの化学シフトのところに中心があって，間隔Jの二重線である．同様なことはX共鳴にも当てはまる．これは，A核がαかβかによって二つの遷移から成る（図48・9）．その遷移のエネルギーは，

$$\Delta E = h\nu_X \pm \frac{1}{2}hJ \quad (48\cdot13b)$$

である．このことから，X共鳴も間隔Jの2本線であるが，(図48・10に示すように) その中心はXの化学シフトの位

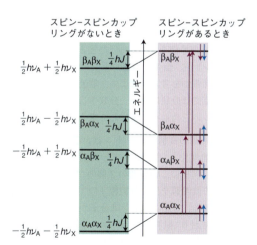

図48・8　AX系のエネルギー準位．左側の4個の準位は，スピン-スピンカップリングがないときの2個のスピンの準位である．右側の4個の準位は，正のスピン-スピンカップリング定数が，エネルギーに及ぼす影響を示している．この図に示してある遷移は，AまたはXの$\beta \leftarrow \alpha$の遷移であって，それぞれの場合に他方の核（XまたはA）に変化は起こらない．わかりやすいように，スピン-スピンカップリング定数の効果を誇張してある．実際は，スピン-スピンカップリングによる分裂は，外部磁場による分裂よりずっと小さい．

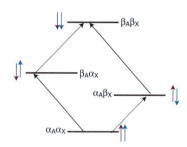

図48・9　エネルギー準位と遷移について示した図48・8のもう一つの表し方．ここでもスピン-スピンカップリング定数の効果を誇張してある．

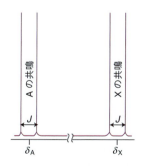

図48・10　スピン-スピンカップリングがAXスペクトルに及ぼす効果．それぞれの線は間隔Jの二重線に分裂する．一対の共鳴の中心は，スピン-スピンカップリングがないときのプロトンの化学シフトのところにある．

置にくることになる.

もし，はじめのX核と同じ化学シフトを示す別のX核が同じ分子内に存在すれば（AX$_2$基を与える），上で説明したAXの場合と同じで，AX$_2$基のXの共鳴はAによって分裂して二重線になる（図48・11）．一方，Aの共鳴は1個のXによって二重線に分裂し，この二重線のそれぞれは2番目のXによって再び同じ分裂幅で分裂する（図48・12）．この分裂の結果（中央の振動数の線は2回得られるから）強度比1：2：1の3本線が生じることになる.

3個の等価なX核（AX$_3$基）の場合は，Aの共鳴が4本線に分裂し，その強度比1：3：3：1となる（図48・13）．一方，Xの共鳴は，Aによってひき起こされた分裂による二重線のままである．一般に，N個の等価なスピン$\frac{1}{2}$核は，隣接するスピンあるいは隣接する一組の等価なスピンの共鳴を$N+1$本の線に分裂させ，その強度分布は，パスカルの三角形（**3**）で与えられる．この三角形では，上の段の隣接する2個の数の和が，すぐ下の段の数になっている.

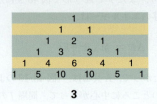

3

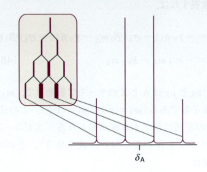

図48・13　AX$_3$基のAの共鳴における1：3：3：1の四重線の起源．3番目のX核が，AX$_2$基について図48・12に示してある線のそれぞれを二重線に分裂させるが，その強度分布は同じエネルギーをもつ遷移の数を反映する．

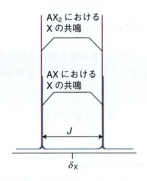

図48・11　AX$_2$基のXの共鳴も二重線であるが，これは二つの等価なX核が1個の核のように振舞うからである．しかし，吸収の全強度はAX基の2倍になる．

| 例題 48・3 | スペクトルの微細構造の説明 |

エタノールのC–HプロトンのNMRスペクトルの微細構造を説明せよ．

解法　一組の等価なプロトン（たとえば，3個のメチルプロトン）が，他の基のプロトンの共鳴をどのように分裂させるかを考えればよい．等価なプロトンのグループ内部では分裂はない．分裂するときのパターンはパスカルの三角形を参考にして求める．

解答　CH$_3$基の3個のプロトンは，CH$_2$プロトンの共鳴線を強度比1：3：3：1で分裂幅Jの四重線に分裂させる．同様に，CH$_2$基の2個のプロトンは，CH$_3$プロトンの共鳴線を同じ分裂幅Jの1：2：1の三重線に分裂させる．OHプロトンは分子から分子へと迅速に移動しており（試料中の不純物分子も含めて移動する），その効果は平均化されて0になるので，OHの共鳴は分裂しない．気体のエタノールではこのような移動は起こらず，OH共鳴は三重線として現れるから，CH$_2$プロトン2個がOHプロトンと相互作用していることがわかる．

自習問題 48・6　^{14}NH$_4^+$中のプロトンについてはどんな微細構造が予想されるか．窒素–14のスピン量子数は1である．　　　［答：Nによる1：1：1の三重線］

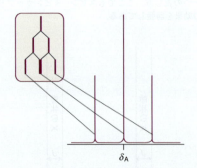

図48・12　AX$_2$基のAの共鳴における1：2：1の三重線の起源．Aの共鳴は，（挿入図に示したように）1番目のX核とカップルして2本に分裂し，さらにその2本のそれぞれが2番目のX核とカップルして2本に分裂する．X核はどちらも同じ分裂をひき起こすから，中央にある2本の遷移は一致して，外側の線の2倍の強度をもつ吸収線になる．

(b) カップリング定数の大きさ

N 個の結合で隔てられた二つの核のスカラーカップリング定数を ^NJ で表し，下付き添字でこれに関係する核の型を示す．つまり，$^1J_{CH}$ は，^{13}C 原子と直接結合しているプロトンのカップリング定数であり，$^2J_{CH}$ は，これと同じ二つの核が（$^{13}C-C-H$ のように）二つの結合で隔離されているときのカップリング定数である．$^1J_{CH}$ の代表的な値は，120 から 250 Hz の間にある．$^2J_{CH}$ は 10 ないし 20 Hz にある．^3J と ^4J とは，どちらもスペクトルに検出しうる程度の大きさの効果を示すが，これよりも多くの結合を介するカップリング定数は一般に無視できる．これまでに検出された最も距離の長いカップリング定数の一つに，$CH_3C≡C-C≡C-C≡C-CH_2OH$ の CH_3 と CH_2 の間の $^9J_{HH} = 0.4\ Hz$ がある．

すでに（48・12b 式の後の説明で）述べたように，J_{XY} の符号は，この二つのスピンが平行のとき（$J<0$）と，反平行のとき（$J>0$）のどちらのエネルギーが低いかを表す．$^1J_{CH}$ は正になることが多く，$^2J_{HH}$ は負になることが多いが，$^3J_{HH}$ はしばしば正になる，などである．もう一つ付け加える点は，J が結合間の角度によって変化するということである（図 48・14）．たとえば $^3J_{HH}$ カップリング定数は，**カープラスの式**[1]，

$$^3J_{HH} = A + B\cos\phi + C\cos 2\phi$$

カープラスの式　　(48・14)

に従って，二面角 ϕ（**4**）に依存する．ここで，A, B, C は経験的な定数であって，HCCH 基についてはそれぞれ，$+7\ Hz, -1\ Hz, +5\ Hz$ に近い値をとる．このことから，一連の同族化合物について測定した $^3J_{HH}$ を使えば，そのコンホメーションを求められる．カップリング定数 $^1J_{CH}$ も，つぎの値が示すように，C 原子の混成に依存する．

	sp	sp^2	sp^3
$^1J_{CH}/Hz$	250	160	125

簡単な例示 48・4　カープラスの式

ポリペプチドの H−N−C−H のカップリングを調べれば，そのコンホメーションを解明する助けになる．このような基の $^3J_{HH}$ カップリングは，$A = +5.1\ Hz$，$B = -1.4\ Hz$，$C = +3.2\ Hz$ である．らせん構造の高分子の ϕ は 120°に近く，$^3J_{HH} \approx 4\ Hz$ である．一方，シート様の構造の ϕ は 180°に近く，$^3J_{HH} \approx 10\ Hz$ である．

自習問題 48・7　NMR の実験によれば，ポリペプチドの H−C−C−H のカップリングは $A = +3.5\ Hz$，$B = -1.6\ Hz$，$C = +4.3\ Hz$ である．ポリペプチドのフラボドキシンの研究によって，この基のカップリング定数 $^3J_{HH}$ が 2.1 Hz と求められた．この値は，らせん構造とシート構造のどちらのコンホメーションと合うか．

［答：らせん構造］

(c) スピン–スピンカップリングの起源

スピン–スピンカップリングは，非常に込み入った性質の現象であるため，J の計算値を使うよりは，これを経験的なパラメーターとして扱う方がよい．しかし，分子内の磁気的相互作用を考察することによって，たとえその正確な大きさや符号まで正しくわからないとしても，その起源についてある程度理解することができる．

スピンの射影が m_I の核は，R だけ離れたところに z 成分 $\mathcal{B}_{nuc}$ の磁場をひき起こす．ここで，よい近似で，

$$\mathcal{B}_{nuc} = -\frac{\gamma_N \hbar \mu_0}{4\pi R^3}(1-3\cos^2\theta)m_I \qquad (48\cdot 15)$$

である．ここでの角度 θ は（**1**）に定義してある．(48・10a) 式はこの形の式であった．

簡単な例示 48・5　核から受ける磁場

$R = 0.30\ nm$ にあるプロトン（$m_I = \frac{1}{2}$）によって生じる磁場の z 成分の大きさは，その磁気モーメントが z

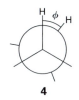

4

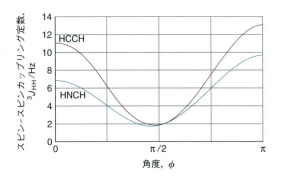

図 48・14　HCCH と HNCH について，カープラスの式から予測されるスピン–スピンカップリング定数の角度変化．

---

1) Karplus equation

軸に平行な場合 ($\theta = 0$),

$$B_{\text{nuc}} = -\frac{\overbrace{(2.821 \times 10^{-26}\,\text{J T}^{-1})}^{\gamma_N \hbar} \times \overbrace{4\pi \times 10^{-7}\,\text{T}^2\,\text{J}^{-1}\,\text{m}^3}^{\mu_0}}{4\pi \times \underbrace{(3.0 \times 10^{-10}\,\text{m})^3}_{R}}$$

$$\times \underbrace{(-1)}_{(1-3\cos^2\theta)m_I}$$

$$= 1.0 \times 10^{-4}\,\text{T} = 0.10\,\text{mT}$$

である.この大きさの磁場でも,固体試料の共鳴信号には分裂を生じる.液体の場合は,分子が全体回転するにつれて,角度 θ はあらゆる値をとるから,$1-3\cos^2\theta$ という因子は平均化して 0 になる.そのため,高速で回転している分子のスペクトルの微細構造を,スピン間の直接的な双極子相互作用によるものとして説明することはできない.

自習問題 48・8 石膏で観測されている H_2O の共鳴分裂は,一方のプロトンでつくられた $0.715\,\text{mT}$ の磁場をもう一方のプロトンが受けると考えれば説明できる.$\theta=0$ として,H_2O 分子のプロトン間の距離はいくらか. [答:158 pm]

溶液中の分子におけるスピン-スピンカップリングは,**分極機構**[1]によって説明できる.この機構では,相互作用は結合を通じて伝達される.一番簡単な場合として考えられるのは $^1J_{XY}$ である.ここで,X と Y は,電子対結合で結ばれているスピン $\frac{1}{2}$ 核である.このカップリングの機構は,そのエネルギーが結合電子と核スピンの相対的な向きに依存しているという事情から生じるものである.この電子-核カップリングは,本来磁気的なもので,両者の双極子相互作用か,**フェルミの接触相互作用**[2]のどちらかである.フェルミの接触相互作用を絵で描いてみるとつぎのようになる.最初に,原子核の磁気モーメントが生じるのは,電流がその核の半径と同じくらいの半径をもつ小さな輪を循環するためであると考えよう(図 48・15).核から遠く離れたところでは,この輪によって発生した磁場は,点磁気双極子によって発生した磁場と区別がつかない.しかし,輪の近くでは,この磁場は点双極子の磁場とは異なる.この非双極子場と電子の磁気モーメントの間の磁気的相互作用が,接触相互作用である.接触相互作用は,点双極子近似が使えない場合で,電子が原子核のごく近くにあるかどうかによって決まるから,その電子が s オービタルを占めている場合にしか起こらない(このことが,$^1J_{CH}$ が混成比に左右されることの理由である).ここでは,電子スピ

ンと核スピンが反平行になっている方が,エネルギー的に有利である(水素原子中のプロトンと電子の場合は実際そうなっている)と考えよう.

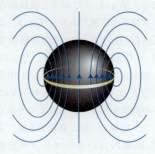

図 48・15 フェルミの接触相互作用の起源.遠くから見ると,電流の環(これは,球で示した核のうえで回転している電荷を表している)から生じる磁場の模様は,点双極子によるものと同じである.しかし,ある電子が,球で示した領域のすぐそばの磁場を調べることができるとすると,磁場の分布は点双極子のものとはかなり違ってくる.たとえば,電子が球に貫入できるとすると,この電子が受ける磁場の球平均は 0 にはならない.

もし,X 核が α であると,結合対のうちの β 電子がその近くに見いだされる傾向が強いはずである.それは,この方がエネルギー的に有利だからである(図 48・16).この結合中の二つ目の電子は,もう一方の電子が β であれば α スピンをもたねばならず(パウリの原理による,「トピック 19」),主として結合の他端の Y 核の近くに見いだされるであろう.それは,電子同士はなるべく離れて存在し,互いの間の反発を減らそうとするからである.Y 核のスピンは,電子スピンと反平行になった方がエネルギー的に都合がよいから,Y 核は β スピンをもつ方が,α スピンをもつよりエネルギーが低くなる.もし X が β のときは,これと反対のことが起こる.つまり,このときは Y が α スピンである方がエネルギーは低いからである.いい換えると,核スピンと結合電子の磁気的カップリングの結果とし

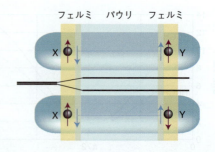

図 48・16 スピン-スピンカップリング ($^1J_{HH}$) の分極機構.二つの配列のエネルギーは少しだけ異なる.この図の場合の J は正で,核スピンが互いに反平行のときの方がエネルギーは低くなる.

---

1) polarization mechanism 2) Fermi contact interaction

て，核スピンが反平行の配置をとる方が，平行な配置よりもエネルギーが低くなる．つまり，$^1J_{HH}$ は正になる．

たとえば，H–C–H の場合のような $^2J_{XY}$ の値を説明するためには，中心の C 原子 (自分自身は核スピンをもたない ^{12}C であってもよい) を介してスピンの整列情報を伝達できるような機構が必要となる．この場合は (図 48·17)，α スピンをもつ X 核が結合電子を分極させるから，α 電子は C 核の近くに追いやられる．同じ原子上 (C 原子) の 2 個の電子の都合のよい方の配置は，そのスピンが平行になった配置であり (フントの規則，「トピック 19」)，隣接する結合中の α 電子にとって都合のよい方の配置は，C 原子の近くにある配置である．その結果，その結合の β 電子は，Y 核の近くにくる確率が高くなり，したがって，その原子核が α である方がエネルギーは低くなる．このように，この機構によれば，Y のスピンが X のスピンと平行であればエネルギーは低くなる．つまり，$^2J_{HH}$ は負である．

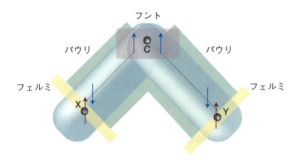

図 48·17 $^2J_{HH}$ スピン-スピンカップリングの分極機構．一つの結合から次の結合へとスピンの情報が伝達されるが，これは，電子が異なる原子オービタルにあって平行なスピンをもつ方が低いエネルギーをとる (フントの最大多重度の規則) ことを説明する機構と同じような機構によって起こる．この場合，$J<0$ であって，これは核スピンが平行のときのエネルギーの方が低くなることにあたる．

フェルミの接触相互作用による核スピンの電子スピンとのカップリングは，プロトンスピンについては最も重要であるが，他の原子核については必ずしも最重要ではない．これらの核は，双極子機構によって電子の磁気モーメントや電子の軌道運動と相互作用することもあり，J が正になるか負になるかを知る簡単な方法はない．

48·4 コンホメーションの転換と交換過程

もし，磁性核が異なる環境の間を高速でジャンプできると，NMR スペクトルの様相は変化する．複数のコンホメーションの間をジャンプできる分子，たとえば二つのコンホメーションの間でジャンプできる N,N-ジメチルホルムアミドのような分子を考えよう．この場合は，メチル基のシフトは，メチル基の位置がカルボニル基に対してシスであるかトランスであるかによって決まる (図 48·18)．ジャンプの頻度が小さいときは，スペクトルは二組の線を

示す．各コンホメーションの分子から一組ずつ生じる．相互交換の頻度が大きいと，スペクトルには，二つの化学シフトの平均の位置に 1 本の線が現れる．中間の反転頻度では線は非常に広い．その広がりが最大になるのは，一つのコンホメーションの寿命 τ が，二つの共鳴振動数の差 δν と同じくらいの線幅を生じるようになり，広がった線同士が互いに混ざり合って 1 本の非常に幅広い線になるときである．2 本の線の合体が起こるのは，寿命がつぎの値のときである．

$$\tau = \frac{2^{1/2}}{\pi \delta \nu}$$

2 本の NMR 線が合体する条件 (48·16)

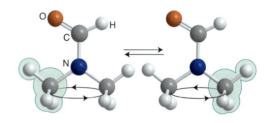

図 48·18 分子があるコンホメーションから別のコンホメーションに変化するときは，そのプロトンの位置が相互転換して，磁気的に異なる環境の間をジャンプする．

簡単な例示 48·6 NMR スペクトルに与える化学交換の影響

N,N-ジメチルニトロソアミン (**5**)，$(CH_3)_2N$–NO では NO 基が N–N 結合のまわりに回転し，その結果，二つの CH_3 基の磁気的な環境が相互に交換する (入れ替わる)．600 MHz の分光計では，二つの CH_3 共鳴は 390 Hz だけ離れている．そこで，(48·16) 式によれば，

$$\tau = \frac{2^{1/2}}{\pi \times (390\ s^{-1})} = 1.2\ ms$$

である．交換速度 $(1/\tau)$ が約 $870\ s^{-1}$ を超えれば，信号はくずれて 1 本線になることがわかる．

5 N,N-ジメチルニトロソアミン

自習問題 48·9 上と同じ分子で，300 MHz の分光計で 1 本線が観測されたら，どんなことがわかるか．
［答: コンホメーションの寿命は 2.3 ms 以下である］

試料との間でプロトンを交換できる溶媒中で微細構造が消失することについても，上と同じように説明できる．たとえば，ヒドロキシル基のプロトンは水のプロトンと交換できる．この**化学交換**[1]が起こるときは，αスピンのプロトンをもつROHという分子（これをROH$_\alpha$と書く）は，速やかにROH$_\beta$に転換し，次にたぶん再びROH$_\alpha$に戻るだろう．これは，つぎつぎに交換が起こる際に溶媒分子から提供されるプロトンのスピンの向きが，ばらばらであるためである．したがって，ROH$_\alpha$分子とROH$_\beta$分子の両方の寄与から成るスペクトル（つまり，OHプロトンによる二重線構造をもつスペクトル）は観測されず，観測されるスペクトルは（図48・2のように，また「例題48・3」でも説明したように）OHプロトンのカップリングによる分裂を示さない．こうなるのは，この化学交換による分子の寿命が非常に短くて，寿命幅が二重線の分裂より大きいときである．この分裂は非常に小さいことが多いので（数Hz程度），この分裂が観測されるためには，一つのプロトンが約0.1 s以上同じ分子に付いたままでなければならない．水では交換速度はこれよりずっと速いので，アルコールはOHプロトンによる分裂を示すことはない．乾燥したジメチルスルホキシド（DMSO）では，交換速度が十分遅くて分裂が検出できることがある．

チェックリスト

☐ 1. 原子核の**化学シフト**は，その共鳴振動数と基準物質の共鳴振動数の差である．

☐ 2. **遮蔽定数**は，局所の寄与，隣接基の寄与，溶媒の寄与の和である．

☐ 3. **局所の寄与**は，反磁性の寄与と常磁性の寄与の和である．

☐ 4. **隣接基の寄与**は，原子の近くにある基に誘起された電流によって生じる．

☐ 5. **溶媒の寄与**は，溶質と溶媒に特有な分子間相互作用によって生じる．

☐ 6. **微細構造**は，スピン-スピンカップリングによって生じる共鳴線の分裂である．

☐ 7. **スピン-スピンカップリング**は，**スピン-スピンカップリング定数** J で表すが，2個の核スピンの相対的な向きに依存している．

☐ 8. カップリング定数は，注目する2個の原子核を隔てている結合の数が増えるほど減少する．

☐ 9. スピン-スピンカップリングは，**分極機構**と**フェルミの接触相互作用**によって説明できる．

☐ 10. コンホメーションの相互転換や核の化学交換が速ければ，2本のNMR線の合体が起こる．

重要な式の一覧

性 質	式	備 考	式番号
化学シフトのδ目盛	$\delta = \{(\nu - \nu^\circ)/\nu^\circ\} \times 10^6$		48・4
化学シフトと遮蔽定数の関係	$\delta \approx (\sigma^\circ - \sigma) \times 10^6$		48・6
遮蔽定数に対する局所的な寄与	$\sigma(\text{局所}) = \sigma_\mathrm{d} + \sigma_\mathrm{p}$		48・8
ラムの式	$\sigma_\mathrm{d} = (e^2 \mu_0/12\pi m_\mathrm{e})\langle 1/r \rangle$		48・9
遮蔽定数に対する隣接基の寄与	$\sigma(\text{隣接}) \propto (\chi_\parallel - \chi_\perp)\{(1-3\cos^2\theta)/r^3\}$	角度 θ は（**1**）に定義してある	48・10b
カープラスの式	$^3J_\mathrm{HH} = A + B\cos\phi + C\cos 2\phi$	A, B, C は経験的な定数	48・14
2本のNMR線が合体する条件	$\tau = 2^{1/2}/\pi\delta\nu$	コンホメーションの転換と化学交換過程	48・16

---

1) chemical exchange

トピック49

パルス法 NMR

内 容

49・1 磁化ベクトル
(a) ラジオ波振動数の磁場の効果
　　簡単な例示 49・1　ラジオ波振動数のパルス
(b) 時間ドメインの信号と振動数ドメインの信号
　　簡単な例示 49・2　フーリエ解析

49・2 スピン緩和
　　簡単な例示 49・3　不均一幅

49・3 核オーバーハウザー効果
　　簡単な例示 49・4　NOE 増強

49・4 二次元 NMR
　　例題 49・1　二次元 NMR スペクトルの解釈

49・5 固体 NMR
　　簡単な例示 49・5　固体における双極子場

チェックリスト
重要な式の一覧

➤ 学ぶべき重要性

核磁気共鳴分光法をどう使えば大きな分子の研究ができ，病気の診断も可能になるのかを理解するには，ラジオ波振動数の放射線の強いパルスをかけたときの原子核の応答を解析することによって，豊富なスペクトル情報がどのように得られるかを理解しておく必要がある．

➤ 習得すべき事項

フーリエ変換 NMR 分光法では，ラジオ波振動数の放射線の 1 個または複数のパルスを使って核スピン励起した後，それが平衡に向かうときに放出される放射線を解析する．

➤ 必要な予備知識

磁気共鳴の一般原理（トピック 47），NMR スペクトルの特徴（トピック 48），角運動量のベクトルモデル（トピック 14），分子の磁気的性質（トピック 39），フーリエ変換〔「トピック 40」および「数学の基礎 6」〕についてよく理解している必要がある．

核スピン状態間のエネルギー差を検出するのにふつう用いる方法は，共鳴が起こる振動数を探すだけの方法よりずっと巧妙である．NMR スペクトルを観測するための古い方法と新しい方法の違いのうまい説明が提案されているが，その一つは鐘の振動のスペクトルを検出するというものである．鐘に穏やかな振動を与えて刺激しながら，その振動数を徐々に増加させていくと，鐘が刺激に共鳴した振動数を知ることができる．刺激の振動数が鐘の隣り合った振動モードの間にあるときは，応答がないままで長時間過ごすことになる．しかし，この鐘を単純にハンマーで打ったとすると，すぐにこの鐘が発生できるすべての振動数で合成された大きな音が出るはずである．NMR でこれに相当するのは，適当な刺激を与えたあとで，核スピンが平衡に戻る際に放出する放射線を観測することである．この結果登場する**フーリエ変換 NMR**[1]（FT-NMR）分光法では，感度が大幅に増大し，それによって周期表上の元素のほとんどについてこの技術が使えるようになった．さらに，多重パルス FT-NMR によって，化学者は，スペクトルの情報の内容とその表示法との両方について比べるもののない優れた手段を手に入れたことになる．

49・1 磁化ベクトル

多数の同種のスピン $\frac{1}{2}$ 核から成る試料を考えよう．「トピック 14」で角運動量について説明したように，核スピンは長さ $\{I(I+1)\}^{1/2}$ 単位のベクトルで表すことができ，その z 軸方向の成分の長さは m_I 単位である．不確定性原

---

1) Fourier-transform NMR

理によって，角運動量の x, y 成分を指定することは許されないから，このベクトルは z 軸まわりのある円錐上のどこかにあるということしかわからない．$I = \frac{1}{2}$ では，このベクトルの長さは $\frac{1}{2}\sqrt{3}$ であって，z 軸と $55°$ の角度をなす（図 49・1）．

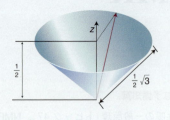

図 49・1 スピン $\frac{1}{2}$ 核 1 個の角運動量のベクトルモデル．z 軸まわりの角度は確定しない．

磁場がないときの試料は，同数の α 核スピンと β 核スピンとから成っていて，それらのベクトルは円錐上で乱雑な角度をとっている．これらの角度は予測不能であり，いまの段階ではスピンベクトルを静止しているものとする．試料の**磁化**[1] M すなわち正味の核磁気モーメントは 0 である（図 49・2a）．

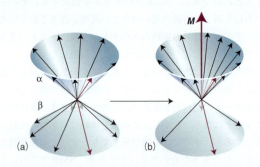

図 49・2 スピン $\frac{1}{2}$ 核の試料の磁化は，すべてのスピンの磁気モーメントの合成である．(a) 外部磁場がないときは，α スピンと β スピンの数は等しく，z 軸（磁場の方向）のまわりの角度はばらばらであって，その磁化は 0 である．(b) 磁場がかかると，スピンは円錐に沿って歳差運動し（つまり，α 状態と β 状態のエネルギーに差が生じて），α スピンの方が β スピンよりわずかに多くなる．その結果，z 軸に沿って正味の磁化が現れる．

磁場が存在し，その大きさが $\mathcal{B}_0$ で z 軸方向を向くとき，磁化には二つの変化が起こる．

- 二つの向きのエネルギーは変化して，α スピンは低エネルギーの方に動き，β スピンは高エネルギー側に動く（ただし，$\gamma_N > 0$ のとき）．

10 T でのプロトンのラーモア振動数は 427 MHz であり，ベクトルモデルでは，個々のベクトルはこの速度で歳差運動をしていると考えることができる（トピック 48）．この運動は，スピン状態のエネルギー差を可視化した表現である（これは実体を正しく表したものではないが，磁場中に置かれた古典的な棒磁石の運動を思い起こさせる）．磁場が増加すればラーモア振動数も増加して，歳差運動は速くなる．

- 熱平衡状態での二つのスピン状態の占有数（α スピンと β スピンの数）が変化し，α スピンは β スピンよりわずかに多くなる（「トピック 47」を見よ）．

この占有数の不均衡はごくわずかしかないが，不均衡があるということは正味の磁化が存在するということであり，この磁化は z 方向を向いていて，長さが占有数の差に比例するベクトル M で表すことができる（図 49・2b）．

(a) ラジオ波振動数の磁場の効果

ここで，xy 面内で円偏光したラジオ波振動数の磁場を加えたときの効果について考えよう．この電磁場の磁気成分（この成分を考えるだけでよい）は，注目する核のラーモア歳差運動と同じ向きに z 方向のまわりを回転するものとする．その回転磁場の強さは $\mathcal{B}_1$ である．

ラジオ波振動数のパルスの磁化への影響を理解するには，外部磁場の方向のまわりを回転する**回転座標系**[2]という舞台に上がったと想像すればわかりやすい．いま，このラジオ波振動数の磁場の振動数を，核スピンのラーモア振動数 $\nu_L = \gamma_N \mathcal{B}_0 / 2\pi$ に等しくなるように選んだとしよう．この選び方は，通常の実験で共鳴条件を選ぶことに相当している．そうすると，この回転磁場は，スピンの歳差運動

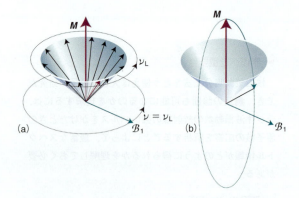

図 49・3 (a) 共鳴実験では，円偏光したラジオ波振動数の磁場 $\mathcal{B}_1$ を xy 面内にかける（磁化ベクトルは z 軸上にある）．(b) もし，ラジオ波振動数で回転している座標系に乗ると，ラーモア振動数がそのラジオ波振動数と同じであれば，磁化 M が静止して見えたように，$\mathcal{B}_1$ も静止して見える．しかも，この二つの振動数が一致していれば，試料の磁化ベクトルは $\mathcal{B}_1$ 磁場のまわりを回転する．

---

1) magnetization 2) rotating frame

と歩調が合っているから，原子核は定常磁場 $\mathcal{B}_1$ を受けて，そのまわりに振動数 $\gamma_N \mathcal{B}_1/2\pi$ で歳差運動することになる（図 49·3）．ここで，この $\mathcal{B}_1$ 磁場を，継続時間 $\Delta\tau = \frac{1}{4} \times 2\pi/\gamma_N \mathcal{B}_1$ のパルスでかけたとしよう．これによって，回転座標系で見れば，磁化は角度 $\frac{1}{4} \times 2\pi = \pi/2$（90°）だけ倒れる．そこで，これを **90°パルス**[1]（または"π/2 パルス"）をかけたという（図 49·4a）．

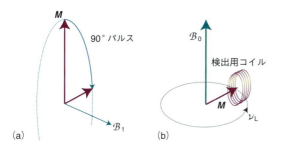

図 49·4 (a) もし，ラジオ波振動数の磁場をある時間だけかけると（90°パルス），磁化ベクトルは回転して倒れ xy 面内に到達する．(b) 外部にいて静止している観測者（すなわち検出用コイル）から見ると，この磁化ベクトルはラーモア振動数で回転しており，コイルに信号を誘起できる．

簡単な例示 49·1　ラジオ波振動数のパルス

ラジオ波振動数のパルスの継続時間は，$\mathcal{B}_1$ 磁場の強さによって変わる．90°パルスにするのに 10 µs が必要なら，プロトンの場合に必要な $\mathcal{B}_1$ はつぎのように計算できる．

$$\mathcal{B}_1 = \frac{\pi}{2 \times \underbrace{(2.675 \times 10^8\,\text{T}^{-1}\,\text{s}^{-1})}_{\gamma_N} \times \underbrace{(1.0 \times 10^{-5}\,\text{s})}_{\Delta\tau}}$$

$$= 5.9 \times 10^{-4}\,\text{T}$$

自習問題 49·1　これと同じ $\mathcal{B}_1$ 磁場の 180°パルスには，プロトンの場合どれだけの継続時間が必要か．

［答：20 µs］

さて，この回転座標系から降りたとしよう．静止座標系（実験室系ともいう）にいる外部の観測者（ラジオ波コイルがその役割を果たす）にとっては，同じ磁化ベクトルが xy 面内をラーモア振動数で回転していることになる（図 49·4b）．この回転する磁化は，コイルにラーモア振動数で振動する信号を誘起するから，それを増幅して処理することができる．実際は，一定の高振動数成分（$\mathcal{B}_1$ に使ったラジオ波振動数）を差引いたあとでこの処理をして，あらゆ

る信号操作を数 kHz の振動数で行うようにする．

時間が経つと，個々のスピンの運動の歩調は乱れてくるから（あとで説明するように，一つには個々のスピンがわずかずつ異なる速さで歳差運動しているため），磁化ベクトルが T_2 という時定数で指数関数的に減衰し，検出用コイルに誘起される信号もどんどん弱くなる．したがって，予想される信号の形は，図 49·5 に示すように振動しながら減衰する**自由誘導減衰**[2]（FID）となる．このときの磁化の y 成分は，つぎのような時間変化をする．

$$M_y(t) = M_0 \cos(2\pi\nu_L t)\,e^{-t/T_2} \quad \text{自由誘導減衰} \quad (49·1)$$

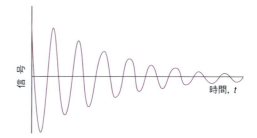

図 49·5　共鳴振動数が一つしかないスピンを試料としたときの単純な自由誘導減衰．

ここまで考えてきたのは，ラーモア振動数にぴったり合ったパルスをかけたときの効果である．しかし，ν_L に近いパルスをかける限り，共鳴から外れていてもこれとほぼ同じ効果が得られる．もし，両者の振動数の違いが 90°パルスの継続時間の逆数に比べて小さければ（パルスの幅が相対的に十分狭ければ），磁化は xy 面内に倒れることになる．すなわち，ラーモア振動数を前もって知る必要がないことに注意しよう．このように短いパルスは鐘をたたくハンマーの一撃に似ており，ある振動数範囲にわたって励起することができる．このとき検出される信号から，特定の共鳴振動数が存在していることがわかるのである．

(b) 時間ドメインの信号と振動数ドメインの信号

スピン-スピンカップリング定数 $J = 0$ の等核 AX スピン系の磁化ベクトルは，A スピンのグループと X スピンのグループの二つの部分から成ると考えられる．これに 90°パルスをかけると，両方の磁化ベクトルが xy 面まで回転する．しかし，A 核と X 核とは異なる振動数で歳差運動しているから，両者は検出用コイルに二つの信号を誘起し，全体としての FID は図 49·6a に似たものとなるだろう．この合成 FID 曲線は，鐘を打ったときに，その鐘が振動できる振動数すべてが混ざった豊かな音色が出てくるのと似ている（いまの場合は，A 核と X 核はカップして

---

1) 90° pulse　2) free-induction decay

いないから共鳴振動数は二つしかない）．

ここで対処すべき問題は，自由誘導減衰の中に存在する共鳴振動数をどのように拾いだすかということである．FID 曲線は減衰しながら振動する関数の和であることがわかっているから，問題はフーリエ変換を実行することによって，それを成分に分解することである（つぎの「根拠」を見よ）．この方法で図 49・6a の時間ドメインの信号を変換すれば，図 49・6b に示す振動数ドメインのスペクトルが得られる．線の一本は A 核のラーモア振動数を表し，他の一本は X 核のラーモア振動数を表している．

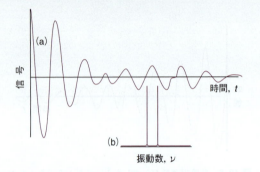

図 49・6 (a) AX 基の試料の自由誘導減衰信号と，(b) その解析によって得られた振動数成分.

> **簡単な例示 49・2　フーリエ解析**
>
> フーリエ解析は，たいていの数学ソフトウエアのパッケージに標準装備されている．ここでは簡単な例として，(49・1) 式の FID 信号を表すつぎの関数のフーリエ変換を考えよう．
>
> $$S(t) = S(0)\cos(2\pi\nu_L t)\,e^{-t/T_2}$$
>
> その結果は（問題 49・4），
>
> $$I(\nu) = \frac{S(0)T_2}{1+(\nu_L-\nu)^2(2\pi T_2)^2}$$
>
> である．これは，いわゆる"ローレンツ型"の形をしており，その最大強度は $I(\nu_L) = S(0)T_2$ である．
>
> **自習問題 49・2**　上のローレンツ関数の半値での線幅（半値幅という）$\Delta\nu_{1/2}$ を求めよ．
>
> ［答：$\Delta\nu_{1/2} = 1/\pi T_2$］

根拠 49・1　FID 曲線のフーリエ変換

FID 曲線の解析は，ふつうのフーリエ変換の数学的手法によって行える．これについては，「数学の基礎 6」で詳しく説明した．まず，時間ドメインの信号 $S(t)$，つまり全 FID 曲線が，寄与する振動数全部にわたる和（正確には積分）であることに注目しよう．すなわち，

$$S(t) = \int_{-\infty}^{\infty} I(\nu)\,e^{-2\pi i\nu t}\,d\nu \tag{49・2}$$

である．$e^{2\pi i\nu t} = \cos(2\pi\nu t) + i\sin(2\pi\nu t)$ であるから，この式は，強度 $I(\nu)$ の重みをもつ調和振動関数の和をとったものである．

必要とするのは $I(\nu)$ すなわち振動数ドメインのスペクトルであって，これはつぎの積分を計算すれば得られる．

$$I(\nu) = 2\,\mathrm{Re}\int_0^{\infty} S(t)\,e^{2\pi i\nu t}\,dt \tag{49・3}$$

ここで，"Re"は，これに続く式の実数部分をとることを示す．この積分は，$S(t)$ が振動関数 $e^{2\pi i\nu t}$ に合う成分を含んでいるときだけ 0 でない値を与える．この積分は，分光計に組込んだコンピューターで，一連の振動数 ν について実行する．

図 49・7 の FID 曲線は，エタノールの試料について得られたものである．これをフーリエ変換して得られる振動数ドメインのスペクトルは，「トピック 48」で説明したものである（図 48・2 を見よ）．このことから，図 49・7 の FID 曲線がなぜこんなに複雑かがわかるだろう．すなわち，これは 8 個の成分から成る磁化ベクトルの歳差運動によって生じるもので，その一つずつが特性振動数をもつのである．

図 49・7　エタノール試料の自由誘導減衰信号．このフーリエ変換が図 48・2 に示した振動数ドメインのスペクトルである．この図の横の長さは約 1 秒に相当している．

49・2　スピン緩和

xy 面内の磁化ベクトルの成分が減衰する理由は二つある．どちらも，核スピンがその周囲と熱平衡にない（熱平衡なら M は z に平行である）ことから生じるものである．核スピンは熱平衡ではボルツマン分布をしており，β スピンより α スピンの方が多く，それぞれ歳差運動を示す円錐上でランダムな方向を向いている．そこで，平衡に戻る過程を**スピン緩和**[1] という．

---

1) spin relaxation

ここでは，180°パルスの効果を考えよう．これは，回転座標系では，正味の磁化ベクトルが z 軸に沿った向き（β スピンより α スピンの方が多い）から反対向き（α スピンより β スピンの方が多い）へのとんぼ返りを起こすものと考えればよい．このパルスのあとで，スピンの占有数分布は指数関数的に熱平衡値に戻って行く．それにつれて，磁化の z 成分は，**縦緩和時間**[1] T_1 という時定数で，その平衡値 M_0 に戻っていく（図 49·8）．すなわち，

$$M_z(t) - M_0 \propto e^{-t/T_1} \qquad \text{定義} \quad \text{縦緩和時間} \quad (49 \cdot 4)$$

である．この緩和過程には，β スピンが α スピンに戻る際にエネルギーを外界（"格子"）に放出することが関与するから，時定数 T_1 を**スピン–格子緩和時間**[2] ともいう．スピン–格子緩和は，$\beta \to \alpha$ 遷移の共鳴振動数に近い振動数でゆらぐ局所磁場によってひき起こされる．このような磁場は，流体試料中の分子のとんぼ返り運動によって生じる．もしも分子のとんぼ返りが共鳴振動数に比べてずっと遅いか，あるいはずっと速ければ，この運動によってゆらぐ磁場の振動数はスピンを刺激して β から α へ変化させるには低すぎるか，あるいは高すぎるから，どちらの場合も T_1 は長くなる．分子が共鳴振動数くらいでとんぼ返りをすれば，ゆらぎ磁場は有効にスピンの変化を誘起できるから，そのときに限って T_1 は短くなる．分子のとんぼ返りの頻度は温度とともに増大し，また溶媒の粘性率が下がるにつれて増大するから，図 49·9 に示すような依存性が予想される．緩和時間の定量的な取扱いをどのようにするかは，分子運動のモデルをどう設定するか，また，たとえば回転運動に使える拡散方程式（トピック 81）をどう使うかに依存している．

さて，90°パルスのあとで起こる事象について考えよう．このパルスの直後は，すべてのスピンが一つに束ねられているから，xy 面内の磁化ベクトルは大きい．しかし，スピンがこのように規則的に束ねられた状態は平衡状態ではなくて，たとえスピン–格子緩和がなくても，個々のスピンはばらばらに広がって行き，やがて z 軸まわりのあらゆる角度に均一に分布するようになる（図 49·10）．その段階に至ると，磁化ベクトルの xy 面内の成分は 0 になるはずである．スピンの方向は時間とともに指数関数的にばらばらになるが，その時定数を**横緩和時間**[3] T_2 という．すなわち，

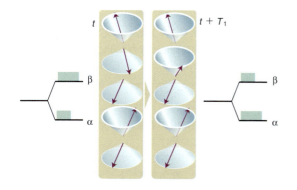

図 49·8 縦緩和では，核スピンは緩和してその熱平衡分布に戻っていく．左の図は，歳差運動をしている円錐でスピン $\frac{1}{2}$ の角運動量を表しており，これらの角運動量は熱平衡分布をとっていない（つまり，β スピンの方が α スピンより多い）ことがわかる．右の図は，時間 T_1 より長い時間が経過したあとの試料を表していて，その分布はボルツマン分布に特有の分布になっている．実際は，T_1 は右側の配列に向って緩和する際の時定数であるから，$T_1 \ln 2$ は左側の配列の半減期である．

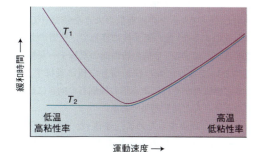

図 49·9 分子の動く速度の違いで（とんぼ返りか溶媒中の移動で）存在する二つの緩和時間の変化．横軸は，温度または粘性率を表すと解釈できる．運動速度が速いと，二つの緩和時間は一致する．

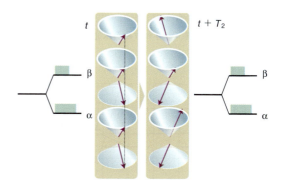

図 49·10 横緩和時間 T_2 は，核スピンの位相が乱雑（平衡であるもう一つの条件）になって，左の図に示す規則的な配列から（時間 T_2 より長い時間が経過したあとで）右の図の不規則な配列に変化する際の時定数である．各状態の占有数は変化しないままで，スピンの相対的な位相が緩和するだけである．実際は，T_2 は右側の配列に向って緩和する際の時定数であるから，$T_2 \ln 2$ は左側の配列の半減期である．

---

1) longitudinal relaxation time 2) spin–lattice relaxation time 3) transverse relaxation time

$$M_y(t) \propto e^{-t/T_2} \quad \text{定義} \quad \text{横緩和時間} \quad (49 \cdot 5)$$

である．この緩和は，スピン間の円錐上での相対的な向きに関係するから，T_2 を**スピン-スピン緩和時間**[1]ともいう．αスピンとβスピンの均衡を変化させるどんな緩和過程もこの乱雑化に寄与するはずであるから，時定数 T_2 はほとんど常に T_1 より短いか T_1 に等しい．

局所磁場もスピン-スピン緩和に影響する．そのゆらぎが遅いときは，各分子はその局所的な磁気的環境にしばらく留まるから，スピンの向きは円錐上のいろいろな向きに速やかに乱雑になる．もし，分子がある磁気的な環境から別の環境へと速やかに動けば，局所磁場の違いの効果は平均化されて0になる．すなわち，個々のスピンは非常に異なる速度で歳差運動をするわけでなく，束ねられたままでかなりの時間とどまれるから，スピン-スピン緩和が迅速に起こることはない．いい換えると，(図49·9に示したように) 遅い分子運動は短い T_2 に対応し，速い運動は長い T_2 に対応する．計算によれば，運動が速いときの乱雑化のおもな効果は，円錐上を歳差運動する速さが異なることに由来するのでなく，β→α遷移によることがわかっており，それで $T_2 \approx T_1$ となる．

もし，磁化の y 成分が時定数 T_2 で減衰すれば，スペクトル線は広がって(図49·11)，その半値幅は(「自習問題49·2」を見よ)，

$$\Delta\nu_{1/2} = \frac{1}{\pi T_2} \quad \text{NMRスペクトル線の半値幅} \quad (49 \cdot 6)$$

になる．プロトンNMRでの T_2 の代表的な値は数秒程度であり，したがって約 0.1 Hz の線幅が予期されるが，これは観測とだいたい合う．

ここまでは，装置，とりわけ磁石は完全であって，ラー

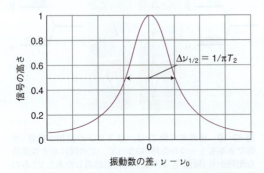

図49·11 ローレンツ型の共鳴線．半分の高さのところの幅はパラメーター T_2 に反比例するから，横緩和時間が長くなれば共鳴線は狭くなる．

モア振動数の違いは，すべて試料内部の相互作用から生じると仮定してきた．実際には，磁石は完全でなく，試料内部の場所によって磁場が異なる．この不均一さのために共鳴の幅が広がり，ほとんどの場合，この**不均一幅**[2]がこれまで述べてきた原因による幅より大きくなる．不均一幅の大きさは，(49·6)式と同様の式を用いて，**実効横緩和時間**[3] T_2^* で表すのがふつうであり，つぎのように書く．

$$T_2^* = \frac{1}{\pi\Delta\nu_{1/2}} \quad \text{実効横緩和時間} \quad (49 \cdot 7)$$

$\Delta\nu_{1/2}$ は実測の半値幅であり，その線形は $I \propto 1/(1+\nu^2)$ の形のローレンツ型である．

簡単な例示 49·3　不均一幅

線幅 10 Hz のスペクトル線を考えよう．(49·7)式から，実効横緩和時間はつぎのように求められる．

$$T_2^* = \frac{1}{\pi \times (10 \text{ s}^{-1})} = 32 \text{ ms}$$

自習問題 49·3　NMRの線幅をもっと広げる原因になりうる過程を二つ挙げよ．

　　　　　　［答：コンホメーションの転換や化学交換(「トピック48」を見よ)］

49·3　核オーバーハウザー効果

NMRでプロトンが有利な理由の一つは磁気回転比が大きいことで，そのためボルツマン占有数の差が比較的大きく，ラジオ波振動数の磁場とのカップリングが強く，したがって共鳴の強度が他のほとんどの核よりも強いことである．定常状態の**核オーバーハウザー効果**(NOE)[4]では，核間の双極子–双極子相互作用に関与するスピン緩和過程を利用して，プロトンの占有数の大きな差を(^{13}C や他のプロトンのような)他の原子核に移して，後者の共鳴を変化させるようにする．2個の核の間の双極子–双極子相互作用においては，一方の核が他方の核に及ぼす影響は，ちょうど棒磁石がそばにある別の棒磁石の向きに影響を及ぼすのとほとんど同じ効果である．

この効果を理解するために，等核(たとえばプロトン)のAX系の四つの準位の占有数を考えよう．それは，図48·9に示した準位である．熱平衡では，$\alpha_A\alpha_X$ 準位の占有数が最大であり，$\beta_A\beta_X$ 準位の占有数は最小である．他の二つの準位のエネルギーは同じで，その占有数は中間にあ

---

1) spin–spin relaxation time　2) inhomogeneous broadening　3) effective transverse relaxation time
4) nuclear Overhauser effect

る．図49・12に示すように，熱平衡での吸収強度は，これらの占有数を反映したものになる．ここで，スピン緩和とXスピンを飽和し続けることとを組合わせた効果を考えてみよう．X遷移を飽和させると，Xの準位の占有数は等しくなり（$N_{\alpha_X} = N_{\beta_X}$），$\alpha_X \leftrightarrow \beta_X$ のスピン反転を含むすべての遷移はもはや観測されなくなる（図49・13aを見よ）．この段階では，A準位の占有数には変化がない．これが起こるべきことのすべてであったとすれば，観測にかかるのは，X共鳴が消失することだけで，A共鳴には何の影響もないはずである．

ここで，スピン緩和の効果を考えよう．もし，AスピンとXスピンの間に双極子相互作用があれば，緩和は種々の仕方で起こりうる．一つの可能性は，二つのスピンの間に働いている磁場が，両者を β から α へ同時に変化させ，$\alpha_A \alpha_X$ と $\beta_A \beta_X$ がその熱平衡の占有数に復帰することである（図49・13b）．一方，$\alpha_A \beta_X$ と $\beta_A \alpha_X$ の準位の占有数は，飽和させたときの値のままで変化しない．この場合は，図49・13cからわかるように，Aの遷移で結ばれた二つの状態の間の占有数の差は，いまや平衡値より大きくなっているから共鳴吸収は強くなるのである．もう一つの可能性は，二つのスピンの間の双極子相互作用が α_A を β_A に反転させ，同時に β_X を α_X に反転させる（その逆でもよい）ことである．この遷移が起こると $\alpha_A \beta_X$ と $\beta_A \alpha_X$ の占有数は平衡に向かうが，$\alpha_A \alpha_X$ と $\beta_A \beta_X$ の占有数は変化しないままである（図49・14bを見よ）．この場合は，A遷移に関与する状態の占有数の差は減少するから，共鳴吸収は弱くなるのである（図49・14c）．

どちらの緩和が優先するだろうか．NOEによってA吸収は強くなるか，それとも弱くなるか．49・2節の緩和時間で説明したように，もし双極子場が遷移振動数に近い振動数，この場合は 2ν で振動していれば[†]，強度を増す $\beta_A \beta_X \leftrightarrow \alpha_A \alpha_X$ の緩和の効率が高くなる．これと対照的に，（始状態と終状態の間に振動数差がないから）双極子場が変動しなければ，強度を減少させる $\alpha_A \beta_X \leftrightarrow \beta_A \alpha_X$ の緩和の効率が高くなる．タンパク質のような大きな分子は非常にゆっくりしか回転しないから，2ν の運動はほとんどなく，強度の減少が予想される（図49・14）．一方，速く回転している小さな分子には 2ν の運動がかなりあって，その

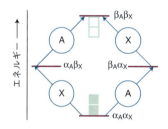

図49・12　AX系のエネルギー準位とその相対的な占有数．線の上側の緑色の正方形は，占有数の過剰分を表しており，線の下側の白色の正方形は占有数の不足分を表している．A遷移とX遷移を記号で表示してある．

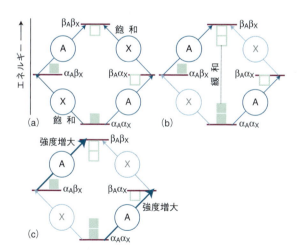

図49・13　(a) X遷移が飽和すると，その二つの状態の占有数は等しくなり，占有数の過剰分と不足分はこの図に示したようになる（図49・12と同じ記号を使ってある）．(b) 双極子−双極子緩和によって最高状態と最低状態の占有数が緩和すれば，この両状態はもとの占有数を回復する．(c) このときのA遷移は，直前の変化で生じた占有数の差を反映して，図49・12で示した遷移に比べて強度が増大する．

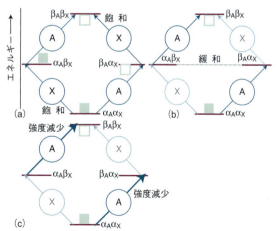

図49・14　(a) X遷移が飽和すると，図49・13に示したのと同じで，その二つの状態の占有数は等しくなり，占有数の過剰分と不足分はこの図に示したようになる．(b) 双極子−双極子緩和によって二つの中間状態の占有数が緩和すれば，この両状態はもとの占有数を回復する．(c) このときのA遷移は，直前の変化で生じた占有数の差を反映して，図49・12で示した遷移に比べて強度が減少する．

[†] 訳注：双極子場の振動は分子の振動と回転でひき起こされる．

結果として信号の増大が予想される．実際に観測される強度変化はこの二つの極端な場合の間のどこかにあって，つぎの式で定義するパラメーター η（イータ）を使って表す．

$$\eta = \frac{I_A - I_A^\circ}{I_A^\circ} \quad \text{NOE 増強パラメーター} \quad (49 \cdot 8)$$

ここで，I_A° と I_A は，X核による遷移を飽和させるためにラジオ波振動数の長い（$>T_1$）パルスをかける前後の，核 A による NMR 信号の強度である．A と X が，プロトンのような同種の原子核であれば，η は -1（減少）と $+\frac{1}{2}$（増加）の間にある．しかし，η は A と X の磁気回転比の値にも左右される．増加が極大になる場合には，

$$\eta = \frac{\gamma_X}{2\gamma_A} \quad (49 \cdot 9)$$

であることを示せる．ここで，γ_A と γ_X は，核 A と X の磁気回転比である．

簡単な例示 49・4 NOE 増強

（49・9）式と表 47・2 のデータから，飽和したプロトンの近くの ^{13}C の NOE 増強パラメーターは，

$$\eta = \frac{\overbrace{2.675 \times 10^8 \, T^{-1} s^{-1}}^{\gamma_{1H}}}{2 \times \underbrace{(6.73 \times 10^7 \, T^{-1} s^{-1})}_{\gamma_{13C}}} = 1.99$$

となることがわかる．すなわち，約 2 倍分の増強（強度は 3 倍）が達成できる．

自習問題 49・4 あるタンパク質の NMR スペクトルで見られるつぎの特徴について説明せよ．(a) メチオニン残基の側鎖と帰属されたプロトン共鳴を飽和させれば，トリプトファン残基およびチロシン残基の側鎖と帰属されたプロトン共鳴の強度が変化する．(b) トリプトファン残基と帰属されたプロトン共鳴を飽和させても，チロシン残基のスペクトルには変化がない．
［答：トリプトファン残基とチロシン残基はどちらもメチオニン残基に近いが，両者は互いに離れている．］

NOE は，プロトン間の距離を求めるのにも使われる．X スピンを飽和させることによって生じるプロトン A のオーバーハウザー増強を支配するのは，A のスピン-格子緩和のうち，X との双極子相互作用に起因する部分である．双極子場は，r を核間距離とすると r^{-3} に比例し，緩和効果はこの場の 2 乗に，したがって r^{-6} に比例するので，NOE は溶液中の分子の立体構造を知るのに使える．

溶液中の小さなタンパク質の構造を求めるには，数百の NOE 測定を使って，存在するプロトン全部にわたって有効に網を投げるようにする．この方法が非常に重要なのは，水溶液の環境にある生体高分子のコンホメーションを求められることであり，X 線回折（トピック 37）の研究に必須の単結晶をつくろうと努力する必要がないという点にある．

49・4 二次元 NMR

NMR スペクトルは大量の情報を含んでおり，多数のプロトンが存在するために異なるグループの共鳴線の微細構造が重なり合うことがあれば，スペクトルは非常に複雑になる．そのデータを表示するのに，もし二つの軸を使って，異なるグループに属する共鳴を二つ目の軸では別々の場所にくるようにできれば，この複雑さが軽減されるはずである．**二次元 NMR**[1)] で達成できることは，基本的にはこのような信号の分離にほかならない．

最新の NMR 研究では，**相関分光法**（COSY）[2)] を利用するものがほとんどであるが，これは，パルスとフーリエ変換技術を巧妙に選ぶことによって，分子中のすべてのスピン-スピンカップリングを求められるようにする方法である．AX 系についての代表的な結果を図 49・15 に示してある．この図は，振動数座標 ν_1 と ν_2 に対して強度をプロットしたもので，信号強度の等しいピークがある．このうち，**対角ピーク**[3)] は (δ_A, δ_A) と (δ_X, δ_X) に中心をもつ信号で，$\nu_1 = \nu_2$ の対角線上にある．すなわち，対角線上のスペクトルは，普通の NMR の手法で得られる一次元スペクトル（図 48・10 のような）に相当する．**交差ピーク**[4)]（または**非対角ピーク**[5)]）は (δ_A, δ_X) と (δ_X, δ_A) に中心をもつ信号で，これらが存在するのは A 核と X 核の間にカップリングがあるためである．

AX 系では，二次元 NMR から得られる情報は取るに足らないものでしかないが，もっと複雑なスペクトルを解釈

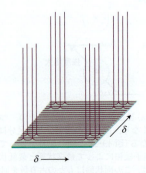

図 49・15 AX スピン系の COSY スペクトル．理想化して表してある．

---

1) two-dimensional NMR 2) correlation spectroscopy 3) diagonal peak 4) cross-peak 5) off-diagonal peak

するのには非常な助けになりうる．すなわち，スピン間のカップリングの地図をつくれるし，複雑な分子の中の結合のネットワークがわかるようになる．確かに，合成高分子や生体高分子のスペクトルは，一次元 NMR では解釈できそうにないが，二次元 NMR によればかなりの速さで解釈することができる．

例題 49・1　二次元 NMR スペクトルの解釈

図 49・16 はイソロイシン(**1**) というアミノ酸の COSY スペクトルの一部であり，炭素原子に結合したプロトンの共鳴を示している．それぞれの共鳴線を帰属せよ．

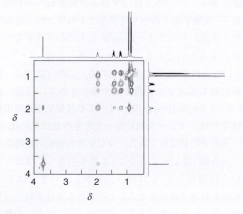

1 イソロイシン

図 49・16　イソロイシンのプロトン COSY スペクトル〔「例題 49・1」およびこのスペクトルは，K.E. van Holde ら，"Principles of physical biochemistry", Prentice Hall, Upper Saddle River (1998) より改作した〕．

解法　分子構造からつぎの予想ができる．(i) C_a–H プロトンは，C_b–H プロトンとだけカップしている．(ii) C_b–H プロトンは，C_a–H, C_c–H, C_d–H プロトンとカップしている．(iii) 非等価な 2 個の C_d–H プロトンは，C_b–H, C_e–H プロトンとカップしている．

解答　つぎのことがわかる．

- $\delta = 3.6$ の共鳴は，$\delta = 1.9$ の共鳴だけとしか交差ピークをつくらない．$\delta = 1.9$ の共鳴は，$\delta = 1.4, 1.2, 0.9$ の共鳴と交差ピークをつくる．これから，$\delta = 3.6$ と $\delta = 1.9$ の共鳴はそれぞれ C_a–H プロトンと C_b–H プロトンによると結論できる．

- $\delta = 0.8$ に共鳴をもつプロトンは，C_b–H プロトンとカップしないから，$\delta = 0.8$ の共鳴を C_e–H プロトンに帰属する．

- $\delta = 1.4, 1.2$ の共鳴は，$\delta = 0.9$ の共鳴と交差ピークをつくらない．

- 上で予想したカップリングを参照すれば，$\delta = 0.9$ の共鳴を C_c–H プロトンに帰属し，$\delta = 1.4$ と 1.2 の共鳴を非等価な C_d–H プロトンに帰属できる．

自習問題 49・5　アラニン〔$H_2NCH(CH_3)COOH$〕の NH 基，$C_\alpha H$ 基，$C_\beta H$ 基のプロトンの化学シフトは，それぞれ 8.25, 4.35, 1.39 である．$\delta = 1.00 \sim 8.50$ の領域で得られるアラニンの COSY スペクトルを説明せよ．

〔答：カップリングを示すのは，NH 基と $C_\alpha H$ 基のプロトンと $C_\alpha H$ 基と $C_\beta H$ 基のプロトンだけと予想できるから，スペクトルには 2 個の交差ピークしかない．一つは (8.25, 4.35)，もう一つは (4.35, 1.39) にある〕

核オーバーハウザー効果が，選択した共鳴を飽和させる前後の NMR スペクトルの強度の増大のパターンを解析することによって，核間距離についての情報を提供できることはすでに説明した．**核オーバーハウザー効果分光法**[1] (NOESY) では，ラジオ波振動数のパルスとフーリエ変換技術を適当に選ぶことによって，起こりうるすべての NOE 相互作用の地図が得られる．COSY スペクトルと同様に，NOESY スペクトルでも一次元の NMR スペクトルに相当する対角ピークの組がある．非対角ピークはどの核とどの核が核オーバーハウザー効果を起こすほど近くにあるかを示す．NOESY のデータから，約 0.5 nm までの核間距離が明らかになる

49・5　固体 NMR

NMR を固体に応用するときの一番の難点は分解能が低いことで，これは固体試料に特有である．それにもかかわらず，この困難を克服しようと努力するのには理由がある．それは，問題にしている化合物が溶液中では不安定であるか，または不溶性であるために，ふつうの溶液の NMR が使えない場合があるからである．また，高分子や

---

1) nuclear Overhauser effect spectroscopy

ナノ材料など多くの物質はもともと固体としての興味の対象であるから，X線回折で解決できないときには，その構造や動的性質を求める方法として重要になるのである．

固体の線幅を広げているおもな寄与は三つある．一つは，核スピン間の直接の磁気双極子相互作用である．スピン-スピンカップリングの説明からわかるように，核磁気モーメントは，自分の原子核のまわりのいろいろな位置にいろいろな方向を向いた局所的な磁場を生じる．もし，外部磁場の方向に平行な成分だけに注目すると（この成分だけが有意の効果をもたらすから），静止座標系から回転座標系に移るときに生じるごくわずかな効果を無視する限り，「必須のツール48・1」にある古典的な式を使って局所磁場の大きさを，

$$\mathcal{B}_{loc} = -\frac{\gamma_N \hbar \mu_0 m_I}{4\pi R^3}(1-3\cos^2\theta) \qquad (49 \cdot 10)$$

と書ける．溶液の場合と違って固体中では，この磁場が運動で平均化されて0になることはない．注目している核が受けている全局所磁場には数多くの原子核からの寄与があるから，同種でも試料中の異なる場所にある核は，その場所によっていろいろ異なる磁場を受けるはずである．代表的な双極子場の強さは1 mTくらいであり，これは10 kHz程度の分裂あるいは線幅に相当している．

簡単な例示 49・5　固体における双極子場

(49・10)式は，角度 θ が0と θ_{max} の間でしか変化できないとき，

$$\mathcal{B}_{loc} = \frac{\gamma_N \hbar \mu_0 m_I}{4\pi R^3}(\cos^2\theta_{max} + \cos\theta_{max})$$

となる．$\theta_{max} = 30°$，$R = 160$ pm のとき，1個のプロトンが発生する局所場はつぎのように計算できる．

$$\mathcal{B}_{loc} = \frac{\overbrace{(2.675 \times 10^8 \, T^{-1} s^{-1})}^{\gamma_N} \times \overbrace{(1.055 \times 10^{-34} \, J\,s)}^{\hbar}}{\underbrace{4\pi \times (1.60 \times 10^{-10} \, m)^3}_{R}}$$
$$\times \overbrace{(4\pi \times 10^{-7} \, T^2 J^{-1} m^3)}^{\mu_0} \times \overbrace{(\tfrac{1}{2})}^{m_I} \times \overbrace{1.616}^{\cos^2\theta_{max} + \cos\theta_{max}}$$

$$= 5.57 \times 10^{-4} \, T = 0.557 \, mT$$

自習問題 49・6　1個の ^{13}C 核による局所場が 0.50 mT となる距離を計算せよ．$\theta_{max} = 40°$ とする．

［答：$R = 99$ pm］

線幅の原因の二つ目は化学シフトの異方性である．化学シフトは，外部磁場が分子内に電子流を生じさせる能力によって生じるものである．この能力は一般に，外部磁場に相対的な分子の向きによって異なる．溶液中では分子は速い全体回転を行っているから，化学シフトの平均値だけが意味をもつ．しかし，固体中で静止している分子については，その異方性が平均化されて0になることはなく，向きの違う分子は，異なる振動数で共鳴することになる．この化学シフトの異方性も，外部磁場と分子の主軸がなす角度に $1-3\cos^2\theta$ の形で依存して変化する．

三つ目の寄与は電気四重極相互作用によるものである．$I > \frac{1}{2}$ の核種の電荷分布は（たとえば，赤道まわりや両極に正の電荷が偏っている場合など）電気四重極子モーメントを生じることになる．これは，核の電荷分布が球対称でない度合いを表している．電気四重極子は，核のまわりの球対称でない電荷分布などによって生じる電場勾配と相互作用するのである．この相互作用も $1-3\cos^2\theta$ の形で変化する．

幸運なことに，固体試料の線幅を減少させるのに使える方法がある．一つの方法は**マジック角回転**[1] (MAS) で，双極子–双極子相互作用や化学シフトの異方性，電気四重極相互作用がすべて $1-3\cos^2\theta$ の形の依存性をもつことに注目するものである．"マジック角"とは，$1-3\cos^2\theta = 0$ になる角度で，54.74° にあたる．この方法では，外部磁場に対してマジック角をなす軸のまわりに高速で回転（スピン）させる（図49・17）．すべての双極子相互作用や異方性などは，マジック角になったときの値に平均化され，この角度での値は0である．マジック角回転の振動数がスペクトル幅（数kHzにもなる）よりも小さくてはならないという困難がMASには伴う．しかし，いまでは 25 kHz やもっと高速で回転させることのできる気体駆動型試料スピナーがふつうに手に入るようになって，かなりの数の研究が行われている．

図49・17　マジック角回転では，試料を外部磁場に対して 54.74°（つまり，$\cos^{-1}(1/3)^{1/2}$）で回転させる．この角度で高速回転させると，双極子–双極子相互作用や化学シフトの異方性，電気四重極相互作用は平均化されて0になる．

---

[1] magic-angle spinning

トピック49 パルス法 NMR

　前節で説明したのと似たパルス法を使っても，線幅を狭めることができる．磁化ベクトルを一連の角度だけ順次ねじることによる平均化操作によって，線幅を減少させるという巧妙なパルス系列も考案されている．

チェックリスト

☐ 1. **自由誘導減衰**（FID）は，ラジオ波振動数のパルスをかけた後の磁化の減衰である．

☐ 2. FID 曲線のフーリエ変換から NMR スペクトルが得られる．

☐ 3. **縦緩和（スピン‐格子緩和）**によって，β スピンは α スピンに戻る．

☐ 4. **横緩和（スピン‐スピン緩和）**では，スピンの向きが z 軸まわりで乱雑になる．

☐ 5. **核オーバーハウザー効果**（NOE）は，一方の共鳴を飽和させることによって，他方の共鳴の強度が変化を受ける現象である．

☐ 6. **二次元 NMR** では，二つの軸を使ってスペクトルを表す．異なるグループに属する共鳴が，第二の軸の上で異なる場所に現れる．

☐ 7. **マジック角回転**（MAS）は，外部磁場に対して $54.74°$ の角度で固体試料を回転させることによって，その NMR の線幅を減少させる手法である．

重要な式の一覧

性　質	式	備　考	式番号
自由誘導減衰	$M_y(t) = M_0 \cos(2\pi\nu_\mathrm{L} t)\,\mathrm{e}^{-t/T_2}$	T_2 は横緩和時間	49·1
縦緩和	$M_z(t) - M_0 \propto \mathrm{e}^{-t/T_1}$	T_1 はスピン‐格子緩和時間	49·4
横緩和	$M_y(t) \propto \mathrm{e}^{-t/T_2}$		49·5
NMR 線の半値幅	$\Delta\nu_{1/2} = 1/\pi T_2$	不均一幅は T_2^* を使って表す	49·6
NOE 増強パラメーター	$\eta = (I_\mathrm{A} - I_\mathrm{A}^°)/I_\mathrm{A}^°$	定　義	49·8

トピック50

電子常磁性共鳴

内容

50・1　g 値
　　　簡単な例示 50・1　ラジカルの g 値

50・2　超微細構造
　(a) 核スピンの効果
　　　例題 50・1　EPR スペクトルの
　　　　　　　　　超微細構造の予測
　(b) マッコーネルの式
　　　簡単な例示 50・2　マッコーネルの式
　(c) 超微細相互作用の起源
　　　簡単な例示 50・3　超微細構造の解析による
　　　　　　　　　　　　分子オービタルの混成比

チェックリスト
重要な式の一覧

▶ 学ぶべき重要性

　化学反応によっては不対電子を含む中間体や生成物ができる場合があるから，これらの化学種の構造を特殊な分光法で調べる方法を知っておく必要がある．

▶ 習得すべき事項

　ラジカルの電子常磁性共鳴スペクトルは，外部磁場が局所的な電子流を誘起することによって，不対電子とスピンをもつ核との磁気的相互作用をひき起こすことで生じる．

▶ 必要な予備知識

　電子スピンの概念（トピック 19），磁気共鳴の一般原理（トピック 47），分子の磁気的性質（トピック 39）をよく理解している必要がある．ここでの説明には，原子のスピン–軌道カップリング（トピック 21）と分子のフェルミの接触相互作用（トピック 48）を用いる．

　電子常磁性共鳴（EPR）は，電子スピン共鳴（ESR）という名でも知られており，化学反応の間に生じたラジカルや放射線照射によって生じたラジカル，生体構造のプローブとして働くラジカル，多くの d 金属錯体，三重項状態にある分子（りん光に関与する分子など，「トピック 46」）などを研究するのに使われる．試料は，気体でも液体や固体でもよいが，気相における分子の自由回転は複雑な結果を生じる原因となる．

50・1　g 値

　電子の $m_s = -\frac{1}{2}$ 準位と $m_s = +\frac{1}{2}$ 準位の間の遷移の共鳴振動数は，

$$h\nu = g_e\mu_B\mathcal{B}_0 \qquad \text{自由電子} \quad \boxed{\text{共鳴条件}} \quad (50\cdot1)$$

である．$g_e \approx 2.0023$ である（トピック 47）．ラジカル中の不対電子の磁気モーメントも外部磁場と相互作用するが，分子骨格で誘起された電子流によって生じる局所磁場があるため，ラジカルが受ける磁場は外部磁場とは異なる．この違いは g_e を g に置き換えることで表される．そこで，共鳴条件は，

$$h\nu = g\mu_B\mathcal{B}_0 \qquad \boxed{\text{EPR の共鳴条件}} \quad (50\cdot2)$$

となる．g は注目するラジカルの **g 値**[1]である．

簡単な例示 50・1　　ラジカルの g 値

　9.2330 GHz（マイクロ波領域の X バンドに属する放射線）で運転する分光計で，メチルラジカルの EPR スペクトルの中心が 329.40 mT にあった．したがって，その g 値はつぎのように計算できる．

$$g = \frac{\overset{h}{\overbrace{(6.626\,07 \times 10^{-34}\,\text{J s})}} \times \overset{\nu}{\overbrace{(9.2330 \times 10^9\,\text{s}^{-1})}}}{\underset{\mu_B}{\underbrace{(9.2740 \times 10^{-24}\,\text{J T}^{-1})}} \times \underset{\mathcal{B}_0}{\underbrace{(0.329\,40\,\text{T})}}}$$

$$= 2.0027$$

---

1) g-value

> **自習問題50・1** 34.000 GHz(マイクロ波領域のQバンドに属する放射線)で運転する分光計では,上と同じメチルラジカルはどれだけの磁場で共鳴するか.
> [答: 1.213 T]

g 値は,外部磁場が分子の骨組みの中に電流をひき起こしやすいかどうかと,その電流によって発生する磁場の強度と関係がある.したがって,g 値は電子構造についてある種の情報を与え,NMR で遮蔽定数が果たすのと同様の役割を EPR で果たす.

g 値が g_e の値と違っているのには二つの要因がある.まず,電子は励起状態を利用して分子の骨組みの中を移動できる(図50・1).この電子の巡回によって局所磁場が生じ,これが外部磁場に加わる.このとき,どの程度の電子流が誘起されるかは,ラジカルや錯体にあるエネルギー準位の間隔 ΔE に反比例するのである.第二に,この電子流が起こったために電子スピンが受ける局所磁場の強さは,スピン-軌道カップリング定数 ξ(トピック21)に比例する.このことから,g 値は g_e と $\xi/\Delta E$ に比例する量だけ異なると結論できる.この比例関係は実験でも広く認められている.有機ラジカルの多くは ΔE が大きく,ξ(炭素の場合)は小さいから 2.0027 に近い g 値を示し,g_e の値とあまり変わらない.一方,重い原子からなる無機ラジカルでは,スピン-軌道カップリング定数が大きいから,その g 値はふつう 1.9 から 2.1 の範囲に広がる.常磁性のd金属錯体の g 値は g_e とかなり違っていることが多く,0から6まで変化するが,それは,これらの錯体では配位子との相互作用によってもたらされるdオービタルの分裂が小さく,ΔE が小さいためである(トピック45).

g 値には異方性がある.すなわち,g 値の大きさは,ラジカルと外部磁場の相対的な向きに左右される.この異方性は,外部磁場が分子内に電子流を誘起できる度合い,つまり局所磁場の大きさが,その分子と磁場との相対的な向きに依存することから生じる.溶液中で分子が迅速に回転しているときは,g 値の平均値しか観測にかからないので,g 値の異方性は,固体中に捕捉されたラジカルについてだけ観測される.

50・2 超微細構造

EPR スペクトルの最も重要な特徴は,その**超微細構造**[1],つまり個々の共鳴線がいくつもの成分に分裂するところにある.分光学では一般に,"超微細構造"という用語は,電子と原子核の間の相互作用のうち,原子核が点電荷としてもたらす相互作用以外のものによるスペクトルの構造のことをいう.EPR で超微細構造の原因となるのは,局所磁場を生じるラジカルに存在する核の磁気双極子モーメントと電子スピンとの間の磁気的相互作用である.

(a) 核スピンの効果

ラジカル内のどこかにある1個のH核がEPRスペクトルに及ぼす効果を考えよう.このプロトンのスピンは磁場を生じる原因になるが,この核スピンの向きによって,生じる磁場は外部磁場を増やすか減らすかのどちらかになる.したがって,全局所磁場は,

$$\mathcal{B}_{\mathrm{loc}} = \mathcal{B}_0 + a m_I \qquad m_I = \pm \tfrac{1}{2} \qquad (50 \cdot 3)$$

となる.ここで,a は**超微細カップリング定数**[2]である.試料中のラジカルの半分は $m_I = +\tfrac{1}{2}$ であるから,外部磁場がつぎの条件を満たすときこの半分が共鳴を起こす.

$$h\nu = g\mu_{\mathrm{B}}(\mathcal{B}_0 + \tfrac{1}{2}a) \quad \text{つまり} \quad \mathcal{B}_0 = \frac{h\nu}{g\mu_{\mathrm{B}}} - \tfrac{1}{2}a$$
$$(50 \cdot 4\mathrm{a})$$

あとの半分($m_I = -\tfrac{1}{2}$)は,

$$h\nu = g\mu_{\mathrm{B}}(\mathcal{B}_0 - \tfrac{1}{2}a) \quad \text{つまり} \quad \mathcal{B}_0 = \frac{h\nu}{g\mu_{\mathrm{B}}} + \tfrac{1}{2}a$$
$$(50 \cdot 4\mathrm{b})$$

のとき共鳴する.したがって,スペクトルは1本の線ではなく,二線になる.その強度はもとの半分になり,間隔は a であり,中心は g で決まる磁場の位置にある(図50・2).

もし,ラジカルが ^{14}N 原子($I=1$)を含んでいると,その EPR スペクトルは強度が等しい3本の線から成るが,これは ^{14}N 核が三つのスピン配向をとることができ,試料中の全ラジカルの3分の1ずつがそれぞれのスピン配向をもつからである.一般に,スピン I の核は,スペクトルを強度の等しい $2I+1$ 本の超微細線に分裂させる.

図50・1 外部磁場によって電子の環電流が誘起される.この環電流は,励起状態のオービタル(白色の曲線で示してある)を利用して生じる.

---

1) hyperfine structure　2) hyperfine coupling constant

ラジカルの中に複数の磁性核が存在するときは，それぞれが超微細構造に寄与する．等価なプロトン（たとえば，CH_3CH_2 というラジカルの二つの CH_2 プロトン）の場合，超微細線の何本かの位置が偶然一致する．もし，ラジカルが N 個の等価なプロトンを含んでいると，パスカルの三角形（**1**，「トピック 48」）で与えられる強度分布をもつ $N+1$ 本の超微細線が現れる．図 50・3 に示すベンゼンアニオンラジカルのスペクトルは，1:6:15:20:15:6:1 という強度比をもつが，これは 6 個の等価なプロトンを含むラジカルの場合と合う．もっと一般的にいえば，ラジカルがスピン量子数 I の N 個の等価な原子核を含んでいると，$2NI+1$ 本の超微細線があり，その強度分布はパスカルの三角形に従って決まる．その例を「例題 50・1」で示そう．

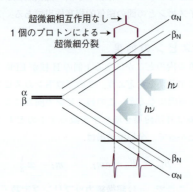

図 50・2 電子とスピン $\frac{1}{2}$ 核の超微細相互作用によって，もとの二つのエネルギー準位に代わって四つの準位が生じる．その結果，スペクトルは 1 本線でなく，（強度が等しい）2 本線から成る．強度分布は簡単な棒の図で要約できる．斜めの線は，外部磁場を増加させたときの状態のエネルギーを示し，状態間の間隔がマイクロ波フォトンの固定エネルギーに合ったときに共鳴が起こる．

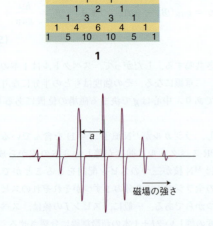

図 50・3 溶液中のベンゼンアニオンラジカル $C_6H_6^-$ の EPR スペクトル．a はスペクトルの超微細分裂である．スペクトルの中心はラジカルの g 値で決まる．

例題 50・1 EPR スペクトルの超微細構造の予測

あるラジカルは，超微細カップリング定数 1.61 mT の ^{14}N 核（$I=1$）1 個と，超微細カップリング定数 0.35 mT の等価なプロトン（$I=\frac{1}{2}$）2 個を含んでいる．その EPR スペクトルの形を予測せよ．

解法 原子核の種類や等価な核のグループについて，一つずつ，それから生じる超微細構造を順を追って考えていく必要がある．そこで，1 番目の核でスペクトル線が分裂し，ついでこれらの線のそれぞれが 2 番目の核（あるいは核のグループ）によって分裂するというように進める．最大の超微細分裂を起こす核から始めるのが最もよい．しかし，どんな選択をしてもよく，核を考える順序は結論に影響しない．

解答 この ^{14}N 核は，強度が等しくて間隔 1.61 mT の 3 本の超微細線を与える．それぞれの線は，1 番目のプロトンによって間隔 0.35 mT の二重線に分裂し，この二重線のそれぞれが，同じく分裂幅 0.35 mT の二重線に分裂する（図 50・4）．こうして分裂したそれぞれの二重線の中心線は一致するから，プロトンによる分裂は内部分裂幅 0.35 mT の 1:2:1 の三重線になる．したがって，スペクトルは 3 組の等価な 1:2:1 の三重線から成る．

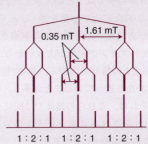

図 50・4 ^{14}N 核（$I=1$）1 個と，等価なプロトン 2 個をもつラジカルの超微細構造の解析の仕方．

自習問題 50・2 3 個の等価な ^{14}N 核を含むラジカルの EPR スペクトルの形を予測せよ．

［答：図 50・5 を見よ．］

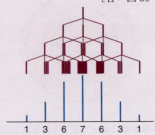

図 50・5 3 個の等価な ^{14}N 核をもつラジカルの超微細構造の解析の仕方．

(b) マッコーネルの式

EPR スペクトルの超微細構造は一種の指紋であって, 試料中に存在するラジカルを同定する助けになる. さらに, 分裂の大きさは, 磁性核の近傍にある不対電子の分布の仕方によって決まるから, スペクトルを使ってその不対電子が占める分子オービタルを特定することができる. たとえば, $C_6H_6^-$ における超微細分裂は 0.375 mT であり, 1 個のプロトンが 6 分の 1 個の不対電子スピン密度をもつ C 原子のそばにあるから(電子は環に沿って均一に広がっているからである), このプロトンが, 自分に隣接する C 原子 1 個に完全に束縛されている電子スピンにひき起こす超微細分裂は, 6×0.375 mT $= 2.25$ mT となるはずである. もし, 別の芳香族ラジカルで超微細分裂定数 a が求まれば, そのラジカルの**スピン密度**[1] ρ, つまりその原子に不対電子がある確率は, **マッコーネルの式**[2],

$$a = Q\rho \qquad \text{マッコーネルの式} \qquad (50\cdot5)$$

から計算できる. $Q = 2.25$ mT である. この式で, ρ は C 原子のスピン密度であり, a はその C 原子についている H 原子による超微細分裂である.

簡単な例示 50·2　マッコーネルの式

ナフタレンアニオンラジカル $C_{10}H_8^-$ の EPR スペクトルの超微細構造は, 等価な 4 個のプロトン 2 組から生じるものとして説明できる. 環の 1, 4, 5, 8 位にあるプロトンでは $a = 0.490$ mT であり, 2, 3, 6, 7 位では $a = 0.183$ mT である. マッコーネルの式を使って得られるスピン密度は, それぞれつぎのように計算できる(**2**).

$$\rho = \underbrace{\frac{0.490 \text{ mT}}{2.25 \text{ mT}}}_{Q} = 0.218 \quad \text{と} \quad \rho = \frac{0.183 \text{ mT}}{2.25 \text{ mT}} = 0.0813$$

自習問題 50·3　アントラセンアニオンラジカル $C_{14}H_{10}^-$ のスピン密度を(**3**)に示す. その EPR スペクトルの形を予測せよ.

[答: 分裂幅 0.43 mT の 1:2:1 の三重線が分裂幅 0.22 mT の 1:4:6:4:1 の五重線に分裂し, これがさらに分裂幅 0.11 mT の 1:4:6:4:1 の五重

線に分裂する. 線の数は全部で $3 \times 5 \times 5 = 75$ 本になる]

(c) 超微細相互作用の起源

超微細相互作用は, 不対電子と原子核の間の磁気モーメントの相互作用である. この相互作用への寄与は二つある.

ある原子核を中心とする p オービタルの電子は, 同じその核のごく近傍には近づかないから, この電子が感じる磁場は, 点磁気双極子から生じるように見える磁場である. その結果生じる相互作用を**双極子−双極子相互作用**[3] という. 不対電子が感じる局所磁場への磁性核の寄与は, (48·10)式に似た〔$(1-3\cos^2\theta)/r^3$ に比例する依存性をもつ〕式で与えられる. このタイプの相互作用の特徴は異方性をもつことと, ラジカルが自由に全体回転すれば平均化されて 0 になることである. したがって, 双極子−双極子相互作用による超微細構造は, 固体中に捕捉されたラジカルでしか観測されない.

s 電子は原子核のまわりに球状に分布するから, たとえ固体試料中であっても原子核との平均の双極子−双極子相互作用は 0 になる. しかし, s 電子は核の位置にある確率が 0 ではないから(トピック 17), この相互作用を二つの点双極子の間の相互作用として扱うのは正しくない. 「トピック 48」で説明したように, s 電子は核とフェルミの接触相互作用をするが, これは点双極子の近似が成り立たないときに起こる磁気的な相互作用である. 接触相互作用は等方的(つまりラジカルの配向に無関係)であるから, (スピン密度が s 性をもつ限り)流体中で高速回転している分子であっても観測されるのである.

p 電子の双極子−双極子相互作用や s 電子のフェルミの接触相互作用は, かなり大きくなることがある. たとえば, 窒素原子の 2p 電子は, ^{14}N 核から約 3.4 mT の平均磁場を感じている. 水素原子の 1s 電子は, 原子の中心にあるプロトンとのフェルミ接触相互作用の結果として, 約 50 mT の磁場を受ける. 種々の値の例を表 50·1 に掲げてある.

表 50·1[a)]　代表的な核種の超微細カップリング定数, a/mT

核種	等方的なカップリング	異方的なカップリング
^{1}H	50.8 (1s)	
^{2}H	7.8 (1s)	
^{14}N	55.2 (2s)	4.8 (2p)
^{19}F	1720　(2s)	108.4 (2p)

a) 巻末の「資料」に多くの値がある.

---

1) spin density　2) McConnell equation　3) dipole−dipole interaction

ラジカルにおける接触相互作用の大きさは，不対電子が占める分子オービタルの s オービタル性の点から説明できるし，双極子-双極子相互作用は p 性によって説明できる．したがって，超微細構造を解析すれば，オービタルの構成，特に原子オービタルの混成に関する情報が得られる．

> **簡単な例示 50・3** 超微細構造の解析による分子オービタルの混成比
>
> 表 50・1 によれば，窒素原子の 2s 電子と核の超微細相互作用は 55.2 mT である．一方，NO_2 の EPR スペクトルによれば，異方的な超微細相互作用は 5.7 mT である．この不対電子が占める分子オービタルの s 性は，両者の比 $5.7/55.2 = 0.10$ で与えられる．この続きについては「問題 50・6」を見よ．
>
> **自習問題 50・4** NO_2 の超微細カップリングの異方性部分は 1.3 mT である．この不対電子が占める分子オービタルの p 性はいくらか．　　　　　［答：0.38］

$C_6H_6^-$ アニオンや他の芳香族アニオンラジカルの超微細構造を説明するには，別の原因を探さなければならない．試料は流体であり，ラジカルは回転しているから，その超微細構造は双極子-双極子相互作用に起因するとは考えられない．さらに，プロトンは不対電子が占めている π オービタルの節面上にあるから，この超微細構造はフェルミの接触相互作用によって生じるはずがない．これを説明するのは，NMR におけるスピン-スピンカップリングの原因となる機構と同じような分極機構である．プロトンと α 電子 ($m_s = +\frac{1}{2}$) の間には磁気的相互作用があり，このために電子の一つがプロトンのそばに見いだされる確率が大きくなる傾向がある（図 50・6）．したがって，反対スピンをもつ電子は，この C-H 結合の他端にある C 原子の近くにくるようになる．もし，C 原子内の不対電子がその電子と平行になれば，エネルギーが低くなり（フントの規則によって，原子内の電子は平行になる方が都合がよい），その結果，不対電子が間接的にプロトンのスピンを感知できるようになる．このモデルを使って超微細相互作用を計算すれば，実験値 2.25 mT と一致する．

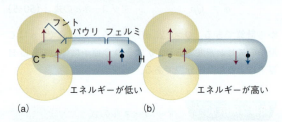

図 50・6　π 電子ラジカルにおける超微細相互作用の分極機構．(a) の配列は (b) よりエネルギーが低いから，不対電子とプロトンの間に有効なカップリングが生じる．

チェックリスト

- [ ] 1. EPR の共鳴条件は，ラジカルの **g 値** を使って表せる．
- [ ] 2. g の値は，外部磁場がそのラジカル中に局所的な電子流を誘起する能力によって決まる．
- [ ] 3. EPR スペクトルの **超微細構造** とは，個々の共鳴線が複数の成分に分裂することで，スピンをもつ原子核と電子との磁気的相互作用によって起こる．
- [ ] 4. ラジカルがスピン量子数 I の N 個の等価な原子核をもつと，$2NI+1$ 本の超微細線が現れ，その強度比はパスカルの三角形で与えられる．
- [ ] 5. 超微細構造は，**双極子-双極子相互作用** と **フェルミの接触相互作用**，**分極機構** によって説明できる．
- [ ] 6. **スピン密度** とは，不対電子がその原子上にある確率のことである．

重要な式の一覧

性　質	式	備　考	式番号
EPR の共鳴条件	$h\nu = g\mu_B \mathcal{B}_0$	超微細相互作用がないとき	50・2
	$h\nu = g\mu_B(\mathcal{B}_0 \pm \frac{1}{2}a)$	電子とプロトンとの超微細相互作用	50・4
マッコーネルの式	$a = Q\rho$	$Q = 2.25$ mT	50・5

テーマ 10 磁 気 共 鳴 演習と問題

トピック 47 一 般 原 理

記述問題

47·1 高分子の構造を NMR 分光法で求めようとするとき，できる限り高い磁場（高い振動数）で運転する分光計を使う．その理由を述べよ．

47·2 同じ外部磁場が原子核のエネルギーに与える効果と，電子のエネルギーに与える効果を比較せよ．

47·3 ラーモア振動数とは何か．

演 習

47·1(a) g は無次元の数である．γ_N の単位をテスラとヘルツで表したらどうなるか．

47·1(b) g は無次元の数である．γ_N の単位を SI 基本単位で表したらどうなるか．

47·2(a) プロトンについて，スピン角運動量とその z 軸方向の許される成分の大きさはいくらか．また，角運動量が z 軸となす角度に関して許される配向はどうか．

47·2(b) ^{14}N 核について，スピン角運動量とその z 軸方向の許される成分の大きさはいくらか．また，角運動量が z 軸となす角度に関して許される配向はどうか．

47·3(a) 外部磁場 13.5 T でのプロトンの共鳴振動数はいくらか．

47·3(b) 外部磁場 17.1 T での ^{19}F 核の共鳴振動数はいくらか．

47·4(a) ^{33}S の核スピンは $\frac{3}{2}$ で，核の g 因子は 0.4289 である．外部磁場 6.800 T での核スピン状態のエネルギーを計算せよ．

47·4(b) ^{14}N の核スピンは 1 で，核の g 因子は 0.404 である．外部磁場 10.50 T での核スピン状態のエネルギーを計算せよ．

47·5(a) 外部磁場 15.4 T での ^{13}C 核の核スピン準位の間隔を振動数単位で計算せよ．この核の磁気回転比は 6.73×10^7 T^{-1} s^{-1} である．

47·5(b) 外部磁場 14.4 T での ^{14}N 核の核スピン準位の間隔を振動数単位で計算せよ．この核の磁気回転比は 1.93×10^7 T^{-1} s^{-1} である．

47·6(a) つぎの系のどちらのエネルギー準位の間隔が大きいか．(a) 600 MHz の NMR 分光計中のプロトン，(b) 同じ分光計中の重水素核．

47·6(b) つぎの系のどちらのエネルギー準位の間隔が大きいか．(a)（プロトンについて）600 MHz の NMR 分光計中の ^{14}N 核，(b) 外部磁場 0.300 T でのラジカル中の電子．

47·7(a) ラジオ波振動数 50.0 MHz の磁場に置いた，遮蔽されていない ^{14}N の共鳴条件を満たすのに必要な外部磁場の強さを計算せよ．

47·7(b) ラジオ波振動数 400.0 MHz の磁場に置いた，遮蔽されていないプロトンの共鳴条件を満たすのに必要な外部磁場の強さを計算せよ．

47·8(a) 表 47·2 を使って，(i) 500 MHz，(ii) 800 MHz で，(a) ^{1}H，(b) ^{2}H，(c) ^{13}C が共鳴する磁場の強さを予測せよ．

47·8(b) 表 47·2 を使って，(i) 400 MHz，(ii) 750 MHz で，(a) ^{14}N，(b) ^{19}F，(c) ^{31}P が共鳴する磁場の強さを予測せよ．

47·9(a) 25 °C のプロトンについて，(a) 0.30 T，(b) 1.5 T，(c) 10 T の磁場中での相対的な占有数の差（$\delta N/N$，δN は小さな差 $N_\alpha - N_\beta$ を表す）を計算せよ．

47·9(b) 25 °C の ^{13}C 核について，(a) 0.50 T，(b) 2.5 T，(c) 15.5 T の磁場中での相対的な占有数の差（$\delta N/N$，δN は小さな差 $N_\alpha - N_\beta$ を表す）を計算せよ．

47·10(a) 一般に使用できた最初の市販の NMR 分光計は，60 MHz の振動数（プロトンに対して）で動いた．いまでは，800 MHz で動く分光計を利用することはまれではない．この二つの分光計における ^{13}C のスピン状態の 25 °C での相対的な占有数の差はいくらか．

47·10(b) 60 MHz と 450 MHz の振動数（プロトンに対して）で運転する分光計において，^{19}F のスピン状態の 25 °C での相対的な占有数の差はいくらか．

47·11(a) EPR の X バンド分光計（9 GHz）を使って ^{1}H-NMR を観測するためには，いくらの外部磁場が必要か．300 MHz の分光計で EPR を観測する場合はどうか．

47·11(b) ある市販の EPR 分光計が 8 mm のマイクロ波放射線（Q バンド）を使っている．共鳴条件を満たすには，いくらの外部磁場が必要か．

問 題

47·1‡ 一定温度にある同数の異種原子核の NMR 線の相対感度は，振動数が与えられているときは $R_\nu \propto (I+1)\mu^3$，磁場が与えられているときは $R_B \propto \{(I+1)/I^2\}\mu^3$ で表される．(a) 表 47·2 のデータを使って，プロトンに相対的な重水素核，^{13}C，^{14}N，^{19}F，^{31}P の感度をそれぞれ計算せよ．(b) R_ν の式から R_B の式を導け．

47·2 磁気共鳴イメージング（MRI）という特殊な方法を

---

‡ この問題は Charles Trap, Carmen Giunta の提供による．

使えば，生体全部の NMR スペクトルが得られる．MRI で重要なのは，対象物の断面に対し直線的に変化する磁場をかけることである．いま，フラスコに入れた水を磁場中に置いたとしよう．その磁場は z 方向に直線的に変化し $\mathcal{B}_0 + \mathcal{G}_z z$ で表される．ここで，$\mathcal{G}_z$ は z 方向の磁場勾配である．このとき，この水のプロトンはつぎの振動数で共鳴するだろう．

$$\nu_{\mathrm{L}}(z) = \frac{\gamma_{\mathrm{N}}}{2\pi}(\mathcal{B}_0 + \mathcal{G}_z z)$$

（x および y 方向の勾配についても同様な式が書ける．）ここで，$\nu = \nu_{\mathrm{L}}(z)$ のラジオ波振動数の 90° パルスをかければ，その位置 z にあるプロトンの数に比例する強度の信号が得られるのである．さて，ある円盤形の臓器をこの直線的な磁場勾配に置いたとしよう．そうすれば，この円盤の中心から水平距離 z のところでは，幅 δz の薄片内に存在するプロトンの数に比例した MRI 信号が得られるはずである．この円盤の MRI 像について，コンピューターで画像処理する前の吸収強度の形の概略を描け．

トピック 48　NMR スペクトルの特徴

記述問題

48·1　遮蔽定数への局所的な寄与，隣接基の寄与，溶媒の寄与の起源について詳細に論ぜよ．

48·2　フェルミの接触相互作用と分極機構が NMR のスピン-スピンカップリングにどのように寄与するかを述べよ．

演　習

48·1(a)　演習 47·10 (a) の二つの分光計で観測される原子核の化学シフトの相対的な値は，(a) δ 値，(b) 振動数で表すといくらか．

48·1(b)　演習 47·10 (b) の二つの分光計で観測される原子核の化学シフトの相対的な値は，(a) δ 値，(b) 振動数で表すといくらか．

48·2(a)　アセトアルデヒド（エタナール）の CH_3 プロトンの化学シフトは $\delta = 2.20$ で，CHO プロトンの方は 9.80 である．外部磁場が (a) 1.5 T，(b) 15 T のとき，分子内のこの二つの領域の局所磁場の差はいくらか．

48·2(b)　ジエチルエーテルの CH_3 プロトンの化学シフトは $\delta = 1.16$ で，CH_2 プロトンの方は $\delta = 3.36$ である．外部磁場が (a) 1.9 T，(b) 16.5 T のとき，分子内のこの二つの領域の局所磁場の差はいくらか．

48·3(a)　(a) 250 MHz，(b) 800 MHz で運転している分光計で観測したアセトアルデヒド（エタナール）の ^{1}H-NMR スペクトルの形を，$J = 2.90$ Hz と演習 48·2 (a) のデータを使って図示せよ．

48·3(b)　(a) 400 MHz，(b) 650 MHz で運転している分光計で観測したジエチルエーテルの ^{1}H-NMR スペクトルの形を，$J = 6.97$ Hz と演習 48·2 (b) のデータを使って図示せよ．

48·4(a)　天然の $^{10}BF_4^-$ と $^{11}BF_4^-$ の試料の ^{19}F-NMR スペクトルの形を図示せよ．

48·4(b)　$^{31}PF_6^-$ の試料の ^{31}P-NMR スペクトルの形を図示せよ．

48·5(a)　表 47·2 のデータを使って，プロトン共鳴を 800 MHz で観測するように設計された NMR 分光計で，^{19}F-NMR を観測するために必要な振動数を予測せよ．FH_2^+ の NMR スペクトルについて，プロトン共鳴と ^{19}F 共鳴を図示せよ．

48·5(b)　表 47·2 のデータを使って，プロトン共鳴を 500 MHz で観測するように設計された NMR 分光計で，^{31}P-NMR を観測するために必要な振動数を予測せよ．PH_4^+ の NMR スペクトルについて，プロトン共鳴と ^{31}P 共鳴を図示せよ．

48·6(a)　$A_3M_2X_4$ スペクトルの形を図示せよ．ここで，A, M, X は明確に異なる化学シフトをもつプロトンで，$J_{\mathrm{AM}} > J_{\mathrm{AX}} > J_{\mathrm{MX}}$ である．

48·6(b)　$A_2M_2X_5$ スペクトルの形を図示せよ．ここで，A, M, X は明確に異なる化学シフトをもつプロトンで，$J_{\mathrm{AM}} > J_{\mathrm{AX}} > J_{\mathrm{MX}}$ である．

48·7(a)　プロトンが $\delta = 2.7$ と $\delta = 4.8$ の二つのサイト間をジャンプしている．550 MHz で運転する分光計で，この二つの信号が合体するのは，相互転換速度がいくらになったときか．

48·7(b)　プロトンが $\delta = 4.2$ と $\delta = 5.5$ の二つのサイト間をジャンプしている．350 MHz で運転する分光計で，この二つの信号が合体するのは，相互転換速度がいくらになったときか．

問　題

48·1　ある MRI 分光計（「問題 47·2」を見よ）を設計しているとしよう．人間の腎臓の長径（8 cm とする）だけ離れた 2 個のプロトンが $\delta = 3.4$ の環境にあるとすると，この両者の間に 100 Hz の間隔が生じるようにするには，どれくらいの磁場勾配（μT m^{-1} で表す）が必要か．この分光計のラジオ波振動数の磁場は 400 MHz で，外部磁場は 9.4 T である．

48·2　図 48·14 を参考にし，数学ソフトウエアや表計算ソフトウエアを使って，$^3J_{\mathrm{HH}}$ の ϕ による変化を表す曲線群を描け．ただし，$A = +7.0$ Hz，$B = -1.0$ Hz であり，C は代表的な値の $+5.0$ Hz からわずかずつ変化するものとする．パラメーター C の値を変化させることが曲線の

テーマ 10 磁 気 共 鳴 507

形にどんな影響を与えるか. 同様の仕方で, A と B の値が曲線の形に及ぼす効果を調べよ.

48·3‡ カープラスの式（48·14 式）のいろいろな改訂版が, $R_1R_2CHCHR_3R_4$ 型の系における隣接（ビシナル）プロトンカップリング定数のデータの相関をみるために使われている. その原版〔M. Karplus, *J. Am. Chem. Soc.*, **85**, 2870 (1963)〕では, $^3J_{HH} = A\cos^2\phi_{HH} + B$ である. $R_3 = R_4 = H$ のとき $^3J_{HH} = 7.3$ Hz, $R_3 = CH_3$, $R_4 = H$ のとき $^3J_{HH} = 8.0$ Hz, $R_3 = R_4 = CH_3$ のとき $^3J_{HH} = 11.2$ Hz である. ねじれ形コンホメーションだけが重要であると仮定して, カープラスの式のどの版がこれらのデータによく合うかを調べよ.

48·4‡ カープラスの式は, 最初は $^3J_{HH}$ カップリング定数のために導かれたのであるが, この式がスズのような金属の原子核の間の隣接カップリングにも当てはまるというこ

とは, 予期せぬところであろう. T.N. Mitchell と B. Kowall〔*Magn. Reson. Chem.*, **33**, 325 (1995)〕は, Me_3SnCH_2CHR-$SnMe_3$ 型の化合物における $^3J_{HH}$ と $^3J_{SnSn}$ の関係を研究し, $^3J_{SnSn} = 78.86\,^3J_{HH} + 27.84$ Hz であることを見いだした. (a) この結果は, スズに対してカープラス型の式を支持することになるか. その論拠を説明せよ. (b) $^3J_{SnSn}$ についてカープラスの式を求め, それを二面角の関数として図示せよ. (c) 一番よさそうなコンホメーションを描け.

48·5 カープラスの式で表されるカップリング定数は, $\cos\phi = B/4C$ のとき極小を通ることを示せ.

48·6 液体では磁気双極子場は平均化されて 0 になる. （48·15）式で与えた場の平均値を計算して, このことを示せ.〔ヒント: 極座標系での面積素片は $\sin\theta\,d\theta\,d\phi$ である.〕

トピック 49 パルス法 NMR

記述問題

49·1 静磁場中にある複数のスピン $\frac{1}{2}$ 核の系での 90° パルスと 180° パルスの効果について詳細に論ぜよ.

49·2 ^{13}C 核の緩和時間が ^1H 核の緩和時間よりも普通ははるかに長い理由を考えよ.

49·3 重水素化した炭化水素を溶媒として小さな分子（たとえばベンゼン）を溶かした溶液では, スピン-格子緩和時間が普通は長いのに, 大きな分子（高分子など）では短い理由を考えよ.

49·4 核オーバーハウザー効果の原因を述べ, この効果を使って生体高分子内のプロトン間の距離を測る方法を説明せよ.

49·5 AX 系の COSY スペクトルの対角ピークと交差ピークの起源を述べよ.

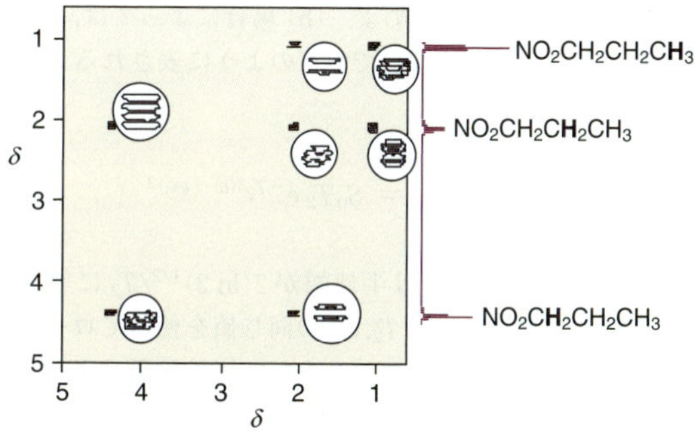

図 F10·1 1-ニトロプロパン（$NO_2CH_2CH_2CH_3$）の COSY スペクトル. 円の中にスペクトルの様子を拡大して図示してある.（G. Morris 教授 提供.）

演 習

49·1(a) 90° パルスや 180° パルスの継続時間は, $\mathcal{B}_1$ 磁場の強度によって決まる. 180° パルスが 12.5 μs を必要とするならば, $\mathcal{B}_1$ 磁場の強度はいくらか. これに対応する 90° パルスはどれだけの時間を必要とするか.

49·1(b) 90° パルスや 180° パルスの継続時間は, $\mathcal{B}_1$ 磁場の強度によって決まる. 90° パルスが 5 μs を必要とするならば, $\mathcal{B}_1$ 磁場の強度はいくらか. これに対応する 180° パルスはどれだけの時間を必要とするか.

49·2(a) 図 F10·1 は 1-ニトロプロパンのプロトン COSY スペクトルを示している. このスペクトルの非対角ピークの様相について説明せよ.

49·2(b) アラニンで観測された COSY スペクトルには, $\delta = 1.00$ と 8.50 の間に交差ピークは 2 個しかない（自習問題 49·5）. この結果を説明せよ.

問 題

49·1‡ 図 49·5 の FID は 400 MHz の分光計で記録したものであり, この FID の振動の極大間の間隔は 0.12 s であるとしよう. この核のラーモア振動数とスピン-スピン緩和時間はいくらか.

49·2 NMR 分光計に組込まれているコンピューターが行う数値計算の中味を理解するために, つぎの計算をせよ.

(a) 一つずつが異なる核に対応する多数の振動数を含む信号の全 FID, $F(t)$ が,

$$F(t) = \sum_j S_{0j}\cos(2\pi\nu_{Lj}t)\,e^{-t/T_{2j}}$$

で与えられている. それぞれの核 j について S_{0j} は信号の極大, ν_{Lj} はラーモア振動数, T_{2j} はスピン-スピン緩和時間である. この FID をつぎの場合についてプロットせよ.

$$S_{01} = 1.0 \quad \nu_{L1} = 50\,\text{MHz} \quad T_{21} = 0.50\,\mu\text{s}$$
$$S_{02} = 3.0 \quad \nu_{L2} = 10\,\text{MHz} \quad T_{22} = 1.0\,\mu\text{s}$$

(b) ラーモア振動数とスピン-スピン緩和時間が変化したら，FID の形はどう変化するかを調べよ．**(c)** 数学ソフトウエアを使い，上の (a) と (b) で計算した FID 曲線のフーリエ変換を計算し，それをプロットせよ．スペクトルの線幅は T_2 の値によってどう変わるか．〔ヒント：たいていの数学ソフトウエアのパッケージに入っている "急速フーリエ変換" を使えばできる．詳細はパッケージの使用説明書を見よ．〕

49・3 **(a)** 多くの場合，NMR の線形を，

$$I_{\text{Lorentzian}}(\omega) = \frac{S_0 T_2}{1 + T_2^2(\omega - \omega_0)^2}$$

の形のローレンツ関数で近似できる．ここで，$I(\omega)$ は角振動数 $\omega = 2\pi\nu$ の関数としての強度，ω_0 は共鳴角振動数，S_0 はある定数，T_2 はスピン-スピン緩和時間である．この線形の場合は，半値幅（強度が半分のところでの幅）が $1/\pi T_2$ であることを確かめよ．**(b)** 場合によっては，NMR 線が角振動数のガウス関数でつぎのように表されることもある．

$$I_{\text{Gaussian}}(\omega) = S_0 T_2\, e^{-T_2^2(\omega - \omega_0)^2}$$

ガウス型の線形の場合は半値幅が $2(\ln 2)^{1/2}/T_2$ に等しいことを確かめよ．**(c)** S_0, T_2, ω_0 の同じ値を使ってローレンツ型とガウス型の線形をプロットして比較検討せよ．

49・4 スペクトル線の形 $I(\omega)$ は自由誘導減衰信号 $G(t)$ と，

$$I(\omega) = a\,\text{Re} \int_0^\infty G(t)\,e^{i\omega t}\,dt$$

の関係がある．a は定数，"Re" はそれに続く項の実数部分をとることを示す．振動しつつ減衰する関数，$G(t) = \cos\omega t\, e^{-t/\tau}$ に相当する線形を計算せよ．

49・5 問題 49・4 の記号を使って表す．もし，$G(t) = (a\cos\omega t + b\cos\omega t)e^{-t/\tau}$ であれば，このスペクトルは 2 本の線から成っていて，その強度はそれぞれ a と b に比例し，線は $\omega = \omega_1$ と $\omega = \omega_2$ の位置にあることを示せ．

49・6 z 軸に平行な磁気モーメントから距離 R だけ離れたところに生じる磁場の z 成分は (49・10) 式で与えられる．固体では，別のプロトンから R の距離にあるプロトンはそのような磁場を受けるから，そのために生じるスペクトルの分裂を測定することによって，R を計算できる．たとえば，石膏では，H_2O 共鳴が分裂するのは，一方のプロトンによって発生した磁場を，他方が 0.715 mT の磁場として見るためであると解釈できる．この H_2O 分子中のプロトン間の距離はいくらか．

49・7 液晶では，分子はすべての方向に自由に回転できるわけではないから，双極子相互作用は平均化しても 0 にならないと考えられる．いま分子に束縛があって，2 個のプロトンを結ぶベクトルが z 軸のまわりには自由に回れるが，余緯度は 0 と θ' の間でしか変化できないとしよう．数学ソフトウエアを使って，双極子場がこの範囲に制限されているときの平均値を計算し，θ' が π に等しいとき（球面上を自由に回転できることに相当する），その平均が 0 になることを確かめよ．問題 49・6 の H_2O 分子が液晶に溶解していて，θ' = 30° までしか回転できないとすると，この分子が見る局所双極子場の平均値はいくらか．

トピック 50　電子常磁性共鳴

記述問題

50・1 フェルミの接触相互作用と分極機構が EPR の超微細相互作用にどのように寄与するかを述べよ．

50・2 有機ラジカルの EPR スペクトルを使って，不対電子が占める分子オービタルを同定し，それが分子内でどのような形をしているかを知る方法を説明せよ．

演習

50・1(a) 9.2231 GHz で運転している分光計では，水素原子の EPR スペクトルの中心は 329.12 mT にある．この原子中の電子の g 値はいくらか．

50・1(b) 9.2482 GHz で運転している分光計では，重水素原子の EPR スペクトルの中心は 330.02 mT にある．この原子中の電子の g 値はいくらか．

50・2(a) 2 個の等価なプロトンを含むラジカルが，強度比 1:2:1 の 3 本線のスペクトルを示した．その線は，330.2 mT, 332.5 mT, 334.8 mT にある．各プロトンの超微細カップリング定数はいくらか．分光計を 9.319 GHz で運転しているとすると，このラジカルの g 値はいくらか．

50・2(b) 3 個の等価なプロトンを含むラジカルが，強度比 1:3:3:1 の 4 本線のスペクトルを示した．その線は，331.4 mT, 333.6 mT, 335.8 mT, 338.0 mT にある．各プロトンの超微細カップリング定数はいくらか．分光計が 9.332 GHz で運転しているとすると，このラジカルの g 値はいくらか．

50・3(a) 超微細定数が 2.0 mT と 2.6 mT である 2 個の非等価なプロトンを含むラジカルのスペクトルの中心が 332.5 mT にある．超微細線が現れる磁場はいくらか．また，その相対強度はどうなるか．

50・3(b) 超微細定数が 2.11 mT, 2.87 mT, 2.89 mT である 3 個の非等価なプロトンを含むラジカルのスペクトルの中心が 332.8 mT にある．超微細線が現れる磁場はいくらか．また，その相対強度はどうなるか．

50·4(a) (a) ・CH₃, (b) ・CD₃ の ESR スペクトルの超微細線の強度比を予測せよ．

50·4(b) (a) ・CH₂CH₃, (b) ・CD₂CD₃ の ESR スペクトルの超微細線の強度比を予測せよ．

50·5(a) ベンゼンアニオンラジカルでは $g = 2.0025$ である．(a) 9.313 GHz，(b) 33.80 GHz で運転する分光計で共鳴させるには，いくらの磁場のところを探せばよいか．

50·5(b) ナフタレンアニオンラジカルでは $g = 2.0024$ である．(a) 9.501 GHz，(b) 34.77 GHz で運転する分光計で共鳴させるには，いくらの磁場のところを探せばよいか．

50·6(a) 磁性核を1個もつラジカルの EPR スペクトルが，等強度の4本線に分裂している．この核のスピンはいくらか．

50·6(b) ある種の等価な核を2個もつラジカルの EPR スペクトルが，強度比 1:2:3:2:1 の5本線に分裂している．この核のスピンはいくらか．

50·7(a) 核 X が $I = \frac{5}{2}$ をもつときの，XH₂ と XD₂ というラジカルの超微細構造の形を図示せよ．

50·7(b) 核 X が $I = \frac{3}{2}$ をもつときの，XH₃ と XD₃ というラジカルの超微細構造の形を図示せよ．

問題

50·1 特殊な方法を使えば，小さな体積のところならば非常に高い磁場を発生させることができる．有機ラジカルの中の電子スピンは 1.0 kT の磁場ではどんな共鳴振動数になるか．その振動数は，典型的な分子回転，分子振動，分子内電子のエネルギー準位の間隔と比べてどうか．

50·2 屈曲形の NO₂ 分子は不対電子を1個もっており，固体マトリックス中に捕捉できるし，また亜硝酸塩の結晶内部に NO₂⁻ イオンの放射線損傷によってつくることもできる．外部磁場が OO の方向に平行になっているときは，9.302 GHz で運転する分光計でスペクトルの中心は 333.64 mT にある．磁場が ONO 角の2等分線の方向を向いているときの共鳴は 331.94 mT にある．この二つの配向における g 値はいくらか．

50·3 ・CH₃ の超微細カップリング定数は 2.3 mT である．表 50·1 の情報を使って，・CD₃ のスペクトルの超微細線の間の分裂を予測せよ．それぞれの場合の超微細スペクトルの全線幅はいくらか．

50·4 p-ジニトロベンゼンアニオンラジカルは，p-ジニトロベンゼンを還元することによってつくられる．このアニオンラジカルには，2個の等価な N 核（$I = 1$）と4個の等価なプロトンがある．$a(N) = 0.148$ mT，$a(H) = 0.112$ mT を使って EPR スペクトルの形を予測せよ．

50·5 (**1**), (**2**), (**3**) のアニオンラジカルで観測される超微細カップリング定数を (mT 単位で) 図示してある．ベンゼンアニオンラジカルの値を使って，π オービタルの不対電子をそれぞれの C 原子上に見いだす確率を図示せよ．

NO₂ 0.011 / 0.0172 —⊖— 0.011 / 0.0172	NO₂ 0.450 / 0.108 —⊖— NO₂ 0.272 / 0.450 NO₂	NO₂ 0.112 / 0.112 —⊖— 0.112 / 0.112 NO₂
1	**2**	**3**

50·6 電子が N 原子の 2s オービタルを占めるときは，原子核と 55.2 mT の超微細相互作用をする．NO₂ のスペクトルは，5.7 mT の等方的な超微細相互作用を示している．NO₂ の不対電子が 2s オービタルを占めている時間の割合はいくらか．N 原子の 2p オービタルにある電子の超微細カップリング定数は 3.4 mT である．NO₂ では，超微細カップリング定数の異方性の部分は 1.3 mT である．この不対電子は，どれだけの割合の時間を NO₂ 中の N 原子の 2p オービタルで過ごすか．この電子が，(a) N 原子，(b) O 原子の上に見いだされる全確率はいくらか．この N 原子の混成比はいくらか．この混成は，NO₂ が屈曲形であるという見方を支持するものか．

50·7 ジ-t-ブチルニトロキシドラジカル (**4**) の 292 K での EPR スペクトルの形を図示せよ．その濃度として，非常に低い濃度 (電子交換が無視できる)，中濃度 (電子交換の効果が見え始める)，高濃度 (電子交換の効果が主要になる) の場合を示せ．

4 ジ-t-ブチルニトロキシドラジカル

テーマ 10 の総合問題

F10.1 「総合問題 F6·15」では，¹³C の化学シフトの大きさがその ¹³C 原子上の正味の電荷と相関があるという仮説の正しさを調べるために，分子の電子構造計算法を使って，つぎの一連の分子の置換基に対してパラ位にある C 原子の正味の電荷を計算した．その分子はメチルベンゼン，ベンゼン，トリフルオロメチルベンゼン，ベンゾニトリル，ニトロベンゼンであり，パラ位にある C 原子の ¹³C 化学シフトの値はつぎの通りである．

置換基	CH₃	H	CF₃	CN	NO₂
δ	128.4	128.5	128.9	129.1	129.4

(a) この一連の分子におけるパラ位の C 原子の正味の電荷と ¹³C 化学シフトの間に直線的な相関があるか．(b) もし，(a) で相関が見つかったならば，「トピック 48」で導入

した概念を使ってその相関の物理的な起源を説明せよ.

F10.2 EPR スペクトルは, スピンハミルトン演算子に現れるパラメーターを使って論じるのが普通である. スピンハミルトン演算子とは, (オービタル角運動量のような) 空間演算子に関係する種々の効果をスピンだけに依存する演算子に組入れたハミルトン演算子である. もし, 真のハミルトン演算子として $\hat{H} = -g_e \gamma_e \mathcal{B}_0 \hat{s}_z - \gamma_e \mathcal{B}_0 \hat{I}_z$ を使うと, 二次摂動論から, スピンの固有値がスピンハミルトン演算子 $\hat{H} = -g \gamma_e \mathcal{B}_0 \hat{s}_z$ (g_e の代わりに g を使うことに注意) の固有値と同じであることを示し, g を表す式を求めよ.

F10.3 「トピック28〜30」で説明した計算法によって, チロシンというアミノ酸が, 植物の光化学系 II における水から O_2 への酸化過程やシトクロム c オキシダーゼ中の O_2 の水への還元過程など数多くの生物学的電子移動反応に関与することがわかった. これらの電子移動が進行する間にチロシンラジカルが生成し, そのスピン密度はこのアミノ酸の側鎖にわたって非局在化する. (a) (**5**) に示したフェ

5 フェノキシラジカル

ノキシラジカルは, チロシンラジカルにふさわしいモデルである. 分子モデリングのソフトウエアと適当な計算法 (半経験的方法またはアブイニシオ法) を使って, (**5**) の O 原子とすべての C 原子のスピン密度を計算せよ. (b) (**5**) の EPR スペクトルの形を予測せよ.

F10.4 NMR 分光法は, 酵素阻害剤 I のような小さな分子と酵素 E のようなタンパク質の間の複合体の解離の平衡定数を求めるのに利用できる.

$$EI \rightleftharpoons E + I \qquad K_I = [E][I]/[EI]$$

化学交換の遅い極限では, I のプロトン NMR スペクトルは二つの共鳴から成る. 一つは遊離の I による ν_I で, もう一つは束縛された I による ν_{EI} である. 化学交換が速いときは, I の同じプロトンの NMR スペクトルは 1 本のピークから成り, その共鳴振動数 ν は, $\nu = f_I \nu_I + f_{EI} \nu_{EI}$ で与えられる. ここで, $f_I = [I]/([I] + [EI])$ と $f_{EI} = [EI]/([I] + [EI])$ は, それぞれ遊離の I と束縛された I の分率である. データを解析するためには, 振動数の差 $\delta\nu = \nu - \nu_I$ と $\Delta\nu = \nu_{EI} - \nu_I$ を定義して使うと便利である. I の初濃度 $[I]_0$ が E の初濃度 $[E]_0$ よりずっと大きいときは $[I]_0$ を $\delta\nu^{-1}$ に対してプロットすると直線となり, その勾配が $[E]_0 \Delta\nu$ で, y 切片が $-K_I$ となることを示せ.

資　料

1　積 分 公 式
2　量子数と演算子
3　単　　　位
4　デ ー タ 表
5　指 標 表

1　積 分 公 式

代数関数（Algebraic functions）

A·1　$\displaystyle\int x^n\,\mathrm{d}x = \frac{x^{n+1}}{n+1} + 定数,\ \ n \neq -1$

A·2　$\displaystyle\int \frac{1}{x}\,\mathrm{d}x = \ln x + 定数$

指数関数（Exponential functions）

E·1　$\displaystyle\int_0^\infty x^n \mathrm{e}^{-ax}\,\mathrm{d}x = \frac{n!}{a^{n+1}}\quad n! = n(n-1)\cdots 1;\ 0! \equiv 1$
$$a > 0$$

E·2　$\displaystyle\int_0^\infty \frac{x^4 \mathrm{e}^x}{(\mathrm{e}^x - 1)^2}\,\mathrm{d}x = \frac{4\pi^4}{15}$

ガウス関数（Gaussian functions）

G·1　$\displaystyle\int_0^\infty \mathrm{e}^{-ax^2}\,\mathrm{d}x = \frac{1}{2}\left(\frac{\pi}{a}\right)^{1/2}\qquad a > 0$

G·2　$\displaystyle\int_0^\infty x\mathrm{e}^{-ax^2}\,\mathrm{d}x = \frac{1}{2a}\qquad a > 0$

G·3　$\displaystyle\int_0^\infty x^2\mathrm{e}^{-ax^2}\,\mathrm{d}x = \frac{1}{4}\left(\frac{\pi}{a^3}\right)^{1/2}\qquad a > 0$

G·4　$\displaystyle\int_0^\infty x^3\mathrm{e}^{-ax^2}\,\mathrm{d}x = \frac{1}{2a^2}\qquad a > 0$

G·5　$\displaystyle\int_0^\infty x^4\mathrm{e}^{-ax^2}\,\mathrm{d}x = \frac{3}{8a^2}\left(\frac{\pi}{a}\right)^{1/2}\qquad a > 0$

G·6　$\displaystyle\mathrm{erf}\,z = \frac{2}{\pi^{1/2}}\int_0^z \mathrm{e}^{-x^2}\,\mathrm{d}x\qquad \mathrm{erfc}\,z = 1 - \mathrm{erf}\,z$

G·7　$\displaystyle\int_0^\infty x^{2m+1}\mathrm{e}^{-ax^2}\,\mathrm{d}x = \frac{m!}{2a^{m+1}}\qquad m \geq 0\quad a > 0$

G·8　$\displaystyle\int_0^\infty x^{2m}\mathrm{e}^{-ax^2}\,\mathrm{d}x = \frac{(2m-1)!!}{2^{m+1}a^m}\left(\frac{\pi}{a}\right)^{1/2}$

　　$(2m-1)!! = 1 \times 3 \times 5 \cdots \times (2m-1)\qquad m \geq 1\quad a > 0$

三角関数（Trigonometric functions）

T·1　$\displaystyle\int \sin ax\,\mathrm{d}x = -\frac{1}{a}\cos ax + 定数$

T·2　$\displaystyle\int \sin^2 ax\,\mathrm{d}x = \frac{1}{2}x - \frac{\sin 2ax}{4a} + 定数$

T·3　$\displaystyle\int \sin^3 ax\,\mathrm{d}x = -\frac{(\sin^2 ax + 2)\cos ax}{3a} + 定数$

T·4　$\displaystyle\int \sin^4 ax\,\mathrm{d}x = \frac{3x}{8} - \frac{3}{8a}\sin ax \cos ax$
$$- \frac{1}{4a}\sin^3 ax \cos ax + 定数$$

T·5　$\displaystyle\int \sin ax \sin bx\,\mathrm{d}x = \frac{\sin(a-b)x}{2(a-b)} - \frac{\sin(a+b)x}{2(a+b)}$
$$+ 定数,\quad a^2 \neq b^2$$

T·6　$\displaystyle\int_0^L \sin nax \sin^2 ax\,\mathrm{d}x$
$$= -\frac{1}{2a}\left\{\frac{1}{n} - \frac{1}{2(n+2)} - \frac{1}{2(n-2)}\right\}\times\{(-1)^n - 1\}$$

T·7　$\displaystyle\int \sin ax \cos ax\,\mathrm{d}x = \frac{1}{2a}\sin^2 ax + 定数$

T·8　$\displaystyle\int \sin bx \cos ax\,\mathrm{d}x = \frac{\cos(a-b)x}{2(a-b)} - \frac{\cos(a+b)x}{2(a+b)}$
$$+ 定数,\quad a^2 \neq b^2$$

T·9　$\displaystyle\int x \sin ax \sin bx\,\mathrm{d}x = -\frac{\mathrm{d}}{\mathrm{d}a}\int \sin bx \cos ax\,\mathrm{d}x$

T·10　$\displaystyle\int \cos^2 ax \sin ax\,\mathrm{d}x = -\frac{1}{3a}\cos^3 ax + 定数$

T·11　$\displaystyle\int x \sin^2 ax\,\mathrm{d}x = \frac{x^2}{4} - \frac{x \sin 2ax}{4a} - \frac{\cos 2ax}{8a^2} + 定数$

T·12　$\displaystyle\int x^2 \sin^2 ax\,\mathrm{d}x = \frac{x^3}{6} - \left(\frac{x^2}{4a} - \frac{1}{8a^3}\right)\sin 2ax$
$$- \frac{x \cos 2ax}{4a^2} + 定数$$

T·13　$\displaystyle\int x \cos ax\,\mathrm{d}x = \frac{1}{a^2}\cos ax + \frac{x}{a}\sin ax + 定数$

2 量子数と演算子

A. よく使う量子数

記 号	名 称 や 意 味	とりうる値
n（次元数に応じて $n_1, n_2, \cdots$）	箱の中の粒子の状態．水素型原子の主量子数	$1, 2, \cdots \infty$
v	調和振動子や二原子分子，多原子分子の 基準振動モードの振動量子数	$0, 1, 2, \cdots \infty$
l	オービタル角運動量量子数	$0, 1, 2, \cdots;$ 原子の場合は $(n-1)$ まで
m_l	磁気量子数	$0, \pm 1, \pm 2, \cdots, \pm l$
s	電子のスピン量子数	$\frac{1}{2}$
m_s	電子のスピン磁気量子数	$\pm \frac{1}{2}$
j, m_j	角運動量（一般に）	整数または半整数 $m_j = j, j-1, \cdots, -j$
L, M_L	全オービタル角運動量量子数	$L = l_1 + l_2, \ l_1 + l_2 - 1, \cdots, \|l_1 - l_2\|;$ $M_L = L, \ L-1, \cdots, -L$
S, M_S	全スピン角運動量量子数	$S = s_1 + s_2, s_1 + s_2 - 1, \cdots, \|s_1 - s_2\|;$ $M_S = S, \ S-1, \cdots, -S$
J, M_J	全角運動量量子数	$J = L + S, \ L + S - 1, \cdots, \|L - S\|;$ $M_J = J, \ J-1, \cdots, -J$
	剛体回転子の角運動量量子数	$J = 0, 1, 2, \cdots;$ $M_J = 0, \pm 1, \cdots, \pm J$
K	剛体回転子の主軸への角運動量成分の量子数	$0, \pm 1, \cdots, \pm J$ 直線形回転子では $K \equiv 0$
λ	直線形分子の分子軸への 電子のオービタル角運動量成分の量子数	$0, \pm 1, \pm 2, \cdots$
Λ	直線形分子の分子軸への 電子の全オービタル角運動量成分の量子数	$0, \pm 1, \pm 2, \cdots$
Σ	直線形分子の分子軸への 全電子スピン S の成分の量子数	$S, \ S-1, \ S-2, \cdots, -S$
Ω	直線形分子の分子軸への 電子の全角運動量成分の量子数	$\Lambda + \Sigma$
I, m_I	核スピン量子数	整数または半整数 $m_I = I, \ I-1, \cdots, -I$

B. 量子力学でよく使う演算子

オブザーバブル	演算子	表し方*
エネルギー	$\hat{H}$（ハミルトン演算子）	$\hat{H} = -\dfrac{\hbar^2}{2m}\nabla^2 + \hat{V}$
運動エネルギー	$\hat{E}_k$	$\hat{E}_k = -\dfrac{\hbar^2}{2m}\nabla^2$
ポテンシャルエネルギー	$\hat{V}$	$\hat{V} = V(r) \times$
位置（x成分, y成分, z成分）	$\hat{x}, \hat{y}, \hat{z}$；一般に $\hat{q}$	$\hat{q} = q \times$
動径距離	$\hat{r}$	$\hat{r} = r \times$
直線運動量（x成分, y成分, z成分）	$\hat{p}_x, \hat{p}_y, \hat{p}_z$；一般に $\hat{p}_q$	$\hat{p}_q = \dfrac{\hbar}{i}\dfrac{\partial}{\partial q}$
直線運動量の2乗	$\hat{p}^2 = \hat{p}_x{}^2 + \hat{p}_y{}^2 + \hat{p}_z{}^2$	$\hat{p}^2 = -\hbar^2 \nabla^2$
電気双極子モーメント（x成分, y成分, z成分）	$\hat{\mu}_x, \hat{\mu}_y, \hat{\mu}_z$；一般に $\hat{\mu}_q$	$\hat{\mu}_q = -eq \times$
オービタル角運動量	$\hat{l}$	$\hat{l} = \hat{r} \times \hat{p} = \dfrac{\hbar}{i} r \times \nabla$；$\hat{l}_z = \dfrac{\hbar}{i}\dfrac{\partial}{\partial \phi}$
オービタル角運動量の大きさの2乗	$\hat{l}^2 = \hat{l}_x{}^2 + \hat{l}_y{}^2 + \hat{l}_z{}^2$	$\hat{l}^2 = -\hbar^2 \Lambda^2$
スピン角運動量の大きさの2乗とz成分	$\hat{s}^2, \hat{s}_z$	
磁場 $\boldsymbol{B}$ に置かれた磁気モーメント $\boldsymbol{\mu}$ のエネルギー	$\hat{H} = -\hat{\boldsymbol{\mu}} \cdot \boldsymbol{B}$	
核磁気モーメント	$\hat{\boldsymbol{\mu}} = \gamma_N \hat{\boldsymbol{I}}$	
スピン磁気モーメント	$\hat{\boldsymbol{\mu}} = \gamma_e \hat{\boldsymbol{s}}$	

*位置の演算子は単に掛け算で表す.

3 単　　位

表1·1　よく使う単位

物理量	単位の名称	単位の記号	SIで表した量*
時　間	分	min	60 s
	時	h	3600 s
	日	d	86 400 s
	年	a	31 556 952 s
長　さ	オングストローム	Å	10^{-10} m
体　積	リットル	L, l	1 dm^3
質　量	トン	t	10^3 kg
圧　力	バール	bar	10^5 Pa
	気　圧	atm	101.325 kPa
エネルギー	電子ボルト	eV	$1.602\,177\,33 \times 10^{-19}$ J
			96.485 31 kJ mol^{-1}
	カロリー	cal	4.184 J

*　1 eVの定義はeの測定値に依存する．1年の定義は天文学的な設定によって変わる（表中の数値は太陽暦の1年であり，現在の太陽年はこれより短い）．それ以外の値はすべて厳密である．

表1·2　SIでよく使う接頭文字

接頭文字	y	z	a	f	p	n	μ	m	c	d
名　称	ヨクト	ゼプト	アト	フェムト	ピコ	ナノ	マイクロ	ミリ	センチ	デシ
分　量	10^{-24}	10^{-21}	10^{-18}	10^{-15}	10^{-12}	10^{-9}	10^{-6}	10^{-3}	10^{-2}	10^{-1}

接頭文字	da	h	k	M	G	T	P	E	Z	Y
名　称	デカ	ヘクト	キロ	メガ	ギガ	テラ	ペタ	エクサ	ゼタ	ヨタ
倍　量	10	10^2	10^3	10^6	10^9	10^{12}	10^{15}	10^{18}	10^{21}	10^{24}

表1·3　SIの基本単位

物理量	量の記号	基本単位
長　さ	l	メートル, m
質　量	m	キログラム, kg
時　間	t	秒, s
電　流	I	アンペア, A
熱力学温度	T	ケルビン, K
物質量	n	モル, mol
光　度	I_v	カンデラ, cd

表1·4　代表的な組立単位

物理量	組立単位*	組立単位の名称
力	1 kg m s^{-2}	ニュートン, N
圧　力	1 kg m^{-1} s^{-2}	パスカル, Pa
	1 N m^{-2}	
エネルギー	1 kg m^2 s^{-2}	ジュール, J
	1 N m	
	1 Pa m^3	
仕事率	1 kg m^2 s^{-3}	ワット, W
	1 J s^{-1}	

*　基本単位による定義の下に，組立単位を用いた等価な定義も示してある．

4 データ表

本書に掲載したすべての表の一覧をここに示す．それぞれの末尾の（　）内の数字は掲載ページである．この「資料」に収録してある表には＊印を付けてあり，それには本文中の表を再録したり拡張したりしたものも含まれる（その場合の表番号は本文中と一致させてある）．なお，標準状態として $p^{\ominus} = 1\,\mathrm{bar}$ の圧力を採用してある．データを引用した主な文献（と略号）はつぎの通りである．

AIP："American Institute of Physics handbook", ed. by D.E. Gray, McGraw-Hill, New York (1972).

E：J. Emsley, "The elements", Oxford University Press (1991).

HCP："Handbook of chemistry and physics", ed. by D.R.Lide, CRC Press, Boca Raton (2000).

JL：A.M. James, M.P. Lord, "Macmillan's chemical and physical data", Macmillan, London (1992).

KL："Tables of physical and chemical constants", ed. by G.W.C. Kaye, T.H. Laby, Longman, London (1973).

LR：G.N. Lewis, M. Randall, revised by K.S. Pitzer, L. Brewer, "Thermodynamics", McGraw-Hill, New York (1961).

NBS："NBS tables of chemical thermodynamic properties", published as *J. Phys. and Chem. Reference Data*, **11**, Supplement 2 (1982).

RS：R.A. Robinson, R.H. Stokes, "Electrolyte solutions", Butterworth, London (1959).

TDOC：J.B. Pedley, J.D. Naylor, S.P. Kirby, "Thermochemical data of organic compounds", Chapman & Hall, London (1986).

表 0・1＊　代表的な物質の物理的性質 (A7)
表 0・2＊　代表的な核種の質量と天然存在率 (A7)
表 1・1＊　よく使う単位 (A5)
表 1・2＊　SI でよく使う接頭文字 (A5)
表 1・3＊　SI の基本単位 (A5)
表 1・4＊　代表的な組立単位 (A5)
表 2・1　並進運動と回転運動の相互対応 (12)
表 6・1　シュレーディンガー方程式 (50)
表 8・1　不確定性原理の制約 (62)
表 12・1　エルミート多項式 $H_v(y)$ (98)
表 12・2　誤差関数 (102)
表 14・1　球面調和関数 (117)
表 17・1　水素型原子の動径波動関数 (159)

表 18・1　水素型原子オービタル (166)
表 19・1＊　実効核電荷 (178)
表 20・1　主要族元素の原子半径 (184)
表 20・2＊　第一および第二イオン化エネルギー (184)
表 20・3＊　電子親和力 (185)
表 22・1　混成の例 (213)
表 24・1＊　結合長 (226)
表 24・2＊　結合解離エネルギー (226)
表 25・1＊　ポーリングの電気陰性度 (231)
表 31・1　対称操作と対称要素 (283)
表 31・2　点群の記号 (285)
表 32・1＊　C_{2v} の指標表 (295)
表 32・2＊　C_{3v} の指標表 (296)
表 34・1＊　双極子モーメントの大きさと分極率体積 (312)
表 35・1　相互作用ポテンシャルエネルギー (322)
表 35・2＊　レナード-ジョーンズの (12,6) ポテンシャルパラメーター (327)
表 36・1＊　第二ビリアル係数 (331)
表 36・2＊　気体のボイル温度 (332)
表 36・3＊　ファンデルワールスのパラメーター (333)
表 36・4　代表的な状態方程式 (334)
表 36・5＊　気体の臨界定数 (335)
表 37・1　七つの結晶系 (342)
表 38・1　代表的な元素の結晶構造 (354)
表 38・2＊　イオン半径 (358)
表 38・3　マーデルング定数 (359)
表 38・4＊　298 K での格子エンタルピー (361)
表 39・1＊　298 K における磁化率 (369)
表 41・1　慣性モーメント (400)
表 43・1＊　二原子分子の性質 (420)
表 44・1＊　代表的な振動の波数 (428)
表 45・1＊　光の色と波長，振動数，エネルギー (434)
表 45・2＊　基や分子の吸収特性 (441)
表 46・1　レーザー放射線の特性と化学への応用 (448)
表 47・1　原子核の構成と核スピン量子数 (471)
表 47・2　核スピンの性質 (471)
表 50・1＊　代表的な核種の超微細カップリング定数 (503)

訳注表　SI 基本単位の新しい定義と定義値となる基礎物理定数 (8)

資 料 A7

表 0·1 代表的な物質の物理的性質

	$\rho/(\text{g cm}^{-3})$ 293 K†	T_f/K	T_b/K		$\rho/(\text{g cm}^{-3})$ 293 K†	T_f/K	T_b/K
元 素（五十音順）				**無機化合物**			
亜鉛（固体）	7.133	692.7	1180	$CaCO_3$（固体，方解石）	2.71	1612	1171^d
アルゴン（気体）	1.381	83.8	87.3	$CuSO_4 \cdot 5H_2O$（固体）	2.284	383 ($-H_2O$)	423 ($-5H_2O$)
アルミニウム（固体）	2.698	933.5	2740	HBr（気体）	2.77	184.3	206.4
硫黄（固体，α形）	2.070	386.0	717.8	HCl（気体）	1.187	159.0	191.1
ウラン（固体）	18.950	1406	4018	HI（気体）	2.85	222.4	237.8
塩素（気体）	1.507	172.2	239.2	H_2O（液体）	0.997	273.2	373.2
カリウム（固体）	0.862	336.8	1047	D_2O（液体）	1.104	277.0	374.6
キセノン（気体）	2.939	161.3	166.1	NH_3（気体）	0.817	195.4	238.8
金（固体）	19.320	1338	3080	KBr（固体）	2.750	1003	1708
銀（固体）	10.500	1235	2485	KCl（固体）	1.984	1049	1773^s
クリプトン（気体）	2.413	116.6	120.8	$NaCl$（固体）	2.165	1074	1686
酸素（気体）	1.140	54.8	90.2	H_2SO_4（液体）	1.841	283.5	611.2
臭素（液体）	3.123	265.9	331.9				
水銀（液体）	13.546	234.3	629.7	**有機化合物**			
水素（気体）	0.071	14.0	20.3	アセトアルデヒド，CH_3CHO（液体，気体）	0.788	152	293
炭素（固体，グラファイト）	2.260	3700^s		アセトン，$(CH_3)_2CO$（液体）	0.787	178	329
炭素（固体，ダイヤモンド）	3.513			アニリン，$C_6H_5NH_2$（液体）	1.026	267	457
窒素（気体）	0.880	63.3	77.4	アントラセン，$C_{14}H_{10}$（固体）	1.243	490	615
鉄（固体）	7.874	1808	3023	エタノール，C_2H_5OH（液体）	0.789	156	351.4
銅（固体）	8.960	1357	2840	オクタン，C_8H_{18}（液体）	0.703	216.4	398.8
ナトリウム（固体）	0.971	371.0	1156	グルコース，$C_6H_{12}O_6$（固体）	1.544	415	
鉛（固体）	11.350	600.6	2013	クロロホルム，$CHCl_3$（液体）	1.499	209.6	334
ネオン（気体）	1.207	24.5	27.1	酢酸，CH_3COOH（液体）	1.049	289.8	391
フッ素（気体）	1.108	53.5	85.0	四塩化炭素，CCl_4（液体）	1.63	250	349.9
ヘリウム（気体）	0.125		4.22	スクロース，$C_{12}H_{22}O_{11}$（固体）	1.588	457^d	
ホウ素（固体）	2.340	2573	3931	ナフタレン，$C_{10}H_8$（固体）	1.145	353.4	491
マグネシウム（固体）	1.738	922.0	1363	フェノール，C_6H_5OH（固体）	1.073	314.1	455.0
ヨウ素（固体）	4.930	386.7	457.5	ベンゼン，C_6H_6（液体）	0.879	278.6	353.2
リチウム（固体）	0.534	453.7	1620	ホルムアルデヒド，$HCHO$（気体）		181	254.0
リン（固体，黄リン）	1.820	317.3	553	メタノール，CH_3OH（液体）	0.791	179.2	337.6
				メタン，CH_4（気体）		90.6	111.6

数値の上付き添字 d: 分解 s: 昇華
† 293 K で気体の物質については，沸点での液体の値．
データ: AIP, E, HCP, KL

表 0·2 代表的な核種の質量と天然存在率

核 種		m/m_u	天然存在率 （パーセント）	核 種		m/m_u	天然存在率 （パーセント）	核 種		m/m_u	天然存在率 （パーセント）
H	^{1}H	1.0078	99.9885	C	^{12}C	12*	98.93	P	^{31}P	30.9738	100
	^{2}H	2.0141	0.0115		^{13}C	13.0034	1.07	S	^{32}S	31.9721	94.99
He	^{3}He	3.0160	0.000134	N	^{14}N	14.0031	99.636		^{33}S	32.9715	0.75
	^{4}He	4.0026	99.999866		^{15}N	15.0001	0.364		^{34}S	33.9679	4.25
Li	^{6}Li	6.0151	7.59	O	^{16}O	15.9949	99.757	Cl	^{35}Cl	34.9689	75.76
	^{7}Li	7.0160	92.41		^{17}O	16.9991	0.038		^{37}Cl	36.9659	24.24
B	^{10}B	10.0129	19.9		^{18}O	17.9992	0.205	Br	^{79}Br	78.9183	50.69
	^{11}B	11.0093	80.1	F	^{19}F	18.9984	100		^{81}Br	80.9163	49.31
								I	^{127}I	126.9045	100

* ^{12}C の m/m_u は厳密に定義された値．

表 19·1 実効核電荷, $Z_{\text{eff}} = Z - \sigma$

	H							He
1s	1							1.6875
	Li	Be	B	C	N	O	F	Ne
1s	2.6906	3.6848	4.6795	5.6727	6.6651	7.6579	8.6501	9.6421
2s	1.2792	1.9120	2.5762	3.2166	3.8474	4.4916	5.1276	5.7584
2p			2.4214	3.1358	3.8340	4.4532	5.1000	5.7584
	Na	Mg	Al	Si	P	S	Cl	Ar
1s	10.6259	11.6089	12.5910	13.5745	14.5578	15.5409	16.5239	17.5075
2s	6.5714	7.3920	8.3736	9.0200	9.8250	10.6288	11.4304	12.2304
2p	6.8018	7.8258	8.9634	9.9450	10.9612	11.9770	12.9932	14.0082
3s	2.5074	3.3075	4.1172	4.9032	5.6418	6.3669	7.0683	7.7568
3p			4.0656	4.2852	4.8864	5.4819	6.1161	6.7641

データ：E. Clementi, D. L. Raimondi, "Atomic screening constants from SCF functions", IBM Res. Note NJ-27 (1963).
J. Chem. Phys., **38**. 2686 (1963).

表 20·2 第一および第二イオン化エネルギー，$I/(\text{kJ mol}^{-1})$

H							He
1312.0							2372.3
							5250.4
Li	Be	B	C	N	O	F	Ne
513.3	899.4	800.6	1086.2	1402.3	1313.9	1681	2080.6
7298.0	1757.1	2427	2352	2856.1	3388.2	3374	3952.2
Na	Mg	Al	Si	P	S	Cl	Ar
495.8	737.7	577.4	786.5	1011.7	999.6	1251.1	1520.4
4562.4	1450.7	1816.6	1577.1	1903.2	2251	2297	2665.2
		2744.6		2912			
K	Ca	Ga	Ge	As	Se	Br	Kr
418.8	589.7	578.8	762.1	947.0	940.9	1139.9	1350.7
3051.4	1145	1979	1537	1798	2044	2104	2350
		2963	2735				
Rb	Sr	In	Sn	Sb	Te	I	Xe
403.0	549.5	558.3	708.6	833.7	869.2	1008.4	1170.4
2632	1064.2	1820.6	1411.8	1794	1795	1845.9	2046
		2704	2943.0	2443			
Cs	Ba	Tl	Pb	Bi	Po	At	Rn
375.5	502.8	589.3	715.5	703.2	812	930	1037
2420	965.1	1971.0	1450.4	1610			
		2878	3081.5	2466			

データ：E

資　　　料　　　　　　　　　　　　　　　A9

表 20·3　電子親和力, $E_{ea}/(kJ\,mol^{-1})$

H 72.8							He −21
Li 59.8	Be ≤0	B 23	C 122.5	N −7	O 141 −844	F 322	Ne −29
Na 52.9	Mg ≤0	Al 44	Si 133.6	P 71.7	S 200.4 −532	Cl 348.7	Ar −35
K 48.3	Ca 2.37	Ga 36	Ge 116	As 77	Se 195.0	Br 324.5	Kr −39
Rb 46.9	Sr 5.03	In 34	Sn 121	Sb 101	Te 190.2	I 295.3	Xe −41
Cs 45.5	Ba 13.95	Tl 30	Pb 35.2	Bi 101	Po 186	At 270	Rn −41

データ : E

表 24·1　結合長, R_e/pm

(a) 代表的な分子の結合長

Br$_2$	228.3
Cl$_2$	198.75
CO	112.81
F$_2$	141.78
H$_2^+$	106
H$_2$	74.138
HBr	141.44
HCl	127.45
HF	91.680
HI	160.92
N$_2$	109.76
O$_2$	120.75

(b) 共有結合半径から求めた平均結合長 [a]

H	37						
C	77 (1) 67 (2) 60 (3)	N	74 (1) 65 (2)	O	66 (1) 57 (2)	F	64
Si	118	P	110	S	104 (1) 95 (2)	Cl	99
Ge	122	As	121	Se	104	Br	114
		Sb	141	Te	137	I	133

a) (　) 内の数字は結合次数を表す. 特に記していないのは単結合の値.
　A−B の共有結合長は A, B それぞれの共有結合半径の和である.

表 24·2a　結合解離エンタルピー[a], 298 K での $\Delta H^{\ominus}(A-B)/(kJ\,mol^{-1})$

二原子分子

H−H	436	F−F	155	Cl−Cl	242	Br−Br	193	I−I	151
O=O	497	C=O	1076	N≡N	945				
H−O	428	H−F	565	H−Cl	431	H−Br	366	H−I	299

多原子分子

H−CH$_3$	435	H−NH$_2$	460	H−OH	492	H−C$_6$H$_5$	469
H$_3$C−CH$_3$	368	H$_2$C=CH$_2$	720	HC≡CH	962		
HO−CH$_3$	377	Cl−CH$_3$	352	Br−CH$_3$	293	I−CH$_3$	237
O=CO	531	HO−OH	213	O$_2$N−NO$_2$	54		

a) 結合解離エンタルピー ($\Delta H^{\ominus}$) と結合解離エネルギー (D_0) の関係は, $D_e = D_0 + \frac{1}{2}\hbar\omega$ として,
　　$\Delta H^{\ominus} = D_e + \frac{3}{2}RT$ で近似できる. 二原子分子の正確な D_0 の値については表 43.1 を見よ.
　データ : HCP, KL

表 24·2b 平均結合エンタルピー[a], $\Delta H^{\ominus}(A-B)/(kJ\,mol^{-1})$

	H	C	N	O	F	Cl	Br	I	S	P	Si
H	436										
C	412	348 (i)									
		612 (ii)									
		838 (iii)									
		518 (a)									
N	388	305 (i)	163 (i)								
		613 (ii)	409 (ii)								
		890 (iii)	946 (iii)								
O	463	360 (i)	157	146 (i)							
		743 (ii)		497 (ii)							
F	565	484	270	185	155						
Cl	431	338	200	203	254	242					
Br	366	276				219	193				
I	299	238				210	178	151			
S	338	259			496	250	212		264		
P	322									201	
Si	318		374	466							226

a) 平均結合エンタルピーは，結合の強さを表すおよその目安であり，結合解離エネルギーと区別する必要がないときに用いる．
(i) 単結合, (ii) 二重結合, (iii) 三重結合, (a) 芳香族.
データ: HCP，および L. Pauling, "The nature of the chemical bond", Cornell University Press (1960).

表 25·1 ポーリングの電気陰性度（イタリックの数値）とマリケンの電気陰性度

H							He
2.20							
3.06							
Li	Be	B	C	N	O	F	Ne
0.98	*1.57*	*2.04*	*2.55*	*3.04*	*3.44*	*3.98*	
1.28	1.99	1.83	2.67	3.08	3.22	4.43	4.60
Na	Mg	Al	Si	P	S	Cl	Ar
0.93	*1.31*	*1.61*	*1.90*	*2.19*	*2.58*	*3.16*	
1.21	1.63	1.37	2.03	2.39	2.65	3.54	3.36
K	Ca	Ga	Ge	As	Se	Br	Kr
0.82	*1.00*	*1.81*	*2.01*	*2.18*	*2.55*	*2.96*	*3.0*
1.03	1.30	1.34	1.95	2.26	2.51	3.24	2.98
Rb	Sr	In	Sn	Sb	Te	I	Xe
0.82	*0.95*	*1.78*	*1.96*	*2.05*	*2.10*	*2.66*	*2.6*
0.99	1.21	1.30	1.83	2.06	2.34	2.88	2.59
Cs	Ba	Tl	Pb	Bi			
0.79	*0.89*	*2.04*	*2.33*	*2.02*			

データ: ポーリングの値: A. L. Allred, *J. Inorg. Nucl. Chem.*, **17**, 215 (1961); L. C. Allen, J. E. Huheey, *ibid.*, **42**, 1523 (1980). マリケンの値: L. C. Allen, *J. Am. Chem. Soc.*, **111**, 9003 (1989). マリケンの値は，ポーリングの値にほぼ合うように大きさを調節してある．

資　　料　　　　　　　　　　　　　　　　A11

表 34·1　双極子モーメントの大きさ (μ) と分極率 (α)，分極率体積 (α')

	$\mu/(10^{-30}\,\text{C m})$	μ/D	$\alpha/(10^{-40}\,\text{C}^2\,\text{m}^2\,\text{J}^{-1})$	$\alpha'/(10^{-30}\,\text{m}^3)$
Ar	0	0	1.85	1.66
C_2H_5OH	5.64	1.69		
$C_6H_5CH_3$	1.20	0.36		
C_6H_6	0	0	11.6	10.4
CCl_4	0	0	11.7	10.3
CH_2Cl_2	5.24	1.57	7.57	6.80
CH_3Cl	6.24	1.87	5.04	4.53
CH_3OH	5.70	1.71	3.59	3.23
CH_4	0	0	2.89	2.60
$CHCl_3$	3.37	1.01	9.46	8.50
CO	0.390	0.117	2.20	1.98
CO_2	0	0	2.93	2.63
H_2	0	0	0.911	0.819
H_2O	6.17	1.85	1.65	1.48
HBr	2.67	0.80	4.01	3.61
HCl	3.60	1.08	2.93	2.63
He	0	0	0.22	0.20
HF	6.37	1.91	0.57	0.51
HI	1.40	0.42	6.06	5.45
N_2	0	0	1.97	1.77
NH_3	4.90	1.47	2.47	2.22
$1,2\text{-}C_6H_4(CH_3)_2$	2.07	0.62		

データ：HCP および C. J. F. Böttcher, P. Bordewijk, "Theory of electric polarization", Elsevier, Amsterdam (1978).

表 35·2　レナード-ジョーンズの $(12,6)$
ポテンシャルパラメーター

	$(\varepsilon/k)/\text{K}$	r_0/pm
Ar	111.84	362.3
C_2H_2	209.11	463.5
C_2H_4	200.78	458.9
C_2H_6	216.12	478.2
C_6H_6	377.46	617.4
CCl_4	378.86	624.1
Cl_2	296.27	448.5
CO_2	201.71	444.4
F_2	104.29	357.1
Kr	154.87	389.5
N_2	91.85	391.9
O_2	113.27	365.4
Xe	213.96	426.0

出典：F. Cuadros, I. Cachadiña, W. Ahamuda, *Molec. Engineering*, **6**, 319 (1996).

A12 資 料

表 36·1 第二ビリアル係数, $B/(\text{cm}^3\,\text{mol}^{-1})$

	100 K	273 K	373 K	600 K
空気	−167.3	−13.5	3.4	19.0
Ar	−187.0	−21.7	−4.2	11.9
CH_4		−53.6	−21.2	8.1
CO_2		−142	−72.2	−12.4
H_2	−2.0	13.7	15.6	
He	11.4	12.0	11.3	10.4
Kr		−62.9	−28.7	1.7
N_2	−160.0	−10.5	6.2	21.7
Ne	−6.0	10.4	12.3	13.8
O_2	−197.5	−22.0	−3.7	12.9
Xe		−153.7	−81.7	−19.6

ここでの値は,「トピック 36」の (36·4b) 式の展開式の B の値である.(36·4a) 式に変換するには $B'=B/RT$ を使う.
Ar の 273 K での B の値は, $C=1200\,\text{cm}^6\,\text{mol}^{-1}$ としたときの値である.
データ: AIP, JL

表 36·2 気体のボイル温度

	T_B/K
Ar	411.5
CH_4	510.0
CO_2	714.8
H_2	110.0
He	22.64
Kr	575.0
N_2	327.2
Ne	122.1
O_2	405.9
Xe	768.0

データ: AIP, KL

表 36·3 ファンデルワールスのパラメーター

	$a/(\text{atm}\,\text{dm}^6\,\text{mol}^{-2})$	$b/(10^{-2}\,\text{dm}^3\,\text{mol}^{-1})$		$a/(\text{atm}\,\text{dm}^6\,\text{mol}^{-2})$	$b/(10^{-2}\,\text{dm}^3\,\text{mol}^{-1})$
Ar	1.337	3.20	H_2S	4.484	4.34
C_2H_4	4.552	5.82	He	0.0341	2.38
C_2H_6	5.507	6.51	Kr	2.349	3.978
C_6H_6	18.57	11.93	N_2	1.352	3.87
CH_4	2.273	4.31	Ne	0.205	1.67
Cl_2	6.260	5.42	NH_3	4.169	3.71
CO	1.453	3.95	O_2	1.364	3.19
CO_2	3.610	4.29	SO_2	6.775	5.68
H_2	0.2420	2.65	Xe	4.137	5.16
H_2O	5.464	3.05			

データ: HCP

表 36·5 気体の臨界定数

	p_c/atm	$V_c/(\text{cm}^3\,\text{mol}^{-1})$	T_c/K		p_c/atm	$V_c/(\text{cm}^3\,\text{mol}^{-1})$	T_c/K
Ar	48.00	75.25	150.72	HBr	84.0		363.0
Br_2	102	135	584	HCl	81.5	81.0	324.7
C_2H_4	50.50	124	283.1	He	2.26	57.76	5.21
C_2H_6	48.20	148	305.4	HI	80.8		423.2
C_6H_6	48.6	260	562.7	Kr	54.27	92.24	209.39
CH_4	45.6	98.7	190.6	N_2	33.54	90.10	126.3
Cl_2	76.1	124	417.2	Ne	26.86	41.74	44.44
CO_2	72.85	94.0	304.2	NH_3	111.3	72.5	405.5
F_2	55		144	O_2	50.14	78.0	154.8
H_2	12.8	64.99	33.23	Xe	58.0	118.8	289.75
H_2O	218.3	55.3	647.4				

資　　　料　　　　　　　　　　　　　　　　　　　　A13

表38・2　イオン半径[a], r/pm

Li$^+$(4)	Be^{2+}(4)	B^{3+}(4)	N^{3-}	O^{2-}(6)	F$^-$(6)
59	27	12	171	140	133
Na$^+$(6)	Mg^{2+}(6)	Al^{3+}(6)	P^{3-}	S^{2-}(6)	Cl$^-$(6)
102	72	53	212	184	181
K$^+$(6)	Ca^{2+}(6)	Ga^{3+}(6)	As^{3-}(6)	Se^{2-}(6)	Br$^-$(6)
138	100	62	222	198	196
Rb$^+$(6)	Sr^{2+}(6)	In^{3+}(6)		Te^{2-}(6)	I$^-$(6)
149	116	79		221	220
Cs$^+$(6)	Ba^{2+}(6)	Tl^{3+}(6)			
167	136	88			

dブロック元素（高スピンのイオン）

Sc^{3+}(6)	Ti^{4+}(6)	Cr^{3+}(6)	Mn^{3+}(6)	Fe^{2+}(6)	Co^{3+}(6)	Cu^{2+}(6)	Zn^{2+}(6)
73	60	61	65	63	61	73	75

a)　（　）内の数字はイオンの配位数，配位数を書いていないイオンの値は推定値.
データ：R. D. Shannon, C. T. Prewitt, *Acta Cryst.*, **B25**, 925 (1969).

表38・4　298 K での格子エンタルピー，$\Delta H_L^{\ominus}/(\text{kJ mol}^{-1})$

	F	Cl	Br	I
ハロゲン化物				
Li	1037	852	815	761
Na	926	787	752	705
K	821	717	689	649
Rb	789	695	668	632
Cs	750	676	654	620
Ag	969	912	900	886
Be		3017		
Mg		2524		
Ca		2255		
Sr		2153		
酸化物				
MgO 3850	CaO 3461	SrO 3283	BaO 3114	
硫化物				
MgS 3406	CaS 3119	SrS 2974	BaS 2832	

ここでの数値は，反応 MX(s) → M$^+$(g)＋X$^-$(g)
のエンタルピー変化に相当している.
データ：主として D. Cubicciotti, *et al.*, *J. Chem. Phys.*, **31**, 1646 (1959) による.

表39・1　298 K における磁化率

	$\chi/10^{-6}$	$\chi_m/(10^{-10}\ \text{m}^3\ \text{mol}^{-1})$
H$_2$O(l)	−9.02	−1.63
C$_6$H$_6$(l)	−8.8	−7.8
C$_6$H$_{12}$(l)	−10.2	−11.1
CCl$_4$(l)	−5.4	−5.2
NaCl(s)	−16	−3.8
Cu(s)	−9.7	−0.69
S(直方晶)	−12.6	−1.95
Hg(l)	−28.4	−4.21
Al(s)	+20.7	+2.07
Pt(s)	+267.3	+24.25
Na(s)	+8.48	+2.01
K(s)	+5.94	+2.61
CuSO$_4$·5H$_2$O(s)	+167	+183
MnSO$_4$·4H$_2$O(s)	+1859	+1835
NiSO$_4$·7H$_2$O(s)	+355	+503
FeSO$_4$(s)	+3743	+1558

$\chi_m = \chi V_m = \chi M/\rho$
出典：主として HCP

A14 資 料

表43·1 二原子分子の性質

	$\tilde{\nu}/cm^{-1}$	θ^V/K	$\tilde{B}/cm^{-1}$	θ^R/K	R_e/pm	$k_f/(N\ m^{-1})$	$N_A hc\tilde{D}_0/$ $(kJ\ mol^{-1})$	σ
$^1H_2^+$	2321.8	3341	29.8	42.9	106	160	255.8	2
$^1H_2$	4400.39	6332	60.864	87.6	74.138	574.9	432.1	2
$^2H_2$	3118.46	4487	30.442	43.8	74.154	577.0	439.6	2
$^1H^{19}F$	4138.32	5955	20.956	30.2	91.680	965.7	564.4	1
$^1H^{35}Cl$	2990.95	4304	10.593	15.2	127.45	516.3	427.7	1
$^1H^{81}Br$	2648.98	3812	8.465	12.2	141.44	411.5	362.7	1
$^1H^{127}I$	2308.09	3321	6.511	9.37	160.92	313.8	294.9	1
$^{14}N_2$	2358.07	3393	1.9987	2.88	109.76	2293.8	941.7	2
$^{16}O_2$	1580.36	2274	1.4457	2.08	120.75	1176.8	493.5	2
$^{19}F_2$	891.8	1283	0.8828	1.27	141.78	445.1	154.4	2
$^{35}Cl_2$	559.71	805	0.2441	0.351	198.75	322.7	239.3	2
$^{12}C^{16}O$	2170.21	3122	1.9313	2.78	112.81	1903.17	1071.8	1
$^{79}Br^{81}Br$	323.2	465	0.0809	0.116	283.3	245.9	190.2	1
$^{127}I_2$	214.52	308.65	0.0374	0.0538	266.56	172	148.8	2

データ：AIP

表44·1　代表的な振動の波数, $\tilde{\nu}/cm^{-1}$

C−H 伸縮	2850〜2960	C−F 伸縮	1000〜1400
C−H 変角	1340〜1465	C−Cl 伸縮	600〜800
C−C 伸縮, 変角	700〜1250	C−Br 伸縮	500〜600
C=C 伸縮	1620〜1680	C−I 伸縮	500
C≡C 伸縮	2100〜2260	CO_3^{2-}	1410〜1450
O−H 伸縮	3590〜3650	NO_3^-	1350〜1420
水素結合	3200〜3570	NO_2^-	1230〜1250
C=O 伸縮	1640〜1780	SO_4^{2-}	1080〜1130
C≡N 伸縮	2215〜2275	ケイ酸塩	900〜1100
N−H 伸縮	3200〜3500		

データ：L. J. Bellamy, "The infrared spectra of complex molecules", Chapman and Hall (1975).
"Advances in infrared group frequencies", Chapman and Hall (1968).

表45·1　光の色と波長, 振動数, エネルギー

色	λ/nm	$\nu/(10^{14}\ Hz)$	$\tilde{\nu}/(10^4\ cm^{-1})$	E/eV	$E/(kJ\ mol^{-1})$
赤 外	＞1000	＜3.00	＜1.00	＜1.24	＜120
赤	700	4.28	1.43	1.77	171
橙	620	4.84	1.61	2.00	193
黄	580	5.17	1.72	2.14	206
緑	530	5.66	1.89	2.34	226
青	470	6.38	2.13	2.64	255
紫	420	7.14	2.38	2.95	285
紫 外	＜350	＞8.57	＞2.86	＞3.54	＞342

データ：J. G. Calvert, J. N. Pitts, "Photochemistry", Wiley, New York (1966).

資　　料　　　　　　　　　　　　　　　　　　　　　A15

表 45·2　基や分子の吸収特性

基	$\tilde{\nu}_{max}/(10^4\,cm^{-1})$	λ_{max}/nm	$\varepsilon_{max}/(dm^3\,mol^{-1}\,cm^{-1})$
$C=C\,(\pi^* \leftarrow \pi)$	6.10	163	1.5×10^4
	5.73	174	5.5×10^3
$C=O\,(\pi^* \leftarrow n)$	3.7〜3.5	270〜290	10〜20
$-N=N-$	2.9	350	15
	>3.9	<260	強い吸収
$-NO_2$	3.6	280	10
	4.8	210	1.0×10^4
C_6H_5-	3.9	255	200
	5.0	200	6.3×10^3
	5.5	180	1.0×10^5
$[Cu(OH_2)_6]^{2+}\,(aq)$	1.2	810	10
$[Cu(NH_3)_4]^{2+}\,(aq)$	1.7	600	50
$H_2O\,(\pi^* \leftarrow n)$	6.0	167	7.0×10^3

表 47·2　核スピンの性質

核　種	天然存在率 （パーセント）	スピン I	磁気モーメント μ/μ_N	g 因子 g_I	磁気回転比 $\gamma_N/(10^7\,T^{-1}\,s^{-1})$	1 T での NMR 振動数 ν/MHz
$^1n^*$		$\frac{1}{2}$	-1.9130	-3.8260	-18.324	29.164
^1H	99.9885	$\frac{1}{2}$	2.792 85	5.5857	26.752	42.576
^2H	0.0115	1	0.857 44	0.857 44	4.1067	6.536
$^3H^*$		$\frac{1}{2}$	$-2.978\,96$	-4.2553	-20.380	45.414
^{10}B	19.9	3	1.8006	0.6002	2.875	4.575
^{11}B	80.1	$\frac{3}{2}$	2.6886	1.7923	8.5841	13.663
^{13}C	1.07	$\frac{1}{2}$	0.7024	1.4046	6.7272	10.708
^{14}N	99.636	1	0.403 76	0.403 56	1.9328	3.078
^{17}O	0.038	$\frac{5}{2}$	$-1.893\,79$	-0.7572	-3.627	5.774
^{19}F	100	$\frac{1}{2}$	2.628 87	5.2567	25.177	40.077
^{31}P	100	$\frac{1}{2}$	1.1316	2.2634	10.840	17.251
^{33}S	0.75	$\frac{3}{2}$	0.6438	0.4289	2.054	3.272
^{35}Cl	75.76	$\frac{3}{2}$	0.8219	0.5479	2.624	4.176
^{37}Cl	24.24	$\frac{3}{2}$	0.6841	0.4561	2.184	3.476

＊放射性

μ は m_I の最大値をもつスピン状態の磁気モーメント：$\mu = g_I \mu_N I$ で，μ_N は核磁子である（表紙の見返しを見よ）.
データ：KL, HCP

表 50·1　代表的な核種の超微細カップリング定数，a/mT

核種	スピン	等方的なカップリング	異方的なカップリング
^1H	$\frac{1}{2}$	50.8(1s)	
^2H	1	7.8(1s)	
^{13}C	$\frac{1}{2}$	113.0(2s)	6.6(2p)
^{14}N	1	55.2(2s)	4.8(2p)
^{19}F	$\frac{1}{2}$	1720(2s)	108.4(2p)
^{31}P	$\frac{1}{2}$	364(3s)	20.6(3p)
^{35}Cl	$\frac{3}{2}$	168(3s)	10.0(3p)
^{37}Cl	$\frac{3}{2}$	140(3s)	8.4(3p)

データ：P. W. Atkins, M. C. R. Symons, "The structure of inorganic radicals",
Elsevier, Amsterdam (1967).

5 指 標 表

C_1, C_s, C_i 群

C_1 (1)	E	$h=1$
A	1	

$C_s = C_h$ (*m*)	E	σ_h	$h=2$	
A$'$	1	1	x, y, R_z	x^2, y^2, z^2, xy
A$''$	1	-1	z, R_x, R_y	yz, zx

$C_i = S_2$ (1̄)	E	i	$h=2$	
A$_g$	1	1	R_x, R_y, R_z	$x^2, y^2, z^2, xy, yz, zx$
A$_u$	1	-1	x, y, z	

C_{nv} 群

$C_{2v}, 2mm$	E	C_2	σ_v	σ_v'	$h=4$	
A$_1$	1	1	1	1	z, z^2, x^2, y^2	
A$_2$	1	1	-1	-1	xy	R_z
B$_1$	1	-1	1	-1	x, zx	R_y
B$_2$	1	-1	-1	1	y, yz	R_x

$C_{3v}, 3m$	E	$2C_3$	$3\sigma_v$	$h=6$	
A$_1$	1	1	1	$z, z^2, x^2 + y^2$	
A$_2$	1	1	-1		R_z
E	2	-1	0	$(x, y), (xy, x^2 - y^2)\,(yz, zx)$	(R_x, R_y)

$C_{4v}, 4mm$	E	C_2	$2C_4$	$2\sigma_v$	$2\sigma_d$	$h=8$	
A$_1$	1	1	1	1	1	$z, z^2, x^2 + y^2$	
A$_2$	1	1	1	-1	-1		R_z
B$_1$	1	1	-1	1	-1	$x^2 - y^2$	
B$_2$	1	1	-1	-1	1	xy	
E	2	-2	0	0	0	$(x, y), (yz, zx)$	(R_x, R_y)

資　　　料　　　　　　　　　　　　　　　　　　　　　　　　　　A17

C_{5v}	E	$2C_5$	$2C_5^2$	$5\sigma_v$	$h=10,\ \alpha=72°$	
A_1	1	1	1	1	z, z^2, x^2+y^2	
A_2	1	1	1	-1		R_z
E_1	2	$2\cos\alpha$	$2\cos2\alpha$	0	$(x, y), (yz, zx)$	(R_x, R_y)
E_2	2	$2\cos2\alpha$	$2\cos\alpha$	0	(xy, x^2-y^2)	

$C_{6v}, 6mm$	E	C_2	$2C_3$	$2C_6$	$3\sigma_d$	$3\sigma_v$	$h=12$	
A_1	1	1	1	1	1	1	z, z^2, x^2+y^2	
A_2	1	1	1	1	-1	-1		R_z
B_1	1	-1	1	-1	-1	1		
B_2	1	-1	1	-1	1	-1		
E_1	2	-2	-1	1	0	0	$(x, y), (yz, zx)$	(R_x, R_y)
E_2	2	2	-1	-1	0	0	(xy, x^2-y^2)	

$C_{\infty v}$	E	$2C_\infty{}^\dagger$	$\infty\sigma_v$	$h=\infty$	
$A_1(\Sigma^+)$	1	1	1	z, z^2, x^2+y^2	
$A_2(\Sigma^-)$	1	1	-1		R_z
$E_1(\Pi)$	2	$2\cos\phi$	0	$(x, y), (yz, zx)$	(R_x, R_y)
$E_2(\Delta)$	2	$2\cos2\phi$	0	(xy, x^2-y^2)	
$\vdots$	$\vdots$	$\vdots$	$\vdots$		

† $\phi=\pi$ のとき，この群の成分は一つしかない．

D_n 群

$D_2, 222$	E	C_2^z	C_2^y	C_2^x	$h=4$	
A_1	1	1	1	1	x^2, y^2, z^2	
B_1	1	1	-1	-1	z, xy	R_z
B_2	1	-1	1	-1	y, zx	R_y
B_3	1	-1	-1	1	x, yz	R_x

$D_3, 32$	E	$2C_3$	$3C_2$	$h=6$	
A_1	1	1	1	z^2, x^2+y^2	
A_2	1	1	-1	z	R_z
E	2	-1	0	$(x, y), (yz, zx), (xy, x^2-y^2)$	(R_x, R_y)

$D_4, 422$	E	C_2	$2C_4$	$2C_2'$	$2C_2''$	$h=8$	
A_1	1	1	1	1	1	z^2, x^2+y^2	
A_2	1	1	1	-1	-1	z	R_z
B_1	1	1	-1	1	-1	x^2-y^2	
B_2	1	1	-1	-1	1	xy	
E	2	-2	0	0	0	$(x, y), (yz, zx)$	(R_x, R_y)

D_{nh} 群

$D_{3h}, \bar{6}2m$	E	σ_h	$2C_3$	$2S_3$	$3C_2$	$3\sigma_v$	$h = 12$	
A_1'	1	1	1	1	1	1	z^2, x^2+y^2	
A_2'	1	1	1	1	-1	-1		R_z
A_1''	1	-1	1	-1	1	-1		
A_2''	1	-1	1	-1	-1	1	z	
E'	2	2	-1	-1	0	0	$(x,y), (xy, x^2-y^2)$	
E''	2	-2	-1	1	0	0	(yz, zx)	(R_x, R_y)

$D_{4h}, 4/mmm$	E	$2C_4$	C_2	$2C_2'$	$2C_2''$	i	$2S_4$	σ_h	$2\sigma_v$	$2\sigma_d$	$h = 16$	
A_{1g}	1	1	1	1	1	1	1	1	1	1	x^2+y^2, z^2	
A_{2g}	1	1	1	-1	-1	1	1	1	-1	-1		R_z
B_{1g}	1	-1	1	1	-1	1	-1	1	1	-1	x^2-y^2	
B_{2g}	1	-1	1	-1	1	1	-1	1	-1	1	xy	
E_g	2	0	-2	0	0	2	0	-2	0	0	(yz, zx)	(R_x, R_y)
A_{1u}	1	1	1	1	1	-1	-1	-1	-1	-1		
A_{2u}	1	1	1	-1	-1	-1	-1	-1	1	1	z	
B_{1u}	1	-1	1	1	-1	-1	1	-1	-1	1		
B_{2u}	1	-1	1	-1	1	-1	1	-1	1	-1		
E_u	2	0	-2	0	0	-2	0	2	0	0	(x,y)	

D_{5h}	E	$2C_5$	$2C_5^2$	$5C_2$	σ_h	$2S_5$	$2S_5^3$	$5\sigma_v$	$h = 20$	$\alpha = 72°$
A_1'	1	1	1	1	1	1	1	1	x^2+y^2, z^2	
A_2'	1	1	1	-1	1	1	1	-1		R_z
E_1'	2	$2\cos\alpha$	$2\cos 2\alpha$	0	2	$2\cos\alpha$	$2\cos 2\alpha$	0	(x,y)	
E_2'	2	$2\cos 2\alpha$	$2\cos\alpha$	0	2	$2\cos 2\alpha$	$2\cos\alpha$	0	(x^2-y^2, xy)	
A_1''	1	1	1	1	-1	-1	-1	-1		
A_2''	1	1	1	-1	-1	-1	-1	1	z	
E_1''	2	$2\cos\alpha$	$2\cos 2\alpha$	0	-2	$-2\cos\alpha$	$-2\cos 2\alpha$	0	(yz, zx)	(R_x, R_y)
E_2''	2	$2\cos 2\alpha$	$2\cos\alpha$	0	-2	$-2\cos 2\alpha$	$-2\cos\alpha$	0		

$D_{\infty h}$	E	$2C_\infty$	$\infty\sigma_v$	i	$2S_\infty$	∞C_2	$h = \infty$	
$A_{1g}(\Sigma_g^+)$	1	1	1	1	1	1	z^2, x^2+y^2	
$A_{1u}(\Sigma_u^+)$	1	1	1	-1	-1	-1	z	
$A_{2g}(\Sigma_g^-)$	1	1	-1	1	1	-1		R_z
$A_{2u}(\Sigma_u^-)$	1	1	-1	-1	1	1		
$E_{1g}(\Pi_g)$	2	$2\cos\phi$	0	2	$-2\cos\phi$	0	(yz, zx)	(R_x, R_y)
$E_{1u}(\Pi_u)$	2	$2\cos\phi$	0	-2	$2\cos\phi$	0	(x,y)	
$E_{2g}(\Delta_g)$	2	$2\cos 2\phi$	0	2	$2\cos 2\phi$	0	(xy, x^2-y^2)	
$E_{2u}(\Delta_u)$	2	$2\cos 2\phi$	0	-2	$-2\cos 2\phi$	0		
$\vdots$	$\vdots$	$\vdots$	$\vdots$	$\vdots$	$\vdots$	$\vdots$		

立 方 群

$T_d, \bar{4}3m$	E	$8C_3$	$3C_2$	$6\sigma_d$	$6S_4$	$h = 24$	
A_1	1	1	1	1	1	$x^2 + y^2 + z^2$	
A_2	1	1	1	-1	-1		
E	2	-1	2	0	0	$(3z^2 - r^2, x^2 - y^2)$	
T_1	3	0	-1	-1	1		(R_x, R_y, R_z)
T_2	3	0	-1	1	-1	$(x, y, z), (xy, yz, zx)$	

O_h $m3m$	E	$8C_3$	$6C_2$	$6C_4$	$3C_2$ $(= C_4^2)$	i	$6S_4$	$8S_6$	$3\sigma_h$	$6\sigma_d$	$h = 48$	
A_{1g}	1	1	1	1	1	1	1	1	1	1	$x^2 + y^2 + z^2$	
A_{2g}	1	1	-1	-1	1	1	-1	1	1	-1		
E_g	2	-1	0	0	2	2	0	-1	2	0	$(2z^2 - x^2 - y^2, x^2 - y^2)$	
T_{1g}	3	0	-1	1	-1	3	1	0	-1	-1		(R_x, R_y, R_z)
T_{2g}	3	0	1	-1	-1	3	-1	0	-1	1	(xy, yz, zx)	
A_{1u}	1	1	1	1	1	-1	-1	-1	-1	-1		
A_{2u}	1	1	-1	-1	1	-1	1	-1	-1	1		
E_u	2	-1	0	0	2	-2	0	1	-2	0		
T_{1u}	3	0	-1	1	-1	-3	-1	0	1	1	(x, y, z)	
T_{2u}	3	0	1	-1	-1	-3	1	0	1	-1		

正二十面体群

I	E	$12C_5$	$12C_5^2$	$20C_3$	$15C_2$	$h = 60$	
A	1	1	1	1	1	$x^2 + y^2 + z^2$	
T_1	3	$\frac{1}{2}(1 + \sqrt{5})$	$\frac{1}{2}(1 - \sqrt{5})$	0	-1	(x, y, z)	(R_x, R_y, R_z)
T_2	3	$\frac{1}{2}(1 - \sqrt{5})$	$\frac{1}{2}(1 + \sqrt{5})$	0	-1		
G	4	-1	-1	1	0		
H	5	0	0	-1	1	$(2z^2 - x^2 - y^2, x^2 - y^2, xy, yz, zx)$	

補足： P. W. Atkins, M. S. Child, C. S. G. Phillips, "Tables for group theory", Oxford University Press (1970).
ここには以上のほかにも，D_2 群や D_4 群，D_{2d} 群，D_{3d} 群，D_{5d} 群などの指標表がある.

索　引

あ

ISC（系間交差）　446
INDO 法　256
アインシュタイン係数
　自然放出の――　147
　誘導吸収の――　147
　誘導放出の――　147
アキラルな分子　290
アクシルロド-テラーの式　325
アクチノイド　3,183
圧縮因子　330,331（図）
圧　力　6
アニオン　3
アブイニシオ法　258
アボガドロ定数　5,8
アボガドロの原理　7
アルカリ金属　3
アルカリ土類金属　3
R 枝　421
α スピン　176
アレイ検出器　389
アンペア（単位）　15

い

ESR（EPR も見よ）　474,500
exp-6 ポテンシャルエネルギー　327
イオン　3
イオン化エネルギー　162,184（表）
イオン性化合物　3
イオン性-共有結合性共鳴　209
イオン性固体　353,357
イオン半径（表）　358
異核二原子分子　229
位　数　295
位　相　22
位相敏感検出器　475
位相敏感検波法　457
位相問題　349
位置演算子　50
一次結合　55
一次元固体　355
一次元の運動　75
一次速度論的同位体効果　103
一重項状態　177
一重に励起した行列式　259
一電子波動関数　160
一階線形微分方程式　71
一階導関数　29

一般解　71
EPR　474,500
　――共鳴条件　475,500
イメージング　505
医薬設計　310
インターフェログラム　390

う，え

ウィーンの変位則　36
運動エネルギー　13
運動エネルギー演算子　51

永久磁気モーメント　369
永久（電気）双極子モーメント　315,406
永年行列式　233,249
永年方程式　232,278
AX系（NMR）　483,494
AFM　327
AM1 モデル　256
液　体　5
SI 基本単位の新しい定義（表）　8
SI 単位　5
SALC（対称適合一次結合）　302
s オービタル　164
　――の平均半径　167
s 型ガウス関数　252,273
SQUID（超伝導量子干渉計）　369
S 枝　423
SCF（つじつまの合う場）　247
STO（スレーター型オービタル）　252,265
s バンド　357
sp 混成オービタル　212
sp³ 混成オービタル　211
sp² 混成オービタル　212
枝　421
エタノールの 1H-NMR スペクトル（図）　479
エッカートポテンシャル障壁（図）　86
X 線回折　345
X 線結晶学　345
XPS（X 線光電子分光法）　227
HF-SCF 法　179,247
HMO 法（ヒュッケル分子軌道法）　255
HOMO（最高被占分子オービタル）　238
hcp　354
HTSC（高温超伝導体）　371
（N⁺, N⁻）配位　357
NMR　470
NMR の共鳴条件　472
　二次元――　496
　パルス法――　489
　フーリエ変換――　473,489

NOE（核オーバーハウザー効果）　494
NOESY（核オーバーハウザー効果分光法）　497
NOE 増強パラメーター　496
n 回回転　341
n 回対称軸　341
n 型半導性　367
n 重極子　314
NDDO 法　256
π* ← n 遷移　442
エネルギー　13
　イオン化――　162,184
　結合解離――　207,226
　交換-相関――　264
　格子――　359
　π 結合生成――　241
　π 電子結合――　241
　非局在化――　241
　フェルミ――　365
　ポテンシャル――　13,157,317,322,326,419
　零点振動――　103,148
エネルギー-時間の不確定性　146
エネルギー準位　16,39
　回転――　401,409
　環上の粒子の――　108
　球面上の粒子の――　118
　振動――　416
　水素型原子の――　158,165（図）
　水素原子の――　161
　調和振動子の――　96
　箱の中の粒子の――　78,91,93
エネルギー障壁　83
エネルギーの質　16
エネルギーの保存　13
エネルギーの量子化　35,37
エネルギー密度　36
FID（自由誘導減衰）　491
fcc　354
FT-EPR　475
FT-NMR　473,489
f ブロック　3
f ブロック元素　183
MINDO 法　256
MRI　469,505
MAS（マジック角回転）　498
MALDI-TOF 質量スペクトル法　464
MALDI 法　464
MNDO 法　256
MLCT（金属から配位子への電荷移動遷移）　442
MO 法　214
MPPT 法　261
LS（ラッセル-ソンダースカップリング）

索　引　A21

LMCT（配位子から金属への電荷移動遷移）442
LCAO（原子オービタルの一次結合）215
LCAO-MO 215
エルミート演算子 53,57
エルミート性 53,139,233
エルミート多項式 97,98(表),418
LUMO（最低空分子オービタル）238
塩化セシウム構造 357,358(図)
演算子 50
　——の期待値 56
　——の交換子 63
　位置—— 50
　運動エネルギー—— 51
　運動量—— 50
　エルミート—— 53,57
　オブザーバブルの—— 50
　可換な—— 63
　角運動量—— 112,119
　クーロン—— 247
　コアハミルトン—— 246,261
　交換—— 247
　射影—— 302
　摂動ハミルトン—— 138
　線型—— 50
　全スピン—— 182
　双極子モーメント—— 64,143
　直線運動量—— 50,62
　ハミルトン—— 49,57
　フォック—— 246,260
　モデルハミルトン—— 135
　ポテンシャルエネルギー—— 51
　ラプラス—— 50,116,155,203
　量子力学—— 49
　ルジャンドル—— 50,116
遠心歪み定数 404
エンタルピー 16
円柱座標(図) 109
円柱座標系 110
エントロピー 15
円偏光 23
円偏光磁場 490

お

オイラーの式 45,55,132,142
オクテット（八隅子）3
O枝 423
オースチンモデル1 256
オービタル 2
　——の境界面 167
　——の重なり 302
　——の縮退 296
　——の対称性 293
　ガウス型—— 252,265
　仮想—— 248,258
　結合性—— 217
　原子—— 2,160
　コーン-シャム—— 264
　混成—— 211
　最高被占分子—— 238
　最低空分子—— 238
　σ—— 215
　水素型原子—— 164,166
　スピン—— 246
　スレーター型—— 252,265
　対称適合—— 303

π—— 223
　反結合性—— 219
オービタル角運動量 223
オービタル角運動量量子数 116,189
オービタル近似 173,245
オービタル常磁性 370
オブザーバブル 50
　——の演算子 50
　——の測定 56
　相補的な—— 63
オルト水素 413
温度 6
温度によらない常磁性 370

か

回映 284
回映軸 284
階乗 30
階数
　微分方程式の—— 71
外積 202
回折 41,345
回折角 346
回折格子 389
回折次数 346
回折図形 345
回転 11,106
　——の個別選択律 407
　——の選択概律 409
　——の量子化 108
回転エネルギー準位 401,409
回転項 402
回転構造
　電子遷移の—— 439
回転座標系 490
回転子 401
回転軸 283
回転磁場 490
回転定数 402
回転ラマン活性 410
回転ラマン遷移 409
解離 447
解離エネルギー 419
解離極限 447
ガウス（単位）471
ガウス型オービタル 252,265
ガウス関数 385,508
　——のフーリエ変換 385
ガウス関数(図) 97
化学結合 3
化学交換 488
化学式単位 3
化学シフト 276,478
　——と電気陰性度 480
　——の異方性 498
　——の範囲(図) 478
可換 63
殻 2,164
核のg因子(表) 471
角運動量 11,106
　——のベクトル表現 113
　——のベクトルモデル 122,175
　環上の粒子の—— 108
　球面上の粒子の—— 120
角運動量演算子 112,119
　——の交換子 119

　——の量子化 111,119
核オーバーハウザー効果 494
核オーバーハウザー効果分光法 497
核酸の構造 310
核子 2
核磁気共鳴 470
核磁気モーメント 477
核磁子 471
核子数 2
核スピン 175,412
核スピンの性質(表) 471
核スピン量子数 470,471(表)
角速度 11
拡張八隅子 3
核統計 412
核の磁気回転比 471
確率振幅 45
確率密度 45,160,165
　——の境界面 167
　結合性オービタルの—— 216
　箱の中の粒子の—— 79,92
　反結合性オービタルの—— 219
化合物半導体 366
重なり積分 215,223,302
　水素型オービタルの——(図) 224
重なり密度 216
重ね合わせ 55,58
加重平均 321
仮想オービタル 248,258
加速度 12
カチオン 3
活性化エネルギー 104
カップリング
　スピン-軌道—— 192,435,446,501
　スピン-スピン—— 483,486
　超微細—— 501,503
　ラッセル-ソンダース—— 191
価電子 178
価電子バンド 366
カノニカル分配関数 337
カー媒体 452
カープラスの式 485,507
可約 294
カーレンズ 453
カロリー（単位）13
岩塩構造 358
岩塩（NaCl）構造(図) 358
換算圧力 335
換算温度 335
換算質量 155,416
換算体積 335
干渉図形 390
環上の粒子 106
慣性モーメント 11,107,399,400(表)
完全気体 7
完全気体の状態方程式 7
完全気体の法則 329
完全なCI 259
観測可能な性質 50
ガンダイオード 389
環電流 481
ガン発信器 475
簡約 294
緩和時間
　実効横—— 494
　スピン・格子—— 493
　スピン-スピン—— 494
　縦—— 493
　横—— 493

き

気圧（単位） 6
基 音 428
基音遷移 418
規格化 46
規格化条件 47
規格化定数 47, 99
規格直交系 57
貴ガス 3
　——の電子配置 183
幾何平均 230
奇関数 100
気候変動 387
キーサムの相互作用 321
基準振動 426
基準振動モード 425
軌 跡 12
キセノン放電ランプ 389
規則-不規則相転移 351
基礎物理定数 8
気 体 5
　——の圧縮因子 330
　——のボイル温度（表） 332
奇対称 219
期待値 56
　一次結合の—— 58
気体定数 7, 17
気体分子運動論 18
気体放電ランプ 389
基 底 293, 302
基底関数系 231
基底セット 231, 240
ギブズエネルギー 16
基本原理 I 44
基本原理 II 46
基本原理 II′ 45
基本原理 III 50
基本原理 IV 52
基本原理 V 56
基本遷移 418, 428
基本単位（SI） 7
逆行列 278
逆対称伸縮 426
逆バイアス 367
既約表現 294
吸光係数 392
吸光度 393
吸収断面積 392
吸収特性（表） 441
90°パルス 491
吸収分光計 389
吸収分光法 388
級数展開 30
級数の収束 30
級数の発散 30
球対称回転子 401
球対称こま 401
球面極座標系（図） 116
球面上の粒子 115
球面調和関数 117, 157, 189, 407
　——の方位節 118
球面調和関数（表） 117
Q 枝 421, 423
Q スイッチ法 451
キュリー温度 370

鏡 映 283
境界条件 71, 77
　オービタルの—— 167
強結合近似 355
強磁性 370
凝集エネルギー密度 375
凝縮状態 5
共振モード 450
鏡像体の対 290
共 鳴 4, 209, 470
共鳴安定化 210
共鳴吸収 472
共鳴混成 4, 209
共鳴積分 232, 356
共鳴ラマン分光法 395
鏡 面 283
共有結合 3
共有結合化合物 3
共有結合性固体 353
共有結合ネットワーク固体 361
行 列 277
行列式 277
行列の演算 277
行列の対角化 240
行列表現 293
行列要素 277
極形式 132
極限則 8
極座標系 116
局所磁場 477
局所的な寄与 479
極性結合 5, 229
極性分子 289, 312
曲 率 29, 51, 80, 165
虚 部 132
許容遷移 145
キラリティ 290
キラルな分子 290
禁制遷移 145
金 属 353
金属から配位子への電荷移動遷移 442
金属元素 3
金属伝導体 364
均分定理 18, 36

く

グイの天秤 369
空間群 285
空間格子 340, 342
偶関数 100
空間的なコヒーレンス 450
空間波動関数 176, 182
空間量子化 121
偶然の縮退 93
偶対称 219
空洞モード 451
矩形波 383
屈折率 23
クーパー対 371
クープマンスの定理 227
組立単位（SI） 7
クライストロン 389, 475
グラフェン 362
クレブシュ-ゴーダン級数 189, 434
グロトリアン図 189
クロネッカーのデルタ 57, 137, 277

グローバーランプ 389
クーロン演算子 247
クーロン積分 232, 356
クーロンの法則 14, 317
クーロンポテンシャル 15
クーロンポテンシャルエネルギー 14, 317
群 291
群の位数 295, 301
群 論 291

け

系間交差 446
蛍 光 394, 444
　——の消光 446
　——の溶媒効果 445
蛍光顕微鏡 387
蛍光色素 445
計算化学 244
形状軸 402
系列極限 162
ケクレ構造式 4, 210
結合解離エネルギー 207, 226（表）
結合差 421
結合次数 225
結合性オービタル 217
結合長（表） 226
結晶格子 340
結晶バンド 428
結晶系 341
結晶系（表） 342
結晶ダイオード 391
結晶格子 340
結晶点群 285
ケプラー 374
ケルビン目盛 6
原子オービタル 2, 160
原子オービタルの一次結合 215
原子価殻 3
原子価殻電子対反発理論 4
原子価結合法 206
原子価電子 178
原子間力顕微鏡法 327
原子質量定数 6, 400
原子半径（表） 184
原子番号 2
検出器（放射線の） 391

こ

コアハミルトン演算子 246, 261
高温超伝導体 371
光学カー効果 452
光学活性 290
光学密度 393
交換演算子 247
交換子 63
交換-相関エネルギー 264
交換-相関ポテンシャル 264
交換相互作用 370
光起電力素子 391
光 源 389
交差ピーク 496
光 子 38
格子エネルギー 359
格子エンタルピー 359

索　引　　　A23

格子点　340
格子面　343
構成原理　181, 221
合成双極子モーメント　313
合成波　22
合成ベクトル　202
構造因子　347
構造の精密化　350
構造要素　340
剛体回転子　401
剛体球ポテンシャルエネルギー　326
光電効果　39
光電子　227
光電子スペクトル　227
光電子増倍管　391
光電子分光法　226
　X線──　227
　紫外──　227
恒　等　284
項の記号　189, 434
項の多重度　190, 434
氷（氷I）の結晶構造（図）　362
呼吸モード　427, 430
国際系（点群）　286
国際単位系　5, 8
黒　体　36
黒体放射　36
誤差関数　101
誤差関数（表）　102
COSY（相関分光法）　496
固　体　5
固体NMR　497
古典力学　10, 35
コヒーレンス長　450
コヒーレント　450
個別選択律　145
　回転の──　407
　振動ラマンスペクトルの──　422
　赤外分光法の──　417
固有関数　52
固有値　52, 278
固有値方程式　52, 278
固有ベクトル　278
孤立系　15
孤立電子対　3
コーン-シャムオービタル　264
コーン-シャム方程式　264
混成オービタル　211
混成のタイプ（表）　213
コンダクタンス　381
コンプトン波長　124
根平均二乗偏差　62
コンホメーションの転換　487

さ

最確半径
　水素型原子の──　172
最高被占分子オービタル　238
歳差運動　472, 490
最小基底セット　251
最大多重度の規則　182, 191, 221
最低空分子オービタル　238
最密充填　353
最密充填構造　354
三角関数　383
酸化状態　3

酸化数　3
三次元の回転運動　115
三次元の並進運動　93
三斜単位胞　342
三重結合　4
三重項状態　177, 226, 446
三重対角行列式　356, 380
算術平均　230
三体相互作用　326
三方晶系　342
散乱因子　347

し

CI　259
g因子
　核の──　471
　電子の──　474
jj-カップリング　192
CSF（配置状態関数）　259
CNDO法　256
シェーンフリース系　286
COSY（相関分光法）　496
磁　化　368, 490
紫外光電子分光法　227
紫外部の破綻　37
視　覚　387
磁化ベクトル　489
磁化率（表）　369
　──の異方性　481
　──の測定　369
　体積──　368
　モル──　368
時間的なコヒーレンス　450
時間ドメイン　492
時間に依存しないシュレーディンガー方程式　49
時間に依存しない摂動論　135
時間に依存するシュレーディンガー方程式　50, 143
時間に依存する摂動論　135, 143
時間分解分光法　394
磁気回転比
　核の──　471
　電子の──　474
磁気共鳴　470
磁気共鳴イメージング　469, 505
磁気モーメント　369, 471
磁気誘導　471
示強性の性質　5
磁気量子数　116
σオービタル　215
σ結合　207
σ電子　217
次　元
　表現の──　293
試行波動関数　209, 231
仕　事　12
仕事関数　40
仕事率　13
CCD検出器　392
ccp　354
視射角　346
四重極子　314
視線速度　456
自然幅（遷移の）　398

自然放出　444, 473
自然放出のアインシュタイン係数　147
自然落下の加速度　13
CW-EPR　475
g 値　474, 500
実験室系　491
実効核電荷　177
実効核電荷（表）　178
実効質量　97, 416
実効ポテンシャルエネルギー　157
実効横緩和時間　494
実在気体　330
質　量　5
質量数　2
質量分析法　464
質量密度　5
GTO（ガウス型オービタル）　252, 265
時定数　146
磁　場　22
自発変化　16
指　標　295
指標表
　C_{2v}の──（表）　295
　C_{3v}の──（表）　296
ジーメンス（単位）　381
四面体群　288
射影演算子　302
ジャブロンスキー図　446
遮　蔽　478
遮蔽定数　177, 477, 479
シャルルの法則　7
周　期　3
周期結晶　340
周期的境界条件　110
周期表　3, 183
重水素ランプ　389
充填率　354
自由誘導減衰　491
自由粒子　75
重力のポテンシャルエネルギー　13
縮　退　92
主　軸　283, 402
シュタルク効果　408
シュタルク変調　394
シュテルン-ゲルラッハの実験　174, 470
シュテルン-ゲルラッハの実験装置（図）　121
寿　命　146
寿命幅　397, 488
主量子数　2, 160
ジュール（単位）　12
シュレーディンガー方程式　75
　環上の粒子の──　109
　球面上の粒子の──　117
　時間に依存しない──　49
　時間に依存する──　50
　自由粒子の──　75, 90
　水素型原子の──　156
　調和振動子の──　96
シュレーディンガー方程式（表）　50
準安定励起状態　448
準　位　191
純回転遷移　406
準結晶　340
順バイアス　367
昇　位　210
蒸気圧　335
消　光　446
常磁性　226, 368
　──の寄与　479

掌　性　290
状態方程式　7, 329
　完全気体の──　329
　ビリアル──　331
　ファンデルワールス──　333
状態方程式(表)　334
状態密度
　スペクトルの──　36
焦電気素子　391
衝突失活　397
衝突寿命　398
衝突頻度　398
常微分方程式　71, 91
常用対数　393
初期条件　71
示量性の性質　5
磁力線　371
真空の透磁率　369
真空の誘電率　14
シンクロトロン蓄積リング　389
シンクロトロン放射光　389
伸縮運動　96
伸縮モード　427
真性半導体　366
振電遷移　436
浸　透　177
振動エネルギー準位　416
振動回転スペクトル　420
振動回転ラマンスペクトル　423
振動項　416
振動構造
　電子遷移の──　433
振動数　21
振動数条件
　ボーアの──　38, 81, 388
振動数ドメイン　492
振動帯列　437
振動電場　143
振動微細構造　228
振動ラマン分光法　422
振動量子数　96
振　幅　22

す

水素型オービタル
　基底状態の──　170
水素型原子　154
水素型原子オービタル　164, 166(表)
水素型波動関数　156
水素結合　324
水素原子のグロトリアン図(図)　189
水素原子のスペクトル(図)　188
水素貯蔵　310
水素分子イオン　214
垂直遷移　437
垂直バンド　427
随伴ルジャンドル関数　117
スカラーカップリング定数　482
スカラー積　12, 202
スカラーの物理量　201
スキッド(SQUID)　369
ストークス線　395, 410, 423
スピン　174
スピンオービタル　246
スピン角運動量　175
スピン関数　176

スピン緩和　492
スピン-軌道カップリング　192, 435, 446
スピン-軌道カップリング定数　501
スピン行列　306
スピン-格子緩和時間　493
スピン磁気量子数　174
スピン常磁性　370
スピン-スピンカップリング　483, 486
スピン-スピン緩和時間　494
スピン相関　182
スピン1/2核　412, 472
スピンハミルトン演算子　510
スピングローブ　469
スピン密度　503
スピン量子数　174
スペクトル
　──系列　188
　──の枝　421
　──の状態密度　36
　──の線幅　396
　──の微細構造　193
　──領域　22
　水素原子の──　188
スレーター型オービタル　252, 265
スレーター行列式　246, 259

せ

星間分子のスペクトル　387
静止座標系　491
正常ゼーマン効果　200
生体高分子のX線回折　310
静電相互作用　14
静電ポテンシャル　15
正方行列　277
正方晶系　342
セイヤーの確率関係式　350
石英-タングステン-ハロゲンランプ　389
赤外活性　417, 427, 430
赤外分光法　417
赤外不活性　417
積　分　31
積分吸収係数　393
積分定数　31
節(→ふしも見よ)　79
絶縁体　364
接触相互作用　486
絶対温度　6
絶対値　45
摂動波動関数　137
摂動ハミルトン演算子　138
摂動論　135, 260
節　面　168
ゼーマン効果　199
セルシウス目盛　6
遷　移　143, 188
遷移強度　393
遷移金属　3, 183
遷移双極子モーメント　145, 188, 303, 408
遷移速度　144
遷移電気双極子モーメント　315
全エネルギー　13
全オービタル角運動量量子数　189
全回転群　289
全角運動量量子数　191
漸化式　98, 418
前期解離　447

全吸収速度　147
線形微分方程式　71
全スピン演算子　182
全スピン角運動量量子数　190
全相互作用　325
選択概律　145
　回転ラマン遷移の──　409
　振動ラマンスペクトルの──　422
　赤外分光法の──　417, 427
　マイクロ波分光法の──　407
選択律　303
　水素型原子の──　188
　多電子原子の──　194
　電子スペクトルの──　436
　ラポルテの──　436
全波動関数　176
線　幅
　スペクトルの──　396
前方散乱因子　347
全放出速度　147
占有数　17
占有数の逆転　448

そ

相加平均　230
相関エネルギー　261
相関分光法　496
双極子-双極子相互作用　319, 494, 503
双極子場　481
双極子モーメント　311, 438
双極子モーメント(表)　312
双極子モーメント演算子　143
双極子-誘起双極子の相互作用　322
双曲線関数(図)　87
相互禁制律　429
相互作用ポテンシャルエネルギー(表)　322
相互作用
　キーサムの──　321
　交換──　370
　三体──　326
　双極子-双極子の──　319
　双極子-誘起双極子の──　322
　ファンデルワールス──　317
　分散──　323
　誘起双極子-誘起双極子の──　323
　ロンドン──　323
相似変換　279
相乗平均　230
相対原子質量　6
相対分子質量　6
相対誘電率　14, 318
相対論的効果　172
相補性　60
相補的なオブザーバブル　63
族　3
速　度　10
速度論的同位体効果　103
束縛状態　158
素電荷　2
存在確率　48

た

対イオン　357

索　引　A25

第一イオン化エネルギー　184
対応原理　79
ダイオード　367
対角行列　277
対角ピーク　496
対距離指向性ガウシアン　256
対称回転子　401
対称こま　401
対称軸　283, 295, 430
　　一次結合オービタルの──　297
　　原子オービタルの──　296
対称種　295
対称伸縮　426
対称水素結合　325
対称性と縮退　93
対称操作　283, 341
対称操作と対称要素（表）　283
対称操作の表示　293
対称中心　283
対称適合一次結合　302
対称適合オービタル　303
対称要素　283, 341
体心単位胞　342
体　積　5
体積磁化率　368
体積素片　45
　　円柱座標系の──（図）　110
　　球面極座標系の──（図）　116
帯　頭　440
第二イオン化エネルギー　184
第二ビリアル係数（表）　331
ダイヤモンドの構造（図）　362
多光子過程　437
多重極子（図）　314
多重積分　32, 167, 189
多重度　190, 434
多色器　389
多体摂動論　260
たたみ込み定理　385
縦緩和時間　493
多電子原子　154
多電子波動関数　244
ダミー変数　137
単位行列　277
単位系　5, 8
単位ベクトル　201
単位胞　341
単極子　314
単結合　4
単斜晶系　342
単純単位胞　341, 342
単色器　389
タンパク質の構造　310
タンブリング　428

ち，つ

力の定数　12, 95, 416
置換積分法　31
中心ポテンシャル　154
中性子　2
中性子回折　351
超原子価　4
超伝導磁石　473
超伝導体　364, 371
超伝導量子干渉計　369
超微細カップリング定数　501

超微細カップリング定数（表）　503
超微細構造　501
超分極率　314
長方形ポテンシャル　83
超臨界流体　335
調和運動　95
調和関数　385
調和近似　418
調和振動子　12, 95
　　──のスペクトル遷移　145
　　──のトンネル現象　101
　　──の波動関数　97
調和波　21
直交性　57
直　積　430
直積の分解　301
直接法（構造解析の）　350
直線運動量　11, 106
直線運動量演算子　50, 62
直線運動量二乗演算子　62
直線加速器　389
直線形回転子　401
直方晶系　342
直　和　294
直交多項式　97

つじつまの合う場　179, 247
強め合いの干渉　22

て

TIP（温度によらない常磁性）　370
DFT（密度汎関数法）　263
TMS（テトラメチルシラン）　478
TOF法　464
dオービタルの境界面（図）　169
d型ガウス関数　252, 273
d金属錯体　368, 441
定常状態　142
定積分　31
dブロック　3
dブロック元素　183
底面心単位胞　342
テイラー級数　30, 264, 416
デシールド　478
テスラ（単位）　471
テトラメチルシラン　478
デバイ（単位）　311
デバイの式　373
デビソン–ガーマーの実験　41
デュボスクの比色計　455
δ目盛　478
電　位　15
転回点　99, 437
電荷移動遷移　442
電荷結合素子　392
電荷数　2
電気陰性度　5, 230, 480
電気双極子　5, 311
電気双極子モーメント　5, 311
電気双極子モーメント演算子　64
電気素量　2, 8
電気多重極子（図）　314
電気伝導率　364
電気伝導度　364
電気ポテンシャル　15
点　群　285, 430
点群（図）　285

点群の記号（表）　285
点群の乗積表　292
電子回折　351
点磁気双極子　481
電子気体　264
電子構造　154
電子散乱因子　352
電子常磁性共鳴　474, 500
電子親和力（表）　185
電子スピン　174
電子スピン共鳴　474, 500
電磁スペクトルの領域（図）　22
電子遷移　433
電子相関　247
電子対の形成　208
電子の磁気回転比　474
電子の g 値　474
電磁場　22
電子配置　2, 174
　　──の周期性　183
　　基底状態の──　223
電磁放射線　22
電子ボルト（単位）　15
点双極子　318
転置行列　277
点電気双極子　311
伝導体　365
伝導バンド　366
電　場　15, 22
電　流　15
電　力　15

と

同位体　2
等温線　331
透過確率　84
　　エッカートポテンシャル障壁の──　86
　　エッカートポテンシャル障壁の──（図）　88
　　長方形ポテンシャル障壁の──（図）　85
等核二原子分子　221
透過率　393
導関数　29
等吸収点　455
動径節　159, 167
動径波動関数　156
　　水素型原子の──（図）　159
　　水素型原子の──（表）　159
動径波動方程式　156
動径分布関数　171, 179
　　水素原子の──（図）　171
透磁率
　　真空の──　369
特殊解　71
特性振動波数（表）　428
ドップラー効果　396
ドップラーシフト　396
ドップラー幅　397
ドーパント　366
TOF法　464
ドブローイの式　42, 77, 107, 351
ドブローイ波長　42
ドモアブルの式　384
トランジスター　367
トルク　12
ドルトンの法則　8

索引

トレース 306
トンネル現象 84, 101

な

内圧 336
内殻電子 179
内積 202
内部エネルギー 15
内部遷移金属 3
内部転換 447
ナトリウムの D 線 194
ナノ結晶 74
ナノワイヤー 310
波 21
波の干渉 (図) 22
波–粒子二重性 39, 42

に

二階導関数 29
二階微分方程式 72
二隅子 3
二原子微分重なりの無視 256
二酸化炭素
　——の基準振動モード (図) 426
　——の等温線 331
二次元 NMR 496
二次元の並進運動 90
二次速度論的同位体効果 103
2 次の摂動論 315
二重井戸形ポテンシャル 88, 102
二重結合 4
二重縮退 92
二重積分 32
二重に励起した行列式 259
二十面体群 288
2 乗形寄与 18
2 乗積分可能 47
二等分鏡面 283
π/2 パルス 491
二面角 485
入射角 346
ニュートン (単位) 11
ニュートンの運動の第二法則 11

ね, の

ネオジムレーザー 449
熱化学的カロリー (単位) 13
熱中性子 351
熱的劣化 444
熱容量 15
熱力学 15
熱力学温度 6
熱力学第一法則 15
熱力学第二法則 16
ネール温度 370
ネルンストランプ 389
粘性率 493

NOESY (核オーバーハウザー効果分光法)
497

は

配位子から金属への電荷移動遷移 442
配位子場分裂パラメーター 441
配位数 354
π オービタル 223
倍音 420
π 結合 208
π 結合生成エネルギー 241
ハイゼンベルクの不確定性原理 61, 80
排他原理 175
配置 174
配置間相互作用 259
配置状態関数 259
配置積分 337
π 電子結合エネルギー 241
π* ← π 遷移 442
パウリの原理 176, 208, 411, 486
パウリの排他原理 175
箱の中の粒子 76
波数 23
パスカル (単位) 6
パスカルの三角形 484, 502
波束 61
パターソン合成 349
八隅子 (オクテット) 3
八重極子 314
八面体群 288
波長 21
発光分光法 388
パッシェン系列 188
発色団 440
波動関数 44
　——の一次結合 55, 169
　——の解釈 46
　——の重ね合わせ 55
　——の規格化 46
　——の境界条件 77
　——の曲率 51, 80, 165
　——の制約 47
　——の節 79
　環上の粒子の—— 109
　球面上の粒子の—— 118
　極性結合の—— 229
　原子価結合法の—— 207
　自由粒子の—— 75
　調和振動子の—— 97, 98
　定常状態の—— 142
　2p オービタルの—— 168
　箱の中の粒子の—— 78, 91, 93
ハートリー–フォックのつじつまの合う場
179, 247
ハートリー–フォック法 245
ハートリー–フォック方程式 246
ハミルトニアン 50
ハミルトン演算子 49, 57
　環上の粒子の—— 110
　球面上の粒子の—— 116
　水素型原子の—— 155
　水素分子イオンの—— 214
　スピン—— 510
速さ 11
パラ水素 413
パリティ 434
パリティ禁制 442
パール (単位) 6

バルクのもの 5

バルクのもの 5
パルス法 NMR 489
パルスレーザー 451
バルマー系列 188
ハロゲン 3
汎関数 263
反強磁性相 370
半金属元素 3
半経験的方法 255
半径比の規則 358
反結合性オービタル 219
反磁性 368
反磁性の寄与 479
反射 346
反ストークス線 395, 411, 423
反対称スピン関数 182
反対称波動関数 177
半値幅 494
反転 283
反転振動数
　アンモニア分子の—— 89
反転対称性 219
反転中心 219
反転二重分裂 88, 102
半導体 364
バンドギャップ 357
バンド構造 368
バンドスペクトル 420
反復代入法 250, 265

ひ

非 SI 単位 5
p–n 接合 367
PM3 法 256
PMT (光電子増倍管) 391
p オービタルの境界面 (図) 168
非可換性 63
p 型ガウス関数 252, 273
p 型半導性 366
非共有電子対 3
非局在化エネルギー 241
非金属元素 3
非結合電子対 3
飛行時間法 464
微細構造 193, 482
P 枝 421
被積分関数 31
非束縛状態 160
非対角ピーク 496
非対称回転子 401
非対称こま 401
非単純単位胞 341
非調和振動子 420
非調和性 419
非調和定数 419
必須対称 (表) 342
PDDG 法 256
比熱容量 15
p バンド 357
p ブロック元素 183
微分 29
微分重なりの完全無視の方法 256
微分重なりの中間的無視 256
微分方程式 71
非放射減衰 444
比誘電率 318

索　　引　　　　　　　　　　　　　　　　　　　　　　　　　　A27

ヒュッケル近似　238, 380
ヒュッケル分子軌道法　255
表　現
　　——の簡約　294
　　——の次元　293
　　——の対称種　295
表　示
　　対称操作の——　293
標準圧力　6
標準電位　271, 276
ビリアル係数　331
ビリアル状態方程式　331
ビリアル定理　101, 167

ふ

ファラデー定数　8
ファンデルワールス気体　336
ファンデルワールス状態方程式　333
ファンデルワールス相互作用　317
ファンデルワールスのパラメーター
　　　　　　　　　　　　　　333, 336
ファンデルワールスのパラメーター（表）
　　　　　　　　　　　　　　　　333
ファンデルワールスループ　334
VSEPR 理論　4
VB 波動関数　208
VB 法　206
フェルミエネルギー　365
フェルミオン　175
フェルミ準位　357, 365
フェルミ–ディラック分布（図）　365
フェルミの空孔　182
フェルミの接触相互作用　486, 503
フェルミ粒子　175, 412
フォック演算子　246, 260
フォック行列　248
フォトダイオード　392
フォトン　38, 175
不確定性原理　61, 80
不確定性原理の制約（表）　62
不完全八偶子　3
不均一幅　494
副　殻　2, 164
複素共役　45, 132
複素数　45
　　——の逆数　132
　　——の極形式　132
　　——の算術演算　133
　　——の絶対値　132
　　——の偏角　132
　　——のモジュラス　132
複素平面　132
節　79
　　調和振動子の——　100
不純物半導体　366
ブースターシンクロトロン　389
不対電子　368
フックの法則　12
物質量　5
物理量　6
不定積分　31
部分正電荷　229
部分積分　53
部分積分法　31
部分電荷　5, 317
部分負電荷　229

ブラケット系列　188
ブラッグの法則　346
ブラベ格子（図）　342
フランク–コンドン因子　438
フランク–コンドンの近似　438
フランク–コンドンの原理　437, 445
プランク定数　8, 37
プランク分布　37, 147
プランク分布（図）　37
フランクリン（単位）　312
フーリエ解析　492
フーリエ級数　383
フーリエ合成　349
フーリエの逆変換　384
フーリエ変換　384
フーリエ変換 EPR　475
フーリエ変換 NMR　473, 489
フーリエ変換法　389
ブリルアンの定理　261
ブロック　3
ブロック対角形　294
プロトン　2, 471
プロトン NMR　473
プローブパルス　394
フロンティアオービタル　238
分極機構　486
分極率　314, 409
分極率体積　314
分極率体積（表）　312
分光計　389
分光法　38
分散相互作用　323
分子オービタル　214
　　多原子分子の——　237
分子オービタルエネルギー準位図　221
　　等核二原子分子の——（図）　225
分子オービタルの混成比　504
分子軌道法　214
分枝構造　439
分子性固体　353, 362
分子認識　310
分子包接体　310
分子の形　4
分子の平均速さ　18
分子のポテンシャルエネルギー曲線　206
フント系列　198
フントの規則　487, 504
フントの最大多重度の規則　182, 191, 221
分配関数
　　カノニカル——　337

へ

閉　殻　177
平均二乗変位
　　調和振動子の——　100
平　衡　16
平衡結合長　207
平行バンド　427
並進運動　75, 90
平面配座　275
平面偏光　23
ベクトル　201
ベクトル積　112, 202
ベクトルの演算　201
ベクトルの物理量　201

ベクトルモデル
　　角運動量の——　122, 175
β スピン　176
ヘルツ（単位）　21
ヘルマン–モーガン系　286
ベール–ランベルトの法則　392
変角運動　96
変角モード　426
変換（対称）　291
変形微分重なりの中間的無視　256
変形微分重なりの無視　256
偏光解消度　429
偏光フィルター　429
変数分離　72, 155
変数分離法　91
ベンゼン
　　——の基準振動モード　428
　　——の呼吸モード　427
　　——の対称性　283
扁長回転子　402
偏導関数　29, 71, 203
偏微分方程式　71, 90
変分原理　209, 231
扁平回転子　402

ほ

ボーア磁子　474
ボーアの振動数条件　38, 81, 388
ボーア半径　159, 172
ボイル温度（表）　332
ボイルの法則　7
方位節　118
方位波動関数　160
芳香族の安定性　242
芳香族溶媒　482
放射減衰　444
放射の誘導放出による光の増幅　448
放物線形ポテンシャル　416
放物線形ポテンシャルエネルギー　95
星のスペクトル　153
ボース粒子　175, 411
ボソン　175
ポテンシャル　15
ポテンシャルエネルギー　13
　　exp-6 ——　327
　　クーロン——　14, 317
　　剛体球——　326
　　実効——　157
　　重力の——　13
　　水素型原子の——　154
　　相互作用——　322
　　放物線形——　95
　　ミーの——　326
　　モース——　419
　　レナード-ジョーンズの——　326
ポテンシャルエネルギー演算子　51
ポテンシャルエネルギー曲線　415
　　水素分子イオンの——（図）　218
　　分子の——　206
ポテンシャルエネルギー曲面　207
ポテンシャル障壁　83
ほとんど自由な電子の近似　355
ホーヘンベルク–コーンの定理　264
HOMO（最高被占分子オービタル）　238
ポリタイプ　353
ポーリングの電気陰性度（表）　231

A28　索　引

ボルツマン定数　8, 17
ボルツマン分布　17, 473
ボルト（単位）　15
ボルン−オッペンハイマー近似
　　　　　　206, 215, 244
ボルンの解釈　45, 80
ボルン−ハーバーのサイクル　360
ボルン−メイヤーの式　360
ポンピング　448
ポンピングパルス　394

ま　行

マイクロ波分光法　406
マイケルソン干渉計　389
マイスナー効果　371
マクスウェルの構成法　334
マクスウェル−ボルツマン分布　18, 28
マクスウェル−ボルツマン分布（図）　18
マクローリン級数　30
マジック角回転　498
マッコーネルの式　503
マーデルング定数　359
マトリックス媒体レーザー脱着イオン化法
　　　　　　464
マリケンの電気陰性度　231

右手の規則　202
水の三重点　6
水分子
　　──の慣性モーメント　400
　　──の基準振動モード　427, 430
　　──の対称性　284
密度汎関数法　263
ミーのポテンシャルエネルギー　326
ミラー指数　343

無放射減衰　444

メーザー　89
メタン分子
　　──の基準振動モード　430
　　──の部分電荷　314
メラー−プレセットの摂動論　261
面間隔　344
面心単位胞　342

モジュラス　45
モース振動子　419
モースポテンシャルエネルギー　419
モデルハミルトン演算子　135
モードロッキング　451
モードロックレーザー　452
モル吸収係数　392
モル磁化率　368
モル質量　6
MALDI-TOF 質量スペクトル法　464
MALDI 法　464
モル熱容量　15

や　行

有核モデル　2

誘起磁気モーメント　480
誘起双極子モーメント　314, 315, 409
誘起双極子−誘起双極子の相互作用　323
誘電率　14
誘導吸収　146, 388, 445, 473
誘導吸収のアインシュタイン係数　147
誘導単位（SI）　7
誘導放出　147, 388, 444, 473
誘導放出のアインシュタイン係数　147
UPS（紫外光電子分光法）　227

溶媒効果
　　蛍光の──　445
溶媒の寄与（NMR）　479
余弦定理　203
横緩和時間　493
弱め合いの干渉　22
4 軸回折計　345
四準位レーザー　449
4 中心 2 電子積分　251

ら

ライマン系列　188
ラゲールの陪多項式　159
ラジカル　368
ラッセル−ソンダース カップリング　191
ラプラス演算子　50, 116, 155, 203
ラポルテの選択律　436, 441
ラマンシフト　396
ラマン分光法　388, 395
ラムの式　479
ラーモア歳差運動　490
ラーモア振動数　472
ランタノイド　3, 183
ランタノイド収縮　184
ランダムコイル　129

り

力　場　428
理想気体　7
立方群　288
立方最密充填　354
立方単位胞　341
利　得　453
流　体　5
リュードベリ原子　200
リュードベリ定数　161, 188
量子化　16
　　エネルギーの──　35, 37
　　角運動量の──　111, 119
　　空間──　121
量子コンピューター　34
量子数　78
　　オービタル角運動量──　116, 189
　　核スピン──　470, 471（表）
　　磁気──　116
　　主──　2, 160
　　振動──　96
　　スピン──　174
　　スピン磁気──　174
　　全オービタル角運動量──　189

全角運動量──　191
全スピン角運動量──　190
量子ドット　58, 74
量子力学　10, 35
量子力学演算子　49
量子力学の基本原理　59
量子力学の基本原理 I　44
量子力学の基本原理 II　46
量子力学の基本原理 II′　45
量子力学の基本原理 III　50
量子力学の基本原理 IV　52
量子力学の基本原理 V　56
菱面体晶系　342
臨界圧力　335
臨界温度　335
臨界定数（表）　335
臨界点　335
臨界等温線　331
臨界モル体積　335
りん光　394, 444
隣接基の寄与（NMR）　479

る〜ろ

類　292
ルイス構造式　3（図）, 226
ルジャンドル演算子　50, 116
ルビーレーザー　449
LUMO（最低空分子オービタル）　238

励起一重項状態　446
励起三重項状態　446
零点エネルギー　80, 148
　　調和振動子の──　96
　　箱の中の粒子の──　80, 91
零点振動エネルギー　103
レイリー−ジーンズの法則　36
レイリー線　395
レーザー　89
レーザー光　395
レーザー光散乱　456
レーザー作用　448
レーザーの特性（表）　448
レーザー媒質　449
レナード−ジョーンズのポテンシャル
　　　　　　エネルギー　326
レナード−ジョーンズの (12, 6) ポテン
　　　　　　シャルパラメーター（表）　327
連続帯状態　161
連続波 EPR　475
連続波発生　394

ローターン方程式　248
六方最密充填　354
六方晶系　342
ローレンツ関数　492, 508
ロンドン相互作用　323
ロンドンの式　323

わ

ワイアールの式　351
ワット（単位）　13

千 原 秀 昭 (1927-2013)

　1927 年　東京に生まれる
　1948 年　大阪大学理学部 卒
　大阪大学教授（1966-1990）
　一般社団法人 化学情報協会 会長（2000-2009）
　専攻　物理化学, 化学情報論
　理 学 博 士

稲 葉 　 章

　1949 年　大阪に生まれる
　1971 年　大阪大学理学部 卒
　大阪大学名誉教授
　専攻　物理化学
　理 学 博 士

第 1 版　第 1 刷　2011 年 3 月 23 日　発　行
第 2 版　第 1 刷　2018 年 5 月 30 日　発　行

アトキンス 基 礎 物 理 化 学 (上)
―分子論的アプローチ―
第 2 版

© 2018

訳　　者　　千　原　秀　昭
　　　　　　稲　葉　　　章

発 行 者　　小　澤　美　奈　子

発　　行　　株式会社　東京化学同人
東京都文京区千石 3 丁目 36-7（〒112-0011）
電 話（03）3946-5311・FAX（03）3946-5317
URL　http://www.tkd-pbl.com

印　刷　　大 日 本 印 刷 株 式 会 社
製　本　　株 式 会 社 松 岳 社

ISBN 978-4-8079-945-2
Printed in Japan
無断転載および複製物（コピー, 電子デー
タなど）の無断配布, 配信を禁じます.